B. G. Teubners Sammlung von Lehrbüchern auf dem Gebiete der Mathematischen Wissenschaften mit Einschlufs ihrer Anwendungen.

Im Teubnerschen Verlage erscheint unter obigem Titel in zwangloser Folge eine längere Reihe von zusammenfassenden Werken über die wichtigsten Abschnitte der Mathematischen Wissenschaften mit Einschlufs ihrer Anwendungen.

Die anerkennende Beurteilung, welche der Plan, sowie die bis jetzt erschienenen Aufsätze der Encyklopädie der Mathematischen Wissenschaften gefunden haben, die allseitige Zustimmung, welche den von der Deutschen Mathematiker-Vereinigung veranlafsten und herausgegebenen eingehenden Referaten über einzelne Abschnitte der Mathematik zu teil geworden ist, beweisen, wie sehr gerade jetzt, wo man die Resultate der wissenschaftlichen Arbeit eines Jahrhunderts zu überblicken bemüht ist, sich das Bedürfnis nach zusammenfassenden Darstellungen geltend macht, durch welche die mannigfachen Einzelforschungen auf den verschiedenen Gebieten mathematischen Wissens unter einheitlichen Gesichtspunkten geordnet und einem weiteren Kreise zugänglich gemacht werden.

Die erwähnten Aufsätze der Encyklopädie ebenso wie die Referate in den Jahresberichten der Deutschen Mathematiker-Vereinigung beabsichtigen in diesem Sinne in knapper, für eine rasche Orientierung bestimmter Form den gegenwärtigen Inhalt einer Disciplin an gesicherten Resultaten zu geben, wie auch durch sorgfältige Litteraturangaben die historische Entwickelung der Methoden darzulegen. Darüber hinaus aber mufs auf eine eingehende, mit Beweisen versehene Darstellung, wie sie zum selbständigen, von umfangreichen Quellenstudien unabhängigen Eindringen in die Disciplin erforderlich ist, auch bei den breiter angelegten Referaten der Deutschen Mathematiker-Vereinigung, in welcher hauptsächlich das historische und teilweise auch das kritische Element zur Geltung kommt, verzichtet werden. Eine solche ausführliche Darlegung, die sich mehr in dem Charakter eines auf geschichtlichen und litterarischen Studien gegründeten Lehrbuches bewegt und neben den rein wissenschaftlichen auch pädagogische Interessen berücksichtigt, erscheint aber bei der raschen Entwickelung und dem Umfang des zu einem grofsen Teil nur in Monographien niedergelegten Stoffes durchaus wichtig, zumal, im Vergleiche z. B. mit Frankreich, bei uns in Deutschland die mathematische Litteratur an Lehrbüchern über spezielle Gebiete der mathematischen Forschung nicht allzu reich ist.

Die Verlagsbuchhandlung B. G. Teubner giebt sich der Hoffnung hin, dafs sich recht zahlreiche Mathematiker, Physiker und Astronomen, Geodäten und Techniker, sowohl des In- als des Auslandes, in deren Forschungsgebieten derartige Arbeiten erwünscht sind, zur Mitarbeiterschaft an dem Unternehmen entschliefsen möchten. Besonders nahe liegt die Beteiligung den Herren Mitarbeitern an der Encyklopädie der Mathematischen Wissenschaften. Die umfangreichen litterarischen und speziell fachlichen Studien, welche für die Bearbeitung von Abschnitten der Encyklopädie vorzunehmen waren, konnten in dem notwendig eng begrenzten Rahmen nicht vollständig niedergelegt werden. Hier aber, bei den Werken der gegenwärtigen Sammlung, ist die Möglichkeit gegeben, den Stoff freier zu gestalten und die individuelle Auffassung und Richtung des einzelnen Bearbeiters in höherem Mafse zur Geltung zu bringen. Doch ist, wie gesagt, jede Arbeit, die sich dem Plane der Sammlung einfügen läfst, im gleichen Mafse willkommen.

Bisher haben die folgenden Gelehrten ihre geschätzte Mitwirkung zugesagt, während erfreulicherweise stetig neue Anerbieten zur Mitarbeit an der Sammlung einlaufen, worüber in meinen „Mitteilungen" fortlaufend berichtet werden wird (die bereits erschienenen Bände sind mit zwei **, die unter der Presse befindlichen mit einem * bezeichnet):

P. Bachmann, niedere Zahlentheorie. (Band X der Sammlung.)

M. Bôcher, über die reellen Lösungen der gewöhnlichen linearen Differentialgleichungen zweiter Ordnung.

G. Bohlmann, Versicherungsmathematik.

G. H. Bryan, Lehrbuch der Thermodynamik.

G. Castelnuovo und **F. Enriques**, Theorie der algebraischen Flächen.

E. Czuber, Wahrscheinlichkeitsrechnung und ihre Anwendung auf Fehlerausgleichung, Statistik und Lebensversicherung. (Band IX.)

L. E. Dickson, Linear Groups with an exposition of the Galois Field theory. [In englischer Sprache.] (Band VI.)

F. Dingeldey, Kegelschnitte und Kegelschnittsysteme.

F. Dingeldey, Sammlung von Aufgaben zur Anwendung der Differential- und Integralrechnung.

G. Eneström (in Verbindung mit andern Gelehrten), Handbuch der Geschichte der Mathematik.

F. Enriques, Prinzipien der Geometrie.

Ph. Furtwängler, die Mechanik der einfachsten physikalischen Apparate und Versuchsanordnungen.

A. Gleichen, Optische Abbildungslehre u. Theorie der optischen Instrumente. (Band VIII.)

M. Grübler, Lehrbuch der hydraulischen Motoren.

J. Harkness, elliptische Funktionen.

L. Henneberg, Lehrbuch der graphischen Statik.

K. Heun, die kinetischen Probleme der modernen Maschinenlehre.

G. Jung, Geometrie der Massen.

G. Kohn, rationale Kurven.

A. Krazer, Handbuch der Lehre von den Thetafunktionen. (Band XII.)

H. Lamb, Akustik.

R. v. Lilienthal, Differentialgeometrie.

B. G. TEUBNER'S SAMMLUNG VON LEHRBÜCHERN
AUF DEM GEBIETE DER
MATHEMATISCHEN WISSENSCHAFTEN
MIT EINSCHLUSZ IHRER ANWENDUNGEN.
BAND XII.

LEHRBUCH

DER

THETAFUNKTIONEN

VON

DR. ADOLF KRAZER
O. PROFESSOR DER MATHEMATIK AN DER TECHNISCHEN HOCHSCHULE
ZU KARLSRUHE.

MIT 10 TEXTFIGUREN.

LEIPZIG
DRUCK UND VERLAG VON B. G. TEUBNER.
1903.

MEINEM LIEBEN UND VEREHRTEN LEHRER

HERRN

FRIEDRICH PRYM

IN DANKBARER ERINNERUNG

ZUGEEIGNET.

Einleitung.

Unter allen Konzeptionen Jacobis verdient, wenn man die daran sich knüpfenden Folgen für die weitere Entwicklung der Mathematik ins Auge faßt, nach dem klassischen Urteile Dirichlets die erste Stelle der Gedanke, jene unendlichen Produkte, durch deren Quotienten Abel die elliptischen Funktionen dargestellt hatte, als selbständige Transcendenten in die Analysis einzuführen. Als Jacobi diese Produkte in Reihenform darstellte, gelangte er zu jenen vier unendlichen Reihen, welche nach der rein zufälligen Bezeichnung, unter der sie zuerst bei ihm auftreten, heute als Thetareihen, speziell als einfach unendliche Thetareihen oder als Thetafunktionen einer Veränderlichen bekannt sind.

Bei den späteren Darstellungen, welche Jacobi der Theorie der elliptischen Funktionen in seinen Vorlesungen gab, hat er diese Thetareihen als Ausgangspunkt an die Spitze der ganzen Lehre gestellt, und dieses Verfahren wurde vorbildlich für die Arbeiten von Göpel und Rosenhain, welche nun ihrerseits ihren Untersuchungen über die hyperelliptischen Funktionen erster Ordnung die Betrachtung von doppelt unendlichen Reihen des gleichen Bildungsgesetzes vorausschickten; so entstanden die zweifach unendlichen Thetareihen oder die Thetafunktionen von zwei Veränderlichen.

Daß sich das Bildungsgesetz der Thetareihen ohne weiteres auch zur Herstellung von p-fach unendlichen Reihen verwenden läßt, haben bereits Göpel und Rosenhain bemerkt; es schienen aber diese p-fach unendlichen Thetareihen ihnen für die beabsichtigte Theorie der hyperelliptischen Funktionen nicht brauchbar, da sie in ihren Modulen $\frac{1}{2}p(p+1)$ Parameter enthalten, die hyperelliptischen Funktionen vom Geschlecht p aber nur von $2p-1$ wesentlichen Konstanten abhängen. Erst Weierstraß und Riemann haben, über dieses Bedenken sich hinwegsetzend, die p-fach unendlichen Thetareihen in die Theorie der hyperelliptischen und Abelschen Funktionen eingeführt und damit das mächtigste Instrument für diese Lehren geschaffen. Es war aber dabei wohl im Auge zu behalten, daß die so in der Theorie der hyperelliptischen und Abelschen Funktionen auftretenden Thetareihen nicht die allgemeinen sind, daß vielmehr ihre Modulen gewissen Bedingungen genügen, vermöge welcher sich die Anzahl der unabhängigen Konstanten im hyperelliptischen Falle auf $2p-1$, im Abelschen auf $3p-3$ reduziert.

Welcher Art die Bedingungen für die Modulen der hyperelliptischen Thetareihen sind, ist ziemlich früh erkannt worden; sie bestehen in dem Verschwinden gewisser geraden Funktionen für die Nullwerte der Argumente. Für die Abelschen Thetafunktionen hat Schottky die im niedrigsten Falle $p=4$ (da noch für $p=3$ $\frac{1}{2}p(p+1)=3p-3$ ist, die Abelschen Thetafunktionen also allgemeine sind) zwischen den Modulen der Thetareihe bestehende Beziehung in einer Relation ziemlich hohen Grades zwischen geraden Thetanullwerten gefunden.

Von diesen speziellen Abelschen und noch spezielleren hyperelliptischen Thetafunktionen handeln das neunte und zehnte Kapitel des vorliegenden Buches. Der Gedanke, eine Übersicht über die Theorie der Abelschen und hyperelliptischen Funktionen selbst zu geben, mußte wegen des geringen zur Verfügung stehenden Raumes von vornherein aufgegeben werden; damit wurde aber die Abgrenzung des Darzustellenden einigermaßen willkürlich; auch konnte hierbei für die beiden Kapitel nicht der gleiche Gesichtspunkt festgehalten werden.

Die allgemeinen Thetafunktionen haben also, um zu ihnen zurückzukehren, in der Theorie der Abelschen Funktionen keine Verwendung gefunden. Wie sie mit dieser Theorie in Verbindung gebracht werden können, ist erst in der allerjüngsten Zeit erkannt worden. Zu dieser Erkenntnis hat aber ein andres, davon ganz verschiedenes Problem geführt.

Gerade umgekehrt nämlich wie die Thetafunktionen für die Verwendung in der Theorie der Abelschen Funktionen zu allgemein waren, schienen sie zu speziell, wenn es sich um die Darstellung beliebiger $2p$-fach periodischer Funktionen handelte; denn man sieht zunächst nicht ein, wie die $2p^2$ Perioden $\omega_{\mu\alpha}$ $\begin{pmatrix}\mu=1,2,\cdots,p\\ \alpha=1,2,\cdots,2p\end{pmatrix}$ einer allgemeinen $2p$-fach periodischen Funktion zu der Beschränkung kommen sollen, daß die nach der Normierung (vgl. dazu pag. 113) der ersten p Periodensysteme an Stelle der zweiten auftretenden Größen $a_{\mu\mu'}$ den $\frac{1}{2}(p-1)p$ Bedingungen $a_{\mu'\mu}=a_{\mu\mu'}$ $(\mu,\mu'=1,2,\cdots,p;$ $\mu<\mu')$ genügen, und der weiteren, daß die aus ihren reellen Teilen gebildete quadratische Form eine negative ist. Andrerseits aber sind diese beiden Bedingungen von der Thetareihe unzertrennlich; denn einmal können in der quadratischen Form des Exponenten überhaupt nicht mehr als $\frac{1}{2}p(p+1)$ Parameter untergebracht werden, und weiter kann die Thetareihe ohne die an zweiter Stelle genannte Bedingung nicht konvergieren; sie konvergiert dann allerdings absolut und für alle Werte der Argumente, aber eine andre Konvergenz gibt es, wie ich gezeigt habe (vgl. dazu pag. 10 u. f.), bei der Thetareihe überhaupt nicht.

Nun hat aber im Gegensatze zu dem eben Ausgeführten Riemann schon 1860 den Satz ausgesprochen, daß jede $2p$-fach periodische Funktion sich durch Thetafunktionen darstellen lasse, und es haben Picard und Poincaré, nachdem vorher Weierstraß eine Reihe von Sätzen angegeben hatte, welche die Etappen für einen Beweis des Riemannschen Satzes bilden können, daran anknüpfend tatsächlich diesen Satz bewiesen, indem sie zeigten, daß jeder $2p$-fach periodischen Funktion $f(v_1 | \cdots | v_p)$ mit den $2p^2$ Perioden $\omega_{\mu\alpha}$ $\begin{pmatrix}\mu = 1, 2, \cdots, p \\ \alpha = 1, 2, \cdots, 2p\end{pmatrix}$ eine Klasse algebraischer Funktionen von einem Geschlecht $q \geqq p$ zugeordnet werden kann, in welcher $v_1, \cdots, v_p$ p linearunabhängige Integrale erster Gattung sind, deren Periodizitätsmodulen $\Omega_{\mu\varepsilon}$ $\begin{pmatrix}\mu = 1, 2, \cdots, p \\ \varepsilon = 1, 2, \cdots, 2q\end{pmatrix}$ an den $2q$ Querschnitten der zugehörigen Riemannschen Fläche sich linear und ganzzahlig aus den $\omega_{\mu\alpha}$ $\begin{pmatrix}\mu = 1, 2, \cdots, p \\ \alpha = 1, 2, \cdots, 2p\end{pmatrix}$ zusammensetzen. Aus den bekannten bilinearen Relationen zwischen den Ω folgen jetzt auch bilineare Relationen zwischen den ω und damit ist die Grundlage für einen Beweis des Riemannschen Satzes gegeben.

Von der Darstellung der allgemeinen $2p$-fach periodischen Funktionen durch Thetafunktionen handelt das vierte Kapitel. Dabei glaubte ich mich für den Zweck des vorliegenden Buches auf eine bloße Skizzierung des Beweises der Weierstraßschen Sätze, in der Weise wie es Laurent getan hat, beschränken und von einer vollständigen Durchführung desselben absehen zu sollen. Eine solche hat inzwischen Poincaré in seiner letzten Abhandlung: Sur les fonctions abéliennes (Acta math. Bd. 26. 1902, pag. 43) gegeben.

Jene Klasse algebraischer Funktionen vom Geschlecht q, welche in der vorher angegebenen Weise einer beliebigen $2p$-fach periodischen Funktion, also auch jeder aus Quotienten allgemeiner Thetafunktionen gebildeten, zugeordnet werden kann, charakterisiert die Eigenschaft, daß die $2pq$ Periodizitätsmodulen von p linearunabhängigen ihrer Integrale erster Gattung sich aus $2p^2$ Größen linear und ganzzahlig zusammensetzen lassen, als eine spezielle, diese Integrale selbst aber als solche, welche durch Transformation auf Integrale von dem niedrigeren Geschlecht p reduziert werden können.

Die so mit der Theorie der allgemeinen Thetafunktionen verknüpfte Lehre von den reduzierbaren Abelschen Integralen wird im elften Kapitel des vorliegenden Buches behandelt. Dasselbe schließt mit dem interessanten Satze Wirtingers, durch welchen die Beziehung der allgemeinen Thetafunktionen zu der genannten Klasse reduzierbarer Abelscher Integrale genauer dahin präzisiert wird, daß es Abelsche Thetafunktionen vom Geschlecht q gibt, welche nach einer Transformation höheren Grades in Produkte je einer Thetafunktion von p und einer von $q-p$ Variablen zerfallen, derart, daß die ersteren allgemeine Thetafunktionen sind. In dieser Weise ist es gelungen, die allgemeinen Thetafunktionen in der Theorie der Abelschen Funktionen unterzubringen, nicht bei den Funktionen vom Geschlecht p, sondern bei speziellen, reduzierbaren Funktionen eines höheren Geschlechts.

Die zu reduzierbaren Abelschen Integralen gehörigen, also nach einer Transformation höheren Grades in Produkte von Funktionen von weniger Veränderlichen zerfallenden Thetafunktionen spielen noch in anderer Hinsicht eine wichtige Rolle, indem sie stets komplexe Multiplikationen besitzen, d. h. für sie Transformationen existieren, bei denen die transformierten Modulen den ursprünglichen gleich sind. Diese Lehre von der komplexen Multiplikation ist, im wesentlichen der Darstellung von Frobenius folgend, im sechsten Kapitel behandelt. Daß dieselbe einer Ergänzung in der Art bedarf, daß auch die „singulären“ Transformationen im Sinne Humberts berücksichtigt werden, ist dort am Schlusse erwähnt; auch der Zusammenhang mit den reduzierbaren Integralen bedarf noch der genaueren Ausführung.

In der Theorie der Abelschen Funktionen werden fast ausschließlich die im siebenten Kapitel behandelten Thetafunktionen mit halben Charakteristiken verwendet, und es spielen, sobald es sich um die Lösung spezieller Probleme handelt, die zwischen den 2^{2p} derartigen Funktionen bestehenden Relationen, die Additionstheoreme ihrer Quotienten und jene Gleichungen, welche die ursprünglichen und die transformierten Thetafunktionen miteinander verknüpfen, eine wichtige Rolle. Von diesen Beziehungen sucht das vorliegende Buch eine möglichst vollständige und einen einheitlichen Gesichtspunkt wahrende Darstellung zu geben. Nachdem eingehende Untersuchungen in diesem Gebiete ergeben hatten, daß alle in Frage kommenden Gleichungen zwischen Thetafunktionen durch direkte Umformung der unendlichen Reihen gewonnen werden können, mußte dieses Hilfsmittel, als das elementarste, für deren Ableitung benutzt werden, und da sich weiter gezeigt hatte, daß diese Umformungen durchaus nicht auf Thetareihen beschränkt, sondern ohne Änderung auf ganz beliebige unendliche Reihen anwendbar sind, so schien es wünschenswert, sie auch in dieser allgemeinen Form darzustellen. Dies ist für die erste der derartigen Umformungen unendlicher Reihen, welche durch Einführung neuer Summationsbuchstaben vermittelst einer linearen Substitution mit rationalen Koeffizienten erhalten wird, im zweiten Kapitel, für die zweite, nämlich für die durch die Fouriersche Formel bewirkte, im dritten Kapitel geschehen. Die dadurch gewonnenen Umformungen einer beliebigen p-fach unendlichen Reihe (VIII. Satz pag. 60 und III. Satz pag. 102) liefern sodann, auf Thetareihen angewendet, jene Thetaformeln ganz allgemeinen Charakters (IX. Satz pag. 67, XIII. Satz pag. 80 und V. Satz pag. 108), denen alle im späteren Verlaufe notwendig werdenden Formeln als spezielle Fälle entnommen werden können. Hierzu mögen noch folgende Bemerkungen gemacht werden.

Die soeben gewonnenen Thetaformeln sind, wie aus ihrer Entstehung folgt, natürlich für allgemeine Thetafunktionen gültig; sie sind weiter für Thetafunktionen mit ganz beliebigen Charakteristiken $\begin{bmatrix} g \\ h \end{bmatrix}$ aufgestellt. Es wird nun allerdings (pag. 29) gezeigt, daß man unbeschadet der Allgemeinheit diese Größen g, h als reell voraussetzen kann, da jede Thetafunktion mit einer beliebigen komplexen Charakteristik einer solchen mit einer reellen gleich ist; dies schließt aber nicht aus, daß bei besonderen Untersuchungen die Zulassung komplexer Charakteristiken vorteilhaft sein kann; für diesen Fall ist es nicht unwichtig zu bemerken, daß alle Formeln des ersten Teiles auch dann noch bestehen bleiben, wenn die Größen g, h aufhören reell zu sein.

Die im zweiten Kapitel dargestellte Umformung einer unendlichen Reihe war von mir schon früher mitgeteilt worden (vgl. dazu pag. 50); in § 3 gehe ich aber einen nicht unwesentlichen Schritt über diese frühere Darstellung hinaus, indem ich zeige, daß ebenso, wie die dargestellte Umformung der unendlichen Reihe selbst nicht auf Thetafunktionen beschränkt ist, so auch jene Operationen, welche man mit der gewonnenen Thetaformel vorzunehmen pflegt (vgl. dazu als Beispiel die an die Riemannsche Thetaformel geknüpften Untersuchungen pag. 309 u. f.), an der allgemeinen, die Umformung einer beliebigen unendlichen Reihe darstellenden Formel (X) pag. 60 ausgeführt werden können. Auch aus ihr kann man nämlich ein System von Formeln ableiten, welche, während auf die linke Seite immer eine andere unendliche Reihe tritt, auf den rechten Seiten alle die nämlichen unendlichen Reihen enthalten, und kann aus diesem Systeme von Formeln durch lineare Verbindung aller oder eines Teiles von ihnen neue Formeln ableiten, welche alle lineare Gleichungen zwischen den auf ihren linken Seiten stehenden ursprünglichen und den auf den rechten Seiten stehenden transformierten Reihen sind, und man kann insbesondere das erhaltene Formelsystem umkehren, d. h. eine beliebige der transformierten Reihen, wie sie auf der rechten Seite der Formeln stehen, durch die ursprünglichen, auf den linken Seiten stehenden ausdrücken (Formel (85) pag. 64).

Bei der Anwendung der eben genannten allgemeinen Umformung einer unendlichen Reihe (Formel (X) pag. 60) auf ein Produkt von

Thetareihen in § 6 wird vorausgesetzt, daß die Modulen dieser Thetafunktionen ganzzahlige Vielfache der Modulen $a_{\mu\mu'}$ einer einzigen Thetafunktion seien. Für die lineare Substitution, durch welche an Stelle der bisherigen np Summationsbuchstaben $m_\mu^{(\varrho)}$ $\begin{pmatrix}\varrho = 1, 2, \cdots, n\\ \mu = 1, 2, \cdots, p\end{pmatrix}$ die np neuen Summationsbuchstaben $n_\nu^{(\sigma)}$ $\begin{pmatrix}\sigma = 1, 2, \cdots, n\\ \nu = 1, 2, \cdots, p\end{pmatrix}$ eingeführt werden, folgt dann, wenn man nur voraussetzt, daß zwischen den $a_{\mu\mu'}$ keine lineare Relation mit ganzzahligen Koeffizienten bestehe, notwendig die Eigenschaft, daß sie in jeder ihrer Gleichungen nur Größen m und n mit demselben untern Index enthalte, und ich habe ferner bewiesen (vgl. dazu pag. 84), daß unter der gleichen Annahme sich aus Substitutionen dieser speziellen Art und den in § 4 angegebenen Umformungen einer einzelnen Thetareihe die allgemeinste Substitution zusammensetzeu läßt, welche überhaupt ein Produkt von n Thetafunktionen in ein Aggregat solcher Produkte überführt. Beides trifft nicht mehr zu, wenn die Modulen $a_{\mu\mu'}$ in der angegebenen Weise spezialisiert, die Thetafunktionen also „singuläre" im Sinne Humberts sind; für solche Funktionen existieren neben den aus den Formeln des zweiten Kapitels hervorgehenden, für alle Thetafunktionen gültigen Formeln noch spezielle, darin nicht enthaltene, welche den „singulären" Transformationen (vgl. dazu pag. 130) Humberts entsprechen. So dürfte es möglich sein, auch von dieser rein formalen Seite her in die Theorie der singulären Thetafunktionen einzudringen.

Karlsruhe, den 2. Februar 1903.

Inhaltsverzeichnis.

Erster Teil.

Die allgemeinen Thetafunktionen mit beliebigen Charakteristiken.

Erstes Kapitel.

Definition und Haupteigenschaften der Thetafunktionen.

Zweites Kapitel.

Über ein allgemeines Prinzip der Umformung unendlicher, insbesondere mehrfach unendlicher Reihen und dessen Anwendung auf Thetareihen.

Drittes Kapitel.

Ein zweites allgemeines Prinzip der Umformung unendlicher Reihen und dessen Anwendung auf Thetareihen.

Fünftes Kapitel.

Die Transformation der Thetafunktionen.

Sechstes Kapitel.

Die komplexe Multiplikation.

Zweiter Teil.

Die allgemeinen Thetafunktionen mit rationalen Charakteristiken.

Siebentes Kapitel.

Die Thetafunktionen, deren Charakteristiken aus halben Zahlen gebildet sind.

Erster Abschnitt.

Die Charakteristikentheorie.

Zweiter Abschnitt.

Die Additionstheoreme der Thetafunktionen.

Achtes Kapitel.

Die Thetafunktionen, deren Charakteristiken aus r^{tel} Zahlen gebildet sind.

Dritter Teil.

Die speziellen Thetafunktionen.

Neuntes Kapitel.

Die Abelschen Thetafunktionen.

Zehntes Kapitel.

Die hyperelliptischen Thetafunktionen.

Elftes Kapitel.

Die reduzierbaren Abelschen Integrale und die zugehörigen Thetafunktionen.

Erster Teil.

Die allgemeinen Thetafunktionen mit beliebigen Charakteristiken.

Erstes Kapitel.

Definition und Haupteigenschaften der Thetafunktionen.

§ 1.

Die einfach unendliche Thetareihe.

Unter einer einfach unendlichen Thetareihe versteht man eine unendliche Reihe

$$(1) \qquad \sum_{m=-\infty}^{+\infty} z_m,$$

bei der der Logarithmus des allgemeinen Gliedes eine ganze rationale Funktion zweiten Grades des Summationsbuchstabens, also:

$$(2) \qquad z_m = e^{a m^2 + 2 b m + c}$$

ist, wo a, b, c vom Summationsbuchstaben unabhängige Größen bezeichnen.

Die Untersuchung über die Konvergenz der Thetareihe zerfällt in zwei Teile. Im ersten Teile wird eine notwendige Bedingung der Konvergenz ermittelt; im zweiten Teile wird gezeigt, daß die gefundene notwendige Konvergenzbedingung auch hinreichend ist.

Soll eine Reihe (1) konvergieren, und zwar in dem Sinne, daß sie aus zwei selbständigen konvergenten Reihen:

$$(3) \qquad \tfrac{1}{2} z_0 + z_1 + z_2 + \cdots + z_m + \cdots$$

und

$$(4) \qquad \tfrac{1}{2} z_0 + z_{-1} + z_{-2} + \cdots + z_{-m} + \cdots$$

besteht, so muß:

$$(5) \qquad \lim_{m=\infty} z_{\pm m} = 0, \quad \text{also auch} \quad \lim_{m=\infty} z_m z_{-m} = 0$$

sein. Nun ist aber für die gegebene Thetareihe:

$$(6) \qquad z_m z_{-m} = e^{2 a m^2 + 2 c},$$

und es ergibt sich daher als notwendige Konvergenzbedingung die, daß der reelle Teil r der Größe $a = r + si$ einen negativen Wert besitze.

Diese Bedingung $r < 0$, ohne welche, wie soeben gezeigt, von Konvergenz keine Rede sein kann, reicht aber auch dazu hin, daß die Thetareihe konvergiert, und zwar für alle endlichen Werte der Größen $b = v + wi$ und $c = k + li$, und weiter absolut, d. h. so, daß auch ihre Modulreihe:

$$\sum_{m=-\infty}^{+\infty} e^{rm^2 + 2vm + k} \tag{7}$$

konvergent ist. Der Beweis für diese Behauptung ergibt sich sofort aus dem Satze:

„Eine Reihe $a_0 + a_1 + a_2 + \cdots + a_m + \cdots$ mit positiven Gliedern konvergiert, wenn:

$$\lim_{m=\infty} \frac{a_{m+1}}{a_m} < 1 \tag{8}$$

ist"; oder aus dem Satze:

„Eine Reihe $a_0 + a_1 + a_2 + \cdots + a_m + \cdots$ mit positiven Gliedern konvergiert, wenn:

$$\lim_{m=\infty} \sqrt[m]{a_m} < 1 \tag{9}$$

ist", weil für die Modulreihe (7):

$$\frac{a_{\pm(m+1)}}{a_{\pm m}} = e^{r(2m+1) \pm 2v}, \quad \sqrt[m]{a_{\pm m}} = e^{rm \pm 2v} \tag{10}$$

also, sobald $r < 0$:

$$\lim_{m=\infty} \frac{a_{\pm(m+1)}}{a_{\pm m}} = 0, \quad \lim_{m=\infty} \sqrt[m]{a_{\pm m}} = 0 \tag{11}$$

ist.

Das Resultat der angestellten Untersuchung lautet also:

I. Satz: *Die einfach unendliche Thetareihe:*

$$\sum_{m=-\infty}^{+\infty} e^{am^2 + 2bm + c} \tag{I}$$

konvergiert und zwar absolut und für alle endlichen Werte der Größen b und c, wenn der reelle Teil r der Größe $a = r + si$ negativ ist.

Man nehme nun an, daß die Größe $a = r + si$ die für die Konvergenz der Thetareihe notwendige und hinreichende Bedingung $r < 0$ erfülle; die Größe b betrachte man als unabhängige komplexe Veränderliche und entsprechend den Wert der Reihe als Funktion dieser Veränderlichen; die Größe c endlich setze man gleich Null. Die so definierte Funktion wird Thetafunktion genannt und, indem statt des Buchstabens b der Buchstabe u gewählt wird, mit $\vartheta(u)$ bezeichnet.

Die Thetafunktion $\vartheta(u)$ ist definiert durch die Gleichung:

$$\text{(II)} \qquad \vartheta(u) = \sum_{m=-\infty}^{+\infty} e^{am^2+2mu};$$

die Größe u ist eine unabhängige komplexe Veränderliche und wird das Argument der Thetafunktion genannt; die Größe $a = r + si$ ist an die Konvergenzbedingung $r < 0$ geknüpft und heißt der Modul der Thetafunktion.

Die einfach unendliche Thetareihe findet sich zuerst bei Fourier[1]) im vierten Kapitel seiner Théorie analytique de la chaleur; in die Funktionentheorie eingeführt und in ihrer großen Bedeutung für diese erkannt wurde sie von Jacobi.[2])

Aus der Definitionsgleichung (II) ergibt sich sofort als erste Eigenschaft der Thetafunktion:

$$(12) \qquad \vartheta(u + \pi i) = \vartheta(u);$$

die Thetafunktion ist also eine periodische Funktion mit der Periode πi. Weiter ist:

$$(13) \qquad \begin{aligned} \vartheta(u+a) &= \sum_{m=-\infty}^{+\infty} e^{am^2+2m(u+a)} \\ &= e^{-a-2u} \sum_{m=-\infty}^{+\infty} e^{a(m+1)^2+2(m+1)u}. \end{aligned}$$

Beachtet man aber, daß die unendliche Reihe (II) nur eine Umstellung ihrer Glieder, also keine Änderung ihres Wertes erleidet, wenn man den Summationsbuchstaben m um 1 vermehrt, daß also auch die am Ende von (13) stehende Reihe den Wert $\vartheta(u)$ besitzt, so ergibt sich aus (13) als zweite Eigenschaft der Thetafunktion:

$$(14) \qquad \vartheta(u + a) = e^{-a-2u}\vartheta(u).$$

Durch wiederholte Anwendung der Gleichungen (12) und (14) folgt für beliebige ganze Zahlen $\varkappa$, λ:

---

1) Fourier, Théorie analytique de la chaleur. Paris 1822, pag. 333.

2) Jacobi, Fundamenta nova theoriae functionum ellipticarum. 1829. Ges. Werke Bd. 1. Berlin 1881, pag. 228; insbesondere aber: Jacobi, Theorie der elliptischen Funktionen, aus den Eigenschaften der Thetareihen abgeleitet. Nach einer Vorlesung Jacobis in dessen Auftrag ausgearbeitet von Borchardt. W. S. 1839—40, ebenda pag. 497. Wegen des Datums dieser Vorlesung vergl. Kronecker, Über die Zeit und die Art der Entstehung der Jacobischen Thetaformeln. Berl. Ber. 1891, pag. 658 und J. für Math. Bd. 108. 1891, pag. 330.

(15) $$\vartheta(u + \varkappa a + \lambda\pi i) = e^{-\varkappa^2 a - 2\varkappa u}\vartheta(u),$$

eine Gleichung, von deren Richtigkeit man sich auch direkt mit Hilfe der Gleichung:

(16) $$am^2 + 2m(u + \varkappa a + \lambda\pi i)$$
$$= a(m + \varkappa)^2 + 2(m + \varkappa)u + 2m\lambda\pi i - \varkappa^2 a - 2\varkappa u$$

überzeugen kann, wenn man beachtet, daß einerseits die unendliche Reihe (II) den Wert $\vartheta(u)$ behält, wenn man m um $\varkappa$ vermehrt, andererseits $e^{2m\lambda\pi i}$ für alle ganzen Zahlen m und λ den Wert 1 hat. Endlich folgt aus (II) durch gliedweise Differentiation der unendlichen Reihe die dritte Eigenschaft der Thetafunktion:

(17) $$\frac{\partial^2 \vartheta(u)}{\partial u^2} = 4\frac{\partial \vartheta(u)}{\partial a}.$$

Man hat so den

II. Satz: *Die durch die Gleichung* (II) *definierte Thetafunktion* $\vartheta(u)$ *genügt der Gleichung:*

(III) $$\vartheta(u + \varkappa a + \lambda\pi i) = e^{-\varkappa^2 a - 2\varkappa u}\vartheta(u),$$

in der $\varkappa$, λ *beliebige ganze Zahlen bezeichnen. Aus dieser Gleichung gehen, indem man das eine Mal* $\lambda = 1$ *und* $\varkappa = 0$, *das andere Mal* $\varkappa = 1$ *und* $\lambda = 0$ *setzt, die speziellen Gleichungen:*

(IV) $$\vartheta(u + \pi i) = \vartheta(u),$$

(V) $$\vartheta(u + a) = e^{-a - 2u}\vartheta(u)$$

hervor, aus denen man umgekehrt die Gleichung (III) *wieder erzeugen kann. Die in den Gleichungen* (IV) *und* (V) *als Änderungen des Argumentes* u *auftretenden Größen* πi *und* a *werden die Periodizitätsmodulen der Thetafunktion genannt. Weiter genügt die Thetafunktion der Differentialgleichung:*

(VI) $$\frac{\partial^2 \vartheta(u)}{\partial u^2} = 4\frac{\partial \vartheta(u)}{\partial a}.$$

Die im II. Satze niedergelegten Eigenschaften der Funktion $\vartheta(u)$ charakterisieren zusammen mit der Bedingung, daß die Funktion einwertig und im Endlichen nirgendwo unstetig sei, diese Funktion vollständig. Es gilt nämlich der

III. Satz: *Erfüllt eine einwertige und für alle endlichen Werte von* u *stetige Funktion* $G(u)$ *der komplexen Veränderlichen* u *die Gleichungen:*

(VII) $$G(u + \pi i) = G(u),$$

(VIII) $$G(u + a) = e^{-a - 2u}G(u),$$

oder, was dasselbe, bei beliebigen ganzzahligen Werten von $\varkappa$ *und* λ *die Gleichung:*

(IX) $$G(u + \varkappa a + \lambda \pi i) = e^{-\varkappa^2 a - 2\varkappa u} G(u),$$

so kann sie sich von der Funktion $\vartheta(u)$ nur um einen von u freien Faktor unterscheiden; erfüllt sie außerdem die Differentialgleichung:

(X) $$\frac{\partial^2 G(u)}{\partial u^2} = 4 \frac{\partial G(u)}{\partial a},$$

so ist dieser Faktor auch von dem Modul a unabhängig.

Beweis: Betrachtet man $G(u)$ als Funktion der neuen Veränderlichen

(18) $$z = e^{2u},$$

so ist sie eine einwertige und für alle von Null verschiedenen endlichen Werte von z stetige Funktion dieser Veränderlichen und läßt sich demgemäß für alle genannten Werte von z in dieselbe nach positiven und negativen Potenzen von z fortschreitende Reihe entwickeln. Kehrt man sodann zur ursprünglichen Variablen u zurück, so erhält man die für alle endlichen Werte von u giltige Entwicklung:

(19) $$G(u) = \sum_{m=-\infty}^{+\infty} A_m e^{2mu},$$

wobei die A_m von u unabhängige Größen bezeichnen. Führt man diese Reihe an Stelle von $G(u)$ in die Gleichung (IX) ein, so verwandelt sich die linke wie die rechte Seite derselben in eine nach den ganzen Potenzen von e^{2u} fortschreitende Reihe, und es ergibt sich, wenn man berücksichtigt, daß zwei solche Reihen nur dann für alle Werte von u einander gleich sein können, wenn die Koeffizienten gleich hoher Potenzen von e^{2u} beiderseits dieselben sind, für die Konstanten A die Beziehung:

(20) $$A_{m+\varkappa} = A_m e^{\varkappa a (2m+\varkappa)}$$

als notwendige und hinreichende Bedingung dafür, daß die Funktion $G(u)$ der Gleichung (IX) genügt. Setzt man in (20) $m = 0$ und hierauf m statt $\varkappa$, so erhält man die Gleichung:

(21) $$A_m = A_0 e^{am^2},$$

in welcher m eine beliebige ganze Zahl vertritt, und aus welcher wieder umgekehrt die Gleichung (20) erhalten werden kann. Führt man aber diesen Wert an Stelle von A_m in die rechte Seite der Gleichung (19) ein, so erhält man endlich:

(22) $$G(u) = A_0 \sum_{m=-\infty}^{+\infty} e^{am^2 + 2mu} = A_0 \vartheta(u)$$

und hat damit bewiesen, daß die Funktion $G(u)$, wenn sie den Gleichungen (VII) und (VIII) genügt, sich von der Funktion $\vartheta(u)$ nur um einen von u unabhängigen Faktor unterscheidet.

Ersetzt man nun weiter auf der linken und rechten Seite der Gleichung (X) die Funktion $G(u)$ aus der Gleichung (22), so erhält man, weil A_0 von u unabhängig ist, zunächst:

$$(23)\qquad A_0 \frac{\partial^2 \vartheta(u)}{\partial u^2} = 4 \frac{\partial A_0}{\partial a} \vartheta(u) + 4A \frac{\partial \vartheta(u)}{\partial a}$$

und hieraus sofort unter Berücksichtigung der Gleichung (VI):

$$(24)\qquad \frac{\partial A_0}{\partial a} = 0.$$

Damit ist aber bewiesen, daß A_0, wenn die Funktion $G(u)$ der Gleichung (X) genügt, auch von dem Modul a der Thetafunktion unabhängig ist.

Repräsentiert man die Werte der unabhängigen Variablen u durch die Punkte einer Ebene, so bestimmen die vier Werte $u = 0$, a, πi, $a + \pi i$ ein Parallelogramm Π_0. Zieht man ferner durch alle Punkte $u = \varkappa a$ und $u = \lambda \pi i$, wo $\varkappa$ und λ ganze Zahlen bezeichnen, Gerade parallel den Seiten dieses Parallelogrammes, so wird die ganze Ebene in kongruente Parallelogramme zerschnitten. Einem jeden Punkte u in einem beliebigen dieser Parallelogramme entspricht nun ein ihm „kongruenter" Punkt $u_0 = u - \varkappa a - \lambda \pi i$ oder kürzer $u \equiv u_0$ in Π_0, und es kann der Wert der Thetafunktion im Punkte u mit Hilfe der Formel (III) aus ihrem Werte im Punkte u_0 berechnet werden. In diesem Sinne genügt es, den Werteverlauf der Funktion $\vartheta(u)$ in Π_0 zu untersuchen; insbesondere verschwindet die Thetafunktion in einem Punkte u dann und nur dann, wenn auch $\vartheta(u_0) = 0$ ist. Es soll hier die Frage beantwortet werden, in wieviel Punkten von Π_0 und in welchen $\vartheta(u)$ verschwindet.

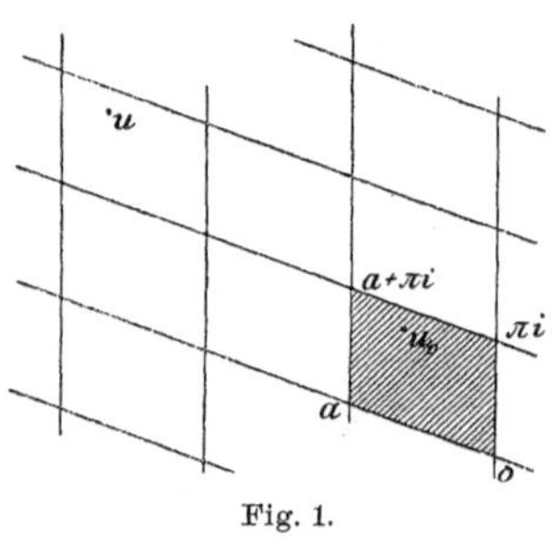

Fig. 1.

Die Anzahl der Nullpunkte von $\vartheta(u)$ in Π_0 und die Summe dieser Nullpunkte werden durch die Integrale:

$$(25)\qquad J_1 = \frac{1}{2\pi i} \int\limits_{\Pi_0}^{+} d \log \vartheta(u), \quad J_2 = \frac{1}{2\pi i} \int\limits_{\Pi_0}^{+} u\, d \log \vartheta(u)$$

geliefert, die in positiver Richtung um Π_0 zu erstrecken sind. Nun ist aber allgemein:

$$(26)\qquad \begin{aligned} \int\limits_{\Pi_0}^{+} f(u)\, du &= \int\limits_0^{\pi i} f(u)\, du + \int\limits_{\pi i}^{\pi i + a} f(u)\, du + \int\limits_{\pi i + a}^{a} f(u)\, du + \int\limits_a^0 f(u)\, du \\ &= \int\limits_0^{\pi i} \{f(u) - f(u+a)\}\, du - \int\limits_0^{a} \{f(u) - f(u + \pi i)\}\, du, \end{aligned}$$

und da weiter den Gleichungen (IV), (V) zufolge:

$$(27)\qquad \frac{d\log\vartheta(u+\pi i)}{du}=\frac{d\log\vartheta(u)}{du},\qquad \frac{d\log\vartheta(u+a)}{du}=\frac{d\log\vartheta(u)}{du}-2$$

ist, so erhält man:

$$(28)\qquad J_1=\frac{1}{\pi i}\int_0^{\pi i}du=1$$

und ferner:

$$(29)\qquad \begin{aligned} J_2&=\frac{1}{\pi i}\int_0^{\pi i}(u+a)du-\frac{a}{2\pi i}\int_0^{\pi i}d\log\vartheta(u)+\frac{1}{2}\int_0^{a}d\log\vartheta(u)\\ &=\frac{\pi i}{2}+a-\frac{1}{2}a=\frac{1}{2}(\pi i+a).\end{aligned}$$

Es verschwindet also die Funktion $\vartheta(u)$ nur einmal in Π_0 und zwar an der Stelle $u=\frac{1}{2}(\pi i+a)$. Man hat folglich den

IV. Satz: *Die Funktion $\vartheta(u)$ wird 0^1 für die Werte:*

$$(\text{XI})\qquad u=\tfrac{1}{2}[(2\varkappa+1)a+(2\lambda+1)\pi i],$$

wo $\varkappa$, λ beliebige ganze Zahlen bezeichnen.

Beachtet man endlich, daß die unendliche Reihe (II) nur eine Umstellung ihrer Glieder also keine Änderung ihres Wertes erleidet, wenn man m durch $-m$ ersetzt, so erhält man:

$$(30)\qquad \vartheta(u)=\vartheta(-u)$$

hat also den

V. Satz: *Die Funktion $\vartheta(u)$ ist eine gerade Funktion ihres Argumentes u.*

§ 2.

Die p-fach unendliche Thetareihe. Ermittelung einer notwendigen und hinreichenden Konvergenzbedingung.

Unter einer p-fach unendlichen Thetareihe versteht man eine p-fach unendliche Reihe, bei welcher der Logarithmus des allgemeinen Gliedes eine ganze rationale Funktion zweiten Grades der p Summationsbuchstaben ist. Eine solche Funktion kann man, wenn man die p Summationsbuchstaben mit $m_1, m_2, \cdots, m_p$ bezeichnet und für die Glieder zweiten Grades sich der bei den quadratischen Formen üblichen Schreibweise bedient, in der Gestalt:

$$(31)\qquad \sum_{\mu=1}^{p}\sum_{\mu'=1}^{p} a_{\mu\mu'} m_\mu m_{\mu'} + 2\sum_{\mu=1}^{p} b_\mu m_\mu + c \qquad (a_{\mu\mu'} = a_{\mu'\mu})$$

darstellen, und es wird daher eine p-fach unendliche Thetareihe in allgemeinster Form durch die Summe:

$$(32)\qquad \sum_{m_1,\cdots,m_p}^{-\infty,\cdots,+\infty} e^{\sum\limits_{\mu=1}^{p}\sum\limits_{\mu'=1}^{p} a_{\mu\mu'} m_\mu m_{\mu'} + 2\sum\limits_{\mu=1}^{p} b_\mu m_\mu + c}$$

repräsentiert, bei deren Ausführung jede der p Größen m unabhängig von den anderen die Reihe der ganzen Zahlen von $-\infty$ bis $+\infty$ durchläuft.

Eine notwendige Bedingung für die Konvergenz der unendlichen Reihe (32) ist die, daß das allgemeine Glied derselben gegen Null konvergiert, wenn irgend welche der p ganzen Zahlen m, einerlei wie die übrigen sich gleichzeitig bewegen, ihren absoluten Werten nach über alle Grenzen wachsen. Setzt man daher im allgemeinen Gliede der Reihe (32) an Stelle von $m_1, \cdots, m_p$ das eine Mal die Zahlen $m_1', \cdots, m_p'$, das andere Mal die Zahlen $-m_1', \cdots, -m_p'$, so muß, wenn die Reihe konvergent sein soll, ein jeder der beiden dadurch entstehenden Ausdrücke und daher auch ihr Produkt:

$$(33)\qquad e^{2\sum\limits_{\mu=1}^{p}\sum\limits_{\mu'=1}^{p} a_{\mu\mu'} m_\mu' m_{\mu'}' + 2c}$$

gegen Null konvergieren, wenn irgend welche der p ganzen Zahlen m' ihren absoluten Werten nach über alle Grenzen wachsen, und man erhält daraus sofort die folgende notwendige Konvergenzbedingung:

VI. Satz: *Bezeichnet man den reellen Teil der Größe* $a_{\mu\mu'}$ *mit* $r_{\mu\mu'}$, *so ist eine notwendige Bedingung für die Konvergenz der Thetareihe die, daß der Ausdruck:*

$$(\mathrm{XII})\qquad R(m_1 \mid \cdots \mid m_p) = \sum_{\mu=1}^{p}\sum_{\mu'=1}^{p} r_{\mu\mu'} m_\mu m_{\mu'}$$

gegen $-\infty$ *geht, wenn irgend welche der* p *ganzen Zahlen* m *ihren absoluten Werten nach über alle Grenzen wachsen.*

Es soll jetzt weiter gezeigt werden, daß die soeben gefundene Bedingung, ohne welche also von Konvergenz keine Rede sein kann, dazu hinreicht, daß die Thetareihe konvergiert, und zwar für alle endlichen Werte der Größen $b_\mu = v_\mu + w_\mu i$ und $c = k + li$, und weiter absolut, d. h. so, daß auch ihre Modulreihe:

$$(34)\qquad \sum_{m_1,\cdots,m_p}^{-\infty,\cdots,+\infty} e^{\sum\limits_{\mu=1}^{p}\sum\limits_{\mu'=1}^{p} r_{\mu\mu'} m_\mu m_{\mu'} + 2\sum\limits_{\mu=1}^{p} m_\mu v_\mu + k}$$

konvergent ist.

Bei dieser Untersuchung treten gewisse Verbindungen der Größen $r_{\mu\mu'}$ auf, welche sich sämtlich als Determinanten von der Form:

$$(35)\qquad r_{\varrho\sigma}^{(\nu)} = \begin{vmatrix} r_{11} & r_{12} & \cdots & r_{1,\nu-1} & r_{1\sigma} \\ r_{21} & r_{22} & \cdots & r_{2,\nu-1} & r_{2\sigma} \\ \cdot & \cdot & \cdot & \cdot & \cdot \\ r_{\nu-1,1} & r_{\nu-1,2} & \cdots & r_{\nu-1,\nu-1} & r_{\nu-1,\sigma} \\ r_{\varrho 1} & r_{\varrho 2} & \cdots & r_{\varrho,\nu-1} & r_{\varrho\sigma} \end{vmatrix}$$

darstellen lassen, wobei ν, ϱ, σ Zahlen aus der Reihe $1, 2, \cdots, p$ bezeichnen, die auch teilweise oder alle einander gleich sein können. Der Fall $\nu = 1$ ist in der Weise aufzufassen, daß alsdann die Determinante $r_{\varrho\sigma}^{(\nu)}$ sich auf das einzige Element $r_{\varrho\sigma}$ reduziert, so daß also $r_{\varrho\sigma}^{(1)}$ mit $r_{\varrho\sigma}$ identisch ist. Infolge der zwischen den Größen r bestehenden Relationen $r_{\mu'\mu} = r_{\mu\mu'}$ $(\mu, \mu' = 1, 2, \cdots, p)$ ändert die Determinante $r_{\varrho\sigma}^{(\nu)}$ ihren Wert nicht, wenn man ϱ und σ vertauscht; es ist daher stets $r_{\sigma\varrho}^{(\nu)} = r_{\varrho\sigma}^{(\nu)}$. Beachtet man dann, daß in der Determinante $r_{\varrho\sigma}^{(\nu+1)}$ $(\nu < p)$ die zu den Elementen $r_{\varrho\sigma}, r_{\nu\nu}, r_{\nu\sigma}, r_{\varrho\nu}$ gehörigen Unterdeterminanten ν^{ten} Grades, die mit $r'_{\varrho\sigma}, r'_{\nu\nu}, r'_{\nu\sigma}, r'_{\varrho\nu}$ bezeichnet werden sollen, mit den Determinanten $r_{\nu\nu}^{(\nu)}, r_{\varrho\sigma}^{(\nu)}, -r_{\varrho\nu}^{(\nu)}, -r_{\nu\sigma}^{(\nu)}$ identisch sind, und bildet die Determinante:

$$(36)\qquad \begin{vmatrix} r'_{\nu\nu} & r'_{\nu\sigma} \\ r'_{\varrho\nu} & r'_{\varrho\sigma} \end{vmatrix},$$

so erhält man auf Grund eines bekannten Satzes der Determinantentheorie, wenn man noch $r_{\varrho\nu}^{(\nu)}$ durch $r_{\nu\varrho}^{(\nu)}$ ersetzt, die im Folgenden wiederholt zur Anwendung kommende Relation:

$$(37)\qquad r_{\nu\nu}^{(\nu)} r_{\varrho\sigma}^{(\nu)} - r_{\nu\varrho}^{(\nu)} r_{\nu\sigma}^{(\nu)} = r_{\nu-1,\nu-1}^{(\nu-1)} r_{\varrho\sigma}^{(\nu+1)},$$

die für jedes ν von 1 bis p gilt, wenn man noch im Falle $\nu = 1$ unter der dann auf der rechten Seite auftretenden Größe $r_{00}^{(0)}$ die Einheit versteht. Diese Relation ist für die jetzt vorzunehmenden Zerlegungen der Form $R(m_1 | \cdots | m_p)$ stets im Auge zu behalten.

Man nehme nun an, daß die Form $R(m_1 | \cdots | m_p)$ die für die Konvergenz der Thetareihe oben als notwendig erkannte Bedingung erfülle, daß also ihr Wert immer gegen $-\infty$ gehe, wenn irgend welche der p ganzen Zahlen m ihren absoluten Werten nach über alle Grenzen wachsen, einerlei wie die übrigen sich gleichzeitig bewegen. Dann muß speziell auch:

$$R(m_1 \mid 0 \mid \cdots \mid 0) = r_{11}^{(1)} m_1^2 \tag{38}$$

gegen $-\infty$ gehen, wenn m_1 über alle Grenzen wächst. Dies zieht aber für $r_{11}^{(1)}$ die Bedingung $r_{11}^{(1)} < 0$ nach sich, und man kann $R(m_1 \mid \cdots \mid m_p)$ zunächst in die Form:

$$\begin{aligned} R(m_1 \mid \cdots \mid m_p) &= r_{11}^{(1)} \left(m_1 + \frac{r_{12}^{(1)}}{r_{11}^{(1)}} m_2 + \cdots + \frac{r_{1p}^{(1)}}{r_{11}^{(1)}} m_p \right)^2 \\ &+ \frac{1}{r_{11}^{(1)}} \sum_{\mu=2}^{p} \sum_{\mu'=2}^{p} r_{\mu\mu'}^{(2)} m_\mu m_{\mu'} \end{aligned} \tag{39}$$

bringen. Weiter muß aber auch:

$$R(m_1 \mid m_2 \mid 0 \mid \cdots \mid 0) = r_{11}^{(1)} \left(m_1 + \frac{r_{12}^{(1)}}{r_{11}^{(1)}} m_2 \right)^2 + \frac{r_{22}^{(2)}}{r_{11}^{(1)}} m_2^2 \tag{40}$$

gegen $-\infty$ gehen, wenn man m_2 unbegrenzt wachsen läßt. Wählt man jedesmal zu dem betreffenden Werte von m_2 den Wert von m_1 etwa der Bedingung $0 \leqq m_1 + \frac{r_{12}^{(1)}}{r_{11}^{(1)}} m_2 < 1$ gemäß, so erhält man für den Koeffizienten von m_2^2 auf der rechten Seite der Gleichung (40) die Bedingung $\frac{r_{22}^{(2)}}{r_{11}^{(1)}} < 0$, und man kann alsdann $R(m_1 \mid \cdots \mid m_p)$ in die Form:

$$\begin{aligned} R(m_1 \mid \cdots \mid m_p) &= r_{11}^{(1)} \left(m_1 + \frac{r_{12}^{(1)}}{r_{11}^{(1)}} m_2 + \frac{r_{13}^{(1)}}{r_{11}^{(1)}} m_3 + \cdots + \frac{r_{1p}^{(1)}}{r_{11}^{(1)}} m_p \right)^2 \\ &+ \frac{r_{22}^{(2)}}{r_{11}^{(1)}} \left(m_2 + \frac{r_{23}^{(2)}}{r_{22}^{(2)}} m_3 + \cdots + \frac{r_{2p}^{(2)}}{r_{22}^{(2)}} m_p \right)^2 \\ &+ \frac{1}{r_{22}^{(2)}} \sum_{\mu=3}^{p} \sum_{\mu'=3}^{p} r_{\mu\mu'}^{(3)} m_\mu m_{\mu'} \end{aligned} \tag{41}$$

bringen. Weiter muß aber auch:

$$\begin{aligned} R(m_1 \mid m_2 \mid m_3 \mid 0 \mid \cdots \mid 0) &= r_{11}^{(1)} \left(m_1 + \frac{r_{12}^{(1)}}{r_{11}^{(1)}} m_2 + \frac{r_{13}^{(1)}}{r_{11}^{(1)}} m_3 \right)^2 \\ &+ \frac{r_{22}^{(2)}}{r_{11}^{(1)}} \left(m_2 + \frac{r_{23}^{(2)}}{r_{22}^{(2)}} m_3 \right)^2 + \frac{r_{33}^{(3)}}{r_{22}^{(2)}} m_3^2 \end{aligned} \tag{42}$$

gegen $-\infty$ gehen, wenn man m_3 unbegrenzt wachsen läßt. Wählt man jedesmal zu dem betreffenden Werte von m_3 zunächst den Wert von m_2 der Bedingung $0 \leqq m_2 + \frac{r_{23}^{(2)}}{r_{22}^{(2)}} m_3 < 1$, und alsdann den Wert von m_1 der Bedingung $0 \leqq m_1 + \frac{r_{12}^{(1)}}{r_{11}^{(1)}} m_2 + \frac{r_{13}^{(1)}}{r_{11}^{(1)}} m_3 < 1$ gemäß, so erhält man für den Koeffizienten von m_3^2 auf der rechten Seite der letzten Gleichung die Bedingung $\frac{r_{33}^{(3)}}{r_{22}^{(2)}} < 0$. Fährt man so fort, so ergibt sich schließlich für $R(m_1 | \cdots | m_p)$, immer unter der Voraussetzung, daß es die im VI. Satz angegebene zur Konvergenz der Thetareihe notwendige Bedingung erfüllt, die Darstellung[1]):

$$
\begin{aligned}
R(m_1 | m_2 | \cdots | m_p) = r_{11}^{(1)} & \left(m_1 + \frac{r_{12}^{(1)}}{r_{11}^{(1)}} m_2 + \cdots + \frac{r_{1,p-1}^{(1)}}{r_{11}^{(1)}} m_{p-1} + \frac{r_{1p}^{(1)}}{r_{11}^{(1)}} m_p \right)^2 \\
& + \frac{r_{22}^{(2)}}{r_{11}^{(1)}} \left(m_2 + \cdots + \frac{r_{2,p-1}^{(2)}}{r_{22}^{(2)}} m_{p-1} + \frac{r_{2p}^{(2)}}{r_{22}^{(2)}} m_p \right)^2 \\
& \quad \cdots\cdots\cdots\cdots \\
& + \frac{r_{p-1,p-1}^{(p-1)}}{r_{p-2,p-2}^{(p-2)}} \left(m_{p-1} + \frac{r_{p-1,p}^{(p-1)}}{r_{p-1,p-1}^{(p-1)}} m_p \right)^2 \\
& + \frac{r_{pp}^{(p)}}{r_{p-1,p-1}^{(p-1)}} (m_p)^2,
\end{aligned} \tag{43}
$$

und man hat zugleich gesehen, daß die p auf der rechten Seite der letzten Gleichung vor den Klammern stehenden Koeffizienten

$$
r_{11}^{(1)}, \quad \frac{r_{22}^{(2)}}{r_{11}^{(1)}}, \quad \cdots, \quad \frac{r_{p-1,p-1}^{(p-1)}}{r_{p-2,p-2}^{(p-2)}}, \quad \frac{r_{pp}^{(p)}}{r_{p-1,p-1}^{(p-1)}} \tag{44}
$$

sämtlich negative Werte haben.

Ein jeder der p Summanden, aus denen sich die rechte Seite der Gleichung (43) zusammensetzt, ist das Produkt zweier Faktoren, von denen der erste eine negative Größe, der zweite das Quadrat einer reellen Größe ist, und es kann daher keiner dieser Summanden jemals positiv werden, welche Werte die ganzen Zahlen m auch annehmen mögen. Infolgedessen kann der Wert von $R(m_1 | \cdots | m_p)$ niemals den Wert des in der p^{ten} Zeile stehenden Summanden überschreiten, und es besteht daher, wenn man noch zur Vereinfachung die Determinante $r_{pp}^{(p)}$, die mit der Determi-

1) Jacobi, Über eine elementare Transformation eines in Bezug auf jedes von zwei Variablen-Systemen linearen und homogenen Ausdrucks. Ges. Werke Bd. 3. Berlin 1884, pag. 583.

nante $\sum \pm r_{11} r_{22} \cdots r_{pp}$ der quadratischen Form $R(m_1 | \cdots | m_p)$ identisch ist, mit Δ, die Determinante $r^{(p-1)}_{p-1,p-1}$, insofern sie die zu dem Elemente r_{pp} gehörige Unterdeterminante $p-1^{\text{ten}}$ Grades der Determinante Δ ist, mit ϱ_{pp} bezeichnet, die Beziehung[1]):

$$(45) \qquad R(m_1 | \cdots | m_p) \overline{\overline{<}} \frac{\Delta}{\varrho_{pp}} m_p^2, \quad \frac{\Delta}{\varrho_{pp}} < 0.$$

Nun besitzt aber bei der Form $R(m_1 | \cdots | m_p)$ keine der Zahlen m einen Vorzug vor den anderen, und es besteht daher, vorausgesetzt immer, daß $R(m_1 | \cdots | m_p)$ die angegebene Bedingung erfüllt, für jedes ν von 1 bis p die Beziehung:

$$(46) \qquad R(m_1 | \cdots | m_p) \overline{\overline{<}} \frac{\Delta}{\varrho_{\nu\nu}} m_\nu^2, \quad \frac{\Delta}{\varrho_{\nu\nu}} < 0,$$

wobei $\varrho_{\nu\nu}$ die zu dem Elemente $r_{\nu\nu}$ gehörige Unterdeterminante $p-1^{\text{ten}}$ Grades der Determinante $\Delta = \sum \pm r_{11} r_{22} \cdots r_{pp}$ bezeichnet. Setzt man hierin an Stelle von ν der Reihe nach die Zahlen $1, 2, \cdots, p$ und addiert die p so entstandenen Relationen zueinander, so erhält man zunächst:

$$(47) \qquad p R(m_1 | \cdots | m_p) \overline{\overline{<}} \sum_{\nu=1}^{p} \frac{\Delta}{\varrho_{\nu\nu}} m_\nu^2$$

und weiter, indem man linke und rechte Seite dieser letzten Relation durch p dividiert, gleichzeitig zur Abkürzung

$$(48) \qquad \frac{1}{p} \frac{\Delta}{\varrho_{\nu\nu}} = -k_\nu \qquad (\nu = 1, 2, \cdots, p)$$

und für $R(m_1 | \cdots | m_p)$ das setzt, was es bedeutet, die Beziehung:

$$(49) \qquad \sum_{\mu=1}^{p} \sum_{\mu'=1}^{p} r_{\mu\mu'} m_\mu m_{\mu'} \overline{\overline{<}} - \sum_{\nu=1}^{p} k_\nu m_\nu^2,$$

wobei die k sämtlich positive reelle Größen bezeichnen.

Auf Grund der zuletzt gewonnenen Beziehung ergibt sich aber sofort die Konvergenz der gegebenen Modulreihe (34), indem man diese mit dem Produkte der p einfach unendlichen, für alle endlichen Werte der v konvergenten Reihen:

$$(50) \qquad \sum_{m_\nu=-\infty}^{+\infty} e^{-k_\nu m_\nu^2 + 2 m_\nu v_\nu} \qquad (\nu = 1, 2, \cdots, p)$$

vergleicht.

---

1) Es ist damit auch die bei Auflösung der Gleichungen (94) benutzte Tatsache erwiesen, daß die Determinante $\sum \pm r_{11} r_{22} \cdots r_{pp}$ stets von Null verschieden ist.

Damit ist aber bewiesen, daß die im VI. Satz angegebene notwendige Konvergenzbedingung in der Tat auch dazu hinreicht, daß die Thetareihe konvergiert, und zwar für alle endlichen Werte der Größen b_μ und c, und weiter absolut, d. h. so, daß auch ihre Modulreihe konvergent ist. Das Resultat der angestellten Untersuchung lautet also:

VII. Satz: *Die p-fach unendliche Thetareihe:*

$$\text{(XIII)}\qquad \sum_{m_1,\cdot\cdot,m_p}^{-\infty,\cdot\cdot,+\infty} e^{\sum\limits_{\mu=1}^{p}\sum\limits_{\mu'=1}^{p} a_{\mu\mu'}m_\mu m_{\mu'} + 2\sum\limits_{\mu=1}^{p} b_\mu m_\mu + c}$$

konvergiert und zwar absolut und für alle endlichen Werte der Größen $b_1, \cdots, b_p$ und c, wenn der Wert des mit den reellen Teilen $r_{\mu\mu'}$ der Größen $a_{\mu\mu'}$ gebildeten Ausdrucks:

$$\text{(XIV)}\qquad R(m_1 | \cdots | m_p) = \sum_{\mu=1}^{p}\sum_{\mu'=1}^{p} r_{\mu\mu'} m_\mu m_{\mu'}$$

gegen $-\infty$ geht, sobald irgend welche der p ganzen Zahlen m ihren absoluten Werten nach über alle Grenzen wachsen, einerlei, wie die übrigen sich gleichzeitig bewegen.

§ 3.

Andere Formen für die Konvergenzbedingung.

Die für $R(m_1 | \cdots | m_p)$ gefundene, zur Konvergenz der p-fach unendlichen Thetareihe notwendige und hinreichende Bedingung kann durch ein System von Bedingungen, welche sich ausschließlich auf die Koeffizienten $r_{\mu\mu'}$ der Form $R(m_1 | \cdots | m_p)$ beziehen, ersetzt werden. Erfüllt nämlich die Form $R(m_1 | \cdots | m_p)$ die angegebene Bedingung, so bestehen immer, wie früher gezeigt wurde, die p Ungleichheiten:

$$(51)\qquad r_{11}^{(1)} < 0, \quad \frac{r_{22}^{(2)}}{r_{11}^{(1)}} < 0, \quad \cdots, \quad \frac{r_{pp}^{(p)}}{r_{p-1,p-1}^{(p-1)}} < 0.$$

Es gilt aber auch das Umgekehrte. Genügen nämlich die Koeffizienten r irgend einer Form $R(m_1 | \cdots | m_p)$ diesen p Ungleichheiten, so läßt sich diese zunächst immer in der Form (43) zerlegen. Bei dieser Zerlegung ist aber die Determinante der p auf der rechten Seite vorkommenden, in Klammern eingeschlossenen homogenen linearen Funktionen der Zahlen $m_1, \cdots, m_p$ von Null verschieden (sie hat, wie unmittelbar zu sehen, den Wert Eins), und es entsprechen daher endlichen Werten dieser Funktionen immer auch endliche Werte der ganzen Zahlen m. Wachsen daher irgend welche der p ganzen Zahlen m, einerlei, wie die übrigen sich gleichzeitig bewegen, ihren absoluten Werten nach über alle Grenzen, so muß wenigstens eine der genannten Funktionen ihrem absoluten Werte nach über alle Grenzen wachsen, und der Wert von $R(m_1 | \cdots | m_p)$ geht dann gegen $-\infty$, da die vor den Quadraten dieser Funktionen stehenden Koeffizienten (44) sämtlich negativ sind. Jede Form $R(m_1 | \cdots | m_p)$, deren Koeffizienten r den p Ungleichheiten (51) genügen, erfüllt daher immer auch die oben angegebene *zur Konvergenz der p-fach unendlichen Thetareihe notwendige und hinreichende Bedingung,* und es kann daher diese Bedingung *durch das System der p Bedingungen* (51) *oder, was dasselbe, durch das System der p Bedingungen:*

$$(52) \qquad (-1)^{\nu} r_{\nu\nu}^{(\nu)} > 0 \qquad (\nu = 1, 2, \cdots, p)$$

ersetzt werden.

Der gefundenen Konvergenzbedingung soll endlich noch eine andere Form gegeben werden. Zu dem Ende betrachte man die mit Hilfe der Koeffizienten r der Form $R(m_1 | \cdots | m_p)$ gebildete quadratische Form:

$$(53) \qquad R(x_1 | \cdots | x_p) = \sum_{\mu=1}^{p} \sum_{\mu'=1}^{p} r_{\mu\mu'} x_{\mu} x_{\mu'},$$

bei der die x unabhängige reelle Veränderliche bezeichnen sollen. Diese Form läßt sich dann, wenn $R(m_1 | \cdots | m_p)$ die im VII. Satz angegebene Bedingung erfüllt oder, was dasselbe, wenn die Koeffizienten r den p Ungleichheiten (51) oder (52) genügen, in derselben Weise zerlegen, wie vorher $R(m_1 | \cdots | m_p)$; man braucht in der Gleichung (43), die eine identische ist, und also gilt, was auch die Buchstaben m bedeuten, nur die Buchstaben m durch die Buchstaben x zu ersetzen. Diese Zerlegung zeigt dann, daß die Form $R(x_1 | \cdots | x_p)$ eine negative quadratische Form ist, oder, was dasselbe sagt, stets einen negativen Wert hat, wenn nicht gleichzeitig $x_1 = 0, x_2 = 0, \cdots, x_p = 0$ ist. Da nämlich die p bei der Zerlegung auftretenden Koeffizienten (44) sämtlich negativ sind, so kann die Form einen positiven Wert überhaupt nicht, den Wert Null aber nur dann annehmen, wenn die p in den Klammern stehenden homogenen linearen Formen der x gleichzeitig verschwinden. Dies letztere aber ist, da die Determinante derselben, wie vorher erwähnt, von Null verschieden ist, nur dann möglich, wenn alle Größen x gleichzeitig verschwinden. Bezeichnet umgekehrt $R(x_1 | \cdots | x_p)$ eine negative quadratische Form, so kann man dieselbe in der nämlichen Weise zerlegen, wie es früher mit der Form $R(m_1 | \cdots | m_p)$ geschehen ist; man braucht dazu nur der Reihe nach die Formen $R(x_1 | 0 | \cdots | 0)$, $R(x_1 | x_2 | 0 | \cdots | 0)$, $\cdots$ zu betrachten und festzuhalten, daß eine jede dieser Formen, sobald nicht die sämtlichen darin vorkommenden Größen x Null sind, negativ sein muß. Bei dieser Zerlegung ergeben sich dann für die Koeffizienten (44) wieder die vorher aufgestellten Ungleichheiten (51), und es erfüllt daher die zu $R(x_1 | \cdots | x_p)$ gehörige Form $R(m_1 | \cdots | m_p)$ stets die vorher angegebene *zur Konvergenz der p-fach unendlichen Thetareihe notwendige und hinreichende Bedingung.* Diese Bedingung kann daher auch *durch die Bedingung, daß* $R(x_1 | \cdots | x_p)$ *eine negative quadratische Form sei, ersetzt werden.*

Das Endresultat der ganzen bisherigen Untersuchung läßt sich nun endlich wie folgt aussprechen:

VIII. Satz: *Die p-fach unendliche Thetareihe:*

$$\text{(XV)} \qquad \sum_{m_1,\cdots,m_p}^{-\infty,\cdots,+\infty} e^{\sum\limits_{\mu=1}^{p}\sum\limits_{\mu'=1}^{p} a_{\mu\mu'} m_\mu m_{\mu'} + 2\sum\limits_{\mu=1}^{p} b_\mu m_\mu + c}$$

konvergiert und zwar absolut und für alle endlichen Werte der Größen $b_1, \cdots, b_p$ *und* c, *wenn die mit den reellen Teilen* $r_{\mu\mu'}$ *der Größen* $a_{\mu\mu'}$ *gebildete quadratische Form:*

$$\text{(XVI)} \qquad \sum_{\mu=1}^{p}\sum_{\mu'=1}^{p} r_{\mu\mu'} x_\mu x_{\mu'}$$

eine negative Form ist. Diese Bedingung ist dann aber auch nur dann erfüllt, wenn die Koeffizienten $r_{\mu\mu'}$ *den* p *Ungleichheiten:*

$$\text{(XVII)} \qquad (-1)^\nu r_{\nu\nu}^{(\nu)} > 0, \qquad (\nu = 1, 2, \cdots, p)$$

genügen.

Die in den beiden letzten Paragraphen mitgeteilte Untersuchung über die Konvergenz der p-fach unendlichen Thetareihe wurde von Herrn Prym und mir im Jahre 1885 angestellt.[1]) Der Grundgedanke des Beweises, auf Grund einer Zerlegung der Form $R(m_1 | \cdots | m_p)$ von der Gestalt (43) zu einer Ungleichung von der Form (49) zu gelangen, findet sich zuerst wohl bei Briot;[2]) die vorliegende Gestalt habe ich dem Konvergenzbeweise in meiner Abhandlung: Über die Convergenz der Thetareihe[3]) gegeben. Bei derselben tritt schärfer, als es bis dahin betont worden war, zu Tage, daß, sobald man die Bedingung stellt, es solle das allgemeine Glied der Thetareihe gegen Null konvergieren, wenn irgend welche der Summationsbuchstaben ihren absoluten Werten nach über alle Grenzen wachsen, dieses Verlangen allein schon zu jener Eigenschaft der Form (XVI) führt, welche nun ihrerseits die absolute Konvergenz der Reihe für alle endlichen Werte der Größen b und c nach sich zieht.

1) Krazer und Prym, Neue Grundlagen einer Theorie der allgemeinen Thetafunktionen; herausg. von Krazer. Leipzig 1892, pag. 3.

2) Briot, Théorie des fonctions Abéliennes. Paris 1879, pag. 115.

3) Krazer, Über die Convergenz der Thetareihe. Math. Ann. Bd. 49. 1897, pag. 400.

Der erste Teil der Konvergenzuntersuchung, welcher den Nachweis enthält, daß das Negativsein der Form $R(x_1 \mid \cdots \mid x_p)$ eine zur Konvergenz der Thetareihe notwendige Bedingung bildet, ist wenig bearbeitet worden. Dem Verfasser sind nur jene Beweise bekannt, welche Weierstraß und Christoffel hiefür in ihren Vorlesungen über die Theorie der hyperelliptischen und Abelschen Funktionen gegeben haben; dieselben lassen sich kurz so darstellen:

Gäbe es reelle Größen x, für welche $R(x_1 \mid \cdots \mid x_p) > 0$ ist, so gäbe es auch rationale und daher auch ganze Zahlen, für welche dies stattfindet. Wäre dann aber $R(m_1 \mid \cdots \mid m_p) > 0$, so würde $R(km_1 \mid \cdots \mid km_p)$ mit k über alle Grenzen wachsen. Zur Konvergenz der Thetareihe ist also jedenfalls notwendig, daß $R(x_1 \mid \cdots \mid x_p)$ für kein reelles Wertesystem der x positiv ist; dann sind aber nur zwei Fälle möglich, entweder ist die Form $R(x_1 \mid \cdots \mid x_p)$, wie bewiesen werden soll, eine ordinäre negative Form, oder sie ist singulär, in der Weise, daß sie, in Quadrate linearer Formen zerlegt, als Summe von q, $q < p$, negativen Quadraten erscheint. Daß aber auch bei letzterer Annahme die Reihe nicht konvergieren kann, zeigt man, indem man Glieder der Reihe nachweist, welche dem absoluten Werte nach größer sind, als eine vorgegebene Größe, während mindestens einer der Summationsbuchstaben m eine beliebig große positive ganze Zahl übersteigt.

Der zweite Teil der Konvergenzuntersuchung, welcher den Nachweis enthält, daß das Negativsein der Form $R(x_1 \mid \cdots \mid x_p)$ eine zur absoluten Konvergenz der Thetareihe für alle endlichen b und c hinreichende Bedingung ist, hat dagegen vielfache Bearbeitung gefunden. Die zahlreichen Beweise lassen sich in zwei Klassen einteilen; die Beweise der ersten Klasse erbringen, ebenso wie der oben mitgeteilte, den gewünschten Nachweis dadurch, daß sie die Modulreihe (34) der p-fach unendlichen Thetareihe mit dem Produkte von p einfach unendlichen Reihen vergleichen, die Beweise der zweiten Klasse dagegen dadurch, daß sie die Modulreihe (34) durch gruppenweises Zusammenfassen ihrer Glieder mit einer einzigen einfach unendlichen Reihe vergleichen.

Beweise der ersten Klasse.

Von Weierstraß[1]) rührt der folgende Beweis her: Geht die Form $R(x_1 \mid \cdots \mid x_p)$ durch eine orthogonale Substitution in $-\sum_{\nu=1}^{p} k_\nu y_\nu^2$ über, und wird mit k die kleinste der p positiven Größen $k_1, \cdots, k_p$ bezeichnet, so ist für alle reellen Werte der x:

$$R(x_1 \mid \cdots \mid x_p) \overline{\gtrless} - k \sum_{\nu=1}^{p} y_\nu^2 \tag{54}$$

1) Weierstraß, Vorlesungen über die Theorie der hyperelliptischen Funktionen. W. S. 1881—82; siehe Stahl, Theorie der Abelschen Funktionen. Leipzig 1896, pag. 204. Weniger einfach ist ein auf derselben Grundlage ruhender Beweis des Herrn Thomae: Sammlung von Formeln, welche bei Anwendung der elliptischen und Rosenhainschen Funktionen gebraucht werden. Halle 1876, pag. 22.

oder, da wegen der Orthogonalität der Substitution $\sum_{\nu=1}^{n} y_\nu^2 = \sum_{\nu=1}^{n} x_\nu^2$ ist, auch:

$$(55) \qquad R(x_1 | \cdots | x_p) \overline{\gtrless} - k \sum_{\nu=1}^{p} x_\nu^2.$$

Auf Grund dieser Ungleichung ergibt sich aber die Konvergenz der Modulreihe (34) sofort, indem man diese mit dem Produkte der p einfach unendlichen konvergenten Reihen:

$$(56) \qquad \sum_{m_\nu=-\infty}^{+\infty} e^{-k m_\nu^2 + 2 m_\nu v_\nu}$$

vergleicht.

Christoffel[1]) hat die Ungleichung (55) auf folgende Weise abgeleitet. Man bezeichne mit $-k$ den größten Wert, den die Form $R(x_1 | \cdots | x_p)$ für alle jene Wertsysteme $x_1, \cdots, x_p$ annimmt, für welche $\sum_{\nu=1}^{p} x_\nu^2 = 1$ ist. Für ein beliebiges Wertesystem $x_1, \cdots, x_p$, für welches $\sum_{\nu=1}^{p} x_\nu^2 = s^2$ sei, ist dann $R(x_1 | \cdots | x_p) \overline{\gtrless} - ks^2$, woraus sofort, indem man s^2 durch $\sum_{\nu=1}^{p} x_\nu^2$ ersetzt, die Ungleichung (55) folgt.

Noch einfacher kann man, wie Herr Prym in einer Vorlesung angegeben hat, zu der Ungleichung (55) durch die Überlegung gelangen, daß die Form $R(x_1 | \cdots | x_p)$, wenn sie eine negative ist (was stets und nur unter den p Bedingungen (51) der Fall ist) eine solche bleibt, wenn man allgemein $r_{\mu\mu'}$ durch $r_{\mu\mu'} + \delta_{\mu\mu'} k$ ersetzt, wobei $\delta_{\mu\mu'} = 1$ oder 0 ist, je nachdem $\mu = \mu'$ ist oder nicht, und k eine hinreichend kleine positive Größe bezeichnet; es ist dann für alle reellen Werte der x:

$$(57) \qquad \sum_{\mu=1}^{p} \sum_{\mu'=1}^{p} (r_{\mu\mu'} + \delta_{\mu\mu'} k) x_\mu x_{\mu'} < 0$$

oder

$$(58) \qquad R(x_1 | \cdots | x_p) < - k \sum_{\nu=1}^{p} x_\nu^2.$$

In die erste Klasse gehören ferner der nur für $p = 2$ angegebene Beweis von Rosenhain[2]), als dessen Verallgemeinerung mein obiger angesehen werden kann, insofern er für $p = 2$ mit ihm identisch wird, und ein Beweis des Herrn v. Dalwigk[3]).

1) Christoffel, Die Convergenz der Jacobischen ϑ-Reihe mit den Moduln Riemanns. Züricher Vierteljahrsschr. Bd. 41. 1896, pag. 3.

2) Rosenhain, Mémoire sur les fonctions de deux variables et à quatre périodes qui sont les inverses des intégrales ultra-elliptiques de la première classe. Mém. prés. par div. sav. à l'acad. des sc. de l'inst. nat. de France. Sc. math. et phys. t. 11. 1851, pag. 388; auch deutsch in Ostwalds Klassikern der exakten Wissenschaften Nr. 65.

3) v. Dalwigk, Beiträge zur Theorie der Thetafunktionen von p Variablen. Nova Acta Leop. Bd. 57. 1892, pag. 232.

Beweise der zweiten Klasse.

Der Riemannsche Beweis[1]) benutzt einen Hilfssatz, der in der Fassung des Herrn Hurwitz[2]) folgendermaßen lautet: „Es sei b eine endliche Größe, x eine Variable, die nur die Werte, welche gleich oder größer als b sind, annehmen soll. Sind nun $f(x)$ und $g(x)$ zwei Funktionen, die beständig positiv sind und von denen die erste mit wachsendem x abnimmt, die zweite (bis ins Unendliche) zunimmt, und ist die Anzahl der Glieder einer Reihe mit positiven Gliedern, die gleich oder größer als $f(x)$ sind, gleich oder kleiner als $g(x)$, so konvergiert die Reihe, wenn das Integral $\int\limits_b^\infty f(x)\, g'(x)\, dx$ konvergiert." Um die Konvergenz der Modulreihe (34) auf Grund dieses Hilfssatzes zu beweisen, bringe man das allgemeine Glied derselben, indem man p reelle Größen t_μ durch die Gleichungen:

$$(59) \qquad v_\mu = \sum_{\mu'=1}^{p} r_{\mu\mu'} t_{\mu'} \qquad (\mu = 1, 2, \cdots, p)$$

bestimmt, in die Form:

$$(60) \qquad \begin{aligned} &\sum_{\mu=1}^{p} \sum_{\mu'=1}^{p} r_{\mu\mu'} m_\mu m_{\mu'} + 2 \sum_{\mu=1}^{p} m_\mu v_\mu + k \\ &= \sum_{\mu=1}^{p} \sum_{\mu'=1}^{p} r_{\mu\mu'} (m_\mu + t_\mu)(m_{\mu'} + t_{\mu'}) - \sum_{\mu=1}^{p} \sum_{\mu'=1}^{p} r_{\mu\mu'} t_\mu t_{\mu'} + k \end{aligned}$$

und lege der Konvergenzuntersuchung die von (34) nur um einen Faktor verschiedene Reihe:

$$(61) \qquad \sum_{m_1, \cdots, m_p}^{-\infty, \cdots, +\infty} e^{\sum\limits_{\mu=1}^{p} \sum\limits_{\mu'=1}^{p} r_{\mu\mu'} (m_\mu + t_\mu)(m_{\mu'} + t_{\mu'})}$$

zu Grunde. Durch die Gleichung

$$(62) \qquad -\sum_{\mu=1}^{p} \sum_{\mu'=1}^{p} r_{\mu\mu'} x_\mu x_{\mu'} = h^2$$

wird, wenn die x die rechtwinkligen Koordinaten eines Raumes von p Dimensionen sind, eine geschlossene, sich nirgends ins Unendliche erstreckende Mannigfaltigkeit von $p-1$ Dimensionen M_h definiert, durch welche der ganze Raum von p Dimensionen in zwei Teile geteilt wird, einen inneren, für dessen Punkte die linke Seite der Gleichung (62) $< h^2$ ist, und einen äußeren, für den dieselbe $> h^2$ ist. Das Volumen des Innenraumes wird durch das Integral:

---

1) Riemann, Convergenz der p-fach unendlichen Theta-Reihe. 1861. Ges. math. Werke. Leipzig 1876, pag. 452.

2) Hurwitz, Über Riemanns Convergenzkriterium. Math. Ann. Bd. 44. 1894, pag. 83.

$$(63) \qquad J_h = \int\int \cdots \int dx_1 dx_2 \cdots dx_p$$

geliefert, wenn dessen Grenzen aus der Gleichung (62) bestimmt werden. Die Anzahl aller „Gitterpunkte“ $x_1 = m_1 + t_1, \cdots, x_p = m_p + t_p$ (wobei die m ganze Zahlen, die t die oben eingeführten Größen bezeichnen), welche im Innern oder auf der Begrenzung von M_h liegen, möge mit Z_h bezeichnet werden. Dieselben sind die Eckpunkte einer Anzahl von Parallelotopen, von denen jedes den Inhalt 1 hat, und die ganz innerhalb von M_h liegen. Für die Anzahl Z_h' dieser Parallelotope gilt dann, da jedes Parallelotop 2^p Eckpunkte hat, den Z_h' im Inneren von M_h liegenden Parallelotopen aber ein Teil ihrer Eckpunkte gemeinsam ist, die Ungleichung:

$$(64) \qquad Z_h < 2^p Z_h'.$$

Nun stellt aber Z_h' zugleich den Gesamtinhalt dieser ganz innerhalb M_h gelegenen Parallelotopen dar und ist daher $< J_h$; also ist *a* fortiori:

$$(65) \qquad Z_h < 2^p J_h$$

und da, wie der Integralausdruck (63) zeigt:

$$(66) \qquad J_h = h^p J_1$$

ist, so hat man endlich:[1])

$$(67) \qquad Z_h < (2h)^p J_1.$$

Aus dieser Ungleichung ergibt sich aber sofort die Konvergenz der Reihe (61) unter Anwendung des obigen Hilfssatzes, indem man:

$$(68) \qquad f(x) = e^{-x^2}, \qquad g(x) = (2x)^p J_1$$

setzt.

Nachdem die Ungleichung (67) gewonnen ist, kann man die Konvergenz der Reihe (61) auch ohne Benutzung des Riemannschen Hilfssatzes folgendermaßen beweisen. Man denke sich die Mannigfaltigkeiten $M_1, M_2, \cdots, M_n, \cdots$ konstruiert und fasse die Glieder der Reihe (61) gruppenweise zusammen, indem man in die n^{te} Gruppe jene Glieder aufnimmt, für welche die Gitterpunkte $x_1 = m_1 + t_1, \cdots, x_p = m_p + t_p$ zwischen M_{n-1} und M_n, die Begrenzung des letzteren inbegriffen, liegen; es ist dann die Anzahl dieser Glieder $Z_n - Z_{n-1}$ und der Betrag jedes einzelnen Gliedes $< e^{-(n-1)^2}$. Da aber

$$(69) \qquad Z_n - Z_{n-1} < Z_n < (2n)^p J_1$$

ist, so ergibt sich sofort die Konvergenz der Reihe (61), indem man diese mit der einfach unendlichen konvergenten Reihe:

$$(70) \qquad \sum_{n=0}^{\infty} n^p e^{-(n-1)^2}$$

vergleicht.[2])

1) Riemann benutzt statt der Ungleichung (67) weniger einfach die Grenzgleichung $\lim\limits_{h=\infty} (Z_h h^{-p}) = J_1$.

2) Dieser Gedanke ist von Herrn Thomae: Konvergenz der Thetareihen. Z. für Math. Bd. 25. 1880, pag. 43 und: Über eine spezielle Klasse Abelscher Functionen vom Geschlecht 3. Halle 1879, pag. 29 zu Konvergenzbeweisen der zweifach und dreifach unendlichen Thetareihen verwendet worden, doch sind beide Beweise nicht fehlerfrei.

Von ähnlichen Gesichtspunkten gehen die gleichfalls in die zweite Klasse gehörigen Konvergenzbeweise der Herren v. Dalwigk[1]) und Jordan[2]) aus.

§ 4.

Die Funktion $\vartheta(u_1 | u_2 | \cdots | u_p)$.

Von den $\frac{1}{2}p(p+1)$ Größen $a_{\mu\mu'}$ nehme man an, daß sie die im VIII. Satz angegebene für die Konvergenz der Thetareihe notwendige und hinreichende Bedingung erfüllen, nämlich daß die aus ihren reellen Teilen $r_{\mu\mu'}$ gebildete quadratische Form

$$(71) \qquad \sum_{\mu=1}^{p} \sum_{\mu'=1}^{p} r_{\mu\mu'} x_\mu x_{\mu'}$$

eine negative sei; die Größen b_μ betrachte man als unabhängige komplexe Veränderliche und entsprechend den Wert der Reihe als Funktion dieser Veränderlichen; die Größe c endlich setze man gleich Null. Die so definierte Funktion wird Thetafunktion genannt und, indem statt des Buchstabens b der Buchstabe u gewählt wird, mit $\vartheta(u_1 | u_2 | \cdots | u_p)$ bezeichnet.

Die Thetafunktion $\vartheta(u_1 | u_2 | \cdots | u_p)$ ist definiert durch die Gleichung:

$$(\text{XVIII}) \qquad \vartheta(u_1 | u_2 | \cdots | u_p) = \sum_{m_1, \cdot \cdot, m_p}^{-\infty, \cdot \cdot, +\infty} e^{\sum\limits_{\mu=1}^{p} \sum\limits_{\mu'=1}^{p} a_{\mu\mu'} m_\mu m_{\mu'} + 2 \sum\limits_{\mu=1}^{p} m_\mu u_\mu};$$

die p Größen $u_1, u_2, \cdots, u_p$ sind unabhängige komplexe Veränderliche und werden die Argumente der Thetafunktion genannt; die weiter vorkommenden $\frac{1}{2}p(p+1)$ Größen $a_{\mu\mu'} = a_{\mu'\mu}$ $(\mu, \mu' = 1, 2, \cdots, p)$ sind an die im VIII. Satz angegebene Konvergenzbedingung geknüpft und heißen die Modulen der Thetafunktion.

Die zweifach unendlichen Thetareihen haben ziemlich gleichzeitig Göpel[3]) und Rosenhain[4]) aufgestellt und der Theorie der hyperelliptischen Funktionen erster Ordnung zu Grunde gelegt. Für beliebiges p wurden die Thetareihen von Weierstraß[5]) und Riemann[6]) aufgestellt,

1) v. Dalwigk, Beiträge zur Theorie etc. pag. 230.

2) Jordan, Cours d'analyse de l'École polytechnique. Bd. 2. Paris 1894, pag. 613.

3) Göpel, Theoriae transcendentium Abelianarum primi ordinis adumbratio levis. J. für Math. Bd. 35. 1847, pag. 277; auch deutsch in Ostwalds Klassikern der exakten Wissenschaften Nr. 67.

4) Rosenhain, Mémoire sur les fonctions etc. pag. 387.

5) Weierstraß, Beitrag zur Theorie der Abelschen Integrale. 1849. Math. Werke Bd. 1. Berlin 1894, pag. 131.

6) Riemann, Theorie der Abelschen Funktionen 1857. Ges. math. Werke. Leipzig 1876, pag. 120.

doch war die Möglichkeit der Verallgemeinerung der zweifach unendlichen Reihen auf beliebiges p schon von Rosenhain[1]) und Göpel[2]) bemerkt worden.

IX. Satz: *Die durch die Gleichung* (XVIII) *definierte Thetafunktion* $\vartheta(u_1 \mid u_2 \mid \cdots \mid u_p)$ *genügt der Gleichung:*

$$\text{(XIX)} \quad \begin{aligned} &\vartheta\left(u_1 + \sum_{\mu'=1}^{p} \varkappa_{\mu'} a_{1\mu'} + \lambda_1 \pi i \mid \cdots \mid u_p + \sum_{\mu'=1}^{p} \varkappa_{\mu'} a_{p\mu'} + \lambda_p \pi i\right) \\ &= e^{-\sum\limits_{\mu=1}^{p} \sum\limits_{\mu'=1}^{p} a_{\mu\mu'} \varkappa_\mu \varkappa_{\mu'} - 2 \sum\limits_{\mu=1}^{p} \varkappa_\mu u_\mu} \vartheta(u_1 \mid \cdots \mid u_p), \end{aligned}$$

in der $\varkappa_1, \cdots, \varkappa_p, \lambda_1, \cdots, \lambda_p$ *beliebige ganze Zahlen bezeichnen. Aus dieser Gleichung gehen, indem man das eine Mal* $\lambda_\nu = 1$, *die übrigen* $p-1$ *Zahlen* λ *und die* p *Zahlen* $\varkappa$ *gleich Null setzt, das andere Mal* $\varkappa_\nu = 1$, *die übrigen* $p-1$ *Zahlen* $\varkappa$ *und die* p *Zahlen* λ *gleich Null setzt, die speziellen Gleichungen*

$$\text{(XX)} \quad \vartheta(u_1 \mid \cdots \mid u_\nu + \pi i \mid \cdots \mid u_p) = \vartheta(u_1 \mid \cdots \mid u_\nu \mid \cdots \mid u_p),$$

$$\text{(XXI)} \quad \vartheta(u_1 + a_{1\nu} \mid \cdots \mid u_p + a_{p\nu}) = \vartheta(u_1 \mid \cdots \mid u_p)\, e^{-a_{\nu\nu} - 2u_\nu}, \quad (\nu = 1, 2, \cdots, p)$$

hervor, aus denen man umgekehrt die Gleichung (XIX) *wieder erzeugen kann. In den* $2p$ *Gleichungen, welche aus den Formeln* (XX), (XXI) *für* $\nu = 1, 2, \cdots, p$ *hervorgehen, treten auf den linken Seiten die* $2p$ *Größensysteme:*

$$\text{(XXII)} \quad \begin{array}{cccccccc} \pi i, & 0, & \cdots, & 0 & a_{11}, & a_{21}, & \cdots, & a_{p1} \\ 0, & \pi i, & \cdots, & 0 & a_{12}, & a_{22}, & \cdots, & a_{p2} \\ \cdot & \cdot & \cdot & \cdot & \cdot & \cdot & \cdot & \cdot \\ 0, & 0, & \cdots, & \pi i & a_{1p}, & a_{2p}, & \cdots, & a_{pp} \end{array}$$

als Systeme gleichzeitiger Änderungen der Variablen $u_1, u_2, \cdots, u_p$ *auf. Diese* $2p$ *Systeme von je* p *Größen werden die* $2p$ *Systeme zusammengehöriger Periodizitätsmodulen der Thetafunktion genannt. Außer den Gleichungen* (XX), (XXI) *genügt die Thetafunktion den* $\frac{1}{2}p(p+1)$ *Differentialgleichungen:*

$$\text{(XXIII)} \quad \frac{\partial^2 \vartheta(u_1 \mid \cdots \mid u_p)}{\partial u_\nu \, \partial u_{\nu'}} = n \frac{\partial \vartheta(u_1 \mid \cdots \mid u_p)}{\partial a_{\nu\nu'}}, \quad (\nu, \nu' = 1, 2, \cdots, p)$$

bei denen $n = 4$ *ist, wenn* $\nu' = \nu$; *dagegen* $n = 2$, *wenn* $\nu' \gtrless \nu$.

---

1) Rosenhain, Auszug mehrerer Schreiben des Dr. Rosenhain an Herrn Prof. Jacobi über die hyperelliptischen Transcendenten. 1. Brief d. d. 3. IX. 1844. J. für Math. Bd. 40. 1850, pag. 327.

2) Göpel, Theoriae transc. etc. pag. 280. Anm.

Beweis: Um die Richtigkeit der Gleichung (XIX) zu zeigen, lasse man in der Gleichung (XVIII), indem man unter $\varkappa_1, \cdots, \varkappa_p$, $\lambda_1, \cdots, \lambda_p$ ganze Zahlen versteht, die Größen $u_1, \cdots, u_p$ in die Größen:

$$(72)\qquad u_1 + \sum_{\mu'=1}^{p} \varkappa_{\mu'} a_{1\mu'} + \lambda_1 \pi i, \cdots, \quad u_p + \sum_{\mu'=1}^{p} \varkappa_{\mu'} a_{p\mu'} + \lambda_p \pi i$$

übergehen; es geht dann der Exponent des allgemeinen Gliedes der auf der rechten Seite stehenden unendlichen Reihe in

$$\begin{aligned}
&\sum_{\mu=1}^{p}\sum_{\mu'=1}^{p} a_{\mu\mu'} m_\mu m_{\mu'} + 2\sum_{\mu=1}^{p} m_\mu \left(u_\mu + \sum_{\mu'=1}^{p} \varkappa_{\mu'} a_{\mu\mu'} + \lambda_\mu \pi i\right) \\
(73)\quad &= \sum_{\mu=1}^{p}\sum_{\mu'=1}^{p} a_{\mu\mu'} (m_\mu + \varkappa_\mu)(m_{\mu'} + \varkappa_{\mu'}) + 2\sum_{\mu=1}^{p} (m_\mu + \varkappa_\mu) u_\mu \\
&\quad + 2\sum_{\mu=1}^{p} m_\mu \lambda_\mu \pi i - \sum_{\mu=1}^{p}\sum_{\mu'=1}^{p} a_{\mu\mu'} \varkappa_\mu \varkappa_{\mu'} - 2\sum_{\mu=1}^{p} \varkappa_\mu u_\mu
\end{aligned}$$

über und man erhält zunächst, da für alle Werte der ganzen Zahlen m und λ:

$$(74)\qquad e^{2\sum\limits_{\mu=1}^{p} m_\mu \lambda_\mu \pi i} = 1$$

ist, die Gleichung:

$$\begin{aligned}
&\vartheta\left(u_1 + \sum_{\mu'=1}^{p} \varkappa_{\mu'} a_{1\mu'} + \lambda_1 \pi i \,\Big|\, \cdots \,\Big|\, u_p + \sum_{\mu'=1}^{p} \varkappa_{\mu'} a_{p\mu'} + \lambda_p \pi i\right) \\
(75)\quad &= e^{-\sum\limits_{\mu=1}^{p}\sum\limits_{\mu'=1}^{p} a_{\mu\mu'} \varkappa_\mu \varkappa_{\mu'} - 2\sum\limits_{\mu=1}^{p} \varkappa_\mu u_\mu} \\
&\times \sum_{m_1, \cdots, m_p}^{-\infty, \cdots, +\infty} e^{\sum\limits_{\mu=1}^{p}\sum\limits_{\mu'=1}^{p} a_{\mu\mu'} (m_\mu + \varkappa_\mu)(m_{\mu'} + \varkappa_{\mu'}) + 2\sum\limits_{\mu=1}^{p} (m_\mu + \varkappa_\mu) u_\mu}
\end{aligned}$$

Beachtet man nun, daß der Wert der in der letzten Zeile stehenden Reihe sich nicht ändert, wenn man die Summationsbuchstaben m um beliebige ganze Zahlen ändert, und läßt demzufolge für $\mu = 1, 2, \cdots, p$ m_μ in $m_\mu - \varkappa_\mu$ übergehen, so geht die genannte Reihe in die ursprüngliche die Funktion $\vartheta(u_1 \mid \cdots \mid u_p)$ definierende Reihe (XVIII) über, und man erhält so für diese Funktion die zu beweisende Gleichung (XIX). — Die Richtigkeit der Differentialgleichungen (XXIII) ergibt sich, wenn man die verlangten Differentiationen an der die Thetafunktion darstellenden Reihe gliedweise ausführt.

Die im IX. Satz niedergelegten Eigenschaften der Funktion $\vartheta(u_1|\cdots|u_p)$ charakterisieren zusammen mit der Bedingung, daß die Funktion einwertig und im Endlichen nirgendwo unstetig sei, diese Funktion vollständig. Es gilt nämlich der

X. Satz: *Erfüllt eine einwertige und für alle endlichen u stetige Funktion* $G(u_1|\cdots|u_p)$ *der komplexen Veränderlichen* $u_1, \cdots, u_p$ *die* $2p$ *Gleichungen:*

$$\text{(XXIV)}\qquad G(u_1|\cdots|u_\nu+\pi i|\cdots|u_p)=G(u_1|\cdots|u_\nu|\cdots|u_p),$$

$$\text{(XXV)}\qquad G(u_1+a_{1\nu}|\cdots|u_p+a_{p\nu})=G(u_1|\cdots|u_p)\,e^{-a_{\nu\nu}-2u_\nu},\qquad (\nu=1,2,\cdots,p)$$

oder, was dasselbe sagt, bei beliebigen ganzzahligen Werten der $\varkappa$, λ *die Gleichung:*

$$\text{(XXVI)}\qquad \begin{aligned}&G\left(u_1+\sum_{\mu'=1}^{p}\varkappa_{\mu'}a_{1\mu'}+\lambda_1\pi i\,\Big|\cdots\Big|\,u_p+\sum_{\mu'=1}^{p}\varkappa_{\mu'}a_{p\mu'}+\lambda_p\pi i\right)\\ &=e^{-\sum\limits_{\mu=1}^{p}\sum\limits_{\mu'=1}^{p}a_{\mu\mu'}\varkappa_\mu\varkappa_{\mu'}-2\sum\limits_{\mu=1}^{p}\varkappa_\mu u_\mu}\,G(u_1|\cdots|u_p),\end{aligned}$$

so kann sie sich von der Funktion $\vartheta(u_1|\cdots|u_p)$ *nur um einen von den u unabhängigen Faktor unterscheiden; erfüllt sie außerdem die* $\frac{1}{2}p(p+1)$ *Differentialgleichungen:*

$$\text{(XXVII)}\qquad \frac{\partial^2 G(u_1|\cdots|u_p)}{\partial u_\nu\,\partial u_{\nu'}}=n\,\frac{\partial G(u_1|\cdots|u_p)}{\partial a_{\nu\nu'}},\qquad (\nu,\nu'=1,2,\cdots,p)$$

bei denen $n=4$ *ist, wenn* $\nu'=\nu$; *dagegen* $n=2$, *wenn* $\nu'\gtrless\nu$, *so ist dieser Faktor auch von den Modulen a unabhängig.*

Beweis: Auf Grund der Gleichung (XXIV) ist die Funktion $G(u_1|\cdots|u_p)$ für alle endlichen Werte der u darstellbar durch dieselbe nach positiven und negativen Potenzen der Größen $e^{2u_1}, \cdots, e^{2u_p}$ fortschreitende Reihe von der Form:

$$(76)\qquad G(u_1|\cdots|u_p)=\sum_{m_1,\cdots,m_p}^{-\infty,\cdots,+\infty}A_{m_1\cdots m_p}\,e^{2\sum\limits_{\mu=1}^{p}m_\mu u_\mu},$$

wobei die A von den u unabhängige Größen bedeuten.[1]) Führt man diese Reihe an Stelle von $G(u_1|\cdots|u_p)$ in die Gleichung (XXVI) ein, so verwandelt sich die linke wie die rechte Seite derselben in eine nach den ganzen Potenzen von $e^{2u_1}, \cdots, e^{2u_p}$ fortschreitende

1) Vgl. Stahl, Th. d. Abelschen Funktionen, pag. 199.

Reihe, und es ergibt sich, wenn man berücksichtigt, daß zwei solche Reihen nur dann für alle Werte der u einander gleich sein können, wenn die Koeffizienten gleich hoher Potenzen der Größen $e^{2u_1}, \cdots, e^{2u_p}$ beiderseits dieselben sind, für die Konstanten A die Beziehung:

$$(77) \qquad A_{m_1+\varkappa_1 \cdots m_p+\varkappa_p} = A_{m_1 \cdots m_p}\, e^{\sum\limits_{\mu=1}^{p}\sum\limits_{\mu'=1}^{p} a_{\mu\mu'}\varkappa_\mu (2m_{\mu'}+\varkappa_{\mu'})}$$

als notwendige und hinreichende Bedingung dafür, daß die Funktion $G(u_1 \mid \cdots \mid u_p)$ der Gleichung (XXVI) genügt. Setzt man in (77) $m_1 = \cdots = m_p = 0$ und ersetzt hierauf den Buchstaben $\varkappa$ durch den Buchstaben m, so erhält man die Gleichung:

$$(78) \qquad A_{m_1 \cdots m_p} = A_{0 \cdots 0}\, e^{\sum\limits_{\mu=1}^{p}\sum\limits_{\mu'=1}^{p} a_{\mu\mu'} m_\mu m_{\mu'}},$$

in welcher die m beliebige ganze Zahlen vertreten, und aus welcher wieder umgekehrt die Gleichung (77) erhalten werden kann. Führt man aber diesen Wert an Stelle von $A_{m_1 \cdots m_p}$ in die rechte Seite der Gleichung (76) ein, so erhält man:

$$(79) \qquad G(u_1 \mid \cdots \mid u_p) = A_{0 \cdots 0} \sum_{m_1, \cdot\cdot, m_p}^{-\infty, \cdot\cdot, +\infty} e^{\sum\limits_{\mu=1}^{p}\sum\limits_{\mu'=1}^{p} a_{\mu\mu'} m_\mu m_{\mu'} + 2\sum\limits_{\mu=1}^{p} m_\mu u_\mu}$$

oder endlich, indem man $A_{0 \cdots 0}$ kürzer mit A bezeichnet:

$$(80) \qquad G(u_1 \mid \cdots \mid u_p) = A \cdot \vartheta(u_1 \mid \cdots \mid u_p).$$

Damit ist bewiesen, daß die Funktion $G(u_1 \mid \cdots \mid u_p)$, wenn sie den Gleichungen (XXIV) und (XXV) genügt, sich von der Funktion $\vartheta(u_1 \mid \cdots \mid u_p)$ nur um einen von den Argumenten u der Thetafunktion unabhängigen Faktor unterscheidet.

Ersetzt man nun weiter auf der linken und rechten Seite der Gleichung (XXVII) die Funktion $G(u_1 \mid \cdots \mid u_p)$ aus der Gleichung (80), so erhält man, weil A von den u unabhängig ist, zunächst:

$$(81) \qquad A\,\frac{\partial^2 \vartheta(u_1 \mid \cdots \mid u_p)}{\partial u_\nu\, \partial u_{\nu'}} = n\,\frac{\partial A}{\partial a_{\nu\nu'}}\,\vartheta(u_1 \mid \cdots \mid u_p) + nA\,\frac{\partial \vartheta(u_1 \mid \cdots \mid u_p)}{\partial a_{\nu\nu'}}$$

und hieraus sofort unter Berücksichtigung der Gleichungen (XXIII):

$$(82) \qquad \frac{\partial A}{\partial a_{\nu\nu'}} = 0.$$

Damit ist aber bewiesen, daß der Faktor A, wenn die Funktion $G(u_1 \mid \cdots \mid u_p)$ den Gleichungen (XXVII) genügt, auch von den Modulen a der Thetafunktion unabhängig ist.

Interpretiert man die reellen und imaginären Teile der Variablen $u_1, \cdots, u_p$ als rechtwinklige Punktkoordinaten in einem Raume von $2p$ Dimensionen, so entspricht einem Größengebiete[1])

$$(83) \qquad u_1 = \sum_{\mu=1}^{p} k_\mu a_{1\mu} + l_1 \pi i, \quad \cdots, \quad u_p = \sum_{\mu=1}^{p} k_\mu a_{p\mu} + l_p \pi i,$$

bei dem die k, l die Werte

$$(84) \qquad g_\mu \leqq k_\mu < g_\mu + 1, \qquad h_\mu \leqq l_\mu < h_\mu + 1, \qquad (\mu = 1, 2, \cdots, p)$$

wo die g, h gegebene Konstanten sind, stetig durchlaufen, ein Parallelotop des Raumes. Läßt man ferner an Stelle der g, h alle möglichen Systeme von $2p$ ganzen Zahlen treten, so erhält man den ganzen Raum in solche untereinander kongruente Parallelotope eingeteilt. Nennt man das dem Wertesysteme $g_1 = \cdots = g_p = h_1 = \cdots = h_p = 0$ entsprechende Parallelotop Π_0, so entspricht einem jeden Punkte $u_1, \cdots, u_p$ in einem beliebigen dieser Parallelotope ein ihm „kongruenter" Punkt $u_1^{(0)}, \cdots, u_p^{(0)}$ in Π_0, für welchen bei ganzzahligen $\varkappa$, λ:

$$(85) \quad u_1 - u_1^{(0)} = \sum_{\mu=1}^{p} \varkappa_\mu a_{1\mu} + \lambda_1 \pi i, \quad \cdots, \quad u_p - u_p^{(0)} = \sum_{\mu=1}^{p} \varkappa_\mu a_{p\mu} + \lambda_p \pi i$$

oder kürzer:

$$(86) \qquad u_1 \equiv u_1^{(0)}, \quad \cdots\cdots\cdots, \quad u_p \equiv u_p^{(0)}$$

ist, und es kann der Wert der Thetafunktion im Punkte $u_1, \cdots, u_p$ mit Hilfe der Formel (XIX) aus ihrem Werte im Punkte $u_1^{(0)}, \cdots, u_p^{(0)}$ berechnet werden. In diesem Sinne genügt es, den Werteverlauf der der Funktion $\vartheta(u_1 | \cdots | u_p)$ in Π_0 zu untersuchen; insbesondere verschwindet die Thetafunktion in einem Punkte $u_1, \cdots, u_p$ dann und nur dann, wenn auch $\vartheta(u_1^{(0)} | \cdots | u_p^{(0)}) = 0$ ist. Es soll hier die Frage nach der Anzahl jener Punkte in Π_0 beantwortet werden, welche p Gleichungen:

$$(87) \qquad \begin{matrix} \vartheta(u_1 - e_{11} | \cdots | u_p - e_{1p}) = 0 \\ \cdots\cdots\cdots\cdots \\ \vartheta(u_1 - e_{p1} | \cdots | u_p - e_{pp}) = 0 \end{matrix}$$

genügen, in denen die e gegebene Konstanten bezeichnen, die natürlich so gewählt seien, daß nicht aus dem Bestehen einer dieser p Gleichungen das Bestehen einer der übrigen folgt, d. h. so, daß keine zwei der p Größensysteme $e_{\mu 1}, \cdots, e_{\mu p}$ $(\mu = 1, 2, \cdots, p)$ einander kongruent sind.

Zunächst kann man die gestellte Frage für eine spezielle Art von Thetafunktionen beantworten. Haben nämlich alle Thetamodulen $a_{\mu\mu'}$, bei denen $\mu \gtrless \mu'$ ist, den Wert Null, so zerfällt $\vartheta(u_1 | \cdots | u_p)$

1) Man vergleiche dazu den Anfang des folgenden Paragraphen und des § 1 des IV. Kapitels.

in das Produkt von p Thetafunktionen je einer Veränderlichen, von denen die μ^{te} als Argument u_μ und als Modul $a_{\mu\mu}$ besitzt. Das Gleichungensystem (87) aber hat dann nach dem IV. Satz $p!$ Lösungen, welche durch die Kongruenzen:

$$(88)\qquad \begin{gathered} u_1 \equiv e_{\alpha 1} + \tfrac{1}{2}(\pi i + a_{11}),\quad u_2 \equiv e_{\beta 2} + \tfrac{1}{2}(\pi i + a_{22}),\ \cdots,\\ u_p \equiv e_{\varrho p} + \tfrac{1}{2}(\pi i + a_{pp}) \end{gathered}$$

geliefert werden, wenn man darin an Stelle von $\alpha\,\beta \cdots \varrho$ der Reihe nach die $p!$ Permutationen der Zahlen $1, 2, \cdots, p$ setzt.

Dieses Resultat gilt auch für allgemeine Thetafunktionen. Nach Kronecker[1]) wird nämlich für p Gleichungen:

$$(89)\qquad f_1(z_1 \mid \cdots \mid z_p) = 0,\ \cdots,\ f_p(z_1 \mid \cdots \mid z_p) = 0$$

zwischen p komplexen Veränderlichen:

$$(90)\qquad z_1 = x_1 + y_1 i,\ \cdots,\ z_p = x_p + y_p i$$

die Anzahl der innerhalb einer geschlossenen Mannigfaltigkeit:

$$(91)\qquad F(x_1 \mid \cdots \mid x_p \mid y_1 \mid \cdots \mid y_p) = 0$$

gelegenen Wurzeln $z_1, \cdots, z_p$ durch ein über dieselbe erstrecktes Integral geliefert. Läßt man jetzt die Koeffizienten der Funktionen $f_1, \cdots, f_p$ sich stetig ändern, so kann sich auch der Wert des genannten Integrals nur stetig ändern; bleibt also, da er seiner Natur nach immer ganzzahlig sein muß, ungeändert. Daraus schließt man, daß die Anzahl der Lösungen des Gleichungssystems (87) für alle Werte der Thetamodulen $a_{\mu\mu'}$ die gleiche ist; also stets $p!$ beträgt.

XI. Satz: *Die p Gleichungen:*

$$(\text{XXVIII})\qquad \begin{gathered} \vartheta(u_1 - e_{11} \mid u_2 - e_{12} \mid \cdots \mid u_p - e_{1p}) = 0,\\ \vartheta(u_1 - e_{21} \mid u_2 - e_{22} \mid \cdots \mid u_p - e_{2p}) = 0,\\ \cdots\cdots\cdots\cdots\cdots\cdots\\ \vartheta(u_1 - e_{p1} \mid u_2 - e_{p2} \mid \cdots \mid u_p - e_{pp}) = 0 \end{gathered}$$

haben $p!$ inkongruente Lösungen bei gegebenen Werten der Konstanten e.

Der XI. Satz rührt von Poincaré[2]) her. Für die Summe der $p!$ Lösungen (88) erhält man, da $\frac{1}{2}p!$ stets eine ganze Zahl ist:

$$(92)\qquad \sum u_1 \equiv (p-1)! \sum_{\mu=1}^{p} e_{\mu 1},\ \cdots,\ \sum u_p \equiv (p-1)! \sum_{\mu=1}^{p} e_{\mu p};$$

auch diese Kongruenzen bleiben, wie Poincaré[3]) gezeigt hat, für allgemeine Thetafunktionen richtig.

1) Kronecker, Über Systeme von Functionen mehrer Variabeln. Berl. Ber. 1869, pag. 159.

2) Poincaré, Sur les fonctions abéliennes. C. R. Bd. 92. 1881, pag. 958 und: Sur les fonctions Θ. Bull. S. M. F. Bd. 11. 1883, pag. 129.

3) Poincaré, Sur les fonctions abéliennes. Am. J. Bd. 8. 1886, pag. 289.

§ 5.

Einführung der Charakteristiken. Die Funktion $\vartheta\left[\begin{smallmatrix} g \\ h \end{smallmatrix}\right]((u))$.

Aus den oben angeschriebenen $2p$ Systemen korrespondierender Periodizitätsmodulen (XXII) der Thetafunktion läßt sich mit Hilfe *reeller* Größen $g_1, \cdots, g_p, h_1, \cdots, h_p$ ein jedes beliebige System von p Größen $c_1, \cdots, c_p$ immer und nur auf eine Weise in der Form:

$$(93)\qquad c_1 = \sum_{\mu=1}^{p} g_\mu a_{1\mu} + h_1 \pi i, \; \cdots, \; c_p = \sum_{\mu=1}^{p} g_\mu a_{p\mu} + h_p \pi i$$

linear zusammensetzen. Bezeichnet man nämlich den reellen Teil von $a_{\nu\mu}$ wie schon früher mit $r_{\nu\mu}$, den lateralen mit $s_{\nu\mu} i$, den reellen Teil von c_ν mit k_ν, den lateralen mit $l_\nu i$ und trennt alsdann in den Gleichungen (93) die reellen und lateralen Teile, so erhält man die zwei Systeme von je p in Bezug auf die Größen g, h linearen Gleichungen:

$$(94)\qquad \sum_{\mu=1}^{p} g_\mu r_{1\mu} = k_1, \qquad \cdots, \; \sum_{\mu=1}^{p} g_\mu r_{p\mu} = k_p,$$

$$(95)\qquad \sum_{\mu=1}^{p} g_\mu s_{1\mu} + h_1 \pi = l_1, \; \cdots, \; \sum_{\mu=1}^{p} g_\mu s_{p\mu} + h_p \pi = l_p,$$

von denen das erste, weil die Determinante $\sum \pm r_{11} r_{22} \cdots r_{pp}$, wie in § 2 gezeigt wurde, stets von Null verschieden ist, die p Größen g eindeutig bestimmt, und hierauf das zweite, nachdem man darin an Stelle der g die gefundenen Werte eingesetzt hat, die zugehörigen Werte der h liefert. Der Komplex $\left(\begin{smallmatrix} g_1 & \cdots & g_p \\ h_1 & \cdots & h_p \end{smallmatrix}\right)$ der $2p$ so bestimmten reellen Größen g, h soll die *Periodencharakteristik* des Größensystems $c_1, \cdots, c_p$ genannt werden.

In die zu Anfang des § 2 aufgestellte p-fach unendliche Thetareihe (32) führe man jetzt an Stelle der Größen $b_1, \cdots, b_p$ die Größen $u_1 + c_1, \cdots, u_p + c_p$ ein, indem man unter $u_1, \cdots, u_p$ unabhängige komplexe Veränderliche, unter $c_1, \cdots, c_p$ willkürliche komplexe Konstanten versteht. Bringt man dann das Konstantensystem $c_1, \cdots, c_p$ in der soeben angegebenen Weise mit Hilfe reeller Größen g, h in die Gestalt (93) und setzt gleichzeitig an Stelle der im allgemeinen Gliede der Thetareihe noch vorkommenden Größe c den Ausdruck:

$$(96)\qquad c = \sum_{\mu=1}^{p} \sum_{\mu'=1}^{p} a_{\mu\mu'} g_\mu g_{\mu'} + 2 \sum_{\mu=1}^{p} g_\mu (u_\mu + h_\mu \pi i),$$

so wird der Exponent (31) des allgemeinen Gliedes von (32):

$$(97)\quad \begin{aligned} &\sum_{\mu=1}^{p}\sum_{\mu'=1}^{p} a_{\mu\mu'} m_\mu m_{\mu'} + 2\sum_{\mu=1}^{p} b_\mu m_\mu + c \\ &= \sum_{\mu=1}^{p}\sum_{\mu'=1}^{p} a_{\mu\mu'} m_\mu m_{\mu'} + 2\sum_{\mu=1}^{p}\left(u_\mu + \sum_{\mu'=1}^{p} g_{\mu'} a_{\mu\mu'} + h_\mu \pi i\right) m_\mu \\ &\quad + \sum_{\mu=1}^{p}\sum_{\mu'=1}^{p} a_{\mu\mu'} g_\mu g_{\mu'} + 2\sum_{\mu=1}^{p} g_\mu (u_\mu + h_\mu \pi i) \\ &= \sum_{\mu=1}^{p}\sum_{\mu'=1}^{p} a_{\mu\mu'} (m_\mu + g_\mu)(m_{\mu'} + g_{\mu'}) + 2\sum_{\mu=1}^{p} (m_\mu + g_\mu)(u_\mu + h_\mu \pi i) \end{aligned}$$

und es entsteht eine neue einwertige und für alle endlichen u stetige Funktion der komplexen Veränderlichen $u_1, \cdots, u_p$, die gleichfalls *Thetafunktion* genannt und mit $\vartheta\begin{bmatrix} g_1 \cdots g_p \\ h_1 \cdots h_p \end{bmatrix}(u_1 | \cdots | u_p)$ bezeichnet werden soll.

Die Thetafunktion $\vartheta\begin{bmatrix} g_1 \cdots g_p \\ h_1 \cdots h_p \end{bmatrix}(u_1 | \cdots | u_p)$ *ist definiert durch die Gleichung:*

$$(\text{XXIX})\quad \begin{aligned} &\vartheta\begin{bmatrix} g_1 \cdots g_p \\ h_1 \cdots h_p \end{bmatrix}(u_1 | \cdots | u_p) \\ &= \sum_{m_1, \cdots, m_p}^{-\infty, \cdots, +\infty} e^{\sum\limits_{\mu=1}^{p}\sum\limits_{\mu'=1}^{p} a_{\mu\mu'}(m_\mu + g_\mu)(m_{\mu'} + g_{\mu'}) + 2\sum\limits_{\mu=1}^{p}(m_\mu + g_\mu)(u_\mu + h_\mu \pi i)} \end{aligned}$$

Diese Funktion ist ihrer Entstehung gemäß mit der unter (XVIII) eingeführten Funktion $\vartheta(u_1 | \cdots | u_p)$ *verknüpft durch die Gleichung:*

$$(\text{XXX})\quad \begin{aligned} &\vartheta\begin{bmatrix} g_1 \cdots g_p \\ h_1 \cdots h_p \end{bmatrix}(u_1 | \cdots | u_p) \\ &= \vartheta\left(u_1 + \sum_{\mu=1}^{p} g_\mu a_{1\mu} + h_1 \pi i \,\middle|\, \cdots \,\middle|\, u_p + \sum_{\mu=1}^{p} g_\mu a_{p\mu} + h_p \pi i\right) \\ &\quad \times e^{\sum\limits_{\mu=1}^{p}\sum\limits_{\mu'=1}^{p} a_{\mu\mu'} g_\mu g_{\mu'} + 2\sum\limits_{\mu=1}^{p} g_\mu (u_\mu + h_\mu \pi i)} \end{aligned}$$

und geht, wenn die Größen g, h sämtlich den Wert Null annehmen, in dieselbe über, d. h. es ist:

$$(\text{XXXI})\quad \vartheta\begin{bmatrix} 0 \cdots 0 \\ 0 \cdots 0 \end{bmatrix}(u_1 | \cdots | u_p) = \vartheta(u_1 | \cdots | u_p).$$

Der Komplex $\begin{bmatrix} g_1 \cdots g_p \\ h_1 \cdots h_p \end{bmatrix}$ *der* $2p$ *beliebigen reellen Größen* $g_1, \cdots, g_p$, $h_1, \cdots, h_p$ *heißt die Charakteristik der Thetafunktion;* $g_1, \cdots, g_p$ *heißen die oberen,* $h_1, \cdots, h_p$ *die unteren Elemente der Charakteristik.*

Die Charakteristik $\begin{bmatrix} g_1 \cdots g_p \\ h_1 \cdots h_p \end{bmatrix}$ soll, wenn dadurch kein Mißverständnis zu befürchten ist, zur Abkürzung mit $\begin{bmatrix} g \\ h \end{bmatrix}$, und entsprechend soll die Charakteristik $\begin{bmatrix} -g_1 \cdots -g_p \\ -h_1 \cdots -h_p \end{bmatrix}$ mit $\begin{bmatrix} -g \\ -h \end{bmatrix}$, die Charakteristik $\begin{bmatrix} 0 \cdots 0 \\ h_1 \cdots h_p \end{bmatrix}$ mit $\begin{bmatrix} 0 \\ h \end{bmatrix}$, die Charakteristik $\begin{bmatrix} g_1 \cdots g_p \\ 0 \cdots 0 \end{bmatrix}$ mit $\begin{bmatrix} g \\ 0 \end{bmatrix}$, endlich die Charakteristik $\begin{bmatrix} 0 \cdots 0 \\ 0 \cdots 0 \end{bmatrix}$ mit $\begin{bmatrix} 0 \\ 0 \end{bmatrix}$ bezeichnet werden. Die Charakteristik $\begin{bmatrix} g_1 + g_1' \cdots g_p + g_p' \\ h_1 + h_1' \cdots h_p + h_p' \end{bmatrix}$ soll die Summe, die Charakteristik $\begin{bmatrix} g_1 - g_1' \cdots g_p - g_p' \\ h_1 - h_1' \cdots h_p - h_p' \end{bmatrix}$ die Differenz der Charakteristiken $\begin{bmatrix} g \\ h \end{bmatrix}$ und $\begin{bmatrix} g' \\ h' \end{bmatrix}$ genannt werden; zur Abkürzung soll die erstere mit $\begin{bmatrix} g + g' \\ h + h' \end{bmatrix}$, die letztere mit $\begin{bmatrix} g - g' \\ h - h' \end{bmatrix}$ bezeichnet werden. In den Fällen, wo die Argumente der Thetafunktion sich nur durch untere Indices unterscheiden, möge es erlaubt sein, hinter dem Funktionszeichen nur den allgemeinen Ausdruck für die Argumente mit Weglassung des Index in doppelten Klammern zu schreiben, also $\vartheta\begin{bmatrix} g \\ h \end{bmatrix}((u))$ statt $\vartheta\begin{bmatrix} g \\ h \end{bmatrix}(u_1 | \cdots | u_p)$; im Anschlusse daran möge dann das Größensystem $u_1 | \cdots | u_p$ einfacher mit (u) und ein System $u_1 + c_1 | \cdots | u_p + c_p$ mit $(u + c)$ oder, wenn $\begin{pmatrix} g_1 \cdots g_p \\ h_1 \cdots h_p \end{pmatrix}$ die Periodencharakteristik des Größensystems $c_1, \cdots, c_p$ ist, mit $\left(u + \begin{Bmatrix} g \\ h \end{Bmatrix}\right)$ bezeichnet werden. Das Vorhandensein der Modulen a in der die Thetafunktion darstellenden Reihe soll nur dann und zwar in der Form $\vartheta\begin{bmatrix} g \\ h \end{bmatrix}((u))_a$ bei der Bezeichnung der Funktion zum Ausdruck gebracht werden, wenn gleichzeitig Funktionen mit verschiedenen Modulsystemen betrachtet werden.

Die Funktionen $\vartheta\begin{bmatrix} g \\ h \end{bmatrix}((u))$, deren Charakteristikenelemente g, h beliebige reelle Größen sind, wurden von Herrn Prym[1]) in der zweiten der fünf unter dem Titel: Untersuchungen über die Riemannsche Thetaformel und die Riemannsche Charakteristikentheorie vereinigten Abhandlungen zuerst aufgestellt. Nur in der Bezeichnung von ihnen verschieden sind die Weierstraßschen Funktionen $\Theta(u_1 \cdots u_\varrho; \mu, \nu)$, welche Herr Schottky[2]) im Anfange seines Abrisses einer Theorie der Abelschen Funktionen von drei Variabeln einführt.

---

1) Prym, Untersuchungen über die Riemannsche Thetaformel und die Riemannsche Charakteristikentheorie. Leipzig 1882, pag. 25.

2) Schottky, Abriß einer Theorie der Abelschen Funktionen von drei Variabeln. Leipzig 1880, pag. 1.

Aus der am Anfange dieses Artikels angestellten Untersuchung erhellt zugleich, daß man keine allgemeineren Funktionen $\vartheta\begin{bmatrix} g \\ h \end{bmatrix}((u))$ erzielt, wenn man für die Charakteristikenelemente g, h auch komplexe Werte zuläßt.[1]) Da übrigens im ganzen ersten Teile davon kein Gebrauch gemacht wird, daß die Größen g, h reell sind, so bleiben die dort abgeleiteten Formeln auch dann richtig, wenn man diesen Größen irgend welche komplexe Werte erteilt.

XII. Satz: *Die durch die Gleichung* (XXIX) *definierte Thetafunktion* $\vartheta\begin{bmatrix} g \\ h \end{bmatrix}((u))$ *genügt der Gleichung:*

$$\text{(XXXII)}\quad \begin{aligned} &\vartheta\begin{bmatrix} g \\ h \end{bmatrix}\left(\left(u + \left\{\begin{matrix} \varkappa \\ \lambda \end{matrix}\right\}\right)\right) \\ &= \vartheta\begin{bmatrix} g \\ h \end{bmatrix}((u))\, e^{-\sum\limits_{\mu=1}^{p}\sum\limits_{\mu'=1}^{p} a_{\mu\mu'}\varkappa_\mu\varkappa_{\mu'} - 2\sum\limits_{\mu=1}^{p}\varkappa_\mu u_\mu + 2\sum\limits_{\mu=1}^{p}(\lambda_\mu g_\mu - \varkappa_\mu h_\mu)\pi i}, \end{aligned}$$

in der $\varkappa_1, \cdots, \varkappa_p, \lambda_1, \cdots, \lambda_p$ *beliebige ganze Zahlen bezeichnen. Aus dieser Gleichung gehen, indem man das eine Mal* $\lambda_\nu = 1$, *die übrigen* $p-1$ *Zahlen* λ *und die* p *Zahlen* $\varkappa$ *gleich Null setzt, das andere Mal* $\varkappa_\nu = 1$, *die übrigen* $p-1$ *Zahlen* $\varkappa$ *und die* p *Zahlen* λ *gleich Null setzt, die speziellen Gleichungen:*

$$\text{(XXXIII)}\quad \begin{aligned} &\vartheta\begin{bmatrix} g \\ h \end{bmatrix}(u_1 | \cdots | u_\nu + \pi i | \cdots | u_p) \\ &= \vartheta\begin{bmatrix} g \\ h \end{bmatrix}(u_1 | \cdots | u_\nu | \cdots | u_p)\, e^{2 g_\nu \pi i}, \end{aligned}$$

$$(\nu = 1, 2, \cdots, p)$$

$$\text{(XXXIV)}\quad \begin{aligned} &\vartheta\begin{bmatrix} g \\ h \end{bmatrix}(u_1 + a_{1\nu} | \cdots | u_p + a_{p\nu}) \\ &= \vartheta\begin{bmatrix} g \\ h \end{bmatrix}(u_1 | \cdots | u_p)\, e^{-a_{\nu\nu} - 2u_\nu - 2h_\nu \pi i}, \end{aligned}$$

hervor, aus denen man umgekehrt die Gleichung (XXXII) *wieder erzeugen kann. Außerdem genügt die Funktion* $\vartheta\begin{bmatrix} g \\ h \end{bmatrix}((u))$ *den* $\frac{1}{2}p\,(p+1)$ *Differentialgleichungen:*

$$\text{(XXXV)}\quad \frac{\partial^2 \vartheta\begin{bmatrix} g \\ h \end{bmatrix}((u))}{\partial u_\nu\, \partial u_{\nu'}} = n\, \frac{\partial \vartheta\begin{bmatrix} g \\ h \end{bmatrix}((u))}{\partial a_{\nu\nu'}}, \qquad (\nu, \nu' = 1, 2, \cdots, p)$$

bei denen $n = 4$ *ist, wenn* $\nu' = \nu$; *dagegen* $n = 2$, *wenn* $\nu' \gtrless \nu$.

Beweis: Um die Richtigkeit der Gleichung (XXXII) zu zeigen, lasse man in der Gleichung (XXIX), indem man unter $\varkappa_1, \cdots, \varkappa_p$,

---

1) Wie Craig, On Theta-functions with complex characteristics. Am. J. Bd. 6. 1884, pag. 337.

$\lambda_1, \cdots, \lambda_p$ ganze Zahlen versteht, die Größen $u_1, \cdots, u_p$ in die Größen:

$$(98)\qquad u_1 + \sum_{\mu'=1}^{p} \varkappa_{\mu'} a_{1\mu'} + \lambda_1 \pi i, \ \cdots, \ u_p + \sum_{\mu'=1}^{p} \varkappa_{\mu'} a_{p\mu'} + \lambda_p \pi i$$

übergehen; es geht dann der Exponent des allgemeinen Gliedes der auf der rechten Seite stehenden unendlichen Reihe in:

$$\begin{aligned}
&\sum_{\mu=1}^{p}\sum_{\mu'=1}^{p} a_{\mu\mu'}(m_\mu + g_\mu)(m_{\mu'} + g_{\mu'}) \\
&\qquad + 2\sum_{\mu=1}^{p}(m_\mu + g_\mu)\left(u_\mu + \sum_{\mu'=1}^{p} \varkappa_{\mu'} a_{\mu\mu'} + \lambda_\mu \pi i + h_\mu \pi i\right) \\
(99)\quad &= \sum_{\mu=1}^{p}\sum_{\mu'=1}^{p} a_{\mu\mu'}(m_\mu + g_\mu + \varkappa_\mu)(m_{\mu'} + g_{\mu'} + \varkappa_{\mu'}) \\
&\qquad + 2\sum_{\mu=1}^{p}(m_\mu + g_\mu + \varkappa_\mu)(u_\mu + h_\mu \pi i) + 2\sum_{\mu=1}^{p} m_\mu \lambda_\mu \pi i \\
&- \sum_{\mu=1}^{p}\sum_{\mu'=1}^{p} a_{\mu\mu'}\varkappa_\mu \varkappa_{\mu'} - 2\sum_{\mu=1}^{p}\varkappa_\mu u_\mu + 2\sum_{\mu=1}^{p}(\lambda_\mu g_\mu - \varkappa_\mu h_\mu)\pi i
\end{aligned}$$

über, und man erhält zunächst, da für alle Werte der ganzen Zahlen m und λ

$$(100)\qquad e^{2\sum\limits_{\mu=1}^{p} m_\mu \lambda_\mu \pi i} = 1$$

ist, die Gleichung:

$$\begin{aligned}
&\vartheta\begin{bmatrix} g \\ h \end{bmatrix}\left(\!\!\left(u + \begin{Bmatrix} \varkappa \\ \lambda \end{Bmatrix}\right)\!\!\right) = e^{-\sum\limits_{\mu=1}^{p}\sum\limits_{\mu'=1}^{p} a_{\mu\mu'}\varkappa_\mu\varkappa_{\mu'} - 2\sum\limits_{\mu=1}^{p}\varkappa_\mu u_\mu + 2\sum\limits_{\mu=1}^{p}(\lambda_\mu g_\mu - \varkappa_\mu h_\mu)\pi i} \\
(101)\quad &\times \sum_{m_1,\cdots,m_p}^{-\infty,\cdots,+\infty} e^{\sum\limits_{\mu=1}^{p}\sum\limits_{\mu'=1}^{p} a_{\mu\mu'}(m_\mu + g_\mu + \varkappa_\mu)(m_{\mu'} + g_{\mu'} + \varkappa_{\mu'}) + 2\sum\limits_{\mu=1}^{p}(m_\mu + g_\mu + \varkappa_\mu)(u_\mu + h_\mu \pi i)}
\end{aligned}$$

Beachtet man nun, daß der Wert der in der letzten Zeile stehenden Reihe sich nicht ändert, wenn man die Summationsbuchstaben m um beliebige ganze Zahlen ändert, und läßt demzufolge für $\mu = 1, 2, \cdots, p$ m_μ in $m_\mu - \varkappa_\mu$ übergehen, so geht die genannte Reihe in die ursprüngliche, die Funktion $\vartheta\begin{bmatrix} g \\ h \end{bmatrix}(\!(u)\!)$ definierende Reihe (XXIX) über, und man erhält so für diese Funktion die zu beweisende Gleichung (XXXII). — Die Richtigkeit der Differentialgleichungen (XXXV) ergibt sich, wenn man die verlangten Differentiationen an der die Thetafunktion darstellenden Reihe gliedweise ausführt.

Die im XII. Satz niedergelegten Eigenschaften der Funktion $\vartheta\begin{bmatrix} g \\ h \end{bmatrix}(\!(u)\!)$ charakterisieren zusammen mit der Bedingung, daß die Funktion einwertig und im Endlichen nirgendwo unstetig sei, diese Funktion vollständig. Es gilt nämlich der

XIII. Satz: *Erfüllt eine einwertige und für alle endlichen u stetige Funktion $G(\!(u)\!)$ der komplexen Veränderlichen $u_1, \cdots, u_p$ die $2p$ Gleichungen:*

$$\text{(XXXVI)}\qquad G(u_1|\cdots|u_\nu+\pi i|\cdots|u_p) = G(u_1|\cdots|u_\nu|\cdots|u_p)e^{2g_\nu\pi i},$$

$$\text{(XXXVII)}\qquad G(u_1+a_{1\nu}|\cdots|u_p+a_{p\nu}) = G(u_1|\cdots|u_p)e^{-a_{\nu\nu}-2u_\nu-2h_\nu\pi i},\qquad (\nu=1,2,\cdots,p)$$

oder, was dasselbe sagt, bei beliebigen ganzzahligen $\varkappa$, λ die Gleichung:

$$\text{(XXXVIII)}\qquad G\left(\!\left(u+\begin{Bmatrix}\varkappa\\ \lambda\end{Bmatrix}\right)\!\right) = e^{-\sum\limits_{\mu=1}^{p}\sum\limits_{\mu'=1}^{p}a_{\mu\mu'}\varkappa_\mu\varkappa_{\mu'}-2\sum\limits_{\mu=1}^{p}\varkappa_\mu u_\mu+2\sum\limits_{\mu=1}^{p}(\lambda_\mu g_\mu-\varkappa_\mu h_\mu)\pi i}\,G(\!(u)\!),$$

so kann sie sich von der Funktion $\vartheta\begin{bmatrix} g \\ h \end{bmatrix}(\!(u)\!)$ nur um einen von den u unabhängigen Faktor unterscheiden; erfüllt sie außerdem die $\frac{1}{2}p(p+1)$ Differentialgleichungen:

$$\text{(XXXIX)}\qquad \frac{\partial^2 G(\!(u)\!)}{\partial u_\nu\,\partial u_{\nu'}} = n\,\frac{\partial G(\!(u)\!)}{\partial a_{\nu\nu'}},\qquad (\nu,\nu'=1,2,\cdots,p)$$

bei denen $n=4$ ist, wenn $\nu'=\nu$; dagegen $n=2$, wenn $\nu' \gtrless \nu$, so ist dieser Faktor auch von den Modulen a unabhängig.

Der Beweis kann wie der des X. Satzes durchgeführt werden, nachdem man durch die Gleichung (107) des nächsten Paragraphen aus der Funktion $G(\!(u)\!)$ eine Hilfsfunktion $H(\!(u)\!)$ abgeleitet hat.

Es sollen jetzt noch einige Formeln aufgestellt werden, die bei Untersuchungen über Thetafunktionen häufig als Hilfsformeln zur Anwendung kommen.

XIV. Satz: *Bezeichnen $g_1', \cdots, g_p', h_1', \cdots, h_p'$ irgend welche reelle Konstanten, $\varkappa_1, \cdots, \varkappa_p, \lambda_1, \cdots, \lambda_p$ irgend welche ganze Zahlen, so gelten die Formeln:*

$$\text{(XL)}\qquad \vartheta\begin{bmatrix} g \\ h \end{bmatrix}\left(\!\left(u+\begin{Bmatrix}g'\\ h'\end{Bmatrix}\right)\!\right) = \vartheta\begin{bmatrix} g+g' \\ h+h' \end{bmatrix}(\!(u)\!)\,e^{-\sum\limits_{\mu=1}^{p}\sum\limits_{\mu'=1}^{p}a_{\mu\mu'}g'_\mu g'_{\mu'}-2\sum\limits_{\mu=1}^{p}g'_\mu(u_\mu+h_\mu\pi i+h'_\mu\pi i)},$$

(XLI) $$\vartheta\begin{bmatrix} g+\varkappa \\ h+\lambda \end{bmatrix}((u)) = \vartheta\begin{bmatrix} g \\ h \end{bmatrix}((u))\, e^{2\sum\limits_{\mu=1}^{p}\lambda_\mu g_\mu \pi i},$$

(XLII) $$\vartheta\begin{bmatrix} g \\ h \end{bmatrix}(-u_1 | \cdots | -u_p) = \vartheta\begin{bmatrix} -g \\ -h \end{bmatrix}(u_1 | \cdots | u_p).$$

In Bezug auf die Ableitung dieser Formeln mag das Folgende bemerkt werden. Die Richtigkeit der Formel (XL) wird am einfachsten erkannt, wenn man die beiden in ihr vorkommenden Thetafunktionen durch die ihnen entsprechenden unendlichen Reihen ersetzt; ohne Mühe kann man dann das allgemeine Glied der an Stelle der linken Seite getretenen Reihe in das allgemeine Glied der an Stelle der rechten Seite getretenen überführen.[1]) Um die Formel (XLI) zu erhalten, braucht man nur $\vartheta\begin{bmatrix} g \\ h \end{bmatrix}\left(\left(u + \left\{\begin{matrix} \varkappa \\ \lambda \end{matrix}\right\}\right)\right)$ das eine Mal auf Grund der Formel (XL) durch $\vartheta\begin{bmatrix} g+\varkappa \\ h+\lambda \end{bmatrix}((u))$, das andere Mal auf Grund der Formel (XXXII) durch $\vartheta\begin{bmatrix} g \\ h \end{bmatrix}((u))$ auszudrücken und die beiden so erhaltenen Ausdrücke einander gleich zu setzen. Um endlich die Formel (XLII) zu erhalten, beachte man, daß der Wert der die Funktion $\vartheta\begin{bmatrix} g \\ h \end{bmatrix}((u))$ definierenden Reihe sich nicht ändert, wenn man im allgemeinen Gliede derselben einige der Zahlen m oder auch alle mit Minuszeichen versieht. Ersetzt man aber $m_1, \cdots, m_p$ durch $-m_1, \cdots, -m_p$, so ergibt sich zunächst die Gleichung:

(102) $$\vartheta\begin{bmatrix} g \\ h \end{bmatrix}(u_1 | \cdots | u_p) = \vartheta\begin{bmatrix} -g \\ -h \end{bmatrix}(-u_1 | \cdots | -u_p),$$

und aus dieser dann, wenn man das System (u) durch $(-u)$ ersetzt, die Formel (XLII). Aus (XLII) folgt insbesondere für $g_1 = \cdots = g_p = h_1 = \cdots = h_p = 0$ die Gleichung:

(103) $$\vartheta(-u_1 | \cdots | -u_p) = \vartheta(u_1 | \cdots | u_p),$$

welche zeigt, daß die Funktion $\vartheta(u_1 | \cdots | u_p)$ eine gerade Funktion ihres Argumentensystemes (u) ist.[2]) Ersetzt man im allgemeinen Gliede der Reihe (XVIII) nur einen Teil der Summationsbuchstaben, etwa indem man mit q eine Zahl $< p$ versteht, $m_1, \cdots, m_q$ durch

---

1) Eine Ableitung der Formel (XL) gibt Cayley, On a theorem relating to the multiple Thetafunctions. Math. Ann. Bd. 17. 1880, pag. 115.

2) Wann eine Funktion $\vartheta\begin{bmatrix} g \\ h \end{bmatrix}((u))$, bei der nicht alle Zahlen g, h den Wert Null haben, eine gerade oder ungerade Funktion des Argumentensystems (u) ist, wird erst im siebenten Kapitel erörtert.

$-m_1, \cdots, -m_\varrho$, läßt dagegen die übrigen, $m_{\varrho+1}, \cdots, m_p$, ungeändert, so erhält man die Gleichung:

$$(104)\quad \vartheta(-u_1 | \cdots | -u_\varrho | u_{\varrho+1} | \cdots | u_p)_a = \vartheta(u_1 | \cdots | u_\varrho | u_{\varrho+1} | \cdots | u_p)_b,$$

bei der die Modulen $b_{\mu\mu'}$ durch die Gleichungen:

$$(105)\quad b_{\varepsilon\varepsilon'} = a_{\varepsilon\varepsilon'},\quad b_{\varepsilon\eta'} = -a_{\varepsilon\eta'},\quad b_{\eta\eta'} = a_{\eta\eta'}\quad \left(\begin{matrix}\varepsilon, \varepsilon' = 1, 2, \cdots, \varrho \\ \eta, \eta' = \varrho+1, \varrho+2, \cdots, p\end{matrix}\right)$$

bestimmt sind.

Eine Charakteristik, deren Elemente den Bedingungen $0 \leqq g_\nu < 1$, $0 \leqq h_\nu < 1$ $(\nu = 1, 2, \cdots, p)$ genügen, soll eine *Normalcharakteristik* genannt werden. Zwei Charakteristiken $\begin{bmatrix} g \\ h \end{bmatrix}$ und $\begin{bmatrix} g' \\ h' \end{bmatrix}$ sollen *kongruent* genannt werden, wenn ihre entsprechenden Elemente sich nur um ganze Zahlen unterscheiden. Nennt man dann zwei Funktionen $\vartheta\begin{bmatrix} g \\ h \end{bmatrix}(\!(u)\!)$ und $\vartheta\begin{bmatrix} g' \\ h' \end{bmatrix}(\!(u)\!)$ *nicht wesentlich verschieden*, wenn sie sich nur um einen konstanten Faktor unterscheiden, so sind die Charakteristiken zweier nicht wesentlich verschiedener Funktionen, wie die Formeln (XXIII), (XXXIV) zeigen, notwendig einander kongruent und umgekehrt sind, wie die Formel (XLI) zeigt, die zu zwei kongruenten Charakteristiken gehörigen Thetafunktionen nicht wesentlich verschieden.

§ 6.

Thetafunktionen höherer Ordnung.

Es soll die allgemeinste einwertige und für endliche Werte der Argumente stetige Funktion $G(u_1 | \cdots | u_p)$ der komplexen Veränderlichen $u_1, \cdots, u_p$ gefunden werden, die für alle Werte der u und bei beliebigen ganzzahligen Werten der Größen $\varkappa_1, \cdots, \varkappa_p$, $\lambda_1, \cdots, \lambda_p$ der Gleichung:

$$(106)\quad G\left(\!\!\left(u + \left\{\begin{matrix}\varkappa \\ \lambda\end{matrix}\right\}\right)\!\!\right) = e^{-n\sum\limits_{\mu=1}^{p}\sum\limits_{\mu'=1}^{p} a_{\mu\mu'}\varkappa_\mu\varkappa_{\mu'} - 2n\sum\limits_{\mu=1}^{p}\varkappa_\mu u_\mu + 2\sum\limits_{\mu=1}^{p}(\lambda_\mu g_\mu - \varkappa_\mu h_\mu)\pi i}\, G(\!(u)\!),$$

in der n eine gegebene positive ganze Zahl, die g, h gegebene Konstanten bezeichnen, genügt.

Versteht man unter $G(\!(u)\!)$ eine der gestellten Bedingung genügende Funktion und setzt dann:

$$(107)\quad H(\!(u)\!) = e^{-2\sum\limits_{\mu=1}^{p} g_\mu u_\mu}\, G(\!(u)\!),$$

so ist $H(\!(u)\!)$ ebenfalls eine einwertige und für endliche u stetige Funktion der komplexen Veränderlichen $u_1, \cdots, u_p$, die bei beliebigen ganzen Zahlen $\varkappa$, λ der Gleichung:

$$(108)\qquad H\left(\!\!\left(u + \begin{Bmatrix}\varkappa\\ \lambda\end{Bmatrix}\right)\!\!\right) = e^{-n\sum\limits_{\mu=1}^{p}\sum\limits_{\mu'=1}^{p} a_{\mu\mu'}\varkappa_\mu\varkappa_{\mu'} - 2n\sum\limits_{\mu=1}^{p}\varkappa_\mu u_\mu - 2\sum\limits_{\mu=1}^{p}\varkappa_\mu\left(\sum\limits_{\mu'=1}^{p} g_{\mu'}a_{\mu\mu'} + h_\mu\pi i\right)} H(\!(u)\!)$$

genügt. Setzt man in dieser Gleichung $\lambda_\nu = 1$, die übrigen $p - 1$ Zahlen λ und die p Zahlen $\varkappa$ gleich Null, so geht daraus die Gleichung:

$$(109)\qquad H(u_1 | \cdots | u_\nu + \pi i | \cdots | u_p) = H(u_1 | \cdots | u_\nu | \cdots | u_p)$$

hervor, aus welcher folgt, daß die Funktion $H(\!(u)\!)$ für alle endlichen Werte der u darstellbar ist durch dieselbe nach positiven und negativen Potenzen der Größen $e^{2u_1}, \cdots, e^{2u_p}$ fortschreitenden Reihe von der Form:

$$(110)\qquad H(\!(u)\!) = \sum_{m_1, \cdots, m_p}^{-\infty, \cdots, +\infty} A_{m_1 \cdots m_p} e^{2\sum\limits_{\mu=1}^{p} m_\mu u_\mu},$$

wobei die A von den u unabhängige Größen bedeuten. Führt man diese Reihe an Stelle von $H(\!(u)\!)$ in die Gleichung (108) ein, so verwandelt sich sowohl die linke wie die rechte Seite derselben in eine nach den ganzen Potenzen von $e^{2u_1}, \cdots, e^{2u_p}$ fortschreitende Reihe, und es ergibt sich, wenn man berücksichtigt, daß zwei solche Reihen nur dann für alle Werte der u einander gleich sein können, wenn die Koeffizienten gleich hoher Potenzen der Größen $e^{2u_1}, \cdots, e^{2u_p}$ beiderseits dieselben sind, für die Konstanten A die Beziehung:

$$(111)\qquad A_{m_1 + n\varkappa_1 \cdots m_p + n\varkappa_p} = A_{m_1 \cdots m_p} e^{n\sum\limits_{\mu=1}^{p}\sum\limits_{\mu'=1}^{p} a_{\mu\mu'}\varkappa_\mu\varkappa_{\mu'} + 2\sum\limits_{\mu=1}^{p}\sum\limits_{\mu'=1}^{p} a_{\mu\mu'}\varkappa_\mu(g_{\mu'} + m_{\mu'}) + 2\sum\limits_{\mu=1}^{p}\varkappa_\mu h_\mu \pi i}$$

als notwendige und hinreichende Bedingung dafür, daß die Funktion $H(\!(u)\!)$ der Gleichung (108) genügt. Ersetzt man noch in der letzten Formel die Buchstaben m durch die Buchstaben ν und die Buchstaben $\varkappa$ durch die Buchstaben m', so erhält man die Formel:

$$(112)\qquad A_{m_1' n + \nu_1 \cdots m_p' n + \nu_p} = A_{\nu_1 \cdots \nu_p} e^{n\sum\limits_{\mu=1}^{p}\sum\limits_{\mu'=1}^{p} a_{\mu\mu'} m_\mu' m_{\mu'}' + 2\sum\limits_{\mu=1}^{p}\sum\limits_{\mu'=1}^{p} a_{\mu\mu'} m_\mu'(g_{\mu'} + \nu_{\mu'}) + 2\sum\limits_{\mu=1}^{p} m_\mu' h_\mu \pi i},$$

in welcher die m' und ν beliebige ganze Zahlen vertreten.

Man nehme nun die aus den Gleichungen (107) und (110) sich ergebende Gleichung:

$$(113)\qquad G((u)) = \sum_{m_1,\cdots,m_p}^{-\infty,\cdots,+\infty} A_{m_1\cdots m_p}\, e^{2\sum_{\mu=1}^{p}(m_\mu+g_\mu)u_\mu}$$

und denke sich darin die ganzen Zahlen $m_1, \cdots, m_p$ in die Form:

$$(114)\qquad m_1 = m_1'n + \nu_1, \quad \cdots, \quad m_p = m_p'n + \nu_p$$

gebracht, wobei $\nu_1, \cdots, \nu_p$ die kleinsten positiven Reste von $m_1, \cdots, m_p$ inbezug auf den Modul n bezeichnen sollen, die m' also ganze Zahlen sind. Es nimmt dann allgemein m_μ alle ganzzahligen Werte von $-\infty$ bis $+\infty$ und zwar jeden nur einmal an, wenn man für ν_μ der Reihe nach die Zahlen $0, 1, \cdots, n-1$ setzt und dabei jedesmal m_μ' die Reihe der ganzen Zahlen von $-\infty$ bis $+\infty$ durchlaufen läßt. Auf diese Weise erhält man zunächst:

$$(115)\quad G((u)) = \sum_{\nu_1,\cdots,\nu_p}^{0,1,\cdots,n-1}\ \sum_{m_1',\cdots,m_p'}^{-\infty,\cdots,+\infty} A_{m_1'n+\nu_1\cdots m_p'n+\nu_p}\, e^{2n\sum_{\mu=1}^{p}\left(m_\mu'+\frac{g_\mu+\nu_\mu}{n}\right)u_\mu}$$

Führt man hier auf der rechten Seite an Stelle von $A_{m_1'n+\nu_1\cdots m_p'n+\nu_p}$ den vorher aufgestellten Ausdruck (112) ein, setzt zur Abkürzung:

$$(116)\ C_{\nu_1\cdots\nu_p} = A_{\nu_1\cdots\nu_p}\, e^{-\frac{1}{n}\sum_{\mu=1}^{p}\sum_{\mu'=1}^{p} a_{\mu\mu'}(g_\mu+\nu_\mu)(g_{\mu'}+\nu_{\mu'}) - \frac{2}{n}\sum_{\mu=1}^{p}(g_\mu+\nu_\mu)h_\mu\pi i}$$

und beachtet, daß $C_{\nu_1\cdots\nu_p}$ von den Summationsbuchstaben m' vollständig unabhängig ist und demnach vor die betreffenden Summenzeichen gestellt werden kann, so erhält man weiter:

$$(117)\qquad G((u)) = \sum_{\nu_1,\cdots,\nu_p}^{0,1,\cdots,n-1} C_{\nu_1\cdots\nu_p}$$

$$\times \sum_{m_1',\cdots,m_p'}^{-\infty,\cdots,+\infty} e^{\sum_{\mu=1}^{p}\sum_{\mu'=1}^{p} n a_{\mu\mu'}\left(m_\mu'+\frac{g_\mu+\nu_\mu}{n}\right)\left(m_{\mu'}'+\frac{g_{\mu'}+\nu_{\mu'}}{n}\right) + 2\sum_{\mu=1}^{p}\left(m_\mu'+\frac{g_\mu+\nu_\mu}{n}\right)(nu_\mu+h_\mu\pi i)}$$

und schließlich, indem man berücksichtigt, daß die zweite p-fach unendliche Summe eine Thetafunktion mit den Argumenten nu_μ, den Modulen $na_{\mu\mu'}$ und der Charakteristik $\left[\begin{matrix}\frac{g+\nu}{n}\\ h\end{matrix}\right]$ ist:

$$(118)\qquad G((u)) = \sum_{\nu_1,\cdots,\nu_p}^{0,1,\cdots,n-1} C_{\nu_1\cdots\nu_p}\,\vartheta\left[\begin{matrix}\frac{g+\nu}{n}\\ h\end{matrix}\right]((nu))_{na}.$$

Eine jede der n^p auf der rechten Seite der letzten Gleichung vorkommenden Thetafunktionen ist, wie aus der Gleichung (XXXII) folgt, eine partikuläre Lösung der für die Funktion $G(\!(u)\!)$ aufgestellten Bedingungsgleichung (106), und es stellt daher der für $G(\!(u)\!)$ gefundene Ausdruck die gewünschte allgemeinste Lösung dar, wenn man unter den C willkürliche Konstanten versteht. Berücksichtigt man noch, daß die n^p Funktionen $\vartheta\begin{bmatrix}\frac{g+\nu}{n}\\ h\end{bmatrix}(\!(nu)\!)_{na}$, wie ein Blick auf die sie darstellenden Reihen zeigt, linearunabhängig sind, so folgt weiter, daß man die Anzahl n^p der im allgemeinsten Ausdruck für $G(\!(u)\!)$ vorkommenden willkürlichen Konstanten C niemals durch eine Umformung des Ausdrucks auf eine geringere reduzieren kann.

Eine einwertige und für endliche u stetige Funktion der komplexen Veränderlichen $u_1, \cdots, u_p$, welche für alle Werte der u der Gleichung (106) genügt, wird eine Thetafunktion n^{ter} Ordnung mit der Charakteristik $\begin{bmatrix}g\\h\end{bmatrix}$ genannt und mit $\Theta_n\begin{bmatrix}g\\h\end{bmatrix}(\!(u)\!)$ bezeichnet.

Thetafunktion n^{ter} Ordnung mit der Charakteristik $\begin{bmatrix}g\\h\end{bmatrix}$ heißt jede einwertige und für alle endlichen u stetige Funktion $\Theta_n\begin{bmatrix}g\\h\end{bmatrix}(\!(u)\!)$ der komplexen Veränderlichen $u_1, \cdots, u_p$, welche für alle Werte der u den $2p$ Gleichungen:

$$\text{(XLIII)}\quad \Theta_n\begin{bmatrix}g\\h\end{bmatrix}(u_1|\cdots|u_\nu+\pi i|\cdots|u_p) = \Theta_n\begin{bmatrix}g\\h\end{bmatrix}(\!(u)\!)\,e^{2g_\nu\pi i},$$

$$\text{(XLIV)}\quad \Theta_n\begin{bmatrix}g\\h\end{bmatrix}(u_1+a_{1\nu}|\cdots|u_p+a_{p\nu}) = \Theta_n\begin{bmatrix}g\\h\end{bmatrix}(\!(u)\!)\,e^{-na_{\nu\nu}-2nu_\nu-2h_\nu\pi i},$$
$$(\nu=1,2,\cdots,p)$$

oder, was dasselbe sagt, bei beliebigen ganzzahligen $\varkappa$, λ der Gleichung:

$$\text{(XLV)}\quad \Theta_n\begin{bmatrix}g\\h\end{bmatrix}\left(\!\!\left(u+\begin{Bmatrix}\varkappa\\ \lambda\end{Bmatrix}\right)\!\!\right)$$
$$= \Theta_n\begin{bmatrix}g\\h\end{bmatrix}(\!(u)\!)\,e^{-n\sum\limits_{\mu=1}^{p}\sum\limits_{\mu'=1}^{p}a_{\mu\mu'}\varkappa_\mu\varkappa_{\mu'}-2n\sum\limits_{\mu=1}^{p}\varkappa_\mu u_\mu+2\sum\limits_{\mu=1}^{p}(\lambda_\mu g_\mu-\varkappa_\mu h_\mu)\pi i}$$

genügt.

Spezielle solche Funktionen $\Theta_n\begin{bmatrix}g\\h\end{bmatrix}(\!(u)\!)$ sind z. B., wenn unter den ϱ, σ beliebige ganze Zahlen verstanden werden, die Funktionen:

$$(119)\quad \vartheta\begin{bmatrix}\frac{g+\varrho}{n}\\ h\end{bmatrix}(\!(nu)\!)_{na},\quad \vartheta\begin{bmatrix}g\\ \frac{h+\sigma}{n}\end{bmatrix}(\!(u)\!)_{\frac{a}{n}},\quad \vartheta^n\begin{bmatrix}\frac{g+\varrho}{n}\\ \frac{h+\sigma}{n}\end{bmatrix}(\!(u)\!)_a.$$

Aus dem oben gefundenen Resultate (118) ergeben sich die folgenden fundamentalen Sätze:

XV. Satz: *Die allgemeinste Thetafunktion n^{ter} Ordnung mit der Charakteristik $\begin{bmatrix} g \\ h \end{bmatrix}$ wird durch die Gleichung:*

$$\text{(XLVI)} \qquad \Theta_n\begin{bmatrix} g \\ h \end{bmatrix}(\!(u)\!) = \sum_{\varkappa_1, \cdots, \varkappa_p}^{0, 1, \cdots, n-1} C_{\varkappa_1 \cdots \varkappa_p} \vartheta\begin{bmatrix} \frac{g+\varkappa}{n} \\ h \end{bmatrix}(\!(nu)\!)_{na}$$

dargestellt, wenn man unter den $C_{\varkappa_1 \cdots \varkappa_p}$ von den Variablen $u_1, \cdots, u_p$ unabhängige, im übrigen aber vollständig willkürlich wählbare Größen versteht.

XVI. Satz: *Es gibt unendlich viele Thetafunktionen n^{ter} Ordnung mit gegebener Charakteristik $\begin{bmatrix} g \\ h \end{bmatrix}$; sie lassen sich aber alle durch n^p linearunabhängige unter ihnen, z. B. durch die n^p Funktionen*

$$\text{(XLVII)} \qquad \vartheta\begin{bmatrix} \frac{g+\varkappa}{n} \\ h \end{bmatrix}(\!(nu)\!)_{na} \qquad (\varkappa_1, \cdots, \varkappa_p = 0, 1, \cdots, n-1)$$

linear und homogen mit Koeffizienten, welche die Variablen u nicht enthalten, zusammensetzen.

XVII. Satz: *Zwischen $n^p + 1$ Thetafunktionen n^{ter} Ordnung mit der nämlichen Charakteristik $\begin{bmatrix} g \\ h \end{bmatrix}$ findet stets eine homogene lineare Relation statt, deren Koeffizienten von den Variablen u frei sind.*

Thetafunktionen höherer Ordnung wurden zuerst von Hermite[1]) eingeführt. Die obige Darstellung der allgemeinen Funktion $\Theta_n\begin{bmatrix} g \\ h \end{bmatrix}(\!(u)\!)$ durch die n^p speziellen $\vartheta\begin{bmatrix} \frac{g+\varkappa}{n} \\ h \end{bmatrix}(\!(nu)\!)_{na}$ $(\varkappa_1, \cdots, \varkappa_p = 0, 1, \cdots, n-1)$ ist von Herrn Prym[2]) angegeben worden. Auf anderem Wege gelangte Herr Schottky[3]) zu einer Darstellung der Funktion $\Theta_n\begin{bmatrix} g \\ h \end{bmatrix}(\!(u)\!)$ durch die n^p speziellen Funktionen $\vartheta\begin{bmatrix} g \\ \frac{h+\lambda}{n} \end{bmatrix}(\!(u)\!)_{\frac{a}{n}}$ $(\lambda_1, \cdots, \lambda_p = 0, 1, \cdots, n-1)$.

1) Hermite, Sur la théorie de la transformation des fonctions Abéliennes. C R. Bd. 40. 1855, pag. 366 und Extraits de deux lettres de Charles Hermite à C. G. J. Jacobi. 2. Brief d. d. August 1844. Jacobis ges. Werke Bd. 2. Berlin 1882, pag. 96.

2) Prym, Unters. ü. d. Riemannsche Thetaf. etc., pag. 28; vergl. dazu Hermite, a. a. O. C. R. Bd. 40, pag. 428 und Jacobis Ges. Werke Bd. 2, pag. 102 und Thomae, Die allgemeine Transformation der Θ-Funktionen mit beliebig vielen Variabeln. Inaug.-Diss. Göttingen 1864, pag. 7.

3) Schottky, Abr. e. Th. d. Abelschen Funkt. etc., pag. 5; vergl. dazu Hermite, Übersicht der Theorie der elliptischen Funktionen; deutsch von Natani. Berlin 1863, pag. 26.

Aus der Darstellung (XLVI) folgt unter Anwendung der Formel (XL) für beliebige reelle Größen g', h':

$$(120)\qquad \Theta_n\begin{bmatrix}g\\h\end{bmatrix}\left(\!\left(u+\begin{Bmatrix}g'\\h'\end{Bmatrix}\right)\!\right)=e^{\varphi}\sum_{\varkappa_1,\cdots,\varkappa_p}^{0,1,\cdots,n-1}C_{\varkappa_1\cdots\varkappa_p}\,\vartheta\begin{bmatrix}\dfrac{g+ng'+\varkappa}{n}\\h+nh'\end{bmatrix}((nu))_{na}$$

$$=e^{\varphi}\,\Theta_n\begin{bmatrix}g+ng'\\h+nh'\end{bmatrix}((u)),$$

wo zur Abkürzung:

$$(121)\qquad \varphi=-n\sum_{\mu=1}^{p}\sum_{\mu'=1}^{p}a_{\mu\mu'}g_\mu g'_{\mu'}-2\sum_{\mu=1}^{p}g'_\mu(nu_\mu+h_\mu\pi i+nh'_\mu\pi i)$$

gesetzt ist. Man sieht daraus, daß man wie bei den gewöhnlichen Thetafunktionen so auch bei den Thetafunktionen höherer Ordnung die Funktionen mit beliebiger Charakteristik $\begin{bmatrix}g\\h\end{bmatrix}$ durch die Funktionen mit der Charakteristik $\begin{bmatrix}0\\0\end{bmatrix}$ ausdrücken kann. Dies gestattet bei der jetzt folgenden Untersuchung sich auf Thetafunktionen n^{ter} Ordnung mit der Charakteristik $\begin{bmatrix}0\\0\end{bmatrix}$, welche kurz mit $\Theta_n((u))$ bezeichnet werden, zu beschränken.

Indem man die Untersuchung mit dem Falle $p=1$ beginnt, handelt es sich in Analogie mit der am Ende des § 1 angestellten Untersuchung um die Nullpunkte einer Funktion $\Theta_n(u)$. Die Anzahl der Nullpunkte der Funktion $\Theta_n(u)$ im Parallelogramme Π_0 und die Summe dieser Nullpunkte werden durch die Integrale

$$(122)\qquad J_1=\frac{1}{2\pi i}\int_{\Pi_0}^{+}d\log\Theta_n(u),\qquad J_2=\frac{1}{2\pi i}\int_{\Pi_0}^{+}u\,d\log\Theta_n(u)$$

geliefert. Infolge der Gleichungen (XLIII) und (XLIV) erhält man aber für diese Integrale ohne Mühe die Werte:

$$(123)\qquad J_1=n,\qquad J_2=\frac{n}{2}(\pi i+a)$$

und hat damit das Resultat, daß jede Funktion $\Theta_n(u)$ in n Punkten des Parallelogramms Π_0 verschwindet, und daß die Summe dieser n Punkte $\frac{n}{2}(\pi i+a)$ beträgt; so verschwindet z. B. die Funktion $\vartheta(nu)_{na}$ in den n Punkten:

$$(124)\qquad u=\frac{1}{2}a+\frac{2\lambda+1}{2n}\pi i.\qquad (\lambda=0,1,\cdots,n-1)$$

Für den Fall $p>1$ wird in Verallgemeinerung der am Ende des § 4 angestellten Untersuchung nach den im Parallelotop Π_0 gelegenen Lösungen eines Gleichungensystems:

$$(125)\quad \begin{aligned} &\Theta_{n_1}(u_1 - e_{11} \mid u_2 - e_{12} \mid \cdots \mid u_p - e_{1p}) = 0, \\ &\Theta_{n_2}(u_1 - e_{21} \mid u_2 - e_{22} \mid \cdots \mid u_p - e_{2p}) = 0, \\ &\cdots\cdots\cdots\cdots\cdots\cdots \\ &\Theta_{n_p}(u_1 - e_{p1} \mid u_2 - e_{p2} \mid \cdots \mid u_p - e_{pp}) = 0 \end{aligned}$$

gefragt. Um die Anzahl dieser Lösungen zu bestimmen, denke man sich die Thetafunktionen höherer Ordnung sämtlich auf Grund der Formel (XLVI) durch gewöhnliche Thetafunktionen dargestellt. Die Anzahl der Lösungen des entstehenden Gleichungensystems bleibt dann, nach dem in § 4 Bemerkten ungeändert, wenn man die in den Darstellungen (XLVI) auftretenden Größen C stetig ändert. Indem man aber jedesmal alle Größen C bis auf die erste Null werden läßt, erhält man das Resultat, daß die Anzahl der Lösungen des Gleichungensystems (125) die gleiche ist, wie die Anzahl der Lösungen des spezielleren Gleichungensystems:

$$(126)\quad \begin{aligned} &\vartheta(n_1 u_1 - n_1 e_{11} \mid n_1 u_2 - n_1 e_{12} \mid \cdots \mid n_1 u_p - n_1 e_{1p})_{n_1 a} = 0, \\ &\vartheta(n_2 u_1 - n_2 e_{21} \mid n_2 u_2 - n_2 e_{22} \mid \cdots \mid n_2 u_p - n_2 e_{2p})_{n_2 a} = 0, \\ &\cdots\cdots\cdots\cdots\cdots\cdots \\ &\vartheta(n_p u_1 - n_p e_{p1} \mid n_p u_2 - n_p e_{p2} \mid \cdots \mid n_p u_p - n_p e_{pp})_{n_p a} = 0. \end{aligned}$$

Um die Anzahl dieser Lösungen zu bestimmen, lasse man aber Thetamodulen $a_{\mu\mu'}$, bei denen $\mu \gtrless \mu'$ ist, Null werden. Es zerfällt dann jede der p Thetafunktionen in das Produkt von p Thetafunktionen je einer Veränderlichen und das Gleichungensystem (126) hat den Gleichungen (124) entsprechend die $n_1 n_2 \cdots n_p \cdot p!$ Lösungen:

$$(127)\quad \begin{aligned} &u_1 \equiv e_{\alpha 1} + \frac{a_{11}}{2} + \frac{2\lambda_1 + 1}{2 n_1}\pi i, \quad u_2 \equiv e_{\beta 2} + \frac{a_{22}}{2} + \frac{2\lambda_2 + 1}{2 n_2}\pi i, \quad \cdots, \\ &u_p \equiv e_{\varrho p} + \frac{a_{pp}}{2} + \frac{2\lambda_p + 1}{2 n_p}\pi i, \end{aligned}$$

wobei an Stelle von $\alpha\beta\cdots\varrho$ der Reihe nach die $p!$ Permutationen der Zahlen $1, 2, \cdots, p$ zu setzen sind, und λ_μ für $\mu = 1, 2, \cdots, p$ die Zahlen $0, 1, \cdots, n_\mu - 1$ durchläuft. Man hat so den

XVIII. Satz: *Die p Gleichungen:*

$$(\mathrm{XLVIII})\quad \begin{aligned} &\Theta_{n_1}(u_1 - e_{11} \mid u_2 - e_{12} \mid \cdots \mid u_p - e_{1p}) = 0, \\ &\Theta_{n_2}(u_1 - e_{21} \mid u_2 - e_{22} \mid \cdots \mid u_p - e_{2p}) = 0, \\ &\cdots\cdots\cdots\cdots\cdots\cdots \\ &\Theta_{n_p}(u_1 - e_{p1} \mid u_2 - e_{p2} \mid \cdots \mid u_p - e_{pp}) = 0, \end{aligned}$$

bei denen $\Theta_{n_1}((u))$, $\Theta_{n_2}((u))$, $\cdots$, $\Theta_{n_p}((u))$ beliebige Thetafunktionen von den Ordnungen n_1, n_2, $\cdots$, n_p bezeichnen, die $e_{\mu\nu}$ aber gegebene Konstanten sind, haben

(IL) $$N = n_1 n_2 \cdots n_p \cdot p!$$
inkongruente Lösungen.

Der Satz XVIII ist zuerst von Herrn Poincaré[1]) angegeben und auf die obige Art bewiesen worden; auf anderem Wege ist zu diesem Satze Herr Wirtinger[2]) gelangt. Für die Summe der N Lösungen (127) ergibt sich:

(128)
$$\begin{aligned} \sum u_1 &\equiv n_1 n_2 \cdots n_p (p-1)! \sum_{\mu=1}^{p} e_{\mu 1}, \\ &\cdots\cdots\cdots\cdots \\ \sum u_p &\equiv n_1 n_2 \cdots n_p (p-1)! \sum_{\mu=1}^{p} e_{\mu p}; \end{aligned}$$

Herr Wirtinger zeigt, daß diese Kongruenzen auch für das allgemeine Gleichungensystem (XLVIII) giltig sind.

Die Frage nach geraden und ungeraden Thetafunktionen höherer Ordnung wird im siebenten Kapitel erörtert.

---

1) Poincaré, Sur les fonctions Θ. Bull. S. M. F. Bd. 11. 1883, pag. 129.

2) Wirtinger, Zur Theorie der allgemeinen Thetafunktionen. Wiener Anz. Bd. 32. 1895, pag. 58; und: Zur Theorie der $2n$-fach periodischen Funktionen. (2. Abhandlung). Monatsh. f. Math. Bd. 7. 1896, pag. 1.

Zweites Kapitel.

Über ein allgemeines Prinzip der Umformung unendlicher, insbesondere mehrfach unendlicher Reihen und dessen Anwendung auf Thetareihen.

§ 1.

Umformung unendlicher Reihen durch Einführung neuer Summationsbuchstaben vermittelst einer linearen Substitution.

Es sei gegeben eine q-fach unendliche absolut konvergente Reihe

$$(1) \qquad F = \sum_{m_1, \cdots, m_q}^{-\infty, \cdots, +\infty} f(m_1 | \cdots | m_q),$$

deren allgemeines Glied $f(m_1 | \cdots | m_q)$ im übrigen eine beliebige Funktion der Summationsbuchstaben $m_1, \cdots, m_q$ und anderer Größen, Variablen und Konstanten, sein möge, und bei der die Summation so auszuführen ist, daß jede der q Größen m unabhängig von den anderen die Reihe der ganzen Zahlen von $-\infty$ bis $+\infty$ durchläuft. In dieser q-fach unendlichen Reihe führe man jetzt an Stelle der bisherigen Summationsbuchstaben $m_1, \cdots, m_q$ neue $n_1, \cdots, n_q$ ein mit Hilfe einer linearen Substitution von der Gestalt:

$$(2) \qquad r m_\mu = \sum_{\nu=1}^{q} a_{\mu\nu} n_\nu, \qquad (\mu = 1, 2, \cdots, q)$$

bei der r eine positive ganze Zahl, die a ganze Zahlen mit nicht verschwindender Determinante sind. Man erhält dann, wenn man den Ausdruck, in den das allgemeine Glied $f(m_1 | \cdots | m_q)$ durch Einführung der Größen n übergeht, mit $g(n_1 | \cdots | n_q)$ bezeichnet, also:

$$(3) \qquad f(m_1 | \cdots | m_q) = g(n_1 | \cdots | n_q)$$

setzt:

(4) $$F = \sum_{n_1, \cdots, n_q} g(n_1 | \cdots | n_q),$$

und es ist die Frage, auf die alles ankommt, *wie hier über die n summiert werden muß.* Diese Frage ist vorerst folgendermaßen zu beantworten. Bezeichnet man die Determinante der q^2 Zahlen $a_{\mu\nu}$ mit Δ und die Adjunkte von $a_{\mu\nu}$ in dieser Determinante mit $\alpha_{\mu\nu}$, so folgt aus den Gleichungen (2) durch Auflösung nach den n als Unbekannten

(5) $$n_\nu = \frac{r}{\Delta} \sum_{\mu=1}^{q} \alpha_{\mu\nu} m_\mu, \qquad (\nu = 1, 2, \cdots, q)$$

und es muß die auf der rechten Seite von (4) angedeutete Summation nach den n in der Weise ausgeführt werden, daß man an Stelle des Systems der q Summationsbuchstaben $n_1, \cdots, n_q$ ein jedes der Wertesysteme und jedes einmal setzt, welche sich aus den Gleichungen (5) ergeben, wenn man darin an Stelle des Systems der q Buchstaben $m_1, \cdots, m_q$ eine jede der Variationen mit Wiederholung zur q^{ten} Klasse aus den überhaupt existierenden ganzen Zahlen als Elementen treten läßt.

Zur direkten Bestimmung dieser Wertesysteme, von denen man jedenfalls sagen kann, daß keine zwei unter ihnen miteinander übereinstimmen, muß das System der durch die Gleichungen (5) als Funktionen der ganzen Zahlen m definierten Größen n genau untersucht werden. Zu dem Ende bezeichne man mit ϱ_μ den kleinsten positiven Rest der Zahl m_μ nach dem Modul Δ und setze:

(6) $$m_\mu = m'_\mu \Delta + \varrho_\mu. \qquad (\mu = 1, 2, \cdots, q)$$

Führt man diese Ausdrücke in die Gleichungen (5) ein, so zerfällt jede Größe n_ν in einen ganzzahligen Teil n_ν' und einen Bruch, in der Form:

(7) $$n_\nu = n_\nu' + \frac{r}{\Delta} \sum_{\mu=1}^{q} \alpha_{\mu\nu} \varrho_\mu. \qquad (\nu = 1, 2, \cdots, q)$$

Die n' sind ganze Zahlen von besonderer Art; anstatt auf ihre Ausdrücke in den m' einzugehen, bemerke man, daß für die n' jedenfalls nur solche ganze Zahlen auftreten, welche nach Einführung der ihnen entsprechenden Ausdrücke (7) in die Gleichungen (2) für die m ganze Zahlen liefern. Setzt man aber aus (7) in (2) ein, so folgt:

(8) $$r m_\mu = \sum_{\nu=1}^{q} a_{\mu\nu} n_\nu' + r \varrho_\mu, \qquad (\mu = 1, 2, \cdots, q)$$

und man erhält daher für die ganzen Zahlen n' die Bedingung, daß:

$$(9) \qquad \sum_{\nu=1}^{q} a_{\mu\nu} n_\nu' \equiv 0 \pmod{r} \qquad (\mu=1, 2, \cdots, q)$$

sei. Sind diese Bedingungen erfüllt, dann entsprechen den zu solchen n' gemäß den Gleichungen (7) gehörigen Größen n in der Tat ganze Zahlen m. Man bilde nun die Summe:

$$(10) \qquad \sum_{\varrho_1, \cdots, \varrho_q}^{0, 1, \cdots, \nabla - 1} \sum_{n_1', \cdots, n_q'}^{-\infty, \cdots, +\infty}{}' g\left(n_1' + \frac{\bar{\bar{\varrho}}_1}{\Delta} \middle| \cdots \middle| n_q' + \frac{\bar{\bar{\varrho}}_q}{\Delta}\right),$$

bei der zur Abkürzung:

$$(11) \qquad \bar{\bar{\varrho}}_\nu = r \sum_{\mu=1}^{q} \alpha_{\mu\nu} \varrho_\mu \qquad (\nu=1, 2, \cdots, q)$$

gesetzt ist, und bei der, indem ∇ den absoluten Wert von Δ bezeichnet, über jedes ϱ frei von 0 bis $\nabla - 1$ summiert wird, für das System der q Summationsbuchstaben n' aber nur jene aus ganzen Zahlen gebildeten Variationen mit Wiederholung zur q^{ten} Klasse zu treten haben, welche in ihren Elementen den Kongruenzen (9) genügen: dann enthält diese Summe nach dem soeben Bemerkten alle Glieder der Summe (4) und keine anderen Glieder; und es fragt sich nur noch, ob sie auch jedes Glied der Summe (4) nur einmal, oder ob sie es mehrere Male enthält, oder, was auf dasselbe hinauskommt, ob alle Glieder der Summe (10) von einander verschieden, oder ob sie teilweise einander gleich sind. Um diese Frage zu entscheiden, greife man ein bestimmtes Glied der Summe (10) heraus; es ist bestimmt durch gewisse den Kongruenzen (9) genügende ganze Zahlen n' und gewisse positive ganze Zahlen ϱ' aus der Reihe $0, 1, \cdots, \nabla - 1$. Soll ein anderes Glied, charakterisiert durch andere Zahlen n'' und ϱ'', ihm gleich sein, so ist dazu notwendig und hinreichend, daß für $\nu = 1, 2, \cdots, q$:

$$(12) \qquad n_\nu' + \frac{r}{\Delta} \sum_{\mu=1}^{q} \alpha_{\mu\nu} \varrho_\mu' = n_\nu'' + \frac{r}{\Delta} \sum_{\mu=1}^{q} \alpha_{\mu\nu} \varrho_\mu''$$

sei; dann muß aber jedenfalls:

$$(13) \qquad r \sum_{\mu=1}^{q} \alpha_{\mu\nu} (\varrho_\mu' - \varrho_\mu'') \equiv 0 \pmod{\nabla} \qquad (\nu=1, 2, \cdots, q)$$

sein; ist umgekehrt diese Bedingung erfüllt und setzt man:

$$(14) \qquad r \sum_{\mu=1}^{q} \alpha_{\mu\nu} \varrho_\mu' = r \sum_{\mu=1}^{q} \alpha_{\mu\nu} \varrho_\mu'' + \Delta g_\nu \qquad (\nu=1, 2, \cdots, q)$$

so braucht man nur

$$n_\nu'' = n_\nu' + g_\nu \qquad (\nu=1,2,\cdots,q) \tag{15}$$

zu nehmen, dann sind in der Tat die beiden Glieder der Summe einander gleich. So oft also die Kongruenzen:

$$r\sum_{\mu=1}^{q}\alpha_{\mu\nu}x_\mu \equiv 0 \pmod{\nabla} \qquad (\nu=1,2,\cdots,q) \tag{16}$$

durch Zahlen x aus der Reihe $0, 1, \cdots, \nabla - 1$ befriedigt werden können, so oft kehrt jedes Glied der Summe (10) bei weiterem Fortgange der Summation wieder. Heißt man daher diese Anzahl σ', so ist die Summe (10) das σ'-fache der Summe (4), und man hat:

$$F = \frac{1}{\sigma'}\sum_{\varrho_1,\cdots,\varrho_q}^{0,1,\cdots,\nabla-1}\;\sum_{n_1',\cdots,n_q'}^{-\infty,\cdots,+\infty}{}' g\left(n_1' + \frac{\bar{\bar{\varrho}}_1}{\Delta}\,\middle|\,\cdots\,\middle|\,n_q' + \frac{\bar{\bar{\varrho}}_q}{\Delta}\right). \tag{17}$$

In dieser Gleichung bedeutet also σ' die Anzahl der Lösungen — um anzugeben, daß es sich dabei nur um jene Lösungen handelt, die aus Zahlen der Reihe $0, 1, \cdots, \nabla - 1$ gebildet sind, sei genauer gesagt *Normallösungen* — des Kongruenzensystems (16), über jedes ϱ ist frei zu summieren von 0 bis $\nabla - 1$, über die n' von $-\infty$ bis $+\infty$, jedoch dürfen hier nur jene Zahlensysteme genommen werden, welche die Kongruenzen (9) erfüllen. Von dieser Beschränkung der Summation kann man sich aber leicht auf folgende Weise befreien.

Multipliziert man das allgemeine Glied der Summe in (17) mit einem Faktor, der den Wert 1 hat, wenn die n' solche ganze Zahlen sind, die den Kongruenzen (9) genügen, dagegen den Wert 0, wenn die Zahlen n' diesen Kongruenzen nicht genügen, so wird durch Einschiebung dieses Faktors Φ, der in seiner Wirksamkeit mit dem Dirichletschen diskontinuierlichen Faktor der Integralrechnung zu vergleichen ist, zunächst der Wert der Summe (17) nicht geändert; nachdem er aber eingeschoben ist, darf jetzt die Beschränkung der Summation nach den n' einfach weggelassen werden, und man darf schreiben:

$$F = \frac{1}{\sigma'}\sum_{\varrho_1,\cdots,\varrho_q}^{0,1,\cdots,\nabla-1}\;\sum_{n_1,\cdots,n_q}^{-\infty,\cdots,+\infty}\Phi\cdot g\left(n_1 + \frac{\bar{\bar{\varrho}}_1}{\Delta}\,\middle|\,\cdots\,\middle|\,n_q + \frac{\bar{\bar{\varrho}}_q}{\Delta}\right), \tag{18}$$

wo jetzt über jedes ϱ frei von 0 bis $\nabla - 1$ und über jedes n frei von $-\infty$ bis $+\infty$ summiert wird. Es handelt sich jetzt nur noch um die Bildung eines solchen Faktors Φ. Beachtet man aber, daß die Größe:

$$\varphi_\mu = \sum_{\sigma_\mu=0}^{r-1} e^{\frac{2\pi i}{r}\left(\sum_{\nu=1}^{q}a_{\mu\nu}n_\nu\right)\sigma_\mu} \tag{19}$$

den Wert r besitzt, wenn die Zahlen n die Kongruenz:

$$\sum_{\nu=1}^{q} a_{\mu\nu} n_\nu \equiv 0 \pmod{r} \tag{20}$$

erfüllen, dagegen den Wert 0, wenn sie dies nicht tun, so sieht man sofort, daß:

$$\Phi = \frac{\varphi_1 \varphi_2 \cdots \varphi_q}{r^q} = \frac{1}{r^q} \sum_{\sigma_1, \cdots, \sigma_q}^{0, 1, \cdots, r-1} e^{\frac{2\pi i}{r} \sum_{\mu=1}^{q} \sum_{\nu=1}^{q} a_{\mu\nu} n_\nu \sigma_\mu} \tag{21}$$

ein Faktor der vorher verlangten Art ist. Setzt man diesen Ausdruck an Stelle von Φ in (18) ein und vertauscht noch unter der Voraussetzung der absoluten Konvergenz der neuen unendlichen Reihen die Summationsordnung, so erhält man die Gleichung:

$$r^q \sigma' F \tag{22}$$

$$= \sum_{\varrho_1, \cdots, \varrho_q}^{0, 1, \cdots, \nabla - 1} \sum_{\sigma_1, \cdots, \sigma_q}^{0, 1, \cdots, r-1} \left[\sum_{n_1, \cdots, n_q}^{-\infty, \cdots, +\infty} e^{\frac{2\pi i}{r} \sum_{\mu=1}^{q} \sum_{\nu=1}^{q} a_{\mu\nu} n_\nu \sigma_\mu} g\left(n_1 + \frac{\bar{\bar{\varrho}}_1}{\Delta} \,\Big|\, \cdots \,\Big|\, n_q + \frac{\bar{\bar{\varrho}}_q}{\Delta}\right) \right],$$

welche die gewünschte Umformung der gegebenen unendlichen Reihe darstellt, und der man schließlich, weil

$$\sum_{\nu=1}^{q} a_{\mu\nu} \bar{\bar{\varrho}}_\nu = r \Delta \varrho_\mu \qquad (\mu = 1, 2, \cdots, q) \tag{23}$$

und infolgedessen für alle ganzzahligen ϱ und σ

$$e^{\frac{2\pi i}{r} \sum_{\mu=1}^{q} \sum_{\nu=1}^{q} a_{\mu\nu} \sigma_\mu \frac{\bar{\bar{\varrho}}_\nu}{\Delta}} = 1 \tag{24}$$

ist, die für die Anwendungen bequemere Form:

$$r^q \sigma' F \tag{25}$$

$$= \sum_{\varrho_1, \cdots, \varrho_q}^{0, 1, \cdots, \nabla - 1} \sum_{\sigma_1, \cdots, \sigma_q}^{0, 1, \cdots, r-1} \left[\sum_{n_1, \cdots, n_q}^{-\infty, \cdots, +\infty} e^{\frac{2\pi i}{r} \sum_{\nu=1}^{q} \bar{\sigma}_\nu \left(n_\nu + \frac{\bar{\bar{\varrho}}_\nu}{\Delta}\right)} g\left(n_1 + \frac{\bar{\bar{\varrho}}_1}{\Delta} \,\Big|\, \cdots \,\Big|\, n_q + \frac{\bar{\bar{\varrho}}_q}{\Delta}\right) \right]$$

geben kann, bei der noch zur Abkürzung

$$\sum_{\mu=1}^{q} a_{\mu\nu} \sigma_\mu = \bar{\sigma}_\nu \qquad (\nu = 1, 2, \cdots, q) \tag{26}$$

gesetzt ist.

Bei Betrachtung der gewonnenen Endformel wird man zunächst das Resultat bemerken, daß die gegebene unendliche Reihe in eine Summe mehrerer unendlicher Reihen übergeführt wurde; bei genauerer Betrachtung des Ganges der Untersuchung erkennt man sodann, daß dieses Resultat einmal durch gruppenweises Zusammenfassen der Glieder der gegebenen Reihe zu Teilreihen, dann aber weiter durch Einschieben von Gruppen neuer Glieder, die zusammen den Wert Null haben, erreicht wurde. Aus dem letzteren Umstande erkennt man auch, daß auf die am Schlusse eingeführte Bedingung der absoluten Konvergenz der neuen unendlichen Reihen nicht verzichtet werden kann, da sie nicht eine Folge der absoluten Konvergenz der ursprünglichen Reihe ist.

Obwohl die Umformung (25) ihre wahre Bedeutung erst für mehrfach unendliche Reihen erlangt, so ist sie doch auch auf einfach unendliche Reihen anwendbar, und es liefern hier die beiden einfachsten Substitutionen $m = qn$ und $rm = n$ zwei Umformungen einer einfach unendlichen Reihe, bei denen die beiden oben genannten Prozesse des gruppenweisen Zusammenfassens der Glieder der gegebenen Reihe zu Teilreihen und des Einschiebens von Gruppen neuer Glieder mit der Summe Null getrennt auftreten, und daher besonders klar erkennbar sind. Es entspricht nämlich der Substitution

$$m = qn \tag{27}$$

die Umformung:

$$\sum_{m=-\infty}^{+\infty} f(m) = \sum_{\varrho=0}^{q-1}\left(\sum_{n=-\infty}^{+\infty} g\left(n+\frac{\varrho}{q}\right)\right) = \sum_{\varrho=0}^{q-1}\left(\sum_{n=-\infty}^{+\infty} f(qn+\varrho)\right)$$

$$\begin{aligned} &= [f(0) + f(q) + f(2q) + \cdots] \\ &+ [f(1) + f(q+1) + f(2q+1) + \cdots] \\ &+ [f(2) + f(q+2) + f(2q+2) + \cdots] \\ &\quad \cdots\cdots\cdots\cdots \\ &+ [f(q-1) + f(2q-1) + f(3q-1) + \cdots]^{1)}, \end{aligned} \tag{28}$$

während der Substitution

$$rm = n \tag{29}$$

die Umformung:

1) Dabei sind, ebenso wie beim zweiten Beispiele, die den negativen Werten des Summationsbuchstaben n entsprechenden Glieder der Übersichtlichkeit wegen unberücksichtigt gelassen.

$$
\begin{aligned}
\sum_{m=-\infty}^{+\infty} f(m) = \frac{1}{r}\sum_{\sigma=0}^{r-1}\left(\sum_{n=-\infty}^{+\infty} e^{\frac{2\pi i}{r}\sigma n} g(n)\right) &= \frac{1}{r}\sum_{\sigma=0}^{r-1}\left(\sum_{n=-\infty}^{+\infty} e^{\frac{2\pi i}{r}\sigma n} f\left(\frac{n}{r}\right)\right) \\
&= \frac{1}{r}\left\{\left[f(0) + f\left(\frac{1}{r}\right) + f\left(\frac{2}{r}\right) + \cdots\right]\right. \\
&\quad + \left[f(0) + \tau f\left(\frac{1}{r}\right) + \tau^2 f\left(\frac{2}{r}\right) + \cdots\right] \\
&\quad + \left[f(0) + \tau^2 f\left(\frac{1}{r}\right) + \tau^4 f\left(\frac{2}{r}\right) + \cdots\right] \qquad (30) \\
&\quad \cdots\cdots\cdots\cdots\cdots\cdots \\
&\quad \left. + \left[f(0) + \tau^{r-1} f\left(\frac{1}{r}\right) + \tau^{2r-2} f\left(\frac{2}{r}\right) + \cdots\right]\right\}
\end{aligned}
$$

entspricht, bei der zur Abkürzung $\tau = e^{\frac{2\pi i}{r}}$ gesetzt ist.

Der Gedanke, eine mehrfach unendliche Reihe, bei der jeder Summationsbuchstabe die ganzen Zahlen von $-\infty$ bis $+\infty$ durchläuft, dadurch umzuformen, daß man an Stelle der Summationsbuchstaben vermittelst einer linearen Substitution neue einführt, findet sich zuerst in den Arbeiten von Eisenstein[1]); doch wird hier nur der spezielle Fall $r = 1$ behandelt, d. h. die Bedingung gesetzt, daß die Koeffizienten der Substitution ganze Zahlen seien. Die Einführung neuer Summationsbuchstaben vermittelst einer Substitution mit rationalen Koeffizienten, verbunden mit der Einschiebung eines Faktors, der die nach geschehener Transformation eingetretene Beschränkung der Summation aufzuheben gestattet, wurde zuerst von Herrn Prym[2]) zur Herleitung der Riemannschen Thetaformel, hierauf von ihm und mir[3]) zur Gewinnung allgemeinerer Thetaformeln, und endlich von mir[4]) in der obigen Gestalt zur Umformung einer ganz beliebigen unendlichen Reihe angewandt. Mit der Umformung unendlicher Reihen durch Einführung neuer Summationsbuchstaben vermittelst einer linearen Substitution beschäftigt sich auch eine Abhandlung des Herrn Huebner[5]), deren Resultate im Falle einfach unendlicher Reihen mit den hier angegebenen übereinstimmen.

---

1) Eisenstein, Beiträge zur Theorie der elliptischen Funktionen. Mathem. Abh. Berlin 1847, pag. 233, 250 und 290.

2) Prym, Ein neuer Beweis für die Riemannsche Thetaformel Acta math. Bd. 3. 1883, pag. 200.

3) Prym, Ableitung einer allgemeinen Thetaformel. Acta math. Bd. 3. 1883, pag. 216 und Krazer und Prym, Neue Grundlagen etc., pag. 16 und 70.

4) Krazer, Über allgemeine Thetaformeln. Math. Ann. Bd. 52. 1899, pag. 369.

5) Huebner, Über die Umformung unendlicher Reihen und Produkte mit Beziehung auf die Theorie der elliptischen Funktionen. Progr. Königsberg 1891.

§ 2.

Bestimmung der Anzahl s der Normallösungen eines Systems linearer Kongruenzen.

Die in der Formel (25) auftretende Größe σ' bezeichnet die Anzahl der Normallösungen des Kongruenzensystems (16). Es soll in diesem Paragraphen gezeigt werden, wie man in jedem Falle den Wert dieser Zahl σ' bestimmen kann.

Es seien mit $a_{\mu\nu}\binom{\mu=1,2,\cdots,p}{\nu=1,2,\cdots,q}$ pq beliebige ganze Zahlen, mit r eine positive ganze Zahl bezeichnet; jedes System von q ganzen Zahlen $x_1, x_2, \cdots, x_q$, welches gleichzeitig den p Kongruenzen:

$$(31)\qquad \sum_{\nu=1}^{q} a_{\mu\nu} x_\nu \equiv 0 \pmod{r} \qquad (\mu=1,2,\cdots,p)$$

genügt, heißt eine Lösung dieses Kongruenzensystems; *Normallösungen* aber sollen unter diesen unbegrenzt vielen Lösungen diejenigen genannt werden, welche ausschließlich von Zahlen aus der Reihe $0, 1, \cdots, r-1$ gebildet sind. Die Anzahl s dieser Normallösungen ist dann jedenfalls eine endliche und zwar ist $s \overline{\gtrless} r^q$. Es handelt sich um die Bestimmung dieser Zahl s.

Zunächst kann man ohne Mühe für die Zahl s einen analytischen Ausdruck anschreiben. Genügen nämlich die Zahlen $x_1, x_2, \cdots, x_q$ der Kongruenz:

$$(32)\qquad \sum_{\nu=1}^{q} a_{\mu'\nu} x_\nu \equiv 0 \pmod{r},$$

wo μ' irgend eine Zahl aus der Reihe $1, 2, \cdots, p$ bezeichne, so besitzt der Ausdruck:

$$(33)\qquad f_{\mu'}(x_1|\cdots|x_q) = f_{\mu'} = \sum_{y_\mu=0}^{r-1} e^{\frac{2\pi i}{r}\left(\sum_{\nu=1}^{q} a_{\mu'\nu} x_\nu\right) y_\mu}$$

den Wert r; genügen dagegen die Zahlen x der angeschriebenen Kongruenz nicht, so besitzt $f_{\mu'}$ den Wert 0. Daraus folgt sofort, daß der Ausdruck:

$$(34)\qquad F(x_1|\cdots|x_q) = \frac{f_1 f_2 \cdots f_p}{r^p} = \frac{1}{r^p} \sum_{y_1,\cdots,y_p}^{0,1,\cdots,r-1} e^{\frac{2\pi i}{r}\sum_{\mu=1}^{p}\sum_{\nu=1}^{q} a_{\mu\nu} x_\nu y_\mu}$$

für jedes Zahlensystem $x_1, x_2, \cdots, x_q$, das eine Lösung des Kongruenzensystems (31) ist, den Wert 1, für jedes andere den Wert 0 hat, und daß daher die Summe:

$$\sum_{x_1, \cdots, x_q}^{0, 1, \cdots, r-1} F(x_1 | \cdots | x_q) \tag{35}$$

den Wert s besitzt.

I. Satz: *Die Anzahl s der Normallösungen des Kongruenzensystems:*

$$\sum_{\nu=1}^{q} a_{\mu\nu} x_\nu \equiv 0 \pmod{r} \qquad (\mu = 1, 2, \cdots, p) \tag{I}$$

wird durch den Ausdruck

$$s = \frac{1}{r^p} \sum_{\substack{x_1, \cdots, x_q \\ y_1, \cdots, y_p}}^{0, 1, \cdots, r-1} e^{\frac{2\pi i}{r} \sum_{\mu=1}^{p} \sum_{\nu=1}^{q} a_{\mu\nu} x_\nu y_\mu} \tag{II}$$

geliefert.

Mit Hilfe des unter (II) für s angegebenen Ausdrucks läßt sich nun sofort ein weiterer Satz beweisen. Nennt man nämlich die Anzahl der Normallösungen des zu (31) *konjugierten* Kongruenzensystems

$$\sum_{\mu=1}^{p} a_{\mu\nu} x'_\mu \equiv 0 \pmod{r} \qquad (\nu = 1, 2, \cdots, q) \tag{36}$$

s', so ist nach (II):

$$s' = \frac{1}{r^q} \sum_{\substack{x'_1, \cdots, x'_p \\ y'_1, \cdots, y'_q}}^{0, 1, \cdots, r-1} e^{\frac{2\pi i}{r} \sum_{\nu=1}^{q} \sum_{\mu=1}^{p} a_{\mu\nu} x'_\mu y'_\nu}, \tag{37}$$

und es ergibt sich daraus, nachdem man für $\mu = 1, 2, \cdots, p$ und $\nu = 1, 2, \cdots, q$ $x'_\mu = y_\mu$, $y'_\nu = x_\nu$ gesetzt hat, sofort durch Vergleichung mit (II) die Beziehung:

$$r^q s' = r^p s. \tag{38}$$

II. Satz: *Bezeichnet man mit s die Anzahl der Normallösungen des Kongruenzensystems* (I), *mit s' die des konjugierten Kongruenzensystems:*

$$\sum_{\mu=1}^{p} a_{\mu\nu} x'_\mu \equiv 0 \pmod{r} \qquad (\nu = 1, 2, \cdots q) \tag{III}$$

so ist:

(IV) $$\frac{r^q}{s} = \frac{r^p}{s'}.$$

Die in der Gleichung (IV) stehenden Quotienten sind ganze Zahlen, es ist nämlich für ein Kongruenzensystem (I) die Zahl s stets ein Teiler von r^q. Um dies einzusehen, ordne man die sämtlichen r^q aus den Zahlen $0, 1, \cdots, r-1$ möglichen Zahlensysteme $x_1, x_2, \cdots, x_q$ folgendermaßen in Gruppen, wobei zur Abkürzung ein Zahlensystem $x_1, x_2, \cdots, x_q$ symbolisch mit X bezeichnet und verschiedene solche Zahlensysteme durch obere Indizes unterschieden werden mögen. Man betrachte die p Linearformen:

(39) $$A_\mu = \sum_{\nu=1}^{q} a_{\mu\nu} x_\nu; \qquad (\mu=1,2,\cdots,p)$$

läßt man darin an Stelle von $x_1, x_2, \cdots, x_q$ zunächst die s Normallösungen des Kongruenzensystems (I) treten, so wird:

(40) $$A_1 \equiv 0, \quad A_2 \equiv 0, \quad \cdots, \quad A_p \equiv 0 \pmod{r};$$

diese s Zahlensysteme X seien mit:

(41) $$X^{(1)}, X^{(2)}, \cdots, X^{(s)}$$

bezeichnet. Entweder sind damit alle r^q Zahlensysteme X erschöpft, d. h. es ist $s = r^q$, dann ist der aufgestellte Satz bewiesen; oder es ist $s < r^q$, dann gibt es außer diesen s Zahlensystemen X noch andere; ein beliebiges solches sei $X' = (x_1', x_2', \cdots, x_q')$. Setzt man jetzt in den p Linearformen (39) $x_1 = x_1', x_2 = x_2', \cdots, x_q = x_q'$, so werden dieselben jedenfalls nicht alle $\equiv 0 \pmod{r}$; es möge

(42) $$A_1 \equiv g_1', \quad A_2 \equiv g_2', \quad \cdots, \quad A_p \equiv g_p' \pmod{r}$$

werden. Die nämlichen Zahlen $g_1', g_2', \cdots, g_p'$ treten dann immer wieder auf, wenn man in den p Formen (39) an Stelle von $x_1, x_2, \cdots x_q$ jene s Zahlensysteme einführt, welche aus dem Systeme X' durch Addition der Systeme $X^{(1)}, X^{(2)}, \cdots, X^{(s)}$ abgeleitet werden (wobei die auftretenden Zahlen $x' + x$ auf ihre kleinsten positiven Reste nach dem Modul r zu reduzieren sind). Die so entstandenen s Zahlensysteme seien mit:

(43) $$X^{(s+1)}, \quad X^{(s+2)}, \cdots, X^{(2s)}$$

bezeichnet; sie sind alle voneinander und von den Zahlensystemen (41) verschieden, zugleich sind es die sämtlichen Zahlensysteme, welche die Kongruenzen (42) erfüllen. Entweder sind nun mit diesen zwei Reihen alle r^q Zahlensysteme erschöpft, in welchem Falle $2s = r^q$, also der Satz bewiesen ist, oder es gibt noch andere Zahlensysteme X, die in diesen zwei Reihen nicht vorkommen.

So fortschreitend kann man die sämtlichen r^q Zahlensysteme X in Reihen von je s anordnen in der Form:

$$(44)\qquad \begin{array}{llll} X^{(1)}, & X^{(2)}, & \cdots, & X^{(s)}; \\ X^{(s+1)}, & X^{(s+2)}, & \cdots, & X^{(2s)}; \\ \cdot\ \cdot\ \cdot & \cdot\ \cdot\ \cdot & \cdot\ \cdot\ \cdot & \cdot\ \cdot\ \cdot \\ X^{(\overline{t-1}\cdot s+1)}, & X^{(\overline{t-1}\cdot s+2)}, & \cdots, & X^{(ts)}; \end{array}$$

wobei $ts = r^q$ ist, und man erkennt daraus, daß *die Anzahl s der Normallösungen des Kongruenzensystems* (I) *stets ein Teiler von r^q ist.* Die s in einer Horizontalreihe stehenden Zahlensysteme sind dadurch charakterisiert, daß sie die p Linearformen (39) den nämlichen Zahlen $g_1, g_2, \cdots, g_p$ kongruent machen, und es sind zugleich die sämtlichen Zahlensysteme, die dies tun.

Aus (44) schließt man weiter sofort, daß *ein System nicht homogener linearer Kongruenzen:*

$$(45)\qquad \sum_{\nu=1}^{q} a_{\mu\nu} x_\nu \equiv g_\mu \pmod{r} \qquad (\mu = 1, 2, \cdots, p)$$

entweder s Normallösungen hat oder keine. Heißt man aber Zahlen $g_1, g_2, \cdots, g_p$, für welche dieses Kongruenzensystem Lösungen hat, durch die Formen (39) darstellbar, so ist die Anzahl der darstellbaren Zahlensysteme $t = \frac{r^q}{s}$, und die Formel (IV) sagt einfach aus, daß *durch p Formen* (39) *und durch die q dazu konjugierten:*

$$(46)\qquad A_\nu' = \sum_{\mu=1}^{p} a_{\mu\nu} x_\mu' \qquad (\nu = 1, 2, \cdots, q)$$

stets gleich viele Zahlensysteme darstellbar sind.

Ein Fall kann sofort erledigt werden. Ist nämlich $p = q$ und die Determinante $\sum \pm a_{11} a_{22} \cdots a_{qq} = \pm 1$, so ist jedes Zahlensystem $g_1, g_2, \cdots, g_q$ durch die Formen (39) darstellbar; es ist also in diesem Falle für jeden Wert des Moduls r:

$$(47)\qquad t = r^q, \quad s = 1.$$

Von diesem Satze sei die folgende Anwendung gemacht. Läßt man in dem Gleichungensysteme:

$$(48)\qquad \sum_{\nu=1}^{q} a_{\mu\nu} x_\nu = x_\mu' \qquad (\mu = 1, 2, \cdots, q)$$

für welches die Determinante $\sum \pm a_{11} a_{22} \cdots a_{qq}$ den Wert ± 1 hat, an Stelle des Systems der Größen $x_1, x_2, \cdots, x_q$ der Reihe nach die sämtlichen Variationen mit Wiederholung der Elemente $0, 1, \cdots, r-1$

zur q^{ten} Klasse treten und denkt sich jedesmal die entstehenden Größen $x_1', x_2', \cdots, x_q'$ auf ihre kleinsten positiven Reste nach dem Modul r reduziert, so treten nach dem soeben Bemerkten an Stelle des Systems der q Größen $x_1', x_2', \cdots, x_q'$ diese nämlichen Variationen nur in anderer Reihenfolge. Mit anderen Worten: wenn die Größen $x_1, x_2, \cdots, x_q$ unabhängig voneinander die Reihe der ganzen Zahlen $0, 1, \cdots, r-1$ durchlaufen, so tun dies, mod. r betrachtet, auch die Zahlen $x_1', x_2', \cdots, x_q'$. Führt man daher in dem unter (II) angeschriebenen Ausdrucke für s an Stelle der Summationsbuchstaben x, y neue x', y' vermittelst unimodularer linearer Substitutionen:

$$(49) \qquad x_\nu = \sum_{\sigma=1}^{q} h_{\nu\sigma} x_\sigma' \quad (\nu = 1, 2, \cdots, q) \qquad y_\mu = \sum_{\varrho=1}^{p} k_{\varrho\mu} y_\varrho' \quad (\mu = 1, 2, \cdots, p)$$

(wobei also $\sum \pm h_{11} h_{22} \cdots h_{qq} = \pm 1$, $\sum \pm k_{11} k_{22} \cdots k_{pp} = \pm 1$ ist) ein, so hat man auch über jeden dieser neuen Summationsbuchstaben unabhängig von den anderen von 0 bis $r-1$ zu summieren und erhält so, wenn man zur Abkürzung:

$$(50) \qquad \sum_{\mu=1}^{p} \sum_{\nu=1}^{q} k_{\varrho\mu} a_{\mu\nu} h_{\nu\sigma} = b_{\varrho\sigma} \qquad \begin{pmatrix} \varrho = 1, 2, \cdots, p \\ \sigma = 1, 2, \cdots, q \end{pmatrix}$$

setzt, für s den neuen Ausdruck:

$$(51) \qquad s = \frac{1}{r^p} \sum_{\substack{x_1', \cdots, x_q' \\ y_1', \cdots, y_p'}}^{0, 1, \cdots, r-1} e^{\frac{2\pi i}{r} \sum\limits_{\varrho=1}^{p} \sum\limits_{\sigma=1}^{q} b_{\varrho\sigma} x_\sigma' y_\varrho'},$$

bei welchem man nun zum Zwecke der Berechnung von s über die ganzen Zahlen h und k innerhalb der Bedingungen:

$$(52) \qquad \sum \pm h_{11} h_{22} \cdots h_{qq} = \pm 1, \quad \sum \pm k_{11} k_{22} \cdots k_{pp} = \pm 1$$

frei verfügen darf.

Der auf der rechten Seite der Gleichung (II) im Exponenten stehende Ausdruck:

$$(53) \qquad A = \sum_{\mu=1}^{p} \sum_{\nu=1}^{q} a_{\mu\nu} x_\nu y_\mu$$

wird *eine bilineare Form* genannt. Verschwinden für die Matrix ihrer ganzzahligen Koeffizienten $a_{\mu\nu}$ alle Determinanten $l+1^{\text{ten}}$ (und höheren) Grades, aber nicht alle Determinanten l^{ten} Grades, so heißt l der *Rang* der Form A. Man bilde, indem man unter λ eine der Zahlen $1, 2, \cdots, l$ versteht, alle Determinanten λ^{ten} Grades und heiße d_λ den größten gemeinsamen Teiler derselben; die Quotienten $e_\lambda = \frac{d_\lambda}{d_{\lambda-1}}$, wobei im Falle $\lambda = 1$ unter d_0 die Einheit zu verstehen ist, sind dann gleichfalls ganze Zahlen und heißen die *Elementarteiler* der Form A. Geht dann die Form A durch unimodulare lineare Substitutionen (49) in die Form:

$$B = \sum_{\varrho=1}^{p} \sum_{\sigma=1}^{q} b_{\varrho\sigma} x_\sigma' y_\varrho' \tag{54}$$

über, wobei die Koeffizienten $b_{\varrho\sigma}$ durch die Gleichungen (50) definiert sind, so ist jede Determinante λ^{ten} Grades der b eine homogene lineare Funktion der Determinanten λ^{ten} Grades der a und daher auch durch d_λ teilbar; d_λ ist aber zugleich der größte gemeinsame Teiler aller Determinanten λ^{ten} Grades der b, da auch die Form B durch unimodulare lineare Substitutionen in die Form A übergeführt werden kann, also auch jede Determinante λ^{ten} Grades der a eine homogene lineare Funktion der Determinanten λ^{ten} Grades der b ist. Nennt man daher zwei Formen wie A und B *äquivalent*, so sind für äquivalente Formen die Zahlen d_λ und daher auch die Elementarteiler e_λ die gleichen.

Das in der Formel (51) niedergelegte Resultat kann jetzt dahin ausgesprochen werden, daß in dem Ausdrucke (II) für die Zahl s die Form A durch jede beliebige dazu äquivalente ersetzt werden darf. Unter allen zu einer gegebenen Form A äquivalenten Formen gibt es nun bekanntlich eine ausgezeichnete, die *Normalform*:

$$E = \sum_{\lambda=1}^{l} e_\lambda x_\lambda y_\lambda, \tag{55}$$

deren Koeffizienten $e_1, e_2, \cdots, e_l$ die vorher definierten Elementarteiler von A sind. Führt man aber diese Normalform E an Stelle der Form B in (51) ein, so erhält man für s den Ausdruck:

$$s = \frac{1}{r^p} \sum_{\substack{x_1', \cdots, x_q' \\ y_1', \cdots, y_p'}}^{0, 1, \cdots, r-1} e^{\frac{2\pi i}{r} \sum\limits_{\lambda=1}^{l} e_\lambda x_\lambda' y_\lambda'}, \tag{56}$$

der jetzt ohne Mühe ausgewertet werden kann.

Zunächst kann die Summation nach den Größen $x_{l+1}', \cdots, x_q'$, $y_{l+1}', \cdots, y_p'$, da von ihnen das allgemeine Glied der Summe unabhängig ist, sofort ausgeführt werden, und weiter zerfällt dann die übrig bleibende $2l$-fache Summe in das Produkt von l Doppelsummen. Man erhält so für s den Ausdruck:

$$(57)\qquad s = r^{\varrho - 2l} \prod_{\lambda=1}^{l} \left(\sum_{x_\lambda', y_\lambda'}^{0,1,\cdots,r-1} e^{\frac{2\pi i}{r} e_\lambda x_\lambda' y_\lambda'} \right).$$

Man bemerkt nun weiter, daß eine Summe

$$(58)\qquad S_\lambda = \sum_{y_\lambda'=0}^{r-1} e^{\frac{2\pi i}{r} e_\lambda x_\lambda' y_\lambda'}$$

nur dann einen von Null verschiedenen Wert und zwar den Wert r hat, wenn $e_\lambda x_\lambda'$ durch r ohne Rest teilbar ist; durchläuft x_λ' aber die Zahlen $0, 1, \cdots, r-1$, so kommt dies s_λ-mal vor, wenn s_λ den größten gemeinsamen Teiler von e_λ und r bezeichnet, nämlich für die Werte $x_\lambda' = \varkappa \frac{r}{s_\lambda}$ $(\varkappa = 0, 1, \cdots, s_\lambda - 1)$; also ist:

$$(59)\qquad \sum_{x_\lambda', y_\lambda'}^{0,1,\cdots,r-1} e^{\frac{2\pi i}{r} e_\lambda x_\lambda' y_\lambda'} = \sum_{x_\lambda'=0}^{r-1} S_\lambda = s_\lambda . r$$

und daher endlich:

$$(60)\qquad s = s_1 s_2 \cdots s_l \cdot r^{\varrho - l}.$$

III. Satz: *Die Anzahl s der Normallösungen des Kongruenzensystems* (I) *beträgt $s = s_1 s_2 \cdots s_l \cdot r^{\varrho - l}$, wenn l der Rang der bilinearen Form A, s_λ aber für $\lambda = 1, 2, \cdots, l$ der größte gemeinsame Teiler von r und dem λ^{ten} Elementarteiler e_λ von A ist.*

Die Bestimmung der Anzahl der Normallösungen eines Systems linearer Kongruenzen ist zuerst von Henry St. Smith[1]) und später, aber unabhängig davon von Herrn Frobenius[2]) angegeben worden. An diese Abhandlung des Herrn Frobenius lehnt sich die obige Darstellung in wesentlichen Punkten an; insbesondere mag auf sie bezüglich der Reduktion der bilinearen Form A auf die Normalform E verwiesen werden.

§ 3.

Folgerungen aus dem III. Satze; endgültige Gestalt der Formel (25).

Es sollen jetzt aus dem III. Satze einige Resultate abgeleitet werden, die bei Untersuchungen über Thetafunktionen Verwendung finden.

---

1) Smith, On systems of linear indeterminate equations and congruences. Phil. Trans. Bd. 151. 1861, pag. 293.

2) Frobenius, Theorie der linearen Formen mit ganzen Coeffizienten. J. für Math. Bd. 86. 1879, pag. 146.

Es sei $l = p = q$ und der Modul r ein Vielfaches der Determinante $\Delta = \sum \pm a_{11} a_{22} \cdots a_{qq}$. Da die Determinante der Normalform E den Wert $e_1 e_2 \cdots e_q$ besitzt, andererseits aber mit der Determinante Δ der ursprünglichen Form bis aufs Vorzeichen übereinstimmt, so hat man für den absoluten Wert ∇ dieser Determinante:

$$\nabla = e_1 e_2 \cdots e_q. \tag{61}$$

Ist nun $r = g\nabla$, wo g eine positive ganze Zahl ist, so ist für $\lambda = 1, 2, \cdots, q$ $s_\lambda = e_\lambda$ und daher $s = e_1 e_2 \cdots e_q = \nabla$. Man hat also den

IV. Satz: *Wenn die Determinante $\Delta = \sum \pm a_{11} a_{22} \cdots a_{qq}$ von Null verschieden ist, so ist die Anzahl der Normallösungen des Kongruenzensystems:*

$$\sum_{\nu=1}^{q} a_{\mu\nu} x_\nu \equiv 0 \pmod{g\nabla} \qquad (\mu = 1, 2, \cdots, q) \tag{V}$$

für jede ganze Zahl g stets gleich dem absoluten Werte ∇ der Determinante Δ.

Ist wieder $l = p = q$, der Modul r aber relativ prim zu Δ, also auch wegen (61) relativ prim zu jedem Elementarteiler e_λ, so sind alle Größen s_λ und daher auch $s = 1$. Man hat also den

V. Satz: *Wenn die Determinante $\Delta = \sum \pm a_{11} a_{22} \cdots a_{qq}$ von Null verschieden ist, so hat das Kongruenzensystem:*

$$\sum_{\nu=1}^{q} a_{\mu\nu} x_\nu \equiv 0 \pmod{r} \qquad (\mu = 1, 2, \cdots, q) \tag{VI}$$

für jeden Modul r, der relativ prim zu Δ ist, nur eine einzige Normallösung, nämlich $x_1 = 0, x_2 = 0, \cdots, x_q = 0$.

Man betrachte ferner das Kongruenzensystem:

$$\sum_{\mu=1}^{q} \alpha_{\mu\nu} x_\mu \equiv 0 \pmod{\nabla}, \qquad (\nu = 1, 2, \cdots, q) \tag{62}$$

bei welchem $\alpha_{\mu\nu}$ die Adjunkte von $a_{\mu\nu}$ in der Determinante $\Delta = \sum \pm a_{11} a_{22} \cdots a_{qq}$ bezeichne. Bekanntlich ist jede Unterdeterminante λ^{ten} Grades der α dem $\Delta^{\lambda-1}$-fachen der zugehörigen Adjunkte $q - \lambda^{\text{ten}}$ Grades der a gleich; bezeichnet man also mit δ_λ den größten gemeinsamen Teiler der Determinanten λ^{ten} Grades der α, so ist $\delta_\lambda = \nabla^{\lambda-1} d_{q-\lambda}$, und es hat daher für die bilineare Form:

$$\sum_{\mu=1}^{q} \sum_{\nu=1}^{q} \alpha_{\mu\nu} x_\nu y_\mu \tag{63}$$

der λ^{te} Elementarteiler ε_λ den Wert:

(64) $$\varepsilon_\lambda = \nabla \frac{d_{q-\lambda}}{d_{q-\lambda+1}} = \frac{\nabla}{e_{q-\lambda+1}}.$$

Es ist also weiter für das Kongruenzensystem (62) der größte gemeinsame Teiler von ε_λ und dem Modul ∇ ε_λ selbst, und man hat, da:

(65) $$\varepsilon_1\,\varepsilon_2 \cdots \varepsilon_q = \frac{\nabla^q}{e_q e_{q-1} \cdots e_1} = \nabla^{q-1}$$

ist, den

VI. Satz: *Wenn die Determinante* $\Delta = \sum \pm a_{11}\,a_{22} \cdots a_{qq}$ *von Null verschieden ist, und mit* $\alpha_{\mu\nu}$ *die Adjunkte von* $a_{\mu\nu}$ *in dieser Determinante bezeichnet wird, so ist die Anzahl* σ *der Normallösungen des Kongruenzensystems:*

(VII) $$\sum_{\mu=1}^{q} \alpha_{\mu\nu}\,x_\mu \equiv 0 \pmod{\nabla} \qquad (\nu=1,2,\cdots,q)$$

$\sigma = \nabla^{q-1}$.

Man betrachte endlich das Kongruenzensystem (16). Nennt man bei diesem den größten gemeinsamen Teiler der Determinanten λ^{ten} Grades seiner Koeffizienten δ_λ' und den λ^{ten} Elementarteiler der zu ihm gehörigen bilinearen Form ε_λ', so ist:

(66) $$\delta_\lambda' = r^\lambda \nabla^{\lambda-1} d_{q-\lambda}, \qquad \varepsilon_\lambda' = \frac{r\nabla}{e_{q-\lambda+1}}.$$

Folglich ist der größte gemeinsame Teiler σ_λ' von ε_λ' und dem Modul ∇:

(67) $$\sigma_\lambda' = \frac{s_{q-\lambda+1}\nabla}{e_{q-\lambda+1}},$$

wenn, wie früher, mit $s_{q-\lambda+1}$ der größte gemeinsame Teiler von $e_{q-\lambda+1}$ und r bezeichnet wird, und man hat, da:

(68) $$\sigma_1'\,\sigma_2' \cdots \sigma_q' = \frac{s_q s_{q-1} \cdots s_1 \nabla^q}{e_q e_{q-1} \cdots e_1} = s\nabla^{q-1}$$

ist, den

VII. Satz: *Wenn die Determinante* $\Delta = \sum \pm a_{11} a_{22} \cdots a_{qq}$ *von Null verschieden ist, und mit* $\alpha_{\mu\nu}$ *die Adjunkte von* $a_{\mu\nu}$ *in dieser Determinante bezeichnet wird, so ist die Anzahl* σ' *der Normallösungen des Kongruenzensystems:*

(VIII) $$r \sum_{\mu=1}^{q} \alpha_{\mu\nu}\,x_\mu \equiv 0 \pmod{\nabla} \qquad (\nu=1,2,\cdots,q)$$

$\sigma' = s\nabla^{q-1}$, *wenn mit* s *die Anzahl der Normallösungen des Kongruenzensystems* (I) *bezeichnet wird.*

Führt man den soeben gefundenen Wert von σ' in die Formel (25) ein, so erhält man den

VIII. Satz: *Die durch die lineare Substitution:*

$$\text{(IX)} \qquad r m_\mu = \sum_{\nu=1}^{q} a_{\mu\nu} n_\nu, \qquad (\mu = 1, 2, \cdots, q)$$

bei der r eine positive ganze Zahl, die $a_{\mu\nu}$ ganze Zahlen mit nicht verschwindender Determinante bezeichnen, bewirkte Umformung einer q-fach unendlichen Reihe stellt sich dar in der Gleichung:

$$\text{(X)} \qquad \begin{aligned} & r^q \nabla^{q-1} s \sum_{m_1, \cdots, m_q}^{-\infty, \cdots, +\infty} f(m_1 | \cdots | m_q) \\ = & \sum_{\varrho_1, \cdots, \varrho_q}^{0, 1, \cdots, \nabla - 1} \sum_{\sigma_1, \cdots, \sigma_q}^{0, 1, \cdots, r-1} \left(\sum_{n_1, \cdots, n_q}^{-\infty, \cdots, +\infty} e^{\frac{2\pi i}{r} \sum_{\nu=1}^{q} \left(n_\nu + \frac{\bar{\bar{\varrho}}_\nu}{\Delta}\right) \bar{\sigma}_\nu} g\left(n_1 + \frac{\bar{\bar{\varrho}}_1}{\Delta} \Big| \cdots \Big| n_q + \frac{\bar{\bar{\varrho}}_q}{\Delta}\right) \right). \end{aligned}$$

Dabei ist die Funktion $g(n_1 | \cdots | n_q)$ durch die Gleichung:

$$\text{(XI)} \qquad f(m_1 | \cdots | m_q) = g(n_1 | \cdots | n_q)$$

definiert; es ist ferner zur Abkürzung:

$$\text{(XII)} \qquad \bar{\bar{\varrho}}_\nu = r \sum_{\mu=1}^{q} \alpha_{\mu\nu} \varrho_\mu, \qquad \bar{\sigma}_\nu = \sum_{\mu=1}^{q} a_{\mu\nu} \sigma_\mu \qquad (\nu = 1, 2, \cdots, q)$$

gesetzt; es bezeichnet Δ die Determinante $\sum \pm a_{11} a_{22} \cdots a_{qq}$, ∇ ihren absoluten Wert und $\alpha_{\mu\nu}$ die Adjunkte von $a_{\mu\nu}$ in Δ, und es ist endlich unter s die nach dem III. Satz zu berechnende Anzahl der Normallösungen des Kongruenzensystems:

$$\text{(XIII)} \qquad \sum_{\nu=1}^{q} a_{\mu\nu} x_\nu \equiv 0 \pmod{r}$$

verstanden.

Bezüglich der gewonnenen Endformel (X) wird man noch Folgendes bemerken. Die auf der rechten Seite als Summanden auftretenden $(\nabla r)^q$ unendlichen Reihen:

$$\text{(69)} \qquad G\begin{bmatrix} \varrho_1 \cdots \varrho_q \\ \sigma_1 \cdots \sigma_q \end{bmatrix} = \sum_{n_1, \cdots, n_q}^{-\infty, \cdots, +\infty} e^{\frac{2\pi i}{r} \sum_{\nu=1}^{q} \left(n_\nu + \frac{\bar{\bar{\varrho}}_\nu}{\Delta}\right) \bar{\sigma}_\nu} g\left(n_1 + \frac{\bar{\bar{\varrho}}_1}{\Delta} \Big| \cdots \Big| n_q + \frac{\bar{\bar{\varrho}}_q}{\Delta}\right)$$

sind nicht alle voneinander verschieden. Betrachtet man nämlich unter diesen Reihen zwei, für welche sich die zugehörigen Zahlensysteme $\varrho_1, \cdots, \varrho_q$ um eine Lösung des Kongruenzensystems:

$$(70) \qquad r\sum_{\mu=1}^{q} \alpha_{\mu\nu} x_{\mu} \equiv 0 \pmod{\nabla}, \qquad (\nu=1,2,\cdots,q)$$

die zugehörigen Zahlensysteme $\sigma_1, \cdots, \sigma_q$ um eine Lösung des Kongruenzensystems:

$$(71) \qquad \sum_{\mu=1}^{q} a_{\mu\nu} x_{\mu} \equiv 0 \pmod{r} \qquad (\nu=1,2,\cdots,q)$$

unterscheiden, sodaß sich also die Größen:

$$(72) \qquad \frac{\bar{\bar{\varrho}}_1}{\Delta}, \cdots, \frac{\bar{\bar{\varrho}}_q}{\Delta}, \quad \frac{\bar{\sigma}_1}{r}, \cdots, \frac{\bar{\sigma}_q}{r}$$

nur um ganze Zahlen ändern, wenn man von der einen von ihnen zur anderen übergeht, so besitzen diese zwei Reihen, wie man leicht sieht, den gleichen Wert. Berücksichtigt man aber, daß die Anzahl der Normallösungen des Kongruenzensystems (70) nach dem VII. Satz $\nabla^{q-1}s$, die Anzahl der Normallösungen des Kongruenzensystems (71) nach dem II. Satz s beträgt, so erkennt man, daß die $(\nabla r)^q$ auf der rechten Seite von (X) auftretenden unendlichen Reihen $G\begin{bmatrix}\varrho_1 \cdots \varrho_q \\ \sigma_1 \cdots \sigma_q\end{bmatrix}$ in $(\nabla r)^q$: $\nabla^{q-1}s^2 = \frac{r^q\nabla}{s^2}$ Gruppen von je $\nabla^{q-1}s^2$ untereinander gleichen zerfallen, und daß man auf der rechten Seite von (X) jede solche Gruppe von Summanden durch das $\nabla^{q-1}s^2$-fache eines beliebigen unter ihnen ersetzen kann. Führt man diese Vereinigung für jede der $\frac{r^q\nabla}{s^2}$ Gruppen aus, so geht die rechte Seite von (X) in das $\nabla^{q-1}s^2$-fache einer Summe von $\frac{r^q\nabla}{s^2}$ wesentlich verschiedenen unendlichen Reihen $G\begin{bmatrix}\varrho_1 \cdots \varrho_q \\ \sigma_1 \cdots \sigma_q\end{bmatrix}$ über. Für alle Operationen an und mit der Formel (X) wäre es aber, wie schon die jetzt folgende Untersuchung zeigt, durchaus unzweckmäßig, diese Reduktion sich ausgeführt zu denken.

In der Formel (X) lasse man jetzt an Stelle der Funktion $f(m_1 | \cdots | m_q)$ die allgemeinere:

$$(73) \qquad e^{\frac{2\pi i}{\Delta}\sum_{\mu=1}^{q}\left(m_{\mu}+\frac{\varkappa'_{\mu}}{r}\right)\lambda''_{\mu}} f\left(m_1+\frac{\varkappa'_1}{r} \,\Big|\, \cdots \,\Big|\, m_q+\frac{\varkappa'_q}{r}\right)$$

treten, bei der zur Abkürzung:

$$(74) \qquad \varkappa'_{\mu} = \sum_{\nu=1}^{q} a_{\mu\nu}\varkappa_{\nu}, \qquad \lambda''_{\mu} = r\sum_{\nu=1}^{q} \alpha_{\mu\nu}\lambda_{\nu} \qquad (\mu=1,2,\cdots,q)$$

gesetzt ist, während die $\varkappa$, λ ganze Zahlen bezeichnen. Durch die Substitution (IX) geht dann der Ausdruck (73) über in:

$$
(75)\quad \begin{aligned}
&e^{2\pi i\sum\limits_{\nu=1}^{q}(n_\nu+\varkappa_\nu)\lambda_\nu} f\Big(\frac{1}{r}\sum_{\nu=1}^{q} a_{1\nu}(n_\nu+\varkappa_\nu)\,|\cdots|\,\frac{1}{r}\sum_{\nu=1}^{q} a_{q\nu}(n_\nu+\varkappa_\nu)\Big)\\
&= e^{2\pi i\sum\limits_{\nu=1}^{q}(n_\nu+\varkappa_\nu)\lambda_\nu} g(n_1+\varkappa_1\,|\cdots|\,n_q+\varkappa_q)
\end{aligned}
$$

und die Formel (X) liefert daher zunächst die Gleichung:

$$
(76)\quad \begin{aligned}
&r^q\nabla^{q-1}s\sum_{m_1,\cdots,m_q}^{-\infty,\cdots,+\infty} e^{\frac{2\pi i}{\Delta}\sum\limits_{\mu=1}^{q}\left(m_\mu+\frac{\varkappa'_\mu}{r}\right)\lambda''_\mu} f\Big(m_1+\frac{\varkappa'_1}{r}\,|\cdots|\,m_q+\frac{\varkappa'_q}{r}\Big)\\
&=\sum_{\varrho_1,\cdots,\varrho_q}^{0,1,\cdots,\nabla-1}\ \sum_{\sigma_1,\cdots,\sigma_q}^{0,1,\cdots,r-1}\Bigg(\sum_{n_1,\cdots,n_q}^{-\infty,\cdots,+\infty} e^{\frac{2\pi i}{r}\sum\limits_{\nu=1}^{q}\left(n_\nu+\frac{\bar{\bar\varrho}_\nu}{\Delta}\right)\bar\sigma_\nu+2\pi i\sum\limits_{\nu=1}^{q}\left(n_\nu+\varkappa_\nu+\frac{\bar{\bar\varrho}_\nu}{\Delta}\right)\lambda_\nu}\\
&\qquad g\Big(n_1+\varkappa_1+\frac{\bar{\bar\varrho}_1}{\Delta}\,|\cdots|\,n_q+\varkappa_q+\frac{\bar{\bar\varrho}_q}{\Delta}\Big)\Bigg).
\end{aligned}
$$

Beachtet man aber, daß der Wert der hier auf der rechten Seite stehenden, in besondere Klammern eingeschlossenen q-fach unendlichen Reihe sich nicht ändert, wenn man die Summationsbuchstaben $n_1, \cdots, n_q$ um beliebige ganze Zahlen ändert, und läßt demzufolge für $\nu = 1, 2, \cdots, q$ n_ν in $n_\nu - \varkappa_\nu$ übergehen, so geht die genannte Reihe, von einem Exponentialfaktor abgesehen, in die ursprüngliche, die Funktion $G\begin{bmatrix}\varrho_1 \cdots \varrho_q\\ \sigma_1 \cdots \sigma_q\end{bmatrix}$ definierende Reihe (69) über, und man erhält, wenn man noch zur Abkürzung:

$$
(77)\quad F\begin{bmatrix}\varkappa_1 \cdots \varkappa_q\\ \lambda_1 \cdots \lambda_q\end{bmatrix}=\sum_{m_1,\cdots,m_q}^{-\infty,\cdots,+\infty} e^{\frac{2\pi i}{\Delta}\sum\limits_{\mu=1}^{q}\left(m_\mu+\frac{\varkappa'_\mu}{r}\right)\lambda''_\mu} f\Big(m_1+\frac{\varkappa'_1}{r}\,|\cdots|\,m_q+\frac{\varkappa'_q}{r}\Big)
$$

setzt, aus (76) die Gleichung:

$$
(78)\quad \begin{aligned}
&r^q\nabla^{q-1}s\,F\begin{bmatrix}\varkappa_1 \cdots \varkappa_q\\ \lambda_1 \cdots \lambda_q\end{bmatrix}\\
&=\sum_{\varrho_1,\cdots,\varrho_q}^{0,1,\cdots,\nabla-1}\ \sum_{\sigma_1,\cdots,\sigma_q}^{0,1,\cdots,r-1} G\begin{bmatrix}\varrho_1 \cdots \varrho_q\\ \sigma_1 \cdots \sigma_q\end{bmatrix} e^{-\frac{2\pi i}{r}\sum\limits_{\nu=1}^{q}\bar\sigma_\nu\varkappa_\nu+\frac{2\pi i}{\Delta}\sum\limits_{\nu=1}^{q}\bar{\bar\varrho}_\nu\lambda_\nu}
\end{aligned}
$$

In dieser Gleichung bezeichnen $\varkappa_1, \cdots, \varkappa_q, \lambda_1, \cdots, \lambda_q$ beliebige ganze Zahlen; läßt man die $\varkappa$ unabhängig voneinander die Zahlen $0, 1, \cdots, r-1$, die λ unabhängig voneinander die Zahlen $0, 1, \cdots, \nabla - 1$ durchlaufen, so geht aus (78) ein System von $(r\nabla)^q$ Gleichungen hervor, die auf ihren rechten Seiten alle die nämlichen $(r\nabla)^q$ Größen $G\begin{bmatrix}\varrho_1 \cdots \varrho_q\\ \sigma_1 \cdots \sigma_q\end{bmatrix}$ enthalten. Daß diese $(r\nabla)^q$ so entstehenden Gleichungen nicht alle voneinander verschieden sind, sondern ebenso wie die $(r\nabla)^q$ Glieder der rechten Seite einer jeden von ihnen in $\frac{r^q\nabla}{s^2}$ Gruppen von je $\nabla^{q-1}s^2$ untereinander gleichen zerfallen, wird man zwar bemerken; man wird sich aber zweckmäßig ebensowenig das System der $(r\nabla)^q$ Gleichungen (78) auf das System der $\frac{r^q\nabla}{s^2}$ verschieden unter ihnen reduziert denken, wie dies früher mit den $(r\nabla)^q$ Gliedern der rechten Seite jeder Gleichung des Systems geschehen ist.

Die Gleichung (78) repräsentiert also ein System von $(r\nabla)^q$ linearen Gleichungen zwischen den $(r\nabla)^q$ Größen $F\begin{bmatrix}\varkappa_1 \cdots \varkappa_q\\ \lambda_1 \cdots \lambda_q\end{bmatrix}$ einerseits und den $(r\nabla)^q$ Größen $G\begin{bmatrix}\varrho_1 \cdots \varrho_q\\ \sigma_1 \cdots \sigma_q\end{bmatrix}$ andererseits. Indem man diese Gleichungen, sämtlich oder einen passend ausgewählten Teil von ihnen, linear miteinander verbindet, können aus ihnen Gleichungen in großer Zahl abgeleitet werden, von denen jede einen Teil der Größen $F\begin{bmatrix}\varkappa_1 \cdots \varkappa_q\\ \lambda_1 \cdots \lambda_q\end{bmatrix}$ und einen Teil der Größen $G\begin{bmatrix}\varrho_1 \cdots \varrho_q\\ \sigma_1 \cdots \sigma_q\end{bmatrix}$ enthält, und bei denen als Koeffizienten ausschließlich Einheitswurzeln auftreten. Von der Aufstellung solcher Gleichungen soll aber hier abgesehen werden, und es möge bezüglich der Behandlung eines dahin gehörigen speziellen Falles auf § 10 des siebenten Kapitels verwiesen werden. Nur ein Fall soll hier durchgeführt werden; man kann nämlich insbesondere das System der Gleichungen (78) nach den $G\begin{bmatrix}\varrho_1 \cdots \varrho_q\\ \sigma_1 \cdots \sigma_q\end{bmatrix}$ als Unbekannten auflösen oder, wie man sagt, die Formel (78) umkehren.

Zu dem Ende verstehe man unter $\varrho_1', \cdots, \varrho_q', \sigma_1', \cdots, \sigma_q'$ bestimmte ganze Zahlen, multipliziere linke und rechte Seite von (78) mit:

$$(78) \qquad e^{-\frac{2\pi i}{\Delta}\sum_{\mu=1}^{q}\lambda''_\mu\varrho'_\mu + \frac{2\pi i}{r}\sum_{\mu=1}^{q}\varkappa'_\mu\sigma'_\mu} = e^{\frac{2\pi i}{r}\sum_{\nu=1}^{q}\bar{\sigma}'_\nu\varkappa_\nu - \frac{2\pi i}{\Delta}\sum_{\nu=1}^{q}\bar{\bar{\varrho}}'_\nu\lambda_\nu}$$

und summiere hierauf über jedes $\varkappa$ von 0 bis $r-1$, über jedes λ von 0 bis $\nabla - 1$. Von den beiden dadurch auf der rechten Seite auftretenden Summen:

$$(80)\qquad \sum_{\varkappa_1,\cdot\cdot,\varkappa_q}^{0,1,\cdot\cdot,r-1} e^{-\frac{2\pi i}{r}\sum\limits_{\nu=1}^{q}(\bar{\sigma}_\nu-\bar{\sigma}'_\nu)\varkappa_\nu}, \qquad \sum_{\lambda_1,\cdot\cdot,\lambda_q}^{0,1,\cdot\cdot,\nabla-1} e^{\frac{2\pi i}{\Delta}\sum\limits_{\nu=1}^{q}(\bar{\bar{\varrho}}_\nu-\bar{\bar{\varrho}}'_\nu)\lambda_\nu}$$

besitzt die erste nur dann einen von Null verschiedenen Wert und zwar den Wert r^q, wenn

$$(81)\qquad \bar{\sigma}_\nu \equiv \bar{\sigma}_\nu' \pmod{r} \qquad (\nu=1,2,\cdots,q)$$

ist, die zweite nur dann einen von Null verschiedenen Wert und zwar den Wert ∇^q, wenn

$$(82)\qquad \bar{\bar{\varrho}}_\nu \equiv \bar{\bar{\varrho}}_\nu' \pmod{\nabla} \qquad (\nu=1,2,\cdots,q)$$

ist, und da ersteres bei der Summation über die σ im ganzen s-mal, letzteres bei der Summation über die ϱ im ganzen $\nabla^{q-1}s$-mal auftritt, und ferner jedesmal, wenn die Kongruenzen (81) und (82) erfüllt sind $G\begin{bmatrix}\varrho_1\cdots\varrho_q\\ \sigma_1\cdots\sigma_q\end{bmatrix} = G\begin{bmatrix}\varrho_1'\cdots\varrho_q'\\ \sigma_1'\cdots\sigma_q'\end{bmatrix}$ ist, so reduziert sich die rechte Seite der entstandenen Gleichung auf:

$$(83)\qquad r^q s\cdot\nabla^q\nabla^{q-1}s\, G\begin{bmatrix}\varrho_1'\cdots\varrho_q'\\ \sigma_1'\cdots\sigma_q'\end{bmatrix}$$

und man erhält schließlich, wenn man linke und rechte Seite durch $r^q\nabla^{q-1}s$ dividiert, hierauf die beiden Seiten miteinander vertauscht und endlich noch die Accente bei den Buchstaben ϱ, σ unterdrückt, die Gleichung:

$$(84)\qquad \nabla^q s\, G\begin{bmatrix}\varrho_1\cdots\varrho_q\\ \sigma_1\cdots\sigma_q\end{bmatrix}$$

$$=\sum_{\varkappa_1,\cdot\cdot,\varkappa_q}^{0,1,\cdot\cdot,r-1}\ \sum_{\lambda_1,\cdot\cdot,\lambda_q}^{0,1,\cdot\cdot,\nabla-1} F\begin{bmatrix}\varkappa_1\cdots\varkappa_q\\ \lambda_1\cdots\lambda_q\end{bmatrix} e^{-\frac{2\pi i}{\Delta}\sum\limits_{\mu=1}^{q}\lambda''_\mu\varrho_\mu+\frac{2\pi i}{r}\sum\limits_{\mu=1}^{q}\varkappa'_\mu\sigma_\mu},$$

womit die gewünschte Umkehrung der Formel (78) erreicht ist. Man wird dazu noch das Folgende bemerken.

Gibt man in (84) allen Zahlen ϱ, σ den Wert Null und ersetzt $G\begin{bmatrix}0\cdots 0\\ 0\cdots 0\end{bmatrix}$ und $F\begin{bmatrix}\varkappa_1\cdots\varkappa_q\\ \lambda_1\cdots\lambda_q\end{bmatrix}$ aus (69) und (77) durch die damit bezeichneten Reihen, so entsteht die Gleichung:

$$(85)\qquad \nabla^q s\sum_{n_1,\cdot\cdot,n_q}^{-\infty,\cdot\cdot,+\infty} g(n_1|\cdots|n_q)$$

$$=\sum_{\varkappa_1,\cdot\cdot,\varkappa_q}^{0,1,\cdot\cdot,r-1}\ \sum_{\lambda_1,\cdot\cdot,\lambda_q}^{0,1,\cdot\cdot,\nabla-1}\left(\sum_{m_1,\cdot\cdot,m_q}^{-\infty,\cdot\cdot,+\infty} e^{\frac{2\pi i}{\Delta}\sum\limits_{\mu=1}^{q}\left(m_\mu+\frac{\varkappa'_\mu}{r}\right)\lambda''_\mu} f\left(m_1+\frac{\varkappa'_1}{r}\Big|\cdots\Big|m_q+\frac{\varkappa'_q}{r}\right)\right).$$

Die Formeln (X) und (85) stehen, wie aus dem Gange der letzten Untersuchung erhellt, in der Beziehung zueinander, daß jede von ihnen als die Umkehrung der anderen betrachtet werden kann; sie können aber auch als nicht wesentlich verschiedene Formeln angesehen werden, wenn man beachtet, daß ebenso wie die Formel (X) dadurch entstanden ist, daß man in der q-fach unendlichen Reihe (1) an Stelle der Summationsbuchstaben m neue Summationsbuchstaben n durch die Substitution (2) einführt, die Formel (85) dadurch erhalten werden kann, daß man in der auf ihrer linken Seite stehenden q-fach unendlichen Reihe

$$\sum_{n_1,\cdot\cdot,n_q}^{-\infty,\cdot\cdot,+\infty} g(n_1 \,|\, \cdots \,|\, n_q) \tag{86}$$

an Stelle der Summationsbuchstaben n die m als neue Summationsbuchstaben einführt, vermittelst der zu (2) inversen Substitution (5).

§ 4.

Anwendung der Formel (X) auf eine p-fach unendliche Thetareihe.

Die im VIII. Satz angegebene Umformung einer beliebigen unendlichen Reihe soll jetzt auf die p-fach unendliche Thetareihe angewendet werden; dabei mögen nur die Koeffizienten der Substitution, um sie von den Thetamodulen $a_{\mu\mu'}$ zu unterscheiden, mit $d_{\mu\nu}$ bezeichnet werden. Es handelt sich also um die Umformung der p-fach unendlichen Reihe:

$$\vartheta\begin{bmatrix} g \\ h \end{bmatrix}(\!(u)\!)_a \tag{87}$$
$$= \sum_{m_1,\cdot\cdot,m_p}^{-\infty,\cdot\cdot,+\infty} e^{\sum\limits_{\mu=1}^{p}\sum\limits_{\mu'=1}^{p} a_{\mu\mu'}(m_\mu+g_\mu)(m_{\mu'}+g_{\mu'}) + 2\sum\limits_{\mu=1}^{p}(m_\mu+g_\mu)(u_\mu+h_\mu\pi i)}$$

durch Einführung neuer Summationsbuchstaben n vermittelst der Substitution:

$$r m_\mu = \sum_{\nu=1}^{p} d_{\mu\nu} n_\nu, \qquad (\mu=1,2,\cdots,p) \tag{88}$$

bei der r eine positive ganze Zahl, die $d_{\mu\nu}$ p^2 ganze Zahlen mit nicht verschwindender Determinante $\Delta = \sum \pm d_{11} d_{22} \cdots d_{pp}$ bezeichnen.

Definiert man Größen $\overline{\overline{g}}$ implicite durch die Gleichungen:

$$r g_\mu = \sum_{\nu=1}^{p} d_{\mu\nu} \frac{\overline{\overline{g}}_\nu}{\Delta} \qquad (\mu=1,2,\cdots,p) \tag{89}$$

oder explicite durch die Gleichungen:

$$(90)\qquad \overline{\overline{g}}_\nu = r\sum_{\mu=1}^{p}\delta_{\mu\nu}g_\mu, \qquad (\nu=1,2,\cdots,p)$$

in denen $\delta_{\mu\nu}$ die Adjunkte von $d_{\mu\nu}$ in der Determinante Δ bezeichnet, so wird unter Anwendung der Gleichungen (88):

$$(91)\qquad \begin{aligned}\sum_{\mu=1}^{p}\sum_{\mu'=1}^{p}a_{\mu\mu'}(m_\mu+g_\mu)(m_{\mu'}+g_{\mu'}) &= \sum_{\nu=1}^{p}\sum_{\nu'=1}^{p}b_{\nu\nu'}\left(n_\nu+\frac{\overline{\overline{g}}_\nu}{\Delta}\right)\left(n_{\nu'}+\frac{\overline{\overline{g}}_{\nu'}}{\Delta}\right),\\ \sum_{\mu=1}^{p}(m_\mu+g_\mu)(u_\mu+h_\mu\pi i) &= \sum_{\nu=1}^{p}\left(n_\nu+\frac{\overline{\overline{g}}_\nu}{\Delta}\right)\left(v_\nu+\frac{\overline{h}_\nu}{r}\pi i\right),\end{aligned}$$

wo zur Abkürzung:

$$(92)\qquad \begin{aligned}\frac{1}{r^2}\sum_{\mu=1}^{p}\sum_{\mu'=1}^{p}d_{\mu\nu}d_{\mu'\nu'}a_{\mu\mu'} &= b_{\nu\nu'},\\ \frac{1}{r}\sum_{\mu=1}^{p}d_{\mu\nu}u_\mu &= v_\nu, \qquad (\nu,\nu'=1,2,\cdots,p)\\ \sum_{\mu=1}^{p}d_{\mu\nu}h_\mu &= \overline{h}_\nu\end{aligned}$$

gesetzt ist. Folglich wird aus der hier vorliegenden Funktion:

$$(93)\qquad f(m_1|\cdots|m_p) = e^{\sum\limits_{\mu=1}^{p}\sum\limits_{\mu'=1}^{p}a_{\mu\mu'}(m_\mu+g_\mu)(m_{\mu'}+g_{\mu'})+2\sum\limits_{\mu=1}^{p}(m_\mu+g_\mu)(u_\mu+h_\mu\pi i)}$$

durch Einführung der Größen n:

$$(94)\qquad g(n_1|\cdots|n_p) = e^{\sum\limits_{\nu=1}^{p}\sum\limits_{\nu'=1}^{p}b_{\nu\nu'}\left(n_\nu+\frac{\overline{\overline{g}}_\nu}{\Delta}\right)\left(n_{\nu'}+\frac{\overline{\overline{g}}_{\nu'}}{\Delta}\right)+2\sum\limits_{\nu=1}^{p}\left(n_\nu+\frac{\overline{\overline{g}}_\nu}{\Delta}\right)\left(v_\nu+\frac{\overline{h}_\nu}{r}\pi i\right)}$$

und es geht aus der Formel (X) unmittelbar die folgende Gleichung hervor:

$$(95)\qquad r^p\nabla^{p-1}s\,\vartheta\begin{bmatrix}g\\h\end{bmatrix}((u))_a = \sum_{\varrho_1,\cdot\cdot,\varrho_p}^{0,1,\cdot\cdot,\nabla-1}\;\sum_{\sigma_1,\cdot\cdot,\sigma_p}^{0,1,\cdot\cdot,r-1} e^{-\frac{2\pi i}{r\Delta}\sum\limits_{\nu=1}^{p}\overline{\overline{g}}_\nu\overline{\sigma}_\nu}$$
$$\left(\sum_{n_1,\cdot\cdot,n_q}^{-\infty,\cdot\cdot,+\infty} e^{\sum\limits_{\nu=1}^{p}\sum\limits_{\nu'=1}^{p}b_{\nu\nu'}\left(n_\nu+\frac{\overline{\overline{g}}_\nu+\overline{\overline{\varrho}}_\nu}{\Delta}\right)\left(n_{\nu'}+\frac{\overline{\overline{g}}_{\nu'}+\overline{\overline{\varrho}}_{\nu'}}{\Delta}\right)+2\sum\limits_{\nu=1}^{p}\left(n_\nu+\frac{\overline{\overline{g}}_\nu+\overline{\overline{\varrho}}_\nu}{\Delta}\right)\left(v_\nu+\frac{h_\nu+\overline{\sigma}_\nu}{r}\pi i\right)}\right).$$

Die in der letzten Zeile stehende p-fach unendliche Reihe ist eine Thetareihe mit den Modulen $b_{\nu\nu'}$; zur Konvergenz dieser neuen Thetareihe bedarf es keiner weiteren Voraussetzungen. Bezeichnet man nämlich den reellen Teil von $a_{\mu\mu'}$ mit $r_{\mu\mu'}$, den reellen Teil von $b_{\nu\nu'}$ mit $s_{\nu\nu'}$, so erhält man wegen (92):

$$(96) \qquad \sum_{\nu=1}^{p}\sum_{\nu'=1}^{p} s_{\nu\nu'}\, y_\nu\, y_{\nu'} = \sum_{\mu=1}^{p}\sum_{\mu'=1}^{p} r_{\mu\mu'}\, x_\mu\, x_{\mu'},$$

wenn man zur Abkürzung:

$$(97) \qquad \frac{1}{r}\sum_{\nu=1}^{p} d_{\mu\nu}\, y_\nu = x_\mu \qquad\qquad (\mu=1,2,\cdots,p)$$

setzt, und erkennt daraus sofort, daß die auf der linken Seite von (96) stehende quadratische Form eine negative ist, sobald es die auf der rechten Seite stehende ist, daß also die neue Thetareihe mit der ursprünglichen konvergiert. Führt man aber für diese neue Thetareihe die gewohnte Bezeichnung ein, so nimmt die Gleichung (95) die Gestalt:

$$(98) \quad r^p \nabla^{p-1} s\, \vartheta\begin{bmatrix} g \\ h \end{bmatrix}(\!(u)\!)_a = \sum_{\varrho_1,\cdots,\varrho_p}^{0,1,\cdots,\nabla-1}\ \sum_{\sigma_1,\cdots,\sigma_p}^{0,1,\cdots,r-1} e^{-\frac{2\pi i}{r\Delta}\sum_{\nu=1}^{p}\bar{\bar{g}}_\nu\,\bar{\sigma}_\nu}\ \vartheta\begin{bmatrix} \dfrac{\bar{g}+\bar{\varrho}}{\Delta} \\[2mm] \dfrac{\bar{h}+\bar{\sigma}}{r} \end{bmatrix}(\!(v)\!)_b$$

an, und man hat das folgende Resultat:

IX. Satz: *Hängen von den Modulen $a_{\mu\mu'}$ und den Argumenten u_μ einer gegebenen Thetafunktion die Modulen $b_{\nu\nu'}$ und die Argumente v_ν einer neuen ab gemäß den Gleichungen:*

$$(\text{XIV}) \qquad b_{\nu\nu'} = \frac{1}{r^2}\sum_{\mu=1}^{p}\sum_{\mu'=1}^{p} d_{\mu\nu}\, d_{\mu'\nu'}\, a_{\mu\mu'}, \qquad v_\nu = \frac{1}{r}\sum_{\mu=1}^{p} d_{\mu\nu}\, u_\mu, \qquad (\nu,\nu'=1,2,\cdots,p)$$

in denen r eine positive ganze Zahl, die $d_{\mu\nu}$ p^2 ganze Zahlen mit nichtverschwindender Determinante bezeichnen, so drückt sich die gegebene Thetafunktion durch die neuen aus mit Hilfe der Gleichung:

$$(\text{XV}) \quad r^p \nabla^{p-1} s\, \vartheta\begin{bmatrix} g \\ h \end{bmatrix}(\!(u)\!)_a = \sum_{\varrho_1,\cdots,\varrho_p}^{0,1,\cdots,\nabla-1}\ \sum_{\sigma_1,\cdots,\sigma_p}^{0,1,\cdots,r-1} e^{-\frac{2\pi i}{r\Delta}\sum_{\nu=1}^{p}\bar{\bar{g}}_\nu\,\bar{\sigma}_\nu}\ \vartheta\begin{bmatrix} \dfrac{\bar{g}+\bar{\varrho}}{\Delta} \\[2mm] \dfrac{\bar{h}+\bar{\sigma}}{r} \end{bmatrix}(\!(v)\!)_b.$$

Dabei ist zur Abkürzung gesetzt:

$$\text{(XVI)} \qquad \begin{aligned} \bar{\bar{g}}_\nu &= r\sum_{\mu=1}^{p} \delta_{\mu\nu} g_\mu, & \bar{h}_\nu &= \sum_{\mu=1}^{p} d_{\mu\nu} h_\mu, \\ \bar{\bar{\varrho}}_\nu &= r\sum_{\mu=1}^{p} \delta_{\mu\nu} \varrho_\mu, & \bar{\sigma}_\nu &= \sum_{\mu=1}^{p} d_{\mu\nu} \sigma_\mu, \end{aligned} \qquad (\nu = 1, 2, \cdots, p)$$

es bezeichnet Δ *die Determinante* $\sum \pm d_{11} d_{22} \cdots d_{pp}$, ∇ *ihren absoluten Wert und* $\delta_{\mu\nu}$ *die Adjunkte von* $d_{\mu\nu}$ *in* Δ, *und es ist endlich unter* s *die nach dem III. Satze zu berechnende Anzahl der Normallösungen des Kongruenzensystems:*

$$\text{(XVII)} \qquad \sum_{\nu=1}^{p} d_{\mu\nu} x_\nu \equiv 0 \pmod{r} \qquad (\mu = 1, 2, \cdots, p)$$

verstanden.

Setzt man in der Formel (XV), indem man unter q eine positive ganze zu r relativ prime Zahl versteht, $d_{11} = d_{22} = \cdots = d_{pp} = q$, alle übrigen Zahlen $d_{\mu\nu}$ aber der Null gleich, so nimmt dieselbe nach einfachen Reduktionen die Gestalt:

$$\text{(99)} \quad r^p \vartheta\begin{bmatrix} g \\ h \end{bmatrix}((u))_a = \sum_{\varrho_1, \cdots, \varrho_p}^{0, 1, \cdots, q-1} \sum_{\sigma_1, \cdots, \sigma_p}^{0, 1, \cdots, r-1} \vartheta\begin{bmatrix} \dfrac{r(g+\varrho)}{q} \\ \dfrac{q(h+\sigma)}{r} \end{bmatrix}((v))_b \, e^{-2\pi i \sum\limits_{\mu=1}^{p} g_\mu \sigma_\mu}$$

an, bei der die Größen v, b jetzt mit den Größen u, a durch die Gleichungen:

$$\text{(100)} \qquad v_\nu = \frac{q}{r} u_\nu, \quad b_{\nu\nu'} = \frac{q^2}{r^2} a_{\nu\nu'} \qquad (\nu, \nu' = 1, 2, \cdots, p)$$

verknüpft sind, und aus der weiter, indem man das eine Mal $r = 1$, das andere Mal $q = 1$ setzt, die folgenden Formeln erhalten werden.

X. Satz: *Für beliebige positive ganze Zahlen* q *und* r *bestehen die Gleichungen:*

$$\text{(XVIII)} \qquad \vartheta\begin{bmatrix} g \\ h \end{bmatrix}((u))_a = \sum_{\varrho_1, \cdots, \varrho_p}^{0, 1, \cdots, q-1} \vartheta\begin{bmatrix} \dfrac{g+\varrho}{q} \\ qh \end{bmatrix}((qu))_{q^2 a}$$

und:

$$\text{(XIX)} \qquad r^p \vartheta\begin{bmatrix} g \\ h \end{bmatrix}((u))_a = \sum_{\sigma_1, \cdots, \sigma_p}^{0, 1, \cdots, r-1} \vartheta\begin{bmatrix} rg \\ \dfrac{h+\sigma}{r} \end{bmatrix}\left(\left(\frac{u}{r}\right)\right)_{\frac{a}{r^2}} e^{-2\pi i \sum\limits_{\mu=1}^{p} g_\mu \sigma_\mu}.$$

Die der allgemeinen Substitution (88) entsprechende Thetaformel (XV) ist von Herrn Prym und mir[1]) angegeben worden; bis dahin waren

1) Krazer und Prym, Neue Grundlagen etc., pag. 72.

nur ganz spezielle Fälle derselben bekannt, welche alle der zuletzt gemachten Annahme entsprechen, daß bei der Substitution (88) sämtliche nicht in der Hauptdiagonale stehenden Koeffizienten $d_{\mu\nu}$ den Wert Null haben. Insbesondere sind die Formeln (XVIII) und (XIX) für den Fall $p=1$ längst bekannt. Schon Jacobi[1]) hat bemerkt, daß die $\vartheta(u)_a$ darstellende Reihe, wenn man in ihr die geraden Glieder von den ungeraden trennt, in zwei Reihen zerfällt, von denen jede für sich eine Thetafunktion mit dem Argumente $2u$ und dem Modul $4a$ darstellt, und ist so zu der Formel (XVIII) für $p=1$ und $q=2$ gelangt. Schröter[2]) hat diese Zerspaltung der Thetareihe in mehrere durch Zusammenfassung derjenigen Glieder, bei denen die Summationsbuchstaben einander nach dem Modul q kongruent sind, auf den Fall eines beliebigen q ausgedehnt und so die Formel (XVIII) für $p=1$ und beliebiges q erhalten, während die Formel (XIX) zuerst von Herrn Gordan[3]) angegeben wurde. Die Formeln (XVIII) und (XIX) sind für den Fall $p=1$ genau jene Umformungen der Thetareihe, welche am Ende des § 1 unter (28) und (30) für eine beliebige einfach unendliche Reihe angeschrieben sind.

Nachdem die Formeln (XVIII) und (XIX) für den Fall $p=1$ gefunden waren, war es leicht zu ersehen, daß solche Formeln auch für Thetafunktionen mehrerer Veränderlichen bestehen; sie wurden zuerst (unter Beschränkung auf den Fall $p=2$ und $q=2$) von Herrn Königsberger[4]) angegeben, doch hatte schon vorher Herr Thomae[5]) die Formel:

$$(101)\qquad \vartheta(\!(u)\!)_a = \sum_{\varrho_1=0}^{q_1-1}\cdots\sum_{\varrho_p=0}^{q_p-1}\vartheta\begin{bmatrix}\frac{\varrho}{q}\\ 0\end{bmatrix}(\!(v)\!)_b,$$

bei der:

$$(102)\qquad v_\nu = q_\nu u_\nu,\quad b_{\nu\nu'} = q_\nu q_{\nu'} a_{\nu\nu'} \qquad (\nu, \quad =1,2,\cdots,p)$$

ist, aufgestellt; eine Formel, welche allgemeiner als die Formel (XVIII) ist, in die sie für $q_1=q_2=\cdots=q_p=q$ übergeht, und welche aus der Formel (XV) erhalten wird, wenn man darin $r=1$ und

$$(103)\qquad d_{\mu\nu} = \begin{matrix} q_\nu, & \text{wenn } \mu=\nu, \\ 0, & \text{wenn } \mu \gtrless \nu, \end{matrix} \qquad (\mu,\nu=1,2,\cdots,p)$$

setzt.

---

1) Jacobi, Theorie der elliptischen Funktionen etc. Ges. Werke Bd. 1. Berlin 1881, pag. 515.

2) Schröter, De aequationibus modularibus. Inaug.-Diss. Königsberg 1854, pag. 9; auch: Brioschi, Sur diverses équations analogues aux équations modulaires dans la théorie des fonctions elliptiques. C. R. Bd. 47. 1858, pag. 337.

3) Gordan, Beziehungen zwischen Theta-Producten. J. für Math. Bd. 66. 1866, pag. 191.

4) Königsberger, Über die Transformation der Abelschen Funktionen erster Ordnung. J. für Math. Bd. 64. 1865, pag. 33.

5) Thomae, Die allgemeine Transformation etc. Inaug.-Diss. Göttingen 1864, pag. 5.

§ 5.

Beziehungen zwischen Thetafunktionen, deren Modulen sich um rationale Vielfache von πi unterscheiden.

Versteht man unter $e_{\mu\mu'}$ $(\mu, \mu' = 1, 2, \cdots, p)$ p^2 ganze Zahlen, welche den Bedingungen $e_{\mu\mu'} = e_{\mu'\mu}$ $(\mu, \mu' = 1, 2, \cdots, p;\ \mu < \mu')$ genügen, und leitet aus den Modulen $a_{\mu\mu'}$ einer Thetafunktion Größen $b_{\mu\mu'}$ ab mit Hilfe der Gleichungen:

$$(104)\qquad a_{\mu\mu'} = b_{\mu\mu'} - e_{\mu\mu'}\pi i, \qquad (\mu, \mu' = 1, 2, \cdots, p)$$

so sind auch die $b_{\mu\mu'}$ die Modulen einer konvergenten Thetareihe, und es ergibt sich zwischen den Thetafunktionen mit den ursprünglichen Modulen $a_{\mu\mu'}$ und denen mit den neuen Modulen $b_{\mu\mu'}$ auf Grund der Kongruenzen:

$$(105)\qquad \sum_{\mu=1}^{p}\sum_{\mu'=1}^{p} m_\mu m_{\mu'} e_{\mu\mu'} \equiv \sum_{\mu=1}^{p} m_\mu^2 e_{\mu\mu} \equiv -\sum_{\mu=1}^{p} m_\mu e_{\mu\mu} \pmod{2}$$

und der daraus folgenden:

$$(106)\qquad \begin{aligned} &\sum_{\mu=1}^{p}\sum_{\mu'=1}^{p} e_{\mu\mu'}(m_\mu + g_\mu)(m_{\mu'} + g_{\mu'}) \\ &\equiv 2\sum_{\mu=1}^{p}(m_\mu + g_\mu)\left(-\tfrac{1}{2}e_{\mu\mu} + \sum_{\mu'=1}^{p} e_{\mu\mu'} g_{\mu'}\right) \\ &\quad + \sum_{\mu=1}^{p} e_{\mu\mu} g_\mu - \sum_{\mu=1}^{p}\sum_{\mu'=1}^{p} e_{\mu\mu'} g_\mu g_{\mu'} \pmod{2} \end{aligned}$$

sofort die folgende Beziehung:

XI. Satz: *Hängen von den Modulen $a_{\mu\mu'}$ einer gegebenen Thetafunktion die Modulen $b_{\mu\mu'}$ einer neuen ab gemäß den Gleichungen:*

$$(\mathrm{XX})\qquad b_{\mu\mu'} = a_{\mu\mu'} + e_{\mu\mu'}\pi i, \qquad (\mu, \mu' = 1, 2, \cdots, p)$$

in denen die $e_{\mu\mu'}$ p^2 ganze Zahlen bezeichnen, welche den Bedingungen $e_{\mu\mu'} = e_{\mu'\mu}$ $(\mu, \mu' = 1, 2, \cdots, p;\ \mu < \mu')$ genügen, so drückt sich die gegebene Thetafunktion durch die neue aus mit Hilfe der Gleichung:

$$(\mathrm{XXI})\qquad \vartheta\begin{bmatrix} g \\ h \end{bmatrix}(\!(u)\!)_a = \vartheta\begin{bmatrix} g \\ h' \end{bmatrix}(\!(u)\!)_b\, e^{\sum\limits_{\mu=1}^{p}\sum\limits_{\mu'=1}^{p} e_{\mu\mu'} g_\mu g_{\mu'}\pi i - \sum\limits_{\mu=1}^{p} e_{\mu\mu} g_\mu \pi i},$$

in der zur Abkürzung:

(XXII) $$h'_\mu = h_\mu + \frac{1}{2} e_{\mu\mu} - \sum_{\mu'=1}^{p} e_{\mu\mu'} g_{\mu'} \qquad (\mu = 1, 2, \cdots, p)$$

gesetzt ist.

Die Beziehungen zwischen Thetafunktionen mit Modulen $a_{\mu\mu'}$ und solchen, deren Modulen $b_{\mu\mu'}$ sich von diesen um gebrochene Vielfache von πi unterscheiden, für welche also:

(107) $$b_{\mu\mu'} = a_{\mu\mu'} + \frac{e_{\mu\mu'}}{r} \pi i \qquad (\mu, \mu' = 1, 2, \cdots, p)$$

ist, wo r eine positive ganze Zahl, die $e_{\mu\mu'}$ ganze Zahlen von der vorher betrachteten Art bezeichnen, können dadurch erhalten werden, daß man zunächst vermittelst der Formel (XVIII) die gegebene Funktion $\vartheta\begin{bmatrix} g \\ h \end{bmatrix}(\!(u)\!)_a$ durch Funktionen mit den Modulen $r^2 a_{\mu\mu'}$ ausdrückt, hierauf vermittelst der Formel (XXI) zu Funktionen mit den Modulen $r^2 a_{\mu\mu'} + r e_{\mu\mu'} \pi i$ übergeht, und sodann endlich vermittelst der Formel (XIX) diese letzteren Funktionen durch Funktionen mit den gewünschten Modulen $b_{\mu\mu'} = a_{\mu\mu'} + \frac{e_{\mu\mu'}}{r} \pi i$ darstellt. Auf diese Weise gelangt man ohne Mühe zu der Gleichung:

(108) $$\begin{aligned} r^p \vartheta\begin{bmatrix} g \\ h \end{bmatrix}(\!(u)\!)_a &= e^{\frac{1}{r}\sum\limits_{\mu=1}^{p}\sum\limits_{\mu'=1}^{p} e_{\mu\mu'} g_\mu g_{\mu'} \pi i - \sum\limits_{\mu=1}^{p} e_{\mu\mu} g_\mu \pi i} \\ &\times \sum_{\sigma_1, \cdots, \sigma_p}^{0, 1, \cdots, r-1} G[\sigma_1 \cdots \sigma_p]\, e^{-\frac{2\pi i}{r}\sum\limits_{\mu=1}^{p} g_\mu \sigma_\mu}\, \vartheta\begin{bmatrix} g \\ \frac{h' + \sigma}{r} \end{bmatrix}(\!(u)\!)_b, \end{aligned}$$

bei der zur Abkürzung:

(109) $$G[\sigma_1 \cdots \sigma_p] = \sum_{\varrho_1, \cdots, \varrho_p}^{0, 1, \cdots, r-1} e^{-\frac{1}{r}\sum\limits_{\mu=1}^{p}\sum\limits_{\mu'=1}^{p} e_{\mu\mu'} \varrho_\mu \varrho_{\mu'} \pi i - \frac{2}{r}\sum\limits_{\mu=1}^{p}\left(\sigma_\mu + \frac{1}{2} r e_{\mu\mu}\right) \varrho_\mu \pi i}$$

und

(110) $$h'_\mu = r h_\mu + \frac{1}{2} r e_{\mu\mu} - \sum_{\mu'=1}^{p} e_{\mu\mu'} g_{\mu'} \qquad (\mu = 1, 2, \cdots, p)$$

gesetzt ist.

Die in (109) definierte, von den ganzen Zahlen $\sigma_1, \cdots, \sigma_p$ abhängige Summe $G[\sigma_1 \cdots \sigma_p]$, für die im Folgenden auch das kürzere Zeichen $G[\sigma]$ angewandt wird, gehört zu den Gaußschen Summen; ihre Eigenschaften sollen hier nur insoweit abgeleitet werden, als sie für die vorliegende Untersuchung in Betracht kommen.

Da das allgemeine Glied der Summe $G[\sigma]$ seinen Wert nicht ändert, wenn man darin die Größen $\varrho_1, \cdots, \varrho_p$ um ganze Vielfache von r ändert, so erleidet die Summe nur eine Umstellung ihrer Glieder und folglich keine Änderung ihres Wertes, wenn man in ihrem allgemeinen Gliede die Größen ϱ um irgend welche ganze Zahlen ändert. Es besteht daher für beliebige ganze Zahlen $\bar{\varrho}_1, \cdots, \bar{\varrho}_p$ die Gleichung:

$$(111)\qquad G[\sigma_1 \cdots \sigma_p] = e^{-\frac{1}{r}\sum\limits_{\mu=1}^{p}\sum\limits_{\mu'=1}^{p} e_{\mu\mu'}\bar{\varrho}_\mu\bar{\varrho}_{\mu'}\pi i - \frac{2}{r}\sum\limits_{\mu=1}^{p}\left(\sigma_\mu + \frac{1}{2} r e_{\mu\mu}\right)\bar{\varrho}_\mu \pi i}$$

$$\times \sum_{\varrho_1, \cdots, \varrho_p}^{0,1,\cdots,r-1} e^{-\frac{1}{r}\sum\limits_{\mu=1}^{p}\sum\limits_{\mu'=1}^{p} e_{\mu\mu'}\varrho_\mu\varrho_{\mu'}\pi i - \frac{2}{r}\sum\limits_{\mu=1}^{p}\left(\sigma_\mu + \frac{1}{2} r e_{\mu\mu}\right)\varrho_\mu \pi i - \frac{2}{r}\sum\limits_{\mu=1}^{p}\sum\limits_{\mu'=1}^{p} e_{\mu\mu'}\bar{\varrho}_\mu\varrho_{\mu'}\pi i}$$

Unterwirft man nun die ganzen Zahlen $\bar{\varrho}$ den p Bedingungen:

$$(112)\qquad \sum_{\mu=1}^{p} e_{\mu\mu'}\bar{\varrho}_\mu \equiv 0 \pmod{r}, \qquad (\mu' = 1, 2, \cdots, p)$$

so reduziert sich die in der letzten Zeile stehende Summe auf die ursprüngliche Summe $G[\sigma]$, und es gilt daher für je p ganze Zahlen $\bar{\varrho}$, welche den Kongruenzen (112) genügen, die Gleichung:

$$(113)\qquad G[\sigma] = e^{-\frac{1}{r}\sum\limits_{\mu=1}^{p}\sum\limits_{\mu'=1}^{p} e_{\mu\mu'}\bar{\varrho}_\mu\bar{\varrho}_{\mu'}\pi i - \frac{2}{r}\sum\limits_{\mu=1}^{p}\left(\sigma_\mu + \frac{1}{2} r e_{\mu\mu}\right)\bar{\varrho}_\mu \pi i} G[\sigma].$$

Aus dieser Gleichung ergibt sich, daß $G[\sigma]$ immer verschwindet, wenn die auf der rechten Seite stehenden Exponentialgröße auch nur für eine Lösung $\bar{\varrho}_1, \cdots, \bar{\varrho}_p$ des Kongruenzensystems (112) einen von Eins verschiedenen Wert hat. Bezeichnet man daher die Anzahl der Normallösungen dieses Kongruenzensystems mit s und die s Lösungen selbst mit $\bar{\varrho}_1^{(i)}, \cdots, \bar{\varrho}_p^{(i)}$ $(i = 1, 2, \cdots, s)$, so muß ein Zahlensystem $\sigma_1, \cdots, \sigma_p$, für welches $G[\sigma]$ nicht verschwindet, die s Kongruenzen:

$$(114)\qquad \frac{1}{2}\sum_{\mu=1}^{p}\sum_{\mu'=1}^{p} e_{\mu\mu'}\bar{\varrho}_\mu^{(i)}\bar{\varrho}_{\mu'}^{(i)} + \sum_{\mu=1}^{p}\left(\sigma_\mu + \frac{1}{2} r e_{\mu\mu}\right)\bar{\varrho}_\mu^{(i)} \equiv 0 \pmod{r}$$
$$(i = 1, 2, \cdots, s)$$

erfüllen.

Nun zeigt aber die Gleichung (108), daß es jedenfalls ein Zahlensystem $\mathring{\sigma}_1, \cdots, \mathring{\sigma}_p$ gibt, für welches $G[\sigma]$ nicht verschwindet, und welches daher nach dem soeben Bewiesenen eine Lösung des Kongruenzensystems (114) ist, und es kann dann mit Hilfe dieser einen Lösung $\mathring{\sigma}_1, \cdots, \mathring{\sigma}_p$ die allgemeinste Lösung von (114) hergestellt werden. Zu dem Ende nehme man an, daß noch ein zweites Zahlensystem $\bar{\sigma}_1, \cdots, \bar{\sigma}_p$ existiere, welches die sämtlichen Kongruenzen (114) erfüllt. Ersetzt man dann in (114) die Größen σ einmal durch die

Größen $\mathring{\sigma}$, ein anderes Mal durch die Größen $\overline{\sigma}$ und subtrahiert je zwei entsprechende Kongruenzen der beiden so entstandenen Kongruenzensysteme voneinander, so erhält man die s Kongruenzen:

$$(115)\qquad \sum_{\mu=1}^{p} (\overline{\sigma}_\mu - \mathring{\sigma}_\mu)\, \overline{\varrho}_\mu^{(i)} \equiv 0 \pmod{r}. \qquad (i=1,2,\cdots,s)$$

Infolge dieser Kongruenzen besitzt dann der Ausdruck:

$$(116)\qquad e^{\frac{2\pi i}{r}\sum\limits_{\mu=1}^{p}(\overline{\sigma}_\mu - \mathring{\sigma}_\mu)\overline{\varrho}_\mu} \times \frac{1}{r^p} \sum_{\varkappa_1,\cdots,\varkappa_p}^{0,1,\cdots,r-1} e^{-\frac{2\pi i}{r}\sum\limits_{\mu=1}^{p}\sum\limits_{\mu'=1}^{p} e_{\mu\mu'}\overline{\varrho}_\mu \varkappa_{\mu'}}$$

für jede Lösung $\overline{\varrho}_1, \cdots, \overline{\varrho}_p$ des Kongruenzensystems (112) den Wert Eins, während er für jedes davon verschiedene Zahlensystem $\overline{\varrho}_1, \cdots, \overline{\varrho}_p$ den Wert Null hat. Läßt man daher in ihm an Stelle des Systems der p Größen $\overline{\varrho}_1, \cdots, \overline{\varrho}_p$ der Reihe nach die sämtlichen Variationen mit Wiederholung der Elemente $0, 1, \cdots, r-1$ zur p^{ten} Klasse treten und bildet die Summe der r^p so entstandenen Größen, so ist der Wert dieser Summe gleich der Anzahl s der Normallösungen des Kongruenzensystems (112), und man hat daher die Gleichung:

$$(117)\qquad \sum_{\varkappa_1,\cdots,\varkappa_p}^{0,1,\cdots,r-1} \left(\frac{1}{r^p} \sum_{\varrho_1,\cdots,\varrho_p}^{0,1,\cdots,r-1} e^{\frac{2\pi i}{r}\sum\limits_{\mu=1}^{p}\left(\overline{\sigma}_\mu - \mathring{\sigma}_\mu - \sum\limits_{\mu'=1}^{p} e_{\mu\mu'}\varkappa_{\mu'}\right)\varrho_\mu} \right) = s.$$

Da die auf der linken Seite dieser Gleichung hinter dem ersten Summenzeichen stehende, in besondere Klammern eingeschlossene Summe nur dann einen von Null verschiedenen Wert und zwar den Wert Eins besitzt, wenn die in ihr vorkommenden Zahlen $\varkappa_1, \cdots, \varkappa_p$ so beschaffen sind, daß für jedes μ von 1 bis p:

$$(118)\qquad \overline{\sigma}_\mu - \mathring{\sigma}_\mu - \sum_{\mu'=1}^{p} e_{\mu\mu'}\varkappa_{\mu'} \equiv 0 \pmod{r}$$

ist, so müssen von den r^p Zahlensystemen, welche bei Ausführung der äußeren Summation an Stelle des Systems $\varkappa_1, \cdots, \varkappa_p$ treten, s die Kongruenzen (118) erfüllen, und es gibt daher stets ein System von $2p$ ganzen Zahlen $\varkappa_1, \cdots, \varkappa_p, \lambda_1, \cdots, \lambda_p$, welches die p Gleichungen:

$$(119)\qquad \overline{\sigma}_\mu = \mathring{\sigma}_\mu + \sum_{\mu'=1}^{p} e_{\mu\mu'}\varkappa_{\mu'} + r\lambda_\mu \qquad (\mu=1,2,\cdots,p)$$

erfüllt. Damit ist aber bewiesen, daß ein jedes Zahlensystem $\overline{\sigma}$, welches die Kongruenzen (114) erfüllt, sich mit Hilfe ganzer Zahlen $\varkappa$, λ durch die oben fixierte Lösung $\mathring{\sigma}$ dieses Kongruenzensystems in der Form (119) ausdrücken läßt. Umgekehrt erfüllt aber auch jedes Zahlensystem $\bar{\sigma}$, welches in dieser Form darstellbar ist, die sämtlichen Kongruenzen (114), und es stellt daher (119), wenn man unter den $\varkappa$, λ beliebige ganze Zahlen versteht, die allgemeinste Lösung des Kongruenzensystems (114) dar.

Es soll jetzt schließlich noch bewiesen werden, daß die Summe $G[\sigma]$ für jedes Zahlensystem $\bar{\sigma}_1, \cdots, \bar{\sigma}_p$ von der Form (119) oder, was dasselbe, für jede Lösung des Kongruenzensystems (114) einen von Null verschiedenen Wert besitzt. Zu dem Ende führe man die in (119) definierten Zahlen $\bar{\sigma}$ in die Gleichung (109) ein. Man erhält dann nach einfacher Umformung:

$$(120)\quad \begin{aligned} G[\bar{\sigma}_1 \cdots \bar{\sigma}_p] &= e^{\frac{1}{r}\sum\limits_{\mu=1}^{p}\sum\limits_{\mu'=1}^{p} e_{\mu\mu'}\varkappa_\mu \varkappa_{\mu'}\pi i + \frac{2}{r}\sum\limits_{\mu=1}^{p}\left(\mathring{\sigma}_\mu + \frac{1}{2} r e_{\mu\mu}\right)\varkappa_\mu \pi i} \\ &\times \sum_{\varrho_1, \cdots, \varrho_p}^{0,1,\cdots,r-1} e^{-\frac{1}{r}\sum\limits_{\mu=1}^{p}\sum\limits_{\mu'=1}^{p} e_{\mu\mu'}(\varrho_\mu + \varkappa_\mu)(\varrho_{\mu'}+\varkappa_{\mu'})\pi i - \frac{2}{r}\sum\limits_{\mu=1}^{p}\left(\mathring{\sigma}_\mu + \frac{1}{2} r e_{\mu\mu}\right)(\varrho_\mu + \varkappa_\mu)\pi i} \end{aligned}$$

Nun ändert aber die Summe $G[\mathring{\sigma}]$ ihren Wert nicht, wenn man im allgemeinen Gliede die Größen ϱ um irgend welche ganze Zahleu ändert; infolgedessen hat die in der letzten Zeile der Gleichung (120) stehende Summe den Wert $G[\mathring{\sigma}]$, und man gelangt so schließlich zu der Gleichung:

$$(121)\quad G[\bar{\sigma}_1 \cdots \bar{\sigma}_p] = e^{\frac{1}{r}\sum\limits_{\mu=1}^{p}\sum\limits_{\mu'=1}^{p} e_{\mu\mu'}\varkappa_\mu \varkappa_{\mu'}\pi i + \frac{2}{r}\sum\limits_{\mu=1}^{p}\left(\mathring{\sigma}_\mu + \frac{1}{2} r e_{\mu\mu}\right)\varkappa_\mu \pi i}\, G[\mathring{\sigma}_1 \cdots \mathring{\sigma}_p].$$

Da die auf der rechten Seite dieser Gleichung stehende Größe $G[\mathring{\sigma}]$ der Voraussetzung gemäß von Null verschieden ist, so besitzt auch die auf der linken Seite stehende Größe stets einen von Null verschiedenen Wert, einerlei welche ganze Zahlen mit $\varkappa$, λ bezeichnet sein mögen. Damit ist aber die aufgestellte Behauptung bewiesen.

Das Resultat der bisherigen Untersuchung läßt sich nun dahin zusammenfassen, daß diejenigen Systeme ganzer Zahlen $\sigma_1, \cdots, \sigma_p$, für welche $G[\sigma]$ einen von Null verschiedenen Wert besitzt, identisch sind mit jenen ganzen Zahlen $\sigma_1, \cdots, \sigma_p$, welche den Kongruenzen (114) genügen, und daß diese Zahlensysteme $\sigma_1, \cdots, \sigma_p$ sämtlich durch das Gleichungensystem:

$$(122)\quad \sigma_\mu = \mathring{\sigma}_\mu + \sum_{\mu'=1}^{p} e_{\mu\mu'}\varkappa_{\mu'} + r\lambda_\mu \qquad (\mu = 1, 2, \cdots, p)$$

geliefert werden, wenn man darin unter $\mathring{\sigma}_1, \cdots, \mathring{\sigma}_p$ irgend eine Lösung des Kongruenzensystems (114) versteht, für die $\varkappa$, λ aber der Reihe nach alle möglichen Systeme von je $2p$ ganzen Zahlen setzt.

Man gehe jetzt auf die Gleichung (108) zurück. Von den r^p Koeffizienten $G[\sigma]$, welche auf der rechten Seite dieser Formel bei Ausführung der Summation über die σ auftreten, sind, wie im Vorigen bewiesen wurde, nur diejenigen von Null verschieden, bei denen die zugehörigen ganzen Zahlen $\sigma_1, \cdots, \sigma_p$ sich in die Form (122) bringen lassen. Man kann daher im allgemeinen Gliede der auf der rechten Seite von (108) stehenden Summe die Größen σ durch die Ausdrücke (122) ersetzen, und es geht dann, wenn man zur Abkürzung:

$$(123) \qquad \sum_{\mu'=1}^{p} e_{\mu\mu'} \varkappa_{\mu'} + r\lambda_\mu = \bar{\eta}_\mu \qquad (\mu = 1, 2, \cdots, p)$$

setzt, die genannte Summe über in die neue:

$$(124) \quad S = \sum_{\substack{\varkappa_1, \cdots, \varkappa_p \\ \lambda_1, \cdots, \lambda_p}} G[\mathring{\sigma}_1 + \bar{\eta}_1 \;\cdots\; \mathring{\sigma}_p + \bar{\eta}_p]\, e^{-\frac{2\pi i}{r}\sum\limits_{\mu=1}^{p} g_\mu(\mathring{\sigma}_\mu + \bar{\eta}_\mu)}\, \vartheta\begin{bmatrix} g \\ \frac{h' + \delta + \bar{\eta}}{r} \end{bmatrix}((u))_b,$$

zu deren Bildung die rechts angedeutete Summation in der Weise auszuführen ist, daß an Stelle des Systems der $2p$ Größen $\varkappa_1, \cdots, \varkappa_p$, $\lambda_1, \cdots, \lambda_p$ nur solche Systeme von ganzen Zahlen treten, für welche die p Größen $\mathring{\sigma}_1 + \bar{\eta}_1, \cdots, \mathring{\sigma}_p + \bar{\eta}_p$ sämtlich in Zahlen aus der Reihe $0, 1, \cdots, r-1$ übergehen, und zudem von diesen Zahlensystemen nur so viele als erforderlich sind, damit jedes im Rahmen dieser Bedingungen mögliche System in der Tat einmal aber auch nur einmal auftritt.

Vergleicht man mit dieser Summe S die Summe:

$$(125) \quad S' = \sum_{\varkappa_1, \cdots, \varkappa_p}^{0, 1, \cdots, r-1} G[\mathring{\sigma}_1 + \eta_1 \cdots \mathring{\sigma}_p + \eta_p]\, e^{-\frac{2\pi i}{r}\sum\limits_{\mu=1}^{p} g_\mu(\mathring{\sigma}_\mu + \eta_\mu)}\, \vartheta\begin{bmatrix} g \\ \frac{h' + \delta + \eta}{r} \end{bmatrix}((u))_b,$$

in der:

$$(126) \qquad \eta_\mu = \sum_{\mu'=1}^{p} e_{\mu\mu'} \varkappa_{\mu'} \qquad (\mu = 1, 2, \cdots, p)$$

ist, und zu deren Bildung die rechts angedeutete Summe so auszuführen ist, daß an Stelle des Systems der p Größen $\varkappa_1, \cdots, \varkappa_p$ der Reihe nach die sämtlichen r^p Variationen mit Wiederholung der Elemente $0, 1, \cdots, r-1$ zur p^{ten} Klasse treten, so erkennt man leicht, daß die Summe S' das s-fache der Summe S ist, wenn s wie früher die Anzahl der Normallösungen des Kongruenzensystems (112) bezeichnet, da die r^p Glieder der Summe S' in $\frac{r^p}{s}$ Gruppen von je s untereinander gleichen Gliedern zerfallen, jeder solchen Gruppe von s Gliedern aber stets ein aber auch nur ein ihnen gleiches Glied von S entspricht.

Auf Grund dessen kann man in der Formel (108) das s-fache der auf der rechten Seite stehenden Summe durch die Summe S' ersetzen, und man erhält dann, wenn man noch die in der Summe S' vorkommende Größe $G[\mathring{\sigma} + \eta]$ mit Hilfe von (121) durch die Größe $G[\mathring{\sigma}]$ ausdrückt, das folgende Endresultat:

XII. Satz: *Hängen von den Modulen $a_{\mu\mu'}$ einer gegebenen Thetafunktion die Modulen $b_{\mu\mu'}$ einer neuen ab gemäß den Gleichungen:*

$$\text{(XXIII)} \qquad b_{\mu\mu'} = a_{\mu\mu'} + \frac{e_{\mu\mu'}}{r}\pi i, \qquad (\mu, \mu' = 1, 2, \cdots, p)$$

in denen r eine positive ganze Zahl, die $e_{\mu\mu'}$ p^2 ganze Zahlen bezeichnen, welche den Bedingungen $e_{\mu\mu'} = e_{\mu'\mu}$ $(\mu, \mu' = 1, 2, \cdots, p;\ \mu < \mu')$ genügen, so drückt sich die gegebene Thetafunktion durch die neuen aus mit Hilfe der Gleichung:

$$\text{(XXIV)} \qquad s r^p \vartheta\begin{bmatrix} g \\ h \end{bmatrix}((u))_a = e^{\frac{1}{r}\sum\limits_{\mu=1}^{p}\sum\limits_{\mu'=1}^{p} e_{\mu\mu'} g_\mu g_{\mu'}\pi i - \frac{2}{r}\sum\limits_{\mu=1}^{p}\left(\mathring{\sigma}_\mu + \frac{1}{2} r e_{\mu\mu}\right) g_\mu \pi i} G[\mathring{\sigma}]$$
$$\times \sum_{\varkappa_1, \cdots, \varkappa_p}^{0, 1, \cdots, r-1} e^{\frac{1}{r}\sum\limits_{\mu=1}^{p}\sum\limits_{\mu'=1}^{p} e_{\mu\mu'}\varkappa_\mu \varkappa_{\mu'}\pi i + \frac{2}{r}\sum\limits_{\mu=1}^{p}\left(\mathring{\sigma}_\mu + \frac{1}{2} r e_{\mu\mu}\right)\varkappa_\mu \pi i - \frac{2}{r}\sum\limits_{\mu=1}^{p} g_\mu \eta_\mu \pi i} \vartheta\begin{bmatrix} g \\ \frac{h' + \mathring{\sigma} + \eta}{r} \end{bmatrix}((u))_b.$$

Dabei ist zur Abkürzung gesetzt:

$$\text{(XXV)} \quad h'_\mu = r h_\mu + \frac{1}{2} r e_{\mu\mu} - \sum_{\mu'=1}^{p} e_{\mu\mu'} g_{\mu'}, \qquad \eta_\mu = \sum_{\mu'=1}^{p} e_{\mu\mu'}\varkappa_{\mu'}; \qquad (\mu = 1, 2, \cdots, p)$$

es bezeichnet weiter s die Anzahl der Normallösungen des Kongruenzensystems:

$$\text{(XXVI)} \qquad \sum_{\mu'=1}^{p} e_{\mu\mu'} x_{\mu'} \equiv 0 \pmod{r}; \qquad (\mu = 1, 2, \cdots, p)$$

unter $\mathring{\sigma}_1, \cdots, \mathring{\sigma}_p$ ist irgend eine Lösung des Kongruenzensystems:

$$\text{(XXVII)} \quad \frac{1}{2}\sum_{\mu=1}^{p}\sum_{\mu'=1}^{p} e_{\mu\mu'}\varrho_\mu^{(i)}\varrho_{\mu'}^{(i)} + \sum_{\mu=1}^{p}\left(\mathring{\sigma}_\mu + \frac{1}{2} r e_{\mu\mu}\right)\varrho_\mu^{(i)} \equiv 0 \pmod{r}, \qquad (i = 1, 2, \cdots, s)$$

zu verstehen, in dem $\varrho_1^{(i)}, \cdots, \varrho_p^{(i)}$ $(i = 1, 2, \cdots, s)$ *die sämtlichen Normallösungen von.* (XXVI) *bezeichnen; endlich ist:*

$$\text{(XXVIII)} \quad G[\mathring{\sigma}] = \sum_{\varrho_1, \cdots, \varrho_p}^{0,1,\cdots,r-1} e^{-\frac{1}{r}\sum\limits_{\mu=1}^{p}\sum\limits_{\mu'=1}^{p} e_{\mu\mu'}\varrho_\mu\varrho_{\mu'}\pi i - \frac{2}{r}\sum\limits_{\mu=1}^{p}\left(\mathring{\sigma}_\mu + \frac{1}{2} r e_{\mu\mu}\right)\varrho_\mu \pi i}$$

Die auf der rechten Seite von (XXIV) bei Ausführung der Summation auftretenden r^p Summanden können in $\frac{r^p}{s}$ Gruppen geordnet werden, indem man zu einer Gruppe jedesmal diejenigen Summanden, immer s an der Zahl zusammenfaßt, für welche sich die p Größen $\eta_1, \cdots, \eta_p$ nur um ganze Vielfache von r ändern, wenn man von einem dieser s Summanden zu einem anderen von ihnen übergeht. Die s in einer Gruppe vorkommenden Summanden besitzen dann denselben Wert, und man kann daher in obiger Summe jede solche Gruppe von Summanden durch das s-fache eines beliebigen Summanden ersetzen. Führt man diese Vereinigung für jede der $\frac{r^p}{s}$ Gruppen aus, so geht die in Rede stehende Summe in das s-fache einer Summe von $\frac{r^p}{s}$ wesentlich verschiedenen, d. h. nicht aufeinander reduzierbaren Summanden über.

Die Formel (XXI) wurde von Herrn Prym und mir[1]), die Formel (XXIV) von mir[2]) angegeben; der erste Versuch Thetafunktionen, deren Modulen sich um gebrochene Vielfache von πi unterscheiden, miteinander in Beziehung zu setzen, findet sich bei Henoch.[3])

§ 6.

Anwendung der Formel (X) auf ein Produkt von Thetareihen.

Gegeben sei ein Produkt von n p-fach unendlichen Thetareihen:

$$(127) \qquad \vartheta\begin{bmatrix} g^{(1)} \\ h^{(1)} \end{bmatrix}(\!(u^{(1)})\!)_{a^{(1)}}\, \vartheta\begin{bmatrix} g^{(2)} \\ h^{(2)} \end{bmatrix}(\!(u^{(2)})\!)_{a^{(2)}} \cdots \vartheta\begin{bmatrix} g^{(n)} \\ h^{(n)} \end{bmatrix}(\!(u^{(n)})\!)_{a^{(n)}},$$

deren Modulen $a_{\mu\mu'}^{(\varrho)}$ ganzzahlige Vielfache der Modulen $a_{\mu\mu'}$ einer einzigen Thetafunktion seien, sodaß also:

$$(128) \qquad a_{\mu\mu'}^{(\varrho)} = p^{(\varrho)} a_{\mu\mu'} \qquad \begin{pmatrix} \varrho = 1, 2, \cdots, n \\ \mu, \mu' = 1, 2, \cdots, p \end{pmatrix}$$

---

1) Krazer und Prym, Neue Grundlagen etc. pag. 72.

2) Krazer, Über ein spezielles Problem der Transformation der Thetafunktionen. J. für Math. Bd. 111. 1893, pag. 64.

3) Henoch, De Abelianarum functionum periodis. Inaug.-Diss. Berlin 1867, pag. 17.

ist, wo die $p^{(\varrho)}$ positive ganze Zahlen bezeichnen. Die np-fach unendliche, das Produkt (127) darstellende Reihe:

$$(129)\qquad \sum_{[m_1]}^{-\infty,\cdots,+\infty}\cdots\sum_{[m_p]}^{-\infty,\cdots,+\infty} e^{\sum\limits_{\mu=1}^{p}\sum\limits_{\mu'=1}^{p} a_{\mu\mu'}\sum\limits_{\varrho=1}^{n} p^{(\varrho)}\left(m_\mu^{(\varrho)}+g_\mu^{(\varrho)}\right)\left(m_{\mu'}^{(\varrho)}+g_{\mu'}^{(\varrho)}\right)+2\sum\limits_{\mu=1}^{p}\sum\limits_{\varrho=1}^{n}\left(m_\mu^{(\varrho)}+g_\mu^{(\varrho)}\right)\left(u_\mu^{(\varrho)}+h_\mu^{(\varrho)}\pi i\right)},$$

bei der für $\mu = 1, 2, \cdots, p$ das System der n Summationsbuchstaben $m_\mu^{(1)}, \cdots, m_\mu^{(n)}$ abgekürzt mit $[m_\mu]$ bezeichnet ist, und das dem bestimmten Index μ entsprechende Zeichen $\sum\limits_{[m_\mu]}^{-\infty,\cdots,+\infty}$ andeuten soll, daß nach jedem der n Summationsbuchstaben $m_\mu^{(1)}, \cdots, m_\mu^{(n)}$ von $-\infty$ bis $+\infty$ zu summieren ist, soll jetzt dadurch umgeformt werden, daß man der Reihe nach für $\mu = 1, 2, \cdots, p$ an Stelle der Summationsbuchstaben $m_\mu^{(1)}, \cdots, m_\mu^{(n)}$ neue Summationsbuchstaben $n_\mu^{(1)}, \cdots, n_\mu^{(n)}$ einführt mit Hilfe der Substitution:

$$(130)\qquad r m_\mu^{(\varrho)} = \sum_{\sigma=1}^{n} c^{(\varrho\sigma)} n_\mu^{(\sigma)} \qquad \begin{pmatrix}\varrho=1,2,\cdots,n\\ \mu=1,2,\cdots,p\end{pmatrix}$$

Definiert man dann Größen $\overline{\overline{g}}$ implicite durch die Gleichungen:

$$(131)\qquad r g_\mu^{(\varrho)} = \sum_{\sigma=1}^{n} c^{(\varrho\sigma)} \frac{\overline{\overline{g}}_\mu^{(\sigma)}}{\Delta} \qquad \begin{pmatrix}\varrho=1,2,\cdots,n\\ \mu=1,2,\cdots,p\end{pmatrix}$$

oder explicite durch die Gleichungen:

$$(132)\qquad \overline{\overline{g}}_\mu^{(\sigma)} = r\sum_{\varrho=1}^{n} \gamma^{(\varrho\sigma)} g_\mu^{(\varrho)}, \qquad \begin{pmatrix}\sigma=1,2,\cdots,n\\ \mu=1,2,\cdots,p\end{pmatrix}$$

in denen Δ den Wert der Determinante $\sum \pm c^{(11)} c^{(22)} \cdots c^{(nn)}$ und $\gamma^{(\varrho\sigma)}$ die Adjunkte von $c^{(\varrho\sigma)}$ in dieser Determinante bezeichnet, so wird:

$$(133)\qquad \begin{aligned} &\sum_{\varrho=1}^{n} p^{(\varrho)}\left(m_\mu^{(\varrho)}+g_\mu^{(\varrho)}\right)\left(m_{\mu'}^{(\varrho)}+g_{\mu'}^{(\varrho)}\right)\\ &\quad=\sum_{\sigma=1}^{n}\sum_{\sigma'=1}^{n}\left(\frac{1}{r^2}\sum_{\varrho=1}^{n} p^{(\varrho)} c^{(\varrho\sigma)} c^{(\varrho\sigma')}\right)\left(n_\mu^{(\sigma)}+\frac{\overline{\overline{g}}_\mu^{(\sigma)}}{\Delta}\right)\left(n_{\mu'}^{(\sigma')}+\frac{\overline{\overline{g}}_{\mu'}^{(\sigma')}}{\Delta}\right),\\ &\sum_{\varrho=1}^{n}\left(m_\mu^{(\varrho)}+g_\mu^{(\varrho)}\right)\left(u_\mu^{(\varrho)}+h_\mu^{(\varrho)}\pi i\right)\\ &\quad=\sum_{\sigma=1}^{n}\left(n_\mu^{(\sigma)}+\frac{\overline{\overline{g}}_\mu^{(\sigma)}}{\Delta}\right)\frac{1}{r}\sum_{\varrho=1}^{n} c^{(\varrho\sigma)}\left(u_\mu^{(\varrho)}+h_\mu^{(\varrho)}\pi i\right). \end{aligned}$$

Legt man daher, damit die entstehende np-fach unendliche Reihe in Produkte von n Reihen, von denen jede p-fach unendlich ist, zerfalle, den Zahlen $c^{(\varrho\sigma)}$ die Bedingungen:

$$(134)\qquad \frac{1}{r^2}\sum_{\varrho=1}^{n} p^{(\varrho)} c^{(\varrho\sigma)} c^{(\varrho\sigma')} = \begin{matrix} q^{(\sigma)}, & \text{wenn } \sigma' = \sigma, \\ 0, & \text{wenn } \sigma' \gtrless \sigma, \end{matrix} \qquad (\sigma, \sigma' = 1, 2, \cdots, n)$$

auf und setzt zur Abkürzung:

$$(135)\qquad \frac{1}{r}\sum_{\varrho=1}^{n} c^{(\varrho\sigma)} u_\mu^{(\varrho)} = v_\mu^{(\sigma)} \qquad \begin{pmatrix}\sigma = 1, 2, \cdots, n\\ \mu = 1, 2, \cdots, p\end{pmatrix}$$

und

$$(136)\qquad \sum_{\varrho=1}^{n} c^{(\varrho\sigma)} h_\mu^{(\varrho)} = \overline{h}_\mu^{(\sigma)} \qquad \begin{pmatrix}\sigma = 1, 2, \cdots, n\\ \mu = 1, 2, \cdots, p\end{pmatrix}$$

so wird:

$$(137)\qquad \begin{aligned} \sum_{\varrho=1}^{n} p^{(\varrho)} \left(m_\mu^{(\varrho)} + g_\mu^{(\varrho)}\right)\left(m_{\mu'}^{(\varrho)} + g_{\mu'}^{(\varrho)}\right) &= \sum_{\sigma=1}^{n} q^{(\sigma)} \left(n_\mu^{(\sigma)} + \frac{\overline{\overline{g}}_\mu^{(\sigma)}}{\Delta}\right)\left(n_{\mu'}^{(\sigma)} + \frac{\overline{\overline{g}}_{\mu'}^{(\sigma)}}{\Delta}\right), \\ \sum_{\varrho=1}^{n} \left(m_\mu^{(\varrho)} + g_\mu^{(\varrho)}\right)\left(u_\mu^{(\varrho)} + h_\mu^{(\varrho)}\pi i\right) &= \sum_{\sigma=1}^{n} \left(n_\mu^{(\sigma)} + \frac{\overline{\overline{g}}_\mu^{(\sigma)}}{\Delta}\right)\left(v_\mu^{(\sigma)} + \frac{\overline{h}_\mu^{(\sigma)}}{r}\pi i\right). \end{aligned}$$

$$(\mu, \mu' = 1, 2, \cdots, p)$$

Folglich wird aus der hier vorliegenden Funktion:

$$(138)\qquad f\left(m_1^{(1)} \mid \cdots \mid m_p^{(n)}\right)$$

$$= e^{\sum\limits_{\mu=1}^{p}\sum\limits_{\mu'=1}^{p} a_{\mu\mu'} \sum\limits_{\varrho=1}^{n} p^{(\varrho)}\left(m_\mu^{(\varrho)} + g_\mu^{(\varrho)}\right)\left(m_{\mu'}^{(\varrho)} + g_{\mu'}^{(\varrho)}\right) + 2\sum\limits_{\mu=1}^{p}\sum\limits_{\varrho=1}^{n}\left(m_\mu^{(\varrho)} + g_\mu^{(\varrho)}\right)\left(u_\mu^{(\varrho)} + h_\mu^{(\varrho)}\pi i\right)}$$

durch Einführung der Größen n:

$$(139)\qquad g\left(n_1^{(1)} \mid \cdots \mid n_p^{(n)}\right)$$

$$= e^{\sum\limits_{\mu=1}^{p}\sum\limits_{\mu'=1}^{p} a_{\mu\mu'} \sum\limits_{\sigma=1}^{n} q^{(\sigma)}\left(n_\mu^{(\sigma)} + \frac{\overline{\overline{g}}_\mu^{(\sigma)}}{\Delta}\right)\left(n_{\mu'}^{(\sigma)} + \frac{\overline{\overline{g}}_{\mu'}^{(\sigma)}}{\Delta}\right) + 2\sum\limits_{\mu=1}^{p}\sum\limits_{\sigma=1}^{n}\left(n_\mu^{(\sigma)} + \frac{\overline{\overline{g}}_\mu^{(\sigma)}}{\Delta}\right)\left(v_\mu^{(\sigma)} + \frac{\overline{h}_\mu^{(\sigma)}}{r}\pi i\right)}$$

und es geht aus der Formel (X), wenn man statt der dortigen Summationsbuchstaben ϱ, σ die Buchstaben α, β schreibt, unmittelbar die folgende Gleichung hervor:

$$(r^n \nabla^{n-1} s)^p \,\vartheta\begin{bmatrix} g^{(1)} \\ h^{(1)} \end{bmatrix}((u^{(1)}))_{a^{(1)}} \cdots \vartheta\begin{bmatrix} g^{(n)} \\ h^{(n)} \end{bmatrix}((u^{(n)}))_{a^{(n)}}$$

$$(140) \qquad = \sum_{[\alpha]}^{0,1,\cdots,\nabla-1} \sum_{[\beta]}^{0,1,\cdots,r-1} e^{-\frac{2\pi i}{r\Delta}\sum\limits_{\sigma=1}^{n}\sum\limits_{\mu=1}^{p}\overline{\overline{g}}_{\mu}^{(\sigma)}\overline{\beta}_{\mu}^{(\sigma)}}$$

$$\sum_{[n]}^{-\infty,\cdots,+\infty} e^{\sum\limits_{\sigma=1}^{n}\sum\limits_{\mu=1}^{p}\sum\limits_{\mu'=1}^{p} q^{(\sigma)} a_{\mu\mu'}\left(n_{\mu}^{(\sigma)}+\frac{\overline{\overline{g}}_{\mu}^{(\sigma)}+\overline{\overline{\alpha}}_{\mu}^{(\sigma)}}{\Delta}\right)\left(n_{\mu'}^{(\sigma)}+\frac{\overline{\overline{g}}_{\mu'}^{(\sigma)}+\overline{\overline{\alpha}}_{\mu'}^{(\sigma)}}{\Delta}\right) + 2\sum\limits_{\sigma=1}^{n}\sum\limits_{\mu=1}^{p}\left(n_{\mu}^{(\sigma)}+\frac{\overline{\overline{g}}_{\mu}^{(\sigma)}+\overline{\overline{\alpha}}_{\mu}^{(\sigma)}}{\Delta}\right)\left(v_{\mu}^{(\sigma)}+\frac{\overline{h}_{\mu}^{(\sigma)}+\overline{\beta}_{\mu}^{(\sigma)}}{r}\pi i\right)}$$

Die in der letzten Zeile stehende Reihe ist dabei eine np-fach unendliche, bei der über jeden der np Summationsbuchstaben $n_{\mu}^{(\sigma)}$ $\begin{pmatrix}\sigma = 1, 2, \cdots, n \\ \mu = 1, 2, \cdots, p\end{pmatrix}$ unabhängig von den übrigen von $-\infty$ bis $+\infty$ zu summieren ist; dieselbe zerfällt aber, wie man unmittelbar sieht, in das Produkt von n je p-fach unendlichen Reihen und diese p-fach unendlichen Reihen sind Thetareihen mit den Modulen:

$$(141) \qquad b_{\mu\mu'}^{(\sigma)} = q^{(\sigma)} a_{\mu\mu'}, \qquad \begin{pmatrix}\sigma = 1, 2, \cdots, n \\ \mu, \mu' = 1, 2, \cdots, p\end{pmatrix}$$

deren Konvergenz, weil die $q^{(\sigma)}$ positive Größen sind (die man unbeschadet der Allgemeinheit als ganze Zahlen annehmen kann) keine weiteren Voraussetzungen verlangt. Unter Anwendung der gebräuchlichen Bezeichnung wird daher die Gleichung (140) zu der Formel:

$$(r^n \nabla^{n-1} s)^p \,\vartheta\begin{bmatrix} g^{(1)} \\ h^{(1)} \end{bmatrix}((u^{(1)}))_{a^{(1)}} \cdots \vartheta\begin{bmatrix} g^{(n)} \\ h^{(n)} \end{bmatrix}((u^{(n)}))_{a^{(n)}}$$

$$(142) \qquad = \sum_{[\alpha]}^{0,1,\cdots,\nabla-1} \sum_{[\beta]}^{0,1,\cdots,r-1} e^{-\frac{2\pi i}{r\Delta}\sum\limits_{\sigma=1}^{n}\sum\limits_{\mu=1}^{p}\overline{\overline{g}}_{\mu}^{(\sigma)}\overline{\beta}_{\mu}^{(\sigma)}}$$

$$\vartheta\begin{bmatrix} \dfrac{\overline{\overline{g}}^{(1)}+\overline{\overline{\alpha}}^{(1)}}{\Delta} \\ \dfrac{\overline{h}^{(1)}+\overline{\beta}^{(1)}}{r} \end{bmatrix}((v^{(1)}))_{b^{(1)}} \cdots \vartheta\begin{bmatrix} \dfrac{\overline{\overline{g}}^{(n)}+\overline{\overline{\alpha}}^{(n)}}{\Delta} \\ \dfrac{\overline{h}^{(n)}+\overline{\beta}^{(n)}}{r} \end{bmatrix}((v^{(n)}))_{b^{(n)}}$$

und man hat das Endresultat:

XIII. Satz: *Bezeichnen $p^{(1)}, \cdots, p^{(n)}$, $q^{(1)}, \cdots, q^{(n)}$ $2n$ positive ganze Zahlen von der Beschaffenheit, daß für die mit ihnen als Koeffizienten gebildeten quadratischen Formen:*

$$(\text{XXIX}) \qquad P = \sum_{\varrho=1}^{n} p^{(\varrho)} x^{(\varrho)^2}, \qquad Q = \sum_{\sigma=1}^{n} q^{(\sigma)} y^{(\sigma)^2}$$

eine lineare Substitution:

$$\text{(XXX)} \qquad r\,x^{(\varrho)} = \sum_{\sigma=1}^{n} c^{(\varrho\sigma)}\,y^{(\sigma)}, \qquad (\varrho=1,2,\cdots,n)$$

bei der r eine positive ganze Zahl, die $c^{(\varrho\sigma)}$ n^2 ganze Zahlen mit nicht verschwindender Determinante bezeichnen, existiert, welche die Form P in die Form Q überführt, deren Koeffizienten also den Gleichungen:

$$\text{(XXXI)} \qquad \frac{1}{r^2}\sum_{\varrho=1}^{n} p^{(\varrho)}\,c^{(\varrho\sigma)}\,c^{(\varrho\sigma')} = \begin{matrix} q^{(\sigma)}, & \text{wenn } \sigma'=\sigma, \\ 0, & \text{wenn } \sigma' \gtrless \sigma, \end{matrix} \qquad (\sigma,\sigma'=1,2,\cdots,n)$$

genügen, so besteht zwischen einem Produkte von n Thetafunktionen mit den Modulen $a^{(\varrho)}_{\mu\mu'} = p^{(\varrho)}\,a_{\mu\mu'}$ $\begin{pmatrix}\varrho=1,2,\cdots,n\\ \mu,\mu'=1,2,\cdots,p\end{pmatrix}$ und Produkten von je n Thetafunktionen mit den Modulen $b^{(\sigma)}_{\mu\mu'} = q^{(\sigma)}\,a_{\mu\mu'}$ $\begin{pmatrix}\sigma=1,2,\cdots,n\\ \mu,\mu'=1,2,\cdots,p\end{pmatrix}$ die Gleichung:

$$\left(r^n\nabla^{n-1}s\right)^p\,\vartheta\begin{bmatrix}g^{(1)}\\h^{(1)}\end{bmatrix}(\!(u^{(1)})\!)_{a^{(1)}}\cdots\vartheta\begin{bmatrix}g^{(n)}\\h^{(n)}\end{bmatrix}(\!(u^{(n)})\!)_{a^{(n)}}$$

$$\text{(XXXII)} \quad = \sum_{[\alpha]}^{0,1,\cdots,\nabla-1}\;\sum_{[\beta]}^{0,1,\cdots,r-1} e^{-\frac{2\pi i}{r\Delta}\sum\limits_{\sigma=1}^{n}\sum\limits_{\mu=1}^{p}\bar{\bar{g}}^{(\sigma)}_{\mu}\,\bar{\beta}^{(\sigma)}_{\mu}}$$

$$\vartheta\begin{bmatrix}\dfrac{\bar{\bar{g}}^{(1)}+\bar{\bar{\alpha}}^{(1)}}{\Delta}\\[2mm] \dfrac{\bar{h}^{(1)}+\bar{\beta}^{(1)}}{r}\end{bmatrix}(\!(v^{(1)})\!)_{b^{(1)}}\cdots\vartheta\begin{bmatrix}\dfrac{\bar{\bar{g}}^{(n)}+\bar{\bar{\alpha}}^{(n)}}{\Delta}\\[2mm] \dfrac{\bar{h}^{(n)}+\bar{\beta}^{(n)}}{r}\end{bmatrix}(\!(v^{(n)})\!)_{b^{(n)}}.$$

Bei dieser Formel sind die Argumente v mit den Argumenten u verknüpft durch die Gleichungen:

$$\text{(XXXIII)} \qquad r\,v^{(\sigma)}_{\mu} = \sum_{\varrho=1}^{n} c^{(\varrho\sigma)}\,u^{(\varrho)}_{\mu}; \qquad \begin{pmatrix}\sigma=1,2,\cdots,n\\ \mu=1,2,\cdots,p\end{pmatrix}$$

es ist ferner zur Abkürzung gesetzt:

$$\text{(XXXIV)} \qquad \bar{\bar{g}}^{(\sigma)}_{\mu} = r\sum_{\varrho=1}^{n}\gamma^{(\varrho\sigma)}\,g^{(\varrho)}_{\mu}, \qquad \bar{h}^{(\sigma)}_{\mu} = \sum_{\varrho=1}^{n} c^{(\varrho\sigma)}\,h^{(\varrho)}_{\mu}, \qquad \begin{pmatrix}\sigma=1,2,\cdots,n\\ \mu=1,2,\cdots,p\end{pmatrix}$$

wobei $\gamma^{(\varrho\sigma)}$ die Adjunkte von $c^{(\varrho\sigma)}$ in der Determinante $\Delta = \sum \pm\, c^{(11)}c^{(22)}\cdots c^{(nn)}$ bezeichnet; es ist ebenso:

$$\text{(XXXV)} \qquad \bar{\bar{\alpha}}^{(\sigma)}_{\mu} = r\sum_{\varrho=1}^{n}\gamma^{(\varrho\sigma)}\,\alpha^{(\varrho)}_{\mu}, \qquad \bar{\beta}^{(\sigma)}_{\mu} = \sum_{\varrho=1}^{n} c^{(\varrho\sigma)}\,\beta^{(\varrho)}_{\mu}, \qquad \begin{pmatrix}\sigma=1,2,\cdots,n\\ \mu=1,2,\cdots,p\end{pmatrix}$$

und es deutet das Zeichen $\sum\limits_{[\alpha]}^{0,1,\cdots,\nabla-1}$ an, daß über jede der np Größen

$\alpha_\mu^{(\varrho)}$ $\left(\begin{smallmatrix}\varrho = 1, 2, \cdots, n\\ \mu = 1, 2, \cdots, p\end{smallmatrix}\right)$ *unabhängig von den übrigen von* 0 *bis* $\nabla - 1$, *das Zeichen* $\sum\limits_{[\beta]}^{0, 1, \cdots, r-1}$, *daß über jede der* np *Größen* $\beta_\mu^{(\varrho)}$ $\left(\begin{smallmatrix}\varrho = 1, 2, \cdots, n\\ \mu = 1, 2, \cdots, p\end{smallmatrix}\right)$ *von* 0 *bis* $r - 1$ *zu summieren ist; es bezeichnet endlich* s *die nach dem III. Satz zu berechnende Anzahl der Normallösungen des Kongruenzensystems:*

$$\text{(XXXVI)} \qquad \sum_{\sigma=1}^{n} c^{(\varrho\sigma)} x^{(\sigma)} \equiv 0 \pmod{r}. \qquad (\varrho = 1, 2, \cdots, n)$$

Durch Umkehrung der Formel (XXXII) kann man auch ein Thetaprodukt mit den Modulen $b_{\mu\mu'}^{(\sigma)}$ und den Argumenten $v_\mu^{(\sigma)}$ durch Thetaprodukte mit den Modulen $a_{\mu\mu'}^{(\varrho)}$ und den Argumenten $u_\mu^{(\varrho)}$ ausdrücken. Diese Umkehrung wird durch die Formel (85) geliefert, wenn man darin die Funktionen f und g durch ihre Ausdrücke aus (138) und (139) ersetzt. Man erhält dann zunächst:

$$(\nabla^n s)^p\, \vartheta\begin{bmatrix}\dfrac{\bar{\bar{g}}^{(1)}}{\Delta}\\[2mm] \dfrac{\bar{h}^{(1)}}{r}\end{bmatrix}(\!(v^{(1)})\!)_{b^{(1)}} \cdots \vartheta\begin{bmatrix}\dfrac{\bar{\bar{g}}^{(n)}}{\Delta}\\[2mm] \dfrac{\bar{h}^{(n)}}{r}\end{bmatrix}(\!(v^{(n)})\!)_{b^{(n)}}$$

$$(143) \qquad = \sum_{[\varkappa]}^{0, 1, \cdots, r-1} \sum_{[\lambda]}^{0, 1, \cdots, \nabla-1} e^{-\frac{2\pi i}{\Delta}\sum\limits_{\varrho=1}^{n}\sum\limits_{\mu=1}^{p} g_\mu^{(\varrho)} \lambda_\mu^{\prime\prime(\varrho)}}$$

$$\vartheta\begin{bmatrix} g^{(1)} + \dfrac{\varkappa^{\prime(1)}}{r}\\[2mm] h^{(1)} + \dfrac{\lambda^{\prime\prime(1)}}{\Delta}\end{bmatrix}(\!(u^{(1)})\!)_{a^{(1)}} \cdots \vartheta\begin{bmatrix} g^{(n)} + \dfrac{\varkappa^{\prime(n)}}{r}\\[2mm] h^{(n)} + \dfrac{\lambda^{\prime\prime(n)}}{\Delta}\end{bmatrix}(\!(u^{(n)})\!)_{a^{(n)}},$$

wobei zur Abkürzung gesetzt ist:

$$(144) \qquad \varkappa_\mu^{\prime(\varrho)} = \sum_{\sigma=1}^{n} c^{(\varrho\sigma)} \varkappa_\mu^{(\sigma)}, \quad \lambda_\mu^{\prime\prime(\varrho)} = r \sum_{\sigma=1}^{n} \gamma^{(\varrho\sigma)} \lambda_\mu^{(\sigma)}; \quad \left(\begin{smallmatrix}\varrho = 1, 2, \cdots, n\\ \mu = 1, 2, \cdots, p\end{smallmatrix}\right)$$

und hieraus, indem man:

$$(145) \qquad \bar{\bar{g}}_\mu^{(\sigma)} = \Delta k_\mu^{(\sigma)}, \quad \bar{h}_\mu^{(\sigma)} = r l_\mu^{(\sigma)}, \qquad \left(\begin{smallmatrix}\sigma = 1, 2, \cdots, n\\ \mu = 1, 2, \cdots, p\end{smallmatrix}\right)$$

also:

$$(146) \quad g_\mu^{(\varrho)} = \frac{1}{r} \sum_{\sigma=1}^{n} c^{(\varrho\sigma)} k_\mu^{(\sigma)} = \frac{k_\mu^{\prime(\varrho)}}{r}, \quad h_\mu^{(\varrho)} = \frac{r}{\Delta} \sum_{\sigma=1}^{n} \gamma^{(\varrho\sigma)} l_\mu^{(\sigma)} = \frac{l_\mu^{\prime\prime(\varrho)}}{\Delta}$$

$$\left(\begin{smallmatrix}\varrho = 1, 2, \cdots, n\\ \mu = 1, 2, \cdots, p\end{smallmatrix}\right)$$

setzt, sofort die gewünschte Formel in der Gestalt:

$$(\nabla^n s)^p \vartheta\begin{bmatrix} k^{(1)} \\ l^{(1)} \end{bmatrix}((v^{(1)}))_{b^{(1)}} \cdots \vartheta\begin{bmatrix} k^{(n)} \\ l^{(n)} \end{bmatrix}((v^{(n)}))_{b^{(n)}}$$

$$(147) \quad = \sum_{[\varkappa]}^{0,1,\cdots,r-1} \sum_{[\lambda]}^{0,1,\cdots,\nabla-1} e^{-\frac{2\pi i}{r\Delta}\sum\limits_{\varrho=1}^{n}\sum\limits_{\mu=1}^{p} k'^{(\varrho)}_{\mu} \lambda''^{(\varrho)}_{\mu}}$$

$$\vartheta\begin{bmatrix} \dfrac{k'^{(1)}+\varkappa'^{(1)}}{r} \\ \dfrac{l''^{(1)}+\lambda''^{(1)}}{\Delta} \end{bmatrix}((u^{(1)}))_{a^{(1)}} \cdots \vartheta\begin{bmatrix} \dfrac{k'^{(n)}+\varkappa'^{(n)}}{r} \\ \dfrac{l''^{(n)}+\lambda''^{(n)}}{\Delta} \end{bmatrix}((u^{(n)}))_{a^{(n)}}.$$

Zu den vorstehenden Formeln wird man noch das Folgende bemerken. Aus den Gleichungen (XXXI) folgt, indem man mit τ eine der Zahlen $1, 2, \cdots, n$ bezeichnet, linke und rechte Seite mit $\gamma^{(\tau\sigma')}$ multipliziert und hierauf nach σ' von 1 bis n summiert:

$$(148) \qquad \frac{\Delta}{r^2} p^{(\tau)} c^{(\tau\sigma)} = q^{(\sigma)} \gamma^{(\tau\sigma)}; \qquad (\tau, \sigma = 1, 2, \cdots, n)$$

es sind also die Adjunkten $\gamma^{(\varrho\sigma)}$ in der Determinante Δ mit deren Elementen $c^{(\varrho\sigma)}$ durch die Gleichungen:

$$(149) \qquad \gamma^{(\varrho\sigma)} = \frac{\Delta}{r^2} \frac{p^{(\varrho)}}{q^{(\sigma)}} c^{(\varrho\sigma)} \qquad (\varrho, \sigma = 1, 2, \cdots, n)$$

verknüpft. Infolge dieser Beziehungen kann man die oben mit $\bar{\bar{g}}$ und l'' bezeichneten Größen auch in der Form:

$$(150) \qquad \bar{\bar{g}}^{(\sigma)}_{\mu} = \frac{\Delta}{r q^{(\sigma)}} \sum_{\varrho=1}^{n} p^{(\varrho)} c^{(\varrho\sigma)} g^{(\varrho)}_{\mu}, \quad l''^{(\varrho)}_{\mu} = \frac{\Delta p^{(\varrho)}}{r} \sum_{\sigma=1}^{n} \frac{c^{(\varrho\sigma)}}{q^{(\sigma)}} l^{(\sigma)}_{\mu} \qquad \begin{pmatrix} \varrho, \sigma = 1, 2, \cdots, n \\ \mu = 1, 2, \cdots, p \end{pmatrix}$$

darstellen; das Gleiche gilt natürlich für die Größen $\bar{\bar{a}}$ und λ''. Endlich ergibt sich aber aus (149), indem man die Determinante der n^2 Größen $\gamma^{(\varrho\sigma)}$ bildet, die Gleichung:

$$(151) \qquad \frac{q^{(1)} q^{(2)} \cdots q^{(n)}}{p^{(1)} p^{(2)} \cdots p^{(n)}} = \left(\frac{\Delta}{r^n}\right)^2.$$

Die Formel (XXXII) ist zuerst von Herrn Prym und mir[1]) aufgestellt und als die Fundamentalformel für die Theorie der Thetafunktionen mit rationalen Charakteristiken bezeichnet worden.

Die in diesem Paragraphen gelöste Aufgabe, die das Thetaprodukt (127) mit den Modulen $a^{(\varrho)}_{\mu\mu'} = p^{(\varrho)} a_{\mu\mu'}$ $\begin{pmatrix} \varrho = 1, 2, \cdots, n \\ \mu, \mu' = 1, 2, \cdots, p \end{pmatrix}$ darstellende np-fach unendliche Reihe vermittelst der Substitution (130) umzu-

1) Krazer und Prym, Neue Grundlagen etc., pag. 20.

formen, ist ein spezieller Fall der allgemeineren Aufgabe, zu der ein Produkt von n Thetafunktionen mit beliebigen Modulen $a^{(\varrho)}_{\mu\mu'}$ darstellenden np-fach unendlichen Reihe in allgemeinster Weise eine Substitution:

$$(152) \qquad m^{(\varrho)}_{\mu} = \sum_{\sigma=1}^{n} \sum_{\nu=1}^{p} r^{(\varrho\sigma)}_{\mu\nu} n^{(\sigma)}_{\nu} \qquad \begin{pmatrix} \varrho = 1, 2, \cdots, n \\ \mu = 1, 2, \cdots, p \end{pmatrix}$$

mit rationalen Koeffizienten so zu bestimmen, daß die nach Ausführung der Substitution auftretende np-fach unendliche Reihe ein Aggregat von Produkten von n Thetafunktionen mit je p Veränderlichen wird. Bezüglich dieser allgemeinsten Aufgabe habe ich[1]) Folgendes bewiesen.

Soll zu einem Thetaprodukte mit den Modulen $a^{(\varrho)}_{\mu\mu'}$ $\begin{pmatrix} \varrho = 1, 2, \cdots, n \\ \mu, \mu' = 1, 2, \cdots, p \end{pmatrix}$ überhaupt eine Substitution der verlangten Art existieren, welche nicht in das Produkt von n auf die n einzelnen Thetafunktionen sich beziehenden Substitutionen von der in § 3 betrachteten Art zerfällt, so müssen die Modulen der n Thetafunktionen in gewissen Beziehungen zueinander stehen, und zwar ergibt sich (wenn man nur annimmt, daß die Modulen der einzelnen Thetafunktionen nicht singuläre sind, d. h. daß zwischen ihnen keine linearen Relationen mit ganzzahligen Koeffizienten bestehen; in welchem Falle außer den hier betrachteten allgemein gültigen Substitutionen noch gewisse singuläre Substitutionen existieren können), daß zu den n gegebenen Thetafunktionen mit den Modulen $a^{(\varrho)}_{\mu\mu'}$ und den n nach geschehener Substitution auftretenden Thetafunktionen mit den Modulen $b^{(\sigma)}_{\mu\mu'}$ $2n$ Substitutionen von der in § 3 betrachteten Art so bestimmt werden können, daß diese Funktionen sämtlich in Aggregate von Thetafunktionen übergehen, deren Modulen ganzzahlige Vielfache der Modulen einer einzigen Thetafunktion sind. Daraus schließt man aber, daß sich die allgemeinste Substitution (152) immer aus Substitutionen von der in § 3 betrachteten Art, welche sich auf die einzelnen Thetafunktionen beziehen (Substitutionen E), und einer Substitution von der in diesem Paragraphen betrachteten Art (Substitution D) zusammensetzen läßt in der Form $E_1 D E_2$.

§ 7.

Erste Spezialisierung der Formel (XXXII).

Zwei spezielle Fälle der gewonnenen Endformel (XXXII) verdienen besonders hervorgehoben zu werden; der erste ist der, daß die positive ganze Zahl r, der zweite der, daß die sämtlichen Zahlen p, q den Wert Eins besitzen.

Ist $r = 1$, so ergibt sich aus dem XIII. Satze sofort der

1) Krazer, Über allg. Thetafo. Math. Ann. Bd. 52. 1899, pag. 369.

XIV. Satz: *Bezeichnen $p^{(1)}, \cdots, p^{(n)}, q^{(1)}, \cdots, q^{(n)}$ $2n$ positive ganze Zahlen von der Beschaffenheit, daß für die mit ihnen als Koeffizienten gebildeten quadratischen Formen:*

$$\text{(XXXVII)} \qquad P = \sum_{\varrho=1}^{n} p^{(\varrho)} x^{(\varrho)^2}, \qquad Q = \sum_{\sigma=1}^{n} q^{(\sigma)} y^{(\sigma)^2}$$

eine lineare Substitution:

$$\text{(XXXVIII)} \qquad x^{(\varrho)} = \sum_{\sigma=1}^{n} c^{(\varrho\sigma)} y^{(\sigma)}, \qquad (\varrho = 1, 2, \cdots, n)$$

bei der die $c^{(\varrho\sigma)}$ n^2 ganze Zahlen mit nicht verschwindender Determinante bezeichnen, existiert, welche die Form P in die Form Q überführt, deren Koeffizienten also den Gleichungen:

$$\text{(XXXIX)} \qquad \sum_{\varrho=1}^{n} p^{(\varrho)} c^{(\varrho\sigma)} c^{(\varrho\sigma')} = \begin{matrix} q^{(\sigma)}, & \text{wenn } \sigma' = \sigma, \\ 0, & \text{wenn } \sigma' \gtrless \sigma, \end{matrix} \qquad (\sigma, \sigma' = 1, 2, \cdots, n)$$

genügen, so besteht zwischen einem Produkte von n Thetafunktionen mit den Modulen $a^{(\varrho)}_{\mu\mu'} = p^{(\varrho)} a_{\mu\mu'}$ $\left(\begin{matrix} \varrho = 1, 2, \cdots, n \\ \mu, \mu' = 1, 2, \cdots, p \end{matrix}\right)$ und Produkten von je n Thetafunktionen mit den Modulen $b^{(\sigma)}_{\mu\mu'} = q^{(\sigma)} a_{\mu\mu'}$ $\left(\begin{matrix} \sigma = 1, 2, \cdots, n \\ \mu, \mu' = 1, 2, \cdots, p \end{matrix}\right)$ die Gleichung:

$$\text{(XL)} \qquad \nabla^{(n-1)p}\, \vartheta\begin{bmatrix} g^{(1)} \\ h^{(1)} \end{bmatrix}(\!(u^{(1)})\!)_{a^{(1)}} \cdots \vartheta\begin{bmatrix} g^{(n)} \\ h^{(n)} \end{bmatrix}(\!(u^{(n)})\!)_{a^{(n)}}$$
$$= \sum_{[\alpha]}^{0,1,\cdots,\nabla-1} \vartheta\begin{bmatrix} \dfrac{\bar{\bar{g}}^{(1)} + \bar{\bar{\alpha}}^{(1)}}{\Delta} \\ \bar{h}^{(1)} \end{bmatrix}(\!(v^{(1)})\!)_{b^{(1)}} \cdots \vartheta\begin{bmatrix} \dfrac{\bar{\bar{g}}^{(n)} + \bar{\bar{\alpha}}^{(n)}}{\Delta} \\ \bar{h}^{(n)} \end{bmatrix}(\!(v^{(n)})\!)_{b^{(n)}},$$

während umgekehrt:

$$\nabla^{np}\, \vartheta\begin{bmatrix} k^{(1)} \\ l^{(1)} \end{bmatrix}(\!(v^{(1)})\!)_{b^{(1)}} \cdots \vartheta\begin{bmatrix} k^{(n)} \\ l^{(n)} \end{bmatrix}(\!(v^{(n)})\!)_{b^{(n)}}$$

$$\text{(XLI)} \qquad = \sum_{[\lambda]}^{0,1,\cdots,\nabla-1} e^{-\frac{2\pi i}{\Delta} \sum\limits_{\varrho=1}^{n} \sum\limits_{\mu=1}^{p} k'^{(\varrho)}_{\mu} \lambda''^{(\varrho)}_{\mu}}$$
$$\vartheta\begin{bmatrix} k'^{(1)} \\ \dfrac{l''^{(1)} + \lambda''^{(1)}}{\Delta} \end{bmatrix}(\!(u^{(1)})\!)_{a^{(1)}} \cdots \vartheta\begin{bmatrix} k'^{(n)} \\ \dfrac{l''^{(n)} + \lambda''^{(n)}}{\Delta} \end{bmatrix}(\!(u^{(n)})\!)_{a^{(n)}}$$

ist. Bei diesen Formeln sind die Argumente v mit den Argumenten u verknüpft durch die Gleichungen:

$$\text{(XLII)} \qquad v^{(\sigma)}_{\mu} = \sum_{\varrho=1}^{n} c^{(\varrho\sigma)} u^{(\varrho)}_{\mu}; \qquad \left(\begin{matrix} \sigma = 1, 2, \cdots, n \\ \mu = 1, 2, \cdots, p \end{matrix}\right)$$

es ist ferner für die Formel (XL) *zur Abkürzung gesetzt:*

$$\text{(XLIII)}\qquad \overline{\overline{g}}_{\mu}^{(\sigma)} = \sum_{\varrho=1}^{n} \gamma^{(\varrho\sigma)} g_{\mu}^{(\varrho)}, \quad \overline{\overline{h}}_{\mu}^{(\sigma)} = \sum_{\varrho=1}^{n} c^{(\varrho\sigma)} h_{\mu}^{(\varrho)}, \qquad \begin{pmatrix}\sigma = 1, 2, \cdots, n\\ \mu = 1, 2, \cdots, p\end{pmatrix}$$

wobei $\gamma^{(\varrho\sigma)}$ *die Adjunkte von* $c^{(\varrho\sigma)}$ *in der Determinante* $\Delta = \sum \pm c^{(11)} c^{(22)} \cdots c^{(nn)}$ *bezeichnet; es ist ebenso:*

$$\text{(XLIV)}\qquad \overline{\overline{\alpha}}_{\mu}^{(\sigma)} = \sum_{\varrho=1}^{n} \gamma^{(\varrho\sigma)} \alpha_{\mu}^{(\varrho)} \qquad \begin{pmatrix}\sigma = 1, 2, \cdots, n\\ \mu = 1, 2, \cdots, p\end{pmatrix}$$

und es deutet das Zeichen $\sum\limits_{[\alpha]}^{0,1,\cdots,\nabla-1}$ *an, daß über jede der* np *Größen* $\alpha_{\mu}^{(\varrho)}$ $\begin{pmatrix}\varrho = 1, 2, \cdots, n\\ \mu = 1, 2, \cdots, p\end{pmatrix}$ *unabhängig von den anderen von* 0 *bis* $\nabla - 1$ *zu summieren ist. Für die Formel* (XLI) *ist zur Abkürzung gesetzt:*

$$\text{(XLV)}\qquad \begin{aligned} k_{\mu}^{\text{`}(\varrho)} &= \sum_{\sigma=1}^{n} c^{(\varrho\sigma)} k_{\mu}^{(\sigma)}, \quad l_{\mu}^{\text{``}(\varrho)} = \sum_{\sigma=1}^{n} \gamma^{(\varrho\sigma)} l_{\mu}^{(\sigma)}, \\ \lambda_{\mu}^{\text{``}(\varrho)} &= \sum_{\sigma=1}^{n} \gamma^{(\varrho\sigma)} \lambda_{\mu}^{(\sigma)}, \end{aligned} \qquad \begin{pmatrix}\varrho = 1, 2, \cdots, n\\ \mu = 1, 2, \cdots, p\end{pmatrix}$$

und es deutet das Zeichen $\sum\limits_{[\lambda]}^{0,1,\cdots,\nabla-1}$ *an, daß über jede der* np *Größen* $\lambda_{\mu}^{(\sigma)}$ $\begin{pmatrix}\sigma = 1, 2, \cdots, n\\ \mu = 1, 2, \cdots, p\end{pmatrix}$ *unabhängig von den anderen von* 0 *bis* $\nabla - 1$ *zu summieren ist. Infolge der Beziehungen:*

$$\text{(XLVI)}\qquad \gamma^{(\varrho\sigma)} = \Delta \frac{p^{(\varrho)}}{q^{(\sigma)}} c^{(\varrho\sigma)} \qquad (\varrho, \sigma = 1, 2, \cdots, n)$$

kann man den Größen $\overline{\overline{g}}$ *und* $l^{\text{``}}$ *auch die Gestalt:*

$$\text{(XLVII)}\qquad \overline{\overline{g}}_{\mu}^{(\sigma)} = \frac{\Delta}{q^{(\sigma)}} \sum_{\varrho=1}^{n} p^{(\varrho)} c^{(\varrho\sigma)} g_{\mu}^{(\varrho)}, \quad l_{\mu}^{\text{``}(\varrho)} = \Delta p^{(\varrho)} \sum_{\sigma=1}^{n} \frac{c^{(\varrho\sigma)}}{q^{(\sigma)}} l_{\mu}^{(\sigma)}$$

$$\begin{pmatrix}\varrho, \sigma = 1, 2, \cdots, n\\ \mu = 1, 2, \cdots, p\end{pmatrix}$$

geben. Das Gleiche gilt von den Größen $\overline{\overline{\alpha}}$ *und* $\lambda^{\text{``}}$. *Endlich besteht zwischen den Zahlen* p, q *und der Determinante* Δ *die Beziehung:*

$$\text{(XLVIII)}\qquad \frac{q^{(1)} q^{(2)} \cdots q^{(n)}}{p^{(1)} p^{(2)} \cdots p^{(n)}} = \Delta^2.$$

Die Formel (XL) ist zuerst von Herrn Krause[1]) mitgeteilt und von ihm „Additionstheorem zwischen Thetafunktionen mit verschiedenen Modulen“ genannt worden. Viel früher ist die umgekehrte Formel (XLI) durch Herrn Gordan[2]) bekannt geworden.

Aus den Formeln (XL) und (XLI) sollen noch jene auf Produkte von nur zwei Thetafunktionen bezüglichen Formeln abgeleitet werden, welche zuerst Schröter angegeben hat. Zu dem Ende setze man:

$$p^{(1)} = m, \quad p^{(2)} = n \tag{153}$$

und weiter, indem man unter s und t positive ganze Zahlen versteht, welche untereinander relativ prim sind und von denen die erstere auch mit n, die letztere mit m keinen Teiler gemein hat:

$$c^{(11)} = nt, \quad c^{(12)} = s, \quad c^{(21)} = -ms, \quad c^{(22)} = t. \tag{154}$$

Es wird dann:

$$\begin{gathered} q^{(1)} = mn(ms^2 + nt^2), \qquad q^{(2)} = ms^2 + nt^2, \\ \Delta = ms^2 + nt^2. \end{gathered} \tag{155}$$

Es ist weiter:

$$\begin{aligned} \bar{\bar{\alpha}}^{(1)}_\mu &= t\alpha^{(1)}_\mu - s\alpha^{(2)}_\mu, \\ \bar{\bar{\alpha}}^{(2)}_\mu &= ms\alpha^{(1)}_\mu + nt\alpha^{(2)}_\mu; \end{aligned} \qquad (\mu = 1, 2, \cdots, p) \tag{156}$$

bei der Summation über die α hat jeder der $2p$ Summationsbuchstaben $\alpha^{(1)}_\mu$, $\alpha^{(2)}_\mu$ $(\mu = 1, 2, \cdots, p)$ unabhängig von den anderen die Reihe der ganzen Zahlen von 0 bis $\Delta - 1$, oder eine Reihe von Δ zu diesen nach dem Modul Δ kongruenten Zahlen zu durchlaufen. Man darf daher, da der Voraussetzung nach t relativ prim zu Δ ist:

$$\alpha^{(2)}_\mu = t\beta_\mu \qquad (\mu = 1, 2, \cdots, p) \tag{157}$$

setzen und über die β von 0 bis $\Delta - 1$ summieren. Durch die Substitution (157) wird aber, wenn man zur Abkürzung:

$$\alpha^{(1)}_\mu - s\beta_\mu = \varepsilon_\mu \qquad (\mu = 1, 2, \cdots, p) \tag{158}$$

---

1) Krause, Über Fouriersche Entwicklungen im Gebiete der Thetafunctionen zweier Veränderlichen. Math. Ann. Bd. 27. 1886, pag. 424. Etwas früher wurde die Formel (XL) für den Fall einfach unendlicher Thetareihen und unter der speziellen Annahme $p^{(1)} = \cdots = p^{(n)} = 1$ von Herrn Krause in seiner Abhandlung: Zur Transformation der elliptischen Functionen. Lpz. Ber. Bd. 38. 1886, pag. 39 mitgeteilt. Das „zweite Additionstheorem“ des Herrn Krause (a. a. O. Math. Ann. Bd. 27. 1886, pag. 425) entsteht aus der Formel (XXXII) für $r = 2$.

2) Gordan, Bez. zw. Theta-Prod. J. für Math. Bd. 66. 1866, pag. 189. Später als die Herren Krause und Gordan hat die Formeln (XL) und (XLI) Herr Mertens, Über eine Verallgemeinerung der Schröterschen Multiplicationsformeln für Thetareihen. Progr. Köln 1889, angegeben.

setzt:

(159) $$\bar{\bar{\alpha}}_{\mu}^{(1)} = t\varepsilon_{\mu}, \quad \bar{\bar{\alpha}}_{\mu}^{(2)} = ms\varepsilon_{\mu} + \Delta\beta_{\mu} \qquad (\mu = 1, 2, \cdots, p)$$

und es geht das auf der rechten Seite von (XL) als allgemeines Glied der Summe auftretende Thetaprodukt in

(160) $$\vartheta\begin{bmatrix} \frac{\bar{\bar{g}}^{(1)} + t\varepsilon}{\Delta} \\ \bar{h}^{(1)} \end{bmatrix}((v^{(1)}))_{b^{(1)}}\, \vartheta\begin{bmatrix} \frac{\bar{\bar{g}}^{(2)} + ms\varepsilon}{\Delta} \\ \bar{h}^{(2)} \end{bmatrix}((v^{(2)}))_{b^{(2)}}$$

über. Beachtet man dann noch, daß nunmehr $\alpha_{\mu}^{(1)}$ und β_{μ} nur noch in der Verbindung ε_{μ} auftreten, ε_{μ} aber jeder der Zahlen $0, 1, \cdots, \Delta-1$ und zwar jeder Δ-mal kongruent wird nach dem Modul Δ, wenn $\alpha_{\mu}^{(1)}$ und β_{μ} unabhängig von einander die Reihe dieser Zahlen durchlaufen, so erkennt man, daß man in der aus (XL) hervorgehenden Formel die Summation auf der rechten Seite so ausführen kann, daß man über jede der p Größen ε_{μ} von 0 bis $\Delta - 1$ summiert, wenn man nur gleichzeitig die linke Seite durch Δ^p dividiert.

In derselben Weise wird, wenn man $\lambda_{\mu}^{(2)}$ durch $t\lambda_{\mu}^{(2)}$ ersetzt:

(161) $$\lambda_{\mu}^{\prime\prime(1)} = t\eta_{\mu}', \quad \lambda_{\mu}^{\prime\prime(2)} = -s\eta_{\mu}' + \Delta\lambda_{\mu}^{(2)}, \qquad (\mu = 1, 2, \cdots, p)$$

wo zur Abkürzung:

(162) $$\eta_{\mu}' = \lambda_{\mu}^{(1)} + ms\lambda_{\mu}^{(2)} \qquad (\mu = 1, 2, \cdots, p)$$

gesetzt ist, und es geht das allgemeine Glied der auf der rechten Seite von (XLI) stehenden Summe in

(163) $$\vartheta\begin{bmatrix} k^{\prime(1)} \\ \frac{l^{\prime\prime(1)} + t\eta'}{\Delta} \end{bmatrix}((u^{(1)}))_{a^{(1)}}\, \vartheta\begin{bmatrix} k^{\prime(2)} \\ \frac{l^{\prime\prime(2)} - s\eta'}{\Delta} \end{bmatrix}((u^{(2)}))_{a^{(2)}}\, e^{-2\pi i \sum_{\mu=1}^{p} k_{\mu}^{(1)}\eta_{\mu}'}$$

über. Beachtet man dann wiederum, daß $\lambda_{\mu}^{(1)}$ und $\lambda_{\mu}^{(2)}$ nur noch in der Verbindung η_{μ}' auftreten, η_{μ}' aber jeder der Zahlen $0, 1, \cdots, \Delta-1$ und zwar Δ-mal kongruent wird nach dem Modul Δ, wenn $\lambda_{\mu}^{(1)}$ und $\lambda_{\mu}^{(2)}$ unabhängig von einander die Reihe dieser Zahlen durchlaufen, so erkennt man, daß man in der aus (XLI) hervorgehenden Formel die Summation auf der rechten Seite so ausführen kann, daß man über jede der p Größen η_{μ}' von 0 bis $\Delta - 1$ summiert, wenn man nur gleichzeitig die linke Seite durch Δ^p dividiert.

Man erhält so schließlich das Resultat:

XV. Satz: *Der Substitution:*

(IL) $$\begin{aligned} m_{\mu}^{(1)} &= \quad ntn_{\mu}^{(1)} + sn_{\mu}^{(2)}, \\ m_{\mu}^{(2)} &= -msn_{\mu}^{(1)} + tn_{\mu}^{(2)}, \end{aligned} \qquad (\mu = 1, 2, \cdots, p)$$

bei der m und n zwei beliebige positive ganze Zahlen, s und t aber zwei positive ganze Zahlen bezeichnen, welche zueinander relativ prim sind, und von denen die erstere mit n, die letztere mit m keinen Teiler gemeinsam hat, entspricht die Thetaformel:

$$(\mathrm{L})\qquad \begin{aligned}&\vartheta\begin{bmatrix}g^{(1)}\\h^{(1)}\end{bmatrix}(\!(u^{(1)})\!)_{a^{(1)}}\,\vartheta\begin{bmatrix}g^{(2)}\\h^{(2)}\end{bmatrix}(\!(u^{(2)})\!)_{a^{(2)}}\\ &=\sum_{\varepsilon_1,\cdots,\varepsilon_p}^{0,1,\cdots,\Delta-1}\vartheta\begin{bmatrix}\dfrac{\overline{\overline{g}}^{(1)}+t\varepsilon}{\Delta}\\ \overline{h}^{(1)}\end{bmatrix}(\!(v^{(1)})\!)_{b^{(1)}}\,\vartheta\begin{bmatrix}\dfrac{\overline{\overline{g}}^{(2)}+ms\varepsilon}{\Delta}\\ \overline{h}^{(2)}\end{bmatrix}(\!(v^{(2)})\!)_{b^{(2)}},\end{aligned}$$

während umgekehrt:

$$(\mathrm{LI})\qquad \begin{aligned}&\Delta^p\,\vartheta\begin{bmatrix}k^{(1)}\\l^{(1)}\end{bmatrix}(\!(v^{(1)})\!)_{b^{(1)}}\,\vartheta\begin{bmatrix}k^{(2)}\\l^{(2)}\end{bmatrix}(\!(v^{(2)})\!)_{b^{(2)}}\\ &=\sum_{\eta'_1,\cdots,\eta'_p}^{0,1,\cdots,\Delta-1}\vartheta\begin{bmatrix}k'^{(1)}\\ \dfrac{l''^{(1)}+t\eta'}{\Delta}\end{bmatrix}(\!(u^{(1)})\!)_{a^{(1)}}\,\vartheta\begin{bmatrix}k'^{(2)}\\ \dfrac{l''^{(2)}-s\eta'}{\Delta}\end{bmatrix}(\!(u^{(2)})\!)_{a^{(2)}}\,e^{-2\pi i\sum\limits_{\mu=1}^{p}k'^{(1)}_{\mu}\eta'_{\mu}}\end{aligned}$$

ist. Bei diesen Formeln sind die Argumente u und v verknüpft durch die Gleichungen:

$$(\mathrm{LII})\qquad \begin{aligned}v^{(1)}_\mu&=ntu^{(1)}_\mu-msu^{(2)}_\mu, &\qquad \Delta u^{(1)}_\mu&=tv^{(1)}_\mu+msv^{(2)}_\mu,\\ v^{(2)}_\mu&=su^{(1)}_\mu+tu^{(2)}_\mu, &\qquad \Delta u^{(2)}_\mu&=-sv^{(1)}_\mu+ntv^{(2)}_\mu,\end{aligned}\qquad (\mu=1,2,\cdots,p)$$

es ist ferner:

$$(\mathrm{LIII})\qquad \begin{aligned}a^{(1)}_{\mu\mu'}&=ma_{\mu\mu'}, &\qquad b^{(1)}_{\mu\mu'}&=mn\Delta a_{\mu\mu'},\\ a^{(2)}_{\mu\mu'}&=na_{\mu\mu'}, &\qquad b^{(2)}_{\mu\mu'}&=\Delta a_{\mu\mu'};\end{aligned}\qquad (\mu,\mu'=1,2,\cdots,p)$$

weiter setzen sich die Größen $\overline{\overline{g}}$, $\overline{h}$, k', l'' aus den Größen g, h, k, l zusammen vermittelst der Gleichungen:

$$(\mathrm{LIV})\qquad \begin{aligned}\overline{\overline{g}}^{(1)}_\mu&=tg^{(1)}_\mu-sg^{(2)}_\mu, &\qquad \overline{h}^{(1)}_\mu&=nth^{(1)}_\mu-msh^{(2)}_\mu,\\ \overline{\overline{g}}^{(2)}_\mu&=msg^{(1)}_\mu+ntg^{(2)}_\mu, &\qquad \overline{h}^{(2)}_\mu&=sh^{(1)}_\mu+th^{(2)}_\mu,\\ k'^{(1)}_\mu&=ntk^{(1)}_\mu+sk^{(2)}_\mu, &\qquad l''^{(1)}_\mu&=tl^{(1)}_\mu+msl^{(2)}_\mu,\\ k'^{(2)}_\mu&=-msk^{(1)}_\mu+tk^{(2)}_\mu, &\qquad l''^{(2)}_\mu&=-sl^{(1)}_\mu+ntl^{(2)}_\mu;\end{aligned}\qquad (\mu=1,2,\cdots,p)$$

endlich ist überall zur Abkürzung:

$$(\mathrm{LV})\qquad ms^2+nt^2=\Delta$$

gesetzt.

Die Formel (L) wurde von Schröter zuerst[1]) für den speziellen Fall $s = t = 1$ und später[2]) in der vorliegenden allgemeineren Form mitgeteilt; noch etwas allgemeiner ist die gleichfalls aus (XL) ohne Mühe ableitbare, von Hoppe[3]) mitgeteilte Formel, welche der Substitution:

$$(164)\qquad \begin{aligned} m_\mu^{(1)} &= fhcn_\mu^{(1)} - gedn_\mu^{(2)} \\ m_\mu^{(2)} &= ghan_\mu^{(1)} + febn_\mu^{(2)} \end{aligned} \qquad (\mu = 1, 2, \cdots, p)$$

entspricht, in der $a, b, \cdots, h$ ganze Zahlen bezeichnen.

§ 8.

Zweite Spezialisierung der Formel (XXXII).

Als zweiter spezieller Fall der Formel (XXXII) soll jener ausgeführt werden, in welchem alle Zahlen p, q den Wert Eins besitzen, die Koeffizienten der zugrunde liegenden Substitution also den Relationen:

$$(165)\qquad \sum_{\varrho=1}^{n} c^{(\varrho\sigma)} c^{(\varrho\sigma')} = \begin{matrix} r^2, & \text{wenn } \sigma' = \sigma, \\ 0, & \text{wenn } \sigma' \gtrless \sigma, \end{matrix} \qquad (\sigma, \sigma' = 1, 2, \cdots, n)$$

genügen. Aus (149) folgt dann:

$$(166)\qquad \gamma^{(\varrho\sigma)} = \frac{\Delta}{r^2} c^{(\varrho\sigma)}, \qquad (\varrho, \sigma = 1, 2, \cdots, n)$$

und es wird daher:

$$(167)\qquad \frac{\bar{\bar{g}}_\mu^{(\sigma)}}{\Delta} = \frac{1}{r} \sum_{\varrho=1}^{n} c^{(\varrho\sigma)} g_\mu^{(\varrho)} = \frac{\bar{g}_\mu^{(\sigma)}}{r}, \quad \frac{\bar{\bar{\alpha}}_\mu^{(\sigma)}}{\Delta} = \frac{1}{r} \sum_{\varrho=1}^{n} c^{(\varrho\sigma)} \alpha_\mu^{(\varrho)} = \frac{\bar{\alpha}_\mu^{(\sigma)}}{r}. \qquad \begin{pmatrix} \sigma = 1, 2, \cdots, n \\ \mu = 1, 2, \cdots, p \end{pmatrix}$$

Auf Grund von (151) besitzt weiter die Determinante Δ den Wert:

$$(168)\qquad \Delta = \pm r^n,$$

und es ist daher über jeden der np Summationsbuchstaben α von 0 bis $r^n - 1$ zu summieren. Beachtet man aber, daß das allgemeine

---

1) Schröter, De aequat. mod. Inaug.-Diss. Königsberg 1854.

2) Schröter, Über die Entwicklung der Potenzen der elliptischen Transcendenten ϑ und die Theilung dieser Functionen. Hab.-Schrift. Breslau 1855. Für $p > 1$ finden sich solche Formeln zuerst bei Königsberger, Über die Transformation etc. J. f. Math. Bd. 64. 1865, pag. 24.

3) Hoppe, Verallgemeinerung einer Relation der Jacobischen Functionen. Arch. für Math. Bd. 70. 1884, pag. 403. Die von Herrn Huebner, Über die Umformung etc., Progr. Königsberg 1891, angegebenen Formeln (I)—(VI) pag. 37 u. f. entstehen aus solchen Formeln in Verbindung mit Formeln (XIX).

Glied der auf der rechten Seite von (XXXII) stehenden Summe für zwei Werte von $\alpha_\mu^{(\varrho)}$, welche einander nach dem Modul r kongruent sind, den gleichen Wert besitzt, so erkennt man, daß die eben genannte Summe das $r^{(n-1)np}$-fache jener Summe ist, welche man aus ihrem allgemeinen Gliede erhält, wenn man über die np Summationsbuchstaben $\alpha_\mu^{(\varrho)}$ $\begin{pmatrix}\varrho = 1, 2, \cdots, n\\ \mu = 1, 2, \cdots, p\end{pmatrix}$ nur von 0 bis $r-1$ summiert. Man erhält so den

XVI. Satz: *Sind die Variablen* $v_\mu^{(\sigma)}$ $\begin{pmatrix}\sigma = 1, 2, \cdots, n\\ \mu = 1, 2, \cdots, p\end{pmatrix}$ *mit den Variablen* $u_\mu^{(\varrho)}$ $\begin{pmatrix}\varrho = 1, 2, \cdots, n\\ \mu = 1, 2, \cdots, p\end{pmatrix}$ *verknüpft durch die Gleichungen:*

$$\text{(LVI)} \qquad r v_\mu^{(\sigma)} = \sum_{\varrho=1}^{n} c^{(\varrho\sigma)} u_\mu^{(\varrho)}, \qquad \begin{pmatrix}\sigma = 1, 2, \cdots, n\\ \mu = 1, 2, \cdots, p\end{pmatrix}$$

in denen r eine positive ganze Zahl, die c ganze Zahlen bezeichnen, welche den Relationen:

$$\text{(LVII)} \qquad \sum_{\varrho=1}^{n} c^{(\varrho\sigma)} c^{(\varrho\sigma')} = \begin{matrix} r^2, & \text{wenn } \sigma' = \sigma, \\ 0, & \text{wenn } \sigma' \gtrless \sigma, \end{matrix} \qquad (\sigma, \sigma' = 1, 2, \cdots, n)$$

genügen, so besteht zwischen einem Produkte von n Thetafunktionen mit den Argumenten $u_\mu^{(\varrho)}$ und Produkten von je n Thetafunktionen mit den Argumenten $v_\mu^{(\sigma)}$ und den nämlichen Modulen die Gleichung:

$$\text{(LVIII)} \qquad (r^n s)^p\, \vartheta\begin{bmatrix} g^{(1)} \\ h^{(1)} \end{bmatrix}(\!(u^{(1)})\!) \cdots \vartheta\begin{bmatrix} g^{(n)} \\ h^{(n)} \end{bmatrix}(\!(u^{(n)})\!)$$
$$= \sum_{[\alpha],[\beta]}^{0,1,\cdots,r-1} \vartheta\begin{bmatrix} \dfrac{\bar g^{(1)} + \bar\alpha^{(1)}}{r} \\ \dfrac{\bar h^{(1)} + \bar\beta^{(1)}}{r} \end{bmatrix}(\!(v^{(1)})\!) \cdots \vartheta\begin{bmatrix} \dfrac{\bar g^{(n)} + \bar\alpha^{(n)}}{r} \\ \dfrac{\bar h^{(n)} + \bar\beta^{(n)}}{r} \end{bmatrix}(\!(v^{(n)})\!)\, e^{-\frac{2\pi i}{r^2} \sum\limits_{\sigma=1}^{n} \sum\limits_{\mu=1}^{p} \bar g_\mu^{(\sigma)} \bar\beta_\mu^{(\sigma)}}$$

Dabei ist zur Abkürzung gesetzt:

$$\text{(LIX)} \qquad \begin{matrix} \bar g_\mu^{(\sigma)} = \sum\limits_{\varrho=1}^{n} c^{(\varrho\sigma)} g_\mu^{(\varrho)}, & \bar h_\mu^{(\sigma)} = \sum\limits_{\varrho=1}^{n} c^{(\varrho\sigma)} h_\mu^{(\varrho)}, \\ \bar\alpha_\mu^{(\sigma)} = \sum\limits_{\varrho=1}^{n} c^{(\varrho\sigma)} \alpha_\mu^{(\varrho)}, & \bar\beta_\mu^{(\sigma)} = \sum\limits_{\varrho=1}^{n} c^{(\varrho\sigma)} \beta_\mu^{(\varrho)}; \end{matrix} \qquad \begin{pmatrix}\sigma = 1, 2, \cdots, n\\ \mu = 1, 2, \cdots, p\end{pmatrix}$$

die Summation ist über jede der $2np$ Größen $\alpha_\mu^{(\varrho)}$, $\beta_\mu^{(\varrho)}$ $\begin{pmatrix}\varrho = 1, 2, \cdots, n\\ \mu = 1, 2, \cdots, p\end{pmatrix}$ von 0 bis $r-1$ zu erstrecken, und es bezeichnet s die nach dem

III. Satz zu berechnende Anzahl der Normallösungen des Kongruenzensystems:

$$\text{(LX)} \qquad \sum_{\sigma=1}^{n} c^{(\varrho\,\sigma)}\, x^{(\sigma)} \equiv 0 \pmod{r}. \qquad (\varrho = 1, 2, \cdots, n)$$

Die Formel (LVIII) wurde von Herrn Prym[1]) auf dem hier angegebenen direkten Wege der Umformung des links stehenden Thetaproduktes durch Einführung neuer Summationsbuchstaben abgeleitet, nachdem sie von ihm schon früher[2]) unter der Beschränkung $c^{(\varrho\,\sigma)} = c^{(\sigma\,\varrho)}$ $(\varrho, \sigma = 1, 2, \cdots, n;\ \varrho < \sigma)$ durch funktionentheoretische Betrachtungen war gewonnen worden.

---

1) Prym, Ableitung e. allg. Thetaf. Acta math. Bd. 3. 1883, pag. 216.

2) Prym, Unters. ü. d. Riemann'sche Thetaf. etc. II. Verallgemeinerung der Riemann'schen Thetaformel.

Drittes Kapitel.

Ein zweites allgemeines Prinzip der Umformung unendlicher Reihen und dessen Anwendung auf Thetareihen.

§ 1.

Umformung einer einfach unendlichen Reihe vermittelst der Fourierschen Formel.

Die Funktion $F(z)$ der komplexen Veränderlichen z sei einwertig und stetig in dem ringförmigen Gebiete T, welches zwischen den mit den Radien e^{+p} und e^{-p} um den Nullpunkt beschriebenen Kreisen gelegen ist, wo p eine gegebene positive Größe bezeichne; dann gilt für jeden Punkt z in diesem Ringgebiete T die Laurentsche Entwicklung:

$$F(z) = \sum_{n=-\infty}^{+\infty} \left(\frac{1}{2\pi i} \overset{+}{\int_C} \frac{F(\xi)}{\xi^{n+1}} d\xi \right) z^n, \tag{1}$$

wo die Integration in positivem Sinne zu erstrecken ist über eine beliebige den Nullpunkt umkreisende, ganz im Ringgebiete T gelegene geschlossene Kurve C, etwa den Einheitskreis. In der Formel (1) führe man jetzt an Stelle der Variable z eine neue Variable x ein mit Hilfe der Gleichung:

$$z = e^{2x\pi i}. \tag{2}$$

Setzt man dann:

$$F(z) = \Phi(x), \tag{3}$$

so wird aus (1):

$$\Phi(x) = \sum_{n=-\infty}^{+\infty} \int_{-\frac{1}{2}}^{+\frac{1}{2}} \Phi(\xi)\, e^{2n(x-\xi)\pi i}\, d\xi, \tag{4}$$

wo die Integration auf der reellen Zahlenachse von $-\frac{1}{2}$ bis $+\frac{1}{2}$ erstreckt wird.

Dem Ringgebiete T in der z-Ebene entspricht in der x-Ebene ein Streifen S, längs der reellen Zahlenachse sich erstreckend und von den zu dieser parallelen Geraden durch die Punkte $x = \pm \frac{p}{2\pi i}$ begrenzt. Damit die Funktion $F(z)$ im Ringgebiete T einwertig sei, muß die Funktion $\Phi(x)$ im Streifen S periodisch sein mit der Periode 1. Besitzt die Funktion $\Phi(x)$ diese Eigenschaft nicht, so kann die Formel (4) gleichwohl zu ihrer Darstellung dienen, aber nur innerhalb jenes Rechteckes R, das durch die zur lateralen Zahlenachse parallelen Geraden durch die Punkte $x = \pm \frac{1}{2}$ aus dem Streifen S ausgeschnitten wird. Damit ferner die Funktion $F(z)$ im Ringgebiete T stetig sei, muß $\Phi(x)$ stetig sein im Streifen S beziehlich im Rechtecke R. Handelt es sich, wie im Folgenden, nur um die Darstellung von $\Phi(x)$ für reelle Werte von x, so kann, indem man die Zahl p hinreichend klein wählt, der Streifen S beliebig schmal gemacht werden. Da aber jene Funktionen, auf welche in den nachstehenden Untersuchungen die Formel (4) angewendet wird, den Bedingungen der Einwertigkeit und Stetigkeit in der ganzen x-Ebene genügen, so braucht darauf nicht eingegangen zu werden; es wird vielmehr der bequemen Ausdrucksweise wegen vorausgesetzt, daß die auftretenden Funktionen allenthalben einwertig und stetig seien.

Eine andere Ableitung der Formel (4) aus der gewöhnlichen Fourierschen Formel habe ich[1]) früher gegeben.

Nun sei gegeben eine unendliche Reihe:

$$F = \sum_{m=-\infty}^{+\infty} f(m), \tag{5}$$

deren allgemeines Glied $f(m)$ die Eigenschaft besitze, daß $f(m+x)$ eine einwertige und stetige Funktion von x ist. Es gilt dann nach (4) für jedes reelle x, das der Ungleichung $-\frac{1}{2} < x < +\frac{1}{2}$ genügt, die Gleichung:

$$f(m+x) = \sum_{n=-\infty}^{+\infty} \int_{-\frac{1}{2}}^{+\frac{1}{2}} f(m+\xi)\, e^{2n(x-\xi)\pi i}\, d\xi, \tag{6}$$

woraus speziell für $x = 0$:

1) Krazer, Die Transformation der Thetafunctionen einer Veränderlichen. (Erste Abhandlung). Math. Ann. Bd. 43. 1893, pag. 429.

$$(7) \qquad f(m) = \sum_{n=-\infty}^{+\infty} \int_{-\frac{1}{2}}^{+\frac{1}{2}} f(m+\xi)\, e^{-2n\xi\pi i}\, d\xi$$

folgt. Führt man diesen Ausdruck an Stelle von $f(m)$ in die Gleichung (5) ein, so erhält man:

$$(8) \qquad F = \sum_{m=-\infty}^{+\infty} \sum_{n=-\infty}^{+\infty} \int_{-\frac{1}{2}}^{+\frac{1}{2}} f(m+\xi)\, e^{-2n\xi\pi i}\, d\xi.$$

Die gewünschte Umformung der unendlichen Reihe (5) wird jetzt dadurch erhalten, daß man auf der rechten Seite von (8) die beiden Summationen miteinander vertauscht und hierauf die Summation nach m ausführt. Man erhält so zunächst:

$$(9) \qquad F = \sum_{n=-\infty}^{+\infty} \sum_{m=-\infty}^{+\infty} \int_{-\frac{1}{2}}^{+\frac{1}{2}} f(m+\xi)\, e^{-2n\xi\pi i}\, d\xi$$

und hieraus, da:

$$(10) \qquad \begin{aligned} &\sum_{m=-\infty}^{+\infty} \int_{-\frac{1}{2}}^{+\frac{1}{2}} f(m+\xi)\, e^{-2n\xi\pi i}\, d\xi \\ &= \sum_{m=-\infty}^{+\infty} \int_{m-\frac{1}{2}}^{m+\frac{1}{2}} f(\xi)\, e^{-2n\xi\pi i}\, d\xi = \int_{-\infty}^{+\infty} f(\xi)\, e^{-2n\xi\pi i}\, d\xi \end{aligned}$$

ist, die Gleichung:

$$(11) \qquad F = \sum_{n=-\infty}^{+\infty} \int_{-\infty}^{+\infty} f(\xi)\, e^{-2n\xi\pi i}\, d\xi,$$

welches die gewünschte Umformung der gegebenen unendlichen Reihe darstellt.

Was die soeben vorgenommene Umstellung der Summationen betrifft, so darf dieselbe, da es sich um unendliche Reihen handelt, nicht ohne weiteres vorgenommen werden; es muß vielmehr nachgewiesen werden, daß die rechte Seite von (8) durch die Ausführung dieser Operation keine Wertänderung erleidet. Es läßt sich nun ein sehr allgemeiner Fall angeben, in welchem eine solche Wertänderung jedenfalls nicht eintritt. Definiert nämlich die Reihe:

$$F(x) = \sum_{m=-\infty}^{+\infty} f(m+x) \tag{12}$$

gleichfalls eine einwertige und stetige Funktion von x, so kann auch auf diese Funktion die Formel (4) angewendet werden und man erhält zunächst·

$$F(x) = \sum_{n=-\infty}^{+\infty} \int_{-\frac{1}{2}}^{+\frac{1}{2}} F(\xi)\, e^{2n(x-\xi)\pi i}\, d\xi\,; \tag{13}$$

hieraus aber, wenn man $x = 0$ setzt und gleichzeitig bei der Reihe $F(\xi)$ die Integration gliedweise ausführt, die Gleichung (9).

Man hätte diesen Weg zur Gewinnung der Endformel (11) von vornherein einschlagen können; daß es oben nicht geschehen ist, hat seinen Grund darin, daß dabei das eigentliche Wesen der Umgestaltung der unendlichen Reihe, nämlich die Umformung des allgemeinen Gliedes der Reihe verwischt wird.

I. Satz: *Besitzt das allgemeine Glied $f(m)$ einer unendlichen Reihe die Eigenschaft, daß $f(m+x)$ und $\sum_{m=-\infty}^{+\infty} f(m+x)$ einwertige und stetige Funktionen von x darstellen, so gilt die Formel:*

$$\sum_{m=-\infty}^{+\infty} f(m) = \sum_{n=-\infty}^{+\infty} \int_{-\infty}^{+\infty} f(x)\, e^{-2nx\pi i}\, dx. \tag{I}$$

Der Gedanke, eine beliebige unendliche Reihe vermittelst der Fourierschen Formel umzugestalten, findet sich zuerst bei Poisson.[1])

§ 2.

Anwendung der Formel (I) auf die einfach unendliche Thetareihe.

Setzt man in der Formel (I):

$$f(x) = e^{a(x+g)^2 + 2(x+g)(u+h\pi i)}, \tag{14}$$

so geht die auf der linken Seite stehende unendliche Reihe in $\vartheta\begin{bmatrix} g \\ h \end{bmatrix}(u)_a$ über, und man erhält so hierfür den Ausdruck:

1) Poisson, Mémoire sur le calcul numérique des intégrales définies. Nouv. Bull. Soc. Philom. de Paris 1826, pag. 161 und Mém. de l'acad. d. sc. de l'inst. de France. Année 1823. Bd. 6. 1827, pag. 571.

$$(15)\qquad \vartheta\begin{bmatrix} g \\ h \end{bmatrix}(u)_a = \sum_{n=-\infty}^{+\infty} \int_{-\infty}^{+\infty} e^{a(x+g)^2 + 2(x+g)(u+h\pi i) - 2nx\pi i}\, dx,$$

bei dem jetzt noch die Integration nach x auszuführen ist.

Um dies Ziel zu erreichen, definiere man Größen b und v durch die Gleichungen:

$$(16)\qquad b = \frac{\pi^2}{a}, \qquad v = \frac{\pi i}{a} u$$

und bringe den Exponenten auf der rechten Seite von (15) in die Form:

$$(17)\qquad a(x+g)^2 + 2(x+g)(u+h\pi i) - 2nx\pi i$$
$$= a\left(x + g + \frac{u + (h-n)\pi i}{a}\right)^2 - \frac{u^2}{a} + 2gh\pi i + b(n-h)^2 + 2(n-h)(v + g\pi i).$$

Die Ausführung der auf der rechten Seite von (15) stehenden Integration reduziert sich dann auf die Auswertung des Integrals:

$$(18)\qquad J = \int_{-\infty}^{+\infty} e^{a\left(x + g + \frac{u + (h-n)\pi i}{a}\right)^2} dx;$$

beachtet man aber, daß die Formel:

$$(19)\qquad \int_{-\infty}^{+\infty} e^{k(x+l)^2} dx = \mathop{\sqrt{\frac{-\pi}{k}}}_{+}$$

besteht, bei der k und l von der Integrationsvariable x unabhängige Größen bezeichnen, deren erste der Bedingung zu genügen hat, daß ihr reeller Teil negativ ist, während der Wert der zweiten beliebig gewählt werden darf, und bei der die auf der rechten Seite stehende Wurzel so auszuziehen ist, daß ihr reeller Teil positiv wird, so kann man auf Grund derselben das Integral (18) auswerten und erhält:

$$(20)\qquad J = \mathop{\sqrt{\frac{-\pi}{a}}}_{+}.$$

Führt man diesen Wert in die Gleichung (15) ein, nachdem man in derselben den Exponenten durch den unter (17) aufgestellten Ausdruck ersetzt hat, so geht aus der Gleichung (15) die Gleichung:

$$(21)\qquad \vartheta\begin{bmatrix} g \\ h \end{bmatrix}(u)_a = \mathop{\sqrt{\frac{-\pi}{a}}}_{+}\, e^{-\frac{u^2}{a} + 2gh\pi i} \sum_{n=-\infty}^{+\infty} e^{b(n-h)^2 + 2(n-h)(v+g\pi i)}$$

hervor und man hat, wenn man die auf der rechten Seite stehende unendliche Reihe durch die ihr entsprechende Thetafunktion ersetzt, den

II. Satz: *Hängen von dem Modul a und dem Argumente u einer gegebenen Thetafunktion der Modul b und das Argument v einer neuen ab gemäß den Gleichungen:*

$$b = \frac{\pi^2}{a}, \quad v = \frac{\pi i}{a} u, \tag{II}$$

so sind diese Thetafunktionen miteinander verknüpft durch die Gleichung:

$$\vartheta\begin{bmatrix} g \\ h \end{bmatrix}(u)_a = \underset{+}{\sqrt{\frac{-\pi}{a}}}\, e^{-\frac{u^2}{a} + 2gh\pi i}\, \vartheta\begin{bmatrix} -h \\ g \end{bmatrix}(v)_b, \tag{III}$$

bei der die auf der rechten Seite stehende Wurzel so auszuziehen ist, daß ihr reeller Teil positiv wird.

Die Formel (III) war schon Gauß [1]) bekannt; die ersten Veröffentlichungen finden sich bei Cauchy [2]), Poisson [3]), Jacobi [4]) und Abel [5]). Daß man zur Gewinnung der Formel (III) statt der Fourierschen Formel den Cauchyschen Residuensatz benutzen kann, ist natürlich und findet sich von Herrn Landsberg [6]) ausgeführt. Andere Methoden der Ableitung der Formel (III) haben die Herren Gordan [7]) und Rausenberger [8]) angegeben.

Man pflegt die Formel (III), indem man sich den Modul a und das Argument u der gegebenen Thetafunktion als reelle Größen denkt, den Übergang von einer Thetafunktion mit reellem Argument zu einer solchen mit imaginärem zu heißen.

---

1) Gauß, Nachlaß: Zur Theorie der transcendenten Functionen gehörig. Werke Bd. 3. Göttingen 1876, pag. 436. Der Herausgeber will diese Blätter von 1808 datieren, doch glaubt Enneper (Elliptische Functionen. Theorie und Geschichte. 2. Aufl. von F. Müller. Halle 1890, pag. 135) sie schon an das Ende des 18. Jahrhunderts setzen zu sollen.

2) Cauchy, Sur une loi de réciprocité qui existe entre certaines fonctions. Nouv. Bull. Soc. Philom. de Paris 1817, pag. 121; und: Sur les fonctions réciproques. Exerc. de Math. Seconde année. Paris 1827, pag. 141; vergl. auch Lebesgue, Note sur une formule de M. Cauchy. J. de Math. Bd. 5. 1840, pag. 186.

3) Poisson, Suite du mémoire sur les intégrales définies et sur la sommation des séries: Sommation des séries de quantités périodiques. J. de l'Éc. pol. Bd. 12. 1823, pag. 404.

4) Jacobi, Notices sur les fonctions elliptiques. 1828. Ges. Werke Bd. 1. Berlin 1881, pag. 249; vergl. auch Rosenhain, Mémoire sur les fonctions etc. pag. 396.

5) Abel, Note sur quelques formules elliptiques. 1829. Oeuvres compl. Bd. 1. 2. Aufl. Christiania 1881, pag. 477.

6) Landsberg, Zur Theorie der Gaußschen Summen und der linearen Transformation der Thetafunctionen. J. für Math. Bd. 111. 1893, pag. 234.

7) Gordan, Über die Transformation der Θ Funktionen. Hab.-Schrift. Gießen 1863.

8) Rausenberger, Beitrag zur linearen Transformation der elliptischen Functionen. J. für Math. Bd. 91. 1881, pag. 335.

§ 3.

Ausdehnung der in § 1 angegebenen Umformung auf mehrfach unendliche Reihen.

Die Formel (4) ist ein spezieller Fall einer allgemeinen, auf eine Funktion von mehreren Veränderlichen bezüglichen Formel, die jetzt mit ihrer Hilfe abgeleitet werden soll.

Man bezeichne mit $\Phi(x_1 | \cdots | x_q)$ eine einwertige und stetige Funktion der q komplexen Veränderlichen $x_1, \cdots, x_q$ und setze für $\varkappa = 1, 2, \cdots, q-1$:

$$(22)\qquad \varphi_\varkappa[n_1 \cdots n_\varkappa](x_{\varkappa+1})$$

$$= \int\limits_{-\frac{1}{2}}^{+\frac{1}{2}} dx_1 \cdots \int\limits_{-\frac{1}{2}}^{+\frac{1}{2}} dx_\varkappa\, \Phi(x_1 | \cdots | x_\varkappa | x_{\varkappa+1} | 0 | \cdots | 0)\, e^{-2\sum\limits_{\varepsilon=1}^{\varkappa} n_\varepsilon x_\varepsilon \pi i},$$

indem man unter $n_1, \cdots, n_\varkappa$ irgend welche ganze Zahlen versteht. Die Formel (4) für den speziellen Wert $x = 0$ auf die Funktion $\varphi_\varkappa$ angewendet liefert die Gleichung:

$$(23)\qquad \varphi_\varkappa[n_1 \cdots n_\varkappa](0) = \sum_{n_{\varkappa+1}=-\infty}^{+\infty} \int\limits_{-\frac{1}{2}}^{+\frac{1}{2}} dx_{\varkappa+1}\, \varphi_\varkappa[n_1 \cdots n_\varkappa](x_{\varkappa+1})\, e^{-2 n_{\varkappa+1} x_{\varkappa+1} \pi i}.$$

Beachtet man aber, daß das auf der rechten Seite dieser Gleichung stehende Integral, wenn man darin $\varphi_\varkappa$ durch den Ausdruck (22) ersetzt, mit $\varphi_{\varkappa+1}[n_1 \cdots n_{\varkappa+1}](0)$ identisch wird, so kann man der Gleichung (23) auch die Gestalt:

$$(24)\qquad \varphi_\varkappa[n_1 \cdots n_\varkappa](0) = \sum_{n_{\varkappa+1}=-\infty}^{+\infty} \varphi_{\varkappa+1}[n_1 \cdots n_{\varkappa+1}](0)$$

geben, und es gilt diese Formel zunächst für $\varkappa = 1, 2, \cdots, q-2$; aber auch für $\varkappa = q-1$, wenn man $\varphi_q[n_1 \cdots n_q](0)$ durch die Gleichung:

$$(25)\qquad \varphi_q[n_1 \cdots n_q](0) = \int\limits_{-\frac{1}{2}}^{+\frac{1}{2}} dx_1 \cdots \int\limits_{-\frac{1}{2}}^{+\frac{1}{2}} dx_q\, \Phi(x_1 | \cdots | x_q)\, e^{-2\sum\limits_{\varepsilon=1}^{q} n_\varepsilon x_\varepsilon \pi i}$$

definiert, während für $\varkappa = 0$ der auf der rechten Seite stehende Ausdruck gemäß der Formel (4) die Größe $\Phi(0 | \cdots | 0)$ darstellt. Man erhält daher durch wiederholte Anwendung der Formel (24) das System von Gleichungen:

$$(26)\qquad \begin{aligned} \Phi(0|\cdots|0) &= \sum_{n_1=-\infty}^{+\infty} \varphi_1[n_1](0) \\ &= \sum_{n_1=-\infty}^{+\infty} \sum_{n_2=-\infty}^{+\infty} \varphi_2[n_1 n_2](0) \\ &\cdots\cdots\cdots \\ &= \sum_{n_1=-\infty}^{+\infty} \cdots \sum_{n_q=-\infty}^{+\infty} \varphi_q[n_1 \cdots n_q](0) \end{aligned}$$

und gelangt auf diese Weise zu der Formel:

$$(27)\qquad \Phi(0|\cdots|0)$$

$$= \sum_{n_1=-\infty}^{+\infty} \cdots \sum_{n_q=-\infty}^{+\infty} \int_{-\frac{1}{2}}^{+\frac{1}{2}} dx_1 \cdots \int_{-\frac{1}{2}}^{+\frac{1}{2}} dx_q\, \Phi(x_1|\cdots|x_q)\, e^{-2\sum_{\varepsilon=1}^{q} n_\varepsilon x_\varepsilon \pi i},$$

welche die gewünschte Verallgemeinerung der Formel (4) ist.

Die Formel (27) soll jetzt zur Umformung einer gegebenen mehrfach unendlichen Reihe:

$$(28)\qquad F = \sum_{m_1,\cdot\cdot,m_p}^{-\infty,\cdot\cdot,+\infty} f(m_1|\cdots|m_p)$$

benutzt werden. Zu dem Ende verstehe man unter q eine der Zahlen $1, 2, \cdots, p$ und setze in (27)

$$(29)\qquad \Phi(x_1|\cdots|x_q) = f(m_1 + x_1|\cdots|m_q + x_q|m_{q+1}|\cdots|m_p);$$

man erhält dann daraus:

$$(30)\qquad f(m_1|\cdots|m_p)$$

$$= \sum_{n_1,\cdot\cdot,n_q}^{-\infty,\cdot\cdot,+\infty} \int_{-\frac{1}{2}}^{+\frac{1}{2}} dx_1 \cdots \int_{-\frac{1}{2}}^{+\frac{1}{2}} dx_q f(m_1+x_1|\cdots|m_q+x_q|m_{q+1}|\cdots|m_p)\, e^{-2\sum_{\varepsilon=1}^{q} n_\varepsilon x_\varepsilon \pi i}$$

und weiter, indem man diesen Ausdruck in (28) einführt:

$$(31)\qquad F = \sum_{m_1,\cdots,m_p}^{-\infty,\cdots,+\infty} \sum_{n_1,\cdots,n_q}^{-\infty,\cdots,+\infty} \int_{-\frac{1}{2}}^{+\frac{1}{2}} dx_1 \cdots$$

$$\cdots \int_{-\frac{1}{2}}^{+\frac{1}{2}} dx_q f(m_1 + x_1 | \cdots | m_q + x_q | m_{q+1} | \cdots | m_p) e^{-2\sum_{\varepsilon=1}^{q} n_\varepsilon x_\varepsilon \pi i}$$

Die gewünschte Umformung der Reihe (28) wird jetzt dadurch erhalten, daß man auf der rechten Seite der Gleichung (31) die an letzter Stelle stehende, auf die Größen $n_1, \cdots, n_q$ bezügliche Summation mit der auf die Größen $m_1, \cdots, m_q$ bezüglichen den Platz wechseln läßt und hierauf diese letztere ausführt. Man erhält so zunächst:

$$(32)\qquad F = \sum_{n_1,\cdots,n_q}^{-\infty,\cdots,+\infty} \sum_{m_{q+1},\cdots,m_p}^{-\infty,\cdots,+\infty} \sum_{m_1,\cdots,m_q}^{-\infty,\cdots,+\infty} \int_{-\frac{1}{2}}^{+\frac{1}{2}} dx_1 \cdots$$

$$\cdots \int_{-\frac{1}{2}}^{+\frac{1}{2}} dx_q f(m_1 + x_1 | \cdots | m_q + x_q | m_{q+1} | \cdots | m_p) e^{-2\sum_{\varepsilon=1}^{q} n_\varepsilon x_\varepsilon \pi i}$$

und hieraus durch wiederholte Anwendung von (10) die Gleichung:

$$(33)\qquad F = \sum_{n_1,\cdots,n_q}^{-\infty,\cdots,+\infty} \sum_{m_{q+1},\cdots,m_p}^{-\infty,\cdots,+\infty} \int_{-\infty}^{+\infty} dx_1 \cdots$$

$$\cdots \int_{-\infty}^{+\infty} dx_q f(x_1 | \cdots | x_q | m_{q+1} | \cdots | m_p) e^{-2\sum_{\varepsilon=1}^{q} n_\varepsilon x_\varepsilon \pi i},$$

welche die gewünschte Umformung der gegebenen unendlichen Reihe darstellt.

Was die oben vorgenommene Umstellung der Summationen betrifft, so wird man in Übereinstimmung mit dem in § 1 Bemerkten das Folgende angeben. Definiert die Reihe:

$$(34)\qquad F(x_1 | \cdots | x_q) = \sum_{m_1,\cdots,m_p}^{-\infty,\cdots,+\infty} f(m_1 + x_1 | \cdots | m_q + x_q | m_{q+1} | \cdots | m_p)$$

gleichfalls eine einwertige und stetige Funktion der Veränderlichen

$x_1, \cdots, x_q$, auf welche die Formel (27) angewendet werden darf, so erhält man:

$$(35)\quad F(0|\cdots|0) = \sum_{n_1,\cdots,n_q}^{-\infty,\cdots,+\infty} \int_{-\frac{1}{2}}^{+\frac{1}{2}} dx_1 \cdots \int_{-\frac{1}{2}}^{+\frac{1}{2}} dx_q F(x_1|\cdots|x_q) e^{-2\sum\limits_{\varepsilon=1}^{q} n_\varepsilon x_\varepsilon \pi i}$$

Diese Formel geht aber, sobald man bei der Reihe $F(x_1|\cdots|x_q)$ die Integration gliedweise ausführt, in die Formel (32) über. Man hat daher den

III. Satz: *Besitzt das allgemeine Glied* $f(m_1|\cdots|m_p)$ *einer gegebenen p-fach unendlichen Reihe die Eigenschaft, daß* $f(m_1+x_1|\cdots|m_q+x_q|m_{q+1}|\cdots|m_p)$ *und* $\sum\limits_{m_1,\cdots,m_p}^{-\infty,\cdots,+\infty} f(m_1+x_1|\cdots|m_q+x_q|m_{q+1}|\cdots|m_p)$, *wo q eine der Zahlen* $1, 2, \cdots, p$ *bezeichnet, einwertige und stetige Funktionen von* $x_1, \cdots, x_q$ *darstellen, so gilt die Formel:*

$$\sum_{m_1,\cdots,m_p}^{-\infty,\cdots,+\infty} f(m_1|\cdots|m_p)$$

$$(\text{IV})\quad = \sum_{n_1,\cdots,n_q}^{-\infty,\cdots,+\infty} \sum_{m_{q+1},\cdots,m_p}^{-\infty,\cdots,+\infty} \int_{-\infty}^{+\infty} dx_1 \cdots$$

$$\cdots \int_{-\infty}^{+\infty} dx_q f(x_1|\cdots|x_q|m_{q+1}|\cdots|m_p) e^{-2\sum\limits_{\varepsilon=1}^{q} n_\varepsilon x_\varepsilon \pi i}$$

§ 4.

Über eine Eigenschaft der Thetamodulen $a_{\mu\mu'}$.

Im folgenden Paragraphen wird von einer Eigenschaft der Thetamodulen $a_{\mu\mu'}$ Gebrauch gemacht, welche unmittelbar aus der Konvergenzbedingung für die Thetareihe abgeleitet werden kann.

Zu dem Ende bezeichne man in gleicher Weise, wie es pag. 11 in Bezug auf die Größen r geschehen ist, mit $a_{\varrho\sigma}^{(\nu)}$ die Determinante:

$$(36)\quad a_{\varrho\sigma}^{(\nu)} = \begin{vmatrix} a_{11} & a_{12} & \cdots & a_{1,\nu-1} & a_{1\sigma} \\ a_{21} & a_{22} & \cdots & a_{2,\nu-1} & a_{2\sigma} \\ \cdot & \cdot & \cdot & \cdot & \cdot \\ a_{\nu-1,1} & a_{\nu-1,2} & \cdots & a_{\nu-1,\nu-1} & a_{\nu-1,\sigma} \\ a_{\varrho 1} & a_{\varrho 2} & \cdots & a_{\varrho,\nu-1} & a_{\varrho\sigma} \end{vmatrix},$$

wobei ν, ϱ, σ Zahlen aus der Reihe $1, 2, \cdots, p$ bezeichnen, die auch teilweise oder alle einander gleich sein können, und der Fall $\nu = 1$ in der Weise aufzufassen ist, daß alsdann die Determinante $a^{(\nu)}_{\varrho\sigma}$ sich auf das einzige Element $a_{\varrho\sigma}$ reduziert, sodaß also $a^{(1)}_{\varrho\sigma}$ mit $a_{\varrho\sigma}$ identisch ist. Zwischen den Determinanten $a^{(\nu)}_{\varrho\sigma}$ besteht dann wie zwischen den Determinanten $r^{(\nu)}_{\varrho\sigma}$ die im folgenden zur Anwendung kommende Relation:

$$a^{(\nu)}_{\nu\nu}\, a^{(\nu)}_{\varrho\sigma} - a^{(\nu)}_{\nu\varrho}\, a^{(\nu)}_{\nu\sigma} = a^{(\nu-1)}_{\nu-1,\,\nu-1}\, a^{(\nu+1)}_{\varrho\sigma}, \tag{37}$$

die für jedes ν von 1 bis $p-1$ gilt, wenn man noch im Falle $\nu = 1$ unter $a^{(0)}_{00}$ die Einheit versteht. Diese Relation ist für die folgende Untersuchung stets im Auge zu behalten. Man bezeichne endlich noch den reellen Teil irgend einer Größe z mit $\mathfrak{R}[z]$, den lateralen mit $\mathfrak{L}[z]$.

Der Konvergenzbedingung für die Thetareihe zufolge muß für reelle Werte der x, die nicht sämtlich Null sind, der reelle Teil der Form:

$$A(x_1 \mid \cdots \mid x_p) = \sum_{\mu=1}^{p} \sum_{\mu'=1}^{p} a_{\mu\mu'}\, x_\mu\, x_{\mu'} \tag{38}$$

stets einen negativen Wert besitzen. Setzt man jetzt zunächst $x_1 = 1$, $x_2 = 0, \cdots, x_p = 0$, so nimmt $A(x_1 \mid \cdots \mid x_p)$ den Wert $a^{(1)}_{11}$ an, und es muß daher $\mathfrak{R}\left[a^{(1)}_{11}\right] < 0$ sein. Da infolgedessen $a^{(1)}_{11} \neq 0$ ist, so kann man A zunächst in die Form:

$$\begin{aligned} A(x_1 \mid \cdots \mid x_p) &= a^{(1)}_{11}\left(x_1 + \frac{a^{(1)}_{12}}{a^{(1)}_{11}}\, x_2 + \cdots + \frac{a^{(1)}_{1p}}{a^{(1)}_{11}}\, x_p\right)^2 \\ &+ \frac{1}{a^{(1)}_{11}} \sum_{\mu=2}^{p} \sum_{\mu'=2}^{p} a^{(2)}_{\mu\mu'}\, x_\mu\, x_{\mu'} \end{aligned} \tag{39}$$

bringen. Bezeichnet man jetzt zur Abkürzung die Größe $\mathfrak{R}\left[\frac{a^{(1)}_{12}}{a^{(1)}_{11}}\right]$ mit u_1, die Größe $\mathfrak{L}\left[\frac{a^{(1)}_{12}}{a^{(1)}_{11}}\right]$ mit $v_1 i$ und setzt $x_1 = -u_1$, $x_2 = 1$, $x_3 = 0, \cdots,$ $x_p = 0$, so nimmt A den Wert:

$$- a^{(1)}_{11} v_1^2 + \frac{a^{(2)}_{22}}{a^{(1)}_{11}} \tag{40}$$

an, und es muß daher $\mathfrak{R}\left[\frac{a^{(2)}_{22}}{a^{(1)}_{11}}\right] < 0$ sein, da nur dann der reelle Teil der Größe (40) einen negativen Wert haben kann. Da aber infolgedessen $\dfrac{a_{22}^{(2)}}{a_{11}^{(1)}} \neq 0$ ist, so kann man A weiter in die Form:

$$
\begin{aligned}
A(x_1 | \cdots | x_p) = a_{11}^{(1)} \left(x_1 + \frac{a_{12}^{(1)}}{a_{11}^{(1)}} x_2 + \frac{a_{13}^{(1)}}{a_{11}^{(1)}} x_3 + \cdots + \frac{a_{1p}^{(1)}}{a_{11}^{(1)}} x_p \right)^2 \\
+ \frac{a_{22}^{(2)}}{a_{11}^{(1)}} \left(x_2 + \frac{a_{23}^{(2)}}{a_{22}^{(2)}} x_3 + \cdots + \frac{a_{2p}^{(2)}}{a_{22}^{(2)}} x_p \right)^2 \\
+ \frac{1}{a_{22}^{(2)}} \sum_{\mu=3}^{p} \sum_{\mu'=3}^{p} a_{\mu\mu'}^{(3)} x_\mu x_{\mu'} .
\end{aligned}
\tag{41}
$$

Bezeichnet man jetzt zur Abkürzung die Größe $\mathfrak{R}\left[\dfrac{a_{23}^{(2)}}{a_{22}^{(2)}}\right]$ mit u_2, die Größe $\mathfrak{L}\left[\dfrac{a_{23}^{(2)}}{a_{22}^{(2)}}\right]$ mit $v_2 i$, weiter die Größe $\mathfrak{R}\left[-\dfrac{a_{12}^{(1)}}{a_{11}^{(1)}} u_2 + \dfrac{a_{13}^{(1)}}{a_{11}^{(1)}}\right]$ mit u_2' und die Größe $\mathfrak{L}\left[-\dfrac{a_{12}^{(1)}}{a_{11}^{(1)}} u_2 + \dfrac{a_{13}^{(1)}}{a_{11}^{(1)}}\right]$ mit $v_2' i$ und setzt alsdann $x_1 = -u_2'$, $x_2 = -u_2$, $x_3 = 1$, $x_4 = 0, \cdots, x_p = 0$, so nimmt A den Wert:

$$
- a_{11}^{(1)} v_2'^2 - \frac{a_{22}^{(2)}}{a_{11}^{(1)}} v_2^2 + \frac{a_{33}^{(3)}}{a_{22}^{(2)}}
\tag{42}
$$

an und es muß daher $\mathfrak{R}\left[\dfrac{a_{33}^{(3)}}{a_{22}^{(2)}}\right] < 0$ sein, da nur dann der reelle Teil der Größe (42) einen negativen Wert haben kann. Fährt man so fort, so ergibt sich schließlich für $A(x_1 | \cdots | x_p)$ die Zerlegung:

$$
\begin{aligned}
A(x_1 | \cdots | x_p) = a_{11}^{(1)} \left(x_1 + \frac{a_{12}^{(1)}}{a_{11}^{(1)}} x_2 + \cdots + \frac{a_{1,p-1}^{(1)}}{a_{11}^{(1)}} x_{p-1} + \frac{a_{1p}^{(1)}}{a_{11}^{(1)}} x_p \right)^2 \\
+ \frac{a_{22}^{(2)}}{a_{11}^{(1)}} \left(x_2 + \cdots + \frac{a_{2,p-1}^{(2)}}{a_{22}^{(2)}} x_{p-1} + \frac{a_{2p}^{(2)}}{a_{22}^{(2)}} x_p \right)^2 \\
+ \cdots\cdots\cdots\cdots\cdots \\
+ \frac{a_{p-1,p-1}^{(p-1)}}{a_{p-2,p-2}^{(p-2)}} \left(x_{p-1} + \frac{a_{p-1,p}^{(p-1)}}{a_{p-1,p-1}^{(p-1)}} x_p \right)^2 \\
+ \frac{a_{pp}^{(p)}}{a_{p-1,p-1}^{(p-1)}} (x_p)^2
\end{aligned}
\tag{43}
$$

und man hat zugleich erkannt, daß die reellen Teile der p auf der rechten Seite von (43) vor den Klammern stehenden Koeffizienten:

(44) $$a_{11}^{(1)}, \quad \frac{a_{22}^{(2)}}{a_{11}^{(1)}}, \quad \cdots, \quad \frac{a_{p-1,p-1}^{(p-1)}}{a_{p-2,p-2}^{(p-2)}}, \quad \frac{a_{pp}^{(p)}}{a_{p-1,p-1}^{(p-1)}}$$

sämtlich negative Werte haben. Man hat so den

IV. Satz: *Bezeichnet man für* $\nu = 1, 2, \cdots, p$ *mit* $a_{\nu\nu}^{(\nu)}$ *die Determinante:*

(V) $$a_{\nu\nu}^{(\nu)} = \sum \pm a_{11}\, a_{22} \cdots a_{\nu\nu},$$

so besitzen die reellen Teile der p *Größen:*

(VI) $$a_{11}^{(1)}, \quad \frac{a_{22}^{(2)}}{a_{11}^{(1)}}, \quad \cdots, \quad \frac{a_{pp}^{(p)}}{a_{p-1,p-1}^{(p-1)}}$$

sämtlich negative Werte und es folgt insbesondere daraus, daß die p *Determinanten* $a_{\nu\nu}^{(\nu)}$ *selbst sämtlich von Null verschieden sind.*

§ 5.

Anwendung der Formel (IV) auf eine p-fach unendliche Thetareihe.

Setzt man in der Formel (IV):

(45) $$f(x_1 | \cdots | x_p) = e^{\sum\limits_{\mu=1}^{p} \sum\limits_{\mu'=1}^{p} a_{\mu\mu'}(x_\mu + g_\mu)(x_{\mu'} + g_{\mu'}) + 2\sum\limits_{\mu=1}^{p}(x_\mu + g_\mu)(u_\mu + h_\mu \pi i)},$$

so geht die auf der linken Seite stehende p-fach unendliche Reihe in die Thetafunktion $\vartheta\begin{bmatrix} g \\ h \end{bmatrix}((u))_a$ über, und man erhält für diese den Ausdruck:

(46) $$\vartheta\begin{bmatrix} g \\ h \end{bmatrix}((u))_a = \sum_{n_1, \cdots, n_q}^{-\infty, \cdots, +\infty} \sum_{m_{q+1}, \cdots, m_p}^{-\infty, \cdots, +\infty} \int_{-\infty}^{+\infty} dx_1 \cdots \int_{-\infty}^{+\infty} dx_q\, e^{\Psi},$$

bei dem zur Abkürzung:

(47) $$\begin{aligned} \Psi = & \sum_{\varepsilon=1}^{q} \sum_{\varepsilon'=1}^{q} a_{\varepsilon\varepsilon'} (x_\varepsilon + g_\varepsilon)(x_{\varepsilon'} + g_{\varepsilon'}) + 2 \sum_{\varepsilon=1}^{q} \sum_{\eta=q+1}^{p} a_{\varepsilon\eta} (x_\varepsilon + g_\varepsilon)(m_\eta + g_\eta) \\ & + \sum_{\eta=q+1}^{p} \sum_{\eta'=q+1}^{p} a_{\eta\eta'} (m_\eta + g_\eta)(m_{\eta'} + g_{\eta'}) + 2 \sum_{\varepsilon=1}^{q} (x_\varepsilon + g_\varepsilon)(u_\varepsilon + h_\varepsilon \pi i) \\ & + 2 \sum_{\eta=q+1}^{p} (m_\eta + g_\eta)(u_\eta + h_\eta \pi i) - 2 \sum_{\varepsilon=1}^{q} n_\varepsilon x_\varepsilon \pi i \end{aligned}$$

gesetzt ist, und bei dem jetzt noch die auf die Größen $x_1, \cdots, x_q$ bezüglichen Integrationen auszuführen sind.

Um dies Ziel zu erreichen, definiere man Größen b, v, c durch die Gleichungen:

(48)
$$b_{\varepsilon\varepsilon'} = \frac{\pi^2}{a_{qq}^{(q)}}\,\alpha_{\varepsilon\varepsilon'}^{(q)}, \qquad b_{\varepsilon\eta} = \frac{\pi i}{a_{qq}^{(q)}} \sum_{\delta=1}^{q} \alpha_{\delta\varepsilon}^{(q)} a_{\delta\eta},$$
$$(\varepsilon, \varepsilon' = 1, 2, \cdots, q) \qquad (\varepsilon = 1, 2, \cdots, q;\ \eta = q+1, q+2, \cdots, p)$$
$$b_{\eta\eta'} = a_{\eta\eta'} - \frac{1}{a_{qq}^{(q)}} \sum_{\delta=1}^{q} \sum_{\delta'=1}^{q} \alpha_{\delta\delta'}^{(q)} a_{\delta\eta} a_{\delta'\eta'},$$
$$(\eta, \eta' = q+1, q+2, \cdots, p)$$
$$v_\varepsilon = \frac{\pi i}{a_{qq}^{(q)}} \sum_{\delta=1}^{q} \alpha_{\delta\varepsilon}^{(q)} u_\delta, \qquad v_\eta = u_\eta - \frac{1}{a_{qq}^{(q)}} \sum_{\delta=1}^{q} \sum_{\delta'=1}^{q} a_{\delta\eta}\, \alpha_{\delta\delta'}^{(q)} u_{\delta'},$$
$$(\varepsilon = 1, 2, \cdots, q) \qquad (\eta = q+1, q+2, \cdots, p)$$
$$c_\varepsilon = g_\varepsilon + \sum_{\delta=1}^{q} \left[u_\delta + \sum_{\eta=q+1}^{p} (m_\eta + g_\eta)\, a_{\delta\eta} - (n_\delta - h_\delta)\pi i \right] \frac{\alpha_{\delta\varepsilon}^{(q)}}{a_{qq}^{(q)}},$$
$$(\varepsilon = 1, 2, \cdots, q)$$

in denen $a_{qq}^{(q)}$ die stets von Null verschiedene Determinante:

(49)
$$a_{qq}^{(q)} = \sum \pm a_{11} a_{22} \cdots a_{qq},$$

$\alpha_{\varepsilon\varepsilon'}^{(q)}$ $(\varepsilon, \varepsilon' = 1, 2, \cdots, q)$ aber die Adjunkte von $a_{\varepsilon\varepsilon'}$ in dieser Determinante bezeichnet, und bringe Ψ in die Form:

(50)
$$\Psi = \sum_{\varepsilon=1}^{q} \sum_{\varepsilon'=1}^{q} a_{\varepsilon\varepsilon'} (x_\varepsilon + c_\varepsilon)(x_{\varepsilon'} + c_{\varepsilon'}) - \frac{1}{a_{qq}^{(q)}} \sum_{\varepsilon=1}^{q} \sum_{\varepsilon'=1}^{q} \alpha_{\varepsilon\varepsilon'}^{(q)} u_\varepsilon u_{\varepsilon'}$$
$$+ 2 \sum_{\varepsilon=1}^{q} g_\varepsilon h_\varepsilon \pi i + \sum_{\varepsilon=1}^{q} \sum_{\varepsilon'=1}^{q} b_{\varepsilon\varepsilon'} (n_\varepsilon - h_\varepsilon)(n_{\varepsilon'} - h_{\varepsilon'})$$
$$+ 2 \sum_{\varepsilon=1}^{q} \sum_{\eta=q+1}^{p} b_{\varepsilon\eta} (n_\varepsilon - h_\varepsilon)(m_\eta + g_\eta) + \sum_{\eta=q+1}^{p} \sum_{\eta'=q+1}^{p} b_{\eta\eta'} (m_\eta + g_\eta)(m_{\eta'} + g_{\eta'})$$
$$+ 2 \sum_{\varepsilon=1}^{q} (n_\varepsilon - h_\varepsilon)(v_\varepsilon + g_\varepsilon \pi i) + 2 \sum_{\eta=q+1}^{p} (m_\eta + g_\eta)(v_\eta + h_\eta \pi i).$$

Die Ausführung der auf der rechten Seite von (46) stehenden Integrationen reduziert sich dann auf die Auswertung des Integrals:

(51)
$$J = \int_{-\infty}^{+\infty} dx_1 \cdots \int_{-\infty}^{+\infty} dx_q\, e^{\sum\limits_{\varepsilon=1}^{q} \sum\limits_{\varepsilon'=1}^{q} a_{\varepsilon\varepsilon'} (x_\varepsilon + c_\varepsilon)(x_{\varepsilon'} + c_{\varepsilon'})}$$

Den hier auf der rechten Seite im Exponenten stehenden Ausdruck kann man aber auf Grund von (43), wenn man mit $k_1, k_2, \cdots, k_q$ die in ihren reellen Teilen negativen Größen:

$$(52)\qquad k_1 = a_{11}^{(1)}, \quad k_2 = \frac{a_{22}^{(2)}}{a_{11}^{(1)}}, \quad \cdots, \quad k_q = \frac{a_{qq}^{(q)}}{a_{q-1,\,q-1}^{(q-1)}},$$

mit $l_1, l_2, \cdots, l_q$ die Ausdrücke:

$$(53)\qquad \begin{aligned} l_1 &= c_1 + \frac{a_{12}^{(1)}}{a_{11}^{(1)}}(x_2+c_2) + \cdots + \frac{a_{1,\,q-1}^{(1)}}{a_{11}^{(1)}}(x_{q-1}+c_{q-1}) + \frac{a_{1q}^{(1)}}{a_{11}^{(1)}}(x_q+c_q),\\ l_2 &= c_2 + \frac{a_{23}^{(2)}}{a_{22}^{(2)}}(x_3+c_3) + \cdots + \frac{a_{2q}^{(2)}}{a_{22}^{(2)}}(x_q+c_q),\\ &\cdots\cdots\cdots\cdots\\ l_{q-1} &= c_{q-1} + \frac{a_{q-1,\,q}^{(q-1)}}{a_{q-1,\,q-1}^{(q-1)}}(x_q+c_q),\\ l_q &= c_q \end{aligned}$$

bezeichnet, in der Form:

$$(54)\qquad \sum_{\varepsilon=1}^{q}\sum_{\varepsilon'=1}^{q} a_{\varepsilon\varepsilon'}(x_\varepsilon+c_\varepsilon)(x_{\varepsilon'}+c_{\varepsilon'}) = \sum_{\varepsilon=1}^{q} k_\varepsilon (x_\varepsilon + l_\varepsilon)^2$$

als Summe von Quadraten linearer Funktionen der x darstellen und erhält dann mit Hilfe der Formel (19) für das Integral (51) den Wert:

$$(55)\qquad J = \underset{+}{\sqrt{\frac{-\pi}{k_1}}}\;\underset{+}{\sqrt{\frac{-\pi}{k_2}}}\cdots\underset{+}{\sqrt{\frac{-\pi}{k_q}}} = \sqrt{\frac{(-\pi)^q}{a_{qq}^{(q)}}}.$$

Führt man diesen Wert in die Gleichung (46) ein, nachdem man dort den Exponenten Ψ durch den unter (50) dafür aufgestellten Ausdruck ersetzt hat, bezeichnet die Summationsbuchstaben $m_{q+1}, \cdots, m_p$ nunmehr durch $n_{q+1}, \cdots, n_p$ und definiert Größen g', h' durch die Gleichungen:

$$(56)\qquad \underset{(\varepsilon=1,2,\cdots,q)}{g_\varepsilon' = -h_\varepsilon, \quad h_\varepsilon' = g_\varepsilon,} \qquad \underset{(\eta=q+1,\,q+2,\cdots,p)}{g_\eta' = g_\eta, \quad h_\eta' = h_\eta,}$$

so geht aus der Gleichung (46) die neue:

$$(57)\qquad \begin{aligned} \vartheta\begin{bmatrix} g\\ h\end{bmatrix}((u))_a &= \sqrt{\frac{(-\pi)^q}{a_{qq}^{(q)}}}\; e^{-\frac{1}{a_{qq}^{(q)}}\cdot\sum\limits_{\varepsilon=1}^{q}\sum\limits_{\varepsilon'=1}^{q} \alpha_{\varepsilon\varepsilon'}^{(q)} u_\varepsilon u_{\varepsilon'} + 2\sum\limits_{\varepsilon=1}^{q} g_\varepsilon h_\varepsilon \pi i}\\ &\times \sum_{n_1,\cdots,n_p}^{-\infty,\cdots,+\infty} e^{\sum\limits_{\mu=1}^{p}\sum\limits_{\mu'=1}^{p} b_{\mu\mu'}(n_\mu+g_\mu')(n_{\mu'}+g_{\mu'}') + 2\sum\limits_{\mu=1}^{p}(n_\mu+g_\mu')(v_\mu+h_\mu'\pi i)} \end{aligned}$$

hervor und man hat den

V. Satz: *Hängen von den Modulen $a_{\mu\mu'}$ und den Argumenten u_μ einer gegebenen Thetafunktion die Modulen $b_{\mu\mu'}$ und die Argumente v_μ einer neuen ab gemäß den Gleichungen:*

$$b_{\varepsilon\varepsilon'} = \frac{\pi^2}{a^{(q)}_{qq}} \alpha^{(q)}_{\varepsilon\varepsilon'}, \quad b_{\varepsilon\eta} = \frac{\pi i}{a^{(q)}_{qq}} \sum_{\delta=1}^{q} \alpha^{(q)}_{\delta\varepsilon} a_{\delta\eta},$$
$$(\varepsilon, \varepsilon' = 1, 2, \cdots, q) \quad (\varepsilon = 1, 2, \cdots, q;\ \eta = q+1, q+2, \cdots, p)$$

$$\text{(VII)} \qquad b_{\eta\eta'} = a_{\eta\eta'} - \frac{1}{a^{(q)}_{qq}} \sum_{\delta=1}^{q}\sum_{\delta'=1}^{q} \alpha^{(q)}_{\delta\delta'} a_{\delta\eta} a_{\delta'\eta'},$$
$$(\eta, \eta' = q+1, q+2, \cdots, p)$$

$$v_\varepsilon = \frac{\pi i}{a^{(q)}_{qq}} \sum_{\delta=1}^{q} \alpha^{(q)}_{\delta\varepsilon} u_\delta, \quad v_\eta = u_\eta - \frac{1}{a^{(q)}_{qq}} \sum_{\delta=1}^{q}\sum_{\delta'=1}^{q} \alpha^{(q)}_{\delta\delta'} a_{\delta\eta} u_{\delta'},$$
$$(\varepsilon = 1, 2, \cdots, q) \qquad (\eta = q+1, q+2, \cdots, p)$$

in denen $a^{(q)}_{qq}$ die Determinante $\sum \pm a_{11} a_{22} \cdots a_{qq}$, $\alpha^{(q)}_{\varepsilon\varepsilon'}$ $(\varepsilon, \varepsilon' = 1, 2, \cdots, q)$ aber die Adjunkte von $a_{\varepsilon\varepsilon'}$ in dieser Determinante bezeichnet, so sind diese Thetafunktionen miteinander verknüpft durch die Gleichung:

$$\text{(VIII)} \qquad \vartheta\begin{bmatrix} g \\ h \end{bmatrix}((u))_a = \sqrt{\frac{(-\pi)^q}{a^{(q)}_{qq}}}\, e^{-U + 2\sum_{\varepsilon=1}^{q} g_\varepsilon h_\varepsilon \pi i}\, \vartheta\begin{bmatrix} g' \\ h' \end{bmatrix}((v))_b,$$

in welcher:

$$\text{(IX)} \qquad g'_\varepsilon = -h_\varepsilon, \quad h'_\varepsilon = g_\varepsilon, \qquad g'_\eta = g_\eta, \quad h'_\eta = h_\eta,$$
$$(\varepsilon = 1, 2, \cdots, q) \qquad (\eta = q+1, q+2, \cdots, p)$$

ist, in welcher ferner zur Abkürzung:

$$\text{(X)} \qquad U = \frac{1}{a^{(q)}_{qq}} \sum_{\varepsilon=1}^{q}\sum_{\varepsilon'=1}^{q} \alpha^{(q)}_{\varepsilon\varepsilon'} u_\varepsilon u_{\varepsilon'}$$

gesetzt ist, und in welcher endlich zur Bestimmung des Vorzeichens der auf der rechten Seite stehenden Wurzel die Gleichung:

$$\text{(XI)} \qquad \sqrt{\frac{(-\pi)^q}{a^{(q)}_{qq}}} = \underset{+}{\sqrt{\frac{-\pi}{k_1}}}\ \underset{+}{\sqrt{\frac{-\pi}{k_2}}} \cdots \underset{+}{\sqrt{\frac{-\pi}{k_q}}}$$

zu dienen hat, bei der:

$$\text{(XII)} \qquad k_1 = a^{(1)}_{11}, \quad k_2 = \frac{a^{(2)}_{22}}{a^{(1)}_{11}}, \quad \cdots, \quad k_q = \frac{a^{(q)}_{qq}}{a^{(q-1)}_{q-1,\,q-1}}$$

ist und jede der q auf der rechten Seite stehenden Wurzeln so ausgezogen werden muß, daß ihr reeller Teil positiv wird.

Die Formel (IV) ist insofern einer Verallgemeinerung fähig, als die q Größen $x_1, \cdots, x_q$, nach denen auf der rechten Seite integriert wird, durch irgend q andere unter den p Größen $x_1, \cdots, x_p$ ersetzt werden können, sodaß die Formel (IV) $\binom{p}{q}$ verschiedene Formeln repräsentiert; und da weiter für q jede der Zahlen $1, 2, \cdots, p$ genommen werden kann, so schließt die Formel (IV) im ganzen

$$\binom{p}{1} + \binom{p}{2} + \cdots + \binom{p}{p} = 2^p - 1 \tag{58}$$

verschiedene Formeln in sich. Das gleiche gilt von der Thetaformel (VIII), in welcher einmal an Stelle von q jede der Zahlen $1, 2, \cdots, p$ gesetzt werden kann, und dann bei gegebenem q die Indices ε und ε' statt der Zahlen $1, 2, \cdots, q$ irgend q der Zahlen $1, 2, \cdots, p$; η, η' jedesmal die $p - q$ übrigen durchlaufen können. Die eine dem Werte $q = p$ entsprechende Formel ist von besonderer Wichtigkeit und soll daher hier zum Schlusse aufgestellt werden.

VI. Satz: *Hängen von den Modulen $a_{\mu\mu'}$ und den Argumenten u_μ einer gegebenen Thetafunktion die Modulen $b_{\mu\mu'}$ und die Argumente v_μ einer neuen ab gemäß den Gleichungen:*

$$b_{\mu\mu'} = \frac{\pi^2}{\Delta_a} \alpha_{\mu\mu'}, \quad v_\mu = \frac{\pi i}{\Delta_a} \sum_{\nu=1}^{p} \alpha_{\mu\nu} u_\nu, \qquad (\mu, \mu' = 1, 2, \cdots, p) \tag{XIII}$$

in denen Δ_a die Determinante $\sum \pm a_{11} a_{22} \cdots a_{pp}$ und $\alpha_{\mu\mu'}$ die Adjunkte von $a_{\mu\mu'}$ in dieser Determinante bezeichnet, so sind diese Thetafunktionen miteinander verknüpft durch die Gleichung:

$$\vartheta\begin{bmatrix} g \\ h \end{bmatrix}(\!(u)\!)_a = \sqrt{\frac{(-\pi)^p}{\Delta_a}}\, e^{-U + 2\sum\limits_{\mu=1}^{p} g_\mu h_\mu \pi i}\, \vartheta\begin{bmatrix} -h \\ g \end{bmatrix}(\!(v)\!)_b, \tag{XIV}$$

in welcher zur Abkürzung:

$$U = \frac{1}{\Delta_a} \sum_{\mu=1}^{p} \sum_{\mu'=1}^{p} \alpha_{\mu\mu'} u_\mu u_{\mu'} \tag{XV}$$

gesetzt ist, und in welcher bezüglich der Bestimmung des Vorzeichens der auf der rechten Seite stehenden Wurzel das vorher bei dem V. Satz Bemerkte gilt.

Die Formel (VIII) wurde für $p = 2$ von Rosenhain[1]), für beliebiges p von Meißel[2]) zuerst angegeben.

1) Rosenhain, Mémoire sur les fonctions etc., pag. 394.

2) Meißel, Beitrag zur Theorie der n-fach unendlichen Θ-Reihen. J. für Math. Bd. 48. 1854, pag. 324; vergl. auch Enneper, Über einige Sätze aus der Theorie der ϑ-Functionen. Z. für Math. Bd. 12. 1867, pag. 79.

Viertes Kapitel.

Darstellung allgemeiner $2p$-fach periodischer Funktionen durch Thetafunktionen.

§ 1.

Bildung $2p$-fach periodischer Funktionen mit Hilfe von Thetafunktionen.

Ist eine Funktion $f(v_1 | \cdots | v_p)$ der komplexen Veränderlichen $v_1, \cdots, v_p$ so beschaffen, daß für bestimmte Systeme konstanter Größen $\omega_1, \cdots, \omega_p$ bei allen Werten der Variablen v die Gleichung:

$$(1)\qquad f(v_1 + \omega_1 | \cdots | v_p + \omega_p) = f(v_1 | \cdots | v_p)$$

besteht, so nennt man sie eine *periodische*, die Größen $\omega_1, \cdots, \omega_p$ aber *ein System zusammengehöriger oder simultaner Perioden* von ihr. Sind dann $\omega_{1\alpha}, \cdots, \omega_{p\alpha}$ $(\alpha = 1, 2, \cdots, k)$ irgend k solcher Periodensysteme, m_α ganze Zahlen, so ist auch $\sum_{\alpha=1}^{k} m_\alpha \omega_{1\alpha}, \cdots, \sum_{\alpha=1}^{k} m_\alpha \omega_{p\alpha}$ ein Periodensystem. Zu $\varrho + 1$ Periodensystemen $\omega_{1\alpha}, \cdots, \omega_{p\alpha}$ $(\alpha = 1, 2, \cdots, \varrho + 1)$ kann man, wenn $\varrho \geqq 2p$ ist, immer reelle Zahlen μ_α finden, welche gleichzeitig die p Gleichungen:

$$(2)\qquad \sum_{\alpha=1}^{\varrho+1} \mu_\alpha \omega_{1\alpha} = 0, \; \cdots, \; \sum_{\alpha=1}^{\varrho+1} \mu_\alpha \omega_{p\alpha} = 0$$

befriedigen. Ist dies nicht bei jeder Wahl der $\varrho + 1$ Periodensysteme $\omega_{1\alpha}, \cdots, \omega_{p\alpha}$ $(\alpha = 1, 2, \cdots, \varrho + 1)$ schon für $\varrho < 2p$ möglich, so heißt die Funktion eine $2p$*-fach periodische*; $2p$ Periodensysteme $\omega_{1\alpha}, \cdots, \omega_{p\alpha}$ $(\alpha = 1, 2, \cdots, 2p)$, für welche die Gleichungen (2), wenn man darin $\varrho = 2p - 1$ setzt, nur durch die Werte $\mu_1 = \cdots = \mu_{2p} = 0$ befriedigt werden können, heißen dann von einander *unabhängig*, und aus ihnen läßt sich jedes Periodensystem $\omega_1, \cdots, \omega_p$ der Funktion $f((v))$ in der Form:

(3) $$\omega_1 = \sum_{\alpha=1}^{2p} \mu_\alpha \omega_{1\alpha}, \cdots, \omega_p = \sum_{\alpha=1}^{2p} \mu_\alpha \omega_{p\alpha}$$

zusammensetzen. Ist die Funktion $f((v))$ eine einwertige oder endlich vielwertige analytische Funktion, welche sich nicht als Funktion von weniger denn p linearen Verbindungen der v darstellen läßt, und kann dieselbe infolgedessen kein System unendlich kleiner Perioden haben, so sind die μ_α *rationale* Zahlen, und es können die $2p$ Periodensysteme $\omega_{1\alpha}, \cdots, \omega_{p\alpha}$ $(\alpha = 1, 2, \cdots, 2p)$ so ausgewählt werden, daß die μ_α *ganze* Zahlen sind; solche $2p$ Periodensysteme heißen dann *primitive*. $2p$ Periodensysteme $\omega_{1\alpha}, \cdots, \omega_{p\alpha}$ $(\alpha = 1, 2, \cdots, 2p)$ und $2p$ andere $\omega'_{1\alpha}, \cdots, \omega'_{p\alpha}$ $(\alpha = 1, 2, \cdots, 2p)$, welche aus ihnen vermittelst einer unimodularen linearen Substitution in der Form:

(4) $$\omega'_{1\alpha} = \sum_{\beta=1}^{2p} m_{\alpha\beta} \omega_{1\beta}, \cdots, \omega'_{p\alpha} = \sum_{\beta=1}^{2p} m_{\alpha\beta} \omega_{p\beta}, \quad (\alpha = 1, 2, \cdots, 2p)$$

wobei die $m_{\alpha\beta}$ $4p^2$ ganze Zahlen von der Determinante ± 1 bezeichnen, abgeleitet sind, heißen *äquivalent*. Sind dann $\omega_{1\alpha}, \cdots, \omega_{p\alpha}$ $(\alpha = 1, 2, \cdots, 2p)$ $2p$ primitive Periodensysteme der Funktion $f((v))$, so sind es auch die $2p$ Periodensysteme $\omega'_{1\alpha}, \cdots, \omega'_{p\alpha}$ $(\alpha = 1, 2, \cdots, 2p)$.

Interpretiert man die reellen und imaginären Teile der Variablen $v_1, \cdots, v_p$ als rechtwinklige Punktkoordinaten in einem Raume von $2p$ Dimensionen, so entspricht einem Größengebiete:

(5) $$\sum_{\alpha=1}^{2p} \xi_\alpha \omega_{1\alpha}, \cdots, \sum_{\alpha=1}^{2p} \xi_\alpha \omega_{p\alpha},$$

bei dem die ξ stetig die Werte $g_\alpha \leqq \xi_\alpha < g_\alpha + 1$ $(\alpha = 1, 2, \cdots, 2p)$ durchlaufen, wo die g_α gegebene Konstanten sind, ein *Parallelotop* Π des Raumes. Läßt man an Stelle des Systems der $2p$ Größen g_α alle möglichen Systeme von ganzen Zahlen treten, so erhält man den ganzen Raum in solche untereinander kongruente Parallelotope eingeteilt, die alle als Wiederholung eines von ihnen z. B. des den Werten $g_1 = g_2 = \cdots = g_{2p} = 0$ entsprechenden Parallelotops Π_0 angesehen werden können. Solche Punkte des Raumes, welche dabei dem nämlichen Punkte in Π_0 entsprechen, heißen *kongruent* nach den gegebenen Periodensystemen, ihre Gesamtheit ein *System von Gitterpunkten* oder ein *Gitter*; insbesondere bilden also die Eckpunkte aller Periodenparallelotope ein Gitter. Kennt man den Verlauf der Funktion $f((v))$ im Parallelotope Π_0, so ist er im ganzen unendlichen Raume bekannt, da die Funktionswerte in kongruenten Punkten einander gleich sind. Es ist eine unmittelbare Folge der Unabhängigkeit der Periodensysteme $\omega_{1\alpha}, \cdots, \omega_{p\alpha}$ $(\alpha = 1, 2, \cdots, 2p)$, daß die aus den reellen und imaginären Teilen der ω gebildete Determinante

$2p^{\text{ten}}$ Grades nicht verschwindet; ihr absoluter Wert ist gleich dem Inhalte eines Periodenparallelotops.

Zum Vorstehenden vergl. Weierstraß[1]). Daß eine einwertige analytische Funktion von p Veränderlichen nicht mehr als $2p$ unabhängige Periodensysteme haben kann, ohne unendlich kleine zu haben, haben schon früher zuerst Jacobi[2]) für $p = 1$, dann allgemein Hermite[3]) und Riemann[4]) bewiesen; daß bei einer unendlich vielwertigen analytischen Funktion einer Variable dagegen mehr als zwei unabhängige Perioden auftreten können, hat Casorati[5]) angegeben.

Aus den Gleichungen (XLIII) und (XLIV) pag. 39 folgt nun sofort der

I. Satz: *Bezeichnen* $\Theta_n^{(1)}\begin{bmatrix} g \\ h \end{bmatrix}(\!(u)\!)$ *und* $\Theta_n^{(2)}\begin{bmatrix} g \\ h \end{bmatrix}(\!(u)\!)$ *irgend zwei zu der nämlichen Charakteristik* $\begin{bmatrix} g \\ h \end{bmatrix}$ *gehörige Thetafunktionen* n^{ter} *Ordnung, so genügt der Quotient:*

$$\text{(I)} \qquad Q(\!(u)\!) = \frac{\Theta_n^{(1)}\begin{bmatrix} g \\ h \end{bmatrix}(\!(u)\!)}{\Theta_n^{(2)}\begin{bmatrix} g \\ h \end{bmatrix}(\!(u)\!)}$$

den Gleichungen:

$$\text{(II)} \qquad Q(u_1 | \cdots | u_\nu + \pi i | \cdots | u_p) = Q(u_1 | \cdots | u_\nu | \cdots | u_p),$$

$$\text{(III)} \qquad Q(u_1 + a_{1\nu} | \cdots | u_p + a_{p\nu}) = Q(u_1 | \cdots | u_p); \qquad {\scriptstyle (\nu = 1, 2, \cdots, p)}$$

ist also eine $2p$-fach periodische Funktion der p Veränderlichen $u_1, \cdots, u_p$,

---

1) Weierstraß, Neuer Beweis eines Hauptsatzes der Theorie der periodischen Functionen von mehreren Veränderlichen. 1876. Math. Werke Bd. 2. Berlin 1895, pag. 55.

2) Jacobi, De functionibus duarum variabilium quadrupliciter periodicis, quibus theoria transcendentium Abelianarum innititur. 1835. Ges. Werke Bd. 2. Berlin 1882, pag. 23; auch deutsch in Ostwalds Klassikern der exakten Wissenschaften Nr. 64.

3) Extraits de lettres de M. Ch. Hermite à M. Jacobi sur différents objets de la théorie des nombres. Quatrième lettre. J. für Math. Bd. 40. 1850, pag. 261.

4) Riemann, Beweis des Satzes, daß eine einwertige mehr als $2n$-fach periodische Function von n Veränderlichen unmöglich ist. 1859. Ges. math. Werke. Leipzig 1876, pag. 276.

5) Casorati, Sur les fonctions à périodes multiples. C. R. Bd. 57. 1863, pag. 1018 und Bd. 58. 1864, pag. 127 und 204; La periodicità multipla nelle funzioni di una sola variabile. R. Ist. Lomb. Rend. (2) Bd. 16. 1883, pag. 815; dazu: Sopra il teorema di Jacobi risguardante la periodicità e sopra l' illegittimità di una parte delle conseguenze che ne furono dedotte. R. Ist. Lomb. Rend. (2) Bd. 15. 1882, pag. 623 und: Funzioni analitiche di una sola variabile con numero qualsivoglia di periodi. R. Ist. Lomb. Rend. (2) Bd. 18. 1885, pag. 879; ferner: Les fonctions d'une seule variable à un nombre quelconque de périodes. Milano 1885 auch Acta math. Bd. 8. 1886, pag. 345. Vergl. dazu auch Webers Anmerkungen zu Jacobi in Ostwalds Klass. der ex. Wiss. Nr. 64, pag. 37.

welche die $2p$ Systeme zusammengehöriger Periodicitätsmodulen der Thetafunktion:

$$
\text{(IV)}\qquad
\begin{array}{llll}
\pi i \mid 0 \mid \cdots \mid 0, & a_{11} \mid a_{21} \mid \cdots \mid a_{p1}, \\
0 \mid \pi i \mid \cdots \mid 0, & a_{12} \mid a_{22} \mid \cdots \mid a_{p2}, \\
\cdot\;\cdot\;\cdot\;\cdot & \cdot\;\cdot\;\cdot\;\cdot \\
0 \mid 0 \mid \cdots \mid \pi i, & a_{1p} \mid a_{2p} \mid \cdots \mid a_{pp},
\end{array}
$$

als Periodensysteme hat.

Diese Perioden und damit die in der angegebenen Weise gebildeten $2p$-fach periodischen Funktionen tragen einen speziellen Charakter zur Schau; denn soll eine $2p$-fach periodische Funktion $f(\!(v)\!)$ mit $2p$ Periodensystemen:

$$
(6)\qquad
\begin{array}{ll}
\omega_{11} \mid \omega_{21} \mid \cdots \mid \omega_{p1}, & \omega_{1,p+1} \mid \omega_{2,p+1} \mid \cdots \mid \omega_{p,p+1}, \\
\omega_{12} \mid \omega_{22} \mid \cdots \mid \omega_{p2}, & \omega_{1,p+2} \mid \omega_{2,p+2} \mid \cdots \mid \omega_{p,p+2}, \\
\cdot\;\cdot\;\cdot\;\cdot\;\cdot & \cdot\;\cdot\;\cdot\;\cdot\;\cdot\;\cdot\;\cdot\;\cdot \\
\omega_{1p} \mid \omega_{2p} \mid \cdots \mid \omega_{pp}, & \omega_{1,2p} \mid \omega_{2,2p} \mid \cdots \mid \omega_{p,2p},
\end{array}
$$

durch Einführung passend gewählter neuen Variablen $u_1, \cdots, u_p$ in eine mit den $2p$ Periodensystemen (IV) periodische Funktion übergeführt werden können, so muß zunächst die Determinante $\sum \pm \omega_{11}\omega_{22}\cdots\omega_{pp}$ einen von Null verschiedenen Wert ω haben. Setzt man dann:

$$
(7)\qquad \pi i v_\mu = \sum_{\varrho=1}^{p} \omega_{\mu\varrho} u_\varrho \qquad (\mu = 1, 2, \cdots, p)
$$

oder, was dasselbe:

$$
(8)\qquad u_\varrho = \frac{\pi i}{\omega} \sum_{\mu=1}^{p} o_{\mu\varrho} v_\mu, \qquad (\varrho = 1, 2, \cdots, p)
$$

wo $o_{\mu\varrho}$ die Adjunkte von $\omega_{\mu\varrho}$ in der Determinante ω bezeichnet, so entspricht für $\nu = 1, 2, \cdots, p$ der Änderung der Variablen $v_1 \mid v_2 \mid \cdots \mid v_p$ um das Periodensystem $\omega_{1\nu} \mid \omega_{2\nu} \mid \cdots \mid \omega_{p\nu}$ die Änderung der Variablen $u_1 \mid \cdots \mid u_\nu \mid \cdots \mid u_p$ um das System $0 \mid \cdots \mid \pi i \mid \cdots \mid 0$. Jetzt entspricht aber weiter für $\nu = 1, 2, \cdots, p$ der Änderung der Variablen $v_1 \mid v_2 \mid \cdots \mid v_p$ um das Periodensystem $\omega_{1,p+\nu} \mid \omega_{2,p+\nu} \mid \cdots \mid \omega_{p,p+\nu}$ die Änderung der Variablen $u_1 \mid u_2 \mid \cdots \mid u_p$ um das System $\frac{\pi i}{\omega}\sum_{\mu=1}^{p} o_{\mu 1}\omega_{\mu,p+\nu} \mid \frac{\pi i}{\omega}\sum_{\mu=1}^{p} o_{\mu 2}\omega_{\mu,p+\nu} \mid \cdots \mid \frac{\pi i}{\omega}\sum_{\mu=1}^{p} o_{\mu p}\omega_{\mu,p+\nu}$, und es müssen daher, wenn diese Größen Modulen $a_{1\nu} \mid a_{2\nu} \mid \cdots \mid a_{p\nu}$ einer Thetafunktion sein sollen, einmal den Gleichungen $a_{\sigma\varrho} = a_{\varrho\sigma}$ ($\varrho, \sigma = 1, 2, \cdots, p$; $\varrho < \sigma$) entsprechend die $\frac{1}{2}(p-1)p$ Beziehungen:

(9) $$\sum_{\mu=1}^{p} o_{\mu\sigma}\,\omega_{\mu,\,p+\varrho} = \sum_{\mu=1}^{p} o_{\mu\varrho}\,\omega_{\mu,\,p+\sigma} \qquad (\varrho, \sigma = 1, 2, \cdots, p;\ \varrho < \sigma)$$

oder die damit äquivalenten:

(10) $$\sum_{\varrho=1}^{p} \left(\omega_{\varkappa\varrho}\,\omega_{\lambda,\,p+\varrho} - \omega_{\lambda\varrho}\,\omega_{\varkappa,\,p+\varrho}\right) = 0 \qquad (\varkappa, \lambda = 1, 2, \cdots, p;\ \varkappa < \lambda)$$

bestehen, und dann muß weiter noch entsprechend der Konvergenzbedingung der Thetareihe die Bedingung erfüllt sein, daß die mit den reellen Teilen $r_{\varrho\sigma}$ der Größen:

(11) $$a_{\varrho\sigma} = \frac{\pi i}{\omega} \sum_{\mu=1}^{p} o_{\mu\varrho}\,\omega_{\mu,\,p+\sigma} \qquad (\varrho, \sigma = 1, 2, \cdots, p)$$

als Koeffizienten gebildete quadratische Form $\sum\limits_{\varrho=1}^{p}\sum\limits_{\sigma=1}^{p} r_{\varrho\sigma}\,x_\varrho\,x_\sigma$ eine negative ist.

Soll also eine mit den $2p$ Periodensystemen (6) periodische Funktion durch Thetafunktionen darstellbar sein, so müssen diese Perioden die im Vorigen genannten Bedingungen erfüllen, und man wird daher zunächst vermuten, daß es allgemeinere $2p$-fach periodische Funktionen als diejenigen gibt, welche durch Thetafunktionen ausgedrückt werden können. Es wird sich zeigen, daß dieses trotzdem nicht der Fall ist.

§ 2.

Allgemeine Sätze über $2p$-fach periodische Funktionen.

Für einwertige $2p$-fach periodische Funktionen $f(v_1 | \cdots | v_p)$, welche sich nicht als Funktionen von weniger denn p linearen Verbindungen ihrer Variablen darstellen lassen, und welche im Endlichen keine wesentliche singuläre Stelle besitzen, gilt eine Reihe von Sätzen, die im Nachstehenden abgeleitet werden sollen.

Wenn die Funktion $f((v))$ sich nicht als Funktion von weniger denn p linearen Verbindungen ihrer Variablen darstellen läßt, so besteht zwischen ihren Derivierten:

(12) $$f'_\mu((v)) = \frac{\partial f((v))}{\partial v_\mu} \qquad (\mu = 1, 2, \cdots, p)$$

keine identische Relation von der Form:

(13) $$\sum_{\mu=1}^{p} c_\mu f'_\mu((v)) = 0,$$

bei der die c von den Variablen v unabhängige Größen bezeichnen, die nicht alle den Wert Null besitzen; und es gibt daher jedenfalls p Wertesysteme $(v^{(1)}), (v^{(2)}), \cdots, (v^{(p)})$, für welche die Determinante:

$$(14) \qquad \begin{vmatrix} f_1'((v^{(1)})) & f_2'((v^{(1)})) & \cdots & f_p'((v^{(1)})) \\ f_1'((v^{(2)})) & f_2'((v^{(2)})) & \cdots & f_p'((v^{(2)})) \\ \cdot & \cdot & \cdot & \cdot \\ f_1'((v^{(p)})) & f_2'((v^{(p)})) & \cdots & f_p'((v^{(p)})) \end{vmatrix}$$

von Null verschieden ist. Setzt man dann für $\mu = 1, 2, \cdots, p$, indem man v_μ beliebig annimmt:

$$(15) \qquad v_\mu^{(1)} = v_\mu - e_\mu^{(1)}, \quad v_\mu^{(2)} = v_\mu - e_\mu^{(2)}, \quad \cdots, \quad v_\mu^{(p)} = v_\mu - e_\mu^{(p)}$$

und

$$(16) \quad f((v - e^{(1)})) = f^{(1)}((v)), \quad f((v - e^{(2)})) = f^{(2)}((v)), \quad \cdots, \quad f((v - e^{(p)})) = f^{(p)}((v)),$$

so erhält man das Resultat, daß die Determinante:

$$(17) \qquad \begin{vmatrix} \frac{\partial f^{(1)}((v))}{\partial v_1} & \frac{\partial f^{(1)}((v))}{\partial v_2} & \cdots & \frac{\partial f^{(1)}((v))}{\partial v_p} \\ \frac{\partial f^{(2)}((v))}{\partial v_1} & \frac{\partial f^{(2)}((v))}{\partial v_2} & \cdots & \frac{\partial f^{(2)}((v))}{\partial v_p} \\ \cdot & \cdot & \cdot & \cdot \\ \frac{\partial f^{(p)}((v))}{\partial v_1} & \frac{\partial f^{(p)}((v))}{\partial v_2} & \cdots & \frac{\partial f^{(p)}((v))}{\partial v_p} \end{vmatrix}$$

jedenfalls nicht für alle Werte der Variablen $v_1, \cdots, v_p$ verschwindet, da sie der Voraussetzung nach für

$$(18) \qquad v_\mu = v_\mu^{(1)} + e_\mu^{(1)} = v_\mu^{(2)} + e_\mu^{(2)} = \cdots = v_\mu^{(p)} + e_\mu^{(p)} \qquad (\mu = 1, 2, \cdots, p)$$

nicht Null ist; und man hat so den

II. Satz: *Man kann einer jeden einwertigen $2p$-fach periodischen Funktion $f_1((v))$ von p komplexen Veränderlichen $v_1, \cdots, v_p$, welche sich nicht als Funktion von weniger denn p linearen Verbindungen der v darstellen läßt, und von welcher man weiter schon jetzt voraussetze, daß sie im Endlichen keine wesentliche singuläre Stelle besitze, auf mannigfache Weisen $p - 1$ andere ebensolche und mit den nämlichen Periodensystemen periodische Funktionen $f_2((v)), \cdots, f_p((v))$ so adjungieren, daß die Funktionaldeterminante $\sum \pm \frac{\partial f_1}{\partial v_1} \frac{\partial f_2}{\partial v_2} \cdots \frac{\partial f_p}{\partial v_p}$ nicht für alle Werte der v verschwindet.*

Setzt man nun weiter, indem man mit $f_1((v)), f_2((v)), \cdots, f_p((v))$ $2p$-fach periodische Funktionen von der im II. Satz angegebenen Art, mit $s_1, s_2, \cdots, s_p$ aber gegebene Größen bezeichnet, zwischen den p Unbekannten $v_1, \cdots, v_p$ die p Gleichungen:

$$(19) \qquad f_1((v)) = s_1, \quad f_2((v)) = s_2, \quad \cdots, \quad f_p((v)) = s_p,$$

8*

so wird die Anzahl der innerhalb des Parallelotops Π_0 gelegenen Wurzeln dieses Gleichungensystems durch ein über die Begrenzung von Π_0 erstrecktes Integral geliefert.[1] Läßt man dann die Größen $s_1, s_2, \cdots, s_p$ sich stetig ändern, so kann sich der Wert des genannten Integrals, wenn man von gewissen singulären Wertesystemen der s absieht, nur stetig ändern; bleibt also, da er seiner Natur nach immer ganzzahlig sein muß, im allgemeinen ungeändert. Man erhält auf diese Weise den

III. Satz: *Setzt man zwischen den p Variablen $v_1, \cdots, v_p$ und p Parametern $s_1, \cdots, s_p$ die p Gleichungen:*

$$\text{(V)} \qquad f_1((v)) = s_1, \quad f_2((v)) = s_2, \quad \cdots, \quad f_p((v)) = s_p,$$

in denen $f_1((v)), f_2((v)), \cdots, f_p((v))$ mit den nämlichen $2p$ Periodensystemen $2p$-fach periodische Funktionen von der im II. Satz angegebenen Art bezeichnen, so entsprechen jedem Wertesysteme der Größen $s_1, s_2, \cdots, s_p$ im allgemeinen, d. h. wenn man von gewissen singulären Wertesystemen absieht, nur eine endliche Anzahl m nach den Periodensystemen inkongruenter Lösungen $v_1, \cdots, v_p$, und es ist diese Anzahl die gleiche für alle nicht singulären Wertesysteme $s_1, \cdots, s_p$.

Bezeichnet man nun mit $(v^{(1)}), (v^{(2)}), \cdots, (v^{(m)})$ die m zu einem Wertesysteme $s_1, \cdots, s_p$ gehörigen Wertesysteme (v) und mit $f_{p+1}((v))$ eine $p+1^{\text{te}}$ $2p$-fach periodische Funktion von der im II. Satz angegebenen Art, unter deren Periodensystemen sich alle Periodensysteme der Funktionen $f_1((v)), \cdots, f_p((v))$ finden, so ist jede symmetrische Funktion von $f_{p+1}((v^{(1)})), f_{p+1}((v^{(2)})), \cdots, f_{p+1}((v^{(m)}))$ eine einwertige und daher rationale Funktion der Größen $s_1 = f_1((v)), \cdots, s_p = f_p((v))$. Daraus ergibt sich aber der

IV. Satz: *Ist $f_{p+1}((v))$ eine $p+1^{\text{te}}$ $2p$-fach periodische Funktion von der im II. Satz angegebenen Art, unter deren Periodensystemen sich alle Periodensysteme der Funktionen $f_1((v)), \cdots, f_p((v))$ finden, so besteht zwischen $f_{p+1}((v))$ und $f_1((v)), \cdots, f_p((v))$ eine irreducible algebraische Gleichung, deren Grad in Bezug auf $f_{p+1}((v))$ m oder ein Teiler von m ist.*

Dazu wird man bemerken, daß eine Erniedrigung des Grades dieser Gleichung unter m dann aber auch nur dann eintritt, wenn die m Werte $f_{p+1}((v^{(1)})), \cdots, f_{p+1}((v^{(m)}))$, welche die Funktion $f_{p+1}((v))$ für ein Wertesystem $s_1, \cdots, s_p$ annimmt, stets d. h. für alle Wertesysteme der s teilweise einander gleich sind, oder mit anderen Worten, wenn die m Zweige der Funktion $f_{p+1}((v))$ nicht alle von einander verschieden sind, sondern gruppenweise zusammenfallen, was stets

1) Vergl. dazu pag. 28.

eintritt, wenn die Funktion $f_{p+1}((v))$ Periodensysteme besitzt, deren Vielfache erst Periodensysteme der Funktionen $f_1((v)), \cdots, f_p((v))$ sind.

Sind die m Zweige der Funktion $f_{p+1}((v))$ alle von einander verschieden, so wird durch die Angabe der Werte $s_1, \cdots, s_p$ und eines Zweiges von $f_{p+1}((v))$ das Wertesystem (v) und damit der Wert jeder weiteren mit den gegebenen Periodensystemen periodischen Funktion eindeutig bestimmt. Daraus folgt aber der

V. Satz: *Hat die Funktion $f_{p+1}((v))$ speziell die Eigenschaft, daß sie mit $f_1((v)), \cdots, f_p((v))$ durch eine irreducible Gleichung m^{ten} und nicht niedrigeren Grades zusammenhängt, oder, was dasselbe, daß sie für die m nicht kongruenten Lösungen wenigstens eines mit nicht singulären Werten $s_1, \cdots, s_p$ gebildeten Gleichungensystems* (V) *m verschiedene Werte annimmt, so läßt sich jede weitere mit den gegebenen Periodensystemen $2p$-fach periodische Funktion von der im II. Satz angegebenen Art rational durch die Funktionen $f_1((v)), \cdots, f_p((v)), f_{p+1}((v))$ ausdrücken.*

Es seien nun $f_1((v)), \cdots, f_p((v)), f_{p+1}((v))$ $p+1$ mit den nämlichen $2p$ Periodensystemen $2p$-fach periodische Funktionen von der im letzten Satze bezeichneten Art, so daß also diese $p+1$ Funktionen durch eine algebraische Gleichung,

$$F(f_1, \cdots, f_p, f_{p+1}) = 0 \tag{20}$$

mit einander verknüpft sind, jede weitere mit denselben Periodensystemen periodische Funktion aber rational durch sie darstellbar ist. Dann sind auch die in den Differentialgleichungen:

$$\begin{aligned} df_1 &= \frac{\partial f_1}{\partial v_1} dv_1 + \cdots + \frac{\partial f_1}{\partial v_p} dv_p, \\ &\cdots\cdots\cdots\cdots \\ df_p &= \frac{\partial f_p}{\partial v_1} dv_1 + \cdots + \frac{\partial f_p}{\partial v_p} dv_p, \end{aligned} \tag{21}$$

vorkommenden partiellen Derivierten $\frac{\partial f_\mu}{\partial v_\nu}$ und folglich auch die Koeffizienten $P_{\mu\nu}$ in dem aus (21) durch Auflösung folgenden Gleichungensysteme:

$$\begin{aligned} dv_1 &= P_{11} df_1 + \cdots + P_{1p} df_p, \\ &\cdots\cdots\cdots\cdots \\ dv_p &= P_{p1} df_1 + \cdots + P_{pp} df_p, \end{aligned} \tag{22}$$

rational durch $f_1((v)), \cdots, f_{p+1}((v))$ darstellbar.

Die p Größen $v_1, \cdots, v_p$ sind bisher p unabhängige Veränderliche, deren Veränderlichkeit man sich aber infolge der Periodizität der Funktionen $f_1((v)), \cdots, f_p((v)), f_{p+1}((v))$ auf das Parallelotop Π_0 beschränkt denke. Aus dieser Mannigfaltigkeit p^{ter} Stufe greife man nun eine in ihr liegende Mannigfaltigkeit 1ter Stufe heraus, indem man:

$$(23)\qquad f_1(\!(v)\!) = \varphi_1(t),\quad f_2(\!(v)\!) = \varphi_2(t),\quad \cdots,\quad f_p(\!(v)\!) = \varphi_p(t)$$

setzt, unter $\varphi_1(t), \varphi_2(t), \cdots, \varphi_p(t)$ irgend welche rationale Funktionen einer neuen Veränderlichen t verstanden;[1]) f_{p+1} ist dann mit t durch eine aus (20) hervorgehende algebraische Gleichung:

$$(24)\qquad G(t, f_{p+1}) = 0$$

verknüpft; $v_1, \cdots, v_p$ aber sind auf Grund der Gleichungen (22) Integrale in der durch (24) bestimmten Klasse algebraischer Funktionen und zwar infolge ihrer Endlichkeit Integrale 1. Gattung; auch, da die Funktionen $\varphi_1(t), \cdots, \varphi_p(t)$ ganz beliebige sind, linear unabhängig.

Das algebraische Gebilde (24) ist, da es in $v_1, \cdots, v_p$ p linear unabhängige Integrale 1. Gattung besitzt, von einem Geschlechte $q \geqq p$. Man denke sich die zugehörige Riemannsche Fläche durch $2q$ Querschnitte in eine einfach zusammenhängende verwandelt und mit $\Omega_{\mu\varepsilon}$ $\begin{pmatrix}\mu = 1, 2, \cdots, p\\ \varepsilon = 1, 2, \cdots, 2q\end{pmatrix}$ den Periodizitätsmodul von v_μ am ε^{ten} Querschnitte bezeichnet; zwischen den $2qp$ Größen $\Omega_{\mu\varepsilon}$ bestehen dann die $\frac{1}{2}(p-1)p$ Relationen:

$$(25)\qquad \sum_{\varrho=1}^{q} (\Omega_{\mu\varrho}\,\Omega_{\nu, q+\varrho} - \Omega_{\mu, q+\varrho}\,\Omega_{\nu\varrho}) = 0, \qquad (\mu, \nu = 1, 2, \cdots, p;\ \mu < \nu)$$

während für die Periodizitätsmodulen

$$(26)\qquad \Omega_\varepsilon = \mathsf{H}_\varepsilon + i\mathsf{Z}_\varepsilon \qquad (\varepsilon = 1, 2, \cdots, 2q)$$

irgend einer linearen Verbindung der v:

$$(27)\qquad \sum_{\varrho=1}^{q} (\mathsf{H}_\varrho \mathsf{Z}_{q+\varrho} - \mathsf{H}_{q+\varrho}\mathsf{Z}_\varrho) > 0$$

ist.

Die $\Omega_{\mu\varepsilon}$ sind Integrale auf geschlossenen Wegen in der Fläche (24); da diesen auch geschlossene Wege in der ursprünglichen Mannigfaltigkeit p^{ter} Stufe (20) entsprechen, so sind die $\Omega_{\mu\varepsilon}$ ganzzahlige lineare Verbindungen der Perioden von $f_1(\!(v)\!), \cdots, f_p(\!(v)\!), f_{p+1}(\!(v)\!)$. Nennt man also die $2p$ Periodensysteme dieser Funktionen $\omega_{1\alpha}, \cdots, \omega_{p\alpha}$ $(\alpha = 1, 2, \cdots, 2p)$, so ist:

$$(28)\qquad \Omega_{\mu\varepsilon} = \sum_{\alpha=1}^{2p} m_{\varepsilon\alpha}\,\omega_{\mu\alpha}, \qquad \begin{pmatrix}\mu = 1, 2, \cdots, p\\ \varepsilon = 1, 2, \cdots, 2q\end{pmatrix}$$

---

1) Man könnte auch nach dem Vorgange des Herrn Wirtinger (Zur Theorie der $2n$-fach periodischen Functionen. 1. Abhandlung. Monatsh. f. Math. Bd. 6. 1895, pag. 69) eine Mannigfaltigkeit 1ter Stufe dadurch definieren, daß man $p-1$ der p Funktionen $f_1(\!(v)\!), \cdots, f_p(\!(v)\!)$ gegebenen Konstanten gleich setzt.

wo die m ganze Zahlen bezeichnen. Aus den Relationen (25) folgen jetzt, wenn man:

$$\sum_{\varrho=1}^{q}(m_{\varrho\alpha}m_{q+\varrho,\beta}-m_{q+\varrho,\alpha}m_{\varrho\beta})=c_{\alpha\beta} \qquad (\alpha,\beta=1,2,\cdots,2p) \tag{29}$$

setzt, die $\frac{1}{2}(p-1)p$ Relationen:

$$\sum_{\alpha=1}^{2p}\sum_{\beta=1}^{2p}c_{\alpha\beta}\,\omega_{\mu\alpha}\,\omega_{\nu\beta}=0, \qquad (\mu,\nu=1,2,\cdots,p;\ \mu<\nu) \tag{30}$$

während sich aus (27) für die korrespondierenden Änderungen

$$\omega_\alpha=\eta_\alpha+i\zeta_\alpha \qquad (\alpha=1,2,\cdots,2p) \tag{31}$$

irgend einer linearen Verbindung der v die Ungleichung:

$$\sum_{\alpha=1}^{2p}\sum_{\beta=1}^{2p}c_{\alpha\beta}\,\eta_\alpha\,\zeta_\beta>0 \tag{32}$$

ergibt.

Die Größen $c_{\alpha\beta}$ sind ihrer Definition (29) zufolge ganze Zahlen, für welche $c_{\alpha\alpha}=0$ und $c_{\alpha\beta}+c_{\beta\alpha}=0$ ist für $\alpha,\ \beta=1,2,\cdots,2p$. Es wird im folgenden Paragraphen weiter bewiesen werden, daß ihre Determinante $\sum\pm c_{11}\,c_{22}\cdots c_{2p,\,2p}$ stets einen von Null verschiedenen Wert besitzt; indem man dieses Resultat schon vorwegnimmt, erhält man den

VI. Satz: *Sind $\omega_{1\alpha},\cdots,\omega_{p\alpha}$ $(\alpha=1,2,\cdots,2p)$ die $2p$ Periodensysteme einer $2p$-fach periodischen Funktion von der im II. Satz bezeichneten Art, so bestehen zwischen diesen $2p^2$ Größen $\omega_{\mu\alpha}$ stets $\frac{1}{2}(p-1)p$ Beziehungen von der Form:*

$$\sum_{\alpha=1}^{2p}\sum_{\beta=1}^{2p}c_{\alpha\beta}\,\omega_{\mu\alpha}\,\omega_{\nu\beta}=0, \qquad (\mu,\nu=1,2,\cdots,p;\ \mu<\nu \tag{VI}$$

in denen die $4p^2$ Größen $c_{\alpha\beta}$ ganze Zahlen bezeichnen, so beschaffen, daß $c_{\alpha\alpha}=0$, $c_{\alpha\beta}+c_{\beta\alpha}=0$ und die Determinante $\sum\pm c_{11}\,c_{22}\cdots c_{2p,\,2p}$ von Null verschieden ist. Sind ferner:

$$\omega_\alpha=\eta_\alpha+i\zeta_\alpha \qquad (\alpha=1,2,\cdots,2p) \tag{VII}$$

die korrespondierenden Änderungen irgend einer linearen Verbindung der Variablen, so ist:

$$\sum_{\alpha=1}^{2p}\sum_{\beta=1}^{2p}c_{\alpha\beta}\,\eta_\alpha\,\zeta_\beta>0. \tag{VIII}$$

Die Sätze II—V rühren von Weierstraß[1]), der Satz VI von Riemann her, der, wie aus einer Mitteilung von Hermite[2]) bekannt ist, schon im Jahre 1860 im Besitze dieses Satzes war; übrigens hat auch Weierstraß, wie aus seiner eigenen Äußerung[3]) und aus einer Abhandlung des Herrn Hurwitz[4]) zu ersehen ist, den Satz gekannt. Beweise für den Satz sind von beiden Autoren nicht bekannt geworden. Den obigen Beweis haben die Herren Poincaré und Picard[5]) veröffentlicht; ein anderer Beweis ergibt sich aus den Arbeiten des Herrn Appell[6]) in Verbindung mit Untersuchungen des Herrn Frobenius[7]). Eine zusammenfassende Darstellung der obigen Sätze hat Herr Laurent[8]) gegeben; in neuerer Zeit wurden die Sätze eingehend erörtert und mit neuen Beweisen versehen von Herrn Wirtinger.[9])

§ 3.

Reduktion der Perioden einer allgemeinen $2p$-fach periodischen Funktion auf eine Normalform.

Führt man an Stelle der Perioden ω durch eine unimodulare lineare Substitution:

$$\omega_{\mu\alpha} = \sum_{\gamma=1}^{2p} n_{\alpha\gamma}\,\omega'_{\mu\gamma}, \qquad \begin{pmatrix}\mu=1,2,\cdots,p\\ \alpha=1,2,\cdots,2p\end{pmatrix} \tag{33}$$

in der also die $n_{\alpha\gamma}$ $4p^2$ ganze Zahlen von der Determinante ± 1 be-

1) Weierstraß, Untersuchungen über die $2r$-fach periodischen Functionen von r Veränderlichen. 1880. Math. Werke Bd. 2. Berlin 1895, pag. 125.

2) Hermite, Übersicht der Theorie etc. pag. 24.

3) a. a. O. pag. 133.

4) Hurwitz, Über die Perioden solcher eindeutiger, $2n$-fach periodischer Functionen, welche im Endlichen überall den Charakter rationaler Functionen besitzen und reell sind für reelle Werte ihrer n Argumente. J. für Math. Bd. 94. 1883, pag. 8.

5) Poincaré et Picard, Sur un théorème de Riemann relatif aux fonctions de n variables indépendantes admettant $2n$ systèmes de périodes. C. R. Bd. 97. 1883, pag. 1284; auch Poincaré, Sur les fonctions abéliennes. C. R. Bd. 124. 1897, pag. 1407. Picard, Sur les fonctions uniformes quadruplement périodiques de deux variables. C. R. Bd. 124. 1897, pag. 1490, und Poincaré, Sur les propriétés du potentiel et sur les fonctions abéliennes. Acta math. Bd. 22. 1899, pag. 89.

6) Appell, Sur les fonctions elliptiques. C. R. Bd. 110. 1890, pag. 32; Sur les fonctions de deux variables à plusieurs paires de périodes. C. R. Bd. 110. 1890, pag. 181; Sur les fonctions périodiques de deux variables C. R. Bd. 111. 1890, pag. 636 und J. de Math. (4) Bd. 7. 1891, pag. 157.

7) Frobenius, Über die Grundlagen der Theorie der Jacobischen Functionen. J. für Math. Bd. 97. 1884, pag. 16 und 188.

8) Laurent, Traité d'Analyse. Bd. 4. Paris 1889, pag. 434.

9) Wirtinger, Zur Th. d. $2n$-fach per. Funkt. 1. Abh. Monatsh. f. Math. Bd. 6. 1895, pag. 69.

zeichnen, andere damit äquivalente Perioden ω' ein, so kann man, wie Herr Frobenius[1]) zeigt, die ganzen Zahlen $n_{\alpha\gamma}$ so bestimmen, daß die auf der linken Seite der Gleichung (VI) stehende bilineare Form in die Normalform übergeht, d. h. daß:

$$(34) \qquad \sum_{\alpha=1}^{2p} \sum_{\beta=1}^{2p} c_{\alpha\beta}\, \omega_{\mu\alpha}\, \omega_{\nu\beta} = \sum_{\lambda=1}^{p} e_\lambda (\omega'_{\mu\lambda}\, \omega'_{\nu,\,p+\lambda} - \omega'_{\mu,\,p+\lambda}\, \omega'_{\nu\lambda})$$

wird, wo die e die Elementarteiler der Determinante $\sum \pm c_{11}\, c_{22} \cdots c_{2p,\,2p}$ bezeichnen, also positive ganze Zahlen sind, von denen jede durch die vorhergehende teilbar ist, und bei der Annahme, daß die $4p^2$ Zahlen $c_{\alpha\beta}$ keinen gemeinsamen Teiler besitzen, die erste e_1 den Wert 1 besitzt. Für diese neuen Perioden ω' bestehen dann den Gleichungen (VI) entsprechend die $\frac{1}{2}(p-1)p$ Beziehungen:

$$(35) \qquad \sum_{\lambda=1}^{p} e_\lambda (\omega'_{\mu\lambda}\, \omega'_{\nu,\,p+\lambda} - \omega'_{\mu,\,p+\lambda}\, \omega'_{\nu\lambda}) = 0, \quad (\mu, \nu = 1, 2, \cdots, p;\ \mu < \nu)$$

während den Ungleichungen (VIII) entsprechend für die korrespondierenden Änderungen

$$(36) \qquad \omega'_\alpha = \eta'_\alpha + i\xi'_\alpha \quad (\alpha = 1, 2, \cdots, 2p)$$

irgend einer linearen Verbindung der v:

$$(37) \qquad \sum_{\lambda=1}^{p} e_\lambda (\eta'_\lambda\, \xi'_{p+\lambda} - \eta'_{p+\lambda}\, \xi'_\lambda) > 0$$

ist. Man hat so den

VII. Satz: *Man kann die $2p$ Periodensysteme $\omega_{1\alpha}, \cdots, \omega_{p\alpha}$ $(\alpha = 1, 2, \cdots, 2p)$ einer $2p$-fach periodischen Funktion von der im II. Satz bezeichneten Art stets so auswählen, daß die nach dem VI. Satz zwischen ihnen bestehenden $\frac{1}{2}(p-1)p$ Beziehungen die spezielle Form:*

$$(\text{IX}) \qquad \sum_{\lambda=1}^{p} e_\lambda (\omega_{\mu\lambda}\, \omega_{\nu,\,p+\lambda} - \omega_{\mu,\,p+\lambda}\, \omega_{\nu\lambda}) = 0 \quad (\mu, \nu = 1, 2, \cdots, p;\ \mu < \nu)$$

annehmen, wo die e positive ganze Zahlen sind, von denen jede durch die vorhergehende teilbar ist. Sind dann weiter:

$$(\text{X}) \qquad \omega_\alpha = \eta_\alpha + i\xi_\alpha \quad (\alpha = 1, 2, \cdots, 2p)$$

die korrespondierenden Änderungen irgend einer linearen Verbindung der Variablen, so ist:

$$(\text{XI}) \qquad \sum_{\lambda=1}^{p} e_\lambda (\eta_\lambda\, \xi_{p+\lambda} - \eta_{p+\lambda}\, \xi_\lambda) > 0.$$

---

1) Frobenius, Theorie der lin. Formen etc. J. für Math. Bd. 86. 1879, pag. 165.

Man kann nunmehr den Beweis für die im VI. Satz ausgesprochene Behauptung erbringen, daß die Determinante $\sum \pm c_{11} c_{22} \cdots c_{2p,2p}$ von Null verschieden ist. Hätte nämlich diese Determinante den Wert Null, so wären für eine gewisse Zahl $p' < p$:

$$e_{p'+1} = e_{p'+2} = \cdots = e_p = 0, \tag{38}$$

und wenn man dann eine lineare Verbindung der Variablen so bestimmen würde, daß:

$$\omega_1 = \omega_2 = \cdots = \omega_{p'} = 0 \tag{39}$$

wird, so würde für diese der auf der linken Seite von (XI) stehende Ausdruck verschwinden. Da dieses aber nach dem letzten Satze unmöglich ist, so ist auch die gemachte Annahme, daß $\sum \pm c_{11} c_{22} \cdots c_{2p,2p} = 0$ ist, unstatthaft.

Nun ergibt sich weiter, daß für die dem VII. Satz entsprechend ausgewählten Perioden die Determinante $\sum \pm \omega_{11} \omega_{22} \cdots \omega_{pp}$ einen von Null verschiedenen Wert besitzt. Wäre nämlich diese Determinante Null, so würde es Größen $l_1, l_2, \cdots, l_p$ geben, die nicht alle Null sind und welche gleichzeitig die p Gleichungen:

$$\sum_{\mu=1}^{p} l_\mu \omega_{\mu\nu} = 0 \qquad (\nu = 1, 2, \cdots, p) \tag{40}$$

erfüllen. Die aus den Variablen $v_1, \cdots, v_p$ gebildete lineare Form

$$v = \sum_{\mu=1}^{p} l_\mu v_\mu \tag{41}$$

würde sich dann aber gar nicht ändern, wenn das System $v_1 | \cdots | v_p$ um eines der p Periodensysteme $\omega_{1\nu} | \cdots | \omega_{p\nu}$ $(\nu = 1, 2, \cdots, p)$ geändert wird; von den $2p$ den Periodensystemen $\omega_{1\alpha} | \cdots | \omega_{p\alpha}$ $(\alpha = 1, 2, \cdots, 2p)$ entsprechenden korrespondierenden Änderungen

$$\omega_\alpha = \sum_{\mu=1}^{p} l_\mu \omega_{\mu\alpha} \qquad (\alpha = 1, 2, \cdots, 2p) \tag{42}$$

von v besäßen sohin die ersten p sämtlich den Wert Null, was mit Rücksicht auf die Ungleichung (XI) unmöglich ist.

Ebenso kann man zeigen, daß auch die Determinante $\sum \pm \omega_{1,p+1} \omega_{2,p+2} \cdots \omega_{p,2p}$ nicht Null sein kann, und allgemeiner, daß jede aus der Matrix:

$$\left\| \begin{array}{cccc} \omega_{11} & \omega_{21} & \cdots & \omega_{p1} \\ \omega_{12} & \omega_{22} & \cdots & \omega_{p2} \\ \cdot & \cdot & \cdot & \cdot \\ \cdot & \cdot & \cdot & \cdot \\ \omega_{1,2p} & \omega_{2,2p} & \cdots & \omega_{p,2p} \end{array} \right\| \tag{43}$$

entnommene Determinante p^{ten} Grades $\sum \pm \omega_{1,\varepsilon_1}\omega_{2,\varepsilon_2}\cdots\omega_{p,\varepsilon_p}$ von Null verschieden ist, sobald keine zwei der Indizes $\varepsilon_1, \varepsilon_2, \cdots, \varepsilon_p$ einander nach dem Modul p kongruent sind.

Ist aber die Determinante $\sum \pm \omega_{11}\omega_{22}\cdots\omega_{pp} \neq 0$, so kann man an Stelle der Variablen v neue Variable u einführen mit Hilfe der Gleichungen:

$$(44)\qquad \pi i v_\mu = \sum_{\varrho=1}^{p} e_\varrho \omega_{\mu\varrho} u_\varrho, \qquad (\mu=1,2,\cdots,p)$$

und es entspricht dann für $\lambda = 1, 2, \cdots, p$ der Änderung der Größen $v_1 | v_2 | \cdots | v_p$ um das Periodensystem $\omega_{1\lambda} | \omega_{2\lambda} | \cdots | \omega_{p\lambda}$ die Änderung der Größen $u_1 | \cdots | u_\lambda | \cdots | u_p$ um das System $0 | \cdots | \frac{\pi i}{e_\lambda} | \cdots | 0$; der Änderung der Größen $v_1 | v_2 | \cdots | v_p$ um das Periodensystem $\omega_{1,p+\lambda} | \omega_{2,p+\lambda} | \cdots | \omega_{p,p+\lambda}$ die Änderung der Größen $u_1 | u_2 | \cdots | u_p$ um ein System $a_{1\lambda} | a_{2\lambda} | \cdots | a_{p\lambda}$, bei dem die Größen $a_{\varrho\lambda}$ durch die Gleichungen:

$$(45)\qquad \pi i \omega_{\mu,p+\lambda} = \sum_{\varrho=1}^{p} e_\varrho \omega_{\mu\varrho} a_{\varrho\lambda} \qquad (\lambda,\mu=1,2,\cdots,p)$$

bestimmt sind. Bezeichnet man nun den Wert der Determinante $\sum \pm \omega_{11}\omega_{22}\cdots\omega_{pp}$ mit ω, die Adjunkte von $\omega_{\mu\nu}$ in dieser Determinante mit $o_{\mu\nu}$, so folgen aus den letzten Gleichungen durch Auflösung nach den $a_{\varrho\lambda}$ als Unbekannten die Gleichungen:

$$(46)\qquad a_{\varrho\lambda} = \frac{\pi i}{\omega e_\varrho} \sum_{\mu=1}^{p} \omega_{\mu,p+\lambda} o_{\mu\varrho}. \qquad (\varrho,\lambda=1,2,\cdots,p)$$

Für diese Größen a ergeben sich aber die folgenden Beziehungen.

Multipliziert man die aus (IX) folgende Gleichung:

$$(47)\qquad \sum_{\lambda=1}^{p} e_\lambda \omega_{\mu\lambda}\omega_{\nu,p+\lambda} = \sum_{\lambda=1}^{p} e_\lambda \omega_{\nu\lambda}\omega_{\mu,p+\lambda},$$

die für jedes μ und ν von 1 bis p gilt, links und rechts mit $o_{\mu\varrho} o_{\nu\sigma}$, indem man unter ϱ, σ irgend zwei Zahlen aus der Reihe $1, 2, \cdots, p$ versteht, und summiert hierauf nach μ und ν von 1 bis p, so erhält man die Gleichung:

$$(48)\qquad \sum_{\nu=1}^{p} e_\varrho \omega_{\nu,p+\varrho} o_{\nu\sigma} = \sum_{\mu=1}^{p} e_\sigma \omega_{\mu,p+\sigma} o_{\mu\varrho}$$

und, indem man noch linke und rechte Seite mit $\frac{\pi i}{e_\varrho e_\sigma}$ multipliziert, die Gleichung:

$$(49)\qquad \frac{\pi i}{e_\sigma}\sum_{\nu=1}^{p}\omega_{\nu,\,p+\varrho}\,o_{\nu\sigma}=\frac{\pi i}{e_\varrho}\sum_{\mu=1}^{p}\omega_{\mu,\,p+\sigma}\,o_{\mu\varrho}$$

und erkennt daraus, daß die Größen a den $\frac{1}{2}(p-1)p$ Gleichungen:

$$(50)\qquad a_{\sigma\varrho}=a_{\varrho\sigma}\qquad (\varrho,\sigma=1,2,\cdots,p;\ \varrho<\sigma)$$

genügen.

Versteht man weiter unter $x_1,\cdots,x_p$ irgend welche reelle Größen und bildet aus den Variablen $u_1,\cdots,u_p$ die lineare Form

$$(51)\qquad u=\sum_{\mu=1}^{p}x_\mu u_\mu,$$

so sind die $2p$ den Periodensystemen $\omega_{1\alpha},\cdots,\omega_{p\alpha}$ $(\alpha=1,2,\cdots,2p)$ entsprechenden Änderungen ω_α dieser Variable u durch die Gleichungen:

$$(52)\qquad \omega_\lambda=\frac{\pi i}{e_\lambda}x_\lambda,\qquad \omega_{p+\lambda}=\sum_{\mu=1}^{p}a_{\mu\lambda}x_\mu\qquad (\lambda=1,2,\cdots,p)$$

bestimmt, und es nimmt die Ungleichung (XI), da aus (52) sich für die reellen und lateralen Teile der Größen ω die Werte:

$$(53)\qquad \begin{aligned}\eta_\lambda&=0, & \eta_{p+\lambda}&=\sum_{\mu=1}^{p}r_{\mu\lambda}x_\mu,\\ \xi_\lambda&=\frac{\pi}{e_\lambda}x_\lambda, & \xi_{p+\lambda}&=\sum_{\mu=1}^{p}s_{\mu\lambda}x_\mu,\end{aligned}\qquad (\lambda=1,2,\cdots,p)$$

ergeben, wenn wie früher $a_{\mu\lambda}=r_{\mu\lambda}+s_{\mu\lambda}i$ gesetzt wird, die Form:

$$(54)\qquad \sum_{\lambda=1}^{p}\sum_{\mu=1}^{p}r_{\mu\lambda}x_\mu x_\lambda<0$$

an, welche, da sie für beliebige reelle Werte der x gilt, zeigt, daß die mit den reellen Teilen der Größen a als Koeffizienten gebildete quadratische Form eine negative ist. Man hat also das folgende Endresultat:

VIII. Satz: *Ist $f((v))$ eine einwertige $2p$-fach periodische Funktion der p komplexen Veränderlichen $v_1,\cdots,v_p$ von der im II. Satz bezeichneten Art, so kann man dieselbe durch Einführung passend gewählter neuen Variablen $u_1,\cdots,u_p$ vermittelst einer linearen Substitution in eine Funktion $F((u))$ dieser neuen Variablen überführen, welche die $2p$ Periodensysteme:*

$$\text{(XII)}\qquad \begin{array}{llll} \frac{\pi i}{e_1} \mid 0 \mid \cdots \mid 0, & a_{11} \mid a_{21} \mid \cdots \mid a_{p1}, \\ 0 \mid \frac{\pi i}{e_2} \mid \cdots \mid 0, & a_{12} \mid a_{22} \mid \cdots \mid a_{p2}, \\ \cdot\;\cdot\;\cdot\;\cdot\;\cdot\;\cdot & \cdot\;\cdot\;\cdot\;\cdot\;\cdot\;\cdot \\ 0 \mid 0 \mid \cdots \mid \frac{\pi i}{e_p}, & a_{1p} \mid a_{2p} \mid \cdots \mid a_{pp}, \end{array}$$

besitzt, bei denen die e positive ganze Zahlen bezeichnen, von denen $e_1 = 1$ *und für* $\lambda = 1, 2, \cdots, p-1$ $e_{\lambda+1}$ *durch* e_λ *teilbar ist, die a aber Größen sind, welche den* $\frac{1}{2}(p-1)p$ *Gleichungen:*

$$\text{(XIII)}\qquad a_{\mu'\mu} = a_{\mu\mu'} \qquad (\mu, \mu' = 1, 2, \cdots, p;\ \mu < \mu')$$

genügen und weiter die Eigenschaft besitzen, daß die mit ihren reellen Teilen $r_{\mu\mu'}$ *als Koeffizienten gebildete quadratische Form:*

$$\text{(XIV)}\qquad \sum_{\mu=1}^{p} \sum_{\mu'=1}^{p} r_{\mu\mu'} x_\mu x_{\mu'}$$

eine negative Form ist[1]).

Man wird hier noch bemerken, daß die Periodensysteme (XII) auch als ein spezieller Fall der dem VII. Satze zu Grunde liegenden Periodensysteme $\omega_{1\alpha}, \cdots, \omega_{p\alpha}$ $(\alpha = 1, 2, \cdots, 2p)$ angesehen werden können, und daß dementsprechend die Bedingungen (XIII), (XIV) nichts anderes sind als die Bedingungen (IX), (XI) angewendet auf die vorliegenden speziellen Periodensysteme. Weiter liefert aber die oben angegebene Eigenschaft der Periodensysteme ω, wonach die aus ihnen gebildete Determinante $\sum \pm \omega_{1,\,p+1}\,\omega_{2,\,p+2} \cdots \omega_{p,\,2p} \neq 0$ ist, für die Thetamodulen $a_{\mu\nu}$ die Eigenschaft, daß ihre Determinante $\sum \pm a_{11} a_{22} \cdots a_{pp}$ stets von Null verschieden ist, und endlich entspricht der allgemeineren Eigenschaft der ω, daß jede Determinante p^{ten} Grades $\sum \pm \omega_{1,\,\varepsilon_1}\,\omega_{2,\,\varepsilon_2} \cdots \omega_{p,\,\varepsilon_p}$ der Matrix (43), bei der keine zwei der Indizes $\varepsilon_1, \varepsilon_2, \cdots, \varepsilon_p$ einander nach dem Modul p kongruent sind, nicht Null ist, bei den Thetamodulen $a_{\mu\nu}$ die Eigenschaft, daß jede aus den nämlichen Horizontal- und Vertikalreihen gebildete Unterdeterminante beliebigen Grades der Determinante $\sum \pm a_{11}\,a_{22} \cdots a_{pp}$ einen von Null verschiedenen Wert besitzt[2]).

---

1) Wirtinger, Zur Th. d. $2n$-fach per. Funkt. 1. Abh. Monatsh. f. Math. Bd. 6. 1895, pag. 95.

2) Vergl. dazu den IV. Satz pag. 105.

§ 4.

Darstellung der allgemeinen $2p$-fach periodischen Funktionen durch Thetafunktionen.

Funktionen mit den Periodensystemen (XII) kann man mit Hilfe von Thetafunktionen bilden. Um dazu zu gelangen, stellen wir uns die Aufgabe, die allgemeinste einwertige und für endliche Werte der Argumente stetige Funktion $G((u))$ der komplexen Veränderlichen $u_1, \cdots, u_p$ zu finden, welche für alle Werte der u den $2p$ Gleichungen:

$$(55) \qquad G(u_1 | \cdots | u_\nu + \frac{\pi i}{e_\nu} | \cdots | u_p) = G(u_1 | \cdots | u_\nu | \cdots | u_p) e^{2 g_\nu \pi i},$$

$$(56) \qquad G(u_1 + a_{1\nu} | \cdots | u_p + a_{p\nu}) = G(u_1 | \cdots | u_p)\, e^{-n a_{\nu\nu} - 2n u_\nu - 2h_\nu \pi i}$$
$$(\nu = 1, 2, \cdots, p)$$

genügt, in denen n eine gegebene positive ganze Zahl, die g, h willkürlich gegebene Konstanten bezeichnen. Versteht man unter $G((u))$ eine der gestellten Bedingung genügende Funktion, so ist für diese:

$$(57) \quad G(u_1 | \cdots | u_\nu + \pi i | \cdots | u_p) = G(u_1 | \cdots | u_\nu | \cdots | u_p)\, e^{2 e_\nu g_\nu \pi i}$$
$$(\nu = 1, 2, \cdots, p)$$

und diese Gleichungen zusammen mit den Gleichungen (56) charakterisieren die Funktion $G((u))$ als eine Thetafunktion n^{ter} Ordnung mit der Charakteristik $\begin{bmatrix} eg \\ h \end{bmatrix}$. Als solche ist sie nach dem XV. Satz pag. 40 in der Form:

$$(58) \qquad G((u)) = \sum_{\varrho_1, \cdots, \varrho_p}^{0, 1, \cdots, n-1} A_{\varrho_1 \cdots \varrho_p}\, \vartheta \begin{bmatrix} \dfrac{eg + \varrho}{n} \\ h \end{bmatrix} ((nu))_{na}$$

darstellbar, wo die A von den u freie Größen bezeichnen, und es handelt sich jetzt noch darum, diese Konstanten $A_{\varrho_1 \cdots \varrho_p}$ in allgemeinster Weise so zu bestimmen, daß die Funktion $G((u))$ den Gleichungen (55) genügt. Aus diesen Gleichungen ergibt sich aber zunächst die Bedingung, daß die Zahl n durch jede der p Zahlen $e_1, e_2, \cdots, e_p$ ohne Rest teilbar sein muß. Ist diese Bedingung erfüllt, so wird:

$$(59) \qquad G(u_1 | \cdots | u_\nu + \frac{\pi i}{e_\nu} | \cdots | u_p)$$

$$= \sum_{\varrho_1, \cdots, \varrho_p}^{0, 1, \cdots, n-1} A_{\varrho_1 \cdots \varrho_p}\, \vartheta \begin{bmatrix} \dfrac{eg + \varrho}{n} \\ h \end{bmatrix} ((nu))_{na}\, e^{2\left(g_\nu + \frac{\varrho_\nu}{e_\nu}\right)\pi i},$$

und es folgen daher weiter, da die auf der rechten Seite vorkommenden Thetafunktionen linear unabhängig sind, aus der Gleichung (55) die Bedingungen:

$$(60) \qquad A_{\varrho_1 \cdots \varrho_p} = A_{\varrho_1 \cdots \varrho_p} e^{\frac{2\varrho_\nu \pi i}{e_\nu}},$$

aus denen sich ergibt, daß alle jene Größen $A_{\varrho_1 \cdots \varrho_p}$ den Wert Null besitzen, bei denen nicht für $\nu = 1, 2, \cdots, p$ die Zahl ϱ_ν durch e_ν ohne Rest teilbar ist. Man erhält so aus der Gleichung (58), wenn man noch in neuer Bezeichnung:

$$(61) \qquad A_{e_1 \varkappa_1 \cdots e_p \varkappa_p} = C_{\varkappa_1 \cdots \varkappa_p},$$

auch

$$(62) \qquad \frac{n}{e_1} = q_1, \cdots, \frac{n}{e_p} = q_p$$

setzt, für die Funktion $G((u))$ den Ausdruck:

$$(63) \qquad G((u)) = \sum_{\varkappa_1=0}^{q_1-1} \cdots \sum_{\varkappa_p=0}^{q_p-1} C_{\varkappa_1 \cdots \varkappa_p} \vartheta \begin{bmatrix} \frac{g+\varkappa}{q} \\ h \end{bmatrix} ((nu))_{na}.$$

Eine jede der $q_1 q_2 \cdots q_p$ auf der rechten Seite von (63) vorkommenden Thetafunktionen ist eine partikuläre Lösung der für die Funktion $G((u))$ aufgestellten Bedingungsgleichungen (55), (56), und es stellt daher der für $G((u))$ gefundene Ausdruck die gewünschte allgemeinste Lösung dar, wenn man unter den C willkürliche Konstanten versteht.

Durch Verfügung über die in der letzten Gleichung auftretenden willkürlichen Konstanten C kann man beliebig viele verschiedene Funktionen $G((u))$ bilden. Bezeichnet man dann irgend zwei derselben mit $G_1((u))$ und $G_2((u))$, so ist ihr Quotient

$$(64) \qquad Q((u)) = \frac{G_1((u))}{G_2((u))}$$

eine mit den $2p$ Periodensystemen (XII) periodische Funktion der im II. Satz charakterisierten Art.

Damit ist zugleich bewiesen, daß die im VI. Satz angegebenen notwendigen Bedingungen für die Perioden einer $2p$-fach periodischen Funktion der bezeichneten Art auch hinreichende sind, indem die Bildung von Funktionen mit vorgeschriebenen, diesen Bedingungen genügenden Perioden nunmehr mit Hilfe von Thetafunktionen durchgeführt ist.

Nimmt man endlich den V. Satz zu Hilfe, wonach jede $2p$-fach periodische Funktion der bezeichneten Art durch $p+1$ passend ausgewählte mit denselben Perioden periodische Funktionen rational ausgedrückt werden kann, so erhält man das Endresultat:

IX. Satz: *Alle $2p$-fach periodischen Funktionen von der im II. Satz bezeichneten Art lassen sich rational durch Thetafunktionen ausdrücken.*

Fünftes Kapitel.

Die Transformation der Thetafunktionen.

§ 1.

Das Transformationsproblem.

Der Quotient zweier zur nämlichen Charakteristik gehöriger Thetafunktionen höherer Ordnung ist, wie im I. Satz pag. 112 angegeben wurde, eine mit den dort angeschriebenen $2p$ Periodensystemen (IV) $2p$-fach periodische Funktion. Da diese $2p$ Periodensysteme aus den $2p$ Periodensystemen (XII) pag. 125 für $e_1 = e_2 = \cdots = e_p = 1$ hervorgehen, so kann man den genannten Thetaquotienten nach den Untersuchungen des letzten Kapitels aus einer $2p$-fach periodischen Funktion $f(\!(v)\!)$ abgeleitet denken, deren $2p$ Periodensysteme $\omega_{1\alpha}, \cdots, \omega_{p\alpha}$ $(\alpha = 1, 2, \cdots, 2p)$ den Bedingungen (IX), (XI) für die speziellen Werte $e_1 = e_2 = \cdots = e_p = 1$ genügen. Es ist für die Darstellung der Transformationstheorie zweckmäßig, von diesen allgemeineren Funktionen und nicht von den Thetafunktionen auszugehen.

Man lege also den folgenden Untersuchungen $2p$-fach periodische Funktionen $f(\!(v)\!)$ zugrunde, deren $2p$ Periodensysteme:

$$(1)\qquad \begin{array}{llll} \omega_{11} \mid \omega_{21} \mid \cdots \mid \omega_{p1}, & \omega_{1,p+1} \mid \omega_{2,p+1} \mid \cdots \mid \omega_{p,p+1}, \\ \omega_{12} \mid \omega_{22} \mid \cdots \mid \omega_{p2}, & \omega_{1,p+2} \mid \omega_{2,p+2} \mid \cdots \mid \omega_{p,p+2}, \\ \cdot\;\cdot\;\cdot\;\cdot\;\cdot\;\cdot & \cdot\;\cdot\;\cdot\;\cdot\;\cdot\;\cdot\;\cdot\;\cdot\;\cdot\;\cdot\;\cdot \\ \omega_{1p} \mid \omega_{2p} \mid \cdots \mid \omega_{pp}, & \omega_{1,2p} \mid \omega_{2,2p} \mid \cdots \mid \omega_{p,2p}, \end{array}$$

den $\frac{1}{2}(p-1)p$ Bedingungen:

$$(2)\qquad \sum_{\varrho=1}^{p} (\omega_{\mu\varrho}\,\omega_{\nu,p+\varrho} - \omega_{\mu,p+\varrho}\,\omega_{\nu\varrho}) = 0 \qquad (\mu, \nu = 1, 2, \cdots, p;\ \mu < \nu)$$

genügen, während für die korrespondierenden Änderungen

$$(3)\qquad \omega_\alpha = \eta_\alpha + i\,\xi_\alpha \qquad (\alpha = 1, 2, \cdots, 2p)$$

irgend einer linearen Verbindung der v:

(4)
$$\sum_{\varrho=1}^{p}(\eta_\varrho\,\xi_{p+\varrho}-\eta_{p+\varrho}\,\xi_\varrho)>0$$

ist. Die Argumente $u_1, \cdots, u_p$ der zur Darstellung dieser Funktionen dienenden Thetafunktionen werden dann implizite durch die Gleichungen:

(5)
$$\pi i\,v_\mu=\sum_{\varrho=1}^{p}\omega_{\mu\varrho}\,u_\varrho \qquad (\mu=1,2,\cdots,p)$$

oder explizite durch die damit äquivalenten:

(6)
$$u_\varrho=\frac{\pi i}{\omega}\sum_{\mu=1}^{p}o_{\mu\varrho}\,v_\mu, \qquad (\varrho=1,2,\cdots,p)$$

in denen ω den stets von Null verschiedenen Wert der Determinante $\sum\pm\,\omega_{11}\,\omega_{22}\cdots\omega_{pp}$ und $o_{\mu\varrho}$ die zu $\omega_{\mu\varrho}$ gehörige Adjunkte in dieser Determinante bezeichnet, geliefert, während die Modulen $a_{\varrho\sigma}$ $(\varrho, \sigma=1, 2, \cdots, p)$ der Thetafunktionen implizite durch die Gleichungen:

(7)
$$\pi i\,\omega_{\mu,\,p+\sigma}=\sum_{\varrho=1}^{p}\omega_{\mu\varrho}\,a_{\varrho\sigma} \qquad (\mu,\sigma=1,2,\cdots,p)$$

oder explizite durch die damit äquivalenten:

(8)
$$a_{\varrho\sigma}=\frac{\pi i}{\omega}\sum_{\mu=1}^{p}o_{\mu\varrho}\,\omega_{\mu,\,p+\sigma} \qquad (\varrho,\sigma=1,2,\cdots,p)$$

bestimmt werden.

Soll nun eine $2p$-fach periodische Funktion von den Perioden $\omega_{\mu\alpha}$, für welche die Bedingungen (2) und (4) erfüllt seien, mit $2p$-fach periodischen Funktionen von anderen Perioden $\omega'_{\mu\alpha}$, welche den $\frac{1}{2}(p-1)p$ Gleichungen:

(9)
$$\sum_{\varrho=1}^{p}(\omega'_{\mu\varrho}\,\omega'_{\nu,\,p+\varrho}-\omega'_{\mu,\,p+\varrho}\,\omega'_{\nu\varrho})=0 \qquad (\mu,\nu=1,2,\cdots,p;\ \mu<\nu)$$

genügen, während für die korrespondierenden Änderungen

(10)
$$\omega'_\alpha=\eta'_\alpha+i\xi'_\alpha \qquad (\alpha=1,2,\cdots,2p)$$

der oben zur Definition der ω_α eingeführten linearen Verbindung der v:

(11)
$$\sum_{\varrho=1}^{p}(\eta'_\varrho\,\xi'_{p+\varrho}-\eta'_{p+\varrho}\,\xi'_\varrho)>0$$

ist, durch eine algebraische Gleichung verknüpft sein, sodaß zu einem Wertesysteme der letzteren Funktionen nur eine endliche Anzahl von

Werten der ersteren gehört, so müssen die Perioden ω' homogene lineare Funktionen der ω mit rationalen Koeffizienten, also:

$$(12) \qquad \omega'_{\mu\alpha} = \sum_{\varepsilon=1}^{2p} c_{\alpha\varepsilon}\,\omega_{\mu\varepsilon} \qquad \begin{pmatrix}\mu=1,2,\cdots,p\\ \alpha=1,2,\cdots,2p\end{pmatrix}$$

sein. Durch diese Gleichungen gehen dann die Relationen (9) in bilineare Relationen zwischen den ω über:

$$(13) \qquad \sum_{\varepsilon=1}^{2p}\sum_{\varepsilon'=1}^{2p}\sum_{\varrho=1}^{p}\left(c_{\varrho\varepsilon}c_{p+\varrho,\varepsilon'} - c_{p+\varrho,\varepsilon}c_{\varrho\varepsilon'}\right)\omega_{\mu\varepsilon}\,\omega_{\nu\varepsilon'} = 0.$$
$$(\mu,\nu=1,2,\cdots,p;\ \mu<\nu)$$

Setzt man daher voraus, daß zwischen den Perioden ω nur die Gleichungen (2), sonst aber keine Relationen bestehen[1]), so ergeben sich für die rationalen Zahlen $c_{\alpha\varepsilon}$ die $p(2p-1)$ Relationen:

$$(14) \qquad \sum_{\varrho=1}^{p}\left(c_{\varrho\varepsilon}c_{p+\varrho,\varepsilon'} - c_{p+\varrho,\varepsilon}c_{\varrho\varepsilon'}\right) = \begin{matrix} n, & \text{wenn } \varepsilon'=p+\varepsilon,\\ 0, & \text{wenn } \varepsilon' \gtrless p+\varepsilon,\end{matrix}$$
$$(\varepsilon,\varepsilon'=1,2,\cdots,2p;\ \varepsilon<\varepsilon')$$

in denen n eine nicht näher bestimmte rationale Zahl bezeichnet, die aber, wie sofort gezeigt werden soll, einen positiven Wert besitzen muß.

Da nämlich die Größen ω'_α mit den Größen ω_α ihrer Definition nach gleichfalls durch die Relationen:

$$(15) \qquad \omega'_\alpha = \sum_{\varepsilon=1}^{2p} c_{\alpha\varepsilon}\,\omega_\varepsilon \qquad (\alpha=1,2,\cdots,2p)$$

verknüpft sind, aus diesen aber durch Trennung der reellen und lateralen Teile die Gleichungen:

$$(16) \qquad \eta'_\alpha = \sum_{\varepsilon=1}^{2p} c_{\alpha\varepsilon}\,\eta_\varepsilon, \qquad \zeta'_\alpha = \sum_{\varepsilon=1}^{2p} c_{\alpha\varepsilon}\,\zeta_\varepsilon \qquad (\alpha=1,2,\cdots,2p)$$

hervorgehen, so wird zunächst:

---

1) Für singuläre $2p$-fach periodische Funktionen, deren Perioden außer den Bedingungen (2)—(4) noch besonderen Relationen unterworfen sind, kann den Gleichungen (13) durch Zahlen $c_{\alpha\beta}$ Genüge geschehen, welche nicht die Gleichungen (14) erfüllen. Für solche Funktionen sind also außer den bei allen $2p$-fach periodischen Funktionen existierenden „ordinären" Transformationen noch besondere „singuläre" vorhanden; vergl. dazu Humbert, Sur les fonctions abéliennes singulières. (Deuxième mémoire). J. de Math. (5) Bd. 6. 1900, pag. 279; auch: Sur la transformation des fonctions abéliennes. C. R. Bd. 126. 1898, pag. 814; Sur les transformations singulières des fonctions abéliennes. C. R. Bd. 126. 1898, pag. 882 und: Sur la transformation des fonctions abéliennes. C. R. Bd. 129. 1899, pag. 955.

$$(17)\quad \sum_{\varrho=1}^{p}(\eta'_\varrho\zeta'_{p+\varrho}-\eta'_{p+\varrho}\zeta'_\varrho)=\sum_{\varepsilon=1}^{2p}\sum_{\varepsilon'=1}^{2p}\sum_{\varrho=1}^{p}(c_{\varrho\varepsilon}c_{p+\varrho,\varepsilon'}-c_{p+\varrho,\varepsilon}c_{\varrho\varepsilon'})\eta_\varepsilon\zeta_{\varepsilon'}$$

und daher weiter auf Grund der Gleichungen (14)

$$(18)\quad \sum_{\varrho=1}^{p}(\eta'_\varrho\zeta'_{p+\varrho}-\eta'_{p+\varrho}\zeta'_\varrho)=n\sum_{\varrho=1}^{p}(\eta_\varrho\zeta_{p+\varrho}-\eta_{p+\varrho}\zeta_\varrho).$$

Beachtet man aber, daß für die Größen η, ζ die Ungleichung (4), für die Größen η', ζ' die Ungleichung (11) besteht, so erkennt man aus der Gleichung (18), daß die Zahl n einen positiven Wert besitzen muß.

Der Übergang von Perioden $\omega_{\mu\alpha}\begin{pmatrix}\mu=1,2,\cdots,p\\ \alpha=1,2,\cdots,2p\end{pmatrix}$ *zu neuen Perioden* $\omega'_{\mu\alpha}\begin{pmatrix}\mu=1,2,\cdots,p\\ \alpha=1,2,\cdots,2p\end{pmatrix}$, *welche sich aus ihnen zusammensetzen durch lineare Gleichungen von der Form:*

$$(\text{I})\quad \omega'_{\mu\alpha}=\sum_{\varepsilon=1}^{2p}c_{\alpha\varepsilon}\omega_{\mu\varepsilon},\qquad \begin{pmatrix}\mu=1,2,\cdots,p\\ \alpha=1,2,\cdots,2p\end{pmatrix}$$

in denen die $c_{\alpha\varepsilon}$ $4p^2$ *rationale Zahlen bezeichnen, welche den* $p(2p-1)$ *Relationen:*

$$(\text{II})\quad \sum_{\varrho=1}^{p}(c_{\varrho\varepsilon}c_{p+\varrho,\varepsilon'}-c_{p+\varrho,\varepsilon}c_{\varrho\varepsilon'})=\begin{matrix}n,\ \text{wenn}\ \varepsilon'=p+\varepsilon,\\ 0,\ \text{wenn}\ \varepsilon'\gtrless p+\varepsilon,\end{matrix}$$
$$(\varepsilon,\varepsilon'=1,2,\cdots,2p;\ \varepsilon<\varepsilon')$$

genügen, heißt eine Transformation der Perioden; die in den Gleichungen (II) *auftretende positive rationale Zahl* n *der Grad oder die Ordnung der Transformation. Sind die Transformationszahlen* $c_{\alpha\varepsilon}$ *ganze Zahlen, so wird die Transformation eine ganzzahlige, ist die Ordnung* $n=1$, *eine lineare genannt.*

Das Transformationsproblem ist vollständig bestimmt, sobald die $4p^2$ rationalen Zahlen $c_{\alpha\varepsilon}$ gegeben sind. Man denke sich dieselben in ein quadratisches Schema von der Form:

$$(19)\quad T=\left|\begin{array}{cc|cc} c_{11} & \cdots\ c_{1p} & c_{1,p+1} & \cdots\ c_{1,2p}\\ \cdot\ \cdot\ \cdot & \cdot & \cdot\ \cdot\ \cdot & \cdot\\ c_{p1} & \cdots\ c_{pp} & c_{p,p+1} & \cdots\ c_{p,2p}\\ \hline c_{p+1,1} & \cdots\ c_{p+1,p} & c_{p+1,p+1} & \cdots\ c_{p+1,2p}\\ \cdot\ \cdot\ \cdot & \cdot & \cdot\ \cdot\ \cdot & \cdot\\ c_{2p,1} & \cdots\ c_{2p,p} & c_{2p,p+1} & \cdots\ c_{2p,2p}\end{array}\right|$$

gebracht. Dieses System von $4p^2$ Zahlen soll die Charakteristik der Transformation, die vier Räume, in denen die Größen $c_{\mu\nu}$, $c_{\mu,p+\nu}$, $c_{p+\mu,\nu}$, $c_{p+\mu,p+\nu}$ $(\mu,\nu=1,2,\cdots,p)$ beziehlich stehen, der erste, zweite, dritte, vierte Quadrant der Charakteristik, und die in einem Quadranten stehenden Zahlen die Elemente des Quadranten genannt werden. Wenn kein Mißverständnis zu befürchten ist, soll die Charakteristik T zur Abkürzung mit:

$$(20) \qquad T = \left| \begin{array}{c|c} c_{\mu\nu} & c_{\mu,\, p+\nu} \\ \hline c_{p+\mu,\, \nu} & c_{p+\mu,\, p+\nu} \end{array} \right|$$

bezeichnet werden, indem man in jeden Quadranten das ν^{te} Element seiner μ^{ten} Horizontalreihe setzt. Besitzen alle außerhalb der Hauptdiagonale eines Quadranten stehenden Elemente den Wert Null, die in der Hauptdiagonale stehenden Elemente aber den nämlichen Wert w, so soll dies dadurch angezeigt werden, daß man:

$$(21) \qquad \begin{array}{c} w \cdots 0 \\ \cdot \;\; \cdot \;\; \cdot \\ 0 \cdots w \end{array}$$

in den betreffenden Quadranten setzt; dabei ist der Fall $w = 0$ nicht ausgeschlossen; in diesem Falle soll jedoch auch die kürzere Bezeichnungsweise, daß man in die Mitte des betreffenden Quadranten eine Null setzt, erlaubt sein. Endlich soll es gestattet sein, die zur Charakteristik T gehörige Transformation kurz als die Transformation T zu bezeichnen.

Nachdem im Falle $p = 1$ das Transformationsproblem schon in den die Theorie der elliptischen Funktionen begründenden Arbeiten von Jacobi und Abel[1]) behandelt worden war, wurde es für $p = 2$ von Hermite[2]), für beliebiges p von Thomae[3]), Clebsch und Gordan[4]) und Weber[5]) aufgestellt.

---

1) Vergl. Enneper, Elliptische Funct. etc. 2. Aufl., pag. 281.

2) Hermite, Sur la th. de la transf. etc. C. R. Bd. 40. 1855, pag. 249; siehe auch: Königsberger, Über die Transformation etc. J. für Math. Bd. 64. 1865, pag. 17 und Bd. 65. 1866, pag. 335 und: Über die Transformation des zweiten Grades für die Abel'schen Functionen erster Ordnung. J. für Math. Bd. 67. 1867, pag. 58; eine Reproduction der Hermite'schen Abhandlung bei Cayley, On the transformation of the double Theta-functions. Quart. J. Bd. 21. 1886, pag. 142; vergl. ferner: Laguerre, Sur le calcul des systèmes linéaires. Extrait d'une lettre adressée à M. Hermite. J. de l'Éc. pol. Bd. 25. 1867, pag. 215.

3) Thomae, Die allgemeine Transformation etc. Inaug.-Diss. Göttingen 1864, und: Beitrag zur Theorie der Abel'schen Functionen. J. für Math. Bd. 75. 1873, pag. 224.

4) Clebsch und Gordan, Theorie der Abel'schen Functionen. Lpz. 1866.

5) Weber, Über die unendlich vielen Formen der ϑ-Function. J. für Math. Bd. 74. 1872, pag. 57 und: Über die Transformationstheorie der Theta-Functionen, ins Besondere derer von drei Veränderlichen. Ann. di Mat. (2) Bd. 9. 1879, pag. 126. Zu den Untersuchungen der jetzt folgenden Artikel

§ 2.

Weitere Eigenschaften der Transformationszahlen $c_{\alpha\beta}$.

Man bilde aus den $4p^2$ Größen $c_{\alpha\beta}$ $(\alpha, \beta = 1, 2, \cdots, 2p)$ die beiden Determinanten:

$$(22)\qquad C = \begin{vmatrix} c_{11} & \cdots & c_{1p} & c_{1,p+1} & \cdots & c_{1,2p} \\ \cdot & \cdot & \cdot & \cdot & \cdot & \cdot \\ c_{p1} & \cdots & c_{pp} & c_{p,p+1} & \cdots & c_{p,2p} \\ c_{p+1,1} & \cdots & c_{p+1,p} & c_{p+1,p+1} & \cdots & c_{p+1,2p} \\ \cdot & \cdot & \cdot & \cdot & \cdot & \cdot \\ c_{2p,1} & \cdots & c_{2p,p} & c_{2p,p+1} & \cdots & c_{2p,2p} \end{vmatrix},$$

$$(23)\qquad C' = \begin{vmatrix} c_{p+1,p+1} & \cdots & c_{p+1,2p} & -c_{p+1,1} & \cdots & -c_{p+1,p} \\ \cdot & \cdot & \cdot & \cdot & \cdot & \cdot \\ c_{2p,p+1} & \cdots & c_{2p,2p} & -c_{2p,1} & \cdots & -c_{2p,p} \\ -c_{1,p+1} & \cdots & -c_{1,2p} & c_{11} & \cdots & c_{1p} \\ \cdot & \cdot & \cdot & \cdot & \cdot & \cdot \\ -c_{p,p+1} & \cdots & -c_{p,2p} & c_{p1} & \cdots & c_{pp} \end{vmatrix},$$

beachte, daß C und C' denselben Wert besitzen, und bezeichne diesen gemeinsamen Wert gleichfalls mit C. Zur Bestimmung dieses Wertes C bilde man nun das Produkt der beiden Determinanten C und C' in der Weise, daß man die Vertikalreihen von C mit den Vertikalreihen von C' komponiert; die dadurch entstehende Determinante besitzt, da infolge der Relationen (II) alle Elemente der Hauptdiagonale den Wert n, alle übrigen Elemente den Wert 0 haben, den Wert n^{2p}; es ist daher $C^2 = n^{2p}$ und folglich:

$$(24)\qquad C = \varepsilon n^p,$$

wobei $\varepsilon^2 = 1$ ist; es wird noch in diesem Paragraphen gezeigt werden, daß ε nur den Wert $+1$ besitzen kann.

Die zu den Elementen $c_{\alpha\beta}$ gehörigen Unterdeterminanten $2p-1^{\text{ten}}$ Grades der Determinante C sollen mit $\gamma_{\alpha\beta}$ bezeichnet werden. Diese Unterdeterminanten $\gamma_{\alpha\beta}$ stehen zu den Elementen $c_{\alpha\beta}$ der Determinante C in einfachen Beziehungen, die jetzt ermittelt werden sollen. Zu dem Ende beachte man, daß infolge der bekannten Relationen, welche zwischen den Elementen einer Determinante und ihren Adjunkten bestehen, hier die Gleichungen:

---

vergl. noch Frobenius, Über die principale Transformation der Thetafunctionen mehrerer Variabeln. J. für Math. Bd. 95. 1883, pag. 264.

$$(25)\qquad \sum_{\nu=1}^{p}(c_{\mu\nu}\gamma_{\mu'\nu}+c_{\mu,p+\nu}\gamma_{\mu',p+\nu})=\begin{matrix}C, & \text{wenn } \mu'=\mu,\\ 0, & \text{wenn } \mu'\gtrless\mu,\end{matrix}$$

$$(26)\qquad \sum_{\nu=1}^{p}(c_{p+\mu,\nu}\gamma_{\mu'\nu}+c_{p+\mu,p+\nu}\gamma_{\mu',p+\nu})=0, \qquad (\mu,\mu'=1,2,\cdots,p)$$

$$(27)\qquad \sum_{\nu=1}^{p}(c_{\mu\nu}\gamma_{p+\mu',\nu}+c_{\mu,p+\nu}\gamma_{p+\mu',p+\nu})=0,$$

$$(28)\qquad \sum_{\nu=1}^{p}(c_{p+\mu,\nu}\gamma_{p+\mu',\nu}+c_{p+\mu,p+\nu}\gamma_{p+\mu',p+\nu})=\begin{matrix}C, & \text{wenn } \mu'=\mu,\\ 0, & \text{wenn } \mu'\gtrless\mu,\end{matrix}$$

stattfinden. Addiert man nun, indem man unter ν' eine beliebige der Zahlen $1, 2, \cdots, p$ versteht, die Gleichungen (25) und (26) einmal, nachdem man die erste derselben mit $c_{p+\mu,p+\nu'}$, die zweite mit $-c_{\mu,p+\nu'}$ multipliziert hat, ein anderes Mal, nachdem man die erste derselben mit $-c_{p+\mu,\nu'}$, die zweite mit $c_{\mu\nu'}$ multipliziert hat; addiert ferner die Gleichungen (27) und (28) einmal, nachdem man die erste derselben mit $c_{p+\mu,p+\nu'}$, die zweite mit $-c_{\mu,p+\nu'}$ multipliziert hat, ein anderes Mal, nachdem man die erste derselben mit $-c_{p+\mu,\nu'}$, die zweite mit $c_{\mu,\nu'}$ multipliziert hat, und summiert dann bei jeder der vier auf diese Weise entstandenen Gleichungen, während man den Index μ' festhält, in Bezug auf den Index μ von 1 bis p, so entstehen vier Gleichungen, die sich unter Beachtung der Relationen (II) sofort auf die Gleichungen:

$$(29)\qquad \begin{matrix} n\gamma_{\mu'\nu'}=Cc_{p+\mu',p+\nu'}, & n\gamma_{\mu',p+\nu'}=-Cc_{p+\mu',\nu'},\\ n\gamma_{p+\mu',\nu'}=-Cc_{\mu',p+\nu'}, & n\gamma_{p+\mu',p+\nu'}=Cc_{\mu'\nu'},\end{matrix} \qquad (\mu',\nu'=1,2,\cdots,p)$$

reduzieren. Ersetzt man darin noch C durch den oben dafür gefundenen Wert (24) und die Indizes μ', ν', die zwei beliebige Zahlen aus der Reihe $1, 2, \cdots, p$ bezeichnen, durch μ, ν, so erhält man die Beziehungen zwischen den Elementen der Determinante C und ihren Adjunkten in der Form:

$$(30)\qquad \begin{matrix} \gamma_{\mu\nu}=\varepsilon n^{p-1}c_{p+\mu,p+\nu}, & \gamma_{\mu,p+\nu}=-\varepsilon n^{p-1}c_{p+\mu,\nu},\\ \gamma_{p+\mu,\nu}=-\varepsilon n^{p-1}c_{\mu,p+\nu}, & \gamma_{p+\mu,p+\nu}=\varepsilon n^{p-1}c_{\mu\nu}.\end{matrix} \qquad (\mu,\nu=1,2,\cdots,p)$$

Führt man die für die Unterdeterminanten γ soeben gefundenen Ausdrücke in die Gleichungen (25)—(28) ein, so erhält man vier Relationen, die nach Art der Relationen (II) in die eine Gleichung:

$$(31)\qquad \sum_{\sigma=1}^{p}(c_{\varepsilon\sigma}c_{\varepsilon',p+\sigma}-c_{\varepsilon,p+\sigma}c_{\varepsilon'\sigma})=\begin{matrix} n, & \text{wenn } \varepsilon'=p+\varepsilon,\\ 0, & \text{wenn } \varepsilon'\gtrless p+\varepsilon,\end{matrix} \qquad (\varepsilon,\varepsilon'=1,2,\cdots,2p;\ \varepsilon<\varepsilon')$$

zusammengefaßt werden können.

Die Relationen (31) sind eine Folge der Relationen (II), da zu ihrer Ableitung nur die Existenz dieser letzteren vorausgesetzt wurde. Man kann aber auch rückwärts von den Relationen (31) aus wieder zu den Relationen (II) gelangen. Um dies einzusehen, setze man in den Gleichungen (31) für $\varrho, \sigma = 1, 2, \cdots, p$: $c_{\varrho\sigma} = c'_{p+\sigma, p+\varrho}$, $c_{\varrho, p+\sigma} = - c'_{\sigma, p+\varrho}$, $c_{p+\varrho, \sigma} = - c'_{p+\sigma, \varrho}$, $c_{p+\varrho, p+\sigma} = c'_{\sigma\varrho}$; dieselben gehen dann in Gleichungen (II′) über, die sich von den Gleichungen (II) nur durch die Accentuierung der Buchstaben c unterscheiden, und aus denen daher sofort Gleichungen (31′) abgeleitet werden können, welche sich von den Gleichungen (31) ebenfalls nur durch die Accentuierung der Buchstaben c unterscheiden. Ersetzt man aber in den so erhaltenen Gleichungen (31′) die Größen c' durch das, was sie bedeuten, setzt also allgemein: $c'_{\sigma\varrho} = c_{p+\varrho, p+\sigma}$, $c'_{\sigma, p+\varrho} = - c_{\varrho, p+\sigma}$, $c'_{p+\sigma, \varrho} = - c_{p+\varrho, \sigma}$, $c'_{p+\sigma, p+\varrho} = c_{\varrho\sigma}$, so erhält man die Gleichungen (II). Damit ist bewiesen, daß ein jedes der beiden Gleichungensysteme (II) und (31) als eine Folge des anderen angesehen werden kann, und daß es daher einerlei ist, ob man den $4p^2$ Größen $c_{\alpha\beta}$ von Anfang an die Bedingungen (II) oder die Bedingungen (31) auferlegt. — Aber auch die Gleichungen (30) können zur Charakterisierung der Transformationszahlen $c_{\alpha\beta}$ dienen, da sie nicht nur eine Folge der Relationen (II) sind, sondern auch umgekehrt diese, ebenso wie im Vorigen die Relationen (31), unter ihrer Anwendung aus jenen Gleichungen abgeleitet werden können, welche stets zwischen den Elementen der Determinante C und ihren Adjunkten bestehen.

Um endlich zu beweisen, daß die in der Gleichung (24) und den Gleichungen (30) auftretende zweite Einheitswurzel ε stets den Wert $+1$ besitzt, beachte man zunächst, daß:

$$
(32) \qquad \omega\omega' = \begin{vmatrix} \omega'_{11} & \cdots & \omega'_{p1} & c_{1,p+1} & \cdots & c_{1,2p} \\ \cdot & \cdot & \cdot & \cdot & \cdot & \cdot \\ \omega'_{1p} & \cdots & \omega'_{pp} & c_{p,p+1} & \cdots & c_{p,2p} \\ 0 & \cdots & 0 & \omega_{11} & \cdots & \omega_{1p} \\ \cdot & \cdot & \cdot & \cdot & \cdot & \cdot \\ 0 & \cdots & 0 & \omega_{p1} & \cdots & \omega_{pp} \end{vmatrix}
$$

ist, wenn mit ω, wie schon früher, der Wert der Determinante $\sum \pm \omega_{11}\omega_{22}\cdots\omega_{pp}$, mit ω' der Wert der Determinante $\sum \pm \omega'_{11}\omega'_{22}\cdots\omega'_{pp}$ bezeichnet wird. Subtrahiert man in dieser Determinante für $\nu = 1, 2, \cdots, p$ von den Elementen der ν^{ten} Vertikalreihe die mit $\omega_{\nu, p+1}, \cdots, \omega_{\nu, 2p}$ multiplizierten Elemente der $p+1^{\text{ten}}, \cdots, 2p^{\text{ten}}$ Vertikalreihe, so erhält man unter Beachtung der Gleichungen (I):

$$(33)\quad \omega\omega' = \begin{vmatrix} \sum_\mu c_{1\mu}\,\omega_{1\mu} & \cdots & \sum_\mu c_{1\mu}\,\omega_{p\mu} & c_{1,p+1} & \cdots & c_{1,2p} \\ \cdot & \cdot & \cdot & \cdot & \cdot & \cdot \\ \sum_\mu c_{p\mu}\,\omega_{1\mu} & \cdots & \sum_\mu c_{p\mu}\,\omega_{p\mu} & c_{p,p+1} & \cdots & c_{p,2p} \\ -\sum_\mu \omega_{1\mu}\,\omega_{1,p+\mu} & \cdots & -\sum_\mu \omega_{1\mu}\,\omega_{p,p+\mu} & \omega_{11} & \cdots & \omega_{1p} \\ \cdot & \cdot & \cdot & \cdot & \cdot & \cdot \\ -\sum_\mu \omega_{p\mu}\,\omega_{1,p+\mu} & \cdots & -\sum_\mu \omega_{p\mu}\,\omega_{p,p+\mu} & \omega_{p1} & \cdots & \omega_{pp} \end{vmatrix},$$

wo alle Summationen nach μ von 1 bis p zu erstrecken sind. Die auf der rechten Seite dieser Gleichung stehende Determinante ist aber, wie sofort ersichtlich, das Produkt der zwei Determinanten:

$$(34)\quad \begin{vmatrix} \omega_{11} & \cdots & \omega_{1p} & 0 & \cdots & 0 \\ \cdot & \cdot & \cdot & \cdot & \cdot & \cdot \\ \omega_{p1} & \cdots & \omega_{pp} & 0 & \cdots & 0 \\ 0 & \cdots & 0 & 1 & \cdots & 0 \\ \cdot & \cdot & \cdot & \cdot & \cdot & \cdot \\ 0 & \cdots & 0 & 0 & \cdots & 1 \end{vmatrix}, \quad \begin{vmatrix} c_{11} & \cdots & c_{1p} & c_{1,p+1} & \cdots & c_{1,2p} \\ \cdot & \cdot & \cdot & \cdot & \cdot & \cdot \\ c_{p1} & \cdots & c_{pp} & c_{p,p+1} & \cdots & c_{p,2p} \\ -\omega_{1,p+1} & \cdots & -\omega_{1,2p} & \omega_{11} & \cdots & \omega_{1p} \\ \cdot & \cdot & \cdot & \cdot & \cdot & \cdot \\ -\omega_{p,p+1} & \cdots & -\omega_{p,2p} & \omega_{p1} & \cdots & \omega_{pp} \end{vmatrix},$$

und da die erste derselben den Wert ω besitzt, so hat die zweite auf Grund der Gleichung (33) den Wert ω'. Multipliziert man aber diese Determinante mit der unter (23) angeschriebenen Determinante C', welche, wie dort bemerkt wurde, den Wert $c = \varepsilon n^p$ besitzt, und zwar so, daß man die Horizontalreihen der einen Determinante mit den Horizontalreihen der anderen komponiert, so erhält man unter Berücksichtigung der Relationen (31):

$$(35)\quad \varepsilon n^p\,\omega' = \begin{vmatrix} n & \cdots & 0 & 0 & \cdots & 0 \\ \cdot & \cdot & \cdot & \cdot & \cdot & \cdot \\ 0 & \cdots & n & 0 & \cdots & 0 \\ -\omega'_{1,p+1} & \cdots & -\omega'_{1,2p} & \omega'_{11} & \cdots & \omega'_{1p} \\ \cdot & \cdot & \cdot & \cdot & \cdot & \cdot \\ -\omega'_{p,p+1} & \cdots & -\omega'_{p,2p} & \omega'_{p1} & \cdots & \omega'_{pp} \end{vmatrix}.$$

Die auf der rechten Seite dieser Gleichung stehende Determinante besitzt aber, wie unmittelbar ersichtlich ist, den Wert $n^p\omega'$, und es hat daher die Größe ε, da ω' von Null verschieden ist, den Wert $+1$.

Die Resultate dieses Paragraphen können folgendermaßen zusammengefaßt werden:

I. Satz: *Die $4p^2$ Transformationszahlen $c_{\alpha\beta}$ genügen den $p(2p-1)$ Gleichungen:*

$$\text{(III)}\qquad \sum_{\sigma=1}^{p}\left(c_{\varepsilon\sigma}\,c_{\varepsilon',p+\sigma}-c_{\varepsilon,p+\sigma}\,c_{\varepsilon'\sigma}\right)=\begin{matrix} n, & \text{wenn } \varepsilon'=p+\varepsilon, \\ 0, & \text{wenn } \varepsilon'\gtrless p+\varepsilon. \end{matrix}$$
$$(\varepsilon,\varepsilon'=1,2,\cdots,p;\ \varepsilon<\varepsilon')$$

Diese Relationen (III) *sind den Relationen* (II) *äquivalent, da nicht nur sie aus diesen, sondern auch umgekehrt diese aus ihnen abgeleitet werden können.*

Bezeichnet man ferner mit C die Determinante:

$$\text{(IV)}\qquad C=\begin{vmatrix} c_{11} & \cdots c_{1p} & c_{1,p+1} & \cdots c_{1,2p} \\ \cdot & \cdot & \cdot & \cdot \\ c_{p1} & \cdots c_{pp} & c_{p,p+1} & \cdots c_{p,2p} \\ c_{p+1,1} & \cdots c_{p+1,p} & c_{p+1,p+1} & \cdots c_{p+1,2p} \\ \cdot & \cdot & \cdot & \cdot \\ c_{2p,1} & \cdots c_{2p,p} & c_{2p,p+1} & \cdots c_{2p,2p} \end{vmatrix},$$

so ist:

$$\text{(V)}\qquad C=n^p$$

und zwischen den Elementen $c_{\alpha\beta}$ der Determinante C und ihren Adjunkten $\gamma_{\alpha\beta}$ bestehen die Beziehungen:

$$\text{(VI)}\qquad \begin{aligned} \gamma_{\mu\nu} &= n^{p-1}c_{p+\mu,p+\nu}, & \gamma_{\mu,p+\nu} &= -n^{p-1}c_{p+\mu,\nu}, \\ \gamma_{p+\mu,\nu} &= -n^{p-1}c_{\mu,p+\nu}, & \gamma_{p+\mu,p+\nu} &= n^{p-1}c_{\mu\nu}. \end{aligned}$$
$$(\mu,\nu=1,2,\cdots,p)$$

Auch diese Relationen charakterisieren die Transformationszahlen $c_{\alpha\beta}$ vollständig, da aus ihnen gleichfalls die Relationen (II) *und* (III) *folgen.*

Die Bildung von Systemen von je $4p^2$ Zahlen $c_{\alpha\beta}$, welche den Bedingungen (II), (III) genügen, lehrt Herr Frobenius[1]).

Zerlegt man die Größen $\omega_{\mu\alpha}$ in ihre reellen und lateralen Teile in der Form:

$$(36)\qquad \omega_{\mu\alpha}=\eta_{\mu\alpha}+i\xi_{\mu\alpha},\qquad \begin{pmatrix}\mu=1,2,\cdots,p \\ \alpha=1,2,\cdots,2p\end{pmatrix}$$

so stellt die aus den Größen η, ξ gebildete Determinante $2p^{\text{ten}}$ Grades Π, wie pag. 112 bemerkt wurde, den Inhalt des den Perioden $\omega_{\mu\alpha}$ zukommenden Periodenparallelotops dar. Setzt man in derselben Weise:

$$(37)\qquad \omega'_{\mu\alpha}=\eta'_{\mu\alpha}+i\xi'_{\mu\alpha},\qquad \begin{pmatrix}\mu=1,2,\cdots,p \\ \alpha=1,2,\cdots,2p\end{pmatrix}$$

so ist auf Grund der Gleichungen (I):

---

1) Frobenius, Zur Theorie der Transformation der Thetafunctionen. J. für Math. Bd. 89. 1880, pag. 40.

(38) $$\eta'_{\mu\alpha} = \sum_{\varepsilon=1}^{2p} c_{\alpha\varepsilon}\,\eta_{\mu\varepsilon}, \qquad \zeta'_{\mu\alpha} = \sum_{\varepsilon=1}^{2p} c_{\alpha\varepsilon}\,\zeta_{\mu\varepsilon}, \qquad \binom{\mu=1,2,\cdots,p}{\alpha=1,2,\cdots,2p}$$

und es ist daher die aus den Größen η' und ζ' gebildete Determinante Π' dem Produkte der Determinante C und der Determinante Π gleich, also:

(39) $$\Pi' = n^p\,\Pi.$$

II. Satz: *Ist die Transformation* (I), *durch welche die Perioden* ω' *mit den Perioden* ω *zusammenhängen, vom* n^{ten} *Grade, so ist der Inhalt des den Perioden* ω' *zukommenden Periodenparallelotops das* n^p*-fache des den Perioden* ω *entsprechenden; bei linearer Transformation wird also der Inhalt des Periodenparallelotops nicht geändert.*

§ 3.

Beziehungen zwischen den Argumenten und Modulen der ursprünglichen und der transformierten Thetafunktionen.

Führt man in der pag. 129 angegebenen Weise zu den Perioden $\omega_{\mu\alpha}$ Thetafunktionen $\vartheta\begin{bmatrix} g \\ h \end{bmatrix}(\!(u)\!)_a$ ein, indem man deren Argumente u und Modulen a implizite durch die Gleichungen (5) und (7) oder explizite durch die Gleichungen (6) und (8) definiert, und führt ebenso zu den Perioden $\omega'_{\mu\alpha}$ Thetafunktionen $\vartheta\begin{bmatrix} g \\ h \end{bmatrix}(\!(u')\!)_{a'}$ ein, indem man deren Argumente u' und Modulen a' implizite durch die Gleichungen:

(40) $$\pi i\, v_\mu = \sum_{\varrho=1}^{p} \omega'_{\mu\varrho}\, u'_\varrho, \qquad (\mu=1,2,\cdots,p)$$

(41) $$\pi i\, \omega'_{\mu,\, p+\sigma} = \sum_{\varrho=1}^{p} \omega'_{\mu\varrho}\, a'_{\varrho\sigma}, \qquad (\mu,\sigma=1,2,\cdots,p)$$

oder explizite durch die damit äquivalenten:

(42) $$u'_\varrho = \frac{\pi i}{\omega'} \sum_{\mu=1}^{p} o'_{\mu\varrho}\, v_\mu, \qquad (\varrho=1,2,\cdots,p)$$

(43) $$a'_{\varrho\sigma} = \frac{\pi i}{\omega'} \sum_{\mu=1}^{p} o'_{\mu\varrho}\, \omega'_{\mu,\, p+\sigma} \qquad (\varrho,\sigma=1,2,\cdots,p)$$

definiert, in denen ω' den Wert der Determinante $\sum \pm\, \omega'_{11}\,\omega'_{22}\cdots\omega'_{pp}$ und für jedes μ und ν von 1 bis p $o'_{\mu\nu}$ die Adjunkte von $\omega'_{\mu\nu}$ in dieser Determinante bezeichnet, so erwächst die Aufgabe, jene Beziehungen abzuleiten, welche sich aus den obigen Gleichungen zwischen den Argumenten u und Modulen a der *ursprünglichen* Thetafunktionen einerseits und den Argumenten u' und Modulen a' der *transformierten* Thetafunktionen andererseits ergeben.

Aus den Gleichungen (6) und (40) folgt zunächst:

$$u_\varrho = \frac{1}{\omega} \sum_{\sigma=1}^{p} \left(\sum_{\mu=1}^{p} \omega'_{\mu\sigma}\, o_{\mu\varrho} \right) u'_\sigma. \qquad (\varrho=1, 2, \cdots, p) \tag{44}$$

Nun ist aber:

$$\omega'_{\mu\sigma} = \sum_{\varepsilon=1}^{2p} c_{\sigma\varepsilon}\, \omega_{\mu\varepsilon} = \sum_{\nu=1}^{p} (c_{\sigma\nu}\, \omega_{\mu\nu} + c_{\sigma, p+\nu}\, \omega_{\mu, p+\nu}) \tag{45}$$

$$(\mu, \sigma=1, 2, \cdots, p)$$

und daher:

$$\sum_{\mu=1}^{p} \omega'_{\mu\sigma}\, o_{\mu\varrho} \tag{46}$$

$$= \sum_{\nu=1}^{p} \left[c_{\sigma\nu} \left(\sum_{\mu=1}^{p} \omega_{\mu\nu}\, o_{\mu\varrho} \right) + c_{\sigma, p+\nu} \left(\sum_{\mu=1}^{p} \omega_{\mu, p+\nu}\, o_{\mu\varrho} \right) \right].$$

$$(\varrho, \sigma=1, 2, \cdots, p)$$

Von den beiden auf der rechten Seite dieser Gleichung auftretenden in besonderen Klammern eingeschlossenen Summen besitzt die an erster Stelle stehende nur dann einen von Null verschiedenen Wert und zwar den Wert ω, wenn $\nu = \varrho$ ist, die an zweiter Stelle stehende Summe hat nach (8) den Wert $\frac{\omega}{\pi i} a_{\varrho\nu}$, und es wird daher:

$$\sum_{\mu=1}^{p} \omega'_{\mu\sigma}\, o_{\mu\varrho} = \frac{\omega}{\pi i} A_{\varrho\sigma}, \qquad (\varrho, \sigma=1, 2, \cdots, p) \tag{47}$$

wenn man zur Abkürzung

$$A_{\varrho\sigma} = c_{\sigma\varrho}\, \pi i + \sum_{\nu=1}^{p} c_{\sigma, p+\nu}\, a_{\varrho\nu} \qquad (\varrho, \sigma=1, 2, \cdots, p) \tag{48}$$

setzt. Aus (44) erhält man aber jetzt die Beziehungen zwischen den Argumenten der ursprünglichen und der transformierten Thetafunktionen in der Gestalt:

$$\pi i\, u_\varrho = \sum_{\sigma=1}^{p} A_{\varrho\sigma}\, u'_\sigma. \qquad (\varrho=1, 2, \cdots, p) \tag{49}$$

Läßt man in der Gleichung (I) an Stelle der ω die $2p$ Systeme korrespondierender Periodizitätsmodulen der Funktionen $\vartheta\begin{bmatrix} g \\ h \end{bmatrix}(\!(u)\!)_a$ treten, so gehen die Größen $\omega'_{\mu\nu}$ $(\mu, \nu = 1, 2, \cdots, p)$ in die durch die Gleichungen (48) definierten Größen $A_{\mu\nu}$ über. Es erscheinen also die $A_{\mu\nu}$ als spezielle Fälle der $\omega'_{\mu\nu}$ und man schließt daraus, weil die Determinante $\sum \pm \omega'_{11}\omega'_{22}\cdots\omega'_{pp}$ von Null verschieden ist, daß auch die Determinante $\sum \pm A_{11}A_{22}\cdots A_{pp}$ einen von Null verschiedenen Wert besitzt. Bezeichnet man aber denselben mit Δ_A und die Adjunkte von $A_{\varrho\sigma}$ in dieser Determinante mit $\bar{A}_{\varrho\sigma}$, so folgt aus den Gleichungen (49) durch Auflösung nach den u als Unbekannten:

$$u'_\sigma = \frac{\pi i}{\Delta_A}\sum_{\varrho=1}^{p}\bar{A}_{\varrho\sigma}u_\varrho. \tag{50} \qquad (\sigma=1,2,\cdots,p)$$

Multipliziert man ferner linke und rechte Seite der Gleichung (47) mit $a'_{\sigma\nu}$ und summiert über σ von 1 bis p, so erhält man bei gleichzeitiger Vertauschung der beiden Seiten der Gleichung zunächst:

$$\frac{\omega}{\pi i}\sum_{\sigma=1}^{p}A_{\varrho\sigma}a'_{\sigma\nu} = \sum_{\mu=1}^{p}\left(\sum_{\sigma=1}^{p}\omega'_{\mu\sigma}a'_{\sigma\nu}\right)o_{\mu\varrho} \tag{51} \qquad (\nu,\varrho=1,2,\cdots,p)$$

und hieraus wegen (41):

$$\frac{\omega}{\pi i}\sum_{\sigma=1}^{p}A_{\varrho\sigma}a'_{\sigma\nu} = \pi i\sum_{\mu=1}^{p}\omega'_{\mu,\,p+\nu}o_{\mu\varrho}. \tag{52} \qquad (\nu,\varrho=1,2,\cdots,p)$$

Nun ist aber nach (I):

$$\omega'_{\mu,\,p+\nu} = \sum_{\varepsilon=1}^{2p}c_{p+\nu,\,\varepsilon}\,\omega_{\mu\varepsilon} = \sum_{\lambda=1}^{p}\left(c_{p+\nu,\,\lambda}\,\omega_{\mu\lambda} + c_{p+\nu,\,p+\lambda}\,\omega_{\mu,\,p+\lambda}\right) \tag{53}$$
$$(\mu,\nu=1,2,\cdots,p)$$

und daher:

$$\sum_{\mu=1}^{p}\omega'_{\mu,\,p+\nu}o_{\mu\varrho} \tag{54}$$
$$=\sum_{\lambda=1}^{p}\left[c_{p+\nu,\,\lambda}\left(\sum_{\mu=1}^{p}\omega_{\mu\lambda}o_{\mu\varrho}\right) + c_{p+\nu,\,p+\lambda}\left(\sum_{\mu=1}^{p}\omega_{\mu,\,p+\lambda}o_{\mu\varrho}\right)\right].$$
$$(\nu,\varrho=1,2,\cdots,p)$$

Von den beiden auf der rechten Seite dieser Gleichung auftretenden in besondere Klammern eingeschlossenen Summen besitzt die an erster Stelle stehende nur dann einen von Null verschiedenen Wert und zwar den Wert ω, wenn $\lambda=\varrho$ ist, die an zweiter Stelle stehende Summe hat nach (8) den Wert $\frac{\omega}{\pi i}a_{\varrho\lambda}$, und es wird daher:

$$\sum_{\mu=1}^{p}\omega'_{\mu,\,p+\nu}o_{\mu\varrho} = \frac{\omega}{\pi i}B_{\varrho\nu}, \tag{55} \qquad (\nu,\varrho=1,2,\cdots,p)$$

wenn man zur Abkürzung

$$B_{\varrho\nu} = c_{p+\nu,\varrho}\pi i + \sum_{\lambda=1}^{p} c_{p+\nu,p+\lambda}\, a_{\varrho\lambda} \qquad (56) \qquad (\varrho,\nu=1,2,\cdots,p)$$

setzt. Aus (52) erhält man aber jetzt die Beziehungen zwischen den Modulen der ursprünglichen und der transformierten Thetafunktionen in der Gestalt:

$$\pi i\, B_{\varrho\nu} = \sum_{\sigma=1}^{p} A_{\varrho\sigma}\, a'_{\sigma\nu} \qquad (57) \qquad (\varrho,\nu=1,2,\cdots,p)$$

oder, nach den $a'_{\sigma\nu}$ als Unbekannten aufgelöst, in der Form:

$$a'_{\sigma\nu} = \frac{\pi i}{\Delta_A}\sum_{\varrho=1}^{p} \bar{A}_{\varrho\sigma}\, B_{\varrho\nu}. \qquad (58) \qquad (\sigma,\nu=1,2,\cdots,p)$$

III. Satz: *Zwischen den Argumenten u und Modulen a der ursprünglichen Thetafunktionen einerseits und den Argumenten u′ und Modulen a′ der transformierten Thetafunktionen andererseits bestehen folgende Beziehungen: Setzt man zur Abkürzung:*

$$A_{\mu\nu} = c_{\nu\mu}\pi i + \sum_{\varkappa=1}^{p} c_{\nu,p+\varkappa}\, a_{\mu\varkappa}, \qquad \text{(VII)}$$

$$(\mu,\nu=1,2,\cdots,p)$$

$$B_{\mu\nu} = c_{p+\nu,\mu}\pi i + \sum_{\varkappa=1}^{p} c_{p+\nu,p+\varkappa}\, a_{\mu\varkappa}, \qquad \text{(VIII)}$$

so sind die Argumente u mit den Argumenten u′ durch die Gleichungen:

$$u_\mu = \frac{1}{\pi i}\sum_{\nu=1}^{p} A_{\mu\nu}\, u'_\nu, \qquad \text{(IX)} \qquad (\mu=1,2,\cdots,p)$$

oder:

$$u'_\nu = \frac{\pi i}{\Delta_A}\sum_{\mu=1}^{p} \bar{A}_{\mu\nu}\, u_\mu; \qquad \text{(X)} \qquad (\nu=1,2,\cdots,p)$$

die Modulen a mit den Modulen a′ durch die Gleichungen:

$$B_{\mu\varrho} = \frac{1}{\pi i}\sum_{\nu=1}^{p} A_{\mu\nu}\, a'_{\nu\varrho}, \qquad \text{(XI)} \qquad (\mu,\varrho=1,2,\cdots,p)$$

oder:

$$a'_{\nu\varrho} = \frac{\pi i}{\Delta_A}\sum_{\mu=1}^{p} \bar{A}_{\mu\nu}\, B_{\mu\varrho} \qquad \text{(XII)} \qquad (\nu,\varrho=1,2,\cdots,p)$$

verknüpft. In diesen Gleichungen ist mit Δ_A der stets von Null verschiedene Wert der Determinante $\sum \pm A_{11} A_{22} \cdots A_{pp}$ und mit $\bar{A}_{\mu\nu}$ die Adjunkte von $A_{\mu\nu}$ in dieser Determinante bezeichnet.

§ 4.

Zusammensetzung von Transformationen.

Wendet man auf die mittelst der Transformation T:

$$\omega'_{\mu\beta} = \sum_{\gamma=1}^{2p} c_{\beta\gamma}\,\omega_{\mu\gamma} \qquad \begin{pmatrix}\mu=1,2,\cdots,p\\ \beta=1,2,\cdots,2p\end{pmatrix} \tag{59}$$

von der Ordnung n eingeführten Perioden ω' eine neue Transformation T':

$$\omega''_{\mu\alpha} = \sum_{\beta=1}^{2p} c'_{\alpha\beta}\,\omega'_{\mu\beta} \qquad \begin{pmatrix}\mu=1,2,\cdots,p\\ \alpha=1,2,\cdots,2p\end{pmatrix} \tag{60}$$

von der Ordnungszahl n' an, so definieren die aus den Gleichungen (59) und (60) durch Elimination der Größen ω' entstehenden Gleichungen:

$$\omega''_{\mu\alpha} = \sum_{\gamma=1}^{2p} c''_{\alpha\gamma}\,\omega_{\mu\gamma}, \qquad \begin{pmatrix}\mu=1,2,\cdots,p\\ \alpha=1,2,\cdots,2p\end{pmatrix} \tag{61}$$

in denen zur Abkürzung

$$c''_{\alpha\gamma} = \sum_{\beta=1}^{2p} c'_{\alpha\beta}\,c_{\beta\gamma} \qquad (\alpha,\gamma=1,2,\cdots,2p) \tag{62}$$

gesetzt ist, eine dritte Transformation T''.

Im Hinblick auf die Gleichungen (61) folgt schon aus der Natur der Zahlen c'' als Transformationszahlen, daß sie Relationen von der Form (II) und (III) genügen; man kann dies aber auch mit Hilfe der Gleichungen (62) nachweisen, indem man die Zahlen c'' durch ihre Ausdrücke in den c und c' ersetzt und beachtet, daß die Zahlen c die Relationen (II), (III) erfüllen, die Zahlen c' aber Relationen (II'), (III'), welche aus (II), (III) dadurch hervorgehen, daß man die Buchstaben c durch c' und gleichzeitig n durch n' ersetzt. So findet man zunächst:

$$\begin{aligned}&\sum_{\varrho=1}^{p}\left(c''_{\varrho\varepsilon}\,c''_{p+\varrho,\varepsilon'} - c''_{p+\varrho,\varepsilon}\,c''_{\varrho\varepsilon'}\right)\\ &= \sum_{\alpha=1}^{2p}\sum_{\beta=1}^{2p}\sum_{\varrho=1}^{p}\left(c'_{\varrho\alpha}\,c'_{p+\varrho,\beta} - c'_{p+\varrho,\alpha}\,c'_{\varrho\beta}\right)c_{\alpha\varepsilon}\,c_{\beta\varepsilon'}, \qquad (\varepsilon,\varepsilon'=1,2,\cdots,2p)\end{aligned} \tag{63}$$

hieraus aber wegen der Relationen (II'):

$$\sum_{\varrho=1}^{p}\left(c''_{\varrho\varepsilon}\,c''_{p+\varrho,\varepsilon'} - c''_{p+\varrho,\varepsilon}\,c''_{\varrho\varepsilon'}\right) = n'\sum_{\sigma=1}^{p}\left(c_{\sigma\varepsilon}\,c_{p+\sigma,\varepsilon'} - c_{p+\sigma,\varepsilon}\,c_{\sigma\varepsilon'}\right) \qquad (\varepsilon,\varepsilon'=1,2,\cdots,2p) \tag{64}$$

und sodann wegen der Relationen (II):

$$(65)\qquad \sum_{\varrho=1}^{p}\left(c''_{\varrho\varepsilon}\,c''_{p+\varrho,\varepsilon'} - c''_{p+\varrho,\varepsilon}\,c''_{\varrho\varepsilon'}\right) = \begin{matrix} nn', & \text{wenn } \varepsilon' = p+\varepsilon, \\ 0, & \text{wenn } \varepsilon' \gtrless p+\varepsilon, \end{matrix}$$

$$(\varepsilon, \varepsilon' = 1, 2, \cdots, 2p;\ \varepsilon < \varepsilon')$$

und erkennt dadurch zugleich, daß die Ordnung n'' der Transformation T'' mit den Ordnungen n und n' der Transformationen T und T' durch die Gleichung:

$$(66)\qquad n'' = nn'$$

zusammenhängt.

Denkt man sich die Gleichungen (VII) — (XII) für die Transformationen T, T' und T'' angeschrieben, so ergeben sich aus den so erhaltenen 18 Gleichungen u. a. auf leicht ersichtliche Weise die bemerkenswerten Beziehungen:

$$(67)\qquad \pi i\,A''_{\mu\nu} = \sum_{\varrho=1}^{p} A_{\mu\varrho}\,A'_{\varrho\nu},$$

$$(\mu, \nu = 1, 2, \cdots, p)$$

$$(68)\qquad \pi i\,B''_{\mu\nu} = \sum_{\varrho=1}^{p} A_{\mu\varrho}\,B'_{\varrho\nu},$$

und hieraus ferner die Gleichungen:

$$(69)\qquad A''_{\mu\nu} = \sum_{\varrho=1}^{p}\left(c'_{\nu\varrho}\,A_{\mu\varrho} + c'_{\nu,p+\varrho}\,B_{\mu\varrho}\right),$$

$$(\mu, \nu = 1, 2, \cdots, p)$$

$$(70)\qquad B''_{\mu\nu} = \sum_{\varrho=1}^{p}\left(c'_{p+\nu,\varrho}\,A_{\mu\varrho} + c'_{p+\nu,p+\varrho}\,B_{\mu\varrho}\right).$$

Die Transformation T'', deren Transformationszahlen c'' aus den Transformationszahlen c und c' der Transformationen T und T' sich gemäß der Gleichungen:

$$(\text{XIII})\qquad c''_{\alpha\gamma} = \sum_{\beta=1}^{2p} c'_{\alpha\beta}\,c_{\beta\gamma} \qquad (\alpha, \gamma = 1, 2, \cdots, 2p)$$

zusammensetzen, wird die aus den Transformationen T und T' zusammengesetzte Transformation genannt. Die Beziehung zwischen den drei Transformationen T, T', T'' wird symbolisch durch die Gleichung:

$$(\text{XIV})\qquad T'' = TT'$$

fixiert. Die Ordnung n'' der zusammengesetzten Transformation ist gleich dem Produkte der Ordnungen n und n' der einzelnen Transformationen.

Der Tatsache, daß aus zwei Transformationen durch Zusammensetzung wieder eine Transformation hervorgeht, wird Ausdruck gegeben, indem man sagt, daß die Transformationen eine *Gruppe* bilden. Man kann nun auf die angegebene Weise aus mehreren Transformationen $T_1, T_2, \cdots, T_m$, nachdem man dieselben in eine bestimmte Reihenfolge gebracht hat, durch Zusammensetzung eine neue Transformation erzeugen, welche die aus den Transformationen $T_1, T_2, \cdots, T_m$ zusammengesetzte Transformation genannt und mit $T_1 T_2 \cdots T_m$ bezeichnet werde. Die Ordnung der zusammengesetzten Transformation ist gleich dem Produkte der Ordnungen der einzelnen Transformationen. Bei der Zusammensetzung der Transformationen gilt das Assoziationsgesetz, d. h. man erhält dasselbe Resultat, ob man die Transformationen der Reihe nach zusammensetzt, oder ob man dieselben zuerst gruppenweise vereinigt und dann die den einzelnen Gruppen entsprechenden Transformationen in der durch die Gruppen bestimmten Reihenfolge zusammensetzt. Dagegen gilt bei der Zusammensetzung von Transformationen das Kommutationsgesetz nicht; es ist im allgemeinen die Transformation $T_2 T_1$ von der Transformation $T_1 T_2$ verschieden.

Unter allen Transformationen gibt es eine ausgezeichnete, bei der:

$$(71) \qquad \omega'_{\mu\alpha} = \omega_{\mu\alpha} \qquad \begin{pmatrix}\mu=1,2,\cdots,p\\ \alpha=1,2,\cdots,2p\end{pmatrix}$$

ist; dieselbe soll die *identische* Transformation genannt und mit J bezeichnet werden; sie entsteht, wenn man:

$$(72) \qquad c_{\alpha\alpha} = 1, \qquad c_{\alpha\beta} = 0 \qquad (\alpha, \beta = 1, 2, \cdots, 2p;\ \alpha \gtrless \beta)$$

setzt; es ist daher:

$$(73) \qquad J = \left|\begin{array}{c|c} \begin{matrix}1 & \cdots & 0\\ & \cdots & \\ 0 & \cdots & 1\end{matrix} & 0 \\ \hline 0 & \begin{matrix}1 & \cdots & 0\\ & \cdots & \\ 0 & \cdots & 1\end{matrix}\end{array}\right|;$$

die Ordnung dieser Transformation ist, wie unmittelbar ersichtlich, 1. Setzt man die Transformation J auf eine der beiden möglichen Weisen mit einer beliebigen Transformation T zusammen, so entsteht die Transformation T wieder; d. h. es ist:

$$(74) \qquad JT = T, \qquad TJ = T.$$

Zu einer gegebenen Transformation T kann man immer eine und nur eine Transformation T' finden, sodaß:

$$(75) \qquad TT' = J$$

ist. Um dies zu beweisen, hat man unter Beibehaltung der oben angewandten Bezeichnung zu gegebenen Zahlen $c_{\alpha\beta}$ die Zahlen $c'_{\alpha\beta}$ so zu bestimmen, daß die früher mit T'' bezeichnete Transformation die identische wird. Dies liefert zur Bestimmung der $c'_{\alpha\beta}$ die Gleichungen:

$$(76)\qquad \sum_{\beta=1}^{2p} c'_{\alpha\beta}\, c_{\beta\gamma} = \begin{matrix} 1, \text{ wenn } \gamma = \alpha, \\ 0, \text{ wenn } \gamma \gtrless \alpha, \end{matrix} \qquad (\alpha, \gamma = 1, 2, \cdots, 2p)$$

aus denen, wenn man wie früher die Unterdeterminanten $2p-1^{\text{ten}}$ Grades der Determinante $\sum \pm c_{11}\, c_{22} \cdots c_{2p,2p}$ mit $\gamma_{\alpha\beta}$ bezeichnet und beachtet, daß diese Determinante selbst den Wert n^p hat:

$$(77)\qquad c'_{\alpha\beta} = \frac{1}{n^p}\gamma_{\beta\alpha} \qquad (\alpha, \beta = 1, 2, \cdots, 2p)$$

folgt, und es ist daher mit Rücksicht auf die Gleichungen (VI):

$$(78)\qquad \begin{aligned} c'_{\mu\nu} &= \frac{1}{n} c_{p+\nu, p+\mu}, & c'_{\mu, p+\nu} &= -\frac{1}{n} c_{\nu, p+\mu}, \\ c'_{p+\mu, \nu} &= -\frac{1}{n} c_{p+\nu, \mu}, & c'_{p+\mu, p+\nu} &= \frac{1}{n} c_{\nu\mu}. \end{aligned} \qquad (\mu, \nu = 1, 2, \cdots, p)$$

Die so für die c' gefundenen Werte erfüllen die Gleichungen (II'), (III'), wenn man darin $n' = \frac{1}{n}$ setzt. Man hat also den

IV. Satz: *Zu jeder Transformation T gibt es eine und nur eine andere T^{-1}, welche durch die Gleichung:*

$$(\text{XV})\qquad T T^{-1} = J,$$

in der J die identische Transformation bezeichnet, vollständig bestimmt ist. Ist T von der Ordnung n, so ist T^{-1} von der Ordnung $\frac{1}{n}$ und ihre Transformationszahlen $\mathfrak{c}$ sind durch die Gleichungen:

$$(\text{XVI})\qquad \begin{aligned} \mathfrak{c}_{\mu\nu} &= \frac{1}{n} c_{p+\nu, p+\mu}, & \mathfrak{c}_{\mu, p+\nu} &= -\frac{1}{n} c_{\nu, p+\mu}, \\ \mathfrak{c}_{p+\mu, \nu} &= -\frac{1}{n} c_{p+\nu, \mu}, & \mathfrak{c}_{p+\mu, p+\nu} &= \frac{1}{n} c_{\nu\mu}, \end{aligned} \qquad (\mu, \nu = 1, 2, \cdots, p)$$

bestimmt. Die Transformation T^{-1} wird die zur Transformation T inverse Transformation genannt.

Daß auch umgekehrt $T^{-1} T = J$, also auch T die inverse Transformation von T^{-1} ist, leuchtet ein. Führt die Transformation T von den Perioden ω zu den Perioden ω', so führt die inverse Transformation T^{-1} umgekehrt, auf die Perioden ω' angewandt, zu den Perioden ω zurück. Dementsprechend liefert das System der Gleichungen (VII) — (XII), wenn man es für die inverse Transformation T^{-1} aufstellt, die nachfolgenden Gleichungen, in denen der bequemeren Vergleichung mit den ursprünglichen wegen allenthalben die Buchstaben μ und ν mit einander vertauscht sind. Setzt man:

$$(79)\qquad n\mathfrak{A}_{\nu\mu} = c_{p+\nu,\, p+\mu}\,\pi i - \sum_{\varkappa=1}^{p} c_{\varkappa,\, p+\mu}\, a'_{\nu\varkappa}, \qquad (\mu, \nu = 1, 2, \cdots, p)$$

$$(80)\qquad n\mathfrak{B}_{\nu\mu} = -\, c_{p+\nu,\, \mu}\,\pi i + \sum_{\varkappa=1}^{p} c_{\varkappa\mu}\, a'_{\nu\varkappa},$$

so ist:

$$(81)\qquad u_\nu' = \frac{1}{\pi i}\sum_{\mu=1}^{p} \mathfrak{A}_{\nu\mu}\, u_\mu, \qquad (\nu = 1, 2, \cdots, p)$$

oder:

$$(82)\qquad u_\mu = \frac{\pi i}{\Delta_{\mathfrak{A}}}\sum_{\nu=1}^{p} \overline{\mathfrak{A}}_{\nu\mu}\, u_\nu', \qquad (\mu = 1, 2, \cdots, p)$$

und:

$$(83)\qquad \mathfrak{B}_{\nu\varrho} = \frac{1}{\pi i}\sum_{\mu=1}^{p} \mathfrak{A}_{\nu\mu}\, a_{\mu\varrho}, \qquad (\nu, \varrho = 1, 2, \cdots, p)$$

oder:

$$(84)\qquad a_{\mu\varrho} = \frac{\pi i}{\Delta_{\mathfrak{A}}}\sum_{\nu=1}^{p} \overline{\mathfrak{A}}_{\nu\mu}\, \mathfrak{B}_{\nu\varrho}, \qquad (\mu, \varrho = 1, 2, \cdots, p)$$

wo $\Delta_{\mathfrak{A}}$ den Wert der Determinante $\sum \pm \mathfrak{A}_{11}\mathfrak{A}_{22}\cdots\mathfrak{A}_{pp}$ und $\overline{\mathfrak{A}}_{\nu\mu}$ die Adjunkte von $\mathfrak{A}_{\nu\mu}$ in dieser Determinante bezeichnet, und es ist nun mit Rücksicht auf das vorher Bemerkte der durch die Gleichungen (81) und (82) ausgedrückte Zusammenhang zwischen den Variablen u und u' genau derselbe wie der durch die Gleichungen (IX) und (X) bestimmte, oder mit anderen Worten, die Gleichungen (81) sind mit den Gleichungen (X), die Gleichungen (82) mit den Gleichungen (IX) identisch; ebenso ist der durch die Gleichungen (83) und (84) vermittelte Zusammenhang zwischen den Modulen a und a' genau der gleiche wie der zwischen diesen Größen durch die Gleichungen (XI) und (XII) definierte, oder mit anderen Worten, die Gleichungen (83) sind mit den Gleichungen (XI) identisch, während die Gleichungen (84) in derselben Weise die Auflösung dieser Gleichungen nach den Modulen a darstellen, wie es die Gleichungen (XII) nach den Modulen a' tun. Von der Richtigkeit dieser Behauptungen kann man sich auch direkt überzeugen, insbesondere aber mit Hilfe der aus (67) für $T' = T^{-1}$, $T'' = J$ folgenden Gleichungen:

$$(85)\qquad \sum_{\varrho=1}^{p} A_{\mu\varrho}\,\mathfrak{A}_{\varrho\nu} = \begin{matrix} (\pi i)^2, & \text{wenn } \mu = \nu, \\ 0, & \text{wenn } \mu \gtrless \nu, \end{matrix} \qquad (\mu, \nu = 1, 2, \cdots, p)$$

aus denen:

$$(86)\qquad \mathfrak{A}_{\mu\nu} = \frac{(\pi i)^2}{\Delta_A}\overline{A}_{\nu\mu}, \qquad A_{\mu\nu} = \frac{(\pi i)^2}{\Delta_{\mathfrak{A}}}\overline{\mathfrak{A}}_{\nu\mu} \qquad (\mu, \nu = 1, 2, \cdots, p)$$

folgt. Man wird noch bemerken, daß die Gleichungen (68), je nachdem man die Transformationen T, T', T'' mit den Transformationen T, T^{-1}, J oder mit den Transformationen T^{-1}, T, J identisch werden läßt, in die Gleichungen:

(87) $$\sum_{\varrho=1}^{p} A_{\mu\varrho}\,\mathfrak{B}_{\varrho\nu} = \pi i\, a_{\mu\nu} \qquad (\mu, \nu = 1, 2, \cdots, p)$$

oder:

(88) $$\sum_{\varrho=1}^{p} \mathfrak{A}_{\mu\varrho}\,B_{\varrho\nu} = \pi i\, a'_{\mu\nu} \qquad (\mu, \nu = 1, 2, \cdots, p)$$

übergehen, die auf Grund der Gleichungen (86) mit den Gleichungen (84) und (XII) übereinstimmen.

Eine beliebige Transformation T kann man immer aus m Transformationen, von denen $m-1$, etwa $T_1, \cdots, T_{\mu-1}, T_{\mu+1}, \cdots, T_m$ willkürlich angenommen werden können, während die m^{te} T_μ durch diese und die Transformation T eindeutig bestimmt ist, zusammensetzen in der Form:

(89) $$T = T_1 \cdots T_{\mu-1}\, T_\mu\, T_{\mu+1} \cdots T_m .$$

Setzt man nämlich, indem man die zu den gegebenen Transformationen $T_1, \cdots, T_{\mu-1}, T_{\mu+1}, \cdots, T_m$ inversen Transformationen mit $T_1^{-1}, \cdots, T_{\mu-1}^{-1}, T_{\mu+1}^{-1}, \cdots, T_m^{-1}$ bezeichnet:

(90) $$T_\mu = T_{\mu-1}^{-1} \cdots T_1^{-1}\, T\, T_m^{-1} \cdots T_{\mu+1}^{-1}$$

und führt das so bestimmte T_μ in die Gleichung (89) ein, so wird dieselbe richtig. Umgekehrt folgt aus der obigen Gleichung, sobald man sie als bestehend voraussetzt, für T_μ immer der aufgestellte Ausdruck. Die Transformation T_μ ist also eindeutig bestimmt, sobald die Transformation T und die Transformationen $T_1, \cdots, T_{\mu-1}, T_{\mu+1}, \cdots, T_m$ gegeben sind, und ihre Ordnung n_μ setzt sich aus der Ordnung n der Transformation T und den Ordnungen $n_1, \cdots, n_{\mu-1}, n_{\mu+1}, \cdots, n_m$ der Transformationen $T_1, \cdots, T_{\mu-1}, T_{\mu+1}, \cdots, T_m$ zusammen vermittelst der Gleichung:

(91) $$n_\mu = \frac{n}{n_1 \cdots n_{\mu-1}\, n_{\mu+1} \cdots n_m} .$$

Das hier entwickelte Prinzip der Zusammensetzung einer Transformation T aus mehreren ist für die Transformationstheorie als ein fundamentales anzusehen; durch Anwendung desselben kann man nämlich, wie in den folgenden Artikeln ausgeführt wird, das allgemeine Transformationsproblem auf gewisse einfache zurückführen.

§ 5.

Zusammensetzung einer ganzzahligen linearen Transformation aus elementaren.

Ist eine Transformation T eine ganzzahlige lineare, so ist es, wie der Satz IV zeigt, auch die inverse T^{-1}. Da ferner in diesem Falle jede ganzzahlige lineare Verbindung der ω auch eine ganzzahlige lineare Verbindung der ω' ist und umgekehrt, so ist jeder Gitterpunkt im Periodengitter der ω auch ein Gitterpunkt im Periodengitter der ω' und umgekehrt. Die Periodengitter der ω und ω' haben also für jede ganzzahlige lineare Transformation die nämlichen Gitterpunkte. Daß die Periodenparallelotope dann in beiden Fällen den nämlichen Inhalt haben, leuchtet ein.

Die ganzzahligen linearen Transformationen bilden für sich eine Gruppe; denn setzt man irgend zwei ganzzahlige lineare Transformationen zu einer neuen Transformation zusammen, so ist diese wieder eine ganzzahlige lineare. Mit Rücksicht darauf kann man die Frage aufwerfen, ob eine endliche Anzahl ganzzahliger linearer Transformationen $L_1, L_2, \cdots, L_m$ gefunden werden kann, aus denen sich jede beliebige ganzzahlige lineare Transformation L zusammensetzen läßt in der Form:

$$L = L_1^{\alpha_1} L_2^{\alpha_2} \cdots L_m^{\alpha_m} L_1^{\beta_1} \cdots L_1^{\varrho_1} L_2^{\varrho_2} \cdots L_m^{\varrho_m}, \tag{92}$$

wobei die $\alpha, \beta, \cdots, \varrho$ positive ganze Zahlen, die Null nicht ausgeschlossen, bezeichnen. Aus der Gleichung (92) ergibt sich sofort:

$$L L_m^{-\varrho_m} \cdots L_2^{-\varrho_2} L_1^{-\varrho_1} \cdots L_1^{-\beta_1} L_m^{-\alpha_m} \cdots L_2^{-\alpha_2} L_1^{-\alpha_1} = J, \tag{93}$$

und man kann daher die Frage auch so stellen, ob es eine endliche Anzahl ganzzahliger linearer Transformationen $L_1^{-1}, L_2^{-1}, \cdots, L_m^{-1}$ gibt, vermittelst deren sich eine beliebige ganzzahlige lineare Transformation L in der Form (93) auf die identische Transformation J reduzieren läßt.

Um diese Frage zu entscheiden, definiere man die folgenden speziellen ganzzahligen linearen Transformationen, indem man unter ϱ, σ irgend zwei Zahlen aus der Reihe $1, 2, \cdots, p$ versteht.

1. Die Transformation A_ϱ^{-1}, bei der:

$$c_{\alpha\alpha} = 1 \text{ für } \alpha = 1, 2, \cdots, 2p \text{ und } c_{\varrho, p+\varrho} = -1 \tag{94}$$

ist, während alle übrigen Transformationszahlen c den Wert Null besitzen.

2. Die Transformation B_ϱ^{-1}, bei der:

(95) $c_{\mu\mu} = c_{p+\mu, p+\mu} = 1$ für $\mu = 1, 2, \cdots, \varrho - 1, \varrho + 1, \cdots, p$ und

$$c_{\varrho, p+\varrho} = -1, \; c_{p+\varrho, \varrho} = +1$$

ist, während alle übrigen Transformationszahlen c den Wert Null besitzen.

3. Die Transformation $C_{\varrho\sigma}^{-1}$, bei der:

(96) $c_{\alpha\alpha} = 1$ für $\alpha = 1, 2, \cdots, 2p$ und $c_{\varrho\sigma} = -1, \; c_{p+\sigma, p+\varrho} = +1$

ist, während alle übrigen Transformationszahlen c den Wert Null besitzen.

4. Die Transformation $D_{\varrho\sigma}^{-1}$, bei der:

(97) $$c_{\mu\mu} = c_{p+\mu, p+\mu} = 1 \text{ für}$$

$$\mu = 1, 2, \cdots, \varrho - 1, \varrho + 1, \cdots, \sigma - 1, \sigma + 1, \cdots, p \text{ und}$$

$$c_{\varrho\sigma} = c_{\sigma\varrho} = c_{p+\varrho, p+\sigma} = c_{p+\sigma, p+\varrho} = 1$$

ist, während alle übrigen Transformationszahlen c den Wert Null besitzen.

Setzt man eine Transformation T mit der Transformation A_ϱ^{-1} zur Transformation TA_ϱ^{-1} zusammen, so unterscheidet sich diese von der Transformation T dadurch, daß die Elemente der ϱ^{ten} Horizontalreihe von T durch neue ersetzt sind, welche aus den ursprünglichen durch Subtraktion der entsprechenden Elemente der $p + \varrho^{\text{ten}}$ Horizontalreihe hervorgehen, sodaß also für $\alpha = 1, 2, \cdots, 2p$ $c_{\varrho\alpha}$ durch $c_{\varrho\alpha} - c_{p+\varrho, \alpha}$ ersetzt ist.

Setzt man eine Transformation T mit der Transformation B_ϱ^{-1} zur Transformation TB_ϱ^{-1} zusammen, so unterscheidet sich diese von der Transformation T dadurch, daß die Elemente der ϱ^{ten} Horizontalreihe von T mit den Elementen der $p + \varrho^{\text{ten}}$ vertauscht sind, nachdem man zuvor die letzteren sämtlich mit -1 multipliziert hat, sodaß also für $\alpha = 1, 2, \cdots, 2p$ $c_{\varrho\alpha}$ durch $-c_{p+\varrho, \alpha}$ und $c_{p+\varrho, \alpha}$ durch $c_{\varrho\alpha}$ ersetzt ist.

Setzt man eine Transformation T mit der Transformation $C_{\varrho\sigma}^{-1}$ zur Transformation $TC_{\varrho\sigma}^{-1}$ zusammen, so unterscheidet sich diese von der Transformation T dadurch, daß die Elemente der ϱ^{ten} Horizontalreihe von T durch neue ersetzt sind, welche aus den ursprünglichen durch Subtraktion der entsprechenden Elemente der σ^{ten} Horizontalreihe, gleichzeitig aber die Elemente der $p + \sigma^{\text{ten}}$ Horizontalreihe von T durch neue ersetzt sind, welche aus den ursprünglichen durch Addition der entsprechenden Elemente der $p + \varrho^{\text{ten}}$ Horizontalreihe hervorgehen, sodaß also für $\alpha = 1, 2, \cdots, 2p$ $c_{\varrho\alpha}$ durch $c_{\varrho\alpha} - c_{\sigma\alpha}$ und $c_{p+\sigma, \alpha}$ durch $c_{p+\sigma, \alpha} + c_{p+\varrho, \alpha}$ ersetzt ist.

Setzt man endlich eine Transformation T mit der Transformation $D_{\varrho\sigma}^{-1}$ zur Transformation $TD_{\varrho\sigma}^{-1}$ zusammen, so unterscheidet sich diese von der Transformation T dadurch, daß die Elemente der ϱ^{ten} Horizontalreihe von T mit den entsprechenden Elementen der σ^{ten} und gleichzeitig die Elemente der $p+\varrho^{\text{ten}}$ Horizontalreihe von T mit denen der $p+\sigma^{\text{ten}}$ vertauscht sind, sodaß also für $\alpha = 1, 2, \cdots, 2p$ $c_{\sigma\alpha}$ mit $c_{\varrho\alpha}$ und $c_{p+\sigma,\alpha}$ mit $c_{p+\varrho,\alpha}$ den Platz gewechselt hat.

Auch mag für das Folgende bemerkt werden, daß durch nochmalige Zusammensetzung der Transformation TB_{ϱ}^{-1} mit der Transformation B_{ϱ}^{-1} eine Transformation TB_{ϱ}^{-2} erhalten wird, welche sich von T nur dadurch unterscheidet, daß die sämtlichen Elemente der ϱ^{ten} und $p+\varrho^{\text{ten}}$ Horizontalreihe von T mit -1 multipliziert sind, sodaß also für $\alpha = 1, 2, \cdots, 2p$ $c_{\varrho\alpha}$ durch $-c_{\varrho\alpha}$ und $c_{p+\varrho,\alpha}$ durch $-c_{p+\varrho,\alpha}$ ersetzt ist.

Ist nun eine ganzzahlige lineare Transformation L gegeben, so fasse man zunächst nur die Elemente $c_{11}\, c_{21} \cdots c_{p1} \,|\, c_{p+1,1}\, c_{p+2,1} \cdots c_{2p,1}$ der ersten Vertikalreihe ins Auge. Durch Zusammensetzung der Transformation L mit passend gewählten Transformationen A_{ϱ}^{-1}, B_{ϱ}^{-1} $(\varrho = 1, 2, \cdots, p)$ kann man aus L zuerst eine neue Transformation ableiten, bei der $c_{p+1,1} = c_{p+2,1} = \cdots = c_{2p,1} = 0$ ist, und hierauf aus dieser durch Zusammensetzung mit Transformationen $C_{\varrho\sigma}^{-1}$ $(\varrho, \sigma = 1, 2, \cdots, p)$ eine weitere, bei der auch $p-1$ der p Zahlen $c_{11}, c_{21}, \cdots, c_{p1}$ gleich Null sind, und nur die p^{te} einen von Null verschiedenen Wert hat. Falls dieser Wert negativ ist, kann man ihn durch Zusammensetzung der jetzigen Transformation mit einer Transformation B_{ϱ}^{-2} positiv machen, und endlich kann man ihn durch Zusammensetzung mit einer Transformation $D_{\varrho\sigma}^{-1}$ an die erste Stelle bringen, sodaß schließlich $c_{21} = c_{31} = \cdots = c_{2p,1} = 0$ und $c_{11} > 0$ ist.

Indem man nun die erste und $p+1^{\text{te}}$ Horizontalreihe aus dem Spiele läßt und die übrigen Elemente $\cdot\, c_{22}\, c_{32} \cdots c_{p2} \,|\, \cdot\, c_{p+2,2}\, c_{p+3,2} \cdots c_{2p,2}$ der zweiten Vertikalreihe ins Auge faßt, kann man in der gleichen Weise wie vorher durch Zusammensetzung der gewonnenen Transformation mit Transformationen A_{ϱ}^{-1}, B_{ϱ}^{-1} $(\varrho = 2, 3, \cdots, p)$ zunächst eine neue Transformation ableiten, bei der $c_{p+2,2} = c_{p+3,2} = \cdots = c_{2p,2} = 0$ ist, und sodann aus dieser durch Zusammensetzung mit Transformationen $C_{\varrho\sigma}^{-1}$, B_{ϱ}^{-2}, $D_{\varrho\sigma}^{-1}$ $(\varrho, \sigma = 2, 3, \cdots, p)$ eine weitere, bei der auch noch $c_{32} = c_{42} = \cdots = c_{p2} = 0$ ist, während $c_{22} > 0$ ist.

So fortfahrend erkennt man, daß man aus der Transformation L durch Zusammensetzung mit passend gewählten Transformationen A_{ϱ}^{-1}, B_{ϱ}^{-1}, $C_{\varrho\sigma}^{-1}$, $D_{\varrho\sigma}^{-1}$ $(\varrho, \sigma = 1, 2, \cdots, p)$ eine neue Transformation:

$$(98)\qquad L' = \left|\begin{array}{cccc|c} c_{11} & c_{12} & \cdots & c_{1p} & \\ 0 & c_{22} & \cdots & c_{2p} & \\ . & . & . & . & c_{\mu,\,p+\nu} \\ 0 & 0 & \cdots & c_{pp} & \\ \hline 0 & c_{p+1,\,2} & \cdots & c_{p+1,\,p} & \\ 0 & 0 & \cdots & c_{p+2,\,p} & c_{p+\mu,\,p+\nu} \\ . & . & . & . & \\ 0 & 0 & \cdots & 0 & \end{array}\right|$$

ableiten kann, bei der für $\varrho, \sigma = 1, 2, \cdots, p$ alle Elemente $c_{\varrho\sigma}$, bei denen $\varrho > \sigma$, und alle Elemente $c_{p+\varrho,\,\sigma}$, bei denen $\varrho \geqq \sigma$ ist, den Wert Null besitzen. Von den übrigen Elementen haben die positiven Elemente $c_{11}, c_{22}, \cdots, c_{pp}$ sämtlich den Wert Eins, da nach (V) bei einer linearen Transformation die Determinante C der $4p^2$ Zahlen $c_{\alpha\beta}$ den Wert Eins besitzt, für die Transformation L' aber sich diese Determinante auf $c_{11}\, c_{22} \cdots c_{pp} \cdot \sum \pm c_{p+1,\,p+1} \cdots c_{2p,\,2p}$ reduziert. Sobald aber nachgewiesen ist, daß die Größen $c_{11}, c_{22}, \cdots, c_{pp}$ von Null verschieden sind, ergeben die aus (II) folgenden Relationen:

$$(99)\qquad \sum_{\varrho=1}^{p} (c_{\varrho\mu}\, c_{p+\varrho,\,\nu} - c_{p+\varrho,\,\mu}\, c_{\varrho\nu}) = 0, \qquad (\mu, \nu = 1, 2, \cdots, p;\ \mu < \nu)$$

indem man darin zuerst $\mu = 1$, sodann $\mu = 2, \cdots$, endlich $\mu = p$ setzt, daß in der Transformation L' auch diejenigen Zahlen $c_{p+\varrho,\,\sigma}$, bei denen $\varrho < \sigma$ ist, sämtlich den Wert Null besitzen, daß also die Transformation L' die einfachere Gestalt:

$$(100)\qquad L' = \left|\begin{array}{cccc|c} 1 & c_{12} & \cdots & c_{1p} & \\ 0 & 1 & \cdots & c_{2p} & \\ . & . & . & . & c_{\mu,\,p+\nu} \\ 0 & 0 & \cdots & 1 & \\ \hline & & & & \\ & & 0 & & c_{p+\mu,\,p+\nu} \\ & & & & \end{array}\right|$$

hat.

Durch Zusammensetzung mit passend gewählten Transformationen $C_{\varrho\sigma}^{-1}$ $(\varrho, \sigma = 1, 2, \cdots, p)$ kann man nun weiter aus der Transformation L' eine neue:

$$(101)\qquad L'' = \left|\begin{array}{cccc|c} 1 & 0 & \cdots & 0 & \\ 0 & 1 & \cdots & 0 & \\ . & . & . & . & c_{\mu,\,p+\nu} \\ 0 & 0 & \cdots & 1 & \\ \hline & & & & \\ & & 0 & & c_{p+\mu,\,p+\nu} \\ & & & & \end{array}\right|$$

ableiten, bei der auch alle Elemente $c_{\varrho\sigma}$, bei denen $\varrho < \sigma$ ist, den Wert Null besitzen, und schließt dann mit Hilfe der aus (II) folgenden Relationen:

$$(102)\qquad \sum_{\varrho=1}^{p}(c_{\varrho\mu}\,c_{p+\varrho,\,p+\nu} - c_{p+\varrho,\,\mu}\,c_{\varrho,\,p+\nu}) = \begin{matrix} 1, \text{ wenn } \mu = \nu, \\ 0, \text{ wenn } \mu \gtrless \nu, \end{matrix}$$
$$(\mu, \nu = 1, 2, \cdots, p)$$

sofort, daß alle Elemente $c_{p+\mu,\,p+\nu}$, bei denen $\mu \gtrless \nu$ ist, den Wert Null, die Elemente $c_{p+\mu,\,p+\mu}$ aber sämtlich den Wert 1 besitzen, die Transformation L'' also die einfachere Form:

$$(103)\qquad L'' = \left|\begin{array}{ccc|ccc} 1 & \cdots & 0 & & & \\ . & . & . & & c_{\mu,\,p+\nu} & \\ 0 & \cdots & 1 & & & \\ \hline & & & 1 & \cdots & 0 \\ & 0 & & . & . & . \\ & & & 0 & \cdots & 1 \end{array}\right|$$

hat.

Aus der Transformation L'' kann man aber endlich durch Zusammensetzung mit Transformationen A_ϱ^{-1}, B_ϱ^{-1} $(\varrho = 1, 2, \cdots, p)$ eine Transformation ableiten, bei der auch alle Elemente $c_{\mu,\,p+\nu}$ den Wert Null besitzen, welche also die identische ist.

Damit ist bewiesen, daß jede ganzzahlige lineare Transformation L durch Zusammensetzung mit Transformationen von der Form A_ϱ^{-1}, B_ϱ^{-1}, $C_{\varrho\sigma}^{-1}$, $D_{\varrho\sigma}^{-1}$ $(\varrho, \sigma = 1, 2, \cdots, p)$ in der durch die Gleichung (93) dargestellten Art auf die identische Transformation J reduziert werden kann, und man schließt daraus in der dort angegebenen Weise weiter, daß daher umgekehrt jede ganzzahlige lineare Transformation sich aus den Transformationen A_ϱ, B_ϱ, $C_{\varrho\sigma}$, $D_{\varrho\sigma}$ $(\varrho, \sigma = 1, 2, \cdots, p)$ zusammensetzen läßt.

V. Satz: *Jede ganzzahlige lineare Transformation L läßt sich aus den $\frac{1}{2}p(3p+1)$ „elementaren" linearen Transformationen A_ϱ $(\varrho = 1, 2, \cdots, p)$, B_ϱ $(\varrho = 1, 2, \cdots, p)$, $C_{\varrho\sigma}$ $(\varrho, \sigma = 1, 2, \cdots, p;\ \varrho \gtrless \sigma)$, $D_{\varrho\sigma}$ $(\varrho, \sigma = 1, 2, \cdots, p;\ \varrho < \sigma)$ zusammensetzen; dabei ist:*

1. für die Transformation A_ϱ:

$$\text{(XVII)} \qquad c_{\alpha\alpha} = 1 \quad \textit{für} \quad \alpha = 1, 2, \cdots, 2p \quad \textit{und} \quad c_{\varrho, p+\varrho} = 1,$$

während alle übrigen Transformationszahlen c den Wert Null besitzen;

2. für die Transformation B_ϱ:

$$\text{(XVIII)} \qquad \begin{gathered} c_{\mu\mu} = c_{p+\mu, p+\mu} = 1 \quad \textit{für} \quad \mu = 1, 2, \cdots, \varrho - 1, \varrho + 1, \cdots, p \\ \textit{und} \quad c_{\varrho, p+\varrho} = +1, \quad c_{p+\varrho, \varrho} = -1, \end{gathered}$$

während alle übrigen Transformationszahlen c den Wert Null besitzen;

3. für die Transformation $C_{\varrho\sigma}$:

$$\text{(XIX)} \qquad c_{\alpha\alpha} = 1 \quad \textit{für} \quad \alpha = 1, 2, \cdots, 2p, \quad \textit{und} \quad c_{\varrho\sigma} = 1, \ c_{p+\sigma, p+\varrho} = -1,$$

während alle übrigen Transformationszahlen c den Wert Null besitzen;

4. für die Transformation $D_{\varrho\sigma}$:

$$\text{(XX)} \qquad \begin{gathered} c_{\mu\mu} = c_{p+\mu, p+\mu} = 1 \ \textit{für} \ \mu = 1, 2, \cdots, \varrho - 1, \varrho + 1, \cdots, \sigma - 1, \sigma + 1, \cdots, p \\ \textit{und} \quad c_{\varrho\sigma} = c_{\sigma\varrho} = c_{p+\varrho, p+\sigma} = c_{p+\sigma, p+\varrho} = 1, \end{gathered}$$

während alle übrigen Transformationszahlen c den Wert Null besitzen.

Die auf diese Weise gewonnenen $\frac{1}{2}p(3p+1)$ erzeugenden Transformationen können ohne Mühe auf eine geringere Anzahl reduziert werden. Mit Hilfe der $\frac{1}{2}(p-1)p$ Transformationen $D_{\varrho\sigma}$ kann man nämlich alle Transformationen A_ϱ, B_ϱ, $C_{\varrho\sigma}$ auf je eine einzige unter ihnen reduzieren, da, wie eine einfache Überlegung zeigt:

$$\text{(104)} \qquad A_\varrho = D_{1\varrho} A_1 D_{1\varrho}, \qquad (\varrho = 2, 3, \cdots, p)$$

$$\text{(105)} \qquad B_\varrho = D_{1\varrho} B_1 D_{1\varrho}, \qquad (\varrho = 2, 3, \cdots, p)$$

$$\text{(106)} \qquad C_{\varrho\sigma} = D_{1\varrho} D_{2\sigma} C_{12} D_{2\sigma} D_{1\varrho} \qquad (\varrho, \sigma = 1, 2, \cdots, p;\ \varrho \gtrless \sigma)$$

ist, und man hat daher, da endlich noch die $\frac{1}{2}(p-1)p$ Transformationen $D_{\varrho\sigma}$ selbst auf Grund der Formel:

$$\text{(107)} \qquad D_{\varrho\sigma} = D_{\varrho, \varrho+1} D_{\varrho+1, \varrho+2} \cdots D_{\sigma-1, \sigma} D_{\sigma-2, \sigma-1} \cdots D_{\varrho, \varrho+1} \qquad (\varrho, \sigma = 1, 2, \cdots, p;\ \varrho < \sigma)$$

auf die $p-1$ Transformationen D_{12}, D_{23}, $\cdots$, $D_{p-1, p}$ unter ihnen reduziert werden können, schließlich als erzeugende Transformationen die folgenden $p+2$:

$$\text{(108)} \qquad A_1,\ B_1,\ C_{12},\ D_{12},\ D_{23},\ \cdots,\ D_{p-1, p}.$$

VI. Satz: *Jede ganzzahlige lineare Transformation L läßt sich aus den $p+2$ elementaren linearen Transformationen:*

$$(\text{XXI}) \qquad A_1,\ B_1,\ C_{12},\ D_{12},\ D_{23},\ \cdots,\ D_{p-1,p}$$

zusammensetzen.

Im speziellen Falle $p = 1$ fallen die Transformationen C und D weg.

VII. Satz: *Im Falle $p = 1$ läßt sich jede ganzzahlige lineare Transformation aus den zwei elementaren:*

$$(\text{XXII}) \qquad A = \left|\begin{array}{c|c} 1 & 1 \\ \hline 0 & 1 \end{array}\right|, \qquad B = \left|\begin{array}{c|c} 0 & 1 \\ \hline -1 & 0 \end{array}\right|$$

als erzeugenden zusammensetzen.

Im Falle $p = 2$ reduzieren sich die Transformationen D auf die einzige D_{12}.

VIII. Satz: *Im Falle $p = 2$ läßt sich jede ganzzahlige lineare Transformation aus den vier elementaren:*

$$(\text{XXIII}) \qquad A = \left|\begin{array}{cc|cc} 1 & 0 & 1 & 0 \\ 0 & 1 & 0 & 0 \\ \hline \multicolumn{2}{c|}{\multirow{2}{*}{0}} & 1 & 0 \\ & & 0 & 1 \end{array}\right|, \qquad B = \left|\begin{array}{cc|cc} 0 & 0 & 1 & 0 \\ 0 & 1 & 0 & 0 \\ \hline -1 & 0 & 0 & 0 \\ 0 & 0 & 0 & 1 \end{array}\right|,$$

$$C = \left|\begin{array}{cc|cc} 1 & 1 & \multicolumn{2}{c}{\multirow{2}{*}{0}} \\ 0 & 1 & & \\ \hline \multicolumn{2}{c|}{\multirow{2}{*}{0}} & 1 & 0 \\ & & -1 & 1 \end{array}\right|, \qquad D = \left|\begin{array}{cc|cc} 0 & 1 & \multicolumn{2}{c}{\multirow{2}{*}{0}} \\ 1 & 0 & & \\ \hline \multicolumn{2}{c|}{\multirow{2}{*}{0}} & 0 & 1 \\ & & 1 & 0 \end{array}\right|$$

als erzeugenden zusammensetzen.

Mit der Reduktion der erzeugenden Transformation auf diese vier hat man im Falle $p = 2$ nicht die Mindestzahl der erzeugenden Transformationen erreicht; denn man kann die vier Transformationen A, B, C, D aus den zwei:

$$(109) \qquad M = \left|\begin{array}{cc|cc} \multicolumn{2}{c|}{\multirow{2}{*}{0}} & -1 & 0 \\ & & 0 & -1 \\ \hline 1 & 0 & 0 & -1 \\ 0 & 1 & -1 & 0 \end{array}\right|, \qquad N = \left|\begin{array}{cc|cc} 0 & -1 & 1 & 0 \\ -1 & 0 & 1 & 1 \\ \hline -1 & 0 & 1 & 0 \\ 0 & -1 & 0 & 0 \end{array}\right|$$

in der Form:

$$(110) \qquad \begin{array}{ll} A = M^5 N^9, & B = (M^2 N^2 M N)^3, \\ C = (M^5 N^4)^2 (M N^4 M^4)^2 (N M^3)^3, & D = M^3, \end{array}$$

zusammensetzen.

Im Falle $p \geqq 3$ kann man die $p+2$ erzeugenden Transformationen des VI. Satzes auf folgende Weise auf weniger reduzieren.

Man bilde aus den $p-1$ Transformationen $D_{12}, D_{23}, \cdots, D_{p-1,p}$ durch Zusammensetzung die Transformation:

$$E = D_{12} D_{23} \cdots D_{p-1,p}; \tag{111}$$

es ist dann für diese Transformation:

$$\begin{aligned} c_{12} &= c_{23} &= \cdots = c_{p-1,p} &= c_{p,1} &= 1, \\ c_{p+1,p+2} &= c_{p+2,p+3} &= \cdots = c_{2p-1,2p} &= c_{2p,p+1} &= 1, \end{aligned} \tag{112}$$

während alle übrigen Transformationszahlen c den Wert Null besitzen, und es entsteht durch Zusammensetzung einer Transformation T mit der Transformation E eine Transformation TE, welche sich von T dadurch unterscheidet, daß die p ersten und ebenso die p letzten Horizontalreihen zyklisch vertauscht sind. Man erkennt nun leicht, daß:

$$D_{\varrho,\varrho+1} = E^{\varrho-1} D_{12} E^{p-\varrho+1} \tag{113}$$

ist, und kann mit Hilfe dieser Gleichung in dem Systeme der $p+2$ erzeugenden Transformationen $A_1, B_1, C_{12}, D_{12}, D_{23}, \cdots, D_{p-1,p}$, aus denen sich nach dem VI. Satz jede beliebige ganzzahlige lineare Transformation zusammensetzen läßt, die $p-1$ letzten Transformationen $D_{12}, D_{23}, \cdots, D_{p-1,p}$ aus der ersten unter ihnen D_{12} und der Transformation E zusammensetzen. Man erhält so zunächst das Resultat, daß im Falle $p \geqq 3$ sich jede ganzzahlige lineare Transformation aus den fünf:

$$A_1, \quad B_1, \quad C_{12}, \quad D_{12}, \quad E \tag{114}$$

als erzeugenden zusammensetzen läßt, aus diesem aber, wenn man beachtet, daß die vier Transformationen A_1, B_1, C_{12}, D_{12} sich in der oben angegebenen Weise auf zwei M, N reduzieren lassen, sofort das weitere, daß im Falle $p \geqq 3$ sich jede ganzzahlige lineare Transformation aus den drei:

$$M, \quad N, \quad E \tag{115}$$

als erzeugenden zusammensetzen läßt; dabei hat man sich die oben angeschriebenen, auf den Fall $p=2$ bezüglichen Transformationen M, N durch Hinzunahme der identischen Gleichungen:

$$\omega'_{\mu\nu} = \omega_{\mu\nu}, \quad \omega'_{\mu,p+\nu} = \omega_{\mu,p+\nu} \qquad \begin{pmatrix} \mu = 1, 2, \cdots, p \\ \nu = 3, 4, \cdots, p \end{pmatrix} \tag{116}$$

auf den Fall $p > 2$ erweitert zu denken.

Die Zusammensetzung der ganzzahligen linearen Transformationen aus einfachen ist zuerst von Kronecker angegeben worden. Die von

Kronecker[1]) unter I. 1, 2 und II. 1 angeführten erzeugenden Transformationen stimmen mit den obigen Transformationen B_1^3, A_1, D_{1k} überein, während Kronecker als letzte erzeugende Transformation $B_1 C_{12} B_1^3$ wählt. — Die Transformation E und damit die Reduktion der $p+2$ erzeugenden Transformationen im Falle $p \geqq 3$ auf 5 ist von mir[2]) angegeben worden, während die Zusammensetzung der vier Transformationen A_1, B_1, C_{12}, D_{12} im Falle $p=2$ aus den zwei M, N Herr Burkhardt[3]) gezeigt hat.

§ 6.

Zurückführung ganzzahliger nichtlinearer Transformationen auf eine endliche Anzahl nicht äquivalenter.

Bezeichnet T eine ganzzahlige nichtlineare Transformation, bei der also die Transformationszahlen $c_{\alpha\beta}$ ganze Zahlen, die Ordnung n aber >1 ist, so nennt man jede Transformation T', welche aus T durch Zusammensetzung mit einer ganzzahligen linearen Transformation L in der Form $T' = TL$ hervorgeht, zu T *äquivalent*, und von der Gesamtheit der zu einer gegebenen Transformation T äquivalenten Transformationen sagt man, daß sie zu einer Klasse gehören. Es zerfallen auf diese Weise alle ganzzahligen Transformationen eines gegebenen Grades in Klassen, derart, daß alle Transformationen einer Klasse und nur diese einander äquivalent sind, und man bezeichnet in jeder Klasse eine möglichst einfache Transformation als den *Repräsentanten* der Klasse.

Zum Nachweise, daß die Anzahl der nicht äquivalenten Klassen von Transformationen eines gegebenen Grades eine endliche sei, sowie zur Aufstellung der Repräsentanten und zur Bestimmung der Klassenzahl bedient man sich wieder der im letzten Paragraphen durchgeführten Reduktion einer gegebenen Transformation T vermittelst der speziellen ganzzahligen linearen Transformationen A_ϱ^{-1}, B_ϱ^{-1}, $C_{\varrho\sigma}^{-1}$, $D_{\varrho\sigma}^{-1}$ und

1) Kronecker, Über bilineare Formen. Berl. Ber. 1866, pag. 597, auch J. für Math. Bd. 68. 1868, pag. 273; vergl. auch Clebsch und Gordan, Th. d. Abelschen Functionen, pag. 304; Thomae, Einige Sätze aus der Analysis situs Riemann'scher Flächen. Z. für Math. Bd. 12. 1867, pag. 361; Jordan, Traité des substitutions et des équations algébriques. Paris 1870, pag. 174; Thomae, Beitr. zur Theorie etc. J. für Math. Bd. 75. 1873, pag. 224; Weber, Über die Transformationsth. etc. Ann. di Mat. (2) Bd. 9. 1879, pag. 126.

2) Krazer, Über die Zusammensetzung ganzzahliger linearer Substitutionen von der Determinante Eins aus einer geringsten Anzahl fundamentaler Substitutionen. Ann. di Mat. (2) Bd. 12. 1884, pag. 283.

3) Burkhardt, Zur Theorie der Jacobi'schen Gleichungen 40. Grades, welche bei der Transformation 3. Ordnung der Thetafunctionen von zwei Veränderlichen auftreten. Gött. Nachr. 1890, pag. 376.

stellt hier die Frage, auf welche einfachste Form eine ganzzahlige nichtlineare Transformation T durch Zusammensetzung mit den Transformationen A_ϱ^{-1}, B_ϱ^{-1}, $C_{\varrho\sigma}^{-1}$, $D_{\varrho\sigma}^{-1}$ reduziert werden kann.

Zunächst bleibt das im vorigen Paragraphen bewiesene Resultat bestehen, wonach man aus einer Transformation T, wenn sie überhaupt nur ganzzahlig ist, durch Zusammensetzung mit passend gewählten Transformationen A_ϱ^{-1}, B_ϱ^{-1}, $C_{\varrho\sigma}^{-1}$, $D_{\varrho\sigma}^{-1}$ $(\varrho, \sigma = 1, 2, \cdots, p)$ eine neue Transformation:

$$(117)\qquad T' = \left|\begin{array}{c|c} \begin{matrix} c_{11} & c_{12} & \cdots & c_{1p} \\ 0 & c_{22} & \cdots & c_{2p} \\ \cdot & \cdot & \cdot & \cdot \\ 0 & 0 & \cdots & c_{pp} \end{matrix} & c_{\mu, p+\nu} \\ \hline 0 & c_{p+\mu, p+\nu} \end{array}\right|$$

ableiten kann, bei der für $\varrho, \sigma = 1, 2, \cdots, p$ alle Elemente $c_{\varrho\sigma}$, für welche $\varrho > \sigma$ ist, und die sämtlichen Elemente $c_{p+\varrho, \sigma}$ den Wert Null haben, die Elemente $c_{11}, c_{22}, \cdots, c_{pp}$ aber positiv sind.

Da aber nunmehr die Elemente $c_{11}, c_{22}, \cdots, c_{pp}$ im allgemeinen nicht wie früher den Wert 1 besitzen, so kann man durch weitere Zusammensetzung mit passend gewählten Transformationen $C_{\varrho\sigma}^{-1}$ nicht mehr alle Elemente $c_{\varrho\sigma}$, bei denen $\varrho < \sigma$ ist, zu Null machen, sondern nur die Elemente $c_{1\sigma}, c_{2\sigma}, \cdots, c_{\sigma-1,\sigma}$ für $\sigma = 2, 3, \cdots, p$ auf ihre kleinsten positiven Reste nach dem Modul $c_{\sigma\sigma}$ reduzieren. Für die Transformation T' kann man also annehmen, daß für $\sigma = 1, 2, \cdots, p$ $c_{\sigma\sigma}$ positiv ist, die Zahlen $c_{1\sigma}, c_{2\sigma}, \cdots, c_{\sigma-1,\sigma}$ aber Null oder positiv und kleiner als $c_{\sigma\sigma}$ sind.

Auf Grund der aus (II) folgenden Gleichungen:

$$(118)\qquad \sum_{\varrho=1}^{p} \left(c_{\varrho\mu}\, c_{p+\varrho, p+\nu} - c_{p+\varrho, \mu}\, c_{\varrho, p+\nu}\right) = \begin{matrix} n, & \text{wenn } \nu = \mu, \\ 0, & \text{wenn } \nu \gtrless \mu, \end{matrix}$$
$$(\mu, \nu = 1, 2, \cdots, p)$$

die wegen des Verschwindens der Größen $c_{p+\varrho,\mu}$ und jener Größen $c_{\varrho\mu}$, für welche $\varrho > \mu$ ist, sich auf die Gleichungen:

$$(119)\qquad \sum_{\varrho=1}^{\mu} c_{\varrho\mu}\, c_{p+\varrho, p+\nu} = \begin{matrix} n, & \text{wenn } \nu = \mu, \\ 0, & \text{wenn } \nu \gtrless \mu, \end{matrix} \qquad (\mu, \nu = 1, 2, \cdots, p)$$

reduzieren, kann man aus den Zahlen $c_{\varrho\sigma}$ $(\varrho \leqq \sigma)$ die sämtlichen Zahlen $c_{p+\varrho, p+\sigma}$ berechnen und findet, indem man der Reihe nach $\mu = 1, 2, \cdots, p$ setzt, insbesondere, daß alle jene Größen $c_{p+\varrho, p+\sigma}$, bei denen $\varrho < \sigma$ ist, den Wert Null besitzen, und weiter, daß für $\varrho = 1, 2, \cdots, p$:

(120) $$c_{p+\varrho, p+\varrho} = \frac{n}{c_{\varrho\varrho}}$$

ist. Die Transformation T' hat also die Form:

(121) $$T' = \left|\begin{array}{cccc|cccc} c_{11} & c_{12} & \cdots & c_{1p} & & & & \\ 0 & c_{22} & \cdots & c_{2p} & & & & \\ & & & & & c_{\mu, p+\nu} & & \\ 0 & 0 & \cdots & c_{pp} & & & & \\ \hline & & & & c_{p+1, p+1} & 0 & \cdots & 0 \\ & & 0 & & c_{p+2, p+1} & c_{p+2, p+2} & \cdots & 0 \\ & & & & & & & \\ & & & & c_{2p, p+1} & c_{2p, p+2} & \cdots & c_{2p, 2p} \end{array}\right|,$$

wobei für die Werte der im ersten Quadranten stehenden Elemente $c_{\varrho\sigma}$ $(\varrho \gtreqless \sigma)$ das oben Bemerkte gilt, die Werte der im vierten Quadranten stehenden Elemente $c_{p+\varrho, p+\sigma}$ $(\varrho \geqq \sigma)$ aber durch diese Werte eindeutig bestimmt sind.

In der Transformation T' kann man nun endlich durch passende Zusammensetzung mit Transformationen A_ϱ^{-1}, B_ϱ^{-1}, $C_{\varrho\sigma}^{-1}$ diejenigen Elemente $c_{\varrho, p+\sigma}$, bei denen $\varrho \gtreqless \sigma$ ist, auf ihre kleinsten positiven Reste nach dem Modul $c_{p+\sigma, p+\sigma}$ reduzieren. Dabei bedient man sich zweckmäßig der durch die Gleichung:

(122) $$\Gamma_{\varrho\sigma}^{-1} = B_\sigma^{-3} C_{\varrho\sigma}^{-1} B_\sigma^{-1}$$

definierten Transformation $\Gamma_{\varrho\sigma}^{-1}$. Für diese Transformation ist:

(123) $$c_{\alpha\alpha} = 1 \text{ für } \alpha = 1, 2, \cdots, 2p \quad \text{und} \quad c_{\varrho, p+\sigma} = c_{\sigma, p+\varrho} = -1,$$

und es entsteht aus einer beliebigen Transformation T, wenn man sie mit der Transformation $\Gamma_{\varrho\sigma}^{-1}$ zusammensetzt, eine Transformation $T\Gamma_{\varrho\sigma}^{-1}$, welche sich von der Transformation T dadurch unterscheidet, daß die Elemente der ϱ^{ten} Horizontalreihe durch neue ersetzt sind, welche aus den ursprünglichen durch Subtraktion der entsprechenden Elemente der $p + \sigma^{\text{ten}}$ Horizontalreihe von T hervorgehen, und gleichzeitig die Elemente der σ^{ten} Horizontalreihe durch neue ersetzt sind, welche aus den ursprünglichen durch Subtraktion der entsprechenden Elemente der $p + \varrho^{\text{ten}}$ Horizontalreihe von T hervorgehen. Indem man nun zunächst nur die Elemente $c_{1,2p}\, c_{2,2p} \cdots c_{p,2p} \mid 0\, 0 \cdots 0\, c_{2p,2p}$ der letzten Vertikalreihe ins Auge faßt, kann man durch Anwendung der Transformationen A_p^{-1}, B_p^{-1} die Zahl $c_{p,2p}$ und sodann durch Anwendung der Transformationen $\Gamma_{1,p}^{-1}$, $\Gamma_{2,p}^{-1}$, $\cdots$, $\Gamma_{p-1,p}^{-1}$ die Zahlen $c_{1,2p}$, $c_{2,2p}$, $\cdots$, $c_{p-1,2p}$ auf ihre kleinsten positiven Reste nach dem Modul $c_{2p,2p}$ reduzieren. Indem man sodann die p^{te} und $2p^{\text{te}}$ Horizontalreihe aus dem Spiele läßt und die übrigen Elemente $c_{1,2p-1}$, $c_{2,2p-1}$, $\cdots$, $c_{p-1,2p-1} \cdot \mid 0\, 0 \cdots c_{2p-1,2p-1} \cdot$ der $2p-1^{\text{ten}}$ Vertikalreihe ins Auge faßt, kann man in der gleichen Weise wie vorher durch Anwendung von Transformationen A_ϱ^{-1}, B_ϱ^{-1}, $\Gamma_{\varrho\sigma}^{-1}$ die Elemente $c_{1,2p-1}$, $c_{2,2p-1}$, $\cdots$, $c_{p-1,2p-1}$ auf ihre kleinsten positiven Reste nach dem Modul $c_{2p-1,2p-1}$ reduzieren. So fortfahrend erkennt man, daß man für die Transformation T' bezüglich der Elemente des dritten Quadranten annehmen darf, daß für $\sigma = 1, 2, \cdots, p$ alle Elemente $c_{\varrho,p+\sigma}$, für welche $\varrho \overline{\gtrless} \sigma$ ist, Null oder positiv und kleiner als $c_{p+\sigma,p+\sigma}$ sind.

Die noch übrigen Elemente $c_{\varrho,p+\sigma}$ des zweiten Quadranten, bei denen $\varrho > \sigma$ ist, sind dann auf Grund der aus (II) folgenden Gleichungen:

$$\text{(124)} \qquad \sum_{\varrho=1}^{p} (c_{\varrho,p+\mu}\, c_{p+\varrho,p+\nu} - c_{p+\varrho,p+\mu}\, c_{\varrho,p+\nu}) = 0$$
$$(\mu, \nu = 1, 2, \cdots, p;\ \mu < \nu)$$

eindeutig bestimmt.

Man hat also das Endresultat:

IX. Satz: *Jede ganzzahlige nichtlineare Transformation T kann durch Zusammensetzung mit ganzzahligen linearen Transformationen auf eine Transformation:*

$$\text{(XXIV)} \qquad T' = \left|\begin{array}{cccc|cccc} c_{11} & c_{12} & \cdots & c_{1p} & & & & \\ 0 & c_{22} & \cdots & c_{2p} & & & & \\ \cdot & \cdot & \cdot & \cdot & & c_{\mu,p+\nu} & & \\ 0 & 0 & \cdots & c_{pp} & & & & \\ \hline & & & & c_{p+1,p+1} & 0 & \cdots & 0 \\ & & 0 & & c_{p+2,p+1} & c_{p+2,p+2} & \cdots & 0 \\ & & & & \cdot & \cdot & \cdot & \cdot \\ & & & & c_{2p,p+1} & c_{2p,p+2} & \cdots & c_{2p,2p} \end{array}\right|$$

reduziert werden, bei welcher:

1. die $\frac{1}{2}(p-1)p$ Elemente $c_{\mu\nu}$ $(\mu, \nu = 1, 2, \cdots, p;\ \mu > \nu)$, die p^2 Elemente $c_{p+\mu,\nu}$ $(\mu, \nu = 1, 2, \cdots, p)$ und die $\frac{1}{2}(p-1)p$ Elemente $c_{p+\mu,p+\nu}$ $(\mu, \nu = 1, 2, \cdots, p;\ \mu < \nu)$ den Wert Null besitzen;

2. die $2p$ *Elemente* $c_{\alpha\alpha}$ $(\alpha = 1, 2, \cdots, 2p)$ *von Null verschieden, positiv und Teiler von* n *sind, derart daß:*

$$\text{(XXV)} \qquad c_{\mu\mu}\, c_{p+\mu,\, p+\mu} = n \qquad (\mu = 1, 2, \cdots, p)$$

ist;

3. für $\nu = 1, 2, \cdots, p$ *die Elemente* $c_{1\nu}, c_{2\nu}, \cdots, c_{\nu-1,\nu}$ *Null oder positiv und kleiner als* $c_{\nu\nu}$, *und die Elemente* $c_{1,p+\nu}, c_{2,p+\nu}, \cdots, c_{\nu,p+\nu}$ *Null oder positiv und kleiner als* $c_{p+\nu,p+\nu}$ *sind;*

4. die Werte der noch übrigen $(p-1)p$ *Elemente* $c_{\mu,p+\nu}, c_{p+\mu,p+\nu}$ $(\mu, \nu = 1, 2, \cdots, p;\ \mu > \nu)$ *aber durch die Werte der vorher genannten eindeutig bestimmt sind.*

Da die Anzahl der überhaupt möglichen verschiedenen Transformationen T' infolge der soeben angegebenen, für ihre Transformationszahlen c bestehenden Bedingungen eine endliche ist, so ist mit dem IX. Satze zugleich bewiesen der

X. Satz: *Die Klassenanzahl der nicht äquivalenten ganzzahligen Transformationen* T *eines gegebenen Grades* n *ist eine endliche.*

Die Bestimmung der Klassenanzahl und die Aufstellung der Repräsentanten ist bis jetzt nur für die einfachsten Fälle geschehen.

Im Falle $p = 1$ ergibt sich aus dem IX. Satze, daß jede ganzzahlige Transformation vom Grade n einer Transformation von der speziellen Form:

$$(125) \qquad T' = \begin{vmatrix} n_1 & \alpha \\ 0 & n_2 \end{vmatrix}$$

äquivalent ist, bei der jede der beiden Zahlen n_1, n_2 positiv und $n_1 n_2 = n$ ist, α aber eine Zahl aus der Reihe $0, 1, \cdots, n_2 - 1$ bezeichnet. Da es nun so viele Klassen äquivalenter Transformationen T gibt, als die Transformation T' verschiedene mögliche Formen annehmen kann, so ist die Klassenanzahl gleich der Summe der Teiler von n (die Zahlen 1 und n eingerechnet), da an Stelle von n_2 jeder Teiler von n treten kann, für jeden Wert von n_2 aber die Zahl α gerade n_2 verschiedene Werte annimmt. Diese Teilersumme beträgt aber[1]), wenn

$$(126) \qquad n = a^{\alpha} b^{\beta} c^{\gamma} \cdots$$

ist, wo $a, b, c, \cdots$ verschiedene Primzahlen bedeuten:

---

1) Lejeune-Dirichlet, Vorlesungen über Zahlentheorie, herausg. von Dedekind. 2. Aufl. Braunschw. 1871, pag. 17.

$$(127) \qquad K = \frac{a^{\alpha+1}-1}{a-1} \cdot \frac{b^{\beta+1}-1}{b-1} \cdot \frac{c^{\gamma+1}-1}{c-1} \cdots.$$

Im Falle eines Primzahlgrades n ist also speziell $K = n + 1$.

Im Falle $p = 2$ ergibt sich sich aus dem IX. Satz, daß jede ganzzahlige lineare Transformation T vom Grade n einer Transformation von der speziellen Form:

$$(128) \qquad T' = \left|\begin{array}{cc|cc} c_{11} & c_{12} & c_{13} & c_{14} \\ 0 & c_{22} & c_{23} & c_{24} \\ \hline 0 & & c_{33} & 0 \\ & & c_{43} & c_{44} \end{array}\right|$$

äquivalent ist, bei welcher:

$$(129) \qquad \begin{gathered} c_{11}\,c_{33} = c_{22}\,c_{44} = n, \\ 0 \leqq c_{12} < c_{22}, \quad 0 \leqq c_{13} < c_{33}, \quad 0 \leqq c_{14}, c_{24} < c_{44}, \\ c_{23} = \frac{c_{22}\,c_{14} - c_{12}\,c_{24}}{c_{11}}, \quad c_{43} = -\frac{c_{12}\,c_{33}}{c_{22}} \end{gathered}$$

ist. Setzt man nun voraus, daß der Grad n eine Primzahl ist, so erhält man hieraus ohne Mühe als Repräsentanten der nicht äquivalenten Klassen ganzzahliger Transformationen die folgenden:

$$(130) \qquad \begin{gathered} R_1 = \left|\begin{array}{cc|cc} n & 0 & & \\ 0 & n & \multicolumn{2}{c}{0} \\ \hline & & 1 & 0 \\ \multicolumn{2}{c|}{0} & 0 & 1 \end{array}\right|, \qquad R_2 = \left|\begin{array}{cc|cc} n & 0 & 0 & 0 \\ 0 & 1 & 0 & \alpha \\ \hline & & 1 & 0 \\ \multicolumn{2}{c|}{0} & 0 & n \end{array}\right|, \\ R_3 = \left|\begin{array}{cc|cc} 1 & \alpha & \beta & 0 \\ 0 & n & 0 & 0 \\ \hline & & n & 0 \\ \multicolumn{2}{c|}{0} & -\alpha & 1 \end{array}\right|, \qquad R_4 = \left|\begin{array}{cc|cc} 1 & 0 & \alpha & \beta \\ 0 & 1 & \beta & \gamma \\ \hline & & n & 0 \\ \multicolumn{2}{c|}{0} & 0 & n \end{array}\right|, \end{gathered}$$

wo α, β, γ die Werte $0, 1, \cdots, n-1$ annehmen können, und daher als Klassenanzahl:

$$(131) \qquad K = 1 + n + n^2 + n^3 = (1+n)(1+n^2).$$

Im Falle $p = 3$ ergibt sich aus dem IX. Satz, daß jede ganzzahlige Transformation vom Grade n einer Transformation:

$$(132)\qquad T' = \left|\begin{array}{ccc|ccc} c_{11} & c_{12} & c_{13} & c_{14} & c_{15} & c_{16} \\ 0 & c_{22} & c_{23} & c_{24} & c_{25} & c_{26} \\ 0 & 0 & c_{33} & c_{34} & c_{35} & c_{36} \\ \hline & & & c_{44} & 0 & 0 \\ & 0 & & c_{54} & c_{55} & 0 \\ & & & c_{64} & c_{65} & c_{66} \end{array}\right|$$

äquivalent ist, bei der:

$$c_{11}\,c_{44} = c_{22}\,c_{55} = c_{33}\,c_{66} = n,$$

$$0 \leqq c_{12} < c_{22}, \quad 0 \leqq c_{13},\; c_{23} < c_{33},$$

$$0 \leqq c_{14} < c_{44}, \quad 0 \leqq c_{15},\; c_{25} < c_{55}, \quad 0 \leqq c_{16},\; c_{26},\; c_{36} < c_{66},$$

$$(133)\qquad c_{54} = -\frac{c_{12}\,c_{44}}{c_{22}}, \quad c_{64} = -\frac{c_{13}\,c_{44} + c_{23}\,c_{54}}{c_{33}}, \quad c_{65} = -\frac{c_{23}\,c_{55}}{c_{33}},$$

$$c_{34} = \frac{c_{44}\,c_{16} + c_{54}\,c_{26} + c_{64}\,c_{36}}{c_{66}}, \quad c_{35} = \frac{c_{55}\,c_{26} + c_{65}\,c_{36}}{c_{66}},$$

$$c_{24} = \frac{c_{44}\,c_{15} + c_{54}\,c_{25} + c_{64}\,c_{35} - c_{34}\,c_{65}}{c_{55}}$$

ist. Setzt man nun wieder voraus, daß der Grad n eine Primzahl ist, so erhält man hieraus ohne Mühe als Repräsentanten der nicht äquivalenten Klassen ganzzahliger Transformationen die folgenden:

$$R_1 = \left|\begin{array}{ccc|ccc} n & 0 & 0 & & & \\ 0 & n & 0 & & 0 & \\ 0 & 0 & n & & & \\ \hline & & & 1 & 0 & 0 \\ & 0 & & 0 & 1 & 0 \\ & & & 0 & 0 & 1 \end{array}\right|, \qquad R_2 = \left|\begin{array}{ccc|ccc} n & 0 & 0 & 0 & 0 & 0 \\ 0 & n & 0 & 0 & 0 & 0 \\ 0 & 0 & 1 & 0 & 0 & \alpha \\ \hline & & & 1 & 0 & 0 \\ & 0 & & 0 & 1 & 0 \\ & & & 0 & 0 & n \end{array}\right|,$$

(134)

$$R_3 = \left|\begin{array}{ccc|ccc} n & 0 & 0 & 0 & 0 & 0 \\ 0 & 1 & \alpha & 0 & \beta & 0 \\ 0 & 0 & n & 0 & 0 & 0 \\ \hline & & & 1 & 0 & 0 \\ & 0 & & 0 & n & 0 \\ & & & 0 & -\alpha & 1 \end{array}\right|, \qquad R_4 = \left|\begin{array}{ccc|ccc} 1 & \alpha & \beta & \gamma & 0 & 0 \\ 0 & n & 0 & 0 & 0 & 0 \\ 0 & 0 & n & 0 & 0 & 0 \\ \hline & & & n & 0 & 0 \\ & 0 & & -\alpha & 1 & 0 \\ & & & -\beta & 0 & 1 \end{array}\right|,$$

$$
(134)\quad R_5 = \left|\begin{array}{ccc|ccc} n & 0 & 0 & 0 & 0 & 0 \\ 0 & 1 & 0 & 0 & \alpha & \beta \\ 0 & 0 & 1 & 0 & \beta & \gamma \\ \hline & & & 1 & 0 & 0 \\ & 0 & & 0 & n & 0 \\ & & & 0 & 0 & n \end{array}\right|, \quad R_6 = \left|\begin{array}{ccc|ccc} 1 & \alpha & 0 & \beta & 0 & \gamma \\ 0 & n & 0 & 0 & 0 & 0 \\ 0 & 0 & 1 & \gamma & 0 & \delta \\ \hline & & & n & 0 & 0 \\ & 0 & & -\alpha & 1 & 0 \\ & & & 0 & 0 & n \end{array}\right|,
$$

$$
R_7 = \left|\begin{array}{ccc|ccc} 1 & 0 & \alpha & \gamma & \delta & 0 \\ 0 & 1 & \beta & \delta & \varepsilon & 0 \\ 0 & 0 & n & 0 & 0 & 0 \\ \hline & & & n & 0 & 0 \\ & 0 & & 0 & n & 0 \\ & & & -\alpha & -\beta & 1 \end{array}\right|, \quad R_8 = \left|\begin{array}{ccc|ccc} 1 & 0 & 0 & \alpha & \beta & \gamma \\ 0 & 1 & 0 & \beta & \delta & \varepsilon \\ 0 & 0 & 1 & \gamma & \varepsilon & \zeta \\ \hline & & & n & 0 & 0 \\ & 0 & & 0 & n & 0 \\ & & & 0 & 0 & n \end{array}\right|,
$$

wobei $\alpha, \beta, \cdots, \zeta$ die Werte $0, 1, \cdots, n-1$ annehmen können, und daher sofort als Klassenanzahl:

$$
(135)\quad K = 1 + n + n^2 + 2n^3 + n^4 + n^5 + n^6 = (1+n)(1+n^2)(1+n^3).
$$

Auf die obige Reduktion der ganzzahligen Transformationen eines beliebigen Grades n auf eine endliche Anzahl nicht äquivalenter Transformationen T' hat zuerst Kronecker[1]) hingewiesen. Zu den speziellen oben angegebenen, die Fälle $p = 1, 2, 3$ betreffenden Resultaten vergl. Königsberger[2]), Hermite[3]) und Weber[4]). Im Falle $p = 2$ ist die Frage nach der Klassenanzahl für einen beliebigen Grad n von Dorn[5]) beantwortet worden. — Daß man eine ganzzahlige nichtlineare Transformation T durch Zwischensetzen zwischen zwei lineare Transformationen in der Form $T' = L_1 T L_2$ auf noch weniger und noch einfachere Formen T' reduzieren kann, haben für $p = 2$ Hermite[6]) und für $p = 3$ Weber[7])

1) Kronecker, Über bilineare Formen. Berl. Ber. 1866, pag. 611, auch J. für Math. Bd. 68. 1868, pag. 284.

2) Königsberger, Vorlesungen über die Theorie der elliptischen Funktionen. Bd. 2. Leipzig 1874, pag. 47.

3) Hermite, Sur la th. de la transf. etc. C. R. Bd. 40. 1855, pag. 253.

4) Weber, Über die Transformationsth. etc. Ann. di Mat. (2) Bd. 9. 1879, pag. 139.

5) Dorn, Die Form und Zahl der Repräsentanten nicht äquivalenter Klassen der Transformationen der ultraelliptischen Functionen für beliebige Transformationsgrade. Math. Ann. Bd. 7. 1874, pag. 481; vergl. dazu Krause, Sur la transformation des fonctions hyperelliptiques de premier ordre. Acta math. Bd. 3. 1883, pag. 161 und: Die Transformation der hyperelliptischen Funktionen erster Ordnung. Leipzig 1886, pag. 84.

6) Hermite, Sur la th. de la transf. etc. C. R. Bd. 40. 1855, pag. 254.

7) Weber, Über die Transformationsth. etc. Ann. di Mat. (2) Bd. 9. 1879, pag. 136.

untersucht; man erkennt insbesondere leicht, daß man in den (unter Voraussetzung eines Primzahlgrades) für die Fälle $p = 2$ und 3 oben angeschriebenen Repräsentanten durch Vorsetzen von passend gewählten Transformationen A_ϱ^{-1}, B_ϱ^{-1}, $C_{\varrho\sigma}^{-1}$ die sämtlichen außerhalb der Hauptdiagonale stehenden Elemente gleich Null machen und sodann alle so erhaltenen Transformationen mit Hilfe von Transformationen $D_{\varrho\sigma}^{-1}$ auf eine einzige unter ihnen reduzieren kann.

§ 7.

Zusammenhang der ursprünglichen und der transformierten Thetafunktion im Falle ganzzahliger Transformation.

Man setze voraus, daß die Transformationszahlen $c_{\alpha\beta}\,(\alpha, \beta = 1, 2, \cdots, 2p)$ ganze Zahlen seien, und betrachte unter dieser Annahme die ursprüngliche Thetafunktion $\vartheta\begin{bmatrix} g \\ h \end{bmatrix}(\!(u)\!)_a$ als Funktion der neuen Variablen u', setze also:

$$\vartheta\begin{bmatrix} g \\ h \end{bmatrix}(\!(u)\!)_a = \varphi(\!(u')\!). \tag{136}$$

Da dem Übergange von $u_1' \mid \cdots \mid u_\nu' \mid \cdots \mid u_p'$ in $u_1' \mid \cdots \mid u_\nu' + \pi i \mid \cdots \mid u_p'$ infolge der Gleichungen (IX) der Übergang von $u_1 \mid \cdots \mid u_p$ in $u_1 + A_{1\nu} \mid \cdots \mid u_p + A_{p\nu}$, dem Übergange von $u_1' \mid \cdots \mid u_p'$ in $u_1' + a_{1\nu}' \mid \cdots \mid u_p' + a_{p\nu}'$ infolge der Gleichungen (IX) und (XI) aber der Übergang von $u_1 \mid \cdots \mid u_p$ in $u_1 + B_{1\nu} \mid \cdots \mid u_p + B_{p\nu}$ entspricht, und da weiter gemäß der Gleichung (XXXII) pag. 32:

$$\vartheta\begin{bmatrix} g \\ h \end{bmatrix}(u_1 + A_{1\nu} \mid \cdots \mid u_p + A_{p\nu})$$
$$= \vartheta\begin{bmatrix} g \\ h \end{bmatrix}(\!(u)\!)\, e^{-\sum\limits_{\mu=1}^{p}\sum\limits_{\mu'=1}^{p} c_{\nu,p+\mu}\, c_{\nu,p+\mu'}\, a_{\mu\mu'} - 2\sum\limits_{\mu=1}^{p} c_{\nu,p+\mu}\, u_\mu + 2\sum\limits_{\mu=1}^{p} (c_{\nu\mu}\, g_\mu - c_{\nu,p+\mu}\, h_\mu)\pi i},$$

$$\vartheta\begin{bmatrix} g \\ h \end{bmatrix}(u_1 + B_{1\nu} \mid \cdots \mid u_p + B_{p\nu}) \tag{137}$$
$$= \vartheta\begin{bmatrix} g \\ h \end{bmatrix}(\!(u)\!)\, e^{-\sum\limits_{\mu=1}^{p}\sum\limits_{\mu'=1}^{p} c_{p+\nu,p+\mu}\, c_{p+\nu,p+\mu'}\, a_{\mu\mu'} - 2\sum\limits_{\mu=1}^{p} c_{p+\nu,p+\mu}\, u_\mu + 2\sum\limits_{\mu=1}^{p} (c_{p+\nu,\mu}\, g_\mu - c_{p+\nu,p+\mu}\, h_\mu)\pi i}$$

ist, so erhält man, wenn man noch die Gleichungen (VII) und (VIII) berücksichtigt und zur Abkürzung

$$(138)\quad \begin{aligned} \hat{g}_\nu &= \sum_{\mu=1}^{p} (c_{\nu\mu} g_\mu - c_{\nu,\,p+\mu} h_\mu + \tfrac{1}{2} c_{\nu\mu} c_{\nu,\,p+\mu}), \\ & \qquad\qquad\qquad\qquad (\nu = 1, 2, \cdots, p) \\ \hat{h}_\nu &= \sum_{\mu=1}^{p} (- c_{p+\nu,\,\mu} g_\mu + c_{p+\nu,\,p+\mu} h_\mu + \tfrac{1}{2} c_{p+\nu,\,\mu} c_{p+\nu,\,p+\mu}) \end{aligned}$$

setzt, für $\varphi(\!(u')\!)$ die Funktionalgleichungen:

$$(139)\quad \begin{aligned} \varphi(u_1' \mid \cdots \mid u_\nu' + \pi i \mid \cdots \mid u_p') &= \varphi(\!(u')\!)\, e^{-\sum\limits_{\mu=1}^{p} c_{\nu,\,p+\mu}(A_{\mu\nu} + 2u_\mu) + 2\hat{g}_\nu \pi i}, \\ \varphi(u_1' + a_{1\nu}' \mid \cdots \mid u_p' + a_{p\nu}') &= \varphi(\!(u')\!)\, e^{-\sum\limits_{\mu=1}^{p} c_{p+\nu,\,p+\mu}(B_{\mu\nu} + 2u_\mu) - 2\hat{h}_\nu \pi i} \\ & \qquad (\nu = 1, 2, \cdots, p) \end{aligned}$$

Nun genügt aber der Ausdruck:

$$(140)\qquad \psi(\!(u')\!) = e^{-\frac{1}{\pi^2} \sum\limits_{\varrho=1}^{p} \sum\limits_{\varrho'=1}^{p} \sum\limits_{\mu=1}^{p} c_{\varrho,\,p+\mu} A_{\mu\varrho'} u_\varrho' u_{\varrho'}'},$$

den Relationen:

$$(141)\quad \begin{aligned} \psi(u_1' \mid \cdots \mid u_\nu' + \pi i \mid \cdots \mid u_p') &= \psi(\!(u')\!)\, e^{\sum\limits_{\mu=1}^{p} c_{\nu,\,p+\mu} A_{\mu\nu} + \frac{2}{\pi i} \sum\limits_{\varrho=1}^{p} \sum\limits_{\mu=1}^{p} c_{\nu,\,p+\mu} A_{\mu\varrho} u_\varrho'}, \\ \psi(u_1' + a_{1\nu}' \mid \cdots \mid u_p' + a_{p\nu}') & \\ = \psi(\!(u')\!)\, e^{-\frac{1}{\pi^2} \sum\limits_{\varrho=1}^{p} \sum\limits_{\varrho'=1}^{p} \sum\limits_{\mu=1}^{p} c_{\varrho,\,p+\mu} A_{\mu\varrho'} a_{\varrho\nu}' a_{\varrho'\nu}' - \frac{2}{\pi^2} \sum\limits_{\varrho=1}^{p} \sum\limits_{\varrho'=1}^{p} \sum\limits_{\mu=1}^{p} c_{\varrho,\,p+\mu} A_{\mu\varrho'} u_\varrho' a_{\varrho'\nu}'}&, \\ & (\nu = 1, 2, \cdots, p) \end{aligned}$$

und man erkennt daraus, indem man diesen Gleichungen auf Grund der Relationen (IX) und (XI) die Gestalt:

$$(142)\quad \begin{aligned} \psi(u_1' \mid \cdots \mid u_\nu' + \pi i \mid \cdots \mid u_p') &= \psi(\!(u')\!)\, e^{\sum\limits_{\mu=1}^{p} c_{\nu,\,p+\mu}(A_{\mu\nu} + 2u_\mu)}, \\ & \qquad (\nu = 1, 2, \cdots, p) \\ \psi(u_1' + a_{1\nu}' \mid \cdots \mid u_p' + a_{p\nu}') &= \psi(\!(u')\!)\, e^{\frac{1}{\pi i} \sum\limits_{\varrho=1}^{p} \sum\limits_{\mu=1}^{p} c_{\varrho,\,p+\mu} B_{\mu\nu} (a_{\varrho\nu}' + 2u_\varrho')} \end{aligned}$$

gibt und in der zweiten Gleichung (139) die Größen $B_{\mu\nu}$ und u_μ durch ihre Ausdrücke aus (XI) und (IX) ersetzt, daß das Produkt der beiden Funktionen $\varphi(\!(u')\!)$ und $\psi(\!(u')\!)$:

$$(143)\qquad \Pi(\!(u')\!) = \vartheta\begin{bmatrix} g \\ h \end{bmatrix}(\!(u)\!)_a\, e^{-\frac{1}{\pi^2} \sum\limits_{\varrho=1}^{p} \sum\limits_{\varrho'=1}^{p} \sum\limits_{\mu=1}^{p} c_{\varrho,\,p+\mu} A_{\mu\varrho'} u_\varrho' u_{\varrho'}'}$$

den Relationen:

$$(144)\qquad \Pi(u_1' \mid \cdots \mid u_\nu' + \pi i \mid \cdots \mid u_p') = \Pi(\!(u')\!)\, e^{2\hat{g}_\nu \pi i},$$

$$\Pi(u_1' + a'_{1\nu} \mid \cdots \mid u_p' + a'_{p\nu})$$

$$= \Pi(\!(u')\!)\, e^{-\frac{1}{\pi i}\sum\limits_{\varrho=1}^{p}\sum\limits_{\mu=1}^{p}(c_{p+\nu,p+\mu}A_{\mu\varrho} - c_{\varrho,p+\mu}B_{\mu\nu})(a'_{\varrho\nu}+2u'_\varrho) - 2\hat{h}_\nu \pi i}$$

$$(\nu = 1, 2, \cdots, p)$$

genügt. Nun ist aber auf Grund der Relationen (III):

$$(145)\qquad \sum_{\mu=1}^{p}(c_{p+\nu,p+\mu}A_{\mu\varrho} - c_{\varrho,p+\mu}B_{\mu\nu}) = \begin{matrix} n\pi i, & \text{wenn } \varrho = \nu, \\ 0, & \text{wenn } \varrho \gtrless \nu, \end{matrix}$$

$$(\nu, \varrho = 1, 2, \cdots, p)$$

und man hat daher endlich:

$$(146)\qquad \begin{aligned} \Pi(u_1' \mid \cdots \mid u_\nu' + \pi i \mid \cdots \mid u_p') &= \Pi(\!(u')\!)\, e^{2\hat{g}_\nu \pi i}, \\ \Pi(u_1' + a'_{1\nu} \mid \cdots \mid u_p' + a'_{p\nu}) &= \Pi(\!(u')\!)\, e^{-na'_{\nu\nu} - 2nu'_\nu - 2\hat{h}_\nu \pi i} \end{aligned} \qquad (\nu = 1, 2, \cdots, p)$$

Damit ist aber bewiesen, daß die Funktion $\Pi(\!(u')\!)$ eine Thetafunktion n^{ter} Ordnung von den Argumenten u'_μ, den Modulen $a'_{\mu\mu'}$ und der Charakteristik $\begin{bmatrix}\hat{g}\\ \hat{h}\end{bmatrix}$ ist, und man hat den

XI. Satz: *Die Funktion:*

$$(\text{XXVI})\qquad \Pi(\!(u')\!) = \vartheta\begin{bmatrix}g\\ h\end{bmatrix}(\!(u)\!)_a\, e^{U},$$

wobei:

$$(\text{XXVII})\qquad \begin{aligned} U &= \frac{1}{(\pi i)^2}\sum_{\nu=1}^{p}\sum_{\nu'=1}^{p}\sum_{\mu=1}^{p} c_{\nu,p+\mu}A_{\mu\nu'}u_\nu' u_{\nu'}' = \frac{1}{\pi i}\sum_{\mu=1}^{p}\sum_{\nu=1}^{p} c_{\nu,p+\mu}u_\mu u_\nu' \\ &= \frac{1}{\Delta_A}\sum_{\mu=1}^{p}\sum_{\mu'=1}^{p}\sum_{\nu=1}^{p} c_{\nu,p+\mu}\bar{A}_{\mu'\nu}u_\mu u_{\mu'}, \end{aligned}$$

ist eine Thetafunktion n^{ter} Ordnung von den Argumenten u'_μ, den Modulen $a'_{\mu\mu'}$ und einer Charakteristik $\begin{bmatrix}\hat{g}\\ \hat{h}\end{bmatrix}$, deren Elemente durch die Gleichungen:

$$(\text{XXVIII})\qquad \begin{aligned} \hat{g}_\nu &= \sum_{\mu=1}^{p}(c_{\nu\mu}g_\mu - c_{\nu,p+\mu}h_\mu + \tfrac{1}{2}c_{\nu\mu}c_{\nu,p+\mu}), \\ \hat{h}_\nu &= \sum_{\mu=1}^{p}(-c_{p+\nu,\mu}g_\mu + c_{p+\nu,p+\mu}h_\mu + \tfrac{1}{2}c_{p+\nu,\mu}c_{p+\nu,p+u}) \end{aligned} \qquad (\nu = 1, 2, \cdots, p)$$

bestimmt sind.

Auf Grund dieses Satzes kann man, wie im folgenden näher ausgeführt werden soll, die Funktion $\Pi((u'))$ durch Thetafunktionen mit den Argumenten u' und den Modulen a' darstellen und erhält dann, indem man diesen Ausdruck in (XXVI) einführt und die entstehende Gleichung nach $\vartheta\begin{bmatrix} g \\ h \end{bmatrix}((u))_a$ auflöst, die Lösung des Transformationsproblems der Thetafunktionen, nämlich die Darstellung der ursprünglichen Funktion $\vartheta\begin{bmatrix} g \\ h \end{bmatrix}((u))_a$ durch transformierte Thetafunktionen $\vartheta\begin{bmatrix} k \\ l \end{bmatrix}((u'))_{a'}$.

Die erwähnte Darstellung von $\Pi((u'))$ durch Thetafunktionen $\vartheta\begin{bmatrix} k \\ l \end{bmatrix}((u'))_{a'}$ aber kann in der Weise bewerkstelligt werden, daß man zunächst nach Formel (XLVI) pag. 40 die Funktion $\Pi((u'))$ homogen und linear durch die n^p Funktionen $\vartheta\begin{bmatrix} \frac{\hat{g}+\varkappa}{n} \\ \hat{h} \end{bmatrix}((nu'))_{na'}$ ausdrückt in der Form:

$$\Pi((u')) = \sum_{\varkappa_1, \cdot\cdot, \varkappa_p}^{0, 1, \cdot\cdot, n-1} C_{\varkappa_1 \cdots \varkappa_p} \vartheta\begin{bmatrix} \frac{\hat{g}+\varkappa}{n} \\ \hat{h} \end{bmatrix}((nu'))_{na'}, \tag{147}$$

und hierauf von den Thetafunktionen mit den Argumenten nu' und den Modulen na' zu Thetafunktionen mit den Argumenten u' und den Modulen a' übergeht. Die Lösung des Transformationsproblems verlangt also dann zweierlei; einmal die von den Argumenten der Thetafunktionen unabhängigen Koeffizienten $C_{\varkappa_1 \cdots \varkappa_p}$ in der Gleichung (147) zu bestimmen, sodann aber weiter Thetafunktionen mit n-fachen Argumenten und Modulen durch solche mit einfachen darzustellen.

Die erste Aufgabe kann auf folgende Weise gelöst werden.[1])

1) Die Ausdrücke für die Koeffizienten $C_{\varkappa_1 \cdots \varkappa_p}$ enthalten natürlich auch die Charakteristikenelemente g, h. Die Ermittlung der Abhängigkeit der C von diesen kann von der übrigen Bestimmung der Größen C getrennt und dadurch erledigt werden, daß man in der Gleichung (147) zuerst alle Zahlen g und h gleich Null setzt und hierauf, indem man das Argumentensystem (u) in $\left(u + \begin{Bmatrix} g \\ h \end{Bmatrix}\right)$ übergehen läßt, vermittelst der Formeln (XXX) pag. 30 und (XL) pag. 34 wieder links die Funktion $\vartheta\begin{bmatrix} g \\ h \end{bmatrix}((u))_a$, rechts die Funktionen $\vartheta\begin{bmatrix} \frac{\hat{g}+\varkappa}{n} \\ \hat{h} \end{bmatrix}((nu'))_{na'}$ einführt. Man erhält auf diese Weise:

$$C_{\varkappa_1 \cdots \varkappa_p} = e^{\frac{1}{n}\psi(g,h)\pi i} C^0_{\varkappa_1 \cdots \varkappa_p}, \tag{148}$$

wo $\psi(g, h)$ den später unter (XXXIV) angeschriebenen Ausdruck bezeichnet, $C^0_{\varkappa_1 \cdots \varkappa_p}$ aber nunmehr von den Charakteristikenelementen g, h unabhängig ist,

Zuerst wird mit Hilfe der Differentialgleichungen (XXXV) pag. 32 die Abhängigkeit der Größen $C_{\varkappa_1 \cdots \varkappa_p}$ von den Thetamodulen bestimmt; es ergibt sich, daß:

$$C_{\varkappa_1 \cdots \varkappa_p} = \frac{1}{\sqrt{\Delta_A}} C'_{\varkappa_1 \cdots \varkappa_p} \tag{149}$$

ist, wo nunmehr die C' auch von den Thetamodulen unabhängige Größen sind. Die Bestimmung dieser Größen erfolgt sodann dadurch, daß für die Thetamodulen $a_{\mu\mu'}$ solche spezielle Werte eingeführt werden, welche nach passenden Umformungen der Funktion $\vartheta\begin{bmatrix} g \\ h \end{bmatrix}(\!(u)\!)_a$ eine Vergleichung der Koeffizienten gleich hoher Potenzen der Größen $e^{2u_1}, \cdots, e^{2u_p}$ auf der linken und rechten Seite von (147) gestatten. Auf diese Weise hat Herr Thomae[1]) eine vollständige Bestimmung der Größen $C_{\varkappa_1 \cdots \varkappa_p}$ erreicht. Allerdings sind die erhaltenen Ausdrücke nicht auf die einfachste Form gebracht, und insbesondere hätte sich bei genauer Untersuchung ergeben, daß im allgemeinen nicht alle Größen $C_{\varkappa_1 \cdots \varkappa_p}$ von Null verschieden sind. Diesen beiden Anforderungen genügt jene Bestimmung der $C_{\varkappa_1 \cdots \varkappa_p}$, welche später und auf einem anderen Wege von Herrn Prym und mir durchgeführt wurde, und über welche am Ende dieses Kapitels berichtet wird.

Was nun weiter die Darstellung von Thetafunktionen mit n-fachen Argumenten und Modulen durch solche mit einfachen angeht, so überzeugt man sich zunächst von der Möglichkeit einer solchen Darstellung durch die folgende Überlegung. Die Funktion:

$$f(\!(u)\!) = \vartheta\begin{bmatrix} g^{(1)} \\ h^{(1)} \end{bmatrix}(\!(u)\!)_a \cdots \vartheta\begin{bmatrix} g^{(n)} \\ h^{(n)} \end{bmatrix}(\!(u)\!)_a \tag{150}$$

ist auf Grund der Gleichungen (XXXIII), (XXXIV) pag. 32 eine Thetafunktion n^{ter} Ordnung mit einer Charakteristik $\begin{bmatrix} g' \\ h' \end{bmatrix}$, deren Elemente durch die Gleichungen:

$$g'_\mu = g_\mu^{(1)} + \cdots + g_\mu^{(n)}, \quad h'_\mu = h_\mu^{(1)} + \cdots + h_\mu^{(n)} \qquad (\mu = 1, 2, \cdots, p) \tag{151}$$

bestimmt sind, und als solche nach der Formel (XLVI) pag. 40 darstellbar in der Form:

$$\vartheta\begin{bmatrix} g^{(1)} \\ h^{(1)} \end{bmatrix}(\!(u)\!)_a \cdots \vartheta\begin{bmatrix} g^{(n)} \\ h^{(n)} \end{bmatrix}(\!(u)\!)_a = \sum_{\varrho_1, \cdots, \varrho_p}^{0, 1, \cdots, n-1} \mathsf{K}_{\varrho_1 \cdots \varrho_p} \vartheta\begin{bmatrix} \frac{g' + \varrho}{n} \\ h' \end{bmatrix}(\!(nu)\!)_{na}, \tag{152}$$

wo die $\mathsf{K}_{\varrho_1 \cdots \varrho_p}$ von den Argumenten u unabhängige Größen bezeichnen. Vermehrt man in dieser Gleichung für $\mu = 1, 2, \cdots, p$ jede der n Größen $h_\mu^{(1)}, \cdots, h_\mu^{(n)}$ um $\frac{1}{n}\sigma_\mu$, unter σ_μ eine ganze Zahl

1) Thomae, Die allg. Transform. etc. Inaug.-Diss. Göttingen 1864, pag. 14.

verstanden, multipliziert hierauf, indem man mit $\tau_1, \cdots, \tau_p$ irgend welche Zahlen aus der Reihe $0, 1, \cdots, n-1$ bezeichnet, linke und rechte Seite mit $e^{-\frac{2\pi i}{n}\sum\limits_{\mu=1}^{p}(g'_\mu+\tau_\mu)\sigma_\mu}$ und summiert über $\sigma_1, \cdots, \sigma_p$ von 0 bis $n-1$, so erhält man:

$$(153)\quad \begin{aligned}&\sum_{\sigma_1,\cdots,\sigma_p}^{0,1,\cdots,n-1} \vartheta\begin{bmatrix} g^{(1)} \\ h^{(1)}+\frac{\sigma}{n}\end{bmatrix}((u))_a \cdots \vartheta\begin{bmatrix} g^{(n)} \\ h^{(n)}+\frac{\sigma}{n}\end{bmatrix}((u))_a\, e^{-\frac{2\pi i}{n}\sum\limits_{\mu=1}^{p}(g'_\mu+\tau_\mu)\sigma_\mu} \\ &= \sum_{\varrho_1,\cdots,\varrho_p}^{0,1,\cdots,n-1} \mathsf{K}_{\varrho_1\cdots\varrho_p}\, \vartheta\begin{bmatrix} \frac{g'+\varrho}{n} \\ h'\end{bmatrix}((nu))_{na} \left(\sum_{\sigma_1,\cdots,\sigma_p}^{0,1,\cdots,n-1} e^{\frac{2\pi i}{n}\sum\limits_{\mu=1}^{p}(\varrho_\mu-\tau_\mu)\sigma_\mu}\right).\end{aligned}$$

Nun besitzt aber die auf der rechten Seite stehende in besondere Klammern eingeschlossene Summe nur dann einen von Null verschiedenen Wert und zwar den Wert n^p, wenn $\varrho_1 \equiv \tau_1, \cdots, \varrho_p \equiv \tau_p$ (mod. n) ist; es reduziert sich daher die Summe nach den ϱ auf das einzige, den Werten $\varrho_1 = \tau_1, \cdots, \varrho_p = \tau_p$ entsprechende Glied, und man erhält, wenn man noch linke und rechte Seite vertauscht und ϱ statt τ schreibt, die Gleichung[1]):

$$(154)\quad \begin{aligned}&n^p\, \mathsf{K}_{\varrho_1\cdots\varrho_p}\, \vartheta\begin{bmatrix} \frac{g'+\varrho}{n} \\ h'\end{bmatrix}((nu))_{na} \\ &= \sum_{\sigma_1,\cdots,\sigma_p}^{0,1,\cdots,n-1} \vartheta\begin{bmatrix} g^{(1)} \\ h^{(1)}+\frac{\sigma}{n}\end{bmatrix}((u))_a \cdots \vartheta\begin{bmatrix} g^{(n)} \\ h^{(n)}+\frac{\sigma}{n}\end{bmatrix}((u))_a\, e^{-\frac{2\pi i}{n}\sum\limits_{\mu=1}^{p}(g'_\mu+\varrho_\mu)\sigma_\mu}.\end{aligned}$$

Durch diese Gleichung ist die gestellte Aufgabe, eine Thetafunktion mit n-fachen Argumenten und Modulen durch solche mit einfachen auszudrücken, gelöst, sobald es noch gelingt, die von den Variablen u unabhängige Größe $\mathsf{K}_{\varrho_1\cdots\varrho_p}$ zu bestimmen.

Diese Größe kann aber zunächst durch Vergleichung der Koeffizienten gleich hoher Potenzen der Größen $e^{2u_1}, \cdots, e^{2u_p}$ auf der linken und rechten Seite der Gleichung (154) in der Form einer $(n-1)p$-fach unendlichen Reihe erhalten und diese dann durch Einführung neuer Summationsbuchstaben durch die Nullwerte von Thetafunktionen, deren Modulen ganze Vielfache der $a_{\mu\mu'}$ sind, ausgedrückt werden.[2]) Führt man dieses Verfahren durch, so erkennt man, daß

1) Für $p=1$ finden sich die Formeln (152), (154) schon bei Rosenhain, Mémoire sur les fonctions etc., pag. 400.

2) Vergl. Krazer und Prym, Neue Grundlagen etc., pag. 125 u. 31; insbesondere aber: Krazer, Die Transformation etc. (Erste Abhandlung.) Math. Ann. Bd. 43. 1893, pag. 444.

die Quelle für die Gleichungen (152) und (154) im XIII. Satz pag. 80 zu suchen ist, und es ist nicht schwer, aus den dortigen Formeln die allgemeinste Darstellung einer Thetafunktion mit n-fachen Argumenten und Modulen durch solche mit einfachen abzuleiten.

Soll nämlich die Funktion $\vartheta\begin{bmatrix} g \\ h \end{bmatrix}(\!(nu)\!)_{na}$ durch Funktionen $\vartheta\begin{bmatrix} k \\ l \end{bmatrix}(\!(u)\!)_a$ ausgedrückt werden, so wähle man für die im XIII. Satze vorkommende positive ganze Zahl n eine Zahl $n' \geqq n$ und setze:

$$(155)\qquad u_\mu^{(1)} = \cdots = u_\mu^{(n)} = u_\mu, \quad u_\mu^{(n+1)} = \cdots = u_\mu^{(n')} = 0, \qquad (\mu = 1, 2, \cdots, p)$$

und

$$(156)\qquad a_{\mu\mu'}^{(1)} = \cdots = a_{\mu\mu'}^{(n)} = a_{\mu\mu'}, \qquad (\mu, \mu' = 1, 2, \cdots, p)$$

d. h. $p^{(1)} = \cdots = p^{(n)} = 1$, sodaß von den n' auf der linken Seite der Formel (XXXII) vorkommenden Thetafunktionen n die Argumente u_μ und die Modulen $a_{\mu\mu'}$, die $n' - n$ übrigen aber die Argumente 0 besitzen, während ihre Modulen irgend welche Vielfache der $a_{\mu\mu'}$ sind. Hierauf verfüge man im Rahmen der Bedingungen (XXXI) über die ganzen Zahlen $c^{(\varrho\sigma)}$ und die positive ganze Zahl r so, daß:

$$(157)\qquad v_\mu^{(1)} = \cdots = v_\mu^{(n'-1)} = 0, \quad v_\mu^{(n')} = nu_\mu \qquad (\mu = 1, 2, \cdots, p)$$

und

$$(158)\qquad b_{\mu\mu'}^{(n')} = na_{\mu\mu'}, \qquad (\mu, \mu' = 1, 2, \cdots, p)$$

d. h. $q^{(n')} = n$ wird, sodaß von den n' auf der rechten Seite von (XXXII) zu einem Produkte vereinigten Thetafunktionen $n' - 1$ die Argumente 0, die n'^{te} aber die Argumente nu_μ und die Modulen $na_{\mu\mu'}$ besitzt, während die Modulen der ersteren wieder irgend welche Vielfache der $a_{\mu\mu'}$ sind. Die Formel (XXXII) stellt dann ein Produkt von n Thetafunktionen mit den Argumenten u_μ und den Modulen $a_{\mu\mu'}$ homogen und linear durch Thetafunktionen mit den Argumenten nu_μ und den Modulen $na_{\mu\mu'}$ dar mit Koeffizienten, welche sich aus Nullwerten von Thetafunktionen rational zusammensetzen, deren Modulen Vielfache der Modulen $a_{\mu\mu'}$ sind. Die Umkehrung der Formel (XXXII) drückt also eine Funktion $\vartheta\begin{bmatrix} g \\ h \end{bmatrix}(\!(nu)\!)_{na}$ homogen und linear durch Produkte von je n Funktionen $\vartheta\begin{bmatrix} k \\ l \end{bmatrix}(\!(u)\!)_a$ dar und löst die oben gestellte Aufgabe.

Drückt man in der Formel (147) die Funktion $\vartheta\begin{bmatrix} \frac{\hat{g} + \varkappa}{n} \\ \hat{h} \end{bmatrix}(\!(nu')\!)_{na}$ auf die angegebene Weise durch Funktionen $\vartheta\begin{bmatrix} k \\ l \end{bmatrix}(\!(u')\!)_{a'}$ aus, so erscheint durch diese Formel das Transformationsproblem der Thetafunktionen für die allgemeine ganzzahlige Transformation gelöst. Diese Lösung ist aber insofern noch unvollständig, als in ihr die Koeffizienten aus Nullwerten solcher Thetafunktionen zusammengesetzt sind, welche im allgemeinen nicht die Modulen $a'_{\mu\mu'}$, sondern ganze Vielfache dieser als Modulen haben. Zur vollständigen Lösung des Transformationsproblems bleibt also noch übrig, alle diese Thetanullwerte durch die Nullwerte von Thetafunktionen mit den einfachen Modulen $a'_{\mu\mu'}$ auszudrücken, wozu die nötigen Formeln wiederum aus dem XIII. Satz pag. 80 zu schöpfen sind[1]).

Man wird endlich zum Schlusse dieses Paragraphen noch folgende Bemerkungen machen.

Statt der n^p Funktionen $\vartheta\begin{bmatrix}\frac{\hat{g}+\varkappa}{n}\\ \hat{h}\end{bmatrix}((nu'))_{na'}$ kann man sich ebenso gut der n^p Funktionen $\vartheta\begin{bmatrix}\hat{g}\\ \frac{\hat{h}+\lambda}{n}\end{bmatrix}((u'))_{\frac{a'}{n}}$ als Hilfsfunktionen bedienen. Man kann von jenen stets zu diesen übergehen mit Hilfe der aus der Formel (XIX) pag. 68 folgenden Formel:

$$(159)\quad n^p\,\vartheta\begin{bmatrix}\frac{\hat{g}+\varkappa}{n}\\ \hat{h}\end{bmatrix}((nu'))_{na'} = \sum_{\lambda_1,\cdots,\lambda_p}^{0,1,\cdots,n-1}\vartheta\begin{bmatrix}\hat{g}\\ \frac{\hat{h}+\lambda}{n}\end{bmatrix}((u'))_{\frac{a'}{n}}\, e^{-\frac{2\pi i}{n}\sum\limits_{\mu=1}^{p}(\hat{g}_\mu+\varkappa_\mu)\lambda_\mu}.$$

Ist ferner das Transformationsproblem der Thetafunktionen für zwei Transformationen T_1, T_2 gelöst, sodaß für jede derselben die ursprüngliche Thetafunktion durch die transformierten ausgedrückt ist, so erhält man aus diesen beiden Formeln durch Zusammensetzung sofort die Lösung des Transformationsproblems für die zusammengesetzte Transformation $T_1 T_2$. Von dieser Zusammensetzung von Transformationsformeln wurde von Herrn Prym und mir, wie in § 11 ausführlicher erörtert wird, ein weitgehender Gebrauch gemacht; für die in diesem Paragraphen vorliegende Aufgabe schließt man daraus, da einerseits nach den Untersuchungen des § 6 alle ganzzahligen Transformationen eines gegebenen Grades aus einer endlichen Anzahl unter ihnen, den Repräsentanten der einzelnen Klassen äquivalenter Transformationen durch Zusammensetzung mit einer ganzzahligen linearen Transformation erhalten werden können, und andererseits in

---

1) Vergl. dazu Möller, Zur Transformation der Thetafunctionen. Inaug.-Diss. Rostock 1877; Krause, Zur Transformation der Thetafunctionen. Leipz. Ber. Bd. 45. 1893, pag. 99, 349, 523 u. 805, Bd. 48. 1896, pag. 291; und: Theorie der doppeltperiodischen Functionen einer veränderlichen Größe. Bd. 2. Leipzig 1897. 1. Abschnitt.

dem jetzt folgenden Paragraphen das Transformationsproblem für die ganzzahlige lineare Transformation vollständig gelöst ist, daß man die einer beliebigen ganzzahligen Transformation n^{ten} Grades entsprechende Transformationsformel aus der dem zugehörigen Repräsentanten entsprechenden Formel und der Formel für die ganzzahlige lineare Transformation zusammensetzen kann, und daß man sich also hinsichtlich der Herstellung der Transformationsformeln für die nichtlinearen ganzzahligen Transformationen auf die Repräsentanten beschränken kann.

Nach dem XI. Satz ist endlich $\vartheta\begin{bmatrix} g \\ h \end{bmatrix}(\!(u)\!)_a$, von einem Exponentialfaktor abgesehen, eine Thetafunktion n^{ter} Ordnung von den Argumenten u', den Modulen a' und der Charakteristik $\begin{bmatrix} \hat{g} \\ \hat{h} \end{bmatrix}$. Betrachtet man nun $n^p + 1$ verschiedene und nicht äquivalente Transformationen T_ν $(\nu = 1, 2, \cdots, n^p + 1)$ desselben Grades, etwa ebensoviele Repräsentanten nicht äquivalenter Klassen, so haben die Größen u', a', $\hat{g}$, $\hat{h}$ für die verschiedenen Transformationen T_ν verschiedene Werte. Da man aber in jedem Falle die Größen u, a, g, h durch die Größen u', a', $\hat{g}$, $\hat{h}$ ausdrücken kann, so kann man zu jeder Transformation T_ν Größen $u = u^{(\nu)}$, $a = a^{(\nu)}$, $g = g^{(\nu)}$, $h = h^{(\nu)}$ so bestimmen, daß die Größen u', a', $\hat{g}$, $\hat{h}$ stets die nämlichen vorgegebenen Werte erhalten. Die so gebildeten $n^p + 1$ Funktionen $\vartheta\begin{bmatrix} g^{(\nu)} \\ h^{(\nu)} \end{bmatrix}(\!(u^{(\nu)})\!)_{a^{(\nu)}}$ sind dann sämtlich Thetafunktionen n^{ter} Ordnung von denselben Argumenten u' und Modulen a' und der gleichen Charakteristik $\begin{bmatrix} \hat{g} \\ \hat{h} \end{bmatrix}$ und es besteht folglich zwischen ihnen nach dem XVII. Satz pag. 40 eine lineare Relation[1]).

§ 8.

Die ganzzahlige lineare Transformation der Thetafunktionen.

Im Falle der linearen Transformation sagt der XI. Satz aus, daß die Funktion $\Pi(\!(u')\!)$ eine Thetafunktion erster Ordnung mit den Argumenten u'_μ, den Modulen $a'_{\mu\mu'}$ und der Charakteristik $\begin{bmatrix} \hat{g} \\ \hat{h} \end{bmatrix}$ ist, sich

1) Solche Relationen für den Fall $p = 2$ bei Wiltheiß, Zur Theorie der Transformation hyperelliptischer Functionen zweier Argumente. J. für Math. Bd. 96. 1884, pag. 17.

also von der Funktion $\vartheta\begin{bmatrix}\hat{g}\\ \hat{h}\end{bmatrix}(\!(u')\!)_{a'}$ nur um einen konstanten Faktor unterscheidet. Man hat also:

$$(160)\qquad \vartheta\begin{bmatrix}g\\ h\end{bmatrix}(\!(u)\!)_a\, e^{\frac{1}{(\pi i)^2}\sum\limits_{\nu=1}^{p}\sum\limits_{\nu'=1}^{p}\sum\limits_{\mu=1}^{p} c_{\nu,p+\mu}A_{\mu\nu'}u'_\nu u'_{\nu'}} = C\,\vartheta\begin{bmatrix}\hat{g}\\ \hat{h}\end{bmatrix}(\!(u')\!)_{a'},$$

und es handelt sich nur noch um die Bestimmung der von den Argumenten der Thetafunktion unabhängigen Größe C.

Ersetzt man in der Gleichung (160) die Thetafunktionen durch die ihnen entsprechenden unendlichen Reihen und drückt dabei gleichzeitig links die Größen u mit Hilfe der Gleichungen (IX) durch die Größen u' aus, so erhält man zunächst:

$$(161)\qquad \sum_{m_1,\cdots,m_p}^{-\infty,\cdots,+\infty} e^{\sum\limits_{\mu=1}^{p}\sum\limits_{\mu'=1}^{p} a_{\mu\mu'}(m_\mu+g_\mu)(m_{\mu'}+g_{\mu'})+2\sum\limits_{\mu=1}^{p}(m_\mu+g_\mu)\left(\frac{1}{\pi i}\sum\limits_{\nu=1}^{p}A_{\mu\nu}u'_\nu+h_\mu\pi i\right) + \frac{1}{(\pi i)^2}\sum\limits_{\nu=1}^{p}\sum\limits_{\nu'=1}^{p}\sum\limits_{\mu=1}^{p} c_{\nu,p+\mu}A_{\mu\nu'}u'_\nu u'_{\nu'}}$$
$$= C\cdot\sum_{n_1,\cdots,n_p}^{-\infty,\cdots,+\infty} e^{\sum\limits_{\nu=1}^{p}\sum\limits_{\nu'=1}^{p} a'_{\nu\nu'}(n_\nu+\hat{g}_\nu)(n_{\nu'}+\hat{g}_{\nu'})+2\sum\limits_{\nu=1}^{p}(n_\nu+\hat{g}_\nu)(u'_\nu+\hat{h}_\nu\pi i)}.$$

In dieser Gleichung führe man zur Vereinfachung statt der Größen u' Größen x ein mit Hilfe der Gleichungen:

$$(162)\qquad u_\nu' = x_\nu \pi i, \qquad (\nu=1,2,\cdots,p)$$

multipliziere links und rechts mit $e^{-2\sum\limits_{\nu=1}^{p}\hat{g}_\nu x_\nu \pi i}$ und integriere sodann nach jeder der Größen $x_1, \cdots, x_p$ von 0 bis 1. Man erhält dann, wenn man beachtet, daß

$$(163)\qquad \int_0^1 e^{2n_\nu x_\nu \pi i}\,dx = \begin{matrix}1, \text{ wenn } n_\nu = 0,\\ 0, \text{ wenn } n_\nu \gtrless 0,\end{matrix} \qquad (\nu=1,2,\cdots,p)$$

ist, die Gleichung:

$$(164)\qquad \sum_{m_1,\cdots,m_p}^{-\infty,\cdots,+\infty}\int_0^1 dx_1\cdots\int_0^1 dx_p\, e^{\Phi} = C\,e^{\sum\limits_{\nu=1}^{p}\sum\limits_{\nu'=1}^{p} a'_{\nu\nu'}\hat{g}_\nu\hat{g}_{\nu'}+2\sum\limits_{\nu=1}^{p}\hat{g}_\nu\hat{h}_\nu\pi i},$$

wobei zur Abkürzung

$$\begin{aligned}\Phi = &\sum_{\mu=1}^{p}\sum_{\mu'=1}^{p} a_{\mu\mu'}(m_\mu + g_\mu)(m_{\mu'} + g_{\mu'})\\ &+ 2\sum_{\mu=1}^{p}(m_\mu + g_\mu)\left(\sum_{\nu=1}^{p} A_{\mu\nu}x_\nu + h_\mu \pi i\right)\\ &+ \sum_{\nu=1}^{p}\sum_{\nu'=1}^{p}\sum_{\mu=1}^{p} c_{\nu,p+\mu}A_{\mu\nu'}x_\nu x_{\nu'} - 2\sum_{\nu=1}^{p}\hat{g}_\nu x_\nu \pi i\end{aligned} \tag{165}$$

gesetzt ist.

Nun setze man voraus, daß die Determinante

$$\Delta_{II} = \sum \pm c_{1,p+1}c_{2,p+2}\cdots c_{p,2p} \tag{166}$$

der p^2 Transformationszahlen des zweiten Quadranten von Null verschieden sei, und führe auf der linken Seite von (164) an Stelle der bisherigen Summationsbuchstaben m neue n und ϱ ein mit Hilfe der Gleichungen:

$$m_\mu = \sum_{\nu=1}^{p} c_{\nu,p+\mu}n_\nu + \varrho_\mu. \qquad (\mu=1,2,\cdots,p) \tag{167}$$

Wenn man an Stelle der n und ϱ ganze Zahlen treten läßt, so liefern diese immer auch für die m ganzzahlige Werte, und man kann auf solche Weise auch alle überhaupt existierenden Systeme von p ganzen Zahlen $m_1, \cdots, m_p$ erzeugen; man braucht nur etwa für $\mu = 1, 2, \cdots, p$ an Stelle von ϱ_μ den kleinsten positiven Rest der Zahl m_μ nach dem Modul Δ_{II} zu setzen und, wenn:

$$m_\mu = \Delta_{II}r_\mu + \varrho_\mu \qquad (\mu=1,2,\cdots,p) \tag{168}$$

ist, die Zahlen n_ν aus den Gleichungen:

$$\sum_{\nu=1}^{p} c_{\nu,p+\mu}n_\nu = \Delta_{II}r_\mu \qquad (\mu=1,2,\cdots,p) \tag{169}$$

zu bestimmen, also:

$$n_\nu = \sum_{\mu=1}^{p} \gamma_{\nu,p+\mu}r_\mu \qquad (\nu=1,2,\cdots,p) \tag{170}$$

zu setzen, wo $\gamma_{\nu,p+\mu}$ [1]) die Adjunkte von $c_{\nu,p+\mu}$ in der Determinante Δ_{II} bezeichnet. Daraus erkennt man zugleich, daß man die ϱ auf die Werte $0, 1, \cdots, \nabla_{II} - 1$ beschränken kann, wo ∇_{II} den absoluten Wert von Δ_{II} bezeichnet, und es frägt sich nun, wie oft jedes System von p ganzen Zahlen $m_1, \cdots, m_p$ auftritt, wenn man die n alle Zahlen von $-\infty$ bis $+\infty$, die ϱ alle Zahlen von 0 bis $\nabla_{II} - 1$ durchlaufen läßt. Zwei Zahlensysteme n, ϱ das eine, n', ϱ' das andere liefern aber das gleiche System von Zahlen m, wenn:

1) Es wird kaum stören, daß hier mit γ andere Größen wie in § 2 bezeichnet werden.

(171)
$$\sum_{\nu=1}^{p} c_{\nu, p+\mu}(n_\nu' - n_\nu) + (\varrho_\mu' - \varrho_\mu) = 0, \qquad (\mu=1,2,\cdots,p)$$

also

(172)
$$n_\nu' - n_\nu = \frac{1}{\Delta_{II}} \sum_{\mu=1}^{p} \gamma_{\nu, p+\mu}(\varrho_\mu - \varrho_\mu') \qquad (\nu=1,2,\cdots,p)$$

ist; es müssen also die Differenzen $\varrho_\mu - \varrho_\mu'$ das Kongruenzensystem:

(173)
$$\sum_{\mu=1}^{p} \gamma_{\nu, p+\mu}(\varrho_\mu - \varrho_\mu') \equiv 0 \ (\text{mod.}\ \nabla_{II}) \qquad (\nu=1,2,\cdots,p)$$

befriedigen. Sind umgekehrt diese Kongruenzen erfüllt, und ist:

(174)
$$\sum_{\mu=1}^{p} \gamma_{\nu, p+\mu}(\varrho_\mu - \varrho_\mu') = \Delta_{II} t_\nu, \qquad (\nu=1,2,\cdots,p)$$

so liefern die Zahlen $n_1, \cdots, n_p$; $\varrho_1, \cdots, \varrho_p$ und $n_1' = n_1 + t_1, \cdots, n_p' = n_p + t_p$; $\varrho_1', \cdots, \varrho_p'$, wenn man sie in die Gleichungen (167) einsetzt, die nämlichen Werte für die Zahlen $m_1, \cdots, m_p$. Da nun die Anzahl der Normallösungen des Kongruenzensystems (173) nach dem VI. Satz pap. 59 ∇_{II}^{p-1} beträgt, so wird jedes System von p ganzen Zahlen ∇_{II}^{p-1}-mal geliefert, wenn man die n von $-\infty$ bis $+\infty$, die ϱ von 0 bis $\nabla_{II} - 1$ gehen läßt, und es wird aus (164) die Gleichung:

(175)
$$\sum_{\varrho_1, \cdots, \varrho_p}^{0,1,\cdots,\nabla_{II}-1} \ \sum_{n_1, \cdots, n_p}^{-\infty,\cdots,+\infty} \int_0^1 dx_1 \cdots \int_0^1 dx_p \, e^{\Psi} = \nabla_{II}^{p-1} C e^{\sum\limits_{\nu=1}^{p} \sum\limits_{\nu'=1}^{p} a_{\nu\nu'}' \hat{g}_\nu \hat{g}_{\nu'} + 2 \sum\limits_{\nu=1}^{p} \hat{g}_\nu \hat{h}_\nu \pi i},$$

wo:

(176)
$$\begin{aligned} \Psi = & \sum_{\mu=1}^{p} \sum_{\mu'=1}^{p} a_{\mu\mu'} \left(\sum_{\nu=1}^{p} c_{\nu, p+\mu} n_\nu + \varrho_\mu + g_\mu \right) \left(\sum_{\nu'=1}^{p} c_{\nu', p+\mu'} n_{\nu'} + \varrho_{\mu'} + g_{\mu'} \right) \\ & + 2 \sum_{\mu=1}^{p} \left(\sum_{\nu=1}^{p} c_{\nu, p+\mu} n_\nu + \varrho_\mu + g_\mu \right) \left(\sum_{\nu'=1}^{p} A_{\mu\nu'} x_{\nu'} + h_\mu \pi i \right) \\ & + \sum_{\nu=1}^{p} \sum_{\nu'=1}^{p} \sum_{\mu=1}^{p} c_{\nu, p+\mu} A_{\mu\nu'} x_\nu x_{\nu'} - 2 \sum_{\nu=1}^{p} \hat{g}_\nu x_\nu \pi i \end{aligned}$$

ist.

Man betrachte nun die in (176) definierte Größe Ψ als Funktion der p Größen $x_1, \cdots, x_p$ und der p Zahlen $n_1, \cdots, n_p$ und bezeichne sie entsprechend mit $\Psi(x_1 \cdots x_p \mid n_1 \cdots n_p)$ oder kürzer mit $\Psi((x \mid n))$. Man erhält dann durch einfache Rechnungen zunächst:

$$(177)\quad \begin{aligned} \Psi((x \mid n)) &= \Psi((x+n \mid 0)) \\ &- \sum_{\nu=1}^{p}\sum_{\nu'=1}^{p}\sum_{\mu=1}^{p} c_{\nu,p+\mu}\left(A_{\mu\nu'} - \sum_{\mu'=1}^{p} c_{\nu',p+\mu'} a_{\mu\mu'}\right) n_\nu n_{\nu'} \\ &- 2\sum_{\nu=1}^{p}\sum_{\mu=1}^{p}\left(A_{\mu\nu} - \sum_{\mu'=1}^{p} c_{\nu,p+\mu'} a_{\mu\mu'}\right)(\varrho_\mu + g_\mu) n_\nu \\ &+ 2\sum_{\nu=1}^{p}\sum_{\mu=1}^{p} c_{\nu,p+\mu} h_\mu n_\nu \pi i + 2\sum_{\nu=1}^{p} \hat{g}_\nu n_\nu \pi i, \end{aligned}$$

hieraus weiter, indem man für die vorkommenden Größen A ihre Ausdrücke (VII) und für $\hat{g}_\nu$ seinen Ausdruck (XXVIII) setzt:

$$(178)\quad \begin{aligned} \Psi((x \mid n)) = \Psi((x+n \mid 0)) &- \sum_{\nu=1}^{p}\sum_{\nu'=1}^{p}\sum_{\mu=1}^{p} c_{\nu,p+\mu} c_{\nu'\mu} n_\nu n_{\nu'} \pi i \\ &- 2\sum_{\nu=1}^{p}\sum_{\mu=1}^{p} c_{\nu\mu} \varrho_\mu n_\nu \pi i + \sum_{\nu=1}^{p}\sum_{\mu=1}^{p} c_{\nu,\mu} c_{\nu,p+\mu} n_\nu \pi i \end{aligned}$$

und endlich, da infolge der Relationen (III):

$$(179)\quad \begin{aligned} &\sum_{\nu=1}^{p}\sum_{\nu'=1}^{p}\sum_{\mu=1}^{p} c_{\nu'\mu} c_{\nu,p+\mu} n_\nu n_{\nu'} \\ &\equiv \sum_{\nu=1}^{p}\sum_{\mu=1}^{p} c_{\nu,\mu} c_{\nu,p+\mu} n_\nu^2 \equiv \sum_{\nu=1}^{p}\sum_{\mu=1}^{p} c_{\nu\mu} c_{\nu,p+\mu} n_\nu \pmod{2} \end{aligned}$$

ist:

$$(180)\quad e^{\Psi((x \mid n))} = e^{\Psi((x+n \mid 0))}.$$

Man kann daher auf die linke Seite von (175) für $\nu = 1, 2, \cdots, p$ die Gleichung:

$$(181)\quad \sum_{n_\nu=-\infty}^{+\infty} \int_0^1 f(n_\nu + x_\nu)\, dx_\nu = \sum_{n_\nu=-\infty}^{+\infty} \int_{n_\nu}^{n_\nu+1} f(x_\nu)\, dx_\nu = \int_{-\infty}^{+\infty} f(x_\nu)\, dx_\nu$$

anwenden und erhält:

$$(182)\quad \sum_{\varrho_1,\cdots,\varrho_p}^{0,1,\cdots,\nabla_{II}-1} \int_{-\infty}^{+\infty} dx_1 \cdots \int_{-\infty}^{+\infty} dx_p\, e^{\Psi_0} = \nabla_{II}^{p-1}\, C\, e^{\sum\limits_{\nu=1}^{p}\sum\limits_{\nu'=1}^{p} a'_{\nu\nu'} \hat{g}_\nu \hat{g}_{\nu'} + 2\sum\limits_{\nu=1}^{p} \hat{g}_\nu \hat{h}_\nu \pi i}$$

wo zur Abkürzung:

$$
(183)\quad \begin{aligned}
\Psi_0 = & \sum_{\mu=1}^{p}\sum_{\mu'=1}^{p} a_{\mu\mu'}(\varrho_\mu + g_\mu)(\varrho_{\mu'} + g_{\mu'}) \\
& + 2\sum_{\mu=1}^{p}(\varrho_\mu + g_\mu)\left(\sum_{\nu=1}^{p} A_{\mu\nu}x_\nu + h_\mu \pi i\right) \\
& + \sum_{\nu=1}^{p}\sum_{\nu'=1}^{p}\sum_{\mu=1}^{p} c_{\nu,p+\mu}A_{\mu\nu'}x_\nu x_{\nu'} - 2\sum_{\nu=1}^{p}\hat{g}_\nu x_\nu \pi i
\end{aligned}
$$

gesetzt ist, und wo jetzt noch die auf die Größen $x_1, \cdots, x_p$ bezüglichen Integrationen auszuführen sind.

Um dieses Ziel zu erreichen, definiere man Größen $c_1, \cdots, c_p$ durch die Gleichungen:

$$
(184)\quad c_\nu = \sum_{\mu'=1}^{p}\frac{\gamma_{\nu,p+\mu'}}{\Delta_{II}}\left[(\varrho_{\mu'} + g_{\mu'}) - \frac{1}{\Delta_A}\sum_{\varrho=1}^{p}\bar{A}_{\mu'\varrho}\hat{g}_\varrho \pi i\right] \quad (\nu=1,2,\cdots,p)
$$

und bringe Ψ_0 unter Beachtung der Beziehungen:

$$
(185)\quad \begin{aligned}
& \frac{1}{\Delta_{II}}\sum_{\nu=1}^{p}A_{\mu\nu}\gamma_{\nu,p+\mu'} = \frac{1}{\Delta_{II}}\sum_{\nu=1}^{p}c_{\nu\mu}\gamma_{\nu,p+\mu'}\pi i + a_{\mu\mu'}, \quad (\mu,\mu'=1,2,\cdots,p) \\
& \frac{1}{\Delta_{II}}\sum_{\nu=1}^{p}\gamma_{\nu,p+\mu}\hat{g}_\nu = \frac{1}{\Delta_{II}}\sum_{\mu'=1}^{p}\sum_{\nu=1}^{p}c_{\nu\mu'}\gamma_{\nu,p+\mu}g_{\mu'} - h_\mu \\
& \qquad + \frac{1}{2\Delta_{II}}\sum_{\mu'=1}^{p}\sum_{\nu=1}^{p}\gamma_{\nu,p+\mu}c_{\nu\mu'}c_{\nu,p+\mu'} \quad (\mu=1,2,\cdots,p)
\end{aligned}
$$

in die Form:

$$
(186)\quad \begin{aligned}
\Psi_0 = & \sum_{\nu=1}^{p}\sum_{\nu'=1}^{p}\sum_{\mu=1}^{p} c_{\nu,p+\mu}A_{\mu\nu'}(x_\nu + c_\nu)(x_{\nu'} + c_{\nu'}) \\
& + \frac{\pi^2}{\Delta_{II}\Delta_A}\sum_{\nu=1}^{p}\sum_{\nu'=1}^{p}\sum_{\mu=1}^{p}\gamma_{\nu,p+\mu}\bar{A}_{\mu\nu'}\hat{g}_\nu\hat{g}_{\nu'} \\
& - \frac{1}{\Delta_{II}}\sum_{\mu=1}^{p}\sum_{\mu'=1}^{p}\sum_{\nu=1}^{p}c_{\nu\mu}\gamma_{\nu,p+\mu'}(\varrho_\mu\varrho_{\mu'} - g_\mu g_{\mu'})\pi i \\
& + \frac{1}{\Delta_{II}}\sum_{\mu=1}^{p}\sum_{\mu'=1}^{p}\sum_{\nu=1}^{p}\gamma_{\nu,p+\mu}c_{\nu\mu'}c_{\nu,p+\mu'}(\varrho_\mu + g_\mu)\pi i.
\end{aligned}
$$

Die Ausführung der auf der rechten Seite von (182) stehenden Integrationen reduziert sich dann auf die Auswertung des Integrals:

$$
(187)\quad J = \int_{-\infty}^{+\infty} dx_1 \cdots \int_{-\infty}^{+\infty} dx_p\, e^{\sum\limits_{\nu=1}^{p}\sum\limits_{\nu'=1}^{p}\sum\limits_{\mu=1}^{p} c_{\nu,p+\mu}A_{\mu\nu'}(x_\nu+c_\nu)(x_{\nu'}+c_{\nu'})}.
$$

Die hier auf der rechten Seite im Exponenten als Koeffizienten auftretenden Größen

$$b_{\nu\nu'} = \sum_{\mu=1}^{p} c_{\nu,\,p+\mu} A_{\mu\nu'} \qquad (\nu, \nu' = 1, 2, \cdots, p) \tag{188}$$

besitzen die Eigenschaften von Thetamodulen. Zunächst ist, wie man leicht sieht, $b_{\nu\nu'} = b_{\nu'\nu}$ $(\nu, \nu' = 1, 2, \cdots, p;\ \nu < \nu')$ und weiter ist auch die aus ihren reellen Teilen

$$s_{\nu\nu'} = \sum_{\mu=1}^{p} \sum_{\mu'=1}^{p} c_{\nu,\,p+\mu}\, c_{\nu',\,p+\mu'}\, r_{\mu\mu'}, \qquad (\nu, \nu' = 1, 2, \cdots, p) \tag{189}$$

wo $r_{\mu\mu'}$ den reellen Teil von $a_{\mu\mu'}$ bezeichnet, gebildete quadratische Form $\sum\limits_{\nu=1}^{p} \sum\limits_{\nu'=1}^{p} s_{\nu\nu'} y_\nu y_{\nu'}$, da sie aus der negativen quadratischen Form $\sum\limits_{\mu=1}^{p} \sum\limits_{\mu'=1}^{p} r_{\mu\mu'} x_\mu x_{\mu'}$ durch die reelle Substitution:

$$x_\mu = \sum_{\nu=1}^{p} c_{\nu,\,p+\mu}\, y_\nu \qquad (\mu = 1, 2, \cdots, p) \tag{190}$$

hervorgeht, selbst eine negative. Bezeichnet man also unter Adoption der pag. 107 eingeführten Bezeichnungsweise mit $k_1, k_2, \cdots, k_p$ die in ihren reellen Teilen negativen Größen:

$$k_1 = b_{11}^{(1)}, \quad k_2 = \frac{b_{22}^{(2)}}{b_{11}^{(1)}}, \quad \cdots, \quad k_p = \frac{b_{pp}^{(p)}}{b_{p-1,\,p-1}^{(p-1)}}, \tag{191}$$

und mit $l_1, l_2, \cdots, l_{p-1}, l_p$ die Ausdrücke:

$$\begin{aligned}
l_1 &= c_1 + \frac{b_{12}^{(1)}}{b_{11}^{(1)}}(x_2 + c_2) + \cdots + \frac{b_{1,\,p-1}^{(1)}}{b_{11}^{(1)}}(x_{p-1} + c_{p-1}) + \frac{b_{1p}^{(1)}}{b_{11}^{(1)}}(x_p + c_p),\\
l_2 &= c_2 + \frac{b_{23}^{(2)}}{b_{22}^{(2)}}(x_3 + c_3) + \cdots + \frac{b_{2p}^{(2)}}{b_{22}^{(2)}}(x_p + c_p),\\
&\cdots\cdots\cdots\cdots\\
l_{p-1} &= c_{p-1} + \frac{b_{p-1,\,p}^{(p-1)}}{b_{p-1,\,p-1}^{(p-1)}}(x_p + c_p),\\
l_p &= c_p,
\end{aligned} \tag{192}$$

so kann man den genannten Exponenten in der Form:

$$\sum_{\nu=1}^{p} \sum_{\nu'=1}^{p} \sum_{\mu=1}^{p} c_{\nu,\,p+\mu} A_{\mu\nu'} (x_\nu + c_\nu)(x_{\nu'} + c_{\nu'}) = \sum_{\varrho=1}^{p} k_\varrho (x_\varrho + l_\varrho)^2 \tag{193}$$

als Summe von p Quadraten linearer Funktionen der x darstellen und erhält mit Hilfe der Formel (19) pag. 97, wenn man beachtet, daß auf Grund von (188)

$$b_{pp}^{(p)} = \sum \pm b_{11} b_{22} \cdots b_{pp} = \Delta_{II} \Delta_A \tag{194}$$

ist, für das Integral (187) den Wert:

$$J = \underset{+}{\sqrt{\frac{-\pi}{k_1}}} \underset{+}{\sqrt{\frac{-\pi}{k_2}}} \cdots \underset{+}{\sqrt{\frac{-\pi}{k_p}}} = \sqrt{\frac{(-\pi)^p}{\Delta_{II} \Delta_A}}. \tag{195}$$

Führt man diesen Wert in die Gleichung (182) ein, nachdem man dort den Exponenten Ψ_0 durch den unter (186) dafür aufgestellten Ausdruck ersetzt hat, so erhält man:

$$\begin{aligned} &\sqrt{\frac{(-\pi)^p}{\Delta_{II}\Delta_A}}\, e^{\frac{1}{\Delta_{II}} \sum\limits_{\mu=1}^{p} \sum\limits_{\mu'=1}^{p} \sum\limits_{\nu=1}^{p} c_{\nu\mu} \gamma_{\nu, p+\mu'} g_\mu g_{\mu'} \pi i + \frac{1}{\Delta_{II}} \sum\limits_{\mu=1}^{p} \sum\limits_{\mu'=1}^{p} \sum\limits_{\nu=1}^{p} \gamma_{\nu, p+\mu} c_{\nu\mu'} c_{\nu, p+\mu'} g_\mu \pi i} \\ &\times \sum_{\varrho_1, \cdots, \varrho_p}^{0, 1, \cdots, \nabla_{II}-1} e^{-\frac{1}{\Delta_{II}} \sum\limits_{\mu=1}^{p} \sum\limits_{\mu'=1}^{p} \sum\limits_{\nu=1}^{p} c_{\nu\mu} \gamma_{\nu, p+\mu'} \varrho_\mu \varrho_{\mu'} \pi i + \frac{1}{\Delta_{II}} \sum\limits_{\mu=1}^{p} \sum\limits_{\mu'=1}^{p} \sum\limits_{\nu=1}^{p} \gamma_{\nu, p+\mu} c_{\nu\mu'} c_{\nu, p+\mu'} \varrho_\mu \pi i} \\ &= \nabla_{II}^{p-1} C \cdot e^{\sum\limits_{\nu=1}^{p} \sum\limits_{\nu'=1}^{p} \left(a'_{\nu\nu'} - \frac{\pi^2}{\Delta_{II}\Delta_A} \sum\limits_{\mu=1}^{p} \gamma_{\nu, p+\mu} \bar{A}_{\mu\nu'} \right) \hat{g}_\nu \hat{g}_{\nu'} + 2 \sum\limits_{\nu=1}^{p} \hat{g}_\nu \hat{h}_\nu \pi i}. \end{aligned} \tag{196}$$

Nun ist aber auf Grund von (XII):

$$a'_{\nu\nu'} - \frac{\pi^2}{\Delta_{II}\Delta_A} \sum_{\mu=1}^{p} \gamma_{\nu, p+\mu} \bar{A}_{\mu\nu'} = \frac{\pi i}{\Delta_A} \sum_{\mu=1}^{p} \bar{A}_{\mu\nu'} \left(B_{\mu\nu} + \frac{\pi i}{\Delta_{II}} \gamma_{\nu, p+\mu} \right), \tag{197}$$

und da

$$B_{\mu\nu} = \frac{1}{\Delta_{II}} \sum_{\varrho=1}^{p} \sum_{\mu'=1}^{p} c_{\varrho, p+\mu'} \gamma_{\nu, p+\mu'} \left(c_{p+\varrho, \mu} \pi i + \sum_{\varkappa=1}^{p} c_{p+\varrho, p+\varkappa} a_{\mu\varkappa} \right) \tag{198}$$

also wegen (II):

$$\begin{aligned} &B_{\mu\nu} + \frac{\pi i}{\Delta_{II}} \gamma_{\nu, p+\mu} \\ &= \frac{1}{\Delta_{II}} \sum_{\varrho=1}^{p} \sum_{\mu'=1}^{p} \gamma_{\nu, p+\mu'} \left(c_{\varrho\mu} c_{p+\varrho, p+\mu'} \pi i + \sum_{\varkappa=1}^{p} c_{p+\varrho, p+\mu'} c_{\varrho, p+\varkappa} a_{\mu\varkappa} \right) \\ &= \frac{1}{\Delta_{II}} \sum_{\varrho=1}^{p} \sum_{\mu'=1}^{p} \gamma_{\nu, p+\mu'} c_{p+\varrho, p+\mu'} A_{\mu\varrho} \end{aligned} \tag{199}$$

ist, so erhält man, indem man diesen Ausdruck in (197) einführt:

$$a'_{\nu\nu'} - \frac{\pi^2}{\Delta_{II}\Delta_A} \sum_{\mu=1}^{p} \gamma_{\nu, p+\mu} \bar{A}_{\mu\nu'} = \frac{\pi i}{\Delta_{II}} \sum_{\mu'=1}^{p} \gamma_{\nu, p+\mu'} c_{p+\nu', p+\mu'}. \tag{200}$$

12*

Der Exponent auf der rechten Seite von (196) wird also:

$$(201)\quad \frac{1}{\Delta_{II}}\sum_{\nu=1}^{p}\sum_{\nu'=1}^{p}\sum_{\mu=1}^{p}\gamma_{\nu,\,p+\mu}\,c_{p+\nu',\,p+\mu}\,\hat{g}_\nu\hat{g}_{\nu'}\,\pi i+2\sum_{\nu=1}^{p}\hat{g}_\nu\hat{h}_\nu\,\pi i.$$

Ersetzt man hier die Größen $\hat{g}$, $\hat{h}$ durch ihre Ausdrücke (XXVIII), so erhält man unter Benutzung der Relationen (II) daraus leicht den neuen Ausdruck:

$$(202)\quad \begin{aligned}
&\frac{1}{\Delta_{II}}\sum_{\mu=1}^{p}\sum_{\mu'=1}^{p}\sum_{\nu=1}^{p}c_{\nu\mu}\,\gamma_{\nu,\,p+\mu'}\,g_\mu g_{\mu'}\,\pi i\\
&+\frac{1}{\Delta_{II}}\sum_{\mu=1}^{p}\sum_{\mu'=1}^{p}\sum_{\nu=1}^{p}\gamma_{\nu,\,p+\mu}\,c_{\nu\mu'}\,c_{\nu,\,p+\mu'}\,g_\mu\,\pi i\\
&-\sum_{\mu=1}^{p}\sum_{\mu'=1}^{p}\sum_{\nu=1}^{p}\big(c_{\nu\mu}\,c_{p+\nu,\,\mu'}\,g_\mu g_{\mu'}-2c_{p+\nu,\,\mu}\,c_{\nu,\,p+\mu'}\,g_\mu h_{\mu'}\\
&\qquad\qquad+c_{\nu,\,p+\mu}\,c_{p+\nu,\,p+\mu'}\,h_\mu h_{\mu'}\big)\pi i\\
&+\sum_{\mu=1}^{p}\sum_{\mu'=1}^{p}\sum_{\nu=1}^{p}c_{p+\nu,\,\mu}\,c_{p+\nu,\,p+\mu}\big(c_{\nu\mu'}\,g_{\mu'}-c_{\nu,\,p+\mu'}\,h_{\mu'}\big)\pi i\\
&+\frac{1}{4\Delta_{II}}\sum_{\nu=1}^{p}\sum_{\nu'=1}^{p}\sum_{\mu=1}^{p}\gamma_{\nu,\,p+\mu}\,c_{p+\nu',\,p+\mu}\sum_{\varrho=1}^{p}c_{\nu\varrho}\,c_{\nu,\,p+\varrho}\sum_{\varrho'=1}^{p}c_{\nu'\varrho'}\,c_{\nu',\,p+\varrho'}\,\pi i\\
&+\frac{1}{2}\sum_{\nu=1}^{p}\sum_{\varrho=1}^{p}c_{\nu\varrho}\,c_{\nu,\,p+\varrho}\sum_{\varrho'=1}^{p}c_{p+\nu,\,\varrho'}\,c_{p+\nu,\,p+\varrho'}\,\pi i
\end{aligned}$$

und endlich, indem man diesen in die Gleichung (196) einführt, für C den Wert:

$$(203)\quad \begin{aligned}
C=\;&\frac{1}{\nabla_{II}^{p-1}}\sqrt{\frac{(-\pi)^p}{\Delta_{II}\Delta_A}}\;e^{\sum_{\mu=1}^{p}\sum_{\mu'=1}^{p}\sum_{\nu=1}^{p}(c_{\nu\mu}c_{p+\nu,\mu'}g_\mu g_{\mu'}-2c_{p+\nu,\mu}c_{\nu,p+\mu'}g_\mu h_{\mu'}+c_{\nu,p+\mu}c_{p+\nu,p+\mu'}h_\mu h_{\mu'})\pi i}\\
&\times e^{-\sum_{\mu=1}^{p}\sum_{\mu'=1}^{p}\sum_{\nu=1}^{p}c_{p+\nu,\mu}c_{p+\nu,p+\mu}(c_{\nu\mu'}g_{\mu'}-c_{\nu,p+\mu'}h_{\mu'})\pi i}\\
&\times e^{-\frac{1}{4\Delta_{II}}\sum_{\nu=1}^{p}\sum_{\nu'=1}^{p}\sum_{\mu=1}^{p}\gamma_{\nu,p+\mu}c_{p+\nu',p+\mu}\sum_{\varrho=1}^{p}c_{\nu\varrho}c_{\nu,p+\varrho}\sum_{\varrho'=1}^{p}c_{\nu'\varrho'}c_{\nu',p+\varrho'}\pi i-\frac{1}{2}\sum_{\nu=1}^{p}\sum_{\varrho=1}^{p}c_{\nu\varrho}c_{\nu,p+\varrho}\sum_{\varrho'=1}^{p}c_{p+\nu,\varrho'}c_{p+\nu,p+\varrho'}\pi i}.
\end{aligned}$$

Man hat daher den

XII. Satz: *Bei der ganzzahligen linearen Transformation hängt die ursprüngliche Thetafunktion mit der transformierten zusammen durch die Gleichung:*

(XXIX) $$\vartheta\begin{bmatrix} g \\ h \end{bmatrix}(\!(u)\!)_a = C e^{-U} \vartheta\begin{bmatrix} \hat{g} \\ \hat{h} \end{bmatrix}(\!(u')\!)_{a'}.$$

Dabei sind die Größen U, $\hat{g}$, $\hat{h}$ *durch die Gleichungen* (XXVII) *und* (XXVIII) *definiert,* C *aber ist eine von den Argumenten der Thetafunktion unabhängige Größe, der man unter der Voraussetzung, daß die Determinante*

(XXX) $$\Delta_{II} = \sum \pm c_{1,p+1}\, c_{2,p+2} \cdots c_{p,2p}$$

einen von Null verschiedenen Wert besitzt, die Form:

(XXXI) $$C = \frac{1}{\nabla_{II}^{p-1}} \sqrt{\frac{(-\pi)^p}{\Delta_{II}\Delta_A}}\, G \cdot e^{\varphi \pi i} \cdot e^{\psi(g,h)\pi i}$$

geben kann, wobei mit ∇_{II} *der absolute Wert von* Δ_{II} *bezeichnet ist, wobei ferner, während* $\gamma_{\nu,p+\mu}$ *die Adjunkte von* $c_{\nu,p+\mu}$ *in der Determinante* Δ_{II} *bezeichnet, zur Abkürzung:*

(XXXII) $$G = \sum_{\varrho_1,\cdots,\varrho_p}^{0,1,\cdots,\nabla_{II}-1} e^{-\frac{1}{\Delta_{II}}\sum\limits_{\mu=1}^{p}\sum\limits_{\mu'=1}^{p}\sum\limits_{\nu=1}^{p} c_{\nu\mu}\gamma_{\nu,p+\mu'}\varrho_\mu\varrho_{\mu'}\pi i + \frac{1}{\Delta_{II}}\sum\limits_{\mu=1}^{p}\sum\limits_{\mu'=1}^{p}\sum\limits_{\nu=1}^{p}\gamma_{\nu,p+\mu}c_{\nu\mu'}c_{\nu,p+\mu'}\varrho_\mu \pi i}$$

und:

(XXXIII) $$\begin{aligned} \varphi = &-\frac{1}{4\Delta_{II}}\sum_{\nu=1}^{p}\sum_{\nu'=1}^{p}\sum_{\mu=1}^{p}\gamma_{\nu,p+\mu}\,c_{p+\nu',p+\mu}\sum_{\varrho=1}^{p}c_{\nu\varrho}\,c_{\nu,p+\varrho}\sum_{\varrho'=1}^{p}c_{\nu'\varrho'}\,c_{\nu',p+\varrho'} \\ &-\frac{1}{2}\sum_{\nu=1}^{p}\sum_{\varrho=1}^{p}c_{\nu\varrho}\,c_{\nu,p+\varrho}\sum_{\varrho'=1}^{p}c_{p+\nu,\varrho'}\,c_{p+\nu,p+\varrho'} \end{aligned}$$

gesetzt ist, wobei ferner $\psi(g, h)$ *den Ausdruck:*

(XXXIV) $$\begin{aligned} \psi(g,h) = &\sum_{\mu=1}^{p}\sum_{\mu'=1}^{p}\sum_{\nu=1}^{p}\big(c_{\nu\mu}c_{p+\nu,\mu'}g_\mu g_{\mu'} - 2c_{p+\nu,\mu}c_{\nu,p+\mu'}g_\mu h_{\mu'} \\ &\qquad + c_{\nu,p+\mu}\,c_{p+\nu,p+\mu'}\,h_\mu h_{\mu'}\big) \\ &-\sum_{\mu=1}^{p}\sum_{\mu'=1}^{p}\sum_{\nu=1}^{p}c_{p+\nu,\mu}\,c_{p+\nu,p+\mu}\big(c_{\nu\mu'}g_{\mu'} - c_{\nu,p+\mu'}h_{\mu'}\big) \end{aligned}$$

bezeichnet, und wobei endlich zur Bestimmung des Vorzeichens der auf der rechten Seite stehenden Wurzel die Gleichung:

(XXXV) $$\sqrt{\frac{(-\pi)^p}{\Delta_{II}\Delta_A}} = \sqrt[+]{\frac{-\pi}{k_1}}\sqrt[+]{\frac{-\pi}{k_2}}\cdots\sqrt[+]{\frac{-\pi}{k_p}}$$

heranzuziehen ist, in der:

$$\text{(XXXVI)} \quad \begin{gathered} k_1 = b_{11}^{(1)}, \quad k_2 = \frac{b_{22}^{(2)}}{b_{11}^{(1)}}, \quad \cdots, \quad k_p = \frac{b_{pp}^{(p)}}{b_{p-1,\,p-1}^{(p-1)}}, \\ b_{\nu\nu'} = \sum_{\mu=1}^{p} c_{\nu,\,p+\mu} A_{\mu\nu'}, \quad b_{\nu\nu}^{(\nu)} = \sum \pm\, b_{11}\, b_{22} \cdots b_{\nu\nu} \end{gathered}$$

ist, während jede der p auf der rechten Seite stehenden Wurzeln so auszuziehen ist, daß ihr reeller Teil positiv wird.

Der Fall $p = 1$ wird im nächsten Paragraphen gesondert besprochen; für $p > 1$ ist die Formel (XXIX) zuerst von Herrn Gordan[1]) und sodann von Clebsch und Gordan[2]) angegeben worden; die Bestimmung der Konstanten C ist aber hier nur so weit durchgeführt, als dieselbe von den Thetamodulen abhängt, während für die Bestimmung des dann noch übrig bleibenden numerischen Faktors auf die Zerlegung der gegebenen Transformation in einfache nach dem V. Satz verwiesen wird. Die im Vorigen mitgeteilte vollständige Bestimmung der Transformationskonstanten hat zuerst Herr Weber[3]) angegeben.

Bezüglich der Eigenschaften und der Wertbestimmung der einen Teil der Konstanten C bildenden mehrfachen „Gaußschen Summe" G (XXXII) mag auf die beiden Abhandlungen der Herren Weber[4]) und Jordan[5]) verwiesen werden, in deren letzterer insbesondere gezeigt wird, daß man jede solche p-fache Gaußsche Summe durch Einführung neuer Summationsbuchstaben in das Produkt von p einfachen Gaußschen Summen, wie sie im folgenden Paragraphen auftreten, zerfällen kann.

Bei der obigen Darstellung der Konstanten C wurde vorausgesetzt, daß die Determinante Δ_{II} (XXX) von Null verschieden ist. Herr Weber[3]) hat gezeigt, daß sich im Falle $\Delta_{II} = 0$ die Konstante C durch eine Gaußsche Summe von weniger Variablen ausdrücken läßt, deren Anzahl q gleich dem Range von Δ_{II} ist; es steht dies in Übereinstimmung mit dem von Herrn Prym[6]) und mir gefundenen Resultate, daß eine solche Transformation sich stets in der Form $T = S' T_{III^{(q)}} S''$ darstellen läßt. Es

---

1) Gordan, Sur la transformation des fonctions abéliennes. C. R. Bd. 60. 1865, pag. 925.

2) Clebsch und Gordan, Th. d. Abel'schen Functionen, pag. 213; vergl. auch Thomae, Beitr. zur Theorie etc. J. für Math. Bd. 75. 1873, pag. 224.

3) Weber, Über die unendl. vielen Formen etc. J. für Math. Bd. 74. 1872, pag. 57; auch: Zahlentheoretische Untersuchungen aus dem Gebiete der elliptischen Functionen. § 13. Gött. Nachr. 1893, pag. 251; für den speziellen Fall $p = 2$ dazu Mischpeter, Promotionsschrift über die Transformation der Thetafunction mit zwei Variablen. Inaug.-Diss. Rostock 1874.

4) Weber, Über die mehrfachen Gaußschen Summen. J. für Math. Bd. 74. 1872, pag. 14.

5) Jordan, Sur les sommes de Gauß à plusieurs variables. C. R. Bd. 73. 1871, pag. 1316.

6) Krazer und Prym, Neue Grundlagen etc., pag. 94.

mag genügen hier auf diese Punkte kurz hingewiesen zu haben; in einem späteren Paragraphen (§ 11) wird gezeigt werden, wie sich der Fall $\Delta_{II}=0$ stets auf den Fall $\Delta_{II}\neq 0$ reduzieren läßt.

§ 9.

Der besondere Fall $p=1$.

Im besonderen Falle $p=1$ liefert der XII. Satz, wenn man der einfacheren Schreibweise wegen die Transformationszahlen c_{11}, c_{12}, c_{21}, c_{22} mit α, β, γ, δ bezeichnet, den

XIII. Satz: *Für die ganzzahlige lineare Transformation:*

(XXXVII)
$$T=\left|\begin{array}{c|c}\alpha & \beta\\ \hline \gamma & \delta\end{array}\right|,$$

bei welcher die ganzen Zahlen α, β, γ, δ *der Bedingung:*

(XXXVIII)
$$\alpha\delta-\beta\gamma=1$$

genügen, hängt die ursprüngliche Thetafunktion mit der transformierten zusammen durch die Gleichung:

(XXXIX)
$$\vartheta\begin{bmatrix}g\\h\end{bmatrix}(u)_a=\sqrt{\frac{-\pi}{\beta A}}\,G\left(-\frac{\alpha}{\beta}\right)\cdot e^{\varphi\pi i}\cdot e^{\psi(g,h)\pi i}\,e^{-\frac{\beta u^2}{A}}\,\vartheta\begin{bmatrix}\hat{g}\\\hat{h}\end{bmatrix}(u')_{a'}.$$

Dabei ist:

$$A=\alpha\pi i+\beta a,\qquad B=\gamma\pi i+\delta a,$$
$$u'=\frac{\pi i}{A}u,\qquad a'=\frac{B}{A}\pi i,$$

(XL)
$$\hat{g}=\alpha g-\beta h+\tfrac{1}{2}\alpha\beta,\quad \hat{h}=-\gamma g+\delta h+\tfrac{1}{2}\gamma\delta,$$
$$G\left(-\frac{\alpha}{\beta}\right)=\sum_{\varrho=0}^{\beta-1}e^{-\frac{\alpha}{\beta}\varrho^2\pi i+\alpha\varrho\pi i},$$
$$\varphi=-\tfrac{1}{4}\alpha^2\beta\delta+\tfrac{1}{2}\alpha\beta\gamma\delta,$$
$$\psi(g,h)=\alpha\gamma g^2-2\beta\gamma gh+\beta\delta h^2-\alpha\gamma\delta g+\beta\gamma\delta h,$$

und es ist die auf der rechten Seite stehende Wurzel so auszuziehen, daß ihr reeller Teil positiv wird.

Dabei ist $\beta>0$ vorausgesetzt; der Fall $\beta=0$, $\alpha=\delta=+1$ erledigt sich sehr leicht, da in diesem Falle

(204)
$$A=\pi i,\quad B=\alpha+\gamma\pi i,\quad u'=u,\quad a'=a+\gamma\pi i$$

ist, und folglich die ursprüngliche Thetafunktion mit der transformierten gemäß der Formel (XXI) pag. 70 zusammenhängt durch die Gleichung:

$$(205)\qquad \vartheta\begin{bmatrix} g \\ h \end{bmatrix}(u)_a = \vartheta\begin{bmatrix} g \\ h' \end{bmatrix}(u)_{a'} e^{\gamma g^2 \pi i - \gamma g \pi i},$$

bei der

$$(206)\qquad h' = h + \tfrac{1}{2}\gamma - \gamma g$$

ist. Die Fälle $\beta < 0$ und $\beta = 0$, $\alpha = \delta = -1$ können aber auf die soeben betrachteten beiden Fälle zurückgeführt werden, indem man die Transformation T aus der Transformation:

$$(207)\qquad \begin{vmatrix} -\alpha & -\beta \\ -\gamma & -\delta \end{vmatrix}$$

und der Transformation:

$$(208)\qquad \begin{vmatrix} -1 & 0 \\ 0 & -1 \end{vmatrix},$$

für welche

$$(209)\qquad A = -\pi i, \quad B = -a, \quad u' = -u, \quad a' = a,$$

also gemäß der Formel (XLII) pag. 35:

$$(210)\qquad \vartheta\begin{bmatrix} g \\ h \end{bmatrix}(u)_a = \vartheta\begin{bmatrix} -g \\ -h \end{bmatrix}(u')_{a'}$$

ist, zusammensetzt.

Nach dem VII. Satz läßt sich im Falle $p = 1$ jede ganzzahlige lineare Transformation aus den zwei elementaren A, B (XXII) als erzeugenden zusammensetzen. Die der ersteren, A, entsprechende Transformationsformel geht aus (205) für $\gamma = 1$ hervor; die der letzteren, B, erhält man aus (XXXIX) für $\alpha = \delta = 0$, $\beta = 1$, $\gamma = -1$ in der Gestalt:

$$(211)\qquad \vartheta\begin{bmatrix} g \\ h \end{bmatrix}(u)_a = \sqrt[+]{\frac{-\pi}{a}}\, e^{2 g h \pi i}\, e^{-\frac{u^2}{a}}\, \vartheta\begin{bmatrix} -h \\ g \end{bmatrix}\left(\frac{u\pi i}{a}\right)_{\frac{\pi^2}{a}}$$

und erkennt deren Übereinstimmung mit der Formel (III) pag. 98.

Die Summe $G\left(-\frac{\alpha}{\beta}\right)$ läßt sich durch Gaußsche Summen[1]):

1) Über die von Gauß in seiner Abhandlung: Summatio quarumdam serierum singularium. 1811. Werke Bd. 2. Göttingen 1876, pag. 9 eingeführten Summen vergl. Bachmann, Zahlentheorie 2. Bd. Leipzig 1894, pag. 146; zu der jetzt folgenden Wertbestimmung der Summen $\varphi(h, n)$ und $G\left(-\frac{\alpha}{\beta}\right)$ vergl. noch: Königsberger, Vorl. ü. d. Th. der elliptischen Functionen. Bd. 2, pag. 60 u. f., David, Sur la trans-

$$(212)\qquad \varphi(h, n) = \sum_{\varrho=0}^{n-1} e^{\frac{2h\pi i}{n}\varrho^2}$$

ausdrücken. Es ist nämlich:

1. wenn α gerade, also β ungerade ist:

$$(213)\qquad G\left(-\frac{\alpha}{\beta}\right) = \sum_{\varrho=0}^{\beta-1} e^{-\frac{\alpha}{\beta}\varrho^2\pi i} = \varphi\left(-\frac{\alpha}{2}, \beta\right),$$

2. wenn α ungerade und β ungerade ist:

$$(214)\qquad G\left(-\frac{\alpha}{\beta}\right) = \sum_{\varrho=0}^{\beta-1} e^{\frac{\beta-\alpha}{\beta}\varrho^2\pi i} = \varphi\left(\frac{\beta-\alpha}{2}, \beta\right),$$

3. wenn α ungerade und β gerade ist:

$$(215)\qquad G\left(-\frac{\alpha}{\beta}\right) = \sum_{\varrho=0}^{\beta-1} e^{-\frac{\alpha}{\beta}\left(\varrho-\frac{\beta}{2}\right)^2\pi i} \cdot e^{\frac{1}{4}\alpha\beta\pi i} = \tfrac{1}{2}\varphi(-\alpha, 2\beta)\, e^{\frac{1}{4}\alpha\beta\pi i}.$$

Nun ist aber für ungerades n:

$$(216)\qquad \varphi(h, n) = \left(\frac{h}{n}\right) e^{\frac{\pi i}{8}(n-1)^2} \underset{+}{\sqrt{n}},$$

für gerades $n = 2^\varkappa n'$ und ungerades h im Falle $\varkappa > 1$:

$$(217)\qquad \varphi(h, n) = \left(\frac{h}{n'}\right) e^{\frac{\pi i}{8}[2+(n'-1)^2-(hn'-1)^2+(h^2-1)\varkappa]} \underset{+}{\sqrt{2n}},$$

während im Falle $\varkappa = 1$ $\varphi(h, n)$ den Wert Null besitzt; und es er gibt sich daher:

1. wenn α gerade und β ungerade ist:

$$(218)\qquad G\left(-\frac{\alpha}{\beta}\right) = \left(\frac{-\frac{\alpha}{2}}{\beta}\right) e^{\frac{\pi i}{8}(\beta-1)^2} \underset{+}{\sqrt{\beta}},$$

2. wenn α ungerade und β ungerade ist:

$$(219)\qquad G\left(-\frac{\alpha}{\beta}\right) = \left(\frac{\frac{1}{2}(\beta-\alpha)}{\beta}\right) e^{\frac{\pi i}{8}(\beta-1)^2} \underset{+}{\sqrt{\beta}},$$

3. wenn α ungerade und β gerade, $\beta = 2^\lambda\beta'$ ist:

$$(220)\qquad G\left(-\frac{\alpha}{\beta}\right) = \left(\frac{-\alpha}{\beta'}\right) e^{\frac{\pi i}{8}[2(\alpha\beta+1)+(\beta'-1)^2-(\alpha\beta'+1)^2+(\alpha^2-1)(\lambda+1)]} \underset{+}{\sqrt{\beta}}.$$

---

formation des fonctions Θ. J. de Math. (3) Bd. 6. 1880, pag. 187, und Hermite, Sur quelques formules relatives à la transformation des fonctions elliptiques. J. de Math. (2) Bd. 3. 1858, pag. 26; auch C. R. Bd. 46. 1858, pag. 171.

Zu den Formeln (218) und (219) wird man bemerken. Da β ungerade ist, so ist:

$$\left(\frac{2}{\beta}\right) = e^{\frac{\pi i}{8}(\beta^2-1)}, \tag{221}$$

und man kann daher die Gleichungen (218) und (219), indem man ihre rechten Seiten mit $\left(\frac{2}{\beta}\right) e^{-\frac{\pi i}{8}(\beta^2-1)}$ multipliziert, in die gemeinsame Form:

$$G\left(-\frac{\alpha}{\beta}\right) = \left(\frac{-\alpha}{\beta}\right) e^{-\frac{\pi i}{4}(\beta-1)} \underset{+}{\sqrt{\beta}} \tag{222}$$

bringen. Man kann aber im Falle, daß β ungerade ist, die Summe $G\left(-\frac{\alpha}{\beta}\right)$ auch noch auf andere Weise auf eine Gaußsche Summe reduzieren. Bestimmt man nämlich zwei ganze Zahlen m, n so, daß:

$$\alpha = m\beta - 8n \tag{223}$$

ist, so wird

$$G\left(-\frac{\alpha}{\beta}\right) = \sum_{\varrho=0}^{\beta-1} e^{\frac{8n}{\beta}\varrho^2 \pi i} = \varphi(4n, \beta) = \left(\frac{n}{\beta}\right) e^{\frac{\pi i}{8}(\beta-1)^2} \underset{+}{\sqrt{\beta}}. \tag{224}$$

Die Formel (220) dagegen kann man, da

$$e^{\frac{\pi i}{8}[2-(\alpha\beta'+1)^2]} = e^{\pm\frac{\pi i}{4}} = \frac{1 \pm i}{\underset{+}{\sqrt{2}}} \tag{225}$$

ist, je nachdem $\alpha\beta' + 1 \equiv 0$ oder $2 \pmod{4}$, also stets:

$$e^{\frac{\pi i}{8}[2-(\alpha\beta'+1)^2]} = \frac{1 + (-1)^{\frac{1}{2}(\alpha\beta'+1)} i}{\underset{+}{\sqrt{2}}} \tag{226}$$

ist, in die Gestalt:

$$G\left(-\frac{\alpha}{\beta}\right) = \left(\frac{-\alpha}{\beta'}\right) e^{\frac{1}{4}\alpha\beta\pi i} \frac{1 + (-1)^{\frac{1}{2}(\alpha\beta'+1)} i}{\underset{+}{\sqrt{2}}} e^{\frac{\pi i}{8}(\beta'-1)^2} \cdot e^{\frac{\pi i}{8}(\alpha^2-1)(\lambda+1)} \underset{+}{\sqrt{\beta}} \tag{227}$$

bringen, und es ist dabei:

$$e^{\frac{\pi i}{8}(\alpha^2-1)(\lambda+1)} = \begin{cases} e^{\frac{\pi i}{8}(\alpha^2-1)}, & \text{wenn } \lambda \text{ gerade,} \\ 1, & \text{wenn } \lambda \text{ ungerade.} \end{cases} \tag{228}$$

Die Summe $G\left(-\frac{\alpha}{\beta}\right)$ besitzt ähnliche Eigenschaften, wie die Gaußsche Summe $\varphi(h, n)$; von ihnen sollen hier einige angegeben werden, welche für die lineare Transformation der Thetafunktionen eine Rolle spielen.

Es ist:

$$(229)\qquad G\left(\frac{\alpha}{\beta}\right) G\left(-\frac{\alpha}{\beta}\right) = \sum_{\varrho=0}^{\beta-1}\sum_{\sigma=0}^{\beta-1} e^{\frac{\alpha}{\beta}(\varrho^2-\sigma^2)\pi i - \alpha(\varrho-\sigma)\pi i}.$$

Führt man hier an Stelle von ϱ einen neuen Summationsbuchstaben τ ein mit Hilfe der Gleichung:

$$(230)\qquad \varrho = \sigma + \tau,$$

so erhält man zunächst:

$$(231)\qquad G\left(\frac{\alpha}{\beta}\right) G\left(-\frac{\alpha}{\beta}\right) = \sum_{\tau=0}^{\beta-1} e^{\frac{\alpha}{\beta}\tau^2\pi i - \alpha\tau\pi i}\left(\sum_{\sigma=0}^{\beta-1} e^{2\frac{\alpha\tau}{\beta}\sigma\pi i}\right).$$

Nun besitzt aber die an letzter Stelle stehende, in besondere Klammern eingeschlossene Summe nur dann einen von Null verschiedenen Wert und zwar den Wert β, wenn $\alpha\tau \equiv 0 \pmod{\beta}$ ist; es fallen daher in der Summe nach τ, da α relativ prim zu β ist, alle Summanden weg mit Ausnahme des ersten, dem Werte $\tau = 0$ entsprechenden, und man erhält[1]):

$$(232)\qquad G\left(\frac{\alpha}{\beta}\right) G\left(-\frac{\alpha}{\beta}\right) = \beta.$$

Zur Herleitung einer weiteren Eigenschaft der Summe $G\left(-\frac{\alpha}{\beta}\right)$ soll das Prinzip der Zusammensetzung der Transformationen benutzt werden, in der Weise, daß man die Transformation T aus zwei Transformationen T_1 und T_2 zusammensetzt in der Form $T = T_1 T_2$ und die der Transformation T entsprechende Thetaformel (XXXIX) mit jener vergleicht, welche durch Zusammensetzung der den beiden Transformationen T_1 und T_2 entsprechenden Formeln entsteht.

Ist:

$$(233)\qquad T_1 = \begin{vmatrix} 0 & 1 \\ -1 & 0 \end{vmatrix}, \quad T_2 = \begin{vmatrix} \beta & -\alpha \\ \delta & -\gamma \end{vmatrix},$$

so erhält man auf diese Weise zunächst:

$$(234)\qquad \sqrt[+]{\frac{-\pi}{\beta A}}\, e^{-\frac{1}{4}\alpha^2\beta\delta\pi i}\, G\left(-\frac{\alpha}{\beta}\right) = \sqrt[+]{\frac{-\pi}{\alpha}}\sqrt[+]{\frac{a}{i\alpha A}}\, e^{-\frac{1}{4}\alpha\beta^2\gamma\pi i}\, G\left(\frac{\beta}{\alpha}\right).$$

Die beiden auf der rechten Seite stehenden Wurzeln können zu einer einzigen vereinigt werden. Sind nämlich $a + bi$ und $c + di$ kom-

1) Der Gleichung (232) entspricht für die Summe $\varphi(h, n)$ jene Formel von Gauß (a. a. O. Art. 55), wonach:

$$(235)\qquad \varphi(h, n)\,\varphi(-h, n) = n,\ 2n \ \text{oder}\ 0$$

ist, je nachdem n ungerade, $\equiv 0$ oder $\equiv 2 \pmod 4$ ist.

plexe Zahlen mit positiven reellen Teilen, und bezeichnet man allgemein mit $\sqrt[+]{x+yi}$ jenen Wurzelwert der komplexen Zahl $x + yi$, für welchen der reelle Teil positiv ist, so ist stets:

$$(236) \qquad \underset{+}{\sqrt{a+bi}}\,\underset{+}{\sqrt{c+di}} = \underset{+}{\sqrt{(a+bi)(c+di)}};$$

denn ist:

$$(237) \qquad \underset{+}{\sqrt{a+bi}} = \alpha + \beta i, \qquad \underset{+}{\sqrt{c+di}} = \gamma + \delta i,$$

wo also $\alpha > 0$, $\gamma > 0$, so ist, wie sich durch Quadrieren dieser Gleichungen zeigt, $\alpha^2 > \beta^2$, $\gamma^2 > \delta^2$, also $\alpha^2\gamma^2 > \beta^2\delta^2$ und folglich $\alpha\gamma > \beta\delta$; es ist also das Produkt:

$$(238) \qquad \underset{+}{\sqrt{a+bi}}\,\underset{+}{\sqrt{c+di}} = (\alpha\gamma - \beta\delta) + (\alpha\delta + \beta\gamma)\,i$$

eine komplexe Zahl mit positivem reellem Teile, womit die Gleichung (236) bewiesen ist. Nun zeigen aber die Gleichungen:

$$(239) \qquad \begin{aligned} \frac{-\pi}{a} &= \frac{-\pi a_0}{a a_0}, \\ \frac{a}{i\alpha A} &= \frac{a A_0}{i\alpha A A_0} = \frac{-\pi a - \frac{\beta}{\alpha} a a_0 i}{A A_0}, \end{aligned}$$

in denen allgemein z_0 den zu z konjugiert komplexen Wert bezeichnet, daß die beiden auf der rechten Seite von (234) unter den Wurzelzeichen stehenden Größen in der Tat komplexe Zahlen mit positiven reellen Teilen sind, und es ist daher:

$$(240) \qquad \underset{+}{\sqrt{\frac{-\pi}{a}}}\,\underset{+}{\sqrt{\frac{a}{i\alpha A}}} = \underset{+}{\sqrt{\frac{-\pi}{i\alpha A}}}.$$

Setzt man diesen Wert in (234) ein, erteilt hierauf dem Modul a den speziellen Wert:

$$(241) \qquad a = -\frac{\pi}{\beta^2} - \frac{\alpha}{\beta}\pi i$$

und löst die entstehende Gleichung nach $G\left(-\frac{\alpha}{\beta}\right)$ auf, so erhält man [1]):

$$(242) \qquad G\left(-\frac{\alpha}{\beta}\right) = \underset{+}{\sqrt{\frac{\beta}{\alpha i}}}\, e^{\frac{1}{4}\alpha\beta\pi i}\, G\left(\frac{\beta}{\alpha}\right).$$

---

1) Der Gleichung (242) entspricht bei den Gaußschen Summen $\varphi(h, n)$ jene Reziprozitätsbeziehung, welche Kronecker (Über den vierten Gaußschen Beweis des Reziprozitätsgesetzes für die quadratischen Reste. Berl. Ber. 1880, pag. 686; vergl. auch: Über die Dirichletsche Methode der Wertbestimmung der Gaußschen

Ist dagegen

$$(243)\qquad T_1 = \begin{vmatrix} -\gamma & -\delta \\ \alpha & \beta \end{vmatrix}, \quad T_2 = \begin{vmatrix} 0 & 1 \\ -1 & 0 \end{vmatrix},$$

so erhält man zunächst:

$$(244)\quad \underset{+}{\sqrt{\frac{-\pi}{\beta A}}}\, e^{-\frac{1}{4}\alpha^2\beta\delta\pi i}\, G\left(-\frac{\alpha}{\beta}\right) = \underset{+}{\sqrt{\frac{-\pi}{\delta B}}}\, \underset{+}{\sqrt{\frac{B}{Ai}}}\, e^{\frac{1}{4}\beta\gamma^2\delta\pi i - \frac{1}{2}\alpha\beta\gamma\delta\pi i}\, G\left(-\frac{\gamma}{\delta}\right)$$

und hieraus auf die gleiche Weise wie oben:

$$(245)\qquad G\left(-\frac{\alpha}{\beta}\right) = \underset{+}{\sqrt{\frac{\beta}{\delta i}}}\, e^{\frac{1}{4}(\alpha-\gamma)^2\beta\delta\pi i}\, G\left(-\frac{\gamma}{\delta}\right).$$

Die im vorigen Paragraphen für beliebiges p durchgeführte Bestimmung der Konstante C durch Integration wurde für $p = 1$ zuerst von Hermite[1]) angegeben. Eine andere Methode der Bestimmung der Kon-

---

Reihen. Hamb. Mitth. Bd. 2. 1890, pag. 32) gefunden und in der eleganten Form:

$$(246)\qquad (\sqrt{\varrho})\,\frac{G(\varrho)}{G\left(\frac{1}{\varrho}\right)} = 1$$

dargestellt hat, bei der ϱ eine rationale rein imaginäre Zahl, $(\sqrt{\varrho})$ jenen Wurzelwert, dessen reeller Teil positiv ist, und $G\left(\frac{\lambda i}{\mu}\right)$ die Summe:

$$(247)\qquad G\left(\frac{\lambda i}{\mu}\right) = \frac{1}{2}\sum_{\varkappa=0}^{2\mu-1} e^{-\frac{\lambda i}{\mu}\varkappa^2\pi}$$

bezeichnet. Die Gleichungen (242) und (245) stellen, wie schon ihre ähnliche Form vermuten läßt, nicht zwei wesentlich verschiedene Eigenschaften der Summe G dar. Ersetzt man in der Gleichung (242) α durch δ, so kann man durch Einführung neuer Summationsbuchstaben vermittelst der Gleichungen $\varrho = \alpha\sigma$ beziehlich $\varrho = \gamma\sigma$ die Summen $G\left(-\frac{\delta}{\beta}\right)$ und $G\left(\frac{\beta}{\delta}\right)$ in die Summen $G\left(-\frac{\alpha}{\beta}\right)$ und $G\left(-\frac{\gamma}{\delta}\right)$ überführen und so aus der Gleichung (242) die Gleichung (245) ableiten. — Endlich wird man noch bemerken, daß man die Gleichuug (242) auch direkt, ohne Zuhilfenahme der Transformation der Thetafunktionen gewinnen kann, indem man die Formel (4) pag. 93 auf die Funktion:

$$(248)\qquad \Phi(\xi) = \sum_{\varrho=0}^{\beta-1} e^{-\frac{\alpha}{\beta}(\varrho+\xi)^2\pi i + \alpha(\varrho+\xi)\pi i}$$

anwendet.

1) Hermite, Sur quelques formules etc. J. de Math. (2) Bd. 3. 1858, pag. 26; vergl. auch Fuhrmann, Transformation der Θ-Functionen. Progr. Königsberg 1864; Königsberger, Vorl. ü. d. Th. der elliptischen Functionen.

stante C, welche von Herrn Thomae[1]) herrührt, besteht darin, daß man den lateralen Teil des Thetamoduls a einem rationalen Vielfachen von πi gleichsetzt und hierauf den reellen Teil Null werden läßt.

Nach Formel (XVIII) pag. 68 ist nämlich:

$$(249) \qquad \vartheta(0)_{r+\frac{m}{n}\pi i} = \sum_{\varrho=0}^{q-1} \vartheta\begin{bmatrix}\frac{\varrho}{q}\\ 0\end{bmatrix}(0)_{q^2\left(r+\frac{m}{n}\pi i\right)}.$$

Ist m gerade, so setze man $q = n$; man erhält dann auf Grund der Formeln (XXI) pag. 70 und (XLI) pag. 35:

$$(250) \qquad \vartheta(0)_{r+\frac{m}{n}\pi i} = \sum_{\varrho=0}^{n-1} \vartheta\begin{bmatrix}\frac{\varrho}{n}\\ 0\end{bmatrix}(0)_{n^2 r}\, e^{\varrho^2 \frac{m}{n}\pi i},$$

und weiter, indem man auf die Thetafunktion der rechten Seite die Formel (211) anwendet:

$$(251) \qquad \vartheta(0)_{r+\frac{m}{n}\pi i} = \sqrt[+]{\frac{-\pi}{n^2 r}} \sum_{\varrho=0}^{n-1} \vartheta\begin{bmatrix}0\\ \frac{\varrho}{n}\end{bmatrix}(0)_{\frac{\pi^2}{n^2 r}}\, e^{\varrho^2 \frac{m}{n}\pi i}.$$

Da nun:

$$(252) \qquad \lim_{r=0} \vartheta\begin{bmatrix}0\\ \frac{\varrho}{n}\end{bmatrix}(0)_{\frac{\pi^2}{n^2 r}} = 1$$

ist, so folgt aus (251)

$$(253) \qquad \lim_{r=0}\left(\sqrt[+]{\frac{r}{-\pi}}\,\vartheta(0)_{r+\frac{m}{n}\pi i}\right) = \frac{1}{n}\sum_{\varrho=0}^{n-1} e^{\varrho^2\frac{m}{n}\pi i} = \frac{1}{n}\varphi\left(\frac{1}{2}m,\, n\right).$$

Ist m ungerade, so setze man $q = 2n$; man erhält dann auf dieselbe Weise:

$$(254) \qquad \lim_{r=0}\left(\sqrt[+]{\frac{r}{-\pi}}\,\vartheta(0)_{r+\frac{m}{n}\pi i}\right) = \frac{1}{2n}\sum_{\varrho=0}^{2n-1} e^{\varrho^2\frac{m}{n}\pi i} = \frac{1}{2n}\varphi(m,\, 2n).$$

Mit Hilfe dieser Gleichungen kann nun die Bestimmung der Transformationskonstante folgendermaßen bewerkstelligt werden. Man schreibe die Formel für die ganzzahlige lineare Transformation, indem man $g = h = 0$ setzt und den von dem Thetamodul a abhängigen Teil der Transformationskonstante sich mit Hilfe der Differentialgleichungen (XXIII) pag. 23 bestimmt denkt, in der Form:

Bd. 2, pag. 53; David, Sur la transformation etc. J. de Math. (3) Bd. 6. 1880, pag. 187; Landsberg, Zur Theorie der Gaußschen Summen etc. J. für Math. Bd. 111. 1893, pag. 234.

1) Thomae, Abriß einer Theorie der complexen Functionen und der Thetafunctionen einer Veränderlichen. 2. Aufl. Halle 1873, pag. 187; vergl. dazu Hager, Über die lineare Transformatien der Thetafunctionen. Inaug.-Diss. Göttingen 1877.

$$\vartheta(u)_a = C_0 \sqrt[+]{\frac{-\pi}{\beta A}}\, e^{-\frac{\beta u^2}{A}}\, \vartheta\begin{bmatrix}\frac{1}{2}\alpha\beta\\ \frac{1}{2}\gamma\delta\end{bmatrix}(u')_{a'} \tag{255}$$

und setze darin:

$$u = 0, \quad a = r - \frac{\alpha}{\beta}\pi i. \tag{256}$$

Da hierdurch:

$$\begin{aligned} A &= \beta r, \quad B = \delta r - \frac{1}{\beta}\pi i, \\ u' &= 0, \quad a' = \frac{\pi^2}{\beta^2 r} + \frac{\delta}{\beta}\pi i \end{aligned} \tag{257}$$

wird, so nimmt die Formel (255), wenn man sie noch links und rechts mit $\sqrt[+]{\frac{r}{-\pi}}$ multipliziert, die Gestalt:

$$\sqrt[+]{\frac{r}{-\pi}}\,\vartheta(0)_{r-\frac{\alpha}{\beta}\pi i} = C_0 \cdot \frac{1}{\beta}\,\vartheta\begin{bmatrix}\frac{1}{2}\alpha\beta\\ \frac{1}{2}\gamma\delta\end{bmatrix}(0)_{\frac{\pi^2}{\beta^2 r}+\frac{\delta}{\beta}\pi i} \tag{258}$$

an und liefert, indem man $r = 0$ werden läßt, für C_0 die Werte:

1. wenn α gerade und β ungerade ist:

$$C_0 = \varphi\left(-\frac{\alpha}{2}, \beta\right); \tag{259}$$

2. wenn α ungerade und β gerade ist:

$$C_0 = \tfrac{1}{2}\varphi(-\alpha, 2\beta). \tag{260}$$

Diese Resultate stimmen aber mit den früheren, wonach gemäß (XXXIX):

$$C_0 = G\left(-\frac{\alpha}{\beta}\right) e^{-\frac{1}{4}\alpha^2\beta\delta\pi i - \frac{1}{2}\alpha\beta\gamma\delta\pi i} \tag{261}$$

und gemäß (213) und (215):

$$G\left(-\frac{\alpha}{\beta}\right) = \begin{cases} \varphi\left(-\frac{\alpha}{2}, \beta\right), & \text{wenn } \alpha \text{ gerade,} \\ \frac{1}{2}\varphi(-\alpha, 2\beta)\, e^{\frac{1}{4}\alpha\beta\pi i}, & \text{wenn } \beta \text{ gerade,} \end{cases} \tag{262}$$

ist, wie man leicht sieht, überein.

Sind α und β beide ungerade, so kann die Formel (255) nicht zur Bestimmung der Konstanten C_0 in der eben angegebenen Weise dienen, da dann die auf der rechten Seite von (258) stehende Thetafunktion nicht mehr gegen einen festen Grenzwert konvergiert, wenn $r = 0$ wird. Man wird dann die gegebene Transformation der Gleichung:

$$\left|\begin{array}{c|c} \alpha & \beta \\ \hline \gamma & \delta \end{array}\right| = \left|\begin{array}{c|c} -\gamma & -\delta \\ \hline \alpha & \beta \end{array}\right| \left|\begin{array}{c|c} 0 & 1 \\ \hline -1 & 0 \end{array}\right| \tag{263}$$

entsprechend aus den zwei Transformationen (243) zusammensetzen, deren erster die Formel:

$$(264) \qquad \vartheta(u)_a = D_0 \sqrt{\frac{-\pi}{\delta B}}\, e^{-\frac{\delta u^2}{B}} \vartheta\begin{bmatrix}\frac{1}{2}\gamma\delta\\ \frac{1}{2}\alpha\beta\end{bmatrix}\left(-\frac{u\pi i}{B}\right)_{-\frac{A}{B}\pi i}$$

entspricht, bei der nach dem soeben Bewiesenen:

$$(265) \qquad D_0 = \begin{cases} \varphi\left(-\frac{\gamma}{2},\, \delta\right), & \text{wenn } \gamma \text{ gerade,} \\ \frac{1}{2}\varphi(-\gamma,\, 2\delta), & \text{wenn } \gamma \text{ ungerade,} \end{cases}$$

ist, während die der zweiten entsprechende Formel die Formel (211) ist. Vergleicht man die auf solche Weise durch Zusammensetzung entstehende Formel mit der Formel (255), so erhält man zur Bestimmung von C_0 die Gleichung:

$$(266) \qquad C_0 \sqrt{\frac{-\pi}{\beta A}} = D_0 \sqrt{\frac{-\pi}{\delta B}} \sqrt{\frac{B}{Ai}}\, e^{\frac{1}{2}\alpha\beta\gamma\delta\pi i}$$

und aus dieser, indem man für a wieder den Wert (241) einsetzt:

$$(267) \qquad C_0 = \sqrt{\frac{\beta}{\delta i}}\, e^{\frac{1}{2}\alpha\beta\gamma\delta\pi i} D_0 .$$

Daß dieser Wert mit dem unter (261) angegebenen übereinstimmt, ist unter Zuziehung der Gleichung (245) leicht zu sehen.

Schon Jacobi[1]) war im Besitze von Methoden zur Bestimmung der Konstanten der linearen Transformation; er führt an, daß ein doppelter Gang der Untersuchung zu dieser Bestimmung führe, entweder mittelst einer Kettenbruchentwicklung oder mittelst der Gaußschen Summen. Ob der letztere Weg mit dem eben angegebenen Thomaeschen sich deckt, läßt sich aus der kurzen Angabe Jacobis und bei dem Mangel weiterer Nachrichten nicht ersehen. Das Verfahren der Kettenbruchentwicklung hat Herr Gordan[2]) aufgenommen, aber erst Herr Landsberg[3]) bis zur vollständigen Bestimmung der Konstanten durchgeführt. Herr Gordan führt dagegen, nachdem er die Kettenbruchentwicklung nur zur Ermittlung der Gestalt (255) der Transformationsgleichung benutzt hat, die Konstantenbestimmung in einer eigentümlichen Weise durch, deren wahre Bedeutung erst später (§ 11) aufgedeckt werden wird. Er drückt nämlich in der Transformationsgleichung (255) links die Thetafunktion mit dem Modul a durch Thetafunktionen mit dem Modul $\beta^2 a$ und hierauf diese durch solche

---

1) Jacobi, Über die Differentialgleichung, welcher die Reihen $1 \pm 2q + 2q^4 \pm 2q^9 + \text{etc.}$, $2\sqrt[4]{q} + 2\sqrt[4]{q^9} + 2\sqrt[4]{q^{25}} + \text{etc.}$ Genüge leisten. 1847. Ges. Werke Bd. 2. Berlin 1882, pag. 171.

2) Gordan, Über die Transformation etc. Hab.-Schrift. Gießen 1863; vergl. auch Enneper, Elliptische Funct. etc. Halle 1876, pag. 348 u. f. 2. Aufl. Halle 1890, pag. 409 u. f.

3) Landsberg, Zur Theorie der Gaußschen Summen etc. J. für Math. Bd. 111. 1893, pag. 234.

mit dem Modul βA aus (Formeln (XVIII) pag. 68 und (XXI) pag. 70), rechts dagegen die Thetafunktion mit dem Modul a' durch Thetafunktionen mit dem Modul $a' - \frac{\delta}{\beta}\pi i = \frac{\pi^2}{\beta A}$ und hierauf diese durch solche mit dem Modul βA (Formeln (XXIV) pag. 76 und (III) pag. 98), und erhält nun C_0 durch Vergleichung der linken und rechten Seite.

Ein ähnlicher Gedanke ist von Besch[1]) verfolgt worden, welcher die Bestimmung der Konstante durch Einführung solcher spezieller Modulwerte versucht, für welche sich der ursprüngliche und der transformierte Modul nur um ganze Vielfache von πi unterscheiden.

Soll nur das Quadrat der Transformationskonstante bestimmt werden, so kann dies sehr leicht geschehen, indem man die lineare Transformation T auf die linke und rechte Seite der Gleichung[2]):

(268) $$\vartheta'_{11}(0) = i\vartheta_{00}(0)\,\vartheta_{01}(0)\,\vartheta_{10}(0)$$

anwendet[3]).

Endlich seien die beiden Arbeiten von Cayley[4]) erwähnt, in deren erster er im Anschlusse an eine frühere[5]) Darstellung der Thetafunktionen durch unendliche Produkte eine Ableitung der Formel für die lineare Transformation gibt, ohne aber auf die Bestimmung der Konstanten einzugehen, während er in der zweiten eine Verifikation der Transformationsformel durch Zusammensetzung der den beiden Transformationen

(269) $$\left|\begin{array}{c|c} \alpha & \beta \\ \hline \gamma & \delta \end{array}\right| \left|\begin{array}{c|c} -\delta & \beta \\ \hline \gamma & -\alpha \end{array}\right| = \left|\begin{array}{c|c} -1 & 0 \\ \hline 0 & -1 \end{array}\right|$$

entsprechenden Formeln durchführt.

§ 10.

Zurückführung nichtganzzahliger Transformationen auf ganzzahlige. Die Multiplikation und die Division.

Zu jeder ganzzahligen Transformation T von der Ordnung n gibt es immer eine andere ganzzahlige Transformation T_1, welche durch die Gleichung:

(270) $$TT_1 = M,$$

1) Besch, Bestimmung der bei der linearen Umformung der Θ-Function auftretenden Transformationsconstanten. Progr. Königsberg 1877.

2) Siehe Kap. VII, § 11.

3) Thomae, Die Constante der linearen Transformation der Thetafunctionen. Gött. Nachr. 1883, pag. 194 und Enneper, Bemerkungen über Thetafunctionen V. Gött. Nachr. 1883, pag. 277.

4) Cayley, On the linear transformation of the Theta-Functions. Mess. Bd. 13. 1884, pag. 54 und: A verification in regard to the linear transformation of the Theta-Functions. Quart. J. Bd. 21. 1886, pag. 77.

5) Cayley, Mémoire sur les fonctions doublement périodiques. J. de Math. Bd. 10. 1845, pag. 385.

in der M die Transformation:

$$(271)\qquad \omega'_{\mu\alpha} = n\,\omega_{\mu\alpha} \qquad \begin{pmatrix}\mu=1,2,\cdots,p\\ \alpha=1,2,\cdots,2p\end{pmatrix}$$

von der Ordnung n^2 bezeichnet, vollständig bestimmt ist. Die Transformation T_1 ist gleichfalls wie T von der Ordnung n und ihre Transformationszahlen $c^{(1)}_{\alpha\beta}$ sind durch die Gleichungen:

$$(272)\qquad \begin{array}{ll} c^{(1)}_{\mu\nu} = c_{p+\nu,\,p+\mu}, & c^{(1)}_{\mu,\,p+\nu} = -\,c_{\nu,\,p+\mu}, \\ c^{(1)}_{p+\mu,\,\nu} = -\,c_{p+\nu,\,\mu}, & c^{(1)}_{p+\mu,\,p+\nu} = c_{\nu\mu} \end{array} \qquad (\mu,\nu=1,2,\cdots,p)$$

bestimmt. Die Transformation T_1 wird die zur Transformation T *supplementäre* genannt; man sieht, daß auch umgekehrt $T_1 T = M$ also auch T die zu T_1 supplementäre Transformation ist. Im Falle $n = 1$ wird die Transformation M zur identischen J, die supplementäre T_1 zur inversen T^{-1}.

Die Transformation M heißt die *Multiplikation*, die zu ihr inverse Transformation M^{-1} von der Ordnung $\frac{1}{n^2}$ ist die nichtganzzahlige Transformation:

$$(273)\qquad \omega'_{\mu\alpha} = \frac{1}{n}\,\omega_{\mu\alpha}, \qquad \begin{pmatrix}\mu=1,2,\cdots,p\\ \alpha=1,2,\cdots,2p\end{pmatrix}$$

welche die *Division* genannt wird. Mittelst der Division kann man nun jede nichtganzzahlige Transformation T auf eine ganzzahlige zurückführen. Bringt man nämlich die Koeffizienten $c_{\alpha\beta}$ von T auf gemeinsamen Nenner t, setzt also:

$$(274)\qquad c_{\alpha\beta} = \frac{d_{\alpha\beta}}{t}, \qquad (\alpha,\beta=1,2,\cdots,2p)$$

wo t eine positive ganze Zahl, die $d_{\alpha\beta}$ ganze Zahlen sind, so kann man die Transformation T:

$$(275)\qquad \omega''_{\mu\alpha} = \sum_{\varepsilon=1}^{2p} \frac{d_{\alpha\varepsilon}}{t}\,\omega_{\mu\varepsilon} \qquad \begin{pmatrix}\mu=1,2,\cdots,p\\ \alpha=1,2,\cdots,2p\end{pmatrix}$$

aus den beiden Transformationen:

$$(276)\qquad \omega'_{\mu\alpha} = \frac{1}{t}\,\omega_{\mu\alpha}, \quad \omega''_{\mu\alpha} = \sum_{\varepsilon=1}^{2p} d_{\alpha\varepsilon}\,\omega'_{\mu\varepsilon} \qquad \begin{pmatrix}\mu=1,2,\cdots,p\\ \alpha=1,2,\cdots,2p\end{pmatrix}$$

zusammensetzen, von denen die erste eine Division $\left(\text{von der Ordnung } \frac{1}{t^2}\right)$, die zweite aber eine ganzzahlige Transformation (von der Ordnung $t^2 n$) ist.

Für die Multiplikation (271) ist:

(277) $$A_{\mu\nu} = \begin{matrix} n\pi i, & \text{wenn } \mu = \nu, \\ 0, & \text{wenn } \mu \gtrless \nu, \end{matrix} \qquad B_{\mu\nu} = n a_{\mu\nu}, \qquad {\scriptstyle (\mu,\nu = 1, 2, \cdots, p)}$$

und es sind daher die Argumente und Modulen der transformierten Thetafunktion durch die Gleichungen:

(278) $$u'_\mu = \frac{1}{n} u_\mu, \quad a'_{\mu\mu'} = a_{\mu\mu'} \qquad {\scriptstyle (\mu,\mu' = 1, 2, \cdots, p)}$$

bestimmt. Soll die ursprüngliche Thetafunktion $\vartheta\begin{bmatrix} g \\ h \end{bmatrix}(\!(u)\!)_a$ durch die transformierten $\vartheta\begin{bmatrix} k \\ l \end{bmatrix}(\!(u')\!)_{a'}$ ausgedrückt werden, so hat man nach § 7 zunächst $\vartheta\begin{bmatrix} g \\ h \end{bmatrix}(\!(u)\!)_a$ als eine Thetafunktion $n^{2\text{ter}}$ Ordnung mit den Argumenten u'_μ, den Modulen $a'_{\mu\mu'}$ und der Charakteristik $\begin{bmatrix} ng \\ nh \end{bmatrix}$ homogen und linear durch die n^{2p} Funktionen $\vartheta\begin{bmatrix} \frac{ng+\varkappa}{n^2} \\ nh \end{bmatrix}(\!(n^2u')\!)_{n^2a'}$ auszudrücken. Diese Darstellung wird aber durch die Formel (XVIII) pag. 68 in der Gestalt:

(279) $$\vartheta\begin{bmatrix} g \\ h \end{bmatrix}(\!(u)\!)_a = \sum_{\varkappa_1,\cdots,\varkappa_p}^{0,1,\cdots,n-1} \vartheta\begin{bmatrix} \frac{g+\varkappa}{n} \\ nh \end{bmatrix}(\!(n^2u')\!)_{n^2a'}$$

geleistet. Man hat nun weiter die auf der rechten Seite stehenden Thetafunktionen mit Hilfe der Formel (154) durch solche mit den Argumenten u'_μ und den Modulen $a'_{\mu\mu'}$ auszudrücken. Zu dem Ende ersetze man in dieser Formel n durch n^2, u durch u' und a durch a'; verstehe sodann für $\mu = 1, 2, \cdots, p$ unter $\bar{g}^{(1)}_\mu, \cdots, \bar{g}^{(n^2)}_\mu$; $\bar{h}^{(1)}_\mu, \cdots, \bar{h}^{(n^2)}_\mu$ Größen, für welche:

(280) $$\bar{g}^{(1)}_\mu + \cdots + \bar{g}^{(n^2)}_\mu = n g_\mu, \quad \bar{h}^{(1)}_\mu + \cdots + \bar{h}^{(n^2)}_\mu = n h_\mu \qquad {\scriptstyle (\mu = 1, 2, \cdots, p)}$$

ist, und setze:

(281) $$g^{(\nu)}_\mu = \bar{g}^{(\nu)}_\mu + \frac{\varkappa_\mu}{n} - \frac{\varrho_\mu}{n^2}, \quad h^{(\nu)}_\mu = \bar{h}^{(\nu)}_\mu, \qquad \begin{pmatrix} \scriptstyle \nu = 1, 2, \cdots, n \\ \scriptstyle \mu = 1, 2, \cdots, p \end{pmatrix}$$

sodaß die durch die Gleichungen (151) definierten Größen g', h' die Werte:

(282) $$g'_\mu = n(g_\mu + \varkappa_\mu) - \varrho_\mu, \quad h'_\mu = n h_\mu \qquad {\scriptstyle (\mu = 1, 2, \cdots, p)}$$

annehmen. Die auf der linken Seite von (154) stehende Thetafunktion wird dann mit der auf der rechten Seite von (279) stehenden identisch und man erhält, indem man diese letztere durch den aus (154) dafür abgeleiteten Ausdruck ersetzt, die Gleichung:

$$n^{2p}\,\mathsf{K}_{\varrho_1\cdots\varrho_p}\,\vartheta\begin{bmatrix}g\\h\end{bmatrix}(\!(u)\!)_a$$

(283)
$$=\sum_{\varkappa_1,\cdots,\varkappa_p}^{0,1,\cdots,n-1}\;\sum_{\sigma_1,\cdots,\sigma_p}^{0,1,\cdots,n^2-1}\vartheta\begin{bmatrix}\bar g^{(1)}+\frac{\varkappa}{n}-\frac{\varrho}{n^2}\\ \bar h^{(1)}+\frac{\sigma}{n^2}\end{bmatrix}(\!(u')\!)_{a'}\cdots$$
$$\vartheta\begin{bmatrix}\bar g^{(n^2)}+\frac{\varkappa}{n}-\frac{\varrho}{n^2}\\ \bar h^{(n^2)}+\frac{\sigma}{n^2}\end{bmatrix}(\!(u')\!)_{a'}\,e^{-\frac{2\pi i}{n}\sum\limits_{\mu=1}^{p}(g_\mu+\varkappa_\mu)\sigma_\mu}.$$

Durch diese Gleichung ist die gestellte Aufgabe, die Funktion $\vartheta\begin{bmatrix}g\\h\end{bmatrix}(\!(u)\!)_a$ durch Funktionen $\vartheta\begin{bmatrix}k\\l\end{bmatrix}(\!(u')\!)_{a'}$ auszudrücken, bereits gelöst. Man kann derselben aber leicht eine elegantere Form geben. Zu dem Ende verstehe man unter $\mathring{\varrho}_1,\cdots,\mathring{\varrho}_p;\ \mathring{\sigma}_1,\cdots,\mathring{\sigma}_p$ irgend welche ganze Zahlen, setze in (283):

(284)
$$\varrho_\mu=-\mathring{\varrho}_\mu+n\tau_\mu,\qquad (\mu=1,2,\cdots,p)$$

multipliziere linke und rechte Seite mit $e^{\frac{2\pi i}{n}\sum\limits_{\mu=1}^{p}\mathring{\sigma}_\mu\tau_\mu}$ und summiere über die τ von 0 bis $n-1$. Man erhält dann, wenn man gleichzeitig rechts den Summationsbuchstaben $\varkappa_\mu$ um τ_μ vermehrt, was nur eine Umstellung der Summanden der rechten Seite bedeutet, zunächst die Gleichung:

(285)
$$n^{2p}\left(\sum_{\tau_1,\cdots,\tau_p}^{0,1,\cdots,n-1}\mathsf{K}_{-\mathring{\varrho}_1+n\tau_1\cdots-\mathring{\varrho}_p+n\tau_p}\,e^{\frac{2\pi i}{n}\sum\limits_{\mu=1}^{p}\mathring{\sigma}_\mu\tau_\mu}\right)\vartheta\begin{bmatrix}g\\h\end{bmatrix}(\!(u)\!)_a$$
$$=\sum_{\varkappa_1,\cdots,\varkappa_p}^{0,1,\cdots,n-1}\;\sum_{\sigma_1,\cdots,\sigma_p}^{0,1,\cdots,n^2-1}\vartheta\begin{bmatrix}\bar g^{(1)}+\frac{\varkappa}{n}+\frac{\mathring{\varrho}}{n^2}\\ \bar h^{(1)}+\frac{\sigma}{n^2}\end{bmatrix}(\!(u')\!)_{a'}\cdots$$
$$\vartheta\begin{bmatrix}\bar g^{(n^2)}+\frac{\varkappa}{n}+\frac{\mathring{\varrho}}{n^2}\\ \bar h^{(n^2)}+\frac{\sigma}{n^2}\end{bmatrix}(\!(u')\!)_{a'}\,e^{-\frac{2\pi i}{n}\sum\limits_{\mu=1}^{p}(g_\mu+\varkappa_\mu)\sigma_\mu}$$
$$\times\left(\sum_{\tau_1,\cdots,\tau_p}^{0,1,\cdots,n-1}e^{-\frac{2\pi i}{n}\sum\limits_{\mu=1}^{p}(\sigma_\mu-\mathring{\sigma}_\mu)\tau_\mu}\right).$$

Nun besitzt aber die in der letzten Zeile stehende Summe nur dann einen von Null verschiedenen Wert und zwar den Wert n^p, wenn

$\sigma_1 \equiv \mathring{\sigma}_1, \cdots, \sigma_p \equiv \mathring{\sigma}_p \pmod{n}$ ist, und es fallen daher aus der rechten Seite von (285) alle jene Glieder heraus, bei denen nicht:

$$\sigma_\mu = \mathring{\sigma}_\mu + n\lambda_\mu \qquad (\mu = 1, 2, \cdots, p) \tag{286}$$

ist, wo λ_μ eine ganze Zahl bezeichnet. Auf diese Weise entsteht aus (285) die Gleichung:

$$n^p M_{\substack{\mathring{\varrho}_1 \cdots \mathring{\varrho}_p \\ \mathring{\sigma}_1 \cdots \mathring{\sigma}_p}} \vartheta\begin{bmatrix} g \\ h \end{bmatrix}((u))_a \tag{287}$$

$$= \sum_{\substack{\varkappa_1, \cdots, \varkappa_p \\ \lambda_1, \cdots, \lambda_p}}^{0, 1, \cdots, n-1} \vartheta\begin{bmatrix} \bar{g}^{(1)} + \frac{\mathring{\varrho}}{n^2} + \frac{\varkappa}{n} \\ \bar{h}^{(1)} + \frac{\mathring{\sigma}}{n^2} + \frac{\lambda}{n} \end{bmatrix}\left(\left(\frac{u}{n}\right)\right)_a \cdots$$

$$\vartheta\begin{bmatrix} \bar{g}^{(n^2)} + \frac{\mathring{\varrho}}{n^2} + \frac{\varkappa}{n} \\ \bar{h}^{(n^2)} + \frac{\mathring{\sigma}}{n^2} + \frac{\lambda}{n} \end{bmatrix}\left(\left(\frac{u}{n}\right)\right)_a e^{-\frac{2\pi i}{n}\sum\limits_{\mu=1}^{p}(g_\mu + \varkappa_\mu)(\mathring{\sigma}_\mu + n\lambda_\mu)},$$

bei der zur Abkürzung:

$$M_{\substack{\mathring{\varrho}_1 \cdots \mathring{\varrho}_p \\ \mathring{\sigma}_1 \cdots \mathring{\sigma}_p}} = \sum_{\tau_1, \cdots, \tau_p}^{0, 1, \cdots, n-1} e^{\frac{2\pi i}{n}\sum\limits_{\mu=1}^{p}\mathring{\sigma}_\mu \tau_\mu} \mathsf{K}_{n\tau_1 - \mathring{\varrho}_1 \cdots n\tau_p - \mathring{\varrho}_p} \tag{288}$$

gesetzt ist, und bei der die $\mathring{\varrho}$, $\mathring{\sigma}$ willkürliche ganze Zahlen, die $\bar{g}$, $\bar{h}$ beliebige den Gleichungen (280) genügende Größen bezeichnen.

Vermindert man in der Formel (287) für $\mu = 1, 2, \cdots, p$ jede der Größen $\bar{g}_\mu^{(1)}, \cdots, \bar{g}_\mu^{(n^2)}$ um $\frac{\mathring{\varrho}_\mu}{n^2}$, jede der Größen $\bar{h}_\mu^{(1)}, \cdots, \bar{h}_\mu^{(n^2)}$ um $\frac{\mathring{\sigma}_\mu}{n^2}$, multipliziert hierauf linke und rechte Seite der Gleichung mit $e^{\frac{2\pi i}{n}\sum\limits_{\mu=1}^{p}\left(g_\mu - \frac{\mathring{\varrho}_\mu}{n}\right)\mathring{\sigma}_\mu}$ und summiert über die $\mathring{\varrho}$, $\mathring{\sigma}$ von 0 bis $n-1$, so erhält man, da die dabei auf der rechten Seite auftretende Summe:

$$\sum_{\substack{\mathring{\varrho}_1, \cdots, \mathring{\varrho}_p \\ \mathring{\sigma}_1, \cdots, \mathring{\sigma}_p}}^{0, 1, \cdots, n-1} e^{\frac{2\pi i}{n}\sum\limits_{\mu=1}^{p}(\mathring{\varrho}_\mu \lambda_\mu - \mathring{\sigma}_\mu \varkappa_\mu)} \tag{289}$$

nur für das eine Wertesystem $\varkappa_1 = \cdots = \varkappa_p = \lambda_1 = \cdots = \lambda_p = 0$ einen von Null verschiedenen Wert und zwar den Wert n^{2p} besitzt, wenn man schließlich noch ϱ statt $\mathring{\varrho}$, σ statt $\mathring{\sigma}$ schreibt, die Gleichung:

$$n^p\,\vartheta\begin{bmatrix}\bar{g}^{(1)}\\ \bar{h}^{(1)}\end{bmatrix}\left(\!\!\left(\frac{u}{n}\right)\!\!\right)_a \cdots \vartheta\begin{bmatrix}\bar{g}^{(n^2)}\\ \bar{h}^{(n^2)}\end{bmatrix}\left(\!\!\left(\frac{u}{n}\right)\!\!\right)_a$$

$$(290)\qquad = \sum_{\substack{\varrho_1,\cdots,\varrho_p\\ \sigma_1,\cdots,\sigma_p}}^{0,1,\cdots,n-1} M_{\substack{\varrho_1,\cdots,\varrho_p\\ \sigma_1,\cdots,\sigma_p}}\, e^{\frac{2\pi i}{n}\sum\limits_{\mu=1}^{p}\left(g_\mu-\frac{\varrho_\mu}{n}\right)\sigma_\mu}\,\vartheta\begin{bmatrix} g-\frac{\varrho}{n}\\ h-\frac{\sigma}{n}\end{bmatrix}(\!(u)\!)_a.$$

Die Formeln (287) und (290) sind die Lösungen des Multiplikations- und des Divisionsproblems der Thetafunktionen; über die Berechnung der in den Konstanten M vorkommenden Größen K muß auf das in § 7 Gesagte verwiesen werden.

§ 11.

Krazer-Prymsche Zusammensetzung einer Transformation aus elementaren.

Herr Prym und ich[1]) haben eine andere, von der in den § 5, 6 und 10 auseinandergesetzten durchaus verschiedene Zusammensetzung einer gegebenen Transformation T aus einfachen angegeben, bei welcher nicht mehr die ganzzahlige, sondern die lineare Transformation in den Mittelpunkt der Untersuchung tritt.

Zu dem Ende werden zunächst *drei Arten elementarer linearer Transformationen* eingeführt. Eine *elementare lineare Transformation erster Art* $\mathfrak{L}_1$ ist definiert durch eine Charakteristik von der Form:

$$(291)\qquad \mathfrak{L}_1 = \left|\begin{array}{c|c} c_{\mu\nu} & 0\\ \hline 0 & \bar{c}_{\mu\nu}\end{array}\right|,$$

wo die p^2 Größen $c_{\mu\nu}$ ($\mu, \nu = 1, 2, \cdots, p$) rationale Zahlen mit nicht verschwindender Determinante und die $\bar{c}_{\mu\nu}$ die durch den Wert dieser Determinante geteilten Adjunkten der $c_{\mu\nu}$ sind. Da für diese Transformation:

$$(292)\qquad A_{\mu\nu} = c_{\nu\mu}\pi i, \quad B_{\mu\nu} = \sum_{\varkappa=1}^{p} \bar{c}_{\nu\varkappa}\,a_{\mu\varkappa}, \qquad (\mu, \nu = 1, 2, \cdots, p)$$

also auf Grund der Gleichungen (IX)—(XII):

$$(293)\qquad u_\nu' = \sum_{\mu=1}^{p}\bar{c}_{\nu\mu}u_\mu, \quad a_{\nu\nu'}' = \sum_{\mu=1}^{p}\sum_{\mu'=1}^{p}\bar{c}_{\nu\mu}\bar{c}_{\nu'\mu'}a_{\mu\mu'} \quad (\nu, \nu' = 1, 2, \cdots, p)$$

---

1) Krazer und Prym, Neue Grundlagen etc. II. Teil. Abweichend von dem Folgenden wird dort als zweite elementare lineare Transformation jene speziellere Transformation $\mathfrak{L}_2$ eingeführt, bei welcher die Größen $c_{p+\mu,\nu}$ ganze Zahlen sind.

ist, so erkennt man durch Vergleichung mit dem IX. Satz pag. 67, daß der Zusammenhang der ursprünglichen und der transformierten Thetafunktion für die Transformation $\mathfrak{L}_1$ durch die dortige Gleichung (XV) bestimmt wird.

Eine *elementare lineare Transformation zweiter Art* $\mathfrak{L}_2$ ist definiert durch eine Charakteristik von der Form:

$$(294)\qquad \mathfrak{L}_2 = \left|\begin{array}{ccc|ccc} 1 & \cdots & 0 & & & \\ & \cdots & & & 0 & \\ 0 & \cdots & 1 & & & \\ \hline & & & 1 & \cdots & 0 \\ & c_{p+\mu,\nu} & & & \cdots & \\ & & & 0 & \cdots & 1 \end{array}\right|,$$

wo die p^2 Größen $c_{p+\mu,\nu}$ $(\mu, \nu = 1, 2, \cdots, p)$ rationale Zahlen sind, welche den Bedingungen $c_{p+\mu,\nu} = c_{p+\nu,\mu}$ $(\mu, \nu = 1, 2, \cdots, p;\ \mu < \nu)$ genügen. Da für diese Transformation:

$$(295)\qquad A_{\mu\nu} = \begin{matrix} \pi i, & \text{wenn } \mu = \nu, \\ 0, & \text{wenn } \mu \gtrless \nu, \end{matrix} \qquad B_{\mu\nu} = a_{\mu\nu} + c_{p+\mu,\nu}\pi i, \qquad (\mu, \nu = 1, 2, \cdots, p)$$

also auf Grund der Gleichungen (IX)—(XII):

$$(296)\qquad u_\nu' = u_\nu, \quad a_{\nu\nu'}' = a_{\nu\nu'} + c_{p+\nu,\nu'}\pi i \qquad (\nu, \nu' = 1, 2, \cdots, p)$$

ist, so erkennt man durch Vergleichung mit dem XII. Satz pag. 76, daß der Zusammenhang der ursprünglichen und der transformierten Thetafunktion für die Transformation $\mathfrak{L}_2$ durch die dortige Gleichung (XXIV) bestimmt wird.

Eine *elementare lineare Transformation dritter Art* $\mathfrak{L}_3$ ist endlich durch die folgende Verfügung über die Transformationszahlen $c_{\alpha\beta}$ definiert. Bezeichnen $\varkappa, \lambda, \cdots, \varrho$ irgend q $(q \overline{\gtrless} p)$ der p Zahlen $1, 2, \cdots, p$; $\varkappa', \lambda', \cdots, \sigma'$ die $p - q$ übrigen, so ist für $\mathfrak{L}_3$:

$$(297)\qquad \begin{matrix} c_{\mu,p+\mu} = +1, & c_{p+\mu,\mu} = -1 & \text{für } \mu = \varkappa, \lambda, \cdots, \varrho, \\ c_{\mu,\mu} = +1, & c_{p+\mu,p+\mu} = +1 & \text{für } \mu = \varkappa', \lambda', \cdots, \sigma', \end{matrix}$$

während alle übrigen Transformationszahlen c den Wert Null besitzen. Durch Vergleichung mit (XVIII) sieht man, daß diese Transformation $\mathfrak{L}_3$ mit der Transformation $B_\varkappa B_\lambda \cdots B_\varrho$ identisch ist. Da ferner für diese Transformation, wenn man der bequemeren Schreibweise wegen für $\varkappa, \lambda, \cdots, \varrho$ die Zahlen $1, 2, \cdots, q$, für $\varkappa', \lambda', \cdots, \sigma'$ die Zahlen $q+1, q+2, \cdots, p$ wählt:

$$(298)\quad \begin{aligned} &A_{\mu\varepsilon} = a_{\mu\varepsilon}, && B_{\mu\varepsilon} = \begin{matrix} -\pi i, & \text{wenn } \mu = \varepsilon, \\ 0, & \text{wenn } \mu \gtrless \varepsilon, \end{matrix} \\ &A_{\mu\eta} = \begin{matrix} \pi i, & \text{wenn } \mu = \eta, \\ 0, & \text{wenn } \mu \gtrless \eta, \end{matrix} && B_{\mu\eta} = a_{\mu\eta}, \end{aligned}$$

$$\left(\begin{matrix} \mu = 1, 2, \cdots, p \\ \varepsilon = 1, 2, \cdots, q;\ \eta = q+1, q+2, \cdots, p \end{matrix}\right)$$

also[1]):

$$\Delta_A = (\pi i)^{p-q} a^{(q)}_{qq},$$

$$(299)\quad \begin{aligned} &\bar{A}_{\varepsilon\varepsilon'} = (\pi i)^{p-q} \alpha^{(q)}_{\varepsilon\varepsilon'}, && \bar{A}_{\varepsilon\eta} = -(\pi i)^{p-q-1} \sum_{\delta=1}^{q} a_{\delta\eta} \alpha^{(q)}_{\delta\varepsilon}, \\ &\bar{A}_{\eta\varepsilon} = 0, && \bar{A}_{\eta\eta'} = \begin{matrix} (\pi i)^{p-q-1} a^{(q)}_{qq}, & \text{wenn } \eta' = \eta, \\ 0, & \text{wenn } \eta' \gtrless \eta, \end{matrix} \end{aligned}$$

$$\left(\begin{matrix} \varepsilon, \varepsilon' = 1, 2, \cdots, q \\ \eta, \eta' = q+1, q+2, \cdots, p \end{matrix}\right)$$

und folglich auf Grund der Gleichungen (IX)—(XII):

$$u'_\varepsilon = \frac{\pi i}{a^{(q)}_{qq}} \sum_{\delta=1}^{q} \alpha^{(q)}_{\delta\varepsilon} u_\delta, \quad u'_\eta = u_\eta - \frac{1}{a^{(q)}_{qq}} \sum_{\delta=1}^{q} \sum_{\delta'=1}^{q} \alpha^{(q)}_{\delta\delta'} a_{\delta\eta} u_{\delta'},$$

$$(\varepsilon = 1, 2, \cdots, q) \qquad (\eta = q+1, q+2, \cdots, p)$$

$$(300)\quad a'_{\varepsilon\varepsilon'} = \frac{\pi^2}{a^{(q)}_{qq}} \alpha^{(q)}_{\varepsilon\varepsilon'}, \quad a'_{\varepsilon\eta} = \frac{\pi i}{a^{(q)}_{qq}} \sum_{\delta=1}^{q} \alpha^{(q)}_{\delta\varepsilon} a_{\delta\eta},$$

$$(\varepsilon, \varepsilon' = 1, 2, \cdots, q) \quad (\varepsilon = 1, 2, \cdots, q;\ \eta = q+1, q+2, \cdots, p)$$

$$a'_{\eta\eta'} = a_{\eta\eta'} - \frac{1}{a^{(q)}_{qq}} \sum_{\delta=1}^{q} \sum_{\delta'=1}^{q} \alpha^{(q)}_{\delta\delta'} a_{\delta\eta} a_{\delta'\eta'},$$

$$(\eta, \eta' = q+1, q+2, \cdots, p)$$

ist, so erkennt man durch Vergleichung mit dem V. Satz pag. 108, daß der Zusammenhang der ursprünglichen und der transformierten Thetafunktion für die Transformation $\mathfrak{L}_3$ durch die dortige Gleichung (VIII) bestimmt wird.

Aus Transformationen dieser drei Arten läßt sich nun jede beliebige lineare Transformation L zusammensetzen.

Nennt man eine lineare Transformation eine *singuläre*, wenn die sämtlichen p^2 Elemente $c_{\mu, p+\nu}$ $(\mu, \nu = 1, 2, \cdots, p)$ des zweiten Quadranten den Wert Null haben, so kann man zunächst eine solche, wenn man beachtet, daß dann stets die Determinante $\sum \pm c_{11} c_{22} \cdots c_{pp}$ der p^2 Elemente $c_{\mu\nu}$ $(\mu, \nu = 1, 2, \cdots, p)$ des ersten Quadranten von Null verschieden ist, und wenn man die durch den Wert dieser Determinante geteilte Adjunkte von $c_{\mu\nu}$ mit $\bar{c}_{\mu\nu}$ bezeichnet, in die Form:

---

1) Wegen der Bedeutung von $a^{(q)}_{qq}$ und $\alpha^{(q)}_{\varepsilon\varepsilon'}$ vergl. pag. 106.

$$(301)\qquad S = \left|\begin{array}{c|c} c_{\mu\nu} & 0 \\ \hline c_{p+\mu,\nu} & \bar{c}_{\mu\nu} \end{array}\right|$$

bringen und der Gleichung:

$$(302)\qquad S = \left|\begin{array}{c|c} \bar{c}_{\mu\nu} & 0 \\ \hline 0 & \bar{c}_{\mu\nu} \end{array}\right| \left|\begin{array}{c|c} \begin{matrix} 1 \cdots 0 \\ \cdots\cdot \\ 0 \cdots 1 \end{matrix} & 0 \\ \hline \sum_{\sigma=1}^{p} c_{p+\mu,\sigma}\,\bar{c}_{\nu\sigma} & \begin{matrix} 1 \cdots 0 \\ \cdots\cdot \\ 0 \cdots 1 \end{matrix} \end{array}\right|$$

entsprechend, aus einer elementaren linearen Transformation erster und einer solchen zweiter Art zusammensetzen.

Handelt es sich weiter um die Zusammensetzung einer nicht singulären linearen Transformation L aus elementaren, so betrachte man zuerst den Fall, daß die Determinante der p^2 Elemente $c_{\mu,p+\nu}$ $(\mu, \nu = 1, 2, \cdots, p)$ des zweiten Quadranten von Null verschieden ist. Bezeichnet man dann die durch den Wert dieser Determinante geteilte Adjunkte von $c_{\mu,p+\nu}$ mit $\bar{c}_{\mu,p+\nu}$, so kann man die Transformation L zunächst in der Form:

$$(303)\qquad L = \left|\begin{array}{c|c} \bar{c}_{\mu,p+\nu} & 0 \\ \hline c_{\mu\nu} & c_{\mu,p+\nu} \end{array}\right| \left|\begin{array}{c|c} 0 & \begin{matrix} 1 \cdots 0 \\ \cdots\cdot \\ 0 \cdots 1 \end{matrix} \\ \hline \begin{matrix} -1 \cdots 0 \\ \cdots\cdots \\ 0 \cdots -1 \end{matrix} & 0 \end{array}\right| \left|\begin{array}{c|c} \begin{matrix} 1 \cdots 0 \\ \cdots\cdot \\ 0 \cdots 1 \end{matrix} & 0 \\ \hline d_{\mu\nu} & \begin{matrix} 1 \cdots 0 \\ \cdots\cdot \\ 0 \cdots 1 \end{matrix} \end{array}\right|,$$

wobei zur Abkürzung:

$$(304)\qquad d_{\mu\nu} = \sum_{\sigma=1}^{p} c_{p+\mu,p+\sigma}\,\bar{c}_{\nu,p+\sigma} \qquad (\mu, \nu = 1, 2, \cdots, p)$$

gesetzt ist, aus einer singulären linearen Transformation, der zum speziellen Werte $q = p$ gehörigen elementaren linearen Transformation dritter Art und einer elementaren linearen Transformation zweiter Art, und daher auf Grund der Gleichung (302) weiter in der Form:

$$
(305)\quad L = \left|\begin{array}{c|c} \bar{c}_{\mu,\,p+\nu} & 0 \\ \hline 0 & c_{\mu,\,p+\nu} \end{array}\right| \; \left|\begin{array}{c|c} \begin{matrix} 1 & \cdots & 0 \\ \cdot & \cdot & \cdot \\ 0 & \cdots & 1 \end{matrix} & 0 \\ \hline \sum\limits_{\sigma=1}^{p} c_{\mu\sigma}\, c_{\nu,\,p+\sigma} & \begin{matrix} 1 & \cdots & 0 \\ \cdot & \cdot & \cdot \\ 0 & \cdots & 1 \end{matrix} \end{array}\right|
$$

$$
\times \left|\begin{array}{c|c} 0 & \begin{matrix} 1 & \cdots & 0 \\ \cdot & \cdot & \cdot \\ 0 & \cdots & 1 \end{matrix} \\ \hline \begin{matrix} -1 & \cdots & 0 \\ \cdot & \cdot & \cdot \\ 0 & \cdots & -1 \end{matrix} & 0 \end{array}\right| \; \left|\begin{array}{c|c} \begin{matrix} 1 & \cdots & 0 \\ \cdot & \cdot & \cdot \\ 0 & \cdots & 1 \end{matrix} & 0 \\ \hline \sum\limits_{\sigma=1}^{p} c_{p+\mu,\,p+\sigma}\, \bar{c}_{\nu,\,p+\sigma} & \begin{matrix} 1 & \cdots & 0 \\ \cdot & \cdot & \cdot \\ 0 & \cdots & 1 \end{matrix} \end{array}\right|
$$

aus lauter elementaren linearen Transformationen zusammensetzen[1]).

Der Fall, daß die Determinante der p^2 Zahlen $c_{\mu,\,p+\nu}$ $(\mu, \nu = 1, 2, \cdots, p)$ verschwindet, wird am einfachsten auf den Fall, wo diese Determinante von Null verschieden ist, folgendermaßen zurückgeführt. Für die Matrix:

$$
(306)\qquad \left\|\begin{matrix} c_{11} & c_{12} & \cdots & c_{1,\,2p} \\ c_{21} & c_{22} & \cdots & c_{2,\,2p} \\ \cdot & \cdot & \cdot & \cdot \\ c_{p1} & c_{p2} & \cdots & c_{p,\,2p} \end{matrix}\right\|
$$

---

1) Für die ganzzahlige lineare Transformation im Falle $p = 1$ lautet diese Zusammensetzung:

$$
(307)\quad \left|\begin{array}{c|c} \alpha & \beta \\ \hline \gamma & \delta \end{array}\right| = \left|\begin{array}{c|c} \frac{1}{\beta} & 0 \\ \hline 0 & \beta \end{array}\right| \left|\begin{array}{c|c} 1 & 0 \\ \hline \alpha\beta & 1 \end{array}\right| \left|\begin{array}{c|c} 0 & 1 \\ \hline -1 & 0 \end{array}\right| \left|\begin{array}{c|c} 1 & 0 \\ \hline \frac{\delta}{\beta} & 1 \end{array}\right|,
$$

und es entspricht den vier auf der rechten Seite stehenden Transformationen der sukzessive Übergang von dem ursprünglichen Thetamodul a zu den Modulen $\beta^2 a$, βA, $\frac{\pi^2}{\beta A}$, $\frac{\pi^2}{\beta A} + \frac{\delta}{\beta}\pi i = a'$, in Übereinstimmung mit dem von Herrn Gordan (vergl. pag. 192) eingeschlagenen Verfahren der Konstantenbestimmung.

nenne man *Hauptdeterminanten* jene 2^p Determinanten p^{ten} Grades

$$(308)\qquad \begin{vmatrix} c_{1\alpha} & c_{1\beta} & \cdots & c_{1\varepsilon} \\ c_{2\alpha} & c_{2\beta} & \cdots & c_{2\varepsilon} \\ \cdot & \cdot & \cdot & \cdot \\ c_{p\alpha} & c_{p\beta} & \cdots & c_{p\varepsilon} \end{vmatrix},$$

bei denen keine zwei der Indizes $\alpha, \beta, \cdots, \varepsilon$ einander kongruent nach dem Modul p sind. Man kann nun leicht beweisen, daß nicht alle 2^p Hauptdeterminanten verschwinden können; denn wären alle Hauptdeterminanten Null, so wäre es auch die Determinante:

$$(309)\qquad \begin{vmatrix} c_{11}x_1 + c_{1,p+1}y_1 & c_{12}x_2 + c_{1,p+2}y_2 & \cdots & c_{1p}x_p + c_{1,2p}y_p \\ c_{21}x_1 + c_{2,p+1}y_1 & c_{22}x_2 + c_{2,p+2}y_2 & \cdots & c_{2p}x_p + c_{2,2p}y_p \\ \cdot & \cdot & \cdot & \cdot \\ c_{p1}x_1 + c_{p,p+1}y_1 & c_{p2}x_2 + c_{p,p+2}y_2 & \cdots & c_{pp}x_p + c_{p,2p}y_p \end{vmatrix}$$

für jeden Wert der Größen x und y. Nun besitzt aber nach dem in § 3 Bemerkten die Determinante $\Delta_A = \sum \pm A_{11} A_{22} \cdots A_{pp}$ der dort unter (VII) definierten Größen $A_{\mu\nu}$ stets einen von Null verschiedenen Wert. Nimmt man den möglichen speziellen Fall, wo alle Thetamodulen $a_{\mu\mu'} = 0$ sind, sobald $\mu \gtrless \mu'$ ist, so wird die Determinante (309) für die Werte:

$$(310)\qquad x_\mu = \pi i, \qquad y_\mu = a_{\mu\mu} \qquad {\scriptstyle (\mu = 1, 2, \cdots, p)}$$

mit der Determinante Δ_A identisch, besitzt also für diese Werte der Größen x, y jedenfalls einen von Null verschiedenen Wert. Damit ist aber bewiesen, daß von den 2^p Hauptdeterminanten der Matrix (306) jedenfalls eine von Null verschieden ist.

Beachtet man nun, daß durch Zusammensetzung irgend einer Transformation T mit der Transformation $\mathfrak{L}_3$ eine Transformation $\mathfrak{L}_3 T$ entsteht, welche sich von T dadurch unterscheidet, daß die Elemente der $\varkappa^{\text{ten}}$ Vertikalreihe von T mit denen der $p+\varkappa^{\text{ten}}$, die Elemente der λ^{ten} Vertikalreihe mit denen der $p+\lambda^{\text{ten}}, \cdots$, die Elemente der ϱ^{ten} Vertikalreihe mit denen der $p+\varrho^{\text{ten}}$ vertauscht sind, nachdem man zuvor jedesmal die an letzter Stelle genannten sämtlich mit -1 multipliziert hat, so erkennt man, daß sich zu jeder linearen Transformation L eine Transformation $\mathfrak{L}_3$ so bestimmen läßt, daß in der Transformation $L' = \mathfrak{L}_3 L$ die Determinante der p^2 Zalen $c'_{\mu,p+\nu}$ $(\mu, \nu = 1, 2, \cdots, p)$ von Null verschieden ist. Dann kann man aber diese Transformation L' und damit auch die Transformation $L = \mathfrak{L}_3^{-1} L' = \mathfrak{L}_3^3 L'$ nach dem Obigen aus elementaren linearen Transformationen zusammensetzen.

Damit ist bewiesen, daß jede lineare Transformation L aus elementaren linearen Transformationen der oben bezeichneten drei Arten zusammengesetzt werden kann; beachtet man dann noch, daß nach dem oben Bemerkten für jede elementare lineare Transformation das Transformationsproblem der Thetafunktionen durch Formeln des zweiten und dritten Kapitels gelöst ist, so erkennt man zugleich, daß man auf dem angegebenen Wege zur vollständigen Lösung des Transformationsproblems der Thetafunktionen für jede lineare, ganzzahlige oder nichtganzzahlige Transformation gelangt. Herr Prym und ich haben a. a. O. im sechsten Abschnitte des zweiten Teiles auf diese Weise die Formel für die allgemeinste lineare Transformation hergestellt.

Eine zu einer beliebigen Ordnung $n = \frac{n_1}{n_2}$ gehörige nichtlineare Transformation T kann endlich aus den zwei speziellen nichtlinearen Transformationen:

$$(311) \qquad P = \left|\begin{array}{c|c} \begin{matrix} n_1 & \cdots & 0 \\ \cdot & \cdot & \cdot \\ 0 & \cdots & n_1 \end{matrix} & 0 \\ \hline 0 & \begin{matrix} 1 & \cdots & 0 \\ \cdot & \cdot & \cdot \\ 0 & \cdots & 1 \end{matrix} \end{array}\right|, \quad Q = \left|\begin{array}{c|c} \begin{matrix} \frac{1}{n_2} & \cdots & 0 \\ \cdot & \cdot & \cdot \\ 0 & \cdots & \frac{1}{n_2} \end{matrix} & 0 \\ \hline 0 & \begin{matrix} 1 & \cdots & 0 \\ \cdot & \cdot & \cdot \\ 0 & \cdots & 1 \end{matrix} \end{array}\right|$$

von den Ordnungen n_1 und $\frac{1}{n_2}$ und der linearen Transformation:

$$(312) \qquad L = \left|\begin{array}{c|c} \frac{n_2}{n_1} c_{\mu\nu} & \frac{1}{n_1} c_{\mu, p+\nu} \\ \hline n_2\, c_{p+\mu, \nu} & c_{p+\mu, p+\nu} \end{array}\right|$$

in der Form:

$$(313) \qquad T = QLP$$

zusammengesetzt werden, und es treten daher zu den elementaren linearen Transformationen $\mathfrak{L}_1, \mathfrak{L}_2, \mathfrak{L}_3$ noch als elementare nichtlineare Transformationen die Transformation:

$$(314)\qquad N = \left|\begin{array}{ccc|ccc} n & \cdots & 0 & & & \\ \cdot & \cdot & \cdot & & 0 & \\ 0 & \cdots & n & & & \\ \hline & & & 1 & \cdots & 0 \\ & 0 & & \cdot & \cdot & \cdot \\ & & & 0 & \cdots & 1 \end{array}\right|$$

von der Ordnung n und die zu ihr inverse:

$$(315)\qquad N^{-1} = \left|\begin{array}{ccc|ccc} \frac{1}{n} & \cdots & 0 & & & \\ \cdot & \cdot & \cdot & & 0 & \\ 0 & \cdots & \frac{1}{n} & & & \\ \hline & & & 1 & \cdots & 0 \\ & 0 & & \cdot & \cdot & \cdot \\ & & & 0 & \cdots & 1 \end{array}\right|$$

von der Ordnung $\frac{1}{n}$ hinzu. Da für die Transformation N:

$$(316)\qquad A_{\mu\nu} = \begin{matrix} n\pi i, & \text{wenn } \mu = \nu, \\ 0, & \text{wenn } \mu \gtrless \nu, \end{matrix} \qquad B_{\mu\nu} = a_{\mu\nu}, \qquad (\mu, \nu = 1, 2, \cdots, p)$$

also:

$$(317)\qquad u_\nu' = \frac{u_\nu}{n}, \qquad a_{\nu\nu'}' = \frac{a_{\nu\nu'}}{n} \qquad (\nu, \nu' = 1, 2, \cdots, p)$$

ist, so erkennt man, daß der Zusammenhang zwischen den ursprünglichen und transformierten Thetafunktionen für die Transformationen N und N^{-1} durch die Formeln (154) und (152) bestimmt wird.

Die *ganzzahlige* Transformation n^{ter} Ordnung:

$$(318)\qquad T = \left|\begin{array}{c|c} c_{\mu\nu} & c_{\mu, p+\nu} \\ \hline c_{p+\mu, \nu} & c_{p+\mu, p+\nu} \end{array}\right|,$$

bei der die $c_{\alpha\beta}$ $(\alpha, \beta = 1, 2, \cdots, 2p)$ also jetzt ganze Zahlen bezeichnen, ist nach dem Obigen in der Form:

$$(319)\qquad T = \left|\begin{array}{c|c} \dfrac{c_{\mu\nu}}{n} & \dfrac{c_{\mu,\,p+\nu}}{n} \\ \hline c_{p+\mu,\,\nu} & c_{p+\mu,\,p+\nu} \end{array}\right| \left|\begin{array}{c|c} \begin{matrix} n & \cdots & 0 \\ \cdot & \cdot & \cdot \\ 0 & \cdots & n \end{matrix} & 0 \\ \hline 0 & \begin{matrix} 1 & \cdots & 0 \\ \cdot & \cdot & \cdot \\ 0 & \cdots & 1 \end{matrix} \end{array}\right|$$

aus einer linearen Transformation:

$$(320)\qquad L = \left|\begin{array}{c|c} \dfrac{c_{\mu\nu}}{n} & \dfrac{c_{\mu,\,p+\nu}}{n} \\ \hline c_{p+\mu,\,\nu} & c_{p+\mu,\,p+\nu} \end{array}\right|$$

und der Transformation N (314), die zu ihr gehörige Thetaformel also aus den zur Transformation L und zur Transformation N gehörigen zusammenzusetzen. Es entspricht diese Zusammensetzung durchaus dem im § 7 Bemerkten; die Formel für die lineare Transformation L ist nämlich keine andere als die Formel (147), die Formel für die Transformation N aber ist, wie schon oben bemerkt, identisch mit der Formel (154). Unter Beschränkung auf den Fall $p = 1$ habe ich[1]) die Herstellung der Formel für die allgemeine ganzzahlige nichtlineare Transformation auf diese Weise vollständig durchgeführt. Man wird nur dazu bemerken, daß man entsprechend dem pag. 170 Bemerkten bezüglich der Darstellung der dort in der Formel N_2 pag. 485 auftretenden Konstanten C_μ durch Thetafunktionen einen weiten Spielraum hat und nicht an den angeschriebenen speziellen Ausdruck gebunden ist. Für beliebiges p ist auf die Arbeit von Herrn Prym und mir[2]) zu verweisen; dort wird im sechsten Abschnitt des zweiten Teiles die zur allgemeinsten linearen Transformation gehörige Thetaformel, Formel (L) pag. 118, durch Zusammensetzung dieser Transformation aus elementaren linearen Transformationen gewonnen. Um daraus die der hier vorliegenden linearen Transformation (320) entsprechende Thetaformel zu erhalten, hat man in der eben genannten Formel $r = n$ und $s = 1$ zu setzen, wodurch sich

1) Krazer, Die Transformation der Thetafunctionen einer Veränderlichen. Zweite Abhandlung. Math. Ann. Bd. 43. 1893, pag. 457.

2) Krazer und Prym, Neue Grundlagen etc.

wesentliche Vereinfachungen insbesondere durch den Wegfall der Summe $H[\mathring{r}]$ ergeben. Setzt man dann die so gewonnene Formel mit der der Transformation N entsprechenden Formel (154) zusammen, so erhält man die in Rede stehende Formel für die ganzzahlige nichtlineare Transformation (318), wie sie von Herrn Prym und mir a. a. O. pag. 131, Formel (A_1), angegeben ist.

Später habe ich[1]) eine andere Methode für die Herstellung der Formel für die nichtlineare Transformation angegeben, die zu einfacheren Ausdrücken für die Konstanten zu führen scheint.

---

1) Krazer, Die quadratische Transformation der Thetafunctionen. Math. Ann. Bd. 46. 1895, pag. 442.

Sechstes Kapitel.

Die komplexe Multiplikation.

§ 1.

Die komplexe Multiplikation der Thetafunktionen einer Veränderlichen.

Es sei $f(v)$ eine einwertige, mit den Perioden ω_1, ω_2 doppeltperiodische Funktion der komplexen Veränderlichen v, die zudem im Endlichen keine wesentlich singuläre Stelle besitze. Nach dem IV. Satz pag. 116 ist dann die Funktion $f(mv)$, wo m eine Konstante bezeichnet, mit $f(v)$ durch eine algebraische Gleichung verknüpft, sobald die Periodensysteme der Funktion $f(v)$ sämtlich auch Periodensysteme der Funktion $f(mv)$ sind, d. h. sobald es ganze Zahlen α, β, γ, δ gibt, für welche die Gleichungen:

$$(1)\qquad \begin{aligned} m\omega_1 &= \alpha\omega_1 + \beta\omega_2, \\ m\omega_2 &= \gamma\omega_1 + \delta\omega_2, \end{aligned}$$

bestehen. Aus diesen Gleichungen folgt aber durch Elimination von m:

$$(2)\qquad \beta\omega_2^2 + (\alpha - \delta)\,\omega_1\omega_2 - \gamma\omega_1^2 = 0.$$

Ist nun diese Gleichung identisch erfüllt, d. h. ist

$$(3)\qquad \beta = 0, \quad \alpha = \delta, \quad \gamma = 0,$$

so ergibt sich aus (1) auch

$$(4)\qquad m = \alpha = \delta;$$

es ist also m eine ganze Zahl, und es liegt die gewöhnliche Multiplikation vor; ist dagegen die Gleichung (2) nicht identisch erfüllt, so liefert sie für das Periodenverhältnis:

$$(5)\qquad \tau = \frac{\omega_2}{\omega_1}$$

die quadratische Gleichung:

(6) $$\beta\tau^2 + (\alpha - \delta)\tau - \gamma = 0,$$

für τ selbst also:

(7) $$\tau = \frac{-(\alpha - \delta) \pm \sqrt{(\alpha - \delta)^2 + 4\beta\gamma}}{2\beta} = \frac{-(\alpha - \delta) \pm \sqrt{(\alpha + \delta)^2 - 4n}}{2\beta},$$

wenn

(8) $$\alpha\delta - \beta\gamma = n$$

gesetzt wird. Da τ nicht reell sein darf, so muß:

(9) $$(\alpha + \delta)^2 - 4n < 0$$

sein, woraus für n insbesondere folgt, daß es positiv sein muß; und wenn die Reihenfolge von ω_1 und ω_2 so gewählt wird, daß der imaginäre Teil von τ positiv ist, so hat man in der Gleichung (7) die Wurzel als $\underset{+}{\pm} i\sqrt{4n - (\alpha + \delta)^2}$ auszuziehen, je nachdem β positiv oder negativ ist. Aus der ersten Gleichung (1) folgt aber jetzt, indem man linke und rechte Seite durch ω_1 dividiert:

(10) $$m = \alpha + \beta\tau = \frac{(\alpha + \delta) \pm \sqrt{(\alpha + \delta)^2 - 4n}}{2};$$

es ist also m eine komplexe Größe, deren Modul $\sqrt{n}$ beträgt. Deshalb nennt man die zwischen $f(v)$ und $f(mv)$ bestehende Beziehung *komplexe Multiplikation.*

Damit eine komplexe Multiplikation stattfinde, ist also notwendig, daß das Periodenverhältnis τ einer quadratischen Gleichung:

(11) $$A\tau^2 + B\tau + C = 0$$

mit ganzzahligen Koeffizienten A, B, C genüge, für welche zudem die Größe:

(12) $$D = 4AC - B^2$$

einen positiven Wert besitzt. Diese Bedingung ist aber auch hinreichend und man erhält die zugehörigen Zahlen α, β, γ, δ, n auf die allgemeinste Weise, indem man:

(13) $$\beta = pA, \quad \alpha - \delta = pB, \quad \gamma = -pC$$

setzt, wo p eine ganze Zahl ist. Setzt man dann noch:

(14) $$\alpha + \delta = q,$$

so wird:

(15) $$n = \tfrac{1}{4}(q^2 - p^2B^2) + p^2AC = \tfrac{1}{4}(q^2 + p^2D)$$

und:

(16) $$\tau = \frac{-B + i\sqrt{D}}{2A}, \quad m = \frac{q + ip\sqrt{D}}{2}.$$

Die eingeführten ganzen Zahlen p, q sind dabei nur an die Bedingung geknüpft, daß

$$q + pB \equiv 0 \pmod{2} \tag{17}$$

ist, damit sich für α und δ ganze Zahlen ergeben. Ist also B gerade, so muß auch q gerade sein, während p beliebig bleibt; ist B ungerade, so müssen p und q entweder beide gerade oder beide ungerade sein. Man kann, da mit B auch D gleichzeitig gerade und ungerade ist, auch sagen, daß für $D \equiv 0 \pmod{2}$ auch $q \equiv 0 \pmod{2}$, für $D \equiv 1 \pmod{2}$ dagegen $q \equiv p \pmod{2}$ sein muß. Man hat also das Resultat:

I. Satz: *Die Gleichungen:*

$$m\omega_1 = \alpha\omega_1 + \beta\omega_2, \quad m\omega_2 = \gamma\omega_1 + \delta\omega_2 \tag{I}$$

sind bei ganzzahligem m durch die Annahme:

$$\alpha = \delta = m, \quad \beta = \gamma = 0 \tag{II}$$

für beliebige Werte der Perioden ω_1, ω_2 zu erfüllen (reelle Multiplikation). Daneben existieren für singuläre Werte der Perioden ω noch bei komplexen Werten von m Lösungen (komplexe Multiplikation); dazu ist notwendig und hinreichend, daß die Perioden ω_1, ω_2 einer homogenen quadratischen Gleichung:

$$A\omega_2^2 + B\omega_1\omega_2 + C\omega_1^2 = 0 \tag{III}$$

mit ganzzahligen Koeffizienten A, B, C genügen, für welche zudem

$$D = 4AC - B^2 \tag{IV}$$

positiv ist. Das Periodenverhältnis $\tau = \omega_2 : \omega_1$ sowie der Multiplikator m sind dann komplexe Zahlen von der Form $r + i\sqrt{s}$, wo r und s rationale Zahlen sind.

Geht man jetzt zu der Thetafunktion $\vartheta(u)_a$ über, deren Argument u und Modul a durch die Gleichungen:

$$u = \frac{v\pi i}{\omega_1}, \qquad a = \frac{\omega_2\pi i}{\omega_1} = \tau\pi i \tag{18}$$

bestimmt sind, so sagt die aus (1) folgende Gleichung:

$$a = \frac{\gamma\pi i + \delta a}{\alpha\pi i + \beta a}\pi i \tag{19}$$

aus, daß in dem vorliegenden Falle für die Transformation:

$$T = \begin{vmatrix} \alpha & \beta \\ \gamma & \delta \end{vmatrix} \tag{20}$$

der ursprüngliche Thetamodul a und der transformierte a' einander gleich sind; um dies auszudrücken, möge die Transformation T eine *prinzipale* genannt werden. Der Inhalt des I. Satzes läßt sich dann dahin aussprechen, daß prinzipale Transformationen und zwar für alle Thetafunktionen, mit beliebigen Modulen, die Transformationen:

$$\left|\begin{array}{c|c} m & 0 \\ \hline 0 & m \end{array}\right| \tag{21}$$

sind, wo m eine beliebige ganze Zahl bezeichnet. Eine solche Transformation ist, wenn m eine positive ganze Zahl ist, eine Multiplikation M der Thetafunktion; im Falle, daß m eine negative ganze Zahl $-n$ ist, setzt sie sich gemäß der Gleichung:

$$\left|\begin{array}{c|c} -n & 0 \\ \hline 0 & -n \end{array}\right| = \left|\begin{array}{c|c} n & 0 \\ \hline 0 & n \end{array}\right| \left|\begin{array}{c|c} -1 & 0 \\ \hline 0 & -1 \end{array}\right| \tag{22}$$

aus einer Multiplikation und der Transformation:

$$\vartheta(-u)_a = \vartheta(u)_a \tag{23}$$

zusammen. Daneben gibt es dann noch für Thetafunktionen mit singulären Modulen prinzipale Transformationen im eigentlichen Sinne, welche der komplexen Multiplikation der doppeltperiodischen Funktionen entsprechen, und bezüglich welcher der Satz gilt:

II. Satz: *Soll für die Thetafunktion $\vartheta(u)_a$ eine prinzipale Transformation im eigentlichen Sinne existieren, so ist dazu notwendig und hinreichend, daß die Größe:*

$$\tau = \frac{a}{\pi i} \tag{V}$$

einer quadratischen Gleichung:

$$A\tau^2 + B\tau + C = 0 \tag{VI}$$

mit ganzzahligen Koeffizienten A, B, C genüge, für welche zudem

$$D = 4AC - B^2 \tag{VII}$$

positiv ist. Zu dieser Thetafunktion mit dem Modul:

$$a = \frac{-B + i\sqrt{D}}{2A}\pi i \tag{VIII}$$

existieren dann unendlich viele prinzipale Transformationen, deren Transformationszahlen α, β, γ, δ und Grad n durch die Gleichungen:

$$\alpha = \tfrac{1}{2}(q + pB), \quad \beta = pA, \quad \gamma = -pC, \quad \delta = \tfrac{1}{2}(q - pB), \quad n = \tfrac{1}{4}(q^2 + p^2D) \tag{IX}$$

bestimmt sind, wo p, q beliebige ganze Zahlen bezeichnen, welche nur der Bedingung unterworfen sind, daß α und δ sich als ganze Zahlen ergeben.

Umgekehrt existiert zu einer Transformation n^{ten} Grades:

$$\text{(X)} \qquad T = \left|\begin{array}{c|c} \alpha & \beta \\ \hline \gamma & \delta \end{array}\right|,$$

sobald sie der Bedingung:

$$\text{(XI)} \qquad (\alpha + \delta)^2 - 4n < 0$$

genügt, stets eine Thetafunktion $\vartheta(u)_a$, für welche diese Transformation eine prinzipale ist; der Modul a dieser Thetafunktion ist durch die Gleichung:

$$\text{(XII)} \qquad a = \frac{-(\alpha - \delta) \pm i\sqrt{4n - (\alpha + \delta)^2}}{2\beta}\,\pi i$$

eindeutig bestimmt, wobei die Wurzel positiv oder negativ auszuziehen ist, je nachdem β positiv oder negativ ist.

So ist insbesondere die lineare Transformation:

$$(24) \qquad \left|\begin{array}{c|c} 0 & 1 \\ \hline -1 & 0 \end{array}\right|$$

eine prinzipale für die Thetafunktion mit dem Modul $a = -\pi$; ferner sind die linearen Transformationen:

$$(25) \qquad \left|\begin{array}{c|c} 0 & 1 \\ \hline -1 & 1 \end{array}\right|, \qquad \left|\begin{array}{c|c} 1 & 1 \\ \hline -1 & 0 \end{array}\right|$$

prinzipale für Thetafunktionen mit den Modulen $a = -\frac{\sqrt{3}}{2}\pi \pm \frac{\pi i}{2}$.

Mit Rücksicht auf die jetzt folgenden Untersuchungen über die prinzipale Transformation der Thetafunktionen von beliebig vielen Variablen wird man noch bemerken, daß der Wert (10) des Multiplikators $m = \alpha + \beta\tau$ die eine Wurzel der Gleichung:

$$(26) \qquad \begin{vmatrix} \alpha - m & \beta \\ \gamma & \delta - m \end{vmatrix} = 0$$

ist, deren andere Wurzel durch den dazu konjugierten komplexen Wert geliefert wird, und daß die soeben unter (XI) ausgesprochene charakteristische Eigenschaft der prinzipalen Transformation damit zusammenfällt, daß diese Gleichung nur für komplexe Werte von m, deren Modul $\sqrt{n}$ beträgt, erfüllt sei.

Die komplexe Multiplikation der elliptischen Funktionen findet sich bereits bei Abel und Jacobi. Abel stellte im J. für Math. Bd. 2. 1827, pag. 286[1]) den Satz zum Beweise

„Théorème. Si l'équation différentielle séparée

$$\frac{a\,dx}{\sqrt{\alpha+\beta x+\gamma x^2+\delta x^3+\varepsilon x^4}}=\frac{dy}{\sqrt{\alpha+\beta y+\gamma y^2+\delta y^3+\varepsilon y^4}},$$

où α, β, γ, δ, ε, a sont des quantités réelles, est algébriquement intégrable, il faut nécessairement que la quantité a soit un nombre rationnel."

Hierzu bemerkte Jacobi[2]): „Il existe un nombre infini d'échelles de modules pour lesquelles a peut aussi avoir la forme $a+b\sqrt{-1}\cdots$ Cette nouvelle méthode pour la multiplication est encore remarquable, parcequ'elle a lieu dans les cas, où la transformation rentre dans la multiplication, c'est-à-dire où le module transformé devient égal à celui d'où l'on est parti."

Unterdessen hatte aber schon Abel[3]) die Theoreme ausgesprochen:

Théorème I. En supposant a réel, et l'équation intégrable algébriquement, il faut nécessairement que a soit un nombre rationnel.

Théorème II. En supposant a imaginaire, et l'équation intégrable algébriquement, il faut nécessairement que a soit de la forme $m\pm\sqrt{-1}\cdot\sqrt{n}$, où m et n sont des nombres rationnels. Dans ce cas la quantité μ[4]) n'est pas arbitraire; il faut qu'elle satisfasse à une équation qui a une infinité de racines réelles et imaginaires. Chaque valeur de μ satisfait à la question."

Seitdem ist die komplexe Multiplikation der elliptischen Funktionen der Gegenstand zahlreicher Untersuchungen geworden. Da diese aber ausschließlich zahlentheoretischer Natur sind, indem sie die merkwürdigen Gesetze untersuchen, welche die als singuläre Modulen auftretenden algebraischen Zahlen beherrschen, fallen sie außerhalb der Grenzen, welche für diese Darstellung gesteckt sind[5]).

---

1) Abel, Théorèmes et problèmes. Ouevres compl. Bd. 1. 2. Aufl. Christiania 1881, pag. 618.

2) Jacobi, Notices sur les fonctions elliptiques. 1828. Ges. Werke Bd. 1. Berlin 1881, pag. 254.

3) Abel, Recherches sur les fonctions elliptiques. 1828. Oeuvres compl. Bd. 1. 2. Aufl. Christiania 1881, pag. 377.

4) Die Wurzel ist hier in der Form $\sqrt{(1-x^2)(1+\mu x^2)}$ vorausgesezt.

5) Vergl. dazu Weber, Elliptische Functionen und algebraische Zahlen. Braunschweig 1891, pag. 327.

§ 2.

Einige Sätze aus der Lehre von den bilinearen Formen.

Ein System von n^2 Größen:

$$A = \begin{matrix} a_{11}, & a_{12}, & \cdots, & a_{1n}, \\ a_{21}, & a_{22}, & \cdots, & a_{2n}, \\ \cdot & \cdot & \cdot & \cdot \\ a_{n1}, & a_{n2}, & \cdots, & a_{nn}, \end{matrix} \tag{27}$$

die in n Horizontalreihen und n Vertikalreihen angeordnet sind, faßt man bequem in dem Bilde der *bilinearen Form:*

$$A = \sum_{\mu=1}^{n} \sum_{\nu=1}^{n} a_{\mu\nu} x_\mu y_\nu \tag{28}$$

zusammen; dabei kann für beides, Größensystem und bilineare Form, dasselbe Zeichen A dienen, wie man im folgenden tatsächlich unter diesem Zeichen fast immer ebenso gut das eine wie das andere verstehen kann. Eine *Gleichung:*

$$A = B \tag{29}$$

zwischen zwei Formen (oder Größensystemen) A und B ersetzt die n^2 Gleichungen:

$$a_{\mu\nu} = b_{\mu\nu}. \qquad (\mu, \nu = 1, 2, \cdots, n) \tag{30}$$

Unter der *Summe:*

$$C = A + B \tag{31}$$

zweier Formen versteht man jene Form, deren Koeffizienten durch die Gleichungen:

$$c_{\mu\nu} = a_{\mu\nu} + b_{\mu\nu} \qquad (\mu, \nu = 1, 2, \cdots, n) \tag{32}$$

bestimmt sind. Bezeichnet r irgend eine Größe, so wird mit:

$$C = rA \tag{33}$$

die Form mit den Koeffizienten:

$$c_{\mu\nu} = r a_{\mu\nu} \qquad (\mu, \nu = 1, 2, \cdots, n) \tag{34}$$

bezeichnet. Unter dem *Produkte:*

$$C = AB \tag{35}$$

zweier Formen versteht man jene Form, deren Koeffizienten durch die Gleichungen:

(36) $$c_{\mu\nu} = \sum_{\varkappa=1}^{n} a_{\mu\varkappa} b_{\varkappa\nu} \qquad (\mu, \nu = 1, 2, \cdots, n)$$

bestimmt sind. Unter J versteht man speziell die Form:

(37) $$J = \sum_{\mu=1}^{n} x_\mu y_\mu,$$

deren Koeffizienten also die Werte:

(38) $$i_{\mu\nu} = \begin{matrix} 1, \text{ wenn } \mu = \nu, \\ 0, \text{ wenn } \mu \gtrless \nu, \end{matrix} \qquad (\mu, \nu = 1, 2, \cdots, n)$$

besitzen. Man nennt zu A *konjugiert* die Form:

(39) $$A' = \sum_{\mu=1}^{n} \sum_{\nu=1}^{n} a_{\nu\mu} x_\mu y_\nu.$$

Sind dann A', B', C' die zu A, B, C konjugierten Formen und besteht zwischen A, B, C die Gleichung (35), so ist:

(40) $$C' = B'A'.$$

Man nennt unter der Voraussetzung, daß die Determinante

(41) $$|A| = \sum \pm a_{11} a_{22} \cdots a_{nn}$$

der Form A nicht Null ist, zu A *reziprok* die Form:

(42) $$A^{-1} = \sum_{\mu=1}^{n} \sum_{\nu=1}^{n} \mathfrak{a}_{\nu\mu} x_\mu y_\nu,$$

wo $\mathfrak{a}_{\nu\mu}$ die durch den Wert der Determinante $|A|$ geteilte Adjunkte von $a_{\nu\mu}$ in dieser Determinante bezeichnet; es ist dann:

(43) $$AA^{-1} = A^{-1}A = J.$$

Mit Hilfe der reziproken Form kann jetzt auch die *Division* der Formen ausgeführt werden. Aus (35) folgt nämlich:

(44) $$A = CB^{-1}$$

und:

(45) $$B = A^{-1}C;$$

weiter ergibt sich:

(46) $$C^{-1} = B^{-1}A^{-1}.$$

Sind die Koeffizienten einer Form A Funktionen eines Parameters r, so ist $\frac{\partial A}{\partial r}$ eine Form mit den Koeffizienten $\frac{\partial a_{\mu\nu}}{\partial r}$. Es ist dann:

(47) $$\frac{\partial}{\partial r}(AB) = \frac{\partial A}{\partial r} B + A \frac{\partial B}{\partial r}$$

und speziell, da $\frac{\partial J}{\partial r} = 0$ ist:

$$(48) \qquad \frac{\partial}{\partial r}(AA^{-1}) = \frac{\partial A}{\partial r}A^{-1} + A\frac{\partial A^{-1}}{\partial r} = 0;$$

daraus ergibt sich aber die für den Beweis der Sätze IV und V nötige Relation:

$$(49) \qquad \frac{\partial A^{-1}}{\partial r} = -A^{-1}\frac{\partial A}{\partial r}A^{-1}.$$

Die Determinante:

$$(50) \qquad |A - rJ| = \begin{vmatrix} a_{11} - r & a_{12} & \cdots & a_{1n} \\ a_{21} & a_{22} - r & \cdots & a_{2n} \\ \cdot & \cdot & \cdot & \cdot \\ a_{n1} & a_{n2} & \cdots & a_{nn} - r \end{vmatrix}$$

heißt *die charakteristische Determinante oder die charakteristische Funktion der Form A.* Sie ist eine ganze rationale Funktion n^{ten} Grades von r, die gleich Null gesetzt die *charakteristische Gleichung:*

$$(51) \qquad |A - rJ| = 0$$

der Form A liefert. Es sei a eine m-fache Wurzel dieser Gleichung, also $|A - rJ|$ durch $(r-a)^m$ teilbar. Haben dann alle Unterdeterminanten $n - 1^{\text{ten}}$ Grades von $|A - rJ|$ den Faktor $(r-a)^{m_1}$, alle Unterdeterminanten $n - 2^{\text{ten}}$ Grades den Faktor $(r-a)^{m_2}, \cdots$, so nennt man die Größen:

$$(52) \qquad (r-a)^e, \quad (r-a)^{e_1}, \quad \cdots, \quad (r-a)^{e_{n-2}}, \quad (r-a)^{e_{n-1}},$$

wo:

$$(53) \quad e = m - m_1, \; e_1 = m_1 - m_2, \cdots, e_{n-2} = m_{n-2} - m_{n-1}, \; e_{n-1} = m_{n-1}$$

ist, *Elementarteiler der charakteristischen Funktion* $|A - rJ|$. Die Reihe der Exponenten der Elementarteiler genügt den Bedingungen[1]):

$$(54) \qquad e \geqq e_1 \geqq \cdots \geqq e_{n-2} \geqq e_{n-1}.$$

Zu jeder Wurzel der charakteristischen Gleichung gehört auf diese Weise eine Reihe von Elementarteilern; die Reihe der unter (52) angeschriebenen wird man zum Unterschiede von anderen Reihen die Reihe der zur Wurzel $r = a$ gehörigen Elementarteiler nennen.

---

1) Einen Beweis dieses Satzes hat Herr Frobenius: Über die Elementarteiler der Determinanten. Berl. Ber. 1894, pag. 31 gegeben; derselbe ist reproduziert bei Muth, Theorie und Anwendung der Elementarteiler. Leipzig 1899, pag. 6 u. f., wo sich auch weitere Literaturangaben über den Satz finden.

Eine Form B heißt einer Form A *äquivalent*, wenn zwei Formen P, Q mit nicht verschwindenden Determinanten existieren, welche die Gleichung:

$$B = PAQ \tag{55}$$

erfüllen. Indem man hier P, Q nicht als bilineare Formen auffaßt, sondern die *Substitutionen* P', Q:

$$x_\mu = \sum_{\varkappa=1}^{n} p_{\varkappa\mu} x_\varkappa', \quad y_\nu = \sum_{\lambda=1}^{n} q_{\nu\lambda} y_\lambda', \qquad (\mu, \nu = 1, 2, \cdots, n) \tag{56}$$

betrachtet, vermittelst welcher in der Form A an Stelle der bisherigen Variablen x, y neue x', y' eingeführt werden, kann man den Inhalt der Gleichung (55) dahin aussprechen, daß die Form A durch die Substitutionen P', Q in die Form B übergehe. Aus der Gleichung (55) folgt auch:

$$A = P^{-1} B Q^{-1}; \tag{57}$$

es ist also auch die Form A der Form B äquivalent. Ist speziell $Q = P^{-1}$, also:

$$B = PAP^{-1}, \quad A = P^{-1}BP, \tag{58}$$

so heißen die Formen A und B *ähnlich*. Es ist dann auch für beliebiges r:

$$B - rJ = P(A - rJ)P^{-1}, \quad A - rJ = P^{-1}(B - rJ)P. \tag{59}$$

Daraus folgt aber, daß jede Unterdeterminante ν^{ten} Grades der Determinante $|A - rJ|$ eine homogene lineare Funktion der Unterdeterminanten ν^{ten} Grades der Determinante $|B - rJ|$ ist und umgekehrt, daß also der größte gemeinsame Teiler der Unterdeterminanten ν^{ten} Grades von $|A - rJ|$ mit dem größten gemeinsamen Teiler der Unterdeterminanten ν^{ten} Grades von $|B - rJ|$ zusammenfällt, und hieraus, daß die charakteristischen Funktionen $|A - rJ|$ und $|B - rJ|$ die gleichen Elementarteiler besitzen.

III. Satz: *Sind die Formen A und B ähnlich, so stimmen ihre charakteristischen Funktionen $\varphi(r) = |A - rJ|$ und $\psi(r) = |B - rJ|$ in den Elementarteilern überein.*

Jene Form, welche aus A hervorgeht, wenn man jeden Koeffizienten durch den konjugirten komplexen Wert ersetzt, soll mit A_0 bezeichnet werden; ebenso soll, wenn m irgend eine Größe bezeichnet, m_0 oder m^0 die dazu konjugierte komplexe Größe bezeichnen; ist m reell, so ist $m_0 = m$.

Unter den Substitutionen spielen jene, R, eine wichtige Rolle, für welche $R_0' = R^{-1}$, also

$$R_0' R = J \tag{60}$$

ist. Für den Fall, daß R reelle Koeffizienten hat, ist $R_0' = R'$, also die Substitution R eine orthogonale. Für Formen R gelten nun ebenso wie für die speziellen reellen orthogonalen Formen die beiden Sätze[1]):

IV. Satz: *Die Wurzeln der charakteristischen Gleichung* $|R - rJ| = 0$ *einer Form* R, *welche der Bedingung* $R_0'R = J$ *genügt, haben alle den Modul* 1.

V. Satz: *Die charakteristische Funktion* $|R - rJ|$ *einer Form* R, *welche der Bedingung* $R_0'R = J$ *genügt, hat lauter lineare Elementarteiler.*

Im folgenden treten bilineare Formen:

$$A = \sum_{\mu=1}^{n} \sum_{\nu=1}^{n} a_{\mu\nu} x_\mu y_\nu \tag{61}$$

auf, bei denen je zwei Koeffizienten $a_{\mu\nu}$ und $a_{\nu\mu}$ konjugierte komplexe Größen und die Koeffizienten $a_{\mu\mu}$ reell sind. Setzt man für die x und y solche Werte, daß x_μ und y_μ konjugierte komplexe Größen sind, so ist der Wert von A reell. Eine solche Form genügt den Bedingungen:

$$A_0 = A', \quad A_0' = A \tag{62}$$

und ist durch jede dieser beiden Gleichungen charakterisiert. Führt man an Stelle der bisherigen Variablen x, y neue x', y' ein mit Hilfe der Substitutionen:

$$x_\mu = \sum_{\varkappa=1}^{n} p^0_{\mu\varkappa} x_\varkappa', \qquad y_\nu = \sum_{\lambda=1}^{n} p_{\nu\lambda} y_\lambda', \qquad (\mu, \nu = 1, 2, \cdots, n) \tag{63}$$

wo $p^0_{\mu\nu}$ die zu $p_{\mu\nu}$ konjugierte komplexe Größe bezeichnet, so geht aus der Form A eine Form:

$$B = P_0'AP \tag{64}$$

derselben Art wie A hervor, bei welcher also wiederum $b_{\varkappa\lambda}$ und $b_{\lambda\varkappa}$ konjugierte komplexe Größen, die $b_{\varkappa\varkappa}$ reelle Größen sind.

Jede Form A kann so auf unendlich viele Weisen in die *Normalform:*

$$N = \sum_{\varkappa=1}^{\varrho} x_\varkappa y_\varkappa - \sum_{\lambda=\varrho+1}^{r} x_\lambda y_\lambda \tag{65}$$

1) Der Beweis der Sätze IV und V wird für die hier vorliegenden Formen R genau in derselben Weise geführt, wie für die reellen orthogonalen Formen; diesen aber siehe bei Frobenius, Über lineare Substitutionen und bilineare Formen. J. für Math. Bd. 84. 1878, pag. 51 und 53; vergl. auch Muth, Theorie und Anw. d. Elementart., pag. 175; ferner Löwy, Über bilineare Formen mit konjugiert imaginären Variablen. Hab.-Schrift. Freiburg 1898 und Nova Acta Leop. Bd. 71. 1898, pag. 377.

transformiert werden. Wie dies aber auch ausgeführt wird, immer haben die Zahlen q und r dieselben Werte. Man nennt r den Rang, q den Trägheitsindex der Form A. Da aus

(66) $$P_0'AP = N$$

durch Übergang zu den konjugierten komplexen Formen:

(67) $$P'A_0P_0 = N$$

folgt, so sind A und A_0 auf die nämliche Normalform reduzierbar, besitzen also gleichen Rang und gleichen Trägheitsindex; daraus folgt insbesondere, daß, wenn die Koeffizienten $a_{\mu\mu} = 0$, die Koeffizienten $a_{\mu\nu} = -a_{\nu\mu}$ aber rein imaginär sind und infolgedessen $A_0 = -A$ ist, r eine gerade Zahl und $q = \frac{1}{2}r$ sein muß.

Eine Form A, die für konjugierte komplexe Werte der Variablen x_μ und y_μ nicht verschwindet, ohne daß die Veränderlichen sämtlich Null sind, heißt eine *definite* Form und zwar eine positive, wenn sie beständig positiv, eine negative, wenn sie beständig negativ ist. Damit eine Form definit sei, ist notwendig und hinreichend, daß $r = n$ und entweder, wenn die Form positiv sein soll, $q = n$, oder wenn sie negativ sein soll, $q = 0$ sei. Sie läßt sich also dann stets in eine der beiden Normalformen:

(68) $$\pm J = \pm \sum_{\mu=1}^{n} x_\mu y_\mu$$

transformieren und es läßt sich daher auch umgekehrt eine Form P mit nicht verschwindender Determinante finden, welche die Gleichung:

(69) $$P_0'JP = P_0'P = \pm A$$

erfüllt. Ist dann S eine Substitution, welche zusammen mit der konjugierten komplexen S_0 die Form A in sich transformiert, für welche also:

(70) $$S_0'AS = A$$

ist, so ist:

(71) $$S_0'P_0'PS = \pm A = P_0'P$$

und daher:

(72) $$P_0'^{-1}S_0'P_0'PSP^{-1} = J.$$

Setzt man also:

(73) $$PSP^{-1} = R,$$

so wird:

(74) $$P_0S_0P_0^{-1} = R_0, \quad P_0'^{-1}S_0'P_0' = R_0'$$

und die Gleichung (72) sagt aus, daß:

(75) $$R_0'R = J$$

ist. Nach (73) sind aber die Formen R und S ähnlich und es haben daher ihre charakteristischen Funktionen alle Elementarteiler gemeinsam. Infolgedessen gelten die Sätze IV und V auch für die Form S und man hat den Satz bewiesen:

VI. Satz: *Wenn eine Substitution S zusammen mit der konjugierten komplexen S_0 eine definite Form A, in welcher $a_{\mu\nu}$ und $a_{\nu\mu}$ für jedes μ und ν konjugierte komplexe Werte besitzen, in sich selbst transformiert, sodaß:*

(XIII) $$S_0'AS = A$$

ist, so verschwindet ihre charakteristische Funktion $|S - rJ|$ nur für solche Werte von r, deren Modul 1 ist, und besitzt ferner lauter lineare Elementarteiler.

Der Inhalt dieses Paragraphen rührt von Herrn Frobenius[1]) her

§ 3.

Die komplexe Multiplikation bei den Thetafunktionen mehrerer Veränderlichen.

Mit $f((v))$ sei eine $2p$-fach periodische Funktion von der pag. 128 betrachteten Art bezeichnet, deren $2p$ Periodensysteme $\omega_{1\alpha}, \cdots, \omega_{p\alpha}$ $(\alpha = 1, 2, \cdots, 2p)$ also den dort angegebenen Bedingungen (2)—(4) genügen, wobei man sogleich noch für das folgende bemerke, daß die Ungleichung (4) auch, indem man die zu den ω_α konjugierten komplexen Größen:

(76) $$\omega_\alpha^0 = \eta_\alpha - i\zeta_\alpha \qquad (\alpha = 1, 2, \cdots, 2p)$$

einführt, in der Form:

(77) $$i\sum_{\varrho=1}^{p}(\omega_\varrho\omega_{p+\varrho}^0 - \omega_{p+\varrho}\omega_\varrho^0) > 0$$

geschrieben werden kann. Sollen nun die $2p$ Periodensysteme $\omega_{1\alpha}, \cdots, \omega_{p\alpha}$ $(\alpha = 1, 2, \cdots, 2p)$ der Funktion $f(v_1|\cdots|v_p)$ sämtlich auch Periodensysteme der Funktion $f(m_1v_1|\cdots|m_pv_p)$ sein, wo $m_1, \cdots, m_p$ Konstanten bezeichnen, in welchem Falle dann nach dem IV. Satz pag. 116 die Funktion $f((mv))$ mit der Funktion $f((v))$ und $p-1$ anderen mit denselben Periodensystemen periodischen

1) Frobenius, Über lineare Substitutionen etc. J. für Math. Bd. 84. 1878, pag. 1; und: Über die prinzipale Transformation etc. J. für Math. Bd. 95. 1883, pag. 264.

Funktionen durch eine algebraische Gleichung verknüpft ist, so müssen ganze Zahlen $c_{\alpha\beta}$ ($\alpha, \beta = 1, 2, \cdots, 2p$) existieren, für welche die $2p^2$ Gleichungen:

$$(78) \qquad m_\mu\, \omega_{\mu\alpha} = \sum_{\beta=1}^{2p} c_{\alpha\beta}\, \omega_{\mu\beta} \qquad \begin{pmatrix}\mu = 1, 2, \cdots, p\\ \alpha = 1, 2, \cdots, 2p\end{pmatrix}$$

bestehen.

Die Gleichungen (78) sind entweder identisch erfüllt, indem

$$(79) \qquad \begin{aligned} m_1 &= m_2 = \cdots = m_p = m, \\ c_{11} &= c_{22} = \cdots = c_{2p, 2p} = m, \end{aligned}$$

und für jedes von α verschiedene β:

$$(80) \qquad c_{\alpha\beta} = 0 \qquad (\alpha, \beta = 1, 2, \cdots, 2p;\ \alpha \gtrless \beta)$$

ist, in welchem Falle die gewöhnliche Multiplikation vorliegt; oder sie sind nicht identisch erfüllt; dann gelten sie nur für gewisse singuläre Werte der ω, und in diesem Falle soll die Beziehung zwischen der Funktion $f((mv))$ und der Funktion $f((v))$ wieder komplexe Multiplikation genannt werden.

Durch die Gleichungen (78) wird eine Transformation der Perioden $\omega_{\mu\alpha}$ im Sinne der im vorigen Kapitel entwickelten Transformationstheorie definiert, für welche die transformierten Perioden die Werte:

$$(81) \qquad \omega'_{\mu\alpha} = m_\mu\, \omega_{\mu\alpha} \qquad \begin{pmatrix}\mu = 1, 2, \cdots, p\\ \alpha = 1, 2, \cdots, 2p\end{pmatrix}$$

besitzen. Daraus ergibt sich einmal, daß die in den Gleichungen (78) auftretenden ganzen Zahlen $c_{\alpha\beta}$ die unter (II) pag. 131 und unter (III) pag. 137 angegebenen Bedingungen erfüllen müssen; weiter aber ergeben sich aus (81) bei jeder Transformation der hier vorliegenden Art für die Determinante $\omega' = \sum \pm\, \omega'_{11}\, \omega'_{22} \cdots \omega'_{pp}$ und deren Adjunkten $o'_{\mu\nu}$, wenn man

$$(82) \qquad m_1 m_2 \cdots m_p = M$$

setzt, die Werte:

$$(83) \qquad \omega' = M\omega, \quad o'_{\mu\nu} = \frac{M}{m_\mu}\, o_{\mu\nu} \qquad (\mu, \nu = 1, 2, \cdots, p)$$

und aus diesen sofort die Gleichungen:

$$(84) \qquad a'_{\varrho\sigma} = \frac{\pi i}{\omega'} \sum_{\mu=1}^{p} o'_{\mu\varrho}\, \omega'_{\mu, p+\sigma} = \frac{\pi i}{\omega} \sum_{\mu=1}^{p} o_{\mu\varrho}\, \omega_{\mu, p+\sigma} = a_{\varrho\sigma}; \qquad (\varrho, \sigma = 1, 2, \cdots, p)$$

diese aber sagen aus, daß für die hier vorliegenden Transformationen (78) die transformierten Thetamodulen den ursprünglichen gleich sind, daß diese Transformationen also in der Bezeichnung des ersten Paragraphen prinzipale sind.

In diesem Paragraphen soll nun noch eine notwendige Bedingung für die Koeffizienten $c_{\alpha\beta}$ der Gleichungen (78) abgeleitet werden, d. h. eine Bedingung, die immer erfüllt ist, wenn den Gleichungen (78) überhaupt durch Perioden $\omega_{\mu\alpha}$ genügt wird, oder mit anderen Worten, wenn überhaupt Thetafunktionen existieren, für welche die vorliegende Transformation eine prinzipale ist.

Sind die transformierten Modulen den ursprünglichen gleich, so ergeben sich aus (XI) pag. 141 die Gleichungen:

$$B_{\mu\nu} = \frac{1}{\pi i} \sum_{\varrho=1}^{p} A_{\mu\varrho} a_{\varrho\nu} \tag{85} \qquad (\mu, \nu = 1, 2, \cdots, p)$$

und hieraus durch Übergang zu den konjugierten komplexen Größen:

$$B^0_{\mu\nu} = -\frac{1}{\pi i} \sum_{\varrho=1}^{p} A^0_{\mu\varrho} a^0_{\varrho\nu}. \tag{86} \qquad (\mu, \nu = 1, 2, \cdots, p)$$

Aus den Gleichungen (85) und (86) aber folgt zunächst:

$$\begin{aligned} &\sum_{\nu=1}^{p} (A_{\mu\nu} B^0_{\mu'\nu} - A^0_{\mu'\nu} B_{\mu\nu}) \\ &= -\frac{1}{\pi i} \sum_{\nu=1}^{p} \sum_{\varrho=1}^{p} (A_{\mu\nu} A^0_{\mu'\varrho} a^0_{\varrho\nu} + A^0_{\mu'\nu} A_{\mu\varrho} a_{\varrho\nu}) \end{aligned} \tag{87} \qquad (\mu, \mu' = 1, 2, \cdots, p)$$

und, indem man für den zweiten Teil der auf der rechten Seite stehenden Summe die Summationsbuchstaben ν und ϱ miteinander vertauscht:

$$\begin{aligned} \sum_{\nu=1}^{p} (A_{\mu\nu} B^0_{\mu'\nu} - A^0_{\mu'\nu} B_{\mu\nu}) &= -\frac{1}{\pi i} \sum_{\nu=1}^{p} \sum_{\varrho=1}^{p} A_{\mu\nu} A^0_{\mu'\varrho} (a^0_{\varrho\nu} + a_{\nu\varrho}) \\ &= -\frac{2}{\pi i} \sum_{\nu=1}^{p} \sum_{\nu'=1}^{p} A_{\mu\nu} A^0_{\mu'\nu'} r_{\nu\nu'}, \end{aligned} \tag{88}$$

wenn wie immer $r_{\nu\nu'}$ den reellen Teil von $a_{\nu\nu'}$ bezeichnet. Nun ist aber andererseits:

$$\begin{aligned} A_{\mu\nu} &= c_{\nu\mu} \pi i + \sum_{\varkappa=1}^{p} c_{\nu, p+\varkappa} a_{\mu\varkappa}, \\ B_{\mu\nu} &= c_{p+\nu,\mu} \pi i + \sum_{\varkappa=1}^{p} c_{p+\nu, p+\varkappa} a_{\mu\varkappa}, \end{aligned} \qquad (\mu, \nu = 1, 2, \cdots, p)$$

$$\begin{aligned} A^0_{\mu\nu} &= -c_{\nu\mu} \pi i + \sum_{\varkappa=1}^{p} c_{\nu, p+\varkappa} a^0_{\mu\varkappa}, \\ B^0_{\mu\nu} &= -c_{p+\nu,\mu} \pi i + \sum_{\varkappa=1}^{p} c_{p+\nu, p+\varkappa} a^0_{\mu\varkappa}, \end{aligned} \tag{89} \qquad (\mu, \nu = 1, 2, \cdots, p)$$

also:

$$\sum_{\nu=1}^{p}(A_{\mu\nu}B^0_{\mu'\nu}-A^0_{\mu'\nu}B_{\mu\nu})=\sum_{\nu=1}^{p}(c_{\nu\mu}c_{p+\nu,\mu'}-c_{p+\nu,\mu}c_{\nu\mu'})\pi^2$$

$$+\sum_{\varkappa=1}^{p}\sum_{\nu=1}^{p}(c_{\nu\mu'}c_{p+\nu,p+\varkappa}-c_{p+\nu,\mu'}c_{\nu,p+\varkappa})a_{\mu\varkappa}\pi i$$

$$(90)\qquad +\sum_{\varkappa=1}^{p}\sum_{\nu=1}^{p}(c_{\nu\mu}c_{p+\nu,p+\varkappa}-c_{p+\nu,\mu}c_{\nu,p+\varkappa})\,a^0_{\mu'\varkappa}\pi i$$

$$+\sum_{\varkappa=1}^{p}\sum_{\varkappa'=1}^{p}\sum_{\nu=1}^{p}(c_{\nu,p+\varkappa}c_{p+\nu,p+\varkappa'}-c_{p+\nu,p+\varkappa}c_{\nu,p+\varkappa'})\,a_{\mu\varkappa}a^0_{\mu'\varkappa'}$$

$$=n(a_{\mu\mu'}+a^0_{\mu'\mu})\pi i=2nr_{\mu\mu'}\pi i,$$

und man erhält durch Vergleichung von (88) und (90):

$$(91)\qquad \sum_{\nu=1}^{p}\sum_{\nu'=1}^{p}A_{\mu\nu}A^0_{\mu'\nu'}r_{\nu\nu'}=n\pi^2 r_{\mu\mu'}. \qquad (\mu,\mu'=1,2,\cdots,p)$$

Das in dieser Gleichung niedergelegte Resultat kann man folgendermaßen aussprechen.

VII. Satz: *Ist die Transformation T für die Thetafunktionen mit den Modulen $a_{\nu\nu'}$ eine prinzipale, so geht die bilineare Form:*

$$(\mathrm{XIV})\qquad R=\sum_{\nu=1}^{p}\sum_{\nu'=1}^{p}r_{\nu\nu'}x_\nu y_{\nu'},$$

bei welcher $r_{\nu\nu'}$ den reellen Teil von $a_{\nu\nu'}$ bezeichnet, durch die Substitution S:

$$(\mathrm{XV})\qquad y_\nu=\frac{1}{\pi i\sqrt{n}}\sum_{\mu=1}^{p}A_{\mu\nu}y'_\mu$$

und die dazu konjugierte komplexe S_0:

$$(\mathrm{XVI})\qquad x_\nu=-\frac{1}{\pi i\sqrt{n}}\sum_{\mu=1}^{p}A^0_{\mu\nu}x'_\mu$$

in sich selbst über; es ist also:

$$(\mathrm{XVII})\qquad S_0'RS=R.$$

Beachtet man nun, daß die Form R infolge der Konvergenzbedingung für die Thetareihe eine definite ist, so ergibt sich aus dem VI. Satz weiter, daß die charakteristische Funktion von S lauter lineare Elementarteiler besitzt und nur für Werte von r verschwindet, deren Modul 1 ist. Indem man $r=\frac{z}{\sqrt{n}}$ setzt, erhält man das Resultat:

VIII. Satz: *Für jede prinzipale Transformation T besitzt die zur bilinearen Form:*

$$\text{(XVIII)} \qquad A = \frac{1}{\pi i} \sum_{\mu=1}^{p} \sum_{\nu=1}^{p} A_{\mu\nu} x_\mu y_\nu$$

gehörige charakteristische Funktion $|A - zJ|$, und daher auch die dazu konjugierte komplexe Funktion $|A^0 - zJ|$ lauter lineare Elementarteiler und sie verschwinden beide nur für solche Werte von z, deren Modul $\sqrt{n}$ beträgt.

Bezeichnet man nun mit $|P|$ die Determinante:

$$\text{(92)} \qquad |P| = \begin{vmatrix} \pi i & \cdots & 0 & a_{11} & \cdots & a_{1p} \\ \cdot & \cdot & \cdot & \cdot & \cdot & \cdot \\ 0 & \cdots & \pi i & a_{p1} & \cdots & a_{pp} \\ -\pi i & \cdots & 0 & a_{11}^0 & \cdots & a_{1p}^0 \\ \cdot & \cdot & \cdot & \cdot & \cdot & \cdot \\ 0 & \cdots & -\pi i & a_{p1}^0 & \cdots & a_{pp}^0 \end{vmatrix},$$

so ist:

$$\text{(93)} \quad |P|^2 = \begin{vmatrix} \pi i & \cdots & 0 & a_{11} & \cdots & a_{1p} \\ \cdot & \cdot & \cdot & \cdot & \cdot & \cdot \\ 0 & \cdots & \pi i & a_{p1} & \cdots & a_{pp} \\ -\pi i & \cdots & 0 & a_{11}^0 & \cdots & a_{1p}^0 \\ \cdot & \cdot & \cdot & \cdot & \cdot & \cdot \\ 0 & \cdots & -\pi i & a_{p1}^0 & \cdots & a_{pp}^0 \end{vmatrix} \begin{vmatrix} a_{11}^0 & \cdots & a_{1p}^0 & -a_{11} & \cdots & -a_{1p} \\ \cdot & \cdot & \cdot & \cdot & \cdot & \cdot \\ a_{p1}^0 & \cdots & a_{pp}^0 & -a_{p1} & \cdots & -a_{pp} \\ \pi i & \cdots & 0 & \pi i & \cdots & 0 \\ \cdot & \cdot & \cdot & \cdot & \cdot & \cdot \\ 0 & \cdots & \pi i & 0 & \cdots & \pi i \end{vmatrix}$$

$$= (2\pi i)^{2p} \begin{vmatrix} r_{11} & \cdots & r_{1p} \\ \cdot & \cdot & \cdot \\ r_{p1} & \cdots & r_{pp} \end{vmatrix}^2$$

und sohin $|P|$ von Null verschieden. Durch P wird also eine Form mit nicht verschwindender Determinante definiert. Bezeichnet man ferner mit T die Form:

$$\text{(94)} \qquad T = \sum_{\alpha=1}^{2p} \sum_{\beta=1}^{2p} c_{\alpha\beta} x_\alpha y_\beta$$

und mit $\mathfrak{A}$ die Form:

$$\text{(95)} \qquad \mathfrak{A} = \frac{1}{\pi i} \sum_{\mu=1}^{p} \sum_{\nu=1}^{p} (A_{\mu\nu} x_\mu y_\nu + A_{\mu\nu}^0 x_{p+\mu} y_{p+\nu}),$$

so besteht, wie sich unmittelbar durch Ausrechnen mittelst der Gleichung (36) ergibt, die Gleichung:

(96) $$PT = \mathfrak{A}P$$

oder:

(97) $$T = P^{-1}\mathfrak{A}P.$$

Die Formen T und $\mathfrak{A}$ sind daher ähnlich und es stimmen deshalb ihre charakteristischen Funktionen:

(98) $$\varphi(z) = |T - zJ|$$

und

(99) $$\psi(z) = |\mathfrak{A} - zJ| = |A - zJ|\,|A^0 - zJ|$$

in den Elementarteilern überein. Daraus ergibt sich der

IX. Satz: *Wenn eine Transformation T für irgend eine Thetafunktion eine prinzipale ist, so zerfällt ihre charakteristische Determinante $|T - zJ|$ in lauter lineare Elementarteiler und verschwindet nur für solche Werte von z, deren Modul gleich der Quadratwurzel aus dem Transformationsgrade n ist.*

Hat also die Gleichung $|T - zJ| = 0$ reelle Wurzeln, so können diese nur $\pm\sqrt{n}$ sein. Komplexe Wurzeln können ferner, da die Koeffizienten der Gleichung reell sind, nur paarweise auftreten, sodaß die Wurzeln eines Paares konjugierte komplexe Größen sind; zwei solche Wurzeln haben dann, da jede den Modul $\sqrt{n}$ besitzt, das Produkt n; ist also die eine von ihnen m, so ist die andere $m_0 = \frac{n}{m}\cdot$ Das Produkt aller $2p$ Wurzeln der Gleichung beträgt $|T| = +n^p$; es kann daher $-\sqrt{n}$ nur in gerader Anzahl als Wurzel auftreten; dann aber ebenso $+\sqrt{n}$, und wenn die Gleichung nur einfache Wurzeln hat, ist sicher keine reell. Im Falle $n = 1$ haben die Wurzeln alle den Modul 1, und da die Gleichung ganzzahlige Koeffizienten hat, so ist in diesem Falle jede Wurzel nach einem Satze von Kronecker[1]) eine Einheitswurzel.

§ 4.

Nachweis, daß die im IX. Satz angegebene notwendige Bedingung auch hinreichend ist.

Es soll jetzt gezeigt werden, daß die im IX. Satz angegebene notwendige Bedingung für eine prinzipale Transformation auch hinreichend ist, d. h. daß es zu einer Transformation T, sobald sie die

---

1) Kronecker, Zwei Sätze über Gleichungen mit ganzzahligen Koeffizienten. J. für Math. Bd. 53. 1857, pag. 173. Der Kroneckersche Satz lautet:

„Wenn die Wurzeln einer ganzzahligen Gleichung, in welcher der erste Koeffizient Eins ist, alle imaginär und ihre analytischen Moduln sämtlich gleich Eins sind, so müssen dieselben stets Wurzeln der Einheit sein."

im IX. Satz angegebene Bedingung erfüllt, immer auch Thetafunktionen gibt, für welche sie eine prinzipale ist, und zugleich soll gezeigt werden, wie die Modulen dieser Thetafunktionen berechnet werden können.

Zuvor muß aber zur Orientierung folgendes vorausgeschickt werden. Die $2p$ Wurzeln $z_1, z_2, \cdots, z_{2p}$ der Gleichung:

$$|T - zJ| = 0 \tag{100}$$

bestehen nach dem Vorigen aus den p Wurzeln der Gleichung:

$$|A - zJ| = 0 \tag{101}$$

und den p Wurzeln der dazu konjugirten komplexen Gleichung:

$$|A^0 - zJ| = 0. \tag{102}$$

Die ersteren sollen die Wurzeln erster Art von (100), die letzteren die Wurzeln zweiter Art genannt werden. Sind $z_1, z_2, \cdots, z_p$ die p Wurzeln erster Art, so sind $z_1^0, z_2^0, \cdots, z_p^0$ die p Wurzeln zweiter Art, und es ist stets $z_\varrho z_\varrho^0 = n$.

Für eine prinzipale Transformation T bestehen nun gemäß den Gleichungen (78) für jeden Wert des Index ϱ die $2p$ Gleichungen:

$$\begin{aligned} &\sum_{\nu=1}^{p} (c_{\mu\nu}\,\omega_{\varrho\nu} \quad + c_{\mu,p+\nu}\,\omega_{\varrho,p+\nu}) \quad = m_\varrho\,\omega_{\varrho\mu}, \\ &\sum_{\nu=1}^{p} (c_{p+\mu,\nu}\,\omega_{\varrho\nu} + c_{p+\mu,p+\nu}\,\omega_{\varrho,p+\nu}) = m_\varrho\,\omega_{\varrho,p+\mu}, \end{aligned} \qquad (\mu = 1, 2, \cdots, p) \tag{103}$$

und man schließt daraus zunächst, daß für den Wert des Multiplikators m_ϱ nur die $2p$ Wurzeln der Gleichung (100) in Betracht kommen; es ist also insbesondere der Modul von m_ϱ gleich $\sqrt{n}$ und $m_\varrho m_\varrho^0 = n$. Aus den Gleichungen (103) folgt daher durch Auflösung auf Grund der Gleichungen (II) pag. 131:

$$\begin{aligned} &\sum_{\mu=1}^{p} (c_{p+\mu,p+\nu}\,\omega_{\varrho\mu} - c_{\mu,p+\nu}\,\omega_{\varrho,p+\mu}) = m_\varrho^0\,\omega_{\varrho\nu}, \\ &\sum_{\mu=1}^{p} (-c_{p+\mu,\nu}\,\omega_{\varrho\mu} + c_{\mu\nu}\,\omega_{\varrho,p+\mu}) \quad = m_\varrho^0\,\omega_{\varrho,p+\nu}, \end{aligned} \qquad (\nu = 1, 2, \cdots, p) \tag{104}$$

und hieraus ergibt sich, wenn man unter den A, B die in (VII), (VIII) pag. 141 definierten Größen versteht:

$$\sum_{\mu=1}^{p} (A_{\nu\mu}\,\omega_{\varrho,p+\mu} - B_{\nu\mu}\,\omega_{\varrho\mu}) = m_\varrho^0(\omega_{\varrho,p+\nu}\,\pi i - \sum_{\varkappa=1}^{p} \omega_{\varrho\varkappa}\,a_{\nu\varkappa}). \tag{105}$$
$$(\nu = 1, 2, \cdots, p)$$

Ist aber die vorgelegte Transformation T für die Thetafunktionen mit den Modulen $a_{\mu\nu}$ eine prinzipale, so ist wegen (85) auch:

$$\begin{aligned}
&\sum_{\mu=1}^{p}(A_{\nu\mu}\,\omega_{\varrho,p+\mu}-B_{\nu\mu}\,\omega_{\varrho\mu})\\
(106)\qquad &=\sum_{\mu=1}^{p}\left(A_{\nu\mu}\,\omega_{\varrho,p+\mu}-\frac{1}{\pi i}\sum_{\varkappa=1}^{p}A_{\nu\varkappa}\,a_{\varkappa\mu}\,\omega_{\varrho\mu}\right) \qquad (\nu=1,2,\cdots,p)\\
&=\frac{1}{\pi i}\sum_{\mu=1}^{p}A_{\nu\mu}\left(\omega_{\varrho,p+\mu}\,\pi i-\sum_{\varkappa=1}^{p}\omega_{\varrho\varkappa}\,a_{\mu\varkappa}\right)
\end{aligned}$$

und es folgt, wenn man

$$(107)\qquad \omega_{\varrho,p+\nu}\,\pi i-\sum_{\varkappa=1}^{p}\omega_{\varrho\varkappa}\,a_{\nu\varkappa}=v_{\varrho\nu} \qquad (\nu=1,2,\cdots,p)$$

setzt, durch Vergleichung von (105) und (106):

$$(108)\qquad \frac{1}{\pi i}\sum_{\mu=1}^{p}A_{\nu\mu}\,v_{\varrho\mu}=m_\varrho^0\,v_{\varrho\nu}. \qquad (\nu=1,2,\cdots,p)$$

Ist nun m_ϱ eine s-fache Wurzel der Gleichung (100), so verschwinden für das Gleichungensystem (103), da alle Elementarteiler von $|T-zJ|$ lineare sind, alle Unterdeterminanten $2p-1^{\text{ten}}$, $2p-2^{\text{ten}}$, $\cdots$, $2p-s+1^{\text{ten}}$ Grades; die Gleichungen (103) sind also s-fach unbestimmt und haben s linearunabhängige Lösungen. Solche s linearunabhängige Lösungen seien mit $\omega_{\varrho 1}, \cdots, \omega_{\varrho,2p}$ ($\varrho=1, 2, \cdots, s$) bezeichnet; ihnen entsprechen auf Grund von (107) s Wertesysteme $v_{\varrho 1}, \cdots, v_{\varrho p}$ ($\varrho=1, 2, \cdots, s$), welche alle die p Gleichungen (108) befriedigen. Nun sei m_ϱ eine q-fache Wurzel von (101) und eine $r=s-q$-fache Wurzel von (102); m_ϱ^0 ist dann umgekehrt eine q-fache Wurzel von (102) und eine r-fache Wurzel von (101). Die Gleichungen (108) besitzen also nur r linearunabhängige Lösungen; es müssen folglich zwischen den s Wertesystemen $v_{\varrho 1}, \cdots, v_{\varrho p}$ ($\varrho=1, 2, \cdots, s$) $s-r=q$ Relationen bestehen, und man kann die s Lösungen $\omega_{\varrho 1}, \cdots, \omega_{\varrho,2p}$ ($\varrho=1, 2, \cdots, s$) der Gleichungen (103) so wählen, daß für q von ihnen die zugehörigen Größensysteme $v_{\varrho 1}, \cdots, v_{\varrho p}$ Null werden, also für sie die Gleichungen:

$$(109)\qquad \omega_{\varrho,p+\nu}\,\pi i=\sum_{\varkappa=1}^{p}\omega_{\varrho\varkappa}\,a_{\nu\varkappa} \qquad \begin{pmatrix}\varrho=1,2,\cdots,q\\ \nu=1,2,\cdots,p\end{pmatrix}$$

bestehen. Einer Wurzel m_ϱ von (100) welche q-fache Wurzel von (101) ist, kommen also q linearunabhängige Lösungen der Gleichungen (103) zu, welche die Gleichungen (109) befriedigen und welche die

q zu m_ϱ gehörigen Lösungen erster Art der Gleichungen (103) genannt werden mögen.

Indem man an Stelle von m_ϱ der Reihe nach die sämtlichen Wurzeln erster Art von (100) treten läßt, erhält man p Lösungen erster Art der Gleichungen (103), die mit $\omega_{\varrho 1}, \cdots, \omega_{\varrho, 2p}$ $(\varrho = 1, 2, \cdots, p)$ bezeichnet seien und von denen jede die p Gleichungen (109) erfüllt. Für irgend zwei derselben, $\omega_{\varrho 1}, \cdots, \omega_{\varrho, 2p}$ die eine und $\omega_{\sigma 1}, \cdots, \omega_{\sigma, 2p}$ die andere ist daher:

$$\begin{aligned}
&\pi i \sum_{\nu=1}^{p} (\omega_{\varrho\nu}\,\omega_{\sigma, p+\nu} - \omega_{\varrho, p+\nu}\,\omega_{\sigma\nu}) \\
(110)\qquad &= \sum_{\nu=1}^{p} \sum_{\varkappa=1}^{p} (\omega_{\varrho\nu}\,\omega_{\sigma\varkappa}\,a_{\nu\varkappa} - \omega_{\varrho\varkappa}\,\omega_{\sigma\nu}\,a_{\nu\varkappa}) \\
&= \sum_{\nu=1}^{p} \sum_{\varkappa=1}^{p} \omega_{\varrho\nu}\,\omega_{\sigma\varkappa}(a_{\nu\varkappa} - a_{\varkappa\nu}) = 0,
\end{aligned}$$

während für jede lineare Verbindung

$$(111)\qquad \omega_\alpha = \sum_{\varrho=1}^{p} k_\varrho\,\omega_{\varrho\alpha} \qquad\qquad (\alpha = 1, 2, \cdots, 2p)$$

derselben aus den Gleichungen:

$$(112)\qquad \begin{aligned}
\omega_{p+\nu}\,\pi i &= \sum_{\varkappa=1}^{p} \omega_\varkappa\,a_{\nu\varkappa}, \\
-\,\omega^0_{p+\nu}\,\pi i &= \sum_{\varkappa=1}^{p} \omega^0_\varkappa\,a^0_{\nu\varkappa}
\end{aligned} \qquad\qquad (\nu = 1, 2, \cdots, p)$$

sich:

$$\begin{aligned}
\pi i \sum_{\nu=1}^{p} (\omega_\nu\,\omega^0_{p+\nu} - \omega_{p+\nu}\,\omega^0_\nu) &= -\sum_{\nu=1}^{p} \sum_{\varkappa=1}^{p} (\omega_\nu\,\omega^0_\varkappa\,a^0_{\nu\varkappa} + \omega_\varkappa\,\omega^0_\nu\,a_{\nu\varkappa}) \\
(113)\qquad &= -\sum_{\nu=1}^{p} \sum_{\varkappa=1}^{p} \omega_\nu\,\omega^0_\varkappa(a^0_{\nu\varkappa} + a_{\varkappa\nu}) \\
&= -2\sum_{\nu=1}^{p} \sum_{\varkappa=1}^{p} r_{\nu\varkappa}\,\omega_\nu\,\omega^0_\varkappa > 0
\end{aligned}$$

ergibt.

Ebenso wie den p Wurzeln erster Art m_ϱ der Gleichung (100) p Lösungen erster Art $\omega_{\varrho 1}, \cdots, \omega_{\varrho, 2p}$ $(\varrho = 1, 2, \cdots, p)$ der Gleichungen (103) entsprechen, so gehören zu den p Wurzeln m'_ϱ zweiter Art von (100) p Lösungen $\omega'_{\varrho 1}, \cdots, \omega'_{\varrho, 2p}$ $(\varrho = 1, 2, \cdots, p)$ der Gleichungen (103), welche die Lösungen zweiter Art dieser Gleichungen genannt werden sollen; und da die p Wurzeln zweiter Art m'_ϱ von (100) den p Wurzeln erster Art konjugiert komplex sind, sodaß $m'_\varrho = m^0_\varrho$ ist, so werden auch die eben definierten Lösungen zweiter Art $\omega'_{\varrho 1}, \cdots, \omega'_{\varrho, 2p}$ der Gleichungen (103) durch die konjugierten komplexen Werte der p Lösungen erster Art $\omega_{\varrho 1}, \cdots, \omega_{\varrho, 2p}$ geliefert, sodaß also:

$$\omega'_{\varrho\alpha} = \omega^0_{\varrho\alpha} \qquad \begin{pmatrix}\varrho = 1, 2, \cdots, p \\ \alpha = 1, 2, \cdots, 2p\end{pmatrix} \tag{114}$$

ist. Daraus ergibt sich aber sofort, daß jede von ihnen den p Gleichungen

$$-\omega'_{\varrho, p+\nu}\pi i = \sum_{\varkappa=1}^{p} \omega'_{\varrho\varkappa} a^0_{\nu\varkappa} \qquad (\nu = 1, 2, \cdots, p) \tag{115}$$

genügt, und hieraus wiederum, daß zwischen irgend zwei Lösungen zweiter Art der Gleichungen (103), $\omega'_{\varrho 1}, \cdots, \omega'_{\varrho, 2p}$ die eine und $\omega'_{\sigma 1}, \cdots, \omega'_{\sigma, 2p}$ die andere, die Relation:

$$\sum_{\nu=1}^{p} (\omega'_{\varrho\nu}\,\omega'_{\sigma, p+\nu} - \omega'_{\varrho, p+\nu}\,\omega'_{\sigma\nu}) = 0 \tag{116}$$

besteht, gleichgültig ob sie zu gleichen oder verschiedenen Wurzeln zweiter Art der Gleichung (100) gehören, während für jede lineare Verbindung

$$\omega'_\alpha = \sum_{\varrho=1}^{p} k'_\varrho\,\omega'_{\varrho\alpha} \qquad (\alpha = 1, 2, \cdots, 2p) \tag{117}$$

von ihnen:

$$i \sum_{\nu=1}^{p} (\omega'_\nu\,\omega'^0_{p+\nu} - \omega'_{p+\nu}\,\omega'^0_\nu) < 0 \tag{118}$$

ist.

Die allgemeinste Lösung $\Omega_1, \cdots, \Omega_{2p}$ der Gleichungen (103) bei gegebenem m_ϱ setzt sich aus den q dazu gehörigen Lösungen erster Art $\omega_{\varrho 1}, \cdots, \omega_{\varrho, 2p}$ $(\varrho = 1, 2, \cdots, q)$ und den r Lösungen zweiter Art $\omega'_{\varrho 1}, \cdots, \omega'_{\varrho, 2p}$ $(\varrho = 1, 2, \cdots, r)$ zusammen in der Form:

$$\Omega_\alpha = \omega_\alpha + \omega'_\alpha, \qquad (\alpha = 1, 2, \cdots, 2p) \tag{119}$$

wo zur Abkürzung:

$$\omega_\alpha = \sum_{\varrho=1}^{q} x_\varrho\,\omega_{\varrho\alpha}, \qquad \omega'_\alpha = \sum_{\varrho=1}^{r} y_\varrho\,\omega'_{\varrho\alpha} \qquad (\alpha = 1, 2, \cdots, 2p) \tag{120}$$

gesetzt ist. Es ist infolgedessen:

$$\begin{aligned}&\sum_{\nu=1}^{p}(\Omega_\nu\,\Omega^0_{p+\nu}-\Omega_{p+\nu}\,\Omega^0_\nu)\\ (121)\qquad &=\sum_{\nu=1}^{p}(\omega_\nu\,\omega^0_{p+\nu}-\omega_{p+\nu}\,\omega^0_\nu)+\sum_{\nu=1}^{p}(\omega'_\nu\,\omega'^0_{p+\nu}-\omega'_{p+\nu}\,\omega'^0_\nu)\\ &+\sum_{\nu=1}^{p}(\omega_\nu\,\omega'^0_{p+\nu}-\omega_{p+\nu}\,\omega'^0_\nu)+\sum_{\nu=1}^{p}(\omega'_\nu\,\omega^0_{p+\nu}-\omega'_{p+\nu}\,\omega^0_\nu).\end{aligned}$$

Nun ist aber, weil $\omega_1, \cdots, \omega_{2p}$ eine Lösung erster Art der Gleichungen (103) ist, $\omega^0_1, \cdots, \omega^0_{2p}$ eine Lösung zweiter Art, und weil $\omega'_1, \cdots, \omega'_{2p}$ eine Lösung zweiter Art ist, $\omega'^0_1, \cdots, \omega'^0_{2p}$ eine Lösung erster Art. Daraus folgt aber, daß die an den beiden letzten Stellen stehenden Summen infolge der Relationen (110) und (116) den Wert Null haben. Setzt man dann weiter den nach (113) stets positiven Ausdruck:

$$(122)\qquad i\sum_{\nu=1}^{p}(\omega_\nu\,\omega^0_{p+\nu}-\omega_{p+\nu}\,\omega^0_\nu)=X,$$

den nach (118) stets negativen Ausdruck:

$$(123)\qquad i\sum_{\nu=1}^{p}(\omega'_\nu\,\omega'^0_{p+\nu}-\omega'_{p+\nu}\,\omega'^0_\nu)=-\,Y,$$

so wird:

$$(124)\qquad i\sum_{\nu=1}^{p}(\Omega_\nu\,\Omega^0_{p+\nu}-\Omega_{p+\nu}\,\Omega^0_\nu)=X-Y.$$

Nun ist aber auf Grund der Gleichungen (120):

$$(125)\qquad X=\sum_{\varrho=1}^{q}\sum_{\sigma=1}^{q}c_{\varrho\sigma}\,x_\varrho\,x^0_\sigma,\quad Y=-\sum_{\varrho=1}^{r}\sum_{\sigma=1}^{r}d_{\varrho\sigma}\,y_\varrho\,y^0_\sigma,$$

wo zur Abkürzung für $\varrho, \sigma = 1, 2, \cdots, q$ bez. r:

$$(126)\qquad \begin{aligned}c_{\varrho\sigma}&=i\sum_{\nu=1}^{p}(\omega_{\varrho\nu}\,\omega^0_{\sigma,p+\nu}-\omega_{\varrho,p+\nu}\,\omega^0_{\sigma\nu}),\\ d_{\varrho\sigma}&=i\sum_{\nu=1}^{p}(\omega'_{\varrho\nu}\,\omega'^0_{\sigma,p+\nu}-\omega'_{\varrho,p+\nu}\,\omega'^0_{\sigma\nu})\end{aligned}$$

gesetzt ist, und man hat so, wenn man beachtet, daß X, Y positive Formen vom Range q bez. r sind, der s-fachen Wurzel m_ϱ von (100), welche eine q-fache Wurzel von (101) ist, durch die Gleichung (124) eine Form vom Range s und dem Trägheitsindex q zugewiesen. Diese Form hängt von den zur Darstellung der allgemeinen Lösung

$\Omega_1, \cdots, \Omega_{2p}$ gewählten q Lösungen erster Art $\omega_{\varrho 1}, \cdots, \omega_{\varrho, 2p}$ $(\varrho = 1, 2, \cdots, q)$ und r Lösungen zweiter Art $\omega'_{\varrho 1}, \cdots, \omega'_{\varrho, 2p}$ $(\varrho = 1, 2, \cdots, r)$ ab; läßt man an deren Stelle irgend s andere linearunabhängige Lösungen von (103) $\overline{\omega}_{\varrho 1}, \cdots, \overline{\omega}_{\varrho, 2p}$ $(\varrho = 1, 2, \cdots, s)$ treten, so tritt an Stelle von $X - Y$ eine andere Form:

$$Z = \sum_{\varrho=1}^{s} \sum_{\sigma=1}^{s} e_{\varrho\sigma} z_\varrho z_\sigma^0, \tag{127}$$

wo:

$$e_{\varrho\sigma} = i \sum_{\nu=1}^{p} (\overline{\omega}_{\varrho\nu} \overline{\omega}^0_{\sigma, p+\nu} - \overline{\omega}_{\varrho, p+\nu} \overline{\omega}^0_{\sigma\nu}) \qquad (\varrho, \sigma = 1, 2, \cdots, s) \tag{128}$$

ist, die aber, da die $\overline{\omega}$ sich linear durch die ω und ω' und umgekehrt ausdrücken, mit $X - Y$ äquivalent ist und daher nicht nur den gleichen Rang s, sondern auch den gleichen Trägheitsindex q hat.

Nach diesen Vorbereitungen kann man nun zeigen, daß im Falle des Erfülltseins der im IX. Satz angegebenen Bedingung stets Thetafunktionen existieren, für welche die vorgelegte Transformation eine prinzipale ist, und kann zugleich angeben, wie die Modulen dieser Thetafunktionen berechnet werden.

Man löse die Gleichung (100) auf; ist m_ϱ eine s-fache Wurzel, so bestimme man s zu ihr gehörige linearunabhängige Lösungen $\overline{\omega}_{\varrho 1}, \cdots, \overline{\omega}_{\varrho, 2p}$ $(\varrho = 1, 2, \cdots, s)$ der Gleichungen (103) und bilde mit ihnen auf Grund der Gleichungen (128) die bilineare Form (127). Bringt man dann diese durch eine lineare Substitution und die zu ihr konjugierte komplexe in die Normalform:

$$Z = \sum_{\varkappa=1}^{q} x_\varkappa x_\varkappa^0 - \sum_{\lambda=1}^{r} x_{q+\lambda} x^0_{q+\lambda}, \qquad (q + r = s) \tag{129}$$

so treten an Stelle der Lösungen $\overline{\omega}_{\varrho 1}, \cdots, \overline{\omega}_{\varrho, 2p}$ s Lösungen $\omega_{\varrho 1}, \cdots, \omega_{\varrho, 2p}$, von denen irgend zwei durch die Gleichung:

$$\sum_{\nu=1}^{p} (\omega_{\varrho\nu} \omega^0_{\sigma, p+\nu} - \omega_{\varrho, p+\nu} \omega^0_{\sigma\nu}) = 0 \quad (\varrho, \sigma = 1, 2, \cdots, s;\ \varrho \lessgtr \sigma) \tag{130}$$

miteinander verknüpft sind, während für jede einzelne:

$$i \sum_{\nu=1}^{p} (\omega_{\varrho\nu} \omega^0_{\varrho, p+\nu} - \omega_{\varrho, p+\nu} \omega^0_{\varrho\nu}) = \pm 1 \qquad (\varrho = 1, 2, \cdots, s) \tag{131}$$

ist, je nachdem $\varrho = 1, 2, \cdots, q$ oder $\varrho = q + 1, q + 2, \cdots, s$ ist; man nenne die ersten q Lösungen die zu m_ϱ gehörigen Lösungen erster Art, die letzten r die Lösungen zweiter Art. Ist m_ϱ reell, so ist $q = r = \frac{1}{2}s$; ist dagegen m_ϱ komplex, so ist auch m_ϱ^0 s-fache

Wurzel der Gleichung (100) und die zu den vorigen s Größensystemen $\omega_{\varrho 1}, \cdots, \omega_{\varrho, 2p}$ konjugierten komplexen $\omega^0_{\varrho 1}, \cdots, \omega^0_{\varrho, 2p}$ bilden jetzt s linearunabhängige Lösungen der mit dem Werte m^0_ϱ an Stelle von m_ϱ gebildeten Gleichungen (103), von denen die q ersten von der zweiten Art, die r letzten von der ersten Art sind.

Führt man dies für alle Wurzeln von (100) durch, so erhält man im ganzen, neben ebensovielen Lösungen zweiter Art, p Lösungen erster Art, die mit $\omega_{\varrho 1}, \cdots, \omega_{\varrho, 2p}$ $(\varrho = 1, 2, \cdots, p)$ bezeichnet seien. Beachtet man nun, daß aus (78) die Gleichung:

$$\begin{aligned} & m_\varrho m_\sigma \sum_{\nu=1}^{p} (\omega_{\varrho\nu}\,\omega_{\sigma, p+\nu} - \omega_{\varrho, p+\nu}\,\omega_{\sigma\nu}) \\ (132) \qquad & = \sum_{\beta=1}^{2p} \sum_{\gamma=1}^{2p} \sum_{\nu=1}^{p} (c_{\nu\beta}\, c_{p+\nu,\gamma} - c_{\nu\gamma}\, c_{p+\nu,\beta})\, \omega_{\varrho\beta}\,\omega_{\sigma\gamma} \\ & = n \sum_{\mu=1}^{p} (\omega_{\varrho\mu}\,\omega_{\sigma, p+\mu} - \omega_{\varrho, p+\mu}\,\omega_{\sigma\mu}) \end{aligned}$$

folgt, so erkennt man, daß:

$$(133) \qquad \sum_{\nu=1}^{p} (\omega_{\varrho\nu}\,\omega_{\sigma, p+\nu} - \omega_{\varrho, p+\nu}\,\omega_{\sigma\nu}) = 0$$

ist, sobald die Lösungen $\omega_{\varrho 1}, \cdots, \omega_{\varrho, 2p}$ und $\omega_{\sigma 1}, \cdots, \omega_{\sigma, 2p}$ nicht zu zwei Wurzeln m_ϱ und m_σ gehören, die zueinander konjugiert komplex sind, und für welche infolgedessen $m_\varrho m_\sigma = n$ ist. Ist aber $m_\sigma = m^0_\varrho$, so ist jede zu m_σ gehörige Lösung erster Art $\omega_{\sigma 1}, \cdots, \omega_{\sigma, 2p}$ einer zu m_ϱ gehörigen Lösung zweiter Art konjugiert komplex und die Gleichung (133) ist wegen (130) erfüllt. Es gilt also (133) für irgend zwei der p Lösungen erster Art.

Da weiter, wenn $\omega_{\sigma 1}, \cdots, \omega_{\sigma, 2p}$ eine zu m_σ gehörige Lösung von (103) ist, stets $\omega^0_{\sigma 1}, \cdots, \omega^0_{\sigma, 2p}$ eine zu m^0_σ gehörige Lösung dieser Gleichungen bildet, so ist nach (132):

$$(134) \qquad \sum_{\nu=1}^{p} (\omega_{\varrho\nu}\,\omega^0_{\sigma, p+\nu} - \omega_{\varrho, p+\nu}\,\omega^0_{\sigma\nu}) = 0,$$

sobald nicht $m_\sigma = m_\varrho$ ist; ist aber $m_\sigma = m_\varrho$, so ist diese Relation wegen (130) erfüllt. Es gilt also (134) gleichfalls für irgend zwei der p Lösungen erster Art von (103), und da für jede einzelne:

$$(135) \qquad i \sum_{\nu=1}^{p} (\omega_{\varrho\nu}\,\omega^0_{\varrho, p+\nu} - \omega_{\varrho, p+\nu}\,\omega^0_{\varrho\nu}) = 1$$

ist, so folgt für jede lineare Verbindung

(136) $$\omega_\alpha = \sum_{\varrho=1}^{p} k_\varrho\,\omega_{\varrho\alpha} \qquad (\alpha = 1, 2, \cdots, 2p)$$

derselben:

(137) $$i\sum_{\nu=1}^{p} (\omega_\nu\,\omega_{p+\nu}^0 - \omega_{p+\nu}\,\omega_\nu^0) = \sum_{\varrho=1}^{p} k_\varrho k_\varrho^0 > 0.$$

Durch die Bedingungen (133) und (137) sind aber die $2p$ Größensysteme $\omega_{1\alpha}, \cdots, \omega_{p\alpha}$ $(\alpha = 1, 2, \cdots, 2p)$ als die $2p$ Periodensysteme einer $2p$-fach periodischen Funktion charakterisiert, und es werden die Modulen $a_{\mu\nu}$ der ihnen zugeordneten Thetafunktionen durch die Gleichungen:

(138) $$\omega_{\varrho, p+\nu}\,\pi i = \sum_{\varkappa=1}^{p} \omega_{\varrho\varkappa}\,a_{\nu\varkappa} \qquad (\varrho, \nu = 1, 2, \cdots, p)$$

bestimmt. Es ist nun endlich noch zu zeigen, daß in bezug auf Thetafunktionen mit diesen Modulen die vorliegende Transformation eine prinzipale ist. Nun nehmen aber die Gleichungen (103), wenn man ihre linken und rechten Seiten mit πi multipliziert und hierauf die Gleichungen (138) anwendet, die Gestalt:

(139) $$\begin{aligned} &\sum_{\nu=1}^{p}\left(c_{\mu\nu}\,\pi i \quad + \sum_{\varkappa=1}^{p} c_{\mu, p+\varkappa}\,a_{\nu\varkappa}\right)\omega_{\varrho\nu} \quad = m_\varrho\,\omega_{\varrho\mu}\,\pi i,\\ &\sum_{\nu=1}^{p}\left(c_{p+\mu,\nu}\,\pi i + \sum_{\varkappa=1}^{p} c_{p+\mu, p+\varkappa}\,a_{\nu\varkappa}\right)\omega_{\varrho\nu} = m_\varrho \sum_{\sigma=1}^{p} \omega_{\varrho\sigma}\,a_{\mu\sigma},\\ &\qquad (\mu, \varrho = 1,\ 2, \cdots, p) \end{aligned}$$

oder:

(140) $$\begin{aligned} \sum_{\nu=1}^{p} A_{\nu\mu}\,\omega_{\varrho\nu} &= m_\varrho\,\omega_{\varrho\mu}\,\pi i,\\ \sum_{\nu=1}^{p} B_{\nu\mu}\,\omega_{\varrho\nu} &= m_\varrho \sum_{\sigma=1}^{p} \omega_{\varrho\sigma}\,a_{\mu\sigma} \end{aligned} \qquad (\mu, \varrho = 1, 2, \cdots, p)$$

an, und durch deren Verbindung folgen die weiteren Gleichungen:

(141) $$\sum_{\nu=1}^{p}\left(B_{\nu\mu} - \frac{1}{\pi i}\sum_{\sigma=1}^{p} A_{\nu\sigma}\,a_{\mu\sigma}\right)\omega_{\varrho\nu} = 0, \qquad (\mu, \varrho = 1, 2, \cdots, p)$$

welche endlich infolge des Nichtverschwindens der Determinante $\sum \pm\,\omega_{11}\,\omega_{22} \cdots \omega_{pp}$ die Gleichungen:

(142) $$B_{\nu\mu} = \frac{1}{\pi i}\sum_{\sigma=1}^{p} A_{\nu\sigma}\,a_{\mu\sigma} \qquad (\mu, \nu = 1, 2, \cdots, p)$$

nach sich ziehen. Vergleicht man aber diese mit den Gleichungen (XI) pag. 141, so erkennt man, daß für die vorgelegte Transformation in der Tat die transformierten Thetamodulen $a'_{\mu\nu}$ den ursprünglichen $a_{\mu\nu}$ gleich sind.

Man wird dazu noch bemerken, daß die Wahl der p der Berechnung der Thetamodulen $a_{\mu\nu}$ zu grunde liegenden Lösungen erster Art der Gleichungen (103) auf unendlich viele Weisen möglich ist, da die bilineare Form Z durch unendlich viele verschiedene lineare Substitutionen in die Normalform (129) transformiert werden kann; in dem Falle aber, wo die den verschiedenen Wurzeln m_ϱ von (100) entsprechenden bilinearen Formen Z sämtlich definite sind, wo also die einer Wurzel m_ϱ zugehörigen Lösungen von (103) stets entweder alle von der ersten Art oder alle von der zweiten Art sind, liefern die Gleichungen (138) bei einer anderen Auswahl der Lösungen $\omega_{\varrho 1}, \cdots, \omega_{\varrho, 2p}$, da die neuen p Lösungen erster Art immer lineare Verbindungen der früheren sind, für die Thetamodulen $a_{\mu\nu}$ wieder die gleichen Werte; in diesem Falle existiert also nur eine einzige Thetafunktion, für welche die vorliegende Transformation eine prinzipale ist; sind dagegen die Formen Z teilweise oder alle indefinit, so gibt es unbegrenzt viele solche Funktionen.

Aus der definierenden Eigenschaft der prinzipalen Transformation als einer solchen, bei welcher die transformierten Thetamodulen den ursprünglichen gleich sind, folgen sofort die folgenden Sätze.

Alle Transformationen, welche für ein gegebenes System von Thetamodulen prinzipale sind, bilden eine Gruppe.

Ist eine Transformation T hinsichtlich eines Systems von Thetamodulen eine prinzipale, so ist es auch die durch die Gleichungen (272) pag. 194 definierte dazu supplementäre T_1. Durch Zusammenhalten dieser Gleichungen mit den Gleichungen (104) erkennt man dabei, daß die Multiplikatoren bei der supplementären Transformation T_1 die konjugierten komplexen Werte von denen der Multiplikatoren m_ϱ der Transformation T besitzen.

Geht durch die lineare Transformation L das System der Thetamodulen $a_{\mu\nu}$, für welches die Transformation T eine prinzipale ist, in das System der Thetamodulen $b_{\mu\nu}$ über, so ist die Transformation:

$$T' = L^{-1} T L \tag{143}$$

eine prinzipale für die Thetafunktionen mit den Modulen $b_{\mu\nu}$. Aus der Gleichung:

$$T' - zJ = L^{-1}(T - zJ)L \tag{144}$$

folgt dabei, daß die charakteristischen Funktionen $|T - zJ|$ und $|T' - zJ|$ in ihren Elementarteilern übereinstimmen, daß also die Multiplikatoren für die prinzipalen Transformationen T und T' die nämlichen sind.

Die prinzipale Transformation der Thetafunktionen beliebig vieler Variablen ist zuerst von Kronecker[1]) und sodann von Herrn Weber[2]) bearbeitet worden; beide Autoren beschränken sich aber auf den Fall, daß die charakteristische Gleichung $|T - zJ| = 0$ lauter verschiedene Wurzeln hat, und auch hier ist ihnen die im IX. Satze angegebene Bedingung für die prinzipale Transformation noch unbekannt; sie bemerken vielmehr nur, daß, wie Beispiele zeigen, nicht immer Thetafunktionen existieren, für welche die gegebene Transformation eine prinzipale ist. Bezüglich des Falles, daß die charakteristische Gleichung mehrfache Wurzeln besitzt, beschränken sie sich auf die Bemerkung, daß die Thetamodulen in diesem Falle teilweise unbestimmt bleiben. Die im Vorigen mitgeteilte Behandlung der prinzipalen Transformation rührt von Herrn Frobenius[3]) her.

Wiltheiß[4]) hat speziell die prinzipalen Transformationen erster und zweiter Ordnung der Thetafunktionen zweier Veränderlichen in der Richtung bearbeitet, daß er die Bedingungen für die sechs Verzweigungspunkte des zu grunde liegenden algebraischen Gebildes aufsuchte, welche bestehen müssen, damit für die zugehörigen Thetafunktionen eine prinzipale Transformation existiere; doch ist nur der Fall der linearen Transformation vollständig durchgeführt. Dabei hat sich insbesondere ergeben, daß eine prinzipale Transformation der Thetafunktion in allen jenen Fällen existiert, in denen die zugehörigen hyperelliptischen Integrale auf elliptische reduzierbar sind, oder, was dasselbe, die vorliegende Thetafunktion zweier Variablen nach einer Transformation in das Produkt zweier Thetafunktionen von je einer Veränderlichen zerfällt[5]).

Die Richtigkeit dieses Satzes und zugleich des allgemeineren, daß für jede Thetafunktion von p Veränderlichen, welche nach einer Transformation durch das Verschwinden gewisser seiner Modulen in ein Produkt von Thetafunktionen von weniger Veränderlichen zerfällt, stets eine prinzipale Transformation existiert[6]), läßt sich leicht folgendermaßen einsehen.

Für jede Thetafunktion ist die Transformation $\vartheta((u))_a = \vartheta((-u))_a$ eine prinzipale. Zerfällt nun eine Thetafunktion in ein Produkt mehrerer,

---

1) Kronecker, Über bilineare Formen. Berl. Ber. 1866, pag. 597; auch J. für Math. Bd. 68. 1868, pag. 273. Etwas früher hatte schon Herr Königsberger in seinen Untersuchungen „Über die Transformation der Abel'schen Functionen erster Ordnung" (J. für Math. Bd. 65. 1866, pag. 335) auf die komplexe Multiplikation dieser Funktionen hingewiesen.

2) Weber, Über die Transformationsth. etc. Ann. di Mat. (2) Bd. 9. 1879, pag. 126.

3) Frobenius, Über die principale Transformation etc. J. für Math. Bd. 95. 1883, pag. 264.

4) Wiltheiß, Bestimmung Abel'scher Functionen mit zwei Argumenten, bei denen complexe Multiplicationen stattfinden. Hab.-Schrift. Halle 1881; vergl. damit die Resultate bei Bolza, Über Binärformen sechster Ordnung mit linearen Substitutionen in sich. Math. Ann. Bd. 30. 1887, pag. 546 und: On binary sextics with linear transformations into themselves. Am. J. Bd. 10. 1888, pag. 47.

5) Vergl. dazu das letzte Kapitel dieses Buches.

6) Wiltheiß, Über Thetafunctionen, die nach einer Transformation in ein Product von Thetafunctionen zerfallen. Math. Ann. Bd. 26. 1886, pag. 127.

so kann man diese Transformation auch nur auf einen Teil der Faktoren anwenden. Jede so definierte Transformation H ist dann eine prinzipale auch für die gegebene Thetafunktion. Zerfallende Thetafunktionen besitzen also stets prinzipale Transformationen, die von den Transformationen $\vartheta((u))_a = \vartheta((\pm u))_a$ verschieden sind. Zerfällt $\vartheta((u))_a$ erst nach einer Transformation T, so ist die Transformation THT^{-1} für sie eine prinzipale.

Die Untersuchungen des § 3 haben davon ihren Ausgangspunkt genommen, daß jeder komplexen Multiplikation einer $2p$-fach periodischen Funktion eine Transformation ihrer Perioden zu grunde liegt, und haben aus diesem Umstande geschlossen, daß die Koeffizienten $c_{\alpha\beta}$ der Gleichungen (78) den für Transformationszahlen geltenden Relationen (II), (III) des fünften Kapitels genügen müssen. Nun wurde aber im Anfange des fünften Kapitels bemerkt, daß die genannten Relationen nur dann notwendige Bedingungen der Transformation sind, wenn die vorliegenden $2p$-fach periodischen Funktionen allgemeine sind, ihre Perioden $\omega_{\mu\alpha}$ also keinen speziellen Bedingungen unterworfen werden, daß dagegen im letzteren Falle recht wohl Transformationen existieren können, deren Transformationszahlen die Relationen (II), (III) nicht erfüllen. Nennt man solche Transformationen singuläre und im Gegensatze dazu die anderen ordinäre, so wird man den Gegenstand der in den § 3 und 4 durchgeführten Untersuchung genauer so bezeichnen müssen, daß jene komplexen Multiplikationen der $2p$-fach periodischen Funktionen aufgesucht worden seien, welche ordinäre Transformationen ihrer Perioden sind, und es ergibt sich zugleich als weitere noch ungelöste Aufgabe die, zu untersuchen, ob und unter welchen Bedingungen sich komplexe Multiplikationen auch unter den singulären Transformationen der Perioden vorfinden können. Herr Humbert[1]) hat zuerst auf diesen Punkt hingewiesen und zugleich im Falle $p = 2$ die zuletzt gestellte Aufgabe gelöst. Herr Humbert nennt singuläre Abelsche Funktionen von zwei Veränderlichen solche, für welche die zugeordneten Thetamodulen durch eine Relation von der Form:

$$(145)\qquad q_1\pi i^2 + q_2 a_{11}\pi i + q_3 a_{12}\pi i + q_4 a_{22}\pi i + q_5(a_{11}a_{22} - a_{12}^2) = 0$$

miteinander verknüpft sind, bei der die q ganze Zahlen bezeichnen. Er zeigt einmal, daß alle Abelschen Funktionen zweier Veränderlichen, welche überhaupt eine komplexe Multiplikation zulassen, in diesem Sinne singuläre sind, sodann weiter, daß alle singulären Abelschen Funktionen nun ihrerseits singuläre Transformationen besitzen und daß unter diesen singulären Transformationen auch komplexe Multiplikationen vorkommen.

1) Humbert, Sur la multiplication complexe des fonctions abéliennes. C. R. Bd. 127. 1898, pag. 857 und: Sur les fonctions abéliennes singulières (Deuxième mémoire). J. de Math. (5) Bd. 6. 1900, pag. 279; auch Painlévé, Sur les surfaces qui admettent un groupe infini discontinu de transformations birationelles. C. R. Bd. 126, 1898, pag. 512.

Zweiter Teil.

Die allgemeinen Thetafunktionen mit rationalen Charakteristiken.

Siebentes Kapitel.

Die Thetafunktionen, deren Charakteristiken aus halben Zahlen gebildet sind.

§ 1.

Die Funktionen $\vartheta[\varepsilon]_2((u))$.

Unter den im ersten Kapitel definierten Funktionen $\vartheta\begin{bmatrix} g \\ h \end{bmatrix}((u))$ spielen diejenigen die wichtigste Rolle, bei denen die Charakteristiken-elemente $g_1, \cdots, g_p, h_1, \cdots, h_p$ rationale Zahlen mit dem gemeinsamen Nenner 2 sind, also:

$$(1) \qquad g_\mu = \frac{\varepsilon_\mu}{2}, \quad h_\mu = \frac{\varepsilon'_\mu}{2} \qquad (\mu = 1, 2, \cdots, p)$$

ist. In diesem Falle sei die Charakteristik mit

$$(2) \qquad [\varepsilon]_2 = \begin{bmatrix} \varepsilon_1 & \varepsilon_2 & \cdots & \varepsilon_p \\ \varepsilon'_1 & \varepsilon'_2 & \cdots & \varepsilon'_p \end{bmatrix}_2$$

oder, wenn ausschließlich solche Charakteristiken in der Untersuchung auftreten, auch unter Fortlassung des Nenners 2 mit

$$(3) \qquad [\varepsilon] = \begin{bmatrix} \varepsilon_1 & \varepsilon_2 & \cdots & \varepsilon_p \\ \varepsilon'_1 & \varepsilon'_2 & \cdots & \varepsilon'_p \end{bmatrix},$$

die zugehörige Thetafunktion mit $\vartheta[\varepsilon]_2((u))$ oder $\vartheta[\varepsilon]((u))$ bezeichnet. Für diese Funktionen liefern dann die Formeln (XXIX)—(XLII) pag. 30 u. f. die folgenden Gleichungen:

Die Thetafunktion $\vartheta[\varepsilon]_2((u))$ ist definiert durch die Gleichung:

$$(\mathrm{I}) \qquad \vartheta[\varepsilon]_2((u)) = \sum_{m_1, \cdots, m_p}^{-\infty, \cdots, +\infty} e^{\sum\limits_{\mu=1}^{p} \sum\limits_{\mu'=1}^{p} a_{\mu\mu'} \left(m_\mu + \frac{\varepsilon_\mu}{2}\right)\left(m_{\mu'} + \frac{\varepsilon_{\mu'}}{2}\right) + 2 \sum\limits_{\mu=1}^{p} \left(m_\mu + \frac{\varepsilon_\mu}{2}\right)\left(u_\mu + \frac{\varepsilon'_\mu}{2} \pi i\right)},$$

sie ist mit der Funktion $\vartheta((u))$ verknüpft durch die Gleichung:

$$\vartheta[\varepsilon]_2((u)) = \vartheta\left(u_1 + \sum_{\mu=1}^{p} \frac{\varepsilon_\mu}{2} a_{1\mu} + \frac{\varepsilon_1'}{2}\pi i \,\middle|\, \cdots \,\middle|\, u_p + \sum_{\mu=1}^{p} \frac{\varepsilon_\mu}{2} a_{p\mu} + \frac{\varepsilon_p'}{2}\pi i\right)$$

(II)
$$\times e^{\sum\limits_{\mu=1}^{p}\sum\limits_{\mu'=1}^{p} a_{\mu\mu'}\frac{\varepsilon_\mu \varepsilon_{\mu'}}{4} + \sum\limits_{\mu=1}^{p}\varepsilon_\mu\left(u_\mu + \frac{\varepsilon_\mu'}{2}\pi i\right)},$$

d. h. sie geht abgesehen von einem Exponentialfaktor aus der Funktion $\vartheta((u))$ hervor, wenn man deren Argumentensystem (u) um das System:

(III)
$$\{\varepsilon\}_2 = \sum_{\mu=1}^{p} \frac{\varepsilon_\mu}{2} a_{1\mu} + \frac{\varepsilon_1'}{2}\pi i \,\Big|\, \cdots \,\Big|\, \sum_{\mu=1}^{p} \frac{\varepsilon_\mu}{2} a_{p\mu} + \frac{\varepsilon_p'}{2}\pi i$$

zusammengehöriger Halber der Periodizitätsmodulen mit der Periodencharakteristik $(\varepsilon)_2$ vermehrt. So entspricht der Thetacharakteristik $[\varepsilon]_2$ also die Periodencharakteristik $(\varepsilon)_2$, wenn man $\vartheta[\varepsilon]_2((u))$ relativ gegen die Funktion $\vartheta((u))$ betrachtet.

Die durch die Gleichung (I) *definierte Thetafunktion $\vartheta[\varepsilon]((u))$ genügt der Gleichung:*

(IV)
$$\vartheta[\varepsilon]_2((u + \{2\varkappa\}_2)) = \vartheta[\varepsilon]_2((u))\, e^{-\sum\limits_{\mu=1}^{p}\sum\limits_{\mu'=1}^{p} a_{\mu\mu'}\varkappa_\mu\varkappa_{\mu'} - 2\sum\limits_{\mu=1}^{p}\varkappa_\mu u_\mu + \sum\limits_{\mu=1}^{p}(\varepsilon_\mu\varkappa_\mu' - \varepsilon_\mu'\varkappa_\mu)\pi i},$$

in welcher $\{2\varkappa\}_2$ jenes System zusammengehöriger Ganzer der Periodizitätsmodulen bezeichnet, welches aus (III) *für $\varepsilon_\mu = 2\varkappa_\mu$, $\varepsilon_\mu' = 2\varkappa_\mu'$ $(\mu = 1, 2, \cdots, p)$ hervorgeht. Aus dieser Gleichung folgen, indem man das eine Mal $\varkappa_\nu' = 1$, die übrigen $p - 1$ Zahlen $\varkappa'$ und die p Zahlen $\varkappa$ gleich Null setzt, das andere Mal $\varkappa_\nu = 1$, die übrigen $p - 1$ Zahlen $\varkappa$ und die p Zahlen λ gleich Null setzt, die speziellen Gleichungen:*

(V) $$\vartheta[\varepsilon]_2(u_1 \,|\, \cdots \,|\, u_\nu + \pi i \,|\, \cdots \,|\, u_p) = (-1)^{\varepsilon_\nu}\vartheta[\varepsilon]_2((u)),$$

(VI) $$\vartheta[\varepsilon]_2(u_1 + a_{1\nu} \,|\, \cdots \,|\, u_p + a_{p\nu}) = (-1)^{\varepsilon_\nu'}\vartheta[\varepsilon]_2((u))\, e^{-a_{\nu\nu} - 2u_\nu}$$
$$(\nu = 1, 2, \cdots, p)$$

hervor, aus denen man die Gleichung (IV) *wieder erzeugen kann.*

Endlich genügt die Funktion $\vartheta[\varepsilon]((u))$ den Gleichungen:

(VII)
$$\vartheta[\varepsilon]_2((u + \{\eta\}_2)) = \vartheta[\varepsilon + \eta]_2((u))\, e^{-\sum\limits_{\mu=1}^{p}\sum\limits_{\mu'=1}^{p} a_{\mu\mu'}\frac{\eta_\mu\eta_{\mu'}}{4} - \sum\limits_{\mu=1}^{p}\eta_\mu\left(u_\mu + \frac{\varepsilon_\mu' + \eta_\mu'}{2}\pi i\right)},$$

(VIII) $$\vartheta[\varepsilon + 2\varkappa]_2((u)) = (-1)^{\sum\limits_{\mu=1}^{p}\varepsilon_\mu\varkappa_\mu'}\vartheta[\varepsilon]_2((u)),$$

(IX) $$\vartheta[\varepsilon]_2((-u)) = \vartheta[-\varepsilon]_2((u)) = (-1)^{\sum\limits_{\mu=1}^{p}\varepsilon_\mu\varepsilon_\mu'}\vartheta[\varepsilon]_2((u)).$$

Die Formel (VIII) sagt aus, daß zwei Funktionen $\vartheta[\varepsilon]_2((u))$ und $\vartheta[\eta]_2((u))$, für welche die Charakteristikenelemente $\varepsilon_1, \cdots, \varepsilon_p, \varepsilon_1', \cdots, \varepsilon_p'$ und $\eta_1, \cdots, \eta_p, \eta_1', \cdots, \eta_p'$ den $2p$ Kongruenzen:

$$(4) \qquad \varepsilon_\mu \equiv \eta_\mu, \quad \varepsilon_\mu' \equiv \eta_\mu' \pmod{2} \qquad (\mu = 1, 2, \cdots, p)$$

genügen, nur um einen Faktor ± 1 voneinander verschieden sind, und man schließt daraus, daß es im ganzen überhaupt nur 2^{2p} wesentlich verschiedene Funktionen $\vartheta[\varepsilon]_2((u))$ gibt, als welche man diejenigen wählen wird, bei denen die Zahlen ε, ε' nur die Werte 0, 1 besitzen.

Die Formel (VII) zeigt weiter, daß man von jeder dieser 2^{2p} Funktionen zu jeder anderen von ihnen abgesehen von einem Exponentialfaktor gelangen kann, indem man ihr Argumentensystem (u) um ein passend gewähltes System zusammengehöriger Halber der Periodizitätsmodulen vermehrt. Dadurch erscheinen die 2^{2p} Funktionen $\vartheta[\varepsilon]_2((u))$ untereinander als gleichberechtigt und insbesondere die Ausnahmestellung, welche von vornherein $\vartheta[0]((u)) = \vartheta((u))$ hatte, aufgehoben.

Die Formel (IX) zeigt, daß die Funktion $\vartheta[\varepsilon]_2((u))$ eine gerade oder ungerade Funktion ihrer Argumente ist, je nachdem der Ausdruck:

$$(5) \qquad \sum_{\mu=1}^{p} \varepsilon_\mu \varepsilon_\mu'$$

$\equiv 0$ oder $\equiv 1 \pmod{2}$ ist; man nennt daher auch eine Thetacharakteristik $[\varepsilon]_2$ gerade oder ungerade, je nachdem der Ausdruck (5) $\equiv 0$ oder $\equiv 1 \pmod{2}$ ist. Beachtet man dann noch, daß eine Thetafunktion $\vartheta[\varepsilon]_2((u))$ mit einer ungeraden Thetacharakteristik $[\varepsilon]_2$ als eine ungerade Funktion ihrer Argumente für die Nullwerte derselben verschwindet, so erkennt man mit Hilfe von (VII), daß eine Funktion $\vartheta[\varepsilon]_2((u))$ verschwindet, sobald für das Argumentensystem (u) ein System zusammengehöriger Halber der Periodizitätsmodulen mit einer solchen Periodencharakteristik $(\eta)_2$ gesetzt wird, für welche die Thetacharakteristik $[\varepsilon + \eta]_2$ ungerade wird.

Die Einführung der 2^{2p} Funktionen $\vartheta[\varepsilon]_2((u))$ reicht bis in die Anfänge der Theorie der Thetafunktionen überhaupt zurück. Schon Jacobi[1]) hat in seinen Vorlesungen über elliptische Funktionen die vier Funktionen des Falles $p = 1$ angegeben, ebenso finden sich die sechzehn Funktionen des Falles $p = 2$ schon bei Göpel[2]) und Rosenhain[3]) und die 2^{2p} Funktionen für beliebiges p bei Weierstraß[4]).

1) Jacobi, Theorie der elliptischen Funktionen etc. Ges. Werke Bd. 1. Berlin 1881, pag. 497.

2) Göpel, Theoriae transc. etc. J. für Math. Bd. 35. 1847, pag. 277.

3) Rosenhain, Mémoire sur les fonctions etc. Mém. prés. Bd. 11. 1851, pag. 386.

4) Weierstraß, Beitrag zur Theorie etc. Math. Werke Bd. 1. Berlin 1894, pag. 131.

Erster Abschnitt.

Die Charakteristikentheorie.

§ 2.

Periodencharakteristiken.

Man gehe jetzt auf den Anfang des fünften Kapitels zurück und bezeichne wie dort mit $\omega_{1\alpha}, \cdots, \omega_{p\alpha}$ $(\alpha = 1, 2, \cdots, 2p)$ die $2p$ einer Thetafunktion zu grunde liegenden Periodensysteme. Sind dann $\varepsilon_1, \cdots, \varepsilon_{2p}$ ganze Zahlen, so nennt man ein Größensystem von der Form:

$$(6) \qquad \frac{1}{2}\sum_{\alpha=1}^{2p} \varepsilon_\alpha \omega_{1\alpha}, \quad \cdots, \quad \frac{1}{2}\sum_{\alpha=1}^{2p} \varepsilon_\alpha \omega_{p\alpha}$$

ein *System zusammengehöriger Halber der Perioden* ω, den Komplex der $2p$ Zahlen $\varepsilon_1, \cdots, \varepsilon_{2p}$ aber die *Periodencharakteristik* (Per. Char.) (ε) des Systems (6).

Hängen Perioden $\omega_{\mu\alpha}$ und $\omega'_{\mu\alpha}$ $\begin{pmatrix}\mu = 1, 2, \cdots, p \\ \alpha = 1, 2, \cdots, 2p\end{pmatrix}$ zusammen durch eine ganzzahlige lineare Transformation:

$$(7) \qquad \omega'_{\mu\alpha} = \sum_{\beta=1}^{2p} c_{\alpha\beta}\, \omega_{\mu\beta}, \qquad \begin{pmatrix}\mu = 1, 2, \cdots, p \\ \alpha = 1, 2, \cdots, 2p\end{pmatrix}$$

wobei also die $c_{\alpha\beta}$ ganze Zahlen sind, welche den $p(2p-1)$ Bedingungen:

$$(8) \qquad \sum_{\varrho=1}^{p} (c_{\varrho\alpha} c_{p+\varrho,\beta} - c_{p+\varrho,\alpha} c_{\varrho\beta}) = \begin{matrix} 1, & \text{wenn} & \beta = p + \alpha, \\ 0, & \text{wenn} & \beta \gtrless p + \alpha, \end{matrix}$$
$$(\alpha, \beta = 1, 2, \cdots, 2p;\ \alpha < \beta)$$

oder den damit äquivalenten:

$$(9) \qquad \sum_{\sigma=1}^{p} (c_{\alpha\sigma} c_{\beta,p+\sigma} - c_{\alpha,p+\sigma} c_{\beta\sigma}) = \begin{matrix} 1, & \text{wenn} & \beta = p + \alpha, \\ 0, & \text{wenn} & \beta \gtrless p + \alpha, \end{matrix}$$
$$(\alpha, \beta = 1, 2, \cdots, 2p;\ \alpha < \beta)$$

genügen, so ist:

$$(10) \qquad \sum_{\beta=1}^{2p} \varepsilon_\beta\, \omega_{\mu\beta} = \sum_{\alpha=1}^{2p} \bar{\varepsilon}_\alpha\, \omega'_{\mu\alpha} \qquad (\mu = 1, 2, \cdots, p)$$

wenn:

$$(11) \qquad \varepsilon_\beta = \sum_{\alpha=1}^{2p} c_{\alpha\beta}\, \bar{\varepsilon}_\alpha \qquad (\beta = 1, 2, \cdots, 2p)$$

gesetzt wird. Man sagt dann, daß *die Per. Char.* (ε) *durch die Transformation* (7) *in die Per. Char.* $(\bar{\varepsilon})$ *übergehe.* Bezeichnen weiter (ε) und (η) irgend zwei Per. Char., $(\bar{\varepsilon})$ und $(\bar{\eta})$ die daraus durch die nämliche ganzzahlige lineare Transformation (7) hervorgehenden, so ist:

$$(12)\quad \sum_{\sigma=1}^{p}(\varepsilon_\sigma \eta_{p+\sigma} - \varepsilon_{p+\sigma}\eta_\sigma) = \sum_{\alpha=1}^{2p}\sum_{\beta=1}^{2p}\sum_{\sigma=1}^{p}(c_{\alpha\sigma}c_{\beta,p+\sigma} - c_{\alpha,p+\sigma}c_{\beta\sigma})\bar{\varepsilon}_\alpha\bar{\eta}_\beta$$

und daher auf Grund der Gleichungen (9):

$$(13)\qquad \sum_{\sigma=1}^{p}(\varepsilon_\sigma \eta_{p+\sigma} - \varepsilon_{p+\sigma}\eta_\sigma) = \sum_{\mu=1}^{p}(\bar{\varepsilon}_\mu \bar{\eta}_{p+\mu} - \bar{\varepsilon}_{p+\mu}\bar{\eta}_\mu);$$

es bleibt sohin der Wert des Ausdrucks:

$$(14)\qquad \sum_{\mu=1}^{p}(\varepsilon_\mu \eta_{p+\mu} - \varepsilon_{p+\mu}\eta_\mu)$$

bei jeder ganzzahligen linearen Transformation ungeändert.

Zwei Systeme (6), bei denen die Charakteristikenelemente $\varepsilon_1, \cdots, \varepsilon_{2p}$ und $\eta_1, \cdots, \eta_{2p}$ den $2p$ Kongruenzen:

$$(15)\qquad \varepsilon_\alpha \equiv \eta_\alpha \pmod{2} \qquad (\alpha = 1, 2, \cdots, 2p)$$

genügen, sind einander nach den Perioden ω kongruent; zwei solche Per. Char. (ε) und (η) werden in diesem ganzen Abschnitte als *nicht verschieden* angesehen. Es gibt dann im ganzen nur 2^{2p} verschiedene Per. Char. (ε), als welche man diejenigen wählt, die entstehen, wenn man an Stelle des Systems der $2p$ Elemente $\varepsilon_1, \cdots, \varepsilon_{2p}$ alle 2^{2p} Variationen mit Wiederholung zur $2p^{\text{ten}}$ Klasse der Zahlen 0, 1 setzt. Eine solche Per. Char. sei in der Folge, indem man $\varepsilon_1, \varepsilon_2, \cdots, \varepsilon_p$ statt $\varepsilon_{p+1}, \varepsilon_{p+2}, \cdots, \varepsilon_{2p}$ und $\varepsilon_1', \varepsilon_2', \cdots, \varepsilon_p'$ statt $\varepsilon_1, \varepsilon_2, \cdots, \varepsilon_p$ schreibt, mit:

$$(16)\qquad (\varepsilon) = \begin{pmatrix} \varepsilon_1 & \varepsilon_2 & \cdots & \varepsilon_p \\ \varepsilon_1' & \varepsilon_2' & \cdots & \varepsilon_p' \end{pmatrix}$$

bezeichnet. Die Elemente $\bar{\varepsilon}_\mu, \bar{\varepsilon}_\mu'$ $(\mu = 1, 2, \cdots, p)$ der Per. Char. $(\bar{\varepsilon})$, in welche die Per. Char. (ε) durch die Transformation (7) übergeht, sind dann, wie sich durch Auflösung der Gleichungen (11) mit Hilfe von (9) ergibt, bestimmt durch die Kongruenzen:

$$(17)\qquad \begin{aligned} \bar{\varepsilon}_\mu &\equiv \sum_{\nu=1}^{p}(c_{\mu\nu}\varepsilon_\nu + c_{\mu,p+\nu}\varepsilon_\nu') \pmod{2}, \\ \bar{\varepsilon}_\mu' &\equiv \sum_{\nu=1}^{p}(c_{p+\mu,\nu}\varepsilon_\nu + c_{p+\mu,p+\nu}\varepsilon_\nu') \pmod{2}. \end{aligned} \qquad (\mu = 1, 2, \cdots, p)$$

Unter den 2^{2p} Per. Char. nimmt die Per. Char. (0), bei der $\varepsilon_1 = \cdots = \varepsilon_p = \varepsilon_1' = \cdots = \varepsilon_p' = 0$ ist, den $2^{2p} - 1$ andern gegenüber

16*

eine Ausnahmestellung ein, da sie und nur sie bei jeder Transformation (7) in sich übergeht. Man teilt daher die 2^{2p} Per. Char. in zwei Klassen; die eine Klasse besteht aus der einzigen Per. Char. (0), welche die *uneigentliche* Per. Char. genannt wird, die andere aus den $2^{2p}-1$ übrigen Per. Char., welche die *eigentlichen* Per. Char. genannt werden.

Unter der *Summe:*

$$(\sigma) = (\varepsilon\eta\zeta\cdots) \tag{18}$$

mehrerer Per. Char. (ε), (η), (ζ), $\cdots$ wird jene Per. Char. verstanden, deren Elemente durch die $2p$ Kongruenzen:

$$\begin{aligned} \sigma_\mu &\equiv \varepsilon_\mu + \eta_\mu + \zeta_\mu + \cdots \pmod{2}, \\ \sigma'_\mu &\equiv \varepsilon'_\mu + \eta'_\mu + \zeta'_\mu + \cdots \pmod{2} \end{aligned} \qquad (\mu = 1, 2, \cdots, p) \tag{19}$$

bestimmt sind. Man nennt gegebene Per. Char. (ε), (η), $\cdots$ *unabhängig*, wenn nicht die Summe irgend einer Anzahl derselben der uneigentlichen Per. Char. (0) gleich ist; man nennt ferner eine Summe von ν unter gegebenen Per. Char. (ε_1), (ε_2), $\cdots$ eine *Kombination* ν^{ter} *Ordnung* dieser Per. Char. und bezeichnet sie mit $\left(\sum^{\nu}\varepsilon\right)$.

Für das Symbol:

$$|\varepsilon, \eta| = (-1)^{\sum\limits_{\mu=1}^{p}(\varepsilon_\mu\eta'_\mu - \varepsilon'_\mu\eta_\mu)} \tag{20}$$

bestehen die folgenden Gleichungen:

$$|\varepsilon, \varepsilon| = +1, \quad |\varepsilon, 0| = +1, \quad |0, \varepsilon| = +1,$$

$$|\varepsilon, \eta| = |\eta, \varepsilon|,$$

$$\begin{aligned} |\varepsilon_1\varepsilon_2\cdots\varepsilon_r, \eta_1\eta_2\cdots\eta_s| = {} & |\varepsilon_1, \eta_1|\cdot|\varepsilon_1, \eta_2|\cdots|\varepsilon_1, \eta_s| \\ & \cdot|\varepsilon_2, \eta_1|\cdot|\varepsilon_2, \eta_2|\cdots|\varepsilon_2, \eta_s| \\ & \cdot\;\cdot\;\cdot\;\cdot\;\cdot\;\cdot\;\cdot\;\cdot\;\cdot\;\cdot \\ & |\varepsilon_r, \eta_1|\cdot|\varepsilon_r, \eta_2|\cdots|\varepsilon_r, \eta_s|. \end{aligned} \tag{21}$$

Zwei Per. Char. (ε) und (η) heißen *syzygetisch* oder *azygetisch*, je nachdem $|\varepsilon, \eta| = +1$ oder $= -1$ ist.

I. Satz: *Die uneigentliche Per. Char.* (0) *ist zu jeder der* 2^{2p} *Per. Char. syzygetisch; jede eigentliche Per. Char.* (ε) *dagegen ist zu* 2^{2p-1} *der Per. Char. syzygetisch, zu den* 2^{2p-1} *anderen azygetisch.*

Zum Beweise dieses Satzes lasse man in dem Ausdrucke $|\varepsilon, \eta|$, während man die Per. Char. (ε) festhält, (η) die Reihe der 2^{2p} Per. Char. durchlaufen. Die entstehende Summe:

$$\sum_{(\eta)}|\varepsilon, \eta| = \prod_{\mu=1}^{p}\left\{\left(\sum_{\eta'_\mu=0}^{1}(-1)^{\varepsilon_\mu\eta'_\mu}\right)\left(\sum_{\eta_\mu=0}^{1}(-1)^{\varepsilon'_\mu\eta_\mu}\right)\right\} \tag{22}$$

hat, wie der auf der rechten Seite stehende Ausdruck zeigt, dann und nur dann einen von Null verschiedenen Wert und zwar den Wert 2^{2p}, wenn gleichzeitig $\varepsilon_1 = \cdots = \varepsilon_p = \varepsilon_1' = \cdots = \varepsilon_p' = 0$ ist. Daraus schließt man aber, da der Ausdruck $|\varepsilon, \eta|$ nur entweder $+1$ oder -1 sein kann, daß derselbe, wenn die Per. Char. (ε) die uneigentliche (0) ist, 2^{2p}-mal den Wert $+1$, in jedem anderen Falle dagegen 2^{2p-1}-mal den Wert $+1$ und 2^{2p-1}-mal den Wert -1 angenommen hat, womit der Satz bewiesen ist.

Das Resultat des I. Satzes kann man auch so aussprechen:

II. Satz: *Die Gleichung* $|\varepsilon, x| = +1$ *hat, wenn die Per. Char.* (ε) *die uneigentliche* (0) *ist,* 2^{2p}; *in jedem anderen Falle* 2^{2p-1} *Lösungen und bestimmt die zu* (ε) *syzygetischen Per. Char. Die Gleichung* $|\varepsilon, x| = -1$ *hat, wenn die Per. Char.* (ε) *die uneigentliche* (0) *ist, keine; in jedem anderen Falle* 2^{2p-1} *Lösungen und bestimmt die zu* (ε) *azygetischen Per. Char.*

Die durch den II. Satz beantwortete Frage ist ein spezieller Fall der allgemeineren nach der Anzahl s jener Per. Char. (x), welche den r Gleichungen:

$$(23) \qquad |\varepsilon_1, x| = (-1)^{\delta_1}, \quad |\varepsilon_2, x| = (-1)^{\delta_2}, \quad \cdots, \quad |\varepsilon_r, x| = (-1)^{\delta_r}$$

genügen, wo die δ willkürlich gegebene ganze Zahlen, $(\varepsilon_1), (\varepsilon_2), \cdots, (\varepsilon_r)$ aber r unabhängige Per. Char. bezeichnen.

Setzt man für $\varrho = 1, 2, \cdots, r$:

$$(24) \qquad (\varepsilon_\varrho) = \begin{pmatrix} \varepsilon_{1\varrho} & \varepsilon_{2\varrho} & \cdots & \varepsilon_{p\varrho} \\ \varepsilon'_{1\varrho} & \varepsilon'_{2\varrho} & \cdots & \varepsilon'_{p\varrho} \end{pmatrix},$$

so handelt es sich um die Bestimmung der Anzahl s der aus Zahlen 0, 1 gebildeten Lösungen $x_1, \cdots, x_p, x_1', \cdots, x_p'$ der r Kongruenzen:

$$(25) \qquad \sum_{\mu=1}^{p} (\varepsilon_{\mu\varrho} x'_\mu - \varepsilon'_{\mu\varrho} x_\mu) \equiv \delta_\varrho \pmod{2}. \qquad (\varrho = 1, 2, \cdots, r)$$

Zunächst kann man nun ohne Mühe für die Zahl s einen analytischen Ausdruck anschreiben. Genügen nämlich die Zahlen x, x' der Kongruenz:

$$(26) \qquad \sum_{\mu=1}^{p} (\varepsilon_{\mu\varrho} x'_\mu - \varepsilon'_{\mu\varrho} x_\mu) \equiv \delta_\varrho \pmod{2},$$

so besitzt der Ausdruck:

$$(27) \qquad f_\varrho(x) = \frac{1}{2}\left(1 + (-1)^{\sum\limits_{\mu=1}^{p} (\varepsilon_{\mu\varrho} x'_\mu - \varepsilon'_{\mu\varrho} x_\mu) + \delta_\varrho}\right)$$

den Wert 1; genügen dagegen die Zahlen x, x' der Kongruenz (26) nicht, so besitzt $f_\varrho(x)$ den Wert 0. Daraus folgt sofort, daß der Ausdruck:

$$(28)\quad F(x) = f_1(x)\cdots f_r(x) = \frac{1}{2^r}\prod_{\varrho=1}^{r}\left(1+(-1)^{\sum\limits_{\mu=1}^{p}(\varepsilon_{\mu\varrho}x'_\mu-\varepsilon'_{\mu\varrho}x_\mu)+\delta_\varrho}\right)$$

für jedes Zahlensystem x, x', das eine Lösung des Kongruenzensystems (25) ist, den Wert 1, für jedes andere den Wert 0 hat, und daß daher die über alle 2^{2p} Per. Char. (x) erstreckte Summe:

$$(29)\quad \sum_{(x)} F(x)$$

den Wert s angibt. Man hat also für die Anzahl s der Lösungen des Kongruenzensystems (25) den Ausdruck:

$$(30)\quad s = \frac{1}{2^r}\sum_{(x)}\left\{\prod_{\varrho=1}^{r}\left(1+(-1)^{\sum\limits_{\mu=1}^{p}(\varepsilon_{\mu\varrho}x'_\mu-\varepsilon'_{\mu\varrho}x_\mu)+\delta_\varrho}\right)\right\}.$$

Führt man nun auf der rechten Seite die Multiplikation aus, so wird das erste Glied der Summe:

$$(31)\quad \sum_{(x)} 1 = 2^{2p},$$

irgend ein anderes Glied aber:

$$(32)\quad \begin{aligned} &\sum_{(x)}(-1)^{\sum\limits_{\varrho}\left\{\sum\limits_{\mu=1}^{p}(\varepsilon_{\mu\varrho}x'_\mu-\varepsilon'_{\mu\varrho}x_\mu)+\delta_\varrho\right\}} \\ &= (-1)^{\sum\limits_{\varrho}\delta_\varrho}\prod_{\mu=1}^{p}\left\{\left(1+(-1)^{\sum\limits_{\varrho}\varepsilon_{\mu\varrho}}\right)\left(1+(-1)^{\sum\limits_{\varrho}\varepsilon'_{\mu\varrho}}\right)\right\}, \end{aligned}$$

wo $\sum\limits_{\varrho}$ über einen Teil oder alle Werte $1, 2, \cdots, r$ zu erstrecken ist. Sind aber die Per. Char. $(\varepsilon_1), (\varepsilon_2), \cdots, (\varepsilon_r)$, wie vorausgesetzt, unabhängig, so ist keine Summe von irgend welchen unter ihnen der Char. (0) gleich, und es sind daher die $2p$ Zahlen $\sum\limits_{\varrho}\varepsilon_{1\varrho}, \cdots, \sum\limits_{\varrho}\varepsilon_{p\varrho}$, $\sum\limits_{\varrho}\varepsilon'_{1\varrho}, \cdots, \sum\limits_{\varrho}\varepsilon'_{p\varrho}$ niemals gleichzeitig $\equiv 0 \pmod{2}$. Daraus folgt aber, daß mindestens einer der Faktoren des auf der rechten Seite von (32) stehenden Produkts und daher das Produkt selbst den Wert Null hat. Man erhält daher aus (30), da sich die rechts stehende Summe auf das erste Glied (31) reduziert:

(33) $$s = \frac{1}{2^r} 2^{2p} = 2^{2p-r}$$

und hat den

III. Satz: *Unter den* 2^{2p} *Per. Char. sind stets* 2^{2p-r} *in vorgeschriebener Weise syzygetisch und azygetisch zu* r *gegebenen unabhängigen Per. Char.*

§ 3.

Thetacharakteristiken.

Führt man an Stelle der der Thetafunktion $\vartheta[\varepsilon]((u))$ zu grunde liegenden Perioden ω, aus denen sich die Argumente u und die Modulen a in der pag. 129 angegebenen Weise berechnen, durch eine ganzzahlige lineare Transformation (7) neue Perioden ω' ein, und heißt die Argumente und Modulen der neuen zu den ω' gehörigen Thetafunktionen u' und a', so sind die Größen u' und a' mit den Größen u und a in der pag. 141 angegebenen Art miteinander verknüpft, die zugehörigen Thetafunktionen aber selbst nach dem XII. Satz pag. 180 durch eine Gleichung von der Form:

(34) $$\vartheta[\varepsilon]((u))_a = C e^{-U} \vartheta[\hat{\varepsilon}]((u'))_{a'},$$

wobei bezüglich der Bedeutung von C und U auf das dort Angegebene verwiesen werden mag, die Elemente $\hat{\varepsilon}_\mu$, $\hat{\varepsilon}'_\mu$ der Th. Char. $[\hat{\varepsilon}]$ aber sich aus den Elementen ε_μ, ε'_μ der Th. Char. $[\varepsilon]$ berechnen mit Hilfe der Gleichungen:

(35) $$\begin{aligned} \hat{\varepsilon}_\mu &= \sum_{\nu=1}^{p} (c_{\mu\nu}\varepsilon_\nu - c_{\mu,p+\nu}\varepsilon_\nu' + c_{\mu\nu}c_{\mu,p+\nu}), \\ \hat{\varepsilon}'_\mu &= \sum_{\nu=1}^{p} (-c_{p+\mu,\nu}\varepsilon_\nu + c_{p+\mu,p+\nu}\varepsilon_\nu' + c_{p+\mu,\nu}c_{p+\mu,p+\nu}). \end{aligned} \qquad (\mu = 1, 2, \cdots, p)$$

Man sagt dann, daß die Th. Char. $[\varepsilon]$ durch die Transformation (7) in die Th. Char. $[\hat{\varepsilon}]$ übergehe.

Die Gleichung (34) zeigt, daß die transformierte Th. Char. $[\hat{\varepsilon}]$ immer gleichzeitig mit der ursprünglichen $[\varepsilon]$ gerade und ungerade ist, daß also durch eine ganzzahlige lineare Transformation stets eine gerade Th. Char. wieder in eine gerade, eine ungerade Th. Char. wieder in eine ungerade übergeht.

Von der Richtigkeit der Kongruenz:

(36) $$\sum_{\mu=1}^{p} \hat{\varepsilon}_\mu \hat{\varepsilon}'_\mu \equiv \sum_{\mu=1}^{p} \varepsilon_\mu \varepsilon'_\mu \pmod{2}$$

kann man sich auch wie folgt direkt überzeugen. Es ist zunächst:

$$\begin{aligned}\sum_{\mu=1}^{p}\hat{\varepsilon}_\mu\,\hat{\varepsilon}'_\mu \equiv \sum_\mu\sum_\nu\sum_{\nu'}\big[&-c_{\mu\nu}\,c_{p+\mu,\nu'}\,\varepsilon_\nu\,\varepsilon_{\nu'} - c_{\mu,p+\nu}\,c_{p+\mu,p+\nu'}\,\varepsilon'_\nu\,\varepsilon'_{\nu'}\\ \text{(37)}\qquad &+(c_{\mu\nu}\,c_{p+\mu,\nu'}\,c_{p+\mu,p+\nu'} - c_{p+\mu,\nu}\,c_{\mu\nu'}\,c_{\mu,p+\nu'})\,\varepsilon_\nu\\ &+(-c_{\mu,p+\nu}\,c_{p+\mu,\nu'}\,c_{p+\mu,p+\nu'} + c_{p+\mu,p+\nu}\,c_{\mu\nu'}\,c_{\mu,p+\nu'})\,\varepsilon'_\nu\\ &+(c_{\mu\nu}\,c_{p+\mu,p+\nu'} + c_{p+\mu,\nu}\,c_{\mu,p+\nu'})\,\varepsilon_\nu\,\varepsilon'_{\nu'} + c_{\mu\nu}\,c_{\mu,p+\nu}\,c_{p+\mu,\nu'}\,c_{p+\mu,p+\nu'}\big],\end{aligned}$$

wo die Summen $\sum\limits_\mu$, $\sum\limits_\nu$, $\sum\limits_{\nu'}$ wie stets im folgenden von 1 bis p zu erstrecken sind. Beachtet man nun, daß für ganze Zahlen $g_{\mu\mu'}$, welche den Bedingungen:

$$\text{(38)}\qquad g_{\mu'\mu} = g_{\mu\mu'}$$

genügen, die Kongruenz:

$$\text{(39)}\qquad \sum_\mu\sum_{\mu'} g_{\mu\mu'} \equiv \sum_\mu g_{\mu\mu} \pmod{2}$$

besteht, und daß für jede ganze Zahl g:

$$\text{(40)}\qquad g^2 \equiv g \pmod{2}$$

ist, so erkennt man sofort auf Grund der Gleichungen (9) die Richtigkeit der Kongruenzen mod. 2:

$$\begin{aligned}&\sum_\mu\sum_{\nu'}(c_{\mu\nu}\,c_{p+\mu,\nu'}\,c_{p+\mu,p+\nu'} - c_{p+\mu,\nu}\,c_{\mu\nu'}\,c_{\mu,p+\nu'})\\ \text{(41)}\qquad &\equiv \sum_\mu\sum_{\mu'}\Big[c_{\mu\nu}\,c_{\mu'\nu}\Big(\sum_{\nu'} c_{p+\mu,\nu'}\,c_{p+\mu'\,p+\nu'}\Big)\\ &\qquad - c_{p+\mu,\nu}\,c_{p+\mu',\nu}\Big(\sum_{\nu'} c_{\mu\nu'}\,c_{\mu',p+\nu'}\Big)\Big]\end{aligned}$$

und:

$$\begin{aligned}&\sum_\mu\sum_{\nu'}(-c_{\mu,p+\nu}\,c_{p+\mu,\nu'}\,c_{p+\mu,p+\nu'} + c_{p+\mu,p+\nu}\,c_{\mu\nu'}\,c_{\mu,p+\nu'})\\ \text{(42)}\qquad &\equiv \sum_\mu\sum_{\mu'}\Big[-c_{\mu,p+\nu}\,c_{\mu',p+\nu}\Big(\sum_{\nu'} c_{p+\mu',\nu'}\,c_{p+\mu,p+\nu'}\Big)\\ &\qquad + c_{p+\mu,p+\nu}\,c_{p+\mu',p+\nu}\Big(\sum_{\nu'} c_{\mu'\nu'}\,c_{\mu,p+\nu'}\Big)\Big].\end{aligned}$$

Aus diesen Kongruenzen folgen aber auf Grund der Gleichungen (8) die weiteren:

$$
\begin{aligned}
&\sum_{\mu}\sum_{\nu'}(c_{\mu\nu}c_{p+\mu,\nu'}c_{p+\mu,p+\nu'}-c_{p+\mu,\nu}c_{\mu\nu'}c_{\mu,p+\nu'})\\
(43)\qquad &\equiv\sum_{\nu'}\Big(\sum_{\mu}c_{\mu\nu}c_{p+\mu,\nu'}\Big)\sum_{\mu'}(c_{\mu'\nu}c_{p+\mu',p+\nu'}-c_{p+\mu',\nu}c_{\mu',p+\nu'})\\
&\equiv\sum_{\mu}c_{\mu\nu}c_{p+\mu,\nu},
\end{aligned}
$$

und:

$$
\begin{aligned}
&\sum_{\mu}\sum_{\nu'}(-c_{\mu,p+\nu}c_{p+\mu,\nu'}c_{p+\mu,p+\nu'}+c_{p+\mu,p+\nu}c_{\mu\nu'}c_{\mu,p+\nu'})\\
(44)\qquad &\equiv\sum_{\nu'}\Big(\sum_{\mu}c_{\mu,p+\nu}\,c_{p+\mu,p+\nu'}\Big)\sum_{\mu'}(c_{\mu'\nu'}c_{p+\mu',p+\nu}-c_{p+\mu',\nu'}c_{\mu',p+\nu})\\
&\equiv\sum_{\mu}c_{\mu,p+\nu}c_{p+\mu,p+\nu}.
\end{aligned}
$$

Da nun ferner auf Grund der Gleichungen (8) und der Kongruenzen (39) und (40) die Kongruenzen:

$$(45)\qquad \sum_{\nu}\sum_{\nu'}\sum_{\mu}c_{\mu\nu}c_{p+\mu,\nu'}\,\varepsilon_{\nu}\varepsilon_{\nu'}\equiv\sum_{\nu}\sum_{\mu}c_{\mu\nu}c_{p+\mu,\nu}\,\varepsilon_{\nu},$$

und:

$$(46)\qquad \sum_{\nu}\sum_{\nu'}\sum_{\mu}c_{\mu,p+\nu}c_{p+\mu,p+\nu'}\,\varepsilon'_{\nu}\varepsilon'_{\nu'}\equiv\sum_{\nu}\sum_{\mu}c_{\mu,p+\nu}c_{p+\mu,p+\nu}\,\varepsilon'_{\nu}$$

bestehen, so erkennt man, daß der von den drei ersten Zeilen herrührende Beitrag zur rechten Seite der Gleichung (37) der Zahl 0 kongruent ist nach dem Modul 2. Auf Grund der Gleichungen (8) ist ferner:

$$(47)\qquad \sum_{\nu}\sum_{\nu'}\sum_{\mu}(c_{\mu\nu}c_{p+\mu,p+\nu'}+c_{p+\mu,\nu}c_{\mu,p+\nu'})\,\varepsilon_{\nu}\varepsilon'_{\nu'}\equiv\sum_{\nu}\varepsilon_{\nu}\varepsilon'_{\nu}.$$

Endlich ist auf Grund der Gleichungen (9) und der Kongruenzen (39):

$$
\begin{aligned}
&\sum_{\mu}\sum_{\nu}\sum_{\nu'}c_{\mu\nu}c_{\mu,p+\nu}c_{p+\mu,\nu'}c_{p+\mu,p+\nu'}\\
(48)\qquad &\equiv\sum_{\mu}\sum_{\mu'}\Big(\sum_{\nu}c_{\mu\nu}c_{\mu',p+\nu}\Big)\Big(\sum_{\nu'}c_{p+\mu',\nu'}c_{p+\mu,p+\nu'}\Big)\\
&\equiv\sum_{\nu}\sum_{\nu'}\Big(\sum_{\mu}c_{\mu\nu}c_{p+\mu,p+\nu'}\Big)\Big(\sum_{\mu'}c_{p+\mu',\nu'}c_{\mu',p+\nu}\Big)
\end{aligned}
$$

und daher auf Grund der Gleichungen (8) weiter:

$$
\begin{aligned}
(49)\qquad &\sum_{\mu}\sum_{\nu}\sum_{\nu'}c_{\mu\nu}c_{\mu,p+\nu}c_{p+\mu,\nu'}c_{p+\mu,p+\nu'}\equiv\sum_{\nu}\sum_{\mu'}c_{p+\mu',\nu}c_{\mu',p+\nu}\\
&+\sum_{\nu}\sum_{\nu'}\Big(\sum_{\mu}c_{p+\mu,\nu}c_{\mu,p+\nu'}\Big)\Big(\sum_{\mu'}c_{p+\mu',\nu'}c_{\mu',p+\nu}\Big).
\end{aligned}
$$

Nun ist aber infolge der Kongruenzen (39) und (40) für beliebige ganze Zahlen $h_{\nu\nu'}$:

$$(50)\qquad \sum_{\nu}\sum_{\nu'} h_{\nu\nu'} h_{\nu'\nu} \equiv \sum_{\nu} h_{\nu\nu}^2 \equiv \sum_{\nu} h_{\nu\nu};$$

daher ist:

$$(51)\qquad \begin{aligned} &\sum_{\nu}\sum_{\nu'}\Big(\sum_{\mu} c_{p+\mu,\nu}\, c_{\mu,p+\nu'}\Big)\Big(\sum_{\mu'} c_{p+\mu',\nu'}\, c_{\mu',p+\nu}\Big) \\ &\qquad \equiv \sum_{\nu}\sum_{\mu} c_{p+\mu,\nu}\, c_{\mu,p+\nu} \end{aligned}$$

und es folgt aus (49) endlich:

$$(52)\qquad \sum_{\mu}\sum_{\nu}\sum_{\nu'} c_{\mu\nu}\, c_{\mu,p+\nu}\, c_{p+\mu,\nu'}\, c_{p+\mu,p+\nu'} \equiv 0,$$

womit der gewünschte Nachweis erbracht ist.

Da, wie im § 1 bemerkt ist, zwei Funktionen $\vartheta[\varepsilon]((u))$ und $\vartheta[\eta]((u))$, deren Charakteristikenelemente $\varepsilon_1, \cdots, \varepsilon_p, \varepsilon_1', \cdots, \varepsilon_p'$ und $\eta_1, \cdots, \eta_p, \eta_1', \cdots, \eta_p'$ den $2p$ Kongruenzen (4) genügen, auf Grund der Formel (VIII) sich nur um einen Faktor ± 1 unterscheiden, so sollen für die Untersuchungen dieses Abschnitts zwei solche Th. Char $[\varepsilon]$ und $[\eta]$ als nicht verschieden angesehen werden. Es gibt dann im ganzen nur 2^{2p} verschiedene Th. Char. $[\varepsilon]$, als welche man diejenigen wählt, die entstehen, wenn man an Stelle des Systems der $2p$ Elemente $\varepsilon, \varepsilon'$ alle 2^{2p} Variationen mit Wiederholung zur $2p^{\text{ten}}$ Klasse der Zahlen 0, 1 setzt. Man teilt die 2^{2p} Th. Char. in zwei Klassen; die eine Klasse besteht aus den g_p geraden, die andere aus den u_p ungeraden Th. Char. Es handelt sich darum, diese Anzahlen g_p und u_p zu bestimmen.

Erste Methode: Bezeichnet man mit $\begin{bmatrix}\delta_1\,\delta_2 \cdots \delta_{p-1}\\ \delta_1'\,\delta_2' \cdots \delta_{p-1}'\end{bmatrix}$ abgekürzt mit $\begin{bmatrix}\delta\\ \delta'\end{bmatrix}$ irgend eine $p-1$-reihige Th. Char. und verschafft derselben durch Anhängen von $\begin{smallmatrix}0\\0\end{smallmatrix}, \begin{smallmatrix}1\\0\end{smallmatrix}, \begin{smallmatrix}0\\1\end{smallmatrix}, \begin{smallmatrix}1\\1\end{smallmatrix}$ jedesmal eine p^{te} Vertikalreihe, so entstehen zunächst die vier verschiedenen p-reihigen Th. Char.:

$$(53)\qquad \begin{bmatrix}\delta & 0\\ \delta' & 0\end{bmatrix}, \quad \begin{bmatrix}\delta & 1\\ \delta' & 0\end{bmatrix}, \quad \begin{bmatrix}\delta & 0\\ \delta' & 1\end{bmatrix}, \quad \begin{bmatrix}\delta & 1\\ \delta' & 1\end{bmatrix}.$$

Setzt man dann in diesen Gleichungen für $\begin{bmatrix}\delta\\ \delta'\end{bmatrix}$ der Reihe nach alle 2^{2p-2} $p-1$-reihigen Th. Char., so erhält man die sämtlichen p-reihigen Th. Char., die dadurch zugleich in vier, den vier angeschriebenen Typen entsprechende Gruppen eingeteilt erscheinen, von denen jede 2^{2p-2} Th. Char. mit gemeinsamer p^{ter} Vertikalreihe enthält. Berücksichtigt man dann, daß jede Th. Char. vom Typus

1, 2, 3 gerade oder ungerade ist, je nachdem die Th. Char. $\begin{bmatrix}\delta\\ \delta'\end{bmatrix}$, aus der sie entstanden, gerade oder ungerade ist; daß dagegen jede Th. Char. vom Typus 4 bei ungerader Th. Char. $\begin{bmatrix}\delta\\ \delta'\end{bmatrix}$ gerade, bei gerader Th. Char. $\begin{bmatrix}\delta\\ \delta'\end{bmatrix}$ ungerade ist, so erkennt man sofort, daß von den vier Gruppen, in welche die 2^{2p} zur Zahl p gehörigen Th. Char. eingeteilt wurden, die drei ersten aus je g_{p-1} geraden und u_{p-1} ungeraden Th. Char. bestehen, während die vierte Gruppe u_{p-1} gerade und g_{p-1} ungerade Th. Char. enthält. Man hat daher die Beziehungen:

$$(54)\qquad \begin{aligned} g_p &= 3g_{p-1} + u_{p-1}, & g_p + u_p &= 4(g_{p-1} + u_{p-1}),\\ u_p &= 3\,u_{p-1} + g_{p-1}, & g_p - u_p &= 2\,(g_{p-1} - u_{p-1}), \end{aligned}$$

aus denen durch Übergang von p zu $p-1$, $p-2$, $\cdots$, 3, 2 und unter Berücksichtigung von $g_1 = 3$, $u_1 = 1$ die Gleichungen:

$$(55)\qquad \begin{aligned} g_p + u_p &= 4^p, & g_p &= 2^{p-1}(2^p + 1),\\ g_p - u_p &= 2^p, & u_p &= 2^{p-1}(2^p - 1) \end{aligned}$$

folgen.

Zweite Methode: Da jede Th. Char. $[\varepsilon]$ entweder gerade oder ungerade ist, so ist:

$$(56)\qquad g_p + u_p = 2^{2p}.$$

Da weiter der Ausdruck:

$$(57)\qquad |\,\varepsilon\,| = (-1)^{\sum\limits_{\mu=1}^{p} \varepsilon_\mu \varepsilon'_\mu},$$

den man den *Charakter* der Th. Char. $[\varepsilon]$ nennt, für jede gerade Th. Char. den Wert $+1$, für jede ungerade den Wert -1 hat, so ist:

$$(58)\qquad g_p - u_p = \sum_{[\varepsilon]} |\,\varepsilon\,|,$$

wo die Summe über alle 2^{2p} Th. Char. $[\varepsilon]$ zu erstrecken ist. Aus dieser Gleichung folgt aber, wenn man für $|\,\varepsilon\,|$ seinen Ausdruck aus (57) einsetzt, sofort weiter:

$$(59)\qquad g_p - u_p = \prod_{\mu=1}^{p} \left(\sum_{\varepsilon_\mu, \varepsilon'_\mu}^{0,1} (-1)^{\varepsilon_\mu \varepsilon'_\mu} \right),$$

und da jede der p hier als Faktoren auftretenden Summen, wie die direkte Ausrechnung ergibt, den Wert 2 besitzt, so ist:

$$(60)\qquad g_p - u_p = 2^p,$$

womit wiederum die Gleichungen (55) gewonnen sind.

Man hat also den

IV. Satz: *Von den* 2^{2p} *Th. Char. sind* $g_p = 2^{p-1}(2^p+1)$ *gerade*, $u_p = 2^{p-1}(2^p-1)$ *ungerade.*

Ordnet man die 2^{2p} Th. Char. $[\varepsilon]$ in ein quadratisches Schema derart, daß für die 2^p in einer Horizontalreihe stehenden Th. Char. die Zahlen $\varepsilon_1, \varepsilon_2, \cdots, \varepsilon_p$, für die 2^p in einer Vertikalreihe stehenden Th. Char. die Zahlen $\varepsilon_1', \varepsilon_2', \cdots, \varepsilon_p'$ die nämlichen Werte haben, so stehen in jener Horizontalreihe, für welche $\varepsilon_1 = \varepsilon_2 = \cdots = \varepsilon_p = 0$ ist, 2^p gerade, in jeder der $2^p - 1$ übrigen Horizontalreihen aber 2^{p-1} gerade und 2^{p-1} ungerade Th. Char. Die Richtigkeit dieser Behauptung ergibt sich daraus, daß für eine jede Horizontalreihe, wenn man mit g die Anzahl ihrer geraden, mit u die Anzahl ihrer ungeraden Th. Char. bezeichnet:

$$(61)\qquad g - u = \sum_{\varepsilon_1', \cdots, \varepsilon_p'}^{0,1} |\,\varepsilon\,| = \prod_{\mu=1}^{p}\left(\sum_{\varepsilon_\mu'=0}^{1}(-1)^{\varepsilon_\mu \varepsilon_\mu'}\right)$$

ist. Ist nun $\varepsilon_1 = \varepsilon_2 = \cdots = \varepsilon_p = 0$, so hat jede der p hier als Faktoren auftretenden Summen den Wert 2, das Produkt selbst also den Wert 2^p; in jedem anderen Falle ist dagegen mindestens eine der p Summen und daher auch ihr Produkt Null; es ist daher für jene Horizontalreihe, für welche $\varepsilon_1 = \varepsilon_2 = \cdots = \varepsilon_p = 0$ ist:

$$(62)\qquad g - u = 2^p,$$

für jede andere

$$(63)\qquad g - u = 0,$$

und da stets

$$(64)\qquad g + u = 2^p$$

ist, so ergibt sich im ersten Falle:

$$(65)\qquad g = 2^p, \quad u = 0,$$

im zweiten Falle:

$$(66)\qquad g = 2^{p-1}, \quad u = 2^{p-1},$$

wie zu beweisen war[1]).

Unter der *Summe*:

$$(67)\qquad [\sigma] = [\varepsilon\eta\zeta\cdots]$$

mehrerer Th. Char. $[\varepsilon], [\eta], [\zeta], \cdots$ wird in diesem Abschnitte jene Th. Char. verstanden, deren Elemente durch die $2p$ Kongruenzen:

---

1) Auf diesem Wege hat Borel, Sur les caractéristiques des fonctions Θ. Bull. S. M. F. Bd. 26. 1898, pag. 89, die Anzahlen g_p und u_p berechnet.

$$(68)\qquad \begin{aligned} \sigma_\mu &\equiv \varepsilon_\mu + \eta_\mu + \zeta_\mu + \cdots \pmod{2},\\ \sigma'_\mu &\equiv \varepsilon'_\mu + \eta'_\mu + \zeta'_\mu + \cdots \pmod{2} \end{aligned}$$

bestimmt sind. Man nennt gegebene Th. Char. $[\varepsilon]$, $[\eta]$, $\cdots$ *wesentlich unabhängig*, wenn nicht die Summe einer geraden Anzahl derselben der Th. Char. $[0]$ gleich ist; man nennt ferner eine Summe von ν unter gegebenen Th. Char. $[\varepsilon_1]$, $[\varepsilon_2]$, $\cdots$ eine *Kombination* ν^{ter} *Ordnung* und bezeichnet sie mit $[\sum^{\nu} \varepsilon]$; die Kombinationen ungerader Ordnung nennt man die *wesentlichen Kombinationen* der gegebenen Th. Char.

Drei Th. Char. $[\varepsilon]$, $[\eta]$, $[\zeta]$ heißen *syzygetisch* oder *azygetisch*, je nachdem der Ausdruck:

$$(69)\qquad |\varepsilon, \eta, \zeta| = |\varepsilon| \cdot |\eta| \cdot |\zeta| \cdot |\varepsilon\eta\zeta|$$

$= +1$ oder $= -1$ ist, je nachdem also von den vier Th. Char. $[\varepsilon]$, $[\eta]$, $[\zeta]$, $[\varepsilon\eta\zeta]$ eine gerade oder eine ungerade Anzahl gerade (oder ungerade) ist oder, wie man auch sagen kann, je nachdem der Thetaquotient:

$$(70)\qquad \frac{\vartheta[\varepsilon]((u))\, \vartheta[\eta]((u))}{\vartheta[\zeta]((u))\, \vartheta[\varepsilon\eta\zeta]((u))}$$

eine gerade oder ungerade Funktion seiner Argumente ist.

§ 4.

Beziehungen zwischen den Periodencharakteristiken und den Thetacharakteristiken.

Das verschiedene Verhalten der Per. Char. und der Th. Char. bei ganzzahliger linearer Transformation zeigt sich vor allem darin, daß die Per. Char. (0) stets in sich übergeht, daß also symbolisch geschrieben $(\bar{0}) = (0)$ ist, während die Th. Char. $[0]$ bei der Transformation (7) in die Th. Char. $[\hat{0}]$ übergeht, deren Elemente $\hat{0}_\mu$, $\hat{0}'_\mu$ durch die Kongruenzen:

$$(71)\qquad \hat{0}_\mu \equiv \sum_{\nu=1}^{p} c_{\mu\nu}\, c_{\mu, p+\nu}, \qquad \hat{0}'_\mu \equiv \sum_{\nu=1}^{p} c_{p+\mu, \nu}\, c_{p+\mu, p+\nu}$$

bestimmt sind. Für eine beliebige Per. Char. (ε) und die aus denselben Zahlen gebildete Th. Char. $[\varepsilon]$ erhält man die Elemente $\hat{\varepsilon}_\mu$, $\hat{\varepsilon}'_\mu$ der transformierten Th. Char. $[\hat{\varepsilon}]$ aus den Elementen $\bar{\varepsilon}_\mu$, $\bar{\varepsilon}'_\mu$ der transformierten Per. Char. $(\bar{\varepsilon})$, indem man zu diesen die Größen $\hat{0}_\mu$, $\hat{0}'_\mu$ addiert; es ist also symbolisch geschrieben $[\hat{\varepsilon}] = [\bar{\varepsilon}\hat{0}]$. Gehen weiter die Per. Char. (ε), (η), $\cdots$ durch eine Transformation in die Per. Char.

$(\bar{\varepsilon})$, $(\bar{\eta})$, $\cdots$ über, so geht durch diese Transformation die Summe $(\varepsilon\eta\cdots)$ in die Summe $(\bar{\varepsilon}\bar{\eta}\cdots)$ über; gehen dagegen die Th. Char. $[\varepsilon]$, $[\eta]$, $\cdots$ durch eine Transformation in die Th. Char. $[\hat{\varepsilon}]$, $[\hat{\eta}]$, $\cdots$ über, so geht die Summe $[\varepsilon\eta\cdots]$ einer ungeraden Anzahl von ihnen in $[\hat{\varepsilon}\hat{\eta}\cdots]$ über, die Summe $[\varepsilon\eta\cdots]$ einer geraden Anzahl dagegen in $[\hat{0}\hat{\varepsilon}\hat{\eta}\cdots]$. Man kann auch sagen, daß die Summe einer geraden Anzahl von Th. Char. sich wie eine Per. Char., die Summe einer ungeraden Anzahl von Th. Char. aber wie eine Th. Char. transformiert. Beachtet man dann endlich noch, daß im Falle einer geraden Anzahl von Per. Char. $(\bar{\varepsilon}\bar{\eta}\cdots)=(\hat{\varepsilon}\hat{\eta}\cdots)$ ist, so wird man mit Vorteil Th. Char. als Summen einer ungeraden, Per. Char. als Summen einer geraden Anzahl gewisser Fundamentalcharakteristiken darstellen, die dann bei einer Transformation als Th. Char. behandelt werden.

Zwischen den für Per. Char. definierten Symbolen $|\varepsilon, \eta|$ und den für Th. Char. definierten Symbolen $|\varepsilon|$ bestehen, wenn die auftretenden Per. Char. (ε), (η), (ζ), $\cdots$ und Th. Char. $[\varepsilon]$, $[\eta]$, $[\zeta]$, $\cdots$ die nämlichen Elemente haben, die Gleichungen:

$$\begin{aligned} &|\varepsilon|\cdot|\eta|\cdot|\varepsilon\eta| = |\varepsilon, \eta|, \\ &|\varepsilon|\cdot|\eta|\cdot|\zeta|\cdot|\varepsilon\eta\zeta| = |\varepsilon, \eta|\cdot|\eta, \zeta|\cdot|\zeta, \varepsilon|. \end{aligned} \tag{72}$$

Aus der letzten Gleichung folgt dann, wenn man das Symbol $|\varepsilon, \eta|$ auch für Th. Char. gelten läßt, insbesondere für das im vorigen Paragraphen eingeführte Symbol $|\varepsilon, \eta, \zeta|$ der neue Ausdruck:

$$|\varepsilon, \eta, \zeta| = |\varepsilon, \eta|\cdot|\eta, \zeta|\cdot|\zeta, \varepsilon|. \tag{73}$$

Hieraus ergeben sich aber leicht die beiden Gleichungen:

$$|\varkappa, \varkappa\varepsilon, \varkappa\eta| = |\varepsilon, \eta|, \qquad |\varepsilon\eta, \varepsilon\zeta| = |\varepsilon, \eta, \zeta|, \tag{74}$$

von denen die erste zeigt, daß mit den Per. Char. (ε), (η) immer gleichzeitig die Th. Char. $[\varkappa]$, $[\varkappa\varepsilon]$, $[\varkappa\eta]$ und zwar für jede Th. Char. $[\varkappa]$ syzygetisch und azygetisch sind; die zweite aber, daß mit den Th. Char. $[\varepsilon]$, $[\eta]$, $[\zeta]$ immer gleichzeitig die Per. Char. $(\varepsilon\eta)$, $(\varepsilon\zeta)$ syzygetisch und azygetisch sind.

Man bemerkt endlich, daß infolge der Unveränderlichkeit des Ausdrucks $|\varepsilon, \eta|$ durch eine beliebige ganzzahlige lineare Transformation zwei syzygetische Per. Char. stets wieder in zwei syzygetische, zwei azygetische Per. Char. stets wieder in zwei azygetische übergehen. Ebenso gehen infolge der Unveränderlichkeit des Charakters $|\varepsilon|$ durch eine beliebige ganzzahlige lineare Transformation drei syzygetische Th. Char. immer wieder in drei syzygetische, drei azygetische Th. Char. immer wieder in drei azygetische über. Es gehen aber weiter drei syzygetische oder azygetische Th. Char. auch, wie aus den Gleichungen (74) folgt, durch Addition einer beliebigen

Th. Char. wieder in drei syzygetische oder azygetische über, d. h. es ist:

$$(75)\qquad |\varkappa\varepsilon, \varkappa\eta, \varkappa\zeta| = |\varepsilon, \eta, \zeta|.$$

Für die Summe $[\varepsilon_1 \varepsilon_2 \cdots \varepsilon_n]$ von n gegebenen Th. Char. $[\varepsilon_1]$, $[\varepsilon_2], \cdots, [\varepsilon_n]$ ist:

$$(76)\qquad |\varepsilon_1 \varepsilon_2 \cdots \varepsilon_n| = \prod_{\nu} |\varepsilon_\nu| \cdot \prod_{\mu,\nu} |\varepsilon_\mu, \varepsilon_\nu|,$$

wo in dem ersten Produkt ν die Werte $1, 2, \cdots, n$ durchläuft, in dem zweiten für μ, ν alle $\frac{1}{2}(n-1)n$ Kombinationen ohne Wiederholung zur zweiten Klasse dieser Zahlen zu treten haben. Für eine wesentliche Kombination von Th. Char. kann diese Formel in eine andere Form gebracht werden. Aus:

$$(77)\qquad |\varepsilon_0 \varepsilon_1 \cdots \varepsilon_{2m}| = \prod_{\nu} |\varepsilon_\nu| \cdot \prod_{\mu,\nu} |\varepsilon_\mu, \varepsilon_\nu|$$

folgt hier zunächst:

$$(78)\qquad |\varepsilon_0 \varepsilon_1 \cdots \varepsilon_{2m}| = \prod_{\nu} |\varepsilon_\nu| \cdot \prod_{\varrho,\sigma} \{|\varepsilon_0, \varepsilon_\varrho| \cdot |\varepsilon_\varrho, \varepsilon_\sigma| \cdot |\varepsilon_\sigma, \varepsilon_0|\},$$

wo in dem ersten Produkte ν von 0 bis $2m$ geht, in dem zweiten an Stelle von ϱ, σ die $m(2m-1)$ Kombinationen ohne Wiederholung zur zweiten Klasse der Zahlen $1, 2, \cdots, 2m$ zu setzen sind, sodaß an Stelle von ϱ und σ zusammen jede der Zahlen $1, 2, \cdots, 2m$ im ganzen $(2m-1)$-mal tritt. Auf Grund der Gleichung (73) erhält man jetzt:

$$(79)\qquad |\varepsilon_0 \varepsilon_1 \cdots \varepsilon_{2m}| = \prod_{\nu} |\varepsilon_\nu| \cdot \prod_{\varrho,\sigma} |\varepsilon_0, \varepsilon_\varrho, \varepsilon_\sigma|.$$

Sind daher die $2m+1$ Th. Char. $[\varepsilon_0], [\varepsilon_1], \cdots, [\varepsilon_{2m}]$ zu je dreien syzygetisch, so ist:

$$(80)\qquad |\varepsilon_0 \varepsilon_1 \cdots \varepsilon_{2m}| = \prod_{\nu=0}^{2m} |\varepsilon_\nu|;$$

sind dagegen die $2m+1$ Th. Char. $[\varepsilon_0], [\varepsilon_1], \cdots, [\varepsilon_{2m}]$ zu je dreien azygetisch, so ist:

$$(81)\qquad |\varepsilon_0 \varepsilon_1 \cdots \varepsilon_{2m}| = (-1)^m \cdot \prod_{\nu=0}^{2m} |\varepsilon_\nu|.$$

Wenn zwischen drei Th. Char. $[\varepsilon]$, $[\varkappa]$, $[\lambda]$ die Gleichung $[\varepsilon] = [\varkappa\lambda]$ besteht, so sagt man auch *die Per. Char.* (ε) *sei in die beiden Th. Char.* $[\varkappa]$ *und* $[\lambda]$ *zerlegbar* und schreibt:

$$(82)\qquad (\varepsilon) = [\varkappa] + [\lambda].$$

Bezüglich dieser Zerlegungen gelten folgende Sätze:

V. Satz: *Jede eigentliche Per. Char. läßt sich auf 2^{2p-1} Weisen in zwei immer verschiedene Th. Char. zerlegen.*

Man kann nämlich in der Gleichung (82) bei gegebener Per. Char. (ε) immer noch $[\varkappa]$ ganz nach Belieben annehmen; dann erst ist der zweite Summand $[\lambda] = [\varepsilon\varkappa]$ und damit die Zerlegung selbst bestimmt. Setzt man nun für $[\varkappa]$ der Reihe nach die sämtlichen 2^{2p} Th. Char., so erhält man 2^{2p} Zerlegungen der Per. Char. (ε), unter denen aber, da neben einer Zerlegung $(\varepsilon) = [\varkappa] + [\lambda]$ immer auch die damit identische $(\varepsilon) = [\lambda] + [\varkappa]$ sich findet, jede mögliche Zerlegung zweimal vorkommt, sodaß im ganzen nur 2^{2p-1} verschiedene Zerlegungen von (ε) existieren.

Was die bei dieser Betrachtung ausgeschlossene uneigentliche Per. Char. (0) betrifft, so läßt sich dieselbe entsprechend der für jede beliebige Th. Char. $[\varkappa]$ geltenden Gleichung:

$$(0) = [\varkappa] + [\varkappa] \tag{83}$$

auf 2^{2p} Weisen in zwei immer gleiche Th. Char. zerlegen.

Die sämtlichen 2^{2p-1} Zerlegungen (82) einer eigentlichen Per. Char. (ε) kann man in drei Arten einteilen. Zur ersten Art rechne man alle diejenigen Zerlegungen, bei denen $[\varkappa]$ und $[\lambda]$ beide gerade sind, ihre Anzahl sei $\mathfrak{x}_p$; zur zweiten Art alle diejenigen, bei denen $[\varkappa]$ und $[\lambda]$ beide ungerade sind, ihre Anzahl sei $\mathfrak{y}_p$; zur dritten Art endlich diejenigen, bei denen von den beiden Th. Char. $[\varkappa]$, $[\lambda]$ die eine gerade, die andere ungerade ist; ihre Anzahl sei $\mathfrak{z}_p$. Die Zahlen $\mathfrak{x}_p$, $\mathfrak{y}_p$, $\mathfrak{z}_p$ sollen jetzt bestimmt werden; es wird sich dabei zeigen, daß dieselben von der besonderen Per. Char. (ε), auf die sie sich beziehen, unabhängig sind, also für alle $2^{2p} - 1$ eigentlichen Per. Char. (ε) die nämlichen Werte besitzen.

E r s t e M e t h o d e: Setzt man in der Gleichung (82) bei gegebener Per. Char. (ε) für $[\varkappa]$ der Reihe nach die g_p geraden Th. Char. und bestimmt jedesmal $[\lambda]$ aus der Gleichung $[\lambda] = [\varepsilon\varkappa]$, so erhält man von den Zerlegungen der Per. Char. (ε) jede Zerlegung der ersten Art zweimal, jede Zerlegung der dritten Art einmal; setzt man dagegen für $[\varkappa]$ der Reihe nach die u_p ungeraden Th. Char., so erhält man auf dieselbe Weise jede Zerlegung der zweiten Art zweimal, jede Zerlegung der dritten Art einmal. Hieraus ergeben sich die Beziehungen:

$$g_p = 2\mathfrak{x}_p + \mathfrak{z}_p, \qquad u_p = 2\mathfrak{y}_p + \mathfrak{z}_p. \tag{84}$$

Man bilde nun aus den Elementen der beiden Th. Char. $[\varkappa]$ und $[\lambda]$, die einer beliebigen Zerlegung (82) der gegebenen Per. Char. (ε) entsprechen, den Ausdruck $|\varkappa| \cdot |\lambda|$ und bezeichne denselben, insofern als bei gegebener Per. Char. (ε) die Th. Char. $[\lambda]$ mit $[\varkappa]$ zugleich bestimmt ist, mit $f[\varkappa]$. Es besitzt dann $f[\varkappa]$ den Wert $+1$, wenn die betrachtete Zerlegung von der ersten oder zweiten Art, dagegen den Wert -1, wenn dieselbe von der dritten Art ist. Läßt man daher an Stelle von $[\varkappa]$ der Reihe nach die sämtlichen 2^{2p} Th. Char. treten und bildet die Summe s der entsprechenden Werte von $f[\varkappa]$, so ist:

$$(85)\qquad s = 2(\mathfrak{x}_p + \mathfrak{y}_p - \mathfrak{z}_p),$$

da jede Zerlegung der Per. Char. (ε) zweimal auftritt, wenn $[\varkappa]$ in der Gleichung (82) der Reihe nach alle 2^{2p} Th. Char. durchläuft. Berücksichtigt man aber, daß der mit $f[\varkappa]$ bezeichnete Ausdruck, weil $[\lambda] = [\varepsilon\varkappa]$ ist, auf Grund der ersten Gleichung (72) auch in die Form:

$$(86)\qquad f[\varkappa] = |\varkappa| \cdot |\varepsilon\varkappa| = |\varepsilon| \cdot |\varepsilon, \varkappa|$$

gebracht werden kann, und daß, wie beim Beweise des I. Satzes gezeigt wurde, die über alle 2^{2p} Th. Char. $[\varkappa]$ erstreckte Summe

$$(87)\qquad \sum_{[\varkappa]} |\varepsilon, \varkappa| = 0$$

ist, wenn wie hier (ε) eine der $2^{2p}-1$ eigentlichen Per. Char. bezeichnet, so erhält man für s die weitere Gleichung:

$$(88)\qquad s = \sum_{[\varkappa]} f[\varkappa] = |\varepsilon| \cdot \sum_{[\varkappa]} |\varepsilon, \varkappa| = 0.$$

Setzt man die beiden für s gefundenen Werte einander gleich, so entsteht die Relation:

$$(89)\qquad \mathfrak{x}_p + \mathfrak{y}_p - \mathfrak{z}_p = 0.$$

Durch Kombination der Gleichungen (84) und (89) ergibt sich aber:

$$(90)\qquad \begin{aligned} 3\mathfrak{x}_p + \mathfrak{y}_p &= g_p, \\ 3\mathfrak{y}_p + \mathfrak{x}_p &= u_p, \end{aligned} \qquad \mathfrak{z}_p = \mathfrak{x}_p + \mathfrak{y}_p,$$

und hieraus wegen (54) und (55) endlich[1]):

$$(91)\qquad \begin{aligned} \mathfrak{x}_p &= g_{p-1} = 2^{p-2}(2^{p-1}+1), \\ \mathfrak{y}_p &= u_{p-1} = 2^{p-2}(2^{p-1}-1), \end{aligned} \qquad \mathfrak{z}_p = g_{p-1} + u_{p-1} = 2^{2p-2}.$$

Zweite Methode: Der Ausdruck:

$$(92)\qquad \varphi[\varkappa] = \tfrac{1}{4}(1 + \gamma|\varkappa|)(1 + \delta|\varepsilon\varkappa|),$$

wo $\gamma^2 = \delta^2 = 1$ ist, hat nur dann einen von Null verschiedenen Wert und zwar den Wert 1, wenn

1) Einen direkten Beweis der Gleichungen $\mathfrak{x}_p = g_{p-1}$, $\mathfrak{y}_p = u_{p-1}$, $\mathfrak{z}_p = g_{p-1} + u_{p-1}$ hat Moore, On a theorem concerning p-rowed characteristics with denominator 2. Bull. Am. M. S. (2) Bd. 1. 1895, pag. 252 gegeben.

$$(93) \qquad |\varkappa| = \gamma, \quad |\varepsilon\varkappa| = \delta$$

ist, d. h. wenn die Th. Char. $[\varkappa]$ und $[\lambda] = [\varepsilon\varkappa]$ eine Zerlegung (82) der Per. Char. (ε) in zwei Th. Char. von den vorgeschriebenen Charakteren γ, δ bestimmen. Läßt man daher an Stelle von $[\varkappa]$ der Reihe nach die sämtlichen 2^{2p} Th. Char. treten und bildet die Summe σ der entsprechenden Werte von $\varphi[\varkappa]$, so gibt diese Summe die Anzahl der derartigen Zerlegungen der Per. Char. (ε), wobei aber zu bemerken ist, daß in den Fällen, wo die beiden Th. Char. $[\varkappa]$ und $[\lambda]$ von gleichem Charakter sind, jede Zerlegung zweimal auftritt, daß also, wenn $\gamma = \delta = +1$ ist, $\sigma = 2\mathfrak{x}_p$, wenn $\gamma = \delta = -1$ ist, $\sigma = 2\mathfrak{y}_p$, während, wenn $\gamma = +1$, $\delta = -1$ ist, $\sigma = \mathfrak{z}_p$ wird. Nun ist aber:

$$(94) \qquad \begin{aligned} \sigma = \sum_{[\varkappa]} \varphi[\varkappa] &= \tfrac{1}{4} \sum_{[\varkappa]} (1 + \gamma|\varkappa| + \delta|\varepsilon\varkappa| + \gamma\delta|\varkappa||\varepsilon\varkappa|) \\ &= \tfrac{1}{4}\Big(2^{2p} + \gamma \sum_{[\varkappa]} |\varkappa| + \delta \sum_{[\varkappa]} |\varepsilon\varkappa| + \gamma\delta \sum_{[\varkappa]} |\varkappa||\varepsilon\varkappa|\Big), \end{aligned}$$

und da

$$(95) \qquad \begin{aligned} &\sum_{[\varkappa]} |\varkappa| = \sum_{[\varkappa]} |\varepsilon\varkappa| = g_p - u_p = 2^p, \\ &\sum_{[\varkappa]} |\varkappa||\varepsilon\varkappa| = |\varepsilon| \sum_{[\varkappa]} |\varepsilon, \varkappa| = 0 \end{aligned}$$

ist, so erhält man:

$$(96) \qquad \sigma = 2^{2p-2} + (\gamma + \delta) 2^{p-2},$$

woraus sich sofort die obigen Werte (91) für $\mathfrak{x}_p$, $\mathfrak{y}_p$, $\mathfrak{z}_p$ ergeben.

Man hat also den

VI. Satz: *Jede eigentliche Per. Char. läßt sich auf* $g_{p-1} = 2^{p-2}(2^{p-1} + 1)$ *Weisen in zwei gerade, auf* $u_{p-1} = 2^{p-2}(2^{p-1} - 1)$ *Weisen in zwei ungerade, endlich auf* $g_{p-1} + u_{p-1} = 2^{2p-2}$ *Weisen in eine gerade und eine ungerade Th. Char. zerlegen.*

Dieselben Resultate lassen sich auch wiedergeben durch den

VII. Satz: *Addiert man zu den sämtlichen* 2^{2p} *Th. Char. eine beliebige der* $2^{2p} - 1$ *eigentlichen Per. Char., so gehen dadurch von den* g_p *geraden Th. Char.* $2g_{p-1} = 2^{p-1}(2^{p-1} + 1)$ *wieder in gerade, die übrigen* 2^{2p-2} *in ungerade über, während andererseits von den* u_p *ungeraden Th. Char.* $2u_{p-1} = 2^{p-1}(2^{p-1} - 1)$ *wieder in ungerade, die übrigen* 2^{2p-2} *in gerade übergehen.*

Von jetzt ab werden von den Zerlegungen (82) einer gegebenen eigentlichen Per. Char. (ε) nur die in zwei gleichartige Th. Char., also die g_{p-1} Zerlegungen in zwei gerade und die u_{p-1} Zerlegungen in zwei ungerade Th. Char. berücksichtigt. Von den darin auftretenden $2g_{p-1}$ geraden und $2u_{p-1}$ ungeraden Th. Char. sagt man, daß sie *in der Gruppe* (ε) *enthalten*, und zwar von zwei Th. Char. wie $[\varkappa]$ und $[\lambda]$, daß sie *in der Gruppe* (ε) *gepaart enthalten* seien. Es gibt dann im ganzen $2^{2p}-1$ verschiedene Gruppen, von denen jede durch eine der eigentlichen Per. Char. bezeichnet wird. Im folgenden handelt es sich um die Bestimmung der in zwei und mehreren Gruppen gemeinsam enthaltenen Th. Char.

Es sei:

$$(\varepsilon) = [\varkappa] + [\lambda] \tag{97}$$

eine Zerlegung der eigentlichen Per. Char. (ε) in zwei gleichartige Th. Char., sodaß also

$$|\varkappa| \cdot |\lambda| = +1 \tag{98}$$

ist. Ist dann (η) eine andere eigentliche Per. Char., so ist wegen (72):

$$|\eta\varkappa| \cdot |\eta\lambda| = |\eta, \varkappa| \cdot |\eta, \lambda| = |\eta, \varkappa\lambda| = |\eta, \varepsilon|. \tag{99}$$

Sind also die beiden Per. Char. (ε) und (η) azygetisch, so ist:

$$|\eta\varkappa| \cdot |\eta\lambda| = -1; \tag{100}$$

es ist also von den beiden Th. Char. $[\eta\varkappa]$ und $[\eta\lambda]$ die eine gerade, die andere ungerade; sind dagegen die beiden Th. Char. (ε) und (η) syzygetisch, so ist:

$$|\eta\varkappa| \cdot |\eta\lambda| = +1; \tag{101}$$

es sind also die beiden Th. Char. $[\eta\varkappa]$ und $[\eta\lambda]$ entweder beide gerade oder beide ungerade.

Für den ersten Fall, wo die beiden Per. Char. (ε) und (η) azygetisch sind, seien:

$$(\varepsilon) = [\varkappa_\mu] + [\lambda_\mu] \qquad (\mu = 1, 2, \cdots, g_{p-1}) \tag{102}$$

die g_{p-1} Zerlegungen der Per. Char. (ε) in zwei gerade Th. Char.; ist dann die Bezeichnung so gewählt, daß die g_{p-1} Th. Char. $[\eta\varkappa_\mu]$ sämtlich gerade, die g_{p-1} Th. Char. $[\eta\lambda_\mu]$ sämtlich ungerade sind, so sind:

$$(\eta) = [\varkappa_\mu] + [\eta\varkappa_\mu] \qquad (\mu = 1, 2, \cdots, g_{p-1}) \tag{103}$$

die sämtlichen Zerlegungen der Per. Char. (η) und

$$(\varepsilon\eta) = [\lambda_\mu] + [\eta\varkappa_\mu] \qquad (\mu = 1, 2, \cdots, g_{p-1}) \tag{104}$$

die sämtlichen g_{p-1} Zerlegungen der Per. Char. $(\varepsilon\eta)$ in zwei gerade Th. Char. Zum Beweise dieser Behauptung erübrigt es nur noch zu zeigen, daß keine zwei der Zerlegungen (103) und ebenso keine zwei der Zerlegungen (104) miteinander übereinstimmen können, d. h. daß weder $[\eta\varkappa_\mu] = [\varkappa_\nu]$ noch $[\eta\varkappa_\mu] = [\lambda_\nu]$ sein kann für irgend ein Zahlenpaar μ, ν. Aus der ersten dieser Gleichungen aber würde:

$$(105) \qquad [\eta\lambda_\mu] = [\varkappa_\mu\lambda_\mu\varkappa_\nu] = [\varepsilon\varkappa_\nu] = [\lambda_\nu],$$

und ebenso aus der zweiten:

$$(106) \qquad [\eta\lambda_\mu] = [\varkappa_\mu\lambda_\mu\lambda_\nu] = [\varepsilon\lambda_\nu] = [\varkappa_\nu]$$

folgen; zwei Gleichungen, die beide unmöglich sind, da der Voraussetzung nach die Th. Char. $[\eta\lambda_\mu]$ ungerade, $[\varkappa_\nu]$ und $[\lambda_\nu]$ aber gerade sind.

Aus den Gleichungen (102), (103), (104) ergibt sich aber, wenn man noch beachtet, daß dieselbe Untersuchung an die u_{p-1} Zerlegungen der Per. Char. (ε) in zwei ungerade Th. Char. geknüpft werden kann, der

VIII. Satz: *Sind die beiden Per. Char.* (ε) *und* (η) *azygetisch, so enthalten je zwei der drei Gruppen* (ε), (η), $(\varepsilon\eta)$ g_{p-1} *gerade und* u_{p-1} *ungerade Th. Char. gemeinsam, von denen aber keine zwei gepaart auftreten; alle drei Gruppen haben keine Th. Char. gemeinsam und enthalten zusammen* $3g_{p-1}$ *verschiedene gerade und* $3u_{p-1}$ *verschiedene ungerade Th. Char.*

In dem zweiten Falle, wo die beiden Per. Char. (ε) und (η) syzygetisch sind, ist für eine beliebige Th. Char. $[\varkappa]$ nach (74):

$$(107) \qquad |\varkappa| \cdot |\varepsilon\varkappa| \cdot |\eta\varkappa| \cdot |\varepsilon\eta\varkappa| = +1$$

und man schließt daraus, daß mit der Th. Char. $[\varkappa]$ jedenfalls noch eine der drei Th. Char. $[\varepsilon\varkappa]$, $[\eta\varkappa]$, $[\varepsilon\eta\varkappa]$ möglicherweise alle drei gleichzeitig gerade und ungerade sind. Beschränkt man sich daher zunächst auf den Fall, daß $[\varkappa]$ gerade ist, so folgt aus dem soeben Gesagten, daß überhaupt jede gerade Th. Char. jedenfalls in einer der drei Gruppen (ε), (η), $(\varepsilon\eta)$, möglicherweise in allen dreien enthalten ist. Da nun alle drei Gruppen $6g_{p-1}$ gerade Th. Char. enthalten, die Anzahl aller verschiedenen geraden Th. Char. aber g_p beträgt, so ergibt sich, daß in den drei Gruppen:

$$(108) \qquad 3g_{p-1} - \tfrac{1}{2}g_p = 4g_{p-2}$$

gerade Th. Char. dreimal, die übrigen

$$(109) \qquad g_p - 4g_{p-2} = 3 \cdot 2^{2p-3}$$

geraden Th. Char. nur einmal auftreten, und daß also je zwei der drei Gruppen $4g_{p-2}$ gerade Th. Char. gemeinsam enthalten, die dann alle überdies auch in der dritten Gruppe enthalten sind. Um die Verteilung dieser den drei Gruppen gemeinsamen geraden Th. Char. zu untersuchen, nehme man an, daß $[\varkappa]$ eine derselben sei; dann ergeben sich sofort für jede der drei Per. Char. (ε), (η), $(\varepsilon\eta)$ zwei Zerlegungen in zwei gerade Th. Char. von der Form:

$$
(110) \qquad \begin{aligned}
(\varepsilon) &= [\varkappa] + [\varepsilon\varkappa] &= [\eta\varkappa] + [\varepsilon\eta\varkappa], \\
(\eta) &= [\varkappa] + [\eta\varkappa] &= [\varepsilon\eta\varkappa] + [\varepsilon\varkappa], \\
(\varepsilon\eta) &= [\varkappa] + [\varepsilon\eta\varkappa] &= [\varepsilon\varkappa] + [\eta\varkappa],
\end{aligned}
$$

von denen, wie man sieht, jedes Paar aus den nämlichen vier Th. Char. nur in anderer Zusammenstellung besteht. Die $4g_{p-2}$ den drei Gruppen (ε), (η), $(\varepsilon\eta)$ gemeinsamen geraden Th. Char. ordnen sich also in g_{p-2} Systeme von je 4, derart daß die 4 Th. Char. eines solchen Systems in jeder der drei Gruppen zwei Paare bilden. Das oben gefundene Resultat, daß die beiden Th. Char. $[\eta\varkappa]$ und $[\eta\lambda] = [\varepsilon\eta\varkappa]$ stets von gleichem Charakter sind, wird man jetzt genauer dahin aussprechen, daß sie gerade sind, wenn $[\varkappa]$ (und $[\lambda]$) zu den in den drei Gruppen dreifach auftretenden geraden Th. Char. gehört, dagegen ungerade, wenn $[\varkappa]$ (und $[\lambda]$) in den drei Gruppen nur einfach enthalten ist.

Da wiederum für die Zerlegungen in zwei ungerade Th. Char. die nämliche Untersuchung angestellt werden kann, so hat man den

IX. Satz: *Sind die beiden eigentlichen und verschiedenen Per. Char. (ε) und (η) syzygetisch, so treten in den drei Gruppen (ε), (η), $(\varepsilon\eta)$ alle geraden und alle ungeraden Th. Char. auf, und zwar kommen von ihnen $3 \cdot 2^{2p-3}$ gerade und $3 \cdot 2^{2p-3}$ ungerade Th. Char. nur in einer der drei Gruppen vor, während die übrigen $4g_{p-2}$ geraden und $4u_{p-2}$ ungeraden Th. Char. allen drei Gruppen gemeinsam angehören. Diese $4g_{p-2}$ geraden bez. $4u_{p-2}$ ungeraden Th. Char. ordnen sich in g_{p-2} bez. u_{p-2} Systeme von je vier derart, daß die vier Th. Char. eines solchen Systems in jeder der drei Gruppen zwei Paare bilden.*

Die in den Sätzen VIII und IX auftretenden Anzahlen der zwei Gruppen (ε) und (η) gemeinsamen Th. Char. können auch folgendermaßen bestimmt werden. Der Ausdruck:

$$
(111) \qquad \varphi[\varkappa] = \tfrac{1}{8}(1 \pm |\varkappa|)(1 \pm |\varepsilon\varkappa|)(1 \pm |\eta\varkappa|)
$$

hat nur dann einen von Null verschiedenen Wert, und zwar den Wert 1, wenn im Falle der oberen Zeichen die drei Th. Char. $[\varkappa]$, $[\varepsilon\varkappa]$, $[\eta\varkappa]$ alle drei gerade, im Falle der unteren Zeichen die drei Th. Char. $[\varkappa]$, $[\varepsilon\varkappa]$, $[\eta\varkappa]$ alle drei ungerade sind, d. h. wenn die gerade bez. ungerade Th. Char. $[\varkappa]$ den beiden Gruppen (ε), (η) gemeinsam angehört. Man erhält daher die Anzahl aller diesen beiden Gruppen gemeinsamen geraden bez. ungeraden Th. Char., wenn man an Stelle von $[\varkappa]$ der Reihe nach die sämtlichen 2^{2p} Th. Char. treten läßt und die Summe der entsprechenden Werte von $\varphi[\varkappa]$ bildet. Nennt man daher diese Anzahl φ, so ist:

$$
(112) \qquad \varphi = \tfrac{1}{8} \sum_{[\varkappa]} (1 \pm |\varkappa|)(1 \pm |\varepsilon\varkappa|)(1 \pm |\eta\varkappa|).
$$

Nun ist aber:

$$
\begin{aligned}
&(1 \pm |\varkappa|)(1 \pm |\varepsilon\varkappa|)(1 \pm |\eta\varkappa|)\\
&= 1 \pm |\varkappa| \pm |\varepsilon\varkappa| \pm |\eta\varkappa| + |\varkappa|\,|\varepsilon\varkappa|\\
(113)\qquad &\qquad + |\varkappa|\,|\eta\varkappa| + |\varepsilon\varkappa|\,|\eta\varkappa| \pm |\varkappa|\,|\varepsilon\varkappa|\,|\eta\varkappa|\\
&= 1 \pm |\varkappa| \pm |\varepsilon\varkappa| \pm |\eta\varkappa| + |\varepsilon|\,|\varepsilon,\varkappa|\\
&\qquad + |\eta|\,|\eta,\varkappa| + |\varepsilon|\,|\eta|\,|\varepsilon\eta,\varkappa| \pm |\varepsilon,\eta|\,|\varepsilon\eta\varkappa|,
\end{aligned}
$$

also da:

$$\sum_{[\varkappa]} 1 = 2^{2p},$$

$$(114)\qquad \sum_{[\varkappa]} |\varkappa| = \sum_{[\varkappa]} |\varepsilon\varkappa| = \sum_{[\varkappa]} |\eta\varkappa| = \sum_{[\varkappa]} |\varepsilon\eta\varkappa| = 2^p,$$

$$\sum_{[\varkappa]} |\varepsilon,\varkappa| = \sum_{[\varkappa]} |\eta,\varkappa| = \sum_{[\varkappa]} |\varepsilon\eta,\varkappa| = 0$$

ist:

$$(115)\qquad \varphi = 2^{p-3}[2^p \pm (3 + |\varepsilon,\eta|)].$$

Daraus folgt aber, wenn wie bei dem VII. Satz $|\varepsilon,\eta| = -1$ ist:

$$(116)\qquad \varphi = 2^{p-2}(2^{p-1} \pm 1) = \begin{matrix} g_{p-1},\\ u_{p-1},\end{matrix}$$

wenn dagegen wie bei dem VIII. Satz $|\varepsilon,\eta| = +1$ ist:

$$(117)\qquad \varphi = 2^{p-1}(2^{p-2} \pm 1) = \begin{matrix} 4g_{p-2},\\ 4u_{p-2}.\end{matrix}$$

In derselben Weise lassen sich nun auch die Anzahlen der irgend drei Gruppen (ε), (η), (ζ) gemeinsamen Th. Char. bestimmen, indem man den Ausdruck:

$$(118)\qquad \psi[\varkappa] = \tfrac{1}{16}(1 \pm |\varkappa|)(1 \pm |\varepsilon\varkappa|)(1 \pm |\eta\varkappa|)(1 \pm |\zeta\varkappa|)$$

bildet und berücksichtigt, daß dieser nur dann einen von Null verschiedenen Wert und zwar den Wert 1 hat, wenn bei den oberen Zeichen die vier Th. Char. $[\varkappa]$, $[\varepsilon\varkappa]$, $[\eta\varkappa]$, $[\zeta\varkappa]$ alle vier gerade, bei den unteren Zeichen die vier Th. Char. $[\varkappa]$, $[\varepsilon\varkappa]$, $[\eta\varkappa]$, $[\zeta\varkappa]$ alle vier ungerade sind, und daß man also die Anzahl der den drei Gruppen (ε), (η), (ζ) gemeinsamen geraden bez. ungeraden Th. Char. erhält, wenn man an Stelle von $[\varkappa]$ der Reihe nach die sämtlichen 2^{2p} Th. Char. treten läßt und die Summe der entsprechenden Werte von $\psi[\varkappa]$ bildet. Heißt man daher diese Anzahl ψ, so ist:

$$(119)\quad \psi = \sum_{[\varkappa]} \psi[\varkappa] = \tfrac{1}{16}\sum_{[\varkappa]}(1 \pm |\varkappa|)(1 \pm |\varepsilon\varkappa|)(1 \pm |\eta\varkappa|)(1 \pm |\zeta\varkappa|),$$

woraus man in der gleichen Weise wie oben bei φ:

$$\psi = \tfrac{1}{16}\Big[2^{2p} \pm (4 + |\varepsilon, \eta| + |\varepsilon, \zeta| + |\eta, \zeta| + |\varepsilon, \eta, \zeta|)\, 2^p + |\varepsilon|\,|\eta|\,|\zeta| \sum_{[\varkappa]} |\varepsilon\eta\zeta, \varkappa|\Big] \tag{120}$$

erhält.

Ist nun zunächst:

$$(\zeta) = (\varepsilon\eta), \tag{121}$$

so besitzt die am Ende der letzten Formel stehende Summe den Wert 2^{2p} und da dann ferner:

$$\begin{aligned} |\varepsilon| \cdot |\eta| \cdot |\zeta| = |\varepsilon| \cdot |\eta| \cdot |\varepsilon\eta| = |\varepsilon, \eta|, \\ |\varepsilon, \zeta| = |\eta, \zeta| = |\varepsilon, \eta, \zeta| = |\varepsilon, \eta| \end{aligned} \tag{122}$$

ist, so erhält man:

$$\psi = (1 + |\varepsilon, \eta|)\, 2^{p-2}(2^{p-2} \pm 1), \tag{123}$$

also, wenn $|\varepsilon, \eta| = -1$ ist, in Übereinstimmung mit dem VII. Satz:

$$\psi = 0, \tag{124}$$

wenn dagegen $|\varepsilon, \eta| = +1$ ist, in Überstimmung mit dem VIII Satz:

$$\psi = 2^{p-1}(2^{p-2} \pm 1) = \begin{matrix} 4g_{p-2}, \\ 4u_{p-2}. \end{matrix} \tag{125}$$

Ist (ζ) nicht $(\varepsilon\eta)$ gleich, so besitzt die am Ende der Formel (120) stehende Summe den Wert 0 und man erhält:

$$\psi = 2^{p-4}[2^p \pm (4 + |\varepsilon, \eta| + |\varepsilon, \zeta| + |\eta, \zeta| + |\varepsilon, \eta, \zeta|)]. \tag{126}$$

Sind nun zunächst die drei Per. Char. (ε), (η), (ζ) zu je zweien azygetisch, d. h. ist:

$$|\varepsilon, \eta| = |\varepsilon, \zeta| = |\eta, \zeta| = -1 \tag{127}$$

und daher auch

$$|\varepsilon, \eta, \zeta| = -1, \tag{128}$$

so ergibt sich:

$$\psi = 2^{2p-4}; \tag{129}$$

es haben also in diesem Falle die drei Gruppen (ε), (η), (ζ) 2^{2p-4} gerade und 2^{2p-4} ungerade Th. Char. gemeinsam, die, wie aus dem VIII. Satz folgt, in allen drei Gruppen ungepaart enthalten sind. Man hat daher den

X. Satz: *Sind die drei Per. Char. (ε), (η), (ζ) zu je zweien azygetisch und ist nicht $(\zeta) = (\varepsilon\eta)$, so haben die drei Gruppen (ε), (η), (ζ) 2^{2p-4} gerade und 2^{2p-4} ungerade Th. Char. gemeinsam, welche in jeder der drei Gruppen ungepaart auftreten.*

Sind weiter die beiden Per. Char. (ε) und (η) azygetisch, die Per. Char. (ζ) aber zu beiden syzygetisch, d. h. ist:

$$(130) \qquad |\varepsilon, \eta| = -1, \qquad |\varepsilon, \zeta| = |\eta, \zeta| = +1$$

und daher

$$(131) \qquad |\varepsilon, \eta, \zeta| = -1,$$

so ergibt sich:

$$(132) \qquad \psi = 2^{p-2}(2^{p-2} \pm 1) = \begin{matrix} 2g_{p-2}, \\ 2u_{p-2}; \end{matrix}$$

es haben also in diesem Falle die drei Gruppen (ε), (η), (ζ) $2g_{p-2}$ gerade und $2u_{p-2}$ ungerade Th. Char. gemeinsam, welche in (ε) und (η) ungepaart, in (ζ) dagegen gepaart enthalten sind. Man hat daher den

XI. Satz: *Sind die beiden Per. Char.* (ε) *und* (η) *azygetisch,* (ζ) *aber zu beiden syzygetisch, so haben die drei Gruppen* (ε), (η), (ζ) $2g_{p-2}$ *gerade und* $2u_{p-2}$ *ungerade Th. Char. gemeinsam, welche in den Gruppen* (ε) *und* (η) *ungepaart enthalten sind, in der Gruppe* (ζ) *dagegen* g_{p-2} *bez.* u_{p-2} *Paare bilden.*

Sind weiter die beiden Per. Char. (ε) und (η) syzygetisch, die Per. Char. (ζ) aber zu beiden azygetisch, d. h. ist:

$$(153) \qquad |\varepsilon, \eta| = +1, \qquad |\varepsilon, \zeta| = |\eta, \zeta| = -1$$

und daher

$$(134) \qquad |\varepsilon, \eta, \zeta| = +1,$$

so ergibt sich:

$$(135) \qquad \psi = 2^{p-2}(2^{p-2} \pm 1) = \begin{matrix} 2g_{p-2}, \\ 2u_{p-2}; \end{matrix}$$

es haben also auch in diesem Falle die drei Gruppen (ε), (η), (ζ) $2g_{p-2}$ gerade und $2u_{p-2}$ ungerade Th. Char. gemeinsam, welche aber jetzt in allen drei Gruppen ungepaart enthalten sind. Sind nämlich:

$$(136) \qquad \begin{matrix} (\varepsilon) = [\varkappa_\mu] + [\varepsilon\varkappa_\mu] = [\varepsilon\eta\varkappa_\mu] + [\eta\varkappa_\mu], \\ (\eta) = [\varkappa_\mu] + [\eta\varkappa_\mu] = [\varepsilon\eta\varkappa_\mu] + [\varepsilon\varkappa_\mu] \end{matrix} \qquad \left(\mu = 1, 2, \cdots, \begin{matrix} g_{p-2} \\ u_{p-2} \end{matrix}\right)$$

die $2g_{p-2}$ bez. $2u_{p-2}$ den beiden Gruppen (ε), (η) gemeinsamen Paare gerader bez. ungerader Th. Char., so enthält die Gruppe (ζ) außer anderen den Gruppen (ε) und (η) fremden die folgenden $2g_{p-2}$ bez. $2u_{p-2}$ Paare gerader bez. ungerader Th. Char.:

$$(137) \qquad (\zeta) = [\varkappa_\mu] + [\zeta\varkappa_\mu] = [\varepsilon\eta\varkappa_\mu] + [\varepsilon\eta\zeta\varkappa_\mu] \qquad \left(\mu = 1, 2, \cdots, \begin{matrix} g_{p-2} \\ u_{p-2} \end{matrix}\right)$$

und es sind also $[\varkappa_\mu]$, $[\varepsilon\eta\varkappa_\mu]$ $(\mu = 1, 2, \cdots)$ die den drei Gruppen (ε), (η), (ζ) gemeinsamen Th. Char. Man hat daher den

XII. Satz: *Sind die beiden Per. Char.* (ε) *und* (η) *syzygetisch,* (ζ) *aber zu beiden azygetisch, so haben die drei Gruppen* (ε), (η), (ζ) $2g_{p-2}$ *gerade und* $2u_{p-2}$ *ungerade Th. Char. gemeinsam, welche in allen drei Gruppen ungepaart enthalten sind, zu zweien aber in der Weise zusammengehören, daß immer zwei zusammengehörige Th. Char. in der Gruppe* $(\varepsilon\eta)$ *gepaart enthalten sind.*

Sind endlich die drei Per. Char. (ε), (η), (ζ) zu je zweien syzygetisch, d. h. ist:

$$(138) \qquad |\varepsilon, \eta| = |\varepsilon, \zeta| = |\eta, \zeta| = +1$$

und daher auch

$$(139) \qquad |\varepsilon, \eta, \zeta| = +1,$$

so ergibt sich:

$$(140) \qquad \psi = 2^{p-1}(2^{p-3} \pm 1) = \begin{matrix} 8g_{p-3}, \\ 8u_{p-3}; \end{matrix}$$

es haben also in diesem Falle die drei Gruppen (ε), (η), (ζ) $8g_{p-3}$ gerade und $8u_{p-3}$ ungerade Th. Char. gemeinsam, welche sich in g_{p-3} bez. u_{p-3} Systeme von je 8 derart ordnen, daß die 8 Th. Char. eines solchen Systems in jeder der drei Gruppen vier Paare bilden von der Form:

$$(141) \qquad \begin{aligned} (\varepsilon) &= [\varkappa_\mu] + [\varepsilon\varkappa_\mu] = [\eta\varkappa_\mu] + [\varepsilon\eta\varkappa_\mu] \\ &= [\zeta\varkappa_\mu] + [\zeta\varepsilon\varkappa_\mu] = [\eta\zeta\varkappa_\mu] + [\varepsilon\eta\zeta\varkappa_\mu], \\ (\eta) &= [\varkappa_\mu] + [\eta\varkappa_\mu] = [\zeta\varkappa_\mu] + [\eta\zeta\varkappa_\mu] \\ &= [\varepsilon\varkappa_\mu] + [\varepsilon\eta\varkappa_\mu] = [\zeta\varepsilon\varkappa_\mu] + [\varepsilon\eta\zeta\varkappa_\mu], \\ (\zeta) &= [\varkappa_\mu] + [\zeta\varkappa_\mu] = [\varepsilon\varkappa_\mu] + [\zeta\varepsilon\varkappa_\mu] \\ &= [\eta\varkappa_\mu] + [\eta\zeta\varkappa_\mu] = [\varepsilon\eta\varkappa_\mu] + [\varepsilon\eta\zeta\varkappa_\mu]. \end{aligned}$$

XIII. Satz: *Sind die drei Per. Char.* (ε), (η) *und* (ζ) *zu je zweien syzygetisch, und ist nicht* $(\zeta) = (\varepsilon\eta)$, *so haben die drei Gruppen* (ε), (η), (ζ) $8g_{p-3}$ *gerade und* $8u_{p-3}$ *ungerade Th. Char. gemeinsam, welche in Systeme von je 8 in der Weise sich ordnen, daß die 8 Th. Char. eines solchen Systems in jeder der drei Gruppen vier Paare bilden.*

Periodencharakteristiken sind zuerst von Herrn Prym[1]) und zwar zur Darstellung jener Systeme korrespondierender Halber der Perioden eingeführt worden, in welche das System der p Riemannschen Normalintegrale übergeht, wenn man für die Integralgrenzen Verzweigungspunkte wählt. Sie werden von Herrn Prym „Gruppencharakteristiken" genannt, insofern als jede von ihnen die ganze Gruppe kongruenter Charakteristiken vertritt. Ebenda finden sich auch die Thetacharakteristiken.

---

1) Prym, Zur Theorie der Functionen in einer zweiblättrigen Fläche. Züricher N. Denkschr. Bd. 22. 1867, pag. 11.

Per. Char. sind auch die von Herrn Nöther[1]) im Anschlusse an Riemann[2]) und Herrn Weber[3]) eingeführten *Gruppencharakteristiken*, wobei dieses Wort in dem Sinne gebraucht ist, daß diejenigen Paare gerader und ungerader Th. Char. (von Herrn Nöther „eigentliche" Char. genannt), welche dieselbe Summe haben, zu einer „Gruppe" gerechnet und diese Summe selbst als die „Gruppencharakteristik" bezeichnet wird.

Die Unterscheidung der Per. Char. von den Th. Char. ist später verwischt worden. Schon bei Weber[3]) ist die Verschiedenheit der Bezeichnung aufgehoben worden und vollends bei Schottky[4]), Frobenius[5]), Stahl[6]) und Prym[7]) hat jede Unterscheidung zwischen Per. Char. und Th. Char. aufgehört. Später hat Herr Nöther[8]) wieder auf die Notwendigkeit der Unterscheidung zwischen den beiden Arten von Charakteristiken hingewiesen, die, wie er auseinandersetzt, zweierlei Arten der Zuordnung von halben Perioden zu Systemen reiner Berührungskurven oder Wurzelformen entsprechen, nämlich der 2^{2p} Th. Char. zu den Wurzelformen ungerader Dimension und der 2^{2p} Per. Char. zu den Wurzelformen gerader Dimension[9]). Hier hat Herr Nöther auch zum ersten Male gezeigt, wie das verschiedenartige Verhalten der beiden Arten von Charakteristiken gegenüber einer ganzzahligen linearen Transformation der Perioden die Unterscheidung derselben klar bedinge.

---

1) Nöther, Über die Thetafunctionen von vier Argumenten. Erlanger Ber. Heft 10. 1878, pag. 87; Zur Theorie der Thetafunctionen von vier Argumenten. Math. Ann. Bd. 14. 1879, pag. 248; Über die Theta-Charakteristiken. Erl. Ber. Heft 11. 1879, pag. 198; Zur Theorie der Thetafunctionen von beliebig vielen Argumenten. Math. Ann. Bd. 16. 1880, pag. 270.

2) Riemann, Zur Theorie der Abel'schen Functionen für den Fall $p = 3$. (Nachlass). Ges. math. Werke. Leipzig 1876, pag. 456.

3) Weber, Theorie der Abel'schen Functionen vom Geschlecht 3. Berlin 1876.

4) Schottky, Abr. e. Th. d. Abel'schen Funct. etc.

5) Frobenius, Über das Additionstheorem der Thetafunctionen mehrerer Variabeln. J. für Math. Bd. 89. 1880, pag. 185; und: Über Gruppen von Thetacharakteristiken. J. für Math. Bd. 96. 1884, pag. 81.

6) Stahl, Das Additionstheorem der ϑ-Functionen mit p Argumenten. J. für Math. Bd. 88. 1880, pag. 117; und: Beweis eines Satzes von Riemann über ϑ-Charakteristiken. J. für Math. Bd. 88. 1880, pag. 273.

7) Prym, Unters. ü. d. Riemann'sche Thetaf. etc.

8) Nöther, Zum Umkehrproblem in der Theorie der Abel'schen Functionen. Math. Ann. Bd. 28. 1887, pag. 354; auch Schottky, Zur Theorie der Abel'schen Functionen von vier Variabeln. J. für Math. Bd. 102. 1888, pag. 304; und Frobenius, Über die Jacobi'schen Functionen dreier Variabeln. J. für Math. Bd. 105. 1889, pag. 35 haben sich später dieser Unterscheidung von Per. Char. und Th. Char. angeschlossen.

9) Ebenso bei Klein, Zur Theorie der Abel'schen Functionen. Math. Ann. Bd. 36. 1890, pag. 1 (auch schon vorher bei Burckhardt, Grundzüge einer allgemeinen Systematik der hyperelliptischen Functionen I. Ordnung. Nach Vorlesungen von F. Klein. Math. Ann. Bd. 35. 1890, pag. 198), der sie als Primcharakteristiken (Th. Char.) und Elementarcharakteristiken (Per. Char.) unterscheidet.

§ 5.

Fundamentalsysteme von Periodencharakteristiken.

Ein Fundamentalsystem von Periodencharakteristiken (F. S. von Per. Char.) werden $2p+1$ *Per. Char.* $(a_1), (a_2), \cdots, (a_{2p+1})$ *genannt, die zu je zweien azygetisch sind, für welche also die* $p(2p+1)$ *Gleichungen* $|a_\mu, a_\nu| = -1$ $(\mu, \nu = 1, 2, \cdots, 2p+1;\ \mu < \nu)$ *bestehen.*

Aus dieser Definition ergibt sich folgendermaßen das allgemeine Bildungsgesetz sowie die Bestimmung der Anzahl der F. S. von Per. Char. Um ein F. S. von Per. Char. zu bilden, nehme man für (a_1) eine beliebige der $2^{2p}-1$ eigentlichen Per. Char. (die uneigentliche Per. Char. (0) ist auszuschließen, da sie zu jeder anderen Per. Char. syzygetisch ist). Für (a_2) nehme man sodann irgend eine der 2^{2p-1} Lösungen der Gleichung:

$$|a_1, x| = -1. \tag{142}$$

Die folgende Per. Char. (a_3) hat den beiden Gleichungen:

$$|a_1, x| = -1, \qquad |a_2, x| = -1 \tag{143}$$

zu genügen. Diese Gleichungen haben 2^{2p-2} Lösungen, unter denen sich auch die Per. Char. $(a_1 a_2)$ befindet. Würde man aber diese für (a_3) wählen, so könnte keine vierte Per. Char. (a_4) gefunden werden, welche zu den drei Per. Char. $(a_1), (a_2), (a_3) = (a_1 a_2)$ azygetisch ist, da aus $|a_1, x| = |a_2, x| = -1$ notwendig $|a_1 a_2, x| = +1$ folgt. An Stelle von (a_3) kann also nur eine der $2^{2p-2}-1$ von $(a_1 a_2)$ verschiedenen Lösungen der Gleichungen (143) gesetzt werden. So hat man fortzufahren. Sind $2\lambda - 1$ Per. Char. $(a_1), (a_2), \cdots, (a_{2\lambda-1})$ ermittelt, die zu je zweien azygetisch sind, und von denen $(a_{2\lambda-1})$ nicht der Summe der übrigen gleich ist, so wähle man für $(a_{2\lambda})$ irgend eine der $2^{2p-2\lambda+1}$ Lösungen der $2\lambda - 1$ Gleichungen:

$$|a_\mu, x| = -1. \qquad (\mu = 1, 2, \cdots, 2\lambda - 1) \tag{144}$$

Eine solche Per. Char. ist dann stets von den $2\lambda - 1$ Per. Char. $(a_1), (a_2), \cdots, (a_{2\lambda-1})$ unabhängig, denn die Summe einer ungeraden Anzahl dieser Per. Char. ist zu jeder in dieser Summe vorkommenden, die Summe einer geraden Anzahl unter ihnen zu jeder in dieser Summe nicht vorkommenden der Per. Char. $(a_1), (a_2), \cdots, (a_{2\lambda-1})$ syzygetisch. Ist so $(a_{2\lambda})$ ermittelt, so hat an Stelle von $(a_{2\lambda+1})$ eine Lösung der 2λ Gleichungen:

$$|a_\mu, x| = -1 \qquad (\mu = 1, 2, \cdots, 2\lambda) \tag{145}$$

zu treten. Unter den $2^{2p-2\lambda}$ Lösungen dieser Gleichungen befindet sich stets die Summe $(a_1 a_2 \cdots a_{2\lambda})$; diese darf aber nicht als $(a_{2\lambda+1})$ gewählt werden, weil sonst die hierauf zu lösenden $2\lambda + 1$ Gleichungen:

(146) $$|a_\mu, x| = -1 \qquad (\mu = 1, 2, \cdots, 2\lambda + 1)$$

keine Lösung hätten, da aus den 2λ ersten unter ihnen notwendig $|a_1 a_2 \cdots a_{2\lambda}, x| = +1$ folgt. An Stelle von $(a_{2\lambda+1})$ kann also nur eine der $2^{2p-2\lambda} - 1$ von $(a_1 a_2 \cdots a_{2\lambda})$ verschiedenen Lösungen der Gleichungen (145) gesetzt werden; diese sind aber wiederum alle von den Per. Char. $(a_1), (a_2), \cdots, (a_{2\lambda})$ unabhängig. Hat man so endlich $2p - 2$ Per. Char. $(a_1), (a_2), \cdots, (a_{2p-2})$ ermittelt, die zu je zweien azygetisch sind, so hat für (a_{2p-1}) irgend eine der $2^2 - 1$ von $(a_1 a_2 \cdots a_{2p-2})$ verschiedenen Lösungen der $2p - 2$ Gleichungen:

(147) $$|a_\mu, x| = -1 \qquad (\mu = 1, 2, \cdots, 2p - 2)$$

zu treten, hierauf für (a_{2p}) eine beliebige der 2 Lösungen der Gleichungen:

(148) $$|a_\mu, x| = -1 \qquad (\mu = 1, 2, \cdots, 2p - 1)$$

und endlich für (a_{2p+1}) als die einzige Lösung der $2p$ Gleichungen:

(149) $$|a_\mu, x| = -1 \qquad (\mu = 1, 2, \cdots, 2p)$$

die Per. Char. $(a_{2p+1}) = (a_1 a_2 \cdots a_{2p})$. Aus diesem Bildungsgesetze für die $2p + 1$ Per. Char. eines F. S. ergibt sich einmal als Anzahl der verschiedenen F. S. (wenn man die nur durch die Reihenfolge der Per. Char. unterschiedenen F. S. als identisch betrachtet):

(150) $$\begin{aligned} &\frac{(2^{2p} - 1)\, 2^{2p-1} (2^{2p-2} - 1)\, 2^{2p-3} \cdots (2^2 - 1)\, 2}{(2p + 1)!} \\ &= \frac{(2^{2p} - 1)(2^{2p-2} - 1) \cdots (2^2 - 1)}{(2p + 1)!}\, 2^{p^2}, \end{aligned}$$

und weiter als Eigenschaft der Per. Char. eines F. S., daß stets die Summe aller $2p + 1$, niemals aber die Summe von weniger unter ihnen der uneigentlichen Per. Char. (0) gleich ist.

XIV. Satz: *Die Anzahl der verschiedenen F. S. von Per. Char. beträgt:*

(X) $$N = \frac{(2^{2p} - 1)(2^{2p-2} - 1) \cdots (2^2 - 1)}{(2p + 1)!}\, 2^{p^2}.$$

XV. Satz: *Die Summe aller $2p + 1$ Per. Char. eines F. S. aber nicht die Summe von weniger unter ihnen ist der uneigentlichen Per. Char.* (0) *gleich.*

Bildet man nun aus den $2p + 1$ Per. Char. eines F. S. alle Kombinationen zur $0^{\text{ten}}, 1^{\text{ten}}, 2^{\text{ten}}, \cdots, 2p + 1^{\text{ten}}$ Ordnung, so sind von den entstehenden

(151) $$1 + \binom{2p+1}{1} + \binom{2p+1}{2} + \cdots + \binom{2p+1}{2p+1} = (1 + 1)^{2p+1} = 2^{2p+1}$$

Per. Char. je zwei solche und nur zwei solche einander gleich, welche zusammen alle $2p+1$ Per. Char. des F. S. enthalten. Man erhält also auf die angegebene Weise alle 2^{2p} überhaupt existierenden Per. Char. und zwar jede zweimal und kann insbesondere für die eigentlichen Per. Char. den Satz aussprechen:

XVI. Satz: *Jede der $2^{2p}-1$ eigentlichen Per. Char. läßt sich immer und zwar auf zwei Weisen durch die $2p+1$ Per. Char eines F. S. darstellen. Die beiden Darstellungen enthalten zusammen alle $2p+1$ Per. Char. des F. S. und zwar jede nur einmal; die eine enthält also stets eine gerade, die andere eine ungerade Anzahl von Per. Char.*

Übergang von einem F. S. von Per. Char. zu einem anderen.

XVII. Satz: *Aus einem F. S. von Per. Char. $(a_1), (a_2), \cdots, (a_{2p+1})$ geht immer wieder ein F. S. von Per. Char. hervor, wenn man irgend eine gerade Anzahl seiner Per. Char. $(a_1), (a_2), \cdots, (a_{2\lambda})$ durch die Per. Char. $(sa_1), (sa_2), \cdots, (sa_{2\lambda})$ ersetzt, wo $s=(a_1 a_2 \cdots a_{2\lambda})$ ist. Man kann auf diese Weise von einem F. S. zu jedem beliebigen anderen gelangen.*

Die Richtigkeit des ersten Teiles dieses Satzes leuchtet unmittelbar ein, da die Per. Char. $(sa_1), (sa_2), \cdots, (sa_{2\lambda})$ sowohl zu je zweien untereinander als auch zu jeder der Per. Char. $(a_{2\lambda+1}), \cdots, (a_{2p+1})$ azygetisch sind. Um weiter zu zeigen, daß man auf die angegebene Weise von einem F. S. zu jedem beliebigen anderen übergehen kann, sei $(b_1), (b_2), \cdots, (b_{2p+1})$ irgend ein zweites F. S. von Per. Char. Dasselbe möge mit dem ursprünglichen die Per. Char. $(b_1)=(a_1), \cdots, (b_\varkappa)=(a_\varkappa)$ gemeinsam haben. Ist dann $\varkappa=2p$, so ist infolge der Gleichung $(a_1 a_2 \cdots a_{2p+1})=(b_1 b_2 \cdots b_{2p+1})=(0)$ auch $(b_{2p+1})=(a_{2p+1})$ und es sind die beiden F. S. identisch. Ist dagegen $\varkappa<2p$, so nehme man eine beliebige der weiteren Per. Char. des zweiten F. S. $(b_{\varkappa+1})$ und drücke sie als Summe einer ungeraden Anzahl von Per. Char. (a) des ersten F. S. aus. Diese Per. Char. sind dann, da $(b_{\varkappa+1})$ zu $(b_1)=(a_1), \cdots, (b_\varkappa)=(a_\varkappa)$ azygetisch ist, sämtlich von $(a_1), (a_2), \cdots, (a_\varkappa)$ verschieden, ohne aber, in dem Falle wo $\varkappa$ gerade ist, die Summe aller von $(a_1), (a_2), \cdots, (a_\varkappa)$ verschiedenen Per. Char. des ersten F. S. zu sein, da sonst $(b_{\varkappa+1})=(a_1 a_2 \cdots a_\varkappa)=(b_1 b_2 \cdots b_\varkappa)$ wäre, was unmöglich ist. Ist also $(b_{\varkappa+1})=(a_{\varkappa+1} a_{\varkappa+2} \cdots a_{\varkappa+2\lambda-1})$, so ist $\varkappa+2\lambda-1 < 2p+1$ und es gibt mindestens noch eine weitere unter den Per. Char. des ersten F. S. $(a_{\varkappa+2\lambda})$. Ersetzt man aber dann die gerade Anzahl unter den Per. Char. des ersten F. S. $(a_{\varkappa+1}), (a_{\varkappa+2}), \cdots, (a_{\varkappa+2\lambda})$ durch die Per. Char. $(sa_{\varkappa+1}), (sa_{\varkappa+2}), \cdots, (sa_{\varkappa+2\lambda})$, wo $(s)=(a_{\varkappa+1} a_{\varkappa+2} \cdots a_{\varkappa+2\lambda})$ ist, so erhält man ein neues F. S., welches außer den Per. Char. $(a_1)=(b_1), \cdots, (a_\varkappa)=(b_\varkappa)$ noch die Per. Char.

$(sa_{\varkappa+2\lambda}) = (b_{\varkappa+1})$ mit dem zweiten F. S. gemeinsam hat, mit ihm also mindestens $\varkappa + 1$ gemeinsame Per. Char. besitzt. So fortfahrend kann man schließlich zu einem F. S. gelangen, welches mit dem F. S. (b_1), $(b_2), \cdots, (b_{2p+1})$ $2p$ Per. Char. gemeinsam hat, also mit ihm identisch ist.

Es ist nicht uninteressant zu bemerken, daß man das im letzten Satze angegebene Verfahren, irgend eine gerade Anzahl 2λ von Per. Char. eines gegebenen F. S. $(a_1), (a_2), \cdots, (a_{2\lambda})$ durch die Per, Char. $(sa_1), (sa_2), \cdots, (sa_{2\lambda})$ zu ersetzen, wo $(s) = (a_1 a_2 \cdots a_{2\lambda})$ ist, durchführen kann, indem man es wiederholt auf nur vier dieser Per. Char. anwendet. Um die Richtigkeit dieser Behauptung einzusehen, teile man die 2λ Per. Char. $(a_1), (a_2), \cdots, (a_{2\lambda})$ in irgend welcher Reihenfolge in λ Paare und kombiniere diese λ Paare auf die $\frac{1}{2}(\lambda - 1)\lambda$ möglichen Weisen zu zweien. Wendet man dann das genannte Verfahren der Reihe nach auf die sämtlichen $\frac{1}{2}(\lambda - 1)\lambda$ so gebildeten Systeme von je vier Per. Char. an, so gehen in der Tat die 2λ Per. Char. $(a_1), (a_2), \cdots, (a_{2\lambda})$, je nachdem λ gerade oder ungerade ist, in die Per. Char. (sa_1) $(sa_2), \cdots, (sa_{2\lambda})$ oder in die Per. Char. $(sa_2), (sa_1)$, $(sa_4), \cdots, (sa_{2\lambda}), (sa_{2\lambda-1})$ über, wo $(s) = (a_1 a_2 \cdots a_{2\lambda})$ ist.

XVIII. Satz: *Durch eine ganzzahlige lineare Transformation geht aus einem F. S. von Per. Char. immer wieder ein F. S. von Per. Char. hervor. Man kann auf diese Weise von einem F. S. zu jedem beliebigen anderen gelangen.*

Die Richtigkeit des ersten Teiles dieses Satzes leuchtet unmittelbar ein, da durch jede ganzzahlige lineare Transformation zwei azygetische Per. Char. stets wieder in zwei azygetische übergehen. Um weiter zu zeigen, daß man auf diese Weise von einem F. S. von Per. Char. zu jedem beliebigen anderen gelangen kann, genügt es zu beweisen, daß man ein willkürlich gegebenes F. S. von Per. Char. $(a_1), (a_2), \cdots, (a_{2p+1})$ durch ganzzahlige lineare Transformation in ein spezielles z. B. das F. S.

$$
\begin{gathered}
(b_1) = \begin{pmatrix} 0 & 0 & 0 & \cdots & 0 \\ 1 & 0 & 0 & \cdots & 0 \end{pmatrix}, \qquad (b_2) = \begin{pmatrix} 1 & 0 & 0 & \cdots & 0 \\ 0 & 0 & 0 & \cdots & 0 \end{pmatrix}, \\
(b_3) = \begin{pmatrix} 1 & 0 & 0 & \cdots & 0 \\ 1 & 1 & 0 & \cdots & 0 \end{pmatrix}, \qquad (b_4) = \begin{pmatrix} 1 & 1 & 0 & \cdots & 0 \\ 1 & 0 & 0 & \cdots & 0 \end{pmatrix}, \\
\cdots\cdots\cdots\cdots\cdots\cdots \\
(b_{2p-1}) = \begin{pmatrix} 1 & 1 & \cdots & 1 & 0 \\ 1 & 1 & \cdots & 1 & 1 \end{pmatrix}, \qquad (b_{2p}) = \begin{pmatrix} 1 & 1 & \cdots & 1 & 1 \\ 1 & 1 & \cdots & 1 & 0 \end{pmatrix}, \\
(b_{2p+1}) = \begin{pmatrix} 1 & 1 & \cdots & 1 \\ 1 & 1 & \cdots & 1 \end{pmatrix}
\end{gathered}
\tag{152}
$$

überführen kann. Um sich aber von der Richtigkeit dieser Behauptung zu überzeugen, fasse man die im V. Satz pag. 153 definierten speziellen ganzzahligen linearen Transformationen A_ϱ, B_ϱ, $C_{\varrho\sigma}$, $D_{\varrho\sigma}$ ($\varrho, \sigma = 1, 2, \cdots, p$) ins Auge und beachte, daß durch die Transformation A_ϱ eine Per. Char. (ε) in jene Per. Char. (η) übergeht, für welche:

$$(153) \qquad \eta_\varrho \equiv \varepsilon_\varrho + \varepsilon_\varrho'$$

ist, daß ferner durch die Transformation B_ϱ eine Per. Char. (ε) in jene Per. Char. (η) übergeht, für welche:

$$(154) \qquad \eta_\varrho \equiv \varepsilon_\varrho', \quad \eta_\varrho' \equiv \varepsilon_\varrho$$

ist, daß weiter durch die Transformation $C_{\varrho\sigma}$ eine Per. Char. (ε) in jene Per. Char. (η) übergeht, für welche:

$$(155) \qquad \eta_\varrho \equiv \varepsilon_\varrho + \varepsilon_\sigma, \quad \eta_\sigma' \equiv \varepsilon_\sigma' + \varepsilon_\varrho'$$

ist, daß endlich durch die Transformation $D_{\varrho\sigma}$ eine Per. Char. (ε) in jene Per. Char. (η) übergeht, für welche:

$$(156) \qquad \eta_\varrho \equiv \varepsilon_\sigma, \quad \eta_\sigma \equiv \varepsilon_\varrho, \quad \eta_\varrho' \equiv \varepsilon_\sigma', \quad \eta_\sigma' \equiv \varepsilon_\varrho'$$

ist, während jedesmal alle nicht genannten Größen η, η' den entsprechenden Größen ε, ε' gleich sind. Man erkennt nun leicht, daß man durch passende Anwendung solcher spezieller Transformationen zunächst die erste Per. Char. (a_1) des gegebenen F. S. in die spezielle Per. Char. (b_1) überführen kann, indem man zuerst durch Transformationen A_ϱ, B_ϱ ($\varrho = 1, 2, \cdots, p$) die sämtlichen Elemente der oberen Horizontalreihe, und hierauf durch Transformationen $C_{\varrho\sigma}$, $D_{\varrho\sigma}$ ($\varrho, \sigma = 1, 2, \cdots, p$) alle Elemente der unteren Horizontalreihe mit Ausnahme des ersten auf Null reduziert. Während dieser Transformationen ist die zweite Per. Char. (a_2) des gegebenen F. S. in eine Per. Char. (a_2') übergegangen, bei welcher, da sie zur Per. Char (b_1) azygetisch ist, das erste Element der oberen Horizontalreihe den Wert 1 hat, und welche, ohne daß durch die dabei anzuwendenden Transformationen die Per. Char. (b_1) geändert wird, in die Per. Char. (b_2) übergeführt werden kann, indem man zuerst unter Beiseitelassung der ersten Vertikalreihe durch Transformationen A_ϱ, B_ϱ ($\varrho = 2, 3, \cdots, p$) die Elemente $\varepsilon_2, \varepsilon_3, \cdots, \varepsilon_p$ und durch Transformationen $C_{\varrho\sigma}$, $D_{\varrho\sigma}$ ($\varrho, \sigma = 2, 3, \cdots, p$) die Elemente $\varepsilon_3', \cdots, \varepsilon_p'$, hierauf durch die Transformation $B_1 A_1^{\varepsilon_1'} B_1$ das Element ε_1' und endlich durch die Transformation $B_1 C_{12}^{\varepsilon_2'} B_1$ das Element ε_2' auf Null reduziert. Jede andere Per. Char. (a_μ) ($\mu = 3, 4, \cdots, 2p+1$) des gegebenen F. S. ist nach diesen Transformationen in eine Per. Char. (a_μ') übergegangen, bei welcher, da sie zu (b_1) azygetisch ist, das erste Element der oberen, und da sie zu (b_2) azygetisch ist, auch das erste Element der unteren Vertikalreihe den Wert 1 hat. Indem man nun die erste Vertikalreihe ganz aus dem Spiele läßt, kann man mit den $p-1$ letzten Vertikalreihen wie vorher verfahren und die Per. Char. (a_3') und (a_4'), in welche die Per. Char. (a_3) und (a_4) des gegebenen F. S. durch die bisherigen Transformationen übergegangen sind, in die speziellen Per. Char. (b_3) und (b_4) überführen. So fortfahrend gelingt es schließlich, die $2p$ Per. Char. $(a_1), (a_2), \cdots, (a_{2p})$ des gegebenen F. S. in die Per. Char. $(b_1), (b_2), \cdots, (b_{2p})$ zu transformieren, wodurch dann wegen des XV. Satzes auch $(a_{2p+1}) = (b_{2p+1})$ wird.

Übergang zu den Thetacharakteristiken.

Bezeichnet man mit $(\overset{\nu}{\sum} a)$ die Summe von irgend ν verschiedenen unter den $2p+1$ Per. Char. $(a_1), (a_2), \cdots, (a_{2p+1})$ eines F. S., so sind, wie im Vorigen gezeigt worden ist, in den Formen:

$$(157) \qquad (0),\ (\overset{1}{\sum} a),\ (\overset{2}{\sum} a),\ \cdots,\ (\overset{p}{\sum} a)$$

alle 2^{2p} Per. Char. und zwar jede nur einmal enthalten; das Gleiche gilt daher auch von den Formen:

$$(158) \qquad (\varkappa),\ (\varkappa + \overset{1}{\sum} a),\ (\varkappa + \overset{2}{\sum} a),\ \cdots,\ (\varkappa + \overset{p}{\sum} a),$$

wo $(\varkappa)$ irgend eine Per. Char. und $(\varkappa + \overset{\nu}{\sum} a)$ die Summe der Per. Char. $(\varkappa)$ und $(\overset{\nu}{\sum} a)$ bezeichnet. Man fasse nun die Charakteristiken des F. S. als Th. Char. $[a_1], [a_2], \cdots, [a_{2p+1}]$ auf, suche unter ihnen die ungeraden heraus und bilde deren Summe $[n]$. Indem man dann diese Charakteristik an Stelle von $(\varkappa)$ in (158) treten läßt, erhält man die sämtlichen 2^{2p} Th. Char. dargestellt in den Formen:

$$(159) \qquad [n],\ [n + \overset{1}{\sum} a],\ [n + \overset{2}{\sum} a],\ \cdots,\ [n + \overset{p}{\sum} a].$$

Es soll jetzt der Charakter einer Th. Char. von der Form $[n + \overset{\nu}{\sum} a]$ bestimmt werden, wo ν irgend eine Zahl aus der Reihe $0, 1, \cdots, 2p+1$ bezeichnet; dabei wird sich zeigen, daß dieser Charakter von der besonderen Auswahl der ν Th. Char. $[a]$, aus denen die Summe $[\overset{\nu}{\sum} a]$ besteht, unabhängig ist, also für alle $\binom{2p+1}{\nu}$ Th. Char. von der Form $[n + \overset{\nu}{\sum} a]$ derselbe ist. Man bezeichne die Anzahl aller ungeraden Th. Char. $[a]$ mit s und weiter mit h die Anzahl jener ungeraden

Th. Char. $[a]$, welche in $[\sum^{\nu} a]$ vorkommen; es besteht dann die Th. Char. $[n + \sum^{\nu} a]$ aus $s - h$ ungeraden und $\nu - h$ geraden Th. Char. $[a]$, und es ist daher auf Grund der Formel (76) ihr Charakter bestimmt durch die Gleichung:

$$
\begin{aligned}
(160) \qquad |n + \sum^{\nu} a| &= (-1)^{(s-h) + \frac{1}{2}(s+\nu-2h)(s+\nu-2h-1)} \\
&= (-1)^{s + \frac{1}{2}(s+\nu)(s+\nu-1)}.
\end{aligned}
$$

Daraus erkennt man einmal, daß dieser Charakter in der Tat nur von der Anzahl ν aller Th. Char. in $[\sum^{\nu} a]$, nicht aber von der Anzahl h der unter ihnen vorkommenden ungeraden abhängt, daß also stets die zu gleichem ν gehörigen Th. Char. $[n + \sum^{\nu} a]$ auch gleichen Charakter haben; weiter aber erkennt man, daß dieser Charakter in den entgegengesetzten übergeht, wenn die Zahl ν sich um 2 ändert, daß also Th. Char. von der Form $[n + \sum^{\nu} a]$ und Th. Char. von der Form $[n + \sum^{\nu \pm 2} a]$ stets ungleichen Charakters, Th. Char. von der Form $[n + \sum^{\nu} a]$ und Th. Char. von der Form $[n + \sum^{\nu \pm 4} a]$ dagegen stets gleichen Charakters sind. Beachtet man dann noch, daß jede Th. Char. von der Form $[n + \sum^{p+1} a]$ infolge des XV. Satzes auch in die Form $[n + \sum^{p} a]$ gebracht werden kann, die Th. Char. von den Formen $[n + \sum^{p} a]$ und $[n + \sum^{p+1} a]$ also jedenfalls gleichen Charakters sind, so erhält man schließlich die sämtlichen 2^{2p} Th. Char. angeordnet in zwei Reihen:

$$
(161) \qquad
\begin{array}{ll}
[n + \sum^{p-4\varrho} a], & [n + \sum^{p-4\varrho-3} a], \\
[n + \sum^{p-4\varrho-2} a], & [n + \sum^{p-4\varrho-1} a],
\end{array}
\qquad (\varrho = 0, 1, 2, \cdots)
$$

und weiß bestimmt, daß die eine Horizontalreihe die g_p geraden Th. Char. und jede nur einmal, die andere die u_p ungeraden Th. Char. und jede nur einmal enthält. Um zu entscheiden, welche Reihe die geraden und welche die ungeraden Th. Char. enthält, wird man die Anzahl der in jeder Reihe stehenden Th. Char. bestimmen; die eine Reihe muß g_p, die andere u_p Th. Char. enthalten, und die erstere stellt dann die geraden, die letztere die ungeraden Th. Char. dar.

Um nun die Anzahl der in den Formen $[n + \sum^{p-4\varrho} a]$ und $[n + \sum^{p-4\varrho-3} a]$ $(\varrho = 0, 1, 2, \cdots)$ enthaltenen Th. Char. zu bestimmen, gehe man von der Gleichung:

$$(162)\qquad (1+x)^{2p+1} = \sum_{\nu=0}^{2p+1} \binom{2p+1}{\nu} x^\nu$$

aus. Setzt man darin an Stelle von x der Reihe nach die Werte $+1$, -1, $+i$, $-i$, multipliziert die vier so entstandenen Gleichungen bez. mit $(+1)^p$, $(-1)^p$, $(-i)^p$, $(+i)^p$ und addiert sie zueinander, so erhält man, da

$$(163)\qquad (1\pm i)^{2p} = (\pm 2i)^p$$

ist:

$$(164)\qquad 2^{2p+1} + 2^{p+1} = \sum_{\nu=0}^{2p+1} [1+(-1)^{\nu+p}][1+(-1)^p i^{\nu+p}] \binom{2p+1}{\nu}.$$

Nun besitzt aber der Ausdruck

$$(165)\qquad [1+(-1)^{\nu+p}][1+(-1)^p i^{\nu+p}]$$

für $\nu \equiv p$ (mod. 4) den Wert 4, für $\nu \equiv p-1, p-2$ oder $p-3$ (mod. 4) dagegen den Wert Null; es fallen also auf der rechten Seite der letzten Gleichung alle jene Glieder heraus, bei denen nicht $\nu \equiv p$ (mod. 4) ist, und man erhält daher aus ihr, wenn man noch linke und rechte Seite durch 4 dividiert, die Gleichung:

$$(166)\qquad \begin{aligned} 2^{p-1}(2^p+1) &= \binom{2p+1}{p} + \binom{2p+1}{p-4} + \binom{2p+1}{p-8} + \cdots \\ &\quad + \binom{2p+1}{p+4} + \binom{2p+1}{p+8} + \cdots \\ &= \binom{2p+1}{p} + \binom{2p+1}{p-4} + \binom{2p+1}{p-8} + \cdots \\ &\quad + \binom{2p+1}{p-3} + \binom{2p+1}{p-7} + \cdots. \end{aligned}$$

Diese Gleichung zeigt aber, daß die Anzahl der in der ersten Horizontalreihe von (161) stehenden Th. Char. g_p ist, daß also die Th. Char. von den Formen:

$$(167)\qquad [n + \sum^{p-4\varrho} a], \quad [n + \sum^{p-4\varrho-3} a] \qquad (\varrho = 0, 1, 2, \cdots)$$

die g_p geraden, und folglich die in der zweiten Horizontalreihe stehenden Th. Char. von den Formen:

$$(168)\qquad [n + \sum^{p-4\varrho-2} a], \quad [n + \sum^{p-4\varrho-1} a] \qquad (\varrho = 0, 1, 2, \cdots)$$

die u_p ungeraden Th. Char. sind. Man hat also den

XIX. Satz: *Sind* $(a_1), (a_2), \cdots, (a_{2p+1})$ *die* $2p+1$ *Per. Char. eines F. S. und bezeichnet man mit* $[n]$ *die Summe der unter den*

$2p+1$ Th. Char. $[a_1], [a_2], \cdots, [a_{2p+1}]$ vorkommenden ungeraden Th. Char., so werden von den Formen:

$$\text{(XI)} \qquad [n + \sum^{p-4\varrho} a], \quad [n + \sum^{p-4\varrho-3} a] \qquad (\varrho = 0, 1, 2, \cdots)$$

die sämtlichen g_p geraden Th. Char. und jede nur einmal; von den Formen:

$$\text{(XII)} \qquad [n + \sum^{p-4\varrho-2} a], \quad [n + \sum^{p-4\varrho-1} a] \qquad (\varrho = 0, 1, 2, \cdots)$$

die sämtlichen u_p ungeraden Th. Char. und jede nur einmal geliefert;

oder unter Anwendung des XV. Satzes in etwas anderer Fassung:

XX. Satz: *Sind $(a_1), (a_2), \cdots, (a_{2p+1})$ die $2p+1$ Per. Char. eines F. S. und bezeichnet man mit $[n]$ die Summe der unter den $2p+1$ Th. Char. $[a_1], [a_2], \cdots, [a_{2p+1}]$ vorkommenden ungeraden Th. Char., so werden von den Formen:*

$$\text{(XIII)} \qquad [n + \sum^{p \pm 4\varrho} a] \qquad (\varrho = 0, 1, 2, \cdots)$$

und ebenso von den Formen:

$$\text{(XIV)} \qquad [n + \sum^{p+1 \pm 4\varrho} a] \qquad (\varrho = 0, 1, 2, \cdots)$$

die sämtlichen g_p geraden Th. Char. und jede nur einmal; von den Formen:

$$\text{(XV)} \qquad [n + \sum^{p+2 \pm 4\varrho} a] \qquad (\varrho = 0, 1, 2, \cdots)$$

und ebenso von den Formen:

$$\text{(XVI)} \qquad [n + \sum^{p+3 \pm 4\varrho} a] \qquad (\varrho = 0, 1, 2, \cdots)$$

die sämtlichen u_p ungeraden Th. Char. und jede nur einmal geliefert.

Die $2p+1$ Th. Char. von der Form $[n + \sum^{1} a]$ sind nach den letzten Sätzen alle von demselben Charakter und zwar gerade, wenn $p \equiv 0$ oder $1 \pmod{4}$, ungerade, wenn $p \equiv 2$ oder $3 \pmod{4}$ ist. Man sagt von ihnen, daß sie eine *Hauptreihe* von Th. Char. bilden; ihre Kombinationen $3^{\text{ter}}, 5^{\text{ter}}, 7^{\text{ter}}, \cdots$ Ordnung sind jedesmal ebenfalls unter sich von gleichem Charakter und zwar die Kombinationen $5^{\text{ter}}, 9^{\text{ter}}, \cdots$ Ordnung von demselben, die Kombinationen $3^{\text{ter}}, 7^{\text{ter}}, \cdots$ Ordnung von entgegengesetztem Charakter wie die Th. Char. der Hauptreihe selbst. Auf diese Weise erhält man den

XXI. Satz: *Sind* $(a_1), (a_2), \cdots, (a_{2p+1})$ *die* $2p+1$ *Per. Char. eines F. S. und bezeichnet man mit* $[n]$ *die Summe der unter den* $2p+1$ *Th. Char.* $[a_1], [a_2], \cdots, [a_{2p+1}]$ *vorkommenden ungeraden Th. Char., so sagt man von den* $2p+1$ *Th. Char.*

$$\text{(XVII)} \quad [h_1] = [na_1], \quad [h_2] = [na_2], \quad \cdots, \quad [h_{2p+1}] = [na_{2p+1}],$$

daß sie eine Hauptreihe von Th. Char. bilden, und man erhält, je nachdem $p \equiv 0, 1$ (mod. 4) *oder* $p \equiv 2, 3$ (mod. 4) *ist, von den Formen:*

$$\text{(XVIII)} \qquad [\sum^{4\varrho+1} h] \qquad (\varrho = 0, 1, 2, \cdots)$$

die sämtlichen geraden oder ungeraden Th. Char. und jede nur einmal, von den Formen:

$$\text{(XIX)} \qquad [\sum^{4\varrho+3} h] \qquad (\varrho = 0, 1, 2, \cdots)$$

die sämtlichen ungeraden oder geraden Th. Char. und jede nur einmal geliefert, während die Kombinationen gerader Ordnung:

$$\text{(XX)} \qquad (\sum^{2\varkappa} h) \qquad (\varkappa = 1, 2, \cdots, p)$$

der Charakteristiken der Hauptreihe die sämtlichen $2^{2p}-1$ *eigentlichen Per. Char. und zwar jede nur einmal liefern.*

§ 6.

Die Gruppe der mod. 2 inkongruenten ganzzahligen linearen Transformationen.

Da zwei ganzzahlige lineare Transformationen T, T', deren Transformationszahlen $c_{\alpha\beta}$ bez. $c'_{\alpha\beta}$ $(\alpha, \beta = 1, 2, \cdots, 2p)$ den $4p^2$ Kongruenzen:

$$\text{(169)} \qquad c_{\alpha\beta} \equiv c'_{\alpha\beta} \pmod{2}$$

genügen, eine gegebene Per. Char. (ε) stets in die nämliche Per. Char. $(\bar{\varepsilon})$ überführen, so sollen dieselben hier als nicht verschieden angesehen werden. Die unendliche Gruppe der ganzzahligen linearen Transformationen reduziert sich dann auf eine endliche, welche *die Gruppe G der mod. 2 inkongruenten ganzzahligen linearen Transformationen* genannt wird. Es soll zunächst der Grad Ω dieser Gruppe bestimmt werden.

Da nach dem XVIII. Satz durch eine ganzzahlige lineare Transformation ein F. S. von Per. Char. immer wieder in ein F. S. von Per. Char. übergeht, und da man auf diese Weise ein gegebenes F. S. in jedes beliebige andere, entweder von anderen Per. Char. gebildete, oder auch von denselben Per. Char. nur in anderer Reihenfolge, überführen kann, so ergibt sich, das der Grad Ω der Gruppe G, d. h. die Anzahl der mod. 2 inkongruenten ganzzahligen linearen Transformationen mit der Anzahl der verschiedenen F. S. von Per. Char. übereinstimmt (wobei aber zwei F. S., die sich nur durch die Reihenfolge der Per. Char. unterscheiden, als verschieden zu zählen sind), sobald nachgewiesen ist, daß nur durch die identische Transformation aber durch keine andere ein F. S. in sich, auch der Reihenfolge der Per. Char. nach, übergehen kann. Von der Richtigkeit dieser letzten Behauptung überzeugt man sich aber folgendermaßen. Sobald durch eine Transformation T ein F. S. in sich übergeht, auch der Reihenfolge seiner Per. Char. nach, wird durch diese Transformation T gemäß dem XVI. Satz überhaupt jede der 2^{2p} Per. Char. in sich übergeführt, also speziell auch jene $2p$, bei denen immer nur ein Element den Wert 1 besitzt, während alle $2p-1$ anderen den Wert 0 haben; aus den Formeln (17) ergibt sich aber dann sofort, daß:

(170) $$c_{\alpha\beta} = \begin{matrix} 0, \text{ wenn } \alpha \gtrless \beta, \\ 1, \text{ wenn } \alpha = \beta, \end{matrix} \qquad (\alpha, \beta = 1, 2, \cdots, 2p)$$

ist, d. h. daß die Transformation T die identische ist. Man hat also den

XXII. Satz: *Der Grad Ω der Gruppe G der mod. 2 inkongruenten linearen Transformationen beträgt:*

(XXI) $$\Omega = (2p+1)!\,N = (2^{2p}-1)(2^{2p-2}-1)\cdots(2^2-1)\cdot 2^{p^2}.$$

Aus den $4p^2$ Transformationszahlen $c_{\alpha\beta}$ einer ganzzahligen linearen Transformation entstehen, indem man sie durch ihre kleinsten positiven Reste nach dem Modul 2 ersetzt, $4p^2$ Zahlen

(171) $$\begin{matrix} \varepsilon_{11}, & \cdots, & \varepsilon_{1,p}, & \varepsilon_{1,p+1}, & \cdots, & \varepsilon_{1,2p}, \\ \cdot & \cdot & \cdot & \cdot & \cdot & \cdot \\ \varepsilon_{p1}, & \cdots, & \varepsilon_{p,p}, & \varepsilon_{p,p+1}, & \cdots, & \varepsilon_{p,2p}, \\ \varepsilon_{p+1,1}, & \cdots, & \varepsilon_{p+1,p}, & \varepsilon_{p+1,p+1}, & \cdots, & \varepsilon_{p+1,2p}, \\ \cdot & \cdot & \cdot & \cdot & \cdot & \cdot \\ \varepsilon_{2p,1}, & \cdots, & \varepsilon_{2p,p}, & \varepsilon_{2p,p+1}, & \cdots, & \varepsilon_{2p,2p}, \end{matrix}$$

welche sämtlich den Wert 0 oder 1 besitzen und welche den $p(2p-1)$ Kongruenzen mod. 2:

(172) $$\sum_{\varrho=1}^{p} (\varepsilon_{\varrho\alpha}\,\varepsilon_{p+\varrho,\beta} - \varepsilon_{p+\varrho,\alpha}\,\varepsilon_{\varrho\beta}) \equiv \begin{matrix} 1, \text{ wenn } \beta = p+\alpha, \\ 0, \text{ wenn } \beta \gtrless p+\alpha, \end{matrix}$$
$$(\alpha, \beta = 1, 2, \cdots, 2p;\ \alpha < \beta)$$

genügen. Um nachzuweisen, daß auch umgekehrt zu jedem solchen

Systeme von $4p^2$ Zahlen $\varepsilon_{\alpha\beta}$ eine ganzzahlige lineare Transformation T existiert, deren Transformationszahlen $c_{\alpha\beta}$ mit ihnen durch die $4p^2$ Kongruenzen:

$$(173)\qquad c_{\alpha\beta} \equiv \varepsilon_{\alpha\beta} \pmod{2} \qquad (\alpha, \beta = 1, 2, \cdots, 2p)$$

verknüpft sind, hat man noch zu zeigen, daß die Anzahl der verschiedenen den Kongruenzen (172) genügenden Zahlensysteme $\varepsilon_{\alpha\beta}$ gleich ist der Anzahl Ω der mod. 2 inkongruenten ganzzahligen linearen Transformationen. Um diesen Nachweis zu erbringen, fasse man die $2p$ Zahlen $\varepsilon_{1\alpha}, \cdots, \varepsilon_{p\alpha}, \varepsilon_{p+1,\alpha}, \cdots, \varepsilon_{2p,\alpha}$ einer Vertikalreihe des quadratischen Schemas (171) als Elemente einer Per. Char. (ε_α) auf. Die $p(2p-1)$ Kongruenzen (172) sagen dann aus, daß die $2p$ so definierten Per. Char. $(\varepsilon_1), (\varepsilon_2), \cdots, (\varepsilon_{2p})$ die $p(2p-1)$ Gleichungen:

$$(174)\qquad |\varepsilon_\alpha, \varepsilon_\beta| = \begin{matrix} -1, & \text{wenn } \beta = p + \alpha, \\ +1, & \text{wenn } \beta \gtrless p + \alpha, \end{matrix} \qquad (\alpha, \beta = 1, 2, \cdots, 2p;\ \alpha < \beta)$$

befriedigen, und es kann jetzt die Anzahl der möglichen Zahlensysteme $\varepsilon_{\alpha\beta}$ dadurch bestimmt werden, daß man mit Hilfe des III. Satzes die Anzahl der verschiedenen Systeme von $2p$ Per. Char. $(\varepsilon_1), (\varepsilon_2), \cdots, (\varepsilon_{2p})$ ermittelt, welche den Bedingungen (174) genügen.

Um aber in allgemeinster Weise ein System von $2p$ Per. Char. $(\varepsilon_1), (\varepsilon_2), \cdots, (\varepsilon_{2p})$ zu bilden, welches die Bedingungen (174) erfüllt, nehme man für (ε_1) eine beliebige der $2^{2p}-1$ eigentlichen Per. Char. und hierauf für (ε_{p+1}) irgend eine der 2^{2p-1} Lösungen der Gleichung:

$$(175)\qquad |\varepsilon_1, \varepsilon_{p+1}| = -1.$$

Die Per. Char. (ε_2) hat ferner die beiden Gleichungen:

$$(176)\qquad |\varepsilon_1, \varepsilon_2| = +1, \quad |\varepsilon_{p+1}, \varepsilon_2| = +1$$

zu befriedigen; diesen Gleichungen genügen $2^{2p-2}-1$ eigentliche Per. Char., von denen eine beliebige an Stelle von (ε_2) gesetzt werden kann, worauf dann an Stelle von (ε_{p+2}) eine beliebige der 2^{2p-3} Lösungen der Gleichungen:

$$(177)\qquad |\varepsilon_1, \varepsilon_{p+2}| = +1, \quad |\varepsilon_2, \varepsilon_{p+2}| = -1, \quad |\varepsilon_{p+1}, \varepsilon_{p+2}| = +1$$

zu treten hat. So kann man fortfahren und erkennt, daß die Anzahl der verschiedenen den Bedingungen (174) genügenden Systeme von Per. Char. $(\varepsilon_1), (\varepsilon_2), \cdots, (\varepsilon_{2p})$ oder, was dasselbe ist, die Anzahl der verschiedenen aus Zahlen 0, 1 gebildeten, die Kongruenzen (172) erfüllenden Systeme von $4p^2$ Zahlen $\varepsilon_{\alpha\beta}$ in der Tat

$$(178)\qquad (2^{2p}-1)\,2^{2p-1}(2^{2p-2}-1)\,2^{2p-3}\cdots(2^2-1)\,2 = \Omega$$

ist. Damit ist aber auch der Nachweis erbracht, daß zu jedem solchen Zahlensysteme $\varepsilon_{\alpha\beta}$ eine ganzzahlige lineare Transformation T in dem obigen Sinne gehört, und man hat den Satz bewiesen:

XXIII. Satz: *Die Gesamtheit der mod. 2 inkongruenten ganzzahligen linearen Transformationen kann auch definiert werden als die Gesamtheit aller jener Gleichungensysteme:*

$$\text{(XXII)} \qquad \omega'_{\mu\alpha} = \sum_{\beta=1}^{2p} \varepsilon_{\alpha\beta}\,\omega_{\mu\beta}, \qquad \begin{pmatrix}\mu=1,2,\cdots,p\\ \alpha=1,2,\cdots,2p\end{pmatrix}$$

deren Koeffizienten $\varepsilon_{\alpha\beta}$ *ausschließlich die Werte* 0, 1 *besitzen und den* $p(2p-1)$ *Kongruenzen:*

$$\text{(XXIII)} \qquad \sum_{\varrho=1}^{p} (\varepsilon_{\varrho\alpha}\,\varepsilon_{p+\varrho,\beta} - \varepsilon_{p+\varrho,\alpha}\,\varepsilon_{\varrho\beta}) \equiv \begin{matrix}1, & \text{wenn} & \beta = p+\alpha,\\ 0, & \text{wenn} & \beta \gtrless p+\alpha,\end{matrix}$$
$$(\alpha, \beta = 1, 2, \cdots, 2p;\ \alpha < \beta)$$

genügen.

Aus dem Systeme der $2^{2p}-1$ eigentlichen Per. Char. geht durch eine ganzzahlige lineare Transformation T wieder das System der $2^{2p}-1$ eigentlichen Per. Char. nur in anderer Reihenfolge hervor, aber so, daß, wenn (ε_α) und (ε_β) syzygetisch oder azygetisch sind, dann auch die an ihre Stelle tretenden Per. Char. $(\bar{\varepsilon}_\alpha)$, $(\bar{\varepsilon}_\beta)$ syzygetisch oder azygetisch sind. Es entspricht also jeder ganzzahligen linearen Transformation T eine Substitution S der Per. Char., bei welcher zwei syzygetische Per. Char. wieder in zwei syzygetische, zwei azygetische Per. Char. wieder in zwei azygetische übergehen. Dieser Satz gilt auch umgekehrt. Ist nämlich S eine Charakteristikensubstitution der bezeichneten Art, so gibt es immer auch eine ganzzahlige lineare Transformation T, welche die nämliche Permutation der $2^{2p}-1$ eigentlichen Per. Char. verursacht. Von der Richtigkeit dieser Behauptung überzeugt man sich folgendermaßen. Man nehme aus den $2^{2p}-1$ eigentlichen Per. Char. (ε) $2p+1$ $(\varepsilon_1), (\varepsilon_2), \cdots, (\varepsilon_{2p+1})$ heraus, welche ein F. S. von Per. Char. bilden; die ihnen vermöge der Substitution S entsprechenden $2p+1$ Per. Char. $(\eta_1), (\eta_2), \cdots, (\eta_{2p+1})$ bilden dann, da auch sie zu je zweien azygetisch sind, gleichfalls ein F. S. und es gibt daher nach dem XVIII. Satz auch eine ganzzahlige lineare Transformation T, welche die Per. Char. $(\varepsilon_1), \cdots, (\varepsilon_{2p+1})$ in die Per. Char. $(\eta_1), \cdots, (\eta_{2p+1})$ überführt. Ist nun (ε_ϱ) eine beliebige weitere der Per. Char. (ε), so ist dieselbe unter allen nicht zum F. S. gehörigen Per. Char. (ε) eindeutig bestimmt durch ihr syzygetisches und azygetisches Verhalten zu den $2p+1$ Per. Char. des F. S., da nach dem XV. Satz die $2p+1$ Gleichungen:

$$(179) \quad |\varepsilon_1, \varepsilon_\varrho| = (-1)^{\delta_1}, \quad |\varepsilon_2, \varepsilon_\varrho| = (-1)^{\delta_2}, \quad \cdots, \quad |\varepsilon_{2p+1}, \varepsilon_\varrho| = (-1)^{\delta_{2p+1}}$$

$2p$ unabhängige repräsentieren, durch $2p$ unabhängige derartige Gleichungen aber nach dem III. Satz eine Per. Char. eindeutig bestimmt ist. Bezeichnet man nun mit (η_ϱ) jene Per. Char., in welche (ε_ϱ) vermöge der Substitution S übergeht, so genügt dieselbe der Voraussetzung über die Substitutionen S zufolge der $2p+1$ Gleichungen:

$$(180)\quad |\eta_1, \eta_\varrho| = (-1)^{\delta_1},\quad |\eta_2, \eta_\varrho| = (-1)^{\delta_2},\quad \cdots,\quad |\eta_{2p+1}, \eta_\varrho| = (-1)^{\delta_{2p+1}}$$

und ist wiederum durch diese eindeutig bestimmt; daraus folgt aber, daß auch die Transformation T die Per. Char. (ε_ϱ) nur in die Per. Char. (η_ϱ) und keine andere überführen kann, da auch hier die Gleichungen (180) bestehen müssen. Man hat so den folgenden Satz bewiesen:

XXIV. Satz: *Die Gruppe G der mod. 2 inkongruenten ganzzahligen linearen Transformationen T ist holoedrisch isomorph zu der Gruppe H jener Substitutionen S der Per. Char., durch welche je zwei syzygetische Per. Char. wieder in zwei syzygetische, je zwei azygetische Per. Char. wieder in zwei azygetische übergehen.*

Man definiere jetzt weiter eine Gruppe H' von Substitutionen S' der Per. Char., indem man 2^{2p} erzeugende Substitutionen $S'_{(\varepsilon)}$ durch die Forderung definiert, daß $S'_{(\varepsilon)}$ eine Per. Char. (η) ungeändert lasse, wenn (η) zu (ε) syzygetisch ist, dagegen (η) in $(\varepsilon\eta)$ überführe, wenn (η) zu (ε) azygetisch ist. Jede Substitution $S'_{(\varepsilon)}$, mit Ausnahme der identischen $S'_{(0)}$, läßt dann 2^{2p-1} der Per. Char. ungeändert, während sie die 2^{2p-1} übrigen paarweise miteinander vertauscht. Es soll nachgewiesen werden, daß diese Gruppe H', wie sie durch die 2^{2p} Substitutionen $S'_{(\varepsilon)}$ als erzeugenden Substitutionen definiert ist, mit der Gruppe H identisch ist. Zunächst ist ohne Mühe zu sehen, daß durch eine Substitution $S'_{(\varepsilon)}$ zwei syzygetische Per. Char. (η), (ζ) wieder in zwei syzygetische, zwei azygetische Per. Char. wieder in zwei azygetische übergehen, und daß daher auch jedes F. S. von Per. Char. wieder in ein F. S. von Per. Char. übergeht. Daraus folgt aber bereits, daß die Gruppe H' nur entweder ein Teiler von H oder die Gruppe H selbst ist. Um das letztere zu beweisen, hat man nur noch zu zeigen, daß es in der Gruppe H' stets eine Substitution S' gibt, welche ein beliebig gegebenes F. S. $(a_1), (a_2), \cdots, (a_{2p+1})$ in ein willkürlich gegebenes zweites $(b_1), (b_2), \cdots, (b_{2p+1})$ überführt. Zu dem Ende ist zunächst zu zeigen, daß die Gruppe H' hinsichtlich der $2^{2p}-1$ eigentlichen Per. Char. transitiv ist, d. h. daß es möglich ist, eine beliebige eigentliche Per. Char. (ε) vermittelst einer Substitution S' in eine beliebige andere (η) überzuführen. Sind aber (ε) und (η) azygetisch, so wird diese Überführung durch die Substitution $S'_{(\varepsilon\eta)}$ geleistet, weil dann auch $(\varepsilon\eta)$ zu (ε) azygetisch ist, also (ε) in $(\varepsilon\eta\varepsilon) = (\eta)$ überführt. Sind (ε) und (η) syzygetisch, so bestimme man eine dritte Per. Char. (ζ), welche sowohl zu (ε) als zu (η) azygetisch ist; durch die nacheinander auszuführenden Substitutionen $S'_{(\varepsilon\zeta)}$, $S'_{(\eta\zeta)}$ wird dann die Überführung von (ε) in (η) bewirkt, da durch die erste (ε) in (ζ), durch die zweite (ζ) in (η) übergeht. Man nehme jetzt die erste Per. Char. (a_1) des gegebenen F. S. und bestimme, was nach dem soeben Bewiesenen stets möglich ist, eine Substitution S_1' der Gruppe H' derart, daß durch sie (a_1) in (b_1) übergeht. Die zweite Charakteristik (a_2) des gegebenen F. S. gehe durch S_1' in die Per. Char. (a_2') über; ist dann (a_2') zu (b_2) azygetisch, so bedarf es nur der weiteren Anwendung der Substitution $S'_{(a_2' b_2)}$, um die Per. Char. (a_2') in (b_2) überzuführen, während durch diese Substitution die Per. Char. (b_1) ungeändert bleibt. Ist dagegen (a_2') zu (b_2) syzygetisch, so bestimme man eine Per. Char. (ε), welche zu den drei Per. Char. (b_1), (a_2'), (b_2) azygetisch ist; durch die nacheinander auszuführenden Substitutionen $S'_{(\varepsilon a_2')}$, $S'_{(\varepsilon b_2)}$ geht dann (a_2') in (b_2) über, während beide Male (b_1) ungeändert bleibt. In dieser Weise hat man fortzufahren; ist nämlich eine Substitution S'_μ bestimmt, welche die Per. Char. $(a_1), (a_2), \cdots, (a_\mu)$ in die Per. Char. $(b_1), (b_2), \cdots, (b_\mu)$ überführt, und geht durch diese Substitution die folgende Per. Char. $(a_{\mu+1})$ des gegebenen F. S. in die Per. Char. $(a'_{\mu+1})$ über, so führt, wenn $(a'_{\mu+1})$ zu $(b_{\mu+1})$ azygetisch ist, die weitere Substitution $S'_{(a'_{\mu+1} b_{\mu+1})}$ die Per. Char. $(a'_{\mu+1})$ in $(b_{\mu+1})$ über, während sie, da $(a'_{\mu+1} b_{\mu+1})$ zu $(b_1), (b_2), \cdots, (b_\mu)$ syzygetisch ist, diese Per. Char. sämtlich ungeändert läßt. Ist dagegen $(a'_{\mu+1})$ zu $(b_{\mu+1})$ syzygetisch, so bestimme man eine Per. Char. (ε), welche zu $(b_1), (b_2), \cdots, (b_\mu), (a'_{\mu+1})$ und $(b_{\mu+1})$ azygetisch ist, und wende nacheinander die beiden Substitutionen $S'_{(\varepsilon a'_{\mu+1})}$, $S'_{(\varepsilon b_{\mu+1})}$ an. Ist endlich auf diese Weise eine Substitution S'_{2p-1} bestimmt, welche die Per. Char. $(a_1), (a_2), \cdots, (a_{2p-1})$ in die Per. Char. $(b_1), (b_2), \cdots, (b_{2p-1})$ überführt, so kann durch diese Substitution die Per. Char. (a_{2p}), da die neue Per. Char. zu jeder der $2p-1$ Per. Char. $(b_1), (b_2), \cdots, (b_{2p-1})$ azygetisch ist, nur in (b_{2p}) oder in (b_{2p+1}) übergehen. Im ersten Falle führt die Substitution S'_{2p-1} auch (a_{2p+1}) in (b_{2p+1}) über und daher das gegebene F. S. in das neue; im zweiten Falle wird diese Überführung durch die Substitution $S'_{2p} = S'_{2p-1} S_{(b_{2p} b_{2p+1})}$ bewerkstelligt. Damit ist aber bewiesen, daß es in der Gruppe H' stets eine Substitution S' gibt, welche ein beliebig gegebenes F. S. von Per. Char. in ein willkürlich gegebenes zweites überführt, und daraus folgt, wie oben erwähnt, daß die Gruppe H' mit der im letzten Satze genannten Gruppe H identisch ist.

Die Gruppe H' kann auch als eine Gruppe von Substitutionen von Th. Char. aufgefaßt werden, indem man die Substitution $S'_{(\varepsilon)}$ als jene Substitution von Th. Char. definiert, welche eine gerade Th. Char. $[\varkappa]$ mit $[\varepsilon\varkappa]$ vertauscht, wenn auch $[\varepsilon\varkappa]$ gerade ist, dagegen die gerade Th. Char. $[\varkappa]$ ungeändert läßt, wenn $[\varepsilon\varkappa]$ ungerade ist; und ebenso eine ungerade Th. Char. $[\varkappa]$ mit $[\varepsilon\varkappa]$ vertauscht, wenn auch $[\varepsilon\varkappa]$ ungerade, dagegen ungeändert läßt, wenn $[\varepsilon\varkappa]$ gerade, sodaß also durch die Substitution $S'_{(\varepsilon)}$ alle in der Gruppe (ε) vorkommenden Paare gerader und ungerader Th. Char. miteinander vertauscht werden, während alle in der Gruppe (ε) nicht vorkommenden Th. Char. ungeändert bleiben. Auf Grund der Sätze VIII und IX erkennt man dann, daß durch die Substitution $S'_{(\varepsilon)}$ eine Gruppe (η) in die Gruppe $(\varepsilon\eta)$ übergeführt wird, wenn die Per. Char. (ε) und (η) azygetisch sind, während die Gruppe (η) ungeändert bleibt, wenn die Per. Char. (ε) und (η) syzygetisch sind, daß also die Substitution $S'_{(\varepsilon)}$ in der Tat mit der vorher so bezeichneten identisch ist.

Die Gruppe H' ist als Substitutionsgruppe aller 2^{2p} Th. Char. natürlich intransitiv, da die geraden Th. Char. unter sich und die ungeraden unter sich permutiert werden; faßt man aber die geraden Th. Char. oder die ungeraden Th. Char. allein ins Auge, so ist die Gruppe H' für beide Fälle transitiv, da eine beliebige gerade oder ungerade Th. Char. $[\varkappa]$ mit der beliebigen geraden oder ungeraden Th. Char. $[\lambda]$ durch die Substitution $S'_{(\varkappa\lambda)}$ vertauscht wird. Hinsichtlich der ungeraden Th. Char. ist die Gruppe H' zweimal transitiv, d. h. jene Untergruppe J' von H', welche eine beliebige ungerade Th. Char. $[\varkappa]$ ungeändert läßt, ist hinsichtlich der $u_p - 1$ anderen wieder transitiv. Von der Richtigkeit dieser Behauptung kann man sich folgendermaßen überzeugen. Wäre die Gruppe J' intransitiv, so würde es unter den von $[\varkappa]$ verschiedenen ungeraden Th. Char. eine Anzahl von weniger als $\frac{1}{2}u_p = 2^{2p-2} - 2^{p-2}$ geben, welche bei allen Substitutionen der Gruppe J' unter sich permutiert werden. Es sei eine dieser Th. Char. mit $[\lambda]$ bezeichnet; wird dann eine ungerade Th. Char. $[\mu]$ so bestimmt, daß die Th. Char. $[\varkappa\lambda\mu]$ gerade ist, so gehört die Substitution $S'_{(\lambda\mu)}$ zur Gruppe J', da sie die Th. Char. $[\varkappa]$ ungeändert läßt, während sie $[\lambda]$ in $[\mu]$ überführt. Nun gibt es aber nach dem VII. Satz 2^{2p-2} solcher ungerader Th. Char. $[\mu]$, für welche bei gegebenen Th. Char. $[\varkappa]$, $[\lambda]$ die Th. Char. $[\varkappa\lambda\mu]$ gerade ist, und da $2^{2p-2} > \frac{1}{2}u_p$ ist, so ist die gemachte Annahme, wonach es weniger als $\frac{1}{2}u_p$ ungerade Th. Char. gebe, welche bei den Substitutionen der Gruppe J' unter sich permutiert werden, unstatthaft. Damit ist aber bewiesen, daß die Gruppe H' hinsichtlich der ungeraden Th. Char. zweimal transitiv ist.

Besondere Erwähnung verdient der Fall $p = 2$. In diesem Falle läßt sich nach dem VI. Satz jede der 15 eigentlichen Per. Char. nur auf eine Weise als Summe zweier ungerader Th. Char. darstellen, und da für $p = 2$ die Anzahl der ungeraden Th. Char. 6 beträgt, so sind diese Summen von je zweien die 15 überhaupt existierenden Kombinationen ohne Wiederholung zur zweiten Klasse der 6 ungeraden Th. Char., die 15 Substitutionen $S'_{(\varepsilon)}$ also die 15 Transpositionen der 6 ungeraden Th. Char. Damit ist aber die Gruppe H' als holoedrisch isomorph mit der Gruppe der 720 Vertauschungen von 6 Elementen nachgewiesen; in Übereinstimmung damit gibt in diesem Falle der XXII. Satz für Ω den Wert $15 \cdot 3 \cdot 16 = 720$. Man weiß, daß diese Gruppe die Gruppe der 360 geraden Permutationen von 6 Elementen als Normalteiler enthält; daß für den Fall $p > 2$ die Gruppe G eine einfache ist, hat C. Jordan[1]) bewiesen.

§ 7.

Fundamentalsysteme von Thetacharakteristiken.

Ein Fundamentalsystem von Thetacharakteristiken (F. S. von Th. Char.) werden $2p+2$ Th. Char. $[a_0']$, $[a_1']$, $\cdots$, $[a'_{2p+1}]$ genannt, die zu je dreien azygetisch sind, für welche also die Gleichungen $|a_\lambda', a_\mu', a_\nu'| = -1$ bestehen, sobald λ, μ, ν irgend drei verschiedene der Zahlen $0, 1, \cdots, 2p+1$ bezeichnen.

Addiert man eine der $2p+2$ Charakteristiken eines F. S. von Th. Char., etwa die Charakteristik $[a_0']$ zu den $2p+1$ übrigen und faßt die entstehenden $2p+1$ Charakteristiken als Per. Char.

$$(181)\qquad (a_1) = (a_0'a_1'),\quad (a_2) = (a_0'a_2'),\quad \cdots,\quad (a_{2p+1}) = (a_0'a'_{2p+1})$$

auf, so besteht zwischen je zwei derselben die Beziehung:

$$(182)\qquad |a_\mu, a_\nu| = |a_0'a_\mu', a_0'a_\nu'| = -1,$$

es bilden also die $2p+1$ Per. Char. (a_1), (a_2), $\cdots$, (a_{2p+1}) ein F. S. von Per. Char. Umgekehrt gehen aus jedem F. S. von Per. Char. (a_1), (a_2), $\cdots$, (a_{2p+1}), indem man zu ihnen eine willkürliche Charakteristik $[a_0']$ addiert, die entstehenden $2p+1$ Charakteristiken als Th. Char. auffaßt und die Th. Char. $[a_0']$ als $2p+2^{\text{te}}$ hinzunimmt, die $2p+2$ Charakteristiken

$$(183)\qquad [a_0'],\quad [a_1'] = [a_0'a_1],\quad [a_2'] = [a_0'a_2],\quad \cdots,\quad [a'_{2p+1}] = [a_0'a_{2p+1}]$$

eines F. S. von Th. Char. hervor.

XXV. Satz: *Addiert man eine der $2p+2$ Charakteristiken eines F. S. von Th. Char. zu den $2p+1$ übrigen und faßt die $2p+1$ entstehenden Charakteristiken als Per. Char. auf, so bilden dieselben ein F. S. von Per. Char. — Addiert man umgekehrt zu den $2p+1$ Charakteristiken eines F. S. von Per. Char. und der uneigentlichen Per. Char.*

---

1) Jordan, Traité des substitutions etc. Paris 1870, pag. 178; schon früher: Sur les équations de la division des fonctions abéliennes. Math. Ann. Bd. 1. 1869, pag. 583.

(0) *eine willkürliche Charakteristik und faßt die* $2p+2$ *entstehenden Charakteristiken als Th. Char. auf, so bilden dieselben ein F. S. von Th. Char.*

Da die Summe der $2p+1$ Per. Char. eines F. S., aber nicht die Summe von weniger unter ihnen der uneigentlichen Per. Char. (0) gleich ist, so ergibt sich, daß die Summe der $2p+2$ Th. Char. eines F. S., aber nicht die Summe einer geringeren geraden Anzahl unter ihnen der Th. Char. [0] gleich ist. Beachtet man dagegen, daß die Th. Char. $[a_0']$ sich stets als Summe einer ungeraden Anzahl $2\nu+1$ der Charakteristiken $(a_1), (a_2), \cdots, (a_{2p+1})$ und dann noch ein zweites Mal als Summe der $2p-2\nu$ übrigen darstellen läßt, daß also:

$$(184)\qquad [a_0'] = [\sum^{2\nu+1} a] = [\sum^{2p-2\nu} a]$$

ist, so ergibt sich sofort, indem man zu den drei Seiten dieser Gleichung die Th. Char. $[a_0']$ addiert:

$$(185)\qquad [0] = [\sum^{2\nu+1} a'] = [\sum^{2p-2\nu+1} a'],$$

sodaß also zweimal die Summe einer ungeraden Anzahl von den Th. Char. eines F. S. der Th. Char. [0] gleich ist; die beiden Summen enthalten zusammen alle $2p+2$ Th. Char. des F. S.

XXVI. Satz: *Die Summe der* $2p+2$ *Th. Char. eines F. S. ist* [0]; *dagegen sind weniger unter ihnen wesentlich unabhängig.*

Mit dem XXV. Satz ist zugleich ein Mittel an die Hand gegeben, wie man alle verschiedenen F. S. von Th. Char. bilden kann, da man früher gelernt hat, alle verschiedenen F. S. von Per. Char. zu bilden, und zwar entstehen dabei aus einem F. S. von Per. Char. 2^{2p} F. S. von Th. Char., welche dann auch untereinander in dem Zusammenhange stehen, daß alle aus einem unter ihnen hervorgehen, wenn man zu seinen $2p+2$ Th. Char. der Reihe nach die 2^{2p} Th. Char. addiert. Von solchen 2^{2p} F. S. von Th. Char. sagt man, daß sie einen *Komplex* bilden. Man zeigt leicht, daß keine zwei F. S. eines Komplexes einander gleich sein können, da aus $[\varkappa a_0'] = [a_1']$, woraus dann auch $[\varkappa a_1'] = [a_0']$ folgen würde, und $[\varkappa a_2'] = [a_3']$, woraus dann auch $[\varkappa a_3'] = [a_2']$ folgen würde, sich sofort $[a_0' a_1' a_2' a_3'] = [0]$ ergeben würde, was nach dem XXVI. Satz ausgeschlossen ist. Dagegen tritt das nämliche F. S. von Th. Char. in $2p+2$ verschiedenen Komplexen auf, wie man erkennt, wenn man beachtet, daß man aus ihm $2p+2$ verschiedene F. S. von Per. Char. ableiten kann, wenn man der Reihe nach seine $2p+2$ Charakteristiken zu den jedesmal $2p+1$ übrigen addiert. Daraus ergibt sich, daß die Anzahl N' der verschiedenen F. S. von Th. Char. mit der Anzahl N der verschiedenen F. S. von Per. Char. durch die Gleichung:

$$(186) \qquad N' = \frac{2^{2p} N}{2p+2}$$

zusammenhängt, daß also:

$$(187) \qquad N' = 2^{2p} \frac{(2^{2p}-1)(2^{2p-2}-1)\cdots(2^2-1)}{(2p+2)!} 2^{p^2}$$

ist.

XXVII. Satz: *Die Anzahl der verschiedenen F. S. von Th. Char. beträgt:*

$$(\mathrm{XXIV}) \qquad N' = 2^{2p} \frac{(2^{2p}-1)(2^{2p-2}-1)\cdots(2^2-1)}{(2p+2)!} 2^{p^2}.$$

Da nach dem XXVI. Satz die Summe aller $2p+2$ Th. Char. eines F. S., aber nicht die Summe einer geringeren geraden Anzahl von ihnen der Th. Char. [0] gleich ist, so folgt, daß man jede der 2^{2p} Th. Char. und zwar jede zweimal erhält, wenn man die sämtlichen 2^{2p+1} wesentlichen Kombinationen der $2p+2$ Th. Char. eines F. S. bildet. Für irgend eine wesentliche Kombination der $2p+2$ Th. Char. eines F. S. $[\sum_{\mu=1}^{2m+1} a'_\mu]$ ist aber nach Formel (81):

$$(188) \qquad \left|\sum_{\mu=1}^{2m+1} a'\right| = (-1)^m \prod_{\mu=1}^{2m+1} |a'_\mu|$$

und es stellt daher der Ausdruck

$$(189) \qquad \frac{1}{2i}\Big\{(1+i|a_0'|)(1+i|a_1'|)\cdots(1+i|a'_{2p+1}|) \\ -(1-i|a_0'|)(1-i|a_1'|)\cdots(1-i|a'_{2p+1}|)\Big\}$$

die doppelte Summe aller Charaktere der 2^{2p} Th. Char. dar, besitzt also den Wert 2^{p+1}. Sind aber von den $2p+2$ Th. Char. des F. S. s ungerade, $2p+2-s$ gerade, so erhält man hieraus:

$$(190) \qquad 2^{p+1} = \frac{1}{2i}[(1-i)^s(1+i)^{2p+2-s} - (1+i)^s(1-i)^{2p+2-s}] \\ = \frac{1}{2i}\cdot 2^s \cdot (2i)^{p+1-s}[1-(-1)^{p+1-s}]$$

oder:

$$(191) \qquad 2 = i^{p-s}[1-(-1)^{p+1-s}].$$

Aus dieser Gleichung ergibt sich aber, daß $s \equiv p \pmod{4}$ sein muß. Man hat also den

XXVIII. Satz: *In jedem F. S. von Th. Char. genügt die Anzahl s der ungeraden Th. Char. der Kongruenz* $s \equiv p$ (mod. 4).

Bezeichnet man daher mit $[n']$ die Summe der ungeraden unter den $2p+2$ Th. Char. eines F. S., so ist eine Th. Char. von der Form $[n' + \sum^{m} a']$ eine wesentliche Kombination der Th. Char. des F. S., wenn $m \equiv p+1$ (mod. 2) ist, und es werden daher von den Formen:

$$[n' + \sum^{p+2\nu+1} a'] \qquad \left(\nu = 0, {1, 2, \cdots \atop -1, -2, \cdots}\right) \tag{192}$$

nach dem vorher Bemerkten die sämtlichen 2^{2p} Th. Char. und zwar jede zweimal geliefert. Für eine solche Th. Char. wird aber nach Formel (81), wenn von den $p+2\nu+1$ Th. Char. der Summe $[\sum^{p+2\nu+1} a']$ $\varkappa$ ungerade sind und für die Th. Char. $[n' + \sum^{p+2\nu+1} a']$ daher die Anzahl der ungeraden ihrer Th. Char. $s - \varkappa$, die Anzahl aller aber $p + 2\nu + 1 + s - 2\varkappa$ beträgt, der Charakter bestimmt durch die Gleichung:

$$\left| n' + \sum^{p+2\nu+1} a' \right| = (-1)^{\frac{p+2\nu+s-2\varkappa}{2} + (s-\varkappa)} = (-1)^{\nu}, \tag{193}$$

und man hat daher sofort den

XXIX. Satz: *Bilden* $[a_0'], [a_1'], \cdots, [a'_{2p+1}]$ *ein F. S. von Th. Char. und ist* $[n']$ *die Summe der ungeraden Th. Char. unter ihnen, so läßt sich jede beliebige Th. Char. immer und zwar auf zwei Weisen darstellen in der Form:*

$$[\varepsilon] = [n' + \sum^{p \pm 2\nu+1} a'], \qquad (\nu = 0, 1, 2, \cdots) \tag{XXV}$$

und es ist eine in dieser Form gegebene Th. Char. gerade oder ungerade, je nachdem ν *gerade oder ungerade ist, d. h. es werden von den Formen:*

$$[n' + \sum^{p \pm 4\varrho+1} a'] \qquad (\varrho = 0, 1, 2, \cdots) \tag{XXVI}$$

die sämtlichen g_p *geraden Th. Char. und zwar jede zweimal; von den Formen:*

$$[n' + \sum^{p \pm 4\varrho+3} a'] \qquad (\varrho = 0, 1, 2, \cdots) \tag{XXVII}$$

die sämtlichen u_p *ungeraden Th. Char. und zwar jede zweimal geliefert.*

Man kann noch bemerken, daß zwischen der Summe $[n]$ der ungeraden unter den $2p+1$ Per. Char. eines F. S. $(a_1), (a_2), \cdots, (a_{2p+1})$

und der Summe $[n']$ der ungeraden unter den $2p+2$ Th. Char. eines daraus abgeleiteten F. S. $[a_0']$, $[a_1'] = [a_0' a_1], \cdots, [a_{2p+1}'] = [a_0' a_{2p+1}]$ stets die Beziehung $[n'] = [n + \overline{p+1}\, a_0']$ besteht, deren Richtigkeit man folgendermaßen dartut. Man kann $[a_0']$ stets in die Form $[a_0'] = [n + \sum^{\mu} a]$ bringen, wo μ eine der Zahlen $0, 1, \cdots, p$ bezeichnet; sei $[a_0'] = [n a_1 a_2 \cdots a_\mu]$; dann sind die μ Charakteristiken $[a_1'], [a_2'], \cdots, [a_\mu']$ untereinander von demselben Charakter, und ebenso sind die $2p+1-\mu$ Charakteristiken $[a_{\mu+1}'], [a_{\mu+2}'], \cdots, [a_{2p+1}']$ untereinander von dem nämlichen Charakter und von entgegengesetztem wie die vorher genannten μ Charakteristiken, und da $[a_0']$ im Falle $\mu \equiv p+1 \pmod{2}$ von gleichem, im Falle $\mu \equiv p \pmod{2}$ von entgegengesetztem Charakter wie die Charakteristiken $[a_1'], [a_2'], \cdots, [a_\mu']$, auch $[a_1' a_2' \cdots a_\mu'] = [n + \overline{\mu - 1}\, a_0']$ ist, so ergibt sich in jedem Falle als Summe der Charakteristiken gleichen Charakters unter den $2p+2$ Th. Char. $[a_0'], [a_1'], \cdots, [a_{2p+1}']$, wie oben behauptet, $[n'] = [n + \overline{p+1}\, a_0']$.

Bildet man aus den $2p+2$ Th. Char. eines F. S. alle Kombinationen gerader Ordnung, so erhält man sämtliche 2^{2p} Per. Char. und zwar jede zweimal; in den Formen $(0) = (\sum^{2p+2} a')$ die uneigentliche Per. Char. (0), in den Formen $(\sum^{2\nu} a)$ $(\nu = 1, 2, \cdots, p)$ die $2^{2p} - 1$ eigentlichen.

In der gleichen Weise sind in den Formen:

$$(194) \qquad (n' + \sum^{p \pm 2\nu} a') \qquad (\nu = 0, 1, 2, \cdots)$$

die sämtlichen 2^{2p} Per. Char. und zwar jede zweimal enthalten, und endlich liefern die Formen:

$$(195) \qquad (n' + \sum^{p \pm 4\varrho} a') \qquad (\varrho = 0, 1, 2, \cdots)$$

die sämtlichen 2^{2p} Per. Char. und zwar jede nur einmal, da hier niemals zwei Summen $(\sum^{p \pm 4\varrho} a')$ und $(\sum^{p \pm 4\sigma} a')$ zusammen alle $2p+2$ Th. Char. des F. S. und zwar jede nur einmal enthalten können, also keine zwei solche Per. Char. einander gleich sind. Bezeichnet man nun mit (p') eine Per. Char. von der Form:

$$(196) \qquad (p') = (n' + \sum^{\mu} a'),$$

wo $\mu \equiv p \pmod{4}$ ist, so ist eine Th. Char. $[p' a_\varkappa']$, wo $\varkappa$ eine der Zahlen $0, 1, 2, \cdots, 2p+1$ bezeichnet, ungerade oder gerade, je nachdem die Charakteristik $(a_\varkappa')$ unter den Charakteristiken der Summe $(\sum^{\mu} a')$ vorkommt oder nicht; von den $2p+2$ Th. Char.

$$(197) \qquad [p' a_0'],\ [p' a_1'],\ \cdots,\ [p' a_{2p+1}']$$

sind also genau μ ungerade, und man schließt daraus, da es zu gegebenem μ stets $\binom{2p+2}{\mu}$ verschiedene Per. Char. (p') gibt, daß in dem Komplexe der 2^{2p} F. S.

$$(198) \qquad [\varkappa a_0'],\ [\varkappa a_1'],\ \cdots,\ [\varkappa a_{2p+1}']$$

$\binom{2p+2}{\mu}$ F. S. vorkommen, welche μ ungerade Th. Char. enthalten. Indem man dann wieder F. S., welche sich nur durch die Reihenfolge der Th. Char. unterscheiden, als nicht verschieden ansieht, wird die Anzahl jener F. S. von Th. Char., welche eine gegebene Anzahl $\mu \equiv p$ (mod. 4) ungerader Th. Char. enthalten, durch den Satz bestimmt:

XXX. Satz: *Ist* $\mu \equiv p$ (mod. 4), *so gibt es:*

$$(\text{XXVIII}) \qquad N_\mu' = \frac{(2^{2p}-1)(2^{2p-2}-1)\cdots(2^2-1)}{\mu!\,(2p+2-\mu)!}\, 2^{p^2}$$

F. S. von Th. Char., welche genau μ *ungerade Th. Char. enthalten.*

Speziell kann man, wenn p gerade ist, die Per. Char. (p') immer und nur auf eine Weise so wählen, daß die $2p+2$ Th. Char. des F. S. (197) alle gerade oder alle ungerade sind, je nachdem $p \equiv 0$ oder 2 (mod. 4) ist, und falls p ungerade ist, die Per. Char. (p') auf $2p+2$ Weisen so wählen, daß von den $2p+2$ Th. Char. des F. S. (197) $2p+1$ gerade oder ungerade sind, je nachdem $p \equiv 1$ oder 3 (mod. 4) ist. Man erkennt, daß man auf diese Weise wieder zu den in dem XXI. Satz definierten $2p+1$ Th. Char. einer Hauptreihe gelangt ist, und zugleich, daß die Th. Char. einer Hauptreihe auch definiert werden können als $2p+1$ Th. Char., welche von gleichem Charakter und zu je dreien azygetisch sind. —

Da durch eine ganzzahlige lineare Transformation drei azygetische Th. Char. wieder in drei azygetische übergehen, so geht bei jeder ganzzahligen linearen Transformation aus einem F. S. von Th. Char. wieder ein F. S. von Th. Char. hervor. Da aber weiter durch eine ganzzahlige lineare Transformation eine gerade Th. Char. immer wieder in eine gerade, eine ungerade Th. Char. immer wieder in eine ungerade übergeht, so bleibt bei jeder ganzzahligen linearen Transformation die Anzahl s der unter den $2p+2$ Th. Char. eines F. S. vorkommenden ungeraden erhalten. Es gehen also nur solche F. S. von Th. Char. ineinander über, welche die gleiche Anzahl von ungeraden Th. Char. aufweisen. Betrachtet man aber zwei F. S. von Th. Char. auch dann als verschieden, wenn sie sich nur durch die Reihenfolge ihrer Th. Char. unterscheiden, so wird die Anzahl der verschiedenen F. S. mit s ungeraden Th. Char.

$$(2^{2p}-1)(2^{2p-2}-1)\cdots(2^2-1)\cdot 2^{p^2}=\Omega \tag{199}$$

gleich der Anzahl der mod. 2 inkongruenten ganzzahligen linearen Transformationen und man hat daher den

XXXI. Satz: *Durch eine ganzzahlige lineare Transformation geht aus einem F. S. von Th. Char. immer wieder ein F. S. von Th. Char. hervor, und zwar eines mit der gleichen Anzahl ungerader Th. Char. Man kann auf diese Weise von einem F. S. von Th. Char. mit s ungeraden Th. Char. zu jedem anderen derartigen gelangen.*

Das Verfahren von Weierstraß [1]), die Indizes aller 2^{2p} Thetafunktionen durch Komposition von $2p+1$ ausgezeichneten zu bilden, ist das früheste Beispiel für ein F. S. von Per. Char.

Ausdrücklich treten die F. S. von Per. Char. zuerst bei Prym [2]) auf; sie sind hier charakterisiert durch die Eigenschaft, daß es zu den $2p+1$ Per. Char. eines F. S. immer eine, zunächst noch unbekannte Th. Char. $[n]$ gibt, welche zu ihnen in der Beziehung steht, daß eine Th. Char. $[n+\sum^{p+\mu} a]$ gerade ist, wenn $\mu\equiv 0$ oder 1 (mod. 4), ungerade, wenn $\mu\equiv 2$ oder 3 (mod. 4) ist. Sodann wird gezeigt, daß die Th. Char. $[n]$ gleich ist der Summe der unter den $2p+1$ Charakteristiken $[a]$ vorkommenden ungeraden. Prym knüpft an eine bestimmte Zerschneidung der Riemannschen Fläche im hyperelliptischen Falle an, und wenn er auch bemerkt, daß die Resultate hiervon insofern unabhängig sind, als die Zerschneidung mannigfach modifizierbar ist, also verschiedene F. S. erhalten werden können, so hat er doch eine Substitutionstheorie im Galoisschen Sinne, also die Frage nach den invarianten Eigenschaften der F. S. bei ganzzahliger linearer Transformation und nach der Anzahl der überhaupt existierenden verschiedenen F. S. nicht im Auge. Zu einer solchen Theorie eignete sich auch der hyperelliptische Fall mit seinen vielen Besonderheiten nicht als Ausgangspunkt. In der Tat wurde die Eigenschaft, daß die $2p+1$ Per. Char. eines F. S. paarweise azygetisch sind, erst von

1) Königsberger, Über die Transformation etc. J. für Math. Bd. 64. 1865, pag. 17 und; Schottky, Abr. e. Th. d. Abel'schen Funct. etc.; vergl. auch: Cayley, Algorithm for the characteristics of the triple ϑ-functions. J. für Math. Bd. 87. 1879, pag. 165 und: Borchardt, Zusatz zur obigen Abhandlung (Algorithm for the characteristics of the triple ϑ-functions von Cayley) J. für Math. Bd. 87. 1879, pag. 169.

2) Prym, Zur Theorie der Functionen etc. Züricher N. Denkschr. Bd. 22. 1867, pag. 11.

Stahl[1]) angegeben. Später hat Prym[2]) seine Untersuchungen über die F. S. von Per. Char. wieder aufgenommen und auch die F. S. von Th. Char. definiert; aber diese erscheinen ihm nur als eine Verallgemeinerung der F. S. von Per. Char.

Die Begriffe der Galoisschen Theorie hat C. Jordan[3]) in die Charakteristikentheorie eingeführt. Sein „groupe abélien", wie er in den Art. 217—223 definiert ist, ist die Gruppe G der mod. 2 inkongruenten ganzzahligen linearen Transformationen, während die in den Art. 230—239 gegebene „zweite Definition" dieser Gruppe sich mit der Definition der Gruppe H jener Substitutionen von Per. Char. deckt, welche den Wert des Ausdrucks $|\varepsilon, \eta|$ ungeändert lassen, und endlich der in den Art. 318—335 behandelte „groupe de Steiner" mit der oben definierten Gruppe H' von Substitutionen von Th. Char. übereinstimmt. — In den Art. 321—325 finden sich jene Sätze über die mehreren Gruppen gemeinsamen Th. Char., welche oben als Satz VIII—XIII angeführt sind.

Weber[4]) definiert seine vollständigen Systeme ungerader Th. Char. $[\beta_1], [\beta_2], \cdots, [\beta_7]$ primär durch die Eigenschaft, daß eine gerade Th. Char. $[p]$ existiere, welche zu ihnen in der Beziehung steht, daß die 21 Th. Char. $[p\beta_\mu\beta_\nu]$ ungerade sind. Die Summe der 7 Th. Char. $[\beta]$ ist dann der geraden Th. Char. $[p]$ gleich, und die 35 Summen $[\beta_\lambda\beta_\mu\beta_\nu]$ von je drei verschiedenen der Th. Char. $[\beta]$ liefern die übrigen geraden Th. Char. Erst in zweiter Linie bemerkt Weber, daß die vollständigen Systeme ungerader Th. Char. auch durch die Eigenschaft definiert werden können, daß die Th. Char. $[\beta_\lambda\beta_\mu\beta_\nu]$ sämtlich gerade sind. Durch diese Eigenschaft sind aber die 7 Th. Char. $[\beta]$ als die Th. Char. einer Hauptreihe charakterisiert, da sie gleichen Charakters und auf Grund der Gleichung $|\beta_\lambda, \beta_\mu, \beta_\nu| = |\beta_\lambda| \cdot |\beta_\mu| \cdot |\beta_\nu| \cdot |\beta_\lambda\beta_\mu\beta_\nu| = -1$ zu je dreien azygetisch sind. — Addiert man zu ihnen die Th. Char. $[p]$ und faßt die 7 entstehenden Charakteristiken als Per. Char. $(p\beta_1), (p\beta_2), \cdots, (p\beta_7)$ auf, so bilden dieselben ein F. S. von Per. Char. — Später hat Weber[5]) noch gezeigt, daß ein vollständiges System ungerader Th. Char. durch eine ganzzahlige lineare Transformation in ein ebensolches System übergeht, und daß man auf diesem Wege aus einem vollständigen Systeme alle ableiten kann.

Die Untersuchungen von Nöther[6]) knüpfen an die Jordansche

---

1) Stahl, Beweis eines Satzes von Riemann etc. J. für Math. Bd. 88. 1880, pag. 273; auch: Das Additionstheorem etc. J. für Math. Bd. 88. 1880, pag. 117 und: Th. d. Abel'schen Functionen. Lpz 1896.

2) Prym, Unters. ü. d. Riemann'sche Thetaf. etc.

3) Jordan, Traité des substitutions etc. Paris 1870; auch: Sur les caractéristiques des fonctions Θ. C. R. Bd. 88. 1879, pag. 1020 und 1068; und: Mémoire sur les caractéristiques des fonctions Θ. J. de l'Éc. polyt. Bd. 28. 1879, pag. 35.

4) Weber, Theorie der Abel'schen Functionen vom Geschlecht 3. Berlin 1876.

5) Weber, Über die Transformationsth. etc. Ann. di Mat. (2) Bd. 9. 1879, pag. 126.

6) Nöther, Über die Thetaf. von vier Arg. Erlangen Ber. Heft 10. 1878,

Theorie des „groupe de Steiner" an. Das Prinzip der Untersuchung besteht darin, die von niedrigeren Zahlenwerten p her bekannten Resultate auf ein höheres p mit Hilfe des Satzes zu übertragen, daß die in zwei azygetischen Gruppen (ε), (η) gemeinsam enthaltenen g_{p-1} geraden und u_{p-1} ungeraden p-reihigen Th. Char. und die $2^{2p-2}-1$ zu (ε) und (η) syzygetischen eigentlichen p-reihigen Per. Char. untereinander in genau denselben Beziehungen stehen wie die überhaupt existierenden g_{p-1} geraden und u_{p-1} ungeraden $p-1$-reihigen Th. Char. und die $2^{2p-2}-1$ $p-1$-reihigen eigentlichen Per. Char. Zur Bildung der Charakteristikensysteme und zwar sowohl der F. S. von Per. Char. als der (von Nöther „ausgezeichnete Systeme von $2p+1$ Charakteristiken" genannten) Hauptreihen von Th. Char. dienen Systeme von $2p$ Per. Char. (r_1), (s_1), $\cdots$, (r_p), (s_p), welche durch die Bedingungen:

$$(200) \qquad |r_i, s_i| = -1, \quad |r_i, r_k| = |r_i, s_k| = |s_i, s_k| = +1$$
$$(i, k = 1, 2, \cdots, p; \; i \gtrless k)$$

definiert sind.

Die von Frobenius [1]) eingeführten „Fundamentalsysteme von Charakteristiken" sind mit den obigen F. S. von Th. Char. identisch. In vielen Teilen konnte sich die obige Darstellung an Frobenius anschließen, insbesondere rührt von ihm der Gedanke her, die Sätze über die Lösungen linearer Kongruenzen für die in der Charakteristikentheorie auftretenden Abzählungen zu verwerten.

Eingehende historisch-kritische Erörterungen über die Entwicklung der Charakteristikentheorie finden sich im IX. Abschnitte des Berichtes über die Entwicklung der Theorie der algebraischen Funktionen von Brill und Nöther [2]).

§ 8.

Gruppen von Periodencharakteristiken.

Alle Kombinationen von r unabhängigen Per. Char. (ε_1), (ε_2), $\cdots$, (ε_r) *bilden nebst der uneigentlichen Per. Char.* (0) *eine Gruppe E von 2^r verschiedenen Per. Char. Die Zahl r heißt der Rang, die Zahl 2^r die Ordnung der Gruppe E, die r Per. Char* (ε_1), (ε_2), $\cdots$, (ε_r) *oder irgend andere r unabhängige Per. Char. von E die Basis der Gruppe E.*

---

pag. 87; Zur Theorie der Thetaf. von vier Arg. Math. Ann. Bd. 14. 1879, pag. 248; Über die Theta-Charakt. Erlangen Ber. Heft 11. 1879, pag. 198; Zur Theorie der Thetaf. von beliebig vielen Arg. Math. Ann. Bd. 16. 1880, pag. 270; Zum Umkehrproblem etc. Math. Ann. Bd. 28. 1887, pag. 354.

1) Frobenius, Über das Additionstheorem etc. J. für Math. Bd. 89. 1880, pag. 185.

2) Brill und Nöther, Die Entwicklung der Theorie der algebraischen Functionen in älterer und neuerer Zeit. Jahresber. d. D. Math.-Ver. Bd. 3. 1894, pag. 107.

Die sämtlichen 2^{2p} Per. Char. überhaupt bilden eine Gruppe vom Range $2p$; es befinden sich also unter ihnen $2p$ unabhängige. Als Basis der Gruppe können hier zweckmäßig jene $2p$ Per. Char. gewählt werden, bei denen immer nur ein Element den Wert 1 hat, während jedesmal die $2p-1$ anderen den Wert Null besitzen. Daß diese $2p$ Per. Char. unabhängig sind, erkennt man unmittelbar und ebenso, in welcher Weise sich eine beliebige Per. Char. (ε) aus ihnen zusammensetzen läßt.

Um die gegenseitigen Beziehungen der Per. Char. einer Gruppe E zu erforschen, untersuche man, ob es in E außer (0) noch andere Per. Char. (α) gibt, die zu allen Per. Char. (ε) der Gruppe E syzygetisch sind; dazu ist notwendig und hinreichend, daß sie es zu den r Basischarakteristiken sind. Sind (α_1), (α_2) zwei solche Per. Char., so ist auch $(\alpha_1\alpha_2)$ eine; demnach bilden die Per. Char. (α) selbst wieder eine Gruppe A, die man die *syzygetische Untergruppe* von E nennt; ihr Rang sei m; zwischen je zwei ihrer Per. Char. besteht die Beziehung $|\alpha_\mu, \alpha_\nu| = +1$.

Zwei Per. Char. (ε_μ) und (ε_ν) von E heißen *mod. A äquivalent:*

$$(\varepsilon_\mu) \equiv (\varepsilon_\nu) \pmod{A}, \tag{201}$$

wenn ihre Summe $(\varepsilon_\mu \varepsilon_\nu)$ zur Gruppe A gehört. Sind dann (ε_1), (ε_2), (η_1), (η_2) vier Per. Char. von E und ist:

$$(\varepsilon_1) \equiv (\varepsilon_2), \quad (\eta_1) \equiv (\eta_2) \pmod{A}, \tag{202}$$

so ist:

$$|\varepsilon_1, \eta_1| = |\varepsilon_2, \eta_2|. \tag{203}$$

Ist nun $m < r$, so gibt es in E mindestens zwei zueinander azygetische Per. Char. (β_1), (β_2). Ist dann (α) irgend eine Per. Char. von A, so ist $(\alpha\beta_1\beta_2)$ sowohl zu (β_1) als zu (β_2) azygetisch. Man untersuche, ob es in E eine Per. Char. (β_3) gibt, die zu (β_1) und (β_2) azygetisch ist, ohne $(\beta_1\beta_2)$ äquivalent mod. A zu sein. Existiert eine solche, so untersuche man weiter, ob es eine Per. Char. (β_4) gibt, die zu (β_1), (β_2) und (β_3) azygetisch ist; ferner eine Per. Char. (β_5), die zu (β_1), (β_2), (β_3) und (β_4) azygetisch ist, ohne $(\beta_1\beta_2\beta_3\beta_4)$ äquivalent mod. A zu sein. Setzt man dieses Verfahren so lange als möglich fort, so erhält man n Per. Char. (β_1), (β_2), $\cdots$, (β_n) der Gruppe E mit den Eigenschaften: 1. je zwei derselben sind azygetisch; 2. keine Summe $(\beta_1\beta_2\cdots\beta_{2\nu+1})$ $(\nu = 1, 2, \cdots)$ ist in A enthalten; 3. es gibt in E keine zu (β_1), (β_2), $\cdots$ und (β_n) azygetische Per. Char., außer der Summe $(\beta_1\beta_2\cdots\beta_n)$, wenn n gerade ist. Man zeigt nun leicht, daß keine Kombination $(\gamma) = \left(\sum^{i}\beta\right)$ der Per. Char. (β) in A

enthalten sein kann. Es sei zunächst $i<n$; ist dann $(\beta_\varkappa)$ unter den i Per. Char. der Summe $(\sum^i \beta)$ enthalten, (β_λ) dagegen nicht, so ist:

$$(204) \qquad |\beta_\varkappa, \gamma| = (-1)^{i-1}, \quad |\beta_\lambda, \gamma| = (-1)^i, \quad |\beta_\varkappa \beta_\lambda, \gamma| = -1$$

also (γ) nicht zu A gehörig. Ist dagegen $i = n$, so ist (γ), wenn n ungerade ist, infolge der Eigenschaft 2 der Per. Char. (β), wenn n gerade ist, infolge der für jedes $\varkappa$ geltenden Gleichung:

$$(205) \qquad |\beta_\varkappa, \gamma| = (-1)^{n-1} = -1$$

nicht in A enthalten.

Nun kann man weiter zeigen, daß m unabhängige Per. Char. (α) und die n Per. Char. (β) zusammen eine volle Basis von E ausmachen, d. h. daß es in E keine Per. Char. gibt, die sich nicht aus den Per. Char. (α) und (β) zusammensetzen läßt. Wir nehmen an, es existiere eine solche Per. Char. (γ) und es sei für sie etwa:

$$(206) \qquad |\gamma, \beta_1| = \cdots = |\gamma, \beta_\mu| = +1, \quad |\gamma, \beta_{\mu+1}| = \cdots = |\gamma, \beta_n| = -1;$$

dann genügen die Per. Char.

$$(207) \qquad (\delta) = (\beta_1 \beta_2 \cdots \beta_\mu \gamma), \quad (\varepsilon) = (\beta_{\mu+1} \cdots \beta_n \gamma)$$

für jedes ν von 1 bis n den Gleichungen:

$$(208) \qquad |\delta, \beta_\nu| = (-1)^{\mu \pm 1}, \quad |\varepsilon, \beta_\nu| = (-1)^{n-\mu}.$$

Es müssen aber auf Grund der Eigenschaft 3 der Per. Char. (β) die beiden Zahlen $\mu \pm 1$ und $n - \mu$ gerade und also:

$$(209) \qquad |\delta, \beta_\nu| = +1, \quad |\varepsilon, \beta_\nu| = +1 \qquad (\nu = 1, 2, \cdots, n)$$

sein, d. h. man kann jede nicht zu den (α) und (β) gehörige Per. Char. (γ) der Basis von E durch Hinzunahme von Per. Char. (β) so abändern, daß sie den n Gleichungen:

$$(210) \qquad |\gamma, \beta_\nu| = +1 \qquad (\nu = 1, 2, \cdots, n)$$

genügt. Weiter folgt aber, wenn die beiden Zahlen $\mu \pm 1$ und $n - \mu$ gerade sind, daß n ungerade ist, und die Per. Char. $(\beta_1 \beta_2 \cdots \beta_n)$ würde jetzt nicht nur zu allen Per. Char. (α) und auf Grund der Gleichungen (210) zu allen Per. Char. (γ), sondern auch zu jeder einzelnen Per. Char. (β) syzygetisch sein, also zur Gruppe A gehören, was infolge der Eigenschaft 2 der Per. Char. (β) ausgeschlossen ist. Damit ist aber die Unstatthaftigkeit der Annahme, daß es von den (α) und (β) unabhängige Per. Char. der Gruppe E gäbe, nachgewiesen. Zugleich erkennt man, daß n gerade sein muß, da sonst $(\beta_1 \beta_2 \cdots \beta_n)$ zu allen Per. Char. der Basis von E syzygetisch wäre, was, wie soeben erwähnt, nicht stattfindet. Ersetzt man daher noch n durch $2n$, so kann man den Satz aussprechen:

XXXII. Satz: *Jede Gruppe E von 2^r Per. Char. hat eine Basis von der Form:*

$$\text{(XXIX)} \qquad (\alpha_1), \cdots, (\alpha_m), \quad (\beta_1), \cdots, (\beta_{2n}), \qquad (m+2n=r)$$

deren Per. Char. den Gleichungen:

$$\text{(XXX)} \qquad |\alpha_\varkappa, \alpha_\lambda| = +1, \quad |\alpha_\varkappa, \beta_\mu| = +1, \quad |\beta_\mu, \beta_\nu| = -1 \qquad \begin{pmatrix} \varkappa, \lambda = 1, 2, \cdots, m; & \varkappa < \lambda \\ \mu, \nu = 1, 2, \cdots, 2n; & \mu < \nu \end{pmatrix}$$

genügen. Eine solche Basis wird eine normale genannt.

Da die Per. Char. (α), (β) unabhängig sind, so haben die $m+2n$ Gleichungen:

$$(211) \qquad |\alpha_\varkappa, x| = +1, \quad |\beta_\mu, x| = +1 \qquad \begin{pmatrix} \varkappa = 1, 2, \cdots, m \\ \mu = 1, 2, \cdots, 2n \end{pmatrix}$$

$2^{2p-m-2n}$ Lösungen; zu ihnen gehören die 2^m Per. Char. (α); es ist also jedenfalls:

$$(212) \qquad 2p - m - 2n \geqq m, \quad m + n \overline{\overline{<}} p.$$

Ist E die Gruppe aller 2^{2p} Per. Char., so ist $m = 0$, $n = p$; es gibt also $2p$ unabhängige Per. Char., die zu je zweien azygetisch sind; solche bilden zusammen mit ihrer Summe ein F. S. von Per. Char.

Da die Per Char. (α), (β) unabhängig sind, so kann man weiter eine Per. Char. (β_{2n+1}) finden, welche den Gleichungen:

$$(213) \qquad |\alpha_1, x| = -1, \quad |\alpha_\lambda, x| = +1, \quad |\beta_\mu, x| = -1, \quad \begin{pmatrix} \lambda = 2, 3, \cdots, m \\ \mu = 1, 2, \cdots, 2n \end{pmatrix}$$

genügt; dann befriedigt die Per. Char. $(\alpha_1 \beta_{2n+1}) = (\beta_{2n+2})$ dieselben Gleichungen; es sind auch die Per. Char. (β_{2n+1}) und (β_{2n+2}) azygetisch, und die $m+2n+1$ Per. Char. $(\alpha_2), \cdots, (\alpha_m), (\beta_1), \cdots, (\beta_{2n+2})$ sind unabhängig. Denn bestünde zwischen ihnen eine Relation, so könnten in dieser infolge der Unabhängigkeit der Per. Char. (α), (β) weder beide Per. Char. (β_{2n+1}) und (β_{2n+2}) fehlen, noch wegen $(\beta_{2n+1} \beta_{2n+2}) = (\alpha_1)$ beide vorkommen; enthielte sie aber eine dieser beiden Per. Char., so wäre diese im Gegensatze zu den Gleichungen (213) zu (α_1) syzygetisch. In derselben Weise kann man (α_2) in die Summe $(\alpha_2) = (\beta_{2n+3} \beta_{2n+4})$ zweier azygetischer Per. Char. (β_{2n+3}) und (β_{2n+4}) zerlegen, welche den Gleichungen:

$$(214) \qquad |\alpha_2, x| = -1, \quad |\alpha_\lambda, x| = +1, \quad |\beta_\mu, x| = -1 \qquad \begin{pmatrix} \lambda = 3, 4, \cdots, m \\ \mu = 1, 2, \cdots, 2n \end{pmatrix}$$

genügen, und es sind die $m+2n+2$ Per. Char. $(\alpha_3), \cdots, (\alpha_m)$, $(\beta_1), \cdots, (\beta_{2n+4})$ unabhängig. Indem man so fortfährt, erhält man den

XXXIII. Satz: *Jede Gruppe E von Per. Char. hat eine Basis von der Form:*

$$\text{(XXXI)} \quad (\beta_1), \cdots, (\beta_{2n}), \quad (\beta_{2n+1}\beta_{2n+2}), \cdots, (\beta_{2n+2m-1}\beta_{2n+2m}),$$

wo $(\beta_1), \cdots, (\beta_{2n+2m})$ unabhängige Per. Char. sind, von denen je zwei azygetisch sind.

Durch lineare Transformation der Perioden geht aus einer Gruppe von Per. Char. immer wieder eine Gruppe von Per. Char. hervor; dabei bleibt nicht nur der Rang r der Gruppe selbst, sondern auch der Rang m ihrer syzygetischen Untergruppe ungeändert. Aus dem XXXIII. Satze folgt aber zusammen mit dem XVIII. Satze, daß man auch umgekehrt durch lineare Transformation von jeder Gruppe zu jeder anderen von gleichem Range und gleichem Range der syzygetischen Untergruppe gelangen kann.

Zu den 2^r Per. Char. einer Gruppe E vom Range r gibt es stets 2^{2p-r} Per. Char., welche zu allen Per. Char. von E syzygetisch sind, sie sind, wenn $(\varepsilon_1), (\varepsilon_2), \cdots, (\varepsilon_r)$ eine Basis von E sind, die Lösungen der r unabhängigen Gleichungen:

$$(215) \qquad |\varepsilon_1, x| = +1, \quad |\varepsilon_2, x| = +1, \quad \cdots, \quad |\varepsilon_r, x| = +1$$

und bilden selbst wieder eine Gruppe Z vom Range $2p - r$, die man die zu E *adjungierte* Gruppe nennt; es ist dann auch E die zu Z adjungierte Gruppe. Die Gruppen E und Z haben die syzygetische Untergruppe gemeinsam und es ist diese zugleich ihr größter gemeinsamer Teiler.

Konjugiert zu einer Gruppe E vom Range r nennt man weiter eine solche Gruppe H vom Range $2p - r$, deren Basischarakteristiken $(\eta_1), (\eta_2), \cdots, (\eta_{2p-r})$ zusammen mit den Basischarakteristiken $(\varepsilon_1), (\varepsilon_2), \cdots, (\varepsilon_r)$ von E $2p$ unabhängige Per. Char. bilden. Die konjugierte Gruppe H ist im Gegensatze zur adjungierten Z durch die Angabe von E nicht eindeutig bestimmt, da jede ihrer Basischarakteristiken durch eine beliebige ihr mod. E äquivalente ersetzt werden kann.

Sind je zwei Per. Char. einer Gruppe syzygetisch, wozu notwendig und hinreichend ist, daß es je zwei Per. Char. ihrer Basis sind, so heißt die Gruppe selbst *syzygetisch.* Der Rang einer syzygetischen Gruppe kann auf Grund der Relationen (212) nicht größer als p sein. Eine syzygetische Gruppe vom Range p heißt eine *Göpelsche Gruppe.*

Um die Basis einer Göpelschen Gruppe zu bestimmen, wähle man (α_1) beliebig unter den $2^{2p} - 1$ eigentlichen Per. Char. aus; nehme sodann für (α_2) eine der $2^{2p-1} - 2 = 2(2^{2p-2} - 1)$ von (0) und (α_1) verschiedenen Lösungen der Gleichung:

$$(216) \qquad |\alpha_1, x| = +1;$$

ferner für (α_3) eine der $2^{2p-2} - 4 = 2^2(2^{2p-4} - 1)$ von (0), (α_1), (α_2), $(\alpha_1 \alpha_2)$ verschiedenen Lösungen der Gleichungen:

$$(217) \qquad |\alpha_1, x| = +1, \quad |\alpha_2, x| = +1$$

und fahre so fort. Sind $\varkappa$ Basischarakteristiken (α_1), (α_2), $\cdots$, $(\alpha_\varkappa)$ gefunden, so ist für die $\varkappa + 1^{\text{te}}$ eine der $2^{2p-\varkappa} - 2^\varkappa = 2^\varkappa(2^{2p-2\varkappa} - 1)$ von diesen unabhängigen Lösungen der Gleichungen:

$$(218) \qquad |\alpha_1, x| = +1, \quad |\alpha_2, x| = +1, \quad \cdots, \quad |\alpha_\varkappa, x| = +1$$

zu setzen. Die auf solche Weise erhaltenen:

$$(219) \qquad (2^{2p} - 1)(2^{2p-2} - 1) \cdots (2^2 - 1)\, 2^{\frac{1}{2}(p-1)p}$$

verschiedenen Basen Göpelscher Gruppen liefern aber nur

$$(220) \qquad \frac{(2^{2p} - 1)(2^{2p-2} - 1) \cdots (2^2 - 1)}{(2^p - 1)(2^{p-1} - 1) \cdots (2 - 1)} = (2^p + 1)(2^{p-1} + 1) \cdots (2 + 1)$$

verschiedene Göpelsche Gruppen selbst, da in einer gegebenen Gruppe vom Range p die erste Basischarakteristik auf $2^p - 1$, die zweite auf $2^p - 2 = 2(2^{p-1} - 1)$, $\cdots$, die $\varkappa + 1^{\text{te}}$ auf $2^p - 2^\varkappa = 2^\varkappa(2^{p-\varkappa} - 1)$, $\cdots$ Weisen gewählt werden kann.

Durch lineare Transformation der Perioden geht aus einer Göpelschen Gruppe immer wieder eine Göpelsche Gruppe hervor; man kann auf diese Weise von jeder Göpelschen Gruppe zu jeder anderen und zwar jedesmal durch

$$(221) \qquad \frac{(2^{2p} - 1)(2^{2p-2} - 1) \cdots (2^2 - 1)}{(2^p + 1)(2^{p-1} + 1) \cdots (2 + 1)} 2^{p^2} = (2^p - 1)(2^{p-1} - 1) \cdots (2 - 1) \cdot 2^{p^2}$$

verschiedene lineare Transformationen gelangen.

Für jede Göpelsche Gruppe von Per. Char. ist die adjungierte Gruppe mit der ursprünglichen identisch.

§ 9.

Systeme von Thetacharakteristiken.

Addiert man zu den sämtlichen Per. Char. einer Gruppe E eine beliebige Th. Char. $[\varkappa]$ und faßt die entstehenden 2^r Charakteristiken als Th. Char. auf, so sagt man von ihnen, daß sie ein System von 2^r Th. Char. bilden. Man kann die 2^r Th. Char. eines Systems auch als die wesentlichen Kombinationen von $r + 1$ wesentlich unabhängigen seiner Th. Char. definieren. Sind nämlich (ε_1), (ε_2), $\cdots$, (ε_r) die Basischarakteristiken der Gruppe E, so sind die 2^r Th. Char. des Systems $[\varkappa]$, $[\varkappa\varepsilon_1]$, $[\varkappa\varepsilon_2]$, $[\varkappa\varepsilon_1\varepsilon_2]$, $\cdots$ die wesentlichen Kombinationen der $r + 1$ Th. Char. $[\varkappa]$, $[\varkappa\varepsilon_1]$, $\cdots$, $[\varkappa\varepsilon_r]$; diese $r + 1$ Basischarakteristiken des

Systems sind aber wesentlich unabhängig, da die Summe einer geraden Anzahl von ihnen sich stets auf eine Kombination der (ε) reduziert.

Aus einer Gruppe E vom Range r erhält man auf die angegebene Weise 2^{2p-r} verschiedene Systeme von Th. Char., welche zusammen alle 2^{2p} überhaupt existierenden Th. Char. und jede nur einmal enthalten; man sagt von ihnen, daß sie einen *Komplex* bilden. Man erhält die 2^{2p-r} Systeme des Komplexes und jedes nur einmal, wenn man an Stelle von $[\varkappa]$ der Reihe nach die 2^{2p-r} Per. Char. einer zu E konjugierten Gruppe H treten läßt; man nennt daher auch die 2^{2p-r} Systeme eines Komplexes zueinander *konjugiert.*

Adjungiert sollen zwei Systeme von Th. Char. heißen, wenn jene zwei Gruppen von Per. Char. es sind, aus denen sie abgeleitet wurden.

Die 2^r Per. Char. einer jeden Gruppe E von Per. Char. können nach dem im vorigen Paragraphen Bemerkten als die Lösungen der $2p-r$ unabhängigen Gleichungen:

$$(222) \qquad |\zeta_1, x| = +1, \quad |\zeta_2, x| = +1, \quad \cdots, \quad |\zeta_{2p-r}, x| = +1$$

definiert werden, in denen $(\zeta_1), (\zeta_2), \cdots, (\zeta_{2p-r})$ Basischarakteristiken der zu E adjungierten Gruppe Z sind. Die 2^r Lösungen der allgemeineren Gleichungen:

$$(223) \qquad |\zeta_1, x| = (-1)^{\delta_1}, \quad |\zeta_2, x| = (-1)^{\delta_2}, \quad \cdots, \quad |\zeta_{2p-r}, x| = (-1)^{\delta_{2p-r}},$$

in denen die δ vorgegebene Zahlen 0, 1 seien, bilden ein System K von 2^r Th. Char., welches, da man sie durch Addition einer beliebigen seiner Th. Char. zu den 2^r Per. Char. der Gruppe E erhält, dem zu dieser Gruppe gehörigen Komplexe entnommen ist, und es entsprechen den 2^{2p-r} konjugierten Systemen dieses Komplexes genau die 2^{2p-r} Variationen mit Wiederholung zur $2p-r^{\text{ten}}$ Klasse der Elemente 0, 1, die an Stelle von $\delta_1, \delta_2, \cdots, \delta_{2p-r}$ treten können, sodaß also die Zahlen $\delta_1, \delta_2, \cdots, \delta_{2p-r}$ willkürlich gewählt werden können, durch ihre Angabe aber das System K eindeutig bestimmt ist.

Es soll jetzt die Anzahl der unter den 2^r Th. Char. eines Systems K vorkommenden geraden und ungeraden Th. Char. ermittelt werden. Bezeichnet man die erstere mit g, die letztere mit u, so ist:

$$(224) \qquad g + u = 2^r, \quad g - u = \sum_{[\varepsilon]} |\varepsilon|,$$

wenn man die letzte Summe über alle 2^r Th. Char. des Systems erstreckt. Es sei nun $(\alpha_1), \cdots, (\alpha_m), (\beta_1), \cdots, (\beta_{2n})$ eine normale Basis der dem Systeme K zu grunde liegenden Gruppe von Per. Char. Jede Th. Char. des Systems K hat die Form:

$$(225) \qquad [\varepsilon] = [\varkappa + \sum^{\lambda} \alpha + \sum^{\nu} \beta], \qquad \binom{\lambda = 0, 1, \cdots, m}{\nu = 0, 1, \cdots, 2n}$$

und es ist dann:

$$(226)\quad |\varepsilon| = |\varkappa + \sum^{\lambda}\alpha + \sum^{\nu}\beta| = |\sum^{\lambda}\alpha| \cdot |\sum^{\lambda}\alpha, \varkappa + \sum^{\nu}\beta| \cdot |\varkappa + \sum^{\nu}\beta|$$
$$= |\sum^{\lambda}\alpha| \cdot |\sum^{\lambda}\alpha, \varkappa| \cdot |\varkappa + \sum^{\nu}\beta|,$$

also:

$$(227)\quad g - u = \left(\sum |\sum^{\lambda}\alpha| \cdot |\sum^{\lambda}\alpha, \varkappa|\right)\left(\sum |\varkappa + \sum^{\nu}\beta|\right),$$

wo in der ersten Summe an Stelle von $(\sum^{\lambda}\alpha)$ alle 2^m Kombinationen der Per. Char. (α), in der zweiten an Stelle von $(\sum^{\nu}\beta)$ alle 2^{2n} Kombinationen der Per. Char. (β) zu treten haben. Nun ist aber:

$$(228)\quad \sum |\sum^{\lambda}\alpha| \cdot |\sum^{\lambda}\alpha, \varkappa| = \prod_{\lambda=1}^{m}(1 + |\alpha_\lambda|\,|\alpha_\lambda, \varkappa|)$$
$$= \prod_{\lambda=1}^{m}(1 + |\varkappa| \cdot |\varkappa\alpha_\lambda|),$$

und es hat daher die Summe nur dann einen von Null verschiedenen Wert und zwar den Wert 2^m, wenn die Th. Char. $[\varkappa\alpha_1]$, $[\varkappa\alpha_2]$, $\cdots$, $[\varkappa\alpha_m]$ sämtlich denselben Charakter wie $[\varkappa]$ besitzen. Bezeichnet man also mit δ eine Größe, die Eins ist, wenn die Gleichungen

$$(229)\quad |\varkappa| = |\varkappa\alpha_1| = |\varkappa\alpha_2| = \cdots = |\varkappa\alpha_m|$$

bestehen, dagegen Null, wenn diese Gleichungen nicht bestehen, so ist:

$$(230)\quad \sum |\sum^{\lambda}\alpha| \cdot |\sum^{\lambda}\alpha, \varkappa| = \delta \cdot 2^m.$$

Die 2^{2n} Th. Char. $[\varkappa + \sum^{\nu}\beta]$ sind die wesentlichen Kombinationen der $2n+1$ wesentlich unabhängigen und zu je dreien azygetischen Th. Char.

$$(231)\quad [\beta_0'] = [\varkappa],\quad [\beta_1'] = [\varkappa\beta_1],\quad \cdots,\quad [\beta_{2n}'] = [\varkappa\beta_{2n}],$$

und es ist daher mit Rücksicht auf Formel (81):

$$(232)\quad \sum |\varkappa + \sum^{\nu}\beta| = \frac{1}{2i}[(1 + i|\beta_0'|)(1 + i|\beta_1'|)\cdots(1 + i|\beta_{2n}'|)$$
$$- (1 - i|\beta_0'|)(1 - i|\beta_1'|)\cdots(1 - i|\beta_{2n}'|)].$$

Sind also von den $2n+1$ Th. Char. (231) s ungerade, so ist:

$$(233)\quad \sum \left| \varkappa + \sum^{\nu} \beta \right| = \frac{1}{2i}[(1-i)^s(1+i)^{2n+1-s} - (1+i)^s(1-i)^{2n+1-s}]$$
$$= \frac{1}{2i} \cdot 2^s \cdot (2i)^{n-s}[(1+i) - (-1)^{n-s}(1-i)]$$
$$= \pm 2^n,$$

je nachdem $n - s \equiv 0, 1$ oder $\equiv 2, 3 \pmod{4}$ ist, oder:

$$(234)\qquad \sum \left| \varkappa + \sum^{\nu} \beta \right| = (-1)^{\frac{1}{2}(n-s-1)(n-s)}\, 2^n,$$

und daher endlich:

$$(235)\qquad g - u = \delta(-1)^{\frac{1}{2}(n-s-1)(n-s)}\, 2^{m+n}.$$

Man hat daher vorläufig:

$$(236)\qquad \begin{aligned} g &= 2^{m+n-1}[2^n + \delta(-1)^{\frac{1}{2}(n-s-1)(n-s)}], \\ u &= 2^{m+n-1}[2^n - \delta(-1)^{\frac{1}{2}(n-s-1)(n-s)}]. \end{aligned}$$

Anwendung auf die Göpelschen Systeme: *Die aus einer Göpelschen Gruppe von Per. Char. abgeleiteten Systeme von Th. Char. werden Göpelsche Systeme genannt. Die 2^p Th. Char. eines Göpelschen Systems können auch als die wesentlichen Kombinationen von $p+1$ wesentlich unabhängigen, zu je dreien syzygetischen Th. Char. definiert werden.*

Für ein Göpelsches System ist

$$(237)\qquad m = p, \quad n = 0, \quad s = 0,$$

also:

$$(238)\qquad g = 2^{p-1}(1+\delta), \quad u = 2^{p-1}(1-\delta).$$

Sind daher die $p+1$ Basischarakteristiken:

$$(239)\qquad [\alpha_0'] = [\varkappa], \quad [\alpha_1'] = [\varkappa\alpha_1], \quad \cdots, \quad [\alpha_p'] = [\varkappa\alpha_p]$$

alle von demselben Charakter, so ist $g = 2^p$, $u = 0$; es sind also auch die Basischarakteristiken immer gerade, niemals ungerade. Sind dagegen nicht alle Basischarakteristiken gerade, so ist $g = 2^{p-1}$, $u = 2^{p-1}$, und da nach Formel (80) die wesentlichen Kombinationen von syzygetischen geraden Th. Char. alle auch gerade sind, so kann man die Basis des Göpelschen Systems in diesem Falle so wählen, daß p ihrer Th. Char. gerade sind und nur die $p+1^{\text{te}}$, etwa $[\alpha_0']$ ungerade ist, und es sind dann die 2^{p-1} geraden Th. Char. des Systems die wesentlichen Kombinationen der p geraden Basischarakteristiken, während die 2^{p-1} ungeraden Th. Char. des Systems alle die ungerade Basischarakteristik $[\alpha_0']$ enthalten und daher die wesentlichen Kombinationen der p Th. Char. $[\alpha_0']$, $[\alpha_0'\alpha_1'\alpha_2']$, $[\alpha_0'\alpha_1'\alpha_3']$, $\cdots$, $[\alpha_0'\alpha_1'\alpha_p']$ sind. Es bilden also sowohl die 2^{p-1} geraden, als auch die

2^{p-1} ungeraden Th. Char. eines Göpelschen Systems für sich ein System von Th. Char.; für das erstere ist $g = 2^{p-1}$, $u = 0$, für das letztere $g = 0$, $u = 2^{p-1}$. Die p Gleichungen:

$$(240)\quad |\alpha_1, x| = (-1)^{\delta_1}, \quad |\alpha_2, x| = (-1)^{\delta_2}, \quad \cdots, \quad |\alpha_p, x| = (-1)^{\delta_p},$$

wobei die δ vorgegebene Zahlen 0, 1 seien, haben 2^p Lösungen; diese werden aus einer unter ihnen erhalten, indem man zu ihr die 2^p Per. Char. der Göpelschen Gruppe $(\sum^{\lambda} \alpha)$ addiert, sind also die 2^p Th. Char. eines Göpelschen Systems des zur Gruppe $(\sum^{\lambda} \alpha)$ gehörigen Komplexes, und es entsprechen den 2^p Systemen des Komplexes die 2^p Variationen mit Wiederholung zur p^{ten} Klasse der Elemente 0, 1, die an Stelle von $\delta_1, \cdots, \delta_p$ treten können. Verlangt man speziell:

$$(241)\quad |\alpha_1, x| = |\alpha_1|, \quad |\alpha_2, x| = |\alpha_2|, \quad \cdots, \quad |\alpha_p, x| = |\alpha_p|,$$

so ist:

$$(242)\quad |\alpha_1 x| = |\alpha_2 x| = \cdots = |\alpha_p x| = |x|;$$

dadurch ist also das in jedem Komplexe vorkommende einzige System charakterisiert, das aus lauter geraden Th. Char. besteht.

XXXIV. Satz: *In jedem Komplexe von 2^p Göpelschen Systemen gibt es eines, das aus 2^p geraden Th. Char. besteht; jedes der $2^p - 1$ anderen Systeme enthält 2^{p-1} gerade und 2^{p-1} ungerade Th. Char.*

Man kehre nun zum allgemeinen Falle zurück. Sei $r = m + 2n$ und $[\gamma_0], [\gamma_1], \cdots, [\gamma_r]$ irgend eine Basis des Systems K. Bezeichnet man dann mit f die Anzahl der Lösungen der Gleichungen:

$$(243)\quad |\gamma_0 x| = |\gamma_0|, \quad |\gamma_1 x| = |\gamma_1|, \quad \cdots, \quad |\gamma_r x| = |\gamma_r|,$$

so ist

$$(244)\quad f = \frac{1}{2^{r+1}} \sum_{[\varepsilon]} [(1 + |\gamma_0||\gamma_0 \varepsilon|)(1 + |\gamma_1||\gamma_1 \varepsilon|) \cdots (1 + |\gamma_r||\gamma_r \varepsilon|)],$$

wo $[\varepsilon]$ alle 2^{2p} Th. Char. durchläuft. Führt man auf der rechten Seite die Multiplikation aus, so wird das erste Glied der Summe:

$$(245)\quad \sum_{[\varepsilon]} 1 = 2^{2p},$$

irgend ein anderes Glied aber von der Form:

$$(246)\quad \sum_{[\varepsilon]} |\gamma_\mu| \cdot |\gamma_\mu \varepsilon| \cdot |\gamma_\nu| \cdot |\gamma_\nu \varepsilon| \cdots = \sum_{[\varepsilon]} |\varepsilon| \cdot |\varepsilon, \gamma_\mu| \cdot |\varepsilon| \cdot |\varepsilon, \gamma_\nu| \cdots$$
$$= \sum_{[\varepsilon]} |\varepsilon|^{\varrho} \, |\varepsilon, \gamma_\mu \gamma_\nu \cdots|,$$

wenn ϱ die Anzahl der hier vorkommenden Th. Char. $[\gamma]$ bezeichnet. Ist ϱ gerade, so ist diese Summe Null, ist ϱ ungerade, so ist sie:

$$(247)\quad \sum_{[\varepsilon]} |\varepsilon|\cdot|\varepsilon, \gamma_\mu \gamma_\nu \cdots| = \sum_{[\varepsilon]} |\gamma_\mu \gamma_\nu \cdots|\,|\varepsilon \gamma_\mu \gamma_\nu \cdots| = |\gamma_\mu \gamma_\nu \cdots|\cdot 2^p,$$

und es ist daher:

$$(248)\quad f = \frac{1}{2^{r+1}}\left[2^{2p} + 2^p \sum |\gamma_\mu \gamma_\nu \cdots|\right],$$

wo die letzte Summe über alle wesentlichen Kombinationen der Th. Char. $[\gamma]$, d. h. über alle Th. Char. des Systems K zu erstrecken ist. Wegen (235) hat man daher endlich:

$$(249)\quad \begin{aligned} f &= \frac{1}{2^{r+1}}\left[2^{2p} + 2^p\,\delta(-1)^{\frac{1}{2}(n-s-1)(n-s)}\,2^{m+n}\right] \\ &= 2^{p-n-1}\left[2^{p-m-n} + \delta(-1)^{\frac{1}{2}(n-s-1)(n-s)}\right]. \end{aligned}$$

Für $\delta = 1$, $m + n = p$ ergibt sich:

$$(250)\quad f = 2^{m-1}\left[1 + (-1)^{\frac{1}{2}(n-s-1)(n-s)}\right]$$

und man schließt daraus, da f jedenfalls nicht Null ist, weil eine Lösung $[x] = [0]$ der Gleichungen (243) stets vorhanden ist, daß in diesem Falle $(n-s-1)(n-s) \equiv 0 \pmod{4}$, also $g - u = 2^p$ ist.

XXXV. Satz: *Aus den 2^r Per. Char. einer Gruppe mit der normalen Basis:*

$$(\text{XXXIII})\quad (\alpha_1), \cdots, (\alpha_m),\ (\beta_1), \cdots, (\beta_{2n}) \qquad \begin{pmatrix} m+2n=r \\ m+n \gtreqless p \end{pmatrix}$$

sei durch Addition der Th. Char. $[\varkappa]$ ein System von Th. Char. abgeleitet. Bezeichnet man dann mit g die Anzahl der geraden, mit u die Anzahl der ungeraden unter den 2^r Th. Char. des Systems, so ist:

$$(\text{XXXIV})\quad g = 2^{m+n-1}[2^n + \delta(-1)^\sigma], \quad u = 2^{m+n-1}[2^n - \delta(-1)^\sigma],$$

wo zur Abkürzung $\sigma = \frac{1}{2}(n-s-1)(n-s)$ gesetzt ist; also:

$$(\text{XXXV})\quad g - u = \delta(-1)^\sigma\, 2^{m+n}.$$

Dabei bezeichnet δ eine Größe, die 1 oder 0 ist, je nachdem die $m+1$ Th. Char. $[\varkappa]$, $[\varkappa\alpha_1]$, $\cdots$, $[\varkappa\alpha_m]$ alle von demselben Charakter sind oder nicht, s aber die Anzahl der ungeraden unter den $2n+1$ Th. Char. $[\varkappa]$, $[\varkappa\beta_1]$, $\cdots$, $[\varkappa\beta_{2n}]$. Im Falle $m+n=p$ und $\delta = 1$ ist zudem σ immer gerade, also $g - u = 2^p$, sodaß der größte Wert, den $g-u$ erreicht, 2^p ist, der kleinste aber -2^{p-1} beträgt.

Daß diese äußersten Werte von $g - u$ wirklich erreicht werden, zeigen ein Göpelsches System von 2^p geraden Th. Char. und das

System der 2^{p-1} ungeraden Th. Char. in einem nicht aus lauter geraden Th. Char. bestehenden Göpelschen Systeme.

In einem besonderen Falle soll die Frage nach der Anzahl der geraden und ungeraden Th. Char. eines Systems weiter verfolgt werden. Es sei A eine syzygetische Gruppe von Per. Char. vom Range m mit den Basischarakteristiken $(\alpha_1), (\alpha_2), \cdots, (\alpha_m)$. Die m Gleichungen:

$$(251) \quad |\alpha_1, x| = (-1)^{\delta_1}, \quad |\alpha_2, x| = (-1)^{\delta_2}, \quad \cdots, \quad |\alpha_m, x| = (-1)^{\delta_m}$$

bestimmen dann die 2^{2p-m} Th. Char. eines Systems und liefern, wenn man für die δ auf alle möglichen Weisen die Werte 0, 1 setzt, die 2^m Systeme eines Komplexes. Von diesen Systemen ist jenes, L, ausgezeichnet, dessen Th. Char. $[\lambda]$ speziell durch die Gleichungen:

$$(252) \qquad |\alpha_1, \lambda| = |\alpha_1|, \quad |\alpha_2, \lambda| = |\alpha_2|, \quad \cdots, \quad |\alpha_m, \lambda| = |\alpha_m|$$

bestimmt sind. Es ist nämlich dann nicht nur infolge der letzten Gleichungen

$$(253) \qquad |\lambda| = |\lambda\alpha_1| = |\lambda\alpha_2| = \cdots = |\lambda\alpha_m|$$

sondern, da die Per. Char. $(\alpha_1), (\alpha_2), \cdots, (\alpha_m)$ paarweise syzygetisch sind, für jede Per. Char. (α) der Gruppe A:

$$(254) \qquad |\alpha, \lambda| = |\alpha| \quad \text{also} \quad |\lambda\alpha| = |\lambda|,$$

d. h. aber, es sind je 2^m Th. Char. des Systems L, welche einander mod. A äquivalent sind, von gleichem Charakter. Solche 2^m Th. Char. bilden aber selbst ein System K von Th. Char. vom Range m aus dem zur Gruppe A gehörigen Komplexe. Es zerfällt also, wenn man

$$(255) \qquad p - m = q$$

setzt, das System L in 2^{2q} Systeme $K_1, K_2, \cdots$ vom Range m derart, daß stets die 2^m Th. Char. eines solchen Systems gleichen Charakter besitzen. Nennt man nun ein System K gerade oder ungerade, je nachdem seine 2^m Th. Char. gerade oder ungerade sind, und g die Anzahl der geraden, u die Anzahl der ungeraden unter den Systemen K, aus denen L besteht, so ist:

$$(256) \qquad g + u = 2^{2q}, \quad g - u = \frac{1}{2^m} \sum_{[\lambda]} |\lambda|,$$

wenn diese Summe über alle Th. Char. $[\lambda]$ des Systems L erstreckt wird. Nun ist aber auf Grund der Gleichungen (252):

$$(257) \quad \sum_{[\lambda]} |\lambda| = \frac{1}{2^m} \sum_{[\varepsilon]} (1 + |\alpha_1, \varepsilon||\alpha_1|) \cdots (1 + |\alpha_m, \varepsilon||\alpha_m|)|\varepsilon|,$$

wo nunmehr die Summe über alle 2^{2p} überhaupt existierenden Th.

Char. ausgedehnt wird. Führt man auf der rechten Seite dieser Gleichung die Multiplikation aus, so liefert irgend ein Glied des Produktes die Summe:

$$(258)\quad \sum_{[\varepsilon]} |\alpha_\lambda, \varepsilon||\alpha_\lambda| \cdots |\alpha_\varrho, \varepsilon||\alpha_\varrho||\varepsilon| = \sum_{[\varepsilon]} |\alpha_\lambda \cdots \alpha_\varrho, \varepsilon||\alpha_\lambda| \cdots |\alpha_\varrho||\varepsilon|$$

$$= \sum_{[\varepsilon]} |\alpha_\lambda \cdots \alpha_\varrho \varepsilon| = 2^p$$

und es besitzt daher die ganze Summe, da die Anzahl der Glieder des Produkts 2^m beträgt, den Wert 2^{p+m}, und endlich ist:

$$(259)\qquad g - u = 2^q.$$

Aus den angegebenen Werten von $g + u$ und $g - u$ ergibt sich aber:

$$(260)\qquad g = 2^{q-1}(2^q + 1) = g_q, \quad u = 2^{q-1}(2^q - 1) = u_q.$$

Die 2^{2q} Systeme K vom Range m, in welche nach obigem das System L zerfällt, verhalten sich also hinsichtlich der Anzahlen der geraden und ungeraden unter ihnen genau wie die 2^{2q} q-reihigen Th. Char.

Das gefundene Resultat kann man aber, indem man von dem Systeme L ganz absieht, folgendermaßen aussprechen:

XXXVI. Satz: *Ist A eine syzygetische Gruppe von Per. Char. vom Range m, so gibt es unter den 2^{2p-m} aus ihm durch Addition einer Th. Char. $[\varkappa]$ hervorgehenden Systemen von je 2^m Th. Char. 2^{2q} $(q = p - m)$, deren 2^m Th. Char. sämtlich von demselben Charakter sind, und zwar $g_q = 2^{q-1}(2^q + 1)$ Systeme, die aus lauter geraden und $u_q = 2^{q-1}(2^q - 1)$ Systeme, die aus lauter ungeraden Th. Char. bestehen.*

Diese 2^{2q} Systeme von je 2^m Th. Char. gleichen Charakters seien mit $K_1, K_2, \cdots$ bezeichnet. Sind dann K_1 mit den Th. Char. $[\varkappa_1 \alpha]$, K_2 mit den Th. Char. $[\varkappa_2 \alpha]$ und K_3 mit den Th. Char. $[\varkappa_3 \alpha]$, wo jedesmal an Stelle von (α) die 2^m Per. Char. der Gruppe A zu treten haben, irgend drei unter ihnen, so ist K_4 mit den Th. Char. $[\varkappa_1 \varkappa_2 \varkappa_3 \alpha]$ ein viertes, da alle Systeme K zusammen selbst ein System L bilden, also jede wesentliche Kombination irgend welcher ihrer Th. Char. wieder in ihnen enthalten sein muß. Sind ferner $[\varkappa_1]$, $[\varkappa_2]$, $[\varkappa_3]$ syzygetisch oder azygetisch, so sind es auf Grund der Gleichung (69) auch irgend drei andere aus K_1, K_2, K_3 beziehlich genommene Th. Char., und man kann also die Begriffe „syzygetisch" und „azygetisch" auf die Systeme K selbst anwenden. Jetzt kann man weiter aus den 2^{2q} Systemen auf mannigfache Art $2q + 2$ zu je dreien azygetische herausgreifen, diese bilden dann ein „Fundamentalsystem" in dem Sinne, wie $2q + 2$ zu je dreien azygetische q-reihige Th. Char., indem man aus ihnen in der gleichen Weise jedes der übrigen Systeme zusammensetzen kann und auch in der gleichen Weise wie dort von einer Schar von Formen die sämtlichen geraden Systeme, von einer zweiten die sämtlichen ungeraden Systeme geliefert erhält. Oder man kann auch „Hauptreihen“ von $2q+1$ Systemen K bilden, welche von gleichem Charakter und zu je dreien azygetisch sind; ihre wesentlichen Kombinationen liefern die sämtlichen Systeme K und zwar die Kombinationen 5ter, $9^{\text{ter}}, \cdots$ Ordnung jene, welche von gleichem, die Kombinationen 3ter, $7^{\text{ter}}, \cdots$ Ordnung jene, welche von entgegengesetztem Charakter sind, wie die Systeme der Hauptreihe.

Durch lineare Transformation geht ein System von Th. Char. immer wieder in ein System von Th. Char. über; sind dabei $[\alpha_1]$, $[\alpha_2], \cdots, [\alpha_{m+1}]$ $m+1$ Basischarakteristiken des ursprünglichen Systems, so sind es die $m+1$ daraus durch die vorliegende lineare Transformation hervorgehenden Th. Char. $[\hat{\alpha}_1], [\hat{\alpha}_2], \cdots, [\hat{\alpha}_{m+1}]$ für das neue. Da bei diesem Übergange eines Systems von Th. Char. in ein anderes eine gerade Th. Char. immer wieder in eine gerade, eine ungerade Th. Char. immer wieder in eine ungerade übergeht, weiter aber drei syzygetische Th. Char. immer wieder in drei syzygetische, drei azygetische Th. Char. immer wieder in drei azygetische übergehen, so können nur solche Systeme von Th. Char. durch lineare Transformation ineinander übergeführt werden, bei denen jeder geraden Th. Char. des einen auch eine gerade Th. Char. des anderen; drei syzygetischen bez. azygetischen Th. Char. des einen auch drei syzygetische bez. azygetische Th. Char. des anderen entsprechen. Insbesondere geht durch lineare Transformation ein Göpelsches System von Th. Char. immer wieder in ein Göpelsches System von Th. Char über, und speziell eines aus lauter geraden Th. Char. bestehendes immer wieder in ein solches. Dieser Übergang kann noch genauer angegeben werden.

Ist nämlich K jenes einzige System in dem zu einer Göpelschen Gruppe A von Per. Char. gehörigen Komplexe, welches aus 2^p geraden Th. Char. besteht, und geht die Göpelsche Gruppe A durch die vorliegende lineare Transformation in die Göpelsche Gruppe B über, so geht das genannte System K in jenes einzige System L in dem zur Gruppe B gehörigen Komplexe über, welches aus lauter geraden Th. Char. besteht. Da man nun weiter durch lineare Transformation von jeder Göpelschen Gruppe A zu jeder anderen B gelangen kann, so kann man auch durch lineare Transformation von jedem aus 2^p geraden Th. Char. bestehenden Göpelschen Systeme K zu jedem anderen derartigen L übergehen.

Ein System von Th. Char. geht weiter durch Addition einer beliebigen Th. Char. zu seinen sämtlichen Th. Char. wieder in ein System von Th. Char. über; von den auf diese Weise aus einem Systeme ableitbaren Systemen sagte man oben, daß sie einen Komplex bilden. Nimmt man dieses Resultat mit dem vorher ausgesprochenen zusammen, so erhält man den

XXXVII. Satz: *Durch die beiden Prozesse der linearen Transformation und der Addition einer beliebigen Th. Char. zu den sämtlichen Th. Char. eines Systems geht ein System von Th. Char. immer wieder in ein System von Th. Char. über. Man kann insbesondere auf diese Weise von jedem Göpelschen Systeme zu jedem anderen gelangen.*

Der Inhalt der beiden letzten Paragraphen rührt von Frobenius[1]) her; vgl. dazu auch Schottky[2]).

Zweiter Abschnitt.

Die Additionstheoreme der Thetafunktionen.

§ 10.

Die Riemannsche Thetaformel.

Man gehe auf den XVI. Satz pag. 91 zurück, setze darin $n = 4$ und lasse an Stelle des Systems der 16 Zahlen $c^{(\varrho\sigma)}$ $(\varrho, \sigma = 1, 2, 3, 4)$ das spezielle den Gleichungen (LVII) für den Wert

$$r = 2 \tag{261}$$

genügende Zahlensystem:

$$\begin{matrix} +1, & +1, & +1, & +1, \\ +1, & +1, & -1, & -1, \\ +1, & -1, & +1, & -1, \\ +1, & -1, & -1, & +1 \end{matrix} \tag{262}$$

treten. Setzt man dann ferner, indem man unter den $\eta, \eta', \varrho, \varrho', \sigma, \sigma'$ ganze Zahlen versteht:

$$\begin{aligned} g_\mu^{(1)} &= \tfrac{1}{2}(\eta_\mu + \varrho_\mu + \sigma_\mu), & g_\mu^{(2)} &= \tfrac{1}{2}(\eta_\mu + \varrho_\mu), \\ g_\mu^{(3)} &= \tfrac{1}{2}(\eta_\mu + \sigma_\mu), & g_\mu^{(4)} &= \tfrac{1}{2}\eta_\mu, \\ h_\mu^{(1)} &= \tfrac{1}{2}(\eta'_\mu + \varrho'_\mu + \sigma'_\mu), & h_\mu^{(2)} &= \tfrac{1}{2}(\eta'_\mu + \varrho'_\mu), \\ h_\mu^{(3)} &= \tfrac{1}{2}(\eta'_\mu + \sigma'_\mu), & h_\mu^{(4)} &= \tfrac{1}{2}\eta'_\mu, \end{aligned} \qquad (\mu = 1, 2, \cdots, p) \tag{263}$$

---

1) Frobenius, Über Gruppen von Thetachar. J. für Math. Bd. 96. 1884, pag. 81 und schon früher: Über das Additionstheorem etc. J. f. Math. Bd. 89. 1880, pag. 185.

2) Schottky, Zur Theorie der Abel'schen Funct. etc. J. für Math. Bd. 102. 1888, pag. 304.

so wird:

$$(264)\qquad \begin{aligned} \bar g_\mu^{(1)} &= 2\eta_\mu + \varrho_\mu + \sigma_\mu, & \bar g_\mu^{(2)} &= \varrho_\mu, & \bar g_\mu^{(3)} &= \sigma_\mu, & \bar g_\mu^{(4)} &= 0, \\ \bar h_\mu^{(1)} &= 2\eta_\mu' + \varrho_\mu' + \sigma_\mu', & \bar h_\mu^{(2)} &= \varrho_\mu', & \bar h_\mu^{(3)} &= \sigma_\mu', & \bar h_\mu^{(4)} &= 0, \end{aligned} \quad (\mu = 1, 2, \cdots, p)$$

und das auf der rechten Seite von (LVIII) stehende Thetaprodukt geht, wenn man noch zur Abkürzung

$$(265)\qquad \alpha_\mu^{(1)} + \alpha_\mu^{(2)} + \alpha_\mu^{(3)} + \alpha_\mu^{(4)} = \varepsilon_\mu, \quad \beta_\mu^{(1)} + \beta_\mu^{(2)} + \beta_\mu^{(3)} + \beta_\mu^{(4)} = \varepsilon_\mu' \quad (\mu = 1, 2, \cdots, p)$$

setzt und beachtet, daß dann:

$$(266)\qquad \begin{aligned} \bar\alpha_\mu^{(1)} &= \varepsilon_\mu, & \bar\alpha_\mu^{(2)} &= \varepsilon_\mu - 2(\alpha_\mu^{(3)} + \alpha_\mu^{(4)}), \\ \bar\alpha_\mu^{(3)} &= \varepsilon_\mu - 2(\alpha_\mu^{(2)} + \alpha_\mu^{(4)}), & \bar\alpha_\mu^{(4)} &= \varepsilon_\mu - 2(\alpha_\mu^{(2)} + \alpha_\mu^{(3)}), \\ \bar\beta_\mu^{(1)} &= \varepsilon_\mu', & \bar\beta_\mu^{(2)} &= \varepsilon_\mu' - 2(\beta_\mu^{(3)} + \beta_\mu^{(4)}), \\ \bar\beta_\mu^{(3)} &= \varepsilon_\mu' - 2(\beta_\mu^{(2)} + \beta_\mu^{(4)}), & \bar\beta_\mu^{(4)} &= \varepsilon_\mu' - 2(\beta_\mu^{(2)} + \beta_\mu^{(3)}) \end{aligned} \quad (\mu = 1, 2, \cdots, p)$$

wird, unter Anwendung der Formel (VIII) über in:

$$(267)\qquad (-1)^{\sum\limits_{\mu=1}^{p}\left[(\varepsilon_\mu + \varrho_\mu + \sigma_\mu)\eta_\mu' + \varrho_\mu(\beta_\mu^{(3)} + \beta_\mu^{(4)}) + \sigma_\mu(\beta_\mu^{(2)} + \beta_\mu^{(4)})\right]} \vartheta[\varepsilon + \varrho + \sigma]((v^{(1)}))\,\vartheta[\varepsilon + \varrho]((v^{(2)}))\,\vartheta[\varepsilon + \sigma]((v^{(3)}))\,\vartheta[\varepsilon]((v^{(4)})).$$

Da nun weiter die auf der rechten Seite der Gleichung (LVIII) hinter dem Thetaprodukte stehende Exponentialgröße gleich

$$(268)\qquad (-1)^{\sum\limits_{\mu=1}^{p}\left[(\eta_\mu + \varrho_\mu + \sigma_\mu)\varepsilon_\mu' + \varrho_\mu(\beta_\mu^{(3)} + \beta_\mu^{(4)}) + \sigma_\mu(\beta_\mu^{(2)} + \beta_\mu^{(4)})\right]}$$

wird, so erhält man aus der Formel (LVIII) zunächst die Formel:

$$(269)\qquad \begin{aligned} &(16s)^p\,\vartheta[\eta + \varrho + \sigma]((u^{(1)}))\,\vartheta[\eta + \varrho]((u^{(2)}))\,\vartheta[\eta + \sigma]((u^{(3)}))\,\vartheta[\eta]((u^{(4)})) \\ &= \sum_{[\alpha],[\beta]}^{0,1} (-1)^{\sum\limits_{\mu=1}^{p}\left[(\varepsilon_\mu + \varrho_\mu + \sigma_\mu)\eta_\mu' + (\eta_\mu + \varrho_\mu + \sigma_\mu)\varepsilon_\mu'\right]} \\ &\qquad \vartheta[\varepsilon + \varrho + \sigma]((v^{(1)}))\,\vartheta[\varepsilon + \varrho]((v^{(2)}))\,\vartheta[\varepsilon + \sigma]((v^{(3)}))\,\vartheta[\varepsilon]((v^{(4)})). \end{aligned}$$

In dieser Gleichung bezeichnet s die Anzahl der Normallösungen des Kongruenzensystems:

$$(270)\qquad \begin{aligned} x^{(1)} + x^{(2)} + x^{(3)} + x^{(4)} &\equiv 0 \pmod{2},\\ x^{(1)} + x^{(2)} - x^{(3)} - x^{(4)} &\equiv 0 \pmod{2},\\ x^{(1)} - x^{(2)} + x^{(3)} - x^{(4)} &\equiv 0 \pmod{2},\\ x^{(1)} - x^{(2)} - x^{(3)} + x^{(4)} &\equiv 0 \pmod{2}. \end{aligned}$$

Diese vier Kongruenzen sind aber erfüllt, sobald die erste von ihnen besteht, und da diese 8 Normallösungen, nämlich

$$(271)\qquad \begin{aligned} x^{(1)}, x^{(2)}, x^{(3)}, x^{(4)} = 0, 0, 0, 0;\;\; 0, 0, 1, 1;\;\; 0, 1, 0, 1;\\ 0, 1, 1, 0;\;\; 1, 0, 0, 1;\;\; 1, 0, 1, 0;\\ 1, 1, 0, 0;\;\; 1, 1, 1, 1 \end{aligned}$$

besitzt, so ist

$$(272)\qquad s = 8.$$

Auf der rechten Seite von (269) ist endlich die Summation in der Weise auszuführen, daß für $\mu = 1, 2, \cdots, p$ an Stelle des Systems der 4 Größen $\alpha_\mu^{(1)}, \alpha_\mu^{(2)}, \alpha_\mu^{(3)}, \alpha_\mu^{(4)}$ und ebenso an Stelle des Systems der 4 Größen $\beta_\mu^{(1)}, \beta_\mu^{(2)}, \beta_\mu^{(3)}, \beta_\mu^{(4)}$, unabhängig von einander, die 16 Variationen mit Wiederholung zur 4ten Klasse der Elemente 0, 1 treten. Berücksichtigt man aber, daß dabei die Größe ε_μ bez. ε_μ' achtmal der Zahl 0 und achtmal der Zahl 1 nach dem Modul 2 kongruent wird, und daß das allgemeine Glied der auf der rechten Seite von (269) stehenden Summe seinen Wert nicht ändert, wenn man eine Zahl ε_μ oder ε_μ' durch eine ihr nach dem Modul 2 kongruente ersetzt, so erkennt man, daß diese Summe das 8^{2p}-fache jener Summe ist, die aus ihrem allgemeinen Gliede hervorgeht, wenn man jede Größe ε_μ bez. ε_μ' einmal den Wert 0 und einmal den Wert 1 annehmen läßt, also an Stelle von $[\varepsilon]$ der Reihe nach die 2^{2p} Th. Char. setzt. Indem man noch linke und rechte Seite durch 8^{2p} teilt und die von den Summationsbuchstaben $\varepsilon, \varepsilon'$ unabhängigen Teile der Exponentialgröße auf die linke Seite der Gleichung stellt, erhält man das folgende Endresultat:

XXXVIII. Satz: Riemannsche Thetaformel. *Sind die Variablen* $v_\mu^{(\sigma)} \begin{pmatrix}\sigma = 1, 2, 3, 4\\ \mu = 1, 2, \cdots, p\end{pmatrix}$ *mit den Variablen* $u_\mu^{(\varrho)} \begin{pmatrix}\varrho = 1, 2, 3, 4\\ \mu = 1, 2, \cdots, p\end{pmatrix}$ *verknüpft durch die Gleichungen:*

$$(\text{XXXVI})\qquad \begin{aligned} 2v_\mu^{(1)} &= u_\mu^{(1)} + u_\mu^{(2)} + u_\mu^{(3)} + u_\mu^{(4)},\\ 2v_\mu^{(2)} &= u_\mu^{(1)} + u_\mu^{(2)} - u_\mu^{(3)} - u_\mu^{(4)},\\ 2v_\mu^{(3)} &= u_\mu^{(1)} - u_\mu^{(2)} + u_\mu^{(3)} - u_\mu^{(4)},\\ 2v_\mu^{(4)} &= u_\mu^{(1)} - u_\mu^{(2)} - u_\mu^{(3)} + u_\mu^{(4)}, \end{aligned}\qquad (\mu = 1, 2, \cdots, p)$$

oder:

$$\text{(XXXVII)}\quad \begin{aligned} 2u_\mu^{(1)} &= v_\mu^{(1)} + v_\mu^{(2)} + v_\mu^{(3)} + v_\mu^{(4)}, \\ 2u_\mu^{(2)} &= v_\mu^{(1)} + v_\mu^{(2)} - v_\mu^{(3)} - v_\mu^{(4)}, \\ 2u_\mu^{(3)} &= v_\mu^{(1)} - v_\mu^{(2)} + v_\mu^{(3)} - v_\mu^{(4)}, \\ 2u_\mu^{(4)} &= v_\mu^{(1)} - v_\mu^{(2)} - v_\mu^{(3)} + v_\mu^{(4)}, \end{aligned} \qquad (\mu = 1, 2, \cdots, p)$$

und setzt man:

$$\text{(XXXVIII)}\quad \begin{aligned} x_{[\varepsilon]} &= (-1)^{\sum\limits_{\mu=1}^{p}(\varrho_\mu + \sigma_\mu)\varepsilon'_\mu} \\ &\qquad \vartheta[\varepsilon+\varrho+\sigma]((v^{(1)}))\,\vartheta[\varepsilon+\varrho]((v^{(2)}))\,\vartheta[\varepsilon+\sigma]((v^{(3)}))\,\vartheta[\varepsilon]((v^{(4)})), \\ y_{[\eta]} &= (-1)^{\sum\limits_{\mu=1}^{p}(\varrho_\mu + \sigma_\mu)\eta'_\mu} \\ &\qquad \vartheta[\eta+\varrho+\sigma]((u^{(1)}))\,\vartheta[\eta+\varrho]((u^{(2)}))\,\vartheta[\eta+\sigma]((u^{(3)}))\,\vartheta[\eta]((u^{(4)})), \end{aligned}$$

so bestehen zwischen den Größen x und y die Gleichungen:

$$\text{(XXXIX)}\quad 2^p y_{[\eta]} = \sum_{[\varepsilon]} |\,\varepsilon, \eta\,|\, x_{[\varepsilon]},$$

bei denen, wie im ersten Abschnitte zur Abkürzung:

$$\text{(XL)}\quad |\,\varepsilon, \eta\,| = (-1)^{\sum\limits_{\mu=1}^{p}(\varepsilon_\mu \eta'_\mu - \varepsilon'_\mu \eta_\mu)}$$

gesetzt, die Summation über alle 2^{2p} Th. Char. $[\varepsilon]$ auszudehnen ist und $[\eta]$ eine beliebige Th. Char., (ϱ), (σ) aber beliebige Per. Char. bezeichnen.

Man wird dazu bemerken, daß die Gleichungen (XXXIX) in sich übergehen, wenn man die Charakteristiken $[\varepsilon]$, $[\eta]$, (ϱ), (σ) durch ihnen kongruente ersetzt, vorausgesetzt nur, daß diese Ersetzung jedesmal überall geschieht, wo diese Charakteristiken vorkommen; dagegen ist es nicht gestattet, die Charakteristik einer einzelnen Thetafunktion etwa $[\varepsilon + \varrho + \sigma]$ durch eine ihr kongruente z. B. im Falle $(\sigma) = (\varrho)$ durch $[\varepsilon]$ zu ersetzen. Solche Reduktionen dürfen stets nur unter Benutzung der Formel (VIII) vorgenommen werden.

Denkt man sich in der Gleichung (XXXIX) die Per. Char. (ϱ), (σ) festgehalten und läßt an Stelle von $[\eta]$ der Reihe nach die 2^{2p} Th. Char. treten, so entsteht daraus ein System S von 2^{2p} Gleichungen, welche alle auf ihren rechten Seiten die nämlichen 2^{2p} Größen $x_{[\varepsilon]}$ haben; aus den 2^{2p} Gleichungen dieses Systems S sollen im Folgenden durch lineare Verbindung neue Gleichungen zwischen den Größen x und y abgeleitet werden.

Zu dem Ende verstehe man unter (α_1), (α_2), $\cdots$, (α_m) irgend m

unabhängige Per. Char., bilde zu ihnen als Basis die zugehörige Gruppe A von $r = 2^m$ Per. Char. $(a_0), (a_1), \cdots, (a_{r-1})$ und lasse in der Gleichung (XXXIX) an Stelle von $[\eta]$ der Reihe nach die r Th. Char. $[\eta a_0], [\eta a_1], \cdots, [\eta a_{r-1}]$ treten, indem man unter $[\eta]$ wieder eine beliebige Th. Char. versteht. Diese r Gleichungen multipliziere man, indem man mit $[\zeta]$ ebenfalls eine beliebige Th. Char. bezeichnet, mit $|\zeta, a_0|, |\zeta, a_1|, \cdots, |\zeta, a_{r-1}|$ und addiere sie zu einander. Man erhält dann zunächst die Gleichung:

$$(273) \qquad 2^p \sum_{\varrho=0}^{r-1} |\zeta, a_\varrho|\, y_{[\eta a_\varrho]} = \sum_{[\varepsilon]} |\varepsilon, \eta|\, x_{[\varepsilon]} \left(\sum_{\varrho=0}^{r-1} |\varepsilon\zeta, a_\varrho| \right).$$

In dieser Gleichung besitzt die am Ende stehende Summe

$$(274) \qquad \sum_{\varrho=0}^{r-1} |\varepsilon\zeta, a_\varrho| = \prod_{\mu=1}^{m} (1 + |\varepsilon\zeta, \alpha_\mu|)$$

nur dann einen von Null verschiedenen Wert und zwar den Wert 2^m, wenn die Per. Char. $(\varepsilon\zeta)$ zu den m Basischarakteristiken $(\alpha_1), \cdots, (\alpha_m)$ und daher zu allen r Per. Char. der Gruppe A syzygetisch ist; solcher Per. Char. gibt es, wie pag. 295 angegeben wurde, im ganzen $s = 2^{2p-m}$ und sie bilden die zu A adjungierte Gruppe B von Per. Char. $(b_0), (b_1), \cdots, (b_{s-1})$, deren Basischarakteristiken $(\beta_1), (\beta_2), \cdots, (\beta_{2p-m})$ $2p - m$ unabhängige Lösungen der m Gleichungen:

$$(275) \qquad |\alpha_1, x| = +1, \quad |\alpha_2, x| = +1, \quad \cdots, \quad |\alpha_m, x| = +1$$

sind. In der auf der rechten Seite von (273) stehenden Summe bleiben also nur jene s Glieder stehen, für welche $[\varepsilon]$ eine der s Th. Char. $[\zeta b_0], [\zeta b_1], \cdots, [\zeta b_{s-1}]$ ist, und man erhält, wenn man noch linke und rechte Seite durch 2^m dividiert, das Resultat:

XXXIX. Satz: *Sind $(a_0), (a_1), \cdots, (a_{r-1})$ die $r = 2^m$ Per. Char. einer beliebigen Gruppe A vom Range m, $(b_0), (b_1), \cdots, (b_{s-1})$ aber die $s = 2^{2p-m}$ Per. Char. der zu A adjungierten Gruppe B, und bezeichnen $[\eta]$ und $[\zeta]$ irgend zwei Th. Char., so besteht zwischen den unter* (XXXVIII) *definierten Größen x, y die Gleichung:*

$$(\text{XLI}) \qquad 2^{p-m} \sum_{\varrho=0}^{r-1} |\zeta, a_\varrho|\, y_{[\eta a_\varrho]} = |\zeta, \eta| \sum_{\sigma=0}^{s-1} |\eta, b_\sigma|\, x_{[\zeta b_\sigma]},$$

aus der insbesondere für $m = p$ „die halbe Umkehrung der Riemannschen Thetaformel“:

$$(\text{XLII}) \qquad \sum_{\varrho=0}^{2^p-1} |\zeta, a_\varrho|\, y_{[\eta a_\varrho]} = |\zeta, \eta| \sum_{\sigma=0}^{2^p-1} |\eta, b_\sigma|\, x_{[\zeta b_\sigma]}$$

hervorgeht.

Setzt man in der Gleichung (XLI) $m = 2p$, so erhält man, wenn man noch linke und rechte Seite der Gleichung, nachdem man sie mit 2^p multipliziert hat, miteinander vertauscht:

$$(276) \qquad 2^p x_{[\zeta]} = \sum_{[\eta]} |\eta, \zeta|\, y_{[\eta]},$$

wo $[\eta]$ alle 2^{2p} Th. Char. durchläuft. Diese Gleichung zeigt, wenn man sie mit der Gleichung (XXXIX) vergleicht, daß die Größen x mit den Größen y ebenso zusammenhängen, wie umgekehrt die y mit den x; was stattfinden muß, da nach den Gleichungen (XXXVI) und (XXXVII) die nämliche Eigenschaft den Variablen u und v zukommt.

In der Gleichung (XLI) kann man sowohl für $[\eta]$ wie für $[\zeta]$ eine jede der 2^{2p} Th. Char. setzen; es entstehen aber auf diese Weise im ganzen nur 2^{2p} verschiedene Gleichungen, die folgendermaßen angeordnet werden können. Bezeichnet man mit (a_0'), (a_1'), $\cdots$, (a'_{s-1}) die $s = 2^{2p-m}$ Per. Char. einer zu A konjugierten Gruppe A', und ebenso mit (b_0'), (b_1'), $\cdots$, (b'_{r-1}) die $r = 2^m$ Per. Char. einer zu B konjugierten Gruppe B', so erhält man sämtliche 2^{2p} Th. Char. und zwar jede nur einmal, sowohl wenn man in der Summe $[\dot\eta\, a_\varkappa\, a_\lambda']$, als auch wenn man in der Summe $[\dot\zeta\, b_\lambda\, b_\varkappa']$, während man unter $[\dot\eta]$, $[\dot\zeta]$ zwei willkürlich wählbare Th. Char. versteht, die Zahl $\varkappa$ die Werte $0, 1, \cdots, r-1$ und unabhängig davon die Zahl λ die Werte $0, 1, \cdots, s-1$ annehmen läßt. Berücksichtigt man nun, daß sowohl beim Übergange von $[\eta]$ in $[\eta a_\varkappa]$ wie auch beim Übergange von $[\zeta]$ in $[\zeta b_\lambda]$ die Formel (XLI) wieder in sich selbst übergeht, so erkennt man, daß einerseits $[\eta] = [\dot\eta\, a_\varkappa\, a_\lambda']$ dieselbe Formel wie $[\eta] = [\dot\eta\, a_\lambda']$, andererseits $[\zeta] = [\dot\zeta\, b_\lambda\, b_\varkappa']$ dieselbe Formel wie $[\zeta] = [\dot\zeta\, b_\varkappa']$ liefert, und daß man daher sämtliche in (XLI) enthaltene spezielle Gleichungen gewinnt, wenn man an Stelle von $[\eta]$ der Reihe nach die s Th. Char. des Systems $[\dot\eta\, a_0']$, $[\dot\eta\, a_1']$, $\cdots$, $[\dot\eta\, a'_{s-1}]$ und unabhängig davon an Stelle von $[\zeta]$ der Reihe nach die r Th. Char. des Systems $[\dot\zeta\, b_0']$, $[\dot\zeta\, b_1']$, $\cdots$, $[\dot\zeta\, b'_{r-1}]$ treten läßt. Das System S' dieser $rs = 2^{2p}$ Gleichungen kann man, wenn man noch der Einfachheit wegen $[\dot\eta] = [\dot\zeta] = [0]$ setzt, durch die Formel:

$$(277) \qquad 2^{p-m} \sum_{\varrho=0}^{r-1} |b_\varkappa', a_\varrho|\, y_{[a_\lambda' a_\varrho]} = |a_\lambda', b_\varkappa'| \sum_{\sigma=0}^{s-1} |a_\lambda', b_\sigma|\, x_{[b_\varkappa' b_\sigma]}$$
$$\begin{pmatrix} \varkappa = 0, 1, \cdots, r-1 \\ \lambda = 0, 1, \cdots, s-1 \end{pmatrix}$$

fixieren.

Die 2^{2p} Gleichungen (277) des Systems S' können in $s = 2^{2p-m}$ Gruppen von je $r = 2^m$ Gleichungen eingeteilt werden, indem man zu einer Gruppe alle diejenigen Gleichungen zusammenfaßt, für welche

λ denselben Wert besitzt, und die sich daher nur durch verschiedene Werte von $\varkappa$ unterscheiden. In einer solchen Gruppe treten dann auf der linken Seite jeder Gleichung immer dieselben 2^m Größen y auf, jedesmal mit anderen Vorzeichen versehen, während irgend zwei rechte Seiten dieser Gleichungen niemals eine Größe x gemeinsam haben und die rechten Seiten zusammengenommen demnach die sämtlichen 2^{2p} Größen x und jede nur einmal enthalten. Aus jeder solchen Gruppe kann man dann durch passende Verbindung der ihr angehörigen Gleichungen rückwärts diejenigen 2^m Gleichungen (XXXIX) des Systems S erhalten, deren linke Seiten, abgesehen von dem Faktor 2^p, von den auf den linken Seiten der Gleichungen der Gruppe vorkommenden Größen y gebildet werden, und die auch ausschließlich bei der Herstellung der Gleichungen der Gruppe auf Grund der Formel (XXXIX) in Betracht kommen. Entsprechend kann das ganze System S' der Gleichungen (277) das ursprüngliche System S der Gleichungen (XXXIX), aus dem es abgeleitet wurde, in jeder Richtung ersetzen, insofern als man durch passende Verbindung der 2^{2p} Gleichungen (277) von S' rückwärts wieder die 2^{2p} Gleichungen (XXXIX) von S erhalten kann. Das System S der Gleichungen (XXXIX) selbst kann als ein spezielles, dem Werte $m=0$ entsprechendes System S' angesehen werden.

Wie aus der durchgeführten Untersuchung hervorgeht, ist das System S' der Gleichungen (277) vollständig bestimmt, sobald die Gruppe der r Per. Char. $(a_0), (a_1), \cdots, (a_{r-1})$ gegeben ist, und umgekehrt. Daraus folgt, daß die Anzahl aller möglichen Systeme S' mit der Anzahl aller möglichen Gruppen von Per. Char. übereinstimmt.

Läßt man in der Formel (XLII) an Stelle der Gruppe A eine Göpelsche Gruppe von 2^p Per. Char. treten, so fällt die Gruppe B mit der Gruppe A zusammen und man erhält, wenn man noch $[\zeta]=[\eta]$ setzt, die Formel:

$$(278)\qquad \sum_{\nu=0}^{2^p-1} |\eta, a_\nu|\, y_{[\eta a_\nu]} = \sum_{\nu=0}^{2^p-1} |\eta, a_\nu|\, x_{[\eta a_\nu]};$$

aus dieser Formel sollen zwei weitere Resultate abgeleitet werden.

Man lasse einmal in den die Größen x, y definierenden Gleichungen (XXXVIII) an Stelle der Th. Char. $[\varepsilon]$ und $[\eta]$ die Th. Char. $[\eta a_\nu]$ und gleichzeitig an Stelle der Per. Char. (ϱ), (σ) die Per. Char. (a_ϱ), (a_σ) treten, indem man mit $[\eta]$ eine beliebige Th. Char., mit ν, ϱ und σ irgend drei Zahlen aus der Reihe $0, 1, \cdots, 2^p-1$ bezeichnet. Setzt man dann noch für zwei beliebige Per. Char. (ε) und (η) zur Abkürzung:

$$(279)\qquad \sum_{\mu=1}^{p} \varepsilon_\mu \eta'_\mu = (\varepsilon)(\eta)',$$

also:

(280) $$(-1)^{\sum\limits_{\mu=1}^{p}\varepsilon_\mu\eta'_\mu}=(-1)^{(\varepsilon)(\eta)'},\qquad e^{\pm\frac{\pi i}{2}\sum\limits_{\mu=1}^{p}\varepsilon_\mu\eta'_\mu}=(\pm i)^{(\varepsilon)(\eta)'},$$

so wird:

(281) $$\begin{aligned}x_{[\eta a_\nu]}&=(-i)^{(a_\sigma)(a_\varrho)'}\cdot(-1)^{(a_\varrho)(\eta a_\nu)'}\,|\eta a_\nu|\,x'_{[\eta a_\nu a_\varrho]}\,x''_{[\eta a_\nu]},\\ y_{[\eta a_\nu]}&=(-i)^{(a_\sigma)(a_\varrho)'}\cdot(-1)^{(a_\varrho)(\eta a_\nu)'}\,|\eta a_\nu|\,y'_{[\eta a_\nu a_\varrho]}\,y''_{[\eta a_\nu]},\end{aligned}$$

wenn man:

(282) $$\begin{aligned}x'_{[\eta a_\nu a_\varrho]}&=i^{(a_\sigma)(\eta a_\nu+a_\varrho)'}\,\vartheta[\eta a_\nu+a_\varrho+a_\sigma]((v^{(1)}))\,\vartheta[\eta a_\nu+a_\varrho]((v^{(2)})),\\ x''_{[\eta a_\nu]}&=i^{(a_\sigma)(\eta a_\nu)'}\,|\eta a_\nu|\,\vartheta[\eta a_\nu+a_\sigma]((v^{(3)}))\,\vartheta[\eta a_\nu]((v^{(4)})),\end{aligned}$$

und entsprechend:

(283) $$\begin{aligned}y'_{[\eta a_\nu a_\varrho]}&=i^{(a_\sigma)(\eta a_\nu+a_\varrho)'}\,\vartheta[\eta a_\nu+a_\varrho+a_\sigma]((u^{(1)}))\,\vartheta[\eta a_\nu+a_\varrho]((u^{(2)})),\\ y''_{[\eta a_\nu]}&=i^{(a_\sigma)(\eta a_\nu)'}\,|\eta a_\nu|\,\vartheta[\eta a_\nu+a_\sigma]((u^{(3)}))\,\vartheta[\eta a_\nu]((u^{(4)}))\end{aligned}$$

setzt, und man wird dabei bemerken, daß diese Größen $x'_{[\eta a_\nu a_\varrho]}$, $y'_{[\eta a_\nu a_\varrho]}$ bez. $x''_{[\eta a_\nu]}$, $y''_{[\eta a_\nu]}$ infolge des zum Thetaprodukte beigefügten Faktors ungeändert bleiben, wenn man die Th. Char. $[\eta a_\nu+a_\varrho]$ bez. $[\eta a_\nu]$, überall wo sie auftritt, durch eine ihr kongruente ersetzt. Führt man aber die Größen x', x'', y', y'' in die Gleichung (278) ein und multipliziert ihre linke und rechte Seite mit $i^{(a_\sigma)(a_\varrho)'}\cdot(-1)^{(a_\varrho)(\eta)'}|\eta|$, so erhält man, da nach (72)

(284) $$|\eta, a_\nu|\cdot|\eta a_\nu|\cdot|\eta|=|a_\nu|$$

ist, die Gleichung:

(285) $$\begin{aligned}&\sum_{\nu=0}^{2^p-1}|a_\nu|\cdot(-1)^{(a_\varrho)(a_\nu)'}\,y'_{[\eta a_\nu a_\varrho]}\,y''_{[\eta a_\nu]}\\ &=\sum_{\nu=0}^{2^p-1}|a_\nu|\cdot(-1)^{(a_\varrho)(a_\nu)'}\,x'_{[\eta a_\nu a_\varrho]}\,x''_{[\eta a_\nu]}.\end{aligned}$$

Nun wähle man für die p Basischarakteristiken $(\alpha_1), (\alpha_2), \cdots, (\alpha_p)$ der Göpelschen Gruppe A die Größen $\sqrt{|\alpha_i|}$ nach Belieben so, daß

(286) $$(\sqrt{|\alpha_i|})^2=|\alpha_i| \qquad (i=1,2,\cdots,p)$$

ist, was auf 2^p Weisen geschehen kann, und definiere eine Größe $\sqrt{|\alpha_i\alpha_\varkappa\alpha_\lambda\cdots|}$ durch die Gleichung:

(287) $$\sqrt{|\alpha_i\alpha_\varkappa\alpha_\lambda\cdots|}=(-1)^{(\alpha_i)(\alpha_\varkappa\alpha_\lambda\cdots)'+(\alpha_\varkappa)(\alpha_\lambda\cdots)'+\cdots}\sqrt{|\alpha_i|}\cdot\sqrt{|\alpha_\varkappa|}\cdot\sqrt{|\alpha_\lambda|}\cdots;$$

setze auch $\sqrt{|0|} = +1$. Es ist dann für irgend zwei Per. Char. (a_ν), (a_ϱ) der Göpelschen Gruppe

$$\sqrt{|a_\nu a_\varrho|} = (-1)^{(a_\nu)(a_\varrho)'} \sqrt{|a_\nu|}\sqrt{|a_\varrho|} \qquad (\nu, \varrho = 0, 1, \cdots, 2^p - 1) \tag{288}$$

also:

$$\sqrt{|a_\varrho|} = (-1)^{(a_\nu)(a_\varrho)'} \left(\sqrt{|a_\nu|}\right)^3 \sqrt{|a_\nu a_\varrho|}. \qquad (\nu, \varrho = 0, 1, \cdots, 2^p - 1) \tag{289}$$

Multipliziert man daher linke und rechte Seite der Gleichung (285) mit $\sqrt{|a_\varrho|}$, so erhält man:

$$\begin{aligned} &\sum_{\nu=0}^{2^p-1} \sqrt{|a_\nu|}\sqrt{|a_\nu a_\varrho|}\, y'_{[\eta a_\nu a_\varrho]}\, y''_{[\eta a_\nu]} \\ &= \sum_{\nu=0}^{2^p-1} \sqrt{|a_\nu|}\sqrt{|a_\nu a_\varrho|}\, x'_{[\eta a_\nu a_\varrho]}\, x''_{[\eta a_\nu]} \end{aligned} \tag{290}$$

und hieraus, indem man über ϱ von 0 bis $2^p - 1$ summiert und beachtet, daß dabei für jeden Wert des Index ν die Per. Char. $(a_\nu a_\varrho)$ den sämtlichen Per. Char. (a_μ) der Göpelschen Gruppe und jeder einmal kongruent wird, endlich die Gleichung:

$$\begin{aligned} &\left(\sum_{\mu=0}^{2^p-1} \sqrt{|a_\mu|}\, y'_{[\eta a_\mu]}\right)\left(\sum_{\nu=0}^{2^p-1} \sqrt{|a_\nu|}\, y''_{[\eta a_\nu]}\right) \\ &= \left(\sum_{\mu=0}^{2^p-1} \sqrt{|a_\mu|}\, x'_{[\eta a_\mu]}\right)\left(\sum_{\nu=0}^{2^p-1} \sqrt{|a_\nu|}\, x''_{[\eta a_\nu]}\right), \end{aligned} \tag{291}$$

oder:

$$\sum_{\mu=0}^{2^p-1} \sqrt{|a_\mu|}\, y'_{[\eta a_\mu]} = \frac{\left(\sum_{\mu=0}^{2^p-1} \sqrt{|a_\mu|}\, x'_{[\eta a_\mu]}\right)\left(\sum_{\nu=0}^{2^p-1} \sqrt{|a_\nu|}\, x''_{[\eta a_\nu]}\right)}{\left(\sum_{\nu=0}^{2^p-1} \sqrt{|a_\nu|}\, y''_{[\eta a_\nu]}\right)}. \tag{292}$$

Diese Gleichung repräsentiert, da man die vorkommenden Wurzelwerte, wie oben erwähnt, auf 2^p Weisen wählen kann, 2^p verschiedene Gleichungen. Addiert man dieselben zusammen, so erhält man, da nur $\sqrt{|0|}$ jedesmal den nämlichen Wert $+1$ hat, jede andere Wurzel aber jeden ihrer beiden möglichen, durch das Vorzeichen unterschiedenen Werte gleich oft annimmt:

$$2^p y'_{[\eta]} = \mathsf{S}\, \frac{\left(\sum_{\mu=0}^{2^p-1} \sqrt{|a_\mu|}\, x'_{[\eta a_\mu]}\right)\left(\sum_{\nu=0}^{2^p-1} \sqrt{|a_\nu|}\, x''_{[\eta a_\nu]}\right)}{\left(\sum_{\nu=0}^{2^p-1} \sqrt{|a_\nu|}\, y''_{[\eta a_\nu]}\right)}, \tag{293}$$

wo der Summationsbuchstabe S sich auf die 2^p Systeme verschiedener Vorzeichen bezieht, welche man den Wurzeln erteilen kann. Führt man jetzt noch für $\mu = 1, 2, \cdots, p$ an Stelle der Variablen $v_\mu^{(1)}, v_\mu^{(2)}, v_\mu^{(3)}, v_\mu^{(4)}$ neue Variablen $u_\mu, v_\mu, a_\mu, b_\mu$ ein, indem man

(294) $v_\mu^{(1)} = u_\mu + b_\mu, \quad v_\mu^{(2)} = u_\mu - b_\mu, \quad v_\mu^{(3)} = a_\mu + v_\mu, \quad v_\mu^{(4)} = -(a_\mu - v_\mu)$

setzt, wodurch

(295) $u_\mu^{(1)} = u_\mu + v_\mu, \quad u_\mu^{(2)} = u_\mu - v_\mu, \quad u_\mu^{(3)} = a_\mu + b_\mu, \quad u_\mu^{(4)} = -(a_\mu - b_\mu)$

wird, so erhält man schließlich die folgende Endformel:

$$2^p\, \vartheta[\eta + a_\sigma]((u+v))\, \vartheta[\eta]((u-v))$$

$$(296)\quad = \mathrm{S}\, \frac{\left(\sum\limits_{\nu=0}^{2^p-1} \sqrt{|a_\nu|}\, i^{(a_\sigma)(a_\nu)'}\, \vartheta[\eta a_\nu + a_\sigma]((a+v))\, \vartheta[\eta a_\nu]((a-v))\right)}{\left(\sum\limits_{\nu=0}^{2^p-1} \sqrt{|a_\nu|}\, i^{(a_\sigma)(a_\nu)'}\, \vartheta[\eta a_\nu + a_\sigma]((a+b))\, \vartheta[\eta a_\nu]((a-b))\right)}$$

$$\times \left(\sum_{\mu=0}^{2^p-1} \sqrt{|a_\mu|}\, i^{(a_\sigma)(a_\mu)'}\, \vartheta[\eta a_\mu + a_\sigma]((u+b))\, \vartheta[\eta a_\mu]((u-b))\right).$$

Da die linke Seite der Gleichung (292) von den Argumenten a und b unabhängig ist, so darf man diesen Größen in verschiedenen Gliedern der auf der rechten Seite von (296) stehenden Summe S auch verschiedene Werte beilegen.

Eine weitere bemerkenswerte Formel erhält man aus (278) auf folgendem Wege. Man setze für $\mu = 1, 2, \cdots, p$:

(297) $v_\mu^{(1)} = t_\mu + u_\mu, \quad v_\mu^{(2)} = t_\mu - u_\mu, \quad v_\mu^{(3)} = v_\mu + w_\mu, \quad v_\mu^{(4)} = v_\mu - w_\mu;$

es wird dann:

(298) $u_\mu^{(1)} = t_\mu + v_\mu, \quad u_\mu^{(2)} = t_\mu - v_\mu, \quad u_\mu^{(3)} = u_\mu + w_\mu, \quad u_\mu^{(4)} = u_\mu - w_\mu,$

und wenn man Größen $\mathfrak{x}, \mathfrak{y}, \mathfrak{z}$ durch die Gleichungen:

$$\mathfrak{x}_{[\varepsilon]} = (-1)^{\sum\limits_{\mu=1}^{p} (\varrho_\mu + \sigma_\mu)\varepsilon'_\mu}$$
$$\vartheta[\varepsilon+\varrho+\sigma]((t+u))\, \vartheta[\varepsilon+\varrho]((t-u))\, \vartheta[\varepsilon+\sigma]((v+w))\, \vartheta[\varepsilon]((v-w)),$$

(299)
$$\mathfrak{y}_{[\varepsilon]} = (-1)^{\sum\limits_{\mu=1}^{p} (\varrho_\mu + \sigma_\mu)\varepsilon'_\mu}$$
$$\vartheta[\varepsilon+\varrho+\sigma]((t+v))\, \vartheta[\varepsilon+\varrho]((t-v))\, \vartheta[\varepsilon+\sigma]((w+u))\, \vartheta[\varepsilon]((w-u)),$$

$$\mathfrak{z}_{[\varepsilon]} = (-1)^{\sum\limits_{\mu=1}^{p} (\varrho_\mu + \sigma_\mu)\varepsilon'_\mu}$$
$$\vartheta[\varepsilon+\varrho+\sigma]((t+w))\, \vartheta[\varepsilon+\varrho]((t-w))\, \vartheta[\varepsilon+\sigma]((u+v))\, \vartheta[\varepsilon]((u-v))$$

definiert, so ist einmal mit Rücksicht auf (XXXVIII)

(300) $$\mathfrak{x}_{[\varepsilon]} = x_{[\varepsilon]}, \quad \mathfrak{y}_{[\varepsilon]} = |\varepsilon|\, y_{[\varepsilon]},$$

während andererseits die Größen $\mathfrak{x}$, $\mathfrak{y}$, $\mathfrak{z}$ die Eigenschaft besitzen, durch zyklische Vertauschung der Variablen u_μ, v_μ, w_μ ineinander überzugehen. Es folgen daher aus (278) sofort die drei Gleichungen:

(301) $$\begin{aligned}
\sum_{\mu=0}^{2^p-1} |\eta, a_\mu| \cdot |\eta a_\mu|\, \mathfrak{y}_{[\eta a_\mu]} &= \sum_{\mu=0}^{2^p-1} |\eta, a_\mu|\, \mathfrak{x}_{[\eta a_\mu]}, \\
\sum_{\mu=0}^{2^p-1} |\eta, a_\mu| \cdot |\eta a_\mu|\, \mathfrak{z}_{[\eta a_\mu]} &= \sum_{\mu=0}^{2^p-1} |\eta, a_\mu|\, \mathfrak{y}_{[\eta a_\mu]}, \\
\sum_{\mu=0}^{2^p-1} |\eta, a_\mu| \cdot |\eta a_\mu|\, \mathfrak{x}_{[\eta a_\mu]} &= \sum_{\mu=0}^{2^p-1} |\eta, a_\mu|\, \mathfrak{z}_{[\eta a_\mu]},
\end{aligned}$$

und durch deren Addition die Gleichung:

(302) $$\sum_{\mu=0}^{2^p-1} |\eta, a_\mu| \cdot (1 - |\eta a_\mu|)\,(\mathfrak{x}_{[\eta a_\mu]} + \mathfrak{y}_{[\eta a_\mu]} + \mathfrak{z}_{[\eta a_\mu]}) = 0.$$

Wählt man daher die Th. Char. $[\eta]$ so, daß von den 2^p Th. Char. des Göpelschen Systems $[\eta a_\mu]$ $(\mu = 0, 1, \cdots, 2^p - 1)$ 2^{p-1} gerade und 2^{p-1} ungerade sind, so fallen aus der linken Seite von (302) die den ersteren entsprechenden 2^{p-1} Glieder heraus und man erhält ein Resultat, das man mit Rücksicht auf den XXXVI. Satz auch so aussprechen kann.

Sind $(a_0), (a_1), \cdots, (a_{q-1})$ die $q = 2^{p-1}$ Per. Char. einer syzygetischen Gruppe vom Range $p-1$, und ist $[\eta a_0], [\eta a_1], \cdots, [\eta a_{q-1}]$ das zugehörige aus lauter ungeraden Th. Char. bestehende System von Th. Char., so besteht zwischen den in (299) definierten Größen $\mathfrak{x}$, $\mathfrak{y}$, $\mathfrak{z}$ die Gleichung:

(303) $$\sum_{\varkappa=0}^{q-1} |\eta, a_\varkappa|\,(\mathfrak{x}_{[\eta a_\varkappa]} + \mathfrak{y}_{[\eta a_\varkappa]} + \mathfrak{z}_{[\eta a_\varkappa]}) = 0.$$

Der Fall $p = 1$ wird im folgenden Paragraphen gesondert besprochen. Im Falle $p = 2$ sind die Formeln (XXXIX), (XLI) und (XLII) schon von Rosenhain[1]) angegeben worden, dessen Untersuchung über die

1) Rosenhain, Mémoire sur les fonctions etc. Mém. prés. Bd. 11. 1851, pag. 361.

hyperelliptischen Funktionen erster Ordnung sie als Grundlage dienen. Für beliebiges p wurde die Formel (XXXIX) zuerst (1879) von Henry St. Smith[1]) angegeben; hierauf (1880) hat Herr Frobenius[2]) die Formel (XLII) bewiesen und aus ihr die Formel (XXXIX) abgeleitet; sodann (1882) veröffentlichte Herr Prym[3]) seine drei Beweise der Formel (XXXIX); er gab dieser Formel, da sie ihm von Riemann (1865) mitgeteilt worden war, den Namen „Riemannsche Thetaformel" und zeigte, daß sie der passendste Ausgangspunkt sei für alle Untersuchungen, welche die Herstellung von Thetaformeln aus dem Kreise der Additionstheoreme betreffen; seinen Untersuchungen[4]) sind die obigen Ausführungen über die Formel (XLI) entnommen. Die Formeln (296) und (303) rühren von Herrn Frobenius[5]) her; Beziehungen zwischen den Nullwerten der Thetafunktionen hat aus den Formeln (278) und (291) Herr Hutchinson[6]) abgeleitet.

Caspary[7]) hat zuerst darauf hingewiesen, daß den Formeln (XXXIX), (XLI), (XLII) analoge Formeln auch für Produkte von je 6 Thetafunktionen bestehen, und allgemeiner ergibt sich aus den Untersuchungen von Herrn Prym und mir[8]), daß die Riemannsche Thetaformel in nachstehender Weise auf Produkte einer beliebigen geraden Anzahl von Thetafunktionen ausgedehnt werden kann.

Man gehe auf den XVI. Satz pag. 91 zurück, setze darin, indem man unter m eine beliebige ganze Zahl versteht, $n = 2m$ und lasse an Stelle des Systems der $4m^2$ Zahlen $c^{(\varrho\sigma)}$ $(\varrho, \sigma = 1, 2, \cdots, 2m)$ das spezielle den Gleichungen (LVII) für den Wert $r = 2$ genügende Zahlensystem:

---

1) Smith, Note on the formula for the multiplication of four Theta-Functions. London M. S. Proc. Bd. 10. 1879, pag. 91.

2) Frobenius, Über das Additionstheorem etc. J. für Math. Bd. 89. 1880, pag. 185.

3) Prym, Unters. ü. d. Riemann'sche Thetaf. etc. I. Leipzig 1882; Kurze Ableitung der Riemann'schen Thetaformel. J. für Math. Bd. 93. 1882, pag. 124; Ein neuer Beweis für die Riemann'sche Thetaformel. Acta math. Bd. 3. 1883, pag. 201.

4) Prym, Unters. ü. d. Riemann'sche Thetaf. V.

5) Frobenius, Über das Additionstheorem etc. J. für Math. Bd. 89. 1880, pag. 185 und: Über Gruppen von Thetachar. J. für Math. Bd. 96. 1884, pag. 96; auch: Caspary, Über das Additionstheorem der Thetafunctionen mehrerer Argumente. J. für Math. Bd. 97. 1884, pag. 165.

6) Hutchinson, On certain relations among the Thetaconstants. Amer. M. S. Trans. Bd. 1. 1900, pag. 391.

7) Caspary, Über die Verwendung algebraischer Identitäten zur Aufstellung von Relationen für Thetafunctionen einer Variabeln. Math. Ann. Bd. 28. 1887, pag. 493; auch: Sur les théorèmes d'addition des fonctions thêta. C. R. Bd. 104. 1887, pag. 1255.

8) Krazer und Prym, Neue Grundlagen etc. Leipzig 1892, pag. 51.

(304)

<table>
<tr><td>+ +
+ +</td><td></td><td></td><td></td><td></td><td>+ −
− +</td></tr>
<tr><td>+ −
− +</td><td>+ +
+ +</td><td></td><td></td><td></td><td></td></tr>
<tr><td></td><td>+ −
− +</td><td>+ +
+ +</td><td></td><td></td><td></td></tr>
<tr><td></td><td></td><td></td><td></td><td></td><td></td></tr>
<tr><td></td><td></td><td></td><td></td><td>+ −
− +</td><td>+ +
+ +</td></tr>
</table>

treten, bei welchem der Übersichtlichkeit wegen + statt + 1, − statt − 1 gesetzt ist und alle leeren Stellen mit Nullen auszufüllen sind. Setzt man dann noch in der Formel (LVIII) alle Größen g und h Null; setzt ferner, indem man unter den w und t unabhängige Veränderliche versteht:

(305) $$u_\mu^{(2\nu-1)} = w_\mu^{(\nu)} + t_\mu^{(\nu)}, \quad u_\mu^{(2\nu)} = w_\mu^{(\nu)} - t_\mu^{(\nu)}, \quad \begin{pmatrix} \nu=1,2,\cdots,m \\ \mu=1,2,\cdots,p \end{pmatrix}$$

wodurch

(306) $$v_\mu^{(2\nu-1)} = w_\mu^{(\nu)} + t_\mu^{(\nu+1)}, \quad v_\mu^{(2\nu)} = w_\mu^{(\nu)} - t_\mu^{(\nu+1)} \quad \begin{pmatrix} \nu=1,2,\cdots,m \\ \mu=1,2,\cdots,p \end{pmatrix}$$

wird, wenn man unter den dabei für $\nu = m$ auftretenden Größen $t_\mu^{(m+1)}$ die Größen $t_\mu^{(1)}$ versteht; setzt weiter:

(307) $$\alpha_\mu^{(2\nu-1)} + \alpha_\mu^{(2\nu)} = \varepsilon_\mu^{(\nu)}, \quad \beta_\mu^{(2\nu-1)} + \beta_\mu^{(2\nu)} = \varepsilon_\mu^{\prime(\nu)}, \quad \begin{pmatrix} \nu=1,2,\cdots,m \\ \mu=1,2,\cdots,p \end{pmatrix}$$

wodurch

(308) $$\begin{aligned} \bar{\alpha}_\mu^{(2\nu-1)} &= \varepsilon_\mu^{(\nu)} + \varepsilon_\mu^{(\nu+1)} - 2\alpha_\mu^{(2\nu+2)}, \\ \bar{\alpha}_\mu^{(2\nu)} &= \varepsilon_\mu^{(\nu)} - \varepsilon_\mu^{(\nu+1)} + 2\alpha_\mu^{(2\nu+2)}, \\ \bar{\beta}_\mu^{(2\nu-1)} &= \varepsilon_\mu^{\prime(\nu)} + \varepsilon_\mu^{\prime(\nu+1)} - 2\beta_\mu^{(2\nu+2)}, \\ \bar{\beta}_\mu^{(2\nu)} &= \varepsilon_\mu^{\prime(\nu)} - \varepsilon_\mu^{\prime(\nu+1)} + 2\beta_\mu^{(2\nu+2)} \end{aligned} \quad \begin{pmatrix} \nu=1,2,\cdots,m \\ \mu=1,2,\cdots,p \end{pmatrix}$$

wird, wenn man unter den dabei für $\nu = m$ auftretenden Größen $\varepsilon_\mu^{(m+1)}$, $\varepsilon_\mu^{\prime(m+1)}$, $\alpha_\mu^{(2m+2)}$, $\beta_\mu^{(2m+2)}$ die Größen $\varepsilon_\mu^{(1)}$, $\varepsilon_\mu^{\prime(1)}$, $\alpha_\mu^{(2)}$, $\beta_\mu^{(2)}$ versteht, und beachtet, daß bei Ausführung der auf der rechten Seite stehenden Summation an Stelle jeder der m Charakteristiken $[\varepsilon^{(1)}]$, $[\varepsilon^{(2)}]$, $\cdots$, $[\varepsilon^{(m)}]$ der Reihe nach alle 2^{2p} verschiedenen Charakteristiken treten und zwar jede 2^{2p}-mal, so erhält man, da s als die Anzahl der Normallösungen der Kongruenzen:

$$(309) \qquad x^{(1)} + x^{(2)} \equiv x^{(3)} + x^{(4)} \equiv \cdots \equiv x^{(2m-1)} + x^{(2m)} \pmod{2}$$

den Wert 2^{m+1} besitzt, wenn man schließlich noch linke und rechte Seite durch 2^{2mp} teilt, aus (LVIII) die Formel:

$$\begin{aligned} & 2^{(m+1)p}\,\vartheta\big(\!\big(w^{(1)}+t^{(1)}\big)\!\big)\,\vartheta\big(\!\big(w^{(2)}+t^{(2)}\big)\!\big)\cdots\vartheta\big(\!\big(w^{(m)}+t^{(m)}\big)\!\big) \\ & \vartheta\big(\!\big(w^{(1)}-t^{(1)}\big)\!\big)\,\vartheta\big(\!\big(w^{(2)}-t^{(2)}\big)\!\big)\cdots\vartheta\big(\!\big(w^{(m)}-t^{(m)}\big)\!\big) \\ (310) \quad & = \sum_{[\varepsilon^{(1)}],\,\cdots,\,[\varepsilon^{(m)}]} \vartheta\big[\varepsilon^{(1)}+\varepsilon^{(2)}\big]\big(\!\big(w^{(1)}+t^{(2)}\big)\!\big)\cdots \\ & \vartheta\big[\varepsilon^{(m-1)}+\varepsilon^{(m)}\big]\big(\!\big(w^{(m-1)}+t^{(m)}\big)\!\big)\,\vartheta\big[\varepsilon^{(m)}+\varepsilon^{(1)}\big]\big(\!\big(w^{(m)}+t^{(1)}\big)\!\big) \\ & \vartheta\big[\varepsilon^{(1)}-\varepsilon^{(2)}\big]\big(\!\big(w^{(1)}-t^{(2)}\big)\!\big)\cdots \\ & \vartheta\big[\varepsilon^{(m-1)}-\varepsilon^{(m)}\big]\big(\!\big(w^{(m-1)}-t^{(m)}\big)\!\big)\,\vartheta\big[\varepsilon^{(m)}-\varepsilon^{(1)}\big]\big(\!\big(w^{(m)}-t^{(1)}\big)\!\big), \end{aligned}$$

zu der man übrigens bemerken muß, daß man eine beliebige der m rechts auszuführenden Summationen z. B. die auf $[\varepsilon^{(m)}]$ bezügliche unter gleichzeitiger Division der linken Seite durch 2^{2p} unterdrücken kann; eine Vereinfachung, die nur wegen der dann eintretenden Störung der Symmetrie in der Formel (310) nicht ausgeführt ist.

§ 11.

Der Fall $p = 1$.

Im Falle $p = 1$ gibt es vier verschiedene Thetafunktionen, deren Charakteristiken aus halben Zahlen gebildet sind, nämlich:

$$(311) \qquad \vartheta\begin{bmatrix}0\\0\end{bmatrix}(u), \quad \vartheta\begin{bmatrix}1\\0\end{bmatrix}(u), \quad \vartheta\begin{bmatrix}0\\1\end{bmatrix}(u), \quad \vartheta\begin{bmatrix}1\\1\end{bmatrix}(u);$$

dieselben seien im folgenden der Bequemlichkeit wegen mit:

$$(312) \qquad \vartheta_{00}(u), \quad \vartheta_{10}(u), \quad \vartheta_{01}(u), \quad \vartheta_{11}(u)$$

bezeichnet; die drei ersten sind gerade, die letzte ist eine ungerade Funktion des Argumentes u.

Die vier Jacobischen[1]) Funktionen $\vartheta(x)$, $\vartheta_1(x)$, $\vartheta_2(x)$, $\vartheta_3(x)$ hängen mit den Funktionen (312) zusammen wie folgt:

$$(313) \qquad \begin{aligned} \vartheta(x) &= \vartheta_{01}(xi), & \vartheta_1(x) &= -\vartheta_{11}(xi) \\ \vartheta_2(x) &= \vartheta_{10}(xi), & \vartheta_3(x) &= \vartheta_{00}(xi). \end{aligned}$$

---

1) Jacobi, Theorie der elliptischen Functionen etc. Ges. Werke Bd. 1. Berlin 1881, pag. 497.

Im besonderen Falle $p = 1$ folgt aus dem XXXVIII. Satze das Resultat:

XL. Satz: *Sind die Variablen* u_1, u_2, u_3, u_4 *mit den Variablen* v_1, v_2, v_3, v_4 *verknüpft durch die Gleichungen:*

$$\text{(XLIII)} \qquad \begin{aligned} 2u_1 &= v_1 + v_2 + v_3 + v_4, \\ 2u_2 &= v_1 + v_2 - v_3 - v_4, \\ 2u_3 &= v_1 - v_2 + v_3 - v_4, \\ 2u_4 &= v_1 - v_2 - v_3 + v_4, \end{aligned}$$

und setzt man:

$$\text{(XLIV)} \qquad \begin{aligned} x_{\varepsilon\varepsilon'} &= (-1)^{(\varrho+\sigma)\varepsilon'} \\ &\quad \vartheta[\varepsilon+\varrho+\sigma](v_1)\,\vartheta[\varepsilon+\varrho](v_2)\,\vartheta[\varepsilon+\sigma](v_3)\,\vartheta[\varepsilon](v_4), \\ y_{\varepsilon\varepsilon'} &= (-1)^{(\varrho+\sigma)\varepsilon'} \\ &\quad \vartheta[\varepsilon+\varrho+\sigma](u_1)\,\vartheta[\varepsilon+\varrho](u_2)\,\vartheta[\varepsilon+\sigma](u_3)\,\vartheta[\varepsilon](u_4), \end{aligned}$$

so sind die Größen x und y verknüpft durch das mit (XLIII) *gleichgebaute System von Gleichungen:*

$$\text{(XLV)} \qquad \begin{aligned} 2y_{00} &= x_{00} + x_{10} + x_{01} + x_{11}, \\ 2y_{10} &= x_{00} + x_{10} - x_{01} - x_{11}, \\ 2y_{01} &= x_{00} - x_{10} + x_{01} - x_{11}, \\ 2y_{11} &= x_{00} - x_{10} - x_{01} + x_{11}. \end{aligned}$$

Da man in (XLIV) für (ϱ) und ebenso für (σ) jede der vier Per. Char. $\binom{0}{0}$, $\binom{1}{0}$, $\binom{0}{1}$, $\binom{1}{1}$ setzen kann, so repräsentiert das Formelsystem (XLV) im ganzen 16 verschiedene.

Betrachtet man das Gleichungensystem (XLV) genauer, so bemerkt man, daß der Index 00 eine Ausnahmestellung hat, insofern als die Größe x_{00} aber auch nur sie in allen vier Gleichungen positives Zeichen hat, und entsprechend in der Gleichung y_{00} und nur in ihr alle Glieder der rechten Seite positiv sind. Die Indizes 10, 01, 11 dagegen erscheinen untereinander als vollständig gleichberechtigt, indem die drei Größen x_{10}, x_{01}, x_{11} in der ersten Gleichung dasselbe Vorzeichen haben, in jeder der übrigen Gleichungen aber immer jene dieser drei Größen positiv ist, deren Index mit dem Index der links stehenden Größe y übereinstimmt, während die zwei anderen stets negativ sind. Bezeichnet man also den Index 00 kürzer mit 0, die Indizes 10, 01, 11 aber in irgend welcher Reihenfolge mit $\varkappa, \lambda, \mu$, so kann man die Gleichungen (XLV) auch in der Form:

$$(314)\qquad \begin{aligned} 2y_0 &= x_0 + x_\varkappa + x_\lambda + x_\mu, \\ 2y_\varkappa &= x_0 + x_\varkappa - x_\lambda - x_\mu, \\ 2y_\lambda &= x_0 - x_\varkappa + x_\lambda - x_\mu, \\ 2y_\mu &= x_0 - x_\varkappa - x_\lambda + x_\mu \end{aligned}$$

schreiben, wobei schon die Angabe der zwei ersten Gleichungen genügen würde, da $\varkappa$ wie eben erwähnt jeden der drei Indizes 10, 01, 11 vertreten kann, während dann jedesmal die beiden anderen mit λ und μ bezeichnet sind.

Die vier Gleichungen (314) kann man auf 12 Weisen paarweise durch Addition und Subtraktion verbinden. Indem man aber berücksichtigt, daß $\varkappa$, λ, μ die Indizes 10, 01, 11 in irgend welcher Reihenfolge vertreten können, kann man das System der so entstehenden 12 halben Umkehrungen der Gleichungen (314) durch die vier unter ihnen:

$$(315)\qquad \begin{aligned} y_0 + y_\varkappa &= x_0 + x_\varkappa, \quad & y_\lambda + y_\mu &= x_0 - x_\varkappa, \\ y_0 - y_\varkappa &= x_\lambda + x_\mu, \quad & y_\lambda - y_\mu &= x_\lambda - x_\mu \end{aligned}$$

repräsentieren, aus denen die genannten 12 Gleichungen hervorgehen, wenn man für $\varkappa$, λ, μ der Reihe nach die drei zyklischen Permutationen von 10, 01, 11 setzt.

XLI. Satz: Jacobische Thetaformeln. *Bezeichnet man den Index* 00 *kürzer mit* 0, *die Indizes* 10, 01, 11 *in irgend welcher Reihenfolge mit* $\varkappa$, λ, μ, *so folgen aus* (XLV) *durch halbe Umkehrung die Gleichungen:*

$$(\text{XLVI})\qquad \begin{aligned} y_0 + y_\varkappa &= x_0 + x_\varkappa, \quad & y_\lambda + y_\mu &= x_0 - x_\varkappa, \\ y_0 - y_\varkappa &= x_\lambda + x_\mu, \quad & y_\lambda - y_\mu &= x_\lambda - x_\mu. \end{aligned}$$

Führt man jetzt weiter an Stelle der v und u neue Variablen ein, indem man:

$$(316)\qquad v_1 = t + u, \quad v_2 = t - u, \quad v_3 = v + w, \quad v_4 = v - w$$

setzt, so wird:

$$(317)\qquad u_1 = t + v, \quad u_2 = t - v, \quad u_3 = u + w, \quad u_4 = u - w.$$

Definiert man daher weiter Größen $\xi_{\varepsilon\varepsilon'}$, $\eta_{\varepsilon\varepsilon'}$ durch die Gleichungen:

$$(318)\qquad \begin{aligned} \xi_{\varepsilon\varepsilon'} &= (-1)^{(\varrho+\sigma)\varepsilon'+\varepsilon+\varepsilon'} \\ &\quad \vartheta[\varepsilon+\varrho+\sigma](t+u)\,\vartheta[\varepsilon+\varrho](t-u)\,\vartheta[\varepsilon+\sigma](v+w)\,\vartheta[\varepsilon](v-w), \\ \eta_{\varepsilon\varepsilon'} &= (-1)^{(\varrho+\sigma)\varepsilon'+\varepsilon+\varepsilon'} \\ &\quad \vartheta[\varepsilon+\varrho+\sigma](t+v)\,\vartheta[\varepsilon+\varrho](t-v)\,\vartheta[\varepsilon+\sigma](w+u)\,\vartheta[\varepsilon](w-u), \end{aligned}$$

so sind die Größen ξ und η, da:

$$(319)\qquad \xi_{\varepsilon\varepsilon'} = (-1)^{\varepsilon+\varepsilon'} x_{\varepsilon\varepsilon'}, \quad \eta_{\varepsilon\varepsilon'} = (-1)^{\varepsilon+\varepsilon'+\varepsilon\varepsilon'} y_{\varepsilon\varepsilon'}$$

ist, auf Grund der Gleichungen (XLV) miteinander verknüpft durch die Gleichungen:

$$(320)\qquad \begin{aligned} 2\eta_{00} &= \quad \xi_{00} - \xi_{10} - \xi_{01} + \xi_{11},\\ 2\eta_{10} &= -\xi_{00} + \xi_{10} - \xi_{01} + \xi_{11},\\ 2\eta_{01} &= -\xi_{00} - \xi_{10} + \xi_{01} + \xi_{11},\\ 2\eta_{11} &= -\xi_{00} - \xi_{10} - \xi_{01} - \xi_{11}. \end{aligned}$$

Betrachtet man dieses Gleichungensystem genauer, so bemerkt man, daß der Index 11 eine Ausnahmestellung einnimmt, insofern als die Größe ξ_{11} aber nur sie in den drei ersten Gleichungen positives Vorzeichen hat, und weiter in der Gleichung für η_{11} aber nur in ihr alle Glieder der rechten Seite negativ sind. Die Indizes 00, 10, 01 dagegen erscheinen als untereinander gleichberechtigt, indem die drei Größen $\xi_{00}, \xi_{10}, \xi_{01}$ in der letzten Gleichung dasselbe Vorzeichen haben, in jeder der drei übrigen Gleichungen aber immer jene dieser drei Größen positiv ist, deren Index mit dem Index der links stehenden Größe η übereinstimmt, während die zwei anderen Größen ξ stets negativ sind. Bezeichnet man also den Index 11 kürzer mit 1, die Indizes 00, 10, 01 aber in irgend welcher Reihenfolge mit α, β, γ, so kann man die obigen vier Gleichungen auch in der für das Folgende wichtigen Form:

$$(321)\qquad \begin{aligned} 2\eta_1 &= -\xi_1 - \xi_\alpha - \xi_\beta - \xi_\gamma,\\ 2\eta_\alpha &= \quad \xi_1 + \xi_\alpha - \xi_\beta - \xi_\gamma,\\ 2\eta_\beta &= \quad \xi_1 - \xi_\alpha + \xi_\beta - \xi_\gamma,\\ 2\eta_\gamma &= \quad \xi_1 - \xi_\alpha - \xi_\beta + \xi_\gamma \end{aligned}$$

schreiben, wobei schon die Angabe der zwei ersten Gleichungen genügen würde, da α wie eben bemerkt jeden der Indizes 00, 10, 01 vertreten kann, während dann jedesmal die beiden anderen mit β, γ bezeichnet werden.

Die Gleichungen (321) besitzen nicht mehr die ausgezeichnete Eigenschaft des Systems (314), daß das durch Auflösung entstehende Gleichungensystem dem ursprünglichen gleichgebaut ist, es ergeben sich vielmehr aus den Gleichungen (321) durch Auflösung nach den ξ die Gleichungen:

$$(322)\qquad \begin{aligned} 2\xi_1 &= -\eta_1 + \eta_\alpha + \eta_\beta + \eta_\gamma,\\ 2\xi_\alpha &= -\eta_1 + \eta_\alpha - \eta_\beta - \eta_\gamma,\\ 2\xi_\beta &= -\eta_1 - \eta_\alpha + \eta_\beta - \eta_\gamma,\\ 2\xi_\gamma &= -\eta_1 - \eta_\alpha - \eta_\beta + \eta_\gamma. \end{aligned}$$

Die Größen ξ und η stehen, wie ihre Definitionsgleichungen (318) zeigen, in dem Zusammenhange miteinander, daß $\eta_{\varepsilon\varepsilon'}$ aus $\xi_{\varepsilon\varepsilon'}$ durch zyklische Vertauschung der drei Größen u, v, w hervorgeht. Daraus folgt sofort, daß, wenn man aus den Größen $\eta_{\varepsilon\varepsilon'}$ durch nochmalige zyklische Vertauschung von u, v, w die Größen

$$(323)\quad \zeta_{\varepsilon\varepsilon'} = (-1)^{(\varrho+\sigma)\varepsilon'+\varepsilon+\varepsilon'} \vartheta[\varepsilon+\varrho+\sigma](t+w)\,\vartheta[\varepsilon+\varrho](t-w)\,\vartheta[\varepsilon+\sigma](u+v)\,\vartheta[\varepsilon](u-v)$$

ableitet, diese Größen ζ mit den Größen η durch dieselben Gleichungen verknüpft sind, wie die Größen η mit den Größen ξ. Beachtet man dann endlich noch, daß durch nochmalige zyklische Vertauschung von u, v, w die Größen ζ in die ursprünglichen Größen ξ übergehen, so erkennt man, daß auch die Größen ξ mit den Größen ζ durch eben dieselben Gleichungen verknüpft sind. Man hat daher, wenn man die Gleichungen passend zusammenstellt, die folgende Tabelle:

$$\begin{aligned}
-\zeta_1 - \zeta_\alpha - \zeta_\beta - \zeta_\gamma &= 2\xi_1 = -\eta_1 + \eta_\alpha + \eta_\beta + \eta_\gamma,\\
\zeta_1 + \zeta_\alpha - \zeta_\beta - \zeta_\gamma &= 2\xi_\alpha = -\eta_1 + \eta_\alpha - \eta_\beta - \eta_\gamma,\\
\zeta_1 - \zeta_\alpha + \zeta_\beta - \zeta_\gamma &= 2\xi_\beta = -\eta_1 - \eta_\alpha + \eta_\beta - \eta_\gamma,\\
\zeta_1 - \zeta_\alpha - \zeta_\beta + \zeta_\gamma &= 2\xi_\gamma = -\eta_1 - \eta_\alpha - \eta_\beta + \eta_\gamma,
\end{aligned}$$

$$(324)\quad \begin{aligned}
-\xi_1 - \xi_\alpha - \xi_\beta - \xi_\gamma &= 2\eta_1 = -\zeta_1 + \zeta_\alpha + \zeta_\beta + \zeta_\gamma,\\
\xi_1 + \xi_\alpha - \xi_\beta - \xi_\gamma &= 2\eta_\alpha = -\zeta_1 + \zeta_\alpha - \zeta_\beta - \zeta_\gamma,\\
\xi_1 - \xi_\alpha + \xi_\beta - \xi_\gamma &= 2\eta_\beta = -\zeta_1 - \zeta_\alpha + \zeta_\beta - \zeta_\gamma,\\
\xi_1 - \xi_\alpha - \xi_\beta + \xi_\gamma &= 2\eta_\gamma = -\zeta_1 - \zeta_\alpha - \zeta_\beta + \zeta_\gamma,
\end{aligned}$$

$$\begin{aligned}
-\eta_1 - \eta_\alpha - \eta_\beta - \eta_\gamma &= 2\zeta_1 = -\xi_1 + \xi_\alpha + \xi_\beta + \xi_\gamma,\\
\eta_1 + \eta_\alpha - \eta_\beta - \eta_\gamma &= 2\zeta_\alpha = -\xi_1 + \xi_\alpha - \xi_\beta - \xi_\gamma,\\
\eta_1 - \eta_\alpha + \eta_\beta - \eta_\gamma &= 2\zeta_\beta = -\xi_1 - \xi_\alpha + \xi_\beta - \xi_\gamma,\\
\eta_1 - \eta_\alpha - \eta_\beta + \eta_\gamma &= 2\zeta_\gamma = -\xi_1 - \xi_\alpha - \xi_\beta + \xi_\gamma,
\end{aligned}$$

aus deren Gleichungen durch passende Verbindung die den Gleichungen (XLVI) entsprechenden Gleichungen:

$$(325)\quad \begin{aligned}
-\zeta_\beta - \zeta_\gamma &= \xi_1 + \xi_\alpha = -\eta_1 + \eta_\alpha,\\
-\zeta_1 - \zeta_\alpha &= \xi_1 - \xi_\alpha = \eta_\beta + \eta_\gamma,\\
\zeta_1 - \zeta_\alpha &= \xi_\beta + \xi_\gamma = -\eta_1 - \eta_\alpha,\\
\zeta_\beta - \zeta_\gamma &= \xi_\beta - \xi_\gamma = \eta_\beta - \eta_\gamma,
\end{aligned}$$

hervorgehen.

Aus den Gleichungen (324) oder (325) aber folgen endlich die nachstehenden besonders einfachen Gleichungen, von denen jede je eine Größe ξ, η, ζ enthält.

XLII. Satz: Weierstraßsche Thetaformel. *Setzt man:*

$$\xi_{\varepsilon\varepsilon'} = (-1)^{(\varrho+\sigma)\varepsilon'+\varepsilon+\varepsilon'}$$
$$\vartheta[\varepsilon+\varrho+\sigma](t+u)\,\vartheta[\varepsilon+\varrho](t-u)\,\vartheta[\varepsilon+\sigma](v+w)\,\vartheta[\varepsilon](v-w),$$

$$\text{(XLVII)}\quad \eta_{\varepsilon\varepsilon'} = (-1)^{(\varrho+\sigma)\varepsilon'+\varepsilon+\varepsilon'}$$
$$\vartheta[\varepsilon+\varrho+\sigma](t+v)\,\vartheta[\varepsilon+\varrho](t-v)\,\vartheta[\varepsilon+\sigma](w+u)\,\vartheta[\varepsilon](w-u),$$

$$\zeta_{\varepsilon\varepsilon'} = (-1)^{(\varrho+\sigma)\varepsilon'+\varepsilon+\varepsilon'}$$
$$\vartheta[\varepsilon+\varrho+\sigma](t+w)\,\vartheta[\varepsilon+\varrho](t-w)\,\vartheta[\varepsilon+\sigma](u+v)\,\vartheta[\varepsilon](u-v),$$

und bezeichnet den Index 11 *kürzer mit* 1, *die Indizes* 00, 10, 01 *in irgend welcher Reihenfolge mit* α, β, γ, *so bestehen zwischen den Größen* ξ, η, ζ *die folgenden Gleichungen:*

$$\xi_1+\eta_1+\zeta_1=0,$$
$$\text{(XLVIII)}\quad \xi_1-\eta_\alpha+\zeta_\alpha=0,\quad \eta_1-\zeta_\alpha+\xi_\alpha=0,\quad \zeta_1-\xi_\alpha+\eta_\alpha=0,$$
$$\xi_\alpha+\eta_\beta+\zeta_\gamma=0,$$

von denen die drei in der zweiten Zeile stehenden Gleichungen je drei, die letzte Gleichung aber sechs verschiedene Gleichungen umfaßt.

Bei der obigen Darstellung erscheinen die Formeln (XLV) als die ursprünglichen, die Formeln (XLVI) und (XLVIII) als aus ihnen abgeleitet. Man kann aber, wie man leicht sieht, ebensogut von den Formeln (XLVI) oder (XLVIII) ausgehen und aus ihnen jedesmal die beiden anderen Formelsysteme ableiten. Die mannigfachen Zusammenhänge zwischen den Formeln (XLV), (XLVI) und (XLVIII) ergeben sich mit Hilfe der Tabelle (324) in der Gestalt von identischen Gleichungen zwischen den Größen ξ, η, ζ. Unter den zahlreichen derartigen Beziehungen mögen die folgenden als Beispiele angegeben werden.

Die Ableitung der ersten Formel (XLVIII) aus den Formeln (XLV) wird durch die identische Gleichung:

$$\text{(326)}\quad \begin{aligned}&\tfrac{1}{2}(2\xi_1+\zeta_1+\zeta_\alpha+\zeta_\beta+\zeta_\gamma)\\ &+\tfrac{1}{2}(2\eta_1+\zeta_1-\zeta_\alpha-\zeta_\beta-\zeta_\gamma)=\xi_1+\eta_1+\zeta_1\end{aligned}$$

dargestellt[1]), während die identischen Gleichungen:

$$\text{(327)}\quad \begin{aligned}
&\tfrac{1}{2}(\xi_1+\xi_\alpha+\eta_1-\eta_\alpha)+\tfrac{1}{2}(\eta_1+\eta_\alpha+\zeta_1-\zeta_\alpha)+\tfrac{1}{2}(\zeta_1+\zeta_\alpha+\xi_1-\xi_\alpha)=\xi_1+\eta_1+\zeta_1,\\
&\tfrac{1}{2}(\xi_1+\xi_\alpha+\eta_1-\eta_\alpha)-\tfrac{1}{2}(\eta_1+\eta_\alpha+\zeta_1-\zeta_\alpha)+\tfrac{1}{2}(\zeta_1+\zeta_\alpha+\xi_1-\xi_\alpha)=\xi_1-\eta_\alpha+\zeta_\alpha,\\
&\tfrac{1}{2}(\xi_1+\xi_\alpha+\eta_1-\eta_\alpha)+\tfrac{1}{2}(\eta_1+\eta_\alpha+\zeta_1-\zeta_\alpha)-\tfrac{1}{2}(\zeta_1+\zeta_\alpha+\xi_1-\xi_\alpha)=\eta_1-\zeta_\alpha+\xi_\alpha,\\
-&\tfrac{1}{2}(\xi_1+\xi_\alpha+\eta_1-\eta_\alpha)+\tfrac{1}{2}(\eta_1+\eta_\alpha+\zeta_1-\zeta_\alpha)+\tfrac{1}{2}(\zeta_1+\zeta_\alpha+\xi_1-\xi_\alpha)=\zeta_1-\xi_\alpha+\eta_\alpha
\end{aligned}$$

1) Scheibner, Über die Producte von drei und vier Thetafunctionen. J. für Math. Bd. 102. 1888, pag. 258.

die Ableitung der vier ersten Formeln (XLVIII) aus den Formeln (XLVI) repräsentieren[1]). Andererseits wird die Ableitung der Formeln (XLVI) aus den Formeln (XLVIII) durch die Identitäten[2]):

$$(328)\quad \begin{aligned} (\xi_1 + \eta_1 + \zeta_1) - (\zeta_1 - \xi_\alpha + \eta_\alpha) &= \xi_1 + \xi_\alpha + \eta_1 - \eta_\alpha, \\ (\xi_1 - \eta_\alpha + \zeta_\alpha) + (\eta_1 - \zeta_\alpha + \xi_\alpha) &= \xi_1 + \xi_\alpha + \eta_1 - \eta_\alpha, \\ -(\zeta_1 - \xi_\beta + \eta_\beta) + (\zeta_1 - \xi_\gamma + \eta_\gamma) &= \xi_\beta - \xi_\gamma - \eta_\beta + \eta_\gamma, \\ (\zeta_\alpha + \xi_\beta + \eta_\gamma) - (\zeta_\alpha + \xi_\gamma + \eta_\beta) &= \xi_\beta - \xi_\gamma - \eta_\beta + \eta_\gamma, \end{aligned}$$

die Ableitung der Formeln (XLV) aus ihnen durch die Identitäten:

$$(329)\quad \begin{aligned} (\xi_1 + \eta_1 + \zeta_1) + (\xi_1 - \eta_\alpha + \zeta_\alpha) - (\xi_\gamma + \eta_\beta + \zeta_\alpha) - (\zeta_1 - \xi_\gamma + \eta_\gamma) \\ = 2\xi_1 + \eta_1 - \eta_\alpha - \eta_\beta - \eta_\gamma, \\ (\xi_\alpha + \eta_\beta + \zeta_\gamma) + (\xi_1 - \eta_\alpha + \zeta_\alpha) + (\eta_1 - \zeta_\alpha + \xi_\alpha) - (\xi_1 - \eta_\gamma + \zeta_\gamma) \\ = 2\xi_\alpha + \eta_1 - \eta_\alpha + \eta_\beta + \eta_\gamma \end{aligned}$$

dargestellt. Endlich wird man noch die zwischen den Formeln (XLVIII) bestehenden Identitäten[3]):

$$(330)\quad (\xi_1 - \eta_\alpha + \zeta_\alpha) + (\eta_1 - \zeta_\alpha + \xi_\alpha) + (\zeta_1 - \xi_\alpha + \eta_\alpha) = \xi_1 + \eta_1 + \zeta_1$$

beachten.

Wirft man zum Schlusse einen Rückblick auf die Gleichungen (XLV), (XLVI) und (XLVIII), so erkennt man, daß die letzten von den beiden ersten dadurch wesentlich verschieden sind, daß in diesen die Funktion $\vartheta\begin{bmatrix}0\\0\end{bmatrix}(u)$, in ihnen aber die Funktion $\vartheta\begin{bmatrix}1\\1\end{bmatrix}(u)$ die bevorzugte Stelle unter den vier Thetafunktionen einnimmt. Diese Verschiedenheit bringt es mit sich, daß zur einfachsten Darstellung der Gleichungen nicht durchweg dieselben Größen benutzt werden können; durch die Einführung der Größen ξ, η, ζ ist, wie die Tabelle (324) zeigt, die elegante Form der Gleichungen (XLV) und (XLVI) verloren gegangen.

---

1) Enneper, Bemerkungen über Thetafunctionen. I. Gött. Nachr. 1883, pag. 175; Meyer, Die Ableitung der Weierstraß'schen σ-Relation aus einer der Jacobi'schen ϑ-Relationen. Tagebl. d. 58. Naturf.-Vers. Straßburg 1885, pag. 354; Caspary, Über das Additionstheorem etc. J. für Math. Bd. 97. 1884, pag. 168.

2) Schellbach, Die Lehre von den elliptischen Integralen und den Theta-Functionen. Berlin 1864, pag. 103; David, Sur les relations algébriques des fonctions Θ. Mém. Toulouse (8) Bd. 6. 2. sem. 1884, pag. 81; Briot et Bouquet, Théorie des fonctions elliptiques. 2. Aufl. Paris 1875, pag. 497; Kronecker, Bemerkungen über die Jacobischen Thetaformeln. J. für Math. Bd. 102. 1888, pag. 269.

3) Caspary, Über das Additionstheorem etc. J. für Math. Bd. 97. 1884, pag. 169.

Die Gleichungen (XLVI) wurden von Jacobi im Herbste 1835 gefunden, wurden von ihm zuerst in seiner Vorlesung vom W.-S. 1835/36 mitgeteilt[1]) und später in seiner Vorlesung vom W.-S. 1839/40 wiederholt[2]). Sie finden sich auch in einem Briefe Jacobis an Hermite vom 6. VIII. 1845 erwähnt[3]); veröffentlicht wurden diese Formeln zuerst von Rosenhain[4]). Die Gleichungen (XLV) sind gleichfalls von Jacobi[5]) angegeben und von Rosenhain[6]) veröffentlicht worden. — Die erste Gleichung (XLVIII) wurde von Weierstraß in seinen Vorlesungen 1862 mitgeteilt, wo sie auf Grund der Beziehung:

$$(331) \qquad \wp u - \wp v = -\frac{\sigma(u+v)\,\sigma(u-v)}{\sigma^2 u\, \sigma^2 v}$$

unmittelbar aus der Identität:

$$(332) \quad (\wp u - \wp u_1)(\wp u_2 - \wp u_3) + (\wp u - \wp u_2)(\wp u_3 - \wp u_1) + (\wp u - \wp u_3)(\wp u_1 - \wp u_2) = 0$$

hervorging[7]). Veröffentlicht wurde die Formel zuerst von Schellbach[8]), der sie aus einer Formel Richelots ableitet. Weierstraß[9]) hat bemerkt und Delisle[10]) weiter ausgeführt, daß durch diese Gleichung die Funktion σu bis auf einen Faktor von der Form e^{a+bu^2} bestimmt ist, wo a und b willkürlich bleibende Konstanten bezeichnen. — Das volle System der 16 Gleichungen (XLVIII) hat zuerst Study[11]) aufgestellt, dessen eingehenden Untersuchungen über die hier vorliegenden Formeln auch die Tabelle (324) entnommen ist.

---

1) Kronecker, Über die Zeit und die Art der Entstehung etc. Berl. Ber. 1891, pag. 653 und J. für Math. Bd. 108. 1891 pag. 325.

2) Jacobi, Theorie der elliptischen Functionen etc. Ges. Werke Bd. 1. Berlin 1881, pag. 507.

3) Jacobi, Extrait de deux lettres de Charles Hermite à C. G. J. Jacobi et d'une lettre de Jacobi adressée à Hermite. Ges. Werke Bd. 2. Berlin 1882, pag. 116.

4) Rosenhain, Mémoire sur les fonctions etc. Mém. prés. Bd. 11. 1851, pag. 371.

5) Jacobi, Theorie der elliptischen Functionen etc. Ges. Werke Bd. 1. Berlin 1881, pag. 534.

6) Rosenhain, Mémoire sur les fonctions etc. Mém. prés. Bd. 11. 1851, pag. 375.

7) Weierstraß, Zur Theorie der Jacobischen Functionen von mehreren Veränderlichen. Berl. Ber. 1882, pag. 505; Schwarz, Formeln und Lehrsätze zum Gebrauche der elliptischen Functionen. Nach Vorlesungen und Aufzeichnungen des Herrn K. Weierstraß. Göttingen 1881, pag. 47.

8) Schellbach, Die Lehre von den elliptischen Int. etc. pag. 103.

9) Weierstraß, Zur Theorie der Jacobischen Funct. etc. Berl. Ber. 1882, pag. 505.

10) Delisle, Bestimmung der allgemeinsten der Functionalgleichung der σ-Function genügenden Function. Math. Ann. Bd. 30. 1887, pag. 91.

11) Study, Sphärische Trigonometrie, orthogonale Substitutionen und elliptische Functionen. Leipz. Abh. Bd. 20. 1893, pag. 195.

Es mögen hier weiter ein paar Worte Platz finden über die verschiedenen Methoden, welche zur Gewinnung der in Rede stehenden Thetaformeln angewendet werden können. In erster Linie verdienen jene Methoden genannt zu werden, bei welchen die Formeln durch direkte Umformung der ihre linken Seiten darstellenden unendlichen Reihen gewonnen werden. Solche Methoden haben für die Formeln (XLVI) Jacobi[1]) selbst, für die Formeln (XLV) Henry St. Smith[2]), für die Formeln (XLVIII) Halphen[3]) angegeben. — An zweiter Stelle mögen jene Beweismethoden genannt werden, bei welchen die in den Formeln auftretenden Thetaprodukte von der Form $\vartheta[\varrho](x+y)\,\vartheta[\varrho](x-y)$ mittelst der aus der Formel (L) pag. 89 folgenden Formel[4]):

$$(333)\quad \vartheta\begin{bmatrix}\varrho\\ \varrho'\end{bmatrix}(x+y)_a\,\vartheta\begin{bmatrix}\varrho\\ \varrho'\end{bmatrix}(x-y)_a = \sum_{\varepsilon=0}^{1}(-1)^{\varepsilon\varrho'}\,\vartheta\begin{bmatrix}\varepsilon\\ 0\end{bmatrix}(2x)_{2a}\,\vartheta\begin{bmatrix}\varrho+\varepsilon\\ 0\end{bmatrix}(2y)_{2a}$$

durch Thetafunktionen mit dem doppelten Modul ausgedrückt und dadurch die Formeln selbst in identische Gleichungen zwischen diesen Thetafunktionen übergeführt werden; so von Caspary[5]) und besonders übersichtlich von Kronecker[6]). In ähnlicher Weise haben Study[7]) und Kleiber[8]) die Thetaprodukte $\vartheta[\varrho](x+y)\,\vartheta[\varrho](x-y)$ vermittelst der Jacobischen

1) Jacobi, Theorie der elliptischen Functionen etc. Ges. Werke Bd. 1. Berlin 1881, pag. 503; vergl. auch Enneper, Elliptische Functionen. Theorie und Geschichte. Halle 1876, pag. 95. 2. Aufl. Halle 1890, pag. 135; Bock, Kombinatorische Ableitung einiger Eigenschaften der Θ-Functionen. Hamb. Mitth. Bd. 2. 1890, pag. 74 und für $p > 1$ Lipps, Über Thetareihen und ihren Zusammenhang mit den Doppelintegralen. Leipz. Ber. Bd. 44. 1892, pag. 346 und 369 u. f.

2) Smith, On a formula for the multiplication of four Theta-Functions. London M. S. Proc. Bd. 1. 1866, Nr. 8; für $p > 1$ außer Smith, Note on the formula etc. London M. S. Proc. Bd. 10. 1879, pag. 91 besonders Prym, Ein neuer Beweis etc. Acta math. Bd. 3. 1883, pag. 201.

3) Halphen, Traité des fonctions elliptiques et de leurs applications. Bd. 1. Paris 1886, pag. 244.

4) Bezüglich der Ableitung dieser Formel siehe § 16 dieses Kapitels.

5) Caspary, Über die Verwendung algebraischer Ident. etc. Math. Ann. Bd. 28. 1887, pag. 493 und: Sur une méthode élémentaire pour obtenir le théorème fondamental de Jacobi, relatif aux fonctions thêta d'un seul argument. C. R. Bd. 104. 1887, pag. 1094; für $p = 2$ vor Caspary, Über einen einfachen Beweis der Rosenhain'schen Fundamentalformeln. Math. Ann. Bd. 30. 1887, pag. 571 schon Enneper, Über einige Sätze aus der Theorie der ϑ-Functionen. Z. für Math. .Bd. 12. 1867, pag. 85; für beliebiges p: Caspary, Über das Addidionstheorem etc. J. für Math. Bd. 97. 1884, pag. 165; auch: Sur les théorèmes d'addition des fonctions thêta. C. R. Bd. 104. 1887, p. 1255.

6) Kronecker, Bemerkungen über die Jacobi'schen Thetaf. etc. J. für Math. Bd. 102. 1888, pag. 269.

7) Study, On the Addition Theorems of Jacobi and Weierstraß. Am. J. Bd. 16. 1894, pag. 156.

8) Kleiber, Ableitung eines Systems von Formeln für die elliptischen Functionen und ihr Zusammenhang mit der sphärischen Trigonometrie. Progr. Königsberg 1880 und 1881.

Additionstheoreme[1]) durch Funktionen $\vartheta[\varepsilon](x)$, $\vartheta[\varepsilon](y)$ ausgedrückt und dadurch die in Rede stehenden Formeln in identische Gleichungen zwischen diesen letzteren Funktionen übergeführt; man wird jedoch dazu bemerken, daß meist umgekehrt die hier vorliegenden Formeln die Grundlage für die Gewinnung der Additionstheoreme bilden. — Die Bestimmung der Thetafunktion durch ihre Periodizitätseigenschaften (XIII. Satz pag. 34) benutzt (bei beliebigem p) Prym[2]) zum Beweise der Formel (XLV), den Hermiteschen XVII. Satz pag. 40 (gleichfalls bei beliebigem p) zum Beweise der Formel (XLVI) Frobenius[3]), zum Beweise der Formel (XLVIII) Briot et Bouquet[4]) und nach ihnen Gutzmer[5]), den Residuensatz zum Beweise der Formel (XLVIII) Kapteyn[6]) und nach ihm Craig[7]), den Satz von der Konstanz einer überall stetigen Funktion Kronecker[8]) und Baker[9]), eine eigentümliche Zerspaltung periodischer Funktionen Prym[10]) und eine von Richelot[11]) und Dumas[12]) angegebene Partialbruchzerlegung eines durch unendliche Produkte dargestellten Thetaquotienten Schellbach[13]). Endlich möge noch auf eine von Baker[14]) angegebene geometrische Deutung der Formeln hingewiesen werden.

Daß die Formeln (XLVIII) in ähnlicher Weise, wie es am Schlusse des § 10 mit der Riemannschen Thetaformel geschehen ist, auf Produkte von mehr als vier Thetafunktionen ausgedehnt werden können, hat schon Schellbach[15]) angegeben. Diese erweiterten Formeln hat sodann

---

1) Jacobi, Theorie der elliptischen Functionen etc. Ges. Werke Bd. 1. Berlin 1881, pag. 510 Formelsystem C.

2) Prym, Kurze Ableitung etc. J. für Math. Bd. 93. 1882, pag. 124.

3) Frobenius, Über das Additionstheorem etc. J. für Math. Bd. 89. 1880, pag. 185.

4) Briot et Bouquet, Theorie des fonctions ell. Paris 1875, pag. 485.

5) Gutzmer, Bemerkung über die Jacobische Thetaformel. J. für Math. Bd. 110. 1892, pag. 177.

6) Kapteyn, Nouvelle méthode pour démontrer la formule fondamentale des fonctions Θ. Darb. Bull. (2) Bd. 15. 1891, pag. 125.

7) Craig, A fundamental theorem of the Θ-Functions. J. Hopkins Univ. Circ. Bd. 11. 1892, pag. 42.

8) Kronecker, Bemerkungen über die Jacobischen Thetaf. etc. J. für Math. Bd. 102. 1888, pag. 269.

9) Baker, On a geometrical proof of Jacobi's ϑ-formula. Math. Ann. Bd. 43. 1893, pag. 593.

10) Prym, Untersuchungen über die Riemann'sche Thetaf. Lpz. 1882. I.

11) Richelot, Über eine merkwürdige Formel in der Theorie der elliptischen Transcendenten, und eine Ableitung des Fundamentaltheorems. J. für Math. Bd. 50. 1855, pag. 41.

12) Dumas, Über die Bewegung des Raumpendels mit Rücksicht auf die Rotation der Erde. J. für Math. Bd. 50. 1855, pag. 52.

13) Schellbach, Die Lehre von den elliptischen Int. etc. pag. 103.

14) Baker, On a geometrical proof etc. Math. Ann. Bd. 43. 1893, pag. 593.

15) Schellbach, Die Lehre von den elliptischen Int. etc. pag. 103.

Enneper[1]) durch wiederholte Anwendung der ursprünglichen Formeln bewiesen und in neuerer Zeit in ganz einfacher Weise durch Anwendung des Residuensatzes Kapteyn[2]) und Morley[3]). Betrachtet man nämlich die Funktion:

$$(334) \qquad f(z) = \frac{\vartheta_1(z-y_1)\,\vartheta_1(z-y_2)\cdots\vartheta_1(z-y_n)}{\vartheta_1(z-x_1)\,\vartheta_1(z-x_2)\cdots\vartheta_1(z-x_n)},$$

wo ϑ_1 die ungerade Thetafunktion bezeichnet, und setzt

$$(335) \qquad x_1 + x_2 + \cdots + x_n = y_1 + y_2 + \cdots + y_n$$

voraus, so ist die Funktion $f(z)$ doppeltperiodisch und wird ∞^1 in den n Punkten $x_1, x_2, \cdots, x_n$. Setzt man die Summe der Residuen Null, so hat man sofort:

$$(336) \qquad \sum_{\nu=1}^{n} \frac{\vartheta_1(x_\nu - y_1)\cdots\vartheta_1(x_\nu - y_\nu)\cdots\vartheta_1(x_\nu - y_n)}{\vartheta_1(x_\nu - x_1)\cdots \quad 1 \quad \cdots\vartheta_1(x_\nu - x_n)} = 0,$$

eine Formel, die für $n = 3$ die Weierstraßsche ist.

Da die Formel (303) für $p = 1$ in die Weierstraßsche übergeht, so kann sie als die Verallgemeinerung derselben für beliebiges p angesehen werden. Eine andere Ausdehnung seiner Formel auf den Fall $p > 1$ hat Weierstraß[4]) selbst in der Form:

$$(337) \quad \sum \vartheta\big(\!\big(u^{(0)} + u^{(1)}\big)\!\big)\,\vartheta\big(\!\big(u^{(0)} - u^{(1)}\big)\!\big)\cdots\vartheta\big(\!\big(u^{(r)} + u^{(r+1)}\big)\!\big)\,\vartheta\big(\!\big(u^{(r)} - u^{(r+1)}\big)\!\big) = 0$$

angegeben, wo $r = 2^p$ ist, ϑ eine ungerade Thetafunktion bezeichnet, und über jene $1 \cdot 3 \cdot 5 \cdots r + 1$ Produkte von je $r + 2$ Thetafunktionen zu summieren ist, die aus dem angeschriebenen hervorgehen, wenn man zuerst die Indizes $1, 2, 3, \cdots, r+1$, hierauf die Indizes $3, 4, \cdots, r+1, \cdots$ zyklisch vertauscht. Nachdem Caspary[5]) einen Beweis dieser Formel angegeben hatte, der sich auf die Einführung der Thetafunktionen mit doppelten Moduln stützt, haben Frobenius[6]) und Caspary[7]) einfachere Beweise mitgeteilt, zugleich aber gezeigt, daß die Formel (337) für jedes

---

1) Enneper, Bemerkungen über Thetafunctionen. I. Gött. Nachr. 1883, pag. 175.

2) Kapteyn, Nouvelle méthode etc. Darb. Bull. (2) Bd. 15. 1891, pag. 125.

3) Morley, On a generalization of Weierstraß's equation with three terms. Bull. Am. M. S. (2) Bd. 2. 1895, pag. 21.

4) Weierstraß, Zur Theorie der Jacobischen Funct. etc. Berl. Ber. 1882, pag. 505.

5) Caspary, Ableitung des Weierstraßschen Fundamentaltheorems für die Sigmafunction mehrerer Argumente aus den Kroneckerschen Relationen für Subdeterminanten symmetrischer Systeme. J. für Math. Bd. 96. 1884, pag. 182.

6) Frobenius, Über Thetafunctionen mehrerer Variabeln. J. für Math. Bd. 96. 1884, pag. 100.

7) Caspary, Zur Theorie der Thetafunctionen mehrerer Argumente. J. für Math. Bd. 96. 1884, pag. 324.

$r \geqq 2^p$ besteht. Eine praktische Verwertbarkeit, wie die Riemannsche Thetaformel, besitzt die Formel (337) nicht; die rasch wachsende Gliederanzahl zusammen mit der zunehmenden Anzahl der in einem Produkte vereinigten Thetafunktionen macht die Anwendung über $p = 2$ hinaus unmöglich.

Setzt man in den Gleichungen (XLIII), indem man unter u, v, w unabhängige Veränderliche versteht:

$$(338) \qquad v_1 = u + v + w, \quad v_2 = u, \quad v_3 = v, \quad v_4 = -w,$$

so werden:

$$(339) \qquad u_1 = u + v, \quad u_2 = u + w, \quad u_3 = v + w, \quad u_4 = 0;$$

es verschwindet infolgedessen von den durch (XLIV) definierten Größen y die Größe y_{11} und die letzte Gleichung (XLV) geht in

$$(340) \qquad x_{00} - x_{10} - x_{01} + x_{11} = 0$$

über, wo jetzt die Größen x durch die Gleichung:

$$(341) \quad x_{\varepsilon\varepsilon'} = (-1)^{(\varepsilon+\varrho+\sigma)\varepsilon'} \vartheta[\varepsilon+\varrho+\sigma](u+v+w)\,\vartheta[\varepsilon+\varrho](u)\,\vartheta[\varepsilon+\sigma](v)\,\vartheta[\varepsilon](w)$$

definiert sind. Die Formel (340) umfaßt 16 verschiedene Gleichungen, die aus ihr hervorgehen, wenn man an Stelle einer jeden der beiden in (341) vorkommenden Per. Char. (ϱ), (σ) der Reihe nach die vier verschiedenen Charakteristiken setzt.

Für den speziellen Fall $(\varrho) = (\sigma) = (0)$ wurde die Formel (340) schon von Legendre[1]) angegeben; später hat sie Gudermann[2]) und nach ihm Schröter[3]) aus den Additionstheoremen der Thetafunktion abgeleitet; einen anderen Beweis mit Hilfe der Integrale zweiter Gattung hat Hermite[4]) gegeben. In obiger Weise als spezieller Fall der Riemannschen Thetaformel wurde die Formel von Henry St. Smith[5]) und Schröter[6]) gewonnen. Cayley[7]) leitet sie als speziellen Fall einer

1) Legendre, Traité des fonctions elliptiques et des intégrales eulériennes. Bd. 3. Paris 1828, pag. 196.

2) Gudermann, Theorie der Modular-Functionen und der Modular-Integrale. J. für Math. Bd. 18. 1838, pag. 167.

3) Schröter, Beiträge zur Theorie der elliptischen Funktionen. Acta math. Bd. 5. 1884, pag. 205.

4) Hermite, Sur une relation donnée par M. Cayley, dans la théorie des fonctions elliptiques. Extrait d'une lettre adressée à M. Mittag-Leffler. Acta math. Bd. 1. 1882, pag. 368; vergl. dazu M. da Silva, Sur trois formules de la théorie des fonctions elliptiques. Darb. Bull. (2) Bd. 10. 1886, pag. 78.

5) Smith, Note on the formula etc. London M. S. Proc. Bd. 10. 1879, pag. 96.

6) Schröter, Beiträge zur Theorie etc. Acta math. Bd. 5. 1884, pag. 205.

7) Cayley, A theorem in Elliptic Functions. London M. S. Proc. Bd. 10. 1879, pag. 43.

allgemeineren von Glaisher[1]) angegebenen Formel ab; daß aber diese keine andere als die Riemannsche Thetaformel ist, zeigt M. da Silva[2]). Das System der 16 Gleichungen (340) ist von Forsyth[3]) angegeben worden.

Setzt man in den 16 Forsythschen Gleichungen $w = 0$, so gehen daraus 16 Formeln hervor, welche Jacobi[4]) angegeben hat und für welche Beweise von Schellbach[5]), Björling[6]) und Broch[7]) mitgeteilt worden sind; einzelne dieser Gleichungen auch bei Guetzlaff[8]) und Henry St. Smith[9]); daß man von den Jacobischen Gleichungen wieder zu den ursprünglichen Forsythschen zurückkehren kann, zeigt Albeggiani[10]).

An dieser Stelle möge auch auf jene Gleichungen hingewiesen werden, welche zwischen Produkten von 6 Thetafunktionen mit den Argumenten u, $v - w$, v, $w - u$, w, $u - v$ bestehen und welche, nachdem einzelne von ihnen schon Jacobi[11]), Gudermann[12]) und Schellbach[13]) angegeben hatten, in größerer Zahl von Glaisher[14])

---

1) Glaisher, Sur quelques équations identiques dans la théorie des fonctions elliptiques. Assoc. franç. C. R. de la 9me sess. (Reims) 1880, pag. 223.

2) M. da Silva, Sur une question de la théorie des fonctions elliptiques. Bull. Bruxelles (3) Bd. 10. 1885, pag. 79 und: Sobre una formula relativa à la theoria das funçôes ellipticas. Teixeira J. Bd. 5. 1883; vergl. dazu Mansion, Rapport sur une question de la théorie des fonctions elliptiques. Bull. Bruxelles (3) Bd. 9. 1885, pag. 324; auch Caspary, Über die Verwendung etc. Math. Ann. Bd. 28. 1887, pag. 493.

3) Forsyth, Note on Prof. Cayley's „formula in elliptic fonctions". Mess. Bd. 14. 1885, pag. 23; dazu Cayley, On a formula in elliptic functions. Mess. Bd. 14. 1885, pag. 21.

4) Jacobi, Sur la rotation d'un corps. Extrait d'une lettre adressée à l'ac. des sc. de Paris. 1849. Ges. Werke Bd. 2. Berlin 1882, pag. 325.

5) Schellbach, Die Lehre von den elliptischen Int. etc. pag. 103.

6) Björling, Om additions formlerna för de elliptiska funktionerna. Öfversigt af k. Vet.-Ak. Förh. Stockholm Bd. 23. 1866, pag. 81 und: Note sur les formules d'addition des fonctions elliptiques. Arch. für Math. Bd. 47. 1867, pag. 399.

7) Broch, Sur les formules d'addition des fonctions elliptiques de M. C. G. J. Jacobi dans son „Mémoire sur la rotation d'un corps". C. R. Bd. 59. 1864, pag. 999.

8) Guetzlaff, Äquatio modularis pro transformatione functionum ellipticarum septimi ordinis. J. für Math. Bd. 12. 1834, pag. 173.

9) Smith, Note on the formula etc. London M. S. Proc. Bd. 10. 1879, pag. 97.

10) Albeggiani, Intorno ad alcune formole nella teorica delle funzioni ellittiche. Rend. Palermo Bd. 1. 1887, pag. 350.

11) Jacobi, Formulae novae in theoria transcendentium ellipticarum fundamentales. 1835. Ges. Werke Bd. 1. Berlin 1881. pag. 333.

12) Gudermann, Theorie der Modular.-Funct. etc. J. für Math. Bd. 18. 1838, pag. 167.

13) Schellbach, Die Lehre von den ellipt. Int. etc. pag. 101.

14) Glaisher, On certain formulae in Elliptic Functions. Quart. J. Bd. 19. 1883, pag. 22. On some elliptic function and trigonometrical theorems. Mess.

aufgestellt worden sind. Diese Gleichungen haben ihre gemeinsame Quelle in jener Formel, welche aus (336) für $n = 4$ hervorgeht.

Zum Schlusse dieses Paragraphen sollen aus den Formeln (XLV) jene speziellen Gleichungen abgeleitet werden, welche den Übergang zu den elliptischen Funktionen vermitteln[1]).

Setzt man in (XLIII) indem man unter u eine unabhängige Variable versteht:

$$v_1 = u, \quad v_2 = u, \quad v_3 = 0, \quad v_4 = 0, \tag{342}$$

so wird auch:

$$u_1 = u, \quad u_2 = u, \quad u_3 = 0, \quad u_4 = 0, \tag{343}$$

und daher, wenn man noch $(\sigma) = (0)$ setzt:

$$x_{\varepsilon\varepsilon'} = y_{\varepsilon\varepsilon'} = (-1)^{\varrho\varepsilon'} \vartheta^2[\varepsilon + \varrho](u)\, \vartheta^2[\varepsilon](0). \tag{344}$$

Führt man aber diese Werte in die Gleichung:

$$y_{00} - y_{11} = x_{10} + x_{01} \tag{345}$$

ein und läßt an Stelle von (ϱ) der Reihe nach die Charakteristiken $\binom{1}{1}$, $\binom{0}{1}$, $\binom{1}{0}$, $\binom{0}{0}$ treten, setzt auch zur Abkürzung:

$$\vartheta_{00}(0) = \vartheta_{00}, \quad \vartheta_{10}(0) = \vartheta_{10}, \quad \vartheta_{01}(0) = \vartheta_{01}, \tag{346}$$

so erhält man die vier Gleichungen:

$$\begin{aligned}
\vartheta_{00}^2\, \vartheta_{11}^2(u) &= \vartheta_{10}^2\, \vartheta_{01}^2(u) - \vartheta_{01}^2\, \vartheta_{10}^2(u),\\
\vartheta_{00}^2\, \vartheta_{01}^2(u) &= \vartheta_{10}^2\, \vartheta_{11}^2(u) + \vartheta_{01}^2\, \vartheta_{00}^2(u),\\
\vartheta_{00}^2\, \vartheta_{10}^2(u) &= \vartheta_{10}^2\, \vartheta_{00}^2(u) - \vartheta_{01}^2\, \vartheta_{11}^2(u),\\
\vartheta_{00}^2\, \vartheta_{00}^2(u) &= \vartheta_{10}^2\, \vartheta_{10}^2(u) + \vartheta_{01}^2\, \vartheta_{01}^2(u),
\end{aligned} \tag{347}$$

deren letzte für $u = 0$ die Relation:

$$\vartheta_{00}^4 = \vartheta_{10}^4 + \vartheta_{01}^4 \tag{348}$$

liefert. Von den vier Gleichungen (347) sind die beiden letzten eine Folge der beiden ersten; diese aber kann man, indem man ihre linke und rechte Seite durch $\vartheta_{10}^2\, \vartheta_{01}^2(u)$ bez. $\vartheta_{00}^2\, \vartheta_{01}^2(u)$ dividiert in die Form:

Bd. 10. 1881, pag. 92. On a method of deriving formulae in Elliptic Functions. Cambridge Proc. Bd. 4. 1883, pag. 186 und: Formulae in elliptic functions. Brit. Assoc. Rep. 1879, pag. 269; vergl. dazu Wilkinson, An elliptic function identity. Mess. Bd. 10. 1881, pag. 65 und: Sterba, Über eine Jacobische Gleichung. J. für Math. Bd. 122. 1900, pag. 198.

1) Bezüglich dieses Überganges selbst siehe Jacobi, Theorie der elliptischen Functionen etc. Ges. Werke Bd. 1. Berlin 1881, pag. 497; auch: Brioschi, Lezioni sulla teorica delle funzioni Jacobiane ad un solo argomento. Giorn. di Mat. Bd. 2. 1864, pag. 8, 33 u. 129.

$$(349)\qquad \begin{gathered} \frac{\vartheta_{01}^2}{\vartheta_{10}^2}\frac{\vartheta_{10}^2(u)}{\vartheta_{01}^2(u)} = 1 - \frac{\vartheta_{00}^2}{\vartheta_{10}^2}\frac{\vartheta_{11}^2(u)}{\vartheta_{01}^2(u)}, \\ \frac{\vartheta_{01}^2}{\vartheta_{00}^2}\frac{\vartheta_{00}^2(u)}{\vartheta_{01}^2(u)} = 1 - \frac{\vartheta_{10}^2}{\vartheta_{00}^2}\frac{\vartheta_{11}^2(u)}{\vartheta_{01}^2(u)} \end{gathered}$$

bringen.

Setzt man ferner in (XLIII), indem man unter u und v zwei unabhängige Veränderliche versteht:

$$(350)\qquad v_1 = v_2 = u, \quad v_3 = v_4 = v,$$

so wird:

$$(351)\qquad u_1 = u + v, \quad u_2 = u - v, \quad u_3 = 0, \quad u_4 = 0,$$

und daher:

$$(352)\qquad \begin{aligned} x_{\varepsilon\varepsilon'} &= (-1)^{(\varrho+\sigma)\varepsilon'} \\ &\quad \vartheta[\varepsilon+\varrho+\sigma](u)\,\vartheta[\varepsilon+\varrho](u)\,\vartheta[\varepsilon+\sigma](v)\,\vartheta[\varepsilon](v), \\ y_{\varepsilon\varepsilon'} &= (-1)^{(\varrho+\sigma)\varepsilon'} \\ &\quad \vartheta[\varepsilon+\varrho+\sigma](u+v)\,\vartheta[\varepsilon+\varrho](u-v)\,\vartheta[\varepsilon+\sigma](0)\,\vartheta[\varepsilon](0). \end{aligned}$$

Führt man diese Werte in die Gleichung:

$$(353)\qquad y_{00} + y_{11} = x_{00} + x_{11}$$

ein, indem man gleichzeitig $(\varrho) = \binom{0}{1}$, $(\sigma) = \binom{1}{0}$ setzt, so erhält man die Gleichung:

$$(354)\qquad \begin{gathered} \vartheta_{00}\,\vartheta_{10}\,\vartheta_{01}(u-v)\,\vartheta_{11}(u+v) \\ = \vartheta_{11}(u)\,\vartheta_{01}(u)\,\vartheta_{10}(v)\,\vartheta_{00}(v) + \vartheta_{00}(u)\,\vartheta_{10}(u)\,\vartheta_{01}(v)\,\vartheta_{11}(v); \end{gathered}$$

führt man dagegen die Werte (352) in die Gleichung:

$$(355)\qquad y_{01} - y_{11} = x_{01} - x_{11}$$

ein, setzt gleichzeitig $(\varrho) = (0)$ und läßt an Stelle von (σ) der Reihe nach die Charakteristiken $\binom{1}{1}$, $\binom{0}{1}$ und $\binom{0}{0}$ treten, so erhält man die Gleichungen:

$$(356)\qquad \begin{gathered} \vartheta_{01}\,\vartheta_{10}\,\vartheta_{01}(u-v)\,\vartheta_{10}(u+v) = \\ \vartheta_{10}(u)\,\vartheta_{01}(u)\,\vartheta_{10}(v)\,\vartheta_{01}(v) - \vartheta_{00}(u)\,\vartheta_{11}(u)\,\vartheta_{00}(v)\,\vartheta_{11}(v), \\ \vartheta_{01}\,\vartheta_{00}\,\vartheta_{01}(u-v)\,\vartheta_{00}(u+v) = \\ \vartheta_{00}(u)\,\vartheta_{01}(u)\,\vartheta_{00}(v)\,\vartheta_{01}(v) - \vartheta_{10}(u)\,\vartheta_{11}(u)\,\vartheta_{10}(v)\,\vartheta_{11}(v), \\ \vartheta_{01}^2\,\vartheta_{01}(u-v)\,\vartheta_{01}(u+v) = \vartheta_{01}^2(u)\,\vartheta_{01}^2(v) - \vartheta_{11}^2(u)\,\vartheta_{11}^2(v). \end{gathered}$$

Dividiert man die Gleichung (354) und die beiden ersten Gleichungen (356) durch die letzte, so erhält man die Additionstheoreme der Thetaquotienten:

$$\frac{\vartheta_{00}\,\vartheta_{10}}{\vartheta_{01}^2}\,\frac{\vartheta_{11}(u+v)}{\vartheta_{01}(u+v)}=\frac{\frac{\vartheta_{11}(u)}{\vartheta_{01}(u)}\,\frac{\vartheta_{10}(v)}{\vartheta_{01}(v)}\,\frac{\vartheta_{00}(v)}{\vartheta_{01}(v)}+\frac{\vartheta_{00}(u)}{\vartheta_{01}(u)}\,\frac{\vartheta_{10}(u)}{\vartheta_{01}(u)}\,\frac{\vartheta_{11}(v)}{\vartheta_{01}(v)}}{1-\frac{\vartheta_{11}^2(u)}{\vartheta_{01}^2(u)}\,\frac{\vartheta_{11}^2(v)}{\vartheta_{01}^2(v)}},$$

(357) $$\frac{\vartheta_{10}}{\vartheta_{01}}\,\frac{\vartheta_{10}(u+v)}{\vartheta_{01}(u+v)}=\frac{\frac{\vartheta_{10}(u)}{\vartheta_{01}(u)}\,\frac{\vartheta_{10}(v)}{\vartheta_{01}(v)}-\frac{\vartheta_{00}(u)}{\vartheta_{01}(u)}\,\frac{\vartheta_{11}(u)}{\vartheta_{01}(u)}\,\frac{\vartheta_{00}(v)}{\vartheta_{01}(v)}\,\frac{\vartheta_{11}(v)}{\vartheta_{01}(v)}}{1-\frac{\vartheta_{11}^2(u)}{\vartheta_{01}^2(u)}\,\frac{\vartheta_{11}^2(v)}{\vartheta_{01}^2(v)}},$$

$$\frac{\vartheta_{00}}{\vartheta_{01}}\,\frac{\vartheta_{00}(u+v)}{\vartheta_{01}(u+v)}=\frac{\frac{\vartheta_{00}(u)}{\vartheta_{01}(u)}\,\frac{\vartheta_{00}(v)}{\vartheta_{01}(v)}-\frac{\vartheta_{10}(u)}{\vartheta_{01}(u)}\,\frac{\vartheta_{11}(u)}{\vartheta_{01}(u)}\,\frac{\vartheta_{10}(v)}{\vartheta_{01}(v)}\,\frac{\vartheta_{11}(v)}{\vartheta_{01}(v)}}{1-\frac{\vartheta_{11}^2(u)}{\vartheta_{01}^2(u)}\,\frac{\vartheta_{11}^2(v)}{\vartheta_{01}^2(v)}}.$$

Differentiiert man endlich die Gleichung (354) links und rechts nach v und setzt hierauf $v=0$, so entsteht, da die Funktionen

(358) $$\frac{d\vartheta_{00}(v)}{dv},\quad \frac{d\vartheta_{10}(v)}{dv},\quad \frac{d\vartheta_{01}(v)}{dv}$$

als die Derivierten gerader Funktionen für $v=0$ verschwinden, wenn man für jede Charakteristik

(359) $$\frac{d\vartheta_{\varepsilon\varepsilon'}(u)}{du}=\vartheta'_{\varepsilon\varepsilon'}(u)$$

setzt und den Wert, den diese Funktion für $u=0$ annimmt, kurz mit $\vartheta'_{\varepsilon\varepsilon'}$ bezeichnet:

(360) $$\begin{aligned}\vartheta_{00}\,\vartheta_{10}(\vartheta'_{11}(u)\,\vartheta_{01}(u)-\vartheta_{11}(u)\,\vartheta'_{01}(u))\\=\vartheta_{01}\,\vartheta'_{11}\,\vartheta_{00}(u)\,\vartheta_{10}(u).\end{aligned}$$

Differentiiert man diese Gleichung endlich zweimal nach u und setzt hierauf $u=0$, so erhält man, wenn man

(361) $$\frac{d^2\vartheta_{\varepsilon\varepsilon'}(u)}{du^2}=\vartheta''_{\varepsilon\varepsilon'}(u),\quad \frac{d^3\vartheta_{\varepsilon\varepsilon'}(u)}{du^3}=\vartheta'''_{\varepsilon\varepsilon'}(u)$$

setzt und die Werte, welche diese Funktionen für $u=0$ annehmen, mit $\vartheta''_{\varepsilon\varepsilon'}$, $\vartheta'''_{\varepsilon\varepsilon'}$ bez. bezeichnet, die Gleichung:

(362) $$\vartheta_{00}\,\vartheta_{10}(\vartheta'''_{11}\,\vartheta_{01}-\vartheta'_{11}\,\vartheta''_{01})=\vartheta_{01}\,\vartheta'_{11}(\vartheta''_{00}\,\vartheta_{10}+\vartheta_{00}\,\vartheta''_{10})$$

oder durch $\vartheta_{00}\,\vartheta_{10}\,\vartheta_{01}\,\vartheta'_{11}$ links und rechts dividierend:

(363) $$\frac{\vartheta'''_{11}}{\vartheta'_{11}}=\frac{\vartheta''_{00}}{\vartheta_{00}}+\frac{\vartheta''_{10}}{\vartheta_{10}}+\frac{\vartheta''_{01}}{\vartheta_{01}}.$$

Da nun aber gemäß der Gleichung (VI) pag. 6:

(364) $$\frac{\partial^2\vartheta_{\varepsilon\varepsilon'}(u)_a}{\partial u^2}=4\,\frac{\partial\vartheta_{\varepsilon\varepsilon'}(u)_a}{\partial a}$$

ist, so kann man der Gleichung (363) auch die Gestalt:

$$\frac{\partial \log \vartheta'_{11}}{\partial a} = \frac{\partial \log \vartheta_{00}}{\partial a} + \frac{\partial \log \vartheta_{10}}{\partial a} + \frac{\partial \log \vartheta_{01}}{\partial a} \tag{365}$$

geben und schließt dann daraus, daß

$$\vartheta'_{11} = c\,\vartheta_{00}\,\vartheta_{10}\,\vartheta_{01} \tag{366}$$

ist, wo c eine auch vom Thetamodul a unabhängige Größe bezeichnet, für welche sich durch Entwicklung der linken und rechten Seite nach Potenzen von e^a und Vergleichung der Anfangsglieder der Wert $c = i$ ergibt, sodaß schließlich:

$$\vartheta'_{11} = i\,\vartheta_{00}\,\vartheta_{10}\,\vartheta_{01} \tag{367}$$

ist.

Die Formeln (347), (348), (349), (357), (367) sind zuerst von Jacobi[1]) angegeben worden.

Der obige Beweis der Formel (367), der nach Frobenius[2]) von Weierstraß herrührt, wurde zuerst von Königsberger[3]) mitgeteilt. Einen direkten Beweis der Formel (365) durch Umformung der unendlichen Reihen hat Lipschitz[4]) angegeben, während Thomae[5]) die Formel (367) auf direktem Wege aus den Produktentwicklungen der Thetafunktionen herleitet. Jacobi[6]) hat die Formel (367) bewiesen, indem er zeigt, daß der Ausdruck:

$$\frac{\vartheta'_{11}}{\vartheta_{00}\,\vartheta_{10}\,\vartheta_{01}} \tag{368}$$

seinen Wert nicht ändert, wenn man den Thetamodul a durch $4a$, $16a$, $\cdots$ ersetzt; einen ähnlichen Gedanken verwendet zum Beweise der Formel (367) Schellbach[7]). Andere Beweise siehe noch bei Frobenius[8]) und Bockhorn[9]); Relationen zwischen den Nullwerten der Thetafunktionen und ihren höheren Derivierten bei Pascal[10]).

---

1) Jacobi, Theorie der elliptischen Functionen etc. Ges. Werke Bd. 1. Berlin 1881, pag. 511, 513 u. 517.

2) Frobenius, Über die constanten Factoren der Thetareihen. J. für Math. Bd. 98. 1885, pag. 245.

3) Königsberger, Vorlesungen über die Theorie der elliptischen Functionen. Bd. 1. Lpz. 1874, pag. 380.

4) Lipschitz, Déduction arithmétique d'une relation due à Jacobi. Extrait d'une lettre adressée à M. Hermite. Acta math. Bd. 7. 1885, pag. 95.

5) Thomae, Abriß einer Theorie der complexen Functionen und der Thetafunctionen einer Veränderlichen. 2te Aufl. Halle 1873, pag. 154.

6) Jacobi, Theorie der elliptischen Functionen etc. Ges. Werke Bd. 1. Berlin 1881, pag. 516.

7) Schellbach, Die Lehre von den elliptischen Int. etc. pag. 48.

8) Frobenius, Über die constanten Fact. etc. J. für Math. Bd. 98. 1885, pag. 247.

9) Bockhorn, Beziehungen zwischen Thetafunctionen mit verschiedenen Jacobi'schen Modulen. Progr. Solingen 1891.

10) Pascal, Sopra due relazioni rimarchevoli fra i valori delle derivate delle funzioni ϑ ellittiche per argomento zero. Ann. di Mat. (2) Bd. 24. 1896, pag. 23.

Setzt man nun:

(369) $$\frac{\vartheta_{10}}{\vartheta_{00}} = \sqrt{\varkappa}\,, \quad \frac{\vartheta_{01}}{\vartheta_{00}} = \sqrt{\varkappa'}\,,$$

sodaß wegen (348)

(370) $$\varkappa^2 + \varkappa'^2 = 1$$

ist, und ferner:

(371) $$-\frac{\vartheta_{00}}{\vartheta_{10}}\frac{\vartheta_{11}(u)}{\vartheta_{01}(u)} = f(u), \quad \frac{\vartheta_{01}}{\vartheta_{10}}\frac{\vartheta_{10}(u)}{\vartheta_{01}(u)} = g(u), \quad \frac{\vartheta_{01}}{\vartheta_{00}}\frac{\vartheta_{00}(u)}{\vartheta_{01}(u)} = h(u),$$

so liefern die Gleichungen (349) zwischen diesen drei Funktionen die Beziehungen:

(372) $$g^2(u) = 1 - f^2(u), \quad h^2(u) = 1 - \varkappa^2 f^2(u),$$

die Gleichungen (357) aber für sie die Additionstheoreme:

(373) $$\begin{aligned} f(u+v) &= \frac{f(u)\,g(v)\,h(v) + f(v)\,g(u)\,h(u)}{1 - \varkappa^2 f^2(u)\,f^2(v)}, \\ g(u+v) &= \frac{g(u)\,g(v) - f(u)\,f(v)\,h(u)\,h(v)}{1 - \varkappa^2 f^2(u)\,f^2(v)}, \\ h(u+v) &= \frac{h(u)\,h(v) - \varkappa^2 f(u)\,f(v)\,g(u)\,g(v)}{1 - \varkappa^2 f^2(u)\,f^2(v)}. \end{aligned}$$

Differentiiert man diese Gleichungen links und rechts nach v und setzt hierauf $v = 0$, so erhält man daraus die Gleichungen:

(374) $$\begin{aligned} f'(u) &= f'(0)\,g(u)\,h(u), \\ g'(u) &= -f'(0)\,f(u)\,h(u), \\ h'(u) &= -\varkappa^2 f'(0)\,f(u)\,g(u). \end{aligned}$$

Nun ist aber nach (371) und (367):

(375) $$f'(0) = -\frac{\vartheta_{00}\,\vartheta'_{11}}{\vartheta_{10}\,\vartheta_{01}} = -i\,\vartheta_{00}^2;$$

setzt man daher endlich:

(376) $$f(u) = z$$

also

(377) $$g(u) = \sqrt{1-z^2}, \quad h(u) = \sqrt{1-\varkappa^2 z^2},$$

und

(378) $$-i\,\vartheta_{00}^2 \cdot u = w,$$

so wird aus der ersten Gleichung (374):

(379) $$\frac{dz}{dw} = \sqrt{1-z^2}\,\sqrt{1-\varkappa^2 z^2}$$

also:

$$w = \int_0^z \frac{dz}{\sqrt{1-z^2}\sqrt{1-\varkappa^2 z^2}}, \tag{380}$$

womit der Übergang zu den elliptischen Integralen hergestellt ist.

§ 12.

Der Fall $p = 2$.

Im Falle $p = 2$ gibt es 16 verschiedene Thetafunktionen, deren Charakteristiken aus halben Zahlen gebildet sind; von denselben sind die 10 mit den Charakteristiken:

$$\begin{matrix} \begin{bmatrix}0 & 0\\0 & 0\end{bmatrix}, & \begin{bmatrix}1 & 0\\0 & 0\end{bmatrix}, & \begin{bmatrix}0 & 1\\0 & 0\end{bmatrix}, & \begin{bmatrix}1 & 1\\0 & 0\end{bmatrix}, & \begin{bmatrix}0 & 0\\1 & 0\end{bmatrix}, \\ \begin{bmatrix}0 & 1\\1 & 0\end{bmatrix}, & \begin{bmatrix}0 & 0\\0 & 1\end{bmatrix}, & \begin{bmatrix}1 & 0\\0 & 1\end{bmatrix}, & \begin{bmatrix}0 & 0\\1 & 1\end{bmatrix}, & \begin{bmatrix}1 & 1\\1 & 1\end{bmatrix} \end{matrix} \tag{381}$$

gerade, die 6 mit den Charakteristiken

$$\begin{bmatrix}1 & 0\\1 & 0\end{bmatrix}, \begin{bmatrix}1 & 1\\1 & 0\end{bmatrix}, \begin{bmatrix}0 & 1\\0 & 1\end{bmatrix}, \begin{bmatrix}1 & 1\\0 & 1\end{bmatrix}, \begin{bmatrix}1 & 0\\1 & 1\end{bmatrix}, \begin{bmatrix}0 & 1\\1 & 1\end{bmatrix} \tag{382}$$

ungerade. Bezeichnet man die 6 ungeraden Charakteristiken (382) in irgend welcher Reihenfolge mit $[\omega_1], [\omega_2], \cdots, [\omega_6]$, so stellen die 15 Kombinationen zu zweien:

$$(\omega_\mu \, \omega_\nu) \qquad (\mu, \nu = 1, 2, \cdots, 6;\ \mu < \nu) \tag{383}$$

die 15 eigentlichen Per. Char. dar, und da weiter die Summe aller 6 ungeraden Charakteristiken

$$[\omega_1] + [\omega_2] + \cdots + [\omega_6] = [0] \tag{384}$$

ist, also die Summe von vier unter ihnen nicht Null sein kann, da es die Summe von zweien nicht ist, so stellen die 20 Kombinationen zu dreien:

$$[\omega_\varkappa \, \omega_\lambda \, \omega_\mu] \qquad (\varkappa, \lambda, \mu = 1, 2, \cdots, 6;\ \varkappa < \lambda < \mu) \tag{385}$$

die 10 geraden Th. Char. und zwar jede zweimal dar, und es ist dabei stets:

$$[\omega_\varkappa \, \omega_\lambda \, \omega_\mu] = [\omega_\nu \, \omega_\varrho \, \omega_\sigma], \tag{386}$$

wenn ν, ϱ, σ die 3 von $\varkappa, \lambda, \mu$ verschiedenen Zahlen aus der Reihe $1, 2, \cdots, 6$ sind.

Durch die Gleichungen:

$$(387)\quad \begin{aligned}(\omega_1\,\omega_2) &= [\omega_1\,\omega_3\,\omega_4] + [\omega_2\,\omega_3\,\omega_4] = [\omega_1\,\omega_3\,\omega_5] + [\omega_2\,\omega_3\,\omega_5]\\ &= [\omega_1\,\omega_3\,\omega_6] + [\omega_2\,\omega_3\,\omega_6] = [\omega_1] + [\omega_2]\\ &= [\omega_1\,\omega_2\,\omega_3] + [\omega_3] = [\omega_1\,\omega_2\,\omega_4] + [\omega_4]\\ &= [\omega_1\,\omega_2\,\omega_5] + [\omega_5] = [\omega_1\,\omega_2\,\omega_6] + [\omega_6]\end{aligned}$$

werden die Zerlegungen der eigentlichen Per. Char. $(\omega_1\,\omega_2)$ in zwei gerade, in zwei ungerade und in eine gerade und eine ungerade Th. Char. dargestellt.

Von den 15 Per. Char. (383) sind zwei $(\omega_\varkappa\,\omega_\lambda)$ und $(\omega_\mu\,\omega_\nu)$ syzygetisch oder azygetisch, je nachdem die Zahlen $\varkappa$, λ, μ, ν alle vier voneinander verschieden sind oder nicht; es ist $(\omega_1\,\omega_2)$ und $(\omega_3\,\omega_4)$ der Typus eines Paares syzygetischer, $(\omega_1\,\omega_2)$ und $(\omega_1\,\omega_3)$ der Typus eines Paares azygetischer Per. Char. Infolgedessen sind die 5 Per. Char.

$$(388)\qquad (\omega_1\,\omega_6),\ (\omega_2\,\omega_6),\ (\omega_3\,\omega_6),\ (\omega_4\,\omega_6),\ (\omega_5\,\omega_6)$$

zu je zweien azygetisch und bilden daher ein F. S. von Per. Char. Für dasselbe ist $[\omega_6]$ die Summe seiner ungeraden Charakteristiken und

$$(389)\qquad [\omega_1],\ [\omega_2],\ [\omega_3],\ [\omega_4],\ [\omega_5]$$

bilden eine Hauptreihe. Läßt man an Stelle von $[\omega_6]$ der Reihe nach die 6 ungeraden Th. Char. treten, so erhält man aus (388) die 6 im Falle $p = 2$ existierenden verschiedenen F. S. von Per. Char.

Sechs Th. Char. von der Form:

$$(390)\qquad [\varkappa\omega_1],\ [\varkappa\omega_2],\ [\varkappa\omega_3],\ [\varkappa\omega_4],\ [\varkappa\omega_5],\ [\varkappa\omega_6],$$

wo $[\varkappa]$ eine beliebige Charakteristik bezeichnet, bilden ein F. S. von Th. Char. Läßt man an Stelle von $[\varkappa]$ der Reihe nach alle 16 Charakteristiken treten, so erhält man die 16 im Falle $p = 2$ existierenden verschiedenen F. S. von Th. Char.; von denselben besteht das für $[\varkappa] = [0]$ aus (390) hervorgehende aus 6 ungeraden Th. Char., während jedes der 15 übrigen 2 ungerade und 4 gerade Th. Char. enthält. Irgend zwei der 16 F. S. von Th. Char. haben stets zwei und nur zwei Th. Char. gemeinsam.

Sind (α) und (β) irgend zwei der 15 eigentlichen Per. Char., so bilden die vier Per. Char. (0), (α), (β), $(\alpha\beta)$ eine Gruppe von Per. Char., und die vier daraus durch Addition einer beliebigen Charakteristik entstehenden Th. Char. $[\varkappa]$, $[\varkappa\alpha]$, $[\varkappa\beta]$, $[\varkappa\alpha\beta]$ ein System von Th. Char. Sind die beiden Per. Char. (α) und (β) syzygetisch, so sind Gruppe und System Göpelsche; sind die beiden Per. Char. (α) und (β) azygetisch, so mögen sie Rosenhainsche heißen. Der allgemeine Typus einer Göpelschen Gruppe ist:

(391) $$(0),\ (\omega_1\,\omega_2),\ (\omega_3\,\omega_4),\ (\omega_5\,\omega_6);$$

der eines Göpelschen Systems:

(392) $$[\varkappa],\ [\varkappa\omega_1\,\omega_2],\ [\varkappa\omega_3\,\omega_4],\ [\varkappa\omega_5\,\omega_6]$$

oder auch:

(393) $$[\varkappa\omega_1\,\omega_3],\ [\varkappa\omega_2\,\omega_3],\ [\varkappa\omega_1\,\omega_4],\ [\varkappa\omega_2\,\omega_4].$$

Die Anzahl der verschiedenen Göpelschen Gruppen beträgt 15, die der Göpelschen Systeme 60; von diesen bestehen 15 aus 4 geraden, die übrigen 45 aus 2 geraden und 2 ungeraden Th. Char. Der allgemeine Typus einer Rosenhainschen Gruppe ist:

(394) $$(0),\ (\omega_1\,\omega_2),\ (\omega_1\,\omega_3),\ (\omega_2\,\omega_3),$$

der eines Rosenhainschen Systems:

(395) $$[\varkappa],\ [\varkappa\omega_1\,\omega_2],\ [\varkappa\omega_1\,\omega_3],\ [\varkappa\omega_2\,\omega_3]$$

oder auch:

(396) $$[\varkappa\omega_1],\ [\varkappa\omega_2],\ [\varkappa\omega_3],\ [\varkappa\omega_1\,\omega_2\,\omega_3].$$

Die Anzahl der verschiedenen Rosenhainschen Gruppen beträgt 20; die der Rosenhainschen Systeme 80; von diesen bestehen 20 aus 1 geraden und 3 ungeraden, die übrigen 60 aus 3 geraden und 1 ungeraden Th. Char.

Läßt man nun im XXXIX. Satze an Stelle der Gruppe A die Rosenhainsche Gruppe (0), $(\omega_1\,\omega_2)$, $(\omega_1\,\omega_3)$, $(\omega_2\,\omega_3)$ treten, so tritt an Stelle der adjungierten Gruppe B die gleichfalls Rosenhainsche Gruppe (0), $(\omega_4\,\omega_5)$, $(\omega_4\,\omega_6)$, $(\omega_5\,\omega_6)$ und die Gleichung (XLII) geht, wenn man noch

(397) $$[\eta] = [\omega_0],\quad [\xi] = [\varkappa\omega_0]$$

setzt, wo $[\omega_0]$ die Charakteristik

(398) $$[\omega_0] = [\omega_1\,\omega_2\,\omega_3] = [\omega_4\,\omega_5\,\omega_6],$$

$[\varkappa]$ aber eine beliebige Charakteristik bezeichnet, nach leichten Umformungen in die Gleichung:

(399) $$\begin{aligned} &\left|\varkappa,\omega_0\right| y_{[\omega_0]} + \left|\varkappa\omega_0,\omega_1\right| y_{[\omega_1]} + \left|\varkappa\omega_0,\omega_2\right| y_{[\omega_2]} + \left|\varkappa\omega_0,\omega_3\right| y_{[\omega_3]} \\ &\quad = x_{[\varkappa\omega_0]} + \left|\omega_0,\omega_4\right| x_{[\varkappa\omega_4]} + \left|\omega_0,\omega_5\right| x_{[\varkappa\omega_5]} + \left|\omega_0,\omega_6\right| x_{[\varkappa\omega_6]} \end{aligned}$$

über, aus der durch Vertauschung von $[\omega_1]$, $[\omega_2]$, $[\omega_3]$ mit $[\omega_4]$, $[\omega_5]$, $[\omega_6]$ die weitere:

(400) $$\begin{aligned} &\left|\varkappa,\omega_0\right| y_{[\omega_0]} + \left|\varkappa\omega_0,\omega_4\right| y_{[\omega_4]} + \left|\varkappa\omega_0,\omega_5\right| y_{[\omega_5]} + \left|\varkappa\omega_0,\omega_6\right| y_{[\omega_6]} \\ &\quad = x_{[\varkappa\omega_0]} + \left|\omega_0,\omega_1\right| x_{[\varkappa\omega_1]} + \left|\omega_0,\omega_2\right| x_{[\varkappa\omega_2]} + \left|\omega_0,\omega_3\right| x_{[\varkappa\omega_3]} \end{aligned}$$

folgt.

In den Gleichungen (399), (400) bezeichnen die x und y die in (XXXVIII) definierten Ausdrücke. Setzt man darin, entsprechend dem vorliegenden speziellen Werte $p = 2$, indem man unter u_μ, v_μ, w_μ $(\mu = 1, 2)$ 6 unabhängige Veränderliche versteht:

$$(401)\qquad v_\mu^{(1)} = u_\mu + v_\mu + w_\mu,\quad v_\mu^{(2)} = u_\mu,\quad v_\mu^{(3)} = v_\mu,\quad v_\mu^{(4)} = -w_\mu,\qquad (\mu = 1, 2)$$

so werden:

$$(402)\qquad u_\mu^{(1)} = u_\mu + v_\mu,\quad u_\mu^{(2)} = u_\mu + w_\mu,\quad u_\mu^{(3)} = v_\mu + w_\mu,\quad u_\mu^{(4)} = 0\qquad (\mu = 1, 2)$$

und es verschwinden infolgedessen die zu den ungeraden Charakteristiken gehörigen Größen $y_{[\omega_1]}, y_{[\omega_2]}, \cdots, y_{[\omega_6]}$; die linken Seiten der beiden Gleichungen (399), (400) werden daher einander gleich, und man erhält durch Gleichsetzen der rechten ohne Mühe zwischen den Größen x allein die Beziehung:

$$(403)\qquad 2x_{[\varkappa\omega_\xi]} = \sum_{i=1}^{6} |\,\omega_i, \omega_\xi\,|\, x_{[\varkappa\omega_i]},$$

wo jetzt die Größen x durch die Gleichungen:

$$(404)\qquad x_{[\varepsilon]} = (-1)^{\sum\limits_{\mu=1}^{2}(\varepsilon_\mu + \varrho_\mu + \sigma_\mu)\varepsilon'_\mu}$$
$$\vartheta[\varepsilon + \varrho + \sigma]((u + v + w))\,\vartheta[\varepsilon + \varrho]((u))\,\vartheta[\varepsilon + \sigma]((v))\,\vartheta[\varepsilon]((w))$$

definiert sind. In der Gleichung (403) bezeichnet ξ eine beliebige der Zahlen $1, 2, \cdots, 6$; es geht aber aus ihr, wie schon ihre Entstehung zeigt, immer dieselbe Gleichung hervor, welche dieser Zahlen man an Stelle von ξ setzt, und es wurde die obige Schreibweise nur deshalb gewählt, weil durch Vereinigung des die linke Seite bildenden Gliedes $2x_{[\varkappa\omega_\xi]}$ mit dem auf der rechten Seite vorkommenden Gliede $x_{[\varkappa\omega_\xi]}$ die einheitliche Bezeichnung gestört würde; dagegen gehen aus (403) 16 verschiedene Gleichungen hervor, wenn man an Stelle von $[\varkappa]$ der Reihe nach die 16 Charakteristiken treten läßt.

Aus den obigen Formeln ergeben sich nun die zwischen den 16 Thetafunktionen bestehenden Relationen und die Additionstheoreme ihrer Quotienten.

Setzt man in dem Ausdrucke (404):

$$(405)\qquad v_\mu = 0,\quad w_\mu = 0,\qquad (\mu = 1, 2)$$

so verschwinden infolge letzterer Annahme die zu ungeradem $[\varepsilon]$ gehörigen Größen $x_{[\varepsilon]}$, und es muß daher in der Gleichung (403), damit nicht linke und rechte Seite gleichzeitig verschwinden, $[\varkappa]$ von $[0]$ verschieden gewählt werden. Setzt man dementsprechend

(406) $$[\varkappa] = [\omega_5\,\omega_6] = [\omega_1\,\omega_2\,\omega_3\,\omega_4],$$

so besitzen die den Werten $i = 5$ und 6 entsprechenden Glieder der rechts stehenden Summe den Wert Null und man erhält, wenn man zugleich $(\sigma) = (0)$ setzt, ξ auf die Werte 1, 2, 3, 4 beschränkt und die unter (279), (280) eingeführte Bezeichnungsweise anwendet:

(407) $$2 \cdot (-1)^{(\varrho)\,(\omega_\xi)'}\,\vartheta^2[\varkappa\,\omega_\xi]((0))\;\vartheta^2[\varkappa\,\varrho\,\omega_\xi]((u)) = \sum_{i=1}^{4} |\,\omega_i,\ \omega_\xi\,|\,(-1)^{(\varrho)\,(\omega_i)'}\,\vartheta^2[\varkappa\,\omega_i]((0))\;\vartheta^2[\varkappa\,\varrho\,\omega_i]((u)).$$
$$[\varkappa] = [\omega_1\,\omega_2\,\omega_3\,\omega_4]$$

Diese Formel repräsentiert, da an Stelle von $[\varkappa]$ jede von $[0]$ verschiedene, an Stelle von (ϱ) jede beliebige Charakteristik gesetzt werden darf, im ganzen 240 verschiedene Relationen und zeigt, daß zwischen irgend 4 Thetaquadraten, deren Charakteristiken einem der 16 F. S. von Th. Char. entnommen sind, eine lineare Relation besteht. Mit Hilfe dieser Relationen kann man durch 4 linearunabhängige Thetaquadrate jedes 5te linear ausdrücken (XLVIII. Satz); für solche vier linearunabhängige Thetaquadrate können insbesondere vier Thetaquadrate gewählt werden, deren Charakteristiken ein Rosenhainsches oder Göpelsches System von Th. Char. bilden; in beiden Fällen ist es leicht, aus den obigen 240 Relationen jene 12 abzuleiten, welche durch die gewählten 4 Thetaquadrate die 12 übrigen ausdrücken[1]).

Vier linearunabhängige Thetaquadrate sind selbst durch eine Gleichung vierten Grades miteinander verknüpft. Um diese aus den obigen Formeln abzuleiten, setze man in $x_{[\varepsilon]}$ wie vorher

(408) $$v_\mu = 0, \quad w_\mu = 0, \qquad (\mu = 1, 2)$$
$$[\varkappa] = [\omega_5\,\omega_6]$$

und weiter, indem man unter (μ) eine beliebige Charakteristik versteht:

(409) $$(\varrho) = (\mu\,\omega_4\,\omega_6), \quad (\sigma) = (\omega_4\,\omega_5);$$

es erhalten dann in der auf der rechten Seite von (403) stehenden Summe die drei den Werten $i = 4$, 5 und 6 entsprechenden Glieder den Wert Null und diese Formel geht nach einfachen Umformungen in die Gleichung:

(410) $$\sum_{i=1}^{3} (-1)^{(\mu\,\omega_1\,\omega_2\,\omega_3)\,(\omega_i)'}\,\vartheta[\omega_5\,\omega_6\,\omega_i]((0))\;\vartheta[\omega_4\,\omega_6\,\omega_i]((0))\;\vartheta[\mu\,\omega_i]((u))\;\vartheta[\mu\,\omega_4\,\omega_5\,\omega_i]((u)) = 0$$

über. Diese Formel repräsentiert im ganzen 120 verschiedene Rela-

1) Wegen der Ausführung mag auf meine Arbeit: Theorie der zweifach unendlichen Thetareihen auf Grund der Riemann'schen Thetaformel. Lpz. 1882, pag. 42 und 53 verwiesen werden.

tionen; man erhält dieselben aus ihr, wenn man die beiden Charakteristiken $[\omega_4]$, $[\omega_5]$ auf die 15 möglichen Weisen aus den 6 ungeraden Charakteristiken auswählt und jedesmal dazu an Stelle von μ solche 8 Charakteristiken treten läßt, von denen keine zwei die Summe $[\omega_4\,\omega_5]$ haben. Die 120 Gleichungen (410) sind dadurch zugleich in 15 Gruppen von je 8 geteilt, derart daß die 8 Gleichungen einer Gruppe nur Thetaprodukte $\vartheta[\varepsilon]((u))\,\vartheta[\eta]((u))$ mit der nämlichen Charakteristikensumme $[\omega_4\,\omega_5]$ enthalten. Solcher Produkte sind es aber im ganzen 8, von denen 4 gerade und 4 ungerade Funktionen des Argumentensystemes (u) sind, und die Gleichungen (410) zeigen, daß sowohl zwischen 3 geraden, wie zwischen 3 ungeraden unter ihnen stets eine lineare Relation besteht (vgl. Satz XLVI).

Aus jeder der 120 Gleichungen (410) erhält man nun, wenn man aus ihr durch zweimaliges Quadrieren eine Relation vierten Grades zwischen den Quadraten der 6 in ihr vorkommenden Thetafunktionen ableitet und hierauf alle diese Thetaquadrate durch die nämlichen 4 linearunabhängigen ausdrückt, eine Gleichung vierten Grades zwischen diesen. Für vier Rosenhainsche Thetaquadrate ist diese Relation vierten Grades zuerst von mir[1]) aufgestellt worden. Handelt es sich dagegen um die Gewinnung der zwischen vier Göpelschen Thetaquadraten bestehenden Relation, so wird man bemerken, daß die vier Charakteristiken von zwei der 3 in derselben Gleichung (410) vorkommenden Thetaprodukte stets ein Göpelsches System von Th. Char. bilden, und daß man daher, wenn man nach einmaligem Quadrieren die beiden anderen Thetaquadrate ebenfalls durch diese 4 Göpelschen ausdrückt, zu einer Gleichung zwischen diesen 4 Göpelschen Thetafunktionen gelangt, welche vom vierten Grade ist in Bezug auf die vier Thetafunktionen aber außer ihren Quadraten auch ihr Produkt enthält; diese Gleichung ist schon von Göpel[2]) angegeben worden und unter dem Namen der Göpelschen biquadratischen Relation bekannt. Durch nochmaliges Quadrieren liefert sie die oben genannte Relation vierten Grades zwischen vier Göpelschen Thetaquadraten.

Setzt man jetzt endlich in den Gleichungen (XXXVIII), indem man unter u_μ, v_μ $(\mu = 1, 2)$ 4 unabhängige Variable versteht:

$$(411) \qquad v_\mu^{(1)} = v_\mu^{(2)} = u_\mu, \quad v_\mu^{(3)} = v_\mu^{(4)} = v_\mu, \qquad (\mu = 1, 2)$$

so wird:

---

1) Krazer, Theorie der zweif. unendl. Thetar. etc. Lpz. 1882, pag. 44. Formel (IV).

2) Göpel, Theoriae transc. etc. J. für Math. Bd. 35. 1847, pag. 292. Formel (33).

(412) $$u_\mu^{(1)} = u_\mu + v_\mu, \quad u_\mu^{(2)} = u_\mu - v_\mu, \quad u_\mu^{(3)} = 0, \quad u_\mu^{(4)} = 0 \qquad (\mu = 1, 2)$$

und daher:

(413) $$\begin{aligned} x_{[\varepsilon]} &= (-1)^{\sum\limits_{\mu=1}^{2}(\varrho_\mu + \sigma_\mu)\varepsilon'_\mu} \\ &\quad \vartheta[\varepsilon + \varrho + \sigma]((u))\,\vartheta[\varepsilon + \varrho]((u))\,\vartheta[\varepsilon + \sigma]((v))\,\vartheta[\varepsilon]((v)), \\ y_{[\varepsilon]} &= (-1)^{\sum\limits_{\mu=1}^{2}(\varrho_\mu + \sigma_\mu)\varepsilon'_\mu} \\ &\quad \vartheta[\varepsilon + \varrho + \sigma]((u+v))\,\vartheta[\varepsilon + \varrho]((u-v))\,\vartheta[\varepsilon + \sigma]((0))\,\vartheta[\varepsilon]((0)). \end{aligned}$$

Führt man diese Werte in die Gleichung (400) ein, indem man gleichzeitig

(414) $$(\varrho) = (\omega_0), \quad (\sigma) = (\omega_0\,\omega)$$

setzt, wo (ω) eine beliebige gerade Charakteristik bezeichnet, so erhält man die Gleichung:

(415) $$\begin{aligned} &\vartheta[\omega_0]((0))\,\vartheta[\omega]((0))\,\vartheta[0]((u-v))\,\vartheta[\omega_0\,\omega]((u+v)) \\ &= \sum_{i=0}^{3}(-1)^{(\omega_0\,\omega)(\varkappa\,\omega_i)'} \\ &\quad \vartheta[\varkappa\,\omega_0\,\omega_i]((u))\,\vartheta[\varkappa\,\omega\,\omega_i]((u))\,\vartheta[\varkappa\,\omega_i]((v))\,\vartheta[\varkappa\,\omega_0\,\omega\,\omega_i]((v)), \end{aligned}$$

in welcher also $[\varkappa]$ eine beliebige Charakteristik, $[\omega]$, $[\omega_0]$ zwei gerade Charakteristiken und $[\omega_1]$, $[\omega_2]$, $[\omega_3]$ drei ungerade Charakteristiken von der Summe $[\omega_0]$ sind. Indem man zwei solche Gleichungen durcheinander dividiert, erhält man Additionstheoreme für die Thetaquotienten.

Die 16 Thetafunktionen des Falles $p = 2$ wurden von Göpel[1]) und Rosenhain[2]) eingeführt; deren Bezeichnungsweisen, sowie eine von Königsberger[3]) mitgeteilte, häufig angewandte Weierstraßsche sind aus nachstehender Tabelle ersichtlich:

---

1) Göpel, Theoriae transc. etc. J. für Math. Bd. 35. 1847, pag. 279.
2) Rosenhain, Mémoire sur les fonctions etc. Mém. prés. Bd. 11. 1851, pag. 409.
3) Königsberger, Über die Transformation etc. J. für Math. Bd. 64. 1865, pag. 17.

Göpel	Rosenhain	Weierstraß	Krazer
$P\ (u, u')$	$\varphi_{00}(v, w)$	$\vartheta_0\,(v_1, v_2)$	$\vartheta\begin{bmatrix}0&0\\1&1\end{bmatrix}((u))$
$P'\ (u, u')$	$\varphi_{30}(v, w)$	$\vartheta_{34}(v_1, v_2)$	$\vartheta\begin{bmatrix}0&0\\0&1\end{bmatrix}((u))$
$P''\ (u, u')$	$\varphi_{03}(v, w)$	$\vartheta_{12}(v_1, v_2)$	$\vartheta\begin{bmatrix}0&0\\1&0\end{bmatrix}((u))$
$P'''(u, u')$	$\varphi_{33}(v, w)$	$\vartheta_5\,(v_1, v_2)$	$\vartheta\begin{bmatrix}0&0\\0&0\end{bmatrix}((u))$
$-Q\ (u, u')$	$i\varphi_{10}(v, w)$	$-\vartheta_1\,(v_1, v_2)$	$\vartheta\begin{bmatrix}1&0\\1&1\end{bmatrix}((u))$
$Q'\ (u, u')$	$\varphi_{20}(v, w)$	$\vartheta_2\,(v_1, v_2)$	$\vartheta\begin{bmatrix}1&0\\0&1\end{bmatrix}((u))$
$-Q''(u, u')$	$i\varphi_{13}(v, w)$	$-\vartheta_{02}(v_1, v_2)$	$\vartheta\begin{bmatrix}1&0\\1&0\end{bmatrix}((u))$
$Q'''(u, u')$	$\varphi_{23}(v, w)$	$\vartheta_{01}(v_1, v_2)$	$\vartheta\begin{bmatrix}1&0\\0&0\end{bmatrix}((u))$
$-R\ (u, u')$	$i\varphi_{01}(v, w)$	$-\vartheta_{04}(v_1, v_2)$	$\vartheta\begin{bmatrix}0&1\\1&1\end{bmatrix}((u))$
$-R'\ (u, u')$	$i\varphi_{31}(v, w)$	$-\vartheta_3\,(v_1, v_2)$	$\vartheta\begin{bmatrix}0&1\\0&1\end{bmatrix}((u))$
$R''\ (u, u')$	$\varphi_{02}(v, w)$	$\vartheta_{03}(v_1, v_2)$	$\vartheta\begin{bmatrix}0&1\\1&0\end{bmatrix}((u))$
$R'''(u, u')$	$\varphi_{32}(v, w)$	$\vartheta_4\,(v_1, v_2)$	$\vartheta\begin{bmatrix}0&1\\0&0\end{bmatrix}((u))$
$-S\ (u, u')$	$-\ \varphi_{11}(v, w)$	$\vartheta_{14}(v_1, v_2)$	$\vartheta\begin{bmatrix}1&1\\1&1\end{bmatrix}((u))$
$-S'\ (u, u')$	$i\varphi_{21}(v, w)$	$-\vartheta_{24}(v_1, v_2)$	$\vartheta\begin{bmatrix}1&1\\0&1\end{bmatrix}((u))$
$-S''\ (u, u')$	$i\varphi_{12}(v, w)$	$-\vartheta_{13}(v_1, v_2)$	$\vartheta\begin{bmatrix}1&1\\1&0\end{bmatrix}((u))$
$S'''(u, u')$	$\varphi_{22}(v, w)$	$\vartheta_{23}(v_1, v_2)$	$\vartheta\begin{bmatrix}1&1\\0&0\end{bmatrix}((u))$

dabei berechnen sich die Argumente u_1, u_2 und die Modulen a_{11}, a_{12}, a_{22}:

1. aus den Göpelschen Argumenten u, u' und den von ihm eingeführten Größen r, K, L, r', K', L' mit Hilfe der Gleichungen:

$$u_1 = 2(rKu + r'K'u'), \qquad u_2 = 2(rLu + r'L'u'),$$

$$(416) \qquad a_{11} = 4(rK^2 + r'K'^2), \qquad a_{12} = 4(rKL + r'K'L'),$$

$$a_{22} = 4(rL^2 + r'L'^2);$$

2. aus den Rosenhainschen Argumenten v, w und den von ihm eingeführten Größen p, q, A mit Hilfe der Gleichungen:

$$
\begin{gathered}
u_1 = v, \qquad u_2 = w, \\
a_{11} = \log p, \qquad a_{12} = 2A, \qquad a_{22} = \log q;
\end{gathered}
\tag{417}
$$

3. aus den Weierstraßschen Argumenten v_1, v_2 und den von ihm eingeführten Größen τ_{11}, τ_{12}, τ_{22} mit Hilfe der Gleichungen:

$$
\begin{gathered}
u_1 = v_1 \pi i, \qquad u_2 = v_2 \pi i, \\
a_{11} = \tau_{11} \pi i, \qquad a_{12} = \tau_{12} \pi i, \qquad a_{22} = \tau_{22} \pi i.
\end{gathered}
\tag{418}
$$

Eine übersichtliche Gruppierung der zwischen den 16 Thetafunktionen bestehenden Relationen wurde zuerst von Borchardt[1]) versucht, konnte aber erst mit Erfolg durchgeführt werden, nachdem Herr Weber[2]) durch Ausbildung einer Charakteristikentheorie die Möglichkeit geschaffen hatte, die vorhandenen Thetarelationen in allgemeinen Typen zusammenzufassen. Formelsammlungen u. a. bei Thomae[3]), Cayley[4]), Forsyth[5]), und Krause[6]). Die Ableitung aller Beziehungen zwischen den 16 Thetafunktionen aus der einen Grundformel (403) wurde von mir[7]) angegeben. Endlich ist der eigentümliche Zusammenhang der Thetarelationen des Falles $p = 2$ mit den zwischen den Koeffizienten einer orthogonalen Substitution bestehenden Gleichungen zu erwähnen, auf den zuerst Herr Weber[8]) und später Caspary[9]) aufmerksam gemacht haben.

Setzt man nämlich hinsichtlich zweier Charakteristiken $[\varepsilon]$ und $[\eta]$ zur Abkürzung:

---

1) Borchardt, Über die Darstellung der Kummerschen Fläche vierter Ordnung mit sechzehn Knotenpunkten durch die Göpelsche biquadratische Relation zwischen vier Thetafunctionen mit zwei Variabeln. J. für Math. Bd. 83. 1877, pag. 234.

2) Weber, Über die Kummersche Fläche vierter Ordnung mit sechzehn Knotenpunkten und ihre Beziehung zu den Thetafunctionen von zwei Veränderlichen. J. für Math. Bd. 84. 1878, pag. 332 und: Anwendung der Thetafunctionen zweier Veränderlichen auf die Theorie der Bewegung eines festen Körpers in einer Flüssigkeit. Math. Ann. Bd. 14. 1879, pag. 173.

3) Thomae, Sammlung von Formeln etc. Halle 1876.

4) Cayley, A memoir on the single and double Theta-functions. Phil. Trans. Bd. 171. 1880, pag. 897.

5) Forsyth, Memoir on the Theta-functions, particulary those of two variables. Phil. Trans. Bd. 173. 1882, pag. 783.

6) Krause, Die Transformation etc. Lpz. 1886.

7) Krazer, Theorie der zweif. unendl. Thetar. etc. Lpz. 1882.

8) Weber, Anwendung der Thetaf. etc. Math. Ann. Bd. 14. 1879, pag. 173; auch: Borchardt, Sur le choix des modules dans les intégrales hyperelliptiques. C. R. Bd. 88. 1879, pag. 834.

9) Caspary, Zur Theorie der Thetafunctionen mit zwei Argumenten. J. für Math. Bd. 94. 1883, pag. 74; auch: Sur les systèmes orthogonaux formés par les fonctions thêta. C. R. Bd. 104. 1887, pag. 490.

$$(419)\qquad e^{\frac{\pi i}{2}\sum\limits_{\mu=1}^{2}(\varepsilon_\mu \eta'_\mu - \varepsilon'_\mu \eta_\mu)} = \sqrt{|\varepsilon,\eta|},$$

$$(-1)^{\sum\limits_{\mu=1}^{2}\varepsilon_\mu \eta'_\mu} = (-1)^{(\varepsilon)(\eta)'},\qquad e^{-\frac{\pi i}{2}\sum\limits_{\mu=1}^{2}\varepsilon_\mu \eta'_\mu} = (-i)^{(\varepsilon)(\eta)'},$$

und setzt ferner, indem man unter $[\varkappa]$ eine beliebige Charakteristik versteht und mit λ eine der Zahlen 1, 2, 3, mit ϱ eine der Zahlen 4, 5, 6 bezeichnet:

$$(420)\qquad \begin{aligned}&\sqrt{|\omega_\lambda,\ \omega_1\omega_2\omega_3|}\cdot(-1)^{(\omega_\lambda)(\omega_1\omega_2\omega_3)'}(-i)^{(\varkappa)(\omega_\lambda)'}\vartheta[\omega_\lambda]((u))\,\vartheta[\varkappa\omega_\lambda]((v))\\ &\qquad = \Theta_\lambda((u\,|\,v)),\\ &\sqrt{|\omega_\varrho,\ \omega_1\omega_2\omega_3|}\cdot(-i)^{(\varkappa)(\omega_\varrho)'}\vartheta[\omega_\varrho]((u))\,\vartheta[\varkappa\omega_\varrho]((v))\\ &\qquad = \Theta_\varrho((u\,|\,v)),\end{aligned}$$

und weiter, wenn μ eine zweite der Zahlen 1, 2, 3 ist:

$$(421)\qquad \begin{aligned}&\sqrt{|\omega_\lambda\omega_\mu\omega_\varrho,\ \omega_1\omega_2\omega_3|}\cdot(-1)^{(\omega_\lambda\omega_\mu)(\omega_\varrho)'}(-i)^{(\varkappa)(\omega_\lambda\omega_\mu\omega_\varrho)'}\\ &\qquad \vartheta[\omega_\lambda\omega_\mu\omega_\varrho]((u))\,\vartheta[\varkappa\omega_\lambda\omega_\mu\omega_\varrho]((v)) = \Theta_{\lambda\mu\varrho}((u\,|\,v)),\\ &(-i)^{(\varkappa)(\omega_1\omega_2\omega_3)'}\vartheta[\omega_1\omega_2\omega_3]((u))\,\vartheta[\varkappa\omega_1\omega_2\omega_3]((v)) = \Theta_{123}((u\,|\,v)),\end{aligned}$$

so bestehen zwischen den 16 Größen:

$$(422)\qquad \begin{array}{llll} c_{11}=\Theta_{123}((u|v)), & c_{12}=\Theta_4\ ((u|v)), & c_{13}=\Theta_5\ ((u|v)), & c_{14}=\Theta_6\ ((u|v)),\\ c_{21}=\Theta_1\ ((u|v)), & c_{22}=\Theta_{234}((u|v)), & c_{23}=\Theta_{235}((u|v)), & c_{24}=\Theta_{236}((u|v)),\\ c_{31}=\Theta_2\ ((u|v)), & c_{32}=\Theta_{134}((u|v)), & c_{33}=\Theta_{135}((u|v)), & c_{34}=\Theta_{136}((u|v)),\\ c_{41}=\Theta_3\ ((u|v)), & c_{42}=\Theta_{124}((u|v)), & c_{43}=\Theta_{125}((u|v)), & c_{44}=\Theta_{126}((u|v)) \end{array}$$

auf Grund der Gleichungen (407), (410) die Relationen:

$$(423)\qquad \begin{aligned}&c_{1i}^2 + c_{2i}^2 + c_{3i}^2 + c_{4i}^2 = c,\\ &c_{i1}^2 + c_{i2}^2 + c_{i3}^2 + c_{i4}^2 = c,\\ &c_{1i}c_{1j} + c_{2i}c_{2j} + c_{3i}c_{3j} + c_{4i}c_{4j} = 0,\\ &c_{i1}c_{j1} + c_{i2}c_{j2} + c_{i3}c_{j3} + c_{i4}c_{j4} = 0,\end{aligned}\qquad (i, j = 1, 2, 3, 4;\ i < j)$$

wo c in allen acht Fällen den nämlichen Wert besitzt, und es bilden infolgedessen die neun Quotienten:

$$(424)\qquad \begin{array}{lll} \dfrac{\Theta_{234}((0|v))}{\Theta_{123}((0|v))}, & \dfrac{\Theta_{235}((0|v))}{\Theta_{123}((0|v))}, & \dfrac{\Theta_{236}((0|v))}{\Theta_{123}((0|v))},\\ \dfrac{\Theta_{134}((0|v))}{\Theta_{123}((0|v))}, & \dfrac{\Theta_{135}((0|v))}{\Theta_{123}((0|v))}, & \dfrac{\Theta_{136}((0|v))}{\Theta_{123}((0|v))},\\ \dfrac{\Theta_{124}((0|v))}{\Theta_{123}((0|v))}, & \dfrac{\Theta_{125}((0|v))}{\Theta_{123}((0|v))}, & \dfrac{\Theta_{126}((0|v))}{\Theta_{123}((0|v))} \end{array}$$

die Koeffizienten einer orthogonalen Substitution.

Faßt man endlich vier linearunabhängige Thetaquadrate als homogene Punktkoordinaten des Raumes auf und betrachtet sodann ihre beiden Argumente u_1, u_2 als bewegliche Parameter, so wird dadurch eine Fläche definiert, deren Gleichung die oben erwähnte zwischen den vier Thetaquadraten bestehende Gleichung vierten Grades ist. Diese Fläche ist mit jener Fläche vierter Ordnung identisch, welche Kummer[1]) als Brennfläche einer Strahlenkongruenz zweiter Ordnung und zweiter Klasse eingeführt hat und welche deshalb unter dem Namen der Kummerschen Fläche bekannt ist[2]).

§ 13.

Das Additionstheorem der allgemeinen Thetafunktionen für $p \geqq 3$.

Nachdem die Fälle $p = 1$ und $p = 2$ in den beiden vorhergehenden Paragraphen gesondert behandelt worden sind, soll für das folgende $p \geqq 3$ vorausgesetzt werden.

Unter dieser Voraussetzung bezeichne man die $2p + 2$ Th. Char. eines F. S. mit

$$(425) \quad [\alpha_0], [\alpha_1], \cdots, [\alpha_7], \quad [\beta_1], [\beta_2], \cdots, [\beta_{p-3}], \quad [\gamma_1], [\gamma_2], \cdots, [\gamma_{p-3}]$$

und bilde aus den Charakteristiken $[\beta]$ und $[\gamma]$ die Per. Char.

$$(426) \quad (\lambda_1) = (\beta_1 \gamma_1), \quad (\lambda_2) = (\beta_2 \gamma_2), \quad \cdots, \quad (\lambda_{p-3}) = (\beta_{p-3} \gamma_{p-3}).$$

1) Kummer, Über die Flächen vierten Grades mit sechzehn singulären Punkten. Berl. Ber. 1864, pag. 246; Über die Strahlensysteme, deren Brennflächen Flächen vierten Grades mit sechzehn singulären Punkten sind. Berl. Ber. 1864, pag. 495 und: Über die algebraischen Strahlensysteme, insbesondere die der ersten und zweiten Ordnung. Berl. Abh. 1866, pag. 1.

2) Nachdem schon früher Herr Klein (Über gewisse in der Liniengeometrie auftretende Differentialgleichungen. Math. Ann. Bd. 5. 1872, pag. 278) auf die Möglichkeit einer Verknüpfung der Kummerschen Fläche mit den hyperelliptischen Integralen erster Ordnung hingewiesen hatte, haben gleichzeitig Cayley (On the double Θ-functions in connexion with a 16-nodal quartic surface. J. für Math. Bd. 83. 1877, pag. 210) und Borchardt (Über die Darstellung der Kummer'schen Fläche etc. J. für Math. Bd. 83. 1877, pag. 234) und etwas später Herr Weber (Über die Kummersche Fläche etc. J. für Math. Bd. 84. 1878, pag. 332) die Darstellung der Kummerschen Fläche durch die Thetafunktionen zweier Veränderlichen angegeben. Eine eingehende Behandlung auf dieser Grundlage hat die Kummersche Fläche sodann durch Herrn Reichardt (Über die Darstellung der Kummerschen Fläche durch hyperelliptische Functionen. Nova Acta Leop. Bd. 50. 1887, pag. 373) gefunden Wegen weiterer Literaturangaben sei auf Brill und Nöther (Die Entwicklg. der Theorie etc. Jahresber. d. D. Math.-Ver. Bd. 3. 1894, pag. 473) unter (34) verwiesen, wozu noch Schleiermacher (Über Thetafunctionen mit zwei Variabeln und die zugehörige Kummer'sche Fläche. Math. Ann. Bd. 50. 1898, pag. 183) kommt.

Diese $p-3$ Per. Char. sind dann auf Grund des XXVI. Satzes linear-unabhängig und können daher einer Gruppe L von 2^{p-3} Per. Char. $(l_0), (l_1), \cdots, (l_{r-1})$, $r = 2^{p-3}$, als Basischarakteristiken dienen. Man gehe jetzt auf die Gleichung (XLI) zurück, setze darin $m = p - 3$ und lasse an Stelle der Gruppe A die soeben definierte Gruppe L treten. Da, wie sich mit Hilfe des XXV. Satzes leicht zeigen läßt, diese Gruppe eine syzygetische ist und weiter auch für irgend zwei der acht Charakteristiken $[\alpha]$ die Gleichungen:

$$(427)\quad |\alpha_\mu \alpha_\nu, \lambda_1| = +1, \quad |\alpha_\mu \alpha_\nu, \lambda_2| = +1, \quad \cdots, \quad |\alpha_\mu \alpha_\nu, \lambda_{p-3}| = +1$$

bestehen, so ist die zu A adjungierte Gruppe B jene Gruppe L' von 2^{p+3} Per. Char. $(l_0'), (l_1'), \cdots, (l_{s-1}')$, $s = 2^{p+3}$, welche die $p+3$ Per. Char.

$$(428)\quad \begin{gathered} [\lambda_1'] = [\lambda_1], \quad \cdots, \quad [\lambda_{p-3}'] = [\lambda_{p-3}], \\ [\lambda_{p-2}'] = [\alpha_1 \alpha_2], \quad [\lambda_{p-1}'] = [\alpha_1 \alpha_3], \quad \cdots, \quad [\lambda_{p+3}'] = [\alpha_1 \alpha_7] \end{gathered}$$

als Basischarakteristiken hat. Setzt man dann zugleich, indem man unter $[\omega]$ eine willkürliche Charakteristik, unter $[k]$ die Charakteristik:

$$(429)\quad [k] = [n \beta_1 \beta_2 \cdots \beta_{p-3}]$$

versteht, bei der $[n]$ die Summe der ungeraden Charakteristiken des F. S. (425) bezeichnet:

$$(430)\quad [\eta] = [\omega \alpha_\mu], \qquad [\xi] = [k],$$

so erhält man aus der Gleichung (XLI), wenn man noch den rechts auftretenden Faktor $|k, \omega \alpha_\mu|$ auf die linke Seite schafft, hierauf linke und rechte Seite der Gleichung miteinander vertauscht, und endlich, was nach dem pag. 310 Bemerkten erlaubt ist, x statt y und y statt x schreibt, die Gleichung:

$$(431)\quad \sum_{\sigma=0}^{s-1} |\omega \alpha_\mu, l_\sigma'|\, y_{[k l_\sigma']} = 8 \sum_{\varrho=0}^{r-1} |k, \omega \alpha_\mu l_\varrho|\, x_{[\omega \alpha_\mu l_\varrho]}.$$

In dieser Gleichung lasse man jetzt an Stelle von μ der Reihe nach die Werte $0, 1, \cdots, 7$ treten und addiere die acht so entstehenden Gleichungen zueinander; man erhält dann, wenn man noch

$$(432)\quad |\omega \alpha_\mu, l_\sigma'| = |\omega \alpha_0, l_\sigma'| \cdot |\alpha_0 \alpha_\mu, l_\sigma'|$$

setzt und die Summation passend anordnet, zunächst:

$$(433)\quad \begin{aligned} &\sum_{\sigma=0}^{s-1} |\omega \alpha_0, l_\sigma'| \left(\sum_{\mu=0}^{7} |\alpha_0 \alpha_\mu, l_\sigma'| \right) y_{[k l_\sigma']} \\ &\qquad = 8 \sum_{\mu=0}^{7} \sum_{\varrho=0}^{r-1} |k, \omega \alpha_\mu l_\varrho|\, x_{[\omega \alpha_\mu l_\varrho]}. \end{aligned}$$

Um den Wert der auf der linken Seite vorkommenden Summe:

$$(434) \qquad \alpha = \sum_{\mu=0}^{7} | \alpha_0 \alpha_\mu, l_\sigma' |$$

zu bestimmen, berücksichtige man, daß man jede der s Per. Char. (l') und zwar jede nur einmal erhält, wenn man in den vier Formen:

$$(435) \qquad (l_\varrho), \quad (l_\varrho \alpha_{\nu_1} \alpha_{\nu_2}), \quad (l_\varrho \alpha_{\nu_1} \alpha_{\nu_2} \alpha_{\nu_3} \alpha_{\nu_4}), \quad (l_\varrho \alpha_{\nu_1} \alpha_{\nu_2} \alpha_{\nu_3} \alpha_{\nu_4} \alpha_{\nu_5} \alpha_{\nu_6})$$

die Zahl ϱ der Reihe nach die Werte $0, 1, \cdots, r-1$ annehmen läßt und in den so entstandenen Formen dann noch an Stelle von $\nu_1 \nu_2$, $\nu_1 \nu_2 \nu_3 \nu_4$, $\nu_1 \nu_2 \nu_3 \nu_4 \nu_5 \nu_6$ alle Kombinationen ohne Wiederholung der Elemente $0, 1, \cdots, 7$ zur zweiten, vierten, sechsten Klasse setzt.

Ist aber $(l_\sigma') = (l_\varrho)$, so erhält man, da $| \alpha_0 \alpha_\mu, l_\varrho | = +1$ für jeden Wert von μ ist:

$$(436) \qquad \alpha = 8;$$

ist ferner $(l_\sigma') = (l_\varrho \alpha_{\nu_1} \alpha_{\nu_2})$, so erhält man, da $(\alpha_0 \alpha_\mu, \alpha_{\nu_1} \alpha_{\nu_2})$ sechsmal den Wert $+1$, zweimal den Wert -1 annimmt, wenn μ die Werte $0, 1, \cdots, 7$ durchläuft:

$$(437) \qquad \alpha = 4;$$

ist weiter $(l_\sigma') = (l_\varrho \alpha_{\nu_1} \alpha_{\nu_2} \alpha_{\nu_3} \alpha_{\nu_4})$, so erhält man, da $(\alpha_0 \alpha_\mu, \alpha_{\nu_1} \alpha_{\nu_2} \alpha_{\nu_3} \alpha_{\nu_4})$ viermal den Wert $+1$, viermal den Wert -1 annimmt, wenn μ die Werte $0, 1, \cdots, 7$ durchläuft:

$$(438) \qquad \alpha = 0;$$

ist endlich $(l_\sigma') = (l_\varrho \alpha_{\nu_1} \alpha_{\nu_2} \alpha_{\nu_3} \alpha_{\nu_4} \alpha_{\nu_5} \alpha_{\nu_6})$, so erhält man, da $(\alpha_0 \alpha_\mu, \alpha_{\nu_1} \alpha_{\nu_2} \alpha_{\nu_3} \alpha_{\nu_4} \alpha_{\nu_5} \alpha_{\nu_6})$ zweimal den Wert $+1$, sechsmal den Wert -1 annimmt, wenn μ die Werte $0, 1, \cdots, 7$ durchläuft:

$$(439) \qquad \alpha = -4.$$

Zerlegt man daher entsprechend den vier in Bezug auf die Per. Char. (l') unterschiedenen Fällen (435) die linke Seite von (433) in vier Teile und führt in jedem dieser Teile an Stelle der eingeklammerten Summe den dafür unter (436) bis (439) gefundenen Wert ein, so erhält man die Gleichung:

$$(440) \qquad \begin{aligned} & 8 \sum_{\varrho=0}^{r-1} | \omega \alpha_0, l_\varrho | \, x_{[k l_\varrho]} \\ & + 4 \sum_{\nu_1 \nu_2} \sum_{\varrho=0}^{r-1} | \omega \alpha_0, l_\varrho \alpha_{\nu_1} \alpha_{\nu_2} | \, x_{[k l_\varrho \alpha_{\nu_1} \alpha_{\nu_2}]} \\ & - 4 \sum_{\nu_1 \cdot\cdot \nu_6} \sum_{\varrho=0}^{r-1} | \omega \alpha_0, l_\varrho \alpha_{\nu_1} \cdots \alpha_{\nu_6} | \, y_{[k l_\varrho \alpha_{\nu_1} \cdot\cdot \alpha_{\nu_6}]} \\ & = 8 \sum_{\mu=0}^{7} \sum_{\varrho=0}^{r-1} | k, \omega \alpha_\mu l_\varrho | \, x_{[\omega \alpha_\mu l_\varrho]}, \end{aligned}$$

wobei die in der zweiten und dritten Zeile vorkommenden Summationen $\sum\limits_{\nu_1 \nu_2}$, $\sum\limits_{\nu_1 \cdots \nu_6}$ in der Weise auszuführen sind, daß an Stelle von $\nu_1 \nu_2$, $\nu_1 \nu_2 \nu_3 \nu_4 \nu_5 \nu_6$ alle Kombinationen ohne Wiederholung der Elemente 1, 2, ⋯, 7 zur zweiten bez. sechsten Klasse treten.

Die Gleichung (440) ist ebenso wie die Gleichung (XLI), aus der sie abgeleitet wurde, richtig, sobald man unter den x, y die Ausdrücke (XXXVIII) versteht, in denen die v unabhängige Veränderliche bezeichnen, von denen die u gemäß den Gleichungen (XXXVII) abhängen. Setzt man jetzt voraus, daß $u_\mu^{(4)} = 0$ ist für $\mu = 1, 2, \cdots, p$, so verschwinden alle Größen $y_{[\eta]}$, für welche die Th. Char. $[\eta]$ ungerade ist, und man erhält, da nach dem XXIX. Satze alle Charakteristiken von der Form $[k l_\varrho]$ gerade, alle Charakteristiken von den Formen $[k l_\varrho \alpha_{\nu_1} \alpha_{\nu_2}]$ und $[k l_\varrho \alpha_{\nu_1} \alpha_{\nu_2} \cdots \alpha_{\nu_6}]$ ungerade sind, aus (440), wenn man noch linke und rechte Seite durch 8 teilt, die gewünschte Endgleichung:

$$(441) \qquad \sum_{\varrho=0}^{r-1} |\,\omega\alpha_0,\, l_\varrho\,|\, y_{[k l_\varrho]} = \sum_{\mu=0}^{7} \sum_{\varrho=0}^{r-1} |\,k,\, \omega\alpha_\mu l_\varrho\,|\, x_{[\omega \alpha_\mu l_\varrho]}.$$

XLIII. Satz: *Es seien*

$$\text{(IL)} \qquad [\alpha_0],\ [\alpha_1],\ \cdots,\ [\alpha_7],\ \ [\beta_1],\ \cdots,\ [\beta_{p-3}],\ \ [\gamma_1],\ \cdots,\ [\gamma_{p-3}]$$

die $2p + 2$ *Th. Char. eines F. S.,* $[n]$ *die Summe der ungeraden unter ihnen und*

$$\text{(L)} \qquad [k] = [n \beta_1 \cdots \beta_{p-3}];$$

es seien ferner $(l_0), (l_1), \cdots, (l_{r-1})$ *die* $r = 2^{p-3}$ *Per. Char. jener Gruppe, welche sich auf den* $p - 3$ *Basischarakteristiken* $(\beta_1 \gamma_1), \cdots, (\beta_{p-3} \gamma_{p-3})$ *aufbaut; es sei endlich* $[\omega]$ *eine beliebige Th. Char. Bezeichnet man dann mit* $x_{[\varepsilon]}$, $y_{[\eta]}$ *die Ausdrücke:*

$$\text{(LI)} \qquad \begin{aligned} x_{[\varepsilon]} &= (-1)^{\sum\limits_{\mu=1}^{p} (\varrho_\mu + \sigma_\mu)\varepsilon'_\mu} \\ &\quad \vartheta[\varepsilon + \varrho + \sigma]((u + v + w))\, \vartheta[\varepsilon + \varrho]((u))\, \vartheta[\varepsilon + \sigma]((v))\, \vartheta[\varepsilon]((-w)), \\ y_{[\eta]} &= (-1)^{\sum\limits_{\mu=1}^{p} (\varrho_\mu + \sigma_\mu)\eta'_\mu} \\ &\quad \vartheta[\eta + \varrho + \sigma]((u + v))\, \vartheta[\eta + \varrho]((u + w))\, \vartheta[\eta + \sigma]((v + w))\, \vartheta[\eta]((0)), \end{aligned}$$

so sind diese Größen miteinander verknüpft durch die Gleichungen:

$$\text{(LII)} \qquad \sum_{\varrho=0}^{r-1} |\,\omega\alpha_0,\, l_\varrho\,|\, y_{[k l_\varrho]} = \sum_{\mu=0}^{7} \sum_{\varrho=0}^{r-1} |\,k,\, \omega\alpha_\mu l_\varrho\,|\, x_{[\omega \alpha_\mu l_\varrho]}.$$

Der Fall $p=3$ verdient als Grenzfall besondere Beachtung. In diesem Falle besteht das Fundamentalsystem (IL) nur aus den acht Charakteristiken $[\alpha_0], [\alpha_1], \cdots, [\alpha_7]$, die Charakteristiken $[\beta]$ und $[\gamma]$ fallen weg, die Charakteristik $[k]$ wird zur Summe $[n]$ der ungeraden unter den acht Charakteristiken $[\alpha]$ und die Gruppe der Per. Char. (l) reduziert sich auf die Charakteristik (0). Die Formel (LII) nimmt infolgedessen die einfache Form an:

$$y_{[n]} = \sum_{\mu=0}^{7} | n, \omega\alpha_\mu | \, x_{[\omega\alpha_\mu]}. \tag{442}$$

Sollen mit Hilfe der Formel (LII) Additionstheoreme der Thetaquotienten hergestellt werden, so setze man in (LI) $(w)=(-v)$, wodurch:

$$\begin{aligned} x_{[\varepsilon]} &= (-1)^{\sum_{\mu=1}^{p}(\varrho_\mu+\sigma_\mu)\varepsilon'_\mu} \\ &\qquad \vartheta[\varepsilon+\varrho+\sigma]((u))\,\vartheta[\varepsilon+\varrho]((u))\,\vartheta[\varepsilon+\sigma]((v))\,\vartheta[\varepsilon]((v)), \\ y_{[\eta]} &= (-1)^{\sum_{\mu=1}^{p}(\varrho_\mu+\sigma_\mu)\eta'_\mu} \\ &\qquad \vartheta[\eta+\varrho+\sigma]((u+v))\,\vartheta[\eta+\varrho]((u-v))\,\vartheta[\eta+\sigma]((0))\,\vartheta[\eta]((0)) \end{aligned} \tag{443}$$

wird. Vermehrt man sodann die Per. Char. (ϱ) der Reihe nach um die $r=2^{p-3}$ Per. Char. $(l_0), (l_1), \cdots, (l_{r-1})$, so entstehen aus (LII) r Gleichungen, deren linke Seite lineare Funktionen der nämlichen r Thetaprodukte $\vartheta[kl_\mu+\varrho+\sigma]((u+v))\,\vartheta[kl_\mu+\varrho]((u-v))$ $(\mu=0,1,\cdots,r-1)$ sind, und welche nach jedem einzelnen dieser Produkte aufgelöst werden können. Durch Division zweier solcher Gleichungen, von denen die eine die Funktion $\vartheta[\varepsilon]((u+v))$, die andere die Funktion $\vartheta[\eta]((u+v))$ enthält, während daneben in beiden Gleichungen die nämliche Funktion $\vartheta[\zeta]((u-v))$ auftritt, erhält man ein Additionstheorem für den Thetaquotienten $\dfrac{\vartheta[\varepsilon]((u))}{\vartheta[\eta]((u))}$.

Nachdem die auf den Fall $p=3$ bezügliche Formel (442) schon vorher von Herrn Weber[1]) mitgeteilt worden war, wurde die allgemeine Formel (LII) ziemlich gleichzeitig von den Herren Stahl[2]), Nöther[3])

1) Weber, Theorie der Abel'schen Functionen vom Geschlecht 3. Berlin 1876, pag. 35.

2) Stahl, Das Additionstheorem etc. J. für Math. Bd. 88. 1880, pag. 117.

3) Nöther, Zur Theorie der Thetafunctionen von beliebig vielen Argumenten. Math. Ann. Bd. 16. 1880, pag. 270; dazu auch: Über die allgemeinen Thetafunctionen. Erlangen Ber. Heft 12. 1880, pag. 1.

und Frobenius[1]) angegeben; die obige Ableitung ist von Herrn Prym[2]) veröffentlicht worden.

§ 14.

Weitere Folgerungen aus der Riemannschen Thetaformel.

Sind infolge der Annahme $(u^{(4)}) = (0)$ von den in (XXXVIII) definierten Größen $y_{[\eta]}$ jene $n = 2^{p-1}(2^p - 1)$ Null, für welche die Charakteristik $[\eta]$ ungerade ist, so ergeben sich aus (XXXIX) zwischen den 2^{2p} Größen

$$(444)\qquad x_{[\varepsilon]} = (-1)^{\sum\limits_{\mu=1}^{p}(\varrho_\mu + \sigma_\mu)\varepsilon'_\mu} \vartheta[\varepsilon+\varrho+\sigma]((u+v+w))\,\vartheta[\varepsilon+\varrho]((u))\,\vartheta[\varepsilon+\sigma]((v))\,\vartheta[\varepsilon]((-w))$$

n Gleichungen, welche, wenn man die ungeraden Charakteristiken in irgend welcher Reihenfolge mit $[u_1], \cdots, [u_n]$ bezeichnet, die Form:

$$(445)\qquad \sum_{[\varepsilon]} |\, u_\tau, \varepsilon \,|\, x_{[\varepsilon]} = 0 \qquad (\tau = 1, 2, \cdots, n)$$

haben.

Die Gleichung (445) bleibt richtig, wenn man auf ihrer linken Seite in dem hinter dem Summenzeichen stehenden Ausdrucke die Charakteristik $[\varepsilon]$ allenthalben um eine beliebige Charakteristik $[\omega]$ vermehrt, da hierdurch nur eine Umstellung der Glieder der Summe verursacht wird. Entfernt man aber dann den allen Gliedern gemeinsamen Faktor $|\, u_\tau, \omega \,|$ durch Division, so erhält man die Gleichung:

$$(446)\qquad \sum_{[\varepsilon]} |\, u_\tau, \varepsilon \,|\, x_{[\omega\varepsilon]} = 0, \qquad (\tau = 1, 2, \cdots, n)$$

in der also für ω eine beliebige Charakteristik gesetzt werden darf.

Bezeichnet man nun weiter die $m = 2^{p-1}(2^p + 1)$ geraden Charakteristiken in irgend welcher Reihenfolge mit $[g_1], \cdots, [g_m]$ und trennt die linke Seite von (446) in zwei Teile:

$$(447)\qquad G_{[u_\tau]} = \sum_{\mu=1}^{m} |\, u_\tau, g_\mu \,|\, x_{[\omega g_\mu]}, \qquad U_{[u_\tau]} = \sum_{\nu=1}^{n} |\, u_\tau, u_\nu \,|\, x_{[\omega u_\nu]},$$

so ist nach (446):

$$(448)\qquad G_{[u_\tau]} + U_{[u_\tau]} = 0. \qquad (\tau = 1, 2, \cdots, n)$$

---

1) Frobenius, Über das Additionstheorem etc J. für Math. Bd. 89. 1880, pag. 185.

2) Prym, Untersuchungen über die Riemann'sche Thetaf. etc. Lpz. 1882, pag. 96.

Multipliziert man jetzt linke und rechte Seite der σ^{ten} Gleichung (448) mit $|u_\sigma, u_\tau|$ und summiert nach σ von 1 bis n, so erhält man zunächst:

$$(449)\qquad \sum_{\sigma=1}^{n} |u_\sigma, u_\tau|\, G_{[u_\sigma]} + \sum_{\sigma=1}^{n} |u_\sigma, u_\tau|\, U_{[u_\sigma]} = 0$$

und es ist dahei wegen (447):

$$(450)\qquad \begin{aligned} \sum_{\sigma=1}^{n} |u_\sigma, u_\tau|\, G_{[u_\sigma]} &= \sum_{\mu=1}^{m} \left(\sum_{\sigma=1}^{n} |u_\sigma, u_\tau g_\mu| \right) x_{[\omega g_\mu]}, \\ \sum_{\sigma=1}^{n} |u_\sigma, u_\tau|\, U_{[u_\sigma]} &= \sum_{\nu=1}^{n} \left(\sum_{\sigma=1}^{n} |u_\sigma, u_\tau u_\nu| \right) x_{[\omega u_\nu]}. \end{aligned}$$

Da nun weiter:

$$(451)\qquad \begin{aligned} |u_\sigma, u_\tau g_\mu| &= |u_\sigma| \cdot |u_\tau g_\mu| \cdot |u_\sigma u_\tau g_\mu| = |u_\tau, g_\mu| \cdot |u_\sigma u_\tau g_\mu|, \\ |u_\sigma, u_\tau u_\nu| &= |u_\sigma| \cdot |u_\tau u_\nu| \cdot |u_\sigma u_\tau u_\nu| = -\,|u_\tau, u_\nu| \cdot |u_\sigma u_\tau u_\nu| \end{aligned}$$

und ferner nach dem VII. Satz:

$$(452)\qquad \begin{aligned} \sum_{\sigma=1}^{n} |u_\sigma u_\tau g_\mu| &= 2^{2p-2} - 2^{p-1}(2^{p-1}-1) = 2^{p-1}, \\ \sum_{\sigma=1}^{n} |u_\sigma u_\tau u_\nu| &= \begin{cases} 2^{2p-2} - 2^{p-1}(2^{p-1}-1) = 2^{p-1}, & \text{wenn } \nu \gtrless \tau, \\ -\,2^{p-1}(2^p-1), & \text{wenn } \nu = \tau, \end{cases} \end{aligned}$$

so ist:

$$(453)\qquad \begin{aligned} \sum_{\sigma=1}^{n} |u_\sigma, u_\tau g_\mu| &= |u_\tau, g_\mu| \cdot 2^{p-1}, \\ \sum_{\sigma=1}^{n} |u_\sigma, u_\tau u_\nu| &= \begin{cases} -\,|u_\tau, u_\nu|\, 2^{p-1}, & \text{wenn } \nu \gtrless \tau, \\ 2^{p-1}(2^p-1), & \text{wenn } \nu = \tau; \end{cases} \end{aligned}$$

es nehmen daher die beiden Gleichungen (450) die Form:

$$(454)\qquad \begin{aligned} &\sum_{\sigma=1}^{n} |u_\sigma, u_\tau|\, G_{[u_\sigma]} \\ &= 2^{p-1} \sum_{\mu=1}^{m} |u_\tau, g_\mu|\, x_{[\omega g_\mu]} = 2^{p-1} G_{[u_\tau]}, \\ &\sum_{\sigma=1}^{n} |u_\sigma, u_\tau|\, U_{[u_\sigma]} \\ &= -\,2^{p-1} \sum_{\nu=1}^{n} |u_\tau, u_\nu|\, x_{[\omega u_\nu]} + 2^{2p-1} x_{[\omega u_\tau]} = -\,2^{p-1} U_{[u_\tau]} + 2^{2p-1} x_{[\omega u_\tau]} \end{aligned}$$

an, und man erhält, wenn man diese Ausdrücke in (449) einführt und linke und rechte Seite der entstehenden Gleichung durch 2^{p-1} teilt:

$$G_{[u_\tau]} - U_{[u_\tau]} = -2^p x_{[\omega u_\tau]}. \tag{455}$$

Durch Verbindung dieser Gleichung mit der Gleichung (448) aber gelangt man endlich, wenn man gleichzeitig $G_{[u_\tau]}$ und $U_{[u_\tau]}$ durch ihre Ausdrücke aus (447) ersetzt, zu den Gleichungen:

$$2^{p-1} x_{[\omega u_\tau]} = -\sum_{\mu=1}^{m} |u_\tau, g_\mu| \, x_{[\omega g_\mu]} \qquad (\tau = 1, 2, \cdots, n) \tag{456}$$

und:

$$2^{p-1} x_{[\omega u_\tau]} = \sum_{\nu=1}^{n} |u_\tau, u_\nu| \, x_{[\omega u_\nu]}. \qquad (\tau = 1, 2, \cdots, n) \tag{457}$$

Die Gleichungen (456) sind die Auflösungen des ursprünglichen Gleichungensystems (446) nach den Größen $x_{[\omega u_\tau]}$ als Unbekannten. Sie zeigen, daß durch diese Gleichungen keinerlei Beziehungen zwischen den m Größen $x_{[\omega g_\mu]}$ $(\mu = 1, 2, \cdots, m)$ geschaffen werden, diese Größen vielmehr in ihnen die Rolle unabhängiger Veränderlichen übernehmen können. Anders verhält es sich mit den Größen $x_{[\omega u_\tau]}$. Zwischen ihnen bestehen die Gleichungen (457), die natürlich nicht unabhängig voneinander sind, sondern auf weniger voneinander unabhängige Gleichungen reduziert werden können. Aus diesen Gleichungen soll jetzt eine Formel abgeleitet werden, welche als die Fundamentalformel für die Theorie der Thetarelationen anzusehen ist, insofern als sie die sämtlichen derartigen Gleichungen als spezielle Fälle umfaßt.

Dabei wird $p > 1$ vorausgesetzt. Der Fall $p = 1$ erledigt sich mit der Bemerkung, daß hier die Anzahl n der Gleichungen (446), (456) und (457) je 1 beträgt, die Gleichung (456) mit der Gleichung (446) zusammenfällt und, wenn man sich der im § 11 eingeführten Bezeichnung bedient, die Relation (340) liefert, die Gleichung (457) aber sich auf die identische Gleichung $x_{[\omega u_1]} = x_{[\omega u_1]}$ reduziert. Ist aber $p > 1$, so bezeichne man die $2p + 2$ Th. Char. eines F. S. mit

$$[\alpha_0], [\alpha_1], \cdots, [\alpha_5], \quad [\beta_1], \cdots, [\beta_{p-2}], \quad [\gamma_1], \cdots, [\gamma_{p-2}] \tag{458}$$

und bilde aus den Charakteristiken $[\beta]$ und $[\gamma]$ die Per. Char.

$$(\lambda_1) = (\beta_1 \gamma_1), \quad (\lambda_2) = (\beta_2 \gamma_2), \quad \cdots, \quad (\lambda_{p-2}) = (\beta_{p-2} \gamma_{p-2}). \tag{459}$$

Diese $p-2$ Per. Char. sind dann auf Grund des XXVI. Satzes linear-unabhängig und können daher einer Gruppe L von 2^{p-2} Per. Char.

$(l_0), (l_1), \cdots, (l_{r-1})$, $r = 2^{p-2}$, als Basischarakteristiken dienen. Bezeichnet man dann weiter mit $[n]$ die Summe der ungeraden unter den $2p+2$ Th. Char. (458) und mit $[k]$ die Th. Char.

$$[k] = [n \beta_1 \beta_2 \cdots \beta_{p-2}], \tag{460}$$

so sind nach dem XXIX. Satz die Th. Char. von den Formen $[k\alpha_\nu l_\varrho]$ und $[k\alpha_{\nu_1}\alpha_{\nu_2}\cdots\alpha_{\nu_5} l_\varrho]$ ungerade, die Th. Char. von der Form $[k\alpha_{\nu_1}\alpha_{\nu_2}\alpha_{\nu_3} l_\varrho]$ gerade. Nach diesen Vorbereitungen gehe man auf die Gleichungen (457) zurück, setze darin an Stelle der ungeraden Th. Char. $[u_\tau]$ die Charakteristik $[k\alpha_0 l_\sigma]$, multipliziere linke und rechte Seite der entstehenden Gleichung mit $|k\alpha_0, l_\sigma|$ und summiere nach σ von 0 bis $r-1$. Man erhält dann:

$$\begin{aligned} &2^{p-1}\sum_{\sigma=0}^{r-1} |k\alpha_0, l_\sigma|\, x_{[\omega k \alpha_0 l_\sigma]} \\ &= \sum_{\nu=1}^{n} |k\alpha_0, u_\nu| \left(\sum_{\sigma=0}^{r-1} |k\alpha_0 u_\nu, l_\sigma|\right) x_{[\omega u_\nu]}. \end{aligned} \tag{461}$$

Die hier auf der rechten Seite auftretende Summe

$$\sum_{\sigma=0}^{r-1} |k\alpha_0 u_\nu, l_\sigma| = \prod_{\mu=1}^{p-2} (1 + |k\alpha_0 u_\nu, \lambda_\mu|) \tag{462}$$

besitzt nur dann einen von Null verschiedenen Wert und zwar den Wert 2^{p-2}, wenn die Charakteristik $(k\alpha_0 u_\nu)$ den $p-2$ Gleichungen

$$|x, \lambda_1| = +1, \quad |x, \lambda_2| = +1, \quad \cdots, \quad |x, \lambda_{p-2}| = +1 \tag{463}$$

genügt. Diese $p-2$ Gleichungen haben aber als Lösungen die 2^{p+2} Charakteristiken der zur Gruppe L adjungierten Gruppe L', welche erhalten werden, wenn man in den drei Formen

$$(l_\varrho), \quad (\alpha_{\nu_1}\alpha_{\nu_2} l_\varrho), \quad (\alpha_{\nu_1}\cdots\alpha_{\nu_4} l_\varrho) \tag{464}$$

die Zahl ϱ der Reihe nach die Werte $0, 1, \cdots, r-1$ annehmen läßt und jedesmal an Stelle von $\nu_1\nu_2$, $\nu_1\nu_2\nu_3\nu_4$ alle Kombinationen ohne Wiederholung zur zweiten bez. vierten Klasse der Elemente $1, 2, \cdots, 5$ setzt. Beachtet man aber, daß die Charakteristik $(k\alpha_0 u_\nu)$ niemals mit einer Charakteristik $(\alpha_\nu\alpha_{\nu_2} l_\varrho)$ übereinstimmen kann, da in diesem Falle $[u_\nu]$ von der Form $[k\alpha_0\alpha_{\nu_1}\alpha_{\nu_2} l_\varrho]$ also gerade wäre, und daß weiter eine Charakteristik $[u_\nu] = [k\alpha_0\alpha_{\nu_1}\cdots\alpha_{\nu_4} l_\varrho]$ immer auch in die Form $[k\alpha_{\nu_5} l_\sigma]$ gebracht werden kann, wenn man unter ν_5 die von den Zahlen $\nu_1, \nu_2, \nu_3, \nu_4$ verschiedene Zahl aus der Reihe $1, 2, \cdots, 5$, unter (l_σ) die ebenfalls zur Gruppe L gehörige Charakteristik $(\lambda_1\lambda_2\cdots\lambda_{p-2} l_\varrho)$ versteht, so erkennt man, daß jene ungeraden Charakteristiken $[u_\nu]$, für welche die Summe (462) nicht verschwindet, sämtlich und jede nur einmal erhalten werden, wenn man in $[k\,\alpha_\mu\,l_\varrho]$ μ die Reihe der Zahlen $0, 1, \cdots, 5$ und ϱ die Reihe der Zahlen $0, 1, \cdots, r-1$ durchlaufen läßt. Denkt man sich aber auf der rechten Seite von (461) von den n den Werten $\nu = 1, 2, \cdots, n$ entsprechenden Gliedern alle unterdrückt, bei welchen die eingeklammerte Summe den Wert Null besitzt, und setzt bei jedem der $6 \cdot 2^{p-2}$ übrig bleibenden an Stelle der in ihm vorkommenden Charakteristik $[u_\nu]$ die ihr gleiche in der Form $[k\,\alpha_\mu\,l_\varrho]$ enthaltene, an Stelle der eingeklammerten Summe den ihr bei jedem dieser Glieder zukommenden Wert 2^{p-2}, so erhält man schließlich, wenn man noch linke und rechte Seite der neu entstandenen Gleichung durch 2^{p-2} dividiert und auf der linken Seite nach Einschiebung des Faktors $|k\,\alpha_0, k\,\alpha_0|$ $= +1$ den Buchstaben σ durch den Buchstaben ϱ ersetzt, die gewünschte Formel in der Gestalt:

$$(465)\quad 2\sum_{\varrho=0}^{r-1} |k\,\alpha_0,\ k\,\alpha_0\,l_\varrho|\ x_{[\omega k \alpha_0 l_\varrho]} = \sum_{\mu=0}^{5}\sum_{\varrho=0}^{r-1} |k\,\alpha_0,\ k\,\alpha_\mu\,l_\varrho|\ x_{[\omega k \alpha_\mu l_\varrho]}.$$

XLIV. Satz: *Es seien*

$$(\text{LIII})\quad [\alpha_0],\ [\alpha_1],\ \cdots,\ [\alpha_5],\quad [\beta_1],\ \cdots,\ [\beta_{p-2}],\quad [\gamma_1],\ \cdots,\ [\gamma_{p-2}]$$

die $2p+2$ *Th. Char. eines F. S.,* $[n]$ *die Summe der ungeraden unter ihnen und*

$$(\text{LIV})\qquad [k] = [n\,\beta_1 \cdots \beta_{p-2}];$$

es seien ferner $(l_0), (l_1), \cdots, (l_{r-1})$ *die* $r = 2^{p-2}$ *Per. Char. jener Gruppe, welche sich auf den* $p-2$ *Basischarakteristiken* $(\beta_1\,\gamma_1), \cdots, (\beta_{p-2}\,\gamma_{p-2})$ *aufbaut; es sei endlich* $[\omega]$ *eine beliebige Th. Char. Bezeichnet man dann mit* $x_{[\varepsilon]}$ *den Ausdruck:*

$$(\text{LV})\quad x_{[\varepsilon]} = (-1)^{\sum\limits_{\mu=1}^{p} (\varrho_\mu + \sigma_\mu)\,\varepsilon'_\mu}$$
$$\vartheta[\varepsilon+\varrho+\sigma]((u+v+w))\,\vartheta[\varepsilon+\varrho]((u))\,\vartheta[\varepsilon+\sigma]((v))\,\vartheta[\varepsilon]((-w)),$$

so sind diese Größen miteinander verknüpft durch die Gleichungen:

$$(\text{LVI})\quad 2\sum_{\varrho=0}^{r-1} |k\,\alpha_0,\ k\,\alpha_0\,l_\varrho|\ x_{[\omega k \alpha_0 l_\varrho]} = \sum_{\mu=0}^{5}\sum_{\varrho=0}^{r-1} |k\,\alpha_0,\ k\,\alpha_\mu\,l_\varrho|\ x_{[\omega k \alpha_\mu l_\varrho]}.$$

Im Grenzfalle $p = 2$ geht die Formel (LVI) in die Formel (403) über.

Durch Spezialisierung der Argumente der Thetafunktionen in dem Ausdrucke (LV) können aus (LVI) speziellere Formeln abgeleitet werden. Von diesen Spezialisierungen seien die folgenden erwähnt:

1. Setzt man $(w) = (0)$, so wird:

$$(466)\quad x_{[\varepsilon]} = (-1)^{\sum\limits_{\mu=1}^{p}(\varrho_\mu + \sigma_\mu)\varepsilon'_\mu} \vartheta[\varepsilon + \varrho + \sigma]((u+v))\,\vartheta[\varepsilon + \varrho]((u))\,\vartheta[\varepsilon + \sigma]((v))\,\vartheta[\varepsilon]((0)).$$

2. Setzt man dagegen $(w) = (-v)$, so wird:

$$(467)\quad x_{[\varepsilon]} = (-1)^{\sum\limits_{\mu=1}^{p}(\varrho_\mu + \sigma_\mu)\varepsilon'_\mu} \vartheta[\varepsilon + \varrho + \sigma]((u))\,\vartheta[\varepsilon + \varrho]((u))\,\vartheta[\varepsilon + \sigma]((v))\,\vartheta[\varepsilon]((v)).$$

3. Setzt man hierin $(v) = (u)$, so wird:

$$(468)\quad x_{[\varepsilon]} = (-1)^{\sum\limits_{\mu=1}^{p}(\varrho_\mu + \sigma_\mu)\varepsilon'_\mu} \vartheta[\varepsilon + \varrho + \sigma]((u))\,\vartheta[\varepsilon + \varrho]((u))\,\vartheta[\varepsilon + \sigma]((u))\,\vartheta[\varepsilon]((u)).$$

4. Setzt man dagegen in (467) $(v) = (0)$, so wird:

$$(469)\quad x_{[\varepsilon]} = (-1)^{\sum\limits_{\mu=1}^{p}(\varrho_\mu + \sigma_\mu)\varepsilon'_\mu} \vartheta[\varepsilon + \varrho + \sigma]((u))\,\vartheta[\varepsilon + \varrho]((u))\,\vartheta[\varepsilon + \sigma]((0))\,\vartheta[\varepsilon]((0)).$$

5. Setzt man hierin endlich $(u) = (0)$, so wird:

$$(470)\quad x_{[\varepsilon]} = (-1)^{\sum\limits_{\mu=1}^{p}(\varrho_\mu + \sigma_\mu)\varepsilon'_\mu} \vartheta[\varepsilon + \varrho + \sigma]((0))\,\vartheta[\varepsilon + \varrho]((0))\,\vartheta[\varepsilon + \sigma]((0))\,\vartheta[\varepsilon]((0)).$$

Für alle diese Größen $x_{[\varepsilon]}$ gilt die Gleichung (LVI) und liefert die mannigfachsten Beziehungen zwischen den allgemeinen Thetafunktionen beliebig vieler Variablen.

Der Inhalt des gegenwärtigen Paragraphen rührt von Prym [1]) her; im speziellen Falle $p = 2$ war die Formel (LVI) schon früher von mir [2]) angegeben und gezeigt worden, daß die sämtlichen Beziehungen zwischen den 16 Thetafunktionen zweier Veränderlichen aus ihr abgeleitet werden können. Über die Aufstellung von Thetarelationen im Falle eines beliebigen p vergl. Nöther [3]).

---

1) Prym, Untersuchungen über die Riemann'sche Thetaf. etc. Leipzig 1882, pag. 99 u. f.

2) Krazer, Theorie der zweif. unendl. Thetar. etc. Leipzig 1882.

3) Nöther, Zur Theorie der Thetafunct. etc. Math. Ann. Bd. 16. 1880, pag. 270.

§ 15.

Thetafunktionen höherer Ordnung mit halben Charakteristiken.

Eine Thetafunktion n^{ter} Ordnung mit der Charakteristik $\begin{bmatrix} g \\ h \end{bmatrix}$ ist nach pag. 39 dadurch charakterisiert, daß sie für beliebige ganze Zahlen $\varkappa$, λ der Gleichung:

$$(471)\qquad \begin{aligned}&\Theta_n\begin{bmatrix} g \\ h \end{bmatrix}\left(\!\left(u + \begin{Bmatrix} \varkappa \\ \lambda \end{Bmatrix}\right)\!\right)\\ &= \Theta_n\begin{bmatrix} g \\ h \end{bmatrix}(\!(u)\!)\, e^{-n\sum\limits_{\mu=1}^{p}\sum\limits_{\mu'=1}^{p} a_{\mu\mu'}\varkappa_\mu\varkappa_{\mu'} - 2n\sum\limits_{\mu=1}^{p}\varkappa_\mu u_\mu + 2\sum\limits_{\mu=1}^{p}(\lambda_\mu g_\mu - \varkappa_\mu h_\mu)\pi i}\end{aligned}$$

genügt. Ersetzt man in dieser Gleichung für $\mu = 1, 2, \cdots, p$ die Größen u_μ, $\varkappa_\mu$, λ_μ durch $-u_\mu$, $-\varkappa_\mu$, $-\lambda_\mu$, so folgt aus ihr die weitere:

$$(472)\qquad \begin{aligned}&\Theta_n\begin{bmatrix} g \\ h \end{bmatrix}\left(\!\left(-u - \begin{Bmatrix} \varkappa \\ \lambda \end{Bmatrix}\right)\!\right)\\ &= \Theta_n\begin{bmatrix} g \\ h \end{bmatrix}(\!(-u)\!)\, e^{-n\sum\limits_{\mu=1}^{p}\sum\limits_{\mu'=1}^{p} a_{\mu\mu'}\varkappa_\mu\varkappa_{\mu'} - 2n\sum\limits_{\mu=1}^{p}\varkappa_\mu u_\mu - 2\sum\limits_{\mu=1}^{p}(\lambda_\mu g_\mu - \varkappa_\mu h_\mu)\pi i}.\end{aligned}$$

Soll also die Thetafunktion n^{ter} Ordnung $\Theta_n\begin{bmatrix} g \\ h \end{bmatrix}(\!(u)\!)$ eine gerade oder ungerade Funktion ihrer Argumente u sein, sodaß für beliebige Werte der u

$$(473)\qquad \Theta_n\begin{bmatrix} g \\ h \end{bmatrix}(\!(-u)\!) = \varrho\, \Theta_n\begin{bmatrix} g \\ h \end{bmatrix}(\!(u)\!),$$

also auch

$$(474)\qquad \Theta_n\begin{bmatrix} g \\ h \end{bmatrix}\left(\!\left(-u - \begin{Bmatrix} \varkappa \\ \lambda \end{Bmatrix}\right)\!\right) = \varrho\, \Theta_n\begin{bmatrix} g \\ h \end{bmatrix}\left(\!\left(u + \begin{Bmatrix} \varkappa \\ \lambda \end{Bmatrix}\right)\!\right)$$

ist, wo $\varrho = \pm 1$ ist, so erhält man, indem man die beiden Gleichungen (471) und (472) durcheinander dividiert

$$(475)\qquad e^{4\sum\limits_{\mu=1}^{p}(\lambda_\mu g_\mu - \varkappa_\mu h_\mu)\pi i} = 1.$$

Aus dieser Gleichung folgt aber, da sie für beliebige ganze Zahlen $\varkappa$, λ gilt, indem man unter ν eine der Zahlen $1, 2, \cdots, p$ versteht und das eine Mal $\lambda_\nu = 1$, die übrigen $p-1$ Zahlen λ und die p Zahlen $\varkappa$ gleich Null setzt, das andere Mal $\varkappa_\nu = 1$, die übrigen $p-1$ Zahlen $\varkappa$ und die p Zahlen λ gleich Null setzt, daß die Größen $4g_\nu$ bez. $4h_\nu$ gerade Zahlen, die Größen g_ν, h_ν also halbe Zahlen sein müssen.

XLV. Satz: *Soll eine Thetafunktion n^{ter} Ordnung $\Theta_n\begin{bmatrix} g \\ h \end{bmatrix}(\!(u)\!)$ eine gerade oder ungerade Funktion ihrer Argumente u sein, so muß die Charakteristik $\begin{bmatrix} g \\ h \end{bmatrix}$ aus halben Zahlen als Elementen bestehen.*

Man nehme jetzt an, daß

$$(476)\qquad g_\mu = \tfrac{1}{2}\varepsilon_\mu\,, \qquad h_\mu = \tfrac{1}{2}\varepsilon'_\mu \qquad (\mu = 1, 2, \cdots, p)$$

sei, wo die ε, ε' ganze Zahlen sind, und bezeichne die Funktion $\Theta_n\begin{bmatrix} g \\ h \end{bmatrix}(\!(u)\!)$ mit $\Theta_n[\varepsilon]_2(\!(u)\!)$. Nach dem XV. Satz pag. 40 läßt sich dann die Funktion $\Theta_n[\varepsilon]_2(\!(u)\!)$ darstellen in der Form:

$$(477)\qquad \Theta_n[\varepsilon]_2(\!(u)\!) = \sum_{\sigma_1, \cdots, \sigma_p}^{0, 1, \cdots, n-1} C_{\sigma_1 \cdots \sigma_p}\, \vartheta\begin{bmatrix} \frac{\varepsilon + 2\sigma}{2n} \\ \frac{\varepsilon'}{2} \end{bmatrix}(\!(nu)\!)_{na},$$

wo die C von den Argumenten u unabhängig sind. Indem man in dieser Gleichung u_μ durch $-u_\mu$ ersetzt und die Gleichungen (XLII) und (XLI) pag. 35 anwendet, erhält man:

$$(478)\qquad \begin{aligned} &\Theta_n[\varepsilon]_2(\!(-u)\!) \\ &= \sum_{\tau_1, \cdots, \tau_p}^{0, 1, \cdots, n-1} C_{\tau_1 \cdots \tau_p}\, \vartheta\begin{bmatrix} -\frac{\varepsilon + 2\tau}{2n} \\ \frac{\varepsilon'}{2} \end{bmatrix}(\!(nu)\!)_{na}\, e^{\frac{1}{n}\sum_{\mu=1}^{p}(\varepsilon_\mu + 2\tau_\mu)\varepsilon'_\mu \pi i} \end{aligned}$$

und hat daher auf Grund der Gleichung (473) die Beziehung:

$$(479)\qquad \begin{aligned} &\varrho \sum_{\sigma_1, \cdots, \sigma_p}^{0, 1, \cdots, n-1} C_{\sigma_1 \cdots \sigma_p}\, \vartheta\begin{bmatrix} \frac{\varepsilon + 2\sigma}{2n} \\ \frac{\varepsilon'}{2} \end{bmatrix}(\!(nu)\!)_{na} \\ &= \sum_{\tau_1, \cdots, \tau_p}^{0, 1, \cdots, n-1} C_{\tau_1 \cdots \tau_p}\, \vartheta\begin{bmatrix} -\frac{\varepsilon + 2\tau}{2n} \\ \frac{\varepsilon'}{2} \end{bmatrix}(\!(nu)\!)_{na}\, e^{\frac{1}{n}\sum_{\mu=1}^{p}(\varepsilon_\mu + 2\tau_\mu)\varepsilon'_\mu \pi i}. \end{aligned}$$

Auf der linken und rechten Seite der Gleichung (479) treten bei Ausführung der Summation die nämlichen n^p Thetafunktionen auf und es zieht diese Gleichung infolge der Linearunabhängigkeit dieser Funktionen n^p Beziehungen zwischen den Konstanten C nach sich. Sind nämlich die p Zahlen $\tau_1, \cdots, \tau_p$ mit den p Zahlen $\sigma_1, \cdots, \sigma_p$ verknüpft durch die Kongruenzen:

$$(480)\qquad \varepsilon_\mu + 2\sigma_\mu \equiv -(\varepsilon_\mu + 2\tau_\mu) \pmod{2n} \qquad (\mu = 1, 2, \cdots, p)$$

oder

$$(481)\qquad \sigma_\mu + \tau_u + \varepsilon_\mu \equiv 0 \pmod{n}, \qquad (\mu = 1, 2, \cdots, p)$$

so muß

$$(482)\qquad e^{\frac{1}{n}\sum\limits_{\mu=1}^{p}(\varepsilon_\mu+2\tau_\mu)\varepsilon'_\mu \pi i}\, C_{\tau_1\cdots\tau_p} = \varrho\, C_{\sigma_1\cdots\sigma_p}$$

sein.

Die Formel (482) repräsentiert n^p Gleichungen, welche aus ihr hervorgehen, indem man jede der Zahlen σ_μ die Reihe der Werte $0, 1, \cdots, n-1$ durchlaufen läßt und jedesmal die zugehörige Zahl τ_μ aus der Kongruenz (481) bestimmt. Diese n^p so entstehenden Gleichungen zerfallen in zwei verschiedene Klassen.

Sind die beiden Zahlensysteme $\sigma_1, \cdots, \sigma_p$ und $\tau_1, \cdots, \tau_p$ voneinander verschieden, so liefert die Formel (482) eine Gleichung zwischen den beiden zugehörigen Größen C, auf Grund deren sich jede dieser beiden Größen durch die andere ausdrücken läßt. Sind dagegen die beiden Zahlensysteme $\sigma_1, \cdots, \sigma_p$ und $\tau_1, \cdots, \tau_p$ einander gleich, so tritt in der Gleichung (482) links und rechts die nämliche Größe C auf und es folgt für dieselbe, wenn nicht

$$(483)\qquad e^{\frac{1}{n}\sum\limits_{\mu=1}^{p}(\varepsilon_\mu+2\tau_\mu)\varepsilon'_\mu \pi i} = \varrho$$

ist, der Wert Null, während im Falle des Bestehens dieser Beziehung die Gleichung (482) identisch erfüllt ist, also keine Bedingung für die betreffende Größe C nach sich zieht.

Ist n gerade und sind alle p Zahlen $\varepsilon_1 = \cdots = \varepsilon_p = 0$, so sind nach (481) jene 2^p Zahlensysteme $\sigma_1, \cdots, \sigma_p$, für welche

$$(484)\qquad \sigma_\mu = \tfrac{1}{2} n \varkappa_\mu \qquad\qquad (\mu=1, 2, \cdots, p)$$

ist, wo $\varkappa_\mu$ 0 oder 1 ist, den zugehörigen Zahlensystemen $\tau_1, \cdots, \tau_p$ gleich; die ihnen entsprechenden 2^p Gleichungen (482) gehören also zur zweiten Klasse und von den 2^p zugehörigen Größen $C_{\frac{1}{2}n\varkappa_1\cdots\frac{1}{2}n\varkappa_p}$ sind alle gleich Null, für welche nicht

$$(485)\qquad (-1)^{\sum\limits_{\mu=1}^{p}\varkappa_\mu\varepsilon'_\mu} = \varrho$$

ist. Ist nun $\varepsilon_1' = \cdots = \varepsilon_p' = 0$, so ist diese Gleichung im Falle $\varrho = +1$ für jedes, im Falle $\varrho = -1$ für kein Zahlensystem $\varkappa_1, \cdots, \varkappa_p$ erfüllt; im ersten Falle bleiben also die genannten 2^p Größen C willkürlich, im zweiten Falle ergibt sich für jede derselben der Wert Null. Sind dagegen nicht alle p Zahlen $\varepsilon_1' = \cdots = \varepsilon_p' = 0$, so ist die Gleichung (485) nach dem pag. 252 Bemerkten sowohl für $\varrho = +1$ als auch für $\varrho = -1$ für 2^{p-1} Zahlensysteme $\varkappa_1, \cdots, \varkappa_p$ erfüllt, für die 2^{p-1} anderen nicht; es bleiben also in jedem Falle 2^{p-1} der vorher genannten Größen C willkürlich, während sich die übrigen 2^{p-1} auf Null reduzieren. Da nun endlich in allen Fällen die $n^p - 2^p$ anderen Gleichungen (482), für welche die Zahlen $\sigma_1, \cdots, \sigma_p$ nicht die Werte (484) haben, zur ersten Klasse gehören, die ihnen zugehörigen $n^p - 2^p$ Größen C sich also auf $\frac{1}{2}(n^p - 2^p)$ reduzieren, so erhält man schließlich, im Falle daß n gerade und $\varepsilon_1 = \cdots = \varepsilon_p = 0$ ist, als Anzahl N der willkürlich bleibenden Konstanten $C_{\sigma_1 \cdots \sigma_p}$:

1. wenn alle Zahlen $\varepsilon_1' = \cdots = \varepsilon_p' = 0$ sind und $\varrho = +1$ ist:

$$N = 2^p + \tfrac{1}{2}(n^p - 2^p) = \tfrac{1}{2}(n^p + 2^p); \tag{486}$$

2. wenn alle Zahlen $\varepsilon_1' = \cdots = \varepsilon_p' = 0$ sind und $\varrho = -1$ ist:

$$N = \tfrac{1}{2}(n^p - 2^p); \tag{487}$$

3. wenn nicht alle Zahlen $\varepsilon_1' = \cdots = \varepsilon_p' = 0$ sind, für $\varrho = \pm 1$:

$$N = 2^{p-1} + \tfrac{1}{2}(n^p - 2^p) = \tfrac{1}{2} n^p. \tag{488}$$

Ist n gerade und sind nicht alle p Zahlen $\varepsilon_1 = \cdots = \varepsilon_p = 0$, so ist niemals ein Zahlensystem $\sigma_1, \cdots, \sigma_p$ dem zugehörigen Systeme $\tau_1, \cdots, \tau_p$ gleich, die n^p Gleichungen (482) gehören sohin alle zur ersten Klasse und es reduzieren sich die n^p Konstanten C gerade so wie im letztgenannten Falle auf $\frac{1}{2} n^p$.

Ist n ungerade, so ist $\sigma_\mu = \tau_\mu$, wenn, im Falle daß $\varepsilon_\mu = 0$ ist, $\sigma_\mu = \tau_\mu = 0$, im Falle daß $\varepsilon_\mu = 1$ ist, $\sigma_\mu = \tau_\mu = \frac{n-1}{2}$ ist. Von den n^p Gleichungen (482) ist also stets nur eine einzige zur zweiten Klasse gehörig, und da für die soeben angegebenen zugehörigen Werte der Zahlen $\sigma, \tau, \varepsilon$

$$\varepsilon_\mu + 2\tau_\mu = n\varepsilon_\mu \qquad (\mu = 1, 2, \cdots, p) \tag{489}$$

ist, also die zugehörige Gleichung (483) die Form:

$$(-1)^{\sum\limits_{\mu=1}^{p} \varepsilon_\mu \varepsilon'_\mu} = \varrho \tag{490}$$

annimmt, so ist die betreffende Größe C gleich Null, wenn für $\varrho = +1$ die Charakteristik $[\varepsilon]$ ungerade, für $\varrho = -1$ die Charakteristik $[\varepsilon]$ gerade ist, während jedesmal im anderen Falle die Größe C willkürlich bleibt. Es beträgt im Falle, daß n ungerade ist, also die Anzahl N der willkürlich bleibenden Konstanten $C_{\sigma_1 \cdots \sigma_p}$:

1. bei gerader Charakteristik $[\varepsilon]$ und $\varrho = +1$ und bei ungerader Charakteristik $[\varepsilon]$ und $\varrho = -1$:

$$N = \frac{n^p - 1}{2} + 1 = \frac{n^p + 1}{2} \tag{491}$$

2. bei gerader Charakteristik $[\varepsilon]$ und $\varrho = -1$ und bei ungerader Charakteristik $[\varepsilon]$ und $\varrho = +1$:

$$N = \frac{n^p - 1}{2}. \tag{492}$$

XLVI. Satz: *Ist n gerade, so gibt es zur Charakteristik* $[0]$

$\mathfrak{g} = \frac{1}{2}(n^p + 2^p)$ *linearunabhängige gerade und*

$\mathfrak{u} = \frac{1}{2}(n^p - 2^p)$ *linearunabhängige ungerade*

Thetafunktionen n^{ter} Ordnung, während für jede andere Charakteristik $[\varepsilon]$

$\mathfrak{g} = \frac{1}{2} n^p$ *linearunabhängige gerade und*

$\mathfrak{u} = \frac{1}{2} n^p$ *linearunabhängige ungerade*

solche Funktionen existieren. Ist n ungerade, so gibt es zu gerader Charakteristik $[\varepsilon]$

$\mathfrak{g} = \frac{1}{2}(n^p + 1)$ *linearunabhängige gerade und*

$\mathfrak{u} = \frac{1}{2}(n^p - 1)$ *linearunabhängige ungerade,*

dagegen zu ungerader Charakteristik $[\varepsilon]$

$\mathfrak{g} = \frac{1}{2}(n^p - 1)$ *linearunabhängige gerade und*

$\mathfrak{u} = \frac{1}{2}(n^p + 1)$ *linearunabhängige ungerade*

Thetafunktionen n^{ter} Ordnung.

Eine gerade beziehlich ungerade Thetafunktion n^{ter} Ordnung mit der Charakteristik $[\varepsilon]_2$ läßt sich also aus $\mathfrak{g}$ beziehlich $\mathfrak{u}$ linearunabhängigen solchen Funktionen, wobei $\mathfrak{g}$ und $\mathfrak{u}$ die im XLVI. Satz angegebenen Werte besitzen, linear zusammensetzen mit Hilfe von Koeffizienten, die von den Variablen u unabhängig sind.

Eine beliebige Thetafunktion n^{ter} Ordnung mit der Charakteristik $[\varepsilon]_2$ aber kann auf Grund der Gleichung:

$$\begin{aligned} \Theta_n[\varepsilon]_2(\!(u)\!) = {} & \tfrac{1}{2}[\Theta_n[\varepsilon]_2(\!(u)\!) + \Theta_n[\varepsilon]_2(\!(-u)\!)] \\ & + \tfrac{1}{2}[\Theta_n[\varepsilon]_2(\!(u)\!) - \Theta_n[\varepsilon]_2(\!(-u)\!)] \end{aligned} \tag{493}$$

in die Summe einer geraden und einer ungeraden solchen Funktion zerlegt und daher gleichfalls aus den vorher genannten $\mathfrak{g} + \mathfrak{u} = n^p$ linearunabhängigen geraden und ungeraden zur Charakteristik $[\varepsilon]_2$ gehörigen Thetafunktionen n^{ter} Ordnung zusammengesetzt werden.

Für den Fall $p = 1$ findet sich der XLVI. Satz bei Königsberger[1]), für den Fall $p = 2$ teilweise schon bei Hermite[2]), vollständig bei

---

1) Königsberger, Die Transformation, die Multiplication und die Modulargleichungen der elliptischen Functionen. Lpz. 1868, pag. 44.

2) Hermite, Sur la théorie de la transf. etc. C. R. Bd. 40. 1855, pag. 427; dazu Cayley, On the transformation etc. Quart. J. Bd. 21. 1886, pag. 142.

Weber[1]), für beliebiges p wurde er zuerst von Schottky[2]) angegeben.

Die Bildung von $\mathfrak{g}$ bez. $\mathfrak{u}$ linearunabhängigen geraden bez. ungeraden Thetafunktionen n^{ter} Ordnung mit gegebener Charakteristik $[\varepsilon]$ aus den 2^{2p} Funktionen $\vartheta[\varepsilon]((u))$ siehe für $p=1$ bei Weber[3]), für $p=2$ bei Hermite[4]) und Krause[5]).

§ 16.

Thetarelationen.

Thetarelationen nennt man die algebraischen, für beliebige Werte der Argumente u geltenden Gleichungen zwischen den 2^{2p} Funktionen $\vartheta[\varepsilon]((u))$. Beachtet man nun, daß ein Produkt $\vartheta[\varepsilon_1]((u))\,\vartheta[\varepsilon_2]((u))\cdots\vartheta[\varepsilon_n]((u))$ von n Thetafunktionen mit Charakteristiken $[\varepsilon_1]$, $[\varepsilon_2]$, $\cdots$, $[\varepsilon_n]$, die auch teilweise oder alle einander gleich sein können, eine Thetafunktion n^{ter} Ordnung mit der Charakteristik $[\varepsilon_1\,\varepsilon_2\cdots\varepsilon_n]$ ist, daß aber lineare Relationen, wie aus dem Verhalten der Funktionen $\Theta_n[\varepsilon]((u))$ bei Änderung der Variablen um korrespondierende Ganze der Periodizitätsmodulen gemäß der Gleichungen (XLIII) und (XLIV) pag. 39 folgt, nur zwischen Thetafunktionen gleicher Ordnung und gleicher Charakteristik bestehen können, so wird man bezüglich der allgemeinen Form der Thetarelationen bemerken, daß sie homogen in Bezug auf die Funktionen $\vartheta[\varepsilon]((u))$ sind und zudem so beschaffen, daß für jedes Glied der Relation die Charakteristikensumme die gleiche ist.

Thetarelationen gehen aus den Formeln des § 14 in der dort angegebenen Weise in großer Anzahl hervor. Handelt es sich darum, die so gewonnenen Formeln in übersichtlicher Weise anzuordnen, so wird man bemerken, daß durch zwei Prozesse, nämlich der Vermehrung der Argumente um korrespondierende Halbe der Periodizitätsmodulen und der linearen Transformation aus jeder Thetarelation neue abgeleitet werden können. Zur Ausführung des ersten Prozesses ersetzt man unter Beachtung, daß die vorliegende Relation für alle Werte der Argumente u gilt, das System (u) durch das System $(u+\{\varkappa\}_2)$, wobei $\{\varkappa\}_2$ ein System korrespondierender Halber der Periodizitätsmodulen bezeichnet, drückt sodann mit Hilfe der Formel (VII)

1) Weber, Anwendung der Thetaf. etc. Math Ann. Bd. 14. 1879, pag. 173.

2) Schottky, Abr. e. Th. d. Abel'schen Funct. etc. Lpz. 1880, pag. 9.

3) Weber, Elliptische Functionen etc. Braunschweig 1891, pag. 54.

4) Hermite, Sur la théorie de la transf. etc. C. R. Bd. 40. 1855, pag. 485.

5) Krause, Die Transformation etc. Lpz. 1886, pag. 57.

alle Thetafunktionen mit den Argumenten $(u + \{\varkappa\}_2)$ durch solche mit den Argumenten (u) aus und entfernt endlich die dabei aufgetretenen Exponentialfaktoren, soweit sie allen Gliedern der Thetarelation gemeinsam sind, durch Division. Der zweite Prozeß wird in der Weise ausgeführt, daß man unter Zugrundelegung einer ganzzahligen linearen Transformation T jede in der vorliegenden Relation auftretende Thetafunktion mit Hilfe der Formel (34) durch die Funktion $\vartheta[\hat{\varepsilon}]((u'))_{a'}$ ausdrückt. Schreibt man dann in der so entstandenen Thetaformel, in der jetzt nur noch Thetafunktionen mit den Argumenten u' und den Modulen a' vorkommen und die für beliebige Werte dieser Argumente und Modulen gilt, wieder u statt u' und a statt a' und entfernt die bei Anwendung der Formel (34) aufgetretenen Faktoren, soweit sie allen Gliedern der Thetarelation gemeinsam sind, durch Division, so erhält man eine neue Thetarelation, von der man sagt, daß sie aus der ursprünglichen durch die lineare Transformation T abgeleitet sei. So kann man durch die beiden beschriebenen Prozesse aus jeder gegebenen Thetarelation neue, in diesem Sinne zu ihr gehörige ableiten, welche dann zusammen mit ihr ein Formelsystem bilden; die in der ersten Abteilung dieses Kapitels entwickelte Charakteristikentheorie ermöglicht es, die sämtlichen in einem solchen Formelsystem vorkommenden Thetarelationen in einer einzigen allgemeinen Formel zusammenzufassen.

Es erhebt sich nun die weitere, davon verschiedene Frage nach der gegenseitigen algebraischen Abhängigkeit der Thetarelationen voneinander; die Frage nämlich, wieviele und welche von den gewonnenen Thetaformeln die wesentlichen sind, durch deren rationale Verbindung sich alle anderen als ihre notwendigen Folgerungen ergeben. Während diese Frage in den niedrigsten Fällen $p = 1$ und $p = 2$ sich verhältnismäßig einfach erledigt, hat ihre Beantwortung bei größerem p erhebliche Schwierigkeiten. Soweit sie die zwischen den Thetaquadraten $\vartheta^2[\varepsilon]((u))$ bestehenden Beziehungen betrifft, hat sie durch die Untersuchungen des Herrn Wirtinger[1]) eine abschließende Behandlung erfahren, über welche im folgenden berichtet werden soll.

Jedes Thetaquadrat $\vartheta^2[\varepsilon]((u))$ ist eine gerade Thetafunktion zweiter Ordnung mit der Charakteristik [0], und da es nach dem XLVI. Satze linearunabhängige solche Funktionen nur 2^p gibt, so hat man die beiden Sätze:

XLVII. Satz: *Zwischen irgend $2^p + 1$ Thetaquadraten besteht eine lineare Relation.*

1) Wirtinger, Untersuchungen über Thetafunctionen. Leipzig 1895, pag. 22.

XLVIII. Satz: *Durch 2^p Thetaquadrate, die linearunabhängig sind, läßt sich jedes weitere linear ausdrücken.*

Damit ist man auf die Aufgabe geführt, 2^p linearunabhängige Thetaquadrate anzugeben. Zu dem Ende gehe man auf die Formeln (L) und (LI) pag. 89 zurück und setze darin:

(494) $$m = n = s = t = 1,$$

wodurch

(495) $$\Delta = 2$$

und

(496) $$a^{(1)}_{\mu\mu'} = a^{(2)}_{\mu\mu'} = a_{\mu\mu'}, \quad b^{(1)}_{\mu\mu'} = b^{(2)}_{\mu\mu'} = 2a_{\mu\mu'} \qquad (\mu, \mu' = 1, 2, \cdots, p)$$

wird; setze ferner:

(497) $$u^{(1)}_\mu = u^{(2)}_\mu = u_\mu \qquad (\mu = 1, 2, \cdots, p)$$

und, indem man unter $\varrho_\mu, \varrho'_\mu, \sigma_\mu$ $(\mu = 1, 2, \cdots, p)$ ganze Zahlen versteht:

(498) $$\begin{aligned} &g^{(1)}_\mu = \tfrac{1}{2}\varrho_\mu, \quad && g^{(2)}_\mu = -\tfrac{1}{2}\varrho_\mu, \quad && h^{(1)}_\mu = h^{(2)}_\mu = \tfrac{1}{2}\varrho'_\mu, \\ &k^{(1)}_\mu = \tfrac{1}{2}(\varrho_\mu + \sigma_\mu), && k^{(2)}_\mu = \tfrac{1}{2}\sigma_\mu, && l^{(1)}_\mu = l^{(2)}_\mu = 0; \end{aligned} \qquad (\mu = 1, 2, \cdots, p)$$

es wird dann:

(499) $$\begin{aligned} &v^{(1)}_\mu = 0, \quad v^{(2)}_\mu = 2u_\mu, \\ &\bar{\bar{g}}^{(1)}_\mu = \varrho_\mu, \quad && \bar{\bar{g}}^{(2)}_\mu = 0, \quad && \bar{h}^{(1)}_\mu = 0, \quad && \bar{h}^{(2)}_\mu = \varrho_\mu, \\ &k'^{(1)}_\mu = \sigma_\mu + \tfrac{1}{2}\varrho_\mu, && k'^{(2)}_\mu = \tfrac{1}{2}\varrho_\mu, && l''^{(1)}_\mu = 0, && l''^{(2)}_\mu = 0, \end{aligned} \qquad (\mu = 1, 2, \cdots, p)$$

und die Formeln (L) und (LI) liefern unter Anwendung von (VIII) die Gleichungen:

(500) $$\vartheta^2\begin{bmatrix}\varrho\\ \varrho'\end{bmatrix}((u))_a = \sum_{\varepsilon_1, \cdots, \varepsilon_p}^{0,1} (-1)^{\sum\limits_{\mu=1}^{p} \varepsilon_\mu \varrho'_\mu} \vartheta\begin{bmatrix}\varrho + \varepsilon\\ 0\end{bmatrix}((0))_{2a}\, \vartheta\begin{bmatrix}\varepsilon\\ 0\end{bmatrix}((2u))_{2a},$$

(501) $$2^p\, \vartheta\begin{bmatrix}\varrho + \sigma\\ 0\end{bmatrix}((0))_{2a}\, \vartheta\begin{bmatrix}\sigma\\ 0\end{bmatrix}((2u))_{2a} = \sum_{\eta'_1, \cdots, \eta'_p}^{0,1} (-1)^{\sum\limits_{\mu=1}^{p} \sigma_\mu \eta'_\mu} \vartheta^2\begin{bmatrix}\varrho\\ \eta'\end{bmatrix}((u))_a.$$

Da nun, solange die Thetamodulen nicht besonderen Bedingungen unterworfen werden, die 2^p Größen $\vartheta\begin{bmatrix}\varepsilon\\ 0\end{bmatrix}((0))_{2a}$ $(\varepsilon_1, \cdots, \varepsilon_p = 0, 1)$ alle von Null verschieden sind, kann man für den allgemeinen Fall durch die Gleichungen (501) die 2^p linearunabhängigen Funktionen

$\vartheta\begin{bmatrix}\varepsilon\\0\end{bmatrix}((2u))_{2a}$ $(\varepsilon_1, \cdots, \varepsilon_p = 0, 1)$ durch die 2^p Thetaquadrate $\vartheta^2\begin{bmatrix}\varrho\\\eta'\end{bmatrix}((u))_a$ $(\eta_1', \cdots, \eta_p' = 0, 1)$ linear ausdrücken und schließt dann daraus, daß auch diese 2^p Funktionen linearunabhängig sind. Es wird sich im zehnten Kapitel zeigen, daß bei speziellen Modulwerten tatsächlich gerade Thetafunktionen für die Nullwerte der Argumente verschwinden; in solchen Fällen, wo eine oder mehrere der Größen $\vartheta\begin{bmatrix}\varepsilon\\0\end{bmatrix}((0))_{2a}$ Null sind, hört die Gültigkeit des vorher gemachten Schlusses auf.

Die 2^p Charakteristiken der im Vorigen als linearunabhängig nachgewiesenen Thetaquadrate bilden ein Göpelsches System von Th. Char.[1]). Beachtet man nun, daß man nach dem XXXVII. Satze durch lineare Transformation und Vermehrung der Argumente um korrespondierende Halbe der Periodizitätsmodulen von jedem Göpelschen Systeme von Th. Char. zu jedem anderen übergehen kann, so erkennt man, daß die Eigenschaft der Linearunabhängigkeit irgend 2^p Thetaquadraten zukommt, deren Charakteristiken ein Göpelsches System bilden. Man hat also den

IL. Satz: *2^p Thetaquadrate, deren Charakteristiken ein Göpelsches System bilden, sind linearunabhängig.*

Mit den Göpelschen Systemen sind die Systeme von 2^p linearunabhängigen Thetaquadraten durchaus nicht erschöpft. Herr Frobenius[2]) hat ohne Beweis angegeben, daß 2^p Thetaquadrate, deren Charakteristiken überhaupt ein System von Th. Char. bilden, linearunabhängig sind. Im Falle $p = 2$ kann tatsächlich jedes Thetaquadrat, wie in § 12 angegeben wurde, sowohl durch vier solche, deren Charakteristiken ein Göpelsches, wie auch durch vier solche, deren Charakteristiken ein Rosenhainsches System bilden, linear dargestellt werden; überhaupt gibt es im Falle $p = 2$, wie dort angegeben, unter den $\binom{16}{4} = 1820$ möglichen Kombinationen von vier Thetaquadraten nur 240 von vier linearabhängigen.

Bezüglich eines Systems von 2^p linearunabhängigen Thetaquadraten besteht nun weiter der folgende

L. Satz: *Zwischen 2^p linearunabhängigen Thetaquadraten bestehen keine quadratischen Relationen.*

Von der Richtigkeit dieses Satzes überzeugt man sich wie folgt. Aus der Formel (L) pag. 89 folgt, wenn man ebenso wie oben:

---

1) Andere spezielle Göpelsche Systeme von 2^p linearunabhängigen Thetaquadraten gibt Herr Wirtinger (Über eine Verallgemeinerung der Theorie der Kummer'schen Fläche und ihrer Beziehungen zu den Thetafunctionen zweier Variablen. Monatsh. f. Math. Bd. 1. 1890, pag. 113) an.

2) Frobenius, Über Thetafunctionen mehrerer Variablen. J. für Math. Bd. 96. 1884, pag. 106.

$$m = n = s = t = 1,$$

(502) $$g_\mu^{(1)} = -g_\mu^{(2)} = \tfrac{1}{2}\varrho_\mu, \quad h_\mu^{(1)} = h_\mu^{(2)} = \tfrac{1}{2}\varrho_\mu', \qquad (\mu = 1, 2, \cdots, p)$$

aber weiter:

(503) $$u_\mu^{(1)} = 0, \quad u_\mu^{(2)} = 2u_\mu \qquad (\mu = 1, 2, \cdots, p)$$

setzt, wodurch

(504) $$v_\mu^{(1)} = v_\mu^{(2)} = 2u_\mu \qquad (\mu = 1, 2, \cdots, p)$$

wird, die Formel:

(505) $$\vartheta\begin{bmatrix}\varrho\\\varrho'\end{bmatrix}(\!(0)\!)_a\, \vartheta\begin{bmatrix}\varrho\\\varrho'\end{bmatrix}(\!(2u)\!)_a = \sum_{\varepsilon_1, \cdots, \varepsilon_p}^{0,1} (-1)^{\sum\limits_{\mu=1}^{p} \varepsilon_\mu \varrho_\mu'}\, \vartheta\begin{bmatrix}\varrho+\varepsilon\\0\end{bmatrix}(\!(2u)\!)_{2a}\, \vartheta\begin{bmatrix}\varepsilon\\0\end{bmatrix}(\!(2u)\!)_{2a}.$$

Mittelst dieser Formel können die $2^{p-1}(2^p+1)$ geraden Funktionen $\vartheta[\varepsilon](\!(2u)\!)_a$ — unter der Annahme, daß nicht infolge besonderer Bedingungen für die Thetamodulen a eine oder mehrere der Größen $\vartheta[\varepsilon](\!(0)\!)_a$ verschwinden — als homogene Funktionen zweiten Grades der 2^p Funktionen $\vartheta\begin{bmatrix}\varepsilon\\0\end{bmatrix}(\!(2u)\!)_{2a}$ $(\varepsilon_1, \cdots, \varepsilon_p = 0, 1)$ und daher weiter mit Hilfe der Formel (501) als homogene Funktion zweiten Grades der 2^p Thetaquadrate $\vartheta^2\begin{bmatrix}\varrho\\\eta'\end{bmatrix}(\!(u)\!)_a$ $(\eta_1', \cdots, \eta_p' = 0, 1)$ oder irgend 2^p anderer linearunabhängiger ausgedrückt werden. Da nun einerseits zu 2^p Thetaquadraten im ganzen nur $2^{p-1}(2^p+1)$ verschiedene Produkte zweiten Grades existieren, und andererseits die auf den linken Seiten der Gleichungen (505) auftretenden ebensovielen geraden Funktionen $\vartheta[\varepsilon](\!(2u)\!)_{2a}$ linearunabhängig sind[1]), so sind es auch die genannten Produkte zweiten Grades der 2^p Thetaquadrate $\vartheta^2\begin{bmatrix}\varrho\\\eta'\end{bmatrix}(\!(u)\!)_a$ $(\eta_1', \cdots, \eta_p' = 0, 1)$ oder irgend 2^p anderer linearunabhängiger. Damit ist aber der letzte Satz bewiesen.

Zwischen 2^p linearunabhängigen Thetaquadraten existieren also nicht nur keine linearen sondern auch keine quadratischen Relationen. Im Falle $p = 2$ existieren zwischen ihnen auch keine Relationen dritten Grades; aber für $p > 2$ müssen solche vorhanden sein, da man aus 2^p Thetaquadraten $\frac{1}{6}2^p(2^p+1)(2^p+2)$ Produkte dritten

1) Daß zwischen den 2^{2p} Thetafunktionen $\vartheta[\varepsilon](\!(u)\!)_a$ überhaupt keine linearen Relationen bestehen können, folgt schon, in Übereinstimmung mit der am Anfange dieses Paragraphen gemachten Bemerkung, aus ihrem verschiedenen Verhalten bei Änderung der Variablen um korrespondierende Ganze der Periodizitätsmodulen; einen ausführlichen Beweis dafür gibt Herr Prym (Untersuchungen über die Riemann'sche Thetaf. etc. Lpz. 1882, pag. 32).

Grades herstellen kann, diese alle gerade Thetafunktionen dritter Ordnung mit der Charakteristik [0] sind und derartiger Funktionen im ganzen nur $\frac{1}{2}(6^p + 2^p) = 2^{p-1}(3^p + 1)$ linearunabhängige existieren. Relationen vierten Grades zwischen 2^p linearunabhängigen Thetaquadraten gibt es dagegen, in Übereinstimmung mit dem in § 12 Bemerkten, schon im Falle $p = 2$, da die Anzahl der möglichen Produkte vierten Grades $\frac{1}{24} 2^p (2^p + 1)(2^p + 2)(2^p + 3)$ auch für $p = 2$ größer ist als die Anzahl $\frac{1}{2}(8^p + 2^p)$ der linearunabhängigen Thetafunktionen vierter Ordnung mit der Charakteristik [0].

Mit den Relationen dritten und vierten Grades sind aber die wesentlichen Beziehungen, welche zwischen 2^p linearunabhängigen Thetaquadraten bestehen, erschöpft. Herr Wirtinger hat nämlich bewiesen, daß jede Relation höheren Grades zwischen diesen Funktionen eine notwendige Folge der genannten Relationen dritten und vierten Grades ist, in der Art, daß ihre linke Seite sich rational aus den linken Seiten der letzteren zusammensetzt.

Zum Beweise dieses Satzes bemerke man das folgende. Jede Relation $2n^{\text{ten}}$ Grades zwischen 2^p linearunabhängigen Thetaquadraten, und ebenso jede Relation $2n - 1^{\text{ten}}$ Grades zwischen ihnen, nachdem man sie mit einem beliebigen unter ihnen multipliziert hat, ist eine Relation n^{ten} Grades zwischen den quadratischen Verbindungen der 2^p linearunabhängigen Thetaquadrate und als solche nach Obigem in eine Relation n^{ten} Grades zwischen den geraden Thetafunktionen des Argumentensystems $(2u)$ überführbar. Den Beweis, daß alle Relationen höheren als des vierten Grades zwischen 2^p linearunabhängigen Thetaquadraten eine rationale Folge der Relationen dritten und vierten Grades zwischen diesen Funktionen sind, ist also erbracht, wenn man zeigt, daß alle Relationen zwischen den geraden Thetafunktionen eine rationale Folge der Relationen zweiten Grades zwischen diesen Funktionen sind.

Der Beweis für die Richtigkeit dieser letzten Behauptung wird aber von Herrn Wirtinger in der folgenden Weise erbracht. Es wird zunächst angenommen, daß die Thetafunktionen spezielle, in elliptische zerfallende seien, d. h. daß alle Modulen $a_{\mu\nu}$, für welche $\mu \gtrless \nu$ ist, Null sind. Unter Annahme dieser speziellen Modulen wird eine bestimmte Normalform für die Relationen zwischen den geraden Thetafunktionen hergestellt und sodann mit deren Hilfe gezeigt, daß alle Relationen eine notwendige Folge derjenigen zweiten Grades sind. Endlich wird dann dieses Resultat auf Thetafunktionen mit beliebigen Modulen ausgedehnt. Bezüglich der näheren Ausführung dieses Beweises muß mit Rücksicht auf seinen großen Umfang auf die Abhandlung des Herrn Wirtinger[1]) verwiesen werden.

1) Wirtinger, Unters. über Thetaf. Lpz. 1895, § 18—20.

Betrachtet man 2^p linearunabhängige Thetaquadrate als homogene Punktkoordinaten eines Raumes von $2^p - 1$ Dimensionen und denkt sich sodann den Argumenten $u_1, \cdots, u_p$ alle möglichen Werte erteilt, so entsteht ein Gebilde von p Dimensionen M_p in diesem Raume. Dabei entspricht jedem Wertesysteme $u_1, \cdots, u_p$ ein und nur ein Punkt des Gebildes M_p, jedoch umgekehrt einem Punkte von M_p unendlich viele Wertesysteme $u_1, \cdots, u_p$; ist eines von ihnen $u_1', \cdots, u_p'$, so sind alle in der Form $(\pm u' + \{\varkappa\})$ enthalten, wo $\{\varkappa\}$ ein beliebiges System korrespondierender Ganzer der Periodizitätsmodulen bezeichnet.

Das Gebilde M_p ist ein algebraisches und wird durch die zwischen den 2^p Thetaquadraten bestehenden Relationen dritten und vierten Grades vollständig definiert; man bedarf dazu $2^p - p - 1$ solcher voneinander unabhängiger Gleichungen.

Um die Ordnung von M_p zu ermitteln, hat man die Anzahl der Punkte zu bestimmen, welche sie mit p linearen Gebilden von $p-1$ Dimensionen:

$$(506)\quad \begin{aligned} &c_{11}\,\vartheta^2[\varepsilon_1]((u)) + c_{12}\,\vartheta^2[\varepsilon_2]((u)) + \cdots + c_{1r}\,\vartheta^2[\varepsilon_r]((u)) = 0,\\ &c_{21}\,\vartheta^2[\varepsilon_1]((u)) + c_{22}\,\vartheta^2[\varepsilon_2]((u)) + \cdots + c_{2r}\,\vartheta^2[\varepsilon_r]((u)) = 0, \qquad {\scriptstyle (r=2^p)}\\ &\cdots\cdots\cdots\cdots\cdots\cdots\cdots\cdots\\ &c_{p1}\,\vartheta^2[\varepsilon_1]((u)) + c_{p2}\,\vartheta^2[\varepsilon_2]((u)) + \cdots + c_{pr}\,\vartheta^2[\varepsilon_r]((u)) = 0 \end{aligned}$$

gemeinsam hat. Solche p Gleichungen besitzen aber, da die auf ihren linken Seiten stehenden Ausdrücke Thetafunktionen zweiter Ordnung sind, nach dem XVIII. Satze pag. 42 $2^p \cdot p!$ nach den Periodizitätsmodulen inkongruente gemeinsame Lösungen $u_1, \cdots, u_p$ und diese liefern, da zwei Lösungen (u) und $(-u)$ derselbe Punkt von M_p entspricht, $2^{p-1} \cdot p!$ verschiedene Punkte von M_p; die Ordnung von M_p beträgt also $2^{p-1} \cdot p!$.

Das Gebilde M_p ist im speziellen Falle $p = 2$ eine Kummersche Fläche (vergl. § 12); auf die Verallgemeinerung der Kummerschen Fläche für den Fall $p > 2$ hat zuerst Herr Klein in einer Vorlesung vom W.-S. 1886/87 [1]) hingewiesen und es hat dann Herr Wirtinger vorerst für den speziellen Fall $p = 3$ [2]) und später für beliebiges p [3]) gezeigt, daß eine Reihe der bekannten geometrischen Eigenschaften der Kummerschen Fläche sich bei den Gebilden M_p für $p > 2$ wieder finden; Herr Wirtinger zeigt nämlich:

---

1) Siehe bei Reichardt, Über die Darstellung der Kummer'schen Fläche etc. Nova acta Leop. Bd. 50. 1887, pag. 482.

2) Wirtinger, Über das Analogon der Kummerschen Fläche für $p = 3$. Gött. Nachr. 1889, pag. 474.

3) Wirtinger, Über eine Verallgemeinerung der Theorie der Kummerschen Fläche etc. Monatsh. f. Math. Bd. 1. 1890, pag. 113.

1. Den 2^{2p} Systemen korrespondierender Halber der Periodizitätsmodulen entsprechen 2^{2p} singuläre Punkte von M_p; sie sind 2^{p-1}-fache Punkte und zugleich die einzigen singulären Punkte von M_p.

2. Setzt man ein beliebiges Thetaquadrat gleich Null, so wird dadurch aus M_p eine Mannigfaltigkeit von $p-1$ Dimensionen herausgegriffen, deren Ordnung $2^{p-2}\cdot p!$ ist und die doppelt gezählt der vollständige Schnitt von M_p mit einer linearen Mannigfaltigkeit R_{2^p-2} ist. Setzt man also zur Abkürzung $2^p-1=N$, $2^{p-1}\cdot p!=m$ und nimmt die Ordnungszahl in die Bezeichnung der Mannigfaltigkeit als oberen Index auf, so besitzt M_p^m 2^{2p} längs einer $M_{p-1}^{\frac{1}{2}m}$ berührende R_{N-1}.

3. Die 2^{2p} unter 1. genannten singulären Punkte bilden mit den 2^{2p} unter 2. genannten singulären R_{N-1} eine Konfiguration derart, daß je $2^{p-1}(2^p-1)$ der Punkte auf einer der R_{N-1} liegen, und je $2^{p-1}(2^p-1)$ der R_{N-1} durch einen der Punkte gehen.

4. Die M_p geht durch 2^{2p} Kollineationen, die eine Gruppe bilden, in sich über.

5. Die M_p geht durch 2^{2p} Korrelationen in sich über; davon sind $2^{p-1}(2^p-1)$ Nullsysteme und $2^{p-1}(2^p+1)$ Polarsysteme.

6. Die 2^{2p} unter 4. genannten Kollineationen bilden mit den 2^{2p} unter 5. genannten Korrelationen derart eine Gruppe, daß die Punkte und R_{N-1} des Raumes von N Dimensionen zu Konfigurationen $(2^{2p})_{2^{p-1}(2^p-1)}$ zusammengeordnet werden.

Achtes Kapitel.

Die Thetafunktionen, deren Charakteristiken aus r^{tel} Zahlen gebildet sind.

§ 1.

Die Funktionen $\vartheta[\varepsilon]_r((u))$.

Im folgenden werden Thetafunktionen betrachtet, deren Charakteristikenelemente $g_1, \cdots, g_p, h_1, \cdots, h_p$ beliebige rationale Zahlen sind, die man sich auf gemeinsamen Nenner r gebracht denke, sodaß:

$$(1)\qquad g_\mu = \frac{\varepsilon_\mu}{r}, \quad h_\mu = \frac{\varepsilon'_\mu}{r} \qquad (\mu = 1, 2, \cdots, p)$$

ist, wo die ε, ε' ganze Zahlen bezeichnen. In diesem Falle sei die Charakteristik unter Anfügung des Nenners r als Index an die Charakteristikenklammer mit

$$(2)\qquad [\varepsilon]_r = \begin{bmatrix} \varepsilon_1 & \varepsilon_2 & \cdots & \varepsilon_p \\ \varepsilon'_1 & \varepsilon'_2 & \cdots & \varepsilon'_p \end{bmatrix}_r$$

oder, wenn ausschließlich Charakteristiken mit dem nämlichen Nenner in der Untersuchung auftreten, auch unter Fortlassung des Index r mit

$$(3)\qquad [\varepsilon] = \begin{bmatrix} \varepsilon_1 & \varepsilon_2 & \cdots & \varepsilon_p \\ \varepsilon'_1 & \varepsilon'_2 & \cdots & \varepsilon'_p \end{bmatrix},$$

die zugehörige Thetafunktion mit $\vartheta[\varepsilon]_r((u))$ oder $\vartheta[\varepsilon]((u))$ bezeichnet. Für diese Funktionen liefern dann die Formeln (XXIX)—(XLII) pag. 30 u. f. die folgenden Gleichungen.

Die Thetafunktion $\vartheta[\varepsilon]_r((u))$ ist definiert durch die Gleichung:

$$(\mathrm{I})\qquad \vartheta[\varepsilon]_r((u)) = \sum_{m_1, \cdots, m_p}^{-\infty, \cdots, +\infty} e^{\sum\limits_{\mu=1}^{p} \sum\limits_{\mu'=1}^{p} a_{\mu\mu'} \left(m_\mu + \frac{\varepsilon_\mu}{r}\right)\left(m_{\mu'} + \frac{\varepsilon_{\mu'}}{r}\right) + 2\sum\limits_{\mu=1}^{p}\left(m_\mu + \frac{\varepsilon_\mu}{r}\right)\left(u_\mu + \frac{\varepsilon'_\mu}{r}\pi i\right)};$$

sie ist mit der Funktion $\vartheta((u))$ verknüpft durch die Gleichung:

$$\vartheta[\varepsilon]_r((u)) = \vartheta\left(u_1 + \sum_{\mu=1}^{p} \frac{\varepsilon_\mu}{r} a_{1\mu} + \frac{\varepsilon_1'}{r}\pi i \,\middle|\, \cdots \,\middle|\, u_p + \sum_{\mu=1}^{p} \frac{\varepsilon_\mu}{r} a_{p\mu} + \frac{\varepsilon_p'}{r}\pi i\right)$$

(II)

$$\times e^{\sum\limits_{\mu=1}^{p}\sum\limits_{\mu'=1}^{p} a_{\mu\mu'}\frac{\varepsilon_\mu \varepsilon_{\mu'}}{r^2} + 2\sum\limits_{\mu=1}^{p}\frac{\varepsilon_\mu}{r}\left(u_\mu + \frac{\varepsilon_\mu'}{r}\pi i\right)},$$

d. h. sie geht abgesehen von einem Exponentialfaktor aus der Funktion $\vartheta((u))$ *hervor, wenn man deren Argumentensystem* (u) *um das System*

(III) $$\{\varepsilon\}_r = \sum_{\mu=1}^{p} \frac{\varepsilon_\mu}{r} a_{1\mu} + \frac{\varepsilon_1'}{r}\pi i \,\Big|\, \cdots \,\Big|\, \sum_{\mu=1}^{p} \frac{\varepsilon_\mu}{r} a_{p\mu} + \frac{\varepsilon_p'}{r}\pi i$$

zusammengehöriger r^{tel} *der Periodizitätsmodulen mit der Per. Char.* $(\varepsilon)_r$ *vermehrt. So entspricht der Th. Char.* $[\varepsilon]_r$ *also die Per. Char.* $(\varepsilon)_r$, *wenn man* $\vartheta[\varepsilon]_r((u))$ *relativ gegen die Funktion* $\vartheta((u))$ *betrachtet.*

Die durch die Gleichung (I) *definierte Thetafunktion* $\vartheta[\varepsilon]_r((u))$ *genügt der Gleichung:*

(IV)

$$\vartheta[\varepsilon]_r((u + \{r\varkappa\}_r))$$
$$= \vartheta[\varepsilon]_r((u))\, e^{-\sum\limits_{\mu=1}^{p}\sum\limits_{\mu'=1}^{p} a_{\mu\mu'}\varkappa_\mu\varkappa_{\mu'} - 2\sum\limits_{\mu=1}^{p}\varkappa_\mu u_\mu + \frac{2}{r}\sum\limits_{\mu=1}^{p}(\varepsilon_\mu\varkappa_\mu' - \varepsilon_\mu'\varkappa_\mu)\pi i},$$

in welcher $\{r\varkappa\}_r$ *jenes System zusammengehöriger Ganzer der Periodizitätsmodulen bezeichnet, welches aus* (III) *für* $\varepsilon_\mu = r\varkappa_\mu$, $\varepsilon_\mu' = r\varkappa_\mu'$ $(\mu = 1, 2, \cdots, p)$ *hervorgeht. Aus dieser Gleichung folgen, indem man das eine Mal* $\varkappa_\nu' = 1$, *die übrigen* $p - 1$ *Zahlen* $\varkappa'$ *und die* p *Zahlen* $\varkappa$ *gleich Null setzt, das andere Mal* $\varkappa_\nu = 1$, *die übrigen* $p - 1$ *Zahlen* $\varkappa$ *und die* p *Zahlen* $\varkappa'$ *gleich Null setzt, die speziellen Gleichungen:*

(V) $$\vartheta[\varepsilon]_r(u_1 | \cdots | u_\nu + \pi i | \cdots | u_p) = \vartheta[\varepsilon]_r((u))\, e^{\frac{2\varepsilon_\nu \pi i}{r}},$$

(VI) $$\vartheta[\varepsilon]_r(u_1 + a_{1\nu} | \cdots | u_p + a_{p\nu}) = \vartheta[\varepsilon]_r((u))\, e^{-a_{\nu\nu} - 2u_\nu - \frac{2\varepsilon_\nu'\pi i}{r}},$$
$$(\nu = 1, 2, \cdots, p)$$

aus denen man die Gleichung (IV) *wieder erzeugen kann.*

Endlich genügt die Funktion $\vartheta[\varepsilon]_r((u))$ *den Gleichungen:*

(VII)

$$\vartheta[\varepsilon]_r((u + \{\eta\}_r))$$
$$= \vartheta[\varepsilon + \eta]_r((u))\, e^{-\sum\limits_{\mu=1}^{p}\sum\limits_{\mu'=1}^{p} a_{\mu\mu'}\frac{\eta_\mu\eta_{\mu'}}{r^2} - 2\sum\limits_{\mu=1}^{p}\frac{\eta_\mu}{r}\left(u_\mu + \frac{\varepsilon_\mu'}{r}\pi i + \frac{\eta_\mu'}{r}\pi i\right)},$$

(VIII) $$\vartheta[\varepsilon + r\zeta]_r((u)) = \vartheta[\varepsilon]_r((u))\, e^{\frac{2\pi i}{r}\sum\limits_{\mu=1}^{p}\varepsilon_\mu\zeta_\mu'},$$

$$\text{(IX)}\quad \begin{aligned}\vartheta\begin{bmatrix}\varepsilon_1 \cdots \varepsilon_p\\ \varepsilon_1' \cdots \varepsilon_p'\end{bmatrix}_r((-u)) &= \vartheta\begin{bmatrix}-\varepsilon_1 \cdots -\varepsilon_p\\ -\varepsilon_1' \cdots -\varepsilon_p'\end{bmatrix}_r((u))\\ &= \vartheta\begin{bmatrix}r-\varepsilon_1 \cdots r-\varepsilon_p\\ r-\varepsilon_1' \cdots r-\varepsilon_p'\end{bmatrix}_r((u))\, e^{\frac{2\pi i}{r}\sum\limits_{\mu=1}^{p}\varepsilon_\mu}.\end{aligned}$$

Die Formel (VIII) sagt aus, daß zwei Funktionen $\vartheta[\varepsilon]_r((u))$ und $\vartheta[\eta]_r((u))$, für welche die Charakteristikenelemente $\varepsilon_1, \cdots, \varepsilon_p, \varepsilon_1', \cdots, \varepsilon_p'$ und $\eta_1, \cdots, \eta_p, \eta_1', \cdots, \eta_p'$ den $2p$ Kongruenzen:

$$(4)\qquad \varepsilon_\mu \equiv \eta_\mu, \quad \varepsilon_\mu' \equiv \eta_\mu' \pmod{r} \qquad (\mu = 1, 2, \cdots, p)$$

genügen, nur um einen Faktor, der eine r^{te} Einheitswurzel ist, voneinander verschieden sind, und man schließt daraus, daß es im ganzen überhaupt nur r^{2p} wesentlich verschiedene Funktionen $\vartheta[\varepsilon]_r((u))$ gibt, als welche man diejenigen wählen kann, bei denen die Zahlen $\varepsilon, \varepsilon'$ nur die Werte $0, 1, \cdots, r-1$ besitzen.

Die Formel (VII) zeigt weiter, daß man von jeder dieser r^{2p} Funktionen zu jeder anderen von ihnen abgesehen von einem Exponentialfaktor gelangen kann, indem man ihr Argumentensystem (u) um ein passend gewähltes System zusammengehöriger r^{tel} der Periodizitätsmodulen vermehrt. Dadurch erscheinen die r^{2p} Funktionen $\vartheta[\varepsilon]_r((u))$ untereinander als gleichberechtigt und insbesondere die Ausnahmestellung, welche von vornherein $\vartheta[0]_r((u)) = \vartheta((u))$ hatte, aufgehoben.

Die Formel (IX) zeigt, daß die im vorigen Kapitel betrachteten Funktionen $\vartheta[\varepsilon]_2((u))$, deren Charakteristiken aus halben Zahlen gebildet sind, die einzigen Thetafunktionen sind, welche gerade oder ungerade Funktionen ihrer Argumente sind. Ist r gerade, so kommen sie unter den r^{2p} Funktionen $\vartheta[\varepsilon]_r((u))$ vor, die $r^{2p} - 2^{2p}$ übrigen Funktionen, und ebenso im Falle eines ungeraden r die $r^{2p} - 1$ von $\vartheta[0]((u))$ verschiedenen Funktionen $\vartheta[\varepsilon]_r((u))$ gehen gemäß der Formel (IX) abgesehen von einem Exponentialfaktor paarweise ineinander über, wenn man das Argumentensystem (u) in $(-u)$ verwandelt.

§ 2.

Periodencharakteristiken.

Sind $\omega_{1\alpha}, \cdots, \omega_{p\alpha}$ $(\alpha = 1, 2, \cdots, 2p)$ die $2p$ einer Thetafunktion im Sinne des fünften Kapitels zu grunde liegenden Periodensysteme und $\varepsilon_1, \cdots, \varepsilon_{2p}$ ganze Zahlen, so nennt man ein Größensystem von der Form:

$$(5)\qquad \frac{1}{r}\sum_{\alpha=1}^{2p} \varepsilon_\alpha\, \omega_{1\alpha}, \quad \cdots, \quad \frac{1}{r}\sum_{\alpha=1}^{2p} \varepsilon_\alpha\, \omega_{p\alpha}$$

ein *System zusammengehöriger* r^{tel} *der Perioden* ω, den Komplex der $2p$ Zahlen $\varepsilon_1, \cdots, \varepsilon_{2p}$ aber die *Periodencharakteristik* (*Per. Char.*) $(\varepsilon)_r$ oder, wenn nur Per. Char. mit demselben Nenner r betrachtet werden, (ε) des Systems (5).

Führt man an Stelle der Perioden ω neue Perioden ω' ein vermittelst einer ganzzahligen linearen Transformation:

$$\omega'_{\mu\alpha} = \sum_{\beta=1}^{2p} c_{\alpha\beta}\,\omega_{\mu\beta}, \qquad \begin{pmatrix}\mu = 1, 2, \cdots, p\\ \alpha = 1, 2, \cdots, 2p\end{pmatrix} \tag{6}$$

wobei also die $c_{\alpha\beta}$ ganze Zahlen sind, welche den Bedingungen (8), (9) pag. 242 genügen, so ist:

$$\sum_{\beta=1}^{2p} \varepsilon_\beta\,\omega_{\mu\beta} = \sum_{\alpha=1}^{2p} \bar{\varepsilon}_\alpha\,\omega'_{\mu\alpha}, \qquad (\mu = 1, 2, \cdots, p) \tag{7}$$

wenn:

$$\varepsilon_\beta = \sum_{\alpha=1}^{2p} c_{\alpha\beta}\,\bar{\varepsilon}_\alpha \qquad (\beta = 1, 2, \cdots, 2p) \tag{8}$$

gesetzt wird. Man sagt dann, daß *die Per. Char.* (ε) *durch die Transformation* (6) *in die Per. Char.* $(\bar{\varepsilon})$ *übergehe.* Bezeichnen weiter (ε) und (η) irgend zwei Per. Char., $(\bar{\varepsilon})$ und $(\bar{\eta})$ die daraus durch die nämliche ganzzahlige lineare Transformation (6) hervorgehenden, so ist auf Grund der Gleichungen (8) und unter Beachtung der zwischen den c bestehenden Relationen:

$$\begin{aligned}\sum_{\sigma=1}^{p} (\varepsilon_\sigma \eta_{p+\sigma} - \varepsilon_{p+\sigma}\eta_\sigma) &= \sum_{\alpha=1}^{2p}\sum_{\beta=1}^{2p}\sum_{\sigma=1}^{p} (c_{\alpha\sigma}c_{\beta,p+\sigma} - c_{\alpha,p+\sigma}c_{\beta\sigma})\,\bar{\varepsilon}_\alpha\bar{\eta}_\beta\\ &= \sum_{\mu=1}^{p} (\bar{\varepsilon}_\mu\bar{\eta}_{p+\mu} - \bar{\varepsilon}_{p+\mu}\bar{\eta}_\mu);\end{aligned} \tag{9}$$

es bleibt sohin der Wert des Ausdrucks:

$$\sum_{\mu=1}^{p} (\varepsilon_\mu \eta_{p+\mu} - \varepsilon_{p+\mu}\eta_\mu) \tag{10}$$

bei jeder ganzzahligen linearen Transformation ungeändert.

Zwei Systeme (5), bei denen die Charakteristikenelemente $\varepsilon_1, \cdots, \varepsilon_{2p}$ und $\eta_1, \cdots, \eta_{2p}$ den $2p$ Kongruenzen:

$$\varepsilon_\alpha \equiv \eta_\alpha \pmod{r} \qquad (\alpha = 1, 2, \cdots, 2p) \tag{11}$$

genügen, sind einander nach den Perioden ω kongruent; zwei solche Per. Char. (ε) und (η) werden in diesem Paragraphen als *nicht verschieden* angesehen. Es gibt dann im ganzen nur r^{2p} verschiedene Per. Char. (ε), als welche man diejenigen wählen kann, die entstehen, wenn man an Stelle des Systems der $2p$ Elemente $\varepsilon_1, \cdots, \varepsilon_{2p}$ alle r^{2p} Variationen mit Wiederholung zur $2p^{\text{ten}}$ Klasse der Zahlen $0, 1, \cdots, r-1$ setzt. Eine solche Per. Char. sei in der Folge, indem man $\varepsilon_1, \varepsilon_2, \cdots, \varepsilon_p$ statt $\varepsilon_{p+1}, \varepsilon_{p+2}, \cdots, \varepsilon_{2p}$ und $\varepsilon_1', \varepsilon_2', \cdots, \varepsilon_p'$ statt $\varepsilon_1, \varepsilon_2, \cdots, \varepsilon_p$ schreibt, mit:

$$(12) \qquad (\varepsilon) = \begin{pmatrix} \varepsilon_1 & \varepsilon_2 & \cdots & \varepsilon_p \\ \varepsilon_1' & \varepsilon_2' & \cdots & \varepsilon_p' \end{pmatrix}$$

bezeichnet. Unter den r^{2p} Per. Char. nimmt die Per. Char. (0), bei der $\varepsilon_1 = \cdots = \varepsilon_p = \varepsilon_1' = \cdots = \varepsilon_p' = 0$ ist, den $r^{2p} - 1$ andern gegenüber eine Ausnahmestellung ein, da sie und nur sie bei jeder Transformation (6) in sich übergeht. Man teilt daher die r^{2p} Per. Char. in zwei Klassen; die eine besteht aus der einzigen Per. Char. (0), welche die *uneigentliche* Per. Char. genannt wird, die andere aus den $r^{2p} - 1$ übrigen Per. Char., welche die *eigentlichen* Per. Char. genannt werden.

Unter der *Summe:*

$$(13) \qquad (\sigma) = (\varepsilon \eta \zeta \cdots)$$

mehrerer Per. Char. (ε), (η), (ζ), $\cdots$ wird jene Per. Char. verstanden, deren Elemente durch die Kongruenzen:

$$(14) \qquad \begin{aligned} \sigma_\mu &\equiv \varepsilon_\mu + \eta_\mu + \zeta_\mu + \cdots \pmod{r}, \\ \sigma_\mu' &\equiv \varepsilon_\mu' + \eta_\mu' + \zeta_\mu' + \cdots \pmod{r} \end{aligned} \qquad (\mu = 1, 2, \cdots, p)$$

bestimmt sind; dabei können die Per. Char. (ε), (η), (ζ), $\cdots$ auch alle oder teilweise einander gleich sein und es soll eine Summe von g gleichen Per. Char. (ε) mit (ε^g) bezeichnet werden.

Man nennt gegebene eigentliche Per. Char. $(\varepsilon_1), (\varepsilon_2), \cdots, (\varepsilon_m)$ von der uneigentlichen Per. Char. (0) unabhängig oder schlechtweg *unabhängig,* wenn die Gleichung:

$$(15) \qquad \left(\varepsilon_1^{g_1} \varepsilon_2^{g_2} \cdots \varepsilon_m^{g_m}\right) = (0),$$

in der die g ganze Zahlen bezeichnen, nur durch $g_1 \equiv g_2 \equiv \cdots \equiv g_m \equiv 0 \pmod{r}$ befriedigt werden kann; man nennt ferner eine aus gegebenen Per. Char. $(\varepsilon_1), (\varepsilon_2), \cdots, (\varepsilon_m)$ zusammengesetzte Per. Char. $\left(\varepsilon_1^{g_1} \varepsilon_2^{g_2} \cdots \varepsilon_m^{g_m}\right)$, bei der die g positive ganze Zahlen oder Null sind, eine *Kombination n^{ter} Ordnung* dieser Per. Char., wenn $g_1 + g_2 + \cdots + g_m = n$ ist, und bezeichnet sie mit $(\sum^n \varepsilon)$.

Für das Symbol:

$$(16) \qquad |\varepsilon, \eta| = e^{\frac{2\pi i}{r} \sum_{\mu=1}^{p} (\varepsilon_\mu \eta_\mu' - \varepsilon_\mu' \eta_\mu)}$$

bestehen die folgenden Gleichungen:

$$|\varepsilon, \varepsilon| = +1, \quad |\varepsilon, 0| = +1, \quad |0, \varepsilon| = +1,$$

$$|\varepsilon, \eta| \cdot |\eta, \varepsilon| = +1,$$

$$(17) \quad \begin{aligned} |\varepsilon_1 \varepsilon_2 \cdots \varepsilon_m, \eta_1 \eta_2 \cdots \eta_n| = |\varepsilon_1, \eta_1| \cdot |\varepsilon_1, \eta_2| \cdots |\varepsilon_1, \eta_n| \\ \cdot |\varepsilon_2, \eta_1| \cdot |\varepsilon_2, \eta_2| \cdots |\varepsilon_2, \eta_n| \\ \cdots\cdots\cdots\cdots \\ \cdot |\varepsilon_m, \eta_1| \cdot |\varepsilon_m, \eta_2| \cdots |\varepsilon_m, \eta_n|, \end{aligned}$$

$$|\varepsilon^g, \eta^h| = |\varepsilon, \eta|^{gh}.$$

Zwei Per. Char. (ε) und (η) heißen *syzygetisch,* wenn $|\varepsilon, \eta| = +1$ ist, anderenfalls *azygetisch.*

Es soll die Anzahl s jener Per. Char. (x) bestimmt werden, welche den q Gleichungen:

$$(18) \quad |\varepsilon_1, x| = e^{\frac{2\pi i}{r}\delta_1}, \quad |\varepsilon_2, x| = e^{\frac{2\pi i}{r}\delta_2}, \quad \cdots, \quad |\varepsilon_q, x| = e^{\frac{2\pi i}{r}\delta_q}$$

genügen, wo die δ willkürlich gegebene ganze Zahlen, $(\varepsilon_1), (\varepsilon_2), \cdots, (\varepsilon_q)$ aber q unabhängige Per. Char. bezeichnen.

Setzt man für $\varkappa = 1, 2, \cdots, q$:

$$(19) \quad (\varepsilon_\varkappa) = \begin{pmatrix} \varepsilon_{1\varkappa} & \varepsilon_{2\varkappa} & \cdots & \varepsilon_{p\varkappa} \\ \varepsilon'_{1\varkappa} & \varepsilon'_{2\varkappa} & \cdots & \varepsilon'_{p\varkappa} \end{pmatrix},$$

so handelt es sich um die Bestimmung der Anzahl s der aus Zahlen $0, 1, \cdots, r-1$ gebildeten Lösungen $x_1, \cdots, x_p, x_1', \cdots, x_p'$ der q Kongruenzen:

$$(20) \quad \sum_{\mu=1}^{p} (\varepsilon_{\mu\varkappa} x'_\mu - \varepsilon'_{\mu\varkappa} x_\mu) \equiv \delta_\varkappa \pmod{r}. \qquad (\varkappa = 1, 2, \cdots, q)$$

Zunächst kann man nun ohne Mühe für die Zahl s einen analytischen Ausdruck anschreiben. Genügen nämlich die Zahlen x, x' der Kongruenz:

$$(21) \quad \sum_{\mu=1}^{p} (\varepsilon_{\mu\varkappa} x'_\mu - \varepsilon'_{\mu\varkappa} x_\mu) \equiv \delta_\varkappa \pmod{r},$$

wo $\varkappa$ irgend eine der Zahlen $1, 2, \cdots, q$ bezeichnet, so besitzt der Ausdruck:

$$(22) \quad f_\varkappa(x) = \frac{1}{r} \sum_{\varrho=0}^{r-1} e^{\frac{2\pi i}{r}\left\{\sum\limits_{\mu=1}^{p} (\varepsilon_{\mu\varkappa} x'_\mu - \varepsilon'_{\mu\varkappa} x_\mu) - \delta_\varkappa\right\}\varrho}$$

den Wert 1; genügen dagegen die Zahlen x, x' der Kongruenz (21) nicht, so besitzt $f_\varkappa(x)$ den Wert 0. Daraus folgt sofort, daß der Ausdruck:

$$F(x)=f_1(x)\cdots f_q(x)$$

(23)
$$=\frac{1}{r^q}\sum_{\varrho_1,\cdots,\varrho_q}^{0,1,\cdots,r-1} e^{\frac{2\pi i}{r}\sum\limits_{\varkappa=1}^{q}\left\{\sum\limits_{\mu=1}^{p}(\varepsilon_{\mu\varkappa}x'_\mu-\varepsilon'_{\mu\varkappa}x_\mu)-\delta_\varkappa\right\}\varrho_\varkappa}$$

für jedes Zahlensystem x, x', das eine Lösung des Kongruenzensystems (20) ist, den Wert 1, für jedes andere den Wert 0 hat, und daß daher die über alle r^{2p} Per. Char. (x) erstreckte Summe:

(24)
$$\sum_{(x)} F(x)$$

den Wert s angibt. Man hat also für die Anzahl s der Lösungen des Kongruenzensystems (20) den Ausdruck:

(25)
$$s=\frac{1}{r^q}\sum_{(x)}\sum_{\varrho_1,\cdots,\varrho_q}^{0,1,\cdots,r-1} e^{\frac{2\pi i}{r}\sum\limits_{\varkappa=1}^{q}\left\{\sum\limits_{\mu=1}^{p}(\varepsilon_{\mu\varkappa}x'_\mu-\varepsilon'_{\mu\varkappa}x_\mu)-\delta_\varkappa\right\}\varrho_\varkappa}$$

$$=\frac{1}{r^q}\sum_{\varrho_1,\cdots,\varrho_q}^{0,1,\cdots,r-1} e^{-\frac{2\pi i}{r}\sum\limits_{\varkappa=1}^{q}\delta_\varkappa\varrho_\varkappa}\left(\sum_{\substack{x_1,\cdots,x_p\\ x'_1,\cdots,x'_p}}^{0,1,\cdots,r-1} e^{\frac{2\pi i}{r}\sum\limits_{\mu=1}^{p}\left[\left(\sum\limits_{\varkappa=1}^{q}\varepsilon_{\mu\varkappa}\varrho_\varkappa\right)x'_\mu-\left(\sum\limits_{\varkappa=1}^{q}\varepsilon'_{\mu\varkappa}\varrho_\varkappa\right)x_\mu\right]}\right).$$

Nun besitzt aber die am Schlusse der letzten Zeile stehende in besondere Klammern eingeschlossene Summe nur dann einen von Null verschiedenen Wert und zwar den Wert r^{2p}, wenn die Zahlen $\varrho_1,\cdots,\varrho_q$ den $2p$ Kongruenzen:

(26)
$$\sum_{\varkappa=1}^{q}\varepsilon_{\mu\varkappa}\varrho_\varkappa\equiv 0 \pmod{r},\qquad \sum_{\varkappa=1}^{q}\varepsilon'_{\mu\varkappa}\varrho_\varkappa\equiv 0 \pmod{r}\qquad (\mu=1,2,\cdots,p)$$

genügen. Sind aber die q Per. Char. $(\varepsilon_1), (\varepsilon_2), \cdots, (\varepsilon_q)$ wie vorausgesetzt unabhängig, so werden diese Kongruenzen, während die Zahlen $\varrho_1,\cdots,\varrho_q$ unabhängig voneinander die Reihe der Werte $0, 1, \cdots, r-1$ durchlaufen, nur von dem einen Zahlensysteme $\varrho_1=\cdots=\varrho_q=0$ erfüllt, und man erhält daher aus (25):

(27)
$$s=\frac{1}{r^q}r^{2p}=r^{2p-q}$$

und hat den

I. Satz: *Unter den r^{2p} Per. Char. (x) gibt es stets r^{2p-q}, welche den q Gleichungen:*

$$\text{(X)}\qquad |\varepsilon_1, x| = e^{\frac{2\pi i}{r}\delta_1}, \quad |\varepsilon_2, x| = e^{\frac{2\pi i}{r}\delta_2}, \quad \cdots, \quad |\varepsilon_q, x| = e^{\frac{2\pi i}{r}\delta_q}$$

genügen, wo die δ willkürlich gegebene ganze Zahlen, $(\varepsilon_1), (\varepsilon_2), \cdots, (\varepsilon_q)$ aber q unabhängige Per. Char. bezeichnen. Insbesondere gibt es also stets r^{2p-q} Per. Char., welche zu q gegebenen unabhängigen Per. Char. syzygetisch sind.

Man wird bemerken, daß die obige Definition der Unabhängigkeit von Per. Char. $(\varepsilon_1), (\varepsilon_2), \cdots, (\varepsilon_m)$ in dem Falle, wo r keine Primzahl ist, schon für jede einzelne Per. Char. (ε) eine Bedingung nach sich zieht. Da nämlich die Gleichung

$$(28)\qquad (\varepsilon^g) = (0)$$

nur durch $g \equiv 0 \pmod{r}$ soll befriedigt werden können, so dürfen die $2p$ Charakteristikenelemente von (ε) nicht mit r einen Faktor gemeinsam haben; es ist diese Bedingung gleichbedeutend damit, daß die r Per. Char. $(0), (\varepsilon), (\varepsilon^2), \cdots, (\varepsilon^{r-1})$ alle voneinander verschieden sind. Tatsächlich gilt der I. Satz bei nicht primzahligem r nur für solche Per. Char. $(\varepsilon_1), (\varepsilon_2), \cdots, (\varepsilon_q)$.

Alle Kombinationen von q unabhängigen Per. Char. $(\varepsilon_1), (\varepsilon_2), \cdots, (\varepsilon_q)$ bilden nebst der uneigentlichen Per. Char. (0) eine Gruppe E von r^q verschiedenen Per. Char. Die Zahl q heißt der Rang, die Zahl r^q die Ordnung der Gruppe E, die q Per. Char. $(\varepsilon_1), (\varepsilon_2), \cdots, (\varepsilon_q)$ oder irgend andere q unabhängige Per. Char. von E die Basis der Gruppe E.

Die sämtlichen r^{2p} Per. Char. überhaupt bilden eine Gruppe vom Range $2p$; es befinden sich also unter ihnen $2p$ unabhängige. Als Basis der Gruppe können hier zweckmäßig jene $2p$ Per. Char. gewählt werden, bei denen immer nur ein Element den Wert 1 hat, während jedesmal die $2p-1$ anderen den Wert Null besitzen. Daß diese $2p$ Per. Char. unabhängig sind, erkennt man unmittelbar, und ebenso, in welcher Weise sich eine beliebige Per. Char. (ε) aus ihnen zusammensetzen läßt.

Man bemerkt noch, daß die Gruppe E mit den Basischarakteristiken $(\varepsilon_1), (\varepsilon_2), \cdots, (\varepsilon_q)$ nicht geändert wird, wenn man als Basischarakteristiken die Per. Char. $(\varepsilon_1^{g_1}), (\varepsilon_2^{g_2}), \cdots, (\varepsilon_q^{g_q})$ wählt, wo die g irgend welche zu r relativ prime positive ganze Zahlen also, wenn r eine Primzahl ist, beliebige ganze Zahlen sind.

Nach dem I. Satze gibt es zu q unabhängigen Per. Char. $(\varepsilon_1), (\varepsilon_2), \cdots, (\varepsilon_q)$ stets r^{2p-q} Per. Char., welche zu ihnen syzygetisch sind; diese r^{2p-q} Per. Char. sind dann syzygetisch zu allen r^q Per. Char. jener Gruppe E vom Range q, welche die Per. Char. $(\varepsilon_1), (\varepsilon_2), \cdots, (\varepsilon_q)$ als Basischarakteristiken besitzt, und sie bilden selbst eine Gruppe H

von Per. Char. vom Range $2p - q$, die man zur Gruppe E *adjungiert* nennt. Es ist dann auch E zu H adjungiert.

Um die gegenseitigen Beziehungen der Per. Char. einer Gruppe E zu erforschen, untersuche man, ob es in E außer der uneigentlichen Per. Char. (0) noch andere Per. Char. (α) gibt, die zu allen Per. Char. der Gruppe E syzygetisch sind; dazu ist notwendig und hinreichend, daß sie es zu den q Basischarakteristiken sind. Sind (α_1), (α_2) zwei solche Per. Char., so ist auch $(\alpha_1^{g_1}\alpha_2^{g_2})$ eine; demnach bilden die Per. Char. (α) selbst wieder eine Gruppe A, die man die *syzygetische Untergruppe* A von E nennt; zwischen je zwei ihrer Per. Char. besteht die Beziehung $|\alpha_\mu, \alpha_\nu| = +1$. Die Per. Char. von A gehören immer auch der zu E adjungierten Gruppe H an.

Sind je zwei Per. Char. einer Gruppe E syzygetisch, wozu notwendig und hinreichend ist, daß es je zwei Per. Char. ihrer Basis sind, so heißt die Gruppe selbst *syzygetisch*. Der Rang q einer syzygetischen Gruppe kann nicht größer als p sein; denn da sie ganz in der adjungierten Gruppe H vom Range $2p - q$ enthalten ist, so muß $q \overline{\overline{<}} 2p - q$ also $q \overline{\overline{<}} p$ sein. Eine syzygetische Gruppe vom Range p heißt *eine Göpelsche Gruppe*. Eine Göpelsche Gruppe ist mit ihrer adjungierten Gruppe identisch.

§ 3.

Thetacharakteristiken.

Betrachtet man zwei Th. Char. $[\varepsilon]$ und $[\eta]$, deren Elemente ε, ε' und η, η' den $2p$ Kongruenzen:

$$(29)\qquad \varepsilon_\mu \equiv \eta_\mu, \quad \varepsilon'_\mu \equiv \eta'_\mu \pmod{r}$$

genügen, als nicht verschieden, so gibt es im ganzen nur r^{2p} verschiedene Th. Char. $[\varepsilon]$, als welche man diejenigen wählen kann, die entstehen, wenn man an Stelle des Systems des $2p$ Elemente ε, ε' alle r^{2p} Variationen mit Wiederholung zur $2p^{\text{ten}}$ Klasse der Zahlen $0, 1, \cdots, r-1$ setzt.

Unter der *Summe*:

$$(30)\qquad [\sigma] = [\varepsilon\eta\zeta\cdots]$$

mehrerer Th. Char. $[\varepsilon]$, $[\eta]$, $[\zeta]$, $\cdots$ wird in diesem Paragraphen jene Th. Char. verstanden, deren Elemente durch die Kongruenzen:

$$(31)\qquad \begin{aligned} \sigma_\mu &\equiv \varepsilon_\mu + \eta_\mu + \zeta_\mu + \cdots \pmod{r}, \\ \sigma'_\mu &\equiv \varepsilon'_\mu + \eta'_\mu + \zeta'_\mu + \cdots \pmod{r} \end{aligned} \qquad (\mu = 1, 2, \cdots, p)$$

bestimmt sind; dabei können die Th. Char. $[\varepsilon]$, $[\eta]$, $[\zeta]$, $\cdots$ auch alle oder teilweise einander gleich sein und es soll die Summe von g

gleichen Th. Char. $[\varepsilon]$ mit $[\varepsilon^g]$ bezeichnet werden. Man nennt ferner eine aus gegebenen Th. Char. $[\varepsilon_1], [\varepsilon_2], \cdots, [\varepsilon_m]$ zusammengesetzte Th. Char. $[\varepsilon_1^{g_1}\varepsilon_2^{g_2}\cdots\varepsilon_m^{g_m}]$, bei der die g positive ganze Zahlen oder Null sind, *eine Kombination* n^{ter} *Ordnung* dieser Th. Char., wenn $g_1+g_2+\cdots+g_m=n$ ist, und bezeichnet sie auch mit $[\sum^n \varepsilon]$. Jene Kombinationen $[\sum^n \varepsilon]$, bei denen die Ordnungszahl $n\equiv 1 \pmod{r}$ ist, heißen die *wesentlichen* Kombinationen der gegebenen Th. Char., und *wesentlich unabhängig* werden Th. Char. $[\varepsilon_1], [\varepsilon_2], \cdots, [\varepsilon_m]$ genannt, wenn keine aus ihnen gebildete Kombination $[\varepsilon_1^{g_1}\varepsilon_2^{g_2}\cdots\varepsilon_m^{g_m}]$, bei der $g_1+g_2+\cdots+g_m\equiv 0 \pmod{r}$ ist, der Th. Char. $[0]$ gleich ist, ohne daß jede einzelne der m Zahlen $g_1, g_2, \cdots, g_m \equiv 0 \pmod{r}$ ist.

Addiert man zu den sämtlichen Per. Char. einer Gruppe E eine beliebige Th. Char. $[\varkappa]$ und faßt die entstehenden r^q Charakteristiken als Th. Char. auf, so sagt man von ihnen, daß sie ein *System* von Th. Char. bilden, und nennt q den Rang des Systems. Läßt man an Stelle von $[\varkappa]$ der Reihe nach die $2p-q$ Per. Char. einer Gruppe Z vom Range $2p-q$ treten, deren Basischarakteristiken zusammen mit den q Basischarakteristiken von E $2p$ unabhängige Per. Char. bilden, so erhält man auf die angegebene Weise aus einer Gruppe (0), (ε), (η), $\cdots$ von r^q Per. Char. im ganzen r^{2p-q} verschiedene Systeme von Th. Char. $[\varkappa]$, $[\varkappa\varepsilon]$, $[\varkappa\eta]$, $\cdots$, welche zusammen alle r^{2p} überhaupt existierenden Th. Char. und jede nur einmal enthalten; von solchen r^{2p-q} Systemen sagt man, daß sie einen *Komplex* bilden. Eine Gruppe Z der vorher bezeichneten Art heißt zur Gruppe E *konjugiert*, und entsprechend nennt man auch die r^{2p-q} Systeme eines Komplexes einander konjugiert.

Die r^q Th. Char. eines Systems vom Range q können auch als die wesentlichen Kombinationen von $q+1$ wesentlich unabhängigen unter ihnen definiert werden; solche $q+1$ Th. Char. eines Systems sollen in diesem Sinne eine Basis desselben genannt werden.

Adjungiert werden zwei Systeme von Th. Char. genannt, wenn die beiden Gruppen von Per. Char. es sind, aus denen sie abgeleitet wurden. Endlich soll jedes aus einer Göpelschen Gruppe von Per. Char. abgeleitete System von Th. Char. ein *Göpelsches System* genannt werden.

§ 4.

Die Verallgemeinerung der Riemannschen Thetaformel.

Man gehe auf den XVI. Satz pag. 91 zurück, setze darin $n=2r$ und lasse an Stelle des Systems der $4r^2$ Zahlen $c^{(\varrho\sigma)}$ $(\varrho, \sigma = 1, 2, \cdots, 2r)$ das spezielle den Gleichungen (LVII) genügende Zahlensystem:

$$
(32)\qquad
\begin{array}{llll}
c^{(11)} = 1 - r, & c^{(12)} = 1, & \cdots, & c^{(1,2r)} = 1, \\
c^{(21)} = 1, & c^{(22)} = 1 - r, & \cdots, & c^{(2,2r)} = 1, \\
\cdot\;\cdot\;\cdot & \cdot\;\cdot\;\cdot & \cdot\;\cdot\;\cdot & \cdot\;\cdot\;\cdot \\
c^{(2r,1)} = 1, & c^{(2r,2)} = 1, & \cdots, & c^{(2r,2r)} = 1 - r
\end{array}
$$

treten. Setzt man dann ferner, indem man unter den η, η' beliebige ganze Zahlen, unter den ϱ, ϱ' ganze Zahlen versteht, welche den $2p$ Bedingungen:

$$
(33)\qquad \varrho_\mu^{(1)} + \varrho_\mu^{(2)} + \cdots + \varrho_\mu^{(2r)} = r s_\mu, \quad \varrho_\mu'^{(1)} + \varrho_\mu'^{(2)} + \cdots + \varrho_\mu'^{(2r)} = r s'_\mu \qquad (\mu = 1, 2, \cdots, p)
$$

genügen, in denen die s, s' ganze Zahlen bezeichnen:

$$
(34)\qquad g_\mu^{(\sigma)} = \frac{1}{r}\left(\eta_\mu + \varrho_\mu^{(\sigma)}\right), \quad h_\mu^{(\sigma)} = \frac{1}{r}\left(\eta'_\mu + \varrho_\mu'^{(\sigma)}\right), \quad \binom{\sigma = 1, 2, \cdots, 2r}{\mu = 1, 2, \cdots, p}
$$

so wird:

$$
(35)\qquad \bar{g}_\mu^{(\sigma)} = \eta_\mu + s_\mu - \varrho_\mu^{(\sigma)}, \quad \bar{h}_\mu^{(\sigma)} = \eta'_\mu + s'_\mu - \varrho_\mu'^{(\sigma)}, \quad \binom{\sigma = 1, 2, \cdots, 2r}{\mu = 1, 2, \cdots, p}
$$

und das auf der rechten Seite von (LVIII) stehende Thetaprodukt geht, wenn man noch zur Abkürzung

$$
(36)\qquad \alpha_\mu^{(1)} + \alpha_\mu^{(2)} + \cdots + \alpha_\mu^{(2r)} = A_\mu, \quad \beta_\mu^{(1)} + \beta_\mu^{(2)} + \cdots + \beta_\mu^{(2r)} = A'_\mu \qquad (\mu = 1, 2, \cdots, p)
$$

setzt und beachtet, daß dann:

$$
(37)\qquad \bar{\alpha}_\mu^{(\sigma)} = A_\mu - r\alpha_\mu^{(\sigma)}, \quad \bar{\beta}_\mu^{(\sigma)} = A'_\mu - r\beta_\mu^{(\sigma)} \qquad \binom{\sigma = 1, 2, \cdots, 2r}{\mu = 1, 2, \cdots, p}
$$

wird, unter Anwendung der Formel (VIII) über in:

$$
(38)\qquad \vartheta[A+\eta+s-\varrho^{(1)}]((v^{(1)}))\,\vartheta[A+\eta+s-\varrho^{(2)}]((v^{(2)}))\cdots\vartheta[A+\eta+s-\varrho^{(2r)}]((v^{(2r)}))
\times e^{-\frac{2\pi i}{r}\sum\limits_{\mu=1}^{p}(A_\mu+\eta_\mu+s_\mu)A'_\mu + \frac{2\pi i}{r}\sum\limits_{\sigma=1}^{2r}\sum\limits_{\mu=1}^{p}\varrho_\mu^{(\sigma)}\beta_\mu^{(\sigma)}}.
$$

Da nun weiter die auf der rechten Seite der Gleichung (LVIII) hinter dem Thetaprodukte stehende Exponentialgröße gleich

$$
(39)\qquad e^{-\frac{2\pi i}{r}\sum\limits_{\mu=1}^{p}\eta_\mu A'_\mu - \frac{2\pi i}{r}\sum\limits_{\sigma=1}^{2r}\sum\limits_{\mu=1}^{p}\varrho_\mu^{(\sigma)}\beta_\mu^{(\sigma)}}
$$

wird, so erhält man aus der Formel (LVIII) zunächst die Formel:

$$
(40)\qquad (r^{2r}s)^p\,\vartheta[\eta+\varrho^{(1)}]((u^{(1)}))\cdots\vartheta[\eta+\varrho^{(2r)}]((u^{(2r)}))
$$

$$
= \sum_{[\alpha],[\beta]}^{0,1,\cdots,r-1} \vartheta[A+\eta+s-\varrho^{(1)}]((v^{(1)}))\cdots\vartheta[A+\eta+s-\varrho^{(2r)}]((v^{(2r)}))
\times e^{-\frac{2\pi i}{r}\sum\limits_{\mu=1}^{p}(A_\mu+2\eta_\mu+s_\mu)A'_\mu}.
$$

In dieser Gleichung bezeichnet s die Anzahl der Normallösungen des Kongruenzensystems:

$$(41)\quad \begin{array}{l} (1-r)x^{(1)} + x^{(2)} + \cdots + x^{(2r)} \equiv 0 \pmod{r}, \\ x^{(1)} + (1-r)x^{(2)} + \cdots + x^{(2r)} \equiv 0 \pmod{r}, \\ \cdots\cdots\cdots\cdots\cdots\cdots \\ x^{(1)} + x^{(2)} + \cdots + (1-r)x^{(2r)} \equiv 0 \pmod{r}. \end{array}$$

Diese $2r$ Kongruenzen sind aber erfüllt, sobald die erste von ihnen besteht oder, was auf dasselbe hinauskommt, sobald

$$(42)\quad x^{(1)} + x^{(2)} + \cdots + x^{(2r)} \equiv 0 \pmod{r}$$

ist und diese Kongruenz besitzt r^{2r-1} Normallösungen; man erhält dieselben, wenn man in den Gleichungen:

$$(43)\quad x^{(1)} = \xi_1, \quad x^{(2)} = \xi_2, \quad \cdots, \quad x^{(2r-1)} = \xi_{2r-1}, \quad x^{(2r)} = \xi_{2r}$$

an Stelle des Systems der $2r-1$ Zahlen $\xi_1, \xi_2, \cdots, \xi_{2r-1}$ der Reihe nach die sämtlichen Variationen mit Wiederholung zur $2r-1^{\text{ten}}$ Klasse der Elemente $0, 1, \cdots, r-1$ treten läßt und jedesmal dann für ξ_{2r} jene einzige Zahl aus der Reihe $0, 1, \cdots, r-1$ setzt, welche der Kongruenz

$$(44)\quad \xi_{2r} \equiv -\xi_1 - \xi_2 - \cdots - \xi_{2r-1} \pmod{r}$$

genügt. Es ist also $s = r^{2r-1}$.

Auf der rechten Seite von (40) ist endlich die Summation in der Weise auszuführen, daß für $\mu = 1, 2, \cdots, p$ an Stelle des Systems der $2r$ Größen $\alpha_\mu^{(1)}, \alpha_\mu^{(2)}, \cdots, \alpha_\mu^{(2r)}$ und ebenso an Stelle des Systems der $2r$ Größen $\beta_\mu^{(1)}, \beta_\mu^{(2)}, \cdots, \beta_\mu^{(2r)}$, unabhängig voneinander, die r^{2r} Variationen mit Wiederholung zur $2r^{\text{ten}}$ Klasse der Elemente $0, 1, \cdots, r-1$ treten. Berücksichtigt man aber, daß hierbei die Größe A_μ bez. A'_μ r^{2r-1}-mal der Zahl 0, r^{2r-1}-mal der Zahl $1, \cdots, r^{2r-1}$-mal der Zahl $r-1$ kongruent wird nach dem Modul r, und daß das allgemeine Glied der auf der rechten Seite von (40) stehenden Summe seinen Wert nicht ändert, wenn man eine Zahl A_μ oder A'_μ durch eine ihr nach dem Modul r kongruente ersetzt, so erkennt man, daß diese Summe das r^{2r-1}-fache jener Summe ist, die aus ihrem allgemeinen Gliede hervorgeht, wenn man jede Größe A_μ bez. A'_μ einmal der Zahl 0, einmal der Zahl $1, \cdots$, einmal der Zahl $r-1$ nach dem Modal r kongruent setzt. Dies erreicht man aber u. a., wenn man

$$(45)\quad A_\mu = \varepsilon_\mu - \eta_\mu, \quad A'_\mu = \varepsilon'_\mu - \eta'_\mu \qquad (\mu = 1, 2, \cdots, p)$$

setzt und hierauf jede der $2p$ Zahlen $\varepsilon, \varepsilon'$ unabhängig von den anderen die Reihe der Zahlen $0, 1, \cdots, r-1$ durchlaufen läßt. Dividiert man noch linke und rechte Seite der Gleichung durch $r^{(2r-1)2p}$, stellt die von den Summationsbuchstaben ε, ε' freien Teile der Exponentialgröße auf die linke Seite und führt an Stelle der bisherigen Variablen u, v neue w, t ein, indem man unter den w unabhängige Veränderliche, unter den t dagegen Veränderliche versteht, welche den $2p$ Bedingungen:

$$(46)\qquad t_\mu^{(11)} + \cdots + t_\mu^{(1r)} = 0, \quad t_\mu^{(21)} + \cdots + t_\mu^{(2r)} = 0 \qquad (\mu = 1, 2, \cdots, p)$$

genügen, und:

$$(47)\qquad u_\mu^{(\nu)} = w_\mu^{(1)} + t_\mu^{(1\nu)}, \quad u_\mu^{(r+\nu)} = w_\mu^{(2)} + t_\mu^{(2\nu)} \qquad \begin{pmatrix}\nu = 1, 2, \cdots, r\\ \mu = 1, 2, \cdots, p\end{pmatrix}$$

setzt, wodurch:

$$(48)\qquad v_\mu^{(\nu)} = w_\mu^{(2)} - t_\mu^{(1\nu)}, \quad v_\mu^{(r+\nu)} = w_\mu^{(1)} - t_\mu^{(2\nu)} \qquad \begin{pmatrix}\nu = 1, 2, \cdots, r\\ \mu = 1, 2, \cdots, p\end{pmatrix}$$

wird, so erhält man schließlich das Endresultat:

II. Satz: *Bezeichnen* $w_\mu^{(1)}$, $w_\mu^{(2)}$ $(\mu = 1, 2, \cdots, p)$ $2p$ *unabhängige Veränderliche,* $t_\mu^{(1\nu)}$, $t_\mu^{(2\nu)}$ $\begin{pmatrix}\nu = 1, 2, \cdots, r\\ \mu = 1, 2, \cdots, p\end{pmatrix}$ $2rp$ *Veränderliche, welche die* $2p$ *Gleichungen:*

$$(\mathrm{XI})\qquad t_\mu^{(11)} + \cdots + t_\mu^{(1r)} = 0, \quad t_\mu^{(21)} + \cdots + t_\mu^{(2r)} = 0 \qquad (\mu = 1, 2, \cdots, p)$$

erfüllen, und setzt man, indem man unter den ϱ, ϱ' *ganze Zahlen versteht, welche den* $2p$ *Bedingungen:*

$$(\mathrm{XII})\quad \varrho_\mu^{(1)} + \varrho_\mu^{(2)} + \cdots + \varrho_\mu^{(2r)} = r s_\mu, \quad \varrho_\mu^{\prime(1)} + \varrho_\mu^{\prime(2)} + \cdots + \varrho_\mu^{\prime(2r)} = r s'_\mu \qquad (\mu = 1, 2, \cdots, p)$$

genügen, in denen die s, s' *ganze Zahlen bezeichnen:*

$$(\mathrm{XIII})\qquad \begin{aligned} x_{[\varepsilon]} = {} & \vartheta[\varepsilon + s - \varrho^{(1)}]((w^{(2)} - t^{(11)})) \cdots \vartheta[\varepsilon + s - \varrho^{(r)}]((w^{(2)} - t^{(1r)})) \\ & \vartheta[\varepsilon + s - \varrho^{(r+1)}]((w^{(1)} - t^{(21)})) \cdots \vartheta[\varepsilon + s - \varrho^{(2r)}]((w^{(1)} - t^{(2r)})) \\ & \times e^{-\frac{2\pi i}{r}\sum\limits_{\mu=1}^{p}\varepsilon_\mu \varepsilon'_\mu} \cdot e^{-\frac{2\pi i}{r}\sum\limits_{\mu=1}^{p}s_\mu \varepsilon'_\mu}, \\ y_{[\eta]} = {} & \vartheta[\eta + \varrho^{(1)}]((w^{(1)} + t^{(11)})) \cdots \vartheta[\eta + \varrho^{(r)}]((w^{(1)} + t^{(1r)})) \\ & \vartheta[\eta + \varrho^{(r+1)}]((w^{(2)} + t^{(21)})) \cdots \vartheta[\eta + \varrho^{(2r)}]((w^{(2)} + t^{(2r)})) \\ & \times e^{-\frac{2\pi i}{r}\sum\limits_{\mu=1}^{p}\eta_\mu \eta'_\mu} \cdot e^{-\frac{2\pi i}{r}\sum\limits_{\mu=1}^{p}s_\mu \eta'_\mu}, \end{aligned}$$

so sind die Größen x *und* y *miteinander verknüpft durch die Gleichungen:*

(XIV) $$r^p y_{[\eta]} = \sum_{[\varepsilon]} |\,\varepsilon, \eta\,|\, x_{[\varepsilon]},$$

bei denen zur Abkürzung:

(XV) $$|\,\varepsilon, \eta\,| = e^{\frac{2\pi i}{r}\sum\limits_{\mu=1}^{p}(\varepsilon_\mu \eta'_\mu - \varepsilon'_\mu \eta_\mu)}$$

gesetzt ist, die Summation über alle r^{2p} Th. Char. $[\varepsilon]$ auszudehnen ist und $[\eta]$ eine beliebige Th. Char., $(\varrho^{(1)}), (\varrho^{(2)}), \cdots, (\varrho^{(2r)})$ aber $2r$ Per. Char. bezeichnen, welche den Bedingungen (XII) *genügen.*

Bezüglich der hier auftretenden Charakteristiken gilt das zum XXXVIII. Satz pag. 308 Bemerkte.

Denkt man sich in der Gleichung (XIV) die Per. Char. $(\varrho^{(1)}), \cdots, (\varrho^{(2r)})$ festgehalten und läßt an Stelle von $[\eta]$ der Reihe nach die r^{2p} Th. Char. treten, so entsteht daraus ein System S von r^{2p} Gleichungen, welche alle auf ihren rechten Seiten die nämlichen r^{2p} Größen $x_{[\varepsilon]}$ haben; aus den r^{2p} Gleichungen dieses Systems S sollen im folgenden durch lineare Verbindung neue Gleichungen abgeleitet werden.

Zu dem Ende verstehe man unter $(\alpha_1), (\alpha_2), \cdots, (\alpha_m)$ irgend m unabhängige Per. Char., bilde zu ihnen als Basis die zugehörige Gruppe A von $s = r^m$ Per. Char. $(a_0), (a_1), \cdots, (a_{s-1})$ und lasse in der Gleichung (XIV) an Stelle von $[\eta]$ der Reihe nach die s Th. Char. $[\eta a_0], [\eta a_1], \cdots, [\eta a_{s-1}]$ treten, indem man unter $[\eta]$ wieder eine beliebige Th. Char. versteht. Diese s Gleichungen multipliziere man, indem man mit $[\zeta]$ ebenfalls eine beliebige Th. Char. bezeichnet, mit $|\,a_0, \zeta\,|, |\,a_1, \zeta\,|, \cdots, |\,a_{s-1}, \zeta\,|$ beziehlich und addiere sie zueinander. Man erhält dann zunächst die Gleichung:

(49) $$r^p \sum_{\sigma=0}^{s-1} |\,a_\sigma, \zeta\,|\, y_{[\eta a_\sigma]} = \sum_{[\varepsilon]} |\,\varepsilon, \eta\,|\, x_{[\varepsilon]} \left(\sum_{\sigma=0}^{s-1} |\,\varepsilon, a_\sigma\,| \cdot |\,a_\sigma, \zeta\,|\right).$$

In dieser Gleichung besitzt die am Ende stehende, in besondere Klammern eingeschlossene Summe

(50) $$\sum_{\sigma=0}^{s-1} |\,\varepsilon - \zeta, a_\sigma\,| = \prod_{\varkappa=1}^{m}\left(\sum_{\varrho_\varkappa=0}^{r-1} e^{\frac{2\pi i}{r}\sum\limits_{\mu=1}^{p}[(\varepsilon_\mu - \zeta_\mu)\alpha'_{\mu\varkappa} - (\varepsilon'_\mu - \zeta'_\mu)\alpha_{\mu\varkappa}]\varrho_\varkappa}\right)$$

nur dann einen von Null verschiedenen Wert und zwar den Wert r^m, wenn die Per. Char. $(\varepsilon - \zeta)$ zu den m Basischarakteristiken $(\alpha_1), (\alpha_2), \cdots, (\alpha_m)$ und daher zu allen s Per. Char. der Gruppe A syzygetisch ist; solcher Per. Char. gibt es aber, wie in § 2 bewiesen wurde, im ganzen $t = r^{2p-m}$ und sie bilden die zu A adjungierte Gruppe B von $t = r^{2p-m}$

Per. Char. $(b_0), (b_1), \cdots, (b_{t-1})$, deren Basischarakteristiken $(\beta_1), (\beta_2), \cdots, (\beta_{2p-m})$ $2p-m$ unabhängige Lösungen der m Gleichungen:

$$(51) \qquad |\alpha_1, x| = +1, \quad |\alpha_2, x| = +1, \quad \cdots, \quad |\alpha_m, x| = +1$$

sind. In der auf der rechten Seite von (49) stehenden Summe bleiben also nur jene t Glieder stehen, für welche $[\varepsilon]$ eine der t Th. Char. $[\zeta b_0]$, $[\zeta b_1], \cdots, [\zeta b_{t-1}]$ ist, und man erhält, wenn man noch linke und rechte Seite durch r^m dividiert, das Resultat:

III. Satz: *Sind $(a_0), (a_1), \cdots, (a_{s-1})$ die $s = r^m$ Per. Char. einer beliebigen Gruppe A vom Range m, $(b_0), (b_1), \cdots, (b_{t-1})$ die $t = r^{2p-m}$ Per. Char. der dazu adjungierten Gruppe B und bezeichnen $[\eta]$ und $[\zeta]$ irgend zwei Th. Char., so besteht zwischen den unter* (XIII) *definierten Größen x, y die Gleichung:*

$$(\text{XVI}) \qquad r^{p-m} \sum_{\sigma=0}^{s-1} |a_\sigma, \zeta|\, y_{[\eta a_\sigma]} = |\zeta, \eta| \sum_{\tau=0}^{t-1} |b_\tau, \eta|\, x_{[\zeta b_\tau]},$$

aus der insbesondere für $m = p$ die halbe Umkehrung der Formel (XIV):

$$(\text{XVII}) \qquad \sum_{\sigma=0}^{r^p-1} |a_\sigma, \zeta|\, y_{[\eta a_\sigma]} = |\zeta, \eta| \sum_{\tau=0}^{r^p-1} |b_\tau, \eta|\, x_{[\zeta b_\tau]}$$

und speziell für eine Göpelsche Gruppe A die Gleichung:

$$(\text{XVIII}) \qquad \sum_{\sigma=0}^{r^p-1} |a_\sigma, \zeta|\, y_{[\eta a_\sigma]} = |\zeta, \eta| \sum_{\sigma=0}^{r^p-1} |a_\sigma, \eta|\, x_{[\zeta a_\sigma]}$$

hervorgeht,

oder in anderer Fassung:

IV. Satz: *Sind $[\eta_0], [\eta_1], \cdots, [\eta_{s-1}]$, $s = r^m$, und $[\zeta_0], [\zeta_1], \cdots, [\zeta_{t-1}]$, $t = r^{2p-m}$, zwei adjungierte Systeme von Th. Char., so ist:*

$$(\text{XIX}) \qquad r^{p-m} \sum_{\sigma=0}^{s-1} |\eta_\sigma, \zeta_0|\, y_{[\eta\sigma]} = |\eta_0, \zeta_0| \sum_{\tau=0}^{t-1} |\zeta_\tau, \eta_0|\, x_{[\zeta\tau]}.$$

In der Gleichung (XVI) kann man sowohl für $[\eta]$ wie für $[\zeta]$ eine jede der r^{2p} Th. Char. setzen; es entstehen aber auf diese Weise im ganzen nur r^{2p} verschiedene Gleichungen, die man sämtlich und jede nur einmal enthält, wenn man mit $(a_0'), (a_1'), \cdots, (a_{t-1}')$ die $t = r^{2p-m}$ Per. Char. einer zu A konjugierten Gruppe A', und ebenso mit $(b_0'), (b_1'), \cdots, (b_{s-1}')$ die $s = r^m$ Per. Char. einer zu B konjugierten Gruppe B' bezeichnet und sodann an Stelle von $[\eta]$ der Reihe nach die t Th. Char. eines Systems $[\eta a_0'], [\eta a_1'], \cdots, [\eta a_{t-1}']$

und an Stelle von $[\zeta]$ der Reihe nach die s Th. Char. eines Systems $[\dot{\zeta} b_0']$, $[\dot{\zeta} b_1']$, $\cdots$, $[\dot{\zeta} b_{s-1}']$ setzt, wo $[\dot{\eta}]$, $[\dot{\zeta}]$ beliebige Th. Char. bezeichnen. Das System S' dieser r^{2p} Gleichungen kann man, wenn man noch der Einfachheit wegen $[\dot{\eta}]=[\dot{\zeta}]=[0]$ setzt, durch die Formel:

$$(52)\qquad r^{p-m}\sum_{\sigma=0}^{s-1} |\, a_\sigma, b_\varkappa' \,|\, y_{[a_\lambda' a_\sigma]} = |\, b_\varkappa', a_\lambda' \,| \sum_{\tau=0}^{t-1} |\, b_\tau, a_\lambda' \,|\, x_{[b_\varkappa' b_\tau]} \qquad \begin{pmatrix}\varkappa = 0, 1, \cdots, s-1\\ \lambda = 0, 1, \cdots, t-1\end{pmatrix}$$

fixieren.

Die r^{2p} Gleichungen (52) des Systems S' können in $t = r^{2p-m}$ Gruppen von je $s = r^m$ Gleichungen eingeteilt werden, indem man zu einer Gruppe alle diejenigen Gleichungen zusammenfaßt, für welche λ denselben Wert besitzt und die sich daher nur durch verschiedene Werte von $\varkappa$ unterscheiden. In einer solchen Gruppe treten dann auf der linken Seite jeder Gleichung immer dieselben r^m Größen y auf, während irgend zwei rechte Seiten dieser Gleichungen niemals eine Größe x gemeinsam haben und die rechten Seiten zusammengenommen demnach die sämtlichen r^{2p} Größen x und jede nur einmal enthalten. Aus jeder solchen Gruppe kann man dann durch passende Verbindung der ihr angehörigen Gleichungen rückwärts diejenigen r^m Gleichungen (XIV) des Systems S erhalten, deren linke Seiten, abgesehen von dem Faktor r^p, von den auf den linken Seiten der Gleichungen der Gruppe vorkommenden Größen y gebildet werden und die auch ausschließlich bei der Herstellung der Gleichungen (52) der Gruppe auf Grund der Formel (XIV) in Betracht kommen. Entsprechend kann das ganze System S' der Gleichungen (52) das ursprüngliche System S der Gleichungen (XIV), aus dem es abgeleitet wurde, in jeder Beziehung ersetzen, insofern als man durch passende Verbindung der r^{2p} Gleichungen von S' rückwärts wieder die r^{2p} Gleichungen (XIV) des Systems S erhalten kann. Das System S der Gleichungen (XIV) kann selbst als ein spezielles, dem Werte $m = 0$ entsprechendes System S' angesehen werden.

Wie aus der durchgeführten Untersuchung hervorgeht, ist das System S' der Gleichungen (52) vollständig bestimmt, sobald die Gruppe der $s = r^m$ Per. Char. (a_0), (a_1), $\cdots$, (a_{s-1}) gegeben ist, und umgekehrt. Daraus folgt, daß die Anzahl aller möglichen Systeme S' mit der Anzahl aller möglichen Gruppen von Per. Char. übereinstimmt.

Thetafunktionen, deren Charakteristiken aus gebrochenen Zahlen mit einem Nenner $r > 2$ bestehen, habe zuerst ich[1]) für den speziellen Fall

1) Krazer, Über Thetafunctionen, deren Charakteristiken aus Dritteln ganzer Zahlen gebildet sind. Hab.-Schrift. Würzburg 1883 und Math. Ann. Bd. 22. 1883, pag. 416; vergl. auch § 7 dieses Kapitels.

$r = 3$ und $p = 1$ eingeführt; ich habe für diese Funktionen die Formel (XIV) aufgestellt und auf Grund derselben die zwischen ihnen bestehenden Beziehungen ermittelt. Meine Untersuchungen haben später durch Herrn Schleicher[1]) eine Fortsetzung gefunden, indem derselbe ihnen das Additionstheorem und das Umkehrproblem der aus den genannten Funktionen gebildeten Quotienten hinzufügte.

Daß sich die nämlichen Untersuchungen für jene Thetafunktionen einer Veränderlichen, bei denen der gemeinsame Nenner r der Charakteristikenelemente 5 oder überhaupt eine ungerade Zahl ist, anstellen lassen ohne wesentlich neue Hilfsmittel zu erfordern, war einzusehen; diese Untersuchungen hat für den Fall $r = 5$ Herr Sievert[2]) durchgeführt.

Nun lag andererseits auch der Gedanke nahe, die in meiner Habilitationsschrift angestellten Untersuchungen auf Thetafunktionen mehrerer Veränderlichen auszudehnen, umsomehr als die zur Grundlage dienende Formel sich ohne weiteres für beliebiges p aufstellen ließ. Die Durchführung dahin gehender Untersuchungen erforderte zunächst eine Charakteristikentheorie; die Lösung dieser Aufgabe hat Herr v. Braunmühl[3]) unternommen. Zu diesen Untersuchungen ist das folgende zu bemerken.

Der Begriff des Charakters

$$(53) \qquad |\varepsilon| = e^{\frac{2\pi i}{r}\sum\limits_{\mu=1}^{p}\varepsilon_\mu \varepsilon'_\mu}$$

und die Einteilung der r^{2p} Th. Char. in Klassen, je nachdem

$$(54) \qquad |\varepsilon| = 1,\quad e^{\frac{2\pi i}{r}},\quad e^{\frac{4\pi i}{r}},\quad \cdots,\quad e^{\frac{2(r-1)\pi i}{r}}$$

ist, dürfte verfehlt sein, da einmal die Einführung des geraden und un-

---

1) Schleicher, Darstellung und Umkehrung von Thetaquotienten, deren Charakteristiken aus Dritteln ganzer Zahlen gebildet sind. Inaug.-Diss. Würzburg und Progr. Bayreuth 1890; dazu auch: Sievert, Beiträge zur Behandlung des Umkehrproblems von Thetafunctionen, deren Charakteristiken aus Dritteln ganzer Zahlen bestehen. Nürnberg 1893.

2) Sievert, Über Thetafunctionen, deren Charakteristiken aus Fünfteln ganzer Zahlen bestehen. Progr. Nürnberg 1891 und Bayreuth 1895.

3) v. Braunmühl, Note über p-reihige Charakteristiken, die aus Dritteln ganzer Zahlen gebildet sind, und das Additionstheorem der zugehörigen Thetafunctionen. Erlanger Sitzb. Heft 18. 1886, pag. 37; Untersuchungen über p-reihige Charakteristiken, die aus Dritteln ganzer Zahlen gebildet sind, und die Additionstheoreme der zugehörigen Thetafunctionen. München Abh. II. Cl. Bd. 16. 1888, pag. 325; Über die Göpelsche Gruppe p-reihiger Thetecharakteristiken, die aus Dritteln ganzer Zahlen gebildet sind, und die Fundamentalrelationen der zugehörigen Thetafunctionen. Math. Ann. Bd. 32. 1888, pag. 513; Über Gruppen von p-reihigen Charakteristiken, die aus n^{teln} ganzer Zahlen gebildet sind, und die Relationen zugehöriger Thetafunctionen n^{ter} Ordnung. Math. Ann. Bd. 37. 1890, pag. 61.

geraden Charakters einer Th. Char. mit halben Zahlen als Elementen doch vorzüglich deshalb wichtig ist, weil die zugehörige Thetafunktion dann eine gerade bez. ungerade Funktion ihrer Argumente ist, in letzterem Falle also insbesondere für die Nullwerte der Argumente verschwindet. Dann aber ist der Charakter $|\varepsilon|$ einer Th. Char. mit halben Zahlen als Elementen eine für die lineare Transformation invariante, also eine wesentliche Eigenschaft der Th. Char.; auch dieser Umstand fällt für die Thetafunktionen $\vartheta[\varepsilon]_r(\!(u)\!)$, bei denen $r > 2$ ist, weg. Dazu kommt noch, daß, wie Herr v. Braunmühl übersehen hat, alle dahingehörigen Abzählungen, insbesondere die Bestimmung der Anzahlen der Th. Char. von gegebenem Charakter nur für den Fall, wo r eine Primzahl ist, gelten. Schon der grundlegende VII. Satz pag. 66 [1]) ist nur für diesen Fall richtig. So wird sich die Charakteristikentheorie bis jetzt wesentlich auf den Begriff der Gruppen von Per. Char. und Systemen von Th. Char. beschränken müssen, und hier nur die syzygetischen Gruppen bez. Systeme hervorheben. Die Schaffung von F. S. von Per. Char. oder Th. Char. dürfte dagegen ebenfalls verfehlt sein, da die den F. S. bei den Charakteristiken mit halben Zahlen als Elementen zukommenden wichtigen Eigenschaften keine Ausdehnung auf den Fall $r > 2$ gestatten.

Ist die Charakteristikentheorie geschaffen, so wird weiter die Formel (XIV) als Grundlage der Untersuchungen über die Additionstheoreme und über die zwischen den r^{2p} Funktionen bestehenden Beziehungen zu dienen haben. Diese Formel wurde als Verallgemeinerung der von mir meiner Habilitationsschrift zu grunde gelegten Formel von Herrn Prym und mir [2]) aufgestellt.

§ 5.

Das Additionstheorem für die Quotienten der Funktionen $\vartheta[\varepsilon]_r(\!(u)\!)$.

Die im vorhergehenden Paragraphen gewonnenen Formeln haben für die Thetafunktionen $\vartheta[\varepsilon]_r(\!(u)\!)$ die nämliche Bedeutung wie die Riemannsche Thetaformel und ihre Folgerungen für die Funktionen $\vartheta[\varepsilon]_2(\!(u)\!)$; sie liefern durch passende Spezialisierung der in ihnen vorkommenden Variablen und Charakteristiken einmal die Additionstheoreme für die Quotienten der Funktionen $\vartheta[\varepsilon]_r(\!(u)\!)$ und sodann die zwischen den r^{2p} Funktionen bestehenden Relationen.

Um die Additionstheoreme zu erhalten, setze man im II. Satze für $\mu = 1, 2, \cdots, p$:

---

1) v. Braunmühl, Über Gruppen von p-reihigen Charakt. etc. Math. Ann. Bd. 37. 1890, pag. 66.

2) Krazer und Prym, Über die Verallgemeinerung der Riemann'schen Thetaformel. Acta math. Bd. 3. 1883, pag. 240.

$$
(55)\quad
\begin{aligned}
& w_\mu^{(1)} = u_\mu, \quad t_\mu^{(11)} = v_\mu, \quad t_\mu^{(12)} = -v_\mu, \quad t_\mu^{(13)} = 0, \quad \cdots, \quad t_\mu^{(1r)} = 0, \\
& w_\mu^{(2)} = 0, \quad t_\mu^{(21)} = t_\mu^{(22)} = \cdots = t_\mu^{(2r)} = 0, \\
& \eta_\mu = 0, \quad \eta'_\mu = 0, \\
& \varrho_\mu^{(1)} = \alpha_\mu^{(1)}, \quad \varrho_\mu^{(2)} = \alpha_\mu^{(2)}, \quad \cdots, \quad \varrho_\mu^{(2r)} = \alpha_\mu^{(2r)}, \\
& \varrho_\mu^{\prime(1)} = \alpha_\mu^{\prime(1)}, \quad \varrho_\mu^{\prime(2)} = \alpha_\mu^{\prime(2)}, \quad \cdots, \quad \varrho_\mu^{\prime(2r)} = \alpha_\mu^{\prime(2r)},
\end{aligned}
$$

indem man unter den α, α' ganze Zahlen versteht, welche den $2p$ Bedingungen:

$$
(56)\quad
\begin{aligned}
& \alpha_\mu^{(1)} + \alpha_\mu^{(2)} + \cdots + \alpha_\mu^{(2r)} = 0, \\
& \alpha_\mu^{\prime(1)} + \alpha_\mu^{\prime(2)} + \cdots + \alpha_\mu^{\prime(2r)} = 0
\end{aligned}
\qquad (\mu = 1, 2, \cdots, p)
$$

genügen. Man erhält dann:

$$
(57)\quad r^p \left\{ \begin{matrix} \vartheta[\alpha^{(1)}]_r(\!(u+v)\!)\, \vartheta[\alpha^{(2)}]_r(\!(u-v)\!)\, \vartheta[\alpha^{(3)}]_r(\!(0)\!) \cdots \vartheta[\alpha^{(r)}]_r(\!(0)\!) \\ \vartheta[\alpha^{(r+1)}]_r(\!(0)\!)\;\; \vartheta[\alpha^{(r+2)}]_r(\!(0)\!) \cdots \qquad \vartheta[\alpha^{(2r)}]_r(\!(0)\!) \end{matrix} \right\}
$$

$$
= \sum_{[\varepsilon]} |\,\varepsilon, \eta\,| \left\{ \begin{matrix} \vartheta[\varepsilon-\alpha^{(1)}]_r(\!(-v)\!)\, \vartheta[\varepsilon-\alpha^{(2)}]_r(\!(v)\!)\, \vartheta[\varepsilon-\alpha^{(3)}]_r(\!(0)\!) \cdots \vartheta[\varepsilon-\alpha^{(r)}]_r(\!(0)\!) \\ \vartheta[\varepsilon-\alpha^{(r+1)}]_r(\!(u)\!)\, \vartheta[\varepsilon-\alpha^{(r+2)}]_r(\!(u)\!) \cdots \qquad \vartheta[\varepsilon-\alpha^{(2r)}]_r(\!(u)\!) \end{matrix} \right\}
\cdot e^{-\frac{2\pi i}{r} \sum\limits_{\mu=1}^{p} \varepsilon_\mu \varepsilon'_\mu}.
$$

Indem man sodann aus dieser Formel eine zweite ableitet, bei der an Stelle der α andere Zahlen β treten, welche denselben Bedingungen genügen wie die α und für welche zudem

$$
(58)\quad \beta_\mu^{(2)} = \alpha_\mu^{(2)} \qquad (\mu = 1, 2, \cdots, p)
$$

ist, und die beiden Gleichungen durcheinander dividiert, erhält man den Quotienten $\dfrac{\vartheta[\alpha^{(1)}]_r(\!(u+v)\!)}{\vartheta[\beta^{(1)}]_r(\!(u+v)\!)}$ rational ausgedrückt durch die Quotienten $\dfrac{\vartheta[\varepsilon]_r(\!(u)\!)}{\vartheta[\beta^{(1)}]_r(\!(u)\!)}$ und $\dfrac{\vartheta[\varepsilon]_r(\!(v)\!)}{\vartheta[\beta^{(1)}]_r(\!(v)\!)}$, und es treten als Koeffizienten dabei außer Einheitswurzeln die Nullwerte dieser Quotienten auf.

Diese Additionstheoreme sind von den Herren Schleicher[1]) und Sievert[2]) für die speziellen Fälle $p = 1$, $r = 3$ und $p = 1$, $r = 5$ aufgestellt und zur Lösung des Umkehrproblems der Thetaquotienten verwendet worden.

---

1) Schleicher, Darstellung und Umkehrung von Thetaquot. etc. Inaug.-Diss. Würzburg und Progr. Bayreuth 1890.

2) Sievert, Beiträge zur Beh. des Umkehrpr. etc. Nürnberg 1893 und: Über Thetafunctionen etc. Progr. Nürnberg 1891 und Bayreuth 1895.

§ 6.

Über die zwischen den r^{2p} Funktionen $\vartheta[\varepsilon]_r((u))$ bestehenden Relationen.

Ebenso wie sich die Untersuchungen über die Relationen zwischen den 2^{2p} Funktionen $\vartheta[\varepsilon]_2((u))$ im allgemeinen auf die Relationen zwischen den Quadraten dieser Funktionen als den Thetafunktionen zweiter Ordnung mit der Charakteristik [0] beschränken, so werden sich auch die Untersuchungen über die zwischen den r^{2p} Funktionen $\vartheta[\varepsilon]_r((u))$ bestehenden Relationen auf jene Verbindungen dieser Funktionen beschränken, welche Thetafunktionen r^{ter} Ordnung mit der Charakteristik [0] sind; dies sind aber außer den r^{ten} Potenzen der Funktionen $\vartheta[\varepsilon]_r((u))$ auch alle Produkte von solchen r unter ihnen, deren Charakteristikensumme gleich [0] ist; die ersteren sollen kurz „*die Thetapotenzen*“, die letzteren „*die vollständigen Thetaprodukte*“ genannt werden. Da im allgemeinen weder die einen noch die anderen gerade oder ungerade Funktionen des Argumentensystems (u) sind, so gelten die beiden folgenden Sätze:

V. Satz: *Zwischen $r^p + 1$ Thetapotenzen und vollständigen Thetaprodukten existiert stets eine homogene lineare Relation.*

VI. Satz: *Durch r^p linearunabhängige Thetapotenzen oder vollständige Thetaprodukte läßt sich jede weitere dieser Funktionen homogen und linear ausdrücken.*

Zur Gewinnung dieser Relationen dienen gleichfalls die Formeln des vorletzten Paragraphen. Setzt man nämlich, indem man unter $u_1, \cdots, u_p$ unabhängige Veränderliche versteht:

$$(59)\qquad \begin{gathered} w_\mu^{(1)} = 0, \quad w_\mu^{(2)} = u_\mu, \\ t_\mu^{(11)} = \cdots = t_\mu^{(1r)} = t_\mu^{(21)} = \cdots = t_\mu^{(2r)} = 0, \end{gathered} \qquad (\mu = 1, 2, \cdots, p)$$

setzt ferner:

$$(60)\qquad (\varrho^{(r+1)}) = (\varkappa\sigma^{(1)}),\quad (\varrho^{(r+2)}) = (\varkappa\sigma^{(2)}),\quad \cdots,\quad (\varrho^{(2r)}) = (\varkappa\sigma^{(r)})$$

und legt, während $(\varkappa)$ eine ganz beliebige Per. Char. bezeichnet, den Per. Char. $(\varrho^{(1)}), \cdots, (\varrho^{(r)}), (\sigma^{(1)}), \cdots, (\sigma^{(r)})$ die Bedingungen:

$$(61)\qquad (\varrho^{(1)}\varrho^{(2)}\cdots\varrho^{(r)}) = (0), \qquad (\sigma^{(1)}\sigma^{(2)}\cdots\sigma^{(r)}) = (0)$$

auf, sodaß

$$(62)\qquad (s) = (\varkappa)$$

wird, so werden die Ausdrücke (XIII) zu:

$$
(63)\qquad
\begin{aligned}
y_{[\eta]} &= \begin{Bmatrix} \vartheta[\eta+\varrho^{(1)}]((0)) \cdots & \vartheta[\eta+\varrho^{(r)}]((0)) \\ \vartheta[\varkappa+\eta+\sigma^{(1)}]((u)) \cdots & \vartheta[\varkappa+\eta+\sigma^{(r)}]((u)) \end{Bmatrix} \cdot e^{-\frac{2\pi i}{r}\sum\limits_{\mu=1}^{p}(\varkappa_\mu+\eta_\mu)\eta'_\mu}, \\
x_{[\varepsilon]} &= \begin{Bmatrix} \vartheta[\varepsilon-\sigma^{(1)}]((0)) \cdots & \vartheta[\varepsilon-\sigma^{(r)}]((0)) \\ \vartheta[\varkappa+\varepsilon-\varrho^{(1)}]((u)) \cdots & \vartheta[\varkappa+\varepsilon-\varrho^{(r)}]((u)) \end{Bmatrix} \cdot e^{-\frac{2\pi i}{r}\sum\limits_{\mu=1}^{p}(\varkappa_\mu+\varepsilon_\mu)\varepsilon'_\mu}
\end{aligned}
$$

und die Formeln (XIV) und (XVI)—(XIX) gehen in lineare Relationen zwischen vollständigen Thetaprodukten bez. Thetapotenzen über, aus denen nunmehr durch bloße lineare Verbindung jene Gleichungen entstehen, vermittelst welcher alle die genannten Funktionen durch r^p passend gewählte unter ihnen linear und homogen ausgedrückt werden können.

Vergl. dazu für $p=1$ bei mir, Schleicher und Sievert a. a. O., für $p>1$ bei v. Braunmühl a. a. O. Es ist jedoch zu bemerken, daß bei spezielleren Untersuchungen in dieser Richtung, was v. Braunmühl übersehen hat, der Fall eines geraden r von dem eines ungeraden getrennt werden muß; in welcher Weise diese beiden Fälle verschieden zu behandeln sind, habe ich[1]) in einer Abhandlung gezeigt, in der die Frage nach den Bedingungen der Linearunabhängigkeit von r^p vollständigen Thetaprodukten erörtert wird.

Betrachtet man dann die gewählten r^p linearunabhängigen Funktionen als homogene Punktkoordinaten im Raume von r^p-1 Dimensionen, die Argumente $u_1, \cdots, u_p$ aber als bewegliche Parameter, so wird dadurch ein algebraisches Gebilde von p Dimensionen in diesem Raume definiert, und es handelt sich noch um die weitere Aufgabe solche r^p-p-1 Relationen zwischen den r^p linearunabhängigen vollständigen Thetaprodukten oder Thetapotenzen aufzusuchen, welche dieses Gebilde vollständig definieren.

§ 7.

Der besondere Fall $p=1$, $r=3$.

Die neun verschiedenen Thetafunktionen des Falles $p=1$, $r=3$ gehen aus

$$
(64)\qquad \vartheta[\varepsilon](u) = \sum_{m=-\infty}^{+\infty} e^{a\left(m+\frac{\varepsilon}{3}\right)^2 + 2\left(m+\frac{\varepsilon}{3}\right)\left(u+\frac{\varepsilon'}{3}\pi i\right)}
$$

---

1) Krazer, Über lineare Relationen zwischen Thetaproducten. Acta math. Bd. 17. 1893, pag. 281.

hervor, wenn man ε und ε' der Reihe nach die Werte 0, 1, -1 annehmen läßt. Ist (α) eine beliebige der 8 eigentlichen Per. Char. und (β) eine zweite davon unabhängige, so kann man die 8 eigentlichen Per. Char in der Form[1]):

$$(65)\qquad (\alpha),\ (-\alpha),\ (\beta),\ (\beta+\alpha),\ (\beta-\alpha),\ (-\beta),\ (-\beta+\alpha),\ (-\beta-\alpha)$$

darstellen. Es gibt vier Gruppen von Per. Char. vom Range 1:

$$(66)\qquad \begin{array}{lll} (0), & (\alpha), & (-\alpha); \\ (0), & (\beta), & (-\beta); \\ (0), & (\beta+\alpha), & (-\beta-\alpha); \\ (0), & (\beta-\alpha), & (-\beta+\alpha); \end{array}$$

und entsprechend vier Komplexe von je drei Systemen von Th. Char.:

$$(67)\qquad \begin{array}{llllll} [0], & [\alpha], & [-\alpha]; & [0], & [\beta], & [-\beta]; \\ [\beta], & [\beta+\alpha], & [\beta-\alpha]; & [\alpha], & [\alpha+\beta], & [\alpha-\beta]; \\ [-\beta], & [-\beta+\alpha], & [-\beta-\alpha]; & [-\alpha], & [-\alpha+\beta], & [-\alpha-\beta]; \\ [0], & [\beta+\alpha], & [-\beta-\alpha]; & [0], & [\beta-\alpha], & [-\beta+\alpha]; \\ [\alpha], & [\beta-\alpha], & [-\beta]; & [\alpha], & [\beta], & [-\beta-\alpha]; \\ [-\alpha], & [\beta], & [-\beta+\alpha]; & [-\alpha], & [\beta+\alpha], & [-\beta]. \end{array}$$

Neben den 9 Thetapotenzen $\vartheta^3[\varepsilon](u)$ existieren also 12 vollständige Thetaprodukte $\vartheta[\varkappa](u)\,\vartheta[\varkappa+\eta](u)\,\vartheta[\varkappa-\eta](u)$; diese 21 Funktionen sind Thetafunktionen dritter Ordnung mit der Charakteristik [0]; im folgenden sollen durch die drei unter ihnen:

$$(68)\qquad \begin{gathered} \vartheta[0](u)\,\vartheta[\alpha](u)\,\vartheta[-\alpha](u);\quad \vartheta[\beta](u)\,\vartheta[\beta+\alpha](u)\,\vartheta[\beta-\alpha](u); \\ \vartheta[-\beta](u)\,\vartheta[-\beta+\alpha](u)\,\vartheta[-\beta-\alpha](u) \end{gathered}$$

die 18 übrigen linear ausgedrückt werden.

Zu dem Ende setze man zur Abkürzung:

$$(69)\qquad e^{\frac{2\pi i}{3}\varepsilon\varepsilon'} = |\,\varepsilon\,|,\qquad e^{\frac{2\pi i}{3}(\varepsilon\eta'-\varepsilon'\eta)} = |\,\varepsilon,\,\eta\,|,$$

ferner:

$$(70)\qquad \begin{gathered} \vartheta[\varkappa](u)\,\vartheta[\varkappa+\lambda](u)\,\vartheta[\varkappa-\lambda](u)\cdot|\,\varkappa\,| = \vartheta\{\varkappa,\lambda\}(u), \\ \vartheta^3[\varkappa](u)\cdot|\,\varkappa\,| = \vartheta^3\{\varkappa\}(u); \end{gathered}$$

auch:

---

1) Die hier angewandte von den Festsetzungen der §§ 2 und 3 abweichende Bezeichnungsweise bedarf keiner Erläuterung.

$$\vartheta\{\varkappa,\lambda\}(0)=\vartheta\{\varkappa,\lambda\},\qquad \vartheta^3\{\varkappa\}(0)=\vartheta^3\{\varkappa\}. \tag{71}$$

Setzt man dann noch in (63):

$$\begin{aligned}(\varrho^{(1)})&=(0), & (\varrho^{(2)})&=(\alpha), & (\varrho^{(3)})&=(-\alpha),\\ (\sigma^{(1)})&=(0), & (\sigma^{(2)})&=(\beta), & (\sigma^{(3)})&=(-\beta),\end{aligned} \tag{72}$$

so wird:

$$\begin{aligned}y_{[\eta]}&=|\varkappa,\eta|\,\vartheta\{\eta,\alpha\}\,\vartheta\{\varkappa+\eta,\beta\}(u),\\ x_{[\varepsilon]}&=|\varkappa,\varepsilon|\,\vartheta\{\varepsilon,\beta\}\,\vartheta\{\varkappa+\varepsilon,\alpha\}(u)\end{aligned} \tag{73}$$

und die aus (XVIII) folgende Gleichung:

$$y_{[0]}+y_{[\beta]}+y_{[-\beta]}=x_{[0]}+x_{[\beta]}+x_{[-\beta]} \tag{74}$$

liefert nach einfachen Rechnungen die Formel:

$$\begin{aligned}&[\vartheta\{0,\alpha\}+\vartheta\{\beta,\alpha\}+\vartheta\{-\beta,\alpha\}]\,\vartheta\{\varkappa,\beta\}(u)\\ &\qquad=\vartheta\{0,\beta\}\,[\vartheta\{\varkappa,\alpha\}(u)+|\varkappa,\beta|\,\vartheta\{\varkappa+\beta,\alpha\}(u)\\ &\qquad\qquad+|\beta,\varkappa|\,\vartheta\{\varkappa-\beta,\alpha\}(u)].\end{aligned} \tag{75}$$

Vermittelst dieser Formel erhält man zunächst, indem man der Reihe nach $(\varkappa)=(0)$, (α), $(-\alpha)$ setzt, durch die drei vorgelegten Thetaprodukte:

$$\vartheta\{0,\alpha\}(u),\quad \vartheta\{\beta,\alpha\}(u),\quad \vartheta\{-\beta,\alpha\}(u) \tag{76}$$

die drei Thetaprodukte:

$$\vartheta\{0,\beta\}(u),\quad \vartheta\{\alpha,\beta\}(u),\quad \vartheta\{-\alpha,\beta\}(u) \tag{77}$$

und, indem man dann in diesen Formeln an Stelle von (β) zuerst $(\beta+\alpha)$ und sodann $(\beta-\alpha)$ treten läßt, auch die 6 übrigen vollständigen Thetaprodukte:

$$\begin{aligned}&\vartheta\{0,\beta+\alpha\}(u),\quad \vartheta\{\alpha,\beta+\alpha\}(u),\quad \vartheta\{-\alpha,\beta+\alpha\}(u),\\ &\vartheta\{0,\beta-\alpha\}(u),\quad \vartheta\{\alpha,\beta-\alpha\}(u),\quad \vartheta\{-\alpha,\beta-\alpha\}(u)\end{aligned} \tag{78}$$

linear ausgedrückt.

Setzt man dagegen in (63):

$$\begin{gathered}(\varrho^{(1)})=(\varrho^{(2)})=(\varrho^{(3)})=(0),\\ (\sigma^{(1)})=(0),\quad (\sigma^{(2)})=(\alpha),\quad (\sigma^{(3)})=(-\alpha),\\ (\varkappa)=(0),\end{gathered} \tag{79}$$

so wird:

$$\begin{aligned}y_{[\eta]}&=\vartheta^3\{\eta\}\,\vartheta\{\eta,\alpha\}(u),\\ x_{[\varepsilon]}&=\vartheta\{\varepsilon,\alpha\}\,\vartheta^3\{\varepsilon\}(u)\end{aligned} \tag{80}$$

und die aus (XVIII) folgende Gleichung:

$$\begin{aligned}&y_{[\eta]}+|\alpha,\zeta|\,y_{[\eta+\alpha]}+|\zeta,\alpha|\,y_{[\eta-\alpha]}\\ &\qquad=|\zeta,\eta|\,\{x_{[\zeta]}+|\alpha,\eta|\,x_{[\zeta+\alpha]}+|\eta,\alpha|\,x_{[\zeta-\alpha]}\}\end{aligned} \tag{81}$$

liefert die Formel:

$$\begin{aligned}(82)\quad &[\vartheta^3\{\eta\} + |\alpha, \zeta+\eta|\,\vartheta^3\{\eta+\alpha\} + |\zeta+\eta, \alpha|\,\vartheta^3\{\eta-\alpha\}]\,\vartheta\{\eta, \alpha\}(u) \\ &= |\zeta, \eta|\,\vartheta\{\zeta, \alpha\}\,[\vartheta^3\{\zeta\}(u) + |\alpha, \zeta+\eta|\,\vartheta^3\{\zeta+\alpha\}(u) \\ &\qquad + |\zeta+\eta, \alpha|\,\vartheta^3\{\zeta-\alpha\}(u)].\end{aligned}$$

Vermittelst dieser Formel kann man aber, indem man an Stelle von (η) der Reihe nach die Charakteristiken (0), (β) und $(-\beta)$ treten läßt und die drei so entstandenen Gleichungen zueinander addiert, $\vartheta^3\{\zeta\}(u)$ also, indem man an Stelle von $[\zeta]$ der Reihe nach die 9 verschiedenen Th. Char. setzt, die 9 Thetapotenzen linear durch die drei vorgelegten Thetaprodukte (76) ausdrücken.

Damit ist die Aufgabe gelöst, durch die drei Thetaprodukte (76) die neun übrigen vollständigen Thetaprodukte und die neun Thetapotenzen linear darzustellen. Bevor die zwischen den Funktionen (76) selbst bestehende Gleichung abgeleitet werden kann, ist es nötig, die Nullwerte der neun Thetafunktionen und die Relationen zwischen ihnen zu untersuchen.

Man wird dabei zunächst anmerken, daß von den neun Werten $\vartheta[\varepsilon](0)$ acht infolge der aus (IX) folgenden Beziehung

$$(83)\qquad \vartheta[-\varepsilon](0) = \vartheta[\varepsilon](0)$$

paarweise einander gleich sind, und daß infolgedessen auch

$$(84)\qquad \vartheta^3\{-\varepsilon\} = \vartheta^3\{\varepsilon\},\quad \vartheta\{-\varepsilon, \eta\} = \vartheta\{\varepsilon, \eta\}$$

ist. Betrachtet man nun zunächst die vier Quotienten:

$$(85)\qquad \begin{aligned} c_1 &= \frac{\vartheta\{\beta, \alpha\}}{\vartheta\{0, \alpha\}}, & c_2 &= \frac{\vartheta\{\alpha, \beta\}}{\vartheta\{0, \beta\}}, \\ c_3 &= \frac{\vartheta\{\alpha, \beta+\alpha\}}{\vartheta\{0, \beta+\alpha\}}, & c_4 &= \frac{\vartheta\{\alpha, \beta-\alpha\}}{\vartheta\{0, \beta-\alpha\}}, \end{aligned}$$

so liefert die Formel (75), wenn man in ihr $(\varkappa) = (\alpha)$ und $u = 0$ setzt, zwischen c_1 und c_2 die Gleichung:

$$(86)\qquad (1 + 2c_1)\,c_2 = 1 - c_1$$

oder:

$$(87)\qquad c_2 = \frac{1 - c_1}{1 + 2c_1},$$

und da c_1, wenn man (β) durch $(\beta + \alpha)$ bez. $(\beta - \alpha)$ ersetzt, in $|\alpha, \beta|\,c_1$ bez. $|\beta, \alpha|\,c_1$, c_2 aber in c_3 bez. c_4 übergeht, so ist weiter, wenn man zur Abkürzung

$$(88)\qquad |\alpha, \beta| = e^{\frac{2\pi i}{3}(\alpha\beta' - \alpha'\beta)} = \tau$$

setzt:

(89) $$c_3 = \frac{1-\tau c_1}{1+2\tau c_1}, \quad c_4 = \frac{1-\tau^2 c_1}{1+2\tau^2 c_1},$$

also:

(90) $$c_2 c_3 c_4 = \frac{1-c_1^3}{1+8c_1^3}.$$

Die aus den Nullwerten der Thetapotenzen gebildeten Quotienten lassen sich auf Grund der Gleichungen:

(91) $$\frac{\vartheta^3\{\alpha\}}{\vartheta^3\{0\}} = c_2 c_3 c_4, \quad \frac{\vartheta^3\{\beta\}}{\vartheta^3\{0\}} = c_1 c_3 c_4,$$
$$\frac{\vartheta^3\{\beta+\alpha\}}{\vartheta^3\{0\}} = c_1 c_2 c_4, \quad \frac{\vartheta^3\{\beta-\alpha\}}{\vartheta^3\{0\}} = c_1 c_2 c_3$$

mit Hilfe von (89) und (90) gleichfalls durch die eine Größe c_1 ausdrücken.

Alle im folgenden auftretenden Relationen zwischen Thetanullwerten werden durch Einführung des einen Parameters c_1 identisch erfüllt.

Man betrachte jetzt die drei Thetaprodukte (76) als homogene Punktkoordinaten in der Ebene, setze also:

(92) $$x_1 = \vartheta\{0, \alpha\}(u), \quad x_2 = \vartheta\{\beta, \alpha\}(u), \quad x_3 = \vartheta\{-\beta, \alpha\}(u).$$

Indem man u als beweglichen Parameter betrachtet, wird durch diese Gleichungen eine ebene Kurve definiert, und es handelt sich darum ihre Gleichung aufzustellen. Drückt man aber mit Hilfe der Formel (82) in der oben angegebenen Weise die drei Thetapotenzen $\vartheta^3\{0\}(u)$, $\vartheta^3\{\alpha\}(u)$ und $\vartheta^3\{-\alpha\}(u)$ durch x_1, x_2, x_3 aus und multipliziert die drei so entstandenen Gleichungen miteinander, so erhält man nach einfachen Rechnungen zwischen x_1, x_2, x_3 die Gleichung:

(93) $$x_1^3 + x_2^3 + x_3^3 + 6a\, x_1 x_2 x_3 = 0,$$

wobei:

(94) $$a = -\frac{1}{2} \cdot \frac{\vartheta^3\{0\} + 2\vartheta^3\{\alpha\}}{\vartheta^3\{\beta\} + \tau\vartheta^3\{\beta+\alpha\} + \tau^2\vartheta^3\{\beta-\alpha\}} = -\frac{1+2c_1^3}{6c_1^2}$$

ist.

Damit ist bewiesen, daß die vorher genannte ebene Kurve eine allgemeine Kurve dritter Ordnung ohne Doppelpunkt ist[1]). Eine solche Kurve besitzt 9 Wendepunkte, die zu je dreien auf 12 Geraden, den Wendepunktlinien, liegen; diese 12 Wendepunktlinien kann man in 4 Gruppen zu je 3 so anordnen, daß die 3 Linien einer Gruppe zusammen alle 9 Wendepunkte enthalten; von solchen 3 Wendepunktlinien sagt man, daß sie ein Wendepunktdreieck bilden, und auf ein solches Wendepunktdreieck als Koordinatendreieck bezogen hat

1) Clebsch, Vorlesungen über Geometrie; bearb. von Lindemann. Bd. 1. Lpz. 1876, pag. 497.

die Kurve eine Gleichung von der Form (93). Dabei berechnet sich die Konstante a aus den Invarianten S und T der allgemeinen Form dritten Grades vermittelst der Gleichung 12. Grades:

$$\frac{S^3}{T^2} = \frac{384\, a^3 (a^3 - 1)^3}{(8a^6 + 20a^3 - 1)^2}; \tag{95}$$

die 9 Wendepunkte aber haben die Koordinaten:

$$x_1 : x_2 : x_3 =$$

$$\begin{array}{lccc} & 0 : \ 1 : -1, & 0 : \ 1 : -\tau, & 0 : \ 1 : -\tau^2, \\ (96) & -\tau^2 : \ 0 : \ 1, & -1 : \ 0 : \ 1, & -\tau : \ 0 : \ 1, \\ & 1 : -\tau : \ 0, & 1 : -\tau^2 : \ 0, & 1 : -1 : \ 0, \end{array}$$

wo τ in Übereinstimmung mit Früherem eine primitive dritte Einheitswurzel bezeichnet.

Würde man in (92) an Stelle der Charakteristik (β) die Charakteristik $(\beta + \alpha)$ bez. $(\beta - \alpha)$ setzen, so würden x_2, x_3 in τx_2, τx_3 bez. $\tau^2 x_2$, $\tau^2 x_3$ übergehen, also auch a in τa bez. $\tau^2 a$. Es entspricht diesem Umstande die Eigenschaft der Gleichung (95) in sich überzugehen, wenn man a durch τa oder $\tau^2 a$ ersetzt.

Dem Übergange von einem Wendepunktdreieck als Koordinatendreieck zu einem anderen entspricht der Übergang von x_1, x_2, x_3 zu drei anderen vollständigen Thetaprodukten:

$$x_1' = \vartheta\{0, \beta\}(u), \quad x_2' = \vartheta\{\alpha, \beta\}(u), \quad x_3' = \vartheta\{-\alpha, \beta\}(u), \tag{97}$$

deren Charakteristiken einen Komplex von 3 Systemen von Th. Char. bilden, vermittelst der aus (75) durch Vertauschung von (α) und (β) folgenden Gleichungen:

$$\begin{aligned} x_1 &= k(x_1' + x_2' + x_3'), \\ x_2 &= k(x_1' + \tau\, x_2' + \tau^2 x_3'), \\ x_3 &= k(x_1' + \tau^2 x_2' + \tau\, x_3'), \end{aligned} \tag{98}$$

wo:

$$k = \frac{\vartheta\{0, \alpha\}}{\vartheta\{0, \beta\} + 2\vartheta\{\alpha, \beta\}} \tag{99}$$

ist. Die Gleichung dritten Grades (93) geht dabei über in:

$$x_1'^3 + x_2'^3 + x_3'^3 + 6a' x_1' x_2' x_3' = 0, \tag{100}$$

wobei

$$a' = \frac{1 - a}{1 + 2a} \tag{101}$$

ist, und es entspricht wiederum diesem Übergange die Eigenschaft der Gleichung (95) ungeändert zu bleiben, wenn man a durch $\frac{1-a}{1+2a}$ ersetzt.

Wählt man den beiden noch übrigen Wendepunktdreiecken entsprechend

$$(102)\qquad \begin{gathered} x_1' = \vartheta\{0,\, \beta+\alpha\}(u), \quad x_2' = \vartheta\{\alpha,\, \beta+\alpha\}(u), \\ x_3' = \vartheta\{-\alpha,\, \beta+\alpha\}(u) \end{gathered}$$

oder

$$(103)\qquad \begin{gathered} x_1' = \vartheta\{0,\, \beta-\alpha\}(u), \quad x_2' = \vartheta\{\alpha,\, \beta-\alpha\}(u), \\ x_3' = \vartheta\{-\alpha,\, \beta-\alpha\}(u), \end{gathered}$$

so tritt an Stelle von a' die Größe $\frac{1-\tau a}{1+2\tau a}$ bez. $\frac{1-\tau^2 a}{1+2\tau^2 a}$.

Die beiden Substitutionen S $a' = \tau a$ mit der Periode 3 und T $a' = \frac{1-a}{1+2a}$ mit der Periode 2 geben Anlaß zu der Gruppe von 12 Substitutionen:

$$(104)\qquad \begin{array}{lll} 1, & S, & S^2, \\ T, & ST, & S^2T, \\ TS, & STS, & S^2TS, \\ TS^2, & STS^2, & S^2TS^2, \end{array}$$

welche alle die Gleichung (95) in sich überführen.

Als Substitutionen der 8 eigentlichen Per. Char. (65) betrachtet ersetzt S die Per. Char. (α), (β) durch (α), $(\beta+\alpha)$, T dagegen durch (β), (α); als Koordinatentransformationen betrachtet liefern endlich die drei in einer Horizontalreihe von (104) stehenden Substitutionen das nämliche Wendepunktdreieck als Koordinatendreieck, während den vier verschiedenen Horizontalreihen die vier verschiedenen Wendepunktdreiecke entsprechen.

Die Gruppe der 12 Substitutionen (104) ist holoedrisch isomorph mit der Gruppe der Drehungen eines regulären Tetraeders in sich, und es werden daher die Substitutionen (104) von Herrn Klein[1]) die Tetraedersubstitutionen, die durch die Gleichung (95) definierte Größe a die Tetraederirrationalität genannt.

Noch wird man aus dem Vorigen schließen, daß die 12 Wendepunktlinien im ursprünglichen Koordinatensystem die Gleichungen:

---

1) Vergl. Klein, Über die Transformation der elliptischen Functionen und die Auflösung der Gleichungen fünften Grades. Math. Ann. Bd. 14. 1879, pag. 111; Vorlesungen über das Ikosaeder und die Auflösung der Gleichungen vom fünften Grade. Lpz. 1884 und: Vorlesungen über die Theorie der elliptischen Modulfunctionen, ausgearb. von Fricke. Bd. 1. Lpz. 1890.

$$(105) \quad \begin{array}{rr} x_1 = 0, & x_1 + x_2 + x_3 = 0, \\ x_2 = 0, & x_1 + \tau x_2 + \tau^2 x_3 = 0, \\ x_3 = 0, & x_1 + \tau^2 x_2 + \tau x_3 = 0, \\ x_1 + \tau x_2 + \tau x_3 = 0, & x_1 + \tau^2 x_2 + \tau^2 x_3 = 0, \\ x_1 + \tau^2 x_2 + x_3 = 0, & x_1 + x_2 + \tau x_3 = 0, \\ x_1 + x_2 + \tau^2 x_3 = 0, & x_1 + \tau x_2 + x_3 = 0 \end{array}$$

haben; dieselben sind hier so angeordnet, daß je 3 untereinander stehende Wendepunktlinien immer ein Wendepunktdreieck bilden.

Legt man als Fundamentalfunktionen, durch welche alle anderen Thetapotenzen und vollständigen Thetaprodukte linear ausgedrückt werden sollen, die drei Thetapotenzen:

$$(106) \quad y_1 = \vartheta^3\{0\}(u), \quad y_2 = \vartheta^3\{\alpha\}(u), \quad y_3 = \vartheta^3\{-\alpha\}(u)$$

zu grunde, so geschieht der Übergang von den früheren Fundamentalfunktionen (76) zu den jetzigen durch die aus (82) für $(\xi) = (0)$, $(\eta) = (0)$, (β), $(-\beta)$ folgenden Gleichungen:

$$(107) \quad \begin{aligned} x_1 &= k_1 (y_1 + y_2 + y_3), \\ x_2 &= k_2 (y_1 + \tau y_2 + \tau^2 y_3), \\ x_2 &= k_2 (y_1 + \tau^2 y_2 + \tau y_3), \end{aligned}$$

wo:

$$(108) \quad k_1 = \frac{\vartheta\{0, \alpha\}}{\vartheta^3\{0\} + 2\vartheta^3\{\alpha\}}, \quad k_2 = \frac{\vartheta\{0, \alpha\}}{\vartheta^3\{0\} - \vartheta^3\{\alpha\}} = -2ak_1$$

ist. Dadurch geht aber die Gleichung (93) in die Gleichung:

$$(109) \quad (y_1 + y_2 + y_3)^3 + 6b\, y_1 y_2 y_3 = 0$$

über, bei der:

$$(110) \quad b = -\frac{36a^3}{1 + 8a^3} = -\frac{\tau}{6}\left(\frac{\vartheta^3\{0\} + 2\vartheta^3\{\alpha\}}{\vartheta\{0, \alpha\}}\right)^3 = -\frac{\tau}{6k_1^3}$$

ist, und welche, wie unmittelbar ersichtlich, aus der ersten Gleichung (107) folgt, wenn man deren linke und rechte Seite zur dritten Potenz erhebt.

Da für $y_1 = 0$ nunmehr $y_3 = -y_2$ dreifache Wurzel der Gleichung ist, so ist die Linie $y_1 = 0$ Wendetangente im Wendepunkte $y_1 : y_2 : y_3 = 0 : 1 : -1$; ebenso ist $y_2 = 0$ Wendetangente in $y_1 : y_2 : y_3 = -1 : 0 : 1$, $y_3 = 0$ in $y_1 : y_2 : y_3 = 1 : -1 : 0$. Das Koordinatendreieck besteht also jetzt aus drei Wendetangenten und zwar jenen drei, welche die Kurve in den auf der Wendepunktlinie

$$(111)\qquad y_1 + y_2 + y_3 = 0$$

oder

$$(112)\qquad x_1 = 0$$

liegenden Wendepunkten herrühren.

Solcher Koordinatensysteme gibt es zu den 12 Wendepunktlinien (105) gehörig 12 verschiedene. Da der Übergang von einer Wendepunktlinie zu einer in derselben Vertikalreihe stehenden durch Änderung von u um Periodendrittel bewirkt wird, so bleibt bei diesem Übergange die Konstante b in der Gleichung (109) ungeändert. Beim Übergange von einer Vertikalreihe von (105) zu einer anderen dagegen ändert sich b, und zwar geht beim Übergange von der ersten Vertikalreihe zur zweiten:

$$(113)\qquad a \text{ in } \frac{1-a}{1+2a}, \quad \text{also} \quad b \text{ in } -\frac{4(1-a)^3}{1-2a+4a^2},$$

zur dritten:

$$(114)\qquad a \text{ in } \frac{1-\tau a}{1+2\tau a}, \quad \text{also} \quad b \text{ in } -\frac{4(1-\tau a)^3}{1-2\tau a+4\tau^2 a^2},$$

zur vierten:

$$(115)\qquad a \text{ in } \frac{1-\tau^2 a}{1+2\tau^2 a}, \quad \text{also} \quad b \text{ in } -\frac{4(1-\tau^2 a)^3}{1-2\tau^2 a+4\tau a^2}$$

über.

Die vorstehenden Resultate wird man schließlich wie folgt zusammenfassen:

VII. Satz: *Setzt man die drei homogenen Punktkoordinaten der Ebene:*

$$(\mathrm{XX})\qquad x_1 = \vartheta\{0, \alpha\}(u), \quad x_2 = \vartheta\{\beta, \alpha\}(u), \quad x_3 = \vartheta\{-\beta, \alpha\}(u)$$

und betrachtet u als beweglichen Parameter, so wird durch diese Gleichungen eine allgemeine Kurve dritter Ordnung ohne Doppelpunkt definiert; sie ist bezogen auf ein Wendepunktdreieck als Koordinatendreieck und hat die Gleichung:

$$(\mathrm{XXI})\qquad x_1^3 + x_2^3 + x_3^3 + 6a\,x_1 x_2 x_3 = 0,$$

wo:

$$(\mathrm{XXII})\qquad a = -\frac{1}{2}\cdot\frac{\vartheta^3\{0\} + 2\vartheta^3\{\alpha\}}{\vartheta^3\{\beta\} + \tau\vartheta^3\{\beta+\alpha\} + \tau^2\vartheta^3\{\beta-\alpha\}}$$

ist. Die 12 Gleichungen:

$$(\mathrm{XXIIII})\qquad \vartheta\{\varkappa, \eta\}(u) = 0$$

stellen die 12 Wendepunktlinien, die 9 Gleichungen:

$$(\mathrm{XXIV})\qquad \vartheta^3\{\varepsilon\}(u) = 0$$

die 9 Wendetangenten dar; von den 12 Wendepunktlinien enthalten 3 alle 9 Wendepunkte, bilden also ein Wendepunktdreieck, wenn die drei bei ihren Gleichungen auftretenden Systeme von Th. Char. einem und demselben Komplexe angehören; von den 9 Wendetangenten haben 3 ihre Berührungspunkte auf der nämlichen Wendepunktlinie, wenn ihre 3 Charakteristiken ein System von Th. Char. bilden. Wählt man 3 solche Wendetangenten als Koordinatendreieck, setzt also:

$$\text{(XXV)} \quad y_1 = \vartheta^3\{\varkappa\}(u), \quad y_2 = \vartheta^3\{\varkappa+\alpha\}(u), \quad y_3 = \vartheta^3\{\varkappa-\alpha\}(u),$$

so lautet die Gleichung der Kurve:

$$\text{(XXVI)} \qquad (y_1 + y_2 + y_3)^3 + 6b\, y_1 y_2 y_3 = 0,$$

wo:

$$\text{(XXVII)} \qquad b = -\frac{\tau}{6}\left(\frac{\vartheta^3\{0\} + 2\vartheta^3\{\alpha\}}{\vartheta\{0, \alpha\}}\right)^3 = -\frac{36a^3}{1+8a^3}$$

ist[1]).

§ 8.

Die elliptischen Normalkurven.

Mit $\Theta^{(1)}(u)$, $\Theta^{(2)}(u)$, $\cdots$, $\Theta^{(r)}(u)$ seien r linearunabhängige Thetafunktionen r^{ter} Ordnung mit der Charakteristik $[0]$, etwa vollständige Produkte von r Funktionen $\vartheta[\varepsilon]_r(\!(u)\!)$ oder r^{te} Potenzen solcher Funktionen bezeichnet. Versteht man dann unter $x_1, x_2, \cdots, x_r$ homogene Punktkoordinaten eines $r-1$-dimensionalen Raumes und setzt:

$$\text{(116)} \qquad x_i = \Theta^{(i)}(u), \qquad {\scriptstyle (i=1,2,\cdots,r)}$$

so wird durch diese Gleichungen, sobald man u als beweglichen Parameter betrachtet, eine Kurve in diesem Raume definiert, welche eine elliptische Normalkurve genannt wird. Indem u ein einzelnes Periodenparallelogramm überstreicht, durchläuft der Punkt (116) die Kurve vollständig.

Man wird dazu bemerken, daß keine allgemeineren Kurven erhalten werden, wenn man unter $\Theta^{(1)}(u)$, $\cdots$, $\Theta^{(r)}(u)$ Thetafunktionen r^{ter} Ord-

---

1) Zu diesem Paragraphen vergl.: Bianchi, Über die Normalformen dritter und fünfter Stufe des elliptischen Integrals erster Gattung. Math. Ann. Bd. 17. 1880, pag. 234. Krazer, Über Thetafunctionen, deren Charakteristiken etc. Hab.-Schrift. Würzburg 1883 und Math. Ann. Bd. 22. 1883, pag. 416. Klein, Vorlesungen über die Theorie der elliptischen Modulfunctionen ausgearb. von Fricke. Bd. 2. Lpz. 1892, pag. 290.

nung mit einer beliebigen Charakteristik $\begin{bmatrix} g \\ h \end{bmatrix}$ versteht, da es nur der Einführung eines neuen Parameters:

$$(117) \qquad u' = u + \frac{ga + h\pi i}{r}$$

bedarf, um wieder zu Thetafunktionen mit der Charakteristik [0] überzugehen (vergl. Formel (120) pag. 41).

Jede homogene ganze rationale Funktion m^{ten} Grades der x_i ist eine Thetafunktion mr^{ter} Ordnung mit der Charakteristik [0] und verschwindet als solche im Periodenparallelogramm an mr Stellen $u_1, u_2, \cdots, u_{mr}$, für welche wie pag. 41 bewiesen:

$$(118) \qquad u_1 + u_2 + \cdots + u_{mr} \equiv \frac{mr}{2}(a + \pi i)$$

ist. Für $m = 1$ heißt dies, daß jede lineare Verbindung der x_i auf der Kurve r-mal Null wird, die Kurve also von der r^{ten} Ordnung ist. Wir heißen sie daher von jetzt an die elliptische Normalkurve r^{ter} Ordnung.

Sind:

$$(119) \qquad y_i = \overline{\Theta}^{(i)}(u) \qquad (i = 1, 2, \cdots, r)$$

r andere linearunabhängige Thetafunktionen r^{ter} Ordnung mit der Charakteristik [0], so definieren diese Gleichungen, wenn man $y_1, y_2, \cdots, y_r$ wieder als homogene Punktkoordinaten des $r-1$-dimensionalen Raumes, u als beweglichen Parameter ansieht, gleichfalls eine elliptische Normalkurve r^{ter} Ordnung. Da nun die y_i nach dem VI. Satz pag. 389 durch die x_i homogen und linear darstellbar sind, so ist die Kurve (119) zur Kurve (116) kollinear verwandt; für die projektive Auffassung gibt es daher nur eine einzige Normalkurve r^{ter} Ordnung.

Die $2r^2$ Substitutionen:

$$(120) \qquad u' = \pm u + \frac{\lambda a + \lambda' \pi i}{r},$$

wo λ, λ' zwei Zahlen aus der Reihe $0, 1, \cdots, r-1$ bezeichnen, sind Transformationen der elliptischen Normalkurve r^{ter} Ordnung in sich; da aber gemäß den Formeln (VII) pag. 371 und (IX) pag. 372 die Größen:

$$(121) \qquad x_i' = \Theta^{(i)}(u') = \Theta^{(i)}\left(\pm u + \frac{\lambda a + \lambda' \pi i}{r}\right), \qquad (i = 1, 2, \cdots, r)$$

nachdem man sie von einem allen gemeinsamen Faktor befreit hat, als Funktionen von u betrachtet, wieder Thetafunktionen r^{ter} Ordnung mit der Charakteristik [0] und als solche homogen und linear durch die ursprünglichen x_i darstellbar sind, so sind die $2r^2$ Transformationen (120) der elliptischen Normalkurve r^{ter} Ordnung in sich Kollineationen, und man hat damit bewiesen, daß die elliptische Normalkurve r^{ter} Ordnung $2r^2$ Kollineationen in sich besitzt, welche durch die Gleichungen (120) dargestellt werden.

Man projiziere jetzt die elliptische Normalkurve r^{ter} Ordnung aus einem ihrer Punkte in einen durch diesen Punkt hindurchgehenden linearen Raum R_{r-2} von $r-2$ Dimensionen. Der Einfachheit halber setze man voraus, daß der Punkt $x_1 = 0,\ x_2 = 0,\ \cdots,\ x_{r-1} = 0$ auf der Kurve liege, und wähle diesen Punkt als Projektionszentrum, als Projektionsbasis aber den durch die Gleichung $x_r = 0$ definierten R_{r-2}. Die in Rede stehende Projektion wird dann analytisch durch die Weglassung der r^{ten} Variable x_r und Deutung der $r-1$ übrigen als homogene Punktkoordinaten in R_{r-2} ausgeführt. Entspricht nun dem Projektionszentrum der Wert $u = u_0 + \frac{a+\pi i}{2}$, so gehen $x_1, x_2, \cdots, x_{r-1}$, wenn man sie alle durch $\vartheta(u-u_0)$ dividiert, in Thetafunktionen $r-1^{\text{ter}}$ Ordnung mit der nämlichen Charakteristik über, die also in R_{r-2} eine elliptische Normalkurve $r-1^{\text{ter}}$ Ordnung definieren. Durch Projektion der elliptischen Normalkurve r^{ter} Ordnung von einem ihrer Punkte aus erhält man also eine elliptische Normalkurve $r-1^{\text{ter}}$ Ordnung. So fortfahrend erhält man schließlich als $r-4^{\text{te}}$ Projektion eine elliptische Normalkurve 4ter Ordnung im Raume von 3 Dimensionen und endlich als $r-3^{\text{te}}$ Projektion eine ebene elliptische Normalkurve 3ter Ordnung. Diese ist aber wie im vorigen Paragraphen gezeigt eine allgemeine ebene Kurve 3ter Ordnung ohne Doppelpunkt, und da diese keine vielfachen Punkte und mehrfach zu zählenden Kurvenzweige besitzt, so ergibt sich das Resultat, daß auch die elliptische Normalkurve r^{ter} Ordnung weder vielfache Punkte noch mehrfach zu zählende Kurvenzüge enthält.

Aus den r Größen x_i kann man $\frac{1}{2}r(r+1)$ Kombinationen mit Wiederholung zur zweiten Klasse bilden; jede solche ist eine Thetafunktion $2r^{\text{ter}}$ Ordnung mit der Charakteristik $[0]$, und da es deren nur $2r$ linearunabhängige gibt, so müssen — wenn wir für das folgende $r > 3$ voraussetzen, da der Fall $r = 3$ im vorigen Paragraphen vollständig erledigt ist — zwischen den r Größen x_i $\frac{1}{2}r(r+1) - 2r = \frac{1}{2}r(r-3)$ linearunabhängige homogene Relationen zweiten Grades existieren. Jede dieser Relationen stellt eine Fläche zweiten Grades im Raume R_{r-1} dar und auf jeder dieser Flächen zweiten Grades liegt die elliptische Normalkurve. Man kann nun wiederum durch die Methode des Projizierens den Beweis erbringen, daß diese $\frac{1}{2}r(r-3)$ Flächen zweiten Grades die elliptische Normalkurve rein zum Ausschnitt bringen d. h. außer ihr kein Gebilde gemeinsam haben, sobald man berücksichtigt, daß dies im niedrigsten Falle $r = 4$ zutrifft, in welchem die elliptische Normalkurve von der vierten Ordnung und als Durchschnitt zweier Flächen zweiter Ordnung von der 1. Spezies ist[1]).

Die $\frac{1}{2}r(r-3)$ Flächen zweiter Ordnung geben nämlich Anlaß zu einem $\frac{1}{2}r(r-3)-1$-fach unendlichen linearen System von Flächen zweiter Ordnung, in welchem sich ein $\frac{1}{2}(r^2-5r+2)$-fach unendliches lineares System von Kegeln mit einem gegebenen Punkte der Normalkurve als gemeinsamer Spitze befindet. Wählt man diesen als Projektionszentrum, so liefern die eben genannten Kegel als Projektion in einen R_{r-2} ein System von $\frac{1}{2}(r-1)(r-4)$ linearunabhängigen Flächen zweiter Ordnung, und die von diesen ausgeschnittene Kurve ist die vollständige Projektion der Durchschnittskurve jener $\frac{1}{2}r(r-3)$ Flächen zweiter Ordnung im R_{r-1}, von denen wir ausgegangen sind. Würde also diese nicht nur aus der elliptischen Normalkurve r^{ter} Ordnung bestehen, sondern noch einem davon verschiedenen Kurvenzug, so müßte auch in der Projektion sich außer einer elliptischen Normalkurve $r-1^{\text{ter}}$ Ordnung noch ein anderer Kurvenzug vorfinden; da dies aber für $r=4$ nicht der Fall ist, so auch allgemein nicht[2]).

Gemäß der für beliebiges r geltenden leicht zu verifizierenden Formel:

$$(122)\qquad \vartheta\begin{bmatrix} g\\ h\end{bmatrix}(u)_a\,\vartheta\begin{bmatrix} g\\ h+\frac{1}{r}\end{bmatrix}(u)_a\cdots\vartheta\begin{bmatrix} g\\ h+\frac{r-1}{r}\end{bmatrix}(u)_a = c\,\vartheta\begin{bmatrix} g\\ rh+\frac{r-1}{2}\end{bmatrix}(ru)_{r a}$$

in der c von der Variable u und den Charakteristikenelementen g, h unabhängig ist, sind die r Thetaprodukte

$$(123)\qquad x_\alpha = \vartheta\begin{bmatrix}\alpha\\ 0\end{bmatrix}_r(u)\,\vartheta\begin{bmatrix}\alpha\\ 1\end{bmatrix}_r(u)\cdots\vartheta\begin{bmatrix}\alpha\\ r-1\end{bmatrix}_r(u),\qquad (\alpha=0,1,\cdots,r-1)$$

wenn r ungerade ist, r linearunabhängige Thetafunktionen r^{ter} Ordnung mit der Charakteristik [0], aus denen also jedes andere vollständige

1) Clebsch, Über diejenigen Curven, deren Coordinaten sich als elliptische Functionen eines Parameters darstellen lassen. J. für Math. Bd. 64. 1865, pag. 210. Killing, Der Flächenbüschel zweiter Ordnung. Inaug.-Diss. Berlin 1872. Harnack, Über die Darstellung der Raumcurve vierter Ordnung erster Species und ihres Secantensystems durch doppeltperiodische Functionen. Math. Ann. Bd. 12. 1877, pag. 47. Lange, Die sechzehn Wendeberührungspunkte der Raumcurve vierter Ordnung erster Species. Inaug.-Diss. Leipzig 1882.

2) Zum vorstehenden Paragraphen vergl.: Klein, Über unendlich viele Normalformen des elliptischen Integrals erster Gattung. Math. Ann. Bd. 17. 1880, pag. 133 und München Sitzb. Bd. 10. 1880, pag. 533; Zur Theorie der elliptischen Functionen n^{ter} Stufe. Leipz. Ber. Bd. 36. 1884, pag. 61; Über die elliptischen Normalcurven der N^{ten} Ordnung und zugehörige Modulfunctionen der N^{ten} Stufe. Leipz. Abh. Bd. 13. 1885, pag. 337; Vorlesungen über die Th. d. ell. Modulf. etc. Bd. 2. Lpz. 1892, pag. 236.

Thetaprodukt und jede Thetapotenz linear zusammengesetzt werden kann. Die im Falle $r > 3$ zwischen den Größen x_α bestehenden $\frac{1}{2}r(r-3)$ quadratischen Relationen, welche, wie im Vorigen gezeigt wurde, die Beziehungen zwischen den x vollständig bestimmen, ergeben sich aus der Weierstraßschen Thetaformel (XLVIII) pag. 323. Setzt man nämlich darin:

$$(124)\qquad \begin{aligned} t &= \frac{z}{2} + \frac{\alpha_1}{r}a - \frac{a+\pi i}{4}, & u &= \frac{z}{2} + \frac{\alpha_2}{r}a - \frac{a+\pi i}{4}, \\ v &= \frac{z}{2} + \frac{\alpha_3}{r}a - \frac{a+\pi i}{4}, & w &= \frac{z}{2} + \frac{\alpha_4}{r}a - \frac{a+\pi i}{4}, \end{aligned}$$

und schreibt sodann ru statt z, auch ra statt a, so erhält man:

$$(125)\qquad \begin{aligned} & c_1\,\vartheta\begin{bmatrix}\alpha_1+\alpha_2\\0\end{bmatrix}_r(ru)_{ra}\,\vartheta\begin{bmatrix}\alpha_3+\alpha_4\\0\end{bmatrix}_r(ru)_{ra} \\ + {} & c_2\,\vartheta\begin{bmatrix}\alpha_1+\alpha_3\\0\end{bmatrix}_r(ru)_{ra}\,\vartheta\begin{bmatrix}\alpha_2+\alpha_4\\0\end{bmatrix}_r(ru)_{ra} \\ + {} & c_3\,\vartheta\begin{bmatrix}\alpha_1+\alpha_4\\0\end{bmatrix}_r(ru)_{ra}\,\vartheta\begin{bmatrix}\alpha_2+\alpha_3\\0\end{bmatrix}_r(ru)_{ra} = 0, \end{aligned}$$

wo die c von u unabhängig sind, und hieraus auf Grund von (122):

$$(126)\qquad c_1\,x_{\alpha_1+\alpha_2}\,x_{\alpha_3+\alpha_4} + c_2\,x_{\alpha_1+\alpha_3}\,x_{\alpha_2+\alpha_4} + c_3\,x_{\alpha_1+\alpha_4}\,x_{\alpha_2+\alpha_3} = 0.$$

Um zu beweisen, daß in dieser Formel tatsächlich $\frac{1}{2}r(r-3)$ linearunabhängige Relationen enthalten sind, beachte man zunächst, daß für jedes der drei Glieder von (126) die Indexsumme der beiden Größen x die gleiche ist, ferner, daß es zu jeder gegebenen Indexsumme $s = 0, 1, \cdots, r-1$ gerade $\frac{r+1}{2}$ verschiedene Produkte von je zwei Größen x gibt, und endlich, daß vermittelst der Formel (126) durch zwei unter diesen die $\frac{r-3}{2}$ übrigen ausgedrückt werden können. Auf diese Weise erhält man für jeden Wert von s $\frac{r-3}{2}$, für die r verschiedenen Werte von s also zusammen $\frac{1}{2}r(r-3)$ Relationen, welche zudem ihrer Natur nach linearunabhängig sind.

Im Falle $r = 5$ sind die Formeln (126) zuerst von Herrn Bianchi [1]) und später in ähnlicher Weise von Halphen [2]) abgeleitet worden; auf anderem Wege gelangt dazu Herr Sievert [3]). Für beliebiges ungerades r hat sie Herr Klein [4]) angegeben; daß man sie auf $r-2$ unabhängige muß

1) Bianchi, Über die Normalformen etc. Math. Ann. Bd. 17. 1880, pag. 234.

2) Halphen, Mémoire sur la réduction des équations différentielles linéaires aux formes intégrables. Mém. prés. p. div. sav. à l'acad. des sc. de France. Sc. math. et phys. (2) Bd. 28. 1884, pag. 1.

3) Sievert, Über Thetafunctionen etc.. Progr. Bayreuth 1895.

4) Klein, Über gewisse Teilwerte der Θ-Function. Math. Ann. Bd. 17. 1880, pag. 565.

reduzieren können ist klar, die Reduktion selbst ist aber bis jetzt nur im Falle $r = 5$ von Herrn Bianchi und Halphen a. a. O. ausgeführt worden.

Bezüglich der Übertragung der vorstehenden Resultate auf den Fall eines geraden r vergl. außer den oben genannten speziellen Untersuchungen des Falles $r = 4$ die Arbeit des Herrn Hurwitz [1]).

Herr Witting [2]) hat die Formulierungen des Herrn Klein auf den Fall $p = 2$ übertragen, dabei aber das hier vorliegende Problem der Zusammensetzung von r^p linearunabhängigen Thetafunktionen r^{ter} Ordnung mit der Charakteristik $[0]$ aus den r^{2p} Funktionen $\vartheta[\varepsilon]_r((u))$ und der Untersuchung der zwischen diesen Grundfunktionen bestehenden $r^p - p - 1$ algebraischen Relationen nicht berührt.

§ 9.

Übergang von den Funktionen $\vartheta[\varepsilon]_r((u))$ zu den Funktionen $\vartheta[\varepsilon]_2((u))$.

Man verstehe unter

$$(127)\qquad c_1^{(0)},\ c_2^{(0)},\ \cdots,\ c_p^{(0)};\quad c_1^{(1)},\ c_2^{(1)},\ \cdots,\ c_p^{(1)};\quad \cdots;\quad c_1^{(r)},\ c_2^{(r)},\ \cdots,\ c_p^{(r)}$$

$r + 1$ Systeme von je p Konstanten, die zunächst gar keiner Bedingung unterworfen seien. Definiert man dann Größen s durch die Gleichungen:

$$(128)\qquad \tfrac{1}{2} s_\mu^{(\varrho)} = c_\mu^{(0)} + c_\mu^{(1)} + \cdots + c_\mu^{(\varrho)} \qquad \begin{pmatrix}\varrho = 0, 1, \cdots, r\\ \mu = 1, 2, \cdots, p\end{pmatrix}$$

und setzt in der Formel (310) pag. 318, nachdem man in ihr m durch r ersetzt hat:

$$(129)\qquad 2w_\mu^{(\varrho)} = u_\mu + s_\mu^{(\varrho)},\quad 2t_\mu^{(\varrho)} = -u_\mu + s_\mu^{(\varrho-1)},\quad \begin{pmatrix}\varrho = 1, 2, \cdots, r\\ \mu = 1, 2, \cdots, p\end{pmatrix}$$

so geht dieselbe in die Formel:

---

1) Hurwitz, Über endliche Gruppen linearer Substitutionen, welche in der Theorie der elliptischen Transcendenten auftreten. Math. Ann. Bd. 27. 1886, pag. 183; dazu Klein, Vorlesungen über die Th. d. ell. Modulf. Bd. 2. Lpz. 1892, pag. 257.

2) Witting, Über eine der Hesse'schen Configuration der ebenen Curve dritter Ordnung analoge Configuration im Raume, auf welche die Transformationstheorie der hyperelliptischen Functionen ($p = 2$) führt. Inaug.-Diss. Göttingen 1887 und: Über Jacobi'sche Functionen k^{ter} Ordnung zweier Variabler. Math. Ann. Bd. 29. 1887, pag. 157; dazu: Burkhardt, Untersuchungen aus dem Gebiete der hyperelliptischen Modulfunctionen. Zweiter Theil. Math. Ann. Bd. 38. 1891, pag. 161.

$$
\begin{aligned}
&2^{(r+1)p}\,\vartheta((s^{(1)}-c^{(1)}))\,\vartheta((s^{(2)}-c^{(2)}))\cdots\vartheta((s^{(r)}-c^{(r)}))\\
&\qquad\vartheta((u+c^{(1)}))\;\vartheta((u+c^{(2)}))\;\cdots\vartheta((u+c^{(r)}))\\
&=\sum_{[\varepsilon^{(1)}],\cdots,[\varepsilon^{(r)}]}\vartheta[\varepsilon^{(1)}+\varepsilon^{(2)}]_2((s^{(1)}))\cdots\\
(130)\quad&\qquad\vartheta[\varepsilon^{(r-1)}+\varepsilon^{(r)}]_2((s^{(r-1)}))\,\vartheta[\varepsilon^{(r)}+\varepsilon^{(1)}]_2\left(\left(\frac{s^{(r)}+s^{(0)}}{2}\right)\right)\\
&\qquad\vartheta[\varepsilon^{(1)}-\varepsilon^{(2)}]_2((u))\cdots\\
&\qquad\vartheta[\varepsilon^{(r-1)}-\varepsilon^{(r)}]_2((u))\,\vartheta[\varepsilon^{(r)}-\varepsilon^{(1)}]_2\left(\left(u+\frac{s^{(r)}-s^{(0)}}{2}\right)\right)
\end{aligned}
$$

über.

Setzt man daher jetzt voraus, daß die p Konstanten $c^{(0)}$ des ersten Systems von (127) nach wie vor vollständig willkürlich seien, die rp übrigen Konstanten c dagegen den p Bedingungen:

$$(131)\qquad c_\mu^{(1)}+c_\mu^{(2)}+\cdots+c_\mu^{(r)}=0 \qquad (\mu=1,2,\cdots,p)$$

genügen, sodaß

$$(132)\qquad s_\mu^{(r)}=s_\mu^{(0)} \qquad (\mu=1,2,\cdots,p)$$

wird, so erhält man mittelst der Formel (130) jedes Thetaprodukt von der Form:

$$(133)\qquad \vartheta((u+c^{(1)}))\,\vartheta((u+c^{(2)}))\cdots\vartheta((u+c^{(r)})),$$

bei dem die c die Bedingungen (131) erfüllen, durch die 2^{2p} Funktionen $\vartheta[\varepsilon]_2((u))$ ausgedrückt. Führt man dann in der gewonnenen Formel für die Größensysteme (127) korrespondierende r^{tel} der Periodizitätsmodulen mit den Per. Char. $(\varkappa^{(0)})_r$, $(\varkappa^{(1)})_r$, $\cdots$, $(\varkappa^{(r)})_r$ ein, welche der Relation (131) entsprechend der Bedingung

$$(134)\qquad (\varkappa^{(1)}\,\varkappa^{(2)}\cdots\varkappa^{(r)})=(0)$$

zu genügen haben, und wendet auf die linke und rechte Seite von (130) die Formel (II) pag. 371 an, so erhält man das vollständige Thetaprodukt

$$(135)\qquad \vartheta[\varkappa^{(1)}]_r((u))\,\vartheta[\varkappa^{(2)}]_r((u))\cdots\vartheta[\varkappa^{(r)}]_r((u))$$

und endlich, indem man hierin

$$(136)\qquad (\varkappa^{(1)})=(\varkappa^{(2)})=\cdots=(\varkappa^{(r-1)})=(\varkappa)$$

setzt, die Thetapotenz

$$(137)\qquad \vartheta^r[\varkappa]_r((u))$$

als homogene ganze rationale Funktion r^{ten} Grades der 2^{2p} Funktionen $\vartheta[\varepsilon]_2((u))$ dargestellt; dabei setzen sich die Koeffizienten rational zusammen aus $2r^{\text{ten}}$ Einheitswurzeln und Thetanullwerten, und zwar im Falle eines geraden r den Nullwerten der r^{2p} Funktionen $\vartheta[\varepsilon]_r(\!(u)\!)$, im Falle eines ungeraden r den Nullwerten der $(2r)^{2p}$ Funktionen $\vartheta[\varepsilon]_{2r}(\!(u)\!)$.

Beachtet man dann noch, daß man aus r^p linearunabhängigen Funktionen von der Art (133), (135) oder (137) jede beliebige Thetafunktion r^{ter} Ordnung mit der Charakteristik $[0]$ zusammensetzen kann, so erhält man endlich das Resultat, daß mit Hilfe der Formel (130) jede Thetafunktion r^{ter} Ordnung mit der Charakteristik $[0]$ als homogene ganze rationale Funktion r^{ten} Grades der 2^{2p} Funktionen $\vartheta[\varepsilon]_2(\!(u)\!)$ dargestellt werden kann.

Eine Verallgemeinerung der Formel (130), welche den Übergang von den r^{2p} Funktionen $\vartheta[\varepsilon]_r(\!(u)\!)$ zu den s^{2p} zu irgend einem anderen Nenner s der Charakteristikenelemente gehörigen Funktionen $\vartheta[\varepsilon]_s(\!(u)\!)$, und entsprechend die Darstellung jeder Thetafunktion r^{ter} Ordnung mit der Charakteristik $[0]$ als homogene Funktion r^{ten} Grades der s^{2p} Funktionen $\vartheta[\varepsilon]_s(\!(u)\!)$ vermittelt, siehe bei Herrn Prym und mir[1]).

Das vorher ausgesprochene Resultat ist einer für das folgende wichtigen Verallgemeinerung fähig. Auf der rechten Seite der Formel (130) treten nämlich nicht nur dann ausschließlich die 2^{2p} Funktionen $\vartheta[\varepsilon]_2(\!(u)\!)$ auf, wenn die Bedingungen (131), (132) erfüllt sind, sondern immer, wenn nur das Größensystem $\left(\frac{s^{(r)}-s^{(0)}}{2}\right) = (c^{(1)} + c^{(2)} + \cdots + c^{(r)})$ ein System korrespondierender Halber der Periodizitätsmodulen ist. Mittelst der Formel (130) läßt sich daher auch jedes solche Thetaprodukt von der Form (133) ausschließlich durch die 2^{2p} Funktionen $\vartheta[\varepsilon]_2(\!(u)\!)$ ausdrücken, für welches

$$(138) \qquad c_\mu^{(1)} + c_\mu^{(2)} + \cdots + c_\mu^{(r)} = \tfrac{1}{2} \sum_{\mu'=1}^{p} \eta_{\mu'} a_{\mu\mu'} + \tfrac{1}{2} \eta'_\mu \pi i \qquad (\mu = 1, 2, \cdots, p)$$

ist, wo die η, η' irgend welche ganze Zahlen bezeichnen. Führt man dann wiederum an Stelle der Größensysteme c korrespondierende r^{tel} der Periodizitätsmodulen mit den Per. Char. $(\varkappa^{(0)})_r$, $(\varkappa^{(1)})_r$, $\cdots$, $(\varkappa^{(r)})_r$ ein, welche den Gleichungen (138) entsprechend nunmehr der Bedingung:

$$(139) \qquad (\varkappa^{(1)}\varkappa^{(2)}\cdots\varkappa^{(r)})_r = (\eta)_2$$

zu genügen haben, so erhält man ein Thetaprodukt (135), bei dem die Per. Char. $(\varkappa)_r$ der Bedingung (139) genügen, durch die Funktionen $\vartheta[\varepsilon]_2(\!(u)\!)$ ausgedrückt und schließt weiter wie oben, daß überhaupt jede Thetafunktion r^{ter} Ordnung mit einer Charakteristik $[\eta]_2$, deren Elemente halbe Zahlen sind, sich mit Hilfe der vorstehenden Formeln als homogene ganze rationale Funktion r^{ten} Grades der 2^{2p} Funktionen $\vartheta[\varepsilon]_2(\!(u)\!)$ darstellen läßt.

---

1) Krazer und Prym, Neue Grundlagen etc. Lpz. 1892, pag. 55.

§ 10.

Die Transformation der Funktionen $\vartheta[\varepsilon]_2((u))$.

Die Bedeutung der Formeln des vorigen Paragraphen liegt in ihren Beziehungen zum Transformationsproblem der Funktionen $\vartheta[\varepsilon]_2((u))_a$, dem Probleme nämlich eine Funktion $\vartheta[\varepsilon]_2((u))_a$ nicht schlechthin durch Thetafunktionen mit den transformierten Argumenten u' und den transformierten Modulen a', sondern speziell durch die 2^{2p} Funktionen $\vartheta[\varepsilon]_2((u'))_{a'}$ auszudrücken. Nur für die ganzzahlige lineare Transformation geben die früheren Formeln die Lösung dieses Problems (vergl. Formel (XXIX) pag. 181). Im folgenden soll die ganzzahlige Transformation höherer Ordnung der Funktionen $\vartheta[\varepsilon]_2((u))_a$ behandelt werden.

Als Ausgangspunkt hat der XI. Satz pag. 166 zu dienen, wonach die Funktion:

$$\Pi((u')) = \vartheta[\varepsilon]_2((u))_a \, e^U \tag{140}$$

eine Thetafunktion n^{ter} Ordnung mit den Argumenten u_ν', den Modulen $a'_{\nu\nu'}$ und der Charakteristik $[\hat{\varepsilon}]_2$ ist, deren Elemente durch die Gleichungen:

$$\begin{aligned} \hat{\varepsilon}_\nu &= \sum_{\mu=1}^{p} \left(c_{\nu\mu}\,\varepsilon_\mu - c_{\nu,p+\mu}\,\varepsilon'_\mu + c_{\nu\mu}\,c_{\nu,p+\mu}\right), \\ \hat{\varepsilon}_\nu' &= \sum_{\mu=1}^{p} \left(-c_{p+\nu,\mu}\,\varepsilon_\mu + c_{p+\nu,p+\mu}\,\varepsilon'_\mu + c_{p+\nu,\mu}\,c_{p+\nu,p+\mu}\right) \end{aligned} \qquad (\nu=1,2,\cdots,p) \tag{141}$$

bestimmt sind. Nun ist aber gerade im vorigen Paragraphen bewiesen worden, daß jede solche Thetafunktion höherer Ordnung mit einer Charakteristik, deren Elemente halbe Zahlen sind, ausschließlich durch die 2^{2p} Funktionen $\vartheta[\varepsilon]_2((u'))_{a'}$ ausgedrückt werden kann, und es ist daher durch die dort angegebenen Formeln das Transformationsproblem der Funktionen $\vartheta[\varepsilon]_2((u))_a$ im angegebenen Sinne gelöst. Bei der Aufstellung der Transformationsformel wird man an jene Formeln anknüpfen, welche im fünften Kapitel (pag. 167 u. f.) angegeben wurden und welche $\Pi((u'))$ linear darstellen durch n^{te} Potenzen oder n-gliedrige Produkte von Thetafunktionen mit den Argumenten u', den Modulen a' und Charakteristiken, die im vorliegenden Falle, wo die g, h halbe Zahlen sind, aus $2n^{\text{teln}}$ ganzer Zahlen als Elementen bestehen, und es erübrigt nur noch eben diese Potenzen oder Produkte von Thetafunktionen mit Hilfe der Formel (130) durch die 2^{2p} Funktionen $\vartheta[\varepsilon]_2((u'))_{a'}$ auszudrücken. Dabei treten, wie oben erwähnt, in den konstantan Koeffizienten die Nullwerte von Thetafunktionen auf, deren Charakteristiken n^{tel} bez. $2n^{\text{tel}}$ ganzer Zahlen sind. Die Lösung des Transformationsproblems würde als eine vollständige erst dann zu bezeichnen sein, wenn es gelänge, diese Größen und ebenso die bei der Darstellung der Funktionen $\vartheta((nu'))_{na'}$ durch die Funktionen $\vartheta((u'))_{a'}$ auftretenden Konstanten K (pag. 168) ausschließlich durch die Nullwerte der $2^{p-1}(2^p+1)$ geraden Funktionen $\vartheta[\varepsilon]_2((u'))_{a'}$ auszudrücken; dies ist aber bis jetzt nur im Falle der quadratischen Transformation erreicht worden[1]).

Will man nicht auf die Formeln des fünften Kapitels zurückgehen, so kann man zur Aufstellung der Transformationsformeln der Funktionen $\vartheta[\varepsilon]_2((u))_a$ auf direkterem Wege verfahren wie folgt.

Da die Funktion $\Pi((u'))$, je nachdem die Charakteristik $[\varepsilon]$ gerade oder ungerade ist, eine gerade oder ungerade Funktion des Argumentensystems (u') ist, so läßt sie sich nach dem in § 15 des vorigen Kapitels Bemerkten aus $\mathfrak{g}$ bez. $\mathfrak{u}$, wo $\mathfrak{g}$ und $\mathfrak{u}$ die im LXVI. Satz angegebenen Werte besitzen, linearunabhängigen geraden bez. ungeraden Thetafunktionen n^{ter} Ordnung mit der Charakteristik $[\hat{\varepsilon}]_2$ zusammensetzen mit Hilfe von Koeffizienten, welche von den Variablen u' unabhängig sind. Die Lösung des Transformationsproblems der Funktionen $\vartheta[\varepsilon]_2((u))_a$ kann man also auch in der Weise erreichen, daß man einmal (vgl. pag. 362) aus den 2^{2p} Funktionen $\vartheta[\varepsilon]_2((u'))_{a'}$ $\mathfrak{g}$ bez. $\mathfrak{u}$ linearunabhängige gerade bez. ungerade Thetafunktionen n^{ter} Ordnung mit gegebener Charakteristik $[\hat{\varepsilon}]_2$, $\Theta_n^{(1)}[\hat{\varepsilon}]_2((u'))$, $\Theta_n^{(2)}[\hat{\varepsilon}]_2((u'))$, $\cdots$ zusammensetzt und sodann in dem linearen Ausdrucke:

$$c_1\,\Theta_n^{(1)}[\hat{\varepsilon}]_2((u')) + c_2\,\Theta_n^{(2)}[\hat{\varepsilon}]_2((u')) + \cdots \tag{142}$$

die von den Variablen u' unabhängigen Koeffizienten $c_1, c_2, \cdots$ so bestimmt, daß derselbe der vorgelegten Funktion $\Pi((u'))$ gleich wird.

Bezüglich der Bestimmung dieser Konstanten c kann man zwei verschiedene Methoden anwenden. Bei der ersten Darstellung werden die c ausgedrückt durch die Teilwerte der Funktionen $\vartheta[\varepsilon]_2((u'))_{a'}$, d. h. durch jene Werte, welche diese Funktionen für rationale Vielfache der Periodizitätsmodulen annehmen; bei der zweiten Darstellung werden die c ausgedrückt durch die Nullwerte der ursprünglichen Thetafunktionen $\vartheta[\varepsilon]_2((u))_a$ und der transformierten $\vartheta[\varepsilon]_2((u'))_{a'}$. In

1) Für $p=1$: Königsberger, Die Transformation etc. Lpz. 1868, § 19; für $p=2$: Königsberger, Über die Transf. des zweiten Grades etc. J. f. Math. Bd. 67. 1867, pag. 58; auch: Pringsheim, Zur Transformation zweiten Grades der hyperelliptischen Functionen erster Ordnung. Math. Ann. Bd. 9. 1876, pag. 445; Rohn, Betrachtungen über die Kummer'sche Fläche und ihren Zusammenhang mit den hyperelliptischen Functionen $p=2$. Inaug.-Diss. München 1878 und: Transformation der hyperelliptischen Functionen $p=2$ und ihre Bedeutung für die Kummer'sche Fläche. Math. Ann. Bd. 15. 1879, pag. 315 und Hab.-Schrift Leipzig 1879; für $p=3$: Weber, Über die Transformationstheorie etc. Ann. di Mat. (2) Bd. 9. 1879, § 7; für beliebiges p: Krazer, Die quadratische Transformation der Thetafunctionen. Math. Ann. Bd. 46. 1895, pag. 442 und Baker, Abel's theorem and the allied theory including the theory of the Theta-functions. Cambridge 1897, § 364. 365 und 370.

beiden Fällen ist das Transformationsproblem nur unvollständig gelöst; im ersten Falle erübrigt es noch die Teilwerte der Funktionen $\vartheta[\varepsilon]_2(\!(u')\!)_{a'}$ durch die Nullwerte dieser Funktionen auszudrücken (spezielles Teilungsproblem); im zweiten Falle die Nullwerte der Funktionen $\vartheta[\varepsilon]_2(\!(u)\!)_a$ durch die Nullwerte der Funktionen $\vartheta[\varepsilon]_2(\!(u')\!)_{a'}$ auszudrücken (spezielles Transformationsproblem) [1]).

---

1) Vergl. dazu: Brioschi, Sur la théorie de la transformation des fonctions abéliennes. Extrait d'une lettre adressée à M. Hermite. C. R. Bd. 47. 1858, pag. 310; Sulla trasformazione delle funzioni iperellittiche del primo ordine. Roma Acc. Linc. Rend. (4) Bd. 1. 1885, pag. 315; Le equazioni modulari nella trasformazione del terzo ordine delle funzioni iperellittiche a due variabili. Roma Acc. Linc. Rend. (4) Bd. 1. 1885, pag. 769. Königsberger, Die Transformation etc. Lpz. 1868; Ueber die Transformation dritten Grades und die zugehörigen Modulargleichungen der Abel'schen Functionen erster Ordnung. J. für Math. Bd. 67. 1867, pag. 97; Die Modulargleichungen der hyperelliptischen Functionen erster Ordnung für die Transformation dritten Grades. Math. Ann. Bd. 1. 1869, pag. 161. Krause, Über die Transformation fünften Grades der hyperelliptischen Functionen erster Ordnung. Math. Ann. Bd. 16. 1880, pag. 83; Die Modulargleichungen der hyperelliptischen Functionen erster Ordnung für die Transformation dritten Grades. Math. Ann. Bd. 19. 1882, pag. 103; Über die Modulargleichungen der hyperelliptischen Functionen erster Ordnung. Math. Ann. Bd. 19. 1882, pag. 423 und 489; Die Modulargleichungen der hyperelliptischen Functionen erster Ordnung für die Transformation fünften Grades. Math. Ann. Bd. 20. 1882, pag. 226; Sur la transformation des fonctions elliptiques. Acta math. Bd. 3. 1883, pag. 93; Sur la transformation des fonctions hyperelliptiques de premier ordre. Acta math. Bd. 3. 1883, pag. 153; Zur Transformation der Thetafunctionen einer Veränderlichen. Math. Ann. Bd. 25. 1885, pag. 319; Zur Transformation der Thetafunctionen zweier Veränderlichen. Math. Ann. Bd. 25. 1885, pag. 323; Die Transformation der hyperelliptischen Functionen erster Ordnung. Lpz. 1886, § 36—41; Theorie der doppeltperiodischen Functionen einer veränderlichen Größe. Bd. 1. Lpz. 1895, § 59—63, § 75. Müller, Zur Transformation der Thetafunctionen. Arch. für Math. (2) Bd. 1. 1884, pag. 161. Rohde, Zur Transformation der Thetafunctionen. Arch. für Math. (2) Bd. 3. 1886, pag. 138. Weber, Über die Transformationstheorie etc. Ann. di Mat. (2) Bd. 9. 1879, pag. 126; Elliptische Functionen und algebraische Zahlen. Braunschweig 1891. — Die späteren Arbeiten des Herrn Krause (Über Thetafunctionen, deren Charakteristiken gebrochene Zahlen sind. Math. Ann. Bd. 26. 1886, pag. 569; Zur Transformation der elliptischen Functionen. Leipz. Ber. Bd. 38. 1886, pag. 39; Über Fourier-sche Entwicklungen im Gebiete der Thetafunctionen zweier Veränderlichen. Math. Ann. Bd. 27. 1886, pag. 419; Die Transformation etc. Lpz. 1886, § 46 u. f.; Zur Transformation der Thetafunctionen. Leipz. Ber. Bd. 45. 1893, pag. 99, 349, 523, 805 und Bd. 48. 1896, pag. 291; Theorie der doppeltperiodischen Functionen etc. Bd. 1. Lpz. 1895, 4. Abschnitt und Bd. 2. 1897, 1. Abschnitt; Über die Transformationstheorie der elliptischen Functionen. Jahresber. d. D. Math.-Ver. Bd. 4. 1897, pag. 121; dazu auch: Möller, Zur Transformation der Thetafunctionen. Inaug.-Diss. Rostock 1887 und Voß, Theorie der Thetafunctionen einer Veränderlichen, deren Charakteristiken sich aus gebrochenen Zahlen zusammensetzen lassen. Inaug.-Diss. Rostock 1886 und Arch. für Math. (2) Bd. 4. 1886, pag. 385) bewegen sich in der im Anfange dieses Paragraphen geschilderten Richtung.

Dritter Teil.

Die speziellen Thetafunktionen.

Neuntes Kapitel.

Die Abelschen Thetafunktionen.

§ 1.

Vorbemerkungen aus der Theorie der Abelschen Funktionen.

Mit der unabhängigen komplexen Veränderlichen z sei eine zweite Variable s durch eine irreduzible algebraische Gleichung

$$(1) \qquad F(\overset{n}{s} \mid \overset{m}{z}) = 0$$

vom Geschlecht p verknüpft. In der dadurch definierten Klasse gibt es dann p linearunabhängige Integrale I. Gattung

$$(2) \qquad \int \frac{\overset{n-2}{\varphi}(s \mid \overset{m-2}{z})}{F_s'(s \mid z)}\, dz;$$

jede der hier auftretenden Funktionen $\varphi(s \mid z)$ wird 0^1 in den $d = (m-1)(n-1) - p$ Doppelpunkten von (1) und außerdem noch in $m(n-2) + n(m-2) - 2d = 2p - 2$ weiteren Punkten. Die zur Klasse gehörige n-blättrige Riemannsche Fläche T mit $2(p + n - 1)$ Verzweigungspunkten sei durch p Querschnittpaare $a_1, b_1; a_2, b_2; \cdots; a_p, b_p$ und p von einem Punkte ω ausgehenden Hilfslinien $c_1, c_2, \cdots, c_p$ in die einfach zusammenhängende Fläche T' verwandelt. Es seien $u_1, u_2, \cdots, u_p$ die p Normalintegrale I. Gattung, welche dadurch charakterisiert sind, daß

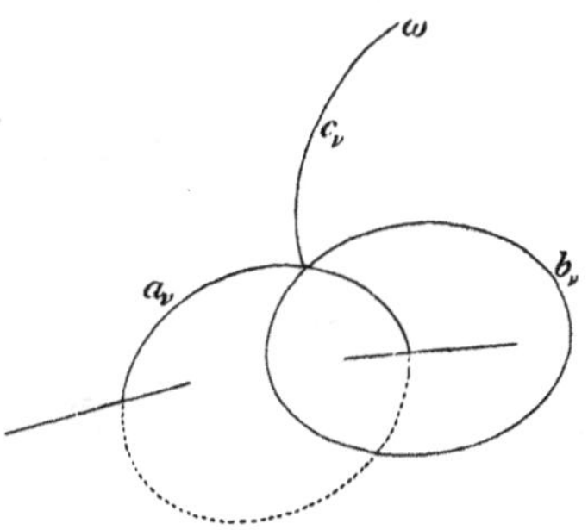

Fig. 2.

$$(3) \qquad \begin{aligned} &\text{längs } a_\nu\colon\ u_\mu^+ = u_\mu^- + \delta_{\mu\nu}\pi i, \quad \delta_{\mu\nu} = \begin{cases} 1, & \text{wenn } \mu = \nu, \\ 0, & \text{wenn } \mu \gtrless \nu, \end{cases} \\ &\text{längs } b_\nu\colon\ u_\mu^+ = u_\mu^- + a_{\mu\nu}, \qquad (\mu, \nu = 1, 2, \cdots, p) \\ &\text{längs } c_\nu\colon\ u_\mu^+ = u_\mu^- \end{aligned}$$

ist; ihre Integranden mögen $u_1', u_2', \cdots, u_p'$ heißen, sodaß

$$u_\nu' = \frac{du_\nu}{dz} \tag{4} \qquad (\nu = 1, 2, \cdots, p)$$

ist. Mit $t(\varepsilon)$ sei weiter das im Punkte ε mit dem Gewichte 1 ∞^1 werdende Normalintegral II. Gattung bezeichnet, für das

$$\begin{aligned} &\text{längs } a_\nu: \quad \overset{+}{t}(\varepsilon) = \overset{-}{t}(\varepsilon), \\ &\text{längs } b_\nu: \quad \overset{+}{t}(\varepsilon) = \overset{-}{t}(\varepsilon) - 2u_\nu'(\varepsilon), \\ &\text{längs } c_\nu: \quad \overset{+}{t}(\varepsilon) = \overset{-}{t}(\varepsilon) \end{aligned} \tag{5} \qquad (\nu = 1, 2, \cdots, p)$$

ist, und endlich sei $w(\varepsilon_1 \mid \varepsilon_2)$ das in ε_1 mit dem Gewichte $+1$, in ε_2 mit dem Gewichte -1 logarithmisch unendlich werdende Normalintegral III. Gattung, bei dem

$$\begin{aligned} &\text{längs } a_\nu: \quad \overset{+}{w}(\varepsilon_1 \mid \varepsilon_2) = \overset{-}{w}(\varepsilon_1 \mid \varepsilon_2), \\ &\text{längs } b_\nu: \quad \overset{+}{w}(\varepsilon_1 \mid \varepsilon_2) = \overset{-}{w}(\varepsilon_1 \mid \varepsilon_2) + 2[u_\nu(\varepsilon_1) - u_\nu(\varepsilon_2)], \\ &\text{längs } c_\nu: \quad \overset{+}{w}(\varepsilon_1 \mid \varepsilon_2) = \overset{-}{w}(\varepsilon_1 \mid \varepsilon_2) \end{aligned} \tag{6} \qquad (\nu = 1, 2, \cdots, p)$$

ist, wozu hier noch Periodizitätsmodulen $\pm 2\pi i$ an den von ω nach ε_1 und ε_2 führenden Linien folgen.

Sind $\delta_1, \delta_2, \cdots, \delta_q$ die 0^1, $\varepsilon_1, \varepsilon_2, \cdots, \varepsilon_q$ die ∞^1 Punkte irgend einer Funktion $f(s \mid z)$ der Klasse, so sind diese Punkte, wie sich unmittelbar aus der Darstellung von $\log f(s \mid z)$ durch Normalintegrale III. Gattung ergibt, durch p Gleichungen von der Form:

$$\sum_{\varkappa=1}^{q} u_\mu(\varepsilon_\varkappa) = \sum_{\varkappa=1}^{q} u_\mu(\delta_\varkappa) + \sum_{\nu=1}^{p} \varkappa_\nu a_{\mu\nu} + \lambda_\mu \pi i, \tag{7} \qquad (\mu = 1, 2, \cdots, p)$$

bei denen die $\varkappa$, λ ganze Zahlen bezeichnen, oder, wie in der Folge dafür abgekürzt geschrieben werden soll, durch die p Kongruenzen:

$$\sum_{\varkappa=1}^{q} u_\mu(\varepsilon_\varkappa) \equiv \sum_{\varkappa=1}^{q} u_\mu(\delta_\varkappa) \tag{8} \qquad (\mu = 1, 2, \cdots, p)$$

verknüpft (Abelsches Theorem), und weiter ergibt sich aus der Darstellung von $f(s \mid z)$ durch Normalintegrale II. Gattung, daß die Gewichte $g_1, g_2, \cdots, g_q$ der ∞^1 Punkte von $f(s \mid z)$ den p Gleichungen:

$$\sum_{\varkappa=1}^{q} g_\varkappa u_\mu'(\varepsilon_\varkappa) = 0 \tag{9} \qquad (\mu = 1, 2, \cdots, p)$$

genügen (Riemann-Rochscher Satz); das Gleiche gilt von den Nullpunkten δ.

Soll nun die Funktion $f(s\,|\,z)$ sich als Quotient zweier Integranden I. Gattung darstellen lassen, so müssen Größen $c_1, c_2, \cdots, c_p$ so bestimmt werden können, daß die q Gleichungen:

$$(10) \qquad \sum_{\mu=1}^{p} c_\mu u'_\mu(\varepsilon_\varkappa) = 0 \qquad (\varkappa = 1, 2, \cdots, q)$$

bestehen. Aus den beiden Gleichungensystemen (9) und (10) folgt aber, daß der Rang der Matrix:

$$(11) \qquad \left\| \begin{matrix} u_1'(\varepsilon_1) & u_1'(\varepsilon_2) & \cdots & u_1'(\varepsilon_q) \\ u_2'(\varepsilon_1) & u_2'(\varepsilon_2) & \cdots & u_2'(\varepsilon_q) \\ \cdot & \cdot & \cdot & \cdot \\ u_p'(\varepsilon_1) & u_p'(\varepsilon_2) & \cdots & u_p'(\varepsilon_q) \end{matrix} \right\|$$

kleiner sein muß als die kleinere der beiden Zahlen p und q. Bezeichnet man diesen Rang mit r, so hat man die beiden Resultate:

1. Die p Gleichungen (9) sind nicht unabhängig voneinander; $p-r$ von ihnen sind eine Folge der r anderen; es bleiben also $q-r$ der Größen g willkürlich, die r anderen sind dadurch bestimmt; es gibt folglich $q-r$ linearunabhänge Funktionen $f(s\,|\,z)$, welche in den q gegebenen Punkten $\varepsilon_1, \varepsilon_2, \cdots, \varepsilon_q$ ∞^1 werden; aus ihnen setzt sich die allgemeinste derartige Funktion vermittelst $q-r+1$ homogen und linear auftretender willkürlicher Konstanten $\varkappa_0, \varkappa_1, \cdots, \varkappa_{q-r}$ zusammen in der Form:

$$(12) \qquad f(s\,|\,z) = \varkappa_0 + \varkappa_1 f_1(s\,|\,z) + \varkappa_2 f_2(s\,|\,z) + \cdots + \varkappa_{q-r} f_{q-r}(s\,|\,z).$$

2. Die q Gleichungen (10) sind nicht unabhängig voneinander; $q-r$ von ihnen sind eine Folge der r anderen; es bleiben also $p-r$ der Größen c willkürlich, die r anderen sind dadurch bestimmt; es gibt folglich $p-r$ linearunabhängige Integranden I. Gattung u', welche in den q gegebenen Punkten $\varepsilon_1, \varepsilon_2, \cdots, \varepsilon_q$ 0^1 werden; aus ihnen setzt sich der allgemeinste derartige Integrand vermittelst $p-r$ homogen und linear auftretender willkürlicher Konstanten $\lambda_1, \lambda_2, \cdots, \lambda_{p-r}$ zusammen in der Form:

$$(13) \qquad u' = \lambda_1 u'^{(1)} + \lambda_2 u'^{(2)} + \cdots + \lambda_{p-r} u'^{(p-r)}.$$

Eine Funktion $f(s\,|\,z)$ der Klasse, die sich als Quotient zweier Integranden I. Gattung oder was dasselbe zweier φ-Funktionen darstellen läßt, heißt eine *Funktion I. Gattung* und ihre q Nullpunkte $\delta_1, \cdots, \delta_q$ und ebenso ihre q Undlichkeitspunkte $\varepsilon_1, \cdots, \varepsilon_q$ *Punktsysteme I. Gattung.* Zähler und Nenner von $f(s\,|\,z)$ verschwinden noch in den $q' = 2p-2-q$ nämlichen weiteren Punkten $\gamma_1, \cdots, \gamma_{q'}$, die sowohl das Punktsystem $\delta_1, \cdots, \delta_q$ als das Punktsystem $\varepsilon_1, \cdots, \varepsilon_q$

zu einem *vollständigen* Punktsystem I. Gattung von $2p-2$ Punkten ergänzen und daher ein dazu gehöriges *Restpunktsystem* genannt werden; die Punktsysteme $\delta_1, \cdots, \delta_q$ und $\varepsilon_1, \cdots, \varepsilon_q$ aber heißen *korresidual* und die Kongruenzen (8) erscheinen als die notwendigen und hinreichenden Bedingungen für zwei korresiduale Punktsysteme.

Aus (12) folgt, daß man der in $\varepsilon_1, \cdots, \varepsilon_q$ ∞^1 werdenden Funktion $f(s|z)$ $q-r$ ihrer 0^1 Punkte willkürlich vorschreiben kann; dadurch ist dann sie und damit auch das System ihrer r weiteren 0^1 Punkte im allgemeinen eindeutig bestimmt. Nennt man daher r den *Rang* des Punktsystems $\varepsilon_1, \cdots, \varepsilon_q$, so hat man das Resultat, daß für das zu einem Punktsystem $\varepsilon_1, \cdots, \varepsilon_q$ vom Range r korresiduale Punktsystem $\delta_1, \cdots, \delta_q$ $q-r$ seiner Punkte willkürlich gewählt werden können; diese Zahl nennt man den *Überschuß* des Punktsystems $\varepsilon_1, \cdots, \varepsilon_q$. Berücksichtigt man nun, daß man die gleichen Schlüsse alle unter Vertauschung der Punktsysteme $\varepsilon_1, \cdots, \varepsilon_q$ und $\delta_1, \cdots, \delta_q$ machen kann, so schließt man rückwärts, daß r auch der Rang des Punktsystems $\delta_1, \cdots, \delta_q$ ist, also weiter, daß korresiduale Punktsysteme stets von gleichem Range sind.

Bezüglich des zu den Punktsystemen $\delta_1, \cdots, \delta_q$ und $\varepsilon_1, \cdots, \varepsilon_q$ gehörigen Restpunktsystems $\gamma_1, \cdots, \gamma_{q'}$ aber zeigt die Gleichung (13), daß $p-r-1$ seiner Punkte willkürlich gewählt werden können, und man schließt daraus, daß sein Rang $r' = q' - (p-r-1) = p-q+r-1$ ist. Man nennt die Zahl $p-r-1$ den *Defekt* des Punktsystems $\varepsilon_1, \cdots, \varepsilon_q$ und es sagen dann die Gleichungen:

$$(14) \qquad q'-r' = p-r-1, \qquad q-r = p-r'-1$$

aus, daß der Überschuß eines Punktsystems dem Defekt seines Restpunktsystems gleich ist[1]).

§ 2.

Die Riemannsche Thetafunktion.

Die Periodizitätsmodulen $a_{\mu\mu'}$ $(\mu, \mu' = 1, 2, \cdots, p)$ der Normalintegrale I. Gattung $u_1, \cdots, u_p$ an den Querschnitten $b_1, \cdots, b_p$ genügen den $\frac{1}{2}(p-1)p$ Gleichungen:

$$(15) \qquad a_{\mu\mu'} = a_{\mu'\mu} \qquad (\mu, \mu' = 1, 2, \cdots, p;\ \mu < \mu')$$

1) Zum Inhalte dieses Paragraphen vergl. Christoffel, Über die canonische Form der Riemann'schen Integrale erster Gattung (Ann. di Mat. (2) Bd. 9. 1879, pag. 240) und Rost, Theorie der Riemann'schen Thetafunction (Hab.-Schrift Würzburg 1901. I. Abschnitt); aus letzterer Abhandlung mögen insbesondere jene, übrigens leicht ersichtlichen Änderungen entnommen werden, welche die obigen Gleichungen im Falle mehrfacher Null- und Unendlichkeitspunkte der Funktion $f(s|z)$ zu erfahren haben.

und es ist weiter die aus ihren reellen Teilen $r_{\mu\mu'}$ als Koeffizienten gebildete quadratische Form

$$(16)\qquad \sum_{\mu=1}^{p}\sum_{\mu'=1}^{p} r_{\mu\mu'}x_\mu x_{\mu'}$$

eine negative. Infolgedessen kann man mit diesen Größen $a_{\mu\mu'}$ als Modulen eine Thetareihe bilden, und wenn man dann als deren Argumente die Normalintegrale I. Gattung $u_1, \cdots, u_p$ vermindert um Konstanten $e_1, \cdots, e_p$, welche die *Parameter* der Thetafunktion heißen, einführt und den Reihenwert als Funktion der gemeinsamen oberen Grenze o der Integrale u ansieht, erhält man die *Riemannsche Thetafunktion:*

$$(17)\qquad \vartheta((u(o)-e)) = \sum_{m_1,\cdots,m_p}^{-\infty,\cdots,+\infty} e^{\sum\limits_{\mu=1}^{p}\sum\limits_{\mu'=1}^{p} a_{\mu\mu'}m_\mu m_{\mu'} + 2\sum\limits_{\mu=1}^{p} m_\mu(u_\mu - e_\mu)}$$

mit den Eigenschaften, daß

$$(18)\qquad \begin{aligned} &\text{längs } a_\nu\text{:}\quad \vartheta^+ = \vartheta^-,\\ &\text{längs } b_\nu\text{:}\quad \vartheta^+ = \vartheta^- \cdot e^{-a_{\nu\nu} - 2(\bar{u}_\nu - e_\nu)}, \qquad (\nu = 1, 2, \cdots, p)\\ &\text{längs } c_\nu\text{:}\quad \vartheta^+ = \vartheta^-. \end{aligned}$$

Die algebraischen Funktionen einer Klasse hängen (im Falle $p > 1$) von $3p-3$ wesentlichen, durch eindeutige Transformation nicht zerstörbaren Größen, den Klassenmodulen, ab[1]). Vergleicht man diese Anzahl mit der Anzahl $\frac{1}{2}p(p+1)$ der soeben als Modulen in die Thetareihe eingeführten Größen $a_{\mu\mu'}$, so ergibt sich, daß die letzteren, sobald $p > 3$ ist, nicht voneinander unabhängig sind, daß vielmehr zwischen ihnen

$$(19)\qquad \tfrac{1}{2}p(p+1) - (3p-3) = \tfrac{1}{2}(p-2)(p-3)$$

Relationen bestehen. Die in diesem Paragraphen definierten Thetafunktionen sind also spezielle in dem Sinne, daß ihre $\frac{1}{2}p(p+1)$ Modulen $a_{\mu\mu'}$ nicht, wie in den vorangehenden Kapiteln durchweg angenommen wurde, einzig und allein der oben angegebenen Konvergenzbedingung genügen, sondern noch weitere, bei den allgemeinen Thetafunktionen nicht bestehende, $\frac{1}{2}(p-2)(p-3)$ Bedingungen erfüllen; derartige Thetafunktionen sollen als *Abelsche Thetafunktionen* bezeichnet werden.

Welcher Art die zwischen den $\frac{1}{2}p(p+1)$ Modulen einer Abelschen Thetafunktion bestehenden Relationen sind, ist bis jetzt nur im niedrigsten

1) Riemann, Th. d. Abelschen Functionen. Ges. math. Werke. Lpz. 1876, pag. 113 und Stahl, Th. d. Abelschen Functionen. Lpz. 1896, pag. 167.

Falle $p = 4$ bekannt. Die eine Relation, welche hier für die 10 Modulen der Thetareihe notwendig und hinreichend ist, damit diese eine Abelsche wird, hat Herr Schottky[1]) wie folgt aufgefunden.

Der Quotient zweier ungeraden Thetafunktionen ϑ_1 und ϑ_2 wird, wenn man an Stelle der Argumente u_μ Integrale $\int_\alpha^\beta du_\mu$ einführt, eine symmetrische und zerfallende Funktion

$$(20) \qquad \frac{\vartheta_1}{\vartheta_2} = \frac{\Phi_1(\alpha)\,\Phi_1(\beta)}{\Phi_2(\alpha)\,\Phi_2(\beta)}$$

der beiden Grenzen α und β. Nun gibt es in der Theorie der allgemeinen Thetafunktionen ein System homogener quadratischer Gleichungen, welches nur ungerade Thetafunktionen enthält. Diesem dadurch zu genügen, daß man für jede vorkommende ungerade Thetafunktion einen Ausdruck von der Form $\Phi_\varkappa(\alpha)\,\Phi_\varkappa(\beta)$ setzt, ist nur dann möglich, wenn zwischen den Nullwerten der geraden Thetafunktionen eine gewisse im allgemeinen Falle nicht bestehende Gleichung angenommen wird. Nach dem XXXVI. Satze pag. 303 gibt es nämlich im Falle $p = 4$ in dem zu einer syzygetischen Gruppe vom Range 3 gehörigen Komplexe von 32 Systemen von Th. Char. immer 3 Systeme, die aus 8 geraden Th. Char. gebildet sind. Bezeichnet man mit R_1, R_2, R_3 die 3 zugehörigen Produkte von je 8 geraden Thetafunktionen, mit r_1, r_2, r_3 aber die Werte, welche diese Produkte für die Nullwerte der Argumente annehmen, so hat auch für allgemeine Thetafunktionen der Ausdruck:

$$(21) \qquad J = r_1^2 + r_2^2 + r_3^2 - 2r_1r_2 - 2r_2r_3 - 2r_3r_1$$

für jede syzygetische Gruppe, von der man ausgehen mag, den nämlichen Wert. Das Verschwinden dieser Invariante, also die Gleichung:

$$(22) \qquad r_1^2 + r_2^2 + r_3^2 - 2r_1r_2 - 2r_2r_3 - 2r_3r_1 = 0,$$

oder eine Gleichung von der Form:

$$(23) \qquad \sqrt{r_1} + \sqrt{r_2} + \sqrt{r_3} = 0$$

ist die notwendige und hinreichende Bedingung dafür, daß die vorliegenden Thetafunktionen Abelsche sind.

Auch Herr Poincaré[2]) hat die im Falle $p = 4$ zwischen den Modulen einer Abelschen Thetafunktion bestehende Relation, aber nur unter der Annahme, daß jene Modulen $a_{\mu\nu}$, für welche $\mu \gtrless \nu$ ist, ihrem Betrage nach sehr klein sind, ermittelt. Bei Abelschen Thetafunktionen zieht nämlich die Gleichung $\vartheta(\!(u)\!) = 0$ nach sich, daß sich die Argumente $u_1, \cdots, u_p$ als Summen von je $p-1$ Integralen darstellen lassen (vergl. § 5).

1) Schottky, Zur Theorie der Abelschen Functionen von vier Variabeln. J. für Math. Bd. 102. 1888, pag. 304.

2) Poincaré, Remarques diverses sur les fonctions abéliennes. J. de Math. (5) Bd. 1. 1895, pag. 221; dazu auch: Sur les surfaces de translation et les fonctions abéliennes. Bull. S. M. F. Bd. 29. 1901, pag. 61.

Die Annahme, daß die Thetafunktion verschwindet, sobald für ihre Argumente Ausdrücke dieser Form eingeführt werden, liefert aber, wenn die Modulen $a_{\mu\nu}$ $(\mu \gtrless \nu)$ ihrem absoluten Betrage nach sehr klein sind, im Falle $p=4$ die Beziehung:

$$\sqrt{a_{13}\,a_{14}\,a_{23}\,a_{24}} + \sqrt{a_{14}\,a_{12}\,a_{34}\,a_{32}} + \sqrt{a_{12}\,a_{13}\,u_{42}\,a_{43}} = 0\,. \tag{24}$$

Aus der Gleichung (22) schließt man noch, daß, wenn bei Abelschen Funktionen vom Geschlecht 4 zwei gerade Thetafunktionen für die Nullwerte der Argumente verschwinden, dann noch eine dritte verschwindet, wodurch der Fall als der hyperelliptische charakterisiert ist[1]).

§ 3.

Die Anzahl der Nullpunkte der Riemannschen Thetafunktion.

Es wird sich später zeigen, daß für gewisse Werte der Parameter e die Riemannsche Thetafunktion identisch verschwindet, d. h. daß $\vartheta((u(o)-e))=0$ ist für jede beliebige Lage der gemeinsamen oberen Grenze o der Integrale $u_1, \cdots, u_p$. Dies ist aber jedenfalls nicht für alle Werte der Parameter e der Fall, denn sonst müßte $\vartheta((v))$ für alle Werte der Größen v verschwinden und folglich müßten in seiner Entwicklung nach ganzen Potenzen von $e^{2v_1}, \cdots, e^{2v_p}$ sämtliche Koeffizienten Null sein, was nicht der Fall ist. Es sei $e_1, \cdots, e_p$ ein Parametersystem, für welches $\vartheta((u(o)-e))$ nicht identisch verschwindet.

Da die u allenthalben endlich sind, so wird $\vartheta((u(o)-e))$ nirgendwo in T' unendlich und es liefert daher das über die ganze Begrenzung von T' erstreckte Integral:

$$\frac{1}{2\pi i}\int\limits_{T'}^{+} d\log\vartheta \tag{25}$$

die Anzahl der einfachen Nullpunkte der Thetafunktion. Zu dem Integrale:

$$\int\limits_{T'}^{+} d\log\vartheta \tag{26}$$

liefert aber, da jeder Querschnitt und jede Hilfslinie zweimal in ent-

---

1) Vergl. Weber, Über gewisse in der Theorie der Abelschen Functionen auftretende Ausnahmefälle. Math. Ann. Bd. 13. 1878, pag. 35.

gegengesetzter Richtung durchlaufen wird, weder ein Querschnitt a_ν noch eine Hilfslinie c_ν einen Beitrag, da längs jeder solchen Linie $\vartheta^+ = \vartheta^-$, also auch $d \log \vartheta^+ = d \log \vartheta^-$ ist. Es wird also das Integral (25) ausschließlich von den Beiträgen der Querschnitte b_ν gebildet.

Von einem Querschnitte b_ν rührt aber der Beitrag her:

$$(27) \qquad \int_\alpha^\beta d \log \vartheta + \int_\gamma^\delta d \log \vartheta = \int_{b_\nu}^{+} (d \log \vartheta^- - d \log \vartheta^+),$$

wo das letzte Integral in positiver Richtung längs des Querschnittes b_ν d. h. vom negativen Ufer von a_ν zum positiven zu erstrecken ist; es ist aber nach (18) längs b_ν:

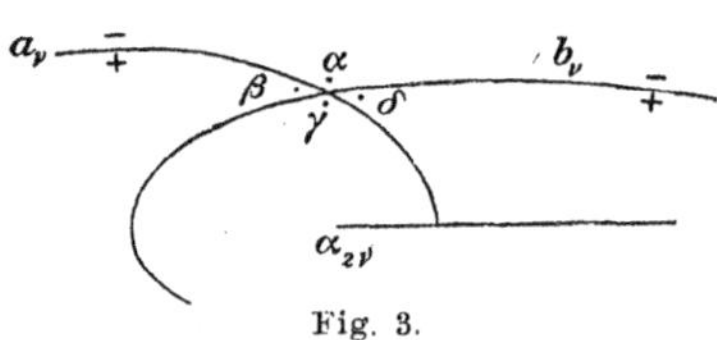

Fig. 3.

$$(28) \qquad d \log \vartheta^+ = d \log \vartheta^- - 2 du_\nu,$$

wobei an letzter Stelle die Marke — weggelassen ist, da für die Integranden u_ν' die Querschnitte keine Unstetigkeitslinien sind. Folglich ist:

$$(29) \qquad \int_{b_\nu}^{+} (d \log \vartheta^- - d \log \vartheta^+) = 2 \int_{b_\nu}^{+} du_\nu.$$

Es ist aber:

$$(30) \qquad \int_{b_\nu}^{+} du_\nu = u_\nu^+ - u_\nu^-,$$

wenn u_ν^+ den Wert von u_ν auf dem positiven, u_ν^- den Wert auf dem negativen Ufer von a_ν bezeichnet. Längs a_ν ist aber nach (3):

$$(31) \qquad u_\nu^+ - u_\nu^- = \pi i;$$

folglich besitzt das Integral (30) den Wert πi, das Integral (29) den Wert $2\pi i$ und das Integral (26) den Wert $2\pi i \cdot p$, also endlich das Integral (25) den Wert p und man hat den Satz bewiesen:

I. Satz: *Verschwindet die Riemannsche Thetafunktion $\vartheta((u(o) - e))$ nicht identisch, d. h. infolge der besonderen Werte der Parameter $e_1, \cdots, e_p$ für jede Lage der gemeinsamen oberen Grenze o der Integrale $u_1, \cdots, u_p$, so verschwindet sie nur in p Punkten der Fläche T'; dieselben seien mit $\eta_1, \eta_2, \cdots, \eta_p$ bezeichnet.*

§ 4.

Zusammenhang zwischen den Parametern $e_1, e_2, \cdots, e_p$ und den Nullpunkten $\eta_1, \eta_2, \cdots, \eta_p$ der Riemannschen Thetafunktion.

Das über die ganze Begrenzung von T' erstreckte Integral:

$$J = \frac{1}{2\pi i} \int_{T'}^{+} u_\mu \, d \log \vartheta \tag{32}$$

liefert die Summe der Residuen der Funktion $u_\mu \frac{d \log \vartheta}{dz}$ in der ganzen Fläche T' und besitzt daher, da u_μ nirgendwo, $\frac{d \log \vartheta}{dz}$ aber nur in den Punkten $\eta_1, \cdots, \eta_p$ unendlich wird und zwar mit den Residuen 1, den Wert:

$$J = \sum_{\nu=1}^{p} u_\mu (\eta_\nu). \tag{33}$$

Andererseits kann man das Integral (32) auswerten, indem man es über die einzelnen Stücke der Begrenzung von T' erstreckt; dabei können die Hilfslinien c_ν weggelassen werden, da sie ersichtlich keinen Beitrag zum Integrale liefern. Von einem Querschnitte a_ν rührt der Beitrag her:

$$\int_{\beta}^{\gamma} u_\mu \, d \log \vartheta + \int_{\delta}^{\alpha} u_\mu \, d \log \vartheta \tag{34}$$

$$= \int_{a_\nu}^{+} (u_\mu^{+} \, d \log \vartheta^{+} - u_\mu^{-} \, d \log \vartheta^{-}) = \delta_{\mu\nu} \pi i \int_{a_\nu}^{+} d \log \vartheta,$$

wobei an letzter Stelle die Marke + oder − weggelassen ist, da längs a_ν $\vartheta^{+} = \vartheta^{-}$ also auch $d \log \vartheta^{+} = d \log \vartheta^{-}$ ist. Nun ist aber:

$$\int_{a_\nu}^{+} d \log \vartheta = \log \vartheta^{+} - \log \vartheta^{-}, \tag{35}$$

wenn $\log \vartheta^{+}$ den Wert von $\log \vartheta$ auf dem positiven, $\log \vartheta^{-}$ auf dem negativen Ufer von b_ν bezeichnet. Längs b_ν ist aber:

$$\log \vartheta^{+} = \log \vartheta^{-} - a_{\nu\nu} - 2(u_\nu^{-} - e_\nu) - 2 \varrho_\nu' \pi i, \tag{36}$$

wo ϱ_ν' eine uns unbekannte aber bestimmte ganze Zahl bezeichnet. Folglich hat das Integral (34) den Wert:

$$(37) \qquad -\delta_{\mu\nu}\pi i(a_{\nu\nu} + 2u_\nu(\alpha) - 2e_\nu + 2\varrho_\nu'\pi i)$$

und der Beitrag aller Querschnitte $a_1, a_2, \cdots, a_p$ zum Integrale (32) beträgt:

$$(38) \qquad -\tfrac{1}{2}a_{\mu\mu} - (u_\mu^-(\alpha) - e_\mu) - \varrho_\mu'\pi i.$$

Die Werte von u_μ in den Punkten α und β sind einander nicht gleich; sie unterscheiden sich vielmehr um πi und es müßte also bei Wahl des Punktes β die Zahl ϱ_μ' um 1 vermindert werden.

Von einem Querschnitte b_ν rührt der Beitrag her:

$$(39) \qquad \int_\alpha^\beta u_\mu\, d\log\vartheta + \int_\gamma^\delta u_\mu\, d\log\vartheta = \int_{b_\nu}^{+} (u_\mu^-\, d\log\vartheta^- - u_\mu^+\, d\log\vartheta^+).$$

Längs b_ν ist aber nach (3) und (28):

$$(40) \qquad u_\mu^+\, d\log\vartheta^+ = u_\mu^-\, d\log\vartheta^- - 2u_\mu^-\, du_\nu + a_{\mu\nu}\, d\log\vartheta^+,$$

und es besitzt daher das Integral (39) den Wert:

$$(41) \qquad 2\int_{b_\nu}^{+} u_\mu^-\, du_\nu - a_{\mu\nu}\int_{b_\nu}^{+} d\log\vartheta^+.$$

Es ist aber:

$$(42) \qquad \int_{b_\nu}^{+} d\log\vartheta^+ = \log\vartheta^- - \log\vartheta^+,$$

wenn $\log\vartheta^-$ den Wert von $\log\vartheta$ in dem auf dem negativen Ufer von a_ν gelegenen Punkte δ, $\log\vartheta^+$ diesen Wert in dem auf dem positiven Ufer gelegenen Punkte γ bezeichnet, also, da längs a_ν $\vartheta^+ = \vartheta^-$ ist:

$$(43) \qquad \int_{b_\nu}^{+} d\log\vartheta^+ = 2\varrho_\nu\pi i,$$

wo ϱ_ν eine uns nicht bekannte ganze Zahl ist. Indem man diesen Wert in (41) einführt, erhält man dafür:

$$(44) \qquad 2\int_{b_\nu}^{+} u_\mu^-\, du_\nu - 2\varrho_\nu a_{\mu\nu}\pi i$$

und daher als Beitrag der Querschnitte $b_1, b_2, \cdots, b_p$ zum Integrale (32):

$$\frac{1}{\pi i}\sum_{\nu=1}^{p}\int_{b_\nu}^{+} u_\mu^- \, du_\nu - \sum_{\nu=1}^{p} \varrho_\nu a_{\mu\nu}. \tag{45}$$

Aus (38) und (45) erhält man aber für das Integral (32) den Wert:

$$\begin{aligned} J &= e_\mu - \tfrac{1}{2} a_{\mu\mu} - u_\mu(\alpha) \\ &+ \frac{1}{\pi i}\sum_{\nu=1}^{p}\int_{b_\nu}^{+} u_\mu^- \, du_\nu - \left(\varrho_\mu' \pi i + \sum_{\nu=1}^{p} \varrho_\nu a_{\mu\nu}\right). \end{aligned} \tag{46}$$

Von den Integralen der an vierter Stelle stehenden Summe kann man endlich das dem Werte $\nu = \mu$ entsprechende auswerten. Es ist nämlich:

$$\int_{b_\mu}^{+} u_\mu^- \, du_\mu = \tfrac{1}{2}[u_\mu^2(\beta) - u_\mu^2(\alpha)] = \pi i \, u_\mu(\alpha) + \tfrac{1}{2}(\pi i)^2. \tag{47}$$

Führt man diesen Wert in die Gleichung (46) ein, so wird endlich:

$$\begin{aligned} J &= e_\mu - \tfrac{1}{2} a_{\mu\mu} + \tfrac{1}{2}\pi i \\ &+ \frac{1}{\pi i}\sideset{}{'}\sum_{\substack{\nu=1 \\ \nu \gtrless \mu}}^{p}\int_{b_\nu}^{+} u_\mu^- \, du_\nu - \left(\varrho_\mu' \pi i + \sum_{\nu=1}^{p} \varrho_\nu a_{\mu\nu}\right). \end{aligned} \tag{48}$$

Setzt man nun endlich die beiden Werte (33) und (48) von J einander gleich, so erhält man:

$$\begin{aligned} e_\mu &= \sum_{\nu=1}^{p} u_\mu(\eta_\nu) + \tfrac{1}{2}(a_{\mu\mu} - \pi i) \\ &- \frac{1}{\pi i}\sideset{}{'}\sum_{\substack{\nu=1 \\ \nu \gtrless \mu}}^{p}\int_{b_\nu}^{+} u_\mu^- \, du_\nu + \left(\varrho_\mu' \pi i + \sum_{\nu=1}^{p} \varrho_\nu a_{\mu\nu}\right) \end{aligned} \tag{49}$$

und hat das Resultat:

II. Satz: *Die Parameter $e_1, e_2, \cdots, e_p$ und die Nullpunkte $\eta_1, \eta_2, \cdots, \eta_p$ einer nicht identisch verschwindenden Riemannschen Thetafunktion hängen miteinander zusammen durch die Gleichungen:*

$$e_\mu = \sum_{\nu=1}^{p} u_\mu(\eta_\nu) + k_\mu + \left(\varrho_\mu' \pi i + \sum_{\nu=1}^{p} \varrho_\nu a_{\mu\nu}\right), \quad (\mu = 1, 2, \cdots, p) \tag{I}$$

in denen $k_1, k_2, \cdots, k_p$ die von den Parametern und Nullpunkten unabhängigen Riemannschen Konstanten:

$$\text{(II)} \qquad k_\mu = \tfrac{1}{2}(a_{\mu\mu} - \pi i) - \frac{1}{\pi i}\sum_{\substack{\nu=1\\ \nu \gtrless \mu}}^{p}{}' \int_{b_\nu}^{+} u_\mu^- \, du_\nu \qquad (\mu = 1, 2, \cdots, p)$$

bezeichnen, die ganzen Zahlen ϱ, ϱ' *aber dadurch bestimmt sind, daß*

$$\text{(III)} \quad \begin{aligned} &\textit{längs } a_\nu\text{:} \quad \log \vartheta^+ = \log \vartheta^- - 2\varrho_\nu \pi i, \\ &\textit{längs } b_\nu\text{:} \quad \log \vartheta^+ = \log \vartheta^- - a_{\nu\nu} - 2(u_\nu^- - e_\nu) - 2\varrho_\nu' \pi i \end{aligned}$$

ist[1]).

Die Resultate der letzten Paragraphen lassen sich unmittelbar auf Thetafunktionen höherer Ordnung übertragen. Definiert man nämlich eine Riemannsche Thetafunktion n^{ter} Ordnung $\Theta_n((u(o) - e))$ durch die Bedingungen, daß für $\nu = 1, 2, \cdots, p$

$$(50) \quad \begin{aligned} &\text{längs } a_\nu\text{:} \quad \Theta_n^+ = \Theta_n^-, \\ &\text{längs } b_\nu\text{:} \quad \Theta_n^+ = \Theta_n^- \, e^{-n a_{\nu\nu} - 2n(u_\nu^- - e_\nu)}, \\ &\text{längs } c_\nu\text{:} \quad \Theta_n^+ = \Theta_n^- \end{aligned}$$

ist, so gelten für diese Funktion die genau auf die obige Weise erweisbaren Sätze:

III. Satz: *Verschwindet die Thetafunktion* n^{ter} *Ordnung* $\Theta_n((u(o) - e))$ *nicht identisch, d. h. infolge der besonderen Werte der Parameter* $e_1, \cdots, e_p$ *für jede Lage der oberen Grenze o, so verschwindet sie nur für np Punkte der Fläche* T'; *dieselben seien mit* $\eta_1, \eta_2, \cdots, \eta_{np}$ *bezeichnet.*

IV. Satz: *Die Parameter* $e_1, \cdots, e_p$ *und die Nullpunkte* $\eta_1, \cdots, \eta_{np}$ *einer nicht identisch verschwindenden Riemannschen Thetafunktion* n^{ter} *Ordnung* $\Theta_n((u(o) - e))$ *hängen miteinander zusammen durch die Gleichungen:*

$$\text{(IV)} \qquad e_\mu = \frac{1}{n}\sum_{\nu=1}^{np} u_\mu(\eta_\nu) + k_\mu + \left(\varrho_\mu' \pi i + \sum_{\nu=1}^{p} \varrho_\nu a_{\mu\nu}\right),$$

in denen $k_1, \cdots, k_p$ *die von den Parametern und Nullpunkten unabhängigen Konstanten* (II) *bezeichnen, die Zahlen* ϱ, ϱ' *aber durch die Angaben, daß*

$$\text{(V)} \quad \begin{aligned} &\textit{längs } a_\nu\text{:} \quad \log \Theta_n^+ = \log \Theta_n^- - 2\varrho_\nu \pi i, \\ &\textit{längs } b_\nu\text{:} \quad \log \Theta_n^+ = \log \Theta_n^- - n a_{\nu\nu} - 2n(u_\nu^- - e_\nu) - 2\varrho_\nu' \pi i \end{aligned}$$

sei, bestimmt sind.

---

1) Zum Inhalte der drei letzten Paragraphen vergl. Riemann, Th. d. Abelschen Functionen. Ges. math. Werke. Lpz. 1876, pag. 125; ausführlicher bei Neumann, Vorlesungen über Riemann's Theorie der Abel'schen Integrale. 2. Aufl. Lpz. 1884, pag. 322. Für den Fall $p = 2$ und unter Annahme einer ganz bestimmten Zerschneidung der Fläche bestimmt die in den Gleichungen (III) auftretenden ganzen Zahlen ϱ, ϱ' Herr Thomae, Über ultraelliptische Integrale. Leipz. Ber. Bd. 52. 1900, pag. 105.

Man kann aber die Resultate dieser Paragraphen noch nach einer anderen Seite hin verallgemeinern. Anstatt nämlich nach den Wurzeln einer einzigen Gleichung $\vartheta(\!(u(o)-e)\!)=0$ oder $\Theta_n(\!(u(o)-e)\!)=0$ zu fragen, kann man die Frage nach den gemeinsamen Wurzeln mehrerer solcher Gleichungen stellen. Die allgemeinste derartige Fragestellung rührt von Herrn Wirtinger[1]) her und hat zu dem folgenden Satz geführt.

V. Satz: *Die s Gleichungen:*

$$
\text{(VI)}\qquad
\begin{aligned}
&\Theta_{n_1}\left(\!\!\left(\sum_{\sigma=1}^{s-1} u(o_\sigma)-e^{(1)}\right)\!\!\right)=0,\\
&\Theta_{n_2}\left(\!\!\left(\sum_{\sigma=1}^{s-1} u(o_\sigma)-e^{(2)}\right)\!\!\right)=0,\\
&\quad\cdot\quad\cdot\quad\cdot\quad\cdot\quad\cdot\quad\cdot\quad\cdot\\
&\Theta_{n_r}\left(\!\!\left(\sum_{\sigma=1}^{s-1} u(o_\sigma)-e^{(r)}\right)\!\!\right)=0,\\
&\Theta_{n_{r+1}}\left(\!\!\left(\sum_{\sigma=1}^{s} u(o_\sigma)-e^{(r+1)}\right)\!\!\right)=0,\\
&\quad\cdot\quad\cdot\quad\cdot\quad\cdot\quad\cdot\quad\cdot\quad\cdot\\
&\Theta_{n_s}\left(\!\!\left(\sum_{\sigma=1}^{s} u(o_\sigma)-e^{(s)}\right)\!\!\right)=0
\end{aligned}
$$

haben, wenn die Parameter e so gewählt sind, daß keine der Thetafunktionen identisch verschwindet:

$$
\text{(VII)}\qquad N=n_1 n_2\cdots n_s\frac{p!}{(p-s+1)!}(s-r)(p-s+r+1)
$$

Lösungen

$$
\text{(VIII)}\qquad o_1,\ o_2,\ \cdots,\ o_s=\eta_{1\nu},\ \eta_{2\nu},\ \cdots,\ \eta_{s,\nu}\qquad (\nu=1,2,\cdots,N)
$$

und es ist für $\mu=1,2,\cdots,p$:

$$
\text{(IX)}\qquad \sum_{\nu=1}^{N}[u_\mu(\eta_{1\nu})+u_\mu(\eta_{2\nu})+\cdots+u_\mu(\eta_{s\nu})]
$$
$$
=-n_1 n_2\cdots n_s\frac{s(p-1)!}{(p-s+1)!}\left\{(s-r)(e_\mu^{(1)}+\cdots+e_\mu^{(r)})-(p-s+r+1)(e_\mu^{(r+1)}+\cdots+e_\mu^{(s)})\right\}
+k_\mu,
$$

wo die k von den e und η unabhängig sind.

1) Wirtinger, Zur Theorie der $2n$-fach periodischen Functionen. 2. Abhandlung. Monatsh. f. Math. Bd. 7. 1896, pag. 1; vergl. auch: Zur Theorie der allgemeinen Thetafunctionen. Wien. Anz. Bd. 32. 1895, pag. 58 und Poincaré, Remarques diverses etc. J. de Math. (5) Bd. 1. 1895, pag. 221.

§ 5.

Die Lehre von dem identischen Verschwinden der Riemannschen Thetafunktion.

Bezeichnen $\varepsilon_1, \varepsilon_2, \cdots, \varepsilon_p$ p Punkte, welche kein Punktsystem I. Gattung bilden, für welche also die Determinante:

$$(51)\qquad \begin{vmatrix} u_1'(\varepsilon_1) & u_1'(\varepsilon_2) & \cdots & u_1'(\varepsilon_p) \\ u_2'(\varepsilon_1) & u_2'(\varepsilon_2) & \cdots & u_2'(\varepsilon_p) \\ \cdot & \cdot & \cdot & \cdot \\ u_p'(\varepsilon_1) & u_p'(\varepsilon_2) & \cdots & u_p'(\varepsilon_p) \end{vmatrix}$$

einen von Null verschiedenen Wert besitzt und zu welchen kein korresiduales Punktsystem existiert, sodaß den p Kongruenzen:

$$(52)\qquad \sum_{\varkappa=1}^{p} u_\mu(\varepsilon_\varkappa) \equiv \sum_{\varkappa=1}^{p} u_\mu(\delta_\varkappa) \qquad (\mu=1,2,\cdots,p)$$

durch kein von $\varepsilon_1, \cdots, \varepsilon_p$ verschiedenes Punktsystem $\delta_1, \cdots, \delta_p$ genügt werden kann, so verschwindet

$$(53)\qquad \vartheta\left(\!\!\left(u(o) - \sum_{\varkappa=1}^{p} u(\varepsilon_\varkappa) - k\right)\!\!\right)$$

für $o = \varepsilon_1, \varepsilon_2, \cdots, \varepsilon_p$; denn entweder ist die Funktion (53) identisch Null, dann also auch in den p Punkten $\varepsilon_1, \cdots, \varepsilon_p$, oder sie verschwindet nur in p Punkten $\eta_1, \cdots, \eta_p$, und dann ist für diese nach dem II. Satze:

$$(54)\qquad \sum_{\varkappa=1}^{p} u_\mu(\varepsilon_\varkappa) + k_\mu \equiv \sum_{\varkappa=1}^{p} u_\mu(\eta_\varkappa) + k_\mu; \qquad (\mu=1,2,\cdots,p)$$

aus diesen Kongruenzen aber folgt unter der gemachten Voraussetzung nach dem soeben Bemerkten, daß das Punktsystem $\eta_1, \cdots, \eta_p$ mit dem Punktsystem $\varepsilon_1, \cdots, \varepsilon_p$ identisch ist.

Läßt man also o mit ε_p zusammenfallen, so erhält man:

$$(55)\qquad \vartheta\left(\!\!\left(- \sum_{\varkappa=1}^{p-1} u(\varepsilon_\varkappa) - k\right)\!\!\right) = 0.$$

Diese Gleichung ist bis jetzt nur unter der Voraussetzung bewiesen, daß $\varepsilon_1, \cdots, \varepsilon_{p-1}$ zusammen mit ε_p kein Punktsystem I. Gattung bilden; es soll nun gezeigt werden, daß sie für jede beliebige Lage der $p-1$ Punkte $\varepsilon_1, \cdots, \varepsilon_{p-1}$ gilt.

Zunächst kann man, da der gemachten Voraussetzung gemäß die Determinante (51) einen von Null verschiedenen Wert besitzt, in der Fläche T' p die Punkte $\varepsilon_1, \cdots, \varepsilon_p$ beziehlich einschließende Gebiete $G_1, \cdots, G_p$ so abgrenzen, daß diese Determinante von Null verschieden bleibt, solange die Punkte $\varepsilon_1, \cdots, \varepsilon_p$ nicht aus den Gebieten $G_1, \cdots, G_p$ heraustreten; dann gilt aber auch die Gleichung (55) für jedes den Gebieten $G_1, \cdots, G_{p-1}$ angehörige Punktsystem $\varepsilon_1, \cdots, \varepsilon_{p-1}$. Beachtet man nun noch, daß der auf der linken Seite von (55) stehende Ausdruck eine stetige Funktion der $p-1$ Punkte $\varepsilon_1, \cdots, \varepsilon_{p-1}$ darstellt, und daß eine solche Funktion, wenn sie für jedes einem System von noch so kleinen Gebieten $G_1, \cdots, G_{p-1}$ angehörige Punktsystem $\varepsilon_1, \cdots, \varepsilon_{p-1}$ den Wert Null besitzt, allenthalben Null ist, so hat man den gewünschten Nachweis erbracht und ist damit zu dem Satze gelangt:

VI. Satz: *Die Gleichung:*

$$\vartheta\left(\!\!\left(\sum_{\varkappa=1}^{p-1} u(\varepsilon_\varkappa) + k\right)\!\!\right) = 0 \tag{X}$$

gilt für jede beliebige Lage der $p-1$ Punkte $\varepsilon_1, \cdots, \varepsilon_{p-1}$.

Mit Hilfe des VI. Satzes kann man nun sofort weiter zeigen, daß

$$\vartheta\left(\!\!\left(u(o) - \sum_{\varkappa=1}^{p} u(\varepsilon_\varkappa) - k\right)\!\!\right) \tag{56}$$

identisch verschwindet, sobald die Punkte $\varepsilon_1, \cdots, \varepsilon_p$ ein Punktsystem I. Gattung bilden. Nach dem VI. Satz verschwindet nämlich die Funktion (56), wie auch die Punkte $\varepsilon_1, \cdots, \varepsilon_p$ beschaffen sein mögen, für $o = \varepsilon_1, \cdots, \varepsilon_p$. Bilden nun $\varepsilon_1, \cdots, \varepsilon_p$ ein Punktsystem I. Gattung, so existiert dazu ein korresiduales Punktsystem $\delta_1, \cdots, \delta_p$, für welches also:

$$\sum_{\varkappa=1}^{p} u_\mu(\varepsilon_\varkappa) \equiv \sum_{\varkappa=1}^{p} u_\mu(\delta_\varkappa) \qquad (\mu = 1, 2, \cdots, p) \tag{57}$$

ist; dann unterscheidet sich aber die Funktion (56) von der Funktion

$$\vartheta\left(\!\!\left(u(o) - \sum_{\varkappa=1}^{p} u(\delta_\varkappa) - k\right)\!\!\right) \tag{58}$$

nur um einen Faktor, verschwindet also auch in den Punkten $\delta_1, \cdots, \delta_p$, weil die letztere es nach dem VI. Satze thut, und muß daher identisch verschwinden, da sie sonst nicht mehr als p Nullpunkte haben könnte. Damit ist der Satz bewiesen:

VII. Satz: *Bilden $\varepsilon_1, \cdots, \varepsilon_p$ ein Punktsystem I. Gattung, so verschwindet die Funktion*

(XI) $$\vartheta\left(\!\left(u(o) - \sum_{\varkappa=1}^{p} u(\varepsilon_\varkappa) - k\right)\!\right)$$

identisch, d. h. für alle Lagen des Punktes o,

und es ist der oben vorgesehene Fall, daß eine Riemannsche Thetafunktion für gewisse Werte der Parameter $e_1, \cdots, e_p$ identisch verschwinden könne, als wirklich vorkommend nachgewiesen.

Nachdem im Vorigen bewiesen wurde, daß die Funktion (XI) identisch verschwindet, sobald $\varepsilon_1, \cdots, \varepsilon_p$ ein Punktsystem I. Gattung bilden, soll jetzt gezeigt werden, daß dieser Satz auch umgekehrt gilt, oder mit anderen Worten, daß eine Funktion (XI), bei der $\varepsilon_1, \cdots, \varepsilon_p$ kein Punktsystem I. Gattung bilden, niemals identisch sondern nur in den p Punkten $\varepsilon_1, \cdots, \varepsilon_p$ verschwindet.

Um den Gang dieses Beweises nicht unterbrechen zu müssen, soll eine Hilfsuntersuchung vorausgeschickt werden.

Hat $\vartheta(\!(c)\!)$ für ein Argumentensystem $c_1, \cdots, c_p$ einen von Null verschiedenen Wert, so lassen sich infolge der Stetigkeit der Thetafunktion stets p die Punkte $c_1, \cdots, c_p$ umschließende Gebiete $G_1, \cdots G_p$ so abgrenzen, daß $\vartheta(\!(c)\!)$ von Null verschieden bleibt, solange die Punkte $c_1, \cdots, c_p$ nicht aus den Gebieten $G_1, \cdots, G_p$ heraustreten. Bezeichnet man dann mit $d_1, \cdots, d_p$ ein weiteres, ganz beliebiges Größensystem, so kann $\vartheta(\!(c+d)\!)$ nicht für alle den Gebieten $G_1, \cdots, G_p$ angehörigen Wertesysteme $c_1, \cdots, c_p$ verschwinden, da es sonst allenthalben Null wäre; es gibt also jedenfalls ein den Gebieten $G_1, \cdots, G_p$ angehöriges Wertesystem $c_1, \cdots, c_p$, für welches auch $\vartheta(\!(c+d)\!) \neq 0$ ist. Man hat also den Hilfssatz:

VIII. Satz: *Zu einem beliebigen Wertesysteme $d_1, \cdots, d_p$ existiert stets ein der Bedingung $\vartheta(\!(c)\!) \neq 0$ genügendes Wertesystem $c_1, \cdots, c_p$ von der Beschaffenheit, daß auch $\vartheta(\!(c+d)\!) \neq 0$ ist.*

Mittelst dieses Hilfssatzes läßt sich nun weiter noch zeigen, daß der Ausdruck:

(59) $$\vartheta\left(\!\left(\sum_{\sigma=0}^{p-1} u(o_\sigma) - \sum_{\sigma=1}^{p-1} u(\varepsilon_\sigma) - e\right)\!\right),$$

welche Werte die Parameter $e_1, \cdots, e_p$ auch haben mögen, nicht für alle Lagen der $2p-1$ Punkte $o_0 = o, o_1, \cdots, o_{p-1}, \varepsilon_1, \cdots, \varepsilon_{p-1}$ verschwinden kann.

Zum Beweise bilde man mit den gegebenen Größen $e_1, \cdots, e_p$ und $p-1$ willkürlich gewählten Punkten $\varepsilon_1, \cdots, \varepsilon_{p-1}$ das Größensystem:

(60) $$d_\mu = -\sum_{\sigma=1}^{p-1} u_\mu(\varepsilon_\sigma) - e_\mu - k_\mu \qquad (\mu = 1, 2, \cdots, p)$$

und denke sich dazu ein Größensystem $c_1, \cdots, c_p$ so bestimmt, daß gleichzeitig $\vartheta(\!(c)\!) \neq 0$ und $\vartheta(\!(c+d)\!) \neq 0$ ist. Die Funktion $\vartheta(\!(u(o)-c)\!)$ verschwindet dann nicht identisch, da sie von Null verschieden ist, sobald o mit der gemeinsamen unteren Grenze der Integrale $u_1, \cdots, u_p$ zusammenfällt, sie hat also p Nullpunkte $\eta_1, \cdots, \eta_p$ und für diese ist:

$$c_\mu \equiv \sum_{\varkappa=1}^{p} u_\mu(\eta_\varkappa) + k_\mu; \qquad (\mu=1,2,\cdots,p) \tag{61}$$

dann folgt aber:

$$c_\mu + d_\mu \equiv \sum_{\varkappa=1}^{p} u_\mu(\eta_\varkappa) - \sum_{\sigma=1}^{p-1} u_\mu(\varepsilon_\sigma) - e_\mu, \qquad (\mu=1,2,\cdots,p) \tag{62}$$

und es ist damit ein System von $2p-1$ Punkten $o=\eta_1$, $o_1=\eta_2$, $\cdots$, $o_{p-1}=\eta_p$, $\varepsilon_1, \cdots, \varepsilon_{p-1}$ nachgewiesen, für welches der Ausdruck (59) nicht verschwindet.

Nunmehr kann auf den Beweis des Satzes eingegangen werden, daß immer, wenn eine Funktion (XI) identisch verschwindet, die Punkte $\varepsilon_1, \cdots, \varepsilon_p$ ein Punktsystem I. Gattung bilden.

Um den allgemeinsten Fall zu setzen, nehme man an, daß

$$\vartheta(\!(u(o)-e)\!) \tag{63}$$

identisch, d. h. für jede Lage des Punktes o verschwinde, auch daß

$$\begin{gathered} \vartheta\left(\!\!\left(\sum_{\sigma=0}^{1} u(o_\sigma) - u(\varepsilon_1) - e\right)\!\!\right), \\ \vartheta\left(\!\!\left(\sum_{\sigma=0}^{2} u(o_\sigma) - \sum_{\sigma=1}^{2} u(\varepsilon_\sigma) - e\right)\!\!\right), \\ \cdots\cdots\cdots\cdots \\ \vartheta\left(\!\!\left(\sum_{\sigma=0}^{s-1} u(o_\sigma) - \sum_{\sigma=1}^{s-1} u(\varepsilon_\sigma) - e\right)\!\!\right) \end{gathered} \tag{64}$$

für alle Lagen der jeweilig vorkommenden Punkte o, ε verschwinden, dagegen

$$\vartheta\left(\!\!\left(\sum_{\sigma=0}^{s} u(o_\sigma) - \sum_{\sigma=1}^{s} u(\varepsilon_\sigma) - e\right)\!\!\right) \tag{65}$$

nicht mehr für jede Lage der $2s+1$ Punkte $o, o_1, \cdots, o_s, \varepsilon_1, \cdots, \varepsilon_s$ Null sei; wenn nicht früher, tritt dies, wie vorher gezeigt, jedenfalls für $s=p-1$ ein.

Sind nun $o_1, \cdots, o_s, \varepsilon_1, \cdots, \varepsilon_s$ einem solchen Systeme von $2s+1$ Punkten entnommen, so verschwindet (65) als Funktion von o betrachtet nicht identisch, also nur in p Punkten, von denen s die

Punkte $\varepsilon_1, \cdots, \varepsilon_s$ sind, während die $p-s$ übrigen $\varepsilon_{s+1}, \cdots, \varepsilon_p$ durch die Kongruenzen:

$$(66)\qquad -\sum_{\sigma=1}^{s} u_\mu(o_\sigma) + e_\mu \equiv \sum_{\tau=s+1}^{p} u_\mu(\varepsilon_\tau) + k_\mu \qquad (\mu=1,2,\cdots,p)$$

eindeutig bestimmt sind.

Aus (66) aber folgt nun weiter, daß sich das Konstantensystem $e_1, \cdots, e_p$ in der Form:

$$(67)\qquad e_\mu \equiv \sum_{\sigma=1}^{s} u_\mu(o_\sigma) + \sum_{\tau=s+1}^{p} u_\mu(\varepsilon_\tau) + k_\mu \qquad (\mu=1,2,\cdots,p)$$

darstellen läßt, und es können dabei, wie aus dem Gange der Untersuchung erhellt, die s Punkte $o_1, \cdots, o_s$ beliebig angenommen werden, wenn nur zu ihnen $s+1$ weitere Punkte $o, \varepsilon_1, \cdots, \varepsilon_s$ existieren, so daß der Ausdruck (65) für die $2s+1$ Punkte $o, o_1, \cdots, o_s, \varepsilon_1, \cdots, \varepsilon_s$ nicht verschwindet.

Diese Beschränkung in der Wahl der s Punkte $o_1, \cdots, o_s$ ist aber überflüssig, d. h. unter den über die Funktion $\vartheta((u(o)-e))$ gemachten Voraussetzungen lassen sich auch dann zu den s Punkten $o_1, \cdots, o_s$ $p-s$ Punkte $\varepsilon_{s+1}, \cdots, \varepsilon_p$ so bestimmen, daß die Kongruenzen (67) bestehen, wenn die Funktion (65) für jedes diese s Punkte $o_1, \cdots, o_s$ enthaltende System von $2s+1$ Punkten $o, o_1, \cdots, o_s, \varepsilon_1, \cdots, \varepsilon_s$ verschwindet.

Wird nämlich mit $o_1, \cdots, o_s$ ein solches System von s Punkten bezeichnet, dann gibt es jedenfalls eine Zahl t von der Beschaffenheit, daß

$$(68)\qquad \vartheta\left(\left(\sum_{\sigma=0}^{s+t} u(o_\sigma) - \sum_{\sigma=1}^{s+t} u(\varepsilon_\sigma) - e\right)\right)$$

nicht mehr für alle Lagen der $2s+2t+1$ Punkte $o, o_1, \cdots, o_{s+t}, \varepsilon_1, \cdots, \varepsilon_{s+t}$ verschwindet; wenn keine kleinere Zahl t es tut, so genügt jedenfalls $t=s$ dieser Bedingung, wie man sofort erkennt, wenn man die s Punkte $\varepsilon_1, \cdots, \varepsilon_s$ mit den s Punkten $o_1, \cdots, o_s$ zusammenfallen läßt. Nun sei für t die kleinste derartige Zahl gesetzt und es seien mit $o_1, \cdots, o_{s+t}, \varepsilon_1, \cdots, \varepsilon_{s+t}$ $2s+2t$ Punkte bezeichnet, welche mit einem passend gewählten weiteren Punkte o ein System von $2s+2t+1$ Punkten bilden, für welches (68) nicht verschwindet. Als Funktion von o betrachtet verschwindet dann (68) nicht identisch, also nur in p Punkten, von denen $s+t$ die Punkte $\varepsilon_1, \cdots, \varepsilon_{s+t}$ sind, während die $p-s-t$ übrigen $\varepsilon_{s+t+1}, \cdots, \varepsilon_p$ durch die Kongruenzen:

$$(69)\qquad -\sum_{\sigma=1}^{s+t} u_\mu(o_\sigma) + e_\mu \equiv \sum_{\tau=s+t+1}^{p} u_\mu(\varepsilon_\tau) + k_\mu \qquad (\mu=1,2,\cdots,p)$$

eindeutig bestimmt sind. Aus (69) folgt aber:

$$(70)\qquad e_\mu \equiv \sum_{\sigma=1}^{s+t} u_\mu(o_\sigma) + \sum_{\tau=s+t+1}^{p} u_\mu(\varepsilon_\tau) + k_\mu, \qquad (\mu=1,2,\cdots,p)$$

womit nachgewiesen ist, daß sich die Parameter $e_1, \cdots, e_p$ auch in diesem Falle in der Form (67) darstellen lassen, nur mit dem Unterschiede, daß nunmehr durch die beliebig angenommenen Punkte $o_1, \cdots, o_s$ die $p-s$ übrigen Punkte, hier die Punkte $o_{s+1}, \cdots, o_{s+t}, \varepsilon_{s+t+1}, \cdots, \varepsilon_p$, nicht mehr eindeutig bestimmt sind.

Man hat also den

IX. Satz: *Verschwindet der Ausdruck:*

$$(\mathrm{XII})\qquad \vartheta\left(\!\!\left(\sum_{\sigma=0}^{r} u(o_\sigma) - \sum_{\sigma=1}^{r} u(\varepsilon_\sigma) - e\right)\!\!\right),$$

solange $r < s$ ist, für alle Lagen der $2r+1$ Punkte $o, o_1, \cdots, o_r, \varepsilon_1, \cdots, \varepsilon_r$, nicht mehr aber, wenn $r = s$ ist, so lassen sich die Parameter $e_1, \cdots, e_p$ in der Form:

$$(\mathrm{XIII})\qquad e_\mu \equiv \sum_{\varkappa=1}^{p} u_\mu(\eta_\varkappa) + k_\mu \qquad (\mu=1,2,\cdots,p)$$

darstellen und es können dabei s der Punkte $\eta_1, \cdots, \eta_p$ willkürlich gewählt werden; die $p-s$ übrigen sind dadurch im allgemeinen eindeutig bestimmt.

Dies ist aber das Kriterium der Punktsysteme I. Gattung vom Range $p-s$ und man kann daher den Satz auch so aussprechen:

X. Satz: *Verschwindet der Ausdruck* (XII), *solange $r < s$ ist, für alle Lagen der $2r+1$ Punkle $o, o_1, \cdots, o_r, \varepsilon_1, \cdots, \varepsilon_r$, nicht mehr aber, wenn $r = s$ ist, so lassen sich die Parameter $e_1, \cdots, e_p$ (auf unendlich viele Weisen) in die Form* (XIII) *bringen und es bilden dabei die p Punkte $\eta_1, \cdots, \eta_p$ ein Punktsystem I. Gattung vom Range $p-s$.*

Damit ist der gewünschte Nachweis erbracht; denn der X. Satz enthält in sich den folgenden:

XI. Satz: *Verschwindet $\vartheta((u(o)-e))$ identisch, so lassen sich die Parameter $e_1, \cdots, e_p$ auf unendlich viele Weisen in die Form* (XIII) *bringen, und es bilden dabei die p Punkte $\eta_1, \cdots, \eta_p$ ein Punktsystem I. Gattung,*

welches die verlangte Umkehrung des VII. Satzes ist.

Aber der X. Satz sagt mehr aus, er gibt einen genaueren Einblick in das identische Verschwinden der Riemannschen Thetafunktion und liefert insbesondere durch Umkehrung den

XII. Satz: *Bilden* $\eta_1, \cdots, \eta_p$ *ein Punktsystem I. Gattung vom Range* $p-s$ *und setzt man dann:*

$$\text{(XIV)} \qquad e_\mu \equiv \sum_{\varkappa=1}^{p} u_\mu(\eta_\varkappa) + k_\mu, \qquad (\mu=1,2,\cdots,p)$$

so verschwindet der Ausdruck:

$$\text{(XV)} \qquad \vartheta\left(\!\!\left(\sum_{\sigma=0}^{r} u(o_\sigma) - \sum_{\sigma=1}^{r} u(\varepsilon_\sigma) - e\right)\!\!\right),$$

solange $r < s$ *ist, für alle Lagen der* $2r+1$ *Punkte* $o, o_1, \cdots, o_s, \varepsilon_1, \cdots, \varepsilon_s$, *nicht mehr aber, wenn* $r = s$ *ist.*

Nun kann man aber endlich beweisen, daß für eine Funktion $\vartheta((u(o)-e))$, für welche der Ausdruck (XV) solange $r<s$, nicht mehr aber, wenn $r=s$ ist, für alle Lagen der $2r+1$ Punkte $o, o_1, \cdots, o_r, \varepsilon_1, \cdots, \varepsilon_r$ verschwindet, die sämtlichen partiellen Derivierten der 1ten, 2ten, $\cdots$, $s-1^{\text{ten}}$, nicht aber der s^{ten} Ordnung identisch, d. h. für alle Lagen von o verschwinden.

Der erste Teil dieses Satzes, daß alle Derivierten von $\vartheta((u(o)-e))$ bis zur $s-1^{\text{ten}}$ Ordnung einschließlich unter der gemachten Voraussetzung verschwinden, ist sehr leicht zu erbringen. Wird nämlich für die partiellen Derivierten der Thetafunktion die abgekürzte Bezeichnung:

$$(71) \qquad \frac{\partial^r \vartheta((v))}{\partial v_{\mu_1} \cdots \partial v_{\mu_r}} = \vartheta^{(r)}_{\mu_1 \cdots \mu_r}((v))$$

angewendet, und ist in ε_ϱ $z = \zeta_\varrho$, $s = \sigma_\varrho$, so ist:

$$(72) \qquad \frac{\partial^r \vartheta\left(\!\!\left(\sum_{\varrho=0}^{r} u(o_\varrho) - \sum_{\varrho=1}^{r} u(\varepsilon_\varrho) - e\right)\!\!\right)}{\partial \zeta_1 \cdots \partial \zeta_r}$$

$$= (-1)^r \sum_{\mu_1=1}^{p} \cdots \sum_{\mu_r=1}^{p} \vartheta^{(r)}_{\mu_1 \cdots \mu_r}\left(\!\!\left(\sum_{\varrho=0}^{r} u(o_\varrho) - \sum_{\varrho=1}^{r} u(\varepsilon_\varrho) - e\right)\!\!\right) \cdot u'_{\mu_1}(\varepsilon_1) \cdots u'_{\mu_r}(\varepsilon_r).$$

Ist nun $r<s$ und daher der Ausdruck (XIII), also auch der daraus durch partielle Differentiation hervorgehende (72) für alle Lagen der $2r+1$ Punkte $o, o_1, \cdots, o_r, \varepsilon_1, \cdots, \varepsilon_r$ Null, so folgt, indem man $o_1 = \varepsilon_1, \cdots, o_r = \varepsilon_r$ setzt, daß die Summe:

$$(73) \qquad \sum_{\mu_1=1}^{p} \cdots \sum_{\mu_r=1}^{p} \vartheta^{(r)}_{\mu_1 \cdots \mu_r}((u(o)-e))\, u'_{\mu_1}(\varepsilon_1) \cdots u'_{\mu_r}(\varepsilon_r) = 0$$

ist für alle Lagen der Punkte $\varepsilon_1, \cdots, \varepsilon_r$ und o. Dies zieht aber infolge der Linearunabhängigkeit der Integranden $u_1', \cdots, u_p'$ das Verschwinden der sämtlichen partiellen Derivierten $\vartheta^{(r)}_{\mu_1 \cdots \mu_r}((u(o) - e))$ für alle Lagen des Punktes o nach sich, womit der gewünschte Nachweis erbracht ist.

Der Beweis des zweiten Teiles des obigen Satzes, daß unter den über die Funktion $\vartheta((u(o) - e))$ gemachten Voraussetzungen nicht alle ihre Derivierten s^{ter} Ordnung verschwinden, ist dagegen nicht ohne Weitläufigkeiten.

Setzt man:

$$(74) \qquad u_\mu(o) - e_\mu = U_\mu, \qquad (\mu = 1, 2, \cdots, p)$$

so gibt es der Voraussetzung nach ein System von $2s$ Punkten $o_1, \cdots, o_s, \varepsilon_1, \cdots, \varepsilon_s$, für welches bei passend gewähltem o

$$(75) \qquad \vartheta\left(\left(\sum_{\varrho=1}^{s} u(o_\varrho) - \sum_{\varrho=1}^{s} u(\varepsilon_\varrho) + U\right)\right) \neq 0$$

ist; dann lassen sich aber s die Punkte $\varepsilon_1, \cdots, \varepsilon_s$ umschließende Gebiete $G_1, \cdots, G_s$ so abgrenzen, daß diese Ungleichung bestehen bleibt, solange die ε nicht aus den Gebieten G heraustreten. Der Ausdruck auf der linken Seite von (75) kann aber ferner nicht für alle in $G_1, \cdots, G_s$ liegenden Punktsysteme $o_1, \cdots, o_s$ Null sein, da er sonst als stetige Funktion von $o_1, \cdots, o_s$ im Widerspruche mit (75) für jede Lage der Punkte $o_1, \cdots, o_s$ mit der Null zusammenfallen müßte, und es gibt folglich ein diesen Gebieten angehöriges Punktsystem $\gamma_1, \cdots, \gamma_s$, für welches sowohl:

$$(76) \qquad \vartheta\left(\left(\sum_{\varrho=1}^{s} u(o_\varrho) - \sum_{\varrho=1}^{s} u(\gamma_\varrho) + U\right)\right) \neq 0$$

als auch:

$$(77) \qquad \vartheta\left(\left(\sum_{\varrho=1}^{s} u(\gamma_\varrho) - \sum_{\varrho=1}^{s} u(\varepsilon_\varrho) + U\right)\right) \neq 0$$

ist. Nun kann man weiter wegen (77) s die Punkte $\gamma_1, \cdots, \gamma_s$ umschließende Gebiete $\Gamma_1, \cdots, \Gamma_s$ so abgrenzen, daß der in (77) stehende Ausdruck von Null verschieden bleibt, solange die γ nicht aus den Gebieten Γ heraustreten, daß also:

$$(78) \qquad \vartheta\left(\left(\sum_{\varrho=1}^{s} u(\omega_\varrho) - \sum_{\varrho=1}^{s} u(\varepsilon_\varrho) + U\right)\right) \neq 0$$

ist für jedes in $\Gamma_1, \cdots, \Gamma_s$ gelegene Punktsystem $\omega_1, \cdots, \omega_s$, und da der Ausdruck:

$$(79) \qquad \vartheta\left(\left(\sum_{\varrho=1}^{s} u(\omega_\varrho) - \sum_{\varrho=1}^{s} u(\gamma_\varrho) + U\right)\right) \neq 0$$

sein kann für alle den Gebieten $\Gamma_1, \cdots, \Gamma_s$ angehörigen Punktsysteme $\omega_1, \cdots, \omega_s$, da er sonst allenthalben Null wäre, und es doch für $\omega_1 = o_1, \cdots, \omega_s = o_s$ nicht ist, so erkennt man, daß es jedenfalls ein den Gebieten $\Gamma_1, \cdots, \Gamma_s$ angehöriges Punktsystem $\omega_1, \cdots, \omega_s$ gibt, für welches gleichzeitig die beiden Ungleichungen (78) und (79) bestehen.

Bildet man nun mit einem der Bedingung (77) genügenden Systeme von $2s$ Punkten $\varepsilon_1, \cdots, \varepsilon_s, \gamma_1, \cdots, \gamma_s$ den Ausdruck:

$$\frac{\vartheta\left(\!\!\left(\sum_{\varrho=1}^{s} u(\omega_\varrho) - \sum_{\varrho=1}^{s} u(\varepsilon_\varrho) + U\right)\!\!\right)}{\vartheta\left(\!\!\left(\sum_{\varrho=1}^{s} u(\omega_\varrho) - \sum_{\varrho=1}^{s} u(\gamma_\varrho) + U\right)\!\!\right)}\, e^W, \tag{80}$$

in welchem zur Abkürzung:

$$W = \sum_{\varrho=1}^{s} \{ w_{\varepsilon_\varrho, \gamma_\varrho}(\omega_1) + \cdots + w_{\varepsilon_\varrho, \gamma_\varrho}(\omega_s) \} \tag{81}$$

gesetzt ist[1]), so ist derselbe als Funktion eines jeden der s Punkte $\omega_1, \cdots, \omega_s$ betrachtet eine Funktion der Klasse, die nirgendwo unendlich wird und daher einen konstanten Wert besitzt, der endlich nach dem vorher Bemerkten von Null verschieden ist.

Damit ist bewiesen, daß für jedes den Gebieten $\Gamma_1, \cdots, \Gamma_s$ angehörige Punktsystem $\omega_1, \cdots, \omega_s$ die Gleichung:

$$\begin{aligned} &\vartheta\left(\!\!\left(\sum_{\varrho=1}^{s} u(\omega_\varrho) - \sum_{\varrho=1}^{s} u(\varepsilon_\varrho) + U\right)\!\!\right) \\ &= C\, \vartheta\left(\!\!\left(\sum_{\varrho=1}^{s} u(\omega_\varrho) - \sum_{\varrho=1}^{s} u(\gamma_\varrho) + U\right)\!\!\right) e^W \end{aligned} \tag{82}$$

besteht, in der C einen von Null verschiedenen von den ω unabhängigen Wert bezeichnet.

Es sei nun für $\varrho = 1, 2, \cdots, s$ in ω_ϱ: $z = z_\varrho$, $s = s_\varrho$, in γ_ϱ: $z = \zeta_\varrho$, $s = \sigma_\varrho$. Dividiert man dann linke und rechte Seite von (82) durch $(z_1 - \zeta_1) \cdots (z_s - \zeta_s)$ und läßt hierauf ω_1 gegen $\gamma_1, \cdots, \omega_s$ gegen γ_s konvergieren, so erhält man auf der linken Seite die Summe:

$$\sum_{\mu_1=1}^{p} \cdots \sum_{\mu_s=1}^{p} \vartheta^{(s)}_{\mu_1 \cdots \mu_s}((U))\, u'_{\mu_1}(\gamma_1) \cdots u'_{\mu_s}(\gamma_s), \tag{83}$$

auf der rechten Seite aber einen jedenfalls von Null verschiedenen

1) Um die Integralgrenze in die Bezeichnung aufzunehmen, sind hier die Unendlichkeitspunkte als Indizes angebracht.

Grenzwert und hat damit bewiesen, daß von den Derivierten der s^{ten} Ordnung:

$$\vartheta^{(s)}_{\mu_1 \cdots \mu_s}((U)) = \vartheta^{(s)}_{\mu_1 \cdots \mu_s}((u(o) - e)) \tag{84}$$

mindestens eine von Null verschieden ist.

Man hat auf diese Weise den Satz bewiesen:

XIII. Satz: *Bilden $\eta_1, \cdots, \eta_p$ ein Punktsystem I. Gattung vom Range $p - s$ und setzt man dann:*

$$e_\mu = \sum_{\varkappa=1}^{p} u_\mu(\eta_\varkappa) + k_\mu, \qquad (\mu = 1, 2, \cdots, p) \tag{XVI}$$

so verschwindet die Funktion $\vartheta((u(o) - e))$ identisch, d. h. für alle Lagen des Punktes o, samt allen ihren Derivierten der 1ten, 2ten, $\cdots$, $s - 1^{\text{ten}}$ aber nicht der s^{ten} Ordnung.

Die Hauptresultate dieses Paragraphen kann man in folgenden Satz zusammenfassen:

XIV. Satz: *Die Funktion:*

$$\vartheta\left(\left(u(o) - \sum_{\varkappa=1}^{p} u(\eta_\varkappa) - k\right)\right) \tag{XVII}$$

verschwindet:

1. wenn die Punkte $\eta_1, \cdots, \eta_p$ kein Punktsystem I. Gattung bilden, nur in den p Punkten $\eta_1, \cdots, \eta_p$;

2. wenn die Punkte $\eta_1, \cdots, \eta_p$ ein Punktsystem I. Gattung vom Range $p - s$ bilden, identisch d. h. für alle Lagen des Punktes o, und zwar zusammen mit allen ihren Derivierten 1ter, 2ter, $\cdots$, $s - 1^{\text{ter}}$ aber nicht s^{ter} Ordnung.

Die Lehre vom identischen Verschwinden der Thetafunktion findet sich zuerst bei Riemann[1]). Auf die Lücken, welche diese Darstellung enthielt, hat sodann Herr Neumann[2]) hingewiesen, und es ist diesem auch später[3]) gelungen, einen einwandfreien Beweis des Hauptsatzes der Lehre (VI. Satz) zu erbringen. In der letzten Zeit hat Herr Rost[4]) eine

---

1) Riemann, Über das Verschwinden der Theta-Functionen. 1865. Ges. math. Werke. Lpz. 1876, pag. 198.

2) Neumann, Über das Verschwinden der Thetafunctionen. Leipz. Ber. Bd. 35. 1883, pag. 99.

3) Neumann, Vorlesungen über Riemann's Theorie der Abel'schen Integrale. 2. Aufl. Lpz. 1884, pag. 322.

4) Rost, Theorie der Riemann'schen Thetafunction. Hab.-Schrift. Würzburg 1901.

vollständige, auf alle möglichen Ausnahmefälle Rücksicht nehmende Darstellung der ganzen Riemannschen Lehre gegeben und die Mängel, welche früheren Darstellungen von v. Dalwigk[1]), Stahl[2]) und Christoffel[3]) anhaften, eingehend kritisch beleuchtet. Die sorgfältige Darstellung des Herrn Rost konnte der obigen in wesentlichen Punkten zur Grundlage dienen.

Christoffel ist in seiner eben genannten Abhandlung aber noch auf einen anderen Punkt eingegangen. Bilden nämlich $\eta_1, \cdots, \eta_p$ ein Punktsystem I. Gattung, so kann man mit den obigen Hilfsmitteln keine Thetafunktion bilden, welche nur in den p Punkten $\eta_1, \cdots, \eta_p$ verschwindet. Christoffel zeigt, daß, wenn der Begriff einer Thetafunktion nicht an ihre Ausdrucksform gebunden wird, sondern an ihre maßgebenden Eigenschaften, nämlich ihr Verhalten an den Querschnitten und im Innern der einfach zusammenhängenden Fläche T', der sie zugeordnet ist, eine solche Funktion unter allen Umständen, wie auch ihre Nullpunkte vorgeschrieben werden mögen, existiert, und gibt als Ausdrucksform für sie in den Fällen, wo die Riemannsche Thetareihe versagt, andere, „Sekundärreihen“ genannte Formen.

§ 6.

Zuordnung von Wurzelfunktionen zu den Thetafunktionen.

Ist $\vartheta((c)) \neq 0$, so verschwindet $\vartheta((u(o) - u(\varepsilon) - c))$ als Funktion von o nicht identisch, da es für $o = \varepsilon$ nicht Null ist, wird also 0^1 in p Punkten $\eta_1, \cdots, \eta_p$, welche durch die Kongruenzen:

$$(85) \qquad u_\mu(\varepsilon) + c_\mu \equiv \sum_{\varkappa=1}^{p} u_\mu(\eta_\varkappa) + k_\mu \qquad (\mu = 1, 2, \cdots, p)$$

eindeutig bestimmt sind. Man erhält daraus den

XV. Satz: *Ist $\vartheta((c)) \neq 0$, so können die Größen $c_1, \cdots, c_p$ in die Form:*

$$(\text{XVIII}) \qquad c_\mu \equiv - u_\mu(\varepsilon) + \sum_{\varkappa=1}^{p} u_\mu(\eta_\varkappa) + k_\mu \qquad (\mu = 1, 2, \cdots, p)$$

gebracht werden, wobei der Punkt ε willkürlich gewählt werden kann, von den Punkten $\eta_1, \cdots, \eta_p$ aber keiner mit ε zusammenfällt.

---

1) v. Dalwigk, Beiträge zur Theorie der Thetafunctionen von p Variablen. Nova Acta Leop. Bd. 57. 1892, pag. 221.

2) Stahl, Theorie der Abel'schen Functionen. Lpz. 1896, pag. 224.

3) Christoffel, Vollständige Theorie der Riemann'schen ϑ-Function. Math. Ann. Bd. 54. 1901, pag. 347; vergl. dazu auch Landfriedt, Thetafunktionen und hyperelliptische Funktionen. Lpz. 1902.

Nun seien $d_1, \cdots, d_p$ beliebige Größen; nach dem IX. Satze existiert dann stets ein Größensystem $c_1, \cdots, c_p$ derart, daß gleichzeitig $\vartheta((c)) \neq 0$ und $\vartheta((c+d)) \neq 0$ sind; dann können aber, wie soeben bewiesen, die Größen $c_1, \cdots, c_p$ und $c_1 + d_1, \cdots, c_p + d_p$ in die Formen:

$$(86) \qquad \begin{aligned} c_\mu &= -u_\mu(\varepsilon) + \sum_{\varkappa=1}^{p} u_\mu(\eta_\varkappa) + k_\mu, \\ c_\mu + d_\mu &= -u_\mu(\varepsilon) + \sum_{\varkappa=1}^{p} u_\mu(\zeta_\varkappa) + k_\mu \end{aligned} \qquad (\mu = 1, 2, \cdots, p)$$

gebracht werden, und es folgt dann hieraus:

$$(87) \qquad d_\mu \equiv \sum_{\varkappa=1}^{p} u_\mu(\zeta_\varkappa) - \sum_{\varkappa=1}^{p} u_\mu(\eta_\varkappa). \qquad (\mu = 1, 2, \cdots, p)$$

Man hat damit den

XVI. Satz: *Beliebige Größen $d_1, \cdots, d_p$ können stets in die Form:*

$$(\mathrm{XIX}) \qquad d_\mu \equiv \sum_{\varkappa=1}^{p} u_\mu(\zeta_\varkappa) - \sum_{\varkappa=1}^{p} u_\mu(\eta_\varkappa) \qquad (\mu = 1, 2, \cdots, p)$$

gebracht werden.

Ist nun $\vartheta((c)) = 0$ und weiter

$$(88) \qquad \vartheta\left(\left(\sum_{\varrho=1}^{r} u(\delta_\varrho) - \sum_{\varrho=1}^{r} u(\varepsilon_\varrho) - c\right)\right) = 0$$

für alle Lagen der $2r$ Punkte $\delta_1, \cdots, \delta_r, \varepsilon_1, \cdots, \varepsilon_r$, solange $r < s$, nicht mehr aber, wenn $r = s$ [1]), so ist bei passend ausgewählten Punkten $\delta_2, \cdots, \delta_s, \varepsilon_1, \cdots, \varepsilon_s$

$$(89) \qquad \vartheta\left(\left(u(o) + \sum_{\varrho=2}^{s} u(\delta_\varrho) - \sum_{\varrho=1}^{s} u(\varepsilon_\varrho) - c\right)\right)$$

als Funktion von o nicht identisch Null, wird also 0^1 in p Punkten, von denen s die Punkte $\varepsilon_1, \cdots, \varepsilon_s$ sind, während die $p - s$ übrigen $\delta_{s+1}, \cdots, \delta_p$ durch die Kongruenzen

$$(90) \qquad -\sum_{\varrho=2}^{s} u_\mu(\delta_\varrho) + c_\mu \equiv \sum_{\sigma=s+1}^{p} u_\mu(\delta_\sigma) + k_\mu$$

eindeutig bestimmt sind. Aus den Kongruenzen (90) folgt sofort der

1) Wenn nicht früher, so tritt dies jedenfalls wegen des XVI. Satzes für $r = p$ ein.

XVII. Satz: *Ist* $\vartheta((c)) = 0$, *so können die Größen* $c_1, \cdots, c_p$ *in die Form:*

$$\text{(XX)} \qquad c_\mu \equiv \sum_{\varkappa=1}^{p-1} u_\mu(\delta_\varkappa) + k_\mu \qquad (\mu=1,2,\cdots,p)$$

gebracht werden.

Da man c_μ mit $-c_\mu$ vertauschen kann, so existieren dann auch $p-1$ Punkte $\varepsilon_1, \cdots, \varepsilon_{p-1}$, derart daß:

$$(91) \qquad -c_\mu \equiv \sum_{\varkappa=1}^{p-1} u_\mu(\varepsilon_\varkappa) + k_\mu \qquad (\mu=1,2,\cdots,p)$$

und daher:

$$(92) \qquad \sum_{\varkappa=1}^{p-1} u_\mu(\delta_\varkappa) + \sum_{\varkappa=1}^{p-1} u_\mu(\varepsilon_\varkappa) + 2k_\mu \equiv 0 \qquad (\mu=1,2,\cdots,p)$$

ist. Verschwindet nun die Funktion $\vartheta((u(o)-a))$ in den p Punkten $\alpha_1, \cdots, \alpha_p$, sodaß:

$$(93) \qquad a_\mu \equiv \sum_{\varkappa=1}^{p} u_\mu(\alpha_\varkappa) + k_\mu \qquad (\mu=1,2,\cdots,p)$$

ist, so ergibt sich durch Verbindung mit (92):

$$(94) \qquad -2a_\mu \equiv \sum_{\varkappa=1}^{p-1} u_\mu(\delta_\varkappa) + \sum_{\varkappa=1}^{p-1} u_\mu(\varepsilon_\varkappa) - 2\sum_{\varkappa=1}^{p} u_\mu(\alpha_\varkappa). \qquad (\mu=1,2,\cdots,p)$$

Nun sei:

$$(95) \qquad 2a_\mu \equiv 0 \qquad (\mu=1,2,\cdots,p)$$

d. h. $a_1, \cdots, a_p$ ein System korrespondierender Halber der Periodizitätsmodulen, dessen Per. Char. in der Folge mit (a) bezeichnet sei; die Kongruenzen (94) liefern dann:

$$(96) \qquad \sum_{\varkappa=1}^{p-1} u_\mu(\delta_\varkappa) + \sum_{\varkappa=1}^{p-1} u_\mu(\varepsilon_\varkappa) - 2\sum_{\varkappa=1}^{p} u_\mu(\alpha_\varkappa) \equiv 0. \qquad (\mu=1,2,\cdots,p)$$

Ist die Charakteristik $[a]$ ungerade, so fällt einer der p Nullpunkte $\alpha_1, \cdots, \alpha_p$ der Funktion $\vartheta((u(o)-a))$, etwa α_p, in den gemeinsamen unteren Grenzpunkt α der Integrale u und die Kongruenzen (96) reduzieren sich auf:

$$(97) \qquad \sum_{\varkappa=1}^{p-1} u_\mu(\delta_\varkappa) + \sum_{\varkappa=1}^{p-1} u_\mu(\varepsilon_\varkappa) - 2\sum_{\varkappa=1}^{p-1} u_\mu(\alpha_\varkappa) \equiv 0. \qquad (\mu=1,2,\cdots,p)$$

Diese Kongruenzen zeigen aber, daß es eine Funktion τ der Klasse gibt, welche ∞^1 wird in den $2p-2$ Punkten $\delta_1, \cdots, \delta_{p-1}, \varepsilon_1, \cdots, \varepsilon_{p-1}$

und 0^2 in den $p-1$ Punkten $\alpha_1, \cdots, \alpha_{p-1}$. Eine solche Funktion ist der Quotient:

$$\tau = \frac{\varphi}{\varphi_0} \tag{98}$$

zweier φ-Funktionen, von denen die Nennerfunktion bis auf einen Faktor dadurch bestimmt ist, daß sie 0^1 wird in den $2p-2$ Punkten $\delta_1, \cdots, \delta_{p-1}, \varepsilon_1, \cdots, \varepsilon_{p-1}$; diese Punkte bilden ein Punktsystem I. Gattung vom Range $p-1$, da $p-1$ von ihnen z. B. $\delta_1, \cdots, \delta_{p-1}$ willkürlich gewählt werden können. Die Funktion φ_0 ist von der Charakteristik $[a]$ unabhängig; den $2^{p-1}(2^p-1)$ ungeraden Charakteristiken entsprechend existieren dazu ebensoviele Zählerfunktionen, von denen jede 0^2 wird in jenen $p-1$ Punkten, in denen die zugehörige Funktion $\vartheta((u(o)-a))$ außer im Punkte α verschwindet.

Ist die Charakteristik $[a]$ gerade, so fällt keiner der Nullpunkte $\alpha_1, \cdots, \alpha_p$ mit α zusammen und die Kongruenzen (96) zeigen, daß es eine Funktion τ der Klasse gibt, welche ∞^1 wird in den $2p-2$ Punkten $\delta_1, \cdots, \delta_{p-1}, \varepsilon_1, \cdots, \varepsilon_{p-1}$ und ∞^2 in α, dagegen 0^2 in den p Punkten $\alpha_1, \cdots, \alpha_p$. Um eine solche Funktion zu bilden, nehme man zu der in den $2p-2$ Punkten $\delta_1, \cdots, \delta_{p-1}, \varepsilon_1, \cdots, \varepsilon_{p-1}$ verschwindenden Funktion φ_0 eine in α 0^2 werdende lineare Funktion $l_\alpha = az + bs + c$ hinzu. Diese letztere wird dann noch 0^1 in $m+n-2$ anderen Punkten $\beta_1, \cdots, \beta_{m+n-2}$. Nun bestimme man eine Funktion $\psi(\overset{n-1}{s} \mid \overset{m-1}{z})$ so, daß sie in den $m+n-2$ Punkten $\beta_1, \cdots, \beta_{m+n-2}$ 0^1 wird und ihre $2p$ übrigen Nullpunkte paarweise zusammenfallen. Man wird dabei bemerken, daß eine Funktion $\psi(\overset{n-1}{s} \mid \overset{m-1}{z})$ $mn = d + p + m + n - 1$ willkürliche Konstanten und $m(n-1) + n(m-1) = 2d + 2p + m + n - 2$ Nullpunkte hat. Verschwindet sie in den d Doppelpunkten von $F(s \mid z) = 0$, so bleiben noch $2p + m + n - 2$ Nullpunkte übrig, denen $p + m + n - 2$ Bedingungen auferlegt werden können. In dem Quotienten

$$\tau = \frac{\psi}{l_\alpha \varphi_0} \tag{99}$$

ist dann der Nenner $l_\alpha \varphi_0$ wieder von der Charakteristik $[a]$ unabhängig, während es den $2^{p-1}(2^p+1)$ geraden Charakteristiken entsprechend ebensoviele verschiedene Zählerfunktionen ψ gibt, die alle 0^1 werden in den nämlichen $m+n-2$ Punkten, und von denen außerdem jede 0^2 wird in den p Punkten $\alpha_1, \cdots, \alpha_p$, in denen die zugehörige Funktion $\vartheta((u(o)-a))$ verschwindet.

Multipliziert man noch im ersten Falle Zähler und Nenner von τ mit l_α und faßt ein Produkt $l_\alpha \varphi$ als eine zerfallende ψ-Funktion auf, so erhält man bei durchweg gleicher Nennerfunktion den 2^{2p} Charakteristiken $[\varepsilon]$ ebensoviele verschiedene ψ-Funktionen ψ_ε zugeordnet, welche alle in den nämlichen $m+n-2$ Punkten $\beta_1, \cdots, \beta_{m+n-2}$ verschwinden, und von denen jede weiter 0^2 wird in jenen p Punkten $\alpha_1, \cdots, \alpha_p$, in denen die zur Charakteristik $[\varepsilon]$ gehörige Funktion $\vartheta[\varepsilon]((u(o)))$ verschwindet.

Betrachtet man jetzt einen Thetaquotienten:

$$Q = \frac{\vartheta[\varepsilon]((u(o)))}{\vartheta[\eta]((u(o)))}, \tag{100}$$

so ist er eine in der Fläche T' einwertige Funktion, die 0^1 wird in den p Nullpunkten $\alpha_1, \cdots, \alpha_p$ von $\vartheta[\varepsilon]((u(o)))$, ∞^1 in den p Nullpunkten $\alpha_1', \cdots, \alpha_p'$ von $\vartheta[\eta]((u(o)))$ und die beim Überschreiten der Querschnitte a_ν, b_ν die Faktoren:

$$(-1)^{\varepsilon_\nu' - \eta_\nu'}, \qquad (-1)^{\varepsilon_\nu - \eta_\nu} \qquad {\scriptstyle (\nu = 1, 2, \cdots, p)} \tag{101}$$

erlangt. Sein Quadrat ist also eine in $\alpha_1, \cdots, \alpha_p$ 0^2, in $\alpha_1', \cdots, \alpha_p'$ ∞^2 werdende Funktion der Klasse und unterscheidet sich daher von der Funktion $\psi_\varepsilon : \psi_\eta$ nur um einen konstanten Faktor; man erhält so die fundamentale Gleichung:

$$\frac{\vartheta[\varepsilon]((u(o)))}{\vartheta[\eta]((u(o)))} = c_{\varepsilon\eta} \sqrt{\frac{\psi_\varepsilon}{\psi_\eta}}. \tag{102}$$

Zur Ausführung der im Vorigen angegebenen Zuordnung der 2^{2p} Wurzelfunktionen $\sqrt{\psi_\varepsilon}$ zu den 2^{2p} Thetafunktionen $\vartheta[\varepsilon]((u))$ muß man die Nullpunkte der Thetafunktionen kennen. Man kann aber die Zuordnung der Wurzelfunktionen zu den Thetafunktionen auch ohne Benutzung der Nullpunkte durchführen, indem man verfährt, wie folgt:

Man bestimme nach dem Früheren auf rein algebraischem Wege die $2^{p-1}(2^p+1)$ eigentlichen und die $2^{p-1}(2^p-1)$ zerfallenden ψ-Funktionen; die ersteren sind jene Funktionen $\psi(\overset{n-1}{s} \mid \overset{m-1}{z})$, welche in den d Doppelpunkten von $F(\overset{n}{s} \mid \overset{m}{z}) = 0$ und den $m+n-2$ von α verschiedenen Nullpunkten der im Punkte α 0^2 werdenden linearen Funktion $l_\alpha = az + bs + c$ verschwinden, während ihre $2p$ übrigen Nullpunkte paarweise zusammenfallen; die letzteren sind jene Funktionen $l_\alpha \varphi(\overset{n-2}{s} \mid \overset{m-2}{z})$, bei denen $\varphi(s \mid z)$ in den d Doppelpunkten von $F(s \mid z) = 0$ verschwindet, während ihre $2p$ übrigen Nullpunkte paarweise zusammenfallen. Aus den zugehörigen 2^{2p} Wurzelfunktionen $\sqrt{\psi}$ bilde man $2^{2p}-1$ Quotienten mit gemeinsamem, willkürlich gewähltem Nenner $\sqrt{\psi_0}$ und ermittle für diese die Faktoren ± 1, welche sie an den Querschnitten a_ν, b_ν erlangen. Damit ist zu jedem Quotienten $\frac{\sqrt{\psi}}{\sqrt{\psi_0}}$ bereits die Differenz der Charakteristiken der zu seinen beiden Wurzelfunktionen gehörigen Thetafunktionen gefunden, und man hat jetzt nur noch diejenige Charakteristik (η) zu ermitteln, welche die Eigenschaft hat, daß durch ihre Addition zu den $2^{2p}-1$ gefundenen Charakteristiken eine gerade Charakteristik entsteht, wenn die Wurzelfunktion des Zählers im zugehörigen Quotienten eine eigentliche, eine ungerade Charakteristik, wenn diese Wurzelfunktion eine zerfallende ist. Die so bestimmte Charakteristik (η) ist dann die zur Wurzelfunktion $\sqrt{\psi_0}$ gehörige Charakteristik, während die $2^{2p}-1$ durch Addition erhaltenen Charakteristiken in der gleichen Reihenfolge den $2^{2p}-1$ im Zähler stehenden Wurzelfunktionen angehören.

§ 7.

Das Umkehrproblem.

Bezeichnet man die p Nullpunkte der Funktion $\vartheta[\varepsilon]((u(o)))$ mit $\alpha_1^{(\varepsilon)}, \cdots, \alpha_p^{(\varepsilon)}$, die p Nullpunkte der Funktion $\vartheta[\varepsilon]((u(o)-e))$ mit $\eta_1^{(\varepsilon)}, \cdots, \eta_p^{(\varepsilon)}$, so ergeben sich aus den Kongruenzen, welche in den beiden Fällen die Nullpunkte der Thetafunktion mit ihren Parametern verknüpfen, durch Subtraktion die neuen:

$$(103)\qquad e_\mu \equiv \sum_{\nu=1}^{p} [u_\mu(\eta_\nu^{(\varepsilon)}) - u_\mu(\alpha_\nu^{(\varepsilon)})]. \qquad (\mu=1,2,\cdots,p)$$

Daraus aber schließt man sofort, daß der Thetaquotient:

$$(104)\qquad Q(o) = \frac{\vartheta[\varepsilon]\left(\left(\sum_{\varkappa=0}^{q} u(o_\varkappa) - \sum_{\varkappa=1}^{q} u(\delta_\varkappa)\right)\right)}{\vartheta[\eta]\left(\left(\sum_{\varkappa=0}^{q} u(o_\varkappa) - \sum_{\varkappa=1}^{q} u(\delta_\varkappa)\right)\right)}$$

als Funktion von o:

1. 0^1 wird in p Punkten $y_1, \cdots, y_p$, welche durch die Kongruenzen:

$$(105)\qquad \sum_{\nu=1}^{p} [u_\mu(y_\nu) - u_\mu(\alpha_\nu^{(\varepsilon)})] + \sum_{\varkappa=1}^{q} [u_\mu(o_\varkappa) - u_\mu(\delta_\varkappa)] \equiv 0, \qquad (\mu=1,2,\cdots,p)$$

2. ∞^1 wird in p Punkten $z_1, \cdots, z_p$, welche durch die Kongruenzen:

$$(106)\qquad \sum_{\nu=1}^{p} [u_\mu(z_\nu) - u_\mu(\alpha_\nu^{(\eta)})] + \sum_{\varkappa=1}^{q} [u_\mu(o_\varkappa) - u_\mu(\delta_\varkappa)] \equiv 0 \qquad (\mu=1,2,\cdots,p)$$

bestimmt sind. Weiter erlangt $Q(o)$ an den Querschnitten a_ν, b_ν die Faktoren:

$$(107) \qquad (-1)^{\varepsilon'_\nu - \eta'_\nu}, \quad (-1)^{\varepsilon_\nu - \eta_\nu}; \qquad (\nu = 1, 2, \cdots, p)$$

setzt man daher mit Rücksicht auf die Symmetrie von Q in Bezug auf $o, o_1, \cdots, o_q$

$$(108) \qquad Q = S_0 S_1 \cdots S_q R,$$

wo:

$$(109) \qquad S_\varkappa = \sqrt{\frac{\psi_\varepsilon(o_\varkappa)}{\psi_\eta(o_\varkappa)}} \qquad (\varkappa = 1, 2, \cdots, q)$$

ist, so ist R gleichfalls eine symmetrische Funktion von $o, o_1, \cdots, o_q$; dieselbe ist als Funktion von o betrachtet Funktion der Klasse und wird:

1. 0^1 in den p Punkten $\alpha_1^{(\eta)}, \cdots, \alpha_p^{(\eta)}$, in denen S_0 ∞^1 wird, und in den p Punkten $y_1, \cdots, y_p$, in denen Q 0^1 wird,

2. ∞^1 in den p Punkten $\alpha_1^{(\varepsilon)}, \cdots, \alpha_p^{(\varepsilon)}$, in denen S_0 0^1 wird, und in den p Punkten $z_1, \cdots, z_p$, in denen Q ∞^1 wird.

Um eine solche Funktion R zu bilden, ohne die unbekannten Punkte $y_1, \cdots, y_p$, $z_1, \cdots, z_p$ zu benutzen, verfahre man wie folgt:

Man bestimme eine Funktion τ_η der Klasse, deren Zähler- und Nennerfunktion von hinreichend hohem Grade sind und beide in den d Doppelpunkten von $F(s\,|\,z) = 0$ verschwinden, so, daß außer gewissen weiteren gemeinsamen Nullpunkten des Zählers und Nenners der Zähler 0^1 wird in den q Punkten $\delta_1, \cdots, \delta_q$ und den p Punkten $\alpha_1^{(\eta)}, \cdots, \alpha_p^{(\eta)}$, der Nenner in den q Punkten $o_1, \cdots, o_q$; die p weiteren Nullpunkte des Nenners sind dann dadurch bestimmt und auf Grund der Kongruenzen (106) die p Punkte $z_1, \cdots, z_p$. Bestimmt man dann in der gleichen Weise eine Funktion τ_ε der Klasse, welche 0^1 wird in den q Punkten $\delta_1, \cdots, \delta_q$ und den p Punkten $\alpha_1^{(\varepsilon)}, \cdots, \alpha_p^{(\varepsilon)}$, dagegen ∞^1 in den q Punkten $o_1, \cdots, o_q$, und daher auf Grund der Kongruenzen (105) in den p weiteren Punkten $y_1, \cdots, y_p$, so ist der Quotient $\tau_\eta : \tau_\varepsilon$ 0^1 in den $2p$ Punkten $\alpha_1^{(\eta)}, \cdots, \alpha_p^{(\eta)}$ und $y_1, \cdots, y_p$, ∞^1 in den $2p$ Punkten $\alpha_1^{(\varepsilon)}, \cdots, \alpha_p^{(\varepsilon)}$ und $z_1, \cdots, z_p$, unterscheidet sich also von R nur um einen von o unabhängigen Faktor, der zunächst noch von $o_1, \cdots, o_q$ abhängt, aber auch davon unabhängig wird, sobald man es so einrichtet, daß die Funktion $\tau_\eta : \tau_\varepsilon$ symmetrisch ist in Bezug auf die $q+1$ Punkte $o, o_1, \cdots, o_q$. Man erhält dann für Q den Ausdruck:

$$(110) \qquad Q = c_{\varepsilon\eta} \frac{\tau_\eta}{\tau_\varepsilon} \prod_{\varkappa=0}^{q} \sqrt{\frac{\psi_\varepsilon(o_\varkappa)}{\psi_\eta(o_\varkappa)}}$$

wo $c_{\varepsilon\eta}$ eine von den $q+1$ Punkten $o, o_1, \cdots, o_q$ unabhängige Größe bezeichnet, die bestimmt werden kann, indem man diesen Punkten passend gewählte spezielle Lagen gibt.

Das Jacobische Umkehrproblem besteht nun in der Aufgabe, aus den p Gleichungen:

$$(111)\qquad \sum_{\nu=1}^{p}[u_\mu(o_\nu)-u_\mu(\delta_\nu)] = U_\mu \qquad (\mu=1,2,\cdots,p)$$

bei gegebenen Integralgrenzen $\delta_1, \cdots, \delta_p$ und gegebenen Werten $U_1, \cdots, U_p$ die Integralgrenzen $o_1, \cdots, o_p$ zu berechnen. Bestimmt man Größen $e_1, \cdots, e_p$ durch die Gleichungen:

$$(112)\qquad \sum_{\nu=1}^{p} u_\mu(\delta_\nu) + U_\mu + k_\mu = e_\mu, \qquad (\mu=1,2,\cdots,p)$$

wobei $k_1, \cdots, k_p$ die unter (II) angegebenen Riemannschen Konstanten bezeichnen, so wird:

$$(113)\qquad \sum_{\nu=1}^{p} u_\mu(o_\nu) + k_\mu = e_\mu \qquad (\mu=1,2,\cdots,p)$$

und die Vergleichung mit den Sätzen der §§ 4 und 5 liefert das Resultat, daß stets ein aber im allgemeinen auch nur ein Punktsystem $o_1, \cdots, o_p$ existiert, welches den Gleichungen (111) genügt, nämlich das System der p Nullpunkte jener Thetafunktion $\vartheta(\!(u(o)-e)\!)$, welche mit den nach (112) berechneten Größen $e_1, \cdots, e_p$ als Parametern gebildet ist, und in diesem Sinne ist das Jacobische Umkehrproblem nichts anderes als das Problem der Bestimmung der Nullpunkte einer Thetafunktion mit gegebenen Parametern $e_1, \cdots, e_p$. Zugleich aber erkennt man, daß bei besonderen Werten der Größen $U_1, \cdots, U_p$, wenn nämlich die mit den Parametern (112) gebildete Thetafunktion identisch verschwindet, das Jacobische Umkehrproblem unendlich viele Lösungen besitzt, in der Art, daß man dann einen oder mehrere der Punkte $o_1, \cdots, o_p$ willkürlich wählen kann.

Nachdem so bewiesen ist, daß das Jacobische Umkehrproblem, von Ausnahmefällen abgesehen, eine und nur eine Lösung besitzt, ist leicht zu sehen, wie die obige Formel (110) zur Ermittlung dieser Lösung verwendet werden kann.

Setzt man nämlich in (110) $q=p$, läßt den Punkt o mit dem gemeinsamen unteren Grenzpunkt der Integrale u zusammenfallen und erhebt linke und rechte Seite aufs Quadrat, so wird die linke Seite $\vartheta^2[\varepsilon](\!(U)\!) : \vartheta^2[\eta](\!(U)\!)$ also bekannt, die rechte Seite aber, wenn in o_μ $z=z_\mu$, $s=s_\mu$ ist, zu einer rationalen Funktion von $z_1, s_1; \cdots; z_p, s_p$. Bildet man daher die Gleichung (110) für p verschiedene Charakteristiken $[\varepsilon]$, so erhält man p derartige Gleichungen, welche zusammen mit den p Gleichungen:

$$F(s_\mu \mid z_\mu) = 0 \qquad (\mu = 1, 2, \cdots, p) \tag{114}$$

die $2p$ Unbekannten $z_1, s_1; \cdots; z_p, s_p$ bestimmen[1]).

---

1) Zu den beiden letzten Paragraphen vergl.: Stahl, Über die Behandlung des Jacobischen Umkehrproblems der Abelschen Integrale. Inaug.-Diss. Berlin 1882 und: Theorie der Abel'schen Functionen. Lpz. 1896, pag. 235.

Zehntes Kapitel.

Die hyperelliptischen Thetafunktionen.

§ 1.

Beziehungen der Periodizitätsmodulen eines hyperelliptischen Integrals I. Gattung zu seinen Werten in den Verzweigungspunkten.

Die zweiblättrige die Verzweigung der Funktion:

$$s = \sqrt{(z-\alpha)(z-\alpha_1)(z-\alpha_2)\cdots(z-\alpha_{2p+1})} \tag{1}$$

darstellende Riemannsche Fläche T sei in der durch die Figur 4 angegebenen Weise durch p Querschnittpaare a_ν, b_ν und p Hilfslinien c_ν $(\nu = 1, 2, \cdots, p)$ in eine einfach zusammenhängende Fläche T'

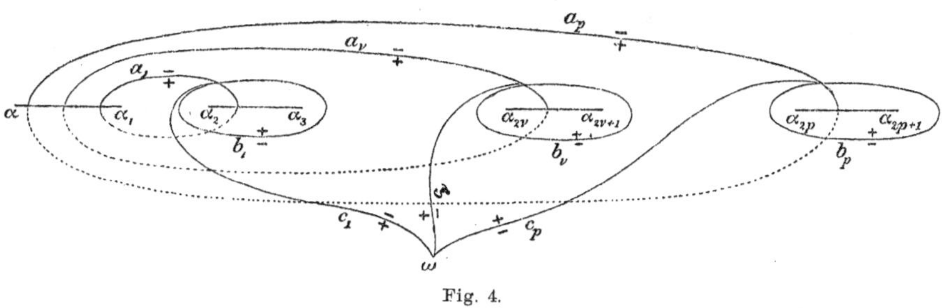

Fig. 4.

zerschnitten. Für dieses Querschnittsystem gestalten sich dann die Formeln, welche die Periodizitätsmodulen A_ν, B_ν $(\nu = 1, 2, \cdots, p)$ eines Integrals erster Gattung w mit seinen Werten zwischen den Verzweigungspunkten verknüpfen, wie folgt. Es ist:

$$A_\nu = \int_{b_\nu}^{+} dw = 2\int_{\alpha_{2\nu}}^{\alpha_{2\nu+1}} dw', \quad (\nu=1,2,\cdots,p) \tag{2}$$

Fig. 5.

wo das letzte Integral ein direktes, in T erstrecktes, also die Querschnitte überschreitendes ist und dw' den Wert von dw auf der linken Seite der Linie $\alpha_{2\nu}$ —— $\alpha_{2\nu+1}$ im oberen Blatte von T bezeichnet. Es ist ebenso:

$$(3)\qquad B_\nu = \int\limits_{\alpha_\nu}^{+} dw = -2\int\limits_{\alpha_1}^{\alpha_2} dw' - 2\int\limits_{\alpha_3}^{\alpha_4} dw' - \cdots - 2\int\limits_{\alpha_{2\nu-1}}^{\alpha_{2\nu}} dw',$$
$$(\nu = 1, 2, \cdots, p)$$

wo die Integrale wie vorher zu verstehen sind und dw' den Wert

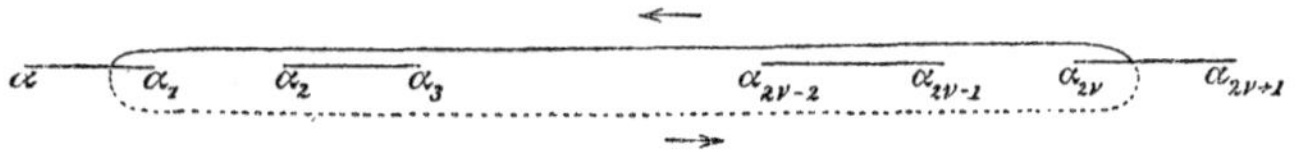

Fig. 6.

von dw im oberen Blatte bezeichnet. Aus (2) und (3) folgt:

$$(4)\qquad \int\limits_{\alpha_{2\nu-1}}^{\alpha_{2\nu}} dw' = \tfrac{1}{2}(B_{\nu-1} - B_\nu), \quad \int\limits_{\alpha_{2\nu}}^{\alpha_{2\nu+1}} dw' = \tfrac{1}{2}A_\nu, \qquad (\nu = 1, 2, \cdots, p)$$

wo in der ersten Formel im Falle $\nu = 1$ unter B_0 Null zu verstehen ist. Das Integral $\int\limits_{\alpha}^{\alpha_1} dw'$ ist mit diesen $2p$ Integralen durch die Relation:

$$(5)\qquad \int\limits_{\alpha}^{\alpha_1} dw' + \int\limits_{\alpha_2}^{\alpha_3} dw' + \cdots + \int\limits_{\alpha_{2p}}^{\alpha_{2p+1}} dw' = 0$$

verknüpft, die sich sofort ergibt, wenn man im oberen Blatte von T

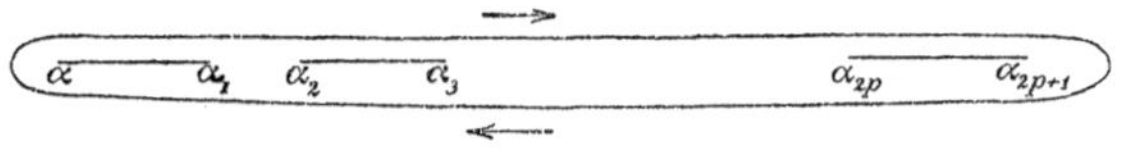

Fig. 7.

eine geschlossene Kurve um alle $2p + 2$ Verzweigungspunkte zieht und durch diese das Integral w erstreckt. Aus (5) folgt aber:

$$(6)\qquad \int\limits_{\alpha}^{\alpha_1} dw' = -\tfrac{1}{2}\sum_{\varkappa=1}^{p} A_\varkappa.$$

Die in (2) bis (6) auftretenden direkten Integrale zwischen den Verzweigungspunkten lassen sich durch $2p + 1$ andere ausdrücken, deren Integrationskurven in T' verlaufen, und die sich demnach als Differenzen der Werte von w in den Verzweigungspunkten bei beliebig wählbarer unterer Grenze darstellen. Wie aus den nebenstehenden Figuren erhellt, ist nämlich:

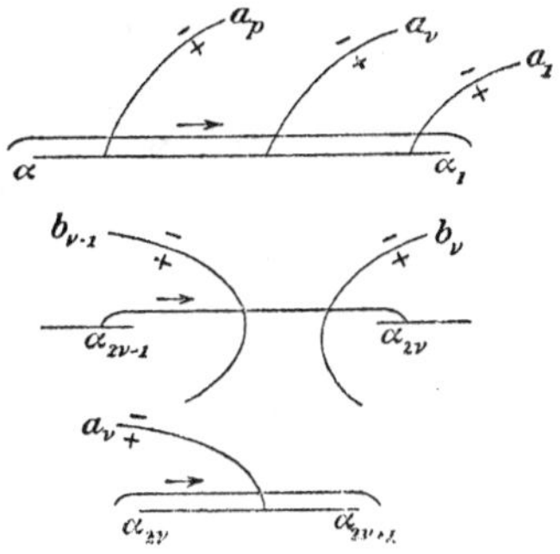

$$\int_{\alpha}^{\alpha_1} dw' = w(\alpha_1) - w(\alpha) - \sum_{\varkappa=1}^{p} A_\varkappa,$$

$$(7)\qquad \int_{\alpha_{2\nu-1}}^{\alpha_{2\nu}} dw' = w(\alpha_{2\nu}) - w(\alpha_{2\nu-1}) + B_{\nu-1} - B_\nu,$$

$$\int_{\alpha_{2\nu}}^{\alpha_{2\nu+1}} dw' = w(\alpha_{2\nu+1}) - w(\alpha_{2\nu}) + A_\nu,$$

$$(\nu = 1, 2, \cdots, p)$$

Fig. 8.

und man hat daher auf Grund von (4) und (6):

$$(8)\qquad w(\alpha_1) - w(\alpha) = \tfrac{1}{2} \sum_{\varkappa=1}^{p} A_\varkappa,$$

$$w(\alpha_{2\nu}) - w(\alpha_{2\nu-1}) = -\tfrac{1}{2}(B_{\nu-1} - B_\nu), \quad w(\alpha_{2\nu+1}) - w(\alpha_{2\nu}) = -\tfrac{1}{2} A_\nu,$$

$$(\nu = 1, 2, \cdots, p)$$

woraus endlich:

$$(9)\qquad \begin{aligned} w(\alpha_{2\nu-1}) - w(\alpha) &= \tfrac{1}{2} \sum_{\varkappa=\nu}^{p} A_\varkappa + \tfrac{1}{2} B_{\nu-1}, \\ w(\alpha_{2\nu}) - w(\alpha) &= \tfrac{1}{2} \sum_{\varkappa=\nu}^{p} A_\varkappa + \tfrac{1}{2} B_\nu, \end{aligned} \qquad (\nu = 1, 2, \cdots, p)$$

$$w(\alpha_{2p+1}) - w(\alpha) = \tfrac{1}{2} B_p$$

folgt und damit der

I. Satz: *Die Periodizitätsmodulen A_ν, B_ν eines Integrals I. Gattung w an den Querschnitten a_ν, b_ν $(\nu = 1, 2, \cdots, p)$ sind mit den Werten dieses Integrals in den Verzweigungspunkten $\alpha, \alpha_1, \alpha_2, \cdots, \alpha_{2p+1}$ durch die Gleichungen:*

$$(\mathrm{I})\qquad \begin{aligned} w(\alpha_{2\nu-1}) - w(\alpha) &= \tfrac{1}{2} \sum_{\varkappa=\nu}^{p} A_\varkappa + \tfrac{1}{2} B_{\nu-1}, \\ w(\alpha_{2\nu}) - w(\alpha) &= \tfrac{1}{2} \sum_{\varkappa=\nu}^{p} A_\varkappa + \tfrac{1}{2} B_\nu, \end{aligned} \qquad (\nu = 1, 2, \cdots, p)$$

$$w(\alpha_{2p+1}) - w(\alpha) = \tfrac{1}{2} B_p$$

verknüpft, in deren erster im Falle $\nu = 1$ unter B_0 Null zu verstehen ist.

Aus dem I. Satz folgt sofort der

II. Satz[1]): *Führt man in dem Systeme der p Riemannschen Normalintegrale $u_1, u_2, \cdots, u_p$ an Stelle der unteren Grenze den Verzweigungspunkt α ein und läßt hierauf an Stelle der oberen Grenze der Reihe nach die $2p+1$ übrigen Verzweigungspunkte $\alpha_1, \alpha_2, \cdots, \alpha_{2p+1}$ treten, so geht dasselbe nacheinander in $2p+1$ Systeme korrespondierender Halber der Periodizitätsmodulen über mit den Charakteristiken:*

$$
\text{(II)}\quad
\begin{array}{ll}
(a_1) = \binom{0}{1}^p & (a_2) = \begin{smallmatrix}1\\1\end{smallmatrix}\binom{0}{1}^{p-1} \\[1ex]
(a_3) = \begin{smallmatrix}1\\0\end{smallmatrix}\binom{0}{1}^{p-1} & (a_4) = \begin{smallmatrix}0&1\\0&1\end{smallmatrix}\binom{0}{1}^{p-2} \\[1ex]
(a_5) = \begin{smallmatrix}0&1\\0&0\end{smallmatrix}\binom{0}{1}^{p-2} & (a_6) = \begin{smallmatrix}0&0&1\\0&0&1\end{smallmatrix}\binom{0}{1}^{p-3} \\[1ex]
\cdot\;\cdot\;\cdot\;\cdot\;\cdot & \cdot\;\cdot\;\cdot\;\cdot\;\cdot\;\cdot\;\cdot \\[1ex]
(a_{2\nu-1}) = \binom{0}{0}^{\nu-2}\begin{smallmatrix}1\\0\end{smallmatrix}\binom{0}{1}^{p-\nu+1} & (a_{2\nu}) = \binom{0}{0}^{\nu-1}\begin{smallmatrix}1\\1\end{smallmatrix}\binom{0}{1}^{p-\nu} \\[1ex]
\cdot\;\cdot\;\cdot\;\cdot\;\cdot\;\cdot\;\cdot\;\cdot\;\cdot\;\cdot\;\cdot & \cdot\;\cdot\;\cdot\;\cdot\;\cdot\;\cdot\;\cdot\;\cdot \\[1ex]
(a_{2p-1}) = \binom{0}{0}^{p-2}\begin{smallmatrix}1&0\\0&1\end{smallmatrix} & (a_{2p}) = \binom{0}{0}^{p-1}\begin{smallmatrix}1\\1\end{smallmatrix} \\[1ex]
(a_{2p+1}) = \binom{0}{0}^{p-1}\begin{smallmatrix}1\\0\end{smallmatrix} &
\end{array}
$$

Betrachtet man die im II. Satz auftretenden $2p+1$ Per. Char. $(a_1), (a_2), \cdots, (a_{2p+1})$ genauer, so erkennt man, daß sie zu je zweien azygetisch sind, daß sie also nach der pag. 267 gegebenen Definition ein F. S. von Per. Char. bilden.

Noch sei für später bemerkt, daß die Charakteristiken $(a_1), (a_3), \cdots, (a_{2p+1})$ gerade, die Charakteristiken $(a_2), (a_4), \cdots, (a_{2p})$ ungerade sind, und daß die Summe der einen wie der anderen:

$$
(10)\qquad (n) = \begin{pmatrix}1 & 1 & 1 & \cdots & 1\\ 1 & 2 & 3 & \cdots & p\end{pmatrix}
$$

beträgt.

Im XVIII. Satz pag. 270 ist bewiesen worden, daß durch eine ganzzahlige lineare Transformation der Perioden aus einem F. S. von Per. Char. immer wieder ein F. S. von Per. Char. hervorgeht, und daß man auf diese Weise von einem F. S. zu jedem anderen gelangen kann. Berücksichtigt man nun, daß andererseits jedem Übergange von einem Querschnittsystem zu einem anderen eine lineare Transformation der Perioden entspricht und umgekehrt, so erkennt man, daß einmal die Eigenschaft der Per. Char. (II), ein F. S. von Per. Char. zu bilden, nicht nur diesen speziellen, bei der oben gewählten Zer-

---

1) Zu Satz I und II vergl. Prym, Zur Theorie der Functionen etc. Züricher N. Denkschr. Bd. 22. 1867, pag. 5.

schneidung der Riemannschen Fläche auftretenden Per. Char. (a) zukommt, sondern bei jeder beliebigen Zerschneidung statt hat, und weiter, daß bei passender Wahl der Zerschneidung an Stelle dieses Fundamentalsystems $(a_1), (a_2), \cdots, (a_{2p+1})$ jedes beliebige F. S. von Per. Char. tritt.

Daß in der Tat jeder Änderung des Querschnittsystems eine ganzzahlige lineare Transformation der Perioden entspricht, folgt unmittelbar daraus, daß die Periodizitätsmodulen eines Integrals die Werte dieses Integrals auf gewissen geschlossenen Wegen sind und sich infolgedessen sowohl die neuen Periodizitätsmodulen als homogene lineare Funktionen der alten mit ganzzahligen Koeffizienten darstellen, wie auch umgekehrt. Daß aber auch jeder ganzzahligen linearen Transformation der Perioden eine Änderung des Querschnittssystems entspricht, beweist man, indem man es von jenen elementaren Transformationen A_ϱ, B_ϱ, $C_{\varrho\sigma}$, $D_{\varrho\sigma}$ $(\varrho, \sigma = 1, 2, \cdots, p)$ zeigt, aus denen sich nach dem V. Satz pag. 153 jede beliebige ganzzahlige lineare Transformation zusammensetzen läßt[1]).

Daß die in den linearen Ausdrücken der neuen Periodizitätsmodulen durch die alten und den umgekehrten als Koeffizienten auftretenden ganzen Zahlen in der Tat den Bedingungen pag. 131 und 137 genügen, wird wie dort aus den zwischen den Periodizitätsmodulen zweier Integrale bestehenden bilinearen Relationen (2) abgeleitet, wobei sich für die Zahl n infolge der dortigen Ungleichungen (4) und (11) ein positiver und wegen der wechselseitigen ganzzahligen Darstellung der Periodizitätsmodulen der spezielle Wert 1 ergibt. Daß diese Bedingungen zwischen den Koeffizienten aber auch ohne Hilfe der Integrale mit rein geometrischen, der Analysis situs angehörenden Hilfsmitteln bewiesen werden kann, hat in der jüngsten Zeit Herr Wellstein[2]) gezeigt.

§ 2.

Berechnung der Riemannschen Konstanten $k_1, k_2, \cdots, k_p$.

Für die im vorigen Paragraphen angegebene Zerschneidung der Fläche T können die Riemannschen Konstanten:

$$(11) \qquad k_\mu = \tfrac{1}{2}(a_{\mu\mu} - \pi i) - \frac{1}{\pi i} \sum_{\substack{\nu=1 \\ \nu \gtrless \mu}}^{p}{}' \int_{b_\nu}^{+} u_\mu^- \, du_\nu$$

vollständig berechnet werden.

1) Vergl. dazu Thomae, Einige Sätze aus der Analysis situs Riemannscher Flächen. Z. für Math. Bd. 12. 1867, pag. 361 und: Beitrag zur Theorie der Abel'schen Functionen. J. für Math. Bd. 75. 1873, pag. 224; auch Stahl, Theorie der Abel'schen Functionen. Lpz. 1896, pag. 327.

2) Wellstein, Zur Transformation der Querschnitte Riemann'scher Flächen. Math. Ann. Bd. 52. 1899, pag. 433.

1. Methode von C. Neumann[1]).

Da längs b_ν $u_\mu^- = u_\mu^+ - a_{\mu\nu}$ und $\int\limits_{b_\nu}^{+} du_\nu = \pi i$ ist, so ist:

$$\int\limits_{b_\nu}^{+} u_\mu^- \, du_\nu = \int\limits_{b_\nu}^{+} u_\mu^+ \, du_\nu - a_{\mu\nu} \pi i \tag{12}$$

und weiter, wenn man

$$w(o) = \int\limits_{\alpha}^{o} u_\mu \, du_\nu \tag{13}$$

setzt:

$$\int\limits_{b_\nu}^{+} u_\mu^+ \, du_\nu = \int\limits_{\delta}^{\gamma} u_\mu \, du_\nu = w(\gamma) - w(\delta). \tag{14}$$

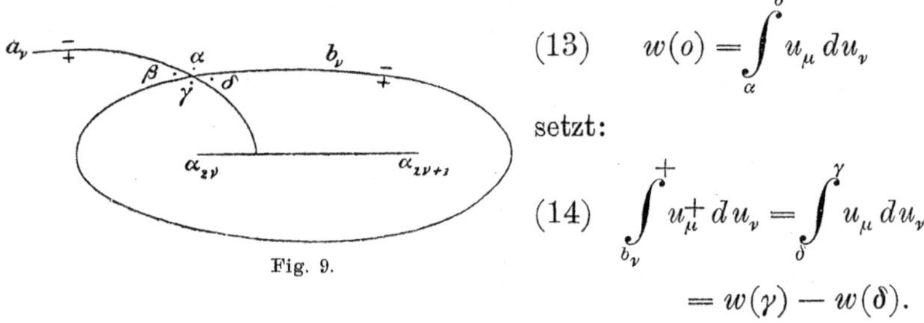

Fig. 9.

Nun sei mit $\bar{\gamma}$ der mit γ „verbundene", d. h. der unter γ im zweiten Blatte liegende Punkt bezeichnet und es seien, was nach der Figur stets möglich ist, für die Integrale:

$$w(\gamma) - w(\alpha_{2\nu}) = \int\limits_{\alpha_{2\nu}}^{\gamma} u_\mu \, du_\nu, \quad w(\bar{\gamma}) - w(\alpha_{2\nu}) = \int\limits_{\alpha_{2\nu}}^{\bar{\gamma}} u_\mu \, du_\nu \tag{15}$$

die Integrationswege so gewählt, daß sie Punkt für Punkt übereinander verlaufen und keiner von ihnen einen Querschnitt trifft. Da für diesen Fall:

$$du_\nu(\bar{o}) = -\, du_\nu(o) \tag{16}$$

und:

$$u_\mu(\bar{o}) - u_\mu(\alpha_{2\nu}) = -\,[u_\mu(o) - u_\mu(\alpha_{2\nu})] \tag{17}$$

also:

$$u_\mu(\bar{o}) = -\,[u_\mu(o) - 2u_\mu(\alpha_{2\nu})] \tag{18}$$

ist, so ergibt sich:

$$\begin{aligned} w(\bar{\gamma}) - w(\alpha_{2\nu}) &= \int\limits_{\alpha_{2\nu}}^{\gamma} [u_\mu - 2u_\mu(\alpha_{2\nu})]\, du_\nu = \int\limits_{\alpha_{2\nu}}^{\gamma} u_\mu du_\nu - 2u_\mu(\alpha_{2\nu}) \int\limits_{\alpha_{2\nu}}^{\gamma} du_\nu \\ &= [w(\gamma) - w(\alpha_{2\nu})] - 2u_\mu(\alpha_{2\nu})\,[u_\nu(\gamma) - u_\nu(\alpha_{2\nu})] \end{aligned} \tag{19}$$

---

1) Neumann, Vorlesungen über Riemann's Theorie der Abel'schen Integrale. 2. Aufl. Lpz. 1884, pag. 362.

und daher:

$$w(\gamma) - w(\bar{\gamma}) = 2u_\mu(\alpha_{2\nu})[u_\nu(\gamma) - u_\nu(\alpha_{2\nu})]. \tag{20}$$

In derselben Weise wird:

$$w(\delta) - w(\bar{\delta}) = 2u_\mu(\alpha_{2\nu+1})[u_\nu(\delta) - u_\nu(\alpha_{2\nu+1})], \tag{21}$$

und da nun endlich:

$$w(\bar{\gamma}) = w(\bar{\delta}) \tag{22}$$

ist, so folgt aus (20) und (21) durch Subtraktion:

$$\begin{aligned} &w(\gamma) - w(\delta) \\ &= 2u_\mu(\alpha_{2\nu})[u_\nu(\gamma) - u_\nu(\alpha_{2\nu})] - 2u_\mu(\alpha_{2\nu+1})[u_\nu(\delta) - u_\nu(\alpha_{2\nu+1})]. \end{aligned} \tag{23}$$

Nun ist aber nach Formel (8):

$$u_\mu(\alpha_{2\nu+1}) - u_\mu(\alpha_{2\nu}) = 0, \tag{24}$$

wenn wie hier $\mu \gtrless \nu$ ist, dagegen:

$$u_\nu(\alpha_{2\nu+1}) - u_\nu(\alpha_{2\nu}) = -\frac{\pi i}{2}, \tag{25}$$

und da weiter:

$$u_\nu(\gamma) = u_\nu(\delta) + \pi i \tag{26}$$

ist, so folgt endlich durch Einsetzen dieser Werte in (23):

$$w(\gamma) - w(\delta) = \pi i\, u_\mu(\alpha_{2\nu+1}). \tag{27}$$

Nun ist aber nach (I):

$$u_\mu(\alpha_{2\nu+1}) = \tfrac{1}{2} a_{\mu\nu} + \begin{matrix} \tfrac{1}{2}\pi i, & \text{wenn } \mu > \nu, \\ 0, & \text{wenn } \mu < \nu, \end{matrix} \tag{28}$$

und man hat daher nach (12) und (14):

$$\frac{1}{\pi i}\int\limits_{b_\nu}^{+} u_\mu^- \, du_\nu = -\tfrac{1}{2} a_{\mu\nu} + \begin{matrix} \tfrac{1}{2}\pi i, & \text{wenn } \mu > \nu, \\ 0, & \text{wenn } \mu < \nu, \end{matrix} \tag{29}$$

und:

$$\frac{1}{\pi i}\sum_{\substack{\nu=1 \\ \nu \gtrless \mu}}^{p}{}' \int\limits_{b_\nu}^{+} u_\mu^- \, du_\nu = -\tfrac{1}{2}\sum_{\substack{\nu=1 \\ \nu \gtrless \mu}}^{p}{}' a_{\mu\nu} + \tfrac{1}{2}(\mu - 1)\pi i. \tag{30}$$

Setzt man aber diesen Wert in (11) ein, so wird endlich:

$$k_\mu = \tfrac{1}{2}\sum_{\nu=1}^{p} a_{\mu\nu} - \tfrac{1}{2}\mu\pi i. \qquad (\mu = 1, 2, \cdots, p) \tag{31}$$

2. Methode von E. B. Christoffel[1])

Das Integral 3. Gattung:

$$R(o \mid \varepsilon) = \int \frac{s+\sigma}{z-\zeta} \cdot \frac{dz}{2s} \tag{32}$$

wird an der Stelle $\varepsilon = (\zeta, \sigma)$ unendlich wie $\log(z-\zeta)$, in den beiden unendlich fernen Punkten wie $\frac{1}{2}\log z$ und zwischen seinen Periodizitätsmodulen $\mathfrak{A}_\mu$, $\mathfrak{B}_\mu$ an den Querschnitten a_μ, b_μ $(\mu = 1, 2, \cdots, p)$ bestehen die Beziehungen:

$$\pi i \mathfrak{B}_\mu - \sum_{\varrho=1}^{p} a_{\mu\varrho} \mathfrak{A}_\varrho = 2\pi i u_\mu(\varepsilon). \qquad (\mu = 1, 2, \cdots, p) \tag{33}$$

Auf Grund derselben ist:

$$u_\mu(\varepsilon) = \frac{1}{2} \int_{a_\mu}^{+} \frac{s+\sigma}{z-\zeta} \cdot \frac{dz}{2s} - \frac{1}{2\pi i} \sum_{\varrho=1}^{p} a_{\mu\varrho} \int_{b_\varrho}^{+} \frac{s+\sigma}{z-\zeta} \frac{dz}{2s} \tag{34}$$

mit der Beschränkung, daß keiner der Integrationswege durch ε gehen darf. Will man daher diesen Wert für u_μ in die Gleichung (11) einführen, so wird man darin zuvor das Integral $\int\limits_{b_\nu}^{+} u_\mu^- du_\nu$ durch $\int\limits_{b_\nu'}^{+} u_\mu^- du_\nu$ ersetzen, wo b_ν' den Integrationsweg b_ν umgibt, und erhält dann, wenn man:

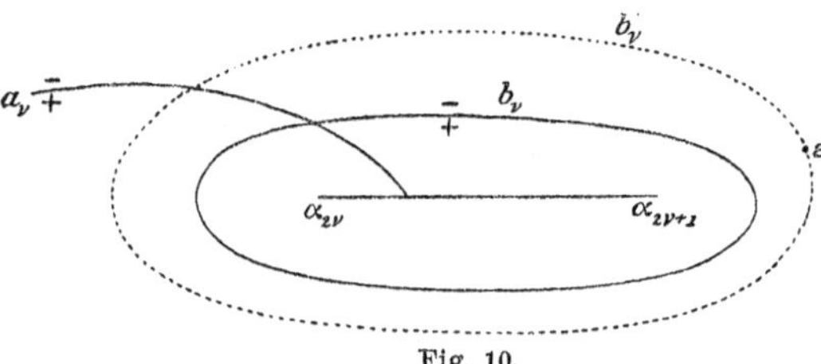

Fig. 10.

$$\frac{du_\nu}{dz} = \frac{\varphi_\nu(z)}{s} \tag{35}$$

setzt:

$$k_\mu = \frac{1}{2}(a_{\mu\mu} - \pi i) - \frac{1}{4\pi i} \sum_{\substack{\nu=1 \\ \nu \gtrless \mu}}^{p}{}' \int_{b_\nu'}^{+} \frac{du_\nu}{d\zeta} d\zeta \int_{a_\mu}^{+} \frac{dz}{z-\zeta} \tag{36}$$

$$+ \frac{1}{4\pi i} \sum_{\substack{\nu=1 \\ \nu \gtrless \mu}}^{p}{}' \int_{a_\mu}^{+} \frac{dz}{s} \int_{b_\nu'}^{+} \frac{\varphi_\nu(\zeta)\, d\zeta}{\zeta - z} + \frac{1}{4(\pi i)^2} \sum_{\substack{\nu=1 \\ \nu \gtrless \mu}}^{p}{}' \sum_{\varrho=1}^{p} a_{\mu\varrho} \int_{b_\nu'}^{+} \frac{du_\nu}{d\zeta} d\zeta \int_{b_\varrho}^{+} \frac{dz}{z-\zeta}$$

$$- \frac{1}{4(\pi i)^2} \sum_{\substack{\nu=1 \\ \nu \gtrless \mu}}^{p}{}' \sum_{\varrho=1}^{p} a_{\mu\varrho} \int_{b_\varrho}^{+} \frac{dz}{s} \int_{b_\nu'}^{+} \frac{\varphi_\nu(\zeta)\, d\zeta}{\zeta - z}.$$

---

1) Christoffel, Vollständige Theorie der Riemann'schen ϑ-Function. Math. Ann. Bd. 54. 1901, pag. 347.

Nun ist aber in der ersten der vier auf der rechten Seite stehenden Summen:

$$\int\limits_{a_\mu}^{+} \frac{dz}{z-\zeta} = \begin{matrix} 2\pi i, & \text{wenn } \nu < \mu, \\ 0, & \text{wenn } \nu > \mu, \end{matrix} \tag{37}$$

da in den ersteren Fällen ε von a_μ eingeschlossen wird in den letzteren nicht; es ist ferner in der zweiten Summe:

$$\int\limits_{b_\nu'}^{+} \frac{\varphi_\nu(\zeta)\,d\zeta}{\zeta - z} = 0, \tag{38}$$

weil z, s als Punkt von a_μ von keinem der Integrationswege $b_1', \cdots, b_{\mu-1}', b_{\mu+1}', \cdots, b_p'$ eingeschlossen wird; es ist ebenso in der dritten Summe:

$$\int\limits_{b_\varrho}^{+} \frac{dz}{z-\zeta} = 0, \tag{39}$$

und endlich ist in der vierten Summe:

$$\int\limits_{b_\nu'}^{+} \frac{\varphi_\nu(\zeta)\,d\zeta}{\zeta - z} = \begin{matrix} -2\pi i\,\varphi_\nu(z), & \text{wenn } \varrho = \nu, \\ 0, & \text{wenn } \varrho \gtrless \nu. \end{matrix} \tag{40}$$

Führt man diese Werte in die Gleichung (36) ein, so erhält man:

$$k_\mu = \tfrac{1}{2}(a_{\mu\mu} - \pi i) - \tfrac{1}{2}\sum_{\nu=1}^{\mu-1}\int\limits_{b_\nu'}^{+} \frac{du_\nu}{d\zeta}\,d\zeta + \frac{1}{2\pi i}\sum_{\substack{\nu=1 \\ \nu \gtrless \mu}}^{p}{}' a_{\mu\nu}\int\limits_{b_\nu}^{+} \frac{\varphi_\nu(z)\,dz}{s} \tag{41}$$

oder, da

$$\int\limits_{b_\nu'}^{+} \frac{du_\nu}{d\zeta}\,d\zeta = \pi i \tag{42}$$

und ebenso

$$\int\limits_{b_\nu}^{+} \frac{\varphi_\nu(z)\,dz}{s} = \int\limits_{b_\nu}^{+} \frac{du_\nu}{dz}\,dz = \pi i \tag{43}$$

ist, endlich wie vorher:

$$\begin{aligned} k_\mu &= \tfrac{1}{2}(a_{\mu\mu} - \pi i) - \tfrac{1}{2}(\mu - 1)\pi i + \tfrac{1}{2}\sum_{\substack{\nu=1 \\ \nu \gtrless \mu}}^{p}{}' a_{\mu\nu} \\ &= \tfrac{1}{2}\sum_{\nu=1}^{p} a_{\mu\nu} - \tfrac{1}{2}\mu\pi i. \end{aligned} \tag{44}$$

Eine dritte Methode der Bestimmung der Konstanten k, die von Herrn Prym[1]) herrührt, wird in § 4 auseinandergesetzt werden.

§ 3.

Das Verschwinden der hyperelliptischen Thetafunktion.

Nach dem XIV. Satz pag. 435 verschwindet

$$\vartheta\left(\left(u(o)-\sum_{\nu=1}^{p}u(\eta_\nu)-k\right)\right) \tag{45}$$

als Funktion des Punktes o nur in den p Punkten $\eta_1, \cdots, \eta_p$, solange diese Punkte kein Punktsystem I. Gattung bilden; in dem Falle dagegen, daß diese Punkte ein Punktsystem I. Gattung vom Range $p-s$ bilden, verschwindet die Funktion (45) samt allen ihren Derivierten der $1^{\text{ten}}, 2^{\text{ten}}, \cdots, s-1^{\text{ten}}$ aber nicht der s^{ten} Ordnung identisch, d. h. für alle Lagen des Punktes o. Im hyperelliptischen Falle besitzen nun die Integranden I. Gattung die allgemeine Form:

$$u' = \frac{\varphi(z)}{s}, \tag{46}$$

wo $\varphi(z)$ eine ganze rationale Funktion von z allein von einem Grade $\overline{\gtrless}\, p-1$ ist; es bilden also p Punkte $\eta_1, \cdots, \eta_p$, unter denen keine zwei verbundenen vorkommen, niemals ein Punktsystem I. Gattung, während diese Punkte, wenn unter ihnen s Paare verbundener Punkte vorkommen, nach dem in § 1 des vorigen Kapitels Auseinandergesetzten stets ein Punktsystem vom Range $p-s$ bilden. Dies liefert die beiden Sätze:

III. Satz: *Die Funktion:*

$$\vartheta\left(\left(u(o)-\sum_{\nu=1}^{p}u(\eta_\nu)-k\right)\right) \tag{III}$$

verschwindet nur in den p Punkten $\eta_1, \cdots, \eta_p$, solange unter diesen keine zwei verbundenen Punkte sich befinden.

IV. Satz: *Die Funktion:*

$$\vartheta\left(\left(u(o)-\sum_{\nu=1}^{p}u(\eta_\nu)-k\right)\right) \tag{IV}$$

verschwindet identisch, d. h. für alle Lagen des Punktes o, und zwar samt allen ihren Derivierten der $1^{\text{ten}}, 2^{\text{ten}}, \cdots, s-1^{\text{ten}}$ aber nicht der

1) Prym, Zur Theorie der Functionen etc. Züricher N. Denkschr. Bd. 22. 1867, pag. 16 u. f.

s^{ten} *Ordnung, wenn unter den p Punkten* $\eta_1, \cdots, \eta_p$ *s Paare verbundener Punkte sich befinden.*

Beachtet man, daß für zwei verbundene Punkte ε und $\bar{\varepsilon}$ stets:

$$(47) \qquad u_\mu(\varepsilon) + u_\mu(\bar{\varepsilon}) \equiv 0 \qquad (\mu = 1, 2, \cdots, p)$$

ist, so kann man das Resultat des IV. Satzes auch dahin aussprechen, daß die Funktion:

$$(48) \qquad \vartheta\left(\!\!\left(u(o) - \sum_{\nu=1}^{p-2s} u(\eta_\nu) - k\right)\!\!\right)$$

samt allen ihren Derivierten der $1^{\text{ten}}, 2^{\text{ten}}, \cdots, s-1^{\text{ten}}$ aber nicht der s^{ten} Ordnung für jede Lage des Punktes o verschwinde, also auch dahin, daß die Funktion $\vartheta((v))$ samt allen ihren genannten Derivierten verschwinde, wenn man:

$$(49) \qquad v_\mu = u_\mu(o) - \sum_{\nu=1}^{p-2s} u_\mu(\eta_\nu) - k_\mu \qquad (\mu = 1, 2, \cdots, p)$$

setzt, bei willkürlicher Wahl des Punktes o. Indem man dann das eine Mal den mit o verbundenen Punkt mit η_{p-2s+1} bezeichnet, das andere Mal aber o mit der gemeinsamen unteren Grenze α der Integrale u zusammenfallen läßt, erhält man endlich das Resultat, daß die Funktion $\vartheta((v))$ samt allen Derivierten der $1^{\text{ten}}, 2^{\text{ten}}, \cdots, s-1^{\text{ten}}$ aber nicht der s^{ten} Ordnung verschwindet, wenn

$$(50) \qquad v_\mu = \sum_{\nu=1}^{p-2s+1} u_\mu(\eta_\nu) + k_\mu \qquad (\mu = 1, 2, \cdots, p)$$

oder:

$$(51) \qquad v_\mu = \sum_{\nu=1}^{p-2s} u_\mu(\eta_\nu) + k_\mu \qquad (\mu = 1, 2, \cdots, p)$$

gesetzt wird. Dabei ist angenommen, daß keiner der Punkte η mit α zusammenfalle und daß unter den Punkten η kein Paar verbundener Punkte vorkomme. Nimmt man noch dazu, daß unter dieser Voraussetzung $\vartheta\left(\!\!\left(\sum_{\nu=1}^{p} u(\eta_\nu) + k\right)\!\!\right)$ nach dem III. Satz von Null verschieden ist, da die Funktion (III) für $o = \eta_1, \cdots, \eta_p$ aber nicht für $o = \alpha$ verschwindet, so hat man schließlich den

V. Satz: *Die Funktion* $\vartheta((v))$ *erhält einen von Null verschiedenen Wert für:*

$$(\mathrm{V}) \qquad v_\mu = \sum_{\nu=1}^{p} u_\mu(\eta_\nu) + k_\mu; \qquad (\mu = 1, 2, \cdots, p)$$

dagegen verschwindet sie und zwar mit allen ihren Derivierten der $1^{\text{ten}}, 2^{\text{ten}}, \dots s-1^{\text{ten}}$ *aber nicht der* s^{ten} *Ordnung, wenn:*

$$\text{(VI)} \qquad v_\mu = \sum_{\nu=1}^{p-2s+1} u_\mu(\eta_\nu) + k_\mu \qquad (\mu = 1, 2, \cdots, p)$$

oder:

$$\text{(VII)} \qquad v_\mu = \sum_{\nu=1}^{p-2s} u_\mu(\eta_\nu) + k_\mu \qquad (\mu = 1, 2, \cdots, p)$$

gesetzt wird. Dabei ist stets angenommen, daß keiner der Punkte η *mit der gemeinsamen unteren Grenze* α *der Integrale* u *zusammenfalle und daß unter den Punkten* η *kein Paar verbundener Punkte sich befinde.*

§ 4.

Die zwischen den Modulen einer hyperelliptischen Thetafunktion bestehenden Beziehungen. Prymsche Methode zur Bestimmung der Riemannschen Konstanten $k_1, \cdots, k_p$.

Aus dem letzten Satze ergeben sich nun unmittelbar jene Eigenschaften, welche eine Thetafunktion als eine hyperelliptische charakterisieren, und zugleich eröffnet sich bei dieser Untersuchung ein neuer Weg zur Bestimmung der Riemannschen Konstanten $k_1, \cdots, k_p$. Dabei werden die genannten Größen allerdings nur bis auf korrespondierende Ganze der Periodizitätsmodulen bestimmt; es wird aber andererseits ein Zusammenhang zwischen ihnen und jenem F. S. von Per. Char. nachgewiesen, welches nach § 1 auftritt, wenn man das System der p Normalintegrale von einem Verzweigungspunkt zu den $2p+1$ anderen erstreckt, und da dieser Zusammenhang von der Wahl der Zerschneidung der Fläche T unabhängig ist, so liefert die neue Methode die Wertbestimmung der Riemannschen Konstanten $k_1, \dots, k_p$ für jede beliebige Zerschneidung der Fläche T, sobald für sie die Charakteristiken des genannten F. S. bekannt sind.

Zuvörderst kann man zeigen, daß $k_1, \cdots, k_p$ stets ein System korrespondierender Halber der Periodizitätsmodulen ist. Befinden sich nämlich unter den p Punkten $\eta_1, \cdots, \eta_p$ keine zwei verbundenen, so verschwindet nach dem III. Satz die Funktion

$$(52) \qquad \vartheta\left(\!\left(u(o) - \sum_{\nu=1}^{p} u(\eta_\nu) - k\right)\!\right)$$

in den p Punkten $\eta_1, \cdots, \eta_p$, also die Funktion:

(53) $$\vartheta\left(\left(u(\bar{o}) - \sum_{\nu=1}^{p} u(\eta_\nu) - k\right)\right)$$

und daher auch, da für zwei verbundene Punkte ε und $\bar{\varepsilon}$ stets die Relation (47) besteht, die Funktion:

(54) $$\vartheta\left(\left(- u(o) + \sum_{\nu=1}^{p} u(\bar{\eta}_\nu) - k\right)\right) = \vartheta\left(\left(u(o) - \sum_{\nu=1}^{p} u(\bar{\eta}_\nu) + k\right)\right)$$

in den p Punkten $\bar{\eta}_1, \cdots, \bar{\eta}_p$; dann ist aber nach dem II. Satz pag. 423:

(55) $$\sum_{\nu=1}^{p} u_\mu(\bar{\eta}_\nu) - k_\mu \equiv \sum_{\nu=1}^{p} u_\mu(\bar{\eta}_\nu) + k_\mu \qquad (\mu = 1, 2, \cdots, p)$$

und folglich

(56) $$2k_\mu \equiv 0, \qquad (\mu = 1, 2, \cdots, p)$$

womit gezeigt ist, daß das System der p Größen $k_1, \cdots, k_p$ ein System korrespondierender Halber der Periodizitätsmodulen ist; dessen Charakteristik soll im folgenden mit $(\varkappa)$ bezeichnet werden.

Man gehe nun auf den V. Satz zurück und lasse darin an Stelle der Punkte η Verzweigungspunkte der Fläche T treten. Wie in § 1 bewiesen wurde, geht das System der p Normalintegrale $u_1, \cdots, u_p$, wenn man die Integrale von einem Verzweigungspunkte zu den $2p+1$ anderen erstreckt, in $2p+1$ Systeme korrespondierender Halber der Periodizitätsmodulen über, deren Charakteristiken $(a_1), (a_2), \cdots, (a_{2p+1})$ ein F. S. von Per. Char. bilden, und der V. Satz sagt nunmehr aus, daß die Funktion $\vartheta((v))$ samt allen ihren Derivierten der $1^{\text{ten}}, 2^{\text{ten}}, \cdots, s-1^{\text{ten}}$ aber nicht der s^{ten} Ordnung verschwindet, wenn man für (v) ein System korrespondierender Halber der Periodizitätsmodulen mit einer Charakteristik von der Form:

(57) $$(\varkappa + \sum^{p-2s+1} a) \quad \text{oder} \quad (\varkappa + \sum^{p-2s} a)$$

setzt, dagegen von Null verschieden ist, wenn für (v) ein System von der Charakteristik:

(58) $$(\varkappa + \sum^{p} a)$$

gesetzt wird. Indem man aber vermittelst der Formel (II) pag. 240 die Thetafunktionen $\vartheta[\varepsilon]((v))$ einführt, lautet dieses Resultat dahin, daß die Funktionen:

(59) $$\vartheta[\varkappa + \sum^{p-2s+1} a]((v)) \quad \text{und} \quad \vartheta[\varkappa + \sum^{p-2s} a]((v))$$

samt allen ihren Derivierten der $1^{\text{ten}}, 2^{\text{ten}}, \cdots, s-1^{\text{ten}}$ aber nicht der s^{ten} Ordnung für $(v) = (0)$ verschwinden, die Funktionen:

$$(60) \qquad \vartheta[\varkappa + \sum^{p} a]((v))$$

dagegen für $(v) = (0)$ einen von Null verschiedenen Wert besitzen.

Nun zeigen aber die Gleichungen:

$$(61) \quad D(z) = \frac{f(z \pm \Delta z) - f(z)}{\pm \Delta z}, \qquad D(-z) = \frac{f(-z \pm \Delta z) - f(-z)}{\pm \Delta z},$$

daß die Derivierte einer geraden Funktion eine ungerade, die Derivierte einer ungeraden Funktion dagegen eine gerade Funktion ist; daß also für eine gerade Funktion die 1te, 3te, $\cdots$, $2n-1$te Derivierte ungerade, die 2te, 4te, $\cdots$, $2n$te Derivierte gerade Funktionen sind; für den Nullwert des Arguments also die Derivierten ungerader Ordnung, aber im allgemeinen nicht die gerader Ordnung verschwinden; daß dagegen für eine ungerade Funktion die 1te, 3te, $\cdots$, $2n-1$te Derivierte gerade, die 2te, 4te, $\cdots$, $2n$te Derivierte ungerade Funktionen sind, also für den Nullwert des Arguments die Derivierten gerader Ordnung, aber im allgemeinen nicht die ungerader Ordnung verschwinden. Ist also weiter von einer Funktion bekannt, daß sie eine gerade oder ungerade Funktion ist, und ist die erste für das Argument Null nicht verschwindende Derivierte von gerader Ordnung, so ist die Funktion selbst gerade, ist sie von ungerader Ordnung, so ist die Funktion selbst ungerade.

Diese Sätze übertragen sich unmittelbar auf die partiellen Derivierten der Funktionen mehrerer Argumente und gestatten aus dem unter (59) angegebenen Resultate sofort den Schluß, daß die Funktionen:

$$(62) \qquad \vartheta[\varkappa + \sum^{p-4m+1} a]((v)) \quad \text{und} \quad \vartheta[\varkappa + \sum^{p-4m} a]((v)) \qquad (m = 1, 2, \cdots)$$

gerade, die Funktionen:

$$(63) \qquad \vartheta[\varkappa + \sum^{p-4m+3} a]((v)) \quad \text{und} \quad \vartheta[\varkappa + \sum^{p-4m+2} a]((v)) \qquad (m = 1, 2, \cdots)$$

ungerade Funktionen sind, während nach (60) auch die Funktion:

$$(64) \qquad \vartheta[\varkappa + \sum^{p} a]((v))$$

eine gerade Funktion ist.

Nun kann man aber leicht zeigen, daß die Charakteristik $[\varkappa]$ keine andere ist als die pag. 272 eingeführte und dort mit $[n]$ bezeichnete Summe aller ungeraden (oder geraden) unter den $2p+1$ Charakteristiken $(a_1), (a_2), \cdots, (a_{2p+1})$. Zunächst ist $[\varkappa]$ jedenfalls in der Form:

$$(65) \qquad [\varkappa] = [\sum^{m} a']$$

darstellbar, wo die $[a']$ gewisse der $2p+1$ Charakteristiken (a_1),

$(a_2), \cdots, (a_{2p+1})$ sind; addiert man nun zu der linken und rechten Seite der Gleichung

$$(66) \qquad [0] = [\varkappa + \sum^{m} a']$$

eine dieser Charakteristiken $[a']$, so erhält man:

$$(67) \qquad [a'] = [\varkappa + \sum^{m-1} a'] = [\varkappa + \sum^{m-1} a];$$

addiert man dagegen eine der $2p+1-m$ anderen Charakteristiken des F. S., so erhält man:

$$(68) \qquad [a''] = [\varkappa + \sum^{m} a' + a''] = [\varkappa + \sum^{m+1} a].$$

Daraus folgt aber nach dem unter (62) und (63) Bemerkten, daß alle Charakteristiken $[a']$ untereinander von demselben Charakter, und ebenso alle Charakteristiken $[a'']$ untereinander von demselben Charakter und von entgegengesetztem wie die Charakteristiken $[a']$ sind, daß also $[\varkappa]$ tatsächlich nach (65) gleich ist der Summe der unter den $2p+1$ Charakteristiken $(a_1), (a_2), \cdots, (a_{2p+1})$ vorkommenden ungeraden (oder geraden) Charakteristiken.

Damit ist ein Mittel gefunden, für jede beliebige Zerschneidung der Fläche T die Riemannschen Konstanten $k_1, \cdots, k_p$ bis auf korrespondierende Ganze der Periodizitätsmodulen zu berechnen, sobald das dieser Zerschneidung gemäß § 1 entsprechende F. S. von Per. Char. bekannt ist.

Für die spezielle in § 1 angegebene Zerschneidung ergibt sich, wie schon unter (10) angegeben, in Übereinstimmung mit dem in § 2 erhaltenen Resultate:

$$(69) \qquad (\varkappa) = \begin{pmatrix} 1 & 1 & 1 & \cdots & 1 \\ 1 & 2 & 3 & \cdots & p \end{pmatrix}.$$

In dem Verschwinden der geraden Funktionen (62) samt ihren geraden Derivierten bis zur $2m-2^{\text{ten}}$ Ordnung einschließlich und dem Verschwinden der ungeraden Derivierten der ungeraden Funktionen (63) bis zur $2m-1^{\text{ten}}$ Ordnung einschließlich sehen wir eine Eigenschaft vor uns, welche den allgemeinen Thetafunktionen nicht zukommt, vielmehr den zur vorgelegten Fläche T' gehörigen hyperelliptischen Thetafunktionen eigentümlich ist, und man hat daher als Eigenschaften der Thetamodulen, welche eine Thetafunktion als hyperelliptische charakterisieren, die folgenden auszusprechen:

VI. Satz: *Erstreckt man die Integrale in der Fläche T' von einem Verzweigungspunkte zu den $2p+1$ übrigen, so geht das System der p Normalintegrale $u_1, \cdots, u_p$ in $2p+1$ Systeme korrespondierender Halber der Periodizitätsmodulen über, deren Charakteristiken (a_1), (a_2), $\cdots$, (a_{2p+1}) ein F. S. von Per. Char. bilden. Heißt man $[n]$ die Summe* *der ungeraden (oder geraden) unter ihnen, so verschwinden von den der Fläche T' zugeordneten Thetafunktionen für die Nullwerte der Argumente:*

die geraden Funktionen:

$$\text{(VIII)} \qquad \vartheta\left[n + \sum^{p-3} a\right]((v)) \quad \textit{und} \quad \vartheta\left[n + \sum^{p-4} a\right]((v));$$

die geraden Funktionen:

$$\text{(IX)} \qquad \vartheta\left[n + \sum^{p-7} a\right]((v)) \quad \textit{und} \quad \vartheta\left[n + \sum^{p-8} a\right]((v))$$

mit allen ihren 2ten *Derivierten;*

die geraden Funktionen:

$$\text{(X)} \qquad \vartheta\left[n + \sum^{p-11} a\right]((v)) \quad \textit{und} \quad \vartheta\left[n + \sum^{p-12} a\right]((v))$$

mit allen ihren 2ten *und* 4ten *Derivierten;*

. . . .

die geraden Funktionen:

$$\text{(XI)} \qquad \vartheta\left[n + \sum^{p-4m+1} a\right]((v)) \quad \textit{und} \quad \vartheta\left[n + \sum^{p-4m} a\right]((v))$$

mit allen ihren 2ten, 4ten, $\cdots$, $2m-2$ten *Derivierten;*

. . . .

ferner verschwinden für die Nullwerte der Argumente:

die sämtlichen 1ten *Derivierten der ungeraden Funktionen:*

$$\text{(XII)} \qquad \vartheta\left[n + \sum^{p-5} a\right]((v)) \quad \textit{und} \quad \vartheta\left[n + \sum^{p-6} a\right]((v));$$

die sämtlichen 1ten *und* 3ten *Derivierten der ungeraden Funktionen:*

$$\text{(XIII)} \qquad \vartheta\left[n + \sum^{p-9} a\right]((v)) \quad \textit{und} \quad \vartheta\left[n + \sum^{p-10} a\right]((v));$$

. . . .

die sämtlichen 1ten, 3ten, $\cdots$, $2m-1$ten *Derivierten der ungeraden Funktionen:*

$$\text{(XIV)} \qquad \vartheta\left[n + \sum^{p-4m-1} a\right]((v)) \quad \textit{und} \quad \vartheta\left[n + \sum^{p-4m-2} a\right]((v));$$

. . . .

Dieser Satz liefert speziell:

im Falle $p = 3$ die einzige Bedingung, daß für $(v) = (0)$ die gerade Funktion $\vartheta[n]((v))$ verschwindet,

im Falle $p = 4$ die 10 Bedingungen, daß für $(v) = (0)$ die 10 geraden Funktionen $\vartheta[n]((v))$ und $\vartheta[n + \sum^{1} a]((v))$ verschwinden;

im Falle $p = 5$ die 66 Bedingungen, daß für $(v) = (0)$ die 11 geraden Funktionen $\vartheta[n + \sum^1 a]((v))$ und die 55 geraden Funktionen $\vartheta[n + \sum^2 a]((v))$ verschwinden und als 67te Bedingung, daß für $(v) = (0)$ die ersten partiellen Derivierten der ungeraden Funktion $\vartheta[n]((v))$ verschwinden;

. . . .

Beachtet man nun, daß die Anzahl der Modulen der allgemeinen p-fach unendlichen Thetareihe $\frac{1}{2}p(p+1)$, die Anzahl der wesentlichen Konstanten des hyperelliptischen Gebildes vom Geschlecht p aber $2p - 1$ beträgt, so ergibt sich als Anzahl der zwischen den Modulen einer hyperelliptischen Thetafunktion bestehenden wesentlich verschiedenen Relationen:

$$(70) \qquad \tfrac{1}{2}p(p+1) - (2p-1) = \tfrac{1}{2}(p-1)(p-2);$$

dies sind im Falle $p = 3$ 1, im Falle $p = 4$ 3, im Falle $p = 5$ 6 $\cdots$. Vergleicht man diese Zahlen mit den obigen, so erkennt man, daß die in dem VI. Satz angegebenen Bedingungen nicht unabhängig voneinander sein können, daß sie sich vielmehr, sobald $p > 3$ ist, teilweise müssen aufeinander reduzieren lassen, die 10 Bedingungen im Falle $p = 4$ auf 3, die 67 Bedingungen im Falle $p = 5$ auf 6, $\cdots$. In welcher Weise diese Reduktion stattfindet, soll im niedrigsten Falle $p = 4$ jetzt gezeigt werden.

Zu dem Ende gehe man auf den XLIII. Satz pag. 349 zurück und bezeichne die 10 Th. Char. eines F. S. des Falles $p = 4$ mit

$$(71) \qquad [\alpha_0],\ [\alpha_1],\ \cdots,\ [\alpha_7],\ [\beta],\ [\gamma],$$

mit $[n]$ aber die Summe der ungeraden (oder geraden) unter ihnen. Nach Formel (LII) ist dann:

$$(72) \qquad \begin{aligned} &y_{[n\beta]} + |\,\omega\alpha_0,\ \beta\gamma\,|\ y_{[n\gamma]} \\ &= \sum_{\mu=0}^{7} \{\,|\,n\beta,\ \omega\alpha_\mu\,|\ x_{[\omega\alpha_\mu]} + |\,n\beta,\ \omega\alpha_\mu\beta\gamma\,|\ x_{[\omega\alpha_\mu\beta\gamma]}\,\}, \end{aligned}$$

wenn $x_{[\varepsilon]}$, $y_{[\eta]}$ die dort unter (LI) angeschriebenen Ausdrücke bezeichnen. Setzt man in (72) $[\omega] = [n]$ auch $(w) = (0)$, wodurch $y_{[\eta]} = x_{[\eta]}$ wird, so erhält man, da die Charakteristiken $[n\alpha_\mu\beta\gamma]$ ungerade, die Größen $x_{[n\alpha_\mu\beta\gamma]}$ also Null sind:

$$(73) \qquad x_{[n\beta]} + |\,n\alpha_0,\ \beta\gamma\,|\ x_{[n\gamma]} = \sum_{\mu=0}^{7} |\,n\beta,\ n\alpha_\mu\,|\ x_{[n\alpha_\mu]}.$$

Nun ist aber:

$$(74)\qquad |n\alpha_0, \beta\gamma| = |n, \beta|\cdot|n, \gamma|\cdot|\alpha_0, \beta|\cdot|\alpha_0, \gamma| = \\ -|n, \beta|\cdot|n, \gamma|\cdot|\beta, \gamma| = -|n\beta, n\gamma|;$$

man kann daher die Gleichung (73) auch in der Form:

$$(75)\qquad x_{[n\beta]} = |n\beta, n\gamma|\, x_{[n\gamma]} + \sum_{\mu=0}^{7}{}' |n\beta, n\alpha_\mu|\, x_{[n\alpha_\mu]}$$

schreiben, und wird das darin enthaltene Resultat nun besser so aussprechen.

VII. Satz: *Sind* $[\alpha_0], [\alpha_1], \cdots, [\alpha_9]$ *die 10 Th. Char. eines F. S. des Falles* $p = 4$, *so gilt für die Größen:*

$$(\mathrm{XV})\qquad x_{[\varepsilon]} = (-1)^{\sum\limits_{\mu=1}^{p}(\varrho_\mu+\sigma_\mu)\varepsilon'_\mu} \\ \vartheta[\varepsilon+\varrho+\sigma]((u+v))\,\vartheta[\varepsilon+\varrho]((u))\,\vartheta[\varepsilon+\sigma]((v))\,\vartheta[\varepsilon]((0))$$

die Gleichung:

$$(\mathrm{XVI})\qquad x_{[n\alpha_0]} = \sum_{\mu=1}^{9}{}' |n\alpha_0, n\alpha_\mu|\, x_{[n\alpha_\mu]},$$

wenn $[n]$ *die Summe der ungeraden (oder geraden) unter den 10 Th. Char.* $[\alpha]$ *bezeichnet.*

Geht man nun von dem F. S. von 10 Th. Char. $[\alpha_0], [\alpha_1], \cdots, [\alpha_9]$, indem man $[\alpha_0] = [0]$ setzt, zu einem F. S. von 9 Per. Char. $(a_1), (a_2), \cdots, (a_9)$ über, so entsteht aus (XVI) die Gleichung:

$$(76)\qquad x_{[n]} = \sum_{\mu=1}^{9}{}' |n, a_\mu|\, x_{[na_\mu]},$$

und diese reduziert sich, wenn man in ihr

$$(77)\qquad (u) = (v) = (0),$$

auch

$$(78)\qquad (\varrho) = (a_4 a_5 a_6 a_7), \qquad (\sigma) = (a_4 a_5 a_8 a_9)$$

setzt, auf

$$(79)\qquad x_{[n]} = \sum_{\mu=1}^{3}{}' |n, a_\mu|\, x_{[na_\mu]},$$

da alle Th. Char. von der Form $[n + \sum^{3} a]$ ungerade sind und infolgedessen die Größen $x_{[na_4]}, x_{[na_5]}, \cdots, x_{[na_9]}$ sämtlich verschwinden. Die Gleichung (79), bei der die x durch die Gleichung:

$$(80) \qquad x_{[\varepsilon]} = (-1)^{\sum\limits_{\mu=1}^{p}(\varrho_\mu+\sigma_\mu)\varepsilon'_\mu} \vartheta[\varepsilon+\varrho+\sigma]((0))\,\vartheta[\varepsilon+\varrho]((0))\,\vartheta[\varepsilon+\sigma]((0))\,\vartheta[\varepsilon]((0)),$$

unter (ϱ) und (σ) die Per. Char. (78) verstanden, definiert sind, zeigt aber, da die Größen $\vartheta[n+\sum^{4} a]((0))$ von Null verschieden sind, daß das Verschwinden von drei der vier Größen:

$$(81) \qquad \vartheta[n]((0)), \quad \vartheta[n+a_1]((0)), \quad \vartheta[n+a_2]((0)), \quad \vartheta[n+a_3]((0)),$$

etwa der drei ersten, das Verschwinden der vierten nach sich zieht, und da man an Stelle von (a_3) jede der 7 von (a_1) und (a_2) verschiedenen Per. Char. des gegebenen F. S. treten lassen kann, so ist damit bewiesen, daß in der Tat das Verschwinden der 10 Funktionen $\vartheta[n]((v))$ und $\vartheta[n+\sum^{1} a]((v))$ für $(v)=(0)$ aus dem Verschwinden von drei unter ihnen folgt.

Rosenhain[1]) hat in einem Briefe an Jacobi vom 3. IX. 44 zuerst auf die Schwierigkeiten hingewiesen, welche der Ausdehnung seiner Theorie der ultraelliptischen Funktionen erster Ordnung auf beliebiges p deshalb entgegenstehen, weil bei größerem p die Anzahl der Modulen der Thetareihe über die Anzahl der wesentlichen Konstanten des hyperelliptischen Gebildes hinausgeht.

Welcher Art die besonderen Bedingungen sind, denen die Modulen der hyperelliptischen Thetafunktionen genügen, scheinen Riemann und Weierstraß[2]) sehr früh erkannt zu haben; die erste Mitteilung derselben geschah durch Herrn Königsberger[3]); in der obigen Form abgeleitet hat sie zuerst Herr Prym[4]). Eine ausführliche Besprechung der Weierstraß-Königsbergerschen Resultate findet sich bei Herrn Pringsheim[5]); hier ist auch darauf hingewiesen, daß die im VI. Satz niedergelegten Bedingungen für die Modulen einer hyperelliptischen Thetafunktion nur als notwendige erkannt seien, und der Beweis dafür, daß sie auch hinreichend seien, noch

1) Rosenhain, Auszug mehrerer Schreiben des Dr. Rosenhain an Herrn Prof. Jacobi über die hyperelliptischen Transcendenten. J. für Math. Bd. 40. 1850, pag. 319; vergl. dazu auch Jacobi, Notiz über A. Göpel. 1847. Ges. Werke Bd. 2. Berlin 1882, pag. 145 und: Zur Geschichte der elliptischen und Abel'schen Transcendenten. 1847. Ges. Werke Bd. 2. Berlin 1882, pag. 516.

2) Weierstraß, Zur Theorie der Abel'schen Functionen. 1854. Math. Werke Bd. 1. Berlin 1894, pag. 143.

3) Königsberger, Über die Transformation der Abel'schen Functionen erster Ordnung. J. für Math. Bd. 64. 1865, pag. 17.

4) Prym, Zur Theorie der Functionen in einer zweiblättrigen Fläche. Züricher N. Denkschr. Bd. 22. 1867, pag. 16 u. f.

5) Pringsheim, Zur Theorie der hyperelliptischen Functionen insbesondere derjenigen dritter Ordnung ($\varrho = 4$). Hab.-Schrift. München 1877 und Math. Ann. Bd. 12. 1877, pag. 435.

ausstehe; für den speziellen Fall $p = 4$ wird dieser Beweis durch Herrn Pringsheim erbracht.

Die obige Reduktion der 10 Bedingungen des Falles $p = 4$ auf 3 stammt von Herrn Nöther[1]), von welchem[2]) auch die entsprechende Reduktion der 67 Bedingungen des Falles $p = 5$ auf 6 durch den Nachweis geleistet wird, daß die Annahme:

$$(82) \qquad \vartheta[n a_1]((0)) = \vartheta[n a_2]((0)) = \cdots = \vartheta[n a_5]((0)) = 0$$

das Verschwinden der 15 weiteren Größen:

$$(83) \qquad \begin{array}{llll} \vartheta[n a_6]((0)), & \vartheta[n a_7]((0)), & \cdots, & \vartheta[n a_{10}]((0)), \\ \vartheta[n a_1 a_{11}]((0)), & \vartheta[n a_2 a_{11}]((0)), & \cdots, & \vartheta[n a_{10} a_{11}]((0)) \end{array}$$

nach sich ziehe; die einzige weitere Annahme $\vartheta[n a_{11}]((0)) = 0$ aber sodann das Verschwinden aller noch übrigen 45 Funktionen $\vartheta[n + \sum^{2} a]((v))$ und das Verschwinden der partiellen Derivierten der Funktion $\vartheta[n]((v))$ für $(v) = (0)$ bedinge.

Weierstraß[3]) hat endlich zuerst auf die Tatsache hingewiesen, daß aus einer hyperelliptischen Thetafunktion zwar durch eine lineare, nicht aber durch eine Transformation höheren Grades immer wieder eine hyperelliptische Thetafunktion hervorgehe.

§ 5.

Das Additionstheorem der hyperelliptischen Thetafunktionen.

Man gehe auf den XXXVIII. Satz pag. 307 zurück und nehme an, daß die in den Definitionsgleichungen (XXXVIII) der Größen x, y auftretenden Thetafunktionen spezielle, hyperelliptische seien. Setzt man dann das Argumentensystem $(u^{(4)}) = (0)$, so verschwinden alle Größen $y_{[\eta]}$ mit Ausnahme derjenigen $\binom{2p+1}{p}$, deren Charakteristiken $[\eta]$ die Form $[n + \sum^{p} a]$ haben. Eine jede dieser Größen y aber läßt sich, wie jetzt gezeigt werden soll, auf 2^{p+1} Weisen durch je 2^p Größen x linear ausdrücken.

Zu dem Ende leite man zunächst aus der Gleichung (XLII) pag. 309, die man, indem $2^p = r$ gesetzt wird, in der Form:

$$(84) \qquad \sum_{\varrho=0}^{r-1} |\zeta, a_\varrho|\, y_{[\eta a_\varrho]} = |\eta, \zeta| \sum_{\varrho=0}^{r-1} |\eta, b_\varrho|\, x_{[\zeta b_\varrho]}$$

---

1) Nöther, Zur Theorie der Thetafunctionen von vier Argumenten. Math. Ann. Bd. 14. 1879, pag. 248.

2) Nöther, Zur Theorie der Thetafunctionen von beliebig vielen Argumenten. Math. Ann. Bd. 16. 1880, pag. 270.

3) Königsberger, Über die Erweiterung des Jacobischen Transformationsprinzips. J. für Math. Bd. 87. 1879, pag. 173.

schreibe, und in der A und B irgend zwei adjungierte Gruppen vom Range p bezeichnen, durch Vertauschung von A und B die weitere:

$$(85) \qquad \sum_{\varrho=0}^{r-1}{}' \,|\,\zeta,\, b_\varrho\,|\; y_{[\eta b_\varrho]} = |\,\eta,\,\zeta\,| \sum_{\varrho=0}^{r-1}{}' \,|\,\eta,\, a_\varrho\,|\; x_{[\zeta a_\varrho]}$$

ab; greife nun aus den $2p+1$ Per. Char. des zur vorgelegten Fläche T' im Sinne des § 1 gehörigen F. S. von Per. Char. p beliebige heraus, die mit $(\alpha_1), (\alpha_2), \cdots, (\alpha_p)$ bezeichnet seien, und bilde die zu ihnen als Basischarakteristiken gehörige Gruppe A von 2^p Per. Char. Identifiziert man dann in den Formeln (84) und (85) die Gruppe A mit der soeben gebildeten, so ist an Stelle von B jene Gruppe von 2^p Charakteristiken zu setzen, welche auf p linearunabhängige zu den Per. Char. $(\alpha_1), (\alpha_2), \cdots, (\alpha_p)$ syzygetische Per. Char., etwa:

$$(86) \quad (\beta_1) = (\alpha_{p+1}\alpha_{2p+1}), \quad (\beta_2) = (\alpha_{p+2}\alpha_{2p+1}), \cdots, (\beta_p) = (\alpha_{2p}\alpha_{2p+1})$$

als Basischarakteristiken aufgebaut werden kann. Setzt man dann noch, indem man wie immer mit $[n]$ die Summe der ungeraden unter den $2p+1$ Per. Char. des F. S. bezeichnet, an Stelle von $[\eta]$ die Char.:

$$(87) \qquad [\eta_0] = [n\alpha_1\alpha_2 \cdots \alpha_p],$$

so verschwinden, wie man unmittelbar sieht, auf den linken Seiten der Gleichungen (84), (85) infolge der oben gemachten Voraussetzungen alle Größen $y_{[\eta a_\varrho]}$ und $y_{[\eta b_\varrho]}$, für welche $\varrho > 0$ ist, und man erhält so die Gleichungen:

$$(88) \qquad y_{[\eta_0]} = \sum_{\varrho=0}^{r-1}{}' \,|\,\eta_0,\, \zeta b_\varrho\,|\, x_{[\zeta b_\varrho]},$$

$$(89) \qquad y_{[\eta_0]} = \sum_{\varrho=0}^{r-1}{}' \,|\,\eta_0,\, \zeta a_\varrho\,|\, x_{[\zeta a_\varrho]},$$

zu denen man noch bemerken kann, daß $y_{[\eta_0]}$, da $(\alpha_1), (\alpha_2), \cdots, (\alpha_p)$ aus den $2p+1$ Per. Char. des F. S. willkürlich herausgegriffen sind, der Repräsentant einer beliebigen der $\binom{2p+1}{p}$ nicht verschwindenden Größen y ist.

In den beiden Formeln (88) und (89) kann man für $[\zeta]$ jede der 2^{2p} Th. Char. setzen; es entstehen aber, wie pag. 310 auseinandergesetzt wurde, auf diese Weise aus jeder Formel im Ganzen nur 2^p verschiedene Gleichungen; und zwar gewinnt man die in (88) enthaltenen Gleichungen, indem man mit $(\delta_1), (\delta_2), \cdots, (\delta_p)$ p Per. Char. bezeichnet, die zusammen mit den Per. Char. $(\beta_1), (\beta_2), \cdots, (\beta_p)$ $2p$ linearunabhängige Charakteristiken bilden, etwa:

$$(90) \quad (\delta_1) = (\alpha_1\alpha_{2p+1}), \quad (\delta_2) = (\alpha_2\alpha_{2p+1}), \cdots, (\delta_p) = (\alpha_p\alpha_{2p+1}),$$

mit $(d_0), (d_1), \cdots, (d_{r-1})$ die 2^p Per. Char. der auf ihnen als Basis aufgebauten Gruppe, mit $[\zeta_0]$ aber eine willkürlich bleibende Th. Char. und dann in (88) an Stelle von $[\zeta]$ der Reihe nach die 2^p Th. Char. $[\zeta_0 d_0], [\zeta_0 d_1], \cdots, [\zeta_0 d_{r-1}]$ treten läßt. Entsprechend gewinnt man die in (89) enthaltenen 2^p verschiedenen Gleichungen, indem man mit $(\gamma_1), (\gamma_2), \cdots, (\gamma_p)$ p Per. Char. bezeichnet, die zusammen mit den Per. Char. $(\alpha_1), (\alpha_2), \cdots, (\alpha_p)$ $2p$ linearunabhängige Per. Char. bilden, etwa:

$$(91) \qquad (\gamma_1) = (\alpha_{p+1}), \quad (\gamma_2) = (\alpha_{p+2}), \cdots, (\gamma_p) = (\alpha_{2p}),$$

mit $(c_0), (c_1), \cdots, (c_{r-1})$ die 2^p Per. Char. der auf ihnen als Basis aufgebauten Gruppe, mit $[\zeta_0]$ aber eine willkürlich bleibende Th. Char. und dann in (89) an Stelle von $[\zeta]$ der Reihe nach die 2^p Th. Char. $[\zeta_0 c_0], [\zeta_0 c_1], \cdots, [\zeta_0 c_{r-1}]$ treten läßt. Setzt man dann schließlich noch $[\zeta_0] = [\eta_0]$, so erhält man auf die angegebene Weise aus (88) und (89) die beiden folgenden Systeme von je 2^p Gleichungen:

$$(92) \qquad y_{[\eta_0]} = \sum_{\varrho=0}^{r-1} |\eta_0, \eta_0 d_\lambda b_\varrho| \, x_{[\eta_0 d_\lambda b_\varrho]},$$

$$(\lambda = 0, 1, \cdots, r-1)$$

$$(93) \qquad y_{[\eta_0]} = \sum_{\varrho=0}^{r-1} |\eta_0, \eta_0 c_\lambda a_\varrho| \, x_{[\eta_0 c_\lambda a_\varrho]}.$$

Sowohl die rechten Seiten der 2^p Gleichungen (92), wie die rechten Seiten der 2^p Gleichungen (93) enthalten zusammen die sämtlichen 2^{2p} Größen x und jede nur einmal, und da durch Addition der 2^p Gleichungen eines jeden der beiden Gleichungensysteme die dem Systeme (XXXIX) pag. 308 angehörige Gleichung:

$$(94) \qquad 2^p y_{[\eta_0]} = \sum_{[\varepsilon]} |\eta_0, \varepsilon| \, x_{[\varepsilon]}$$

hervorgeht, so repräsentieren dieselben eine merkwürdige Zerspaltung dieser Gleichung.

Die Verschiedenheit, welche hinsichtlich der Gestalt der Basen der auf den rechten Seiten von (88) und (89) auftretenden Gruppen A und B herrscht, verschwindet, wenn man statt des F. S. der $2p+1$ Per. Char. $(\alpha_1), (\alpha_2), \cdots, (\alpha_{2p+1})$ ein durch Addition und Hinzunahme einer beliebigen Th. Char. $[\alpha_0']$ daraus abgeleitetes F. S. von $2p+2$ Th. Char. $[\alpha_0'], [\alpha_1'], \cdots, [\alpha_{2p+1}']$ einführt. Da nämlich:

$$(95) \qquad (\alpha_1) = (\alpha_0' \alpha_1'), \quad (\alpha_2) = (\alpha_0' \alpha_2'), \cdots, (\alpha_p) = (\alpha_0' \alpha_p')$$

ist, so wird die Gruppe A von allen Kombinationen gerader Ordnung der $p+1$ Charakteristiken $[\alpha_0'], [\alpha_1'], \cdots, [\alpha_p']$ gebildet und das auf der rechten Seite von (89) stehende System der 2^p Charakteristiken $[\zeta a_\varrho]$ $(\varrho = 0, 1, \cdots, r-1)$ geht, wenn man noch die beliebige Charakteristik $[\zeta]$ durch $[\zeta \alpha_0']$ ersetzt, in das System der 2^p Th. Char.

$[\zeta a'_\varrho]$ $(\varrho = 0, 1, \cdots, r-1)$ über, wo $[a'_0], [a'_1], \cdots, [a'_{r-1}]$ die wesentlichen Kombinationen der $p+1$ Th. Char. $[\alpha'_0], [\alpha'_1], \cdots, [\alpha'_p]$ sind. In derselben Weise besteht die Gruppe B mit der Basis:

$$(96)\quad (\beta_1) = (\alpha'_{p+1}\alpha'_{2p+1}),\quad (\beta_2) = (\alpha'_{p+2}\alpha'_{2p+1}),\ \cdots,\ (\beta_p) = (\alpha'_{2p}\alpha'_{2p+1})$$

aus allen Kombinationen gerader Ordnung der $p+1$ Charakteristiken $[\alpha'_{p+1}], [\alpha'_{p+2}], \cdots, [\alpha'_{2p+1}]$ und es geht das auf der rechten Seite von (88) stehende System der 2^p Charakteristiken $[\zeta b_\varrho]$ $(\varrho = 0, 1, \cdots, r-1)$, wenn man hier $[\zeta\alpha'_{p+1}]$ statt $[\zeta]$ schreibt, in das System der 2^p Th. Char. $[\zeta b'_\varrho]$ $(\varrho = 0, 1, \cdots, r-1)$ über, wo $[b'_0], [b'_1], \cdots, [b'_{r-1}]$ die wesentlichen Kombinationen der $p+1$ Th. Char. $[\alpha'_{p+1}], [\alpha'_{2p+2}], \cdots, [\alpha'_{2p+1}]$ sind. Da endlich infolge der pag. 287 bewiesenen Beziehung

$$(97)\qquad [n] = [n'] + \overline{p+1}\,[\alpha_0']$$

auf den linken Seiten von (88) und (89):

$$(98)\qquad [\eta_0] = [n'\alpha_0'\alpha_1' \cdots \alpha_p'] = [n'\alpha'_{p+1}\alpha'_{p+2} \cdots \alpha'_{2p+1}]$$

wird, so kann man die Resultate dieses Paragraphen in folgenden Satz zusammenfassen:

VIII. Satz: *Man teile die $2p+2$ Charakteristiken $[\alpha_0'], [\alpha_1'], \cdots, [\alpha'_{2p+1}]$ jenes F. S. von Th. Char., welches aus dem im VI. Satz genannten F. S. von Per. Char. durch Addition und Hinzunahme einer beliebigen Th. Char. $[\alpha_0']$ hervorgeht, in zwei Hälften, $[\alpha_0'], [\alpha_1'], \cdots, [\alpha_p']$ die eine, $[\alpha'_{p+1}], [\alpha'_{p+2}], \cdots, [\alpha'_{2p+1}]$ die andere, nenne $[a_0'], [a_1'], \cdots, [a'_{r-1}]$ die $r = 2^p$ Th. Char. des Systems mit der Basis $[\alpha_0'], [\alpha_1'], \cdots, [\alpha_p']$, dagegen $[b_0'], [b_1'], \cdots, [b'_{r-1}]$ die $r = 2^p$ Th. Char. des Systems mit der Basis $[\alpha'_{p+1}], [\alpha'_{p+2}], \cdots, [\alpha'_{2p+1}]$, und bezeichne mit $[n']$ die Summe der ungeraden (oder geraden) unter den $2p+2$ Charakteristiken $[\alpha']$, mit $[\eta_0]$ die Charakteristik:*

$$(\text{XVII})\qquad [\eta_0] = [n'\alpha_0'\alpha_1' \cdots \alpha_p'] = [n'\alpha'_{p+1}\alpha'_{p+2} \cdots \alpha'_{2p+1}],$$

mit $[\zeta]$ aber eine beliebige Th. Char. Bildet man dann aus den zur vorgelegten Fläche T' zugeordneten hyperelliptischen Thetafunktionen, während man unter u_μ, v_μ, w_μ $(\mu = 1, 2, \cdots, p)$ unabhängige Variable versteht, die Ausdrücke

$$(\text{XVIII})\qquad \begin{aligned} x_{[\varepsilon]} &= (-1)^{\sum\limits_{\mu=1}^{p}(\varrho_\mu+\sigma_\mu)\varepsilon'_\mu} \\ &\qquad \vartheta[\varepsilon+\varrho+\sigma]((u+v+w))\,\vartheta[\varepsilon+\varrho]((u))\,\vartheta[\varepsilon+\sigma]((v))\,\vartheta[\varepsilon]((-w)), \\ y_{[\eta]} &= (-1)^{\sum\limits_{\mu=1}^{p}(\varrho_\mu+\sigma_\mu)\eta'_\mu} \\ &\qquad \vartheta[\eta+\varrho+\sigma]((u+v))\,\vartheta[\eta+\varrho]((u+w))\,\vartheta[\eta+\sigma]((v+w))\,\vartheta[\eta]((0)), \end{aligned}$$

so bestehen zwischen diesen die Gleichungen:

(XIX) $$y_{[\eta_0]} = \sum_{\varrho=0}^{r-1} |\eta_0, \zeta a_\varrho'| \, x_{[\zeta a_\varrho']},$$

(XX) $$y_{[\eta_0]} = \sum_{\varrho=0}^{r-1} |\eta_0, \zeta b_\varrho'| \, x_{[\zeta b_\varrho']}.$$

Vermittelst dieser Gleichungen kann man jede der $\binom{2p+1}{p}$ *von Null verschiedenen Größen* y *auf* $2 \cdot 2^p$ *Weisen durch je* 2^p *Größen* x *darstellen.*

Aus den Formeln (92) und (93) oder (XIX) und (XX) ergeben sich für $(w) = (-v)$, indem man zwei Formeln mit der gleichen Charakteristik $[\eta + \varrho]$ durcheinander dividiert, Additionstheoreme für die Quotienten hyperelliptischer Thetafunktionen; für $(v) = (w) = (0)$ dagegen Relationen zwischen diesen Funktionen[1]).

Die Formel (89) stimmt im wesentlichen mit einer von Herrn Königsberger[2]) mitgeteilten Weierstraßschen Formel überein; die Formeln (92) und (93) sind von Herrn Prym[3]) angegeben worden. Herr Frobenius[4]) hat gezeigt, wie man aus den obigen Additionstheoremen jene Relationen ableiten kann, welche im hyperelliptischen Falle zwischen den Nullwerten der geraden und der Derivierten der ungeraden Thetafunktionen bestehen und welche im Falle $p = 2$ schon von Rosenhain[5]), im Falle eines beliebigen p zuerst von Herrn Thomae[6]) angegeben wurden.

---

1) Vergl. dazu Pringsheim, Zur Theorie der hyperelliptischen Functionen etc. Hab.-Schrift. München 1877 und Math. Ann. Bd. 12. 1877, pag. 435; Relationen zwischen hyperelliptischen Thetafunktionen haben aus den algebraischen Ausdrücken für die Thetaquotienten Brioschi (La relazione di Göpel per funzioni iperellittiche d' ordine qualunque. Ann. di Mat. (2) Bd. 10. 1882, pag. 161), Brunel (Étude sur les relations algébriques entre les fonctions hyperelliptiques de genre 3. Ann. de l'Éc. norm. supér. (2) Bd. 12. 1883, pag. 199) und Craig (On quadruple Thetafunctions. Am. J. Bd. 6. 1884, pag. 14 u. 183) abgeleitet.

2) Königsberger, Über die Transformation etc. J. für Math. Bd. 64. 1865, pag. 17.

3) Prym, Untersuchungen über die Riemann'sche Thetaf. etc. Lpz. 1882, pag. 94.

4) Frobenius, Über die constanten Factoren der Thetareihen. J. für Math. Bd. 98. 1885, pag. 244.

5) Rosenhain, Mémoire sur les fonctions etc. Mém. prés. Bd. 11. 1851, pag. 433; dazu: Weber, Über die Kummer'sche Fläche etc. J. für Math. Bd. 84. 1878, pag. 332; Krause, Ueber einige Differentialbeziehungen im Gebiete der Thetafunctionen zweier Veränderlichen (Erste Mitteilung). Math. Ann. Bd. 26. 1886, pag. 1 und: Die Transformation der hyperell. Funkt. etc. Lpz. 1886, pag. 47.

6) Thomae, Beitrag zur Bestimmung von $\vartheta(0, 0, \cdots, 0)$ durch die Klassenmoduln algebraischer Functionen. J. für Math. Bd. 71. 1870, pag. 201.

Elftes Kapitel.

Die reduzierbaren Abelschen Integrale und die zugehörigen Thetafunktionen.

§ 1.

Reduktion Abelscher Integrale auf elliptische.

Gegeben sei ein Abelsches Integral erster Gattung[1]):

$$(1) \qquad u = \int F(x, y)\, dx,$$

welches durch die Substitution:

$$(2) \qquad \xi = \Phi(x, y), \quad \sigma = \sqrt{\xi(1-\xi)(1-c^2\xi)} = \Psi(x, y),$$

wo $\Phi(x, y)$ und $\Psi(x, y)$ rationale Funktionen von x und y bezeichnen, auf das elliptische Integral:

$$(3) \qquad \int \frac{d\xi}{\sigma}$$

reduziert werde. Da die $2p$ Periodizitätsmodulen des Abelschen Integrals (1) geschlossene Integrale in der Riemannschen Fläche (x, y)

1) Man kann das Problem der Reduktion Abelscher Integrale auf elliptische mit Hilfe eines im wesentlichen auf Abel (Précis d'une théorie des fonctions elliptiques. 1829. Oeuvres compl. Bd. 1. Christiania 1881, pag. 518) zurückgehenden Satzes, den Herr Königsberger (Ueber die Reduction hyperelliptischer Integrale auf elliptische. J. für Math. Bd. 85. 1878, pag. 273; Ueber eine Beziehung der complexen Multiplication der elliptischen Integrale zur Reduction gewisser Klassen Abel'scher Integrale auf elliptische. J. für Math. Bd. 86. 1879, pag. 317; Über die Reduction Abel'scher Integrale auf elliptische und hyperelliptische. Math. Ann. Bd. 15. 1879, pag. 174; Ueber die Reduction Abel'scher Integrale auf niedere Integralformen, speciell auf elliptische Integrale. J. für Math. Bd. 89. 1880, pag. 89 und: Allgemeine Untersuchungen aus der Theorie der Differentialgleichungen. Lpz. 1882) wiederholt eingehend erörtert und bewiesen hat, tatsächlich auf die Integrale erster Gattung beschränken, da nach diesem Satze immer, wenn unter den Integralen einer Klasse sich solche finden, die auf elliptische Integrale reduzierbar sind, diese Reduktion auch für ein Integral erster Gattung der Klasse stattfindet.

sind, ihnen also auch gemäß der Substitution (2) geschlossene Integrale in der Fläche (ξ, σ) entsprechen, so setzen sich die $2p$ Periodizitätsmodulen ω_α ($\alpha = 1, 2, \cdots, 2p$) des Integrals (1) aus den zwei Periodizitätsmodulen v_1, v_2 des Integrals (3) zusammen in der Form:

$$(4) \qquad \omega_\alpha = m_{\alpha 1} v_1 + m_{\alpha 2} v_2, \qquad (\alpha = 1, 2, \cdots, 2p)$$

wobei die m ganze Zahlen bezeichnen.

Dieser Satz gilt auch umgekehrt. Setzen sich nämlich die $2p$ Periodizitätsmodulen ω_α ($\alpha = 1, 2, \cdots, 2p$) aus zwei Größen v_1, v_2 zusammen in der Form (4), so ist das zugehörige Abelsche Integral stets auf ein elliptisches reduzierbar. Zunächst hat man zu zeigen, daß die beiden Größen v_1, v_2, welche in den Gleichungen (4) auftreten, stets als Perioden einer doppeltperiodischen Funktion genommen werden können, wozu notwendig und hinreichend ist, daß, wenn ϱ_1, ϱ_2 ihre reellen, $\sigma_1 i$, $\sigma_2 i$ ihre lateralen Teile bezeichnen:

$$(5) \qquad \varrho_1 \sigma_2 - \varrho_2 \sigma_1 \gtrless 0$$

ist. Bezeichnet man aber den reellen Teil von ω_α mit η_α, den lateralen mit $\zeta_\alpha i$, so ist nach (4) pag. 129:

$$(6) \qquad \sum_{\mu=1}^{p} (\eta_\mu \zeta_{p+\mu} - \eta_{p+\mu} \zeta_\mu) > 0,$$

und da auf Grund von (4):

$$(7) \qquad \eta_\alpha = m_{\alpha 1} \varrho_1 + m_{\alpha 2} \varrho_2, \qquad \zeta_\alpha = m_{\alpha 1} \sigma_1 + m_{\alpha 2} \sigma_2 \quad (\alpha = 1, 2, \cdots, 2p)$$

also:

$$(8) \quad \sum_{\mu=1}^{p} (\eta_\mu \zeta_{p+\mu} - \eta_{p+\mu} \zeta_\mu) = (\varrho_1 \sigma_2 - \varrho_2 \sigma_1) \sum_{\mu=1}^{p} (m_{\mu 1} m_{p+\mu, 2} - m_{p+\mu, 1} m_{\mu 2})$$

ist, so ist in der Tat $\varrho_1 \sigma_2 - \varrho_2 \sigma_1$ von Null verschieden und man kann die Reihenfolge von v_1 und v_2 so wählen, daß

$$(9) \qquad \varrho_1 \sigma_2 - \varrho_2 \sigma_1 > 0$$

ist, dann ist aber stets auch:

$$(10) \qquad \sum_{\mu=1}^{p} (m_{\mu 1} m_{p+\mu, 2} - m_{p+\mu, 1} m_{\mu 2}) > 0.$$

Ist nun $\lambda(u)$ eine einwertige, mit den Perioden v_1, v_2 doppeltperiodische Funktion der komplexen Veränderlichen u, welche im Endlichen keine wesentlich singuläre Stelle besitzt, so wird $\lambda(u)$, wenn man für u das Abelsche Integral erster Gattung (1) setzt, zu einer rationalen Funktion $\Phi(x, y)$ von x und y. Es wird daher weiter:

$$(11) \qquad \frac{d\lambda(u)}{du} \cdot \frac{du}{dx} = \frac{d\Phi}{dx}$$

oder:

$$\frac{du}{dx} = \frac{\frac{d\Phi}{dx}}{\frac{d\lambda(u)}{du}}. \tag{12}$$

Ist nun speziell $\lambda(u)$ eine Funktion, die im Periodenparallelogramme nur an zwei Stellen ∞^1 wird, sodaß:

$$\frac{d\lambda(u)}{du} = \sqrt{a\lambda^4 + b\lambda^3 + c\lambda^2 + d\lambda + e} \tag{13}$$

ist, so folgt aus der Gleichung (12):

$$\frac{du}{dx} = \frac{\frac{d\Phi}{dx}}{\sqrt{a\Phi^4 + b\Phi^3 + c\Phi^2 + d\Phi + e}} \tag{14}$$

und es geht, wenn man die rationale Funktion $\Phi(x, y)$ als neue Variable wählt, das Integral u in ein elliptisches Integral erster Gattung über.[1])

I. Satz: *Wird das Abelsche Integral erster Gattung:*

$$\int F(x, y)\,dx \tag{I}$$

durch eine Substitution:

$$\xi = \Phi(x, y), \qquad \sqrt{\xi(1-\xi)(1-c^2\xi)} = \Psi(x, y), \tag{II}$$

wo $\Phi(x, y)$ und $\Psi(x, y)$ rationale Funktionen von x und y sind, auf das elliptische Integral:

$$\int \frac{d\xi}{\sqrt{\xi(1-\xi)(1-c^2\xi)}} \tag{III}$$

reduziert, so setzen sich seine $2p$ Periodizitätsmodulen ω_α $(\alpha = 1, 2, \cdots, 2p)$ aus den beiden Periodizitätsmodulen v_1, v_2 dieses letzteren zusammen in der Form:

$$\omega_\alpha = m_{\alpha 1} v_1 + m_{\alpha 2} v_2, \qquad (\alpha = 1, 2, \cdots, 2p) \tag{IV}$$

wo die m ganze Zahlen bezeichnen. — *Setzen sich umgekehrt die $2p$ Periodizitätsmodulen ω_α eines Abelschen Integrals aus zwei Größen v_1, v_2 zusammen in der Form* (IV), *so ist dasselbe stets durch eine Substitution von der Form* (II) *auf ein elliptisches Integral reduzierbar.*

Man nehme jetzt an, daß die $2p$ Periodizitätsmodulen ω_α $(\alpha = 1, 2, \cdots, 2p)$ eines Abelschen Integrals (I) sich aus zwei Größen v_1, v_2 zusammensetzen lassen in der Form (IV), wobei man voraus-

1) Appell et Goursat, Théorie des fonctions algébriques et de leurs intégrales. Paris 1895, pag. 368.

setze, daß weder die $2p$ Zahlen $m_{\alpha 1}$, noch die $2p$ Zahlen $m_{\alpha 2}$ einen gemeinsamen Faktor besitzen, und stelle sich die Aufgabe, das System der $4p$ Multiplikatoren:

$$(15)\qquad \begin{matrix} m_{11}, & m_{21}, & \cdots, & m_{2p,1} \\ m_{12}, & m_{22}, & \cdots, & m_{2p,2} \end{matrix}$$

durch ganzzahlige lineare Transformation der Perioden ω_α auf eine möglichst einfache Form zu bringen. Führt man aber an Stelle der Perioden ω neue ω' ein mit Hilfe einer ganzzahligen linearen Transformation:

$$(16)\qquad \omega'_\beta = \sum_{\alpha=1}^{2p} c_{\beta\alpha}\,\omega_\alpha, \qquad (\beta = 1, 2, \cdots, 2p)$$

bei der die $c_{\beta\alpha}$ $4p^2$ ganze Zahlen bezeichnen, welche den pag. 242 angegebenen Relationen genügen, so wird:

$$(17)\qquad \omega'_\beta = m'_{\beta 1} v_1 + m'_{\beta 2} v_2, \qquad (\beta = 1, 2, \cdots, 2p)$$

wo:

$$(18)\qquad m'_{\beta 1} = \sum_{\alpha=1}^{2p} c_{\beta\alpha} m_{\alpha 1}, \qquad m'_{\beta 2} = \sum_{\alpha=1}^{2p} c_{\beta\alpha} m_{\alpha 2} \qquad (\beta = 1, 2, \cdots, 2p)$$

ist. Man bemerke nun vorerst. Nach (10) besitzt die dort auf der linken Seite stehende Summe einen positiven Wert, nennt man denselben k, setzt also:

$$(19)\qquad \sum_{\mu=1}^{p} (m_{\mu 1} m_{p+\mu,2} - m_{p+\mu,1} m_{\mu 2}) = k,$$

so ist, da auf Grund der Relationen (8) pag. 242:

$$(20)\qquad \sum_{\mu=1}^{p} (m'_{\mu 1} m'_{p+\mu,2} - m'_{p+\mu,1} m'_{\mu 2}) = \sum_{\mu=1}^{p} (m_{\mu 1} m_{p+\mu,2} - m_{p+\mu,1} m_{\mu 2})$$

ist, auch:

$$(21)\qquad \sum_{\mu=1}^{p} (m'_{\mu 1} m'_{p+\mu,2} - m'_{p+\mu,1} m'_{\mu 2}) = k;$$

es wird also der Wert des Ausdruckes (19) durch lineare Transformation der Perioden ω nicht geändert.

Man lasse nun weiter an Stelle der Transformation (16) jene speziellen ganzzahligen linearen Transformationen treten, aus denen nach dem V. Satz pag. 153 jede beliebige ganzzahlige lineare Transformation zusammengesetzt werden kann, und betrachte das jedesmal durch die Gleichungen (18) gelieferte System von Zahlen m'.

Der Transformation A_ϱ entspricht ein System von Zahlen m', welches aus dem Systeme (15) dadurch hervorgeht, daß man die Elemente der $p+\varrho^{\text{ten}}$ Vertikalreihe zu denen der ϱ^{ten} addiert.

Der Transformation B_ϱ entspricht ein System von Zahlen m', welches aus dem Systeme (15) dadurch hervorgeht, daß man die Elemente der ϱ^{ten} Vertikalreihe mit denen der $p+\varrho^{\text{ten}}$ vertauscht, nachdem man diese letzteren zuvor mit -1 multipliziert hat.

Der Transformation $C_{\varrho\sigma}$ entspricht ein System von Zahlen m', welches aus dem Systeme (15) dadurch hervorgeht, daß man die Elemente der σ^{ten} Vertikalreihe zu denen der ϱ^{ten} addiert und gleichzeitig die Elemente der $p+\varrho^{\text{ten}}$ Vertikalreihe von denen der $p+\sigma^{\text{ten}}$ subtrahiert.

Der Transformation $D_{\varrho\sigma}$ entspricht endlich ein System von Zahlen m', welches aus dem Systeme (15) dadurch hervorgeht, daß man die Elemente der ϱ^{ten} Vertikalreihe mit denen der σ^{ten} und gleichzeitig die Elemente der $p+\varrho^{\text{ten}}$ Vertikalreihe mit denen der $p+\sigma^{\text{ten}}$ vertauscht.

Indem man nun zunächst nur die Elemente der zweiten Horizontalreihe ins Auge faßt, kann man durch passend gewählte Transformationen A_ϱ, B_ϱ $(\varrho = 1, 2, \cdots, p)$ aus dem Systeme (15) ein neues ableiten, bei dem $m_{12} = m_{22} = \cdots = m_{p2} = 0$ ist, und hierauf aus diesem durch Transformationen $C_{\varrho\sigma}$ $(\varrho, \sigma = 1, 2, \cdots, p)$ ein neues, bei dem auch $p-1$ der p Zahlen $m_{p+1,2}, m_{p+2,2}, \cdots, m_{2p,2}$ den Wert Null besitzen; die p^{te} dieser Zahlen hat dann wegen (10) einen von Null verschiedenen Wert und zwar, da ihr absoluter Betrag mit dem größten gemeinsamen Teiler der $2p$ Zahlen $m_{12}, m_{22}, \cdots, m_{2p,2}$ übereinstimmt, den Wert ± 1. Diesen Wert kann man endlich, falls er -1 ist, durch eine Transformation B_ϱ^2 in $+1$ verwandeln und durch eine Transformation $D_{\varrho\sigma}$ an die $p+1^{\text{te}}$ Stelle bringen, sodaß die Elemente der zweiten Horizontalreihe schließlich die Werte $0, 0, \cdots, 0$; $1, 0, \cdots, 0$ besitzen, und es hat dann in der ersten Horizontalreihe auf Grund von (19) m_{11} den Wert k, während man $m_{p+1,1}$, indem man $v_2 + m_{p+1,1} v_1$ neuerdings als Größe v_2 einführt, gleich Null machen kann.

Indem man nun die 1te und $p+1^{\text{te}}$ Vertikalreihe aus dem Spiele läßt und die $2p-2$ übrigen Elemente $*, m_{21}, m_{31}, \cdots, m_{p1}, *, m_{p+2,1}, m_{p+3,1}, \cdots, m_{2p,1}$ der ersten Horizontalreihe ins Auge faßt, kann man in der gleichen Weise wie vorher zuerst durch passend gewählte Transformationen A_ϱ, B_ϱ $(\varrho = 2, 3, \cdots, p)$ ein neues System ableiten, bei dem $m_{21} = m_{31} = \cdots = m_{p1} = 0$, und hierauf aus diesem durch Transformationen $C_{\varrho\sigma}$, $D_{\varrho\sigma}$ $(\varrho, \sigma = 2, 3, \cdots, p)$ ein neues, bei dem auch $m_{p+3,1} = \cdots = m_{2p,1} = 0$ ist.

Aus dem Systeme (15) ist auf diese Weise das System:

$$
(22) \qquad \begin{matrix} k, 0, 0, \cdots, 0; & 0, m_{p+2,1}, 0, \cdots, 0 \\ 0, 0, 0, \cdots, 0; & 1, \quad 0, \quad 0, \cdots, 0 \end{matrix}
$$

hervorgegangen, und man wird dabei entsprechend der früheren Annahme k und $m_{p+2,1}$ als relativ prim voraussetzen.

Im Falle $k = 1$ kann man endlich durch $m_{p+2,1}$-malige Anwendung der Transformation $B_1^3 B_2^3 C_{12} B_1 B_2$, welche die Subtraktion der Elemente der 1ten Vertikalreihe von denen der $p + 2$ten und der 2ten von denen der $p + 1$ten bewirkt, das System (22) auf die einfachste Form:

$$
(23) \qquad \begin{matrix} 1, 0, 0, \cdots, 0; & 0, 0, 0, \cdots, 0 \\ 0, 0, 0, \cdots, 0; & 1, 0, 0, \cdots, 0 \end{matrix}
$$

bringen, und es ist dann:

$$
(24) \qquad \omega_1 = v_1, \qquad \omega_{p+1} = v_2,
$$

während die $2p - 2$ übrigen Größen ω den Wert Null besitzen.

Im Falle $k > 1$ leite man aus (22) zunächst durch die Transformation $B_1 C_{12} B_1^3$ ein neues System ab, bei dem die Elemente der ersten Horizontalreihe die Werte:

$$
(25) \qquad k, k, 0, \cdots, 0; \quad -m_{p+2,1}, m_{p+2,1}, 0, \cdots, 0
$$

besitzen, und hierauf durch Transformationen A_2, B_2 daraus ein neues, für welches diese Elemente:

$$
(26) \qquad k, 0, 0, \cdots, 0; \quad -m_{p+2,1}, 1, 0, \cdots, 0
$$

sind, während die Elemente der zweiten Horizontalreihe jedesmal ungeändert geblieben sind, und bringe so, indem man schließlich noch die Größe $v_2 - m_{p+2,1} v_1$ neuerdings als Größe v_2 einführt, das System (22) auf die einfachste Form:

$$
(27) \qquad \begin{matrix} k, 0, 0, \cdots, 0; & 0, 1, 0, \cdots, 0 \\ 0, 0, 0, \cdots, 0; & 1, 0, 0, \cdots, 0, \end{matrix}
$$

sodaß:

$$
(28) \qquad \omega_1 = k v_1, \quad \omega_{p+1} = v_2, \quad \omega_{p+2} = v_1
$$

ist, während die $2p - 3$ übrigen Größen ω den Wert Null besitzen. Man hat so den

II. Satz: *Setzen sich die $2p$ Periodizitätsmodulen ω_α $(\alpha = 1, 2, \cdots, 2p)$ eines Abelschen Integrals erster Gattung aus zwei Größen v_1, v_2 zusammen in der Form* (IV) *und setzt man:*

$$
(\mathrm{V}) \qquad \sum_{\mu=1}^{p} (m_{\mu 1} m_{p+\mu,2} - m_{p+\mu,1} m_{\mu 2}) = \pm k,
$$

so kann man dieses Integral stets durch eine lineare Transformation so umformen, daß unter Hinzunahme eines passend gewählten konstanten Faktors seine Periodizitätsmodulen:

1. im Falle $k = 1$*:*

$$\text{(VI)} \qquad \omega_1 = \pi i, \; \omega_2 = \cdots = \omega_p = 0; \quad \omega_{p+1} = a, \; \omega_{p+2} = \cdots = \omega_{2p} = 0;$$

2. im Falle $k > 1$*:*

$$\text{(VII)} \qquad \begin{gathered} \omega_1 = \pi i; \quad \omega_2 = \cdots = \omega_p = 0; \\ \omega_{p+1} = a, \; \omega_{p+2} = \frac{\pi i}{k}, \; \omega_{p+3} = \cdots = \omega_{2p} = 0 \end{gathered}$$

sind, wo a *eine komplexe Größe mit negativem reellen Teile bezeichnet.*

Kehrt man nochmals zum Systeme (22) zurück, so erkennt man, daß man den Fall $k > 1$ durch die Transformation k^{ter} Ordnung:

$$\text{(29)} \qquad \omega'_\mu = \omega_\mu, \quad \omega'_{p+\mu} = k\,\omega_{p+\mu}, \qquad (\mu = 1, 2, \cdots, p)$$

wenn man nachher die Größen $k v_1$, $k v_2$ neuerdings als Größen v_1, v_2 einführt, auf den Fall $k = 1$ zurückführen kann; man erhält so unter Anwendung des II. Satzes den

III. Satz: *Setzen sich die* $2p$ *Periodizitätsmodulen* $\omega_\alpha (\alpha = 1, 2, \cdots, 2p)$ *eines Abelschen Integrals erster Gattung aus zwei Größen* v_1, v_2 *zusammen in der Form* (IV) *und ist dabei:*

$$\text{(VIII)} \qquad \sum_{\mu=1}^{p} (m_{\mu 1} m_{p+\mu,2} - m_{p+\mu,1} m_{\mu 2}) = \pm k,$$

so kann man dieses Integral stets durch eine Transformation k^{ter} *Ordnung so umformen, daß unter Hinzunahme eines passend gewählten konstanten Faktors seine Periodizitätsmodulen:*

$$\text{(IX)} \qquad \omega_1 = \pi i, \; \omega_2 = \cdots = \omega_p = 0; \quad \omega_{p+1} = a, \; \omega_{p+2} = \cdots = \omega_{2p} = 0$$

sind, wo a *eine komplexe Größe mit negativem reellen Teile bezeichnet.*

Nimmt man zu dem Integrale mit den Perioden (VI) oder (IX) bez. mit den Perioden (VII) $p - 1$ andere Integrale derselben Klasse hinzu, welche mit ihm ein System von p Riemannschen Normalintegralen bilden, so erhält man für deren Periodizitätsmodulen das folgende Schema:

1. im Falle der Gleichungen (VI) oder (IX):

$$\text{(30)} \qquad \begin{matrix} \pi i, & 0, & 0, & \cdots, & 0; & a, & 0, & 0, & \cdots, & 0 \\ 0, & \pi i, & 0, & \cdots, & 0; & 0, & a_{22}, & a_{23}, & \cdots, & a_{2p} \\ 0, & 0, & \pi i, & \cdots, & 0; & 0, & a_{32}, & a_{33}, & \cdots, & a_{3p} \\ . & . & . & . & . & . & . & . & . & . \\ 0, & 0, & 0, & \cdots, & \pi i; & 0, & a_{p2}, & a_{p3}, & \cdots, & a_{pp}; \end{matrix} \qquad (a_{\mu\nu} = a_{\nu\mu})$$

2. im Falle der Gleichungen (VII):

$$(31)\qquad \begin{array}{llllllllll} \pi i, & 0, & 0, & \cdots, & 0; & a, & \frac{\pi i}{k}, & 0, & \cdots, & 0 \\ 0, & \pi i, & 0, & \cdots, & 0; & \frac{\pi i}{k}, & a_{22}, & a_{23}, & \cdots, & a_{2p} \\ 0, & 0, & \pi i, & \cdots, & 0; & 0, & a_{32}, & a_{33}, & \cdots, & a_{3p} \\ \cdot & \cdot & \cdot & \cdot & \cdot & \cdot & \cdot & \cdot & \cdot & \cdot \\ 0, & 0, & 0, & \cdots, & \pi i; & 0, & a_{p2}, & a_{p3}, & \cdots, & a_{pp}. \end{array} \qquad (a_{\mu\nu} = a_{\nu\mu})$$

Indem man nun von den Integralen zu den inversen $2p$-fach periodischen Funktionen übergeht, hat man also das Resultat, daß, wenn sich unter den Perioden $\omega_{\mu\alpha}$ $\begin{pmatrix}\mu = 1, 2, \cdots, p \\ \alpha = 1, 2, \cdots, 2p\end{pmatrix}$ einer $2p$-fach periodischen Funktion die $2p$ Perioden eines Periodensystems, etwa $\omega_{1\alpha}$ $(\alpha = 1, 2, \ldots, 2p)$ aus zwei Größen v_1, v_2 zusammensetzen in der Form:

$$(32)\qquad \omega_{1\alpha} = m_{\alpha 1} v_1 + m_{\alpha 2} v_2, \qquad (\alpha = 1, 2, \cdots, 2p)$$

dann sich stets aus den Perioden $\omega_{\mu\alpha}$ durch eine Transformation k^{ter} Ordnung, wo k durch die Gleichung (VIII) definiert ist, die Perioden (30), im Falle $k > 1$ aber durch eine lineare Transformation die Perioden (31) ableiten lassen. Für die zugehörigen Thetafunktionen aber folgt der:

IV. Satz: *Findet sich unter den Abelschen Integralen einer Klasse ein solches, das auf ein elliptisches Integral reduzierbar ist, dessen Periodizitätsmodulen* ω_α $(\alpha = 1, 2, \cdots, 2p)$ *sich also aus zwei Größen* v_1, v_2 *zusammensetzen in der Form* (IV), *so zerfällt die zugehörige Thetafunktion nach einer Transformation* k^{ter} *Ordnung, wo* k *durch die Gleichung* (VIII) *definiert ist, in das Produkt einer Thetafunktion von einer und einer solchen von* $p-1$ *Veränderlichen, und ferner gibt es im Falle* $k > 1$ *unter den unendlich vielen zur Klasse gehörigen, durch lineare Transformation ineinander überführbaren Systemen von Thetamodulen eines von der Form:*

$$(\mathrm{X})\qquad \begin{array}{lllll} a, & \frac{\pi i}{k}, & 0, & \cdots, & 0 \\ \frac{\pi i}{k}, & a_{22}, & a_{23}, & \cdots, & a_{2p} \\ 0, & a_{32}, & a_{33}, & \cdots, & a_{3p} \\ \cdot & \cdot & \cdot & \cdot & \cdot \\ 0, & a_{p2}, & a_{p3}, & \cdots, & a_{pp}. \end{array} \qquad (a_{\mu\nu} = a_{\nu\mu})$$

Das erste Beispiel eines reduzierbaren Abelschen Integrals wurde von Legendre[1]) angegeben, der zeigte, daß das zum Geschlechte $p = 2$ gehörige hyperelliptische Integral:

$$\int \frac{dx}{\sqrt{x(1-x^2)(1-\varkappa^2 x^2)}} \tag{33}$$

durch die Substitution:

$$\frac{1+\varkappa x^2}{x} = y \tag{34}$$

in die Summe zweier elliptischer Integrale:

$$-\tfrac{1}{2}\int \frac{dy}{\sqrt{(y+2\sqrt{\varkappa})(y^2-(1+\varkappa)^2)}} - \tfrac{1}{2}\int \frac{dy}{\sqrt{(y-2\sqrt{\varkappa})(y^2-(1+\varkappa)^2)}} \tag{35}$$

übergeht.

Handelt es sich nur um die Gewinnung solcher hyperelliptischer Integrale, welche auf elliptische reduzierbar sind, so wird man den Weg der algebraischen Transformation einschlagen, wie ihn Jacobi[2]) zur Transformation der elliptischen Integrale angewendet hat. Führt man nämlich in dem elliptischen Integrale erster Gattung:

$$\int \frac{d\xi}{\sigma}, \qquad \sigma = \sqrt{\xi(1-\xi)(1-c^2\xi)} \tag{36}$$

an Stelle der Variable ξ eine neue Variable x ein mit Hilfe der Gleichung[3]):

$$\xi = \frac{U}{V}, \tag{37}$$

wo U, V ganze rationale Funktionen von x ohne gemeinsamen Linearfaktor sind, so geht das Integral (36) über in:

$$\int \frac{(U'V - UV')\,dx}{\sqrt{U\cdot V\cdot(V-U)(V-c^2U)}}, \tag{38}$$

und man hat in diesem Integrale ein hyperelliptisches Integral gewonnen, das nun umgekehrt durch die Substitution (37) auf das elliptische Integral (36) reduziert wird. Dabei wird man bemerken, daß die vier Faktoren des Radikanden paarweise relativ prim sind, da es U und V sind, die Wurzel sich also nur dadurch vereinfachen kann, daß einer oder mehrere der vier Faktoren U, V, $V-U$, $V-c^2U$ quadratische Faktoren enthalten, ein solcher Faktor teilt dann immer auch den Zähler.

---

1) Legendre, Traité des fonctions elliptiques et des intégrales eulériennes. 3me suppl. Paris 1832, pag. 334.

2) Jacobi, Fundamenta nova theoriae functionum ellipticarum. 1829. Ges. Werke Bd. 1. Berlin 1881, pag. 49.

3) Daß die im Anfange dieses Paragraphen betrachtete Substitution (2) gegenüber der hier vorliegenden (37) keine wesentliche Verallgemeinerung bedeutet, zeigt Herr Königsberger (Über die Reduction etc. J. für Math. Bd. 85. 1878, pag. 277).

Es soll auf den Fall, daß U und V ganze rationale Funktionen zweiten Grades von x sind, näher eingegangen werden. Man setze:

$$(39)\qquad U=(1-\alpha)(1-\beta)x,\qquad V=(x-\alpha)(x-\beta);$$

es fällt dann einer der Verzweigungspunkte des zu bildenden hyperelliptischen Integrals in den Punkt $x=0$, ein zweiter in den Punkt $x=1$, ein dritter in den Punkt $x=\infty$, während zwei andere $x=\alpha$ und $x=\beta$ sind, und es wird, da:

$$(40)\qquad V-U=x^2-(1+\alpha\beta)x+\alpha\beta=(x-1)(x-\alpha\beta)$$

ist:

$$(41)\qquad \int\frac{d\xi}{\sigma}=-\sqrt{(1-\alpha)(1-\beta)}\int\frac{(x^2-\alpha\beta)\,dx}{\sqrt{x(x-1)(x-\alpha)(x-\beta)(x-\alpha\beta)\,\varphi(x)}},$$

wo zur Abkürzung:

$$(42)\qquad \varphi(x)=(x-\alpha)(x-\beta)-c^2(1-\alpha)(1-\beta)x$$

gesetzt ist. Damit nun das entstandene hyperelliptische Integral von der ersten Ordnung werde, bestimme man c^2 so, daß $\varphi(x)$ ein Quadrat wird, wozu notwendig und hinreichend ist, daß:

$$(43)\qquad (\alpha+\beta)+c^2(1-\alpha)(1-\beta)=\mp\sqrt{\alpha\beta},$$

also:

$$(44)\qquad c^2=-\frac{(\sqrt{\alpha}\pm\sqrt{\beta})^2}{(1-\alpha)(1-\beta)}.$$

Es wird dann:

$$(45)\qquad \varphi(x)=\left(x\pm\sqrt{\alpha\beta}\right)^2$$

und die Gleichung (41) nimmt die Gestalt:

$$(46)\qquad \int\frac{d\xi}{\sigma}=-\sqrt{(1-\alpha)(1-\beta)}\int\frac{\left(x\mp\sqrt{\alpha\beta}\right)dx}{\sqrt{x(x-1)(x-\alpha)(x-\beta)(x-\alpha\beta)}}$$

an. Man hat also das Resultat, daß durch die nämliche Substitution:

$$(47)\qquad \xi=\frac{(1-\alpha)(1-\beta)\,x}{(x-\alpha)(x-\beta)},$$

$$(48)\qquad \begin{aligned}\int\frac{\left(x-\sqrt{\alpha\beta}\right)dx}{\sqrt{x(x-1)(x-\alpha)(x-\beta)(x-\alpha\beta)}}&=-\frac{1}{\sqrt{(1-\alpha)(1-\beta)}}\int\frac{d\xi}{\sqrt{\xi(1-\xi)(1-c_1^2\xi)}}\\ \int\frac{\left(x+\sqrt{\alpha\beta}\right)dx}{\sqrt{x(x-1)(x-\alpha)(x-\beta)(x-\alpha\beta)}}&=-\frac{1}{\sqrt{(1-\alpha)(1-\beta)}}\int\frac{d\xi}{\sqrt{\xi(1-\xi)(1-c_2^2\xi)}}\end{aligned}$$

wird. Die vorstehende Reduktion der beiden hyperelliptischen Integrale (48), auf elliptische ist schon von Jacobi[1]) angegeben worden. Man sieht unmittelbar, daß sie das eingangs angegebene Legendresche Resultat als speziellen Fall ($\alpha = -1$) enthält. Auch schließt man aus dem Vorstehenden unter Anwendung der Substitution:

$$\xi = \frac{(\alpha_3 - \alpha_1)(x - \alpha_2)}{(\alpha_3 - \alpha_2)(x - \alpha_1)}, \tag{49}$$

daß bei beliebiger Lage der 6 Verzweigungspunkte $\alpha_1, \alpha_2, \cdots, \alpha_6$ der hyperelliptischen Fläche die notwendige und hinreichende Bedingung für die Reduzierbarkeit des hyperelliptischen Integrals auf ein elliptisches vermittelst einer Substitution zweiten Grades die ist, daß

$$\frac{\alpha_3 - \alpha_1}{\alpha_3 - \alpha_2} : \frac{\alpha_4 - \alpha_1}{\alpha_4 - \alpha_2} = \frac{\alpha_5 - \alpha_1}{\alpha_5 - \alpha_2} : \frac{\alpha_6 - \alpha_1}{\alpha_6 - \alpha_2}, \tag{50}$$

d. h. daß die Doppelverhältnisse $[\alpha_1 \alpha_2 \alpha_3 \alpha_4]$ und $[\alpha_1 \alpha_2 \alpha_5 \alpha_6]$ einander gleich sind. Beachtet man endlich, daß aus den Gleichungen (48), wenn man die rechts auftretenden elliptischen Integrale mit J_1, J_2 bezeichnet, für beliebige Werte von k und l:

$$\begin{aligned} &\int \frac{(k + lx)\,dx}{\sqrt{x(x-1)(x-\alpha)(x-\beta)(x-\alpha\beta)}} \\ &= \tfrac{1}{2}\left(\frac{k}{\sqrt{\alpha\beta}} + l\right) J_1 - \tfrac{1}{2}\left(\frac{k}{\sqrt{\alpha\beta}} - l\right) J_2 \end{aligned} \tag{51}$$

folgt, so erkennt man, daß sich jedes zur Irrationalität

$$\sqrt{x(x-1)(x-\alpha)(x-\beta)(x-\alpha\beta)} \tag{52}$$

gehörige Integral 1. Gattung durch die Substitution (47) auf elliptische Integrale reduzieren läßt.

So einfach wie bei den Substitutionen zweiten Grades gestaltet sich aber die Sache im Falle der Substitutionen höheren Grades keineswegs. Dies zeigt schon der nächste Fall der Substitutionen dritten Grades. Nachdem zuerst Hermite[2]) zwei hyperelliptische Integrale erster Ordnnng angegeben hatte, welche durch Substitutionen dritten Grades auf elliptische Integrale reduziert werden können, haben Goursat[3]), Burckhardt[4]),

---

1) Jacobi, Anzeige von Legendre, Théorie des fonctions elliptiques. Troisième supplément. 1832. Ges. Werke Bd. 1. Berlin 1881, pag. 373; vergl. auch Kotányi, Zur Reduction hyperelliptischer Integrale. Wiener Sitzb. Bd. 88. 1883, Abth. II, pag. 401.

2) Hermite, Sur un exemple de réduction d'intégrales abéliennes aux fonctions elliptiques. Bruxelles Ann. soc. scient. Bd. 1. 1876, pag. 1.

3) Goursat, Sur un cas de réduction des intégrales hyperelliptiques du second genre. C. R. Bd. 100. 1885, pag. 622 und: Sur la réduction des intégrales hyperelliptiques. Bull. S. M. F. Bd. 13. 1885, pag. 143.

4) Burkhardt, Untersuchungen aus dem Gebiete der hyperelliptischen Modulfunctionen. Erster Theil. Math. Ann. Bd. 36. 1890, pag. 371.

Brioschi[1]) und Bolza[2]) dieses Resultat folgendermaßen verallgemeinert und übersichtlicher gestaltet: Die Integrale:

$$(53)\qquad \begin{aligned} J_1 &= \int \frac{dx}{\sqrt{(x^3+ax+b)(x^3+px^2+q)}}, \\ J_2 &= \int \frac{x\,dx}{\sqrt{(x^3+ax+b)(x^3+px^2+q)}}, \end{aligned}$$

wobei:

$$(54)\qquad q = 4b + \tfrac{4}{3}ap$$

ist, gehen durch die Substitutionen:

$$(55)\qquad \xi = \frac{x^3+ax+b}{3x-p}, \qquad \xi = \frac{x^3+px^2+q}{ax^3-3bx^2}$$

in die elliptischen Integrale:

$$(56)\qquad \begin{aligned} &\int \frac{d\xi}{\sqrt{\xi[4(3\xi-a)^3-27(b+px)^2]}}, \\ &\int \frac{d\xi}{\sqrt{\xi[4(p+36\xi)^3+27q(1-a\xi)^2]}} \end{aligned}$$

über. Man bemerkt hier sofort einen fundamentalen Unterschied gegenüber der Reduktion durch die Substitution zweiten Grades darin, daß die Substitution, welche das Integral J_2 reduziert, nicht dieselbe ist, wie die zur Reduktion von J_1 dienende, und daraus ergibt sich die Unmöglichkeit, nun wie oben weiter zu schließen, daß sich jedes zur vorliegenden Irrationalität gehörige hyperelliptische Integral auf ein elliptisches bez. auf die Summe zweier solchen reduzieren läßt. Nun hat sich für den vorliegenden Fall der Substitution dritten Grades überhaupt kein drittes reduzierbares Integral der Klasse auffinden lassen, und die gleiche Erscheinung wiederholte sich bei dem von Bolza[3]) untersuchten Falle der Substitution vierten Grades; ohne daß allerdings die im Vorigen auseinandergesetzte algebraische Methode der Reduktion eine genügende Erklärung dieser Erscheinung gegeben hätte; höchstens konnte man durch

1) Brioschi, Sur la réduction de l'intégrale hyperelliptique à l'elliptique par une transformation du troisième degré. Ann. de l'Éc. norm. sup. (3) Bd. 8. 1891, pag. 227.

2) Bolza, Zur Reduction hyperelliptischer Integrale erster Ordnung auf elliptische mittelst einer Transformation dritten Grades. Math. Ann. Bd. 50. 1898, pag. 314 und: Zur Reduction hyperelliptischer Integrale erster Ordnung auf elliptische mittelst einer Transformation dritten Grades. Nachtrag. Math. Ann. Bd. 51. 1899, pag. 478.

3) Bolza, Zur Reduction hyperelliptischer Integrale auf elliptische. Freiburg Ber. Bd. 8. 1885, pag. 330; Über die Reduction hyperelliptischer Integrale erster Ordnung und erster Gattung auf elliptische, insbesondere über die Reduction durch eine Transformation vierten Grades. Inaug.-Diss. Göttingen 1886 und: Über die Reduction hyperelliptischer Integrale erster Ordnung und erster Gattung auf elliptische durch eine Transformation vierten Grades. Math. Ann. Bd. 28. 1887, pag. 447.

Konstantenzählung feststellen, daß, wenn ein hyperelliptisches Integral erster Gattung auf ein elliptisches reduzierbar ist, nicht jedes zu derselben Irrationalität gehörige hyperelliptische Integral erster Gattung ebenfalls auf ein elliptisches Integral muß zurückgeführt werden können[1]). Noch sei bemerkt, daß sich als Bedingung für die Existenz eines zur Irrationalität $\sqrt{R(x)}$ gehörigen durch eine Substitution dritten Grades reduzierbaren hyperelliptischen Integrals erster Ordnung ergibt, daß die Form $R(x)$ so in zwei Faktoren:

$$(57) \qquad R(x) = \varphi(x)\,\psi(x),$$

wo:

$$(58) \qquad \varphi(x) = (x-\alpha_1)(x-\alpha_2)(x-\alpha_3), \quad \psi(x) = (x-\beta_1)(x-\beta_2)(x-\beta_3)$$

ist, zerspaltet werden kann, daß es einen Kegelschnitt gibt, welcher dem Dreieck $\alpha_1\alpha_2\alpha_3$ eingeschrieben und zugleich dem Dreieck $\beta_1\beta_2\beta_3$ umgeschrieben ist[2]).

Bei der Reduktion Abelscher Integrale auf elliptische haben sich die Untersuchungen zuerst auf die binomischen Integrale:

$$(59) \qquad \int f(x)\left(\sqrt[n]{R(x)}\right)^r dx$$

beschränkt, wo $f(x)$ eine rationale, $R(x)$ eine ganze rationale Funktion von x bezeichnet. Nachdem auch hier schon Legendre[3]) die ersten Fälle auf elliptische Integrale reduzierbarer Integrale angegeben hatte, wies Röthig[4]) daraufhin, daß die hier auftretenden elliptischen Integrale die ganz speziellen Modulen $\frac{1}{2}\sqrt{2+\sqrt{3}}$ und $\sqrt{\frac{1}{2}}$ besitzen. Herr Königsberger[5]) hat den Grund dieser Erscheinung nachgewiesen. Es sei nämlich:

$$(60) \qquad f(x)\left(\sqrt[n]{R(x)}\right)^r dx = \frac{dy}{s},$$

wo $s = \sqrt{y(1-y)(1-c^2y)}$ und y und s rationale Funktionen von x und $\sqrt[n]{R(x)}$ sind. Läßt man dann x einen geschlossenen Weg so durchlaufen, daß $\sqrt[n]{R(x)}$ den Faktor $e^{\frac{2\mu\pi i}{n}}$ annimmt, wo μ der Kongruenz $\mu r \equiv 1$ (mod. n) genügt, so erlangt die linke Seite den Faktor $e^{\frac{2\pi i}{n}}$. Nennt man daher die Endwerthe von y und s beziehlich η und σ, so ist auch:

---

1) Königsberger, Über die Reduction etc. J. für. Math. Bd. 85. 1878, pag. 283.

2) Bolza, a. a. O., aber schon vorher Humbert, Sur les surfaces de Kummer elliptiques. Am. J. Bd. 16. 1894, pag. 221.

3) Legendre, Traité des fonctions elliptiques et des intégrales eulériennes. Bd. 1. Paris 1825, pag. 252.

4) Röthig, Über einige Gattungen elliptischer Integrale. J. für Math. Bd. 56. 1859, pag. 197.

5) Königsberger, Über eine Beziehung etc. J. für Math. Bd. 86. 1879, pag. 317.

$$\frac{d\eta}{\sigma} = e^{\frac{2\pi i}{n}} \frac{dy}{s} \tag{61}$$

und daraus folgt, da $n > 2$ ist, daß der Modul des elliptischen Integrals, auf welches ein Abelsches Integral der oben bezeichneten Art reduzierbar ist, ein Modul der komplexen Multiplikation sein muß. Nun ist aber nach dem I. Satz pag. 210 der Multiplikator der komplexen Multiplikation von der Form $A + i\sqrt{B}$, wo A und B rationale Zahlen bezeichnen, und man schließt daraus, da $\cos\frac{2\pi}{n}$ rational und $\sin\frac{2\pi}{n}$ die Wurzel aus einer rationalen Zahl sein muß, daß n nur die Werte 3, 4 oder 6 haben kann, und zeigt nun weiter leicht, daß alle elliptischen Integrale, auf welche sich die Abelschen Integrale (59) in den Fällen $n = 3$ und $n = 6$ reduzieren lassen, den Modul $\frac{1}{2}\sqrt{2+\sqrt{3}}$ oder einen aus diesem durch lineare Transformation entstehenden, alle elliptischen Integrale, auf welche sich die Abelschen Integrale (59) im Falle $n = 4$ reduzieren lassen, den Modul $\sqrt{\frac{1}{2}}$ oder einen aus diesem durch lineare Transformation entstehenden besitzen.

Später hat Herr Königsberger seine Untersuchungen auf die zu algebraisch auflösbaren[1]), und sodann auf die zu beliebigen algebraischen Gleichungen[2]) gehörigen Abelschen Integrale ausgedehnt.

Die obigen Sätze I—IV rühren von Weierstraß her; die erste kurze Mitteilung darüber findet sich bei Königsberger[3]), eine ausführlichere bei Kowalewski[4]); dort ist angegeben, wie man den III. Satz direkt, ohne Zuhilfenahme des II. Satzes beweisen kann; einen solchen Beweis gibt auch Biermann[5]); die obige Beweismethode hat für den II. Satz Herr Poincaré[6]), für den Fall $p = 2$ schon früher Herr Picard[7]) angegeben.

---

1) Königsberger, Über die Reduction etc. Math. Ann. Bd. 15. 1879, pag. 174; auch: Über die Reduction Abelscher Integrale auf elliptische und hyperelliptische. Gött. Nachr. 1879, pag. 185.

2) Königsberger, Über die Reduction etc. J. für Math. Bd. 89. 1880, pag. 89.

3) Königsberger, Über die Transformation des zweiten Grades etc. J. für Math. Bd. 67. 1867, pag. 72.

4) Kowalewski, Über die Reduction einer bestimmten Klasse Abelscher Integrale 3ten Ranges auf elliptische Integrale. Acta math. Bd. 4. 1884, pag. 393.

5) Biermann, Zur Reduction Abelscher Integrale auf elliptische. Wiener Sitzb. Bd. 105. 1896, Abth. IIa, pag. 924.

6) Poincaré, Sur les fonctions abéliennes. Am. J. Bd. 8. 1886, pag. 289; schon vorher: Sur la réduction des intégrales abéliennes. Bull. S. M. F. Bd. 12. 1884, pag. 124 und: Sur la réduction des intégrales abéliennes. C. R. Bd. 102. 1886, pag. 915.

7) Picard, Sur la réduction du nombre des périodes des intégrales abéliennes et, en particulier, dans le cas des courbes du second genre. Bull. S. M. F. Bd. 11. 1883, pag. 25 und: Remarque sur la réduction des intégrales abéliennes aux intégrales elliptiques. Bull. S. M. F. Bd. 12. 1884, pag. 153; kurze Mitteilungen darüber vorher: Sur une classe d'intégrales abéliennes et

§ 2.

Spezielle Diskussion des Falles $p = 2$.

Es seien

$$(62)\qquad \begin{matrix} \pi i, & 0\,, & a_{11}, & a_{21}, \\ 0\,, & \pi i, & a_{12}, & a_{22} \end{matrix} \qquad (a_{12} = a_{21})$$

die Periodizitätsmodulen der beiden Riemannschen Normalintegrale N_1, N_2 einer Klasse Abelscher Integrale vom Geschlecht 2; existiert dann in dieser Klasse ein reduzierbares Integral:

$$(63)\qquad J = g N_1 + h N_2,$$

so muß nach dem I. Satz ein Gleichungensystem von der Form:

$$(64)\qquad \begin{aligned} g\pi i &= m_{11} v_1 + m_{12} v_2, \\ h\pi i &= m_{21} v_1 + m_{22} v_2, \\ g a_{11} + h a_{12} &= m_{31} v_1 + m_{32} v_2, \\ g a_{21} + h a_{22} &= m_{41} v_1 + m_{42} v_2 \end{aligned}$$

bestehen, wo die m ganze Zahlen bezeichnen. Damit solche Gleichungen durch von Null verschiedene Größen g, h, v_1, v_2 erfüllt sein können, muß die Determinante:

$$(65)\qquad \begin{vmatrix} \pi i & 0 & m_{11} & m_{12} \\ 0 & \pi i & m_{21} & m_{22} \\ a_{11} & a_{12} & m_{31} & m_{32} \\ a_{21} & a_{22} & m_{41} & m_{42} \end{vmatrix}$$

$$\begin{aligned} = (m_{31} m_{42} - m_{41} m_{32}) \pi i^2 &- (m_{41} m_{22} - m_{21} m_{42} + m_{11} m_{32} - m_{31} m_{12}) \pi i\, a_{12} \\ &+ (m_{21} m_{32} - m_{31} m_{22}) \pi i\, a_{22} + (m_{41} m_{12} - m_{11} m_{42}) \pi i\, a_{11} \\ &+ (m_{11} m_{22} - m_{21} m_{12}) (a_{11} a_{22} - a_{12}^2) = 0 \end{aligned}$$

sein; es muß also zwischen den Größen a_{11}, a_{12}, a_{22} eine Gleichung von der Form:

$$(66)\qquad q_1 \pi i^2 + q_2 a_{11} \pi i + q_3 a_{12} \pi i + q_4 a_{22} \pi i + q_5 (a_{11} a_{22} - a_{12}^2) = 0$$

bestehen.

Man nehme umgekehrt an, es bestehe zwischen a_{11}, a_{12}, a_{22} eine Gleichung von der Form (66), wo die q ganze Zahlen bezeichnen,

---

sur certaines équations différentielles. C. R. Bd. 92. 1881, pag. 398; Sur l'intégration algébrique d'une équation analogue à l'équation d'Euler. C. R. Bd. 92. 1881, pag. 506; Sur la réduction des intégrales abéliennes. C. R. Bd. 93. 1881, pag. 696; Sur quelques exemples de réduction d'intégrales abéliennes aux intégrales elliptiques. C. R. Bd. 93. 1881, pag. 1126 und: Sur la réduction des intégrales abéliennes aux intégrales elliptiques. C. R. Bd. 94. 1884, pag. 1704.

und stelle die Frage, ob dies auch dazu hinreichend ist, daß die zugehörige Klasse ein reduzierbares Integral enthalte oder, was dasselbe, ob zu den Zahlen q ganze Zahlen m so bestimmt werden können, daß:

$$(67)\qquad \begin{aligned} &m_{31}m_{42} - m_{41}m_{32} = q_1, \qquad m_{21}m_{32} - m_{31}m_{22} = q_4,\\ &m_{41}m_{12} - m_{11}m_{42} = q_2, \qquad m_{11}m_{22} - m_{21}m_{12} = q_5,\\ &(m_{11}m_{32} - m_{31}m_{12}) - (m_{21}m_{42} - m_{41}m_{22}) = q_3 \end{aligned}$$

ist, und ferner die für die m notwendige Bedingung, daß:

$$(68)\qquad (m_{11}m_{32} - m_{31}m_{12}) + (m_{21}m_{42} - m_{41}m_{22}) = k$$

positiv sei, erfüllt ist.

Aus den Gleichungen (67) folgen sofort die Gleichungen:

$$(69)\qquad \begin{aligned} (m_{11}m_{32} - m_{31}m_{12})\,m_{41} &= -(m_{11}q_1 + m_{31}q_2),\\ (m_{11}m_{32} - m_{31}m_{12})\,m_{42} &= -(m_{12}q_1 + m_{32}q_2),\\ (m_{11}m_{32} - m_{31}m_{12})\,m_{21} &= m_{11}q_4 + m_{31}q_5\ ,\\ (m_{11}m_{32} - m_{31}m_{12})\,m_{22} &= m_{12}q_4 + m_{32}q_5\ ; \end{aligned}$$

nimmt man daher an, daß

$$(70)\qquad m_{11}m_{32} - m_{31}m_{12} \neq 0$$

ist, so ergibt sich:

$$(71)\qquad \begin{aligned} m_{21} &= \frac{m_{11}q_4 + m_{31}q_5}{m_{11}m_{32} - m_{31}m_{12}}, \qquad m_{22} = \frac{m_{12}q_4 + m_{32}q_5}{m_{11}m_{32} - m_{31}m_{12}},\\ m_{41} &= -\frac{m_{11}q_1 + m_{31}q_2}{m_{11}m_{32} - m_{31}m_{12}}, \qquad m_{42} = -\frac{m_{12}q_1 + m_{32}q_2}{m_{11}m_{32} - m_{31}m_{12}}. \end{aligned}$$

Durch diese Gleichungen sind die vier ersten Gleichungen (67) erfüllt; es sind also die bis auf die Beschränkung (70) noch willkürlich gebliebenen Zahlen m_{11}, m_{12}, m_{31}, m_{32} jetzt weiter so zu bestimmen, daß die Gleichungen (67_5) und (68) erfüllt sind.

Aus (71) folgt aber:

$$(72)\qquad m_{21}m_{42} - m_{41}m_{22} = \frac{q_1q_5 - q_2q_4}{m_{11}m_{32} - m_{31}m_{12}},$$

und es muß daher wegen (67_5):

$$(73)\qquad (m_{11}m_{32} - m_{31}m_{12})^2 - q_3(m_{11}m_{32} - m_{31}m_{12}) - (q_1q_5 - q_2q_4) = 0$$

oder:

$$(74)\qquad \begin{aligned} m_{11}m_{32} - m_{31}m_{12} &= \tfrac{1}{2}\left(q_3 \pm \sqrt{q_3^2 + 4(q_1q_5 - q_2q_4)}\right),\\ m_{21}m_{42} - m_{41}m_{22} &= \tfrac{1}{2}\left(-q_3 \pm \sqrt{q_3^2 + 4(q_1q_5 - q_2q_4)}\right) \end{aligned}$$

sein. Daraus folgt, daß $q_3^2 + 4(q_1q_5 - q_2q_4)$ ein Quadrat sein muß und da die direkte Ausrechnung:

$$(75)\qquad q_3^2 + 4(q_1q_5 - q_2q_4) = k^2$$

ergibt, so hat man endlich, da wegen (68) nur das positive Zeichen vor der Wurzel zulässig ist:

$$(76)\qquad m_{11}m_{32}-m_{31}m_{12}=\frac{q_3+k}{2},\qquad m_{21}m_{42}-m_{41}m_{22}=\frac{-q_3+k}{2}.$$

Ist also die Bedingung (75) erfüllt, so verfahre man zur Bestimmung der zu gegebenen q gehörigen Zahlen m folgendermaßen. Man richte es so ein, daß q_3 positiv ist; dann ist $\frac{1}{2}(q_3+k)$, wo k durch (75) definiert ist, jedenfalls nicht Null. Nun wähle man vier Zahlen m_{11}, m_{12}, m_{31}, m_{32} so, daß $m_{11}m_{32}-m_{31}m_{12}=\frac{1}{2}(q_3+k)$ ist, und berechne hierzu Zahlen m_{21}, m_{22}, m_{41}, m_{42} aus (71), dann sind die Gleichungen (67) und (68) erfüllt; es besteht daher auch die Gleichung (65), und es sind folglich die Gleichungen (64) durch von Null verschiedene Werte g, h, v_1, v_2 lösbar. Damit ist aber der folgende Satz bewiesen[1]):

V. Satz: *Damit eine Klasse Abelscher Integrale vom Geschlecht 2 ein reduzierbares Integral enthalte, ist notwendig und hinreichend, daß zwischen den Periodizitätsmodulen a_{11}, a_{12}, a_{22} der zugehörigen Riemannschen Normalintegrale eine Gleichung von der Form:*

$$(\mathrm{XI})\qquad q_1\pi i^2+q_2a_{11}\pi i+q_3a_{12}\pi i+q_4a_{22}\pi i+q_5(a_{11}a_{22}-a_{12}^2)=0$$

bestehe, wo die q ganze Zahlen bezeichnen, für welche der Ausdruck:

$$(\mathrm{XII})\qquad q_3{}^2+4(q_1q_5-q_2q_4)$$

das Quadrat einer ganzen Zahl ist.

In Verbindung mit dem IV. Satze kann man diesen Satz auch folgendermaßen aussprechen:

VI. Satz: *Sind die Modulen a_{11}, a_{12}, a_{22} einer Thetafunktion zweier Veränderlichen durch eine Relation von der Form (XI) mit einander verknüpft, für welche der Ausdruck (XII) den Wert k^2 besitzt, so können dieselben durch eine lineare Transformation in die Modulen a_{11}, $\frac{\pi i}{k}$, a_{22}', durch eine Transformation k^{ter} Ordnung aber in die Modulen a_{11}', 0, a_{22}' übergeführt werden.*

Daß es im ersteren Falle nicht nur eine solche lineare Transformation gibt, sondern unendlich viele, zeigt Bolza[2]), während einen direkten Beweis für die Existenz der zuletzt genannten Transformation k^{ter} Ordnung

1) Vergl. dazu Biermann, Zur Theorie der zu einer binomischen Irrationalität gehörigen Abelschen Integrale. Wiener Sitzb. Bd. 87. 1883, Abth. II, pag. 980.

2) Bolza, Über die Reduction etc. Inaug.-Diss. Göttingen 1886.

Hanel[1]) gibt. Humbert[2]) untersucht den allgemeineren Fall, in dem die Modulen a_{11}, a_{12}, a_{22} einer Thetafunktion zweier Veränderlichen durch eine Gleichung von der Form (XI) miteinander verknüpft sind, bei der die q irgend welche ganze Zahlen bezeichnen. Bezüglich einer solchen Gleichung zeigt er, daß bei linearer Transformation der Ausdruck (XII) den nämlichen Wert behält, und weiter, daß umgekehrt alle jene Gleichungen, für welche diese Invariante Δ denselben Wert hat, durch lineare Transformation ineinander überführbar sind. Damit ist dann zugleich ein Beweis des VI. Satzes erbracht, da die Gleichung $k a_{12} = \pi i$ zur Invariante $\Delta = k^2$ gehört, also umgekehrt jede Gleichung (XI), für welche $\Delta = k^2$ ist, durch lineare Transformation in sie übergeführt werden kann.

Von der vorliegenden Art sind auch die von Appell[3]) untersuchten Thetafunktionen zweier Veränderlichen, bei welchen die Modulen durch eine Gleichung von der Form $r_1 a_{12} = r_2 a_{22} + q \pi i$ miteinander verknüpft sind, und welche in eine Summe von Produkten je zweier Thetafunktionen einer Veränderlichen zerlegt werden können. Andere Beispiele solcher Zerlegungen von Thetafunktionen zweier Veränderlichen bei Königsberger[4]), wo $a_{11} = 2 a_{12}$, bei Doerr[5]), wo $a_{11} = a_{22}$.

Appell[6]) hat später seine Untersuchungen auf Thetafunktionen beliebig vieler Variablen ausgedehnt und von diesen solche angegeben, welche in eine Summe von Produkten je einer Thetafunktion von einer und einer von $p - 1$ Veränderlichen zerlegt werden können; zwischen ihren Modulen bestehen $p - 1$ lineare Relationen von der Form $\sum_{\mu=1}^{p} r_\mu a_{\mu\lambda} = q_\lambda \pi i$ $(\lambda = 1, 2, \cdots, p - 1)$.

Beachtet man ferner, daß nach dem II. Satze die Periodizitätsmodulen des reduzierbaren Integrals der Klasse bei passend gewählter Zerschneidung der Riemannschen Fläche die Werte:

$$\pi i,\ 0;\ a,\ \frac{\pi i}{k} \tag{77}$$

annehmen, daß aber dem Schema (31) entsprechend die Periodizitäts-

1) Hanel, Reduction hyperelliptischer Funktionen auf elliptische. Inaug.-Diss. Breslau 1882.

2) Humbert, Sur les fonctions abéliennes singulières (Premier Mémoire). J. de Math. (5) Bd. 5. 1899, pag. 233; vorher: Sur la décomposition des fonctions Θ en facteurs. C. R. Bd. 126. 1898, pag. 394 und: Sur les fonctions abéliennes singulières. C. R. Bd. 126. 1898, pag. 508.

3) Appell, Sur un cas de réduction des fonctions Θ de deux variables à des fonctions Θ d'une variable. C. R. Bd. 94. 1882, pag. 421.

4) Königsberger, Allg. Unters. aus der Th. der Differentialgl. Lpz. 1882.

5) Doerr, Beitrag zur Lehre vom identischen Verschwinden der Riemannschen Thetafunction. Inaug.-Diss. Straßburg 1883.

6) Appell, Sur des cas de réduction des fonctions Θ de plusieurs variables à des fonctions Θ d'une moindre nombre de variables. Bull. S. M. F. Bd. 10. 1882, pag. 59.

modulen des dazu gehörigen zweiten Riemannschen Normalintegrals der Klasse:

$$(78) \qquad 0,\ \pi i;\ \frac{\pi i}{k},\ b$$

sind, so erkennt man, daß auch dieses Integral reduzierbar ist. Man hat damit den

VII. Satz: *Enthält eine Klasse Abelscher Integrale vom Geschlecht* 2 *ein reduzierbares Integral, so enthält sie immer auch noch ein zweites.*

Zugleich ist gezeigt, daß, wenn von den beiden Riemannschen Normalintegralen der Klasse das eine reduzierbar ist, es dann immer auch das zweite ist.

Der VII. Satz rührt von Picard[1]) her; Beweise dafür haben auch Appell et Goursat[2]) und Humbert[3]) gegeben. Der von Biermann[4]) gemachte Versuch, aus dem doppelten Vorzeichen in den Gleichungen (74) auf die Existenz zweier reduzierbarer Integrale zu schließen, ist verfehlt; eine Änderung des Vorzeichens von k bedeutet nur eine Vertauschung der beiden Größen v_1 und v_2.

Es erhebt sich jetzt weiter die Frage, ob es mehr als zwei reduzierbare Integrale in der Klasse geben kann. Jedes weitere Integral der Klasse läßt sich aus den beiden Normalintegralen N_1, N_2 in der Form (63) zusammensetzen; seine Periodizitätsmodulen sind also, wenn (77) und (78) die Periodizitätsmodulen der beiden Normalintegrale sind:

$$(79) \quad \omega_1 = g\pi i, \quad \omega_2 = h\pi i, \quad \omega_3 = ga + h\frac{\pi i}{k}, \quad \omega_4 = g\frac{\pi i}{k} + hb,$$

und es ist also zur Reduzierbarkeit dieses Integrals notwendig und hinreichend, daß sich diese Größen mit Hilfe ganzer Zahlen m aus zwei Größen v_1, v_2 zusammensetzen in der Form:

$$(80) \qquad \begin{aligned} g\pi i &= m_{11}v_1 + m_{12}v_2, \\ h\pi i &= m_{21}v_1 + m_{22}v_2, \\ ga + h\frac{\pi i}{k} &= m_{31}v_1 + m_{32}v_2, \\ g\frac{\pi i}{k} + hb &= m_{41}v_1 + m_{42}v_2. \end{aligned}$$

Sind aber diese Gleichungen erfüllt, dann ist jedes Integral von der Form:

---

1) Picard, Sur la réduction etc. Bull. S. M. F. Bd. 11. 1882, pag. 47.
2) Appell et Goursat, Théorie des fonctions etc. Paris 1895, pag. 370.
3) Humbert, Sur les fonctions etc. J. de Math. (5) Bd. 5. 1899, pag. 249.
4) Biermann, Zur Theorie der etc. Wiener Sitzb. Bd. 87. 1883, pag. 983.

(81) $$J' = pgN_1 + qhN_2,$$

wo p und q irgend welche rationale Zahlen bezeichnen, reduzierbar, da für seine Periodizitätsmodulen ω_1', ω_2', ω_3', ω_4' die Gleichungen:

(82) $$\begin{aligned} \omega_1' &= kpm_{11}v_1' + kpm_{12}v_2', \\ \omega_2' &= kqm_{21}v_1' + kqm_{22}v_2', \\ \omega_3' &= [kpm_{31} - (p-q)m_{21}]v_1' + [kpm_{32} - (p-q)m_{22}]v_2', \\ \omega_4' &= [kqm_{41} + (p-q)m_{11}]v_1' + [kqm_{42} + (p-q)m_{12}]v_2' \end{aligned}$$

bestehen, wo:

(83) $$v_1' = \frac{v_1}{k}, \qquad v_2' = \frac{v_2}{k}$$

ist. Man hat also vorerst den

VIII. Satz: *Enthält eine Klasse Abelscher Integrale vom Geschlecht 2 mehr als zwei reduzierbare Integrale, so enthält sie deren unendlich viele.*

Weiter folgt aber aus den Gleichungen (80) der Gleichung (66) entsprechend die Gleichung:

(84) $$\left(q_1 + \frac{q_3}{k} - \frac{q_5}{k^2}\right)\pi i^2 + q_2 a\pi i + q_4 b\pi i + q_5 ab = 0,$$

wo die q die unter (67) angegebenen Werte haben, und da diese Gleichung, weil g und h beide der Voraussetzung nach von Null verschieden sind, wie man sich leicht überzeugt, nicht identisch erfüllt sein kann, so folgt aus ihr:

(85) $$b = \frac{-\left(q_1 + \frac{q_3}{k} - \frac{q_5}{k^2}\right)\pi i - q_2 a}{q_4\pi i + q_5 a}\pi i.$$

Diese Gleichung sagt aus, daß der Modul b aus dem Modul a durch Transformation hervorgeht, und man hat damit das Resultat gefunden, daß mehr als zwei reduzierbare Integrale der Klasse nur dann vorhanden sein können, wenn die elliptischen Integrale, auf welche die beiden Normalintegrale N_1, N_2 reduzierbar sind, selbst ineinander transformiert werden können.

Diese Bedingung ist aber für das Auftreten unendlich vieler reduzierbarer Integrale auch hinreichend. Ist nämlich:

(86) $$b = \frac{\gamma\pi i + \delta a}{\alpha\pi i + \beta a}\pi i,$$

wo die α, β, γ, δ ganze Zahlen bezeichnen, so ist außer den Normalintegralen N_1, N_2 mit den Perioden (77), (78) jedes Integral von der Form:

(87) $$J \equiv pN_1 + q\frac{\alpha\pi i + \beta a}{\pi i}N_2,$$

wo p und q irgend welche ganze Zahlen bezeichnen, reduzierbar, da seine Periodizitätsmodulen, wie man unmittelbar sieht, sich aus den beiden Größen $\frac{\pi i}{k}$ und $\frac{a}{k}$ mit Hilfe ganzer Zahlen zusammensetzen. Man hat so den

IX. Satz: *Eine Klasse Abelscher Integrale vom Geschlecht 2 enthalte die beiden reduzierbaren Integrale J_1, J_2. Die notwendige und hinreichende Bedingung dafür, daß in dieser Klasse ein drittes und damit nach dem vorigen Satze unendlich viele reduzierbare Integrale vorkommen, ist die, daß die beiden elliptischen Integrale, auf welche J_1 und J_2 reduzierbar sind, selbst ineinander transformiert werden können.*

Daß in speziellen Fällen nicht nur zwei, sondern unendlich viele reduzierbare Integrale der Klasse vorhanden sind, gibt schon Picard[1]) an; der IX. Satz rührt von Bolza[2]) her; vergl. auch Humbert[3]).

Poincaré hat[4]) den VIII. Satz auf den Fall eines beliebigen p folgendermaßen verallgemeinert:

Satz: *Ist außer den Integralen $J_1, J_2, \cdots, J_q$ einer Klasse Abelscher Integrale auch ein davon abhängiges Integral $J' = \alpha J_1 + \beta J_2 + \cdots + \varkappa J_q$, wo die $\alpha, \beta, \cdots, \varkappa$ Konstante bezeichnen, auf ein elliptisches Integral reduzierbar, so enthält die Klasse unendlich viele reduzierbare Integrale.*

Zum Beweise denke man sich die Perioden von J_1 durch lineare Transformation auf die Werte (VII) gebracht und nehme zu J_1 $p-1$ Integrale $N_2, N_3, \cdots, N_p$ hinzu, welche mit ihm ein System von p Riemannschen Normalintegralen bilden; dann läßt sich das Integral J' in der Form

$$J' = \alpha J_1 + \beta' N_2 + \gamma' N_3 + \cdots + \pi' N_p \tag{88}$$

darstellen und man sieht nun unmittelbar, daß unter der gemachten Voraussetzung der Reduzierbarkeit des Integrals J' auch die unendlich vielen Integrale von der Form:

$$J'' = \frac{p}{q}\alpha J_1 + \beta' N_2 + \gamma' N_3 + \cdots + \pi' N_p \tag{89}$$

reduzierbar sind, da die Periodizitätsmodulen ω''_α von J'' zu den Periodizitätsmodulen ω' von J' in den Beziehungen:

$$\begin{gathered}\omega''_1 = \frac{p}{q}\omega'_1, \quad \omega''_2 = \omega'_2, \cdots, \omega''_p = \omega'_p; \\ \omega''_{p+1} = \frac{p}{q}\omega'_{p+1} - \frac{p-q}{kq}\omega'_2, \quad \omega''_{p+2} = \omega'_{p+2} + \frac{p-q}{kq}\omega'_1, \\ \omega''_{p+3} = \omega'_{p+3}, \cdots, \omega''_{2p} = \omega'_{2p}\end{gathered} \tag{90}$$

---

1) Picard, Sur la réduction etc. Bull. S. M. F. Bd. 11. 1882, pag. 47.
2) Bolza, Über die Reduction etc. Inaug.-Diss. Göttingen 1886.
3) Humbert, Sur les fonctions etc. J. de Math. (5) Bd. 5. 1899, pag. 250.
4) Poincaré. Sur les fonctions abéliennes. Am. J. Bd. 8. 1886, pag. 305.

stehen, sich also mit Hilfe ganzzahliger Koeffizienten aus zwei Größen zusammensetzen lassen, sobald es die Größen ω' tun.

Nach diesem Satze existieren also z. B. für die von Kowalewski[1]) betrachtete Klasse Abelscher Integrale vom Geschlecht 3 nicht nur die drei dort angegebenen, sondern unendlich viele reduzierbare Integrale, und weiter enthält eine Klasse Abelscher Integrale vom Geschlecht p stets unendlich viele reduzierbare Integrale, sobald sie deren $p+1$ enthält[2]).

Nachdem im Vorigen die notwendige und hinreichende Bedingung für das Auftreten eines reduzierbaren Integrals in einer Klasse Abelscher Integrale vom Geschlecht 2 darin nachgewiesen wurde, daß unter den zugehörigen Thetafunktionen sich eine mit dem Modul $a_{12} = \frac{\pi i}{k}$ befindet, soll nun gezeigt werden, wie man aus dieser Bedingung die im Falle der Existenz eines reduzierbaren Integrals zwischen den Modulen $\varkappa^2$, λ^2, μ^2 oder den Verzweigungspunkten $\alpha_1, \alpha_2, \cdots, \alpha_6$ des zugehörigen algebraischen Gebildes bestehende Beziehung ableiten kann. Man gehe zu dem Ende von der aus der Formel (XXI) pag. 70 folgenden Gleichung:

$$(91) \qquad \vartheta\begin{bmatrix} g_1 & g_2 \\ h_1 & h_2 \end{bmatrix}((u))_{a_{11},\,0,\,a_{22}} = \vartheta\begin{bmatrix} g_1 & g_2 \\ h_1 - g_2 & h_2 - g_1 \end{bmatrix}((u))_{a_{11},\,\pi i,\,a_{22}}\, e^{2 g_1 g_2 \pi i}$$

aus. Beachtet man, daß die auf der linken Seite stehende Thetafunktion, da sie in der Form:

$$(92) \qquad \vartheta\begin{bmatrix} g_1 & g_2 \\ h_1 & h_2 \end{bmatrix}((u))_{a_{11},\,0,\,a_{22}} = \vartheta\begin{bmatrix} g_1 \\ h_1 \end{bmatrix}(u_1)_{a_{11}}\, \vartheta\begin{bmatrix} g_2 \\ h_2 \end{bmatrix}(u_2)_{a_{22}}$$

in das Produkt zweier Thetafunktionen einer Veränderlichen zerfällt, für $u_1 = u_2 = 0$ verschwindet, wenn $g_1 = g_2 = h_1 = h_2 = \frac{1}{2}$ genommen wird, so erhält man aus der Gleichung (91), indem man noch $a_{11} = ka$, $a_{22} = kb$ setzt, das Resultat, daß die Thetafunktion:

$$(93) \qquad \vartheta\begin{bmatrix} 1 & 1 \\ 0 & 0 \end{bmatrix}_2 ((u))_{ka,\,\pi i,\,kb}$$

für die Nullwerte der Argumente verschwindet. Indem man aber die Funktion (93) mit Hilfe der Formeln des zweiten Kapitels durch Thetafunktionen mit den Modulen a, $\frac{\pi i}{k}$, b ausdrückt, erhält man eine Beziehung zwischen den Nullwerten der letzteren und aus dieser sofort, indem man die Nullwerte der Thetafunktionen durch die Modulen $\varkappa^2$, λ^2, μ^2 oder die Verzweigungspunkte α ausdrückt, die verlangte Relation.

---

1) Kowalewski, Über die Reduction etc. Acta math. Bd. 4. 1884, pag. 393.

2) Poincaré, Sur la réduction des intégrales abéliennes. C. R. Bd. 99. 1884, pag. 853.

Zur Erläuterung können die einfachsten Fälle $k = 2$ und $k = 4$ dienen. Im Falle $k = 2$ benutzt man die aus der Formel (501) pag. 364 für $\varrho_1 = \varrho_2 = 0$, $\sigma_1 = \sigma_2 = 1$, $u_1 = u_2 = 0$ folgende Gleichung:

$$(94) \qquad 4\,\vartheta^2\begin{bmatrix}1 & 1\\ 0 & 0\end{bmatrix}_2 (\!(0)\!)_{2a} = \sum_{\eta_1,\,\eta_2}^{0,1} (-1)^{\eta_1+\eta_2}\,\vartheta^2\begin{bmatrix}0 & 0\\ \eta_1 & \eta_2\end{bmatrix}_2 (\!(0)\!)_a,$$

aus der nach dem eben Bemerkten zwischen den Thetafunktionen mit dem Modul:

$$(95) \qquad a_{12} = \frac{\pi i}{2}$$

sich die Relation:

$$(96) \qquad \sum_{\eta_1,\,\eta_2}^{0,1} (-1)^{\eta_1+\eta_2}\,\vartheta^2\begin{bmatrix}0 & 0\\ \eta_1 & \eta_2\end{bmatrix}_2 (\!(0)\!) = 0$$

ergibt, welche infolge der zwischen den Thetanullwerten in jedem Falle bestehenden Relationen[1]) die einfachere:

$$(97) \qquad \vartheta^2\begin{bmatrix}0 & 1\\ 0 & 0\end{bmatrix}_2 (\!(0)\!) = \vartheta^2\begin{bmatrix}0 & 1\\ 1 & 0\end{bmatrix}_2 (\!(0)\!)$$

nach sich zieht und zwischen den Modulen $\varkappa^2$, λ^2, μ^2 die Beziehung:

$$(98) \qquad \varkappa_1^2\,\lambda_1^2 = \mu_1^2,$$

zwischen den Verzweigungspunkten α aber die Gleichung:

$$(99) \qquad \frac{\alpha_3 - \alpha_1 \cdot \alpha_4 - \alpha_1}{\alpha_3 - \alpha_2 \cdot \alpha_4 - \alpha_2} = \frac{\alpha_5 - \alpha_1 \cdot \alpha_6 - \alpha_1}{\alpha_5 - \alpha_2 \cdot \alpha_6 - \alpha_2}$$

liefert.

Die Relation (99) stimmt, von der Reihenfolge der Verzweigungspunkte abgesehen, mit der pag. 479 angegebenen Bedingung (50) überein; ebenso geht aus (98) durch lineare Transformation die pag. 478 erhaltene Relation $\varkappa^2\lambda^2 = \mu^2$ hervor.

Auf die hier angegebene Weise von der Bedingung $a_{12} = \frac{\pi i}{2}$ aus zu der für das algebraische Gebilde bestehenden Beziehung zu gelangen, wurde zuerst, etwas weniger einfach, von Königsberger[2]) angegeben, und von Pringsheim[3]) des näheren ausgeführt. Den vorliegenden Fall behandelt auch eine Arbeit von Roch[4]); ferner hat Schering[5]) die diesem beson-

1) Hierzu und zu Späterem vergl. etwa Krause, Die Transformation der hyperelliptischen Functionen erster Ordnung. Lpz. 1886, pag. 36 u. f.

2) Königsberger, Über die Transformation des zweiten Grades etc. J. für Math. Bd. 67. 1867, pag. 58.

3) Pringsheim, Zur Transformation zweiten Grades der hyperelliptischen Functionen erster Ordnung. Math. Ann. Bd. 9. 1876, pag. 445.

4) Roch, Über specielle vierfach periodische Functionen. Z. für Math. Bd. 11. 1866, pag. 463.

5) Schering, Zur Theorie des Borchardt'schen arithmetisch-geometrischen Mittels aus vier Elementen. J. für Math. Bd. 85. 1878, pag. 115; dazu auch: Doerr, Beitrag zur Lehre etc. Inaug.-Diss. Straßburg 1883.

deren Falle entsprechende Riemannsche Fläche untersucht und gezeigt, daß man dieselbe durch Aufeinanderlegen zweier elliptischer Riemannscher Flächen erhalten kann; endlich hat Cayley[1]) für den vorliegenden Fall alle Wurzelfunktionen durch elliptische Funktionen ausgedrückt.

Im Falle $k = 4$ benutzt man die aus der Formel (XIX) pag. 68 für $p = 2$, $r = 2$, $g_1 = g_2 = \frac{1}{2}$, $h_1 = h_2 = 0$, $u_1 = u_2 = 0$ hervorgehende Formel:

$$(100) \qquad 4\,\vartheta\begin{bmatrix}1\;1\\0\;0\end{bmatrix}_2 ((0))_a = \sum_{\sigma_1,\sigma_2}^{0,1} (-1)^{\sigma_1+\sigma_2}\,\vartheta\begin{bmatrix}0\;\;0\\\sigma_1\;\sigma_2\end{bmatrix}_2 ((0))_{\frac{a}{4}},$$

aus welcher sich nach dem oben Bemerkten zwischen den Thetafunktionen mit dem Modul:

$$(101) \qquad a_{12} = \frac{\pi i}{4}$$

die Relation:

$$(102) \qquad \sum_{\sigma_1,\sigma_2}^{0,1} (-1)^{\sigma_1+\sigma_2}\,\vartheta\begin{bmatrix}0\;\;0\\\sigma_1\;\sigma_2\end{bmatrix}_2 ((0)) = 0$$

ergibt, welche hinwieder zwischen den Moduln $\varkappa^2$, λ^2, μ^2 die Gleichung:

$$(103) \qquad \sqrt{\varkappa\varkappa_1\mu_\lambda} - \sqrt{\lambda\lambda_1\mu_\varkappa} = \sqrt{\varkappa\lambda_1\mu_1\mu_\lambda} - \sqrt{\lambda\varkappa_1\mu_1\mu_\varkappa}$$

nach sich zieht und sich mittelst der bekannten Formeln, welche die Modulen $\varkappa$, λ, μ durch die Verzweigungspunkte ausdrücken, auch als Beziehung zwischen den sechs Verzweigungspunkten schreiben läßt.

Bolza[2]) hat die im Falle $k = 4$ zwischen den Modulen oder den Verzweigungspunkten des algebraischen Gebildes bestehende Relation aus der Bedingung $a_{12} = \frac{\pi i}{4}$ in einer komplizierteren Form erhalten, da er nicht die einfache Gleichung (100) benutzt; die vorstehende einfachere Form (103) der Bedingung ist zuerst von Igel[3]) angegeben und ihre Übereinstimmung mit der Bolzaschen nachgewiesen werden; die weiteren von Igel in den § 4 und § 5 seiner Abhandlung aus der Gleichung (103) gezogenen Schlüsse sind aus leicht ersichtlichem Grunde falsch.

Bezüglich der Aufstellung der beiden reduzierbaren Integrale der Klasse und der reduzierenden Substitution mag auf Bolza[4]) verwiesen werden, wo sich die beiden obigen speziellen Fälle $k = 2$ und $k = 4$ ausgeführt finden.

Für den Fall $p > 2$ ist bis jetzt nur die Reduktion einer Klasse

1) Cayley, Sur un exemple de réduction d'intégrales abéliennes aux fonctions elliptiques. C. R. Bd. 85. 1877, pag. 265, 373, 426 und 472.

2) Bolza, Über die Reduction etc. Inaug.-Diss. Göttingen 1886 und: Über die Reduction etc. Math. Ann. Bd. 28. 1887, pag. 447.

3) Igel, Über die Parameterdarstellung der Verhältnisse der Thetafunctionen zweier Veränderlichen. Monatsh. f. Math. Bd. 2. 1891, pag. 157.

4) Bolza, Über die Reduction etc. Inaug.-Diss. Göttingen 1886 und: Über die Reduction etc. Math. Ann. Bd. 28. 1887, pag. 447; auch: Picard, Sur la réduction etc. Bull. S. M. F. Bd. 11. 1882, pag. 48.

Abelscher Integrale vom Geschlecht 3 auf elliptische Integrale durch eine Transformation zweiten Grades untersucht worden[1]).

Der Inhalt dieser beiden Paragraphen wurde zum größeren Teile schon früher von mir veröffentlicht[2]).

§ 3.

Reduktion Abelscher Integrale vom Geschlecht q auf solche niedrigeren Geschlechts p.

Die beiden Veränderlichen z und s seien durch die irreduzible algebraische Gleichung:

$$F(z, s) = 0 \tag{104}$$

vom Geschlecht q, die beiden Veränderlichen ζ und σ durch die irreduzible algebraische Gleichung:

$$\Phi(\zeta, \sigma) = 0 \tag{105}$$

vom Geschlecht $p < q$ miteinander verknüpft, und es werde das zur Klasse (104) gehörige Integral I. Gattung:

$$\int f(z, s)\, dz \tag{106}$$

durch die Substitution:

$$\zeta = R_1(z, s), \qquad \sigma = R_2(z, s), \tag{107}$$

wo $R_1(z, s)$ und $R_2(z, s)$ rationale Funktionen von z und s bezeichnen, auf das zur Klasse (105) gehörige Integral:

$$\int \varphi(\zeta, \sigma)\, d\zeta \tag{108}$$

reduziert.

Man wird dann zunächst bemerken, daß jedes Integral I. Gattung der Klasse (105), wenn man darin ζ und σ durch die rationalen Funktionen (107) von z und s ersetzt, in ein zur Klasse (104) gehöriges Integral I. Gattung übergeht, daß es also umgekehrt den p linearunabhängigen Integralen I. Gattung der Klasse (105) entsprechend p linearunabhängige Integrale I. Gattung in der Klasse (104) gibt, welche durch die nämliche Substitution (107) auf Integrale von der Klasse (105) reduziert werden. Man hat so den

X. Satz: *Findet sich in einer Klasse Abelscher Integrale vom Geschlecht q ein Integral I. Gattung, welches durch eine rationale Sub-*

---

1) Kowalewski, Über die Reduction etc. Acta math. Bd. 4. 1884, pag. 393.

2) Krazer, Die Reduzierbarkeit Abelscher Integrale. Straßburg. Festschrift der philos. Facultät zur 46. Philol.-Vers. 1901.

stitution auf ein Integral vom Geschlecht $p < q$ reduziert wird, so enthält diese Klasse stets p linearunabhängige derartige Integrale:

$$\text{(XIII)} \qquad \int f_1(z, s)\,dz, \quad \int f_2(z, s)\,dz, \quad \cdots, \quad \int f_p(z, s)\,dz,$$

welche alle durch die nämliche Substitution:

$$\text{(XIV)} \qquad \zeta = R_1(z, s), \qquad \sigma = R_2(z, s)$$

auf Integrale der nämlichen Klasse:

$$\text{(XV)} \qquad \int \varphi_1(\zeta, \sigma)\,d\zeta, \quad \int \varphi_2(\zeta, \sigma)\,d\zeta, \quad \cdots, \quad \int \varphi_p(\zeta, \sigma)\,d\zeta$$

reduziert werden.

Da die $2q$ Periodizitätsmodulen jedes Integrals (XIII) geschlossene Integrale in der Riemannschen Fläche (z, s) sind, diesen aber auch gemäß der Substitution (XIV) geschlossene Integrale in der Fläche (ζ, σ) entsprechen, so setzen sich für $\mu = 1, 2, \cdots, p$ die $2q$ Periodizitätsmodulen $\Omega_{\mu\varepsilon}$ $(\varepsilon = 1, 2, \cdots, 2q)$ des μ^{ten} Integrals (XIII) aus den $2p$ Periodizitätsmodulen $\omega_{\mu\alpha}$ $(\alpha = 1, 2, \cdots, 2p)$ des μ^{ten} Integrals (XV) zusammen in der Form:

$$\text{(109)} \qquad \Omega_{\mu\varepsilon} = \sum_{\alpha=1}^{2p} m_{\varepsilon\alpha}\,\omega_{\mu\alpha}, \qquad \begin{pmatrix} \mu = 1, 2, \cdots, p \\ \varepsilon = 1, 2, \cdots, 2q \end{pmatrix}$$

wobei die m ganze Zahlen bezeichnen.

Man nehme umgekehrt an, daß sich die $2pq$ Periodizitätsmodulen $\Omega_{\mu\varepsilon}$ $\begin{pmatrix} \mu = 1, 2, \cdots, p \\ \varepsilon = 1, 2, \cdots, 2q \end{pmatrix}$ von p linearunabhängigen Integralen I. Gattung einer Klasse Abelscher Integrale vom Geschlecht q aus den $2p^2$ Periodizitätsmodulen $\omega_{\mu\alpha}$ $\begin{pmatrix} \mu = 1, 2, \cdots, p \\ \alpha = 1, 2, \cdots, 2p \end{pmatrix}$ von p linearunabhängigen Integralen I. Gattung einer Klasse Abelscher Integrale vom Geschlecht p zusammensetzen in der Form (109); sind dann $f_1((u)), \cdots, f_p((u))$ p mit den Perioden $\omega_{\mu\alpha}$ $\begin{pmatrix} \mu = 1, 2, \cdots, p \\ \alpha = 1, 2, \cdots, 2p \end{pmatrix}$ $2p$-fach periodische Funktionen der p Variablen $u_1, \cdots, u_p$ ohne wesentlich singuläre Stelle im Endlichen, so werden dieselben, wenn man an Stelle der Argumente $u_1, \cdots, u_p$ die Integralsummen:

$$\text{(110)} \qquad u_1 = \sum_{i=1}^{p} \int^{z_i, s_i} dJ_1, \; \cdots, \; u_p = \sum_{i=1}^{p} \int^{z_i, s_i} dJ_p$$

einführt, rationale Funktionen der p Punkte z_i, s_i, also algebraische Funktionen der p Werte x_i, und daher auch umgekehrt die Größen x_i algebraische Funktionen von $f_1((u)), \cdots, f_p((u))$.

XI. Satz: *Sind p Integrale $J_1, \cdots, J_p$ einer Klasse Abelscher Integrale vom Geschlecht q auf Integrale vom Geschlecht p reduzierbar, so setzen sich ihre $2pq$ Periodizitätsmodulen $\Omega_{\mu\varepsilon}$ $\binom{\mu = 1, 2, \cdots, p}{\varepsilon = 1, 2, \cdots, 2q}$ aus den $2p^2$ Periodizitätsmodulen $\omega_{\mu\alpha}$ $\binom{\mu = 1, 2, \cdots, p}{\alpha = 1, 2, \cdots, 2p}$ dieser letzteren zusammen in der Form:*

$$\Omega_{\mu\varepsilon} = \sum_{\alpha=1}^{2p} m_{\varepsilon\alpha}\omega_{\mu\alpha}, \qquad \binom{\mu = 1, 2, \cdots, p}{\varepsilon = 1, 2, \cdots, 2q} \tag{XVI}$$

wobei die m ganze Zahlen bezeichnen.

Setzen sich umgekehrt die $2pq$ Periodizitätsmodulen $\Omega_{\mu\varepsilon}$ $\binom{\mu = 1, 2, \cdots, p}{\varepsilon = 1, 2, \cdots, 2q}$ von p linear unabhängigen Integralen I. Gattung einer Klasse Abelscher Integrale vom Geschlecht q aus den $2p^2$ Periodizitätsmodulen $\omega_{\mu\alpha}$ $\binom{\mu = 1, 2, \cdots, p}{\alpha = 1, 2, \cdots, 2p}$ von p Integralen vom Geschlecht p zusammen in der Form (XVI), *so lassen sich diese Integrale auf Integrale vom Geschlecht p reduzieren.*

Setzen sich, wie in dem XI. Satz angenommen, die $2pq$ Periodizitätsmodulen $\Omega_{\mu\varepsilon}$ $\binom{\mu = 1, 2, \cdots, p}{\varepsilon = 1, 2, \cdots, 2q}$ der p Integrale $J_1, \cdots, J_p$ vom Geschlecht q aus den $2p^2$ Periodizitätsmodulen $\omega_{\mu\alpha}$ $\binom{\mu = 1, 2, \cdots, p}{\alpha = 1, 2, \cdots, 2p}$ von p Integralen $J_1', \cdots, J_p'$ vom Geschlecht p zusammen in der Form (XVI), so ergeben sich, wenn man in die zwischen den Periodizitätsmodulen Ω bestehenden $\frac{1}{2}(p-1)p$ bilinearen Relationen:

$$\sum_{\varrho=1}^{q}(\Omega_{\mu\varrho}\Omega_{\nu, q+\varrho} - \Omega_{\mu, q+\varrho}\Omega_{\nu\varrho}) = 0 \qquad (\mu, \nu = 1, 2, \cdots, p;\ \mu < \nu) \tag{111}$$

an Stelle der Ω die ω einführt und berücksichtigt, daß zwischen den ω im allgemeinen nur die $\frac{1}{2}(p-1)p$ Relationen:

$$\sum_{i=1}^{p}(\omega_{\mu i}\omega_{\nu, p+i} - \omega_{\mu, p+i}\omega_{\nu i}) = 0 \qquad (\mu, \nu = 1, 2, \cdots, p;\ \mu < \nu) \tag{112}$$

bestehen, für die ganzen Zahlen m die $p(2p-1)$ Bedingungen:

$$\sum_{\varrho=1}^{q}(m_{\varrho i}m_{q+\varrho, j} - m_{q+\varrho, i}m_{\varrho j}) = \begin{matrix} n, \text{ wenn } j = q + i, \\ 0, \text{ wenn } j \gtrless q + i, \end{matrix} \qquad (i, j = 1, 2, \cdots, 2p;\ i < j) \tag{113}$$

wo n eine ganze Zahl bezeichnet, von der jetzt sofort gezeigt werden soll, daß sie stets positiv ist.

Bezeichnet man nämlich mit:

$$(114)\qquad \Omega_\varepsilon = \sum_{\mu=1}^{p} l_\mu \Omega_{\mu\varepsilon} \qquad (\varepsilon = 1, 2, \cdots, 2q)$$

die Periodizitätsmodulen irgend einer linearen Verbindung der Integrale $J_1, \cdots, J_p$, mit:

$$(115)\qquad \omega_\alpha = \sum_{\mu=1}^{p} l_\mu \omega_{\mu\alpha} \qquad (\alpha = 1, 2, \cdots, 2p)$$

die Periodizitätsmodulen der nämlichen linearen Verbindung der Integrale $J_1', \cdots, J_p'$, so bestehen zwischen den reellen und lateralen Teilen H_ε, Z_ε bez. η_α, ζ_α der Größen:

$$(116)\qquad \Omega_\varepsilon = \mathsf{H}_\varepsilon + i\mathsf{Z}_\varepsilon, \qquad \omega_\alpha = \eta_\alpha + i\zeta_\alpha \qquad \begin{pmatrix} \varepsilon = 1, 2, \cdots, 2q \\ \alpha = 1, 2, \cdots, 2p \end{pmatrix}$$

die Ungleichungen:

$$(117)\qquad \sum_{\varrho=1}^{q} (\mathsf{H}_\varrho \mathsf{Z}_{q+\varrho} - \mathsf{H}_{q+\varrho} \mathsf{Z}_\varrho) > 0, \qquad \sum_{i=1}^{p} (\eta_i \zeta_{p+i} - \eta_{p+i} \zeta_i) > 0.$$

Nun ist aber wegen (XVI)

$$(118)\qquad \mathsf{H}_\varepsilon = \sum_{\alpha=1}^{2p} m_{\varepsilon\alpha} \eta_\alpha, \qquad \mathsf{Z}_\varepsilon = \sum_{\alpha=1}^{2p} m_{\varepsilon\alpha} \zeta_\alpha \qquad (\varepsilon = 1, 2, \cdots, 2q)$$

und daher auf Grund der Relationen (113):

$$(119)\qquad \sum_{\varrho=1}^{q} (\mathsf{H}_\varrho \mathsf{Z}_{q+\varrho} - \mathsf{H}_{q+\varrho} \mathsf{Z}_\varrho) = n \sum_{i=1}^{p} (\eta_i \zeta_{p+i} - \eta_{p+i} \zeta_i).$$

Daraus folgt aber mit Rücksicht auf die Ungleichungen (117), daß n nur positiv sein kann.

Man stelle sich jetzt die Aufgabe, das System der $4pq$ Multiplikatoren $m_{\varepsilon\alpha}$ $\begin{pmatrix} \varepsilon = 1, 2, \cdots, 2q \\ \alpha = 1, 2, \cdots, 2p \end{pmatrix}$ durch passende Transformation der Perioden $\omega_{\mu\varepsilon}$ auf eine möglichst einfache Form zu bringen. Dabei soll der Untersuchung der spezielle Fall $p = 2$, $q = 5$ zugrunde gelegt werden, aus dem sich sowohl der Gang der Untersuchung als deren Resultat für den allgemeinen Fall ersehen läßt.

In dem Systeme:

$$(120)\qquad \begin{matrix} m_{11} & m_{21} & m_{31} & m_{41} & m_{51} & m_{61} & m_{71} & m_{81} & m_{91} & m_{10,1} \\ m_{12} & m_{22} & m_{32} & m_{42} & m_{52} & m_{62} & m_{72} & m_{82} & m_{92} & m_{10,2} \\ m_{13} & m_{23} & m_{33} & m_{43} & m_{53} & m_{63} & m_{73} & m_{83} & m_{93} & m_{10,3} \\ m_{14} & m_{24} & m_{34} & m_{44} & m_{54} & m_{64} & m_{74} & m_{84} & m_{94} & m_{10,4} \end{matrix}$$

der 40 Zahlen $m_{\varepsilon\alpha}$ fasse man zunächst nur die Elemente der 3ten

Horizontalreihe ins Auge. Durch passend gewählte lineare Transformationen der ω kann man, wie in § 1 ausführlich auseinandergesetzt ist, aus dem Systeme (120) ein neues ableiten, in welchem diese 10 Elemente die Werte:

$$0\ 0\ 0\ 0\ 0\ n_1\ 0\ 0\ 0\ 0 \tag{121}$$

besitzen, wo n_1 eine positive ganze Zahl bezeichnet, die dem größten gemeinsamen Faktor der 10 Zahlen $m_{\varepsilon 3}$ gleich und daher, wie sich aus (113) ergibt, jedenfalls ein Teiler von n ist. Auf Grund der Gleichungen (113) ist dann in der ersten Vertikalreihe:

$$m_{11} = \frac{n}{n_1} = n_1', \quad m_{12} = 0, \quad m_{14} = 0. \tag{122}$$

Nun lasse man die 1te und 6te Vertikalreihe aus dem Spiele und fasse die 8 übrigen Elemente der 4ten Horizontalreihe ins Auge. In der gleichen Weise wie vorher kann man durch passend gewählte lineare Transformationen ein neues System von Multiplikatoren ableiten, in welchem diese 8 Elemente die Werte:

$$*\ 0\ 0\ 0\ 0\ *\ n_2\ 0\ 0\ 0 \tag{123}$$

besitzen, wo n_2 wiederum ein Teiler von n ist, und es ist dann auf Grund der Gleichungen (113) in der zweiten Vertikalreihe:

$$m_{22} = \frac{n}{n_2} = n_2'. \tag{124}$$

Läßt man sodann 1te, 2te, 6te und 7te Vertikalreihe aus dem Spiele, so kann man durch lineare Transformationen der ω in der ersten Horizontalreihe noch:

$$m_{31} = 0, \quad m_{41} = 0, \quad m_{51} = 0, \quad m_{91} = 0, \quad m_{10,1} = 0 \tag{125}$$

machen, und endlich, indem man nur noch mit der 4ten, 5ten, 9ten und 10ten Vertikalreihe operiert, in der zweiten Horizontalreihe:

$$m_{42} = 0, \quad m_{52} = 0, \quad m_{10,2} = 0 \tag{126}$$

machen. An Stelle des Schemas (120) ist auf diese Weise das folgende speziellere getreten:

$$\begin{matrix} n_1' & m_{21} & 0 & 0 & 0 & m_{61} & m_{71} & m_{81} & 0 & 0 \\ 0 & n_2' & m_{32} & 0 & 0 & m_{62} & m_{72} & m_{82} & m_{92} & 0 \\ 0 & 0 & 0 & 0 & 0 & n_1 & 0 & 0 & 0 & 0 \\ 0 & 0 & 0 & 0 & 0 & m_{64} & n_2 & 0 & 0 & 0 \end{matrix} \tag{127}$$

Dieses soll aber noch in der Weise umgeändert werden, daß man durch Operieren mit der 2ten und 3ten und gleichzeitigem mit der 7ten und 8ten Vertikalreihe das Element

$$m_{32} = 0 \tag{128}$$

macht; es treten dabei an Stelle der Zahlen n_2' und n_2 andere Zahlen, deren Produkt aber gemäß der Relationen (113) wieder n sein muß, und weiter tritt an die 8te Stelle der 4ten Horizontalreihe anstatt der jetzigen Null ein von Null verschiedenes Element m_{84}, sodaß das Schema (120) nunmehr die Form hat:

$$(129)\qquad \begin{matrix} m_{11} & m_{21} & 0 & 0 & 0 & m_{61} & m_{71} & m_{81} & 0 & 0 \\ 0 & m_{22} & 0 & 0 & 0 & m_{62} & m_{72} & m_{82} & m_{92} & 0 \\ 0 & 0 & 0 & 0 & 0 & m_{63} & 0 & 0 & 0 & 0 \\ 0 & 0 & 0 & 0 & 0 & m_{64} & m_{74} & m_{84} & 0 & 0 \end{matrix}$$

wobei

$$(130)\qquad m_{11}\,m_{63} = m_{22}\,m_{74} = n$$

ist.

Die 16 Elemente der 1ten, 2ten, 6ten und 7ten Vertikalreihe sind für sich allein zufolge der Relationen (113) die Transformationszahlen einer zum Falle $p = 2$ gehörigen Transformation n^{ten} Grades. Ergänzt man nun die $p = 2$ Integrale J_1, J_2 durch Hinzunahme von $q - p = 3$ Integralen J_3, J_4, J_5 der Klasse zu einem System von $q = 5$ linearunabhängigen Integralen erster Gattung, nennt deren Periodizitätsmodulen $\Omega_{\varrho\varepsilon}\binom{\varrho = 1, 2, \cdots, 5}{\varepsilon = 1, 2, \cdots, 10}$ und leitet aus diesen durch die Transformation n^{ter} Ordnung:

$$(131)\qquad \begin{aligned} &\Omega_{\varrho 1} = m_{11}\,\Omega'_{\varrho 1}, && \Omega_{\varrho 6} = m_{61}\,\Omega'_{\varrho 1} + m_{62}\,\Omega'_{\varrho 2} + m_{63}\,\Omega'_{\varrho 3} + m_{64}\,\Omega'_{\varrho 4},\\ &\Omega_{\varrho 2} = m_{21}\,\Omega'_{\varrho 1} + m_{22}\,\Omega'_{\varrho 2}, && \Omega_{\varrho 7} = m_{71}\,\Omega'_{\varrho 1} + m_{72}\,\Omega'_{\varrho 2} + m_{74}\,\Omega'_{\varrho 4},\\ &\Omega_{\varrho 3} = n\,\Omega'_{\varrho 3}, && \Omega_{\varrho 8} = \Omega'_{\varrho 8},\\ &\Omega_{\varrho 4} = n\,\Omega'_{\varrho 4}, && \Omega_{\varrho 9} = \Omega'_{\varrho 9},\\ &\Omega_{\varrho 5} = n\,\Omega'_{\varrho 5}, && \Omega_{\varrho,10} = \Omega'_{\varrho,10},\\ & && (\varrho = 1, 2, \cdots, 5) \end{aligned}$$

neue $\Omega'_{\varrho\varepsilon}\binom{\varrho = 1, 2, \cdots, 5}{\varepsilon = 1, 2, \cdots, 10}$ ab, so setzen sich die Größen $\Omega'_{\mu\varepsilon}\binom{\mu = 1, 2}{\varepsilon = 1, 2, \cdots, 10}$ aus den Periodizitätsmodulen $\omega_{\mu\alpha}\binom{\mu = 1, 2}{\alpha = 1, 2, 3, 4}$ der Integrale J_1', J_2' zusammen mit Hilfe von Multiplikatoren $m_{\varepsilon\alpha}\binom{\varepsilon = 1, 2, \cdots, 10}{\alpha = 1, 2, 3, 4}$, welche durch das Schema:

$$(132)\qquad \begin{matrix} 1 & 0 & 0 & 0 & 0 & 0 & 0 & m_{81} & 0 & 0 \\ 0 & 1 & 0 & 0 & 0 & 0 & 0 & m_{82} & m_{92} & 0 \\ 0 & 0 & 0 & 0 & 0 & 1 & 0 & 0 & 0 & 0 \\ 0 & 0 & 0 & 0 & 0 & 0 & 1 & m_{84} & 0 & 0 \end{matrix}$$

bestimmt sind, in welchem m_{81}, m_{82}, m_{84} und m_{92} die nämlichen Zahlen bezeichnen wie im Schema (129), und es können nun endlich aus den Größen $\Omega'_{\varkappa\alpha}$ durch lineare Transformation neue abgeleitet werden, für welche das Schema der Multiplikatoren $m_{\varepsilon\alpha}$ die Form:

$$(133)\qquad \begin{array}{cccccccccc} 1 & 0 & 0 & 0 & 0 & 0 & 0 & 0 & 0 & 0 \\ 0 & 1 & 0 & 0 & 0 & 0 & 0 & 0 & 0 & 0 \\ 0 & 0 & 0 & 0 & 0 & 1 & 0 & 0 & 0 & 0 \\ 0 & 0 & 0 & 0 & 0 & 0 & 1 & 0 & 0 & 0 \end{array}$$

hat.

Sind die beiden Integrale J_1', J_2' die Normalintegrale der Klasse, ist also:

$$(134)\qquad \begin{array}{llll} \omega_{11} = \pi i, & \omega_{12} = 0\,, & \omega_{13} = a_{11}, & \omega_{14} = a_{12}, \\ \omega_{21} = 0\,, & \omega_{22} = \pi i, & \omega_{23} = a_{21}, & \omega_{24} = a_{22}, \end{array} \qquad (a_{21} = a_{12})$$

so erhalten die Periodizitätsmodulen $\Omega'_{\mu\varepsilon}\left(\begin{matrix}\varepsilon = 1, 2 \\ \mu = 1, 2, \cdots, 10\end{matrix}\right)$ auf Grund des Schemas (133) die Werte:

$$(135)\qquad \begin{array}{cccccccccc} \pi i & 0 & 0 & 0 & 0 & a_{11} & a_{12} & 0 & 0 & 0 \\ 0 & \pi i & 0 & 0 & 0 & a_{21} & a_{22} & 0 & 0 & 0 \end{array}$$

und wenn man daher zu den beiden Integralen J_1, J_2 drei weitere Integrale der Klasse hinzunimmt, welche mit ihnen ein System von 5 Riemannschen Normalintegralen bilden, so erhält man für deren Periodizitätsmodulen das Schema:

$$(136)\qquad \begin{array}{cccccccccc} \pi i & 0 & 0 & 0 & 0 & a_{11} & a_{12} & 0 & 0 & 0 \\ 0 & \pi i & 0 & 0 & 0 & a_{21} & a_{22} & 0 & 0 & 0 \\ 0 & 0 & \pi i & 0 & 0 & 0 & 0 & a_{33} & a_{34} & a_{35} \\ 0 & 0 & 0 & \pi i & 0 & 0 & 0 & a_{43} & a_{44} & a_{45} \\ 0 & 0 & 0 & 0 & \pi i & 0 & 0 & a_{53} & a_{54} & a_{55} \end{array} \qquad (a_{\mu\nu} = a_{\nu\mu})$$

Damit sind aber die folgenden Sätze bewiesen:

XII. Satz: *Finden sich unter den Abelschen Integralen 1. Gattung einer Klasse vom Geschlecht q p linearunabhängige, welche auf Integrale vom Geschlecht p reduzierbar sind, so enthält diese Klasse $q-p$ weitere, unter sich und von den früheren linearunabhängige Integrale 1. Gattung, welche auf Integrale vom Geschlecht $q-p$ reduzierbar sind.*

XIII. Satz: *Finden sich unter den Abelschen Integralen 1. Gattung einer Klasse vom Geschlecht q p linearunabhängige, welche auf Integrale vom Geschlecht p reduzierbar sind, so zerfällt die zur Klasse gehörige Thetafunktion nach einer Transformation in das Produkt einer Thetafunktion von p und einer solchen von $q-p$ Veränderlichen.*

Man kehre nun zu den Untersuchungen des vierten Kapitels zurück. Es hat sich dort (pag. 118) ergeben, daß zu jeder $2p$-fach periodischen Funktion $f((v))$ von der im II. Satz (pag. 115) angegebenen Art mit $2p$ Periodensystemen $\omega_{\mu\alpha}\begin{pmatrix}\mu=1,2,\cdots,p\\ \alpha=1,2,\cdots,2p\end{pmatrix}$ eine Klasse algebraischer Funktionen (24) von einem Geschlecht $q \geqq p$ zugeordnet werden kann, in welcher $v_1, \cdots, v_p$ p linearunabhängige Integrale 1. Gattung sind, deren Periodizitätsmodulen $\Omega_{\mu\varepsilon}\begin{pmatrix}\mu=1,2,\cdots,p\\ \varepsilon=1,2,\cdots,2q\end{pmatrix}$ an den $2q$ Querschnitten der zu (24) gehörigen Riemannschen Fläche sich linear und ganzzahlig aus den $\omega_{\mu\alpha}\begin{pmatrix}\mu=1,2,\cdots,p\\ \alpha=1,2,\cdots,2p\end{pmatrix}$ zusammensetzen.

Wendet man dieses Resultat auf die aus allgemeinen Thetafunktionen — deren Modulen also nur den Bedingungen der Konvergenz unterworfen sind — gebildeten $2p$-fach periodischen Funktionen an und verbindet es mit dem XIII. Satze, so ergibt sich der

XIV. Satz: *Es gibt spezielle Klassen algebraischer Funktionen von einem Geschlechte $q \geqq p$, deren (Abelsche) Thetafunktionen nach einer bestimmten Transformation höheren Grades in Produkte je einer Thetafunktion von p und einer von $q-p$ Variablen zerfallen, derart, daß die ersteren allgemeine Thetafunktionen sind.*

Die im Vorstehenden entwickelte Lehre von der Reduktion Abelscher Integrale auf solche niedrigeren Geschlechts[1]) verdankt man den Herren Picard[2]), Poincaré[3]) und Wirtinger[4]) und zwar rühren die

1) Spezielle hyperelliptische Integrale, welche sich auf solche niedrigeren Geschlechts reduzieren lassen, haben Malet (On the reduction of abelians integrals. J. für Math. Bd. 76. 1873, pag. 97; Some theorems in the reduction of hyperelliptic integrals. R. Irish Acad. Trans. Bd. 25. 1875, pag. 279 und: On certains definite integrals. R. Irish Acad. Trans. Bd. 28. 1886, pag. 197), Brioschi (Sur des cas de réduction des fonctions abéliennes aux fonctions elliptiques. C. R. Bd. 85. 1877, pag. 708) und Goursat (Sur la réduction etc. Bull. S. M. F. Bd. 13. 1885, pag. 143) angegeben; auch hat Biermann (Zur Theorie etc. Wien. Sitzb. Bd. 87. 1883, pag. 985) die Bedingungen untersucht, unter denen sich das hyperelliptische Integral 2. Ordnung auf ein solches 1. Ordnung reduzieren läßt.

2) Picard, a. a. O. siehe pag. 482.

3) Poincaré, a. a. O. siehe pag. 482 und 490; dazu noch: Sur les fonctions abéliennes. C. R. Bd. 92. 1881, pag. 958.

4) Wirtinger, Untersuchungen über Thetafunktionen. Lpz. 1895. Hier hat Herr Wirtinger auch angegeben, daß man die Riemannschen Flächen solcher algebraischer Funktionen, welche zu reduzierbaren Integralen führen, dadurch erhalten kann, daß man mehrere unter sich kongruente Riemannsche Flächen niedrigeren Geschlechts längs Querschnitten miteinander verbindet. Insbesondere hat er auf diese Weise durch Verschmelzung von zwei kongruenten Riemannschen Flächen vom Geschlecht $p+1$ eine spezielle Klasse algebraischer Funktionen vom Geschlecht $2p+1$ geschaffen, deren Thetafunktionen nach einer

Sätze XI, XII und XIII von Picard und Poincaré, der X. Satz und der für die Theorie der Thetafunktionen überaus interessante XIV. Satz von Wirtinger her, dessen Darstellung auch der obige Beweis der Sätze XII und XIII folgt.

Transformation zweiten Grades in Produkte von je einer Thetafunktion von p und einer von $p+1$ Variablen zerfallen. Während die letzteren die Abelschen Thetafunktionen der zu grunde gelegten Klasse algebraischer Funktionen vom Geschlecht $p+1$ sind, sind die ersteren allgemeinere, indem sie von $3p$ wesentlichen Parametern abhängen. Zu Thetafunktionen, die nach einer Transformation zweiten Grades zerfallen, ist auch Herr Schottky (Über die charakteristischen Gleichungen symmetrischer ebener Flächen und die zugehörigen Abel'schen Funktionen. J. für Math. Bd. 106. 1890, pag. 199) gelangt, indem er jene algebraischen Funktionen untersuchte, welche zu berandeten, symmetrischen, die Ebene einfach überdeckenden Bereichen gehören. Sind dann τ Paare und σ mit sich selbst symmetrische Randlinien vorhanden, so ist die zugehörige Klasse algebraischer Funktionen vom Geschlecht $\sigma+\tau$, ihre Thetafunktionen aber zerfallen nach einer quadratischen Transformation in solche von τ und solche von σ Variablen, von denen die ersteren Abelsche, die letzteren dagegen keine Abelschen sind.

Autorenregister.

Sachregister.

Verlag von **B. G. Teubner** in Leipzig.

Untersuchungen über Thetafunktionen

Von der philosophischen Fakultät der Universität Göttingen mit dem Beneke-Preise für 1895 gekrönt und mit Unterstützung der Königl. Gesellschaft der Wissenschaften daselbst herausgegeben

von Prof. Dr. **Wilhelm Wirtinger.**

[VIII u. 125 S.] gr. 4. 1895. geh. n. ℳ 9.—

Diese Schrift hat zum Gegenstande die genauere Untersuchung der Beziehung der allgemeinen Thetafunktionen zu den algebraischen Funktionen und ihren Integralen. Sie zerfällt in zwei Teile, von denen der erste den allgemeinen, von $\frac{p(p+1)}{2}$ Parametern abhängigen Thetafunktionen gewidmet ist, während der zweite eine spezielle Klasse behandelt, welche jedoch von $3p$ Parametern abhängt und daher allgemeiner ist als die nur von $3p-3$ Parametern abhängige, von Riemann behandelte Klasse.

Theorie der Riemannschen Thetafunktion.

Von Privatdozent Dr. **Georg Rost.**

[IV u. 66 S.] gr. 4. 1901. geh. n. ℳ 4.—

Die vorstehende Arbeit bezweckt, die in der Theorie der Riemannschen Thetafunktion noch vorhandenen, nicht unwesentlichen Lücken auszufüllen. Zunächst wird im ersten Abschnitte die Theorie der algebraischen, in einer allgemeinen Riemannschen Fläche T einwertigen Funktionen so weit entwickelt, als es für die Theorie der Thetafunktion erforderlich ist. Der Verfasser beschränkt sich dabei nicht auf die Betrachtung von Funktionen mit nur einfachen Unendlichkeitspunkten, er behandelt vielmehr den allgemeinsten Fall und gelangt dadurch zu Resultaten von unbeschränkter Gültigkeit. Durch Einführung des Begriffes „Rang eines Punktsystems" gewinnt die Darstellung der Theorie eine ungemein übersichtliche Gestalt. Im zweiten Abschnitte wird dann die eigentliche Theorie der Riemannschen Thetafunktion in abschließender Weise entwickelt. Auf Grund der Erkenntnis, daß Punktsysteme von speziellem Charakter auftreten können, gelingt es dem Verfasser, den von Riemann aufgestellten, die Darstellung von Konstantensystemen durch Summen allenthalben endlicher Integrale betreffenden Sätzen eine korrekte Fassung zu geben. Auch wird für die von Riemann aufgestellten Deriviertensätze zum ersten Male ein einwandfreier Beweis geliefert. In den am Schlusse der Arbeit befindlichen Anmerkungen werden die im Haupttexte entwickelten Theorien durch Beispiele erläutert und die Arbeiten der Vorgänger einer eingehenden Kritik unterzogen.

www.ingramcontent.com/pod-product-compliance
Lightning Source LLC
LaVergne TN
LVHW011253110826
845149LV00001B/121

* 9 7 8 1 4 1 8 1 8 5 1 5 2 *